수학 실력을 완성하는

완쏠 유형은
이렇게 만들었습니다!

새 교육과정에 충실한
중요 개념 설명

유형 완벽 마스터를 위한
유형별 1쪽 5문제 시스템

수학이 쉬워지는 **완**벽한 **솔**루션

완쏠

최신 내신 및 수능을
철저히 분석한
유형 선별

정확한 답과
자세하고 친절한 해설

내신 고득점 및 수능에 대비하는
기출문제 및 고난도 문제 수록

이 책의 짜임새

STEP 1 개념 체크

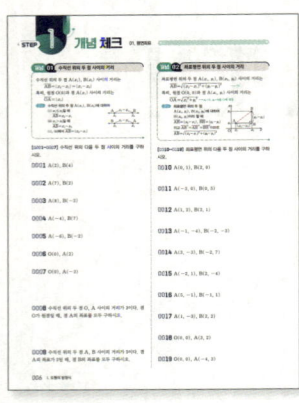

핵심 개념 정리

교과서의 핵심 개념을 한번에 학습할 수 있는 분량으로 나누어 제공하여 학습량에 대한 부담을 줄였습니다.

개념 확인 문제

각각의 핵심 개념을 바로 적용하여 해결할 수 있는 확인 문제를 제시하여 개념에 대한 이해도를 확인해 볼 수 있도록 했습니다.

STEP 2 유형 마스터

* **유형별 1쪽 5문제 시스템**
교과서의 '예제-유제-변형 문제'의 3단계 문제 흐름과 유사하게 **1쪽 5문제 '대표예제-유제-변형-활용1-활용2'로 구성**함으로써 각각의 유형을 완벽하게 마스터할 수 있도록 했습니다.

유형별 해결 전략

내용적으로 같은 개념 또는 접근 방법으로 유형을 분류하고, 각각의 유형에 따른 해결 전략 또는 실전 풀이 방법 등을 제시하여 유형 학습에 도움이 될 수 있도록 했습니다.

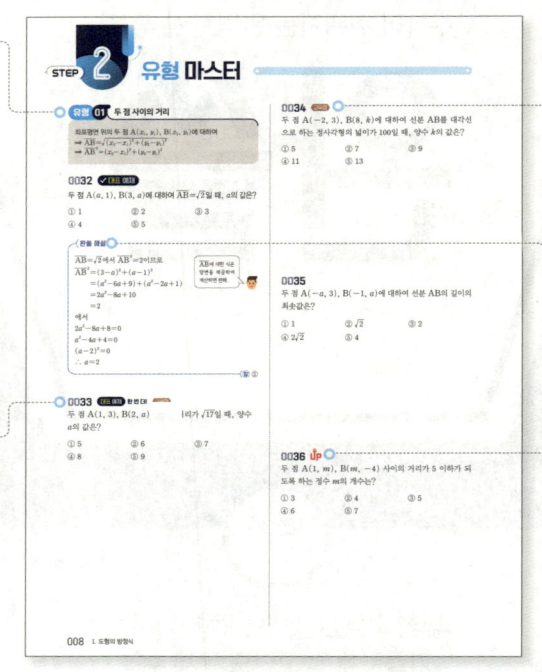

대표 예제 한 번 더!

대표 예제의 쌍둥이 문제를 한 번 더 제시하여 유형에 대한 이해력과 문제 해결 능력을 높일 수 있도록 했습니다.

수능 , 평가원 , 교육청

해당 유형의 문제로 출제된 수능, 평가원, 교육청 기출문제를 제시하여 수능 및 모의고사까지 대비할 수 있도록 했습니다.

선생님과 함께 푸는 대표 예제

현직 선생님의 첨삭과 코멘트를 포함한 대표 예제 해설을 제시하여 대표 예제의 중요성 및 출제 의도를 파악할 수 있도록 했습니다.

Up

해당 유형에서 나올 수 있는 다소 난도가 높은 문제를 마지막 문제로 선별적으로 제시했습니다.

STEP **3** 실전 업

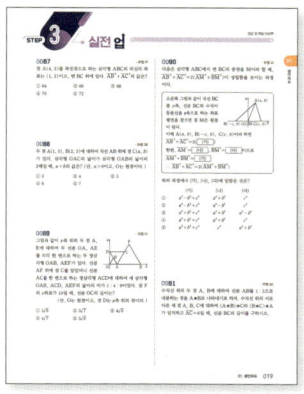

중단원 실전 문제

· **STEP 2**에서 학습한 유형을 변형 또는 통합한 문제를 제시하여 문제 해결 능력을 높일 수 있도록 했습니다.

· 학교 시험 및 모의고사를 분석하여 구성한 문제를 통해 실전 감각을 기를 수 있도록 했습니다.

· 시험에 자주 출제되는 문제, 수학적 사고력을 요구하는 문제, 고난도 문제를 각각 **빈출**, **사고력**, **상위 1% 도전**으로 표시하여 중요 문제를 특성에 맞게 분류했습니다.

서술형 문제

서술형 답안지 작성 시 꼭 사용해야 하는 개념 및 공식을 '핵심 개념 및 공식' 으로 제시하여 학교 시험을 더욱 완벽하게 대비할 수 있도록 했습니다.

정답 및 해설

문제 이해에 필요한 자세하고 친절한 해설과 여러 가지 도움이 되는 개념, 팁 등을 제시했습니다.

해설 속 **칠판**

실제 수업 시 선생님이 다루는 추가적인 내용을 '해설 속 칠판' 으로 제시하여 학교 수업과 같은 친숙함을 더했습니다.

선생님 톡톡

선생님이 직접 전하는 실전에서 유용한 팁 또는 주의 사항 등을 제시했습니다.

One Point Lesson

'**STEP 3**' 문제 풀이는 'One Point Lesson'을 제시함으로써 문제 풀이의 핵심 전략을 짚어 주었습니다.

* 본책 뒤에 제시된 '빠른 정답'을 이용하여 정답을 빠르게 확인할 수 있습니다.

이 책의 차례

도형의 방정식

집합과 명제

함수

도형의 방정식

개념 **01**   수직선 위의 두 점 사이의 거리

수직선 위의 두 점 $A(x_1)$, $B(x_2)$ 사이의 거리는
$$\overline{AB}=|x_2-x_1|=|x_1-x_2|$$
특히, 원점 $O(0)$과 점 $A(x_1)$ 사이의 거리는
$$\overline{OA}=|x_1|$$

참고   수직선 위의 두 점 $A(x_1)$, $B(x_2)$에 대하여
(i) $x_1 \leq x_2$일 때
$$\overline{AB}=x_2-x_1$$
(ii) $x_1 > x_2$일 때
$$\overline{AB}=x_1-x_2$$
(i), (ii)에서 $\overline{AB}=|x_2-x_1|$

개념 **02**   좌표평면 위의 두 점 사이의 거리

좌표평면 위의 두 점 $A(x_1, y_1)$, $B(x_2, y_2)$ 사이의 거리는
$$\overline{AB}=\sqrt{(x_2-x_1)^2+(y_2-y_1)^2} \quad \cdots\cdots ㉠$$
특히, 원점 $O(0, 0)$과 점 $A(x_1, y_1)$ 사이의 거리는
$$\overline{OA}=\sqrt{x_1^{\,2}+y_1^{\,2}} \rightarrow x_2=0,\ y_2=0을\ ㉠에\ 대입$$

참고   좌표평면 위의 두 점
$A(x_1, y_1)$, $B(x_2, y_2)$에 대하여
$H(x_2, y_1)$이라 할 때
$\overline{AH}=|x_2-x_1|$, $\overline{BH}=|y_2-y_1|$
이고 $\overline{AB}^2=\overline{AH}^2+\overline{BH}^2$이므로
$$\overline{AB}=\sqrt{(x_2-x_1)^2+(y_2-y_1)^2}$$

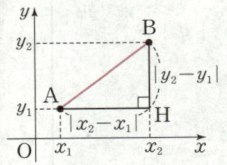

[0001~0007] 수직선 위의 다음 두 점 사이의 거리를 구하시오.

0001 $A(2)$, $B(4)$

0002 $A(7)$, $B(2)$

0003 $A(8)$, $B(-2)$

0004 $A(-4)$, $B(7)$

0005 $A(-6)$, $B(-2)$

0006 $O(0)$, $A(2)$

0007 $O(0)$, $A(-3)$

0008 수직선 위의 두 점 O, A 사이의 거리가 3이다. 점 O가 원점일 때, 점 A의 좌표를 모두 구하시오.

0009 수직선 위의 두 점 A, B 사이의 거리가 5이다. 점 A의 좌표가 2일 때, 점 B의 좌표를 모두 구하시오.

[0010~0019] 좌표평면 위의 다음 두 점 사이의 거리를 구하시오.

0010 $A(0, 1)$, $B(2, 0)$

0011 $A(-3, 0)$, $B(0, 5)$

0012 $A(1, 2)$, $B(2, 1)$

0013 $A(-1, -4)$, $B(-2, -3)$

0014 $A(3, -3)$, $B(-2, 7)$

0015 $A(-2, 1)$, $B(2, -4)$

0016 $A(5, -1)$, $B(-1, 1)$

0017 $A(1, -3)$, $B(2, 2)$

0018 $O(0, 0)$, $A(3, 2)$

0019 $O(0, 0)$, $A(-4, 3)$

개념 **03** 수직선 위의 선분의 내분점

(1) **선분의 내분과 내분점**

선분 AB 위의 점 P에 대하여

$$\overline{AP} : \overline{PB} = m : n \ (m > 0, \ n > 0)$$

일 때, 점 P는 선분 AB를 $m : n$으로 내분한다고 하고, 점 P를 선분 AB의 내분점이라 한다.

(2) **수직선 위의 선분의 내분점**

수직선 위의 두 점 $A(x_1)$, $B(x_2)$를 이은 선분 AB를 $m : n \ (m > 0, \ n > 0)$으로 내분하는 점을 P라 하면

$$P\left(\frac{mx_2 + nx_1}{m + n}\right)$$

특히, 선분 AB의 중점을 M이라 하면

$$M\left(\frac{x_1 + x_2}{2}\right) \longrightarrow \text{선분 AB를 1 : 1로 내분하는 점이다.}$$

$$m : n$$
$$A(x_1), \ B(x_2)$$
$$\frac{mx_2 + nx_1}{m + n}$$

[0020~0021] 수직선 위의 두 점 A(1), B(4)에 대하여 다음을 구하시오.

0020 선분 AB를 2 : 1로 내분하는 점의 좌표

0021 선분 AB의 중점의 좌표

[0022~0023] 수직선 위의 두 점 A(−2), B(6)에 대하여 다음을 구하시오.

0022 선분 AB를 2 : 3으로 내분하는 점의 좌표

0023 선분 AB의 중점의 좌표

0024 수직선 위의 두 점 A(−3), B(b)에 대하여 선분 AB를 1 : 3으로 내분하는 점의 좌표가 2일 때, b의 값을 구하시오.

개념 **04** 좌표평면 위의 선분의 내분점

좌표평면 위의 두 점 $A(x_1, y_1)$, $B(x_2, y_2)$를 이은 선분 AB를 $m : n \ (m > 0, \ n > 0)$으로 내분하는 점을 P라 하면

$$P\left(\frac{mx_2 + nx_1}{m + n}, \ \frac{my_2 + ny_1}{m + n}\right)$$

특히, 선분 AB의 중점을 M이라 하면

$$M\left(\frac{x_1 + x_2}{2}, \ \frac{y_1 + y_2}{2}\right) \longrightarrow \text{선분 AB를 1 : 1로 내분하는 점이다.}$$

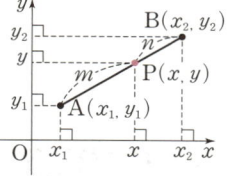

[0025~0027] 좌표평면 위의 두 점 A(1, −2), B(3, 5)에 대하여 다음을 구하시오.

0025 선분 AB를 4 : 1로 내분하는 점의 좌표

0026 선분 AB를 2 : 3으로 내분하는 점의 좌표

0027 선분 AB의 중점의 좌표

개념 **05** 삼각형의 무게중심

좌표평면 위의 세 점 $A(x_1, y_1)$, $B(x_2, y_2)$, $C(x_3, y_3)$을 꼭짓점으로 하는 삼각형 ABC의 무게중심을 G라 하면

$$G\left(\frac{x_1 + x_2 + x_3}{3}, \ \frac{y_1 + y_2 + y_3}{3}\right)$$

참고 삼각형의 무게중심은 세 중선을 각 꼭짓점으로부터 2 : 1로 내분한다.

[0028~0031] 삼각형 ABC의 세 꼭짓점의 좌표가 다음과 같을 때, 무게중심의 좌표를 구하시오.

0028 A(0, 0), B(2, 5), C(4, −2)

0029 A(2, 1), B(3, −2), C(4, 1)

0030 A(−3, 4), B(5, −6), C(−2, 7)

0031 A(−4, −8), B(0, 3), C(5, 2)

유형 01 두 점 사이의 거리

좌표평면 위의 두 점 $A(x_1, y_1)$, $B(x_2, y_2)$에 대하여
➡ $\overline{AB} = \sqrt{(x_2-x_1)^2 + (y_2-y_1)^2}$
➡ $\overline{AB}^2 = (x_2-x_1)^2 + (y_2-y_1)^2$

0032 ✓ 대표 예제

두 점 $A(a, 1)$, $B(3, a)$에 대하여 $\overline{AB} = \sqrt{2}$일 때, a의 값은?

① 1   ② 2   ③ 3
④ 4   ⑤ 5

완쏠 해설

$\overline{AB} = \sqrt{2}$에서 $\overline{AB}^2 = 2$이므로
$\overline{AB}^2 = (3-a)^2 + (a-1)^2$
$= (a^2 - 6a + 9) + (a^2 - 2a + 1)$
$= 2a^2 - 8a + 10$
$= 2$
에서
$2a^2 - 8a + 8 = 0$
$a^2 - 4a + 4 = 0$
$(a-2)^2 = 0$
∴ $a = 2$

$\overline{AB}$에 대한 식은 양변을 제곱하여 계산하면 편해.

답 ②

0033 대표 예제 한 번 더! 교육청

두 점 $A(1, 3)$, $B(2, a)$ 사이의 거리가 $\sqrt{17}$일 때, 양수 a의 값은?

① 5   ② 6   ③ 7
④ 8   ⑤ 9

0034

두 점 $A(-2, 3)$, $B(8, k)$에 대하여 선분 AB를 대각선으로 하는 정사각형의 넓이가 100일 때, 양수 k의 값은?

① 5   ② 7   ③ 9
④ 11   ⑤ 13

0035

두 점 $A(-a, 3)$, $B(-1, a)$에 대하여 선분 AB의 길이의 최솟값은?

① 1   ② $\sqrt{2}$ ③ 2
④ $2\sqrt{2}$ ⑤ 4

0036

두 점 $A(1, m)$, $B(m, -4)$ 사이의 거리가 5 이하가 되도록 하는 정수 m의 개수는?

① 3   ② 4   ③ 5
④ 6   ⑤ 7

유형 02 같은 거리에 있는 점

두 점 A, B로부터 같은 거리에 있는 점을 P(a, b)라 할 때,
$\overline{AP}=\overline{BP}$에서 $\overline{AP}^2=\overline{BP}^2$임을 이용한다. 이때 점 P가
(1) x축 위의 점일 때
  ➡ P$(a, 0)$이라 한다. → x축 위의 점이므로 $b=0$
(2) y축 위의 점일 때
  ➡ P$(0, b)$라 한다. → y축 위의 점이므로 $a=0$
(3) 직선 $y=mx+n$ 위의 점일 때
  ➡ P$(a, ma+n)$이라 한다. → 직선 $y=mx+n$ 위의 점이므로 $b=ma+n$

0037 ✓ 대표 예제

두 점 A$(3, 1)$, B$(4, 2)$로부터 같은 거리에 있는 점 P(a, b)가 x축 위의 점일 때, $a+b$의 값은?

① 1 　　　　② 2 　　　　③ 3
④ 4 　　　　⑤ 5

완쏠 해설

점 P(a, b)가 x축 위의 점이므로
$b=0$ → 점 P의 y좌표가 0이다.
∴ P$(a, 0)$
이때 점 P는 두 점 A$(3, 1)$, B$(4, 2)$로부터 같은 거리에 있는 점이므로 $\overline{AP}=\overline{BP}$에서 $\overline{AP}^2=\overline{BP}^2$이다.
$(a-3)^2+(0-1)^2=(a-4)^2+(0-2)^2$
$a^2-6a+10=a^2-8a+20$
$2a=10$
∴ $a=5$
∴ $a+b=5+0=5$

> 좌표평면 위의 점이 x축 위에 있으면 점의 y좌표가 0이고, y축 위에 있으면 점의 x좌표가 0임을 뜻해.

답 ⑤

0038 대표 예제 한 번 더!

두 점 A$(3, 2)$, B$(1, -4)$로부터 같은 거리에 있는 점 P가 y축 위의 점일 때, 점 P의 y좌표는?

① $-\dfrac{1}{3}$ 　　② $-\dfrac{1}{6}$ 　　③ $\dfrac{1}{6}$
④ $\dfrac{1}{3}$ 　　⑤ $\dfrac{1}{2}$

0039

두 점 A$(2, 1)$, B$(3, 6)$으로부터 같은 거리에 있는 점 P(a, b)가 직선 $x-y+1=0$ 위의 점일 때, $a+b$의 값은?

① 4 　　　　② 5 　　　　③ 6
④ 7 　　　　⑤ 8

0040

세 점 A$(3, 4)$, B$(4, 1)$, C$(-4, -3)$으로부터 같은 거리에 있는 점 P의 좌표를 (a, b)라 할 때, $b-a$의 값은?

① 1 　　　　② 2 　　　　③ 3
④ 4 　　　　⑤ 5

0041

세 점 A$(3, 3)$, B$(1, -1)$, C$(-1, a)$를 꼭짓점으로 하는 삼각형 ABC의 외심을 P$(1, b)$라 할 때, $a+b$의 값은?
(단, $a>0$)

① 3 　　　　② $\dfrac{7}{2}$ 　　　③ 4
④ $\dfrac{9}{2}$ 　　　⑤ 5

유형 03 두 점 사이의 거리를 이용한 삼각형의 모양

삼각형 ABC에 대하여 $\overline{BC}=a$, $\overline{CA}=b$, $\overline{AB}=c$라 할 때
(1) $a=b=c$ ➡ 정삼각형
(2) $a=b$ 또는 $b=c$ 또는 $c=a$ ➡ 이등변삼각형
(3) $c^2=a^2+b^2$ ➡ $\angle C=90°$인 직각삼각형

0042 ✓ **대표 예제**

세 점 A(1, 2), B(3, 0), C(4, 3)을 꼭짓점으로 하는 삼각형 ABC는 어떤 삼각형인가?

① $\overline{AB}=\overline{BC}$인 이등변삼각형
② $\overline{AC}=\overline{BC}$인 이등변삼각형
③ $\angle A=90°$인 직각삼각형
④ $\angle B=90°$인 직각삼각형
⑤ 정삼각형

완솔 해설

삼각형 ABC의 세 변의 길이는 각각
$\overline{AB}=\sqrt{(3-1)^2+(0-2)^2}=2\sqrt{2}$
$\overline{BC}=\sqrt{(4-3)^2+(3-0)^2}=\sqrt{10}$
$\overline{CA}=\sqrt{(1-4)^2+(2-3)^2}=\sqrt{10}$
따라서 삼각형 ABC는 $\overline{AC}=\overline{BC}$인 이등변삼각형이다.
└ $\overline{CA}=\overline{AC}$

세 점의 좌표가 주어진 삼각형의 모양을 결정하려면 먼저 세 변의 길이 사이의 관계를 확인해 보자.

답 ②

0043 **대표 예제** 한 번 더!

세 점 A(6, −1), B(2, 3), C(4, 5)를 꼭짓점으로 하는 삼각형 ABC는 어떤 삼각형인가?

① $\overline{AB}=\overline{AC}$인 이등변삼각형
② $\overline{AC}=\overline{BC}$인 이등변삼각형
③ $\angle B=90°$인 직각삼각형
④ $\angle C=90°$인 직각삼각형
⑤ 정삼각형

0044

세 점 A(5, 1), B(−2, 2), C(−1, −1)을 꼭짓점으로 하는 삼각형 ABC의 넓이는?

① 10   ② 11   ③ 12
④ 13   ⑤ 14

0045

세 점 A(−1, 1), B(3, 5), C(t, 2)를 꼭짓점으로 하는 삼각형 ABC가 $\angle ACB$가 둔각인 이등변삼각형일 때, t의 값은?

① 1   ② 2   ③ 3
④ 4   ⑤ 5

0046

정삼각형 ABC에서 두 점 A(2, −1), B(−2, 1)이고 점 C(a, b)가 제1사분면 위의 점일 때, ab의 값은?

① 2   ② 4   ③ 6
④ 8   ⑤ 10

유형 04 두 점 사이의 거리의 제곱의 합의 최솟값

두 점 사이의 거리의 제곱의 합의 최솟값은 다음과 같은 순서로 구한다.
❶ 점 P를 P(a, b)라 하고, 두 점 사이의 거리 공식을 이용하여 $\overline{AP}^2 + \overline{BP}^2$을 a 또는 b에 대한 이차식으로 나타낸다.
❷ ❶에서 구한 이차식을 완전제곱식을 포함한 꼴로 변형하여 최솟값을 구한다.

0047 ✓ 대표 예제

두 점 A$(2, 1)$, B$(-2, 3)$과 y축 위의 점 P에 대하여
$\overline{AP}^2 + \overline{BP}^2$의 최솟값은?

① 7   ② 8   ③ 9
④ 10   ⑤ 11

완쏠 해설

→ 점 P의 x좌표가 0이다.

점 P가 y축 위의 점이므로 P$(0, a)$라 하면
$$\overline{AP}^2 + \overline{BP}^2 = (0-2)^2 + (a-1)^2 + \{0-(-2)\}^2 + (a-3)^2$$
$$= 4 + (a^2 - 2a + 1) + 4 + (a^2 - 6a + 9)$$
$$= 2a^2 - 8a + 18$$
$$= 2(a^2 - 4a + 4) + 10$$
$$= 2(a-2)^2 + 10$$
$$\geq 10 \quad \longrightarrow 2(a-2)^2 \geq 0$$

따라서 $\overline{AP}^2 + \overline{BP}^2$은 $a=2$일 때 최솟값 10을 갖는다.
→ P$(0, 2)$

(실수)$^2 \geq 0$이므로 실수에 대한 어떤 이차식의 최솟값을 구하려고 할 때, 이차식을 완전제곱식을 포함한 꼴로 변형하면 최솟값을 구할 수 있다.

답 ④

0048 대표 예제 한 번 더!

두 점 A$(4, -1)$, B$(2, 1)$과 x축 위의 점 P에 대하여
$\overline{AP}^2 + \overline{BP}^2$의 최솟값은?

① 2   ② 3   ③ 4
④ 5   ⑤ 6

0049

두 점 A$(1-k, 1)$, B$(k+1, 3)$과 y축 위의 점 P에 대하여
$\overline{AP}^2 + \overline{BP}^2$의 최솟값이 12일 때, 양수 k의 값은?

① 1   ② 2   ③ 3
④ 4   ⑤ 5

0050

두 점 A$(2, 1)$, B$(1, 6)$과 직선 $y=x+1$ 위의 점 P에 대하여 $\overline{AP}^2 + \overline{BP}^2$의 값이 최소일 때의 점 P의 x좌표는?

① -2 ② -1 ③ 0
④ 1   ⑤ 2

0051

세 점 A$(1, -2)$, B$(3, 1)$, C$(2, 4)$와 임의의 점 P(a, b)에 대하여 $\overline{AP}^2 + \overline{BP}^2 + \overline{CP}^2$의 최솟값은?

① 20   ② 22   ③ 24
④ 26   ⑤ 28

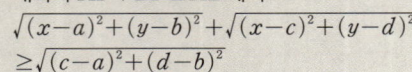 **유형 05** 두 점 사이의 거리를 이용한 식의 값

두 점 $A(a, b)$, $B(c, d)$와 임의의 점 $P(x, y)$에 대하여 $\overline{AP}+\overline{BP} \geq \overline{AB}$에서
$$\sqrt{(x-a)^2+(y-b)^2}+\sqrt{(x-c)^2+(y-d)^2}$$
$$\geq \sqrt{(c-a)^2+(d-b)^2}$$

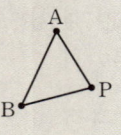

0052 ✓ 대표 예제

두 실수 a, b에 대하여
$$\sqrt{a^2+b^2}+\sqrt{(a-1)^2+(b-2)^2}$$의 최솟값은?

① $\sqrt{2}$ ② $\sqrt{3}$ ③ 2

④ $\sqrt{5}$ ⑤ $\sqrt{6}$

완쏠 해설

$O(0, 0)$, $A(1, 2)$, $P(a, b)$라 하면
$\sqrt{a^2+b^2}=\overline{OP}$, $\sqrt{(a-1)^2+(b-2)^2}=\overline{AP}$
이므로
$$\sqrt{a^2+b^2}+\sqrt{(a-1)^2+(b-2)^2}$$
$$=\overline{OP}+\overline{AP}$$
$$\geq \overline{OA}$$
$$=\sqrt{(1-0)^2+(2-0)^2}$$
$$=\sqrt{5}$$

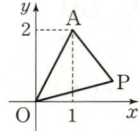

점 P가 선분 OA 위의 점일 때 주어진 식은 최솟값을 가져. 즉, 점 P가 점 A 또는 원점 O라 생각하고 두 점 $(0, 0)$, $(1, 2)$ 사이의 거리를 구해도 돼.

따라서 구하는 최솟값은 $\sqrt{5}$이다.

답 ④

0053 대표 예제 한 번 더!

두 실수 x, y에 대하여
$$\sqrt{(x-1)^2+(y+1)^2}+\sqrt{(x-4)^2+(y-3)^2}$$
의 최솟값은?

① 1 ② 2 ③ 3

④ 4 ⑤ 5

0054

두 실수 x, y에 대하여
$$\sqrt{(x-a)^2+(y+2a+1)^2}+\sqrt{(x+2)^2+(y-5)^2}$$
의 최솟값이 13일 때, 정수 a의 값은?

① -3 ② -1 ③ 1

④ 3 ⑤ 5

0055

실수 x에 대하여 $\sqrt{x^2+4}+\sqrt{(x-3)^2+9}$가 $x=a$에서 최솟값을 가질 때, a의 값은?

① $\dfrac{3}{5}$ ② $\dfrac{4}{5}$ ③ 1

④ $\dfrac{6}{5}$ ⑤ $\dfrac{7}{5}$

0056 UP

두 실수 x, y에 대하여
$$\sqrt{x^2+y^2}+\sqrt{(x-1)^2+(y+2)^2}+\sqrt{(x+2)^2+(y-4)^2}$$
의 최솟값은?

① $2\sqrt{10}$ ② $3\sqrt{5}$ ③ $5\sqrt{2}$

④ $\sqrt{55}$ ⑤ $2\sqrt{15}$

유형 06 선분의 내분점 중요

좌표평면 위의 두 점 $A(x_1, y_1)$, $B(x_2, y_2)$에 대하여
(1) 선분 AB를 $m:n$으로 내분하는 점을 P라 하면
$$P\left(\frac{mx_2+nx_1}{m+n}, \frac{my_2+ny_1}{m+n}\right)$$
(2) 선분 AB의 중점을 M이라 하면
$$M\left(\frac{x_1+x_2}{2}, \frac{y_1+y_2}{2}\right)$$

0057 ✔ 대표 예제

두 점 $A(5, -1)$, $B(2, 2)$에 대하여 선분 AB를 $2:1$로 내분하는 점을 P라 할 때, 선분 OP의 길이는? (단, O는 원점이다.)

① $2\sqrt{2}$　　② 3　　③ $\sqrt{10}$

④ $\sqrt{11}$　　⑤ $2\sqrt{3}$

완쏠 해설

선분 AB를 $2:1$로 내분하는 점 P의 좌표는
$\left(\frac{2\times2+1\times5}{2+1}, \frac{2\times2+1\times(-1)}{2+1}\right)$, 즉 $P(3, 1)$
따라서 선분 OP의 길이는
$\overline{OP}=\sqrt{3^2+1^2}=\sqrt{10}$

답 ③

0058 대표 예제 한 번 더!

두 점 $A(3, -2)$, $B(-1, 2)$에 대하여 선분 AB를 $1:3$으로 내분하는 점을 P라 할 때, 선분 AP의 중점의 x좌표는?

① $\frac{5}{2}$　　② 3　　③ $\frac{7}{2}$

④ 4　　⑤ $\frac{9}{2}$

0059 교육청

두 점 $A(0, a)$, $B(6, 0)$에 대하여 선분 AB를 $1:2$로 내분하는 점이 직선 $y=-x$ 위에 있을 때, a의 값은?

① -1　　② -2　　③ -3

④ -4　　⑤ -5

0060

두 점 $A(1, 3)$, B에 대하여 선분 AB를 $3:2$로 내분하는 점의 좌표가 $(7, 6)$일 때, 점 B의 좌표는?

① $(10, 7)$　　② $(10, 8)$　　③ $(10, 9)$

④ $(11, 7)$　　⑤ $(11, 8)$

0061

두 점 $A(3, 4)$, $B(-5, 1)$과 선분 AB 위의 점 $C(m, n)$에 대하여 선분 AC를 $2:1$로 내분하는 점을 P, 선분 CB를 $2:3$으로 내분하는 점을 Q라 하자. 점 C가 선분 PQ의 중점일 때, $m+n$의 값은?

① $\frac{2}{3}$　　② 1　　③ $\frac{4}{3}$

④ $\frac{5}{3}$　　⑤ 2

유형 **07** 미지수를 포함한 선분의 내분점

선분의 내분점을 $P(a, b)$라 할 때
(1) 점 $P(a, b)$가 특정 사분면 위의 점인 경우
　➡ ① 제1사분면: $a>0, b>0$　② 제2사분면: $a<0, b>0$
　　③ 제3사분면: $a<0, b<0$　④ 제4사분면: $a>0, b<0$
(2) 점 $P(a, b)$가 직선 $y=mx+n$ 위의 점인 경우
　➡ $x=a, y=b$를 $y=mx+n$에 대입

0062 ✓ **대표 예제**

두 점 $A(-2, 2)$, $B(2, -1)$에 대하여 선분 AB를 $k : 1$로 내분하는 점이 제1사분면 위에 있도록 하는 양수 k의 값의 범위는 $\alpha<k<\beta$이다. 이때 $\alpha\beta$의 값은?

① 1　　　　② 2　　　　③ 3
④ 4　　　　⑤ 5

완쏠 해설

선분 AB를 $k : 1$로 내분하는 점의 좌표는
$$\left(\frac{k\times2+1\times(-2)}{k+1}, \frac{k\times(-1)+1\times2}{k+1}\right)$$
즉, $\left(\dfrac{2k-2}{k+1}, \dfrac{-k+2}{k+1}\right)$
이때 이 점이 제1사분면 위에 있으므로
$$\frac{2k-2}{k+1}>0, \frac{-k+2}{k+1}>0$$
$\dfrac{2k-2}{k+1}>0$에서 $2k-2>0$, $2k>2$
$\therefore k>1$　……　㉠　→ $k>0$이므로 $k+1>0$이다.
$\dfrac{-k+2}{k+1}>0$에서 $-k+2>0$
$\therefore k<2$　……　㉡
㉠, ㉡에서
$1<k<2$
따라서 $\alpha=1$, $\beta=2$이므로
$\alpha\beta=1\times2=2$

> 좌표평면 위의 점이 위치한 사분면이 주어지면 x좌표, y좌표의 부호를 알 수 있으므로 좌표의 부호를 꼭 확인하고 넘어가자.

（답） ②

0063 **대표 예제** 한 번 더!

두 점 $A(2, 2)$, $B(-4, -1)$에 대하여 선분 AB를 $2 : k$로 내분하는 점이 제2사분면 위에 있도록 하는 양수 k의 값의 범위는 $\alpha<k<\beta$이다. 이때 $\alpha+\beta$의 값을 구하시오.

0064

두 점 $A(2, a)$, $B(-1, -3)$에 대하여 선분 AB를 $b : (1-b)$로 내분하는 점의 좌표가 $(1, 1)$일 때, ab의 값은? (단, $0<b<1$)

① -3　　　　② -1　　　　③ 1
④ 3　　　　　⑤ 5

0065

두 점 $A(-2, 1)$, $B(4, 4)$에 대하여 선분 AB가 y축 위의 점 P에 의하여 $k : (1-k)$로 내분될 때, 점 P의 y좌표는?
(단, $0<k<1$)

① $\dfrac{3}{2}$　　　　② 2　　　　③ $\dfrac{5}{2}$
④ 3　　　　⑤ $\dfrac{7}{2}$

0066

점 $P(1, 5)$와 직선 $y=x-5$ 위의 점 Q에 대하여 선분 PQ를 $k : (k+1)$로 내분하는 점의 좌표가 $(2, 3)$일 때, 양수 k의 값은?

① $\dfrac{1}{2}$　　　　② 1　　　　③ $\dfrac{3}{2}$
④ 2　　　　⑤ $\dfrac{5}{2}$

유형 08 길이의 비로 나타낸 선분의 내분점

두 점 A, B를 지나는 직선 위의 점 C에 대하여

$\overline{AB} : \overline{BC} = m : n$

(1) 점 B는 선분 AC를 $m : n$으로 내분하는 점이다.

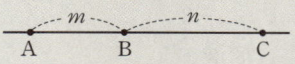

(2) $0 < n < m$일 때, 점 C는 선분 AB를 $(m-n) : n$으로 내분하는 점이다.

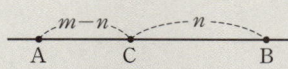

참고 길이의 비로 나타낸 선분의 내분점을 찾을 때는 주어진 조건을 고려하여 그림을 그려 보는 것이 좋다.

0067 ✔대표 예제

세 점 A$(-2, 4)$, B$(0, 3)$, C(a, b)가 이 순서대로 한 직선 위에 있고, $2\overline{AB} = \overline{BC}$를 만족시킬 때, ab의 값은?

① 2　　　　② 3　　　　③ 4
④ 5　　　　⑤ 6

완쏠 해설

$2\overline{AB} = \overline{BC}$에서 $\overline{AB} : \overline{BC} = 1 : 2$
오른쪽 그림과 같이 직선 AB 위에 세 점은 A, B, C의 순서대로 놓여 있다.
이때 점 B$(0, 3)$은 선분 AC를 $1 : 2$로 내분하는 점이므로

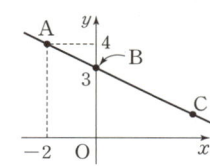

$B\left(\dfrac{1 \times a + 2 \times (-2)}{1+2}, \dfrac{1 \times b + 2 \times 4}{1+2}\right)$, 즉 $B\left(\dfrac{a-4}{3}, \dfrac{b+8}{3}\right)$

$\therefore \dfrac{a-4}{3} = 0, \dfrac{b+8}{3} = 3$

따라서 $a = 4$, $b = 1$이므로
$ab = 4 \times 1 = 4$

> 세 점 A, B, C를 좌표평면 위에 나타내면 주어진 상황을 쉽게 이해할 수 있어.

(답) ③

0068 대표 예제 한 번 더!

두 점 A$(a, -3)$, B$(3, b)$에 대하여 직선 AB 위의 점 C$(6, 2)$가 $3\overline{AB} = 2\overline{BC}$를 만족시킬 때, $a + b$의 값은? (단, $0 < a < 3$)

① -1　　　② 0　　　　③ 1
④ 2　　　　⑤ 3

0069

두 점 A$(-3, 7)$, B$(3, -2)$에 대하여 직선 AB 위에 $\overline{AB} = 3\overline{BC}$를 만족시키는 점을 C$(a, b)$라 하자. 점 C가 제1사분면 위에 있을 때, $a + b$의 값은?

① 1　　　　② 2　　　　③ 3
④ 4　　　　⑤ 5

0070 교육청

직선 $y = \dfrac{1}{3}x$ 위의 두 점 A$(3, 1)$, B(a, b)가 있다. 제2사분면 위의 한 점 C에 대하여 삼각형 BOC와 삼각형 OAC의 넓이의 비가 $2 : 1$일 때, $a + b$의 값은?
(단, $a < 0$이고, O는 원점이다.)

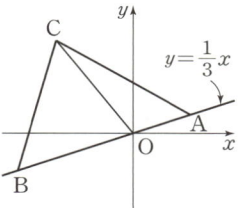

① -8　　　② -7　　　③ -6
④ -5　　　⑤ -4

0071

두 점 A$(5, 1)$, B$(1, 3)$에 대하여 선분 AB의 연장선 위에 $k\overline{AB} = \overline{BC}$를 만족시키는 점을 C$(a, 4)$라 하자. 점 C가 제2사분면 위의 점일 때, $a + k$의 값은?
(단, k는 상수이다.)

① -1　　　② $-\dfrac{1}{2}$　　　③ 0
④ $\dfrac{1}{2}$　　　⑤ 1

유형 **09** 삼각형의 무게중심

좌표평면 위의 세 점 $A(x_1, y_1)$, $B(x_2, y_2)$, $C(x_3, y_3)$을 꼭짓점으로 하는 삼각형 ABC의 무게중심을 G라 하면

$$G\left(\frac{x_1+x_2+x_3}{3}, \frac{y_1+y_2+y_3}{3}\right)$$

참고 삼각형 ABC의 세 변 AB, BC, CA를 $m:n\ (m>0, n>0)$으로 내분하는 점을 각각 D, E, F라 할 때, 삼각형 ABC와 삼각형 DEF의 무게중심은 일치한다.

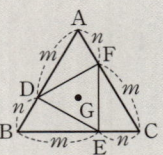

0072 ✓대표 예제

세 점 $A(3, -1)$, $B(1, a)$, $C(a, b)$를 꼭짓점으로 하는 삼각형 ABC의 무게중심의 좌표가 $(3, 1)$일 때, $a-b$의 값은?

① -6 ② -3 ③ 0
④ 3 ⑤ 6

완쏠 해설

세 점 $A(3, -1)$, $B(1, a)$, $C(a, b)$를 꼭짓점으로 하는 삼각형 ABC의 무게중심의 좌표는

$\left(\dfrac{3+1+a}{3}, \dfrac{(-1)+a+b}{3}\right)$, 즉 $\left(\dfrac{4+a}{3}, \dfrac{(-1)+a+b}{3}\right)$

이때 이 무게중심의 좌표가 $(3, 1)$이므로

→ 동일한 삼각형 ABC에 대한 무게중심의 좌표이므로 일치해야 한다.

$\dfrac{4+a}{3}=3$, $\dfrac{(-1)+a+b}{3}=1$

$\dfrac{4+a}{3}=3$에서 $4+a=9$ $\therefore a=5$

$\dfrac{(-1)+a+b}{3}=1$에서 $(-1)+5+b=3$ $\therefore b=-1$

$\therefore a-b=5-(-1)=6$

답 ⑤

0073 대표 예제 한 번 더!

세 점 $A(2, 4)$, $B(a, 2)$, $C(b, ab)$를 꼭짓점으로 하는 삼각형 ABC의 무게중심의 좌표가 $(2, 3)$일 때, a^2+b^2의 값은?

① 2 ② 5 ③ 8
④ 10 ⑤ 13

0074

세 점 $O(0, 0)$, $A(x_1, y_1)$, $B(x_2, y_2)$에 대하여 삼각형 OAB의 무게중심의 좌표가 $(4, -2)$일 때, 변 AB의 중점의 좌표는 (a, b)이다. $a+b$의 값은?

① -5 ② -3 ③ -1
④ 1 ⑤ 3

0075

세 점 $A(3, 9)$, $B(-3, 0)$, $C(6, -6)$을 꼭짓점으로 하는 삼각형 ABC에서 변 AB, 변 BC, 변 CA를 $2:1$로 내분하는 점을 각각 D, E, F라 할 때, 삼각형 DEF의 무게중심의 좌표는 (a, b)이다. $a-b$의 값은?

① 1 ② 3 ③ 5
④ 7 ⑤ 9

0076

세 점 $O(0, 0)$, $A(1, 0)$, $B(0, 2)$와 선분 OB 위의 점 $P(0, a)$에 대하여 삼각형 OAP의 무게중심을 G라 하자. 삼각형 OAB의 넓이가 삼각형 OAG의 넓이의 4배일 때, a의 값은?

① $\dfrac{1}{2}$ ② $\dfrac{3}{4}$ ③ 1
④ $\dfrac{5}{4}$ ⑤ $\dfrac{3}{2}$

유형 10 평행사변형과 마름모의 성질

(1) 평행사변형의 성질
두 대각선은 서로 다른 것을 이등분한다.
➡ 두 대각선의 중점이 일치한다.
(2) 마름모의 성질
① 네 변의 길이가 모두 같다.
② 두 대각선은 서로 다른 것을 수직이등분한다.
➡ 두 대각선의 중점이 일치한다.

0077 ✔대표 예제

네 점 A(1, 2), B(0, 0), C(3, 1), D(a, b)를 꼭짓점으로 하는 사각형 ABCD가 평행사변형일 때, $a+b$의 값은?

① 1   ② 3   ③ 5

④ 7   ⑤ 9

완쏠 해설

평행사변형 ABCD의 두 대각선 AC, BD의 중점이 일치한다.
선분 AC의 중점의 좌표는

$\left(\dfrac{1+3}{2}, \dfrac{2+1}{2}\right)$, 즉 $\left(2, \dfrac{3}{2}\right)$

이고, 선분 BD의 중점의 좌표는

$\left(\dfrac{0+a}{2}, \dfrac{0+b}{2}\right)$, 즉 $\left(\dfrac{a}{2}, \dfrac{b}{2}\right)$

이므로

$2=\dfrac{a}{2}, \dfrac{3}{2}=\dfrac{b}{2}$

∴ $a=4$, $b=3$

∴ $a+b=4+3=7$

> 도형의 성질만 잘 알고 있어도 쉽게 해결할 수 있는 유형이야. 다양한 도형의 성질을 알아두도록 하자.

답 ④

0078 대표 예제 한 번 데!

네 점 A(a, 5), B(−2, 1), C(b, 1), D(4, c)를 꼭짓점으로 하는 평행사변형 ABCD에 대하여 $a+b+c$의 값은?

① 6   ② 7   ③ 8

④ 9   ⑤ 10

0079

평행사변형 ABCD에서 A(−2, 2), C(0, 0)이고, 변 AB의 중점의 좌표가 (−3, 0)이다. 꼭짓점 D의 좌표를 (a, b)라 할 때, $a−b$의 값은?

① −2   ② −1   ③ 0

④ 1   ⑤ 2

0080

네 점 A(0, a), B(−1, 0), C(2, 1), D(3, b)를 꼭짓점으로 하는 사각형 ABCD가 마름모일 때, 두 양수 a, b에 대하여 $a+b$의 값은?

① 6   ② $\dfrac{13}{2}$ ③ 7

④ $\dfrac{15}{2}$ ⑤ 8

0081

네 점 A(3, 4), B(2, 1), C(5, a), D($b+3$, c)를 꼭짓점으로 하는 사각형 ABCD가 마름모일 때, $a+b+c$의 최솟값은?

① 6   ② 7   ③ 8

④ 9   ⑤ 10

STEP 2 ✱ 유형 마스터

유형 11 삼각형의 각의 이등분선의 성질

삼각형 ABC에서 ∠A의 이등분선이
변 BC와 만나는 점을 D라 하면
➡ $\overline{AB} : \overline{AC} = \overline{BD} : \overline{CD}$
➡ 점 D는 선분 BC를 $\overline{AB} : \overline{AC}$로 내분
하는 점

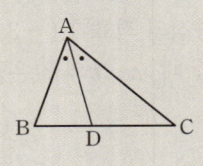

0082 ✓ 대표 예제

그림과 같이 세 점 A(3, −2),
B(7, 1), C(−3, 6)을 꼭짓점으로
하는 삼각형 ABC에서 ∠A의 이등
분선이 변 BC와 만나는 점 D(a, b)
에 대하여 a−b의 값을 구하시오.

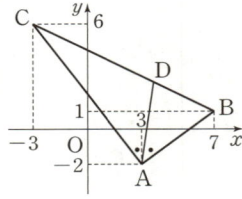

완쏠 해설

삼각형 ABC에서 $\overline{AB} : \overline{AC} = \overline{BD} : \overline{CD}$이고
$\overline{AB} = \sqrt{(7-3)^2 + \{1-(-2)\}^2} = 5$,
$\overline{AC} = \sqrt{\{(-3)-3\}^2 + \{6-(-2)\}^2} = 10$
이므로
$5 : 10 = \overline{BD} : \overline{CD}$ ∴ $\overline{BD} : \overline{CD} = 1 : 2$
점 D는 선분 BC를 1 : 2로 내분하는 점이므로
$D\left(\dfrac{1\times(-3)+2\times7}{1+2}, \dfrac{1\times6+2\times1}{1+2}\right)$, 즉 $D\left(\dfrac{11}{3}, \dfrac{8}{3}\right)$
따라서 $a = \dfrac{11}{3}$, $b = \dfrac{8}{3}$이므로
$a-b = \dfrac{11}{3} - \dfrac{8}{3} = 1$

답 1

0083 대표 예제 한 번 더!

그림과 같이 세 점 A(1, 2),
B(3, 4), C(−6, 1)을 꼭짓
점으로 하는 삼각형 ABC에
대하여 ∠A의 이등분선이
변 BC와 만나는 점 D의 좌표를 (a, b)라 할 때, a+b의
값은?

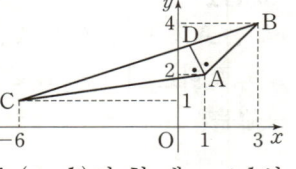

① 3
② $\dfrac{23}{7}$
③ $\dfrac{25}{7}$
④ $\dfrac{27}{7}$
⑤ $\dfrac{29}{7}$

0084

세 점 A(−1, −1), B(−5, 1), C(2, 5)를 꼭짓점으로
하는 삼각형 ABC에서 ∠A의 이등분선이 변 BC와 만나는
점을 D라 할 때, 삼각형 ABD와 삼각형 ACD의 넓이의
비는 p : q이다. p+q의 값은?

(단, p, q는 서로소인 자연수이다.)

① 3
② 4
③ 5
④ 6
⑤ 7

0085 교육청

그림과 같이 좌표평면 위의 세
점 A(0, a), B(−3, 0),
C(1, 0)을 꼭짓점으로 하는 삼
각형 ABC가 있다. ∠ABC의
이등분선이 선분 AC의 중점을
지날 때, 양수 a의 값은?

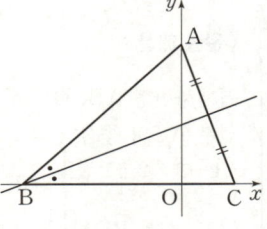

① $\sqrt{5}$
② $\sqrt{6}$
③ $\sqrt{7}$
④ $2\sqrt{2}$
⑤ 3

0086

그림과 같이 두 점 A(0, 3),
B(1, 0)과 x축 위의 두 점 C,
D에 대하여 점 D는 ∠BAC의
이등분선 위에 있고
$\overline{BD} : \overline{CD} = 1 : 3$이다. 점 D의 좌표를 (a, 0)이라 할 때,
a의 값은? (단, a > 1)

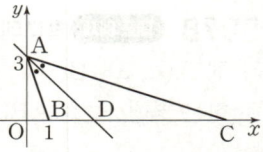

① 2
② $\dfrac{5}{2}$
③ 3
④ $\dfrac{7}{2}$
⑤ 4

STEP 3 실전 업

0087
· 유형 01

점 A(4, 5)를 꼭짓점으로 하는 삼각형 ABC의 외심의 좌표는 (1, 2)이고, 변 BC 위에 있다. $\overline{AB}^2 + \overline{AC}^2$의 값은?

① 64 ② 66 ③ 68

④ 70 ⑤ 72

0088
· 유형 08

두 점 A(1, 5), B(2, 3)에 대하여 직선 AB 위에 점 C(a, b)가 있다. 삼각형 OAC의 넓이가 삼각형 OAB의 넓이의 2배일 때, $a+b$의 값은? (단, $a>0$이고, O는 원점이다.)

① 3 ② 4 ③ 5

④ 6 ⑤ 7

0089
· 유형 01

그림과 같이 x축 위의 두 점 A, E에 대하여 두 선분 OA, AE를 각각 한 변으로 하는 두 정삼각형 OAB, AEF가 있다. 선분 AF 위에 점 C를 잡았더니 선분

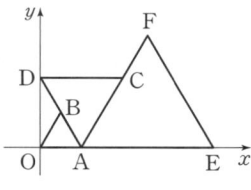

AC를 한 변으로 하는 정삼각형 ACD에 대하여 세 삼각형 OAB, ACD, AEF의 넓이의 비가 1 : 4 : 9이었다. 점 F의 x좌표가 10일 때, 선분 OC의 길이는?
(단, O는 원점이고, 점 D는 y축 위의 점이다.)

① $3\sqrt{6}$ ② $3\sqrt{7}$ ③ $4\sqrt{6}$

④ $4\sqrt{7}$ ⑤ $5\sqrt{6}$

0090
· 유형 01

다음은 삼각형 ABC에서 변 BC의 중점을 M이라 할 때, $\overline{AB}^2 + \overline{AC}^2 = 2(\overline{AM}^2 + \overline{BM}^2)$이 성립함을 보이는 과정이다.

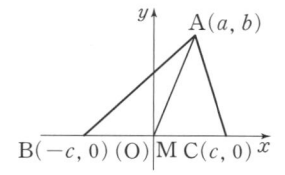

오른쪽 그림과 같이 직선 BC를 x축, 선분 BC의 수직이등분선을 y축으로 하는 좌표평면을 잡으면 점 M은 원점이 된다.
이때 A(a, b), B$(-c, 0)$, C$(c, 0)$이라 하면
$$\overline{AB}^2 + \overline{AC}^2 = 2(\boxed{\text{(가)}})$$
한편, $\overline{AM}^2 = \boxed{\text{(나)}}$, $\overline{BM}^2 = \boxed{\text{(다)}}$ 이므로
$$\overline{AM}^2 + \overline{BM}^2 = \boxed{\text{(가)}}$$
$$\therefore \overline{AB}^2 + \overline{AC}^2 = 2(\overline{AM}^2 + \overline{BM}^2)$$

위의 과정에서 (가), (나), (다)에 알맞은 것은?

	(가)	(나)	(다)
①	$a^2 - b^2 + c^2$	$a^2 + b^2$	c^2
②	$a^2 - b^2 + c^2$	$a^2 - b^2$	c^2
③	$a^2 + b^2 + c^2$	$a^2 + b^2$	$a^2 - b^2$
④	$a^2 + b^2 + c^2$	$a^2 + b^2$	c^2
⑤	$a^2 + b^2 + c^2$	c^2	$a^2 + b^2$

0091
· 유형 06

수직선 위의 두 점 A, B에 대하여 선분 AB를 1 : 3으로 내분하는 점을 A★B로 나타내기로 하자. 수직선 위의 서로 다른 세 점 A, B, C에 대하여 (A★B)★C와 (B★C)★A가 일치하고 $\overline{AC}=6$일 때, 선분 BC의 길이를 구하시오.

0092 교육청 · 유형 09
좌표평면에서 이차함수 $y=x^2-8x+1$의 그래프와 직선 $y=2x+6$이 만나는 두 점을 각각 A, B라 하자. 삼각형 OAB의 무게중심의 좌표를 (a, b)라 할 때, $a+b$의 값을 구하시오. (단, O는 원점이다.)

0093 · 유형 04
한 변의 길이가 2인 정사각형 ABCD의 내부 또는 경계에 있는 점 P에서 정사각형의 네 꼭짓점에 이르는 거리를 각각 a, b, c, d라 할 때, $a^2+b^2+c^2+d^2$의 최댓값과 최솟값의 합을 구하시오.

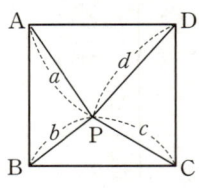

0094 사고력 · 유형 07
네 점 A$(-1, 0)$, B$(-1, -1)$, C$(0, -1)$, D(a, a)를 꼭짓점으로 하는 사각형 ABCD가 있다. x축이 사각형 ABCD의 넓이를 이등분할 때, a의 값은? (단, $a>0$)

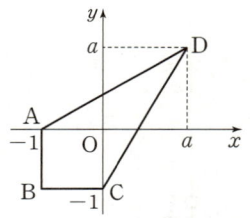

① $\dfrac{1}{2}$ ② $\dfrac{\sqrt{2}}{2}$ ③ $\dfrac{\sqrt{5}}{2}$

④ $\dfrac{1+\sqrt{2}}{2}$ ⑤ $\dfrac{1+\sqrt{5}}{2}$

0095 빈출 · 유형 03
그림과 같이 이차함수 $y=-\dfrac{1}{6}x^2+4$ 위의 서로 다른 두 점 A, B와 이차함수 $y=\dfrac{1}{6}x^2-4$ 위의 한 점 C에 대하여 삼각형 ABC는 정삼각형이고 선분 AB는 x축에 평행할 때, 삼각형 ABC의 넓이는? (단, 점 A는 제1사분면 위의 점이다.)

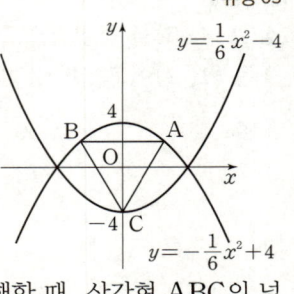

① $10\sqrt{3}$ ② $11\sqrt{3}$ ③ $12\sqrt{3}$
④ $13\sqrt{3}$ ⑤ $14\sqrt{3}$

0096 교육청 · 유형 11
$\overline{AB}=2\sqrt{3}$, $\overline{BC}=2$인 삼각형 ABC에서 선분 BC의 중점을 D라 할 때, $\overline{AD}=\sqrt{7}$이다. 각 ACB의 이등분선이 선분 AB와 만나는 점을 E, 선분 CE와 선분 AD가 만나는 점을 P, 각 APE의 이등분선이 선분 AB와 만나는 점을 R, 선분 PR의 연장선이 선분 BC와 만나는 점을 Q라 하자. 삼각형 PRE의 넓이를 S_1, 삼각형 PQC의 넓이를 S_2라 할 때, $\dfrac{S_2}{S_1}=a+b\sqrt{7}$이다. ab의 값은? (단, a, b는 유리수이다.)

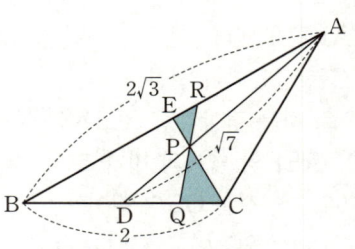

① -16 ② -14 ③ -12
④ -10 ⑤ -8

0097 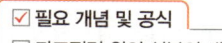 · 유형 05

x, y가 실수일 때,

$$\sqrt{(x+3)^2+(y-1)^2}+\sqrt{(x+1)^2+(y-3)^2}$$
$$+\sqrt{(x-4)^2+(y-1)^2}+\sqrt{(x-2)^2+(y+1)^2}$$

의 최솟값을 구하시오.

0098 상위 1% 도전 · 유형 10

그림과 같이 두 점 A$(0, 2)$, B$(6, 0)$
과 직선 $y=x$ 위를 움직이는 두 점 P, Q
가 있다. $\overline{PQ}=2\sqrt{2}$일 때, $\overline{AP}+\overline{QB}$의
최솟값은? (단, 점 P의 x좌표는 점 Q의
x좌표보다 작다.)

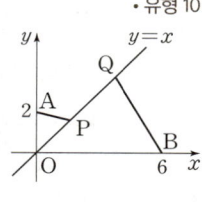

① $2\sqrt{6}$　　　② $2\sqrt{7}$　　　③ $4\sqrt{2}$

④ 6　　　⑤ $2\sqrt{10}$

서술형 문제

0099 · 유형 01

직사각형 ABCD와 점 P가 같은 평면 위에 있을 때,
$\overline{PA}^2+\overline{PC}^2=\overline{PB}^2+\overline{PD}^2$이 성립함을 보이시오.

☑ 필요 개념 및 공식
☐ 두 점 사이의 거리

0100 · 유형 06 + 유형 09

삼각형 ABC의 세 변 AB, BC, CA에 대하여 변 AB를
$2:1$로 내분하는 점의 좌표가 $(0, 10)$, 변 BC를 $3:2$로
내분하는 점의 좌표가 $(12, 9)$, 변 CA를 $3:1$로 내분하
는 점의 좌표가 $\left(0, -\dfrac{15}{4}\right)$이다. 이때 삼각형 ABC의 무
게중심의 좌표를 구하시오.

☑ 필요 개념 및 공식
☐ 좌표평면 위의 선분의 내분점　　　☐ 삼각형의 무게중심

0101 · 유형 02 + 유형 09

그림과 같이 네 점 O$(0, 0)$,
A$(3, 0)$, B$(3, 3)$, C$(0, 3)$을 꼭짓
점으로 하는 정사각형 OABC가 있
다. 두 변 OA, AB 위에 각각 점 P,
Q를 잡아 삼각형 CPQ가 정삼각형이
되도록 하였다. 삼각형 CPQ의 무게
중심의 좌표를 (a, b)라 할 때, $a+b$의 값을 구하시오.

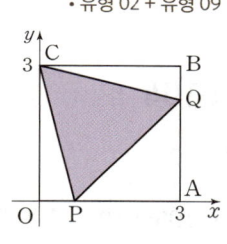

☑ 필요 개념 및 공식
☐ 같은 거리에 있는 점　　　☐ 삼각형의 무게중심

개념 01 직선의 방정식

(1) 한 점과 기울기가 주어진 직선의 방정식
점 (x_1, y_1)을 지나고 기울기가 m인 직선의 방정식은
$$y - y_1 = m(x - x_1)$$

참고 점 (x_1, y_1)을 지나고
(1) x축에 평행한 직선의 방정식: $y = y_1$
(2) y축에 평행한 직선의 방정식: $x = x_1$

(2) 두 점을 지나는 직선의 방정식
서로 다른 두 점 (x_1, y_1), (x_2, y_2)를 지나는 직선의 방정식은

① $x_1 \neq x_2$일 때, $y - y_1 = \dfrac{y_2 - y_1}{x_2 - x_1}(x - x_1)$

② $x_1 = x_2$일 때, $x = x_1$

(3) x절편과 y절편이 주어진 직선의 방정식
x절편이 a, y절편이 b인 직선의 방정식은
$$\dfrac{x}{a} + \dfrac{y}{b} = 1 \ (단, \ a \neq 0, \ b \neq 0)$$

[0102~0104] 다음 직선의 방정식을 구하시오.

0102 점 $(1, 2)$를 지나고 기울기가 2인 직선

0103 점 $(2, -1)$을 지나고 기울기가 -3인 직선

0104 점 $(3, 1)$을 지나고 기울기가 $\dfrac{1}{2}$인 직선

[0105~0107] 다음 직선의 방정식을 구하시오.

0105 두 점 $(1, 1)$, $(2, 4)$를 지나는 직선

0106 두 점 $(-2, 3)$, $(2, 5)$를 지나는 직선

0107 두 점 $(-1, 4)$, $(5, 4)$를 지나는 직선

[0108~0110] 다음 직선의 방정식을 구하시오.

0108 x절편이 3, y절편이 2인 직선

0109 x절편이 5, y절편이 -2인 직선

0110 두 점 $(-2, 0)$, $(0, 4)$를 지나는 직선

개념 02 두 직선의 교점을 지나는 직선의 방정식 `심화`

(1) 정점을 지나는 직선
두 직선 $ax + by + c = 0$, $a'x + b'y + c' = 0$이 한 점에서 만날 때, 직선 $ax + by + c + k(a'x + b'y + c') = 0$은 실수 k의 값에 관계없이 항상 두 직선 $ax + by + c = 0$, $a'x + b'y + c' = 0$의 교점을 지난다.

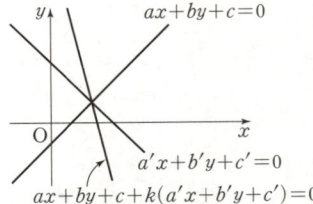

(2) 두 직선의 교점을 지나는 직선의 방정식
한 점에서 만나는 두 직선 $ax + by + c = 0$, $a'x + b'y + c' = 0$의 교점을 지나는 직선의 방정식은
$$ax + by + c + k(a'x + b'y + c') = 0 \ (단, \ k는 실수)$$

↳ 이 직선은 어떤 실수 k의 값에 대해서도
직선 $a'x + b'y + c' = 0$을 나타내지 않는다.

[0111~0112] 다음 직선이 실수 k의 값에 관계없이 항상 지나는 점의 좌표를 구하시오.

0111 $x - 3y + 7 + k(2x + y - 7) = 0$

0112 $x - y - 2 + k(x + 4y - 7) = 0$

[0113~0116] 다음 두 직선의 교점과 한 점을 지나는 직선의 방정식을 구하시오.

0113 두 직선 $x + 4y - 17 = 0$, $x - y + 3 = 0$, 점 $(3, 1)$

0114 두 직선 $2x + 3y - 4 = 0$, $4x - 3y - 8 = 0$, 점 $(4, -3)$

0115 두 직선 $x + 2y - 3 = 0$, $x = 5$, 점 $(2, 2)$

0116 두 직선 $x - y + 3 = 0$, $y = 4$, 점 $(2, 0)$

개념 03 두 직선의 평행과 수직

(1) 두 직선 $y=mx+n$, $y=m'x+n'$에 대하여
  ① 두 직선이 서로 평행 $\Rightarrow m=m'$, $n\neq n'$ → 기울기는 같고, y절편은 다르다.
  $m=m'$, $n\neq n'$ $\Rightarrow$ 두 직선은 서로 평행
  ② 두 직선이 서로 수직 $\Rightarrow mm'=-1$ → 기울기의 곱이 -1이다.
  $mm'=-1$ $\Rightarrow$ 두 직선은 서로 수직
  참고 $m=m'$, $n=n'$이면 두 직선은 일치하고,
  $m\neq m'$이면 두 직선은 한 점에서 만난다.
(2) 두 직선 $ax+by+c=0$, $a'x+b'y+c'=0$
  $(abc\neq 0$, $a'b'c'\neq 0)$에 대하여
  ① 두 직선이 서로 평행 $\Rightarrow \dfrac{a}{a'}=\dfrac{b}{b'}\neq\dfrac{c}{c'}$
  $\dfrac{a}{a'}=\dfrac{b}{b'}\neq\dfrac{c}{c'}$ $\Rightarrow$ 두 직선은 서로 평행
  ② 두 직선이 서로 수직 $\Rightarrow aa'+bb'=0$
  $aa'+bb'=0$ $\Rightarrow$ 두 직선은 서로 수직
  참고 $\dfrac{a}{a'}=\dfrac{b}{b'}=\dfrac{c}{c'}$이면 두 직선은 일치하고,
  $\dfrac{a}{a'}\neq\dfrac{b}{b'}$이면 두 직선은 한 점에서 만난다.

[0117~0118] 두 직선 $y=3x+1$, $y=\dfrac{a}{2}x-1$이 다음 조건을 만족시킬 때, 상수 a의 값을 구하시오.

0117 서로 평행하다.   **0118** 서로 수직이다.

[0119~0120] 두 직선 $2x+y-2=0$, $(a-1)x+3y+1=0$ 이 다음 조건을 만족시킬 때, 상수 a의 값을 구하시오.

0119 서로 평행하다.   **0120** 서로 수직이다.

[0121~0122] 다음 직선의 방정식을 구하시오.

0121 점 $(-1, 1)$을 지나고 직선 $y=3x$에 평행한 직선

0122 점 $(2, 3)$을 지나고 직선 $y=-\dfrac{1}{2}x$에 수직인 직선

[0123~0124] 다음 직선의 방정식을 구하시오.

0123 점 $(2, 1)$을 지나고 직선 $x+2y=0$에 평행한 직선

0124 점 $(1, 2)$를 지나고 직선 $3x-y=0$에 수직인 직선

개념 04 점과 직선 사이의 거리

(1) **점과 직선 사이의 거리**
  점 (x_1, y_1)과 직선 $ax+by+c=0$ 사이의 거리는
  $$\dfrac{|ax_1+by_1+c|}{\sqrt{a^2+b^2}} \quad \cdots\cdots ㉠$$
  특히, 원점과 직선 $ax+by+c=0$ 사이의 거리는
  $$\dfrac{|c|}{\sqrt{a^2+b^2}} \rightarrow x_1=0, y_1=0$을 ㉠에 대입$$

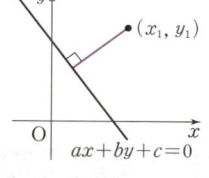

(2) **서로 평행한 두 직선 사이의 거리**
  서로 평행한 두 직선 l, l' 사이의 거리는 직선 l 위의 한 점 (x_1, y_1)과 직선 l' 사이의 거리로 구할 수 있다.

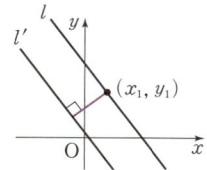

[0125~0128] 다음 점과 직선 사이의 거리를 구하시오.

0125 점 $(3, 1)$, 직선 $3x-4y+5=0$

0126 점 $(4, 3)$, 직선 $x-2y-3=0$

0127 점 $(-2, 3)$, 직선 $y=3x-1$

0128 점 $(-1, 2)$, 직선 $y=-\dfrac{4}{3}x-1$

[0129~0132] 원점과 다음 직선 사이의 거리를 구하시오.

0129 $6x+8y-5=0$ **0130** $5x-12y-13=0$

0131 $y=2x+5$ **0132** $y=-\dfrac{1}{3}x-\dfrac{5}{3}$

[0133~0136] 다음 평행한 두 직선 사이의 거리를 구하시오.

0133 $3x+4y=0$, $3x+4y-10=0$

0134 $3x+y-2=0$, $3x+y+8=0$

0135 $y=2x-1$, $y=2x+4$

0136 $y=\dfrac{2}{3}x-3$, $y=\dfrac{2}{3}x+\dfrac{4}{3}$

02 직선의 방정식

유형 01 한 점과 기울기가 주어진 직선의 방정식

(1) 점 (x_1, y_1)을 지나고 기울기가 m인 직선의 방정식은
$$y-y_1=m(x-x_1)$$
(2) y절편이 n이고 기울기가 m인 직선의 방정식은
$$y=mx+n$$

참고 x축의 양의 방향과 각의 크기가 θ $(0°<\theta<90°)$인 직선의 기울기는 $\tan\theta$이다.

0137 ✔ 대표 예제

두 점 A$(-1, 3)$, B$(5, -5)$에 대하여 기울기가 2이고 선분 AB를 이등분하는 직선의 방정식은?

① $y=2x-5$ ② $y=2x-3$ ③ $y=2x-1$
④ $y=2x+1$ ⑤ $y=2x+3$

완쏠 해설

직선은 선분 AB를 이등분하므로 선분 AB의 중점을 지난다.
선분 AB의 중점의 좌표는

 직선의 기울기가 주어졌으니까 직선이 지나는 점, 즉 선분 AB의 중점의 좌표을 구해야 해.

$$\left(\frac{(-1)+5}{2}, \frac{3+(-5)}{2}\right)$$

즉, $(2, -1)$
따라서 점 $(2, -1)$을 지나고 기울기가 2인 직선의 방정식은
$$y-(-1)=2(x-2)$$
$$\therefore y=2x-5$$

답 ①

0138 대표 예제 한 번 더!

두 점 A$(-1, 2)$, B$(5, -1)$에 대하여 기울기가 -2인 직선 l이 선분 AB를 $1:2$로 내분하는 점을 지난다. 직선 l의 x절편은?

① $\frac{1}{2}$ ② 1 ③ $\frac{3}{2}$
④ 2 ⑤ $\frac{5}{2}$

0139

x의 값의 증가량에 대한 y의 값의 증가량의 비율이 $\frac{2}{3}$로 일정한 일차함수 $f(x)$에 대하여 좌표평면 위의 직선 $y=f(x)$가 점 $(6, 1)$을 지날 때, $f(x)=ax+b$이다. ab의 값은? (단, a, b는 상수이다.)

① -3 ② $-\frac{5}{2}$ ③ -2
④ $-\frac{3}{2}$ ⑤ -1

0140

기울기가 양수인 직선 $y=ax+b$가 점 $(-1, 2)$를 지나고 x축과 이루는 각의 크기가 $60°$일 때, $a(b-2)$의 값은? (단, a, b는 상수이다.)

① 3 ② 4 ③ 5
④ 6 ⑤ 7

0141 교육청

그림과 같이 좌표평면의 제1사분면에 있는 정사각형 ABCD의 모든 변은 x축 또는 y축에 평행하다. 두 점 A, C는 각각 이차함수 $y=x^2$, $y=\frac{1}{2}x^2$의 그래프 위에 있고, 점 A의 y좌표는 점 C의 y좌표보다 크다.

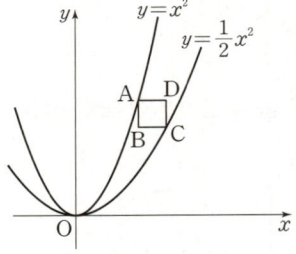

직선 AC가 점 $(2, 3)$을 지날 때, 직선 AC의 y절편은?

① 3 ② $\frac{7}{2}$ ③ 4
④ $\frac{9}{2}$ ⑤ 5

유형 02 두 점을 지나는 직선의 방정식

두 점 (x_1, y_1), (x_2, y_2)를 지나는 직선의 방정식은
$$y - y_1 = \frac{y_2 - y_1}{x_2 - x_1}(x - x_1) \ (단, \ x_1 \neq x_2)$$

0142 ✔ 대표 예제

두 점 A$(-4, 3)$, B$(5, 0)$에 대하여 선분 AB를 $2 : 1$로 내분하는 점과 점 $(0, -3)$을 지나는 직선은 점 $(1, a)$를 지난다. a의 값은?

① -1 ② 0 ③ 1

④ 2 ⑤ 3

완쏠 해설

선분 AB를 $2 : 1$로 내분하는 점의 좌표는
$$\left(\frac{2 \times 5 + 1 \times (-4)}{2 + 1}, \ \frac{2 \times 0 + 1 \times 3}{2 + 1} \right)$$
즉, $(2, 1)$
따라서 두 점 $(2, 1)$, $(0, -3)$을 지나는 직선의 방정식은
$$y - 1 = \frac{(-3) - 1}{0 - 2}(x - 2)$$
$$\therefore y = 2x - 3 \quad \cdots\cdots \ \boxdot$$
위의 직선이 점 $(1, a)$를 지나므로
$a = 2 \times 1 - 3 = -1$ ← $x = 1$, $y = a$를 $\boxdot$에 대입한다.

> 기울기가 주어지지 않고 직선이 지나는 한 점이 주어졌으니까 직선이 지나는 다른 한 점을 구해야 해. **0137**번과 비교해 봐.

(답) ①

0143 대표 예제 한 번 더!

두 점 A$(5, 1)$, B$(3, 3)$에 대하여 선분 AB의 중점을 지나는 직선 l이 점 $(1, 0)$을 지난다. 직선 l의 y절편은?

① $-\dfrac{5}{3}$ ② $-\dfrac{4}{3}$ ③ -1

④ $-\dfrac{2}{3}$ ⑤ $-\dfrac{1}{3}$

0144

세 점 A$(5, 7)$, B$(-2, 4)$, C$(6, -2)$를 꼭짓점으로 하는 삼각형 ABC의 무게중심을 G라 하자. 직선 AG의 방정식이 $ax + by - 3 = 0$일 때, $a + b$의 값을 구하시오.
(단, a, b는 상수이다.)

0145

그림과 같이 세 점 A$(-1, 3)$, B$(a, a+3)$, C$(b, 0)$에 대하여 사각형 AOCB의 두 대각선의 교점 P의 좌표가 $(1, 2)$일 때, $a + b$의 값은? (단, O는 원점이다.)

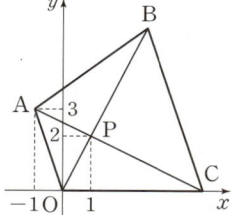

① 4 ② 5
③ 6 ④ 7
⑤ 8

0146

그림과 같이 세 점 A$(0, 6)$, B$(0, 1)$, C$(6, 0)$과 제1사분면 위의 점 D에 대하여 사각형 ABCD가 평행사변형일 때, 직선 BD는 x축 위의 점 $(k, 0)$을 지난다. k의 값은?

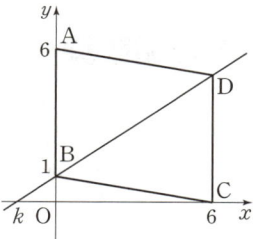

① $-\dfrac{5}{2}$ ② -2 ③ $-\dfrac{3}{2}$

④ -1 ⑤ $-\dfrac{1}{2}$

유형 **03** x절편과 y절편이 주어진 직선의 방정식

x절편이 a, y절편이 b인 직선의 방정식은

$$\frac{x}{a}+\frac{y}{b}=1 \text{ (단, } a\neq0, b\neq0)$$

0147 ✔ 대표 예제

점 $(3, 4)$를 지나는 직선 l의 x절편이 k이고 y절편이 $2k$일 때, 직선 l의 방정식은 $2x+ay+b=0$이다. $a-b+k$의 값은?

(단, $k\neq0$이고, a, b는 상수이다.)

① 10 　　　② 12 　　　③ 14
④ 16 　　　⑤ 18

완쏠 해설

직선 l의 x절편이 k, y절편이 $2k$이므로 직선 l의 방정식은

$$\frac{x}{k}+\frac{y}{2k}=1 \quad \cdots\cdots \text{㉠}$$

직선 l이 점 $(3, 4)$를 지나므로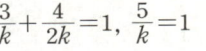

$\rightarrow$ $x=3$, $y=4$를 ㉠에 대입한다.

> 직선 l이 두 점 $(k, 0)$, $(0, 2k)$를 지나는 것을 이용하여 직선의 방정식을 구할 수도 있지만 x절편, y절편이 주어진 경우에는 직선의 방정식을 $\frac{x}{a}+\frac{y}{b}=1$ 꼴로 놓는 것이 편해.

$$\frac{3}{k}+\frac{4}{2k}=1, \ \frac{5}{k}=1$$

$$\therefore k=5$$

$k=5$를 ㉠에 대입하면 직선 l의 방정식은

$$\frac{x}{5}+\frac{y}{10}=1$$

$$\therefore 2x+y-10=0$$

따라서 $a=1$, $b=-10$이므로

$$a-b+k=1-(-10)+5=16$$

답 ④

0148 대표 예제 한 번 더!

점 $(6, 1)$을 지나는 직선 l이 x축, y축과 만나는 점의 좌표는 각각 $(3k, 0)$, $(0, k)$이다. 직선 l의 방정식이 $x+ay+b=0$일 때, $a-b+k$의 값은?

(단, $k\neq0$이고, a, b는 상수이다.)

① 12 　　　② 15 　　　③ 18
④ 21 　　　⑤ 24

0149

점 $(2, -3)$을 지나는 직선 l의 x절편과 y절편은 절댓값이 같고 부호가 서로 반대이다. 직선 l과 x축 및 y축으로 둘러싸인 삼각형의 넓이는?

① $\dfrac{25}{2}$ 　　　② 13 　　　③ $\dfrac{27}{2}$

④ 14 　　　⑤ $\dfrac{29}{2}$

0150

직선 $kx-3y+6k=0$이 x축, y축과 만나는 점을 각각 A, B라 하자. $\overline{AB}=10$일 때, 양수 k의 값은?

① 1 　　　② 2 　　　③ 3
④ 4 　　　⑤ 5

0151 🆙

네 점 A$(2, 0)$, B$(4, 0)$, C$(0, 6)$, D$(0, 4)$에 대하여 사각형 ABCD 내부에 한 점 P가 있다. 점 P에서 네 꼭짓점까지의 거리의 합이 최소가 되도록 하는 점 P의 x좌표는?

① 1 　　　② 2 　　　③ 3
④ 4 　　　⑤ 5

유형 04 세 점이 한 직선 위에 있을 조건

세 점 $A(x_1, y_1)$, $B(x_2, y_2)$, $C(x_3, y_3)$이 한 직선 위에 있으면
➡ 세 직선 AB, BC, CA의 기울기가 같다.
➡ (1) $x_1 \neq x_2$, $x_2 \neq x_3$, $x_3 \neq x_1$이면
$$\frac{y_2 - y_1}{x_2 - x_1} = \frac{y_3 - y_2}{x_3 - x_2} = \frac{y_1 - y_3}{x_1 - x_3}$$
(2) $x_1 = x_2$ 또는 $x_2 = x_3$ 또는 $x_3 = x_1$이면
$x_1 = x_2 = x_3$ (y축에 평행한 직선 위의 점)

0152 ✔대표 예제

세 점 $A(k, 1)$, $B(-k, 2)$, $C(10, 4)$가 한 직선 위에 있도록 하는 k의 값은?

① -5　　　② -2　　　③ 1
④ 4　　　⑤ 7

완쏠 해설

세 점 A, B, C가 한 직선 위에 있으므로 두 직선 AB, BC의
기울기는 서로 같다. → 세 직선 AB, BC, CA의 기울기 중
두 직선의 기울기를 비교한다.

$$\frac{2-1}{(-k)-k} = \frac{4-2}{10-(-k)}$$

$$-\frac{1}{2k} = \frac{2}{10+k}$$

$$10+k = -4k, \quad 5k = -10$$

$$\therefore k = -2$$

> $k = -k = 10$을 만족시키는 k의 값은 존재하지 않으므로 세 점 A, B, C는 y축에 평행한 한 직선 위의 점이 될 수 없어. 즉, 세 점 중 두 점을 이용하여 기울기를 비교하면 k의 값을 구할 수 있어.

답 ②

0153 대표 예제 한 번 더! 교육청

세 점 $A(-1, a)$, $B(1, 1)$, $C(a, -7)$이 한 직선 위에 있도록 하는 양수 a의 값은?

① 5　　　② 6　　　③ 7
④ 8　　　⑤ 9

0154

직선 l 위에 세 점 $A(k, -1)$, $B(k, 3)$, $C(2, 5)$가 있다. 선분 BC의 길이를 m이라 할 때, $k+m$의 값은?

① 1　　　② 2　　　③ 3
④ 4　　　⑤ 5

0155

세 점 $A(-3, -2)$, $B(k-2, 0)$, $C(7, k)$가 삼각형을 이루지 않도록 하는 모든 실수 k의 값의 합은?

① -3　　　② -2　　　③ -1
④ 0　　　⑤ 1

0156

두 점 $A(k, k-1)$, $B(7, k+1)$을 지나는 직선 l의 x절편이 -1일 때, k의 값은?

① -3　　　② -1　　　③ 1
④ 3　　　⑤ 5

유형 05 도형의 넓이를 분할하는 직선

(1) 삼각형 ABC의 꼭짓점 A를 지나면서 삼각형의 넓이를 $m:n$으로 분할하는 직선은 변 BC를 $m:n$으로 내분하는 점을 지난다.

(2) 직사각형의 넓이를 이등분하는 직선은 직사각형의 두 대각선의 교점을 지난다.

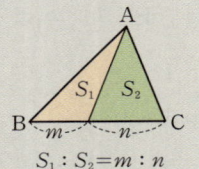

$S_1:S_2=m:n$

0157 ✓ 대표 예제

세 점 A$(-3, 4)$, B$(-1, -3)$, C$(5, 3)$에 대하여 점 A를 지나는 직선 l이 삼각형 ABC의 넓이를 이등분할 때, 직선 l의 기울기는?

① -1　　② $-\dfrac{4}{5}$　　③ $-\dfrac{3}{5}$

④ $-\dfrac{2}{5}$　　⑤ $-\dfrac{1}{5}$

완쏠 해설

직선 l이 삼각형 ABC의 한 꼭짓점 A를 지나므로 직선 l이 삼각형 ABC의 넓이를 이등분하려면 변 BC의 중점을 지나야 한다.

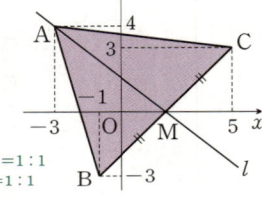

선분 BC의 중점을 M이라 하면 점 M의 좌표는 <small>△ABM:△AMC=1:1 이므로 BM:MC=1:1</small>

$\left(\dfrac{(-1)+5}{2}, \dfrac{(-3)+3}{2}\right)$, 즉 M$(2, 0)$

따라서 직선 l은 두 점 A$(-3, 4)$, M$(2, 0)$을 지나므로 직선 l의 기울기는

$\dfrac{0-4}{2-(-3)}=-\dfrac{4}{5}$ ← 직선의 기울기를 구하려면 직선 위의 두 점의 좌표를 알아야 한다.

답 ②

0158 대표 예제 한 번 더!

두 점 A$(-3, 7)$, B$(5, -1)$에 대하여 직선 $y=mx$가 삼각형 OAB의 넓이를 이등분할 때, 상수 m의 값은? (단, O는 원점이다.)

① 1　　　② 2　　　③ 3

④ 4　　　⑤ 5

0159

그림과 같이 세 점 A$(0, 6)$, B$(-3, -2)$, C$(6, 4)$와 x축 위의 점 D$(k, 0)$에 대하여 직선 AD와 직선 BC의 교점을 P라 할 때, 삼각형 ABP와 삼각형 APC의 넓이의 비가 $2:1$이다. k의 값은?

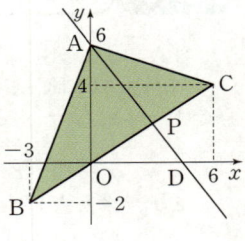

① $\dfrac{25}{6}$　　② $\dfrac{13}{3}$　　③ $\dfrac{9}{2}$

④ $\dfrac{14}{3}$　　⑤ $\dfrac{29}{6}$

0160 교육청

네 직선 $x=1$, $x=3$, $y=-1$, $y=4$로 둘러싸인 도형의 넓이를 일차함수 $y=ax$의 그래프가 이등분할 때, 상수 a의 값은?

① $\dfrac{1}{4}$　　② $\dfrac{1}{2}$　　③ $\dfrac{3}{4}$

④ 1　　　⑤ $\dfrac{5}{4}$

0161

그림과 같이 네 점 A$(0, 8)$, O$(0, 0)$, C$(6, 0)$, B$(6, 8)$을 꼭짓점으로 하는 직사각형 AOCB와 네 점 F$(-4, 4)$, E$(-4, 0)$, O$(0, 0)$, D$(0, 4)$를 꼭짓점으로 하는 정사각형 FEOD에 대하여 두 사각형의 넓이를 동시에 이등분하는 직선의 y절편은?

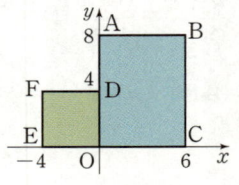

① 2　　　② $\dfrac{11}{5}$　　③ $\dfrac{12}{5}$

④ $\dfrac{13}{5}$　　⑤ $\dfrac{14}{5}$

유형 06 계수의 부호에 따른 직선의 개형

방정식 $ax+by+c=0$이 나타내는 직선은

(1) $b \neq 0$인 경우, 주어진 식을 $y=-\dfrac{a}{b}x-\dfrac{c}{b}$로 변형한 후 직선의 기울기와 y절편의 부호를 정할 수 있다.

(2) $b=0$인 경우, $x=-\dfrac{c}{a}$에서 y축에 평행한 직선임을 알 수 있다.

0162 ✓대표 예제

$ac<0$, $bc>0$일 때, 직선 $ax+by+c=0$의 개형으로 알맞은 것은?

① 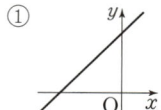 ② 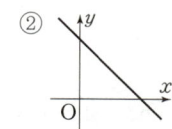 ③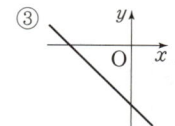

④ 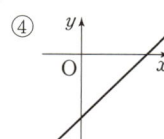 ⑤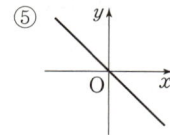

완쏠 해설

$bc>0$에서 $b \neq 0$이므로

$ax+by+c=0$에서

$y=-\dfrac{a}{b}x-\dfrac{c}{b}$

$ac<0$, $bc>0$에서 a와 c의 부호는 다르고 b와 c의 부호는 같다.

$a>0$, $b<0$, $c<0$ 또는 $a<0$, $b>0$, $c>0$

$\therefore -\dfrac{a}{b}>0$, $-\dfrac{c}{b}<0$

따라서 직선 $y=-\dfrac{a}{b}x-\dfrac{c}{b}$의 기울기는 양수이고, y절편은 음수이므로 직선 $ax+by+c=0$의 개형으로 알맞은 것은 ④이다.

직선의 기울기와 y절편의 부호만 알면 그래프의 개형을 알 수 있으므로 $y=mx+n$ 꼴로 고쳐서 부호를 확인해 보자.

답 ④

0163 대표 예제 한 번 더!

$ab>0$, $bc=0$일 때, 직선 $ax+by+c=0$이 지나지 않는 사분면으로 알맞게 짝 지어진 것은?

① 제1, 2사분면 ② 제1, 3사분면 ③ 제1, 4사분면
④ 제2, 3사분면 ⑤ 제3, 4사분면

0164

직선 $ax+by+c=0$이 그림과 같을 때, 직선 $cx+ay+b=0$이 지나지 않는 사분면은? (단, a, b, c는 상수이다.)

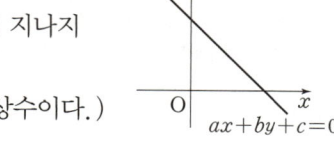

① 제1사분면 ② 제2사분면
③ 제3사분면 ④ 제4사분면
⑤ 제3, 4사분면

0165

$bc>0$일 때, 직선 $ax+by+c=0$의 개형이 될 수 있는 것만을 I보기I에서 있는 대로 고르시오. (단, a는 상수이다.)

보기
ㄱ. 원점을 지나는 직선
ㄴ. x축에 평행한 직선
ㄷ. y축에 평행한 직선

0166

이차함수 $y=ax^2+bx+c$의 그래프가 그림과 같을 때, 직선 $ax+by+c=0$이 지나지 않는 사분면은? (단, a, b, c는 상수이다.)

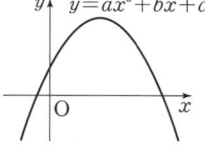

① 제1사분면 ② 제2사분면 ③ 제3사분면
④ 제4사분면 ⑤ 제3, 4사분면

유형 **07** 직선이 항상 지나는 점

(1) 직선 $(ax+by+c)+k(a'x+b'y+c')=0$은 실수 k의 값에 관계없이 항상 두 직선 $ax+by+c=0$, $a'x+b'y+c'=0$의 교점을 지난다.
(2) 직선 $y-b=m(x-a)$는 실수 m의 값에 관계없이 항상 점 (a, b)를 지난다.

0167 ✓ 대표 예제

직선 $(3k+1)x-(k+3)y-5k+9=0$은 실수 k의 값에 관계없이 항상 점 P를 지난다. 원점 O에 대하여 직선 OP의 기울기는?

① $\dfrac{1}{3}$ ② $\dfrac{2}{3}$ ③ 1

④ $\dfrac{4}{3}$ ⑤ $\dfrac{5}{3}$

완쏠 해설

$(3k+1)x-(k+3)y-5k+9=0$을 k에 대하여 정리하면
$(x-3y+9)+k(3x-y-5)=0$
즉, 주어진 직선은 두 직선 $x-3y+9=0$, $3x-y-5=0$의 교점을 지난다.
$x-3y+9=0$, $3x-y-5=0$을 연립하여 풀면
$x=3$, $y=4$
따라서 P$(3, 4)$이므로 직선 OP의 기울기는
$\dfrac{4-0}{3-0}=\dfrac{4}{3}$

다른 풀이

$(3k+1)x-(k+3)y-5k+9=0$ $\cdots\cdots$ ㉠
직선 ㉠은 k의 값에 관계없이 항상 점 P를 지나므로 직선 ㉠ 중에서 원점 O를 지나는 직선을 찾으면 이 직선과 직선 OP는 일치한다.
$x=0$, $y=0$을 ㉠에 대입하면
$(3k+1)\times0-(k+3)\times0-5k+9=0$ $\quad\therefore k=\dfrac{9}{5}$
$k=\dfrac{9}{5}$를 ㉠에 대입하면
$\left(3\times\dfrac{9}{5}+1\right)x-\left(\dfrac{9}{5}+3\right)y-5\times\dfrac{9}{5}+9=0$ $\quad\therefore y=\dfrac{4}{3}x$
따라서 직선 OP의 기울기는 $\dfrac{4}{3}$이다.

> 문제에 'k의 값에 관계없이'라는 문장이 나오면 k에 대한 항등식이라는 의미야. 이런 문장이 나오는 경우에는 주어진 식을 k에 대하여 정리하고 항등식의 성질을 이용해야 해.

답 ④

0168 대표 예제 한 번 데!

직선 $3(k+1)x+2(k-2)y+18=0$은 실수 k의 값에 관계없이 항상 점 P를 지난다. 점 P를 지나고 기울기가 3인 직선이 y축과 만나는 점의 y좌표는?

① $\dfrac{23}{3}$ ② 8 ③ $\dfrac{25}{3}$

④ $\dfrac{26}{3}$ ⑤ 9

0169

직선 $mx-y+5m-12=0$은 실수 m의 값에 관계없이 항상 점 P를 지난다. 원점 O에 대하여 선분 OP의 길이를 구하시오.

0170

두 직선 $5x+4y-20=0$, $mx-y+2m-1=0$의 교점이 제1사분면 위에 있도록 하는 실수 m의 값의 범위가 $\alpha<m<\beta$일 때, $\alpha+\beta$의 값은?

① $\dfrac{8}{3}$ ② $\dfrac{17}{6}$ ③ 3

④ $\dfrac{19}{6}$ ⑤ $\dfrac{10}{3}$

0171

두 점 A$(0, 5)$, B$(3, 5)$에 대하여 직선 $x-ky+k+1=0$이 선분 AB와 한 점에서 만나도록 하는 실수 k의 값의 범위는 $\alpha\leq k\leq\beta$이다. $16(\alpha^2+\beta^2)$의 값을 구하시오.

유형 08 두 직선의 교점을 지나는 직선의 방정식

두 직선 $ax+by+c=0$, $a'x+b'y+c'=0$의 교점을 지나는 직선의 방정식은
$$ax+by+c+k(a'x+b'y+c')=0 \text{ (단, } k\text{는 실수)}$$

0172 ✓ 대표 예제

두 직선 $2x+3y-9=0$, $5x+4y-19=0$의 교점과 점 $(0, 4)$를 지나는 직선의 방정식이 $ax+by-4=0$일 때, $a+b$의 값은?
(단, a, b는 상수이다.)

① -2 ② -1 ③ 0
④ 1 ⑤ 2

완쏠 해설

주어진 두 직선의 교점을 지나는 직선의 방정식은
$2x+3y-9+k(5x+4y-19)=0$ (단, k는 실수) ······ ㉠
직선 ㉠이 점 $(0, 4)$를 지나므로 → $x=0$, $y=4$를 ㉠에 대입한다.
$2\times0+3\times4-9+k(5\times0+4\times4-19)=0$
$3-3k=0$
$\therefore k=1$
$k=1$을 ㉠에 대입하면
$2x+3y-9+1\times(5x+4y-19)=0$
$7x+7y-28=0$
$\therefore x+y-4=0$
따라서 $a=1$, $b=1$이므로
$a+b=1+1=2$

다른 풀이

$2x+3y-9=0$, $5x+4y-19=0$을 연립하여 풀면
$x=3$, $y=1$
즉, 주어진 두 직선의 교점의 좌표는 $(3, 1)$이다.
따라서 두 점 $(3, 1)$, $(0, 4)$를 지나는 직선의 방정식은
$y-1=\dfrac{4-1}{0-3}(x-3)$
$y=-x+4$
$\therefore x+y-4=0$

> 두 가지 풀이 방법 중 어느 것이 더 낫다고 콕 집어 말할 수는 없어. 두 가지 풀이 방법을 모두 기억하고 문제에 따라 더 쉬운 방법을 택하면 돼.

(답) ⑤

0173 대표 예제 한 번 더! 교육청

좌표평면에서 두 직선 $x-2y+2=0$, $2x+y-6=0$이 만나는 점과 점 $(4, 0)$을 지나는 직선의 y절편은?

① $\dfrac{11}{3}$ ② 4 ③ $\dfrac{13}{3}$
④ $\dfrac{14}{3}$ ⑤ 5

0174

두 직선 $4x+3y-7=0$, $3x-4y+1=0$의 교점을 지나고 기울기가 2인 직선의 y절편은?

① -2 ② -1 ③ 0
④ 1 ⑤ 2

0175

두 직선 $2x+3y-4=0$, $3x-2y-6=0$의 교점과 점 $(1, 5)$를 지나는 직선이 x축과 만나는 점을 A, y축과 만나는 점을 B라 할 때, 삼각형 OAB의 넓이를 구하시오.
(단, O는 원점이다.)

0176

두 직선 $(a-1)x+ay-10=0$, $(a+1)x-ay-2=0$의 교점과 원점을 지나는 직선의 기울기가 1일 때, 상수 a의 값은?

① 1 ② 2 ③ 3
④ 4 ⑤ 5

유형 09 두 직선의 평행과 수직

(1) 두 직선 $y=mx+n$, $y=m'x+n'$에 대하여
  ① 평행하다. ➡ $m=m'$, $n≠n'$
  ② 수직이다. ➡ $mm'=-1$
(2) 두 직선 $ax+by+c=0$, $a'x+b'y+c'=0$에 대하여
  ① 평행하다. ➡ $\dfrac{a}{a'}=\dfrac{b}{b'}≠\dfrac{c}{c'}$ (단, $a'b'c'≠0$)
  ② 수직이다. ➡ $aa'+bb'=0$

0177 ✔ 대표 예제

두 직선 $(k-1)x-3y+1=0$, $kx+2y-5=0$이 서로 평행하도록 하는 상수 k의 값을 $α$, 서로 수직이 되도록 하는 상수 k의 값을 $β$라 할 때, $α+β$의 값은? (단, $β>0$)

① $\dfrac{16}{5}$ ② $\dfrac{17}{5}$ ③ $\dfrac{18}{5}$

④ $\dfrac{19}{5}$ ⑤ 4

완쏠 해설

두 직선 $(k-1)x-3y+1=0$, $kx+2y-5=0$이 서로 평행하려면

$\dfrac{k-1}{k}=\dfrac{-3}{2}≠\dfrac{1}{-5}$

$2(k-1)=-3k$ ∴ $k=\dfrac{2}{5}$

∴ $α=\dfrac{2}{5}$

> 이 문제에서는 평행 조건 중 $\dfrac{-3}{2}≠-\dfrac{1}{5}$을 바로 확인할 수 있어서 k의 값을 대입해 보지 않았지만, 한눈에 보이지 않는 경우 k의 값을 대입하여 등호의 성립 여부를 확인해 봐야 해.

한편, 두 직선이 서로 수직이려면
$(k-1)k+(-3)×2=0$
$k^2-k-6=0$, $(k+2)(k-3)=0$
∴ $k=-2$ 또는 $k=3$
이때 $β>0$이므로 $β=3$
∴ $α+β=\dfrac{2}{5}+3=\dfrac{17}{5}$

답 ②

0178 대표 예제 한 번 더!

서로 다른 두 직선 $kx+y+1=0$, $2x+(k-1)y-2=0$이 서로 평행하도록 하는 상수 k의 값을 $α$, 서로 수직이 되도록 하는 상수 k의 값을 $β$라 할 때, $αβ$의 값은?

① $\dfrac{1}{3}$ ② $\dfrac{2}{3}$ ③ 1

④ $\dfrac{4}{3}$ ⑤ $\dfrac{5}{3}$

0179

두 직선 $y=k(x+1)-2x-1$, $y=\left(\dfrac{1}{2}-k\right)x$에 대하여 두 직선이 서로 평행할 때의 상수 k의 값을 $α$, 서로 수직일 때의 상수 k의 값을 $β$라 할 때, $4(α+β)$의 값을 구하시오.
(단, $k≠0$)

0180

직선 $y=ax+2a-1$이 직선 $y=(b+1)x-b$와 평행하고 직선 $by=x$와 수직일 때, $16(a^2+b^2)$의 값을 구하시오.
(단, a, b는 상수이다.)

0181 교육청

네 점 A$(0, 1)$, B$(0, 4)$, C$(\sqrt{2}, p)$, D$(3\sqrt{2}, q)$가 다음 조건을 만족시킬 때, $p+q$의 값을 구하시오.

> (가) 직선 CD의 기울기는 음수이다.
> (나) $\overline{AB}=\overline{CD}$이고 $\overline{AD} \parallel \overline{BC}$이다.

유형 10 세 직선의 위치 관계

서로 다른 세 직선에 대하여
(1) 세 직선이 한 점에서 만나는 경우
→ 두 직선의 교점을 나머지 한 직선이 지난다.
(2) 세 직선 중 두 직선만 서로 평행한 경우
→ 두 직선의 기울기는 같고, 나머지 한 직선의 기울기는 두 직선의 기울기와 다르다.
(3) 세 직선이 모두 평행한 경우
→ 세 직선의 기울기가 모두 같다.

0182 ✓ 대표 예제

세 직선 $y=x$, $y=ax+2$, $y=(2a-3)x-2$ 중 어떤 두 직선은 서로 평행하고 나머지 한 직선은 다른 두 직선과 평행하지 않도록 하는 모든 실수 a의 값의 합은?

① 4   ② 5   ③ 6
④ 7   ⑤ 8

완쏠 해설

세 직선을 각각
$l : y=x$,
$m : y=ax+2$,
$n : y=(2a-3)x-2$
라 하면
(i) 두 직선 l, m이 서로 평행한 경우
직선 l, m의 기울기가 각각 1, a이므로
$a=1$
즉, 두 직선 l, m의 기울기는 1이고, 직선 n의 기울기는
$2\times1-3=-1$이므로 주어진 조건을 만족시킨다. ↙ 2a-3
(ii) 두 직선 m, n이 서로 평행한 경우
직선 m, n의 기울기가 각각 a, $2a-3$이므로
$a=2a-3$ ∴ $a=3$
즉, 두 직선 m, n의 기울기는 3이고, 직선 l의 기울기는
1이므로 주어진 조건을 만족시킨다.
(iii) 두 직선 l, n이 서로 평행한 경우
직선 l, n의 기울기가 각각 1, $2a-3$이므로
$1=2a-3$ ∴ $a=2$
즉, 두 직선 l, n의 기울기는 1이고, 직선 m의 기울기는 ↙ a
2이므로 주어진 조건을 만족시킨다.
(i), (ii), (iii)에서 조건을 만족시키는 모든 실수 a의 값의 합은
$1+3+2=6$

> 두 직선이 평행함을 이용하여 두 직선의 기울기를 구했다면 나머지 한 직선의 기울기도 구하여 비교해 봐야 해. 세 직선의 기울기가 모두 같은 경우도 있거든~

답 ③

0183 대표 예제 한 번 더!

세 직선
$$x+y=0, (a-3)x-y+1=0, (a-1)x-2y-2=0$$
에 의하여 생기는 교점이 2개가 되도록 하는 모든 실수 a의 값의 합을 구하시오.

0184

서로 다른 세 직선
$$2x-y-2=0, 2x-ay+2=0, ax-y-a-1=0$$
이 한 점에서 만나도록 하는 상수 a의 값은?

① 1   ② 2   ③ 3
④ 4   ⑤ 5

0185

서로 다른 세 직선
$$x-y+2=0, 2x+y-2=0, ax-y+a-2=0$$
으로 둘러싸인 삼각형이 존재하지 않도록 하는 모든 상수 a의 값의 합을 구하시오.

0186

세 직선
$$(k-2)x-3y-5=0, 4x-(k+2)y+1=0,$$
$$(2-k)x+(k-1)y+1=0$$
에 의해 좌표평면이 4개의 영역으로 나누어지도록 하는 상수 k의 값은?

① -4 ② -2 ③ 0
④ 2   ⑤ 4

유형 11 평행 또는 수직 조건이 주어질 때의 직선의 방정식 (중요)

(1) 직선 $l : y=mx+n$이 주어진 경우
  ① 직선 l과 평행한 직선의 방정식
    ➡ $y=mx+k$ (단, $n≠k$)
  ② 직선 l과 수직인 직선의 방정식
    ➡ $y=-\dfrac{1}{m}x+k$ (단, $m≠0$)
(2) 직선 $l : ax+by+c=0$이 주어진 경우
  ➡ 직선 l을 $y=-\dfrac{a}{b}x-\dfrac{c}{b}$ 꼴로 바꾸어 (1)의 방법을 이용한다.

0187 ✔ 대표 예제

두 점 A$(-2, 1)$, B$(2, -1)$에 대하여 점 A를 지나고 직선 AB에 수직인 직선이 y축과 만나는 점의 y좌표는?

① 1   ② 2   ③ 3
④ 4   ⑤ 5

(완쏠 해설)

직선 AB의 기울기는
$\dfrac{(-1)-1}{2-(-2)}=-\dfrac{1}{2}$ → 두 직선의 기울기의 곱이 -1이어야 한다.
이므로 직선 AB에 수직인 직선의 기울기는 2이다.
이때 점 A$(-2, 1)$을 지나고 기울기가 2인 직선의 방정식은
$y-1=2\{x-(-2)\}$
∴ $y=2x+5$
따라서 조건을 만족시키는 직선이 y축과 만나는 점의 y좌표는 5이다.

⟶ (답) ⑤

0188 대표 예제 한 번 더!

두 점 A$(-1, 2)$, B$(2, 3)$에 대하여 점 B를 지나고 직선 AB에 수직인 직선이 점 $(1, a)$를 지날 때, a의 값은?

① 3   ② 4   ③ 5
④ 6   ⑤ 7

0189

직선 $y=\dfrac{1}{2}x+1$에 평행하고 점 $(-3, 1)$을 지나는 직선의 방정식이 $y=ax+b$일 때, $a+b$의 값은?
(단, a, b는 상수이다.)

① 2   ② $\dfrac{5}{2}$ ③ 3
④ $\dfrac{7}{2}$ ⑤ 4

0190

직선 $5x-4y+2=0$과 평행하고 점 $(8, -5)$를 지나는 직선과 x축, y축이 만나는 점을 각각 A, B라 할 때, 삼각형 OAB의 넓이를 구하시오. (단, O는 원점이다.)

0191 교육청

그림과 같이 $∠A=∠B=90°$, $\overline{AB}=4$, $\overline{BC}=8$인 사다리꼴 ABCD에 대하여 선분 AD를 2 : 1로 내분하는 점을 P라 하자. 두 직선 AC, BP가 점 Q에서 서로 수직으로 만날 때, 삼각형 AQD의 넓이는?

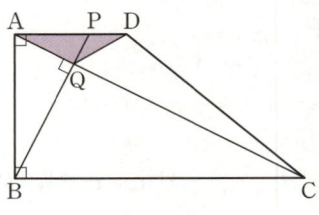

① $\dfrac{6}{5}$ ② $\dfrac{13}{10}$ ③ $\dfrac{7}{5}$
④ $\dfrac{3}{2}$ ⑤ $\dfrac{8}{5}$

유형 12 선분을 수직이등분하는 직선의 방정식

직선 AB의 기울기를 m ($m \neq 0$), 선분 AB의 중점을 M이라 할 때, 선분 AB의 수직이등분선은
(1) 점 M을 지난다. → 선분 AB를 이등분하므로 선분 AB의 중점 M을 지난다.
(2) 기울기는 $-\dfrac{1}{m}$이다. → 직선 AB와 서로 수직이므로 기울기의 곱은 -1이다.

0192 ✔대표예제

두 점 A$(1, 1)$, B$(5, 3)$에 대하여 선분 AB의 수직이등분선의 방정식이 $ax+by-8=0$일 때, $a+b$의 값은?

(단, a, b는 상수이다.)

① 1 ② 2 ③ 3
④ 4 ⑤ 5

완쏠 해설

선분 AB의 중점의 좌표는 → 선분 AB의 수직이등분선은 선분 AB의 중점을 지난다.
$\left(\dfrac{1+5}{2}, \dfrac{1+3}{2}\right)$, 즉 $(3, 2)$

직선 AB의 기울기는
$\dfrac{3-1}{5-1}=\dfrac{1}{2}$ → 직선 AB와 수직이므로 직선 AB의 기울기를 구한다. $\dfrac{1}{2} \times (-2)=-1$

즉, 선분 AB의 수직이등분선은 점 $(3, 2)$를 지나고 기울기가 -2인 직선이므로 선분 AB의 수직이등분선의 방정식은
$y-2=(-2)(x-3)$, $y=-2x+8$
$\therefore 2x+y-8=0$
따라서 $a=2$, $b=1$이므로
$a+b=2+1=3$

다른 풀이 → 점 P가 나타내는 도형의 방정식을 구한다.
선분 AB의 수직이등분선 위의 임의의 점을 P(x, y)라 하면
$\overline{AP}=\overline{BP}$이므로 $\overline{AP}^2=\overline{BP}^2$
$(x-1)^2+(y-1)^2=(x-5)^2+(y-3)^2$
$x^2-2x+1+y^2-2y+1=x^2-10x+25+y^2-6y+9$
$8x+4y-32=0$ $\therefore 2x+y-8=0$

답 ③

0193 대표예제 한번더!

두 점 A$(-2, 3)$, B$(4, 1)$에 대하여 선분 AB의 수직이등분선의 y절편은?

① -2 ② -1 ③ 0
④ 1 ⑤ 2

0194

두 점 A$(-1, a)$, B$(3, b)$에 대하여 선분 AB의 수직이등분선의 방정식이 $2x+y-4=0$일 때, $2a-b$의 값은?

① -2 ② -1 ③ 0
④ 1 ⑤ 2

0195 교육청

그림과 같이 좌표평면에서 점 A$(-2, 3)$과 직선 $y=m(x-2)$ 위의 서로 다른 두 점 B, C가 $\overline{AB}=\overline{AC}$를 만족시킨다. 선분 BC의 중점이 y축 위에 있을 때, 양수 m의 값은?

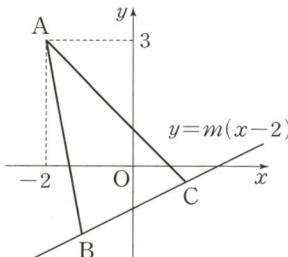

① $\dfrac{1}{3}$ ② $\dfrac{5}{12}$ ③ $\dfrac{1}{2}$
④ $\dfrac{7}{12}$ ⑤ $\dfrac{2}{3}$

0196

그림과 같이 x축 위의 점 A$(a, 0)$과 제1사분면 위의 점 B, 제2사분면 위의 점 C에 대하여 사각형 OABC는 마름모이다. $\overline{AC}=10$이고 점 B가 직선 $y=\dfrac{4}{3}x$ 위의 점일 때, $40a$의 값을 구하시오.

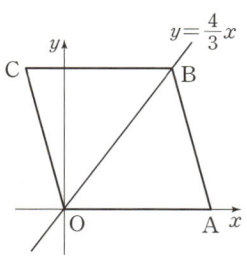

유형 13 **점과 직선 사이의 거리** ⭐중요

점 (x_1, y_1)과 직선 $ax+by+c=0$ 사이의 거리를 d라 하면

$$d = \frac{|ax_1+by_1+c|}{\sqrt{a^2+b^2}}$$

0197 ✓ **대표 예제**

점 $(2, 4)$와 직선 $x+ay-4=0$ 사이의 거리가 $\sqrt{10}$일 때, 양수 a의 값은?

① 1   ② 2   ③ 3
④ 4   ⑤ 5

완쏠 해설

점 $(2, 4)$와 직선 $x+ay-4=0$ 사이의 거리가 $\sqrt{10}$이므로

$\dfrac{|1\times 2+a\times 4-4|}{\sqrt{1^2+a^2}}=\sqrt{10}$

$|4a-2|=\sqrt{10(1+a^2)}$

위의 식의 양변을 제곱하면 → 절댓값 기호와 제곱근 기호를 모두 없애는 방법이다.

$16a^2-16a+4=10(a^2+1)$

$3a^2-8a-3=0$

$(3a+1)(a-3)=0$

$\therefore a=3 \ (\because a>0)$

답 ③

0198 **대표 예제** **한 번 더!**

점 $(3, 4)$와 직선 $ax+3y-9=0$ 사이의 거리가 3일 때, 상수 a의 값은?

① 1   ② 2   ③ 3
④ 4   ⑤ 5

0199

두 점 $A(4, 0)$, $B(0, 3)$에 대하여 삼각형 OAB의 내접원의 중심을 (a, b)라 할 때, $a+b$의 값은?

(단, O는 원점이다.)

① 1   ② 2   ③ 3
④ 4   ⑤ 5

0200

점 $(3, a)$에서 두 직선

$x+3y-5=0$, $3x+y+1=0$

까지의 거리가 같도록 하는 모든 실수 a의 값의 합은?

① -4 ② -2 ③ 0
④ 2   ⑤ 4

0201

원점과 직선 $(k+3)x+(k+1)y-3=0$ 사이의 거리의 최댓값은? (단, k는 실수이다.)

① $\dfrac{\sqrt{2}}{2}$ ② $\sqrt{2}$ ③ $\dfrac{3\sqrt{2}}{2}$

④ $2\sqrt{2}$ ⑤ $\dfrac{5\sqrt{2}}{2}$

유형 14 삼각형의 넓이

세 점 A, B, C를 꼭짓점으로 하는 삼각형 ABC의 넓이는 다음과
같은 순서로 구한다.
❶ 선분 AB의 길이와 직선 AB의 방정식을 각각 구한다.
❷ 점 C와 직선 AB 사이의 거리 h를 구한다.
❸ $\frac{1}{2} \times \overline{AB} \times h$를 이용하여 삼각형 ABC의 넓이를 구한다.
　밑변의 길이 ↗　↖높이

0202 ✓ 대표 예제

세 점 A$(-1, 3)$, B$(-2, -2)$, C$(3, 1)$을 꼭짓점으로 하는
삼각형 ABC의 넓이는?

① 11　　　　② 12　　　　③ 13
④ 14　　　　⑤ 15

완쏠 해설

선분 AB의 길이는 → 삼각형 ABC의 밑변의 길이
$\overline{AB} = \sqrt{\{(-2)-(-1)\}^2 + \{(-2)-3\}^2} = \sqrt{26}$
직선 AB의 방정식은
$y - 3 = \dfrac{(-2)-3}{(-2)-(-1)}\{x-(-1)\}$, $y = 5x + 8$
$\therefore 5x - y + 8 = 0$ …… ㉠
점 C$(3, 1)$과 직선 ㉠ 사이의 거리는 → 삼각형 ABC의 높이
$\dfrac{|5 \times 3 - 1 \times 1 + 8|}{\sqrt{5^2 + (-1)^2}} = \dfrac{22}{\sqrt{26}}$
따라서 삼각형 ABC의 넓이는
$\dfrac{1}{2} \times \sqrt{26} \times \dfrac{22}{\sqrt{26}} = 11$

> 점과 직선 사이의 거리는 한 점에서 직선에 내린 수선의 발까지의 거리와 같으므로 삼각형에서는 높이로 생각할 수 있어.

답 ①

0203 대표 예제 한 번 더!

세 점 A$(1, 3)$, B$(-2, 0)$, C$(2, -2)$를 꼭짓점으로 하는
삼각형 ABC의 넓이는?

① 6　　　　② 7　　　　③ 8
④ 9　　　　⑤ 10

0204

세 점 A$(-1, 3)$, B$(1, -1)$, C$(a, 1)$을 꼭짓점으로 하는
삼각형 ABC의 넓이가 12일 때, 양수 a의 값은?

① 2　　　　② 4　　　　③ 6
④ 8　　　　⑤ 10

0205

점 A$(0, 3)$과 직선 $3x - 5y - 2 = 0$ 위의 서로 다른 두 점
P, Q에 대하여 삼각형 APQ가 정삼각형일 때, 삼각형
APQ의 넓이는?

① $\dfrac{8\sqrt{3}}{3}$　　　　② $\dfrac{17\sqrt{3}}{6}$　　　　③ $3\sqrt{3}$
④ $\dfrac{19\sqrt{3}}{6}$　　　　⑤ $\dfrac{10\sqrt{3}}{3}$

0206 UP

두 점 A$(3, -4)$, B$(4, 0)$과 곡선 $y = x^2$ 위의 점 P에 대
하여 삼각형 ABP의 넓이의 최솟값은?

① 3　　　　② 4　　　　③ 5
④ 6　　　　⑤ 7

유형 15 평행한 두 직선 사이의 거리

평행한 두 직선 l, m 사이의 거리는 다음과 같은 순서로 구한다.
❶ 직선 l 위의 한 점의 좌표 (a, b)를 정한다. → 구하기 쉬운 점으로
❷ 점 (a, b)와 직선 m 사이의 거리를 구한다.

0207 ✓대표 예제

평행한 두 직선 $x+2y-4=0$, $x+2y+k=0$ 사이의 거리가 $2\sqrt{5}$일 때, 양수 k의 값은?

① 6 ② 7 ③ 8
④ 9 ⑤ 10

완쏠 해설

직선 $x+2y-4=0$이 점 $(4, 0)$을 지나므로 두 직선
$x+2y-4=0$, $x+2y+k=0$ 사이의 거리는 점 $(4, 0)$과 직선
$x+2y+k=0$ 사이의 거리와 같다.
이때 두 직선 사이의 거리가 $2\sqrt{5}$이므로

$$\frac{|1\times4+2\times0+k|}{\sqrt{1^2+2^2}}=2\sqrt{5}$$

$|k+4|=10$, $k+4=\pm10$
∴ $k=6$ ($\because k>0$)

> 직선 $x+2y-4=0$ 위의 점 중에서 어떤 점을 잡아도 거리를 구할 수 있지만 $(4, 0)$, $(0, 2)$와 같이 좌표축 위의 점을 잡으면 계산하기 편리하겠지?

(답) ①

0208 대표 예제 한 번 더!

평행한 두 직선 $y=\frac{4}{3}x+1$, $y=\frac{4}{3}x+k$ 사이의 거리가 3이 되도록 하는 양수 k의 값은?

① 6 ② 7 ③ 8
④ 9 ⑤ 10

0209

평행한 두 직선 $ax-3y-3=0$, $4x+(1-a)y+4=0$ 사이의 거리는? (단, a는 상수이다.)

① $\frac{4}{5}$ ② 1 ③ $\frac{6}{5}$
④ $\frac{7}{5}$ ⑤ $\frac{8}{5}$

0210

평행한 두 직선 $x-2y+4=0$, $ax+by-2=0$ 사이의 거리가 $\sqrt{5}$일 때, 두 상수 a, b에 대하여 $a+b$의 값은?
(단, $a>0$)

① -2 ② -1 ③ 0
④ 1 ⑤ 2

0211

그림과 같이 직선 $ax+2y+10=0$ 위의 두 점 A, B와 직선 $ax+2y-10=0$ 위의 두 점 C, D에 대하여 사각형 ABCD는 정사각형이다. 사각형 ABCD의 넓이가 64일 때, 양수 a의 값은?

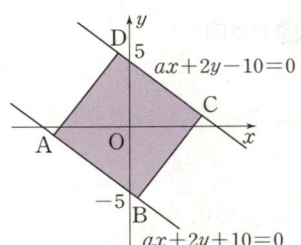

① $\frac{7}{6}$ ② $\frac{4}{3}$ ③ $\frac{3}{2}$
④ $\frac{5}{3}$ ⑤ $\frac{11}{6}$

유형 16 두 직선이 이루는 각의 이등분선

두 직선 l, m이 이루는 각의 이등분선의 방정식은 다음과 같은 순서로 구한다.
❶ 각의 이등분선 위의 임의의 점을 $P(x, y)$로 놓는다.
❷ 점 P에서 두 직선에 이르는 거리가 같음을 이용하여 x, y 사이의 관계식을 구한다.

0212 ✓ 대표 예제

두 직선 $x-2y+4=0$, $2x+y-2=0$이 이루는 각의 이등분선 중 기울기가 양수인 직선의 x절편은?

① $-\dfrac{5}{3}$ ② $-\dfrac{2}{3}$ ③ $\dfrac{1}{3}$

④ $\dfrac{4}{3}$ ⑤ $\dfrac{7}{3}$

완쏠 해설

→ 점 P가 나타내는 도형의 방정식을 구한다.

주어진 두 직선이 이루는 각의 이등분선 위의 임의의 점을 $P(x, y)$라 하면 점 P에서 두 직선에 이르는 거리가 같으므로

$$\frac{|x-2y+4|}{\sqrt{1^2+(-2)^2}}=\frac{|2x+y-2|}{\sqrt{2^2+1^2}}$$

$$|x-2y+4|=|2x+y-2|$$

$$x-2y+4=\pm(2x+y-2)$$

$$x+3y-6=0 \text{ 또는 } 3x-y+2=0$$

$$\therefore y=-\frac{1}{3}x+2 \text{ 또는 } y=3x+2$$

이때 기울기가 양수인 직선의 방정식은

$$y=3x+2$$

위의 식에 $y=0$을 대입하면

$$0=3x+2 \qquad \therefore x=-\frac{2}{3}$$

따라서 구하는 직선의 x절편은 $-\dfrac{2}{3}$이다.

답 ②

0213 대표 예제 한 번 더!

두 직선 $x-3y+5=0$, $3x-y+7=0$이 이루는 각의 이등분선 중 기울기가 음수인 직선이 y축과 만나는 점의 y좌표는?

① -1 ② 0 ③ 1

④ 2 ⑤ 3

0214

직선 $l : 4x-3y+1=0$에 대하여 직선 l과 x축이 이루는 각의 이등분선 중 기울기가 양수인 직선의 기울기를 a, 기울기가 음수인 직선의 기울기를 b라 할 때, $4(a-b)$의 값을 구하시오.

0215

두 직선 $2x-3y+k=0$, $3x+2y+4=0$이 이루는 각을 이등분하는 직선이 점 $(3, 0)$을 지나도록 하는 양수 k의 값은?

① 6 ② 7 ③ 8

④ 9 ⑤ 10

0216 🔼

그림과 같이 세 직선 $y=-3x$, $y=ax$, $y=bx+5$로 둘러싸인 도형이 직각이등변삼각형일 때, $a-b$의 값은?

(단, $a>0$, $b<0$)

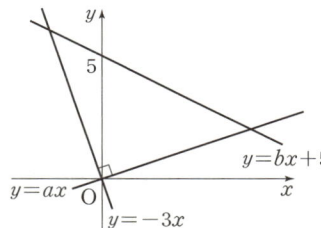

① $\dfrac{1}{6}$ ② $\dfrac{1}{3}$ ③ $\dfrac{1}{2}$

④ $\dfrac{2}{3}$ ⑤ $\dfrac{5}{6}$

0217 ·유형 01

직선 $l : y=ax+b$ 위의 점 P에서 직선 $y=-1$에 내린 수선의 발을 H라 하고, 직선 l과 직선 $y=-1$이 만나는 점을 Q라 하자. $\overline{PH}:\overline{QH}=2:1$이고, 점 Q가 y축 위의 점일 때, 두 상수 a, b에 대하여 $a-b$의 값은? (단, $a>0$)

① 1   ② $\dfrac{3}{2}$ ③ 2

④ $\dfrac{5}{2}$ ⑤ 3

0218 ·유형 03

직선 $3x+2y-6k=0$이 x축, y축과 만나는 점을 각각 A, B라 하자. 삼각형 OAB의 무게중심의 좌표가 $(2, a)$일 때, $a+k$의 값은? (단, $k\neq0$이고, O는 원점이다.)

① 5   ② 6   ③ 7

④ 8   ⑤ 9

0219 ·유형 02

이차함수 $y=-x^2+4x$의 그래프의 꼭짓점을 A, 그래프가 x축과 만나는 점 중 원점이 아닌 점을 B라 할 때, 직선 AB와 y축이 만나는 점의 y좌표는?

① 2   ② 4   ③ 6

④ 8   ⑤ 10

0220 ·유형 04

네 점

$\quad$ A(a, b), B$(-a, 0)$, C$(-2a, 1)$, D$(-3b, -a)$

가 한 직선 위의 점일 때, $a-b$의 값은? (단, $a>0$)

① 1   ② 2   ③ 3

④ 4   ⑤ 5

0221 ·유형 16

두 직선 $2x+y+1=0$, $x-2y+2=0$이 이루는 각을 이등분하는 직선을 각각 l, m이라 하자. 두 직선 l, m이 x축과 만나는 점을 각각 A, B라 하고, 직선 l과 직선 m의 교점을 C라 할 때, 삼각형 ABC의 넓이는?

① $\dfrac{1}{5}$ ② $\dfrac{2}{5}$ ③ $\dfrac{3}{5}$

④ $\dfrac{4}{5}$ ⑤ 1

0222 교육청 ·유형 11

좌표평면에서 점 A$(0, 1)$과 x축 위의 점 P$(t, 0)$에 대하여 점 P를 지나고 직선 AP에 수직인 직선을 l이라 할 때, |보기|에서 옳은 것만을 있는 대로 고른 것은?

$\qquad\qquad\qquad\qquad\qquad$ (단, t는 0이 아닌 실수이다.)

┌──────── 보기 ────────┐

ㄱ. $t=1$일 때, 직선 l의 기울기는 1이다.

ㄴ. 점 $(3, 2)$를 지나는 직선 l의 개수는 2이다.

ㄷ. 직선 l 위의 모든 점 (x, y)에 대하여 부등식 $y\leq ax^2$
$\quad$ 이 성립하도록 하는 실수 a의 최솟값은 $\dfrac{1}{4}$이다.

└────────────────────┘

① ㄱ   ② ㄷ   ③ ㄱ, ㄴ

④ ㄴ, ㄷ   ⑤ ㄱ, ㄴ, ㄷ

0223

• 유형 02

한 직선 위에 있지 않은 서로 다른 세 점 A, B, C에 대하여 삼각형 ABC의 무게중심을 G라 하자. 직선 AG의 방정식이 $x+2y-1=0$, 직선 BG의 방정식이 $x+y+4=0$이고, 점 C의 좌표가 $(-13, 11)$일 때, 점 B의 좌표는 (a, b)이다. ab의 값을 구하시오.

0224 사고력

• 유형 02 + 유형 13

세 점 A$(2, -1)$, B$(7, -6)$, C$(6, 1)$과 제1사분면 위의 점 D에 대하여 사각형 ABCD는 마름모이다. 마름모 ABCD에 내접하는 원의 넓이는?

① 3π 　　② $\dfrac{7}{2}\pi$ 　　③ 4π

④ $\dfrac{9}{2}\pi$ 　　⑤ 5π

0225 교육청

• 유형 11 + 유형 15

그림과 같이 좌표평면 위에 직선 $l_1 : x-2y-2=0$과 평행하고 y절편이 양수인 직선 l_2가 있다. 직선 l_1이 x축, y축과 만나는 점을 각각 A, B라 하고 직선 l_2가 x축, y축과 만나는 점을 각각 C, D라 할 때, 사각형 ADCB의 넓이가 25이다. 두 직선 l_1과 l_2 사이의 거리를 d라 할 때, d^2의 값을 구하시오.

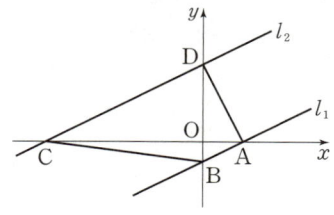

0226

• 유형 13

다음은 $\overline{AB}=\overline{AC}$인 이등변삼각형 ABC의 밑변 BC 위의 임의의 점에서 선분 AB와 선분 AC에 이르는 거리의 합이 일정함을 보이는 과정이다.

> 그림과 같이 이등변삼각형 ABC의 변 BC를 x축, 변 BC의 수직이등분선을 y축으로 하여 좌표평면 위에 나타내면 점 A는 y축 위의 점이다.
>
>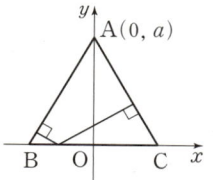
>
> 이때 점 A의 좌표를 $(0, a)$ $(a>0)$, 직선 AB의 방정식을 $y=mx+a$ $(m>0)$라 하자.
> 변 BC 위의 임의의 점 $(p, 0)$에서 두 직선 AB, AC에 이르는 거리의 합을 l이라 하면
>
> $$l=\frac{|mp+a|}{\sqrt{\boxed{(가)}}}+\frac{|-mp+a|}{\sqrt{\boxed{(가)}}}=\frac{\boxed{(나)}}{\sqrt{\boxed{(가)}}}$$
>
> 따라서 l은 p의 값에 관계없이 일정하다.

위의 (가), (나)에 알맞은 식을 각각 $f(m)$, $g(a)$라 할 때, $\dfrac{f(3)}{g(1)}$의 값은?

① 1 　　② 2 　　③ 3
④ 4 　　⑤ 5

0227

• 유형 07 + 유형 09

직선 $\dfrac{x}{a}+\dfrac{y}{b}=1$에 대하여 ㅣ보기ㅣ에서 옳은 것만을 있는 대로 고른 것은? (단, a, b는 0이 아닌 실수이다.)

> ┌─── 보기 ───┐
> ㄱ. 1이 아닌 실수 k에 대하여 직선 $\dfrac{x}{a}+\dfrac{y}{b}=k$와 서로 평행하다.
> ㄴ. $\dfrac{1}{a}+\dfrac{1}{b}=5$이면 항상 점 $\left(\dfrac{1}{5}, \dfrac{1}{5}\right)$을 지난다.
> ㄷ. $\dfrac{1}{a}+\dfrac{1}{b}=0$이면 직선 $y=x$와 서로 수직이다.

① ㄱ 　　② ㄷ 　　③ ㄱ, ㄴ
④ ㄴ, ㄷ 　　⑤ ㄱ, ㄴ, ㄷ

0228 사고력 · 유형 08 + 유형 13

두 직선 $4x-y-1=0$, $x+2y-7=0$의 교점을 지나는 직선과 원점 사이의 거리의 최댓값을 k라 할 때, k^2의 값을 구하시오.

0229 · 유형 02 + 유형 16

그림과 같이 점 A$(2, 6)$을 지나는 직선을 l, 원점 O와 점 B$(3, 1)$을 지나는 직선을 m이라 하자.
두 직선 l, m의 교점 P에 대하여 $\angle$PAO를 이등분하는 직선이 점 B를 지날 때, 직선 l의 기울기는?

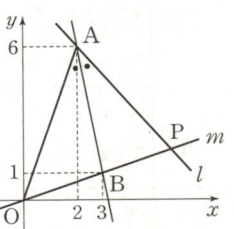

① $-\dfrac{35}{27}$ ② $-\dfrac{31}{27}$ ③ -1

④ $-\dfrac{23}{27}$ ⑤ $-\dfrac{19}{27}$

0230 빈출 · 유형 10

세 직선 $x+y+1=0$, $x-y-5=0$, $x+my-5=0$이 좌표평면을 6개의 영역으로 나눌 때, 실수 m의 값을 모두 구하시오.

0231 교육청 · 유형 02 + 유형 05

좌표평면 위에 두 점 A$(2, 0)$, B$(0, 6)$이 있다. 다음 조건을 만족시키는 두 직선 l, m의 기울기의 합의 최댓값은? (단, O는 원점이다.)

(가) 직선 l은 점 O를 지난다.
(나) 두 직선 l과 m은 선분 AB 위의 점 P에서 만난다.
(다) 두 직선 l과 m은 삼각형 OAB의 넓이를 삼등분한다.

① $\dfrac{3}{4}$ ② $\dfrac{4}{5}$ ③ $\dfrac{5}{6}$

④ $\dfrac{6}{7}$ ⑤ $\dfrac{7}{8}$

0232 · 유형 16

그림과 같이 두 점 A$(-4, 1)$, B$(2, 1)$과 점 B를 지나고 기울기가 $-\dfrac{4}{3}$인 직선 l 위에 $\overline{AB}=\overline{AC}$를 만족시키는 점 C가 있다. 세 점 A, B, C를 꼭짓점으로 하는 삼각형 ABC에 내접하는 원의 중심을 I(a, b)라 할 때, $5(a+b)$의 값을 구하시오.

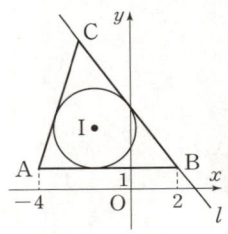

0233 상위 1% 도전 · 유형 15

좌표평면에서 실수 x, y에 대한 방정식

$$x^2+y^2+2xy-2x-2y-3=0$$

이 나타내는 도형 위를 움직이는 두 점 P, Q가 있다. 직선 PQ의 기울기가 양수일 때, 선분 PQ의 길이의 최솟값은?

① $2\sqrt{2}$ ② $2\sqrt{3}$ ③ 4

④ $2\sqrt{5}$ ⑤ $2\sqrt{6}$

서술형 문제

0234
• 유형 16

직선 $y=\dfrac{3}{4}x$와 x축이 이루는 각 중 예각을 이등분하는 직선의 방정식을 구하시오.

☑ **필요 개념 및 공식**
☐ 점과 직선 사이의 거리 ☐ 두 직선이 이루는 각의 이등분선

0235
• 유형 03 + 유형 09

직선 $2x+3y+1=0$은 직선 $6x-ay-1=0$과 수직이고, 직선 $ax+by+3=0$과 평행하다. 이때 직선 $\dfrac{x}{a}+\dfrac{y}{b}=1$과 x축 및 y축으로 둘러싸인 도형의 넓이를 구하시오.

(단, a, b는 상수이다.)

☑ **필요 개념 및 공식**
☐ 두 직선의 수직 조건 ☐ 두 직선의 평행 조건

0236
• 유형 05

그림과 같이 원점을 지나는 직선 l이 색칠한 부분의 넓이를 이등분할 때, 직선 l의 기울기를 구하시오.
(단, 도형의 각 변은 x축 또는 y축에 평행하다.)

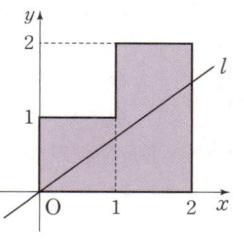

☑ **필요 개념 및 공식**
☐ 두 점을 지나는 직선의 방정식

0237
• 유형 14

세 직선
$$x+y-4=0,\ x-y+2=0,\ x-5y+2=0$$
으로 둘러싸인 도형의 넓이를 구하시오.

☑ **필요 개념 및 공식**
☐ 두 점 사이의 거리 ☐ 점과 직선 사이의 거리

0238
• 유형 11 + 유형 14

직선 $l : 2x-y+10=0$에 수직이고 원점 O로부터의 거리가 $\sqrt{5}$인 두 직선을 각각 m, n이라 하자. 두 직선 l, m의 교점을 A, 두 직선 l, n의 교점을 B라 할 때, 삼각형 OAB의 넓이를 구하시오.

☑ **필요 개념 및 공식**
☐ 두 직선의 수직 조건 ☐ 점과 직선 사이의 거리

0239
• 유형 02

그림과 같이 직선 $3x-2y=0$ 위의 점 A와 두 점 B$(6, 2)$, C$(8, 4)$에 대하여 삼각형 ABC는 $\overline{AB}=\overline{AC}$인 이등변삼각형이다. 선분 OA와 선분 OB의 각각의 중점 A$'$, B$'$과

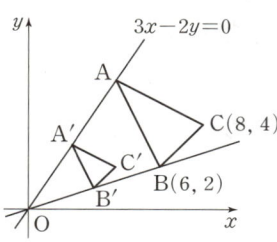

점 C$'$에 대하여 두 삼각형 ABC와 A$'$B$'$C$'$은 서로 닮음이다. 이때 두 점 A$'$, C$'$을 지나는 직선의 방정식을 구하시오.

☑ **필요 개념 및 공식**
☐ 두 점 사이의 거리 ☐ 두 점을 지나는 직선의 방정식

개념 01 원의 방정식

(1) 원의 방정식

중심의 좌표가 (a, b)이고 반지름의 길이가 r인 원의 방정식은

$$(x-a)^2+(y-b)^2=r^2$$

특히, 중심이 원점이고 반지름의 길이가 r인 원의 방정식은

$$x^2+y^2=r^2$$

참고 좌표축에 접하는 원의 방정식

(1) 중심의 좌표가 (a, b)이고 x축에 접하는 원의 방정식은
$$(x-a)^2+(y-b)^2=b^2 \rightarrow (\text{반지름의 길이})=|(\text{중심의 } y\text{좌표})|$$

(2) 중심의 좌표가 (a, b)이고 y축에 접하는 원의 방정식은
$$(x-a)^2+(y-b)^2=a^2 \rightarrow (\text{반지름의 길이})=|(\text{중심의 } x\text{좌표})|$$

(3) 반지름의 길이가 r이고 x축, y축에 동시에 접하는 원의 방정식은
$$(x\pm r)^2+(y\pm r)^2=r^2 \begin{array}{l}\rightarrow (\text{반지름의 길이})=|(\text{중심의 } x\text{좌표})| \\ =|(\text{중심의 } y\text{좌표})|\end{array}$$

(2) 이차방정식 $x^2+y^2+Ax+By+C=0$이 나타내는 도형

x, y에 대한 이차방정식

$$x^2+y^2+Ax+By+C=0 \ (A^2+B^2-4C>0)$$

은 다음과 같이 변형할 수 있다.

$$\left(x+\frac{A}{2}\right)^2+\left(y+\frac{B}{2}\right)^2=\frac{A^2+B^2-4C}{4}$$

따라서 중심의 좌표가 $\left(-\dfrac{A}{2}, -\dfrac{B}{2}\right)$, 반지름의 길이가 $\dfrac{\sqrt{A^2+B^2-4C}}{2}$인 원을 나타낸다.

[0240~0241] 다음 방정식이 나타내는 원의 중심의 좌표와 반지름의 길이를 각각 구하시오.

0240 $(x+2)^2+y^2=25$

0241 $(x-1)^2+(y+2)^2=4$

[0242~0245] 다음 원의 방정식을 구하시오.

0242 중심이 점 $(2, 3)$이고 반지름의 길이가 1인 원

0243 중심이 점 $(2, 1)$이고 점 $(3, -2)$를 지나는 원

0244 중심이 점 $(4, -5)$이고 점 $(1, -2)$를 지나는 원

0245 중심이 원점이고 반지름의 길이가 3인 원

[0246~0248] 다음 원의 방정식을 구하시오.

0246 중심이 점 $(1, 2)$이고 x축에 접하는 원

0247 중심이 점 $(-3, 4)$이고 y축에 접하는 원

0248 중심이 점 $(5, -5)$이고 x축과 y축에 동시에 접하는 원

[0249~0250] 다음 방정식이 나타내는 원의 중심의 좌표와 반지름의 길이를 각각 구하시오.

0249 $x^2+y^2-4x=0$

0250 $x^2+y^2-4x+6y-12=0$

0251 방정식 $(x-1)^2+(y+2)^2=4-a$가 원을 나타내도록 하는 실수 a의 값의 범위를 구하시오.

개념 02 두 원의 교점을 지나는 직선과 원의 방정식 심화

(1) 두 원의 교점을 지나는 직선의 방정식

두 점에서 만나는 두 원

$$O_1 : x^2+y^2+ax+by+c=0,$$
$$O_2 : x^2+y^2+a'x+b'y+c'=0$$

의 교점을 지나는 직선의 방정식은 ←(2)에서 $k=-1$인 경우

$$(x^2+y^2+ax+by+c)-(x^2+y^2+a'x+b'y+c')=0$$

즉, $(a-a')x+(b-b')y+(c-c')=0$이다.

(2) 두 원의 교점을 지나는 원의 방정식

두 점에서 만나는 두 원

$$O_1 : x^2+y^2+ax+by+c=0,$$
$$O_2 : x^2+y^2+a'x+b'y+c'=0$$

의 교점을 지나는 원의 방정식은

$$(x^2+y^2+ax+by+c)+k(x^2+y^2+a'x+b'y+c')=0$$
$$(\text{단, } k\neq-1\text{인 실수})$$

0252 두 원 $x^2+y^2=1$, $x^2+y^2-2x+2y-7=0$의 교점을 지나는 직선의 방정식을 구하시오.

0253 두 원 $x^2+y^2=1$, $x^2+y^2+4y-2=0$의 교점과 점 $(0, 4)$를 지나는 원의 방정식을 구하시오.

개념 03 원과 직선의 위치 관계

(1) 원의 방정식과 직선의 방정식에서 한 문자를 소거하여 얻은 이차방정식의 판별식을 D라 하면 원과 직선의 위치 관계는

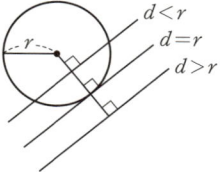

① $D>0$이면 서로 다른 두 점에서 만난다.

② $D=0$이면 한 점에서 만난다. (접한다.)

③ $D<0$이면 만나지 않는다.

(2) 반지름의 길이가 r인 원의 중심과 직선 사이의 거리를 d라 하면 원과 직선의 위치 관계는

① $d<r$이면 서로 다른 두 점에서 만난다.

② $d=r$이면 한 점에서 만난다. (접한다.)

③ $d>r$이면 만나지 않는다.

[0254~0256] 이차방정식의 판별식을 이용하여 다음 원 O와 직선 l의 위치 관계를 말하시오.

0254 $O: x^2+y^2=1,\ l: y=2x+5$

0255 $O: x^2+y^2-2x+2y-2=0,\ l: x+y+1=0$

0256 $O: x^2+y^2+4x-6=0,\ l: x-3y-8=0$

[0257~0259] 점과 직선 사이의 거리를 이용하여 다음 원 O와 직선 l의 위치 관계를 말하시오.

0257 $O: (x-1)^2+y^2=4,\ l: 2x-3y+11=0$

0258 $O: x^2+(y+2)^2=9,\ l: 3x-4y+7=0$

0259 $O: (x-2)^2+(y-3)^2=36,\ l: 2x-5y-18=0$

[0260~0262] 원 $x^2+y^2=2$와 직선 $y=x+k$의 위치 관계가 다음과 같을 때, 실수 k의 값 또는 k의 값의 범위를 구하시오.

0260 서로 다른 두 점에서 만난다.

0261 한 점에서 만난다. (접한다.)

0262 만나지 않는다.

개념 04 원의 접선의 방정식

(1) **기울기가 주어진 원의 접선의 방정식**

원 $x^2+y^2=r^2\ (r>0)$에 접하고 기울기가 m인 직선의 방정식은

$$y=mx\pm r\sqrt{m^2+1}$$

참고 한 원에서 기울기가 같은 접선은 2개이다.

(2) **원 위의 점에서의 접선의 방정식**

원 $x^2+y^2=r^2$ 위의 점 (x_1, y_1)에서의 접선의 방정식은

$$x_1x+y_1y=r^2$$

예 원 $x^2+y^2=5$에 대하여

기울기가 2인 접선의 방정식은 $y=2x\pm5$

원 위의 점 $(1, 2)$를 지나는 접선의 방정식은 $x+2y=5$

[0263~0264] 다음 직선의 방정식을 구하시오.

0263 원 $x^2+y^2=4$에 접하고 기울기가 4인 직선

0264 원 $x^2+y^2=1$에 접하고 기울기가 -2인 직선

[0265~0266] 다음 접선의 방정식을 구하시오.

0265 원 $x^2+y^2=2$ 위의 점 $(1, -1)$에서의 접선

0266 원 $x^2+y^2=13$ 위의 점 $(-2, 3)$에서의 접선

0267 다음은 점 $(2, 0)$에서 원 $x^2+y^2=2$에 그은 접선의 방정식을 구하는 과정이다. (가), (나)에 알맞은 것을 구하시오.

접점을 $P(a, b)$라 하면 접선의 방정식은

$$ax+by=\boxed{\text{(가)}}$$

위의 직선이 점 $(2, 0)$을 지나므로

$$2a=2 \quad \therefore a=1$$

또한, 점 P는 원 위의 점이므로

$$a^2+b^2=2 \quad \cdots\cdots \ ㉠$$

$a=1$을 ㉠에 대입하면

$$1+b^2=2,\ b^2=1 \quad \therefore b=\pm1$$

따라서 구하는 접선의 방정식은

$$x+y=2,\ \boxed{\text{(나)}}$$

03

원의 방정식

유형 01 중심에 대한 조건이 주어진 원의 방정식

중심 (a, b)에 대한 조건이 주어지면 원의 방정식을
$\Rightarrow (x-a)^2+(y-b)^2=r^2$
으로 놓고 푼다. 이때 중심이
(1) x축 위에 있으면 $\Rightarrow (x-a)^2+y^2=r^2$
(2) y축 위에 있으면 $\Rightarrow x^2+(y-b)^2=r^2$

참고 원의 방정식이 $x^2+y^2+Ax+By+C=0$ 꼴로 주어지면
$(x-p)^2+(y-q)^2=r^2$
꼴로 변형한다.

0268 ✓ 대표 예제

원 $(x-2)^2+(y+1)^2=7$과 중심이 일치하고 점 $(2, 1)$을 지나는 원의 넓이는?

① π ② 2π ③ 3π
④ 4π ⑤ 5π

완쏠 해설

원 $(x-2)^2+(y+1)^2=7$의 중심의 좌표는 $(2, -1)$이므로 조건을 만족시키는 원의 중심의 좌표는
$(2, -1)$
반지름의 길이를 r라 하면 원의 방정식은
$(x-2)^2+(y+1)^2=r^2$ → 중심의 좌표가 $(2, -1)$이다.
위의 원이 점 $(2, 1)$을 지나므로
$(2-2)^2+(1+1)^2=r^2$
$\therefore r^2=4$
따라서 구하는 원의 넓이는
$\pi \times 4=4\pi$ → πr^2

원의 방정식은 다음 두 가지만 알면 구할 수 있어!
1. 중심의 좌표
2. 반지름의 길이

(답) ④

0269 대표 예제 한 번 더!

원 $x^2+y^2+2x-6y+6=0$과 중심이 일치하고 점 $(1, 2)$를 지나는 원의 둘레의 길이는?

① 2π ② $2\sqrt{2}\pi$ ③ $2\sqrt{3}\pi$
④ 4π ⑤ $2\sqrt{5}\pi$

0270

중심이 y축 위에 있고 두 점 $(0, 1)$, $(-2, 3)$을 지나는 원의 넓이는?

① π ② 2π ③ 3π
④ 4π ⑤ 5π

0271 교육청

두 상수 a, b에 대하여 이차함수 $y=x^2-4x+a$의 그래프의 꼭짓점을 A라 할 때, 점 A는 원 $x^2+y^2+bx+4y-17=0$의 중심과 일치한다. $a+b$의 값은?

① -1 ② -2 ③ -3
④ -4 ⑤ -5

0272

두 점 $(-1, 1)$, $(6, 2)$를 지나고 중심이 직선 $y=2x+1$ 위에 있는 원의 중심의 좌표를 (a, b), 반지름의 길이를 r라 할 때, $a+b+r$의 값을 구하시오.

유형 02 두 점을 지름의 양 끝 점으로 하는 원의 방정식

두 점 $A(a_1, a_2)$, $B(b_1, b_2)$를 지름의 양 끝 점으로 하는 원의

(1) 중심의 좌표 ➡ $\left(\dfrac{a_1+b_1}{2}, \dfrac{a_2+b_2}{2} \right)$

(2) 반지름의 길이 ➡ $\dfrac{1}{2}\sqrt{(b_1-a_1)^2+(b_2-a_2)^2} \rightarrow \dfrac{1}{2}\overline{AB}$

0273 ✓대표 예제

두 점 $A(1, 5)$, $B(3, -1)$을 지름의 양 끝 점으로 하는 원의 방정식이 $(x-a)^2+(y-b)^2=c$일 때, 세 상수 a, b, c에 대하여 $a+b+c$의 값은?

① 11   ② 12   ③ 13
④ 14   ⑤ 15

완쏠 해설

선분 AB의 중점이 두 점 A, B를 지름의 양 끝 점으로 하는 원의 중심이므로 중심의 좌표는 (a, b) ←

$\left(\dfrac{1+3}{2}, \dfrac{5+(-1)}{2} \right)$, 즉 $(2, 2)$

이때 주어진 원의 중심의 좌표가 (a, b)이므로

$a=2$, $b=2$

또한, 선분 AB가 원의 지름이므로 원의 반지름의 길이는

$\dfrac{1}{2}\overline{AB} = \dfrac{1}{2}\sqrt{(3-1)^2+\{(-1)-5\}^2} = \sqrt{10}$ → 선분 AB의 중점 $(2, 2)$와 점 A 또는 점 B 사이의 거리를 구해도 된다.

$\therefore c=(\sqrt{10})^2=10$

$\therefore a+b+c=2+2+10=14$

답 ④

0274 대표 예제 한 번 더!

두 점 $A(-1, 4)$, $B(7, -2)$를 지름의 양 끝 점으로 하는 원의 방정식이 $x^2+y^2+ax+by+c=0$일 때, 세 상수 a, b, c에 대하여 $a-b-c$의 값은?

① 8   ② 9   ③ 10
④ 11   ⑤ 12

0275

두 점 $A(1, 2)$, $B(a, 4)$를 지름의 양 끝 점으로 하는 원의 중심의 좌표가 $(3, b)$일 때, 이 원의 반지름의 길이는 r이다. $a+b+r^2$의 값을 구하시오.

0276

직선 $2x-3y+12=0$이 x축, y축과 만나는 점을 각각 P, Q라 할 때, 두 점 P, Q를 지름의 양 끝 점으로 하는 원의 방정식은?

① $(x+3)^2+(y+2)^2=13$ ② $(x+3)^2+(y-2)^2=13$
③ $(x-3)^2+(y+2)^2=13$ ④ $(x+2)^2+(y+3)^2=13$
⑤ $(x-2)^2+(y-3)^2=13$

0277

그림과 같이 두 점 $A(3, 1)$, $B(5, 7)$에 대하여 점 C가 $\angle ACB=90°$가 되도록 움직일 때, 삼각형 ABC의 넓이의 최댓값은?

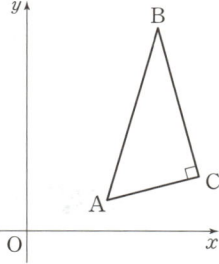

① 10   ② 11
③ 12   ④ 13
⑤ 14

유형 03 세 점을 지나는 원의 방정식

세 점 A, B, C를 지나는 원의 방정식은 다음과 같은 순서로 구한다.
❶ 원의 중심을 P(a, b)로 놓는다.
❷ $\overline{PA}=\overline{PB}=\overline{PC}$임을 이용하여 a, b에 대한 연립방정식을 세운다. →원의 중심과 원 위의 임의의 점 사이의 거리는 모두 같다.
❸ ❷를 풀어 a, b의 값을 각각 구한다.
❹ 선분 PA가 원의 반지름의 길이임을 이용하여 원의 방정식을 구한다.

0278 ✓대표 예제

세 점 A$(0, 5)$, B$(1, 2)$, C$(-2, 1)$을 지나는 원의 넓이는?

① 5π　　　　② 6π　　　　③ 7π
④ 8π　　　　⑤ 9π

◁완쏠 해설▷

원의 중심을 P(a, b)라 하면
$\overline{PA}=\overline{PB}=\overline{PC}$ → $\overline{PA}=\overline{PB}$, $\overline{PA}=\overline{PC}$로 나누어 생각한다.
$\overline{PA}=\overline{PB}$에서 $\overline{PA}^2=\overline{PB}^2$이므로
$(0-a)^2+(5-b)^2=(1-a)^2+(2-b)^2$
$a^2+(b^2-10b+25)=(a^2-2a+1)+(b^2-4b+4)$
$\therefore a-3b=-10$ ‥‥‥ ㉠
$\overline{PA}=\overline{PC}$에서 $\overline{PA}^2=\overline{PC}^2$이므로
$(0-a)^2+(5-b)^2=\{(-2)-a\}^2+(1-b)^2$
$a^2+(b^2-10b+25)=(a^2+4a+4)+(b^2-2b+1)$
$\therefore a+2b=5$ ‥‥‥ ㉡
㉠, ㉡을 연립하여 풀면
$a=-1$, $b=3$
따라서 원의 중심은 P$(-1, 3)$이고 반지름의 길이는
$\overline{PA}=\sqrt{\{0-(-1)\}^2+(5-3)^2}=\sqrt{5}$
이므로 구하는 원의 넓이는
$\pi\times(\sqrt{5})^2=5\pi$

> 이 문제에서 알 수 있듯이 세 점을 지나는 원의 방정식은 단 하나로 결정돼.

(답) ①

0279 대표 예제 한 번 더!

세 점 A$(0, -2)$, B$(1, -7)$, C$(5, -1)$을 지나는 원의 방정식이 $x^2+y^2+ax+by+c=0$일 때, 세 상수 a, b, c에 대하여 $a+b+c$의 값을 구하시오.

0280

세 점 A$(-1, 1)$, B$(1, 3)$, C$(-3, 7)$을 지나는 원이 점 $(-5, k)$를 지날 때, 모든 실수 k의 값의 곱은?

① 12　　　　② 13　　　　③ 14
④ 15　　　　⑤ 16

0281

세 점 A$(0, 3)$, B$(a, 0)$, C$(-a, 0)$을 지나는 원의 반지름의 길이가 2일 때, 양수 a의 값은?

① 1　　　　② $\sqrt{2}$　　　　③ $\sqrt{3}$
④ 2　　　　⑤ $\sqrt{5}$

0282

세 직선
　　$x-3y+4=0$, $x-y-2=0$, $2x+y+8=0$
으로 만들어지는 삼각형의 외접원의 반지름의 길이는?

① 3　　　　② 5　　　　③ 7
④ 9　　　　⑤ 11

유형 04 원의 방정식이 되기 위한 조건

방정식 $x^2+y^2+Ax+By+C=0$은
$$\left(x+\frac{A}{2}\right)^2+\left(y+\frac{B}{2}\right)^2=\frac{A^2+B^2-4C}{4}$$
로 변형할 수 있으므로 이 방정식이 나타내는 도형이 원이 되기 위해서는
$$\frac{A^2+B^2-4C}{4}>0 \longrightarrow (반지름의 길이)^2은 양수이다.$$
즉, $A^2+B^2-4C>0$이 되어야 한다.

0283 ✔대표 예제

방정식 $x^2+y^2-2x+6y+k-2=0$이 원을 나타내도록 하는 정수 k의 최댓값은?

① 9   ② 10   ③ 11

④ 12   ⑤ 13

완쏠 해설

$x^2+y^2-2x+6y+k-2=0$에서
$(x-1)^2+(y+3)^2=12-k \longrightarrow (반지름의 길이)^2이다.$
위의 방정식이 원을 나타내려면
$12-k>0 \qquad \therefore k<12$
따라서 구하는 정수 k의 최댓값은 11이다.

답 ③

0284 대표 예제 한 번 더!

방정식 $x^2+y^2+2x-ky+k+4=0$이 원을 나타내도록 하는 실수 k의 값의 범위는?

① $-2<k<6$ ② $-2<k<4$

③ $k<-2$ 또는 $k>4$ ④ $k<-2$ 또는 $k>6$

⑤ $2<k<6$

0285

방정식 $x^2+y^2-2ax+4ay+25=0$이 원을 나타내지 않도록 하는 정수 a의 개수는?

① 1   ② 2   ③ 3

④ 4   ⑤ 5

0286

방정식 $x^2+y^2-4x+2(k-1)y+k+5=0$이 반지름의 길이가 2 이하인 원을 나타낼 때, 모든 정수 k의 값의 합은?

① 2   ② 3   ③ 4

④ 5   ⑤ 6

0287

원 $x^2+y^2-4x+2ay+2a^2-4a-1=0$의 넓이가 최대일 때, 이 원의 반지름의 길이는? (단, a는 상수이다.)

① 1   ② 3   ③ 5

④ 7   ⑤ 9

03
원의 방정식

유형 05 x축 또는 y축에 접하는 원의 방정식 중요

(1) 중심의 좌표가 (a, b)이고 x축에 접하는
원의 방정식은
$$(x-a)^2+(y-b)^2=b^2$$
이때 반지름의 길이는 $|b|$이다.

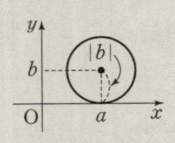

(2) 중심의 좌표가 (a, b)이고 y축에 접하는
원의 방정식은
$$(x-a)^2+(y-b)^2=a^2$$
이때 반지름의 길이는 $|a|$이다.

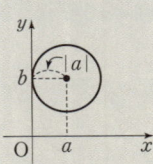

0288 ✓ 대표 예제

중심의 좌표가 $(a, 4)$이고 y축에 접하는 원이 점 $(3, 7)$을 지날 때, a의 값은?

① 3   ② 4   ③ 5
④ 6   ⑤ 7

완쏠 해설

중심의 좌표가 $(a, 4)$이고 y축에 접하는 원의 방정식은
$(x-a)^2+(y-4)^2=a^2$ → y축에 접하므로 (반지름의 길이)=|(중심의 x좌표)|
위의 원이 점 $(3, 7)$을 지나므로
$(3-a)^2+(7-4)^2=a^2$
$18-6a=0$
$\therefore a=3$

> 중심의 좌표와 반지름의 길이 사이의 관계는 공식처럼 외우려 하지 말고 좌표평면 위에 원을 그려 보면 쉽게 이해할 수 있어.

답 ①

0289 대표 예제 한 번 더!

원 $x^2+y^2-4x+2ay-4=0$과 중심이 일치하고 x축에 접하는 원이 점 $(5, 1)$을 지날 때, 이 원의 반지름의 길이는? (단, a는 상수이다.)

① 3   ② 4   ③ 5
④ 6   ⑤ 7

0290

y축에 접하는 원 $x^2+y^2+8x+ay+2a-3=0$의 중심이 제3사분면 위에 있을 때, 모든 상수 a의 값의 합은?

① 2   ② 4   ③ 6
④ 8   ⑤ 10

0291

원 $x^2+y^2-6x+ay+b=0$이 점 $(3, 2)$를 지나고 y축에 접하도록 하는 두 상수 a, b에 대하여 $a+b$의 값을 구하시오.
(단, $a>0$)

0292

반지름의 길이가 4이고 점 $(7, 4)$를 지나며 x축에 접하는 두 원 O_1, O_2의 중심을 각각 P, Q라 하자. 삼각형 OPQ의 넓이는? (단, O는 원점이다.)

① 13   ② 14   ③ 15
④ 16   ⑤ 17

유형 06 x축과 y축에 동시에 접하는 원의 방정식

x축과 y축에 동시에 접하고 반지름의 길이가 r인 원은 모두 4개가 존재한다.

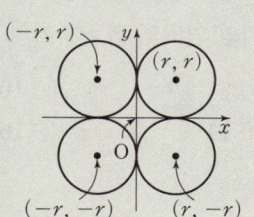

(1) 중심이 제1사분면 위에 있으면
$$(x-r)^2+(y-r)^2=r^2$$
(2) 중심이 제2사분면 위에 있으면
$$(x+r)^2+(y-r)^2=r^2$$
(3) 중심이 제3사분면 위에 있으면
$$(x+r)^2+(y+r)^2=r^2$$
(4) 중심이 제4사분면 위에 있으면
$$(x-r)^2+(y+r)^2=r^2$$

0293 ✓ 대표 예제

그림과 같이 점 $(-2, 4)$를 지나고 x축과 y축에 동시에 접하는 원은 두 개이다. 이 두 원의 반지름의 길이의 합은?

① 6　　　　② 8

③ 10　　　④ 12

⑤ 14

완쏠 해설

 (x좌표)<0, (y좌표)>0

주어진 두 원의 중심은 모두 제2사분면 위에 있으므로
반지름의 길이를 r라 하면 원의 방정식은
$$(x+r)^2+(y-r)^2=r^2$$
위의 원이 점 $(-2, 4)$를 지나므로
$$(-2+r)^2+(4-r)^2=r^2,\ r^2-12r+20=0$$
$$(r-2)(r-10)=0\quad \therefore r=2\ \text{또는}\ r=10$$
따라서 두 원의 반지름의 길이의 합은
$$2+10=12$$

> 접하는 원은 두 개지만 원의 방정식은 하나만 세워도 돼. 두 개의 r의 값이 각각 두 원의 반지름의 길이를 나타내.

답 ④

0294 대표 예제 한 번 더!

그림과 같이 점 $(1, 2)$를 지나고 x축과 y축에 동시에 접하는 두 원 중 더 큰 원의 반지름의 길이는?

① 3　　　　② 4

③ 5　　　　④ 6

⑤ 7

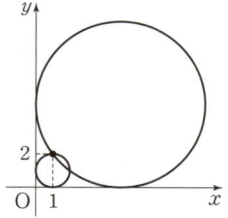

0295

반지름의 길이가 a이고 x축과 y축에 동시에 접하는 원이 점 $(2a, 2)$를 지날 때, a의 값은?

① 2　　　　② 4　　　　③ 6

④ 8　　　　⑤ 10

0296 교육청

곡선 $y=x^2-x-1$ 위의 점 중에서 제2사분면에 있는 점을 중심으로 하고, x축과 y축에 동시에 접하는 원의 방정식은
$$x^2+y^2+ax+by+c=0$$
이다. $a+b+c$의 값을 구하시오.

(단, a, b, c는 상수이다.)

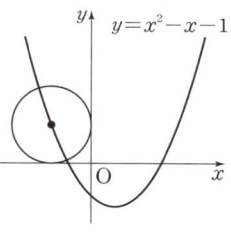

0297

중심이 직선 $3x+y-12=0$ 위에 있고 x축과 y축에 동시에 접하는 원은 두 개이다. 두 원의 반지름의 길이를 각각 r_1, r_2라 할 때, r_1+r_2의 값을 구하시오.

03 원의 방정식

유형 07 정점과 원 위의 점 사이의 거리의 최대·최소

(1) 원 밖의 한 점 A와 원 위의 점 사이의 거리의 최댓값을 M, 최솟값을 m이라 하면
$$M = \overline{AO} + \overline{OQ} = d + r,$$
$$m = \overline{AO} - \overline{OP} = d - r$$

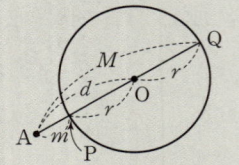

(2) 원 안의 한 점 A와 원 위의 점 사이의 거리의 최댓값을 M, 최솟값을 m이라 하면
$$M = \overline{AO} + \overline{OQ} = d + r,$$
$$m = \overline{OP} - \overline{AO} = r - d$$

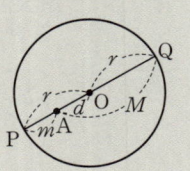

0298 ✔ 대표 예제

점 A$(1, 4)$와 원 $(x-2)^2 + (y+3)^2 = 25$ 위의 점 사이의 거리의 최댓값을 M, 최솟값을 m이라 할 때, Mm의 값을 구하시오.

〈 완쏠 해설

점 A$(1, 4)$와 원의 중심 $(2, -3)$ 사이의 거리는
$\sqrt{(2-1)^2 + \{(-3)-4\}^2} = 5\sqrt{2}$
점 A와 원의 중심 사이의 거리가 반지름의 길이인 5보다 크므로 점 A는 원 밖에 있다. ←즉, $M = d + r$, $m = d - r$
따라서 $M = 5\sqrt{2} + 5$, $m = 5\sqrt{2} - 5$이므로
$Mm = (5\sqrt{2} + 5)(5\sqrt{2} - 5) = 25$

공식을 외우기보다 그림을 떠올려서 이해하는 것이 좋아.

─ 탑 25

0299 대표 예제 한 번 더!

원점 O를 중심으로 하고 원 $(x-1)^2 + (y-4)^2 = 9$ 위의 점을 지나는 원 C의 반지름의 길이의 최댓값은?

① $3 + \sqrt{15}$　　② 7　　③ $3 + \sqrt{17}$
④ $3 + 3\sqrt{2}$　　⑤ $3 + \sqrt{19}$

0300 교육청

원 $x^2 - 2x + y^2 - 4y - 4 = 0$ 밖의 한 점 A$(7, 10)$에서 원 위의 임의의 점 P까지의 거리가 자연수인 점 P의 개수는?

① 7　　② 10　　③ 12
④ 14　　⑤ 16

0301

점 A$(-2, 1)$과 원 $(x+1)^2 + (y-3)^2 = 16$ 위의 점 P에 대하여 선분 AP의 길이의 최댓값을 M, 최솟값을 m이라 할 때, $M + m$의 값은?

① 7　　② 8　　③ 9
④ 10　　⑤ 11

0302

원 $x^2 + y^2 - 8x + 4y - 25 = 0$ 위의 점 P(a, b)에 대하여 $\sqrt{(a-8)^2 + b^2}$의 최댓값을 M, 최솟값을 m이라 할 때, Mm의 값은?

① 24　　② 25　　③ 26
④ 27　　⑤ 28

유형 08 조건을 만족시키는 점이 나타내는 도형의 방정식

조건을 만족시키는 점이 나타내는 도형의 방정식은 다음과 같은 순서로 구한다.
❶ 구하는 점의 좌표를 (x, y)로 놓는다.
❷ 주어진 조건을 이용하여 x, y 사이의 관계식을 구한다.

0303 ✔ 대표 예제

점 $A(2, 4)$와 원 $x^2+(y+2)^2=1$ 위의 점 P에 대하여 선분 AP의 중점 M이 나타내는 도형은 원이다. 이 원의 넓이는?

① $\dfrac{\pi}{4}$　　　　② $\dfrac{\pi}{2}$　　　　③ $\dfrac{3}{4}\pi$

④ π　　　　⑤ $\dfrac{5}{4}\pi$

완쏠 해설

$P(a, b)$라 하고, 선분 AP의 중점 M의 좌표를 (x, y)라 하면
$x=\dfrac{a+2}{2}, y=\dfrac{b+4}{2}$ → 구하는 점의 좌표를 (x, y)로 놓는다.
$\therefore a=2x-2, b=2y-4$　……㉠
점 P는 원 $x^2+(y+2)^2=1$ 위의 점이므로
$a^2+(b+2)^2=1$　……㉡
㉠을 ㉡에 대입하면
$(2x-2)^2+(2y-2)^2=1, 4(x-1)^2+4(y-1)^2=1$
$\therefore (x-1)^2+(y-1)^2=\dfrac{1}{4}$ → x^2, y^2의 계수를 1로 나타낸다.

따라서 점 M이 나타내는 도형은 중심의 좌표가 $(1, 1)$이고 반지름의 길이가 $\dfrac{1}{2}$인 원이므로 구하는 원의 넓이는
$\pi \times \left(\dfrac{1}{2}\right)^2=\dfrac{\pi}{4}$

답 ①

0304 대표 예제 한 번 더!

점 $A(0, 3)$과 원 $x^2+y^2=9$ 위의 점 P에 대하여 선분 AP를 $2:1$로 내분하는 점 Q가 나타내는 도형은 원이다. 이 원의 중심의 좌표는?

① $(-1, 0)$　　② $(0, 0)$　　③ $(0, 1)$

④ $(1, 1)$　　⑤ $(1, 2)$

0305

두 점 $A(2, 2)$, $B(-2, 6)$에 대하여
$$\overline{PA}^2+\overline{PB}^2=36$$
을 만족시키는 점 P가 나타내는 도형은 원이다. 이 원의 둘레의 길이는?

① $2\sqrt{10}\pi$　　② $2\sqrt{11}\pi$　　③ $4\sqrt{3}\pi$

④ $2\sqrt{13}\pi$　　⑤ $2\sqrt{14}\pi$

0306

두 점 $A(-6, 0)$, $B(0, 3)$으로부터 거리의 비가 $2:1$인 점 P가 나타내는 도형은 원이다. 이 원의 반지름의 길이는?

① $\sqrt{19}$　　② $2\sqrt{5}$　　③ $\sqrt{21}$

④ $\sqrt{22}$　　⑤ $\sqrt{23}$

0307 🔼P

두 점 $A(2, 1)$, $B(-3, 6)$에 대하여 직선 OA 위의 점 P, 직선 OB 위의 점 Q가 $\overline{PQ}=2$를 만족시킨다. 선분 PQ의 중점 M이 나타내는 도형이 원일 때, 이 원의 넓이는?
(단, O는 원점이다.)

① $\dfrac{\pi}{2}$　　　　② π　　　　③ $\dfrac{3}{2}\pi$

④ 2π　　　　⑤ $\dfrac{5}{2}\pi$

유형 09 두 원의 교점을 지나는 직선의 방정식

두 점에서 만나는 두 원
$$x^2+y^2+ax+by+c=0, \quad x^2+y^2+a'x+b'y+c'=0$$
의 교점을 지나는 직선의 방정식은
$$(x^2+y^2+ax+by+c)-(x^2+y^2+a'x+b'y+c')=0$$
즉, $(a-a')x+(b-b')y+(c-c')=0$이다.

0308 ✓ **대표 예제**

두 원 $x^2+y^2+2x=0$, $x^2+y^2-3x+2y=0$의 교점을 지나는
직선과 평행하고 점 $(2, 1)$을 지나는 직선의 y절편은?

① -5 ② -4 ③ -3

④ -2 ⑤ -1

〈 **완쏠 해설**

두 원의 교점을 지나는 직선의 방정식은
$$(x^2+y^2+2x)-(x^2+y^2-3x+2y)=0$$
$5x-2y=0$ ∴ $y=\dfrac{5}{2}x$

위의 직선과 평행하고 점 $(2, 1)$을 지나는 직선의 방정식은

$y-1=\dfrac{5}{2}(x-2)$

∴ $y=\dfrac{5}{2}x-4$ ← 평행하므로 기울기가 같다.

> 두 원의 교점을 지나는 직선의
> 방정식을 구할 때 두 원의 방정
> 식 중 어느 것을 빼도 괜찮아.

따라서 구하는 직선의 y절편은 -4이다.

(**답**) ②

0309 **대표 예제** 한 번 더!

두 원 $x^2+y^2-4x-21=0$, $x^2+y^2+6y=0$의 교점을 지나는
직선이 직선 $y=ax+3$과 수직일 때, 상수 a의 값은?

① $\dfrac{1}{2}$ ② 1 ③ $\dfrac{3}{2}$

④ 2 ⑤ $\dfrac{5}{2}$

0310

두 원 $(x-a)^2+(y+1)^2=4$, $x^2+y^2+2x+4y-4=0$의
교점을 지나는 직선이 직선 $x-3y+4=0$과 수직일 때, 상수
a의 값을 구하시오.

0311

두 원 $(x-1)^2+y^2=1-a$, $x^2+(y+2)^2=3-2a$의 교점을
지나는 직선이 점 $(-3, 2)$를 지날 때, 상수 a의 값은?

① -5 ② -4 ③ -3

④ -2 ⑤ -1

0312

원 $(x-a)^2+(y+1)^2=25$가 원 $(x-1)^2+(y-3)^2=5$의
둘레를 이등분할 때, 양수 a의 값은?

① 1 ② 2 ③ 3

④ 4 ⑤ 5

유형 10 공통인 현의 길이

두 원 O, O'의 두 교점을 A, B, 선분 OO'과 선분 AB의 교점을 C라 할 때, 공통인 현 AB의 길이는 다음과 같은 순서로 구한다.
❶ 직선 AB의 방정식을 구한다.
❷ 점과 직선 사이의 거리를 이용하여 선분 OC의 길이를 구한다.
❸ 피타고라스 정리를 이용하여 선분 AC의 길이를 구한다. (원의 성질에 의하여 두 선분 OO', AB는 점 C에서 수직으로 만난다.)
❹ $\overline{AB}=2\overline{AC}$임을 이용하여 현 AB의 길이를 구한다.
↪ 두 원의 중심을 잇는 선분은 공통인 현을 수직이등분한다.

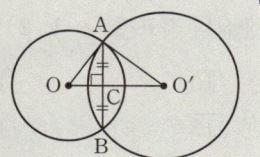

0313 ✔대표 예제

두 원 $x^2+y^2=10$, $(x-3)^2+(y-3)^2=4$의 공통인 현의 길이는?

① $\sqrt{2}$ ② 2 ③ $\sqrt{6}$
④ $2\sqrt{2}$ ⑤ $\sqrt{10}$

완쏠 해설

오른쪽 그림과 같이 두 원 $x^2+y^2=10$, $(x-3)^2+(y-3)^2=4$의 중심을 각각 O, O', 두 원의 교점을 A, B, 선분 OO'과 선분 AB의 교점을 C라 하면 두 선분 OO', AB는 점 C에서 수직으로 만난다.

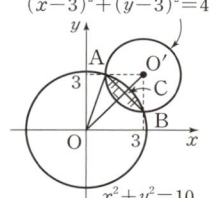

$(x-3)^2+(y-3)^2=4$에서
$x^2+y^2-6x-6y+14=0$ ↪ 두 원의 교점을 지나는 직선의 방정식을 이용하여 구한다.
즉, 직선 AB의 방정식은
$(x^2+y^2-10)-(x^2+y^2-6x-6y+14)=0$
$6x+6y-24=0$
$\therefore x+y-4=0$
위의 직선과 점 $O(0, 0)$ 사이의 거리는
$$\overline{OC}=\frac{|-4|}{\sqrt{1^2+1^2}}=2\sqrt{2}$$
선분 OA는 원 $x^2+y^2=10$의 반지름이므로
$\overline{OA}=\sqrt{10}$
즉, 직각삼각형 AOC에서
$$\overline{AC}=\sqrt{\overline{OA}^2-\overline{OC}^2}=\sqrt{(\sqrt{10})^2-(2\sqrt{2})^2}=\sqrt{2}$$
따라서 공통인 현의 길이는
$\overline{AB}=2\overline{AC}=2\times\sqrt{2}=2\sqrt{2}$

> 공통인 현의 길이를 구하려면 먼저 두 원을 지나는 직선의 방정식을 구할 수 있어야 해. 즉, 유형 09를 정확히 알고 있어야 해.

답 ④

0314 대표예제 한 번 더!

두 원 $x^2+y^2=8$, $x^2+y^2-6x+6y+4=0$의 공통인 현의 길이는?

① $2\sqrt{3}$ ② 4 ③ $2\sqrt{5}$
④ $2\sqrt{6}$ ⑤ $2\sqrt{7}$

0315

두 원 $x^2+y^2=13$, $(x-2)^2+(y-2)^2=5$의 두 교점을 A, B라 할 때, 선분 AB의 중점의 좌표는 (a, b)이다. $2a+b$의 값을 구하시오.

0316

두 원 $x^2+y^2+6x+10y+k=0$, $x^2+y^2-2x+4y-4=0$의 공통인 현의 길이가 $2\sqrt{5}$가 되도록 하는 모든 실수 k의 값의 곱은?

① -500 ② -400 ③ -300
④ -200 ⑤ -100

0317

두 원 $(x+1)^2+(y+3)^2=20$, $(x-2)^2+(y-1)^2=25$의 중심을 각각 C, C', 두 원의 공통인 현을 선분 AB라 할 때, 사각형 CAC'B의 넓이를 구하시오.

유형 **11** 두 원의 교점을 지나는 원의 방정식

두 점에서 만나는 두 원
$$x^2+y^2+ax+by+c=0, \quad x^2+y^2+a'x+b'y+c'=0$$
의 교점을 지나는 원의 방정식은
$$(x^2+y^2+ax+by+c)+k(x^2+y^2+a'x+b'y+c')=0$$
(단, $k \neq -1$인 실수)

0318 ✓ 대표 예제

두 원
$$(x-2)^2+(y+1)^2=1, \quad (x-3)^2+(y-2)^2=5$$
의 교점과 점 $(1, 0)$을 지나는 원의 넓이는?

① 6π ② $\dfrac{13}{2}\pi$ ③ 7π

④ $\dfrac{15}{2}\pi$ ⑤ 8π

완쏠 해설

$(x-2)^2+(y+1)^2=1$에서 $x^2+y^2-4x+2y+4=0$
$(x-3)^2+(y-2)^2=5$에서 $x^2+y^2-6x-4y+8=0$
두 원의 교점을 지나는 원의 방정식을
$(x^2+y^2-4x+2y+4)+k(x^2+y^2-6x-4y+8)=0$
(단, $k \neq -1$) ······ ㉠
이라 하면 원 ㉠이 점 $(1, 0)$을 지나므로
$1+3k=0$ ∴ $k=-\dfrac{1}{3}$

$k=-\dfrac{1}{3}$을 ㉠에 대입하여
정리하면
$\left(x-\dfrac{3}{2}\right)^2+\left(y+\dfrac{5}{2}\right)^2=\dfrac{13}{2}$

> 두 원의 교점을 지나는 원의 방정식을 구할 때는 각각의 원의 방정식을 전개해야 해.

따라서 구하는 원의 넓이는 $\dfrac{13}{2}\pi$이다.

답 ②

0319 대표 예제 한 번 더!

두 원 $x^2+y^2-2y-6=0$, $x^2+y^2+4x-10y+16=0$의
교점과 점 $(-2, 1)$을 지나는 원의 둘레의 길이는?

① 2π ② $2\sqrt{2}\pi$ ③ $2\sqrt{3}\pi$
④ 4π ⑤ $2\sqrt{5}\pi$

0320

두 원 $x^2+y^2=4$, $x^2+y^2-2x+4y+1=0$의 교점을 지나고
중심의 좌표가 $(-1, 2)$인 원의 반지름의 길이는?

① $\sqrt{10}$ ② $\sqrt{11}$ ③ $2\sqrt{3}$
④ $\sqrt{13}$ ⑤ $\sqrt{14}$

0321

두 원
$$x^2+y^2+2y-4=0, \quad x^2+y^2+ax+(3a+2)y+4=0$$
의 교점과 원점을 지나는 원의 넓이가 5π일 때, 정수 a의
값은?

① -5 ② -4 ③ -3
④ -2 ⑤ -1

0322

두 원 $x^2+y^2-2x+ay+4=0$, $x^2+y^2-ax+6y+12=0$
의 교점과 두 점 $(0, 0)$, $(2, -1)$을 지나는 원의 방정식
이 $x^2+y^2+Ax+By+C=0$일 때, 세 상수 A, B, C에
대하여 $A+B+C$의 값을 구하시오. (단, a는 상수이다.)

유형 12 원과 직선이 서로 다른 두 점에서 만날 때

원의 방정식의 표현 형태에 따라
(1) 중심의 좌표와 반지름의 길이를 알기 쉬울 때
 ➡ 원의 중심과 직선 사이의 거리를 d, 반지름의 길이를 r라 하면
$$d < r$$
(2) 직선의 방정식을 원의 방정식에 대입하여 정리하기 쉬울 때
 ➡ 원의 방정식과 직선의 방정식을 연립한 이차방정식의 판별식을 D라 하면
$$D > 0$$

0323 ✔ 대표 예제

원 $(x+3)^2+y^2=5$와 직선 $y=-2x+k$가 서로 다른 두 점에서 만나도록 하는 정수 k의 개수를 구하시오.

완쏠 해설

원의 중심 $(-3, 0)$과 직선 $y=-2x+k$, 즉 $2x+y-k=0$ 사이의 거리는
$$\frac{|2\times(-3)+1\times0-k|}{\sqrt{2^2+1^2}}=\frac{|k+6|}{\sqrt{5}}$$
원의 반지름의 길이가 $\sqrt{5}$이므로 원과 직선이 서로 다른 두 점에서 만나려면
$$\frac{|k+6|}{\sqrt{5}}<\sqrt{5}, \quad |k+6|<5 \qquad \text{← } d<r\text{임을 이용한다.}$$
$$-5<k+6<5 \qquad \therefore -11<k<-1$$
따라서 정수 k는 -10, -9, -8, $\cdots$, -2의 9개이다.

다른 풀이

$y=-2x+k$를 $(x+3)^2+y^2=5$에 대입하면
$$(x+3)^2+(-2x+k)^2=5$$
$$5x^2+2(3-2k)x+k^2+4=0 \qquad \text{← 이차방정식이 서로 다른 두 실근을 갖는다.}$$
위의 이차방정식의 판별식을 D라 하면 원과 직선이 서로 다른 두 점에서 만나야 하므로
$$\frac{D}{4}=(3-2k)^2-5(k^2+4)>0, \quad -k^2-12k-11>0 \qquad \text{← } D>0\text{임을 이용한다.}$$
$$k^2+12k+11<0$$
$$(k+11)(k+1)<0$$
$$\therefore -11<k<-1$$
따라서 정수 k는
-10, -9, -8, $\cdots$, -2의 9개이다.

원과 직선의 위치 관계를 확인할 때 한 가지 풀이만 고집하지 말고 상황에 맞게 적절히 사용할 수 있어야 해.

답 9

0324 대표 예제 한 번 더!

원 $(x-2)^2+(y+3)^2=10$과 직선 $3x+y+k=0$이 서로 다른 두 점에서 만나도록 하는 정수 k의 최댓값을 M, 최솟값을 m이라 할 때, $M-m$의 값은?

① 18   ② 19   ③ 20
④ 21   ⑤ 22

0325

원 $(x-3)^2+(y-2)^2=k$와 직선 $3x+4y=5$가 서로 다른 두 점에서 만날 때, 자연수 k의 최솟값은?

① 3   ② 4   ③ 5
④ 6   ⑤ 7

0326

원 $x^2+y^2-2x+2y+1=0$과 직선 $y=mx+1$이 서로 다른 두 점에서 만날 때, 실수 m의 값의 범위는?

① $m<-\dfrac{3}{4}$ ② $m>-\dfrac{3}{4}$ ③ $-\dfrac{3}{4}<m<1$
④ $1<m<2$ ⑤ $m>2$

0327

원 $(x-a)^2+y^2=4$가 두 직선 $x-\sqrt{3}y+1=0$, $3x+4y-2=0$과 서로 다른 네 점에서 만나도록 하는 정수 a의 개수를 구하시오.

03 원의 방정식

유형 13 원과 직선이 접할 때

원의 방정식의 표현 형태에 따라
(1) 중심의 좌표와 반지름의 길이를 알기 쉬울 때
  ➡ 원의 중심과 직선 사이의 거리를 d, 반지름의 길이를 r라 하면
$$d=r$$
(2) 직선의 방정식을 원의 방정식에 대입하여 정리하기 쉬울 때
  ➡ 원의 방정식과 직선의 방정식을 연립한 이차방정식의 판별식을 D라 하면
$$D=0$$

0328 ✔ 대표 예제

원 $x^2+y^2=9$가 직선 $y=2x+k$에 접할 때, 상수 k의 최솟값은?

① $-5\sqrt{5}$ ② $-4\sqrt{5}$ ③ $-3\sqrt{5}$
④ $-2\sqrt{5}$ ⑤ $-\sqrt{5}$

완쏠 해설

원의 중심 $(0, 0)$과 직선 $y=2x+k$, 즉 $2x-y+k=0$ 사이의 거리는
$$\frac{|k|}{\sqrt{2^2+(-1)^2}}=\frac{|k|}{\sqrt{5}}$$
원의 반지름의 길이가 3이므로 원이 직선에 접하려면
$$\frac{|k|}{\sqrt{5}}=3,\ |k|=3\sqrt{5} \quad \leftarrow d=r임을\ 이용한다.$$
$$\therefore k=\pm 3\sqrt{5}$$
따라서 상수 k의 최솟값은 $-3\sqrt{5}$이다.

다른 풀이

$y=2x+k$를 $x^2+y^2=9$에 대입하면
$$x^2+(2x+k)^2=9$$
$$5x^2+4kx+k^2-9=0 \quad \leftarrow 이차방정식이\ 중근을\ 갖는다.$$
위의 이차방정식의 판별식을 D라 하면 원이 직선에 접하므로
$$\frac{D}{4}=(2k)^2-5\times(k^2-9)=0,\ -k^2+45=0 \quad \leftarrow D=0임을\ 이용한다.$$
$$k^2=45 \quad \therefore k=\pm 3\sqrt{5}$$
따라서 상수 k의 최솟값은 $-3\sqrt{5}$이다.

답 ③

0329 대표 예제 한 번 더!

직선 $x+3y+k=0$이 원 $(x-2)^2+(y+2)^2=10$과 한 점에서 만날 때, 양수 k의 값은?

① 10 ② 11 ③ 12
④ 13 ⑤ 14

0330

중심의 좌표가 $(3, -1)$이고 직선 $3x+4y+k=0$과 한 점에서 만나는 원의 넓이가 16π일 때, 모든 실수 k의 값의 합은?

① -20 ② -15 ③ -10
④ -5 ⑤ 0

0331 교육청

두 점 $(-3, 0)$, $(1, 0)$을 지름의 양 끝 점으로 하는 원과 직선 $kx+y-2=0$이 오직 한 점에서 만나도록 하는 양수 k의 값은?

① $\frac{1}{3}$ ② $\frac{2}{3}$ ③ 1
④ $\frac{4}{3}$ ⑤ $\frac{5}{3}$

0332 ⬆UP

직선 $x+y-k=0$과 두 원 $(x-1)^2+y^2=2$, $(x+1)^2+(y-1)^2=2$의 교점의 개수를 각각 a, b라 할 때, $a+b=3$을 만족시키는 모든 실수 k의 값의 합을 구하시오.

유형 14 원과 직선이 만나지 않을 때

원의 방정식의 표현 형태에 따라

(1) 중심의 좌표와 반지름의 길이를 알기 쉬울 때
➡ 원의 중심과 직선 사이의 거리를 d, 반지름의 길이를 r라 하면
$$d > r$$

(2) 직선의 방정식을 원의 방정식에 대입하여 정리하기 쉬울 때
➡ 원의 방정식과 직선의 방정식을 연립한 이차방정식의 판별식을 D라 하면
$$D < 0$$

0333 ✔대표 예제

원 $x^2+y^2=1$과 직선 $y=mx-2$가 만나지 않도록 하는 정수 m의 개수는?

① 1　　　　② 2　　　　③ 3
④ 4　　　　⑤ 5

완쏠 해설

원의 중심 $(0, 0)$과 직선 $y=mx-2$, 즉 $mx-y-2=0$ 사이의 거리는
$$\frac{|-2|}{\sqrt{m^2+(-1)^2}}=\frac{2}{\sqrt{m^2+1}}$$
원의 반지름의 길이가 1이므로 원과 직선이 만나지 않으려면
$\dfrac{2}{\sqrt{m^2+1}}>1$, $2>\sqrt{m^2+1}$, $4>m^2+1$ ← $d>r$임을 이용한다.
$m^2<3$　∴ $-\sqrt{3}<m<\sqrt{3}$ → $-2<-\sqrt{3}<-1$, $1<\sqrt{3}<2$
따라서 정수 m은 -1, 0, 1의 3개이다.

다른 풀이

$y=mx-2$를 $x^2+y^2=1$에 대입하면
$x^2+(mx-2)^2=1$
$(m^2+1)x^2-4mx+3=0$ ← 이차방정식이 서로 다른 두 허근을 갖는다
위의 이차방정식의 판별식을 D라 하면 원이 직선과 만나지 않아야 하므로
$\dfrac{D}{4}=(-2m)^2-(m^2+1)\times3\leq0$, $m^2-3<0$ ← $D<0$임을 이용한다.
$m^2<3$　∴ $-\sqrt{3}<m<\sqrt{3}$
따라서 정수 m은 -1, 0, 1의 3개이다.

답 ③

0334 대표 예제 한 번 더!

직선 $4x+3y+k=0$이 원 $(x-3)^2+(y+4)^2=16$과 만나지 않도록 하는 자연수 k의 최솟값은?

① 20　　　　② 21　　　　③ 22
④ 23　　　　⑤ 24

0335

원 $(x+1)^2+y^2=k$와 직선 $3x-4y-17=0$이 만나지 않을 때, 원 $(x+1)^2+y^2=k$의 넓이가 최대가 되도록 하는 자연수 k의 값을 구하시오.

0336

원 $(x-a)^2+y^2=4$와 직선 $ax-y+1=0$이 만나지 않도록 하는 자연수 a의 최솟값은?

① 1　　　　② 2　　　　③ 3
④ 4　　　　⑤ 5

0337

원 O는 제3사분면 위의 점 $(7a, 3a)$를 중심으로 하고 넓이가 36π이다. 직선 $5x-12y-1=0$이 원 O와 만나지 않을 때, 정수 a의 최댓값은?

① -80　　　　② -79　　　　③ -78
④ -77　　　　⑤ -76

STEP **2** **유형 마스터**

유형 15 현의 길이

원의 중심에서 현에 내린 수선은 그 현을 이등분 하므로 반지름의 길이가 r인 원의 중심에서 d만큼 떨어진 현의 길이 l은

$$l=2\sqrt{r^2-d^2}$$

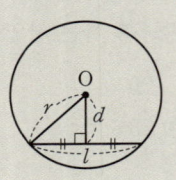

0338 ✔ 대표 예제

원 $(x+2)^2+(y-3)^2=21$과 직선 $x-2y+3=0$이 만나서 생기는 현의 길이는?

① 6   ② 7   ③ 8
④ 9   ⑤ 10

완쏠 해설

오른쪽 그림과 같이 원의 중심을 C$(-2, 3)$, 원과 직선의 두 교점을 A, B라 하고, 점 C에서 직선 $x-2y+3=0$에 내린 수선의 발을 H라 하면

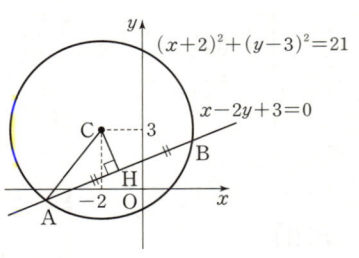

$$\overline{CH}=\frac{|1\times(-2)-2\times3+3|}{\sqrt{1^2+(-2)^2}}=\sqrt{5}$$

→ 점 C와 직선 $x-2y+3=0$ 사이의 거리와 같다.

원의 반지름의 길이가 $\sqrt{21}$이므로 직각삼각형 CAH에서

$$\overline{AH}=\sqrt{\overline{AC}^2-\overline{CH}^2}$$
$$=\sqrt{(\sqrt{21})^2-(\sqrt{5})^2}=4$$

∴ $\overline{AB}=2\overline{AH}=2\times4=8$

유형 **10**과 풀이 방법이 비슷하니까 비교하면서 공부해 봐!

답 ③

0339 대표 예제 한 번 더!

직선 $y=x+2$와 원 $x^2+y^2+2x-4y-4=0$의 두 교점을 A, B라 할 때, 선분 AB의 길이는?

① $\sqrt{31}$ ② $4\sqrt{2}$ ③ $\sqrt{33}$
④ $\sqrt{34}$ ⑤ $\sqrt{35}$

0340 교육청

그림과 같이 원 $x^2+y^2-2x-4y+k=0$과 직선 $2x-y+5=0$이 두 점 A, B에서 만난다. $\overline{AB}=4$일 때, 상수 k의 값은?

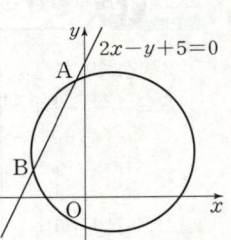

① -4 ② -3
③ -2 ④ -1
⑤ 0

0341

원 $(x+1)^2+y^2=16$과 직선 $3x-4y-7=0$의 교점을 지나는 원 중에서 그 넓이가 최소인 원의 넓이는?

① 8π ② 9π ③ 10π
④ 11π ⑤ 12π

0342

직선 $3x-4y+k=0$과 원 $(x-3)^2+(y-2)^2=12$가 만나는 두 점을 A, B라 하자. 원의 중심 C에 대하여 삼각형 CAB가 정삼각형일 때, 상수 k의 최댓값은?

① 10 ② 11 ③ 12
④ 13 ⑤ 14

유형 16 원 위의 점과 직선 사이의 거리의 최대·최소

원의 중심과 직선 사이의 거리를 d, 원의 반지름의 길이를 r라 할 때, 원 위의 점과 직선 사이의 거리의 최댓값을 M, 최솟값을 m이라 하면

$M=d+r$, $m=d-r$

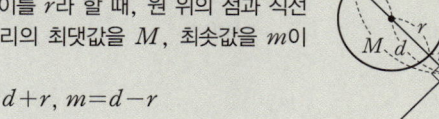

0343 ✔ 대표 예제

원 $(x-2)^2+(y+1)^2=4$ 위의 점과 직선 $3x-2y+5=0$ 사이의 거리의 최댓값을 M, 최솟값을 m이라 할 때, Mm의 값은?

① 6 　　　② 7 　　　③ 8

④ 9 　　　⑤ 10

완쏠 해설

원의 중심 $(2, -1)$과 직선 $3x-2y+5=0$ 사이의 거리는

$$\frac{|3\times2-2\times(-1)+5|}{\sqrt{3^2+(-2)^2}}=\sqrt{13}$$

원의 반지름의 길이가 2이므로

$M=\sqrt{13}+2$, $m=\sqrt{13}-2$

유형 07의 (1)과 같은 원리야.

$\therefore Mm=(\sqrt{13}+2)\times(\sqrt{13}-2)=9$

답 ④

0344 대표 예제 한 번 더!

원 $x^2+y^2-6x+2y+2=0$ 위의 점과 직선 $x-y+1=0$ 사이의 거리의 최댓값을 M, 최솟값을 m이라 할 때, M^2+m^2의 값은?

① 41 　　　② 43 　　　③ 45

④ 47 　　　⑤ 49

0345

원 $(x-1)^2+(y+2)^2=4$ 위의 점과 직선 $3x+4y+k=0$ 사이의 거리의 최솟값이 5일 때, 양수 k의 값은?

① 37 　　　② 38 　　　③ 39

④ 40 　　　⑤ 41

0346

중심의 좌표가 $(a, 2a+1)$인 원 위의 점과 직선 $2x-y+6=0$ 사이의 거리의 최댓값을 M, 최솟값을 m이라 할 때, $Mm=4$이다. 이 원의 반지름의 길이는?

① 1 　　　② $\dfrac{5}{4}$ 　　　③ $\dfrac{3}{2}$

④ $\dfrac{7}{4}$ 　　　⑤ 2

0347

두 점 A$(2, -1)$, B$(5, 2)$와 원 $(x+2)^2+(y-1)^2=8$ 위의 임의의 점 P에 대하여 삼각형 PAB의 넓이의 최댓값을 구하시오.

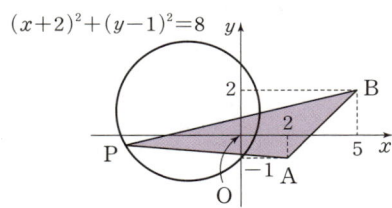

유형 17 기울기가 주어진 원의 접선의 방정식

원 $(x-a)^2+(y-b)^2=r^2$ $(r>0)$에 접하고 기울기가 m인 직선의 방정식은
(1) 중심이 원점, 즉 $a=0$, $b=0$인 경우
$$y=mx\pm r\sqrt{m^2+1}$$
(2) 일반적인 경우 다음과 같은 순서로 구한다.
　❶ 접선의 방정식을 $y=mx+k$ (k는 상수)로 놓는다.
　❷ 원의 중심 (a, b)와 직선 $y=mx+k$ 사이의 거리를 구한다.
　❸ ❷에서 구한 거리가 원의 반지름의 길이 r와 같음을 이용하여 k의 값을 구한다.

0348 ✔대표 예제

원 $x^2+y^2=5$에 접하고 기울기가 2인 두 직선이 y축과 만나는 점을 각각 P, Q라 할 때, 선분 PQ의 길이는?

① 4　　　　② 6　　　　③ 8
④ 10　　　⑤ 12

완쏠 해설

원 $x^2+y^2=5$의 반지름의 길이는 $\sqrt{5}$이므로 기울기가 2인 접선의 방정식은→ 중심이 원점이므로 공식을 이용하는 것이 더 편리하다.

$y=2x\pm\sqrt{5}\times\sqrt{2^2+1}$　∴ $y=2x\pm5$

따라서 두 직선이 y축과 만나는 점의 좌표는 각각 $(0, 5)$, $(0, -5)$이므로 선분 PQ의 길이는

$\overline{PQ}=5-(-5)=10$

다른 풀이

접선의 방정식을 $y=2x+k$라 하면 원의 중심 $(0, 0)$과 직선 $y=2x+k$, 즉 $2x-y+k=0$ 사이의 거리는

$\dfrac{|k|}{\sqrt{2^2+(-1)^2}}=\dfrac{|k|}{\sqrt{5}}$

원의 반지름의 길이가 $\sqrt{5}$이므로 원과 직선이 접하려면

$\dfrac{|k|}{\sqrt{5}}=\sqrt{5}$, $|k|=5$　∴ $k=\pm5$ →$d=r$임을 이용한다.

따라서 두 직선이 y축과 만나는 점의 좌표는 각각 $(0, 5)$, $(0, -5)$이므로 선분 PQ의 길이는

$\overline{PQ}=5-(-5)=10$

> 유형 17의 (2)를 이용하면 어떠한 경우의 문제도 다 해결할 수 있지만 중심이 원점인 경우는 (1)이 훨씬 간편한 것을 알 수 있어.

답 ④

0349 대표 예제 한 번 더!

원 $x^2+y^2=10$에 접하고 기울기가 3인 두 직선의 y절편의 곱은?

① -108　　② -106　　③ -104
④ -102　　⑤ -100

0350

직선 $2x+3y-2=0$과 수직이고 원 $x^2+y^2=k$에 접하는 두 직선이 y축과 만나는 두 점을 각각 P, Q라 하자. $\overline{PQ}=13$일 때, 상수 k의 값은?

① 11　　　② 13　　　③ 15
④ 17　　　⑤ 19

0351

원 $(x+2)^2+(y-3)^2=4$에 접하고 기울기가 3인 두 직선의 y절편의 곱을 구하시오.

0352

원 $O:(x+1)^2+(y-1)^2=10$ 위를 움직이는 점 P에 대하여 점 P와 직선 $y=3x+17$ 사이의 거리가 최대일 때, 점 P를 지나고 원 O에 접하는 직선의 x절편은?

① 1　　　　② 2　　　　③ 3
④ 4　　　　⑤ 5

유형 18 원 위의 한 점에서의 접선의 방정식

원 $(x-a)^2+(y-b)^2=r^2$ 위의 점 $P(x_1, y_1)$에서의 접선의 방정식은
(1) 중심이 원점, 즉 $a=0$, $b=0$인 경우
  $x_1x+y_1y=r^2$
(2) 일반적인 경우
  접선이 원의 중심 (a, b)와 접점 $P(x_1, y_1)$을 지나는 직선과 수직임을 이용하여 구한다.

0353 ✓대표 예제

원 $x^2+y^2=20$ 위의 점 $(-2, 4)$에서의 접선과 x축, y축으로 둘러싸인 부분의 넓이는?

① 20　　　② 25　　　③ 30
④ 35　　　⑤ 40

완쏠 해설

원 $x^2+y^2=20$ 위의 점 $(-2, 4)$에서의 접선의 방정식은

$-2x+4y=20$　∴ $y=\dfrac{1}{2}x+5$

따라서 접선 $y=\dfrac{1}{2}x+5$와 x축,
y축으로 둘러싸인 부분은 오른
쪽 그림의 색칠한 부분과 같으
므로 구하는 부분의 넓이는

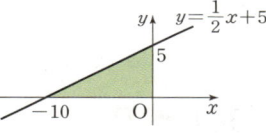

$\dfrac{1}{2}\times10\times5=25$

다른 풀이

원의 중심 $(0, 0)$과 점 $(-2, 4)$를 지나는 직선의 기울기는

$\dfrac{4-0}{(-2)-0}=-2$

즉, 점 $(-2, 4)$에서의 접선의 기울기는 $\dfrac{1}{2}$이므로 접선의
방정식은 $\quad\rightarrow (-2)\times\dfrac{1}{2}=-1$

$y-4=\dfrac{1}{2}\{x-(-2)\}$　∴ $y=\dfrac{1}{2}x+5$

따라서 구하는 부분의 넓이는

$\dfrac{1}{2}\times10\times5=25$

> 유형 **18**도 유형 **17**과 마찬가지로 (1)을 사용하면 쉽게 해결할 수 있지만 중심이 원점인 경우만 사용할 수 있어.

(답) ②

0354 대표 예제 한 번 더!

원 $x^2+y^2=10$ 위의 점 $(1, 3)$에서의 접선이 직선 $y=mx+3$과 서로 수직일 때, 상수 m의 값을 구하시오.

0355

원 $x^2+y^2+2x+4y-13=0$ 위의 점 $(2, 1)$에서의 접선이 점 $(a, 10)$을 지날 때, a의 값은?

① -9　　　② -7　　　③ -5
④ -3　　　⑤ -1

0356

원 $x^2+y^2+4x-2y=0$이 y축과 만나는 점 중 원점이 아닌 점을 A라 하자. 원 위의 점 A에서의 접선의 방정식이 $ax+y+b=0$일 때, a^2+b^2의 값을 구하시오.

(단, a, b는 상수이다.)

0357 교육청

그림과 같이 원
$C:x^2+y^2=4$와 A$(-2, 0)$
이 있다. 원 C 위의 제1사분
면 위의 점 P에서의 접선이
x축과 만나는 점을 B, 점 P
에서 x축에 내린 수선의 발을
H라 하자. $2\overline{AH}=\overline{HB}$일 때, 삼각형 PAB의 넓이는?

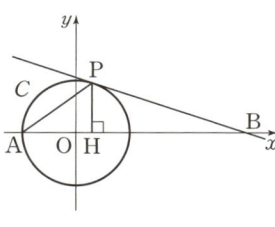

① $\dfrac{10\sqrt{2}}{3}$　　　② $4\sqrt{2}$　　　③ $\dfrac{14\sqrt{2}}{3}$

④ $\dfrac{16\sqrt{2}}{3}$　　　⑤ $6\sqrt{2}$

유형 **19** 원 밖의 한 점에서 원에 그은 접선의 방정식 ⭐중요

원 $(x-a)^2+(y-b)^2=r^2$ $(r>0)$ 밖의 한 점 A(p, q)에서 원에 그은 접선의 방정식은 다음과 같은 순서로 구한다.
❶ 접선의 기울기를 m이라 하고, 접선의 방정식을
 $y-q=m(x-p)$, 즉 $y=m(x-p)+q$로 놓는다.
❷ 원의 중심 (a, b)와 ❶의 직선 사이의 거리가 반지름의 길이 r와 같음을 이용하여 m의 값을 구한다.

0358 ✔대표 예제

점 $(3, -1)$에서 원 $x^2+y^2=5$에 그은 두 접선의 기울기의 합을 구하시오.

완쌀 해설

접선의 기울기를 m이라 하면 기울기가 m이고 점 $(3, -1)$을 지나는 접선의 방정식은
$y-(-1)=m(x-3)$ $\therefore mx-y-3m-1=0$ ...... ㉠
원의 중심 $(0, 0)$과 직선 ㉠ 사이의 거리는 원의 반지름의 길이 $\sqrt{5}$와 같으므로 ↳직선 ㉠이 원의 접선이므로 $d=r$임을 이용한다.

$\dfrac{|-3m-1|}{\sqrt{m^2+(-1)^2}}=\sqrt{5}$, $\dfrac{|3m+1|}{\sqrt{m^2+1}}=\sqrt{5}$

$|3m+1|=\sqrt{5(m^2+1)}$
위의 식의 양변을 제곱하여 정리하면
$2m^2+3m-2=0$, $(m+2)(2m-1)=0$

$\therefore m=-2$ 또는 $m=\dfrac{1}{2}$

따라서 두 접선의 기울기의 합은
$(-2)+\dfrac{1}{2}=-\dfrac{3}{2}$

다른 풀이

접점의 좌표를 (x_1, y_1)이라 하면 접선의 방정식은
$x_1x+y_1y=5$
위의 직선이 점 $(3, -1)$을 지나므로
$3x_1-y_1=5$ $\therefore y_1=3x_1-5$ ...... ㉠
또한, 점 (x_1, y_1)은 원 위의 점이므로
$x_1^2+y_1^2=5$ ...... ㉡
㉠을 ㉡에 대입하여 정리하면 $x_1^2-3x_1+2=0$
$(x_1-1)(x_1-2)=0$ $\therefore x_1=1$ 또는 $x_1=2$
즉, 접점의 좌표가 $(1, -2)$ 또는 $(2, 1)$이므로 접선의 방정식은
$x-2y=5$ 또는 $2x+y=5$

따라서 두 접선의 기울기는 각각 $\dfrac{1}{2}$, -2이므로 그 합은
$\dfrac{1}{2}+(-2)=-\dfrac{3}{2}$

다른 풀이와 같이 접점 (x_1, y_1)에 대하여 간단한 방정식이 나오는 경우를 제외하고는 기울기를 미지수로 놓는 풀이가 더 간단해.

답 $-\dfrac{3}{2}$

0359 대표 예제 한 번 더!

원 $x^2+y^2=2$에 접하고 x절편이 2인 두 직선의 기울기의 곱을 구하시오.

0360

원 $(x+1)^2+y^2=1$에 접하고, 원 $(x-1)^2+y^2=1$의 넓이를 이등분하는 직선 중 기울기가 음수인 직선의 y절편은?

① $\sqrt{3}$ ② $\dfrac{\sqrt{3}}{2}$ ③ $\dfrac{\sqrt{3}}{3}$

④ $\dfrac{\sqrt{3}}{4}$ ⑤ $\dfrac{\sqrt{3}}{5}$

0361 교육청

점 $(2, -4)$에서 원 $x^2+y^2=2$에 그은 두 접선이 각각 y축과 만나는 점의 좌표를 $(0, a)$, $(0, b)$라 할 때, $a+b$의 값은?

① 4   ② 6   ③ 8

④ 10   ⑤ 12

0362

점 $(1, a)$에서 원 $x^2+y^2+2x-4y+2=0$에 그은 두 접선의 기울기의 합이 8일 때, a의 값을 구하시오.

유형 20 접선의 길이

원 밖의 한 점 P에서 원에 그은 접선의 접점을 Q라 하면 직각삼각형 OPQ에서

$$\overline{PQ}=\sqrt{\overline{OP}^2-\overline{OQ}^2}$$

원의 접선은 그 점을 지나는 원의 반지름과 수직이다.

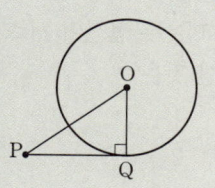

0363 ✓ 대표 예제

점 P(1, 3)에서 원 $(x+1)^2+(y+1)^2=9$에 그은 접선의 접점을 Q라 할 때, 선분 PQ의 길이는?

① 3   ② $\sqrt{11}$ ③ $\sqrt{13}$

④ $\sqrt{15}$ ⑤ $\sqrt{17}$

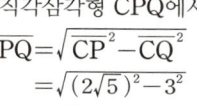완쏠 해설

원의 중심을 C라 하면
C(−1, −1)
이므로
$\overline{CP}=\sqrt{\{1-(-1)\}^2+\{3-(-1)\}^2}$
$=2\sqrt{5}$
직각삼각형 CPQ에서
$\overline{PQ}=\sqrt{\overline{CP}^2-\overline{CQ}^2}$
$=\sqrt{(2\sqrt{5})^2-3^2}$
$=\sqrt{11}$

원 밖의 한 점에서 원에 그을 수 있는 접선은 두 개이지만 두 접선의 길이는 서로 같아. 그래서 한 접선만 생각해도 돼.

답 ②

0364 대표 예제 한 번 더!

점 A(1, 0)에서 원 $x^2+y^2+4x-2y-4=0$에 그은 접선의 접점을 B라 할 때, 선분 AB의 길이는?

① $\dfrac{1}{2}$ ② 1   ③ $\dfrac{3}{2}$

④ 2   ⑤ $\dfrac{5}{2}$

0365

점 P(a, $a+1$)에서 원 $x^2+y^2+2x-12y+33=0$에 그은 접선의 접점을 Q라 하자. $\overline{PQ}=4$일 때, 모든 a의 값의 합은?

① −4   ② −2   ③ 0

④ 2   ⑤ 4

0366

그림과 같이 점 P(2, 0)에서 원 $x^2+y^2=1$에 그은 두 접선의 접점을 각각 A, B라 할 때, 사각형 OAPB의 넓이는?

(단, O는 원점이다.)

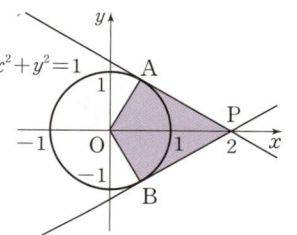

① $\sqrt{3}$ ② 2   ③ $\sqrt{5}$

④ $\sqrt{6}$ ⑤ $\sqrt{7}$

0367

그림과 같이 점 P(2, $\sqrt{5}$)에서 원 $x^2+y^2=4$에 그은 두 접선의 접점을 각각 Q, R라 하자. $\overline{QR}=\dfrac{q\sqrt{5}}{p}$일 때, $p+q$의 값을 구하시오. (단, p와 q는 서로소인 자연수이다.)

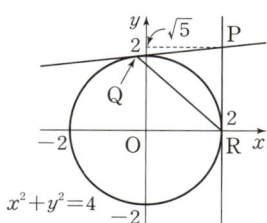

03 원의 방정식

0368
· 유형 18

원 $x^2+y^2=10$ 위의 점 P(a, b)에서의 접선의 기울기가 3일 때, $a+b$의 값은? (단, 점 P는 제2사분면 위의 점이다.)

① -4 ② -2 ③ 0
④ 2 ⑤ 4

0369
· 유형 01 + 유형 06

중심이 곡선 $y=x^2-2$ 위에 있고 x축과 y축에 동시에 접하는 원의 개수는 m이고, 이 원들의 넓이의 합은 $n\pi$이다. $m+n$의 값을 구하시오.

0370 교육청
· 유형 01

그림과 같이 원의 중심 C(a, b)가 제1사분면 위에 있고, 반지름의 길이가 r이며 원점 O를 지나는 원이 있다. 원과 x축, y축이 만나는 점 중 O가 아닌 점을 각각 A, B라 하자. 네 점 O, A, B, C가 다음 조건을 만족시킬 때, $a+b+r^2$의 값을 구하시오.

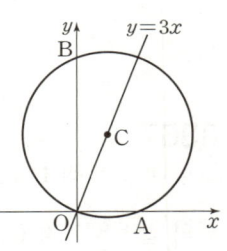

(가) $\overline{OB}-\overline{OA}=4$
(나) 두 점 O, C를 지나는 직선의 방정식은 $y=3x$이다.

0371
· 유형 19

원 $(x-3)^2+(y+1)^2=r^2$ 밖의 점 A$(5, 5)$에서 이 원에 그은 두 접선이 서로 수직일 때, 두 접선의 기울기 중 양수인 것은?

① $\dfrac{1}{2}$ ② 1 ③ $\dfrac{3}{2}$
④ 2 ⑤ $\dfrac{5}{2}$

0372
· 유형 02

그림과 같이 직선 $y=2x$ 위의 점 A와 원점 O에 대하여 선분 OA를 대각선으로 하는 직사각형 OPAQ가 있다. 사각형 OPAQ에 외접하는 원의 넓이가 5π일 때, 점 A의 x좌표는? (단, 점 A는 제1사분면 위에 있다.)

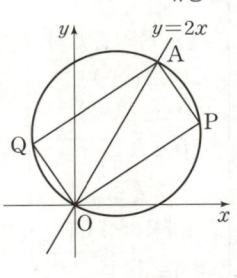

① 1 ② 2 ③ 3
④ 4 ⑤ 5

0373 빈출
· 유형 13

원 $x^2+y^2+2x+a^2-3a-5=0$이 직선 $x+y+3=0$과 접하도록 하는 양수 a의 값은?

① $\sqrt{2}$ ② 2 ③ $2\sqrt{2}$
④ 4 ⑤ $4\sqrt{2}$

0374

• 유형 05 + 유형 15

두 점 A$(0, 6)$, B$(6, 0)$에 대하여 중심이 선분 AB 위에 있고, y축에 접하는 원 C가 있다. 원 C가 x축에 의하여 잘린 현의 길이가 4일 때, 원 C의 반지름의 길이는?

① 2　　　　② $\frac{7}{3}$　　　　③ $\frac{8}{3}$

④ 3　　　　⑤ $\frac{10}{3}$

0375

• 유형 05

세 점 A$(0, 3)$, B$(0, -3)$, C$(3\sqrt{3}, 0)$을 꼭짓점으로 하는 삼각형 ABC의 내접원의 중심이 (a, b), 반지름의 길이가 r일 때, $a^2+b^2+r^2$의 값을 구하시오.

0376

• 유형 16

그림과 같이 원 $x^2+y^2=2$ 위의 점 A와 직선 $y=-x-6$ 위의 서로 다른 두 점 B, C를 꼭짓점으로 하는 정삼각형 ABC가 있다. 정삼각형 ABC의 넓이의 최솟값과 최댓값의 비는?

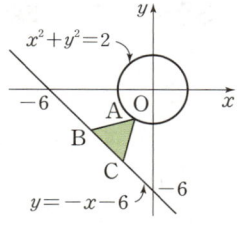

① 1:2　　　　② 1:3　　　　③ 1:4

④ 1:5　　　　⑤ 1:6

0377 🔎 사고력

• 유형 06 + 유형 13

x축과 y축 및 직선 $3x+4y-12=0$에 동시에 접하는 서로 다른 원의 개수는 n이고, 이 중에서 가장 작은 원의 반지름의 길이는 r이다. $n+r$의 값은?

① 1　　　　② 2　　　　③ 3

④ 4　　　　⑤ 5

0378

• 유형 15

점 $(5, 0)$을 지나고 기울기가 m인 직선이 원 $x^2+y^2=18$과 만나는 두 점을 각각 P, Q라 할 때, 삼각형 OPQ가 직각삼각형이 되도록 하는 양수 m의 값은?

(단, O는 원점이다.)

① $\frac{3}{4}$　　　　② 1　　　　③ $\frac{5}{4}$

④ $\frac{3}{2}$　　　　⑤ $\frac{7}{4}$

0379

• 유형 10

두 원 $x^2+y^2=27$, $(x-a)^2+(y-a)^2=9$가 서로 다른 두 점에서 만날 때, 공통인 현의 길이가 최대가 되도록 하는 상수 a에 대하여 a^2의 값은?

① 7　　　　② 8　　　　③ 9

④ 10　　　　⑤ 11

0380 • 유형 12 + 유형 13

원 $x^2+y^2=1$ 위의 점 (x, y)에 대하여

$$(\sqrt{3}x-y)^2+2(\sqrt{3}x-y)-1$$

의 최댓값을 M, 최솟값을 m이라 할 때, $M+m$의 값은?

① 1   ② 2   ③ 3

④ 4   ⑤ 5

0381 🔘 사고력 • 유형 20

그림과 같이 중심이 같고 반지름의 길이가 2인 원 모양의 호수와 반지름의 길이가 4인 원 모양의 잔디밭으로 호수를 둘러싼 공원이 있다.

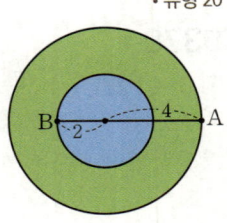

공원 입구인 점 A에서 호수의 가장자리의 한 점 B까지 호수를 지나지 않고 갈 수 있는 최단거리는?

(단, 두 점 A, B를 지나는 직선은 호수의 중심을 지난다.)

① $2\sqrt{2}+\dfrac{4}{3}\pi$ ② $\sqrt{10}+\dfrac{4}{3}\pi$ ③ $2\sqrt{3}+\dfrac{4}{3}\pi$

④ $\sqrt{14}+\dfrac{5}{3}\pi$ ⑤ $4+\dfrac{5}{3}\pi$

0382 • 유형 07 + 유형 08

원 $x^2+(y-1)^2=1$ 위를 움직이는 점 P와 두 점 A$(1, 4)$, B$(4, 0)$에 대하여 사각형 APBQ가 평행사변형이 되도록 하는 점 Q가 나타내는 도형은 원이 된다. $\overline{OQ}$의 최댓값을 M, 최솟값을 m이라 할 때, M^2+m^2의 값을 구하시오.

(단, O는 원점이다.)

0383 교육청 • 유형 13

그림과 같이 두 직선 $x-3y=0$, $3x-y=0$에 모두 접하고 반지름의 길이가 4인 네 원의 중심을 각각 A, B, C, D라 할 때, 사각형 ABCD의 넓이를 구하시오.

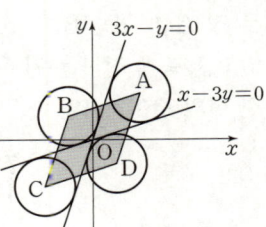

0384 • 유형 07

그림과 같이 두 원 $(x-1)^2+y^2=1$ 또는 $x^2+(y-1)^2=1$ 위의 점 P(x, y)에 대하여 $x^2+y^2+2x+4y+5$의 최댓값이 $a+b\sqrt{10}$일 때, $a+b$의 값을 구하시오. (단, a, b는 유리수이다.)

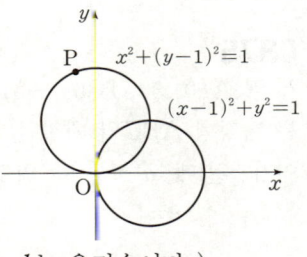

0385 상위 1% 도전 • 유형 17 + 유형 19

두 원

$$C_1 : (x-\sqrt{3})^2+(y-1)^2=1,$$
$$C_2 : (x-4)^2+(y-k)^2=4$$

가 있다. 원 C_1 위의 점 P(a, b)와 원 C_2 위의 점 Q(c, d)에 대하여 $ad=bc$를 만족시키는 두 점 P, Q가 존재하도록 하는 실수 k의 최댓값과 최솟값의 합은?

① $2+2\sqrt{3}$ ② $4+2\sqrt{3}$ ③ $2+4\sqrt{3}$

④ $4+3\sqrt{3}$ ⑤ $4+4\sqrt{3}$

서술형 문제

0386
· 유형 02

두 점 A$(1, -1)$, B$(3, 5)$를 지름의 양 끝 점으로 하는 원의 방정식을 구하시오.

☑ **필요 개념 및 공식**
□ 두 점 사이의 거리 □ 선분의 중점 □ 원의 방정식

0387
· 유형 05

원 $x^2+y^2-2x-6y-k+4=0$이 x축과 만나지 않고, y축과 만나도록 하는 정수 k의 개수를 구하시오.

☑ **필요 개념 및 공식**
□ 원이 축에 접할 때의 반지름의 길이

0388
· 유형 13

그림과 같이 중심이 x축의 양의 방향 위에 있고, 반지름의 길이가 1인 원 C가 직선 $y=\dfrac{3}{4}x$에 접할 때 접점의 x좌표를 구하시오.

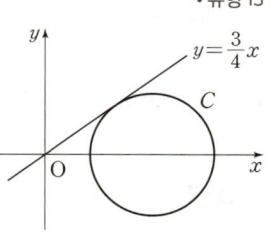

☑ **필요 개념 및 공식**
□ 점과 직선 사이의 거리 □ 원과 직선이 접할 때의 반지름의 길이

0389
· 유형 10

두 원 $x^2+y^2=4$, $(x-2)^2+(y-1)^2=5$의 교점을 지나는 원 중에서 넓이가 최소인 원의 넓이를 구하시오.

☑ **필요 개념 및 공식**
□ 두 원의 교점을 지나는 직선의 방정식 □ 공통인 현의 길이

0390 빈출
· 유형 19

원 $x^2+y^2=25$에 대하여 한 점 $(7, 1)$에서 이 원에 그은 두 접선과 원의 교점을 각각 P, Q라 할 때, 직선 PQ의 y절편을 구하시오.

☑ **필요 개념 및 공식**
□ 직선의 방정식 □ 원 밖의 한 점에서 원에 그은 접선의 방정식

0391
· 유형 08

그림과 같이 점 A$(0, 2)$와 원 $x^2+y^2=9$ 위를 움직이는 점 P에 대하여 삼각형 AOP의 무게중심을 G라 하자. 점 G가 나타내는 도형의 길이가 $a\pi$일 때, a의 값을 구하시오. (단, O는 원점이다.)

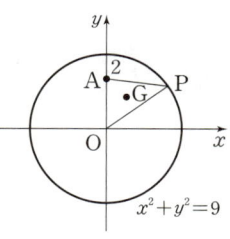

☑ **필요 개념 및 공식**
□ 삼각형의 무게중심 □ 원의 방정식

03
원의 방정식

개념 **01** 점의 평행이동

(1) **평행이동**
도형을 일정한 방향으로 일정한 거리만큼 옮기는 것
(2) **점의 평행이동**
점 $P(x, y)$를 x축의 방향으로 a만큼, y축의 방향으로 b만큼 평행이동한 점 P'의 좌표는
$$(x+a, y+b)$$

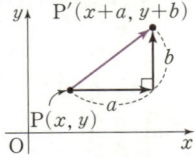

> **참고** 위의 평행이동을 $(x, y) \longrightarrow (x+a, y+b)$로 나타내기도 한다.

[0392~0393] 다음 점을 x축의 방향으로 3만큼, y축의 방향으로 -2만큼 평행이동한 점의 좌표를 구하시오.

0392 $(3, -1)$ **0393** $(-1, 4)$

[0394~0395] 점 P를 x축의 방향으로 a만큼, y축의 방향으로 b만큼 평행이동한 점이 P'일 때, 다음에서 a, b의 값을 각각 구하시오.

0394 $P(-1, 5)$, $P'(-3, 0)$

0395 $P(-4, -2)$, $P'(1, 5)$

개념 **02** 도형의 평행이동

방정식 $f(x, y)=0$이 나타내는 도형을 x축의 방향으로 a만큼, y축의 방향으로 b만큼 평행이동한 도형의 방정식은
$$f(x-a, y-b)=0$$

> **참고** $f(x-a, y-b)=0$은 $f(x, y)=0$에서 x 대신 $x-a$를, y 대신 $y-b$를 대입한 것과 같다.

[0396~0397] 다음 방정식이 나타내는 도형을 x축의 방향으로 -1만큼, y축의 방향으로 2만큼 평행이동한 도형의 방정식을 구하시오.

0396 $x-y+4=0$ **0397** $y=x^2$

[0398~0399] 점 (x, y)를 점 $(x-2, y+1)$로 옮기는 평행이동에 의하여 다음 방정식이 나타내는 도형이 옮겨지는 도형의 방정식을 구하시오.

0398 $x+y+1=0$ **0399** $x^2+(y-1)^2=1$

개념 **03** 점의 대칭이동

(1) **대칭이동**: 도형을 주어진 직선 또는 점에 대하여 대칭인 도형으로 옮기는 것   → 대칭축   → 대칭의 중심
(2) 점 (x, y)를 x축, y축, 원점, 직선 $y=x$에 대하여 대칭이동한 점의 좌표는 다음과 같다.

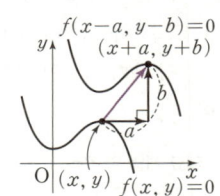

x축에 대하여 대칭이동 $\Rightarrow (x, -y)$	y축에 대하여 대칭이동 $\Rightarrow (-x, y)$
원점에 대하여 대칭이동 $\Rightarrow (-x, -y)$	직선 $y=x$에 대하여 대칭이동 $\Rightarrow (y, x)$

[0400~0401] 다음 점을 x축에 대하여 대칭이동한 점의 좌표를 구하시오.

0400 $(2, -1)$ **0401** $(-4, 3)$

[0402~0403] 다음 점을 y축에 대하여 대칭이동한 점의 좌표를 구하시오.

0402 $(-3, 1)$ **0403** $(2, -5)$

[0404~0405] 다음 점을 원점에 대하여 대칭이동한 점의 좌표를 구하시오.

0404 $(-4, 1)$ **0405** $(0, -4)$

[0406~0407] 다음 점을 직선 $y=x$에 대하여 대칭이동한 점의 좌표를 구하시오.

0406 $(4, -1)$ **0407** $(3, 0)$

개념 04 도형의 대칭이동

방정식 $f(x, y)=0$이 나타내는 도형을 x축, y축, 원점, 직선 $y=x$에 대하여 대칭이동한 도형의 방정식은 다음과 같다.

x축에 대하여 대칭이동 ➡ $\underline{f(x, -y)=0}$	y축에 대하여 대칭이동 ➡ $\underline{f(-x, y)=0}$
y 대신 $-y$를 대입	x 대신 $-x$를 대입
원점에 대하여 대칭이동 ➡ $\underline{f(-x, -y)=0}$	직선 $y=x$에 대하여 대칭이동 ➡ $\underline{f(y, x)=0}$
x 대신 $-x$를, y 대신 $-y$를 대입	x 대신 y를, y 대신 x를 대입

[0408~0409] 다음 방정식이 나타내는 도형을 x축에 대하여 대칭이동한 도형의 방정식을 구하시오.

0408 $x-y+2=0$　　　　**0409** $y=(x-1)^2+2$

[0410~0411] 다음 방정식이 나타내는 도형을 y축에 대하여 대칭이동한 도형의 방정식을 구하시오.

0410 $x+3y+2=0$　　　**0411** $(x+1)^2+(y-1)^2=1$

[0412~0413] 다음 방정식이 나타내는 도형을 원점에 대하여 대칭이동한 도형의 방정식을 구하시오.

0412 $2x-3y+2=0$　　　**0413** $y=-(x-2)^2-3$

[0414~0415] 다음 방정식이 나타내는 도형을 직선 $y=x$에 대하여 대칭이동한 도형의 방정식을 구하시오.

0414 $3x-y+3=0$

0415 $(x-1)^2+(y+5)^2=1$

개념 05 일반적인 점과 직선에 대한 대칭이동 (심화)

(1) **점에 대한 대칭이동**
① 점 $P(x, y)$를 점 $A(a, b)$에 대하여 대칭이동한 점을 P'이라 하면
$$P'(2a-x, 2b-y)$$

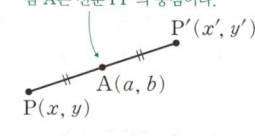
점 A는 선분 PP′의 중점이다.

② 방정식 $f(x, y)=0$이 나타내는 도형을 점 $A(a, b)$에 대하여 대칭이동한 도형의 방정식은
$$f(2a-x, 2b-y)=0$$

(2) **직선에 대한 대칭이동**
점 $P(x, y)$를 직선 $l : ax+by+c=0$에 대하여 대칭이동한 점을 $P'(x', y')$이라 하면 다음 두 조건을 이용하여 구한다.
① 중점 조건: 선분 PP'의 중점은 직선 l 위의 점이다.
② 수직 조건: 직선 PP'은 직선 l과 수직이다.

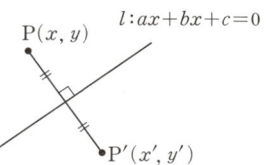
두 직선의 기울기의 곱은 -1이다.

[0416~0417] 다음 점 P를 점 A에 대하여 대칭이동한 점의 좌표를 구하시오.

0416 $P(3, 1)$, $A(2, -1)$

0417 $P(-2, 4)$, $A(1, -2)$

0418 직선 $x+3y-1=0$ 위의 점 (p, q)를 점 $(1, 2)$에 대하여 대칭이동한 점의 좌표를 (p', q')이라 할 때, 다음 물음에 답하시오.

(1) p, q를 p', q'에 대한 식으로 나타내시오.

(2) 점 (p', q')이 나타내는 도형의 방정식을 구하시오.

0419 점 $P(1, -2)$를 직선 $x-y+1=0$에 대하여 대칭이동한 점을 $P'(p, q)$라 할 때, 다음 물음에 답하시오.

(1) 선분 PP'의 중점의 좌표를 p, q를 이용하여 나타내시오.

(2) 직선 PP'의 기울기를 p, q를 이용하여 나타내시오.

(3) 직선 $x-y+1=0$이 선분 PP'을 수직이등분함을 이용하여 점 P'의 좌표를 구하시오.

유형 01 점의 평행이동

점 (x, y)를 x축의 방향으로 a만큼, y축의 방향으로 b만큼 평행이동한 점의 좌표는
$$(x+a, y+b) \longrightarrow x \text{ 대신 } x+a\text{를, } y \text{ 대신 } y+b \text{를 대입}$$

0420 ✔ 대표 예제

점 (x, y)를 점 $(x-3, y+4)$로 옮기는 평행이동에 의하여 점 $(a, 1)$이 직선 $2x-y+1=0$ 위로 옮겨질 때, a의 값은?

① 1   ② 2   ③ 3
④ 4   ⑤ 5

완쏠 해설

x에 -3을 더하면 $x-3$이므로
x축의 방향으로 -3만큼 평행이동한 것이다.

점 (x, y)를 점 $(x-3, y+4)$로 옮기는 평행이동은 x축의 방향으로 -3만큼, y축의 방향으로 4만큼 평행이동하는 것이므로 이 평행이동에 의하여 점 $(a, 1)$이 옮겨지는 점의 좌표는 $(a+(-3), 1+4)$, 즉 $(a-3, 5)$
점 $(a-3, 5)$가 직선 $2x-y+1=0$ 위의 점이므로
$2(a-3)-5+1=0, 2a-10=0$ → $x=a-3, y=5$를 대입한다.
∴ $a=5$

평행이동에 대한 조건이 직접 주어지지 않고 점이 점으로 옮겨지는 것이 주어진 경우는 x좌표, y좌표에 각각 얼마가 더해졌는지 확인해야 해.

(답) ⑤

0421 대표 예제 한 번 더!

점 (x, y)를 점 $(x+1, y-4)$로 옮기는 평행이동에 의하여 점 $(-1, a)$가 직선 $x-3y+3=0$ 위로 옮겨질 때, a의 값은?

① 1   ② 3   ③ 5
④ 7   ⑤ 9

0422

점 $(-1, 2)$를 점 $(4, -3)$으로 옮기는 평행이동에 의하여 점 $(4, 5)$를 평행이동한 점의 좌표는?

① $(-1, 10)$ ② $(2, 7)$ ③ $(5, 5)$
④ $(7, 3)$ ⑤ $(9, 0)$

0423

두 점 $A(1, a)$, $B(b, 3)$을 각각 $A'(4, 1)$, $B'(6, 2)$로 옮기는 평행이동에 의하여 점 $C(p, q)$는 점 $C'(a, b)$로 옮겨진다. $a+b+p+q$의 값을 구하시오.

0424

점 $A(-5, 3)$을 x축의 방향으로 $4a$만큼, y축의 방향으로 a만큼 평행이동한 점을 A'이라 하자. $\overline{OA}=\overline{OA'}$을 만족시키는 실수 a의 값은? (단, $a \neq 0$이고, O는 원점이다.)

① 1   ② 2   ③ 3
④ 4   ⑤ 5

유형 02 직선의 평행이동

직선 $ax+by+c=0$을 x축의 방향으로 m만큼, y축의 방향으로 n만큼 평행이동한 직선의 방정식은
$$a(x-m)+b(y-n)+c=0 \rightarrow x \text{ 대신 } x-m\text{을, } y \text{ 대신 } y-n\text{을 대입}$$
직선 l을 평행이동한 직선을 l'이라 하면 두 직선 l, l'은 서로 평행하다.

0425 ✓ 대표 예제

직선 $x+ky-k-1=0$을 x축의 방향으로 m만큼, y축의 방향으로 -2만큼 평행이동한 직선의 방정식이 $x+3y-2=0$일 때, $k+m$의 값은? (단, k는 상수이다.)

① 1   ② 3   ③ 5
④ 7   ⑤ 9

완쏠 해설

직선 $x+ky-k-1=0$을 x축의 방향으로 m만큼, y축의 방향으로 -2만큼 평행이동한 직선의 방정식은
$(x-m)+k\{y-(-2)\}-k-1=0$ → x 대신 $x-m$을, y 대신 $y-(-2)$를 대입한다.
$\therefore x+ky-m+k-1=0$
위의 직선이 직선 $x+3y-2=0$과 일치하므로
$k=3$, $-m+k-1=-2$ → 각 항의 계수가 서로 같다.
$\therefore k=3$, $m=4$
$\therefore k+m=3+4=7$

 점의 평행이동과 도형의 평행이동을 헷갈리면 안 돼.

(답) ④

0426 대표 예제 한 번 더!

점 $(1, 2)$를 점 $(-1, 3)$으로 옮기는 평행이동에 의하여 직선 $4x-3y-2=0$을 평행이동한 직선을 l이라 할 때, 직선 l의 y절편은?

① $\dfrac{1}{3}$ ② 1   ③ $\dfrac{5}{3}$
④ $\dfrac{7}{3}$ ⑤ 3

0427

직선 $x+y-1=0$을 x축의 방향으로 m만큼, y축의 방향으로 3만큼 평행이동한 직선과 직선 $x-y+1=0$을 x축의 방향으로 -3만큼, y축의 방향으로 n만큼 평행이동한 직선이 원점에서 만날 때, mn의 값은?

① -16 ② -8 ③ 2
④ 8   ⑤ 16

0428

직선 $ax+y+b=0$을 x축의 방향으로 1만큼, y축의 방향으로 -3만큼 평행이동하면 직선 $x+3y-3=0$과 x축 위의 점에서 수직으로 만날 때, a^2+b^2의 값을 구하시오.
(단, a, b는 상수이다.)

0429

직선 $l : x+2y-3=0$을 x축의 방향으로 3만큼, y축의 방향으로 k만큼 평행이동한 직선을 l'이라 하자. 두 직선 l, l' 사이의 거리가 $2\sqrt{5}$가 되도록 하는 양수 k의 값은?

① 2   ② $\dfrac{5}{2}$ ③ 3
④ $\dfrac{7}{2}$ ⑤ 4

유형 **03** 원과 포물선의 평행이동

(1) 원 $(x-a)^2+(y-b)^2=r^2$을 x축의 방향으로 m만큼, y축의
방향으로 n만큼 평행이동한 원의 방정식은
$$(x-m-a)^2+(y-n-b)^2=r^2 \;\to\; x\;\text{대신}\;x-m\text{을},\;y\;\text{대신}\;y-n\text{을 대입}$$
원을 평행이동하면 중심의 좌표는 변하지만 반지름의 길이는
변하지 않는다.

(2) 포물선 $y=ax^2+bx+c$를 x축의 방향으로 m만큼, y축의 방향
으로 n만큼 평행이동한 포물선의 방정식은
$$y-n=a(x-m)^2+b(x-m)+c \;\to\; x\;\text{대신}\;x-m\text{을},\;y\;\text{대신}\;y-n\text{을 대입}$$
포물선을 평행이동하면 포물선의 방정식의 이차항의 계수는 변
하지 않는다. → 포물선을 평행이동하면 꼭짓점의 좌표는 이동하지만 볼록한
방향과 그래프의 폭은 변하지 않는다.

0430 ✓ **대표 예제**

원 $x^2+y^2+6x-2y+6=0$을 x축의 방향으로 a만큼, y축의
방향으로 b만큼 평행이동하였더니 원 $x^2+y^2=r^2$과 일치하였다.
$a+b+r$의 값을 구하시오. (단, $r>0$)

완쏠 해설

$x^2+y^2+6x-2y+6=0$에서
$(x+3)^2+(y-1)^2=4$ ...... ㉠
원 ㉠을 x축의 방향으로 a만큼, y축의 방향으로 b만큼 평행이
동한 원의 방정식은 → x 대신 $x-a$를, y 대신 $y-b$를 대입한다.
$(x-a+3)^2+(y-b-1)^2=4$ ...... ㉡
원 ㉡이 원 $x^2+y^2=r^2$과 일치하므로 → 중심의 좌표와 반지름의 길이가
서로 같다.
$-a+3=0,\ -b-1=0,\ 4=r^2$
$\therefore a=3,\ b=-1,\ r=2\ (\because r>0)$
$\therefore a+b+r=3+(-1)+2=4$

다른 풀이

원 $x^2+y^2+6x-2y+6=0$, 즉 $(x+3)^2+(y-1)^2=4$는 중심
의 좌표가 $(-3, 1)$, 반지름의 길이가 2이다.
따라서 점 $(-3, 1)$을 x축의 방향으로 a만큼, y축의 방향으로
b만큼 평행이동한 점의 좌표가 $(0, 0)$이므로
$(-3)+a=0,\ 1+b=0$
$\therefore a=3,\ b=-1$
한편, 원은 평행이동하여도 반지름의 길이가 변하지 않으므로
$r=2$
$\therefore a+b+r=3+(-1)+2=4$

> 원 또는 포물선이 평행이동한 방정식은
> 1. 도형의 평행이동을 이용하여 방정식을 직접 구하거나
> 2. 원은 중심, 포물선은 꼭짓점을 이용한 점의 평행이동을 이용하여
>   구할 수 있어.

답 4

0431 **대표 예제** 한 번 더!

포물선 $y=x^2-2x-2$를 x축의 방향으로 a만큼, y축의 방
향으로 b만큼 평행이동하였더니 포물선 $y=kx^2+1$과 일치
하였다. $a+b+k$의 값을 구하시오. (단, k는 상수이다.)

0432

점 (x, y)를 점 $(x+5, y-2)$로 옮기는 평행이동에 의하여
곡선 $y=x^2+2x$가 곡선 $y=(x-a)^2+b$로 옮겨질 때,
$a+b$의 값은? (단, a, b는 상수이다.)

① 1   ② 2   ③ 3
④ 4   ⑤ 5

0433

좌표평면에서 방정식 $f(x, y)=0$이 나타내는 도형을 방
정식 $f(x-2, y+2)=0$이 나타내는 도형으로 옮기는 평
행이동에 의하여 원 $x^2+y^2-2ax-2y=0$이 점 (b, c)를
중심으로 하고 반지름의 길이가 $\sqrt{10}$인 원으로 옮겨질 때,
$a+b+c$의 값은? (단, $a>0$)

① 5   ② 6   ③ 7
④ 8   ⑤ 9

0434

원 $x^2+y^2+8x-6y=0$을 원 $x^2+y^2=r^2$으로 옮기는 평행
이동에 의하여 포물선 $y=x^2+4x+10$이 옮겨지는 포물선
의 꼭짓점의 좌표를 (a, b)라 할 때, $a+b+r$의 값은?
(단, $r>0$)

① 2   ② 4   ③ 6
④ 8   ⑤ 10

유형 04 도형의 평행이동의 활용

평행이동한 도형의 방정식을 구한 후 주어진 조건을 이용하여 미지수를 구한다.

0435 ✔대표 예제

원 $(x-1)^2+(y-2)^2=10$을 x축의 방향으로 a만큼, y축의 방향으로 $2a$만큼 평행이동하였더니 직선 $3x-y+6=0$에 접하였다. 양수 a의 값은?

① 1 　　　　② 2 　　　　③ 3

④ 4 　　　　⑤ 5

완쏠 해설

원 $(x-1)^2+(y-2)^2=10$을 x축의 방향으로 a만큼, y축의 방향으로 $2a$만큼 평행이동한 원의 방정식은
$(x-a-1)^2+(y-2a-2)^2=10$ → x 대신 $x-a$를, y 대신 $y-2a$를 대입한다.
위의 원이 직선 $3x-y+6=0$에 접하므로 원의 중심 $(a+1,\ 2a+2)$와 직선 $3x-y+6=0$ 사이의 거리는 원의 반지름의 길이 $\sqrt{10}$과 같다. 즉,
$\dfrac{|3\times(a+1)-1\times(2a+2)+6|}{\sqrt{3^2+(-1)^2}}=\sqrt{10}$ → $d=r$임을 이용한다.
$|a+7|=10,\ a+7=\pm10$
$\therefore a=3\ (\because a>0)$

답 ③

0436 대표 예제 한 번 더!

직선 $x-2y+7=0$을 x축의 방향으로 a만큼, y축의 방향으로 $1-2a$만큼 평행이동한 직선이 원 $x^2+y^2-8x+2y+12=0$에 접하도록 하는 모든 a의 값의 합은?

① 2 　　　　② 4 　　　　③ 6

④ 8 　　　　⑤ 10

0437

직선 $y=2x+4$를 x축의 방향으로 k만큼 평행이동하였더니 포물선 $y=x^2+4x-3$에 접하였다. k의 값은?

① -4 　　　　② -2 　　　　③ 1

④ 2 　　　　⑤ 4

0438

직선 $2x-3y+5=0$을 x축의 방향으로 a만큼, y축의 방향으로 $a+2$만큼 평행이동한 직선을 l이라 하자. 직선 l이 원 $x^2+y^2+2x-8y+1=0$의 넓이를 이등분할 때, a의 값은?

① 1 　　　　② 3 　　　　③ 5

④ 7 　　　　⑤ 9

0439

원 $x^2+y^2+8x-6y=0$을 x축의 방향으로 a만큼, y축의 방향으로 $5-a$만큼 평행이동한 원과 직선 $x-2y+3=0$이 만나는 두 점을 각각 A, B라 하자. $\overline{AB}=2\sqrt{5}$를 만족시키는 모든 a의 값의 합이 $\dfrac{q}{p}$일 때, $p+q$의 값을 구하시오.

(단, p와 q는 서로소인 자연수이다.)

04

도형의 이동

유형 05 x축, y축, 원점에 대한 점의 대칭이동

점 (x, y)를
(1) x축에 대하여 대칭이동한 점의 좌표는
$(x, \ominus y)$ → y좌표의 부호가 바뀐다.
(2) y축에 대하여 대칭이동한 점의 좌표는
$(\ominus x, y)$ → x좌표의 부호가 바뀐다.
(3) 원점에 대하여 대칭이동한 점의 좌표는
$(\ominus x, \ominus y)$ → x좌표와 y좌표의 부호가 모두 바뀐다.

0440 ✔ 대표 예제

점 P$(3, -1)$을 x축에 대하여 대칭이동한 점을 Q, 점 Q를 원점에 대하여 대칭이동한 점을 R라 할 때, 삼각형 PQR의 넓이를 구하시오.

완쏠 해설

점 P$(3, -1)$을 x축에 대하여 대칭이동한 점 Q는
Q$(3, \underline{1})$ → y좌표의 부호를 바꾼다.
점 Q$(3, 1)$을 원점에 대하여 대칭이동한 점 R는
R$(-3, -1)$ → x좌표와 y좌표의 부호를 모두 바꾼다.
따라서 삼각형 PQR는 오른쪽
그림과 같으므로 구하는 넓이는
$\dfrac{1}{2} \times \overline{PR} \times \overline{PQ} = \dfrac{1}{2} \times 6 \times 2$
$= 6$

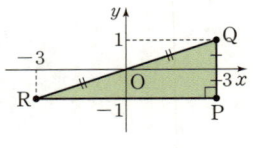

답 6

0441 대표 예제 한 번 데!

점 P$(-3, 2)$를 y축에 대하여 대칭이동한 점을 Q, 점 Q를 x축에 대하여 대칭이동한 점을 R라 하자. 선분 QR의 중점을 M이라 할 때, 선분 PM의 길이는?

① $2\sqrt{2}$ ② $2\sqrt{5}$ ③ $2\sqrt{7}$
④ $2\sqrt{10}$ ⑤ $4\sqrt{3}$

0442

점 P(a, b)를 x축, y축에 대하여 대칭이동한 점을 각각 Q, R라 하자. 점 Q는 직선 $x+y-1=0$ 위의 점이고 점 R는 직선 $2x+y+5=0$ 위의 점일 때, ab의 값은?

① 10   ② 12   ③ 14
④ 16   ⑤ 18

0443 교육청

점 A$(1, 3)$을 x축, y축에 대하여 대칭이동한 점을 각각 B, C라 하고, 점 D(a, b)를 x축에 대하여 대칭이동한 점을 E라 하자. 세 점 B, C, E가 한 직선 위에 있을 때, 직선 AD의 기울기는? (단, $a \neq \pm 1$)

① -2 ② -1 ③ 1
④ 2   ⑤ 3

0444 ⇑P

직선 $x+y-6=0$ 위의 점 P(a, b)를 x축, y축 및 원점에 대하여 대칭이동한 점을 각각 Q, R, S라 하자. 네 점 P, Q, R, S를 꼭짓점으로 하는 사각형의 넓이가 16일 때, a^3+b^3의 값을 구하시오.

(단, 점 P는 제1사분면 위의 점이고, $a > b$이다.)

유형 06 x축, y축, 원점에 대한 직선의 대칭이동

방정식 $f(x, y)=0$이 나타내는 도형을
(1) x축에 대하여 대칭이동한 도형의 방정식은
$f(x, -y)=0$ → y 대신 $-y$를 대입한다.
(2) y축에 대하여 대칭이동한 도형의 방정식은
$f(-x, y)=0$ → x 대신 $-x$를 대입한다.
(3) 원점에 대하여 대칭이동한 도형의 방정식은
$f(-x, -y)=0$ → x 대신 $-x$를, y 대신 $-y$를 대입한다.

0445 ✓ 대표 예제

직선 $x+2y+3=0$을 y축에 대하여 대칭이동한 직선을 l이라 하자. 직선 l과 평행하고 점 $(2, 2)$를 지나는 직선의 방정식이 $y=ax+b$일 때, $a+b$의 값은? (단, a, b는 상수이다.)

① $\dfrac{1}{2}$ ② 1 ③ $\dfrac{3}{2}$

④ 2 ⑤ $\dfrac{5}{2}$

완쏠 해설

직선 $x+2y+3=0$을 y축에 대하여 대칭이동한 직선 l의 방정식은

x 대신 $-x$를 대입한다.
$(-x)+2y+3=0$ ∴ $y=\dfrac{1}{2}x-\dfrac{3}{2}$

직선 l과 평행한 직선의 기울기는 $\dfrac{1}{2}$이므로

기울기가 $\dfrac{1}{2}$이고 점 $(2, 2)$를 지나는 직선의 방정식은

$y-2=\dfrac{1}{2}(x-2)$ ∴ $y=\dfrac{1}{2}x+1$

따라서 $a=\dfrac{1}{2}$, $b=1$이므로

$a+b=\dfrac{1}{2}+1=\dfrac{3}{2}$

답 ③

0446 대표 예제 한 번 더!

직선 $3x+2y+1=0$을 x축에 대하여 대칭이동한 직선을 l이라 하자. 직선 l에 수직이고 점 $(0, 2)$를 지나는 직선의 방정식이 $y=ax+b$일 때, $a+b$의 값은?
(단, a, b는 상수이다.)

① 1 ② $\dfrac{4}{3}$ ③ $\dfrac{5}{3}$

④ 2 ⑤ $\dfrac{7}{3}$

0447

두 직선 $y=ax+1$, $2x+3y+b=0$이 원점에 대하여 대칭일 때, $a+b$의 값은? (단, a, b는 상수이다.)

① $\dfrac{13}{6}$ ② $\dfrac{7}{3}$ ③ $\dfrac{5}{2}$

④ $\dfrac{8}{3}$ ⑤ $\dfrac{17}{6}$

0448

직선 $ax+y+1=0$을 원점에 대하여 대칭이동한 직선을 l, 직선 l을 x축에 대하여 대칭이동한 직선을 l'이라 하자. 직선 l'이 점 $(2, 3)$을 지날 때, 상수 a의 값은?

① 1 ② $\dfrac{3}{2}$ ③ 2

④ $\dfrac{5}{2}$ ⑤ 3

0449

직선 $y=ax+b$를 x축에 대하여 대칭이동한 직선을 l_1이라 하고, 직선 $y=\dfrac{1}{4}x+1$을 y축에 대하여 대칭이동한 직선을 l_2라 하자. 두 직선 l_1, l_2가 x축 위의 점에서 서로 수직으로 만날 때, $a+b$의 값을 구하시오.
(단, a, b는 상수이다.)

유형 07 x축, y축, 원점에 대한 원과 포물선의 대칭이동

(1) 원을 x축, y축, 원점에 대하여 대칭이동하면 중심의 좌표는 변하지만 반지름의 길이는 변하지 않는다.

(2) 포물선을 대칭이동하면 포물선의 방정식의 이차항의 계수 a는 다음과 같이 변한다.

	x축 대칭	y축 대칭	원점 대칭
이차항의 계수	$-a$	a	$-a$

포물선이 아래로 볼록하면 x축, 원점에 대하여 대칭이동한 포물선은 위로 볼록하다.

0450 ✓ 대표 예제

점 $(2, -3)$을 중심으로 하고 반지름의 길이가 r인 원을 y축에 대하여 대칭이동한 원을 C라 하자. 점 $(2, -1)$이 원 C 위의 점일 때, r^2의 값을 구하시오.

완쏠 해설

중심의 좌표가 $(2, -3)$이고 반지름의 길이가 r인 원의 방정식은
$$(x-2)^2 + (y+3)^2 = r^2$$
위의 원을 y축에 대하여 대칭이동한 원 C의 방정식은
$$\{(-x)-2\}^2 + (y+3)^2 = r^2 \rightarrow x \text{ 대신 } -x\text{를 대입한다.}$$
$$\therefore (x+2)^2 + (y+3)^2 = r^2 \rightarrow x=2, y=-1\text{을 대입한다.}$$
점 $(2, -1)$이 원 C 위의 점이므로
$$(2+2)^2 + \{(-1)+3\}^2 = r^2 \qquad \therefore r^2 = 20$$

다른 풀이

원의 중심 $(2, -3)$을 y축에 대하여 대칭이동한 점의 좌표는
$(-2, -3)$ → x좌표의 부호를 바꾼다.
원의 중심은 대칭이동한 원의 중심으로 옮겨지고 반지름의 길이는 변하지 않으므로 r의 값은 두 점 $(-2, -3)$, $(2, -1)$ 사이의 거리와 같다. 즉,
→ 원의 중심과 원 위의 점 사이의 거리는 원의 반지름의 길이와 같다.
$$r = \sqrt{\{2-(-2)\}^2 + \{(-1)-(-3)\}^2} = \sqrt{20}$$
$$\therefore r^2 = 20$$

답 20

0451 대표 예제 한 번 더!

점 $(3, -1)$을 중심으로 하고 반지름의 길이가 r인 원을 원점에 대하여 대칭이동한 원을 C라 하자. 점 $(1, 2)$가 원 C 위의 점일 때, r의 값은?

① 4   ② $\sqrt{17}$ ③ $3\sqrt{2}$
④ $\sqrt{19}$ ⑤ $2\sqrt{5}$

0452 교육청

원 $x^2 + y^2 + 10x - 12y + 45 = 0$을 원점에 대하여 대칭이동한 원을 C_1이라 하고, 원 C_1을 x축에 대하여 대칭이동한 원을 C_2라 하자. 원 C_2의 중심의 좌표를 (a, b)라 할 때, $10a + b$의 값을 구하시오.

0453

포물선 $y = x^2 - 2ax - 1$을 x축에 대하여 대칭이동한 포물선의 꼭짓점을 A라 하자. 점 A가 직선 $y = 2x + 1$ 위의 점일 때, 양수 a의 값은?

① $\dfrac{1}{2}$ ② 1   ③ $\dfrac{3}{2}$
④ 2   ⑤ $\dfrac{5}{2}$

0454

포물선 $y = x^2 + ax + b$를 원점에 대하여 대칭이동한 포물선은 꼭짓점의 x좌표가 2이고 점 $(4, -1)$을 지난다. $a + b$의 값을 구하시오. (단, a, b는 상수이다.)

유형 08 직선 $y=x$, $y=-x$에 대한 대칭이동

> 원점에 대하여 대칭이동한 후
> 직선 $y=x$에 대하여 대칭이동

(1) 점 (x, y)를
  ① 직선 $y=x$에 대하여 대칭이동한 점의 좌표는
    (y, x) → x좌표와 y좌표를 서로 바꾼다.
  ② 직선 $y=-x$에 대하여 대칭이동한 점의 좌표는
    $(-y, -x)$ → x좌표와 y좌표의 부호를 바꾼 후 이들을 서로 바꾼다.
(2) 방정식 $f(x, y)=0$이 나타내는 도형을
  ① 직선 $y=x$에 대하여 대칭이동한 도형의 방정식은
    $f(y, x)=0$ → x 대신 y를, y 대신 x를 대입한다.
  ② 직선 $y=-x$에 대하여 대칭이동한 도형의 방정식은
    $f(-y, -x)=0$ → x 대신 $-y$를, y 대신 $-x$를 대입한다.

0455 ✓대표 예제

점 $P(-4, 1)$을 원점에 대하여 대칭이동한 점을 Q, 점 Q를 직선 $y=x$에 대하여 대칭이동한 점을 R라 할 때, 선분 QR의 길이는?

① $\sqrt{2}$ 　　② $2\sqrt{2}$ 　　③ $3\sqrt{2}$
④ $4\sqrt{2}$ 　　⑤ $5\sqrt{2}$

완쏠 해설

점 $P(-4, 1)$을 원점에 대하여 대
칭이동한 점 Q의 좌표는
$(4, -1)$ → x좌표와 y좌표의 부호를 모두 바꾼다.
점 $Q(4, -1)$을 직선 $y=x$에 대하
여 대칭이동한 점 R의 좌표는
$(-1, 4)$ → x좌표와 y좌표를 서로 바꾼다.
$\therefore \overline{QR}=\sqrt{\{(-1)-4\}^2+\{4-(-1)\}^2}=5\sqrt{2}$

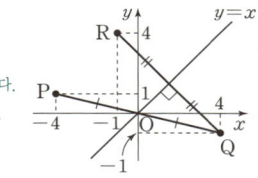

답 ⑤

0456

점 $P(3, 1)$을 원점에 대하여 대칭이동한 점을 Q, 점 Q를 직선 $y=-x$에 대하여 대칭이동한 점을 R라 할 때, 삼각형 PQR의 넓이는?

① 5 　　② 6 　　③ 7
④ 8 　　⑤ 9

0457

원 $x^2+y^2+2ax-6y=0$을 직선 $y=x$에 대하여 대칭이동한 원이 원 $(x+b)^2+(y+1)^2=r^2$과 일치할 때, $a+b+r^2$의 값을 구하시오. (단, a, b, r는 상수이다.)

0458

원 $x^2+y^2-4x+2ay=0$을 직선 $y=-x$에 대하여 대칭이동한 후 x축에 대하여 대칭이동한 원의 중심이 직선 $x-y-1=0$ 위의 점일 때, 상수 a의 값은?

① 1 　　② $\dfrac{3}{2}$ 　　③ 2
④ $\dfrac{5}{2}$ 　　⑤ 3

0459

직선 $3x-4y+5=0$을 직선 $y=-x$에 대하여 대칭이동한 직선을 l이라 하자. 직선 l과 수직이고 점 $(1, 3)$을 지나는 직선의 x절편은?

① $\dfrac{11}{3}$ 　　② 4 　　③ $\dfrac{13}{3}$
④ $\dfrac{14}{3}$ 　　⑤ 5

유형 09 도형의 대칭이동의 활용

대칭이동한 도형의 방정식을 구한 후 주어진 조건을 이용하여 미지수를 구한다.

0460 ✓ 대표 예제

직선 $2x+3y+k=0$을 y축에 대하여 대칭이동하였더니 원 $(x-6)^2+(y-4)^2=13$에 접하였다. 양수 k의 값은?

① 11   ② 12   ③ 13
④ 14   ⑤ 15

> **완쏠 해설**
>
> 직선 $2x+3y+k=0$을 y축에 대하여 대칭이동한 직선의 방정식은
> $$2\times(-x)+3y+k=0 \longrightarrow x \text{ 대신 } -x\text{를 대입한다.}$$
> $$\therefore 2x-3y-k=0$$
> 위의 직선이 중심의 좌표가 $(6, 4)$이고 반지름의 길이가 $\sqrt{13}$인 원에 접하므로
> $$\frac{|2\times 6-3\times 4-k|}{\sqrt{2^2+(-3)^2}}=\sqrt{13}, \quad |k|=13 \quad \longrightarrow d=r\text{임을 이용한다.}$$
> $$k=\pm 13 \quad \therefore k=13 \; (\because k>0)$$
>
> **답** ③

0461 대표 예제 한 번 더!

직선 $4x-3y+k=0$을 x축에 대하여 대칭이동한 직선을 l이라 하자. 점 $(2, -3)$과 직선 l 사이의 거리가 3일 때, 양수 k의 값은?

① 16   ② 17   ③ 18
④ 19   ⑤ 20

0462

포물선 $y=x^2+2ax+18$을 원점에 대하여 대칭이동하였더니 직선 $y=4x-9$에 접하였다. 모든 상수 a의 값의 합은?

① 2   ② 3   ③ 4
④ 5   ⑤ 6

0463

원 $x^2+y^2+2x-6y=0$을 직선 $y=-x$에 대하여 대칭이동한 원이 직선 $3x+y+k=0$과 서로 다른 두 점에서 만나도록 하는 실수 k의 값의 범위는 $a<k<b$이다. $a+b$의 값을 구하시오.

0464

원 $C: x^2+y^2-2x+2ay=0$을 직선 $y=x$에 대하여 대칭이동한 원을 C'이라 하자. 두 원 C, C'이 서로 다른 두 점 A, B에서 만나고 $\overline{\mathrm{AB}}=3\sqrt{2}$일 때, 양수 a의 값은?

① 1   ② 2   ③ 3
④ 4   ⑤ 5

유형 10 평행이동과 대칭이동의 활용 중요

점 또는 도형의 평행이동과 대칭이동을 두 번 이상 할 때는 순서에 주의하여 차례대로 진행한다.
특히, 점을 평행이동 또는 대칭이동할 경우 x좌표 전체와 y좌표 전체를 변형하고, 도형을 평행이동 또는 대칭이동할 경우 해당되는 문자만 변형한다.

예 x축의 방향으로 m만큼 평행이동한 후 직선 $y=x$에 대하여 대칭이동할 경우
(1) 점 $(2x, y) \longrightarrow (2x+m, y) \longrightarrow (y, 2x+m)$
(2) 도형 $f(2x, y)=0 \longrightarrow f(2(x-m), y)=0$
$\longrightarrow f(2(y-m), x)=0$

0465 ✓ 대표 예제

점 $(1, a)$를 x축의 방향으로 1만큼, y축의 방향으로 -1만큼 평행이동한 후 직선 $y=x$에 대하여 대칭이동한 점의 좌표는 $(4, b)$이다. $a+b$의 값은?

① 6   ② 7   ③ 8
④ 9   ⑤ 10

완쏠 해설

점 $(1, a)$를 x축의 방향으로 1만큼, y축의 방향으로 -1만큼 평행이동한 점의 좌표는
$(1+1, a-1)$, 즉 $(2, a-1)$
점 $(2, a-1)$을 직선 $y=x$에 대하여 대칭이동한 점의 좌표는
$(a-1, 2)$ → x좌표와 y좌표를 서로 바꾼다.
두 점 $(a-1, 2)$, $(4, b)$가 일치하므로
$a-1=4, 2=b$
∴ $a=5, b=2$
∴ $a+b=5+2=7$

평행이동과 대칭이동을 연속적으로 할 때에는 점의 이동과 도형의 이동이 헷갈릴 수 있으니 주의하자!

답 ②

0466 대표 예제 한 번 더!

점 (a, b)를 직선 $y=-x$에 대하여 대칭이동한 후 x축의 방향으로 -2만큼, y축의 방향으로 4만큼 평행이동한 점의 좌표는 $(-5, 1)$이다. $a+b$의 값은?

① 6   ② 7   ③ 8
④ 9   ⑤ 10

0467

점 A$(2, 0)$을 지나는 직선 l을 직선 $y=x$에 대하여 대칭이동한 후 y축의 방향으로 -3만큼 평행이동하였더니 점 A를 지나는 직선이 되었다. 직선 l의 기울기를 구하시오.

0468 교육청

이차함수 $y=-x^2$의 그래프를 x축에 대하여 대칭이동한 후 x축의 방향으로 4만큼, y축의 방향으로 m만큼 평행이동한 그래프가 직선 $y=2x+3$에 접할 때, 상수 m의 값은?

① 8   ② 9   ③ 10
④ 11   ⑤ 12

0469

원 $(x-a)^2+(y-b)^2=25$를 x축의 방향으로 2만큼 평행이동한 후 원점에 대하여 대칭이동한 후 y축의 방향으로 4만큼 평행이동한 원을 C라 하자. 원 C의 중심이 제2사분면 위의 점이고 원 C가 x축과 y축에 동시에 접할 때, $a+b$의 값은? (단, a, b는 상수이다.)

① -2 ② -1 ③ 0
④ 1   ⑤ 2

유형 **11** 대칭이동을 이용한 거리의 최솟값 중요

좌표평면에서 직선 l을 경계로 나누어진 두 부분 중 한 부분 위의 두 점 A, B와 직선 l 위의 점 P에 대하여 $\overline{AP}+\overline{BP}$의 최솟값은 다음과 같은 순서로 구한다.

❶ 점 B를 직선 l에 대하여 대칭이동한 점 B′의 좌표를 구한다.

❷ $\overline{AP}+\overline{BP}=\overline{AP}+\overline{B'P}\geq\overline{AB'}$이므로 $\overline{AP}+\overline{BP}$의 최솟값은 $\overline{AB'}$과 같음을 이용한다.

→ 직선 l은 선분 BB′을 수직이등분하므로 직각삼각형의 합동에 의하여 $\overline{BP}=\overline{B'P}$

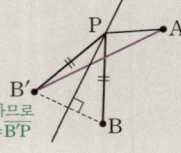

0470 ✓ 대표 예제

그림과 같이 두 점 A(3, 1), B(2, 4)와 y축 위의 점 P에 대하여 $\overline{AP}+\overline{BP}$의 최솟값은?

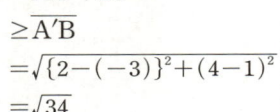

① $4\sqrt{2}$　　　② $\sqrt{34}$
③ 6　　　④ $\sqrt{38}$
⑤ $2\sqrt{10}$

완쏠 해설

오른쪽 그림과 같이 점 A를 y축에 대하여 대칭이동한 점을 A′이라 하면 A′(-3, 1) → x좌표의 부호를 바꾼다.

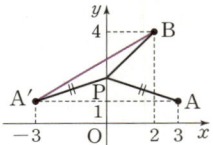

이때 $\overline{AP}=\overline{A'P}$이므로

$\overline{AP}+\overline{BP}=\overline{A'P}+\overline{BP}$
$\geq\overline{A'B}$
$=\sqrt{\{2-(-3)\}^2+(4-1)^2}$
$=\sqrt{34}$

직선 위의 점에 대한 거리의 합의 최솟값은 대칭이동을 이용해.

답 ②

0471 대표 예제 한 번 더!

그림과 같이 두 점 A(6, -2), B(10, 1)과 직선 $y=x$ 위의 점 P에 대하여 $\overline{AP}+\overline{BP}$의 최솟값은?

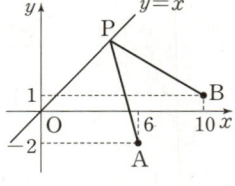

① 5　　　② 7
③ 9　　　④ 11
⑤ 13

0472

두 점 A(a, $a+2$), B(6, 2)와 x축 위의 점 P에 대하여 $\overline{AP}+\overline{BP}$의 최솟값이 $5\sqrt{2}$일 때, a의 값은? (단, $a>0$)

① 1　　　② 2　　　③ 3
④ 4　　　⑤ 5

0473

그림과 같이 두 점 A(1, 5), B(7, 1)과 y축 위의 점 P, x축 위의 점 Q에 대하여 $\overline{AP}+\overline{PQ}+\overline{QB}$의 최솟값은?

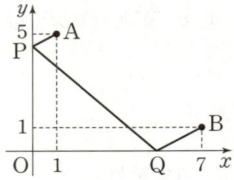

① 9　　　② 10
③ 11　　　④ 12
⑤ 13

0474

그림과 같이 점 P(6, 2)와 직선 $y=x$ 위의 점 Q, x축 위의 점 R에 대하여 세 점 P, Q, R를 꼭짓점으로 하는 삼각형 PQR의 둘레의 길이의 최솟값을 k라 할 때, k^2의 값을 구하시오.

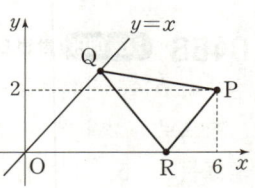

유형 12 점 (a, b)에 대한 대칭이동

점 $\mathrm{P}(x, y)$를 점 $\mathrm{A}(a, b)$에 대하여 대칭이동한 점을 $\mathrm{P}'(x', y')$이라 하면 점 A는 선분 PP'의 중점이므로

$\dfrac{x+x'}{2}=a, \dfrac{y+y'}{2}=b$

$\therefore \mathrm{P}'(2a-x, 2b-y)$

0475 ✔ 대표 예제

점 $(1, a)$를 점 $(-1, 2)$에 대하여 대칭이동한 점의 좌표가 $(b, 0)$일 때, $a+b$의 값은?

① -2 ② -1 ③ 0
④ 1 ⑤ 2

완쌀 해설

두 점 $(1, a)$, $(b, 0)$을 이은 선분의 중점의 좌표가 $(-1, 2)$이므로

$\dfrac{1+b}{2}=-1, \dfrac{a+0}{2}=2$

$\therefore a=4, b=-3$

$\therefore a+b=4+(-3)=1$

> 대칭이동한 점의 좌표를 공식으로 외우기보다는 두 점을 이은 선분의 중점이 대칭의 중심임을 이용하자.

답 ④

0476 대표 예제 한 번 더!

점 (a, b)를 점 $(4, -1)$에 대하여 대칭이동한 점의 좌표가 $(-1, 2)$일 때, $a+b$의 값은?

① 1 ② 2 ③ 3
④ 4 ⑤ 5

0477

점 $(-2, 5)$를 중심으로 하고 y축에 접하는 원을 점 $(2, 3)$에 대하여 대칭이동한 원의 방정식은 $(x-a)^2+(y-b)^2=r^2$이다. $a+b+r$의 값은?
(단, a, b는 상수이고, $r>0$이다.)

① 5 ② 7 ③ 9
④ 11 ⑤ 13

0478

두 이차함수

$$f(x)=x^2+6x+10, \quad g(x)=-x^2+10x-20$$

이 있다. 두 포물선 $y=f(x)$, $y=g(x)$가 점 (a, b)에 대하여 대칭일 때, $a+b$의 값은?

① 1 ② 2 ③ 3
④ 4 ⑤ 5

0479 🔼P

직선 $l : x+2y-3=0$을 점 $(a, -3)$에 대하여 대칭이동한 직선을 l'이라 할 때, 두 직선 l, l' 사이의 거리가 $4\sqrt{5}$가 되도록 하는 모든 a의 값의 합을 구하시오.

유형 **13** 직선 $y=mx+n$에 대한 대칭이동

점 $P(x, y)$를 직선 l에 대하여 대칭이동한 점을 $P'(x', y')$이라 하면
(1) 선분 PP'의 중점은 직선 l 위의 점이다.
　➡ 중점의 좌표를 직선 l의 방정식에 대입하면 성립한다.
(2) 직선 PP'은 직선 l과 수직이다.
　➡ 두 직선의 기울기의 곱은 -1이다.

0480 ✔ 대표 예제

점 $(-1, 5)$를 직선 $y=ax+b$에 대하여 대칭이동한 점의 좌표가 $(3, 3)$일 때, ab의 값은? (단, a, b는 상수이다.)

① 1 　　　　② 2 　　　　③ 3
④ 4 　　　　⑤ 5

완쏠 해설

두 점 $(-1, 5)$, $(3, 3)$을 이은 선분의 중점의 좌표는

$\left(\dfrac{(-1)+3}{2}, \dfrac{5+3}{2}\right)$, 즉 $(1, 4)$

점 $(1, 4)$가 직선 $y=ax+b$ 위의 점이므로

$4=a\times1+b$ ∴ $a+b=4$ …… ㉠

또한, 두 점 $(-1, 5)$, $(3, 3)$을 지나는 직선의 기울기는

$\dfrac{3-5}{3-(-1)}=-\dfrac{1}{2}$

이고, 이 직선과 직선 $y=ax+b$는 서로 수직이므로

$\left(-\dfrac{1}{2}\right)\times a=-1$ ∴ $a=2$

$a=2$를 ㉠에 대입하여 정리하면

$b=2$

∴ $ab=2\times2=4$

> 점 P를 직선 l에 대하여 대칭이동한 점을 P'이라 하면 직선 l은 선분 PP'의 수직이등분선이야.

답 ④

0481 대표 예제 한 번 더!

두 점 $(-2, 4)$, $(2, 6)$이 직선 $y=ax+b$에 대하여 대칭일 때, $a+b$의 값은? (단, a, b는 상수이다.)

① -3 　　　　② -1 　　　　③ 1
④ 3 　　　　⑤ 5

0482

두 원 $x^2+y^2+12x-8y=0$, $x^2+y^2=r^2$이 직선 $3x+ay+b=0$에 대하여 대칭일 때, $a+b+r^2$의 값을 구하시오. (단, a, b, r는 상수이다.)

0483

점 $A(5, 0)$을 직선 $y=2x$에 대하여 대칭이동한 점을 B라 하고, 점 B에서 x축에 내린 수선의 발을 H라 할 때, 삼각형 ABH의 넓이는?

① 12 　　　　② 14 　　　　③ 16
④ 18 　　　　⑤ 20

0484

그림과 같이 두 점 $A(1, 3)$, $B(4, 2)$와 직선 $x+y-1=0$ 위의 점 P에 대하여 $\overline{AP}+\overline{BP}$의 최솟값은?

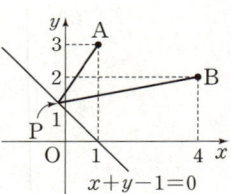

① $4\sqrt{2}$ 　　　　② $\sqrt{34}$
③ 6 　　　　④ $\sqrt{38}$
⑤ $2\sqrt{10}$

유형 14 도형 $f(x, y)=0$의 평행이동과 대칭이동 중요

(1) $f(x, y)=0 \longrightarrow f(x-m, y-n)=0$
➡ 도형 $f(x, y)=0$을 x축의 방향으로 m만큼, y축의 방향으로 n만큼 평행이동

(2) $f(x, y)=0 \longrightarrow f(x, -y)=0$
➡ 도형 $f(x, y)=0$을 x축에 대하여 대칭이동

(3) $f(x, y)=0 \longrightarrow f(-x, y)=0$
➡ 도형 $f(x, y)=0$을 y축에 대하여 대칭이동

(4) $f(x, y)=0 \longrightarrow f(-x, -y)=0$
➡ 도형 $f(x, y)=0$을 원점에 대하여 대칭이동

(5) $f(x, y)=0 \longrightarrow f(y, x)=0$
➡ 도형 $f(x, y)=0$을 직선 $y=x$에 대하여 대칭이동

(6) $f(x, y)=0 \longrightarrow f(-y, -x)=0$
➡ 도형 $f(x, y)=0$을 직선 $y=-x$에 대하여 대칭이동

0485 ✔대표 예제

방정식 $f(x, y)=0$이 나타내는 도형이 그림과 같을 때, 다음 중 방정식 $f(y-1, x)=0$이 나타내는 도형은?

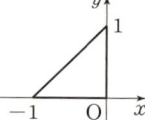

① 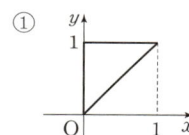 ② 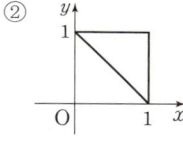 ③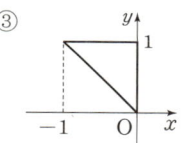

④ 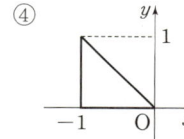 ⑤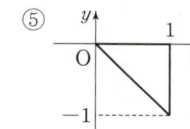

완쏠 해설

방정식 $f(x, y)=0$이 나타내는 도형을 직선 $y=x$에 대하여 대칭이동하면
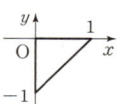
$f(\underline{y}, \underline{x})=0 \rightarrow$ x 대신 y를, y 대신 x를 대입한다.

방정식 $f(y, x)=0$이 나타내는 도형을 y축의 방향으로 1만큼 평행이동하면
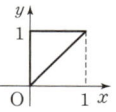
$f(\underline{y-1}, x)=0 \rightarrow$ y 대신 $y-1$을 대입한다.

따라서 방정식 $f(y-1, x)=0$이 나타내는 도형은 방정식 $f(x, y)=0$이 나타내는 도형을 직선 $y=x$에 대하여 대칭이동한 후 y축의 방향으로 1만큼 평행이동한 것이므로 ①이다.

> 방정식 $f(x, y)=0$으로부터 방정식 $f(y-1, x)=0$을 만들어가면서 평행이동 또는 대칭이동이동을 파악해 봐.

답 ①

0486

방정식 $f(x, y)=0$이 나타내는 도형이 그림과 같을 때, 다음 중 방정식 $f(y, -x)=0$이 나타내는 도형은?

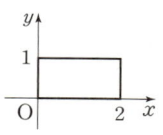

① 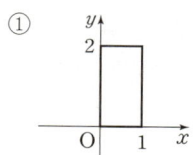 ② 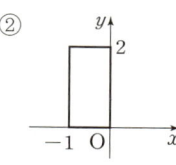 ③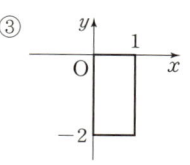

④ 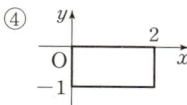 ⑤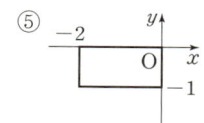

0487 교육청

방정식 $f(x, y)=0$이 나타내는 도형이 그림과 같을 때, 다음 중 방정식 $f(x+1, 2-y)=0$이 나타내는 도형은?

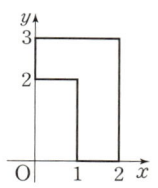

① 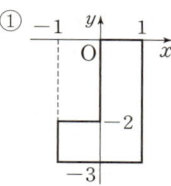 ② 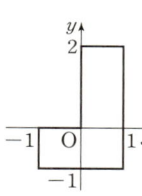 ③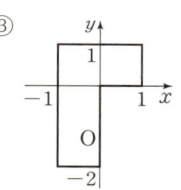

④ 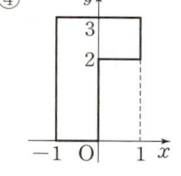 ⑤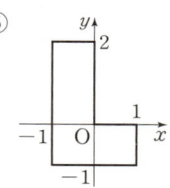

0488

방정식 $f(x, y)=0$을 나타내는 도형이 [그림 1]과 같을 때, 다음 중 [그림 2]를 나타내는 방정식은?

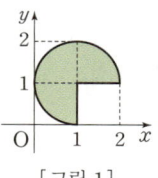 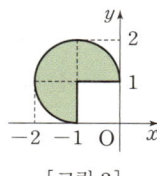

[그림 1]   [그림 2]

① $f(x, -y)=0$ ② $f(-x, -y)=0$
③ $f(-y+2, -x)=0$ ④ $f(-y, -x+2)=0$
⑤ $f(-x+2, -y+2)=0$

04 도형의 이동

0489 · 유형 02

직선 $l : 3x-4y+5=0$을 x축의 방향으로 -3만큼 평행이동한 직선을 l_1, 직선 l을 y축의 방향으로 a만큼 평행이동한 직선을 l_2라 하자. 두 직선 l_1, l_2가 일치할 때, a의 값은?

① $\dfrac{7}{4}$　　② 2　　③ $\dfrac{9}{4}$

④ $\dfrac{5}{2}$　　⑤ $\dfrac{11}{4}$

0490 빈출 · 유형 05 + 유형 08

점 $A(3, a)$를 원점에 대하여 대칭이동한 점을 B, 점 A를 직선 $y=x$에 대하여 대칭이동한 점을 C라 하자. 삼각형 ABC의 무게중심의 좌표가 $(2, b)$일 때, $a+b$의 값은?

① 4　　② 5　　③ 6

④ 7　　⑤ 8

0491 · 유형 11

그림과 같이 두 점 $A(-1, 3)$, $B(3, 5)$와 x축 위의 점 C에 대하여 삼각형 ABC의 둘레의 길이의 최솟값은?

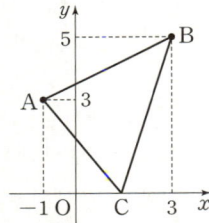

① $4\sqrt{5}$　　② $5\sqrt{5}$　　③ $6\sqrt{5}$

④ $7\sqrt{5}$　　⑤ $8\sqrt{5}$

0492 · 유형 03+ 유형 07

포물선 $y=-2x^2+4x-1$을 x축의 방향으로 -4만큼 평행이동한 포물선과 포물선 $y=f(x)$를 원점에 대하여 대칭이동한 포물선이 일치할 때, $f(1)$의 값은?

① 1　　② 3　　③ 5

④ 7　　⑤ 9

0493 · 유형 01 + 유형 03

점 $(0, 2)$를 점 $(-2, a)$로 옮기는 평행이동에 의하여 원 $x^2+y^2-2x+4y-4=0$은 원 $x^2+y^2+bx+2y+c=0$으로 옮겨진다. $|a+b+c|$의 값을 구하시오.

(단, a, b, c는 상수이다.)

0494 · 유형 06

직선 $3x+4y+5=0$을 x축에 대하여 대칭이동한 직선을 l이라 하고, y축에 대하여 대칭이동한 직선을 m이라 할 때, 두 직선 l, m 사이의 거리는?

① $\dfrac{1}{2}$　　② 1　　③ $\dfrac{3}{2}$

④ 2　　⑤ $\dfrac{5}{2}$

0495 빈출 · 유형 02

점 $(2, 3)$을 지나는 직선 l이 있다. 직선 l 위의 점 A를 x축의 방향으로 2만큼, y축의 방향으로 -1만큼 평행이동한 점이 다시 직선 l 위의 점이 될 때, 직선 l과 x축 및 y축으로 둘러싸인 도형의 넓이는?

① 12   ② 14   ③ 16
④ 18   ⑤ 20

0496 · 유형 05

자연수 n에 대하여 점 P_n을 x축에 대하여 대칭이동한 점을 Q_n, 점 Q_n을 원점에 대하여 대칭이동한 점을 R_n, 점 R_n을 x축에 대하여 대칭이동한 점을 P_{n+1}이라 하자. 점 $P_1(-1, 2)$에 대하여 점 P_{100}의 좌표를 (a, b), 점 R_{101}의 좌표를 (c, d)라 할 때, $a+b+c+d$의 값을 구하시오.

0497 · 유형 03 + 유형 08

점 $(0, 2)$를 중심으로 하고 반지름의 길이가 2인 원 C가 있다. 원 C를 y축의 방향으로 -2만큼 평행이동한 원을 C_1, 원 C를 직선 $y=x$에 대하여 대칭이동한 원을 C_2라 하자. 원 C_1의 내부와 원 C_2의 내부의 공통부분의 넓이는?

① $\frac{4}{3}\pi - 2\sqrt{3}$ ② $\frac{4}{3}\pi - \sqrt{3}$ ③ $\frac{4}{3}\pi + \sqrt{3}$
④ $\frac{8}{3}\pi - 2\sqrt{3}$ ⑤ $\frac{8}{3}\pi - \sqrt{3}$

0498 · 유형 10

점 $P(2, 1)$에 대하여 4개의 버튼 A, B, C, D는 다음과 같은 방법으로 점 P를 이동시킨다.

버튼 A : $(x, y) \longrightarrow (-x, y)$
버튼 B : $(x, y) \longrightarrow (x, -y)$
버튼 C : $(x, y) \longrightarrow (x+1, y+2)$
버튼 D : $(x, y) \longrightarrow (y, x)$

버튼을 A, B, C, D의 순서로 눌렀을 때 점 P가 이동한 점을 Q, 버튼을 D, C, B, A의 순서로 눌렀을 때 점 P가 이동한 점을 R라 할 때, 선분 QR의 길이는?

① $\sqrt{2}$ ② $\sqrt{3}$ ③ $2\sqrt{2}$
④ $2\sqrt{3}$ ⑤ $3\sqrt{2}$

0499 · 유형 02

그림과 같이 $\overline{AB}=2$, $\overline{AD}=1$이고 각 변이 x축 또는 y축에 평행한 직사각형 ABCD가 있다. 점 C가 직선 $2x-y+5=0$ 위를 움직일 때, 선분 OA의 길이의 최솟값은? (단, O는 원점이다.)

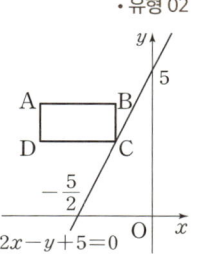

① $2\sqrt{2}$ ② $2\sqrt{3}$ ③ 4
④ $2\sqrt{5}$ ⑤ $2\sqrt{6}$

0500
• 유형 14

그림과 같이 점 A(1, 2), B(2, 1), C(3, 1), D(3, 3), E(2, 3)에 대하여 오각형 ABCDE를 나타내는 방정식이 $f(x, y)=0$일 때, 방정식 $f(-y, x+1)=0$이 나타내는 도형 위의 점과 원점 사이의 거리의 최댓값을 M, 최솟값을 m이라 하자. Mm의 값은?

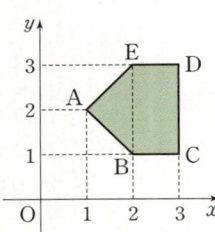

① $\sqrt{26}$　　② $3\sqrt{3}$　　③ $2\sqrt{7}$
④ $\sqrt{29}$　　⑤ $\sqrt{30}$

0501
• 유형 12

점 A(2, 2)를 원 $x^2+y^2=1$ 위의 점 P에 대하여 대칭이동한 점이 나타내는 도형은 중심의 좌표가 (a, b)이고 반지름의 길이가 r인 원이다. $a+b+r$의 값은?

① -3　　② -2　　③ -1
④ 1　　⑤ 2

0502 🔍 사고력
• 유형 12

세 점 O(0, 0), A(2, 0), B(0, 4)를 점 P(a, b)에 대하여 대칭이동한 점을 각각 O′, A′, B′이라 하자. 세 점 O′, A′, B′을 지나는 원의 중심의 좌표가 (5, 6)일 때, $a+b$의 값을 구하시오.

0503 교육청
• 유형 01

좌표평면 위에 세 점 A(0, 9), B(−9, 0), C(9, 0)이 있다. 실수 t ($0<t<18$)에 대하여 세 점 O, A, B를 x축의 방향으로 t만큼 평행이동한 점을 각각 O′, A′, B′이라 하자. 삼각형 OCA의 내부와 삼각형 O′A′B′의 내부의 공통부분의 넓이를 $S(t)$라 할 때, $S(t)$의 최댓값은? (단, O는 원점이다.)

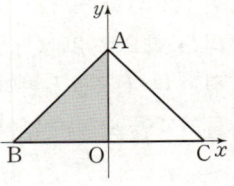

① 21　　② 24　　③ 27
④ 30　　⑤ 33

0504
• 유형 11

점 A(3, 0)과 제1사분면 위의 점 P, y축 위의 점 Q에 대하여 $\overline{PQ}+\overline{QA}$의 최솟값이 6이 되도록 점 P를 움직일 때, 점 P가 나타내는 도형의 길이는 $k\pi$이다. k의 값을 구하시오.

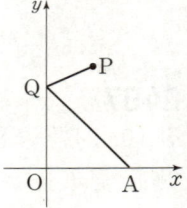

0505 교육청
• 유형 08

그림과 같이 좌표평면 위에 제1사분면의 점 A와 y축 위의 점 B에 대하여 $\overline{AB}=\overline{AO}=2\sqrt{5}$인 이등변삼각형 OAB가 있다. 점 A를 직선 $y=x$에 대하여 대칭이동한 점을 C라 하면 점 C는 직선 $y=2x$ 위의 점이다. 선분 AB가 두 직선 $y=x$, $y=2x$와 만나는 점을 각각 D, E라 할 때, 삼각형 ODE의 외접원의 둘레의 길이를 $k\pi$라 하자. $9k^2$의 값을 구하시오. (단, O는 원점이다.)

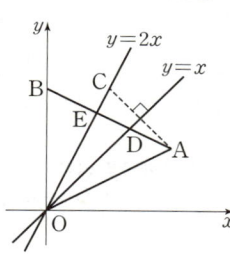

0506 상위 1% 도전
• 유형 05 + 유형 11 + 유형 13

제1사분면 위의 점 A와 직선 $4x-3y=0$ 위의 두 점 P, Q와 x축 위의 두 점 R, S가 다음 조건을 만족시킨다.

> (가) 점 A와 직선 $4x-3y=0$ 사이의 거리, 점 A와 x축 사이의 거리는 모두 3이다.
> (나) $\overline{PQ}=\overline{RS}=1$

오각형 APQRS의 둘레의 길이의 최솟값이 $2+\dfrac{q}{p}\sqrt{5}$일 때, $p+q$의 값을 구하시오. (단, p와 q는 서로소인 자연수이다.)

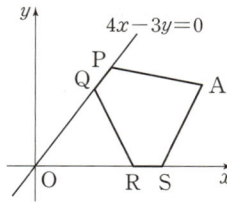

서술형 문제

0507
• 유형 01

원 $C : x^2+y^2-8x-6y=0$ 위의 점 $A(-1, a)$를 x축의 방향으로 8만큼, y축의 방향으로 b만큼 평행이동하였더니 다시 원 C 위의 점이 되었다. $a+b$의 값을 구하시오. (단, $b>0$)

☑ 필요 개념 및 공식
□ 점의 평행이동

0508
• 유형 13

두 점 $A(0, 7)$, $B(4, 5)$는 직선 l에 대하여 대칭이다. 원 $C : x^2+y^2-x-ky=0$을 직선 l에 대하여 대칭이동하였더니 원 C와 일치할 때, 상수 k의 값을 구하시오.

☑ 필요 개념 및 공식
□ 도형의 대칭성 □ 직선에 대한 대칭이동

04
도형의 이동

STEP 3 실전 업*

0509   • 유형 05 + 유형 08

점 A$(-1, 3)$을 직선 $y=-x$에 대하여 대칭이동한 점을 B, 점 A를 원점에 대하여 대칭이동한 점을 C, 점 B를 원점에 대하여 대칭이동한 점을 D라 할 때, 사각형 ABCD의 넓이를 구하시오.

☑ **필요 개념 및 공식**
☐ 원점에 대한 대칭이동   ☐ 직선 $y=-x$에 대한 대칭이동

0510   • 유형 11

세 점 A$(7, 1)$, B(a, a), C$(b, 0)$을 꼭짓점으로 하는 삼각형 ABC의 둘레의 길이의 최솟값을 구하시오.

☑ **필요 개념 및 공식**
☐ x축, 직선 $y=x$에 대한 대칭이동   ☐ 대칭이동을 이용한 거리의 최솟값

0511   • 유형 07 + 유형 11

원 $(x-4)^2+(y-5)^2=5$ 위의 점 A와 직선 $2x-y-17=0$ 위의 점 B, y축 위의 점 P에 대하여 $\overline{AP}+\overline{BP}$의 최솟값을 k라 할 때, k^2의 값을 구하시오.

☑ **필요 개념 및 공식**
☐ 원 위의 점과 직선 사이의 거리의 최대·최소   ☐ y축에 대한 대칭이동

0512   • 유형 08 + 유형 09

그림과 같이 세 점 A$(4, 6)$, B$(1, 0)$, C$(4, 0)$을 직선 $y=x$에 대하여 대칭이동한 점을 각각 A′, B′, C′이라 하자. 삼각형 ABC와 삼각형 A′B′C′의 공통부분의 넓이를 구하시오.

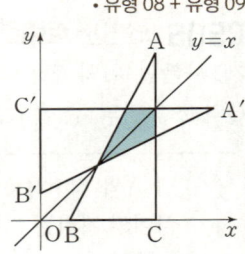

☑ **필요 개념 및 공식**
☐ 점과 직선 사이의 거리   ☐ 직선 $y=x$에 대한 대칭이동

집합과 명제

개념 01 집합의 표현

(1) **집합**: 어떤 기준에 따라 대상을 분명하게 정할 수 있을 때, 그 대상들의 모임

> **예** 우리 반에서 수학 점수가 80점 이상인 학생들의 모임
> ➡ 집합이다.
> 우리 반에서 수학 점수가 높은 학생들의 모임
> ➡ 집합이 아니다.

(2) **원소**: 집합을 이루는 대상 하나하나
  ① a가 집합 A의 원소일 때, a는 집합 A에 속한다고 하며 기호로 $a \in A$와 같이 나타낸다.
  ② b가 집합 A의 원소가 아닐 때, b는 집합 A에 속하지 않는다고 하며 기호로 $b \notin A$와 같이 나타낸다.

(3) **집합을 나타내는 방법**
  ① 원소나열법: 집합에 속하는 모든 원소를 { } 안에 나열하여 집합을 나타내는 방법

> **참고** 원소가 많고 원소 사이에 일정한 규칙이 있을 때는 '…'를 사용하여 원소의 일부를 생략할 수 있다.

  ② 조건제시법: 집합의 원소들이 갖는 공통된 성질을 조건으로 제시하여 집합을 나타내는 방법
  ③ 벤 다이어그램: 집합을 나타낸 그림

> **예** 6의 약수의 집합 A를 나타내는 방법
> ① 원소나열법: $A = \{1, 2, 3, 6\}$
> ② 조건제시법: $A = \{x \,|\, x$는 6의 약수$\}$ ← 원소를 대표하는 문자 / 원소들이 갖는 공통된 성질
> ③ 벤 다이어그램:
> A
> 1 2
> 3 6

[0513~0515] 다음 중 집합인 것은 ○를, 집합이 아닌 것은 ×를 ( ) 안에 써넣으시오.

0513 높은 빌딩의 모임 ( )

0514 3의 배수의 모임 ( )

0515 4보다 작은 소수의 모임 ( )

[0516~0521] 8의 약수의 집합을 A라 할 때, 다음 ☐ 안에 기호 $\in$, $\notin$ 중 알맞은 것을 써넣으시오.

0516 1 ☐ A **0517** 2 ☐ A

0518 3 ☐ A **0519** 4 ☐ A

0520 6 ☐ A **0521** 8 ☐ A

[0522~0524] 다음 집합에서 원소나열법으로 나타낸 것은 조건제시법으로, 조건제시법으로 나타낸 것은 원소나열법으로 나타내시오.

0522 $\{1, 2, 3, 4, 6, 12\}$

0523 $\{x \,|\, x$는 $4 < x < 7$인 자연수$\}$

0524 $\{4, 8, 12, \cdots\}$

[0525~0526] 다음 집합을 벤 다이어그램으로 나타내시오.

0525 $A = \{a, b, c, d\}$

0526 $B = \{x \,|\, x^2 - 6x + 5 = 0\}$

개념 02 집합의 원소의 개수

(1) **원소의 개수에 따른 집합의 분류**
  ① 유한집합: 원소가 유한개인 집합
  ② 무한집합: 원소가 무수히 많은 집합 ← 공집합은 유한집합이다.
  ③ 공집합: 원소가 하나도 없는 집합을 공집합이라 하며 기호로 $\varnothing$과 같이 나타낸다.

(2) **유한집합의 원소의 개수**: 집합 A가 유한집합일 때, A의 원소의 개수를 기호로 $n(A)$와 같이 나타낸다.

> **예** $A = \{1, 2\}$일 때, $n(A) = 2$이다.

[0527~0529] 다음 집합이 유한집합이면 '유'를, 무한집합이면 '무'를 ( ) 안에 써넣으시오. 또한, 공집합이면 '공'을 함께 적으시오.

0527 $\{1, 2, 3, \cdots, 100\}$ ( )

0528 $\{2, 4, 6, \cdots\}$ ( )

0529 $\{x \,|\, x$는 $x^2 + 2 = 0$인 실수$\}$ ( )

[0530~0532] 다음 집합 A에 대하여 $n(A)$를 구하시오.

0530 $A = \{a, b, c\}$ **0531** $A = \varnothing$

0532 $A = \{x \,|\, x$는 $x^2 \leq 4$인 정수$\}$

개념 03 부분집합과 서로 같은 집합

(1) 부분집합

① 두 집합 A, B에 대하여 집합 A의 모든 원소가 집합 B에 속할 때, 집합 A를 집합 B의 부분집합이라 하며 기호로 $A \subset B$와 같이 나타낸다. 이때 집합 A는 집합 B에 포함된다고 한다.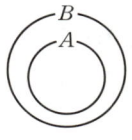

② 집합 A가 집합 B의 부분집합이 아닐 때, 기호로 $A \not\subset B$와 같이 나타낸다.

(2) 부분집합의 성질

① 모든 집합은 자기 자신의 부분집합이다. ➡ $A \subset A$
② 공집합은 모든 집합의 부분집합이다. ➡ $\varnothing \subset A$
③ $A \subset B$이고 $B \subset C$이면 $A \subset C$이다.

(3) 서로 같은 집합

① 두 집합 A, B에 대하여 $A \subset B$이고 $B \subset A$일 때, 집합 A와 집합 B는 서로 같다고 하며 기호로 $A = B$와 같이 나타낸다.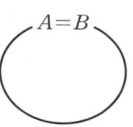

② 두 집합 A, B가 같지 않을 때, 기호로 $A \neq B$와 같이 나타낸다.

(4) 진부분집합

두 집합 A, B에 대하여 $A \subset B$이고 $A \neq B$일 때, 즉 집합 A가 집합 B의 부분집합이지만 서로 같지 않을 때, 집합 A를 집합 B의 진부분집합이라 한다.

> 참고 집합 B의 부분집합 중에서 B 자신을 제외한 것은 모두 집합 B의 진부분집합이다.
>
> 예 집합 $\{a, b\}$의 부분집합은 $\varnothing$, $\{a\}$, $\{b\}$, $\{a, b\}$이고, 진부분집합은 $\varnothing$, $\{a\}$, $\{b\}$이다.

[0533~0535] 다음 두 집합 A, B 사이의 포함 관계를 $A \subset B$ 또는 $B \subset A$로 나타내시오.

0533 $A = \{2, 5, 10\}$, $B = \{x \mid x$는 10의 약수$\}$

0534 $A = \{x \mid x(x+2)(x-1) = 0\}$,
$B = \{x \mid x$는 $-3 < x < 2$인 정수$\}$

0535 $A = \{x \mid x$는 2의 배수$\}$, $B = \{x \mid x$는 4의 배수$\}$

[0536~0537] 다음 집합의 부분집합을 모두 구하시오.

0536 $\{a, b, c\}$

0537 $\{\varnothing\}$

[0538~0540] 다음 두 집합 A, B 사이의 관계를 $A = B$ 또는 $A \neq B$로 나타내시오.

0538 $A = \{3, 4, 5\}$, $B = \{5, 4, 3\}$

0539 $A = \{1, 3, 5, 7\}$,
$B = \{x \mid x$는 1 이상 8 이하의 홀수$\}$

0540 $A = \{x \mid x$는 5의 배수$\}$, $B = \{0, 5, 10, 15, \cdots\}$

0541 집합 $\{x \mid x$는 4보다 작은 자연수$\}$의 진부분집합을 모두 구하시오.

개념 04 부분집합의 개수

집합 $A = \{a_1, a_2, a_3, \cdots, a_n\}$에 대하여

(1) 집합 A의 부분집합의 개수: 2^n
(2) 집합 A의 진부분집합의 개수: $2^n - 1$
(3) 집합 A의 특정한 원소 k개를 반드시 원소로 갖는 부분집합의 개수: 2^{n-k} (단, $k < n$)
(4) 집합 A의 특정한 원소 l개를 원소로 갖지 않는 부분집합의 개수: 2^{n-l} (단, $l < n$)
(5) 집합 A의 원소 중에서 k개는 반드시 원소로 갖고, l개는 원소로 갖지 않는 부분집합의 개수: 2^{n-k-l}

$$(단, k+l < n)$$

[0542~0546] 집합 $A = \{a, b, c, d, e\}$에 대하여 다음을 구하시오.

0542 집합 A의 부분집합의 개수

0543 집합 A의 진부분집합의 개수

0544 집합 A의 부분집합 중에서 a를 반드시 원소로 갖는 집합의 개수

0545 집합 A의 부분집합 중에서 b, d를 원소로 갖지 않는 집합의 개수

0546 집합 A의 부분집합 중에서 a는 반드시 원소로 갖고, b, d는 원소로 갖지 않는 집합의 개수

유형 01 집합과 원소

(1) 집합
① 대상을 분명하게 정할 수 있으면 ➡ 집합이다.
② 대상을 분명하게 정할 수 없으면 ➡ 집합이 아니다.
(2) 집합과 원소 사이의 관계
① 원소 a가 집합 A에 속하면 ➡ $a \in A$
② 원소 a가 집합 A에 속하지 않으면 ➡ $a \notin A$

0547 ✓ 대표 예제

다음 중 집합이 <u>아닌</u> 것은?

① 1학년 1반 학생들의 모임
② 100에 가까운 수의 모임
③ 서울특별시의 자치구의 모임
④ mathematics에 있는 모음의 모임
⑤ 10보다 작은 홀수의 모임

─〈 완쏠 해설 〉

① '1학년 1반'이라는 기준에 따라 대상을 분명하게 정할 수 있
　으므로 집합이다.
② '가까운'은 기준이 명확하지 않아 대상을 분명하게 정할 수
　없으므로 집합이 아니다.
③ '서울특별시의 자치구'라는 기준에 따라 대상을 분명하게 정
　할 수 있으므로 집합이다.
④ mathematics에 있는 모음은 a, e, i이다.
　즉, 모음이라는 기준에 따라 대상을 분명하게 정할 수 있으
　므로 집합이다.
⑤ 10보다 작은 홀수는 1, 3, 5, 7, 9이다.
　즉, 기준에 따라 대상을 분명하게 정할 수 있으므로 집합이다.
따라서 집합이 아닌 것은 ②이다.

> 명확한 기준이 있어야 각 모임을 이루는
> 대상을 분명하게 정할 수 있어.

답 ②

0548 대표 예제 한 번 더!

다음 중 집합인 것은?

① 인구가 많은 도시의 모임
② 키가 매우 큰 사람들의 모임
③ 축구를 못하는 사람들의 모임
④ 대한민국의 국회의원들의 모임
⑤ 우리 반에서 수학을 잘하는 학생들의 모임

0549

6과 서로소인 자연수의 집합을 A라 할 때, 다음 중 옳은
것은?

① $2 \in A$　　　② $3 \in A$　　　③ $4 \in A$
④ $5 \in A$　　　⑤ $7 \notin A$

0550

방정식 $x^3 - 2x^2 - x + 2 = 0$의 해의 집합을 A라 할 때,
ㅣ보기ㅣ에서 옳은 것만을 있는 대로 고른 것은?

┌─── 보기 ───┐
ㄱ. $-2 \in A$　　　ㄴ. $0 \notin A$　　　ㄷ. $1 \in A$

① ㄱ　　　② ㄴ　　　③ ㄷ
④ ㄱ, ㄷ　　　⑤ ㄴ, ㄷ

0551

자연수 중에서 4로 나누었을 때의 나머지가 k인 자연수의
집합을 A_k라 하자. 예를 들어, 4로 나누었을 때의 나머지
가 1인 자연수의 집합은 A_1이다. 다음 중 옳은 것은?

(단, $k = 0, 1, 2, 3$)

① $21 \in A_0$　　　② $34 \notin A_2$　　　③ $41 \notin A_1$
④ $54 \in A_3$　　　⑤ $61 \in A_1$

유형 02 **집합의 표현 방법**

(1) 원소나열법: { } 안에 모든 원소를 나열
(2) 조건제시법: $\{x|x$의 조건$\}$
(3) 벤 다이어그램: 도형에 모든 원소를 나타낸 그림
    └→ 원, 사각형 등

0552 ✓대표 예제

그림과 같이 벤 다이어그램으로 나타낸 집합
A를 조건제시법으로 바르게 나타낸 것은?

A
1 2
4 8

① $A=\{x|x$는 4의 약수$\}$

② $A=\{x|x$는 8의 약수$\}$

③ $A=\{x|x$는 16의 약수$\}$

④ $A=\{x|x$는 10 이하의 2의 배수$\}$

⑤ $A=\{x|x$는 10 이하의 4의 배수$\}$

◁ 완쏠 해설

벤 다이어그램으로 주어진 집합 A를 원소나열법으로 나타내면
$A=\{1, 2, 4, 8\}$

① $A=\{1, 2, 4\}$

② $A=\{1, 2, 4, 8\}$

③ $A=\{1, 2, 4, 8, 16\}$

④ $A=\{2, 4, 6, 8, 10\}$

⑤ $A=\{4, 8\}$

> 조건제시법으로 나타내어진 집합을 원소나열법으로 나타낼 때는 그 집합에 속하는 모든 원소를 빠짐없이 찾아야 하고, 원소나열법으로 나타내어진 집합을 조건제시법으로 나타낼 때는 그 집합에 속하는 원소들이 갖는 공통된 성질을 찾을 수 있어야 해.

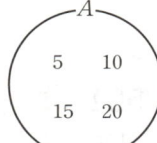

따라서 집합의 원소가 1, 2, 4, 8인 것은 ②이다.

답 ②

0553 대표 예제 한 번 더!

그림과 같이 벤 다이어그램으로 나타낸
집합 A를 조건제시법으로 바르게 나타낸
것은?

A
5 10
15 20

① $A=\{x|x$는 10의 약수$\}$

② $A=\{x|x$는 15의 약수$\}$

③ $A=\{x|x$는 20의 약수$\}$

④ $A=\{x|x$는 25보다 작은 5의 배수$\}$

⑤ $A=\{x|x$는 20 이하의 10의 배수$\}$

0554

다음 집합 중 나머지 넷과 다른 하나는?

① $\{1, 2, 3, 4, 5\}$

② $\{x|x$는 5 이하의 자연수$\}$

③ $\{x|0<x\leq5, x$는 정수$\}$

④ $\{x||x|<6, x$는 자연수$\}$

⑤ $\{x|x^2\leq25, x$는 정수$\}$

0555

두 집합 $A=\{-1, 1\}$, $B=\{2, 4, 6\}$에 대하여 집합
$X=\{a+b|a\in A, b\in B\}$를 원소나열법으로 바르게 나타낸 것은?

① $\{1, 3\}$ ② $\{1, 3, 5\}$ ③ $\{1, 3, 7\}$

④ $\{3, 5, 7\}$ ⑤ $\{1, 3, 5, 7\}$

0556

두 집합
$A=\{x|x=2m, m$은 자연수$\}$,
$B=\{x|x=3n, n$은 자연수$\}$
에 대하여 다음 중 집합 $X=\{ab-1|a\in A, b\in B\}$의 원소는?

① 14   ② 30   ③ 46

④ 54   ⑤ 71

유형 03 원소의 개수에 따른 집합의 분류

(1) 유한집합: 원소가 유한개인 집합
(2) 무한집합: 원소가 무수히 많은 집합
(3) 공집합: 원소가 하나도 없는 집합

참고 공집합의 원소의 개수는 0이므로 유한집합이다.

0557 ✔대표 예제

다음 중 유한집합인 것은?

① $\{1, 2, 3, \cdots\}$
② $\{x \mid x$는 2의 배수$\}$
③ $\{x \mid x^2 < 2, x$는 무리수$\}$
④ $\{x \mid x = a + b, a, b$는 자연수$\}$
⑤ $\{x \mid x^2 - 3x + 2 = 0, x$는 실수$\}$

완쏠 해설

① 원소가 무수히 많으므로 무한집합이다.
② $\{2, 4, 6, 8, \cdots\}$이므로 무한집합이다.
③ $x^2 < 2$에서 $x^2 - 2 < 0$, $(x+\sqrt{2})(x-\sqrt{2}) < 0$
   $\therefore -\sqrt{2} < x < \sqrt{2}$
   이때 위의 부등식을 만족시키는 무리수 x는 무수히 많이 존재한다.
   즉, $\{x \mid x^2 < 2, x$는 무리수$\}$는 무한집합이다.
④ $\{2, 3, 4, 5, \cdots\}$이므로 무한집합이다. → a, b에 1, 2, 3, …을 각각 대입한다.
⑤ $x^2 - 3x + 2 = 0$에서
   $(x-1)(x-2) = 0$
   $\therefore x = 1$ 또는 $x = 2$
   즉, $\{1, 2\}$이므로 유한집합이다.
따라서 유한집합인 것은 ⑤이다.

조건제시법으로 나타내어진 집합은 원소나열법으로 나타낸 후 유한집합을 찾으면 돼.

답 ⑤

0558 대표 예제 한 번 더!

다음 중 무한집합인 것은?

① $\{x \mid x$는 10의 약수$\}$
② $\{x \mid 0 < x < 1, x$는 정수$\}$
③ $\{x \mid x$는 100 이하의 3의 배수$\}$
④ $\{x \mid x^2 \leq 1, x$는 실수$\}$
⑤ $\{x \mid x^3 - x^2 - 4x + 4 = 0, x$는 실수$\}$

0559

다음 중 공집합인 것은?

① $\{\varnothing\}$
② $\{x \mid x - 1 = 0\}$
③ $\{x \mid |x| > 1\}$
④ $\{x \mid x^2 + 1 < 0, x$는 실수$\}$
⑤ $\{x \mid (x^2 + 1)(x^2 - 1) = 0, x$는 실수$\}$

0560

집합 $A = \{x \mid x^2 + (k-3)x + k = 0, x$는 실수$\}$가 공집합이 되도록 하는 자연수 k의 개수는?

① 5   ② 6   ③ 7
④ 8   ⑤ 9

0561 ⬆️Up

공집합이 아닌 집합 $X = \{x \mid x^2 - mx + 2 \leq 0, x$는 실수$\}$가 유한집합이 되도록 하는 모든 실수 m의 값의 곱은?

① -10 ② -8 ③ -6
④ -4 ⑤ -2

유형 04 유한집합의 원소의 개수

유한집합 A의 원소의 개수 ➡ $n(A)$

예 $n(\{0\})=1$, $n(\varnothing)=0$, $n(\{\varnothing\})=1$

0562 ✔대표 예제

두 집합

$A=\{x\,|\,x$는 100 이하의 홀수$\}$,

$B=\{x\,|\,x$는 20의 약수$\}$

에 대하여 $n(A)+n(B)$의 값은?

① 50 　　② 52 　　③ 54

④ 56 　　⑤ 58

완쏠 해설

$A=\{1,\ 3,\ 5,\ 7,\ \cdots,\ 99\}$이므로

$n(A)=50$

$B=\{1,\ 2,\ 4,\ 5,\ 10,\ 20\}$이므로

$n(B)=6$

∴ $n(A)+n(B)=50+6=56$

> $n(A)$는 집합의 원소의 개수를 나타내는 것이므로 $n(A)$를 구할 때는 집합 A를 원소나열법으로 나타낸 후 그 개수를 세면 돼.

답 ④

0563 대표 예제 한 번 더!

두 집합

$A=\{x\,|\,x$는 3과 서로소인 10 이하의 자연수$\}$,

$B=\{x\,|\,x$는 50보다 작은 9의 배수$\}$

에 대하여 $n(A)-n(B)$의 값은?

① 1 　　② 2 　　③ 3

④ 4 　　⑤ 5

0564

두 집합

$A=\{x\,|\,x$는 10 이하의 3의 배수$\}$,

$B=\{x\,|\,x$는 p의 약수, p는 자연수$\}$

에 대하여 $n(A)=n(B)$를 만족시키는 모든 한 자리의 자연수 p의 값의 합을 구하시오.

0565

집합 $A=\{1,\ 2,\ 3,\ 4\}$에 대하여

$X=\{(m,\ n)\,|\,m\in A,\ n\in A,\ n$은 m의 배수$\}$

일 때, $n(X)$를 구하시오.

0566

자연수 k에 대하여 집합 A를

$A=\{x\,|\,k\leq x\leq k^2+1,\ x$는 정수$\}$

라 하자. $n(A)=8$을 만족시키는 자연수 k의 값을 구하시오.

유형 05 기호 ∈, ⊂의 사용

(1) 원소와 집합 사이의 관계 ➡ ∈, ∉를 사용하여 나타낸다.
(2) 집합과 집합 사이의 포함 관계 ➡ ⊂, ⊄를 사용하여 나타낸다.

0567 ✔ 대표 예제

그림과 같은 벤 다이어그램의 두 집합 A, B에 대하여 다음 중 옳지 <u>않은</u> 것은?

① $1 \in B$ ② $4 \notin A$
③ $\{2\} \subset A$ ④ $\{2, 4\} \subset B$
⑤ $\{1, 2\} \subset A$

완쏠 해설

벤 다이어그램으로 주어진 두 집합 A, B를 원소나열법으로 나타내면
$A = \{2, 3\}$, $B = \{1, 2, 3, 4\}$
① 1은 집합 B의 원소이므로 $1 \in B$
② 4는 집합 A의 원소가 아니므로 $4 \notin A$
③ $2 \in A$이므로 $\{2\} \subset A$
④ $2 \in B$, $4 \in B$이므로 $\{2, 4\} \subset B$
⑤ $1 \notin A$이므로 $\{1, 2\} \not\subset A$
따라서 옳지 않은 것은 ⑤이다.

> 집합과 원소 사이의 관계인지, 집합과 집합 사이의 관계인지 구분해서 기호 '∈'와 '⊂'를 써야 해.

답 ⑤

0568 대표 예제 한 번 더!

집합 $A = \{x \mid x$는 12의 약수$\}$에 대하여 다음 중 옳지 <u>않은</u> 것은?

① $\varnothing \subset A$ ② $4 \in A$ ③ $8 \notin A$
④ $\{2, 3\} \subset A$ ⑤ $\{3, 4, 5\} \subset A$

0569 교육청

집합 $A = \{1, 2, \{2, 3\}, \varnothing\}$에 대하여 다음 중 옳은 것은?

① $\{\varnothing\} \subset A$ ② $3 \in A$ ③ $\{1\} \in A$
④ $\{1, 2\} \in A$ ⑤ $\{2, 3\} \subset A$

0570

두 집합 $A = \{\varnothing, a, b, \{a, b\}\}$, $B = \{a, b\}$에 대하여 다음 중 옳지 <u>않은</u> 것은?

① $a \in B$ ② $\{\varnothing\} \subset A$ ③ $\{a, b\} \in A$
④ $\{a, b\} \in B$ ⑤ $\{a, b\} \subset A$

0571

집합 $A = \{\varnothing, 0, \{\varnothing\}, \{0\}\}$에 대하여 l보기l에서 옳은 것만을 있는 대로 고른 것은?

┌─────── 보기 ───────┐
ㄱ. $\varnothing \in A$
ㄴ. $\{\varnothing, 0\} \subset A$
ㄷ. $\{\varnothing, \{\varnothing\}\} \subset A$
└───────────────────┘

① ㄱ ② ㄴ ③ ㄱ, ㄷ
④ ㄴ, ㄷ ⑤ ㄱ, ㄴ, ㄷ

유형 06 집합 사이의 포함 관계

두 집합 A, B를 원소나열법으로 나타내었을 때, 집합 A의 모든 원소가 집합 B에 속하면 집합 A는 집합 B의 부분집합, 즉 $A \subset B$ 이다.

0572 ✓ 대표 예제

두 집합

$A = \{x \mid x$는 6의 약수$\}$, $B = \{x \mid x$는 18의 약수$\}$

사이의 포함 관계를 벤 다이어그램으로 바르게 나타낸 것은?

① 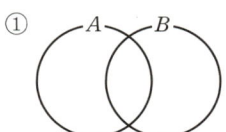   ②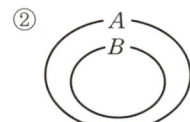

③ 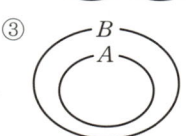   ④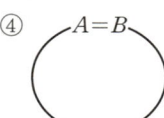

⑤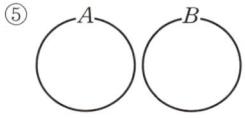

완쏠 해설

두 집합 A, B를 원소나열법으로 나타내면

$A = \{1, 2, 3, 6\}$, $B = \{1, 2, 3, 6, 9, 18\}$

집합 A의 모든 원소가 집합 B에 속하므로

$A \subset B$

따라서 두 집합 A, B 사이의 포함 관계를 나타내는 벤 다이어그램은 ③이다.

> 집합 A의 모든 원소가 집합 B에 속하면 $A \subset B$이고, 속하지 않는 원소가 있으면 $A \not\subset B$로 나타내.

(답) ③

0573 대표 예제 한 번 더!

다음 중 두 집합 A, B에 대하여 $A \subset B$가 성립하는 것은?

① $A = \{1, 2, 3, 4\}$, $B = \{2, 3, 4\}$

② $A = \{x \mid x$는 2의 배수$\}$, $B = \{x \mid x$는 4의 배수$\}$

③ $A = \{x \mid x$는 12의 약수$\}$, $B = \{x \mid x$는 8의 약수$\}$

④ $A = \{x \mid |x| = 2\}$, $B = \{x \mid x^2 - 3x + 2 = 0\}$

⑤ $A = \{x \mid x^2 < 4,\ x$는 정수$\}$, $B = \{x \mid |x| < 3,\ x$는 정수$\}$

0574

두 집합

$X = \{x \mid x$는 4의 약수$\}$, $Y = \{x \mid x$는 n의 약수$\}$

에 대하여 $X \subset Y$를 만족시키는 20 이하의 자연수 n의 개수는?

① 1   ② 3   ③ 5

④ 7   ⑤ 9

0575

세 집합 $A = \{-1, 1\}$, $B = \{|x| \mid x \in A\}$,

$C = \{x \mid |x| \leq 1,\ x$는 정수$\}$ 사이의 포함 관계를 바르게 나타낸 것은?

① $A \subset B \subset C$ ② $A \subset C \subset B$ ③ $B \subset A \subset C$

④ $B \subset C \subset A$ ⑤ $C \subset B \subset A$

0576

세 집합 $X = \{0, 1, 2\}$, $Y = \{xy \mid x \in X,\ y \in X\}$,

$Z = \{x^2 - y \mid x \in X,\ y \in X\}$ 사이의 포함 관계를 바르게 나타낸 것은?

① $X \subset Y \subset Z$ ② $X \subset Z \subset Y$ ③ $Y \subset X \subset Z$

④ $Y \subset Z \subset X$ ⑤ $Z \subset Y \subset X$

유형 **07** 집합 사이의 포함 관계를 이용하여 미지수 구하기

집합 사이의 포함 관계를 이용하여 미지수를 구할 때
(1) 집합을 원소나열법으로 나타내어 각 원소를 비교한다.
(2) 집합의 원소의 조건이 부등식으로 표현되어 있는 경우는 수직선 위에 나타내어 비교한다. → 수직선을 이용하여 집합을 나타낼 때는 부등호의 방향($<$, $>$, $\leq$, $\geq$)에 주의한다.

0577 ✓ 대표 예제

두 집합

$$A=\{1,\ 2\},\ B=\{0,\ 1,\ a-2,\ 2a\}$$

에 대하여 $A \subset B$가 성립하도록 하는 모든 정수 a의 값의 합은?

① 3   ② 4   ③ 5
④ 6   ⑤ 7

완쏠 해설

$A \subset B$가 성립하려면 $2 \in B$이어야 하므로
$a-2=2$ 또는 $2a=2$ → $1 \in A$, $1 \in B$이므로 2만 생각한다.
∴ $a=4$ 또는 $a=1$
따라서 구하는 모든 정수 a의 값의 합은
$4+1=5$

> $A \subset B$이면 집합 A의 모든 원소가 집합 B에 속해야 해. 그래서 집합 B의 미지수로 이루어진 원소와 집합 A의 원소가 같아지도록 풀어야 해.

(답) ③

0578

자연수 전체의 집합의 두 부분집합

$$A=\{1,\ 2a\},\ B=\{x \,|\, x\text{는 8의 약수}\}$$

에 대하여 $A \subset B$를 만족시키는 모든 자연수 a의 값의 합을 구하시오.

0579

두 집합

$$A=\{x \,|\, x^2-x-2<0\},$$
$$B=\{x \,|\, a+1 \leq x \leq b-2\}$$

에 대하여 $A \subset B$가 성립할 때, $a-b$의 최댓값은?
(단, a, b는 상수이다.)

① -8 ② -6 ③ -4
④ -2 ⑤ 0

0580

세 집합

$$X=\{x \,|\, x \geq 6\},\ Y=\{x \,|\, x \geq k\},\ Z=\{x \,|\, x>2\}$$

에 대하여 $X \subset Y \subset Z$가 성립하도록 하는 자연수 k의 개수를 구하시오.

0581

두 집합

$$A=\{6,\ -4k-3\},\ B=\{-4k-4,\ k^2+2,\ 5\}$$

에 대하여 $A \subset B$가 성립할 때, 실수 k의 값을 구하시오.

유형 08 부분집합 구하기

원소가 n개인 집합의 모든 부분집합을 구할 때는 부분집합의 원소가 0개, 1개, 2개, $\cdots$, n개인 경우로 나누어 구한다.

참고 원소가 n개인 집합의 부분집합 중에서 원소가 r개인 부분집합의 개수
➡ $_nC_r$ (단, $r \leq n$)

0582 ✓ 대표 예제

집합 $A = \{x \mid |x| < 2, x$는 정수$\}$에 대하여 다음 중 옳은 것은?

① $\{-1, 0, 1\} \not\subset A$

② $\varnothing \not\subset A$

③ 원소가 1개인 집합 A의 부분집합의 개수는 4이다.

④ 원소가 2개인 집합 A의 부분집합의 개수는 3이다.

⑤ 원소가 3개인 집합 A의 부분집합은 없다.

◁ 완쏠 해설 ▷

$|x| < 2$에서 $-2 < x < 2$이므로 $A = \{-1, 0, 1\}$

① 모든 집합은 자기 자신의 부분집합이므로 $\{-1, 0, 1\} \subset A$

② 공집합은 모든 집합의 부분집합이므로 $\varnothing \subset A$

③ 원소가 1개인 집합 A의 부분집합은 $\{-1\}$, $\{0\}$, $\{1\}$의 3개 이다. → $_3C_1 = 3$

④ 원소가 2개인 집합 A의 부분집합은 $\{-1, 0\}$, $\{-1, 1\}$, $\{0, 1\}$의 3개이다. → $_3C_2 = _3C_1 = 3$

⑤ 원소가 3개인 집합 A의 부분집합은 $\{-1, 0, 1\}$의 1개 이다. → $_3C_3 = 1$

따라서 옳은 것은 ④이다.

③은 서로 다른 3개에서 1개를 택하는 조합의 수 $_3C_1$과 같아.
④, ⑤도 동일한 방법으로 풀 수 있어.

(답) ④

0583 대표 예제 한 번 더!

집합 $A = \{x \mid x^3 - 3x^2 + 2x = 0\}$에 대하여 다음 중 옳은 것은?

① $n(A) = 2$

② $\{1, 2\} \not\subset A$

③ 원소가 1개인 집합 A의 부분집합의 개수는 2이다.

④ 원소가 2개인 집합 A의 부분집합의 개수는 2이다.

⑤ 원소가 3개인 집합 A의 부분집합의 개수는 1이다.

0584

집합 $A = \{x \mid x$는 16의 약수$\}$에 대하여 집합 B가 집합 A의 진부분집합일 때, 집합 B의 모든 원소의 합의 최댓값을 구하시오.

0585

집합 $A = \{x \mid x^2 - 5x + 4 \leq 0, x$는 자연수$\}$에 대하여 $B \subset A$이고 $n(B) = 3$을 만족시키는 집합 B의 개수는?

① 1   ② 2   ③ 3

④ 4   ⑤ 5

0586 UP

두 집합 $A = \{x \mid x$는 5 이하의 자연수$\}$, B에 대하여 $B \subset A$이고 집합 B의 모든 원소의 곱이 홀수이다. $n(B) \geq 2$인 집합 B의 개수를 구하시오.

유형 09 서로 같은 집합 중요

두 집합 A, B에 대하여
$A \subset B$, $B \subset A$이다. ➡ $A = B$
➡ 두 집합 A, B가 서로 같다.
➡ 두 집합 A, B의 모든 원소가 같다.

0587 ✔ 대표 예제

두 집합 $A = \{3, a+b\}$, $B = \{1, 2a+b\}$에 대하여 $A = B$일 때, $a^2 + b^2$의 값은? (단, a, b는 상수이다.)

① 2   ② 3   ③ 4
④ 5   ⑤ 6

완쏠 해설

$A = B$이므로
$a+b=1$, $2a+b=3$ → $3 \neq 1$이므로 $3 = 2a+b$, $a+b=1$이다.
위의 두 식을 연립하여 풀면
$a = 2$, $b = -1$
$\therefore a^2 + b^2 = 2^2 + (-1)^2 = 5$

답 ④

0588 대표 예제 한 번 더!

두 집합 $A = \{6, x-y\}$, $B = \{2, 2x-y\}$에 대하여 $A \subset B$, $B \subset A$일 때, $x+y$의 값은? (단, x, y는 상수이다.)

① 5   ② 6   ③ 7
④ 8   ⑤ 9

0589

두 집합
$$A = \{x \mid |x| < 2, \ x \text{는 정수}\},$$
$$B = \{0, 2a+1, b\}$$
가 서로 같을 때, 두 상수 a, b에 대하여 $a+b$의 최댓값은?

① -1 ② 0   ③ 1
④ 2   ⑤ 3

0590

두 집합 $A = \{4, a\}$, $B = \{b, b^2\}$에 대하여 $A = B$가 성립하도록 하는 모든 상수 a의 값의 합은? (단, b는 상수이다.)

① 12   ② 14   ③ 16
④ 18   ⑤ 20

0591

두 집합 $A = \{1, -k, 2k-1\}$, $B = \{-2, 3, k^2-3\}$에 대하여 $A \subset B$, $B \subset A$일 때, 상수 k의 값을 구하시오.

유형 10 부분집합의 개수

집합 $A=\{a_1, a_2, a_3, \cdots, a_n\}$에 대하여
(1) 집합 A의 부분집합의 개수 ➡ 2^n
(2) 집합 A의 진부분집합의 개수 ➡ 2^n-1
(3) 집합 A의 특정한 원소 k개를 반드시 원소로 갖는 부분집합의 개수 ➡ 2^{n-k} (단, $k<n$)
(4) 집합 A의 특정한 원소 l개를 원소로 갖지 않는 부분집합의 개수 ➡ 2^{n-l} (단, $l<n$)
(5) 집합 A의 원소 중에서 k개는 반드시 원소로 갖고, l개는 원소로 갖지 않는 부분집합의 개수 ➡ 2^{n-k-l} (단, $k+l<n$)

0592 ✔대표 예제

집합 A의 부분집합의 개수가 16이고, 집합 B의 진부분집합의 개수가 7일 때, $n(A)+n(B)$의 값은?

① 4 ② 5 ③ 6
④ 7 ⑤ 8

완쏠 해설

집합 A의 부분집합의 개수가 $16=2^4$이므로
$n(A)=4$
집합 B의 진부분집합의 개수가 $7=2^3-1$이므로
$n(B)=3$
∴ $n(A)+n(B)=4+3=7$

> 이 유형처럼 조건이 주어진 부분집합의 개수를 구할 때는 무작정 공식을 외우기 보다는 의미를 파악하면서 공식을 이해해야 해.

(답) ④

0593 대표 예제 한 번 더!

두 집합 A, B에 대하여 $n(A) \times n(B)=20$이고 집합 A의 부분집합의 개수가 32일 때, 집합 B의 진부분집합의 개수는?

① 2 ② 7 ③ 15
④ 31 ⑤ 64

0594

집합 $A=\{x | x$는 12의 약수$\}$의 부분집합 중에서 1, 6을 반드시 원소로 갖는 부분집합의 개수를 a라 하고, 2, 4, 6을 원소로 갖지 않는 부분집합의 개수를 b라 할 때, $a+b$의 값은?

① 7 ② 12 ③ 16
④ 24 ⑤ 32

0595

집합 $A=\{x | x$는 18의 약수$\}$에 대하여 $1 \in B$, $6 \in B$, $9 \not\in B$를 만족시키는 집합 A의 부분집합 B의 개수는?

① 2 ② 4 ③ 8
④ 16 ⑤ 32

0596

집합 $A=\{x | x$는 k 이하의 자연수, k는 자연수$\}$의 부분집합 중에서 1, 3은 반드시 원소로 갖고, 2, 4는 원소로 갖지 않는 부분집합의 개수가 16일 때, k의 값은?

① 6 ② 7 ③ 8
④ 9 ⑤ 10

유형 11 $A \subset X \subset B$를 만족시키는 집합 X의 개수

$n(A)=a$, $n(B)=b$일 때, $A \subset X \subset B$를 만족시키는 집합 X의 개수
➡ 집합 B의 부분집합 중에서 집합 A의 모든 원소를 반드시 원소로 갖는 부분집합의 개수
➡ 2^{b-a} (단, $a<b$)

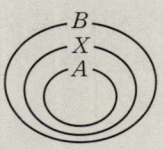

0597 ✔ 대표 예제

$\{1, 3\} \subset X \subset \{1, 2, 3, 4, 5\}$를 만족시키는 집합 X의 개수는?

① 2 ② 4 ③ 8
④ 16 ⑤ 32

완쏠 해설

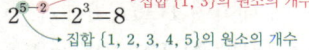

집합 X의 개수는 집합 $\{1, 2, 3, 4, 5\}$의 부분집합 중에서 1, 3을 반드시 원소로 갖는 부분집합의 개수와 같으므로

$2^{5-2}=2^3=8$

→ 집합 $\{1, 3\}$의 원소의 개수
→ 집합 $\{1, 2, 3, 4, 5\}$의 원소의 개수

새로운 유형같지만 **유형 10**의 (3)을 집합 기호로 나타냈을 뿐이야.
즉, 원리는 같으니 비교하며 공부해 봐.

답 ③

0598 대표 예제 한 번 더!

$\{b, d, e\} \subset X \subset \{a, b, c, d, e, f\}$를 만족시키는 집합 X의 개수는?

① 4 ② 8 ③ 16
④ 32 ⑤ 64

0599 교육청

전체집합 $U=\{x \mid x$는 자연수$\}$의 두 부분집합 A, B에 대하여 $A=\{x \mid x$는 4의 약수$\}$, $B=\{x \mid x$는 12의 약수$\}$일 때, $A \subset X \subset B$를 만족시키는 집합 X의 개수를 구하시오.

0600

그림과 같은 벤 다이어그램의 두 집합 A, B에 대하여 $A \subset X \subset B$를 만족시키는 집합 X 중에서 c를 원소로 갖지 않는 집합의 개수는?

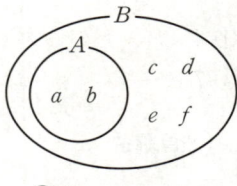

① 2 ② 4 ③ 8
④ 16 ⑤ 32

0601 UP

두 집합
$\quad A=\{x \mid x=4k,\ k$는 n 이하의 자연수$\}$,
$\quad B=\{x \mid x$는 2 이상 20 이하의 짝수$\}$
에 대하여 $A \subset X \subset B$, $X \neq B$를 만족시키는 집합 X의 개수가 63일 때, 자연수 n의 값은?

① 1 ② 2 ③ 3
④ 4 ⑤ 5

유형 12 '적어도'의 조건이 있는 부분집합의 개수 중요

(1) 특정한 원소 k개 중에서 적어도 한 개를 원소로 갖는 부분집합의 개수
  ➡ (전체 부분집합의 개수)
    − (특정한 원소 k개를 원소로 갖지 않는 부분집합의 개수)
(2) a 또는 b를 원소로 갖는 부분집합의 개수
  ➡ (전체 부분집합의 개수)
    − (a, b를 제외한 집합의 부분집합의 개수)

0602 ✔ 대표 예제

집합 $A=\{1, 2, 3, 4, 5\}$의 부분집합 중에서 적어도 한 개의 짝수를 원소로 갖는 부분집합의 개수는?

① 4   ② 8   ③ 16
④ 24   ⑤ 32

┌ 완쏠 해설 ┐

집합 A의 부분집합 중에서 적어도 한 개의 짝수를 원소로 갖는 집합은 집합 A의 부분집합 중에서 집합 $\{1, 3, 5\}$의 부분집합을 제외하면 된다.
따라서 구하는 부분집합의 개수는
$$2^5-2^3=32-8$$
$$=24$$

> '적어도 ∼'는 '∼ 이상'과 같기 때문에 이 문제에서 적어도 한 개의 짝수를 원소로 갖는 집합은 한 개 이상의 짝수를 원소로 갖는 집합과 같아.

(답) ④

0603 대표 예제 한 번 더!

집합 $A=\{x\,|\,x^2+x-12\leq0,\ x는\ 정수\}$의 부분집합 중에서 적어도 한 개의 음이 아닌 정수를 원소로 갖는 부분집합의 개수는?

① 192   ② 208   ③ 224
④ 240   ⑤ 256

0604

집합 $A=\{x\,|\,x는\ 18의\ 약수\}$의 진부분집합 중에서 2 또는 3을 원소로 갖는 부분집합의 개수는?

① 31   ② 32   ③ 47
④ 48   ⑤ 63

0605

집합 $A=\left\{x\,\middle|\,\dfrac{12}{x}는\ 자연수,\ x는\ 자연수\right\}$의 부분집합 중에서 짝수인 원소가 한 개 이상 속해 있는 부분집합의 개수를 구하시오.

0606

집합 $A=\{x\,|\,x는\ 8\ 이하의\ 자연수\}$의 부분집합 중에서 적어도 한 개의 홀수 또는 소수를 원소로 갖는 부분집합의 개수를 구하시오.

STEP 2 * 유형 마스터

유형 13 조건을 만족시키는 집합

집합 A가 '$a \in A$이면 $b \in A$'임을 만족시킨다.
➡ a가 집합 A의 원소이면 b도 반드시 집합 A의 원소이다.

0607 ✓ 대표 예제

집합 $U = \{1, 2, 3, \cdots, 30\}$의 부분집합 A가 아래 조건을 만족시킨다.

(가) $2 \in A$, $5 \in A$
(나) $a \in A$, $2a \in U$이면 $2a \in A$이다.

다음 중 반드시 집합 A의 원소라 할 수 <u>없는</u> 것은?

① 4   ② 8   ③ 12
④ 16   ⑤ 20

완쏠 해설

① $2 \in A$, $2 \times 2 = 4 \in U$이므로 $4 \in A$
② $4 \in A$, $2 \times 4 = 8 \in U$이므로 $8 \in A$
③ $12 = 2^2 \times 3$이므로 12는 2와 5의 곱의 꼴로 나타낼 수 없다.
④ $8 \in A$, $2 \times 8 = 16 \in U$이므로 $16 \in A$
⑤ $5 \in A$, $2 \times 5 = 10 \in U$이므로 $10 \in A$,
   $10 \in A$, $2 \times 10 = 20 \in U$이므로 $20 \in A$

따라서 반드시 집합 A의 원소라 할 수 없는 것은 ③이다.

> 조건 (가)에서 주어진 원소 2, 5를 조건 (나)에 대입하여 집합 A의 원소를 하나씩 구하면 돼.

답 ③

0608 대표 예제 한 번 더!

자연수 전체의 집합의 부분집합 A가 아래 조건을 만족시킨다.

(가) $3 \in A$, $4 \in A$
(나) $a \in A$, $b \in A$이면 $a + b \in A$이다.

다음 중 반드시 집합 A의 원소라 할 수 <u>없는</u> 것은?

① 5   ② 7   ③ 9
④ 11   ⑤ 13

0609 교육청

자연수 전체의 집합의 부분집합 A에 대하여 다음을 만족시키는 집합 A의 개수는? (단, $A \neq \varnothing$)

a가 집합 A의 원소이면 $\dfrac{81}{a}$도 집합 A의 원소이다.

① 5   ② 6   ③ 7
④ 8   ⑤ 9

0610

자연수를 원소로 갖는 집합 X에 대하여 다음 조건을 만족시키는 집합 X의 개수는?

(가) $x \in X$이면 $8 - x \in X$이다.
(나) 집합 X의 원소의 개수는 5이다.

① 3   ② 4   ③ 5
④ 6   ⑤ 7

0611

집합 $A = \{x \,|\, x$는 20 이하의 자연수$\}$의 부분집합 X가 다음 조건을 만족시킨다.

(가) $3 \in X$
(나) $x \in X$이고 $x + 5 \in A$이면 $x + 4 \in X$이다.

집합 X의 부분집합의 개수가 최소일 때, 집합 X의 모든 원소의 합을 구하시오.

STEP 3 ⟶ 실전 업

0612 · 유형 01

집합 $X=\{(x, y)\,|\,ax+by-2=0,\ a,\ b$는 상수$\}$에 대하여 $(3, -7)\in X$, $(-1, 5)\in X$일 때, $a+b$의 값은?

① 1 ② 2 ③ 3
④ 4 ⑤ 5

0613 · 유형 04

집합 $A=\{x\,|\,(k+2)x^2+2x-k=0,\ x$는 실수$\}$에 대하여 $n(A)=1$을 만족시키는 모든 실수 k의 값의 곱은?

① -4 ② -2 ③ 0
④ 2 ⑤ 4

0614 · 유형 06 + 유형 09

집합 $A=\{-i, i, -1, 1\}$에 대하여 두 집합 B, C를 각각 $B=\{x^2\,|\,x\in A\}$, $C=\{xy\,|\,x\in A,\ y\in A\}$라 할 때, 다음 중 옳은 것은? (단, $i=\sqrt{-1}$)

① $A\subset B\subset C$ ② $A\subset C\subset B$ ③ $B\subset A\subset C$
④ $C\subset A\subset B$ ⑤ $C\subset B\subset A$

0615 · 유형 12

집합 $A=\{1, 2, 3, 4, 5, 6, 7, 8\}$의 부분집합 B에 대하여 집합 B의 원소 중 소수의 개수를 $N(B)$라 하자. 예를 들어, $N(\{1, 2, 3\})=2$이다. $N(B)\geq 1$인 집합 B의 개수를 구하시오.

0616 · 유형 08

집합 $A=\{1, 2, 3, 4, 5, 6, 7\}$의 부분집합 B가 다음 조건을 만족시킬 때, 집합 B의 개수는?

> (가) 집합 B의 모든 원소의 곱은 홀수이다.
> (나) 집합 B의 모든 원소의 합은 짝수이다.

① 4 ② 5 ③ 6
④ 7 ⑤ 8

0617 · 유형 05 + 유형 10

집합 A에 대하여 집합 $P(A)=\{X\,|\,X\subset A\}$라 할 때, |보기|에서 옳은 것만을 있는 대로 고른 것은?

┌─── 보기 ───┐
ㄱ. $\varnothing\in P(A)$
ㄴ. $A\in P(A)$
ㄷ. $n(P(A))=2^{n(A)}$
└───────────┘

① ㄱ ② ㄴ ③ ㄱ, ㄴ
④ ㄴ, ㄷ ⑤ ㄱ, ㄴ, ㄷ

0618 사고력 · 유형 10

집합 $X=\{1,\ x,\ y,\ z\}$에 대하여 $x+y+z=7$일 때, 1을 반드시 원소로 갖는 집합 X의 모든 부분집합의 원소의 총합은? (단, $x,\ y,\ z$는 1이 아닌 서로 다른 실수이다.)

① 32   ② 36   ③ 40
④ 44   ⑤ 48

0619 빈출 · 유형 09

서로 다른 세 실수를 원소로 갖는 집합 A에 대하여 두 집합

$X=\{x+y\,|\,x\in A,\ y\in A,\ x\neq y\}$,
$Y=\{7,\ 10,\ 11\}$

이 서로 같을 때, 집합 A의 가장 작은 원소는?

① 1   ② 2   ③ 3
④ 4   ⑤ 5

0620 · 유형 13

집합 $U=\{x\,|\,x$는 한 자리의 자연수$\}$의 부분집합 A가 조건

'$k\in A$이면 $k=\dfrac{8}{x}-1$인 $x\in U$가 존재한다.'

를 만족시킨다. 집합 A의 개수를 a, 집합 A의 모든 원소의 합의 최댓값을 b라 할 때, $a+b$의 값을 구하시오.
(단, $A\neq\varnothing$)

0621 · 유형 03 + 유형 06

실수를 원소로 갖는 집합 A에 대하여 집합 $X=\{x\,|\,0<x<1,\ x\in A\}$라 할 때, ┌보기┐에서 옳은 것만을 있는 대로 고른 것은?

┌─────────── 보기 ───────────┐

ㄱ. 집합 A가 정수 전체의 집합이면 집합 X는 공집합이다.
ㄴ. 집합 A가 유리수 전체의 집합이면 집합 X는 무한집합이다.
ㄷ. 집합 $A=\left\{\dfrac{1}{x}\,\middle|\,x$는 자연수$\right\}$이면 $A\subset X$이다.

└────────────────────────────┘

① ㄱ   ② ㄴ   ③ ㄱ, ㄴ
④ ㄱ, ㄷ   ⑤ ㄱ, ㄴ, ㄷ

0622 교육청 · 유형 10 + 유형 12

집합 $A=\{3,\ 4,\ 5,\ 6,\ 7\}$에 대하여 다음 조건을 만족시키는 집합 A의 모든 부분집합 X의 개수는?

┌─────────────────────────────┐
(가) $n(X)\geq 2$
(나) 집합 X의 모든 원소의 곱은 6의 배수이다.
└─────────────────────────────┘

① 18   ② 19   ③ 20
④ 21   ⑤ 22

0623 상위 1% 도전 · 유형 09

두 집합

$A=\{1,\ 2,\ 4,\ 7,\ 8\}$,
$B=\left\{x\,\middle|\,\dfrac{x}{n}$는 기약분수, x는 한 자리의 자연수$\right\}$

에 대하여 $A=B$를 만족시키는 100 이하의 자연수 n의 개수는?

① 1   ② 3   ③ 5
④ 7   ⑤ 9

서술형 문제

0624
• 유형 12

집합 $A=\{x\,|\,x$는 7 이하의 자연수$\}$의 부분집합 X의 모든 원소의 곱이 짝수가 되도록 하는 집합 X의 개수를 구하시오. (단, $X\neq\varnothing$)

☑ 필요 개념 및 공식
□ '적어도'의 조건이 있는 부분집합의 개수

0625
• 유형 10

집합 $A=\{1,\ 3,\ 5,\ 7,\ 9\}$의 부분집합 중에서 원소의 개수가 2 이상인 모든 집합에 대하여 각 집합의 가장 작은 원소를 모두 더한 값을 구하시오.

☑ 필요 개념 및 공식
□ 특정한 원소를 갖거나 갖지 않는 부분집합의 개수

0626
• 유형 07

세 집합

$$A=\{x\,|\,x^2-2x-3=0\},$$
$$B=\{x\,|\,x^2-x-20\leq0\},$$
$$C=\{x\,|\,|x-1|<k,\ k\text{는 자연수}\}$$

에 대하여 $A\subset C\subset B$가 성립하도록 하는 모든 자연수 k의 값의 합을 구하시오.

☑ 필요 개념 및 공식
□ 연립부등식   □ 집합 사이의 포함 관계

0627
• 유형 13

자연수를 원소로 갖는 집합 A가 조건

$$`x\in A\text{이면 } \frac{36}{x}\in A'$$

를 만족시킬 때, $n(A)=3$이 되도록 하는 집합 A의 개수를 구하시오.

☑ 필요 개념 및 공식
□ 조건을 만족시키는 집합

0628
• 유형 10

두 집합

$$A=\{x\,|\,x\text{는 50 이하의 자연수}\},$$
$$B=\{x\,|\,x\text{는 10과 서로소인 자연수}\}$$

에 대하여 집합 A의 공집합이 아닌 부분집합 X가 다음 조건을 만족시킨다.

(가) 집합 B의 모든 원소는 집합 X에 속하지 않는다.
(나) 집합 X의 모든 원소는 18과 서로소이다.

집합 X의 개수를 구하시오.

☑ 필요 개념 및 공식
□ 서로소인 자연수   □ 부분집합의 개수

0629
• 유형 11

집합 X의 모든 원소의 곱을 $M(X)$라 하자. 예를 들어, $X=\{1,\ 2\}$에 대하여 $M(X)=2$이다. 집합 $S=\{1,\ 2,\ 3\}$의 두 부분집합 $A,\ B$에 대하여 $A\subset B\subset S$이고 $M(A)\times M(B)$의 값이 짝수일 때, 두 집합 $A,\ B$의 순서쌍 $(A,\ B)$의 개수를 구하시오.(단, $A\neq\varnothing$, $B\neq\varnothing$)

☑ 필요 개념 및 공식
□ 집합 사이의 포함 관계
□ $A\subset X\subset B$를 만족시키는 집합 X의 개수

개념 01 합집합과 교집합

(1) **합집합**: 두 집합 A, B에 대하여 집합 A에 속하거나 집합 B에 속하는 모든 원소로 이루어진 집합을 A와 B의 합집합이라 하고, 기호로 $A \cup B$와 같이 나타낸다.

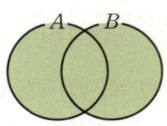

➡ $A \cup B = \{x | x \in A \text{ 또는 } x \in B\}$

참고 $A \subset (A \cup B)$, $B \subset (A \cup B)$

(2) **교집합**: 두 집합 A, B에 대하여 집합 A에도 속하고 집합 B에도 속하는 모든 원소로 이루어진 집합을 A와 B의 교집합이라 하고, 기호로 $A \cap B$와 같이 나타낸다.

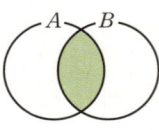

➡ $A \cap B = \{x | x \in A \text{ 그리고 } x \in B\}$

참고 $(A \cap B) \subset A$, $(A \cap B) \subset B$

(3) **서로소**: 두 집합 A, B에서 공통인 원소가 하나도 없을 때, 즉 $A \cap B = \varnothing$일 때, A와 B는 서로소라 한다.

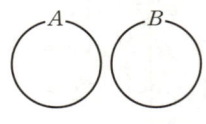

참고 공집합은 모든 집합과 공통인 원소가 없으므로 모든 집합과 서로소이다.

[0630~0631] 다음 두 집합 A, B에 대하여 집합 $A \cup B$를 구하시오.

0630 $A = \{1, 2, 3, 4\}$, $B = \{2, 3, 5\}$

0631 $A = \{x | x \text{는 18 이하의 3의 배수}\}$,
$\quad\quad B = \{6, 12, 18\}$

[0632~0633] 다음 두 집합 A, B에 대하여 집합 $A \cap B$를 구하시오.

0632 $A = \{b, c, d\}$, $B = \{a, b, d, e, f\}$

0633 $A = \{x | x \text{는 16의 약수}\}$, $B = \{x | x \text{는 8의 약수}\}$

[0634~0635] 다음 두 집합 A, B가 서로소인지 말하시오.

0634 $A = \{4, 7, 10\}$, $B = \{1, 2, 3\}$

0635 $A = \{x | x \text{는 7 이하의 홀수}\}$, $B = \{4, 5, 6\}$

개념 02 여집합과 차집합

(1) **전체집합**: 어떤 집합에 대하여 그 부분집합을 생각할 때, 처음의 집합을 전체집합이라 하고, 기호로 U와 같이 나타낸다.

(2) **여집합**: 전체집합 U의 부분집합 A에 대하여 U의 원소 중에서 집합 A에 속하지 않는 모든 원소로 이루어진 집합을 U에 대한 A의 여집합이라 하고, 기호로 A^c과 같이 나타낸다.

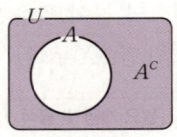

➡ $A^c = \{x | x \in U \text{ 그리고 } x \notin A\}$

(3) **차집합**: 두 집합 A, B에 대하여 집합 A에 속하지만 집합 B에는 속하지 않는 모든 원소로 이루어진 집합을 A에 대한 B의 차집합이라 하고, 기호로 $A - B$와 같이 나타낸다.

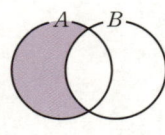

➡ $A - B = \{x | x \in A \text{ 그리고 } x \notin B\}$

참고 U에 대한 A의 여집합 A^c은 U에 대한 A의 차집합으로 바꾸어 생각할 수 있다. ➡ $A^c = U - A$

[0636~0637] 전체집합 $U = \{x | x \text{는 10 이하의 자연수}\}$의 두 부분집합 A, B가 다음과 같을 때, 각 집합의 여집합을 구하시오.

0636 $A = \{1, 3, 5, 7, 9\}$

0637 $B = \{x | x \text{는 3의 배수}\}$

[0638~0639] 두 집합 $A = \{1, 2, 3, 4, 5\}$, $B = \{2, 4, 6, 8\}$에 대하여 다음을 구하시오.

0638 $A - B$ **0639** $B - A$

[0640~0645] 그림은 전체집합 U의 두 부분집합 A, B를 벤 다이어그램으로 나타낸 것이다. 다음을 구하시오.

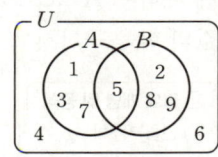

0640 A^c **0641** B^c

0642 $A - B$ **0643** $B - A$

0644 $(A \cup B)^c$ **0645** $(A \cap B)^c$

개념 03 집합의 연산 법칙, 집합의 연산의 성질

(1) **집합의 연산 법칙**

세 집합 A, B, C에 대하여

① 교환법칙 : $A \cup B = B \cup A$, $A \cap B = B \cap A$

② 결합법칙 : $(A \cup B) \cup C = A \cup (B \cup C)$,

　　　　　　　$(A \cap B) \cap C = A \cap (B \cap C)$

> 참고 집합의 연산에서 결합법칙이 성립하므로 괄호를 생략하여 $A \cup B \cup C$, $A \cap B \cap C$로 나타내기도 한다.

③ 분배법칙 : $A \cap (B \cup C) = (A \cap B) \cup (A \cap C)$,

　　　　　　　$A \cup (B \cap C) = (A \cup B) \cap (A \cup C)$

(2) **집합의 연산의 성질**

전체집합 U의 두 부분집합 A, B에 대하여

① $A \cup A = A$, $A \cap A = A$

② $A \cup \varnothing = A$, $A \cap \varnothing = \varnothing$

③ $A \cup U = U$, $A \cap U = A$

④ $A \cup A^C = U$, $A \cap A^C = \varnothing$

⑤ $\underline{U^C = \varnothing, \ \varnothing^C = U, \ (A^C)^C = A}$

⑥ $A - B = A \cap B^C$ → $U^C = U - U = \varnothing, \ \varnothing^C = U - \varnothing = U$

> 참고 $A - B = A \cap B^C = A - (A \cap B) = (A \cup B) - B$

(3) **드모르간의 법칙**

전체집합 U의 두 부분집합 A, B에 대하여

　　$(A \cup B)^C = A^C \cap B^C$, $(A \cap B)^C = A^C \cup B^C$

0646 세 집합 A, B, C에 대하여

$A = \{a, b, c\}$, $B = \{b, c, d\}$, $C = \{d, e\}$

일 때, 집합 $(A \cup B) \cap (A \cup C)$를 구하시오.

0647 세 집합 A, B, C에 대하여

$A \cap B = \{a, b, c\}$, $A \cap C = \{c, d, e\}$

일 때, 집합 $A \cap (B \cup C)$를 구하시오.

[0648~0653] 전체집합 U의 부분집합 A에 대하여 □ 안에 알맞은 집합을 써넣으시오.

0648 $A \cup A = \boxed{}$　　　**0649** $A \cap \varnothing = \boxed{}$

0650 $A \cup A^C = \boxed{}$　　　**0651** $A \cap A^C = \boxed{}$

0652 $A \cup U = \boxed{}$　　　**0653** $A \cap U = \boxed{}$

[0654~0655] 전체집합 $U = \{x \mid x$는 7 이하의 자연수$\}$의 두 부분집합 $A = \{1, 3, 5, 7\}$, $B = \{3, 4, 5, 6\}$에 대하여 다음 집합을 구하시오.

0654 $A^C \cap B^C$　　　**0655** $A^C \cup B^C$

0656 다음은 전체집합 U의 두 부분집합 A, B에 대하여 $A \cup (A \cap B)^C = U$가 성립함을 보이는 과정이다. (가), (나)에 사용된 법칙을 구하시오.

$$A \cup (A \cap B)^C$$
$$= A \cup (A^C \cup B^C) \quad \boxed{(가)}$$
$$= (A \cup A^C) \cup B^C \quad \boxed{(나)}$$
$$= U \cup B^C$$
$$= U$$

개념 04 유한집합의 원소의 개수

(1) **합집합의 원소의 개수**

두 유한집합 A, B에 대하여

　　$n(A \cup B) = n(A) + n(B) - n(A \cap B)$

(2) **여집합과 차집합의 원소의 개수**

전체집합 U가 유한집합일 때, 두 부분집합 A, B에 대하여

① $n(A^C) = n(U) - n(A)$

② $n(A - B) = n(A) - n(A \cap B) = n(A \cup B) - n(B)$

0657 두 집합 A, B에 대하여

$n(A) = 5$, $n(B) = 6$, $n(A \cap B) = 3$

일 때, $n(A \cup B)$를 구하시오.

[0658~0663] 전체집합 U의 두 부분집합 A, B에 대하여

$n(U) = 30$, $n(A) = 20$, $n(B) = 15$, $n(A \cup B) = 26$

일 때, 다음을 구하시오.

0658 $n(A^C)$　　　**0659** $n(A \cap B)$

0660 $n(A - B)$　　　**0661** $n(B \cap A^C)$

0662 $n(A^C \cap B^C)$　　　**0663** $n(A^C \cup B^C)$

유형 **01** 합집합과 교집합

(1) $A \cup B = \{x | x \in A$ 또는 $x \in B\}$
➡ 두 집합 A, B의 모든 원소로 이루어진 집합
(2) $A \cap B = \{x | x \in A$ 그리고 $x \in B\}$
➡ 두 집합 A, B에 공통으로 속하는 원소로 이루어진 집합

0664 ✔대표 예제

세 집합
$A = \{x | x$는 10의 약수$\}$,
$B = \{x | x$는 6의 약수$\}$,
$C = \{1, 5, 7, 9\}$
에 대하여 집합 $(A \cup B) \cap C$는?

① $\{5\}$　　　② $\{1, 5\}$　　　③ $\{1, 3, 5\}$
④ $\{5, 7, 9\}$　　　⑤ $\{1, 2, 3, 5\}$

완쏠 해설

$A = \{1, 2, 5, 10\}$, $B = \{1, 2, 3, 6\}$이므로
$A \cup B = \{1, 2, 5, 10\} \cup \{1, 2, 3, 6\}$
　　　　$= \{1, 2, 3, 5, 6, 10\}$
∴ $(A \cup B) \cap C$
　　$= \{1, 2, 3, 5, 6, 10\} \cap \{1, 5, 7, 9\}$
　　$= \{1, 5\}$

> 합집합 또는 교집합을 구할 때는 조건제시법으로
> 주어진 집합을 원소나열법으로 나타낸 후 구해야 해.

　　　　　　　　　　　　　　　　답 ②

0665 대표 예제 한 번 더!

세 집합
$A = \{x | x$는 10 이하의 3의 배수$\}$,
$B = \{x | x$는 한 자리의 소수$\}$,
$C = \{x | x$는 4의 약수$\}$
에 대하여 집합 $A \cup (B \cap C)$는?

① $\{1, 2\}$　　　② $\{1, 3, 4\}$　　　③ $\{1, 3, 6\}$
④ $\{2, 4, 6\}$　　　⑤ $\{2, 3, 6, 9\}$

0666

두 집합 A, B에 대하여 $A = \{a, b, d\}$, $A \cap B = \{b, d\}$, $A \cup B = \{a, b, c, d, e\}$일 때, 집합 B는?

① $\{b, d\}$　　　② $\{a, b, d\}$　　　③ $\{b, d, e\}$
④ $\{b, c, d, e\}$　　　⑤ $\{a, b, c, d, e\}$

0667

두 집합
$A = \{1, 2, 4, 5, 10, 12\}$,
$B = \{x | x$는 32의 약수$\}$
에 대하여 $A \cap B = \{x | x$는 k의 약수$\}$가 성립하도록 하는 자연수 k의 값은?

① 2　　　② 3　　　③ 4
④ 5　　　⑤ 6

0668

세 집합
$A = \{1, 3, a\}$,
$B = \{x | x$는 6의 약수$\}$,
$C = \{x | x = 2k, k$는 b 이하의 자연수$\}$
에 대하여 집합 $A \cap B$의 모든 원소의 합은 6이고, 집합 $A \cup C$의 모든 원소의 합이 24이다. 두 자연수 a, b에 대하여 $a + b$의 값은?

① 5　　　② 6　　　③ 7
④ 8　　　⑤ 9

유형 02 서로소인 두 집합

두 집합 A, B가 서로소이다.
➡ $A \cap B = \varnothing$
➡ 두 집합 A, B에 공통인 원소가 하나도 없다.

참고 두 집합 A, B가 서로소가 아니면 공통인 원소가 적어도 한 개 존재한다.

0669 ✔ 대표 예제

다음 중 두 집합 A, B가 서로소인 것은?

① $A = \{1, 3, 5, 6\}$, $B = \{2, 4, 6, 8\}$
② $A = \{x | x$는 7의 약수$\}$, $B = \{x | x$는 5의 약수$\}$
③ $A = \{x | x$는 3의 배수$\}$, $B = \{x | x$는 자연수$\}$
④ $A = \{x | x$는 음이 아닌 정수$\}$, $B = \{0\}$
⑤ $A = \{x | x^2 - 4 < 0\}$, $B = \{x | x^2 - 4 = 0\}$

완쏠 해설

자연수에서의 서로소와 집합에서의 서로소는 다르다.

① $A \cap B = \{6\}$이므로 두 집합 A, B는 서로소가 아니다.
② $A = \{1, 7\}$, $B = \{1, 5\}$이므로 $A \cap B = \{1\}$
　즉, 두 집합 A, B는 서로소가 아니다.
③ $A = \{3, 6, 9, \cdots\}$, $B = \{1, 2, 3, \cdots\}$이므로
　$A \cap B = \{3, 6, 9, \cdots\}$
　즉, 두 집합 A, B는 서로소가 아니다.
④ $A = \{0, 1, 2, \cdots\}$, $B = \{0\}$이므로 $A \cap B = \{0\}$
　즉, 두 집합 A, B는 서로소가 아니다.
　$\{0\}$은 공집합이 아니다.
⑤ $x^2 - 4 < 0$에서 $(x+2)(x-2) < 0$이므로
　$-2 < x < 2$ ∴ $A = \{x | -2 < x < 2\}$
　$x^2 - 4 = 0$에서 $x = \pm 2$이므로 $B = \{-2, 2\}$
　$-2 \notin A$, $2 \notin A$이므로 $A \cap B = \varnothing$
　즉, 두 집합 A, B는 서로소이다.
따라서 두 집합 A, B가 서로소인 것은 ⑤이다.

답 ⑤

0670 대표 예제 한 번 더!

다음 중 두 집합 A, B가 서로소인 것은?

① $A = \{-3, -2, -1, 0\}$, $B = \{0, 1, 2, 3\}$
② $A = \{x | x$는 11의 약수$\}$, $B = \{x | x$는 9의 약수$\}$
③ $A = \{x | x^2 - 1 \leq 0\}$, $B = \{x | x^2 - 1 \geq 0\}$
④ $A = \{x | x < 3\}$, $B = \{x | x^2 - 9 = 0\}$
⑤ $A = \{x | x$는 100 이하의 13의 배수$\}$,
　$B = \{x | x$는 100 이하의 9의 배수$\}$

0671

집합 $A = \{a, b, c, d, e\}$의 부분집합 중에서 집합 $\{b, d\}$와 서로소인 집합의 개수는?

① 2 　　② 4 　　③ 6
④ 8 　　⑤ 10

0672

두 집합
$$A = \{x | (x-1)(x-26) > 0\},$$
$$B = \{x | (x-a)(x-a^2) \leq 0\}$$
에 대하여 $A \cap B = \varnothing$이 되도록 하는 정수 a의 개수는?

① 1 　　② 2 　　③ 3
④ 4 　　⑤ 5

0673 UP

집합 $\{(x, y) | x, y$는 실수$\}$의 두 부분집합
$$A = \{(x, y) | y = x^2 + mx + 4\},$$
$$B = \{(x, y) | y \leq 0\}$$
에 대하여 $A \cap B = \varnothing$이 되도록 하는 정수 m의 최댓값을 구하시오.

유형 **03** 여집합과 차집합

(1) $A^c = \{x \mid x \in U$ 그리고 $x \notin A\} \longrightarrow A^c = U - A$
➡ 전체집합 U에서 집합 A의 원소를 제외한 집합
(2) $A - B = \{x \mid x \in A$ 그리고 $x \notin B\}$
➡ 집합 A에서 집합 B의 원소를 제외한 집합

0674 ✓ 대표 예제

전체집합 $U = \{x \mid x$는 8 이하의 자연수$\}$의 두 부분집합
$$A = \{x \mid x$는 짝수$\}, \ B = \{x \mid x$는 4의 약수$\}$$
에 대하여 집합 $B^c - A$의 모든 원소의 합은?

① 6 　　② 9 　　③ 12
④ 15 　　⑤ 18

완쏠 해설

$U = \{1, 2, 3, 4, 5, 6, 7, 8\},$
$A = \{2, 4, 6, 8\}, B = \{1, 2, 4\}$
이므로
$B^c = \{3, 5, 6, 7, 8\}$
$\therefore B^c - A = \{3, 5, 6, 7, 8\} - \{2, 4, 6, 8\}$
$\qquad\qquad = \{3, 5, 7\}$
따라서 집합 $B^c - A$의
모든 원소의 합은
$3 + 5 + 7 = 15$

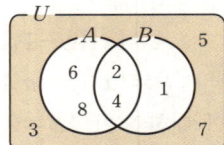

> 집합의 연산에 대한 문제는 집합을 원소나열법으로 나타내거나 벤 다이어그램을 이용하여 해결하면 쉬워.

(답) ④

0675 대표 예제 한 번 더!

전체집합 $U = \{x \mid x$는 한 자리의 자연수$\}$의 두 부분집합
$$A = \{x \mid x$는 6의 약수$\}, \ B = \{x \mid x$는 3의 배수$\}$$
에 대하여 집합 $B - A^c$의 모든 원소의 합은?

① 5 　　② 7 　　③ 9
④ 11 　　⑤ 13

0676

그림은 전체집합 U의 두 부분집합 A, B를 벤 다이어그램으로 나타낸 것이다. 집합 $\{(A-B) \cup (B-A)\}^c$은?

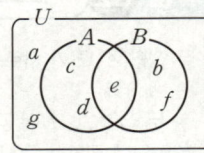

① $\{a, e, g\}$ 　　② $\{b, e, f\}$ 　　③ $\{c, d, e\}$
④ $\{a, b, f, g\}$ 　　⑤ $\{a, c, d, g\}$

0677

전체집합 $U = \{x \mid |x| \leq 4, x$는 정수$\}$의 두 부분집합
$$A = \{x \mid -3 \leq x < 2\}, \ B = \{x \mid 1 \leq x \leq 3\}$$
에 대하여 집합 $(A-B)^c$의 원소의 개수는?

① 1 　　② 2 　　③ 3
④ 4 　　⑤ 5

0678

전체집합 $U = \{x \mid x$는 10 이하의 자연수$\}$의 두 부분집합
$A = \{x \mid x$는 8의 약수$\}, B$에 대하여
$$(A-B) \cup (B-A) = \{2, 3, 5, 8\}$$
일 때, 집합 $(A \cup B)^c$의 모든 원소의 합은?

① 28 　　② 30 　　③ 32
④ 34 　　⑤ 36

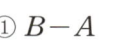 **04** 벤 다이어그램의 색칠한 부분이 나타내는 집합

각 집합을 벤 다이어그램으로 나타낸 후 주어진 벤 다이어그램과 비교한다.

0679 ✔대표예제

다음 중 벤 다이어그램의 색칠한 부분을 나타내는 집합과 항상 같은 집합은?

① $B-A$

② $A\cup B^C$

③ $(A-B)^C$

④ $A-(A\cap B)$

⑤ $(A\cup B)-(A\cap B)$

〈완쏠 해설〉

①, ②, ③, ⑤가 나타내는 집합을 각각 벤 다이어그램으로 나타내면 다음과 같다.

① $B-A$　　② $A\cup B^C$

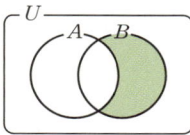　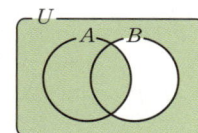

③ $(A-B)^C$　　⑤ $(A\cup B)-(A\cap B)$

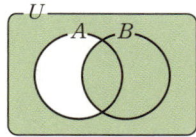　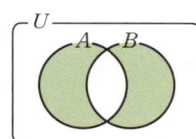

따라서 벤 다이어그램의 색칠한 부분을 나타내는 집합과 항상 같은 집합은 ④이다.

> 주어진 벤 다이어그램이 나타내는 집합을 바로 찾을 수 없을 때는 ①~⑤가 나타내는 집합을 벤 다이어그램으로 나타낸 후 비교하면 돼.

답 ④

0680 대표예제 한 번 더!

다음 중 벤 다이어그램의 색칠한 부분을 나타내는 집합과 항상 같은 집합은?

① $A-B$

② $A^C\cup B$

③ $A^C\cup B^C$

④ $A^C-(A\cup B)$

⑤ $(A-B)\cup(B-A)$

0681

전체집합 $U=\{1, 2, 3, 4, 5, 6\}$의 두 부분집합

$\quad A=\{x\,|\,x$는 소수$\}$,

$\quad B=\{x\,|\,x$는 짝수$\}$

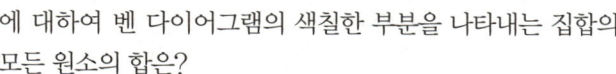

에 대하여 벤 다이어그램의 색칠한 부분을 나타내는 집합의 모든 원소의 합은?

① 5　　　　② 7　　　　③ 9

④ 11　　　⑤ 13

0682 교육청

다음 중 벤 다이어그램의 색칠한 부분을 나타내는 집합과 항상 같은 집합은? (단, $A\cap B\cap C\ne\varnothing$)

① $(A\cup B)-C$

② $A-(B-C)$

③ $(A\cup C)-B$

④ $A-(B\cup C)$

⑤ $A-(B\cap C)$

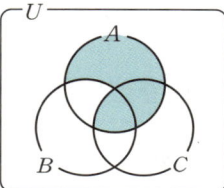

0683

세 집합

$\quad A=\{x\,|\,x$는 20의 약수$\}$,

$\quad B=\{x\,|\,x$는 12의 약수$\}$,

$\quad C=\{1, 3, 10\}$

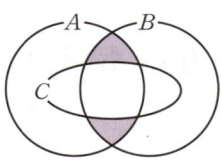

에 대하여 벤 다이어그램의 색칠한 부분을 나타내는 집합은?

① $\{1, 4\}$　　　　② $\{2, 4\}$

③ $\{1, 2, 4\}$　　　④ $\{1, 3, 10\}$

⑤ $\{1, 2, 3, 4, 10\}$

유형 05 집합의 연산을 이용하여 미지수 구하기 중요

집합의 연산을 이용하여 다음과 같은 순서로 미지수를 구한다.
❶ 주어진 조건을 이용하여 미지수의 값을 모두 구한다.
❷ 구한 미지수의 값을 각각 대입하여 집합의 원소를 구한다.
❸ ❷에서 구한 집합이 주어진 조건을 만족시키는지 확인한다.

참고 두 집합 A, B에 대하여
$A \cap B = \{k\} \Rightarrow k \in A$이고 $k \in B$
$A \cup B = \{k\} \Rightarrow k \in A$ 또는 $k \in B$
$A - B = \{k\} \Rightarrow k \in A$이고 $k \notin B$

0684 ✔ 대표 예제

두 집합 $A = \{1, 2, a^2 + a\}$, $B = \{2a-1, a^2, a^2+2\}$에 대하여
$A \cap B = \{0, 2\}$일 때, 상수 a의 값은?

① -2 ② -1 ③ 0
④ 1 ⑤ 2

완쏠 해설

집합 $A \cap B$의 원소는 집합 A에도 속하고 집합 B에도 속하므로 집합 A의 원소 a^2+a가 0이라는 것을 바로 알 수 있다.

$A \cap B = \{0, 2\}$이므로 $0 \in A$
즉, $a^2 + a = 0$이므로 $a(a+1) = 0$
$\therefore a = -1$ 또는 $a = 0$
(i) $a = -1$일 때
  $A = \{0, 1, 2\}$, $B = \{-3, 1, 3\}$이므로
  $A \cap B = \{1\}$
  즉, 주어진 조건을 만족시키지 않는다.
(ii) $a = 0$일 때
  $A = \{0, 1, 2\}$, $B = \{-1, 0, 2\}$이므로
  $A \cap B = \{0, 2\}$
  즉, 주어진 조건을 만족시킨다.
(i), (ii)에서 $a = 0$

답 ③

0685 대표 예제 한 번 더!

두 집합 $A = \{0, 1, k^2 - 2k - 1\}$, $B = \{k-2, k-1, k^2-1\}$
에 대하여 $A \cap B = \{1, 2\}$일 때, 상수 k의 값은?

① -5 ② -3 ③ -1
④ 1 ⑤ 3

0686

두 집합 $A = \{2, 4, 6, a+3b\}$, $B = \{4, 9, -2a+4b\}$에
대하여 $A - B = \{6\}$일 때, $a+b$의 값은?
(단, a, b는 상수이다.)

① 3 ② 4 ③ 5
④ 6 ⑤ 7

0687

두 집합 $A = \{5, |k-1|\}$, $B = \{4, k, k^2 - 4\}$에 대하여
$A \cap B = \{5\}$일 때, 집합 $A \cup B$의 모든 원소의 합을 구하
시오. (단, k는 상수이다.)

0688

두 집합 $A = \{2, 3a+1, 7-a\}$, $B = \{8, 10, 2a\}$에 대하
여 $A \cup B = \{2, 4, 6, 8, 10\}$을 만족시키는 모든 상수 a의
값의 합은? (단, $n(B) = 3$)

① 3 ② 4 ③ 5
④ 6 ⑤ 7

유형 06 집합의 연산의 성질과 포함 관계

전체집합 U의 두 부분집합 A, B에 대하여
(1) 집합의 연산의 성질
$A \cup A = A$, $A \cap A = A$, $A \cup \varnothing = A$, $A \cap \varnothing = \varnothing$,
$A \cup U = U$, $A \cap U = A$, $A \cup A^c = U$, $A \cap A^c = \varnothing$,
$U^c = \varnothing$, $\varnothing^c = U$, $(A^c)^c = A$, $A - B = A \cap B^c$
(2) $A \subset B$와 같은 표현
$A \cap B = A$, $A \cup B = B$, $A - B = \varnothing$, $A \cap B^c = \varnothing$,
$B^c \subset A^c$, $B^c - A^c = \varnothing$
(3) $A \cap B = \varnothing$과 같은 표현
$A - B = A$, $B - A = B$, $A \subset B^c$, $B \subset A^c$

0689 ✓ 대표 예제

전체집합 U의 공집합이 아닌 서로 다른 두 부분집합 A, B에 대하여 다음 중 옳지 <u>않은</u> 것은?

① $A \cup \varnothing = A$
② $A^c \cap B = B - A$
③ $U - A = A^c$
④ $A - U = \varnothing$
⑤ $A \cap (A \cup B) = U$

완쏠 해설

① 공집합은 원소가 하나도 없으므로
  $A \cup \varnothing = A$ (참)
② $A^c \cap B = B \cap A^c = B - A$ (참)
③ $U - A = U \cap A^c = A^c$ (참)
④ $A - U = A \cap U^c = A \cap \varnothing$
  $= \varnothing$ (참)
⑤ $A \subset (A \cup B)$이므로
  $A \cap (A \cup B) = A$ (거짓)
따라서 옳지 않은 것은 ⑤이다.

집합의 연산의 성질과 포함 관계는 공식을 외우기 보다는 이해하면서 공부해 봐.

답 ⑤

0690 대표 예제 한 번 더!

전체집합 U의 공집합이 아닌 서로 다른 두 부분집합 A, B에 대하여 다음 중 옳지 <u>않은</u> 것은?

① $U^c \subset A$
② $(A \cap B) \subset A$
③ $B \subset (A \cup B)$
④ $A \subset (B - A)$
⑤ $(B - A) \subset B$

0691

전체집합 U의 공집합이 아닌 서로 다른 두 부분집합 A, B에 대하여 $A \cup B = A$일 때, 다음 중 옳지 <u>않은</u> 것은?

① $A^c \subset B^c$
② $A \cup B^c = U$
③ $A \cap B = B$
④ $U - A = B$
⑤ $B^c \cap A \neq \varnothing$

0692

전체집합 U의 두 부분집합 A, B에 대하여 $B - A = \varnothing$일 때, 다음 중 항상 옳은 것은?

① $A \cap B = A$
② $A - B = \varnothing$
③ $A \cup B^c = U$
④ $(A \cup B) \subset B$
⑤ $B - (A \cap B) = B$

0693

전체집합 U의 두 부분집합 A, B에 대하여 $A \subset B^c$일 때, 항상 옳은 것만을 <보기>에서 있는 대로 고른 것은?

┌─── 보기 ───┐
ㄱ. $A \cap B = \varnothing$
ㄴ. $A^c \cup B = U$
ㄷ. $(A - B^c) \cup (B - A^c) = \varnothing$
└────────┘

① ㄱ
② ㄴ
③ ㄷ
④ ㄱ, ㄴ
⑤ ㄱ, ㄷ

유형 07 조건을 만족시키는 집합의 개수 ⭐중요

(1) 세 집합 A, B, X에 대하여
　① $A \cap X = A \Rightarrow A \subset X$
　② $B \cup X = B \Rightarrow X \subset B$
(2) 두 집합 A, B에 대하여 $n(A) = p$, $n(B) = q$ $(p < q)$일 때
　$A \subset X \subset B$를 만족시키는 집합 X의 개수 $\Rightarrow 2^{q-p}$

0694 ✓ 대표 예제

두 집합 A, B에 대하여 $A = \{a, b\}$, $A \cup B = \{a, b, c\}$를 만족시키는 집합 B의 개수는?

① 2 ② 4 ③ 8
④ 16 ⑤ 32

완쏠 해설

$A \cup B = \{a, b, c\}$이므로 집합 B는 c를 반드시 원소로 가져야 한다.
따라서 집합 B는 집합 $\{a, b, c\}$의 부분집합 중에서 c를 반드시 원소로 갖는 부분집합이므로 그 개수는
$2^{3-1} = 2^2 = 4$

> 실제로 주어진 조건을 만족시키는 집합 B는 $\{c\}$, $\{a, c\}$, $\{b, c\}$, $\{a, b, c\}$의 4개야.

답 ②

0695 대표 예제 한 번 더!

전체집합 $U = \{a, b, c, d, e\}$의 두 부분집합 A, B에 대하여 $A = \{b, d\}$일 때, $A \cup B = U$를 만족시키는 집합 B의 개수는?

① 1 ② 2 ③ 4
④ 8 ⑤ 16

0696

전체집합 $U = \{1, 2, 3, 4, 5, 6\}$의 두 부분집합 A, B에 대하여 $A = \{1, 2\}$일 때, $B - A = B$를 만족시키는 집합 B의 개수는?

① 1 ② 2 ③ 4
④ 8 ⑤ 16

0697 교육청

두 집합 $A = \{1, 2, 3, 4, 5\}$, $B = \{1, 3, 5, 9\}$에 대하여
$$(A - B) \cap C = \varnothing, \quad A \cap C = C$$
를 만족시키는 집합 C의 개수를 구하시오.

0698 ⬆️UP

전체집합 $U = \{x \mid x$는 20 이하의 자연수$\}$의 두 부분집합 A, B에 대하여
$$A = \{x \mid x$는 4의 배수$\}, \quad B = \{x \mid x$는 6의 배수$\}$$
일 때, $A \cup X = B \cup X$를 만족시키는 U의 부분집합 X의 개수는?

① 2^{10} ② 2^{11} ③ 2^{12}
④ 2^{13} ⑤ 2^{14}

유형 08 드모르간의 법칙

전체집합 U의 두 부분집합 A, B에 대하여
$(A \cup B)^c = A^c \cap B^c$, $(A \cap B)^c = A^c \cup B^c$

0699 ✓ 대표 예제

전체집합 $U = \{x \mid x$는 10 이하의 자연수$\}$의 두 부분집합
$A = \{1, 5, 7, 8, 9\}$, $B = \{2, 4, 5, 8\}$
에 대하여 집합 $(A^c \cup B^c)^c \cap (A^c \cap B^c)^c$의 모든 원소의 합은?

① 7   ② 9   ③ 11
④ 13   ⑤ 15

완쏠 해설

드모르간의 법칙에 의하여
$$(A^c \cup B^c)^c \cap (A^c \cap B^c)^c = ((A \cap B)^c)^c \cap \{(A \cup B)^c\}^c$$
$$= (A \cap B) \cap (A \cup B)$$
$$= A \cap B \quad \rightarrow (A \cap B) \subset (A \cup B)$$
$$= \{5, 8\}$$
따라서 집합 $(A^c \cup B^c)^c \cap (A^c \cap B^c)^c$의 모든 원소의 합은
$5 + 8 = 13$

> 주어진 집합에 여집합이 많은 경우에는 드모르간의 법칙을 이용하여 식을 간단히 해 봐.

답 ④

0700 대표 예제 한 번 더!

전체집합 $U = \{x \mid x$는 20 이하의 자연수$\}$의 두 부분집합
$A = \{x \mid x$는 3의 배수$\}$, $B = \{x \mid x$는 6의 배수$\}$
에 대하여 집합 $(A - B) \cap (A^c \cap B^c)^c$의 원소의 개수는?

① 1   ② 2   ③ 3
④ 4   ⑤ 5

0701 교육청

전체집합 $U = \{x \mid x$는 자연수$\}$의 세 부분집합 P, Q, R가
$P = \{x \mid x$는 10 이하의 자연수$\}$,
$Q = \{x \mid x$는 소수$\}$,
$R = \{x \mid x$는 홀수$\}$
일 때, 집합 $(P^c \cup Q)^c - R$의 모든 원소의 합은?

① 25   ② 26   ③ 27
④ 28   ⑤ 29

0702

전체집합 $U = \{a, b, c, d, e\}$의 부분집합 $A = \{a, c\}$에 대하여
$A^c \cap X^c = \varnothing$, $A^c \cup X^c = U$
를 만족시키는 U의 부분집합 X는?

① $\{a, e\}$ ② $\{b, c\}$ ③ $\{b, c, d\}$
④ $\{b, d, e\}$ ⑤ $\{a, b, c, d, e\}$

0703

전체집합 $U = \{1, 2, 3, \cdots, 10\}$의 두 부분집합 A, B에 대하여
$A^c \cap B^c = \{2, 5, 7, 8\}$,
$A \cap \{(A \cap B)^c \cap (B - A)^c\} = \{4, 6, 10\}$
일 때, 집합 B의 모든 원소의 합은?

① 9   ② 11   ③ 13
④ 15   ⑤ 17

06 집합의 연산

유형 **09** 같은 집합 구하기

집합의 연산이 복잡하게 주어지면 집합의 연산 법칙과 집합의 연산의 성질, 드모르간의 법칙 등을 이용하여 주어진 식을 간단히 한 후 같은 집합을 구한다.

0704 ✓ 대표 예제

전체집합 U의 두 부분집합 A, B에 대하여 다음 중 벤 다이어그램의 색칠한 부분을 나타내는 집합이 $(B-A) \cup B^c$인 것은?

① 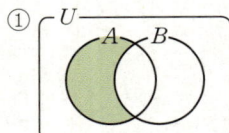 ②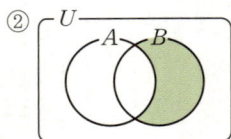

③ 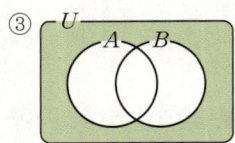 ④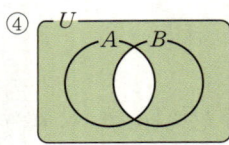

⑤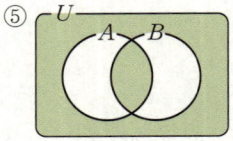

완쏠 해설

$$(B-A) \cup B^c = (B \cap A^c) \cup B^c$$
$$= (B \cup B^c) \cap (A^c \cup B^c) \quad \text{분배법칙}$$
$$= U \cap (A^c \cup B^c)$$
$$= A^c \cup B^c$$
$$= (A \cap B)^c \quad \text{드모르간의 법칙}$$

따라서 벤 다이어그램의 색칠한 부분을 나타내는 집합이 $(B-A) \cup B^c$인 것은 ④이다.

답 ④

0705

전체집합 U의 두 부분집합 A, B에 대하여 다음 중 집합 $(A \cup B) \cap A$와 항상 같은 집합은?

① $A-(A \cap B)$ ② $B-(A \cap B)$
③ $(A \cup B)-A$ ④ $(A \cup B)-B$
⑤ $A-(B-A)$

0706

전체집합 U의 두 부분집합 A, B에 대하여 $A^c \cap B = B$일 때, 다음 중 집합 $(A-B) \cup (B-A)$와 항상 같은 집합은?

① $\varnothing$ ② A ③ B
④ $A \cap B$ ⑤ $A \cup B$

0707

전체집합 U의 세 부분집합 A, B, C에 대하여 $(A \cup C) \subset B$일 때, 다음 중 집합 $\{A \cap (A^c \cup B)\} \cup \{B \cap (B^c \cup C)\}$와 항상 같은 집합은?

① A ② $A \cap B$ ③ $A \cup B$
④ $A \cup C$ ⑤ $A \cap B \cap C$

0708

전체집합 U의 세 부분집합 A, B, C에 대하여 $A \subset (B \cap C)$일 때, 다음 중 집합 $(A-B)^c \cap (A-C)$와 항상 같은 집합은?

① $(A \cap B) \cup (A \cap C)$ ② $(A \cup B) \cap (A \cup C)$
③ $(A-B) \cup (B-C)$ ④ $(B-A) \cup (C-A)$
⑤ $(B-A)^c \cap (B-C)$

유형 10 집합의 연산 법칙과 포함 관계

집합의 연산 법칙, 집합의 연산의 성질, 드모르간의 법칙 등을 이용하여 주어진 식을 간단히 한 후, 두 집합 사이의 포함 관계를 구한다.

참고 (1) $A \cap B = A$이면 $A \subset B$
(2) $A \cup B = A$이면 $B \subset A$
(3) $A - B = \varnothing$이면 $A \subset B$
(4) $B - A = \varnothing$이면 $B \subset A$
(5) $A^c \cap B^c = A^c$이면 $A^c \subset B^c$, $B \subset A$
(6) $A^c \cup B^c = A^c$이면 $B^c \subset A^c$, $A \subset B$

0709 ✔대표 예제

전체집합 U의 두 부분집합 A, B에 대하여
$$(A-B) \cap B^c = \varnothing$$
일 때, 다음 중 항상 옳은 것은?

① $A \subset B$
② $B \subset A$
③ $A = B$
④ $A \cap B = \varnothing$
⑤ $A \cup B = U$

완쏠 해설

$$(A-B) \cap B^c = (A \cap B^c) \cap B^c$$
$$= A \cap (B^c \cap B^c) \quad \text{결합법칙}$$
$$= A \cap B^c \quad B^c \cap B^c = B^c$$
$$= A - B$$

즉, $A - B = \varnothing$이므로 $A \subset B$
따라서 항상 옳은 것은 ①이다.

 $A \subset B$이므로
④ $A \cap B = A$, ⑤ $A \cup B = B$야.

답 ①

0710 대표 예제 한 번 더!

전체집합 U의 두 부분집합 A, B에 대하여
$$(A \cup B) - A = \varnothing$$
일 때, 다음 중 항상 옳은 것은?

① $A \cup B = U$
② $B - A = A$
③ $A = B$
④ $A \subset B$
⑤ $B \subset A$

0711

전체집합 U의 공집합이 아닌 두 부분집합 A, B에 대하여
$$A^c \cup (A \cap B) = A^c$$
일 때, 두 집합 A, B 사이의 포함 관계를 벤 다이어그램으로 바르게 나타낸 것은? (단, $A \cup B \neq U$)

①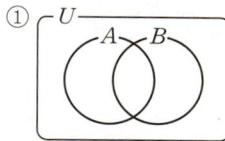
②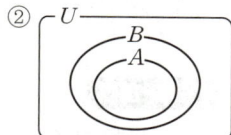
③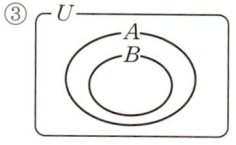
④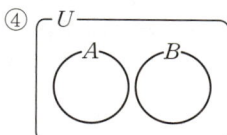
⑤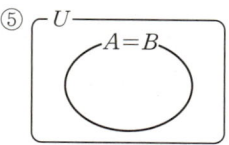

0712

전체집합 U의 두 부분집합 A, B에 대하여
$$\{A \cup (B-A)^c\} \cap \{(B-A) \cup A\} = B^c$$
일 때, 다음 중 항상 옳은 것은?

① $A \cup B = A$
② $A \cap B = A$
③ $A^c \cup B = U$
④ $B - A^c = A$
⑤ $A - B = A$

0713

전체집합 U의 서로 다른 두 부분집합 A, B에 대하여
$$\{(A \cup B^c) - B\} \cap A^c = B^c$$
일 때, 두 집합 A, B 사이의 포함 관계를 벤 다이어그램으로 바르게 나타낸 것은?

①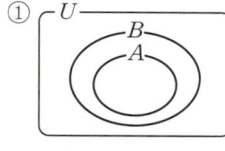
②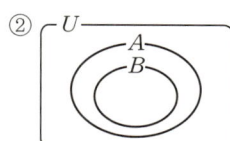
③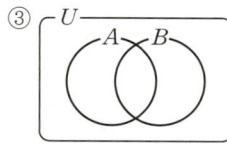
④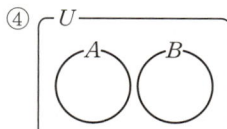
⑤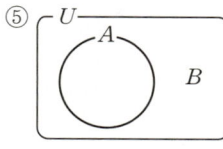

유형 11 배수와 약수의 집합의 연산

두 자연수 p, q에 대하여
(1) 자연수 n의 배수의 집합을 A_n이라 할 때
$A_p \cap A_q \Rightarrow p$와 q의 공배수의 집합
(2) 자연수 n의 약수의 집합을 B_n이라 할 때
$B_p \cap B_q \Rightarrow p$와 q의 공약수의 집합

0714 ✓ 대표 예제

전체집합 $U = \{x \mid x$는 50 이하의 자연수$\}$의 부분집합 A_n을
$$A_n = \{x \mid x$는 n의 배수, n은 자연수$\}$$
라 할 때, 집합 $A_6 \cup (A_3 \cap A_4)$의 원소의 개수는?

① 6   ② 7   ③ 8
④ 9   ⑤ 10

완쏠 해설

$A_6 \cup (A_3 \cap A_4) = A_6 \cup A_{12}$ ← 3과 4의 최소공배수
$= A_6$
$= \{6, 12, 18, 24, 30, 36, 42, 48\}$
따라서 구하는 집합의
원소의 개수는 8이다.

> 두 자연수 p, q에 대하여 p가 q의 배수일 때, $A_p \subset A_q$이므로 $A_p \cap A_q = A_p$, $A_p \cup A_q = A_q$ 가 성립해.

(답) ③

0715 대표 예제 한 번 더!

전체집합 $U = \{x \mid x$는 100 이하의 자연수$\}$의 부분집합 A_n을
$$A_n = \{x \mid x$는 n의 배수, n은 자연수$\}$$
라 할 때, 집합 $(A_2 \cap A_{10}) \cup (A_6 \cap A_{15})$의 원소의 개수는?

① 10   ② 11   ③ 12
④ 13   ⑤ 14

0716

자연수 n의 약수의 집합을 P_n이라 할 때, 집합 $P_{20} \cap P_{32} \cap P_{40}$의 모든 원소의 합은?

① 5   ② 7   ③ 9
④ 11   ⑤ 13

0717

자연수 n의 배수의 집합을 A_n이라 할 때, $A_k \subset (A_{12} \cap A_{20})$을 만족시키는 세 자리의 자연수 k의 최솟값을 구하시오.

0718

전체집합 $U = \{x \mid x$는 자연수$\}$의 두 부분집합 P_m, Q_n을
$$P_m = \{x \mid x$는 m의 약수, m은 자연수$\},$$
$$Q_n = \{x \mid x$는 n의 배수, n은 자연수$\}$$
라 할 때, $P_k \subset (P_{72} \cap P_{108})$과 $Q_k \subset (Q_4 \cap Q_6)$을 동시에 만족시키는 모든 자연수 k의 값의 합은?

① 24   ② 36   ③ 48
④ 60   ⑤ 72

유형 12 방정식, 부등식의 해의 집합의 연산

(1) 방정식의 해의 집합이 주어진 경우
  ➡ 연립방정식을 풀어 집합을 원소나열법으로 나타낸다.

(2) 부등식의 해의 집합이 주어진 경우
  ➡ 연립부등식을 풀어 수직선 위에 나타낸다.

0719 ✓ 대표 예제

두 집합

$$A=\{x\,|\,x^2+ax+b=0\},$$
$$B=\{x\,|\,x^2-11x+24=0\}$$

에 대하여 $A \cap B=\{3\}$, $A \cup B=\{-4,\ 3,\ 8\}$일 때, $a-b$의 값은?

① 10 ② 11 ③ 12
④ 13 ⑤ 14

완쏠 해설

$x^2-11x+24=0$에서 $(x-3)(x-8)=0$이므로
$x=3$ 또는 $x=8$
∴ $B=\{3,\ 8\}$ ⟶ 집합 $A \cap B$의 원소는 연립방정식
$\begin{cases} x^2+ax+b=0 \\ x^2-11x+24=0 \end{cases}$ 의 근이다.
이때 $A \cap B=\{3\}$, $A \cup B=\{-4,\ 3,\ 8\}$이므로
$-4 \in A$, $3 \in A$이어야 한다.
$-4 \in A$에서 $x=-4$를 $x^2+ax+b=0$에 대입하면
$(-4)^2-4a+b=0$ ∴ $4a-b=16$ ⋯⋯ ㉠
$3 \in A$에서 $x=3$을 $x^2+ax+b=0$에 대입하면
$3^2+3a+b=0$ ∴ $3a+b=-9$ ⋯⋯ ㉡
㉠, ㉡을 연립하여 풀면
$a=1$, $b=-12$
∴ $a-b=1-(-12)=13$

답 ④

0720 대표 예제 한 번 더!

두 집합

$$A=\{x\,|\,x^2+px-8=0\},$$
$$B=\{x\,|\,x^2-8x+q=0\}$$

에 대하여 $A \cap B=\{2\}$일 때, 집합 $A \cup B$의 모든 원소의 합은?

① -4 ② 0 ③ 4
④ 8 ⑤ 12

0721

두 집합

$$A=\{x\,|\,x^2+ax+b \leq 0\},$$
$$B=\{x\,|\,x^2+5x+4 \leq 0\}$$

에 대하여 $A \cap B=\{x\,|\,-3 \leq x \leq -1\}$,
$A \cup B=\{x\,|\,-4 \leq x \leq 2\}$일 때, ab의 값은?

① -6 ② -4 ③ -2
④ 0 ⑤ 2

0722

실수 전체의 집합의 두 부분집합

$$A=\{x\,|\,x^2-2x-3<0\},$$
$$B=\{x\,|\,x^2-7x+10<0\}$$

에 대하여 집합 $X=\{x\,|\,x^2-4x-5 \geq 0\}$을 두 집합 A, B를 이용하여 나타낸 것은?

① A^C ② B^C ③ $A \cap B$
④ $A-B$ ⑤ $(A \cup B)^C$

0723 🔼P

정수 전체의 집합의 두 부분집합

$$A=\{x\,|\,2x-1>x-2\},$$
$$B=\{x\,|\,(x-k)(x-k^2) \leq 0,\ k는\ 정수\}$$

에 대하여 $A \cup B=\{x\,|\,x \geq -2\}$일 때, 집합 $A \cap B$의 원소의 개수는?

① 1 ② 2 ③ 3
④ 4 ⑤ 5

유형 13 유한집합의 원소의 개수

전체집합 U가 유한집합일 때, 두 부분집합 A, B에 대하여
(1) $n(A \cup B) = n(A) + n(B) - n(A \cap B)$
> **참고** 두 집합 A, B가 서로소, 즉 $A \cap B = \varnothing$이면
> $n(A \cap B) = 0 \Rightarrow n(A \cup B) = n(A) + n(B)$
(2) $n(A - B) = n(A) - n(A \cap B) = n(A \cup B) - n(B)$
(3) $n(A^C) = n(U) - n(A)$

0724 ✓ 대표 예제

전체집합 U의 두 부분집합 A, B에 대하여
$$n(U) = 50, \ n(A) = 30, \ n(B) = 10, \ n(A \cap B) = 5$$
일 때, $n(A^C \cap B^C)$을 구하시오.

완쏠 해설

$n(A^C \cap B^C) = n((A \cup B)^C) = n(U) - n(A \cup B)$
이때
$n(A \cup B) = n(A) + n(B) - n(A \cap B)$
$\qquad\qquad = 30 + 10 - 5 = 35$
이므로
$n(A^C \cap B^C) = n(U) - n(A \cup B)$
$\qquad\qquad\qquad = 50 - 35 = 15$

> 벤 다이어그램을 이용하여 각 영역에 해당하는 원소의 개수를 써 놓고 문제를 해결할 수도 있어. 이 문제의 주어진 상황을 벤 다이어그램으로 나타내면 오른쪽 그림과 같아.

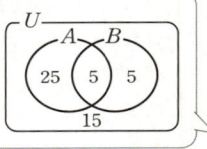

답 15

0725 대표 예제 한 번 더!

전체집합 U의 두 부분집합 A, B에 대하여
$$n(U) = 30, \ n(A - B) = 14,$$
$$n(A^C) = 10$$
일 때, 벤 다이어그램의 색칠한 부분이 나타내는 집합의 원소의 개수를 구하시오.

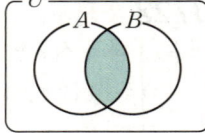

0726

전체집합 U의 두 부분집합 A, B에 대하여 $A \cap B^C = \varnothing$이고
$$n(U) = 25, \ n(A) = 7, \ n(B^C) = 12$$
일 때, $n(B - A)$는?

① 6   ② 7   ③ 8
④ 9   ⑤ 10

0727

전체집합 U의 두 부분집합 A, B에 대하여
$$n(A) = 12, \ n(A \cap B^C) = 10,$$
$$n((A - B) \cup (B - A)) = 25$$
일 때, $n(B)$를 구하시오.

0728

전체집합 U의 세 부분집합 A, B, C에 대하여 $A \cap B = \varnothing$이고
$$n(U) = 20, \ n(A) = 5, \ n(C) = 7,$$
$$n(A^C \cup C^C) = 18, \ n(B - C) = 4$$
일 때, $n(A \cup B \cup C)$는?

① 12   ② 13   ③ 14
④ 15   ⑤ 16

유형 14 유한집합의 원소의 개수의 최댓값과 최솟값

전체집합 U의 두 부분집합 A, B에 대하여 $n(B) < n(A)$일 때
(1) $n(A \cap B)$가 최대가 되는 경우
  ➡ $n(A \cup B)$가 최소가 될 때, 즉 $B \subset A$
(2) $n(A \cap B)$가 최소가 되는 경우
  ➡ $n(A \cup B)$가 최대가 될 때, 즉 $\underline{A \cup B = U}$ 또는 $\underline{A \cap B = \varnothing}$
    $\underset{\text{인 경우}}{n(A)+n(B) \geq n(U)}$ $\underset{\text{인 경우}}{n(A)+n(B) \leq n(U)}$

0729 ✓ 대표 예제

전체집합 U의 두 부분집합 A, B에 대하여
$$n(U)=30, \ n(A)=15, \ n(B)=20$$
일 때, $n(A \cap B)$의 최댓값과 최솟값의 합은?

① 10   ② 15   ③ 20
④ 25   ⑤ 30

완쏠 해설

$n(A \cap B)$의 최댓값을 M, 최솟값을 m이라 하자.
$A \subset B$일 때, $n(A \cap B)$가 최대이므로
$M = n(A) = 15$ ← $n(A)+n(B) \geq n(U)$인 경우이다.
$A \cup B = U$일 때, $n(A \cap B)$가 최소이므로
$n(A \cap B) = n(A)+n(B)-n(A \cup B)$에서
$m = 15+20-30 = 5$ ← $n(A \cup B) = n(A)+n(B)-n(A \cap B)$
∴ $M+m = 15+5 = 20$

다른 풀이

$n(A \cap B) = n(A)+n(B)-n(A \cup B)$
    $= 15+20-n(A \cup B) = 35-n(A \cup B)$
$A \subset (A \cup B)$, $B \subset (A \cup B)$이므로
$n(A) \leq n(A \cup B), \ n(B) \leq n(A \cup B)$ ······ ㉠
$(A \cup B) \subset U$이므로 $n(A \cup B) \leq n(U)$ ······ ㉡
㉠, ㉡에서 $20 \leq n(A \cup B) \leq 30$
$-30 \leq -n(A \cup B) \leq -20$ ∴ $5 \leq 35-n(A \cup B) \leq 15$
따라서 $5 \leq n(A \cap B) \leq 15$이므로 $M=15, \ m=5$
∴ $M+m = 15+5 = 20$

답 ③

0730 대표 예제 한 번 더!

전체집합 $U=\{x \mid x$는 25 이하의 자연수$\}$의 두 부분집합 X, Y에 대하여 $n(X)=19$, $n(Y)=10$일 때, $n(X \cap Y)$의 최댓값을 M, 최솟값을 m이라 하자. $M-m$의 값은?

① 6   ② 7   ③ 8
④ 9   ⑤ 10

0731

전체집합 U의 두 부분집합 A, B에 대하여
$$n(U)=30, \ n(A)=21, \ n(B)=16$$
일 때, $n(A-B)$의 최솟값은?

① 5   ② 6   ③ 7
④ 8   ⑤ 9

0732

전체집합 U의 두 부분집합 A, B에 대하여
$$n(U)=30, \ n(A)=10, \ n(B)=15$$
일 때, $n(A^C \cap B^C)$의 최댓값과 최솟값의 합은?

① 15   ② 20   ③ 25
④ 30   ⑤ 35

0733

두 집합 X, Y에 대하여
$$n(X)=30, \ n(Y)=23, \ n(X \cap Y) \geq 10$$
일 때, $n(X \cup Y)$의 최댓값과 최솟값의 합을 구하시오.

STEP 2 ✱ **유형 마스터**

유형 15 유한집합의 원소의 개수의 활용 〔중요〕

문장으로 복잡하게 주어진 조건을 집합으로 나타낸다.
두 집합 A, B에 대하여
(1) 또는, 적어도 ~인 ➡ $A \cup B$
(2) 모두, 둘 다 ➡ $A \cap B$
(3) ~만, ~뿐 ➡ $A-B$ 또는 $B-A$
(4) 둘 중 하나만 ➡ $(A-B) \cup (B-A)$

0734 ✓ 대표 예제

어느 학급 전체 학생 36명 중 전체 스마트폰을 갖고 있는 학생이 24명, 태블릿 피시를 갖고 있는 학생이 15명, 스마트폰과 태블릿 피시 중 어느 것도 갖고 있지 않은 학생이 8명일 때, 스마트폰과 태블릿 피시를 모두 갖고 있는 학생 수는?

① 7 　　　　② 8 　　　　③ 9
④ 10 　　　　⑤ 11

완쌤 해설

학급 학생 전체의 집합을 U, 스마트폰을 갖고 있는 학생의 집합을 A, 태블릿 피시를 갖고 있는 학생의 집합을 B라 하면
$n(U)=36$, $n(A)=24$, $n(B)=15$, $n(A^c \cap B^c)=8$
$n(A^c \cap B^c)=n((A \cup B)^c)=n(U)-n(A \cup B)$에서
$8=36-n(A \cup B)$
$\therefore n(A \cup B)=28$
따라서 스마트폰과 태블릿 피시를 모두 갖고 있는 학생 수는
$n(A \cap B)=n(A)+n(B)-n(A \cup B)$
$\qquad\qquad =24+15-28$
$\qquad\qquad =11$

> 실생활 문제에서는 주어진 문제 상황을 집합으로 나타낸 후 구하고자 하는 것을 연산을 이용하여 집합으로 표현해야 해.

〔답〕 ⑤

0735 〔대표 예제〕 한 번 데!

연준이네 반 학생 50명을 대상으로 영어 문제 1문제, 수학 문제 1문제를 풀게 하였더니 영어 문제를 맞힌 학생이 32명, 수학 문제를 맞힌 학생이 25명, 영어 문제와 수학 문제를 모두 틀린 학생이 10명이었다. 수학 문제만 맞힌 학생 수를 구하시오.

0736

어느 운동 동호회 회원 60명을 대상으로 좋아하는 운동에 대하여 설문조사를 하였다. 야구를 좋아한다고 답한 회원이 30명, 축구를 좋아한다고 답한 회원이 22명, 야구와 축구를 모두 좋아하지 않는다고 답한 회원이 k명일 때, k의 최댓값과 최솟값의 합은?

① 36 　　　　② 38 　　　　③ 40
④ 42 　　　　⑤ 44

0737 〔교육청〕

어느 학급 전체 학생 30명 중 지역 A를 방문한 학생이 17명, 지역 B를 방문한 학생이 15명이라 하자. 이 학급 학생 중에서 지역 A와 지역 B 중 어느 한 지역만 방문한 학생의 수의 최댓값을 M, 최솟값을 m이라 할 때, Mm의 값을 구하시오.

0738 〔UP〕

어느 학급 전체 학생 50명 중 A, B, C 세 종류의 게임을 해 본 학생 수를 조사하였다. A, B, C 게임을 해 본 학생이 각각 27명, 17명, 18명이고, A 게임 또는 C 게임을 해 본 학생이 37명이었다. A, B 게임을 모두 해 본 학생이 없을 때, 세 종류의 게임 중 두 종류의 게임만 해 본 학생 수는?

(단, 어느 한 종류의 게임도 해 보지 않은 학생은 없다.)

① 12 　　　　② 13 　　　　③ 14
④ 15 　　　　⑤ 16

STEP 3 ✳ 실전 업

0739 • 유형 09

그림은 전체집합 U의 세 부분집합 A, B, C 사이의 포함 관계를 벤 다이어그램으로 나타낸 것이다. 다음 중 집합 $(A \cup B) - C^C$과 항상 같은 집합은?

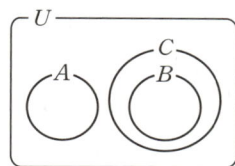

① $\varnothing$ ② A ③ B

④ C^C ⑤ U

0740 • 유형 11

집합 $A_k = \{x \mid x$는 k의 배수, k는 자연수$\}$라 할 때, $(A_{48} \cup A_{72}) \subset A_k$를 만족시키는 자연수 k의 최댓값은?

① 24   ② 16   ③ 12

④ 8   ⑤ 6

0741 빈출 • 유형 07

전체집합 $U = \{a, b, c, d, e, f\}$의 두 부분집합 $A = \{a, b, c\}$, X에 대하여

$$A - X = \{a\}, \quad (X - A) \cap \{e\} = \varnothing$$

을 만족시키는 집합 X의 개수를 구하시오.

0742 • 유형 01

5개의 연속한 홀수를 원소로 갖는 두 집합 A, B에 대하여 $n(A \cap B) = 2$이다. 두 집합 A, B의 모든 원소의 합을 각각 $S(A)$, $S(B)$라 할 때, $S(A) + S(B) = 100$이다. $S(A)$의 값은? (단, $S(A) < S(B)$)

① 33   ② 35   ③ 37

④ 39   ⑤ 41

0743 • 유형 13

전체집합 $U = \{1, 2, 3, 4, 5, 6, 7\}$의 부분집합 X에 대하여 집합 X의 모든 원소의 합을 $S(X)$라 하자. 전체집합 U의 두 부분집합 A, B가

$$S(A \cup B) = 7S(A \cap B) = S(U)$$

를 만족시킬 때, $S(A) + S(B)$의 값을 구하시오.

0744 • 유형 10

전체집합 U의 세 부분집합 A, B, C에 대하여

$$(A - B) \cup B = A, \quad (C - A) \cup (C - B) = \varnothing$$

일 때, 다음 중 항상 옳은 것은?

① $A \subset B \subset C$ ② $B \subset A \subset C$

③ $B \subset C \subset A$ ④ $C \subset A \subset B$

⑤ $C \subset B \subset A$

0745 • 유형 05 + 유형 06

두 집합 $A = \{4, |k-1|-1\}$, $B = \{3, k-1, k^2-5\}$에 대하여 $A - B = \varnothing$을 만족시키는 모든 상수 k의 값의 곱은?

① -16 ② -15 ③ -14

④ -13 ⑤ -12

0746 교육청 · 유형 15

어느 학교 학생 200명을 대상으로 두 체험 활동 A, B를 신청한 학생 수를 조사하였더니 체험 활동 A를 신청한 학생은 체험 활동 B를 신청한 학생보다 20명이 많았고, 어느 체험 활동도 신청하지 않은 학생은 하나 이상의 체험 활동을 신청한 학생보다 100명이 적었다. 체험 활동 A만 신청한 학생 수의 최댓값을 구하시오.

0747 빈출 · 유형 07

전체집합 $U=\{a, b, c, d, e, f\}$의 세 부분집합 $A=\{a, b, c, d\}$, $B=\{a, c, e\}$, X가 다음 조건을 만족시킬 때, 집합 X의 개수를 구하시오.

(가) $A \cap X \neq \varnothing$
(나) $B \cap X \neq \varnothing$

0748 · 유형 06

전체집합 $U=\{x \mid x$는 10 이하의 자연수$\}$의 두 부분집합 A, B가 다음 조건을 만족시킨다.

(가) 집합 A는 10과 서로소인 모든 자연수의 집합이다.
(나) 집합 B의 임의의 서로 다른 두 원소의 합은 11이 아니다.

$A \cap B=\varnothing$일 때, 집합 B의 모든 원소의 합의 최댓값을 구하시오.

0749 교육청 · 유형 13

전체집합 $U=\{x \mid x$는 자연수$\}$의 부분집합 A는 원소의 개수가 4이고, 모든 원소의 합이 21이다. 상수 k에 대하여 집합 $B=\{x+k \mid x \in A\}$가 다음 조건을 만족시킨다.

(가) $A \cap B=\{4, 6\}$
(나) $A \cup B$의 모든 원소의 합이 40이다.

집합 A의 모든 원소의 곱을 구하시오.

0750 사고력 · 유형 12

두 이차식
$$f(x)=(x+a)(x-a),$$
$$g(x)=(x-b)(x-c)$$
에 대하여 두 집합 A, B를
$$A=\{x \mid f(x) \leq 0\}, \quad B=\{x \mid g(x)>0\}$$
이라 하자. 두 집합 A, B에 대하여
$$A \cup B=\{x \mid x$는 모든 실수$\},$$
$$A \cap B=\{x \mid -2 \leq x<1\}$$
일 때, $f(0)+g(0)$의 값은? (단, a, b, c는 상수이다.)

① -5 ② -4 ③ -3
④ -2 ⑤ -1

0751 상위 1% 도전 · 유형 02 + 유형 12

자연수 k에 대하여 집합 P_k가
$$P_k=\{x \mid 2k-3 \leq x<7k+5, x$는 정수$\}$$
일 때, |보기|에서 옳은 것만을 있는 대로 고른 것은?

| 보기 |

ㄱ. 집합 $P_1 \cap P_5$의 부분집합의 개수는 32이다.
ㄴ. $n(P_1 \cup P_2 \cup P_3 \cup \cdots \cup P_l) \geq 40$을 만족시키는 자연수 l의 최솟값은 5이다.
ㄷ. $P_1 \cap P_2 \cap P_3 \cap \cdots \cap P_m=\varnothing$을 만족시키는 자연수 m의 최솟값은 8이다.

① ㄱ ② ㄷ ③ ㄱ, ㄴ
④ ㄴ, ㄷ ⑤ ㄱ, ㄴ, ㄷ

서술형 문제

0752

• 유형 07

전체집합 $U=\{1, 2, 3, 4, 5, 6, 7\}$의 두 부분집합 A, B에 대하여 $A=\{3, 4\}$일 때, $A \cap B \neq \varnothing$을 만족시키는 집합 B의 개수를 구하시오.

☑ **필요 개념 및 공식**
☐ 서로소인 두 집합 ☐ 조건을 만족시키는 집합의 개수

0753

• 유형 05 + 유형 06

두 집합 $A=\{-1, 1\}$, $B=\{x \mid mx+2=x\}$에 대하여 $A \cap B=B$를 만족시키는 모든 실수 m의 값의 합을 구하시오.

☑ **필요 개념 및 공식**
☐ 방정식의 풀이 ☐ 집합의 연산의 성질과 포함 관계

0754

• 유형 05

자연수 전체의 집합의 두 부분집합 $A=\{a, b, c, d\}$, $B=\{\sqrt{a}, \sqrt{b}, \sqrt{c}, \sqrt{d}\}$가 다음 조건을 만족시킬 때, 집합 $A-B$의 모든 원소의 합을 구하시오.

(가) $a<b<c<d$, $a+b=25$
(나) $A \cap B=\{a, b\}$

☑ **필요 개념 및 공식**
☐ 교집합 ☐ 차집합

0755

• 유형 15

어느 학교 영화 동아리 학생들을 대상으로 두 영화 A, B의 관람 여부를 조사하였다. 영화 A를 관람한 학생이 20명, 영화 B를 관람한 학생이 25명, 두 영화 A, B를 모두 관람한 학생이 5명 이상일 때, 두 영화 A 또는 B 중 적어도 하나를 관람한 학생 수의 최댓값과 최솟값의 합을 구하시오.

☑ **필요 개념 및 공식**
☐ 유한집합의 원소의 개수의 최댓값과 최솟값

0756

• 유형 14

집합 A에 대하여 $S(A)$를 집합 A의 모든 원소의 합이라 하자. 전체집합 $U=\{1, 2, 3, 4, 5\}$의 두 부분집합 X, Y에 대하여 $n(X)=4$, $n(Y)=2$일 때, $S(X \cap Y)$의 최댓값과 최솟값의 합을 구하시오.

☑ **필요 개념 및 공식**
☐ 집합 사이의 포함 관계 ☐ 유한집합의 원소의 개수의 최댓값과 최솟값

0757

• 유형 11 + 유형 13

두 집합 X, Y에 대하여 연산 $\odot$를
$$X \odot Y=(X-Y) \cup (Y-X)$$
라 정의하자. 전체집합 $U=\{x \mid x$는 50 이하의 자연수$\}$의 세 부분집합 A, B, C에 대하여 $A=\{x \mid x$는 2의 배수$\}$, $B=\{x \mid x$는 3의 배수$\}$, $C=\{x \mid x$는 5의 배수$\}$일 때, 집합 $(A \odot B) \odot C$의 원소의 개수를 구하시오.

☑ **필요 개념 및 공식**
☐ 벤 다이어그램을 이용한 집합의 연산 ☐ 유한집합의 원소의 개수

개념 01 명제와 조건

(1) **명제**: 참 또는 거짓을 명확하게 판별할 수 있는 문장이나 식
(2) **조건**: 변수를 포함하는 문장이나 식이 그 변수의 값에 따라 참, 거짓을 판별할 수 있을 때, 그 문장이나 식
(3) **진리집합**: 전체집합 U의 원소 중에서 조건이 참이 되게 하는 모든 원소의 집합
　참고 일반적으로 명제와 조건은 p, q, r, …로 나타내고, 조건 p, q, r, …의 진리집합은 각각 P, Q, R, …로 나타낸다.
(4) **p의 부정**: 명제 또는 조건 p에 대하여 'p가 아니다.'를 p의 부정이라 하고, 기호로 $\sim p$와 같이 나타낸다.
　참고 (1) 명제 또는 조건 p가 참이면 $\sim p$는 거짓이고, 명제 또는 조건 p가 거짓이면 $\sim p$는 참이다.
　　　(2) $\sim p$의 부정은 $\sim(\sim p)=p$이고, p의 진리집합을 P라 할 때, $\sim p$의 진리집합은 P^{C}이다.

[0758~0761] 다음 중 명제인 것을 모두 찾고, 그 명제의 참, 거짓을 판별하시오.

0758 $1+4=5$

0759 $3x+1=8$

0760 수학은 재미있다.

0761 $\sqrt{3}$은 유리수이다.

[0762~0765] 다음 명제의 부정을 말하고, 그것의 참, 거짓을 판별하시오.

0762 $1<2$

0763 $\sqrt{2}+\sqrt{3}=\sqrt{5}$

0764 정삼각형은 이등변삼각형이다.

0765 0은 자연수이거나 음의 정수이다.

[0766~0768] 전체집합 U가 자연수 전체의 집합일 때, 다음 조건의 진리집합을 구하시오.

0766 p: x는 7보다 작은 소수이다.

0767 q: $x^2-4x+3=0$

0768 r: $0 \leq x \leq 3$

[0769~0770] 전체집합이 $U=\{1, 2, 3, \cdots, 10\}$일 때, 다음 조건의 부정을 말하고, 그것의 진리집합을 구하시오.

0769 p: x는 8의 약수이다.

0770 q: $x^2-10x+21 \leq 0$

개념 02 명제 $p \longrightarrow q$의 참, 거짓

(1) 두 조건 p, q로 이루어진 명제 'p이면 q이다.'를 기호로 $p \longrightarrow q$와 같이 나타내고, p를 가정, q를 결론이라 한다.
(2) **명제 $p \longrightarrow q$의 참, 거짓**
　두 조건 p, q의 진리집합을 각각 P, Q라 할 때
　① 명제 $p \longrightarrow q$가 참이면 $P \subset Q$이고, 거꾸로 $P \subset Q$이면 명제 $p \longrightarrow q$는 참이다.
　② 명제 $p \longrightarrow q$가 거짓이면 $P \not\subset Q$이고, 거꾸로 $P \not\subset Q$이면 명제 $p \longrightarrow q$는 거짓이다.
　참고 명제 $p \longrightarrow q$가 거짓임을 보일 때, 가정 p는 만족시키지만 결론 q는 만족시키지 않는 예가 있음을 보이면 된다. 이와 같은 예를 반례라 한다.

[0771~0772] 다음 명제의 가정과 결론을 말하시오.

0771 $x=1$이면 $x^2=1$이다.

0772 $x^2+y^2>0$이면 $x \neq 0$ 또는 $y \neq 0$이다.

[0773~0774] 다음 명제의 참, 거짓을 판별하시오.

0773 x가 4의 약수이면 x는 8의 약수이다.

0774 자연수 n이 소수이면 n^2은 홀수이다.

개념 03 '모든'이나 '어떤'을 포함한 명제의 참, 거짓

(1) '모든'이나 '어떤'을 포함한 명제의 참, 거짓
　전체집합 U에 대하여 조건 p의 진리집합을 P라 할 때
　① '모든 x에 대하여 p이다.'는 $P=U$이면 참이고, $P \neq U$이면 거짓이다.
　② '어떤 x에 대하여 p이다.'는 $P \neq \varnothing$이면 참이고, $P=\varnothing$이면 거짓이다.
(2) '모든'이나 '어떤'을 포함한 명제의 부정
　① '모든 x에 대하여 p이다.'의 부정은 '어떤 x에 대하여 $\sim p$이다.'이다.
　② '어떤 x에 대하여 p이다.'의 부정은 '모든 x에 대하여 $\sim p$이다.'이다.

[0775~0778] 전체집합 $U=\{-1,\ 0,\ 1\}$에 대하여 다음 명제의 참, 거짓을 판별하시오.

0775 모든 x에 대하여 $|x|>0$이다.

0776 모든 x에 대하여 $x^2\geq0$이다.

0777 어떤 x에 대하여 $x^2<x$이다.

0778 어떤 x에 대하여 $x-1=0$이다.

[0779~0780] 다음 명제의 부정을 말하고, 그것의 참, 거짓을 판별하시오.

0779 모든 실수 x에 대하여 $x^2-1>0$이다.

0780 어떤 자연수 x에 대하여 $x^2=9$이다.

개념 **04** 명제의 역과 대우

(1) **명제의 역과 대우**
　① 명제 $p \longrightarrow q$에서 가정과 결론을 서로 바꾼 명제 $q \longrightarrow p$를 명제 $p \longrightarrow q$의 역이라 한다.
　② 명제 $p \longrightarrow q$에서 가정과 결론을 각각 부정하여 서로 바꾼 명제 $\sim q \longrightarrow \sim p$를 명제 $p \longrightarrow q$의 대우라 한다.

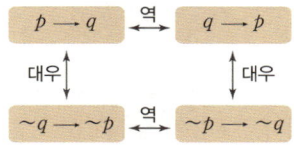

(2) **명제와 그 대우의 참, 거짓**
　명제 $p \longrightarrow q$와 그 대우 $\sim q \longrightarrow \sim p$의 참, 거짓은 일치한다.

[0781~0783] 다음 명제의 역, 대우를 말하고, 각각의 참, 거짓을 판별하시오.

0781 $|x|=2$이면 $x=2$이다.

0782 $x^2+y^2=0$이면 $x=0$이고 $y=0$이다.

0783 $x>3$이면 $x>4$이다.

[0784~0786] 명제 '$xy\neq8$이면 $x\neq2$ 또는 $y\neq4$이다.'에 대하여 다음 물음에 답하시오.

0784 명제의 대우를 말하시오.

0785 명제의 대우의 참, 거짓을 판별하시오.

0786 명제의 참, 거짓을 판별하시오.

개념 **05** 충분조건, 필요조건, 필요충분조건

두 조건 p, q의 진리집합을 각각 P, Q라 할 때
(1) 명제 $p \longrightarrow q$가 참일 때, 기호로 $p \Longrightarrow q$와 같이 나타내고 p는 q이기 위한 충분조건, q는 p이기 위한 필요조건이라 한다. 이때 $P\subset Q$가 성립한다.
　참고　세 조건 p, q, r에 대하여 두 명제 $p \longrightarrow q$, $q \longrightarrow r$가 참이면 삼단논법에 의하여 $p \longrightarrow r$가 참이다.
(2) 명제 $p \longrightarrow q$에 대하여 $p \Longrightarrow q$이고 $q \Longrightarrow p$일 때, 기호로 $p \Longleftrightarrow q$와 같이 나타내고 p는 q이기 위한 필요충분조건이라 한다. 이때 $P=Q$가 성립한다. _{↳ q도 p이기 위한 필요충분조건이다.}

[0787~0790] 세 실수 x, y, z에 대하여 두 조건 p, q가 다음과 같을 때, p는 q이기 위한 어떤 조건인지 말하시오.

0787 $p:x=1$, $q:x^2=1$

0788 $p:-2\leq x\leq2$, $q:|x|<2$

0789 $p:x=0$이고 $y=0$, $q:x^2+y^2=0$

0790 $p:x<y$, $q:x+z<y+z$

[0791~0794] a, b가 실수일 때, 다음 조건은 $ab=0$이기 위한 어떤 조건인지 말하시오.

0791 $a=0$ 또는 $b=0$

0792 $a^2+b^2=0$

0793 $|a|+|b|=0$

0794 $a^2b+ab^2=0$

STEP **1** ☀ **개념 체크**

개념 **06** 명제의 증명

(1) **정의**: 용어의 뜻을 명확하게 정한 문장
(2) **정리**: 참임이 증명된 명제 중에서 기본이 되는 것이나 다른 명제를 증명할 때 이용할 수 있는 명제
(3) **여러 가지 증명법** → 정의, 명제의 가정 또는 이미 옳다고 알려진 성질을 이용하여 어떤 명제가 참임을 밝히는 과정
 ① **대우를 이용한 증명**: 명제가 참임을 증명할 때, 그 명제의 대우가 참임을 보여서 증명하는 방법
 ② **귀류법**: 명제 또는 명제의 결론을 부정하여 가정 또는 이미 알려진 사실에 모순됨을 보여 원래 명제가 참임을 증명하는 방법

0795 다음은 명제 '자연수 n에 대하여 n^2이 짝수이면 n도 짝수이다.'가 참임을 대우를 이용하여 증명하는 과정이다.

> 주어진 명제의 대우는 '자연수 n에 대하여 n이 홀수이면 n^2도 (가) 이다.'이다.
> n이 홀수이면 $n=$ (나) (k는 자연수)로 나타낼 수 있으므로
> $$n^2=(\boxed{(나)})^2=2(2k^2-2k+1)-1$$
> 이때 $2k^2-2k+1=k^2+(k-1)^2$은 자연수이므로 n^2은 (가) 이다.
> 따라서 주어진 명제의 (다) 가 참이므로 주어진 명제도 참이다.

위의 과정에서 (가), (나), (다)에 알맞은 것을 구하시오.

0796 다음은 명제 '$\sqrt{2}$는 유리수가 아니다.'가 참임을 귀류법을 이용하여 증명하는 과정이다.

> 주어진 명제를 부정하여 $\sqrt{2}$가 (가) 라 가정하면
> $\sqrt{2}=\dfrac{b}{a}$ (a, b는 서로소인 자연수)로 나타낼 수 있다.
> 이 식의 양변을 제곱하면
> $$2=\frac{b^2}{a^2} \qquad \therefore\ b^2=2a^2 \quad \cdots\cdots ㉠$$
> 즉, b^2이 짝수이므로 b도 (나) 이다.
> $b=2k$ (k는 자연수)라 하면 ㉠에서
> $$4k^2=2a^2 \qquad \therefore\ a^2=2k^2$$
> 즉, a^2이 짝수이므로 a도 (나) 이다. 그런데 a, b가 모두 짝수이므로 a, b가 (다) 라는 가정에 모순이다.
> 따라서 $\sqrt{2}$는 유리수가 아니다.

위의 과정에서 (가), (나), (다)에 알맞은 것을 구하시오.

개념 **07** 절대부등식

(1) **절대부등식**: 전체 집합의 모든 원소에 대하여 항상 성립하는 부등식
(2) **부등식의 증명에 이용되는 실수의 성질**: a, b가 실수일 때
 ① $a>b \Longleftrightarrow a-b>0$
 ② $a^2\geq0$, $a^2+b^2\geq0$
 ③ $a^2+b^2=0 \Longleftrightarrow a=b=0$
 ④ $|a|^2=a^2$, $|ab|=|a||b|$, $|a|\geq a$
 ⑤ $a>0$, $b>0$일 때, $a>b \Longleftrightarrow a^2>b^2 \Longleftrightarrow \sqrt{a}>\sqrt{b}$
(3) **여러 가지 절대부등식**
 ① a, b, c가 실수일 때
  • $a^2\pm ab+b^2\geq0$ (단, 등호는 $a=b=0$일 때 성립)
  • $a^2+b^2+c^2-ab-bc-ca\geq0$
   (단, 등호는 $a=b=c$일 때 성립)
  • $|a|+|b|\geq|a+b|$ (단, 등호는 $ab\geq0$일 때 성립)
 ② 산술평균과 기하평균의 관계: $a>0$, $b>0$일 때
  $\dfrac{a+b}{2}\geq\sqrt{ab}$ (단, 등호는 $a=b$일 때 성립)
 ③ 코시─슈바르츠의 부등식: a, b, x, y가 실수일 때
  $(a^2+b^2)(x^2+y^2)\geq(ax+by)^2$
   $\left(\text{단, 등호는 } \dfrac{x}{a}=\dfrac{y}{b}\text{일 때 성립}\right)$

0797 x가 실수일 때, |보기|에서 절대부등식인 것만을 있는 대로 고르시오.

> ┤ 보기 ├
> ㄱ. $x+2>x$　　　　　ㄴ. $2x+1>5x+1$
> ㄷ. $-x^2-1\leq2x$　　　ㄹ. $|x-5|\geq0$

0798 다음은 a, b가 실수일 때, $a^2+b^2\geq ab$가 성립함을 증명하는 과정이다.

> $a^2-ab+b^2=(\boxed{(가)})^2+\dfrac{3}{4}b^2$이고
> $(\boxed{(가)})^2\geq0$, $\dfrac{3}{4}b^2$ (나) 0이므로
> $$a^2-ab+b^2\geq0 \qquad \therefore\ a^2+b^2\geq ab$$
> 여기서 등호는 $a=b=$ (다) 일 때 성립한다.

위의 과정에서 (가), (나), (다)에 알맞은 것을 구하시오.

[0799~0800] $a>0$일 때, 다음 식의 최솟값을 구하시오.

0799 $a+\dfrac{1}{a}$　　　　　　**0800** $9a+\dfrac{4}{a}$

STEP 2 유형 마스터

유형 01 명제와 조건

(1) 명제: 참 또는 거짓을 명확하게 판별할 수 있는 문장이나 식
(2) 조건: 변수를 포함하는 문장이나 식이 그 변수의 값에 따라 참, 거짓을 판별할 수 있을 때, 그 문장이나 식

0801 ✓ 대표 예제

다음 중 명제인 것은?

① $x=3$ 또는 $x=4$
② n은 2보다 큰 자연수이다.
③ 한국인은 매운 음식을 잘 먹는다.
④ 두 홀수의 합은 홀수이다.
⑤ x는 자연수 또는 허수이다.

완쏠 해설

①, ⑤ x의 값이 정해져 있지 않으므로 참, 거짓을 판별할 수 없다. 즉, 명제가 아니다.
② n의 값이 정해져 있지 않으므로 참, 거짓을 판별할 수 없다. 즉, 명제가 아니다.
③ 참, 거짓을 판별하기 위한 기준이 명확하지 않으므로 명제가 아니다.
④ 거짓인 명제이다.
따라서 명제인 것은 ④이다.

> 어느 누구에게 물어도 같은 기준으로 판별할 수 있으면 명제이고, 사람이나 상황에 따라 다르게 판별할 수 있으면 명제가 아니야.

(답) ④

0802 대표 예제 한 번 더!

다음 중 명제가 아닌 것은?

① $2+3=6$
② 자연수는 정수이다.
③ $x<1$이면 $x<0$이다.
④ $x-1=2$이면 $x=3$이다.
⑤ $x<2$ 또는 $x>3$

0803

다음 중 명제인 것만을 ㅣ보기ㅣ에서 있는 대로 고른 것은?

ㅣ보기ㅣ
ㄱ. $3+1=4$ ㄴ. $2x+2=x-3$
ㄷ. $x+1=x-1$ ㄹ. $2x+3x=4x$

① ㄱ, ㄴ   ② ㄱ, ㄷ   ③ ㄴ, ㄷ
④ ㄴ, ㄹ   ⑤ ㄷ, ㄹ

0804

다음 중 조건인 것은?

① $5+3 \neq 8$
② $x>3$이면 $x>5$이다.
③ 실수는 허수가 아니다.
④ n은 정수이다.
⑤ n이 자연수이면 n^2은 정수이다.

0805

다음 중 참인 명제인 것만을 ㅣ보기ㅣ에서 있는 대로 고른 것은?

ㅣ보기ㅣ
ㄱ. $x^2-x+1=x$
ㄴ. $x(x-3)=4$이면 x는 정수이다.
ㄷ. $x-1>0$이면 $2x-1>0$이다.

① ㄴ   ② ㄷ   ③ ㄱ, ㄴ
④ ㄴ, ㄷ   ⑤ ㄱ, ㄴ, ㄷ

유형 02 명제와 조건의 부정

(1) $x=a$ ←부정→ $x \neq a$

(2) $a < x < b$ ←부정→ $x \leq a$ 또는 $x \geq b$

(3) $a \leq x \leq b$ ←부정→ $x < a$ 또는 $x > b$

(4) 그리고 ←부정→ 또는

> 참고 명제 p가 참이면 그 부정 $\sim p$는 거짓이고,
> 명제 p가 거짓이면 그 부정 $\sim p$는 참이다.

0806 ✔ 대표 예제

다음 중 조건 '$x \geq 1$이고 $x \leq 4$'의 부정은?

① $1 < x < 4$ ② $x > 1$ 또는 $x < 4$

③ $x < 1$ 또는 $x > 4$ ④ $x < 1$ 또는 $x \geq 4$

⑤ $x \leq 1$ 또는 $x \geq 4$

완쌀 해설

두 조건 p, q를 $p : x \geq 1$, $q : x \leq 4$라 하면
조건 'p이고 q'의 부정은
'$\sim p$ 또는 $\sim q$'이므로
$x < 1$ 또는 $x > 4$

> '$\geq$'와 '$\leq$'의 부정을 각각
> '$\leq$'와 '$\geq$'로 생각하지 않도록
> 주의하자!

다른 풀이

조건 '$x \geq 1$이고 $x \leq 4$'는 '$1 \leq x \leq 4$'이고
'$1 \leq x \leq 4$'의 부정은 '$x < 1$ 또는 $x > 4$'이다.

답 ③

0807 대표 예제 한 번 더!

다음 중 조건 '$x \leq -2$ 또는 $x \geq 3$'의 부정은?

① $-2 < x < 3$ ② $-2 < x$ 또는 $x < 3$

③ $-2 \leq x \leq 3$ ④ $-2 \leq x$ 또는 $x \leq 3$

⑤ $x < -2$ 또는 $x > 3$

0808

다음 중 두 조건 $p : 1 < x < 4$, $q : 2 \leq x \leq 5$에 대하여 조건
'$\sim p$ 또는 q'의 부정은?

① $x \leq 1$ 또는 $x > 2$ ② $x \leq 2$ 또는 $x \geq 4$

③ $1 < x < 2$ ④ $2 < x < 4$

⑤ $4 \leq x \leq 5$

0809

다음 | 보기 | 의 명제 중 그 부정이 참인 것만을 있는 대로 고른 것은?

> ┌ 보기 ┐
>
> ㄱ. $\frac{1}{4}$은 정수이다.
>
> ㄴ. 두 유리수의 합은 실수이다.
>
> ㄷ. 5는 10의 배수이다.
>
> ㄹ. 4의 배수는 짝수이다.

① ㄱ, ㄷ   ② ㄱ, ㄹ   ③ ㄴ, ㄷ

④ ㄴ, ㄹ   ⑤ ㄷ, ㄹ

0810

다음 중 세 실수 a, b, c에 대하여 조건 '$a^2 + b^2 + c^2 = 0$'의
부정과 서로 같은 것은?

① $a + b + c \neq 0$

② $abc \neq 0$

③ $a = b = c = 0$

④ a, b, c 중에서 0이 적어도 하나 있다.

⑤ a, b, c 중에서 0이 아닌 값이 적어도 하나 있다.

유형 03 진리집합

전체집합 U에 대하여 두 조건 p, q의 진리집합을 각각 P, Q라 할 때
(1) 조건 $\sim p$의 진리집합: P^C
(2) 조건 'p 또는 q'의 진리집합: $P \cup Q$
(3) 조건 'p이고 q'의 진리집합: $P \cap Q$

0811 ✔ 대표 예제

전체집합 $U = \{x \mid x$는 10 이하의 자연수$\}$에 대하여 조건 p가
$p : x$는 홀수이고 3의 배수이다.
일 때, 조건 p의 진리집합은?

① $\{3, 9\}$
② $\{3, 6, 9\}$
③ $\{1, 5, 7\}$
④ $\{1, 3, 5, 7, 9\}$
⑤ $\{1, 3, 5, 6, 7, 9\}$

완쏠 해설

10 이하의 자연수 중 홀수는
1, 3, 5, 7, 9이고,
3의 배수는 3, 6, 9이므로
조건 p의 진리집합은
$\{3, 9\}$

조건 p의 진리집합 P는 전체집합 U의 원소 중에서 조건 p가 참이 되게 하는 모든 원소들의 집합이야.

(답) ①

0812 대표 예제 한 번 더!

전체집합 $U = \{x \mid x$는 자연수$\}$에 대하여 조건 p가
$p : x$는 짝수이고 30의 약수이다.
일 때, 조건 p의 진리집합의 원소의 개수는?

① 1
② 2
③ 3
④ 4
⑤ 5

0813 교육청

전체집합 $U = \{1, 2, 3, 4, 5, 6, 7, 8\}$에 대하여 조건 p가
$p : x$는 짝수 또는 6의 약수이다.
일 때, 조건 $\sim p$의 진리집합의 모든 원소의 합은?

① 11
② 12
③ 13
④ 14
⑤ 15

0814

실수 전체의 집합에서 두 조건
$p : 2x < x - 3$, $q : 3x \geq 6$
의 진리집합을 각각 P, Q라 할 때, 다음 중 조건
'$-3 \leq x < 2$'의 진리집합을 나타내는 것은?

① $P \cup Q$
② $P \cap Q$
③ $P - Q$
④ $(P \cup Q)^C$
⑤ $(P \cap Q)^C$

0815

전체집합 $U = \{x \mid |x| \leq 5, x$는 정수$\}$에 대하여 두 조건 p, q가
$p : x^2 - 8x + 12 > 0$, $q : x^3 + 3x^2 + 2x = 0$
일 때, 조건 '$\sim p$ 또는 q'의 진리집합의 모든 원소의 합을 구하시오.

유형 04 명제 $p \longrightarrow q$의 참, 거짓

두 조건 p, q의 진리집합을 각각 P, Q라 할 때
(1) $P \subset Q$이면 명제 $p \longrightarrow q$는 참이다.
(2) $P \not\subset Q$이면 명제 $p \longrightarrow q$는 거짓이다.
참고 명제가 참임을 보이기 위해서는 진리집합의 포함 관계를 이용하고 거짓임을 보이기 위해서는 $P \not\subset Q$임을 보이는 원소(반례)를 찾는다.

0816 ✓ 대표 예제

다음 중 참인 명제는?

① x가 실수이면 x는 유리수이다.
② $x > 1$이면 $x > 3$이다.
③ $|x| = 1$이면 $x = 1$이다.
④ 두 실수 x, y에 대하여 $x^2 + y^2 = 0$이면 $x + y = 0$이다.
⑤ $xy = 0$이면 $x = 0$, $y = 0$이다.

완쏠 해설

① [반례] $x = \sqrt{2}$이면 x는 실수이지만 유리수가 아니다.
② [반례] $x = 2$이면 $x > 1$이지만 $x \leq 3$이다.
③ [반례] $x = -1$이면 $|x| = 1$이지만 $x \neq 1$이다.
④ $x^2 + y^2 = 0$에서 $x = 0$, $y = 0$, 즉 $x + y = 0$이므로 주어진 명제는 참이다.
⑤ [반례] $x = 0$, $y = 1$이면 $xy = 0$이지만 $y \neq 0$이다.
따라서 참인 명제는 ④이다.

반례로 명제가 거짓임을 보이려면 집합 P의 원소 이지만 집합 Q의 원소는 아닌 것을 찾아보자.

답 ④

0817 대표 예제 한 번 더!

다음 중 참인 명제는?

① $2x - 3 = 5$이면 $x = 3$이다.
② $x^2 > 1$이면 $x > 1$이다.
③ $(x - y)^2 = 0$이면 $x = y$이다.
④ $x^2 - 1 = 0$이면 $x = 1$이다.
⑤ x, y가 모두 무리수이면 $x + y$는 무리수이다.

0818

두 실수 x, y에 대하여 다음 중 거짓인 명제는?

① $x = 2$이면 $x^2 - 3x + 2 = 0$이다.
② $x < 1$이면 $x^2 - 5x + 6 \geq 0$이다.
③ $|x| + |y| = 0$이면 $xy = 0$이다.
④ $x + yi$가 순허수이면 $xy = 0$이다.
⑤ $(x + yi)^2$이 순허수이면 $x = y$이다.

0819

두 조건 p, q에 대하여 명제 $p \longrightarrow q$가 거짓인 것만을 |보기|에서 있는 대로 고른 것은?

보기
ㄱ. $p : x > 2$ $q : x > 4$
ㄴ. $p : x^2 + x - 2 \geq 0$ $q : x < -1$ 또는 $x > 2$
ㄷ. $p : x^2 - 4x + 4 = 0$ $q : 2x - 2 = 2$
ㄹ. $p : 3x + 2 = x$ $q : x^2 + 2x - 3 = 0$

① ㄱ, ㄴ   ② ㄴ, ㄹ   ③ ㄱ, ㄴ, ㄹ
④ ㄱ, ㄷ, ㄹ   ⑤ ㄴ, ㄷ, ㄹ

0820

두 조건 p, q에 대하여 다음 중 명제 $\sim p \longrightarrow q$가 참인 것은?

① $p : x$는 정수 $q : x$는 무리수
② $p : x > 3$ $q : x > 2$
③ $p : x = 1$ $q : x > 0$
④ $p : x \leq 1$ 또는 $x \geq 2$ $q : x^2 - 3x \leq 0$
⑤ $p : -1 < x < 3$ $q : x^2 - 4x \geq 0$

유형 05 거짓인 명제의 반례

전체집합 U에 대하여 두 조건 p, q의 진리 집합을 각각 P, Q라 할 때, 명제 $p \longrightarrow q$ 가 거짓임을 보이는 반례는 $P \not\subset Q$임을 보이는 원소, 즉 오른쪽 벤 다이어그램에서 색칠한 부분인 $P-Q=P \cap Q^c$의 원소이다.

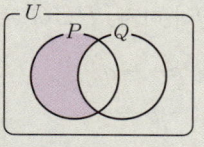

집합 P의 원소 중에서
집합 Q에는 속하지 않는 원소이다.

0821 ✓ 대표 예제

전체집합 U에 대하여 두 조건 p, q의 진리집합을 각각 P, Q라 할 때, 두 집합 P, Q는 그림과 같다. 다음 중 명제 $p \longrightarrow q$가 거짓임을 보이는 반례가 될 수 있는 모든 원소를 구한 것은?

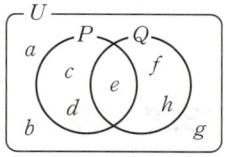

① a, b, g ② c, d ③ e
④ h, f ⑤ c, d, e

완쏠 해설

명제 $p \longrightarrow q$가 거짓임을 보이기 위해서는 $P \not\subset Q$임을 보여야 하므로 집합 P의 원소이지만 집합 Q의 원소가 아닌 것을 찾으면 된다.

따라서 구하는 원소는 집합 $P-Q$의 원소인 c, d이다.

명제 $p \longrightarrow q$가 거짓임을 보이려면 반례, 즉 $P-Q=P \cap Q^c$의 원소를 찾는 것이 제일 간단해.

답 ②

0822 대표 예제 한 번 더!

전체집합 U에 대하여 두 조건 p, q의 진리집합을 각각 P, Q라 할 때, 두 집합 P, Q는 그림과 같다. 다음 중 명제 $q \longrightarrow p$가 거짓임을 보이는 반례가 될 수 있는 모든 원소를 구한 것은?

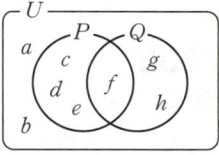

① a, b, h ② c, d, e ③ f
④ g, h ⑤ f, g, h

0823

전체집합 U에 대하여 두 조건 p, q의 진리집합을 각각 P, Q라 할 때, 명제 $\sim q \longrightarrow p$가 거짓임을 보이는 원소로만 이루어져 있는 집합은?

① $P \cap Q$ ② $P \cap Q^c$ ③ $P \cup Q$
④ $(P \cap Q)^c$ ⑤ $(P \cup Q)^c$

0824

20 이하의 자연수 n에 대하여 명제

'n이 30의 약수이면 n은 36의 약수이다.'

가 거짓임을 보이는 모든 반례의 합을 구하시오.

0825

전체집합 U에 대하여 두 조건 p, q의 진리집합을 각각 P, Q라 할 때, 두 집합 P, Q는 그림과 같다.

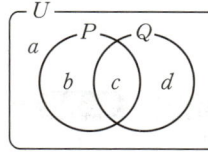

〈보기〉의 거짓인 명제 중 원소 c가 반례인 명제만을 있는 대로 고른 것은?

┌─── 보기 ───
ㄱ. p이면 $\sim q$이다.
ㄴ. q이면 p이다.
ㄷ. p이고 q이면 $\sim p$이다.
└─────

① ㄱ   ② ㄱ, ㄴ   ③ ㄱ, ㄷ
④ ㄴ, ㄷ   ⑤ ㄱ, ㄴ, ㄷ

유형 06 명제의 참, 거짓과 진리집합의 포함 관계

두 조건 p, q의 진리집합을 각각 P, Q라 할 때
(1) 명제 $p \longrightarrow q$가 참이면 $P \subset Q$이다.
(2) $P \subset Q$이면 명제 $p \longrightarrow q$가 참이다.

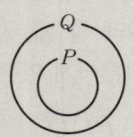

0826 ✓ 대표 예제

전체집합 U에 대하여 세 조건 p, q, r의 진리집합을 각각 P, Q, R라 할 때, 세 집합 P, Q, R 사이의 포함 관계는 그림과 같다. 다음 중 항상 참인 명제는?

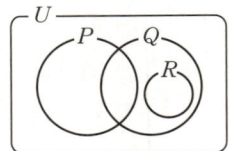

① $p \longrightarrow \sim r$ ② $p \longrightarrow r$ ③ $q \longrightarrow p$
④ $\sim q \longrightarrow p$ ⑤ $\sim r \longrightarrow \sim q$

완쏠 해설

① $P \subset R^C$이므로 명제 $p \longrightarrow \sim r$는 참이다.
② $P \not\subset R$이므로 명제 $p \longrightarrow r$는 거짓이다.
③ $Q \not\subset P$이므로 명제 $q \longrightarrow p$는 거짓이다.
④ $Q^C \not\subset P$이므로 명제 $\sim q \longrightarrow p$는 거짓이다.
⑤ $Q \not\subset R$, 즉 $R^C \not\subset Q^C$이므로 명제 $\sim r \longrightarrow \sim q$는 거짓이다.
따라서 항상 참인 명제는 ①이다.

> '명제 $p \longrightarrow q$가 참이면 $P \subset Q$이다.'에서 화살($\longrightarrow$)을 쏜 방향으로 입($\subset$)을 벌린다고 생각하면 쉽게 외울 수 있어.

답 ①

0827 대표 예제 한 번 더!

전체집합 U에 대하여 세 조건 p, q, r의 진리집합을 각각 P, Q, R라 할 때, 세 집합 P, Q, R 사이의 포함 관계는 그림과 같다. 다음 중 항상 참이라 할 수 <u>없는</u> 명제는?

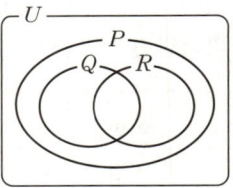

① $q \longrightarrow p$ ② $r \longrightarrow p$ ③ $\sim p \longrightarrow \sim q$
④ $\sim r \longrightarrow \sim p$ ⑤ (q이고 r) $\longrightarrow p$

0828

전체집합 U에 대하여 두 조건 p, q의 진리집합을 각각 P, Q라 하자. $P \cup Q^C = P$일 때, 다음 중 항상 참인 명제는?

① $p \longrightarrow q$ ② $q \longrightarrow p$ ③ $q \longrightarrow \sim p$
④ $\sim p \longrightarrow q$ ⑤ $\sim q \longrightarrow \sim p$

0829 교육청

전체집합 U의 공집합이 아닌 세 부분집합 P, Q, R가 각각 세 조건 p, q, r의 진리집합이라 하자.
$P \cap Q = P$, $R^C \cup Q = U$일 때, 항상 참인 명제만을 보기에서 있는 대로 고른 것은?

┌─── 보기 ───┐
ㄱ. $p \longrightarrow q$ ㄴ. $r \longrightarrow q$ ㄷ. $p \longrightarrow \sim r$
└─────────┘

① ㄱ   ② ㄷ   ③ ㄱ, ㄴ
④ ㄴ, ㄷ   ⑤ ㄱ, ㄴ, ㄷ

0830

전체집합 U에 대하여 세 조건 p, q, r의 진리집합을 각각 P, Q, R라 하자. 두 명제 $p \longrightarrow \sim r$, $r \longrightarrow q$가 모두 참일 때, 다음 중 항상 옳은 것은?

① $P \cap (Q-R) = P$ ② $R \cap (Q-P) = R$
③ $Q \cup (P-R) = Q$ ④ $P \cap Q \cap R = R$
⑤ $P \cup Q \cup R = U$

유형 07 명제가 참이 되도록 하는 미지수 구하기 중요

두 조건 p, q의 진리집합을 각각 P, Q라 할 때, 명제 $p \longrightarrow q$가 참이 되도록 하는 미지수를 구하려면 P, Q를 수직선 위에 나타내어 $P \subset Q$가 되도록 하는 미지수를 찾는다.

0831 ✓ 대표 예제

두 조건

$$p: 2 \leq x \leq 2a, \quad q: \frac{a}{2} < x < 3a-2$$

에 대하여 명제 $p \longrightarrow q$가 참이 되도록 하는 정수 a의 개수는?

(단, $a \geq 1$)

① 1 ② 2 ③ 3
④ 4 ⑤ 5

완쏠 해설

두 조건 p, q의 진리집합을 각각 P, Q라 하면

$P = \{x \,|\, 2 \leq x \leq 2a\}$, $Q = \left\{x \,\middle|\, \dfrac{a}{2} < x < 3a-2\right\}$

명제 $p \longrightarrow q$가 참이 되려면 $P \subset Q$
이어야 한다.
오른쪽 그림에서

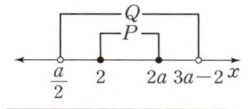

→ 등호가 포함되지 않는다.

$\dfrac{a}{2} < 2$, $2a < 3a-2$

이어야 하므로
$a < 4$, $a > 2$ ∴ $2 < a < 4$
따라서 정수 a는 3의 1개이다.

> 수직선 위에 진리집합을 나타내어 미지수의 범위를 구할 때 등호의 포함 여부에 주의해야 해!

답 ①

0832 대표 예제 한 번 더!

두 조건 $p: |x-1| \leq n$, $q: -3 < x \leq 7$에 대하여 명제 $p \longrightarrow q$가 참이 되도록 하는 자연수 n의 개수를 구하시오.

0833

두 조건 $p: |x-a| > 4$, $q: |x-1| \leq 2$에 대하여 명제 $p \longrightarrow \sim q$가 참이 되도록 하는 실수 a의 최댓값과 최솟값의 합은?

① 0 ② 2 ③ 4
④ 6 ⑤ 8

0834

세 조건

$$p: x^2-4x+3 < 0, \quad q: 3x-a \geq x+2, \quad r: |x| > b$$

에 대하여 두 명제 $p \longrightarrow q$, $p \longrightarrow \sim r$가 모두 참이 되도록 하는 실수 a, b에 대하여 $b-a$의 최솟값을 구하시오.

(단, $b > 0$)

0835 교육청

실수 x에 대한 두 조건

$$p: 2x-a = 0,$$
$$q: x^2-bx+9 > 0$$

이 있다. 명제 $p \longrightarrow \sim q$와 명제 $\sim p \longrightarrow q$가 모두 참이 되도록 하는 두 양수 a, b의 값의 합을 구하시오.

07
명
제

유형 08 '모든'이나 '어떤'을 포함한 명제

전체집합 U에 대하여 조건 p의 진리집합을 P라 할 때
(1) '모든 x에 대하여 p이다.'가 참이면 $P=U$이다.
   즉, 전체집합의 모든 원소가 조건 p를 만족시킨다.
(2) '어떤 x에 대하여 p이다.'가 참이면 $P\neq\varnothing$이다.
   즉, 전체집합의 원소 중 하나 이상의 원소가 집합 P에 속한다.
(3) '모든 x에 대하여 p이다.'의 부정은
   '어떤 x에 대하여 $\sim p$이다.'이다.
(4) '어떤 x에 대하여 p이다.'의 부정은
   '모든 x에 대하여 $\sim p$이다.'이다.

0836 ✓ 대표 예제
다음 중 참인 명제는?

① 모든 실수는 유리수이다.
② 어떤 유리수 x에 대하여 $x^2=2$이다.
③ 모든 무리수 x에 대하여 x^2은 무리수이다.
④ 어떤 실수 x에 대하여 $x^2<0$이다.
⑤ 어떤 무리수 x에 대하여 x^2+2x는 유리수이다.

완쏠 해설

① [반례] $\sqrt{2}$는 실수이지만 유리수가 아니다.
② $x^2=2$에서 $x=\pm\sqrt{2}$
   즉, $x^2=2$를 만족시키는 유리수 x는 존재하지 않으므로 주어진 명제는 거짓이다.
③ [반례] $x=\sqrt{2}$이면 x는 무리수이지만 $x^2=2$는 유리수이다.
④ 모든 실수 x에 대하여 $x^2\geq0$이므로 $x^2<0$을 만족시키는 실수 x는 존재하지 않는다.
   즉, 주어진 명제는 거짓이다.
⑤ $x=-1+\sqrt{2}$이면 x는 무리수이고 $x^2+2x=1$은 유리수이므로 주어진 명제는 참이다.

> '모든'을 포함하는 명제는 전체집합의 모든 원소가 조건 p를 만족시켜야 참이고, '어떤'을 포함하는 명제는 전체집합의 원소 중에서 조건 p를 만족시키는 원소가 하나만 있어도 참이야.

따라서 참인 명제는 ⑤이다.

답 ⑤

0837 대표 예제 한 번 더!
다음 중 거짓인 명제는?

① 모든 자연수는 정수이다.
② 모든 정수 x에 대하여 $\sqrt{x}$는 실수이다.
③ 어떤 무리수 x에 대하여 x^2은 유리수이다.
④ 어떤 실수 x에 대하여 $x^2-5x+3=0$이다.
⑤ 모든 실수 x에 대하여 $x^2-x+3>0$이다.

0838
전체집합 $U=\{x\,|\,x$는 6의 약수$\}$에 대하여 $x\in U$일 때, 다음 중 부정이 참인 명제는?

① 모든 x에 대하여 $x<7$이다.
② 어떤 x에 대하여 $2x\geq x+4$이다.
③ 어떤 x에 대하여 $x^2=1$이다.
④ 모든 x에 대하여 $x^2-2x\geq0$이다.
⑤ 어떤 x에 대하여 $x^2-6x+9\geq0$이다.

0839 교육청
정수 k에 대한 두 조건 p, q가 모두 참인 명제가 되도록 하는 모든 k의 값의 합을 구하시오.

> p : 모든 실수 x에 대하여 $x^2+2kx+4k+5>0$이다.
> q : 어떤 실수 x에 대하여 $x^2=k-2$이다.

0840
자연수 n에 대한 조건
   '$-1\leq x\leq4$인 어떤 실수 x에 대하여
   $x^2-2x-n\geq0$이다.'
가 참인 명제가 되도록 하는 n의 개수를 구하시오.

유형 09 명제의 역과 대우의 참, 거짓

명제 $p \longrightarrow q$에서
(1) 역: $q \longrightarrow p$
(2) 대우: $\sim q \longrightarrow \sim p$
(3) 명제 $p \longrightarrow q$가 참이면 그 대우 $\sim q \longrightarrow \sim p$도 참이고,
명제 $p \longrightarrow q$가 거짓이면 그 대우 $\sim q \longrightarrow \sim p$도 거짓이다.
➡ 명제와 그 대우의 참, 거짓은 항상 일치한다.

0841 ✔ 대표 예제

x, y가 실수일 때, 다음 중 그 역이 참인 명제는?

① $x=1$이면 $x^2=1$이다.
② $x>2$이면 $4x-2>2x$이다.
③ $x^2+y^2=0$이면 $x=0$ 또는 $y=0$이다.
④ $xy=0$이면 $x=0$이고 $y=0$이다.
⑤ x, y가 양수이면 $x+y$는 양수이다.

완쏠 해설

① 역: $x^2=1$이면 $x=1$이다.
[반례] $x=-1$이면 $x^2=1$이지만 $x \neq 1$이다.
② 역: $4x-2>2x$이면 $x>2$이다.
[반례] $x=2$이면 $4x-2>2x$를 만족시키지만 $x \leq 2$이다.
③ 역: $x=0$ 또는 $y=0$이면 $x^2+y^2=0$이다.
[반례] $x=0$, $y=1$이면 $x^2+y^2=1$이다.
④ 역: $x=0$이고 $y=0$이면 $xy=0$이다.
$x=0$, $y=0$이면 $xy=0 \times 0=0$이므로 참이다.
⑤ 역: $x+y$가 양수이면 x, y는 양수이다.
[반례] $x=2$, $y=-1$이면
$x+y=1$이므로 $x+y$는 양수
이지만 y는 음수이다.

> 명제 $p \longrightarrow q$가 참일 때, 그 명제의 역 $q \longrightarrow p$가 반드시 참인 것은 아님에 주의하자.

따라서 그 역이 참인 명제는 ④이다.

답 ④

0842 대표 예제 한 번 더!

x, y가 실수일 때, 다음 중 그 역이 거짓인 명제는?

① x가 정수이면 x는 자연수이다.
② $x^2=4$이면 $x=-2$이다.
③ $x^2-2x-3=0$이면 $x=3$이다.
④ x, y가 정수이면 $x+y$는 정수이다.
⑤ $|x|+|y|=0$이면 $x=0$이고 $y=0$이다.

0843

실수 x에 대하여 명제
‘$x \leq -1$ 또는 $x \geq 3$이면 $x^2-x-2 \geq 0$이다.’
의 대우와 그것의 참, 거짓을 바르게 판별한 것은?

① $x^2-x-2 \geq 0$이면 $x \leq -1$ 또는 $x \geq 3$이다. (참)
② $x^2-x-2 \geq 0$이면 $x \leq -1$ 또는 $x \geq 3$이다. (거짓)
③ $x^2-x-2 < 0$이면 $-1 < x < 3$이다. (참)
④ $x^2-x-2 < 0$이면 $-1 < x < 3$이다. (거짓)
⑤ $x^2-x-2 < 0$이면 $x \geq -1$ 또는 $x \leq 3$이다. (거짓)

0844

두 실수 x, y에 대하여 다음 중 그 역과 대우가 모두 참인 명제는?

① $x<1$이면 $x<2$이다.
② $x>-3$이면 $x^2>9$이다.
③ $-1<x<2$이면 $x^2-2x<0$이다.
④ $xy \neq 0$이면 $x \neq 0$ 또는 $y \neq 0$이다.
⑤ $x^2+y^2=0$이면 $x=0$이고 $y=0$이다.

0845

두 조건
$$p: x^2-(2a+1)x+a^2+a<0,$$
$$q: x \leq -2 \text{ 또는 } x \geq 3$$
에 대하여 명제 $\sim q \longrightarrow p$의 역이 참이 되도록 하는 실수 a의 최댓값과 최솟값의 합은?

① -2 ② -1 ③ 0
④ 1 ⑤ 2

유형 **10** 명제의 대우를 이용하여 미지수 구하기

명제 $p \longrightarrow q$가 참이 되도록 하는 미지수를 구할 때, 두 조건 p, q의 진리집합을 구하는 것보다 $\sim p$, $\sim q$의 진리집합을 구하는 것이 더 쉬울 때는 그 대우 $\sim q \longrightarrow \sim p$가 참이 되도록 하는 미지수를 구한다.

0846 ✓ 대표 예제

두 실수 a, b에 대하여 명제
 '$a+2b \geq k$이면 $a \geq 1$ 또는 $b \geq 3$이다.'
가 참일 때, 실수 k의 최솟값은?

① 3   ② 4   ③ 5
④ 6   ⑤ 7

> **완쏠 해설**
>
> 주어진 명제가 참이므로 그 대우
> '$a<1$이고 $b<3$이면 $a+2b<k$이다.'
> 도 참이다.
> $a<1$이고 $b<3$에서 $2b<6$이므로
> $a+2b<7$
> $\therefore k \geq 7 \longrightarrow \{(a, b)|a+2b<7\} \subset \{(a, b)|a+2b<k\}$
> 따라서 실수 k의 최솟값은 7이다.
>
> '또는'이 있는 명제의 경우 대우를 이용하여 '그리고'로 바꿔서 해결하는 게 더 편리할 수 있어.
>
>
> 답 ⑤

0847 대표 예제 한 번 더!

명제 '$x^2-7x+10 \neq 0$이면 $x \neq a+1$이다.'가 참일 때, 모든 실수 a의 값의 합은?

① 4   ② 5   ③ 6
④ 7   ⑤ 8

0848

두 조건 $p: x \geq 2$, $q: a \leq x \leq 7$에 대하여 명제 $\sim p \longrightarrow \sim q$가 참이 되도록 하는 실수 a의 최솟값은? (단, $a \leq 7$)

① -1 ② 0   ③ 1
④ 2   ⑤ 3

0849

두 조건 $p: |x+1| \geq 4$, $q: |x-2| \geq a$에 대하여 명제 $p \longrightarrow q$가 참이 되도록 하는 양수 a의 최댓값은?

① 1   ② 2   ③ 3
④ 4   ⑤ 5

0850

두 조건 $p: x^2-8x-20 \geq 0$, $q: |x-a| > 3$에 대하여 명제 $p \longrightarrow q$가 참이 되도록 하는 정수 a의 개수는?

① 2   ② 3   ③ 4
④ 5   ⑤ 6

유형 11 삼단논법

세 조건 p, q, r에 대하여 두 명제 $p \longrightarrow q$, $q \longrightarrow r$가 모두 참이면 명제 $p \longrightarrow r$도 참이다.

참고 전체집합 U에 대하여 세 조건 p, q, r의 진리집합을 각각 P, Q, R라 할 때, 두 명제 $p \longrightarrow q$, $q \longrightarrow r$가 모두 참이면 $P \subset Q$, $Q \subset R$이므로 $P \subset R$이다. 따라서 명제 $p \longrightarrow r$도 참이다.

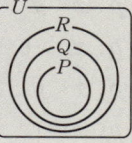

0851 ✔대표 예제

세 조건 p, q, r에 대하여 두 명제 $\sim r \longrightarrow q$, $r \longrightarrow \sim p$가 모두 참일 때, 다음 명제 중 항상 참이라 할 수 <u>없는</u> 것은?

① $p \longrightarrow q$ ② $q \longrightarrow p$ ③ $\sim q \longrightarrow r$

④ $p \longrightarrow \sim r$ ⑤ $\sim q \longrightarrow \sim p$

완쏠 해설

두 명제 $\sim r \longrightarrow q$, $r \longrightarrow \sim p$가 모두 참이므로 각각의 대우 $\sim q \longrightarrow r$, $p \longrightarrow \sim r$도 모두 참이다.
또한, 두 명제 $p \longrightarrow \sim r$, $\sim r \longrightarrow q$가 모두 참이므로 명제 $p \longrightarrow q$가 참이고 그 대우 $\sim q \longrightarrow \sim p$도 참이다. <u>삼단논법</u>
따라서 항상 참이라 할 수 없는 명제는 ② $q \longrightarrow p$이다.

 삼단논법으로 바로 보이지 않을 때는 주어진 명제의 대우를 이용하자!

(답) ②

0852 대표 예제 한 번 더!

세 조건 p, q, r에 대하여 두 명제 $p \longrightarrow \sim q$, $\sim r \longrightarrow q$가 모두 참일 때, 다음 명제 중 항상 참이라 할 수 <u>없는</u> 것은?

① $p \longrightarrow r$ ② $q \longrightarrow \sim p$ ③ $r \longrightarrow \sim p$

④ $\sim q \longrightarrow r$ ⑤ $\sim r \longrightarrow \sim p$

0853

네 조건 p, q, r, s에 대하여 세 명제 $p \longrightarrow r$, $s \longrightarrow \sim r$, $\sim q \longrightarrow s$가 모두 참일 때, |보기|에서 항상 참인 명제인 것만을 있는 대로 고른 것은?

보기
ㄱ. $p \longrightarrow \sim s$ ㄴ. $r \longrightarrow q$ ㄷ. $q \longrightarrow p$

① ㄱ ② ㄱ, ㄴ ③ ㄱ, ㄷ
④ ㄴ, ㄷ ⑤ ㄱ, ㄴ, ㄷ

0854 교육청

전체집합 U의 공집합이 아닌 세 부분집합 P, Q, R가 각각 세 조건 p, q, r의 진리집합이라 하자. 세 명제 $\sim p \longrightarrow r$, $r \longrightarrow \sim q$, $\sim r \longrightarrow q$가 모두 참일 때, |보기|에서 옳은 것만을 있는 대로 고른 것은?

보기
ㄱ. $P^C \subset R$ ㄴ. $P \subset Q$ ㄷ. $P \cap Q = R^C$

① ㄱ ② ㄴ ③ ㄱ, ㄷ
④ ㄴ, ㄷ ⑤ ㄱ, ㄴ, ㄷ

0855

네 조건 p, q, r, s에 대하여 두 명제 $\sim p \longrightarrow \sim s$, $r \longrightarrow \sim q$가 모두 참일 때, 명제 $q \longrightarrow p$가 참임을 보이기 위해 필요한 참인 명제는?

① $p \longrightarrow s$ ② $p \longrightarrow r$ ③ $p \longrightarrow \sim r$
④ $\sim s \longrightarrow r$ ⑤ $r \longrightarrow s$

유형 12 충분조건, 필요조건, 필요충분조건

두 조건 p, q에 대하여
① $p \Longrightarrow q$, $q \Longrightarrow\kern-1.1em/\;\; p$
➡ p는 q이기 위한 충분조건이지만 필요조건은 아니다.
② $p \Longrightarrow\kern-1.1em/\;\; q$, $q \Longrightarrow p$
➡ p는 q이기 위한 필요조건이지만 충분조건은 아니다.
③ $p \Longleftrightarrow q$ ➡ p는 q이기 위한 필요충분조건이다.

p는 q이기 위한 충분조건

$$p \Longrightarrow q$$

q는 p이기 위한 필요조건

0856 ✓ 대표 예제

두 조건 p, q에 대하여 다음 중 p가 q이기 위한 충분조건이지만 필요조건이 아닌 것은? (단, x, y, z는 실수이다.)

① $p : x < y$　　　　　　$q : x + z < y + z$
② $p : xy = 0$　　　　　$q : x^2 + y^2 = 0$
③ $p : |x| + |y| = 0$　　$q : x = 0$ 또는 $y = 0$
④ $p : x^2 - x = 0$　　　$q : x = 0$
⑤ $p : x^2 < y^2$　　　　$q : 0 < x < y$

완쏠 해설

① $x < y$의 양변에 z를 더하면 $x + z < y + z$
$x + z < y + z$의 양변에서 z를 빼면 $x < y$
즉, $p \Longleftrightarrow q$이므로 p는 q이기 위한 필요충분조건이다.
② $xy = 0$에서 $x = 0$ 또는 $y = 0$
$x^2 + y^2 = 0$에서 $x = 0$이고 $y = 0$
즉, $p \Longrightarrow\kern-1.1em/\;\; q$, $q \Longrightarrow p$이므로 p는 q이기 위한 필요조건이지만 충분조건은 아니다.
③ $|x| + |y| = 0$에서 $x = 0$이고 $y = 0$
즉, $p \Longrightarrow q$, $q \Longrightarrow\kern-1.1em/\;\; p$이므로 p는 q이기 위한 충분조건이지만 필요조건은 아니다.
④ $x^2 - x = 0$에서 $x(x-1) = 0$ ∴ $x = 0$ 또는 $x = 1$
즉, $p \Longrightarrow\kern-1.1em/\;\; q$, $q \Longrightarrow p$이므로 p는 q이기 위한 필요조건이지만 충분조건은 아니다.
⑤ $x^2 < y^2$에서 $|x| < |y|$
즉, $p \Longrightarrow\kern-1.1em/\;\; q$, $q \Longrightarrow p$이므로 p는 q이기 위한 필요조건이지만 충분조건은 아니다.
따라서 p가 q이기 위한 충분조건이지만 필요조건이 아닌 것은 ③이다.

답 ③

0857 대표 예제 한 번 더!

두 조건 p, q에 대하여 다음 중 p가 q이기 위한 필요조건이지만 충분조건이 아닌 것은? (단, x, y, z는 실수이다.)

① $p : x < y$　　　　　　$q : x - z < y - z$
② $p : xy > 0$　　　　　$q : x > 0, y > 0$
③ $p : x < y$　　　　　　$q : |x| < |y|$
④ $p : x = 1$　　　　　　$q : x^2 - 3x + 2 = 0$
⑤ $p : 1 < x < 2$　　　　$q : x^2 - 3x < 0$

0858 교육청

조건 p가 조건 q이기 위한 필요충분조건인 것만을 ⌐보기⌐에서 있는 대로 고른 것은? (단, x, y, z는 0이 아닌 실수)

보기
ㄱ. $p : x + y = xy$　　　$q : \dfrac{1}{x} + \dfrac{1}{y} = 1$
ㄴ. $p : 0 < x < y$　　　$q : 0 < \dfrac{1}{y} < \dfrac{1}{x}$
ㄷ. $p : (x-y)(y-z)(z-x) = 0$
　　$q : x = y = z$

① ㄱ　　　　　② ㄴ　　　　　③ ㄱ, ㄴ
④ ㄴ, ㄷ　　　⑤ ㄱ, ㄴ, ㄷ

0859

두 조건 p, q에 대하여 다음 중 p가 q이기 위한 필요충분조건인 것은? (단, x, y, z는 실수이다.)

① $p : x = y$　　　　　$q : x^2 = y^2$
② $p : x < y$　　　　　$q : xz < yz$
③ $p : x^2 < y^2$　　　$q : y < x < 0$
④ $p : x = y$　　　　　$q : x^3 = y^3$
⑤ $p : x + y > 0$　　　$q : x^2 + y^2 > 0$

유형 13 충분, 필요, 필요충분조건과 진리집합의 관계

두 조건 p, q의 진리집합을 각각 P, Q라 할 때
(1) p는 q이기 위한 충분조건, q는 p이기 위한 필요조건 ➡ $P \subset Q$ $\quad (p \Rightarrow q)$
(2) p는 q이기 위한 필요조건, q는 p이기 위한 충분조건 ➡ $Q \subset P$ $\quad (q \Rightarrow p)$
(3) p는 q이기 위한 필요충분조건 ➡ $P = Q$ $\quad (p \Longleftrightarrow q)$

0860 ✔대표 예제

세 조건 p, q, r에 대하여 q는 p이기 위한 필요조건이고, q는 $\sim r$이기 위한 충분조건이다. 전체집합 U에 대하여 세 조건 p, q, r의 진리집합을 각각 P, Q, R라 할 때, 다음 중 항상 옳은 것은?

① $P \cap Q = Q$ ② $P \cap R = \varnothing$ ③ $P \cap R = P$
④ $Q \cap R = R$ ⑤ $Q \cup R = U$

완쏠 해설

q는 p이기 위한 필요조건이므로
$P \subset Q$
q는 $\sim r$이기 위한 충분조건이므로
$Q \subset R^C$
따라서 $P \subset R^C$이므로
$P \cap R = \varnothing$이다.

> 전체집합 U의 두 부분집합 P, Q에 대하여 다음이 성립함을 기억해 두자.
> (1) $P \subset Q$일 때, $P \cap Q = P$, $P \cup Q = Q$이다.
> (2) $P \subset Q^C$일 때, $P \cap Q = \varnothing$이다.
> (3) $P^C \subset Q$일 때, $P \cup Q = U$이다.

답 ②

0861 대표 예제 한 번 더!

세 조건 p, q, r에 대하여 p는 $\sim q$이기 위한 충분조건이고, q는 $\sim r$이기 위한 필요조건이다. 전체집합 U에 대하여 세 조건 p, q, r의 진리집합을 각각 P, Q, R라 할 때, 다음 중 항상 옳다고 할 수 없는 것은?

① $Q \cap R = R$ ② $P \cap R = P$ ③ $P \cap Q = \varnothing$
④ $Q \cup R = U$ ⑤ $P - Q = P$

0862

전체집합 U에 대하여 세 조건 p, q, r의 진리집합을 각각 P, Q, R라 하자. 세 집합 P, Q, R 사이의 포함 관계가 그림과 같을 때, 다음 중 옳은 것은?

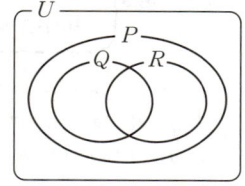

① p는 q이기 위한 충분조건이다.
② p는 $\sim r$이기 위한 필요조건이다.
③ r는 p이기 위한 충분조건이다.
④ r는 $\sim q$이기 위한 필요충분조건이다.
⑤ $\sim p$는 $\sim q$이기 위한 필요조건이다.

0863

전체집합 U에 대하여 세 조건 p, q, r의 진리집합을 각각 P, Q, R라 하자. p가 $\sim q$ 또는 r이기 위한 필요조건일 때, 다음 중 항상 옳은 것은?

① $(Q \cup P) \cap R = R$
② $(Q \cup P) \cap R^C = U$
③ $(Q \cap P^C) \cup R = R$
④ $(Q^C \cup R) \cap P = P$
⑤ $(Q^C \cap R) \cup P = Q^C \cap R$

0864 Up

전체집합 U에 대하여 세 조건 p, q, r의 진리집합을 각각 P, Q, R라 할 때, $(P \cap Q^C) \cup (P \cap R) = \varnothing$이 성립한다. 다음 중 옳지 <u>않은</u> 것은?

① p는 q이기 위한 충분조건이다.
② $\sim r$는 p이기 위한 필요조건이다.
③ r는 $\sim p$이기 위한 충분조건이다.
④ q 또는 $\sim r$는 p이기 위한 필요조건이다.
⑤ $\sim p$는 $\sim q$이고 r이기 위한 충분조건이다.

유형 14 충분, 필요, 필요충분조건을 만족시키는 **중요** 미지수 구하기

두 조건 p, q의 진리집합을 각각 P, Q라 할 때, p는 q이기 위한 충분조건, q는 p이기 위한 필요조건이면 $P \subset Q$, p는 q이기 위한 필요충분조건이면 $P = Q$임을 이용하여 조건을 만족시키는 미지수를 구한다.

0865 ✔ 대표 예제

$1 \leq x \leq 3$은 $x \leq a$이기 위한 충분조건이고, $-1 < x < b$는 $0 < x < 5$이기 위한 필요조건일 때, a의 최솟값과 b의 최솟값의 합은? (단, a, b는 실수이고, $b > -1$이다.)

① 4   ② 5   ③ 6
④ 7   ⑤ 8

(완쏠 해설)

$1 \leq x \leq 3$이 $x \leq a$이기 위한 충분조건이므로 명제
'$1 \leq x \leq 3$이면 $x \leq a$이다.'가 참이다.
즉, $\{x \mid 1 \leq x \leq 3\} \subset \{x \mid x \leq a\}$
이므로 오른쪽 그림에서
$a \geq 3$
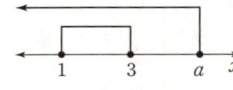
$-1 < x < b$가 $0 < x < 5$이기 위한 필요조건이므로 명제
'$0 < x < 5$이면 $-1 < x < b$이다.'가 참이다.
즉, $\{x \mid 0 < x < 5\} \subset \{x \mid -1 < x < b\}$
이므로 오른쪽 그림에서
$b \geq 5$
따라서 두 실수 a, b의 최솟값은
각각 3, 5이므로 그 합은
$3 + 5 = 8$

> 두 조건의 진리집합 P, Q의 포함 관계를 찾고, 각각을 수직선 위에 나타내어 보자.

(답 ⑤)

0866 대표 예제 한 번 더!

$2x - 1 \geq x$는 $a < x < 7$이기 위한 필요조건이고, $1 \leq x \leq 3$은 $b - 2 \leq x \leq b + 4$이기 위한 충분조건일 때, a의 최솟값과 b의 최댓값의 합은? (단, a, b는 실수이고, $a < 7$이다.)

① 1   ② 2   ③ 3
④ 4   ⑤ 5

0867

두 실수 a, b에 대하여 $x - 4 \neq 0$은 $x^2 - ax + b \neq 0$이기 위한 필요충분조건일 때, $a + b$의 값을 구하시오.

0868 교육청

실수 x에 대한 두 조건 p, q가 다음과 같다.
     $p : x^2 - 4x - 12 = 0$,
     $q : |x - 3| > k$
p가 $\sim q$이기 위한 충분조건이 되도록 하는 자연수 k의 최솟값은?

① 3   ② 4   ③ 5
④ 6   ⑤ 7

0869

세 조건 $p : x^2 - 2(a + 1)x + a^2 + 2a \leq 0$, $q : x > 3$, $r : b < x < 8$에 대하여 $\sim q$는 p이기 위한 필요조건이고, $\sim q$는 $\sim r$이기 위한 충분조건이다. 이때 두 실수 a, b에 대하여 $b - a$의 최솟값을 구하시오. (단, $b < 8$)

유형 15 충분, 필요, 필요충분조건과 삼단논법

세 조건 p, q, r에 대하여 주어진 충분조건, 필요조건을 이용하여 참인 두 명제 $p \longrightarrow q$, $q \longrightarrow r$ 꼴을 찾은 후 삼단논법을 이용하여 명제 $p \longrightarrow r$가 참임을 이용한다.

0870 ✔ 대표 예제

세 조건 p, q, r에 대하여 p는 q이기 위한 필요조건이고, r는 $\sim p$이기 위한 충분조건일 때, 다음 명제 중 항상 참이라 할 수 없는 것은?

① $\sim p \longrightarrow \sim q$ ② $r \longrightarrow \sim q$ ③ $q \longrightarrow r$
④ $p \longrightarrow \sim r$ ⑤ $q \longrightarrow \sim r$

완쏠 해설

p가 q이기 위한 필요조건이므로 $q \Longrightarrow p$
r가 $\sim p$이기 위한 충분조건이므로 $r \Longrightarrow \sim p$
또한, 두 명제 $q \longrightarrow p$, $r \longrightarrow \sim p$가 모두 참이므로 각각의 대우 $\sim p \longrightarrow \sim q$, $p \longrightarrow \sim r$도 모두 참이다.
이때 두 명제 $q \longrightarrow p$, $p \longrightarrow \sim r$가 모두 참이므로 명제 $q \longrightarrow \sim r$가 참이고 그 대우 $r \longrightarrow \sim q$도 참이다.
따라서 항상 참이라 할 수 없는 명제는 ③ $q \longrightarrow r$이다.

> 주어진 명제에 대하여 각각의 대우도 같이 써놓으면 삼단 논법을 이용하여 답을 찾기 가 더 쉬워.

(답) ③

0871 대표 예제 한 번 더!

세 조건 p, q, r에 대하여 p는 $\sim q$이기 위한 충분조건이고, q는 r이기 위한 필요조건일 때, 다음 명제 중 항상 참인 것은?

① $q \longrightarrow p$ ② $q \longrightarrow r$ ③ $\sim p \longrightarrow r$
④ $\sim r \longrightarrow \sim p$ ⑤ $r \longrightarrow \sim p$

0872

세 조건 p, q, r에 대하여 두 명제 $p \longrightarrow r$, $q \longrightarrow \sim r$가 모두 참일 때, |보기|에서 항상 옳은 것만을 있는 대로 고른 것은?

— 보기 —
ㄱ. r는 p이기 위한 필요조건이다.
ㄴ. p는 q이기 위한 충분조건이다.
ㄷ. $\sim p$는 q이기 위한 필요조건이다.

① ㄱ ② ㄴ ③ ㄱ, ㄷ
④ ㄴ, ㄷ ⑤ ㄱ, ㄴ, ㄷ

0873

네 조건 p, q, r, s에 대하여 p는 q이기 위한 충분조건, $\sim q$는 s이기 위한 필요조건, s는 r이기 위한 필요충분조건일 때, |보기|에서 항상 참인 명제인 것만을 있는 대로 고른 것은?

— 보기 —
ㄱ. $s \longrightarrow p$ ㄴ. $q \longrightarrow \sim r$ ㄷ. $r \longrightarrow \sim p$

① ㄱ ② ㄷ ③ ㄱ, ㄴ
④ ㄴ, ㄷ ⑤ ㄱ, ㄴ, ㄷ

0874

네 조건 p, q, r, s에 대하여 p는 $\sim q$이기 위한 충분조건이고, $\sim r$는 $\sim s$이기 위한 필요조건일 때, s가 q이기 위한 필요조건이기 위해 필요한 참인 명제는?

① $\sim p \longrightarrow r$ ② $\sim p \longrightarrow \sim r$ ③ $\sim q \longrightarrow r$
④ $q \longrightarrow \sim r$ ⑤ $p \longrightarrow s$

유형 16 대우를 이용한 명제의 증명

두 조건 p, q에 대하여 명제 'p이면 q이다.'가 참임을 직접 증명하기 어려울 때는 그 대우 '$\sim q$이면 $\sim p$이다.'가 참임을 증명한다.

0875 ✓ 대표 예제

다음은 세 실수 x, y, z에 대하여 명제
 '$x+y+z$가 3 이상이면 어떤 x, y, z는 1 이상이다.'
가 참임을 대우를 이용하여 증명하는 과정이다.

주어진 명제의 대우는
 ' (가) x, y, z가 1 (나) 이면
 $x+y+z$는 3 (나) 이다.'
이다.
 (가) x, y, z가 1 (나) 이면
$x<1$, $y<1$, $z<1$이므로 $x+y+z<$ (다)
즉, $x+y+z$는 3 (나) 이다.
따라서 주어진 명제의 대우가 참이므로 주어진 명제도 참이다.

위의 과정에서 (가), (나), (다)에 알맞은 것은?

	(가)	(나)	(다)
①	어떤	미만	3
②	모든	미만	2
③	모든	미만	3
④	모든	이하	2
⑤	어떤	이하	2

완쌤 해설

명제 '$x+y+z$가 3 이상이면 어떤 x, y, z는 1 이상이다.'의 대우는
'$\boxed{모든}$ x, y, z가 1 $\boxed{미만}$이면 $x+y+z$는 3 $\boxed{미만}$이다.'
이다.
$\boxed{모든}$ x, y, z가 1 $\boxed{미만}$이면 $x<1$, $y<1$, $z<1$이므로
$x+y+z<\boxed{3}$
즉, $x+y+z$는 3 $\boxed{미만}$이다.
따라서 주어진 명제의 대우가 참이므로 주어진 명제도 참이다.

'어떤'이나 '또는'이 있는 명제의 증명은 대우를 이용하는 경우가 많아.

답 ③

0876

다음은 두 자연수 a, b에 대하여 명제
 'a^2+ab+b^2이 홀수이면 a 또는 b가 홀수이다.'
가 참임을 대우를 이용하여 증명하는 과정이다.

주어진 명제의 대우는
 'a, b가 (가) 이면 a^2+ab+b^2이 (나) 이다.'
이다.
a, b가 (가) 이면 a^2, ab, b^2은 모두 (다) 이므로
a^2+ab+b^2은 (나) 이다.
따라서 주어진 명제의 대우가 참이므로 주어진 명제도 참이다.

위의 과정에서 (가), (나), (다)에 알맞은 것은?

	(가)	(나)	(다)
①	홀수	홀수	짝수
②	홀수	짝수	홀수
③	짝수	홀수	홀수
④	짝수	짝수	홀수
⑤	짝수	짝수	짝수

0877

다음은 자연수 n에 대하여 명제
 'n^3이 3의 배수이면 n도 3의 배수이다.'
가 참임을 대우를 이용하여 증명하는 과정이다.

주어진 명제의 대우는
 'n이 3의 배수가 아니면 n^3도 3의 배수가 아니다.'
이다.
n이 3의 배수가 아니면
 $n=3k-2$ 또는 $n=$ (가) (k는 자연수)
로 나타낼 수 있다.
(i) $n=3k-2$일 때, $n^3=3(9k^3-18k^2+12k-3)+1$
(ii) $n=$ (가) 일 때, $n^3=3($ (나) $)+2$
(i), (ii)에서 n^3은 3의 배수가 아니다.
따라서 주어진 명제의 대우가 참이므로 주어진 명제도 참이다.

위의 과정에서 (가)에 알맞은 식을 $f(k)$, (나)에 알맞은 식을 $g(k)$라 할 때, $f(2)+g(1)$의 값을 구하시오.

유형 17 귀류법을 이용한 명제의 증명

어떤 명제가 참임을 증명할 때, 직접 증명하는 것이 어려운 경우 그 명제 또는 명제의 결론을 부정하여 모순이 생김을 보여도 된다.

0878 ✔ 대표 예제

다음은 소수 p에 대하여 명제

'$\sqrt{p}$는 유리수가 아니다.'

가 참임을 귀류법을 이용하여 증명하는 과정이다.

> $\sqrt{p}$가 **(가)** 라 가정하면
>
> $\sqrt{p} = \dfrac{n}{m}$ (m, n은 서로소인 자연수)
>
> 으로 나타낼 수 있다.
>
> 이때 $m^2 p = $ **(나)** 에서 **(나)** 이 p의 배수이고 p는 소수이므로 n도 p의 배수이다.
>
> 즉, n^2이 p^2의 배수이므로 $m^2 p$도 p^2의 배수이다.
>
> 그런데 **(다)** 은 p의 배수이고 m도 p의 배수이므로 m, n이 서로소라는 가정에 모순이다.
>
> 따라서 $\sqrt{p}$는 유리수가 아니다.

위의 과정에서 (가), (나), (다)에 알맞은 것은?

	(가)	(나)	(다)
①	유리수	n^2	m^2
②	유리수	n^2	n^2
③	유리수	m^2	m^2
④	무리수	m^2	m^2
⑤	무리수	m^2	n^2

완쏠 해설

$\sqrt{p}$가 유리수 라 가정하면

$\sqrt{p} = \dfrac{n}{m}$ (m, n은 서로소인 자연수)

으로 나타낼 수 있다.

이 식의 양변을 제곱하면

$p = \dfrac{n^2}{m^2}$이므로 $m^2 p = \boxed{n^2}$에서

$\boxed{n^2}$이 p의 배수이고 p는 소수이므로 n도 p의 배수이다.

즉, n^2이 p^2의 배수이므로 $m^2 p$도 p^2의 배수이다.

이때 $m^2 p$가 p^2의 배수이므로 m^2은 p를 약수로 가져야 한다.

그런데 $\boxed{m^2}$은 p의 배수이고 m도 p의 배수이므로 m, n이 모두 p의 배수가 되어 m, n이 서로소라는 가정에 모순이다.

따라서 $\sqrt{p}$는 유리수가 아니다.

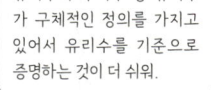 유리수와 무리수 중 유리수가 구체적인 정의를 가지고 있어서 유리수를 기준으로 증명하는 것이 더 쉬워.

답 ①

0879

다음은 두 자연수 a, b에 대하여 명제

'a, b가 서로소이면 a 또는 b가 홀수이다.'

가 참임을 귀류법을 이용하여 증명하는 과정이다.

> a와 b가 모두 **(가)** 라 가정하면
>
> $a = $ **(나)** $\times k$, $b = $ **(나)** $\times l$ (k, l은 자연수)
>
> 로 나타낼 수 있다.
>
> 그런데 **(나)** 는 a와 b의 공약수이므로
>
> a, b가 **(다)** 라는 가정에 모순이다.
>
> 따라서 a, b가 서로소이면 a 또는 b가 홀수이다.

위의 과정에서 (가), (나), (다)에 알맞은 것은?

	(가)	(나)	(다)
①	홀수	2	홀수
②	홀수	3	서로소
③	짝수	2	짝수
④	짝수	2	서로소
⑤	짝수	3	서로소

0880

다음은 자연수 n에 대하여 명제

'n^2이 3의 배수이면 n은 3의 배수이다.'

가 참임을 귀류법을 이용하여 증명하는 과정이다.

> n이 3의 배수가 아니라 가정하면
>
> $n = $ **(가)** 또는 $n = 3k - 1$ (k는 자연수)
>
> 로 나타낼 수 있다.
>
> (i) $n = $ **(가)** 일 때
>
> $n^2 = 3(\boxed{\text{(나)}}) + 1$
>
> (ii) $n = 3k - 1$일 때
>
> $n^2 = 3(3k^2 - 2k) + 1$
>
> (i), (ii)에서 n^2은 3의 배수가 아니다.
>
> 그런데 n^2은 3의 배수라는 가정에 모순이다.
>
> 따라서 n^2이 3의 배수이면 n은 3의 배수이다.

위의 과정에서 (가)에 알맞은 식을 $f(k)$, (나)에 알맞은 식을 $g(k)$라 할 때, $f(4) + g(2)$의 값을 구하시오.

*등호가 포함된 부등식을 증명할 때는 특별한 말이 없더라도 등호가 성립하는 조건을 찾아 증명 과정에 포함할 수 있게 한다.

유형 18 **실수의 성질을 이용한 절대부등식의 증명**

두 실수 A, B에 대하여 $A \geq B \Longleftrightarrow A-B \geq 0$임을 이용하여 절대부등식을 증명한다.

참고 $A>0$, $B>0$이면

(1) $A \geq B \Longleftrightarrow A^2-B^2 \geq 0 \Longleftrightarrow \sqrt{A}-\sqrt{B} \geq 0$임을 이용한다.

(2) $A \geq B \Longleftrightarrow \dfrac{A}{B} \geq 1$임을 이용한다.

0881 ✔ **대표 예제**

다음은 세 실수 a, b, c에 대하여 부등식

$$a^2+b^2+c^2 \geq ab+bc+ca$$

가 성립함을 증명하는 과정이다.

$a^2+b^2+c^2-(ab+bc+ca)$

$= \boxed{\text{(가)}} \{(a-b)^2+(\boxed{\text{(나)}})^2+(c-a)^2\}$

a, b, c가 실수이므로

$(a-b)^2 \geq 0$, $(\boxed{\text{(나)}})^2 \geq 0$, $(c-a)^2 \geq 0$

따라서 $a^2+b^2+c^2-(ab+bc+ca) \geq 0$이므로

$a^2+b^2+c^2 \geq ab+bc+ca$

여기서 등호는 $\boxed{\text{(다)}}$ 일 때 성립한다.

위의 과정에서 (가), (나), (다)에 알맞은 것은?

	(가)	(나)	(다)
①	2	$b+c$	$abc=0$
②	2	$b-c$	$a=b=c$
③	$\frac{1}{2}$	$b+c$	$a=b=c$
④	$\frac{1}{2}$	$b-c$	$a=b=c$
⑤	$\frac{1}{2}$	$b-c$	$abc=0$

완쏠 해설

$a^2+b^2+c^2-(ab+bc+ca)$

$=\dfrac{1}{2}\{(a^2-2ab+b^2)+(b^2-2bc+c^2)+(c^2-2ca+a^2)\}$

$=\boxed{\dfrac{1}{2}}\{(a-b)^2+(\boxed{b-c})^2+(c-a)^2\}$

a, b, c가 실수이므로 $(a-b)^2 \geq 0$, $(\boxed{b-c})^2 \geq 0$, $(c-a)^2 \geq 0$

여기서 등호는 $(a-b)^2=0$,

$(b-c)^2=0$, $(c-a)^2=0$에서

$a=b$, $b=c$, $c=a$, 즉

$\boxed{a=b=c}$ 일 때 성립한다.

실수에 대한 증명일 경우, (실수)²≥0을 이용할 수 있도록 식을 변형해 보자.

답 ④

0882

다음은 세 실수 a, b, c에 대하여 부등식

$$(a+b)^2 \geq 4ab$$

가 성립함을 증명하는 과정이다.

$(a+b)^2-4ab=a^2+(\boxed{\text{(가)}})+b^2$

$=(\boxed{\text{(나)}})^2$

a, b는 실수이므로

$(\boxed{\text{(나)}})^2 \geq 0$

따라서 $(a+b)^2-4ab \geq 0$이므로

$(a+b)^2 \geq 4ab$

여기서 등호는 $\boxed{\text{(다)}}$ 일 때 성립한다.

위의 과정에서 (가), (나), (다)에 알맞은 것은?

	(가)	(나)	(다)
①	$2ab$	$a-b$	$a=b$
②	$2ab$	$a+b$	$a+b=0$
③	$-2ab$	$a+b$	$a=b$
④	$-2ab$	$a-b$	$a+b=0$
⑤	$-2ab$	$a-b$	$a=b$

0883

다음은 부등식

$$(2+\sqrt{5})^{100} > (7+4\sqrt{5})^{50}$$

이 성립함을 증명하는 과정이다.

$\dfrac{(2+\sqrt{5})^{100}}{(7+4\sqrt{5})^{50}}=\left\{\dfrac{(2+\sqrt{5})^2}{7+4\sqrt{5}}\right\}^{50}=\left(\dfrac{\boxed{\text{(가)}}}{7+4\sqrt{5}}\right)^{50}$

에서 $\dfrac{\boxed{\text{(가)}}}{7+4\sqrt{5}}=1+\dfrac{\boxed{\text{(나)}}}{7+4\sqrt{5}}>1$이므로

$\left(\dfrac{\boxed{\text{(가)}}}{7+4\sqrt{5}}\right)^{50}>1$

따라서 $\dfrac{(2+\sqrt{5})^{100}}{(7+4\sqrt{5})^{50}}>1$이고 $(7+4\sqrt{5})^{50}>0$이므로

$(2+\sqrt{5})^{100}>(7+4\sqrt{5})^{50}$

위의 과정에서 (가), (나)에 알맞은 두 수의 합을 $a+b\sqrt{5}$라 할 때, $a+b$의 값을 구하시오. (단, a, b는 유리수이다.)

유형 19 여러 가지 절대부등식

(1) 산술평균과 기하평균의 관계: $a>0$, $b>0$일 때

$$\frac{a+b}{2}\geq\sqrt{ab}$$ (단, 등호는 $a=b$일 때 성립)

산술평균 ─┘ └─ 기하평균

(2) 코시─슈바르츠의 부등식: a, b, x, y가 실수일 때

$$(a^2+b^2)(x^2+y^2)\geq(ax+by)^2$$

$\left(\text{단, 등호는 } \dfrac{x}{a}=\dfrac{y}{b}\text{일 때 성립}\right)$

(3) 절댓값 기호를 포함한 절대부등식: a, b가 실수일 때

$$|a|+|b|\geq|a+b|$$ (단, 등호는 $ab\geq0$일 때 성립)

0884 ✔ 대표 예제

다음은 두 양수 a, b에 대하여 부등식

$$\frac{a+b}{2}\geq\sqrt{ab}$$

가 성립함을 증명하는 과정이다.

$$\frac{a+b}{2}-\sqrt{ab}=\frac{1}{2}(a+b-\boxed{\text{(가)}})=\frac{1}{2}(\boxed{\text{(나)}})^2\geq0$$

따라서 $\dfrac{a+b}{2}\geq\sqrt{ab}$이다.

여기서 등호는 $\boxed{\text{(다)}}$일 때 성립한다.

위의 과정에서 (가), (나), (다)에 알맞은 것은?

	(가)	(나)	(다)
①	$2\sqrt{ab}$	$\sqrt{a}-\sqrt{b}$	$a=b$
②	$2\sqrt{ab}$	$\sqrt{a}-\sqrt{b}$	$a=2b$
③	$2\sqrt{ab}$	$a-b$	$a=b$
④	$\sqrt{ab}$	$a-b$	$a=2b$
⑤	$\sqrt{ab}$	$a-b$	$a=b$

완쏠 해설

$$\frac{a+b}{2}-\sqrt{ab}=\frac{1}{2}(a+b-\boxed{2\sqrt{ab}})$$
$$=\frac{1}{2}(\boxed{\sqrt{a}-\sqrt{b}})^2\geq0$$

> 증명하는 과정 전부를 몰라도 앞, 뒤의 식을 보고 빈칸에 알맞은 내용을 찾을 수 있어.

따라서 $\dfrac{a+b}{2}\geq\sqrt{ab}$이다.

여기서 등호는 $\sqrt{a}-\sqrt{b}=0$, 즉 $\sqrt{a}=\sqrt{b}$이므로 $\boxed{a=b}$일 때 성립한다.

답 ①

0885

다음은 네 실수 a, b, x, y에 대하여 부등식

$$(a^2+b^2)(x^2+y^2)\geq(ax+by)^2$$

이 성립함을 증명하는 과정이다.

$$(a^2+b^2)(x^2+y^2)-(ax+by)^2$$
$$=a^2x^2+a^2y^2+b^2x^2+b^2y^2-a^2x^2-2abxy-b^2y^2$$
$$=(\boxed{\text{(가)}})^2-2(\boxed{\text{(가)}})(ay)+(ay)^2$$
$$=(\boxed{\text{(나)}})^2\geq0$$

따라서 $(a^2+b^2)(x^2+y^2)\geq(ax+by)^2$이다.

여기서 등호는 $\boxed{\text{(다)}}$일 때 성립한다.

위의 과정에서 (가), (나), (다)에 알맞은 것은?

	(가)	(나)	(다)
①	ax	$bx-ay$	$\dfrac{x}{a}=\dfrac{y}{b}$
②	ax	$ax-by$	$\dfrac{x}{b}=\dfrac{y}{a}$
③	bx	$bx-ay$	$\dfrac{x}{a}=\dfrac{y}{b}$
④	bx	$bx-ay$	$\dfrac{x}{b}=\dfrac{y}{a}$
⑤	bx	$ax-ay$	$\dfrac{x}{b}=\dfrac{y}{a}$

0886

다음은 두 실수 a, b에 대하여 부등식

$$|a|+|b|\geq|a+b|$$

가 성립함을 증명하는 과정이다.

$$(|a|+|b|)^2-(|a+b|)^2$$
$$=|a|^2+2|a||b|+|b|^2-a^2-\boxed{\text{(가)}}-b^2$$
$$=2(\boxed{\text{(나)}})\geq0$$

따라서 $(|a|+|b|)^2\geq(|a+b|)^2$이고

$|a|+|b|\geq0$, $|a+b|\geq0$이므로 $|a|+|b|\geq|a+b|$

여기서 등호는 $\boxed{\text{(다)}}$일 때 성립한다.

위의 과정에서 (가), (나), (다)에 알맞은 것은?

	(가)	(나)	(다)
①	$2ab$	$ab-|ab|$	$ab\leq0$
②	$2ab$	$|ab|-ab$	$ab\geq0$
③	$2ab$	$|ab|-ab$	$ab\leq0$
④	$-2ab$	$|ab|-ab$	$ab\geq0$
⑤	$-2ab$	$ab-|ab|$	$ab\leq0$

유형 **20** 산술평균과 기하평균의 관계 ;
다항식의 곱 또는 합의 최솟값 구하기

(1) $a>0$, $b>0$일 때, 다항식의 곱으로 주어진 식을 전개한 후
(상수)$+a+b$ 꼴로 변형하여
$$(상수)+a+b \geq (상수)+2\sqrt{ab}$$
임을 이용한다.

(2) 주어진 식을 $f(x)+\dfrac{1}{f(x)}$ 꼴을 포함하도록 변형하여
$$f(x)+\dfrac{1}{f(x)} \geq 2\sqrt{f(x) \times \dfrac{1}{f(x)}}=2$$
임을 이용한다.

0887 ✓ 대표 예제

두 양수 x, y에 대하여 $\left(x+\dfrac{1}{y}\right)\left(y+\dfrac{9}{x}\right)$는 $xy=a$일 때, 최솟값 b를 갖는다. 이때 $a+b$의 값은?

① 17 ② 19 ③ 21
④ 23 ⑤ 25

완쏠 해설

$$\left(x+\dfrac{1}{y}\right)\left(y+\dfrac{9}{x}\right)=xy+9+1+\dfrac{9}{xy}=10+xy+\dfrac{9}{xy}$$

$xy>0$이므로 산술평균과 기하평균의 관계에 의하여

$$10+xy+\dfrac{9}{xy} \geq 10+2\sqrt{xy \times \dfrac{9}{xy}}=10+2\times 3=16$$

곱하면 약분된다.

등호는 $xy=\dfrac{9}{xy}$일 때 성립하므로

$(xy)^2=9$에서 $xy=3$ $(\because xy>0)$

즉, $\left(x+\dfrac{1}{y}\right)\left(y+\dfrac{9}{x}\right)$는 $xy=3$일 때,

최솟값 16을 갖는다.

따라서 $a=3$, $b=16$이므로 $a+b=3+16=19$

식을 전개해서 $a \times \dfrac{1}{a}$과 같이 곱하면 약분될 수 있는 꼴을 찾아서 산술평균과 기하평균의 관계를 이용해.

답 ②

0888 대표 예제 한 번 더!

$a<0$일 때, $\left(a-\dfrac{2}{a}\right)\left(a-\dfrac{8}{a}\right)$의 값이 최소가 되도록 하는 a의 값은?

① -6 ② -5 ③ -4
④ -3 ⑤ -2

0889

$x>2$일 때, $x+\dfrac{4}{x-2}$의 최솟값을 a, 그때의 x의 값을 b라 하자. 이때 $a+b$의 값은?

① 6 ② 8 ③ 10
④ 12 ⑤ 14

0890

$x>1$일 때, $\dfrac{x^2+2x+6}{x-1}$의 최솟값은?

① 6 ② 7 ③ 8
④ 9 ⑤ 10

0891

$a>0$, $b>0$, $c>0$일 때, $(2a+b+3c)\left(\dfrac{1}{2a}+\dfrac{9}{b+3c}\right)$의 최솟값을 구하시오.

유형 21 산술평균과 기하평균의 관계 ; 합 또는 곱이 일정할 때

$a>0$, $b>0$일 때, $a+b \geq 2\sqrt{ab}$이므로
(1) $a+b$가 일정하면 ab는 $a=b$일 때 최댓값을 갖는다.
(2) ab가 일정하면 $a+b$는 $a=b$일 때 최솟값을 갖는다.

0892 ✓ 대표 예제

두 양수 x, y에 대하여 $4x+3y=12$일 때, xy의 최댓값은?

① 1 　　　② 2 　　　③ 3
④ 4 　　　⑤ 5

완쏠 해설

$x>0$, $y>0$이므로 산술평균과 기하평균의 관계에 의하여
$4x+3y \geq 2\sqrt{4x \times 3y} = 4\sqrt{3xy}$
그런데 $4x+3y=12$이므로
$12 \geq 4\sqrt{3xy}$, $3 \geq \sqrt{3xy}$
위의 식의 양변을 제곱하면
$9 \geq 3xy$ ∴ $xy \leq 3$
등호는 $4x=3y$일 때 성립하고 $4x+3y=12$이므로
$8x=12$, $6y=12$
∴ $x=\dfrac{3}{2}$, $y=2$

> 산술평균과 기하평균의 관계는 등호의 성립 조건을 꼭 같이 써 줘야 해.

따라서 xy는 $x=\dfrac{3}{2}$, $y=2$일 때,
최댓값 3을 갖는다.

답 ③

0893 대표 예제 한 번 더!

두 양수 x, y에 대하여 $2x+5y=40$일 때, xy의 최댓값을 a, 그때의 x, y의 값을 각각 b, c라 하자. 이때 $a+b+c$의 값은?

① 42 　　　② 46 　　　③ 50
④ 54 　　　⑤ 58

0894

두 양수 a, b에 대하여 $ab=3$일 때, $a+3b$의 최솟값은?

① 4 　　　② 6 　　　③ 8
④ 10 　　　⑤ 12

0895 교육청

두 양의 실수 a, b에 대하여 두 일차함수
$$f(x)=\frac{a}{2}x-\frac{1}{2}, \quad g(x)=\frac{1}{b}x+1$$
이 있다. 직선 $y=f(x)$와 직선 $y=g(x)$가 서로 평행할 때, $(a+1)(b+2)$의 최솟값을 구하시오.

0896 UP

$x>0$, $y>0$이고 $2x+y=2$일 때, $8x^3+y^3$의 최솟값을 구하시오.

유형 22 도형에서 산술평균과 기하평균의 관계의 활용

도형에서 산술평균과 기하평균의 관계의 활용 문제는 다음과 같은 순서로 해결한다.
❶ 주어진 조건에서 변하는 두 값을 x, y로 놓는다.
❷ 주어진 값과 구하는 값을 x와 y의 합 또는 곱으로 나타낸다.
❸ 산술평균과 기하평균의 관계를 이용한다.

0897 ✓ 대표 예제

그림과 같이 수직인 두 벽면 사이를 길이가 8 m인 직선 모양의 울타리를 대어 만든 닭장이 있다. 이 닭장의 밑면의 넓이의 최댓값은?
(단, 울타리의 두께는 고려하지 않는다.)

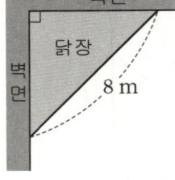

① 10 m^2 ② 12 m^2 ③ 14 m^2
④ 16 m^2 ⑤ 18 m^2

완쏠 해설

닭장의 밑면에서 직각을 낀 두 변의 길이를 각각 x m, y m라 하면 $x^2+y^2=8^2=64$
$x^2>0$, $y^2>0$이므로 산술평균과 기하평균의 관계에 의하여
$x^2+y^2 \geq 2\sqrt{x^2y^2}=2xy$
그런데 $x^2+y^2=64$이므로
$64 \geq 2xy$ ∴ $xy \leq 32$ (단, 등호는 $x=y=4\sqrt{2}$일 때 성립)

> $x=y$일 때 성립하고 $x^2+y^2=64$이므로 $2x^2=64$, $x^2=32$ ∴ $x=4\sqrt{2}$ ($∵ x>0$)

이때 닭장의 밑면의 넓이는 $\frac{1}{2}xy$ m^{2}이므로
$\frac{1}{2}xy \leq \frac{1}{2} \times 32 = 16$
따라서 닭장의 밑면의 넓이의 최댓값은 16 m^{2}이다.

> 두 변수 x, y를 이용해서 $x^2+y^2=64$와 같이 값이 일정한 식을 찾는 게 핵심이야!

답 ④

0898 대표 예제 한 번 더!

길이가 80 m인 노끈을 이용하여 그림과 같이 6개의 직사각형 모양으로 나누어진 텃밭을 만들려고 한다. 텃밭 전체의 넓이의 최댓값은?
(단, 노끈의 굵기는 고려하지 않는다.)

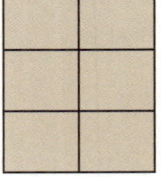

① 100 m^2 ② $\frac{400}{3}$ m^2 ③ $\frac{500}{3}$ m^2
④ 200 m^2 ⑤ $\frac{700}{3}$ m^2

0899

그림과 같이 한 변의 길이가 5인 정사각형 ABCD에 대하여 변 AB 위에 두 점 E, F가 있고, 변 CD 위에 두 점 G, H가 있다. $\overline{EF}=2$, $\overline{GH}=4$이고 정사각형 ABCD의 내부의 한 점 P에 대하여 두 삼각형 PEF, PGH의 넓이를 각각 S_1, S_2라 할 때, $S_1 S_2$의 최댓값은?

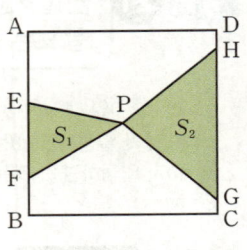

① $\frac{15}{2}$ ② 10   ③ $\frac{25}{2}$
④ 15   ⑤ $\frac{35}{2}$

0900

그림과 같이 철사를 이용하여 부피가 2000 cm^{3}이고 높이가 5 cm인 직육면체 모양의 틀을 만들려고 한다. 이때 필요한 철사의 길이의 최솟값은? (단, 철사의 굵기는 고려하지 않는다.)

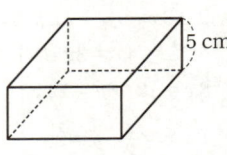

① 140 cm   ② 160 cm   ③ 180 cm
④ 200 cm   ⑤ 220 cm

0901

그림과 같이 점 A(2, 4)를 지나는 직선 $ax+by=1$이 x축, y축과 만나는 점을 각각 B, C라 할 때, 삼각형 OBC의 넓이의 최솟값은?
(단, O는 원점이고, $a>0$, $b>0$이다.)

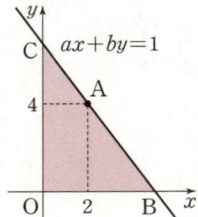

① 12   ② 13
③ 14   ④ 15
⑤ 16

유형 23 코시−슈바르츠의 부등식

a, b, x, y가 실수일 때, 부등식
$$(a^2+b^2)(x^2+y^2) \geq (ax+by)^2$$
이 성립한다. 이때 등호는 $\dfrac{x}{a}=\dfrac{y}{b}$일 때 성립한다.

참고 다음과 같은 문제에서 코시−슈바르츠의 부등식을 사용한다.
(1) x^2+y^2의 값이 주어졌을 때 $ax+by$의 최댓값 또는 최솟값을 구하는 문제
(2) $ax+by$의 값이 주어졌을 때 x^2+y^2의 최솟값을 구하는 문제

0902 ✓대표 예제

두 실수 x, y가 $x^2+y^2=20$을 만족시킬 때, $x+2y$의 최댓값을 M, 그때의 x, y의 값을 각각 α, β라 하자. 이때 $M(\alpha+\beta)$의 값은?

① 45 ② 50 ③ 55
④ 60 ⑤ 65

완쏠 해설

x, y가 실수이므로 코시−슈바르츠의 부등식에 의하여
$(1^2+2^2)(x^2+y^2) \geq (x+2y)^2$
그런데 $x^2+y^2=20$이므로
$5 \times 20 \geq (x+2y)^2$, $100 \geq (x+2y)^2$
$\therefore -10 \leq x+2y \leq 10$
등호는 $x=\dfrac{y}{2}$일 때 성립하므로 $y=2x$
$y=2x$를 $x^2+y^2=20$에 대입하면
$5x^2=20$, $x^2=4$
$\therefore x=\pm2$, $y=\pm4$ (복부호동순)
따라서 $x+2y$는 $x=2$, $y=4$일 때 최댓값 10을 가지므로
$M=10$, $\alpha=2$, $\beta=4$
$\therefore M(\alpha+\beta)=10(2+4)=60$

> x^2+y^2 또는 $ax+by$ 꼴의 식과 연관된 최대·최소 문제는 코시−슈바르츠의 부등식을 이용하자.

달 ④

0903 대표 예제 한 번 더!

두 실수 x, y가 $x^2+y^2=5$를 만족시킬 때, $2x-y$의 최댓값과 최솟값의 곱은?

① −25 ② −20 ③ −15
④ −10 ⑤ −5

0904

두 실수 x, y에 대하여 $3x+y=20$일 때, x^2+y^2의 최솟값은?

① 20 ② 25 ③ 30
④ 35 ⑤ 40

0905

그림과 같이 둘레의 길이가 24인 직사각형이 원에 내접한다고 할 때, 원의 넓이의 최솟값은?

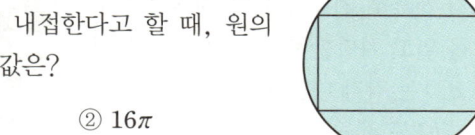

① 14π ② 16π
③ 18π ④ 20π
⑤ 22π

0906 Up

세 실수 x, y, z가 $x+y+z=2$, $2x^2+y^2+z^2=8$을 만족시킬 때, x의 최댓값과 최솟값의 합은?

① $\dfrac{1}{5}$ ② $\dfrac{2}{5}$ ③ $\dfrac{3}{5}$
④ $\dfrac{4}{5}$ ⑤ 1

0907 빈출
• 유형 14

$|x+1| \leq k$가 $x^2+x \leq 12$이기 위한 필요조건일 때, 양수 k의 최솟값은?

① 1   ② 2   ③ 3

④ 4   ⑤ 5

0908
• 유형 13

그림과 같이 강에 A, B, C 3개의 댐이 건설되어 있다. 강물의 흐름은 상류에서 하류로 진행하며 각 댐에서는 수로를 열고 차단할 수 있을 때, 세 조건 p, q, r는 각각 다음과 같다.

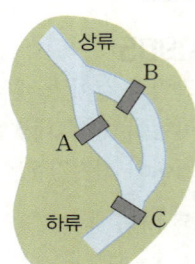

p : A의 수로가 열려 있다.

q : B의 수로가 닫혀 있다.

r : C의 수로가 열려 있다.

전체집합 U에 대하여 세 조건 p, q, r의 진리집합을 각각 P, Q, R라 할 때, 상류에서 하류로 물이 흐르기 위한 필요충분조건의 진리집합은?

① $P \cap Q \cap R$ ② $(P \cap Q^C) \cup R$

③ $P \cup Q \cup R$ ④ $(P \cup Q^C) \cap R$

⑤ $(P \cup Q^C) \cup R$

0909
• 유형 20

두 양수 a, b에 대하여 $ab(a+b+2)=32$일 때, $(a+b)(a+2)$의 최솟값을 구하시오.

0910
• 유형 19

다음은 두 실수 a, b에 대하여 부등식

$$|a| - |b| \leq |a-b|$$

가 성립함을 증명하는 과정이다.

> (ⅰ) $|a| < |b|$일 때
>
> $|a|-|b| < \boxed{\text{(가)}}$ 이고 $|a-b| > \boxed{\text{(가)}}$ 이므로
>
> $|a|-|b| \leq |a-b|$
>
> (ⅱ) $|a| \geq |b|$일 때
>
> $|a-b|^2 - (|a|-|b|)^2 = \boxed{\text{(나)}}$
>
>   이때 $|ab| \geq ab$이므로 $\boxed{\text{(나)}} \geq 0$
>
> $\therefore (|a|-|b|)^2 \leq |a-b|^2$
>
>   즉, $|a|-|b| \geq 0$이고 $|a-b| \geq 0$이므로
>
> $|a|-|b| \leq |a-b|$
>
> (ⅰ), (ⅱ)에서 $|a|-|b| \leq |a-b|$
>
> 여기서 등호는 $\boxed{\text{(다)}}$ 이고 $|a| \geq |b|$일 때 성립한다.

위의 과정에서 (가), (나), (다)에 알맞은 것은?

	(가)	(나)	(다)
①	0	$2(|ab|-ab)$	$ab=0$
②	0	$|ab|-ab$	$|ab|=ab$
③	0	$2(|ab|-ab)$	$|ab|=ab$
④	1	$|ab|-ab$	$ab=0$
⑤	1	$2(|ab|-ab)$	$|ab|=ab$

0911
• 유형 15

세 조건 p, q, r에 대하여 다음 조건이 성립한다고 한다.

> (가) q는 $\sim p$이기 위한 충분조건이다.
>
> (나) p는 $\sim r$이기 위한 필요조건이다.
>
> (다) q는 r이기 위한 필요조건이다.

다음 중 옳지 <u>않은</u> 것은?

① $\sim r$는 p이기 위한 필요조건이다.

② p는 $\sim q$이기 위한 필요조건이다.

③ r는 $\sim p$이기 위한 충분조건이다.

④ $\sim r$는 $\sim q$이기 위한 충분조건이다.

⑤ p는 q이기 위한 충분조건이다.

0912
• 유형 12

두 조건 p, q에 대하여 p가 q이기 위한 필요조건이지만 충분조건이 아닌 것만을 |보기|에서 있는 대로 고른 것은?

(단, A, B, C는 모두 공집합이 아니다.)

┌─── 보기 ────
ㄱ. $p : A \cup B = A$ $q : A = B$
ㄴ. $p : A \subset (B \cap C)$ $q : A \subset B$이고 $A \subset C$
ㄷ. $p : A \cap B = A \cap C$ $q : B = C$
└──────────

① ㄱ   ② ㄴ   ③ ㄷ
④ ㄱ, ㄴ   ⑤ ㄱ, ㄷ

0913 교육청
• 유형 22

두 양수 a, b에 대하여 좌표평면 위의 점 $P(a, b)$를 지나고 직선 OP에 수직인 직선이 y축과 만나는 점을 Q라 하자. 점 $R\left(-\dfrac{1}{a}, 0\right)$에 대하여 삼각형 OQR의 넓이의 최솟값은?

(단, O는 원점이다.)

① $\dfrac{1}{2}$ ② 1 ③ $\dfrac{3}{2}$

④ 2 ⑤ $\dfrac{5}{2}$

0914
• 유형 18 + 유형 19

세 실수 a, b, c에 대하여 옳은 것만을 |보기|에서 있는 대로 고른 것은?

┌─── 보기 ────
ㄱ. $(a + 2b)^2 \geq 6ab$
ㄴ. $|a| + |b| + |c| \geq |a + b + c|$
ㄷ. $a^2 + 2b^2 + 3c^2 \geq 2ab + 2bc + 2ca$
ㄹ. $a^3 + b^3 \geq ab(a + b)$
└──────────

① ㄱ, ㄴ   ② ㄱ, ㄷ   ③ ㄴ, ㄷ
④ ㄱ, ㄴ, ㄹ   ⑤ ㄴ, ㄷ, ㄹ

0915
• 유형 06

전체집합 U에 대하여 세 조건 p, q, r의 진리집합을 각각 P, Q, R라 하자. 세 명제

$$\sim r \longrightarrow p, \quad r \longrightarrow \sim q, \quad \sim p \longrightarrow q$$

가 모두 참일 때, |보기|에서 옳은 것만을 있는 대로 고른 것은?

┌─── 보기 ────
ㄱ. $P = U$
ㄴ. $Q \cap R \neq \varnothing$
ㄷ. $(P - R^C) \subset Q^C$
└──────────

① ㄱ   ② ㄴ   ③ ㄱ, ㄴ
④ ㄱ, ㄷ   ⑤ ㄴ, ㄷ

0916
• 유형 04 + 유형 09

세 실수 x, y, z에 대하여 다음 |보기| 중 명제와 역이 모두 참인 것의 개수는? (단, $i = \sqrt{-1}$)

┌─── 보기 ────
ㄱ. $-2 \leq x \leq 2$이면 $x^2 \leq 4$이다.
ㄴ. $x + y$가 유리수이면 x, y는 유리수이다.
ㄷ. $x + yi$가 실수이면 $xy = 0$이다.
ㄹ. $x^2 + y^2 + z^2 = 0$이면 $x = y = z = 0$이다.
ㅁ. $xyz \neq 0$이면 $|x| + |y| + |z| > 0$이다.
└──────────

① 1   ② 2   ③ 3
④ 4   ⑤ 5

07
명제

0917 교육청 · 유형 08 + 유형 14

실수 x에 대한 두 조건

$$p : x^2+2ax+1 \geq 0,$$
$$q : x^2+2bx+9 \leq 0$$

이 있다. 다음 두 문장이 모두 참인 명제가 되도록 하는 정수 a, b의 순서쌍 (a, b)의 개수는?

- 모든 실수 x에 대하여 p이다.
- p는 $\sim q$이기 위한 충분조건이다.

① 15 　　　　② 18 　　　　③ 21
④ 24 　　　　⑤ 27

0918 · 유형 05

자연수 n에 대하여 두 조건 p, q가

$$p : n은\ 6^3의\ 약수이다., \quad q : \sqrt{n}\ 은\ 자연수이다.$$

일 때, 명제 $p \longrightarrow q$가 거짓임을 보이는 모든 반례의 개수는?

① 8 　　　　② 9 　　　　③ 10
④ 11 　　　　⑤ 12

0919 · 유형 10

두 조건

$$p : \frac{\sqrt{x+3}}{\sqrt{x-5}} = -\sqrt{\frac{x+3}{x-5}}, \quad q : |x-2| > a+1$$

에 대하여 명제 $\sim p \longrightarrow q$가 참이 되도록 하는 정수 a의 개수는? (단, $a > -1$)

① 1 　　　　② 2 　　　　③ 3
④ 4 　　　　⑤ 5

0920 · 유형 02 + 유형 11

어떤 범죄사건의 범인은 2명이다. 이때 4명의 용의자 A, B, C, D는 범인들을 모두 알고 있고 다음과 같은 진술을 하였다.

A : B 또는 D가 범인입니다.
B : A 또는 D가 범인이 아닙니다.
C : A 또는 B가 범인입니다.
D : B와 C가 범인입니다.

범인은 거짓인 진술을 하고 있고 범인이 아닌 용의자는 참인 진술을 할 때, 이 범죄사건의 범인은?

① A, B 　　　　② A, C 　　　　③ B, C
④ B, D 　　　　⑤ C, D

0921 사고력 · 유형 20

세 양수 x, y, z에 대하여

$$x^2+y^2+6z+\frac{169}{2(x+2y+3z)}$$

가 $x=\alpha$, $y=\beta$, $z=\gamma$에서 최솟값 m을 가질 때, $m\alpha\beta\gamma$의 값을 구하시오.

0922 교육청 · 유형 03

두 자연수 a, b에 대하여 실수 x에 대한 두 조건

$p : x^2-4x+a+2 \leq 0$,

$q : 0 < |x-b| \leq 4$

의 진리집합을 각각 P, Q라 하자.

$P \neq \varnothing$, $P \subset Q$

가 되도록 하는 a, b의 모든 순서쌍 (a, b)의 개수는?

① 5   ② 6   ③ 7

④ 8   ⑤ 9

0923 상위 1% 도전 · 유형 08

두 실수 x, y에 대하여 두 조건 p, q가 다음과 같다.

$p : (x-a)^2+(y-b)^2=1$

(단, $a^2+b^2=4$, $a>0$, $b \geq 0$)

$q : x-\sqrt{3}y=0$

명제 '어떤 두 실수 x, y에 대하여 p이고 q이다.'가 참일 때, $\dfrac{b}{a}$의 최댓값은?

① 1   ② $\sqrt{2}$ ③ $\sqrt{3}$

④ 2   ⑤ $\sqrt{5}$

서술형 문제

0924 · 유형 16

두 자연수 m, n에 대하여 명제

'mn이 짝수이면 m은 짝수 또는 n은 짝수이다.'

가 참임을 대우를 이용하여 증명하시오.

☑ **필요 개념 및 공식**

☐ 명제의 대우   ☐ 대우를 이용한 증명

0925 · 유형 17

귀류법을 이용하여 $3+\sqrt{2}$가 유리수가 아님을 증명하시오.

☑ **필요 개념 및 공식**

☐ 명제의 부정   ☐ 귀류법

STEP 3 실전 업*

0926
• 유형 06 + 유형 11

전체집합 U에 대하여 세 조건 p, q, r의 진리집합을 각각
$$P=\{1, 3, |a|\}, Q=\{2, |b|\}, R=\{a, b\}$$
라 하자. 두 명제 $q \longrightarrow p$, $r \longrightarrow \sim p$가 모두 참일 때, 모든 ab의 값의 합을 구하시오. (단, $a \neq b$)

☑ 필요 개념 및 공식
- [ ] 명제의 참, 거짓
- [ ] 삼단논법

0927
• 유형 20

양수 x에 대하여 $\dfrac{3x^2+10x+12}{x^2+3x+4}$의 최댓값을 $\dfrac{q}{p}$, 그때의 x의 값을 a라 할 때, $p+q+a$의 값을 구하시오.
(단, p와 q는 서로소인 자연수이다.)

☑ 필요 개념 및 공식
- [ ] 산술평균과 기하평균의 관계

0928
• 유형 04 + 유형 08

실수 x에 대한 두 조건
$$p: 0<x-a\leq 2a+1,$$
$$q: x^2-10x+24\leq 0$$
이 있다. 명제 $p \longrightarrow q$와 명제 $p \longrightarrow \sim q$가 모두 거짓이 되도록 하는 정수 a의 값의 합을 구하시오.

☑ 필요 개념 및 공식
- [ ] 명제의 부정
- [ ] 명제의 참, 거짓

0929
• 유형 02 + 유형 08

좌표평면 위에 두 점 A(3, −1), B(1, 1)과 직선
$l: y=kx+1$이 있다. 명제 '직선 l 위의 어떤 점 P에 대하여 세 점 A, B, P는 $\overline{AP}=\overline{BP}$인 이등변삼각형 ABP의 꼭짓점이다.'가 거짓이 되도록 하는 모든 실수 k의 값의 합을 구하시오.

☑ 필요 개념 및 공식
- [ ] '모든'이나 '어떤'이 있는 명제
- [ ] 명제의 참, 거짓

함수

개념 01 함수

(1) **대응**: 공집합이 아닌 두 집합 X, Y에 대하여 X의 원소에 Y의 원소를 짝 짓는 것을 X에서 Y로의 대응이라 한다.

(2) **함수**: 두 집합 X, Y에 대하여 X의 각 원소에 Y의 원소가 오직 하나씩 대응할 때, 이 대응을 X에서 Y로의 함수라 하고, 기호로 $f : X \longrightarrow Y$와 같이 나타낸다.

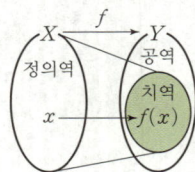

이때 집합 X를 함수 f의 정의역, 집합 Y를 함수 f의 공역이라 한다.

또한, 함수 f에 의하여 정의역 X의 원소 x에 공역 Y의 원소 y가 대응할 때, 기호로 $y=f(x)$와 같이 나타내고 $f(x)$를 함수 f의 x에서의 함숫값이라 한다.

함수 f의 함숫값 전체의 집합 $\{f(x)|x \in X\}$를 함수 f의 치역이라 한다.

> 참고 정의역이나 공역이 주어지지 않은 경우, 정의역은 함수가 정의되는 모든 실수의 집합으로, 공역은 실수 전체의 집합으로 생각한다.

(3) **서로 같은 함수**: 두 함수 f, g의 정의역과 공역이 각각 같고 정의역의 모든 원소 x에 대하여 $f(x)=g(x)$일 때, 두 함수 f와 g는 서로 같다고 하고, 기호로 $f=g$와 같이 나타낸다.

> 참고 두 함수 f, g가 같지 않을 때는 기호로 $f \neq g$와 같이 나타낸다.

(4) **함수의 그래프**: 함수 $f : X \longrightarrow Y$에서 정의역 X의 원소 x와 그에 대응하는 함숫값 $f(x)$의 순서쌍 $(x, f(x))$의 전체의 집합 $\{(x, f(x))|x \in X\}$를 함수 f의 그래프라 한다.

[0930~0933] 다음 대응 중에서 집합 X에서 집합 Y로의 함수인 것을 찾고, 함수인 것은 정의역, 공역, 치역을 각각 구하시오.

0930
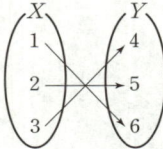

0931
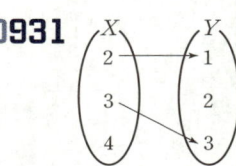

0932
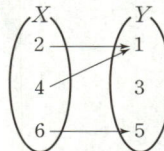

0933
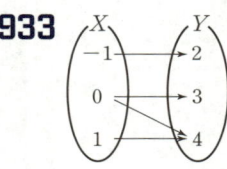

[0934~0935] 다음 함수의 정의역과 치역을 각각 구하시오.

0934 $y=x+2$

0935 $y=x^2+1$

0936 다음은 정의역이 $\{0, 1\}$인 두 함수 $f(x)=x$, $g(x)=x^2$에 대하여 $f=g$임을 보이는 과정이다.

$f(0)=$ (가) , $f(1)=$ (나) 이고
$g(0)=$ (다) , $g(1)=$ (라) 이므로
$f(0)=g(0)=$ (마) , $f(1)=g(1)=$ (바)
따라서 정의역 $\{0, 1\}$의 모든 원소 x에 대하여
$f(x)=g(x)$이므로 $f=g$, 즉 f와 g는 서로 같은 함수이다.

위의 과정에서 (가)~(바)에 알맞은 수를 구하시오.

개념 02 여러 가지 함수

(1) **일대일함수**: 함수 $f : X \longrightarrow Y$에서 정의역 X의 임의의 두 원소 x_1, x_2에 대하여 $x_1 \neq x_2$이면 $f(x_1) \neq f(x_2)$인 함수
> 대우 '$f(x_1)=f(x_2)$이면 $x_1=x_2$'를 만족시켜도 일대일함수이다.

(2) **일대일대응**: 함수 $f : X \longrightarrow Y$가 일대일함수이고 치역과 공역이 같은 함수
> 참고 일대일대응이면 일대일함수이지만 일대일함수라고 모두 일대일대응인 것은 아니다.

(3) **항등함수**: 함수 $f : X \longrightarrow X$에서 정의역 X의 각 원소 x에 그 자신 x가 대응하는 함수, 즉 $f(x)=x$인 함수
> 참고 항등함수는 일대일대응이다.

(4) **상수함수**: 함수 $f : X \longrightarrow Y$에서 정의역 X의 모든 원소 x에 공역 Y의 단 하나의 원소가 대응하는 함수, 즉 $f(x)=c$ (c는 상수)인 함수

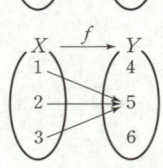

[0937~0940] 다음 대응 중에서 집합 X에서 집합 Y로의 함수가 일대일함수, 일대일대응, 항등함수, 상수함수 중 어떤 함수인지 모두 말하시오.

0937
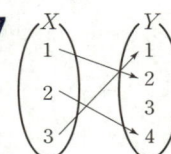

0938
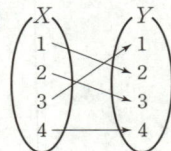

0939
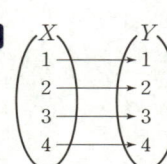

0940
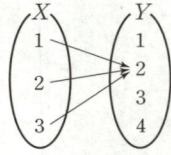

[0941~0944] 정의역과 공역이 실수 전체의 집합인 다음 함수가 일대일함수, 일대일대응, 항등함수, 상수함수 중 어떤 함수인지 모두 말하시오.

0941 $y=x$

0942 $y=5$

0943 $y=-2x$

0944 $y=\begin{cases} x & (x<0) \\ x^2 & (x\geq 0) \end{cases}$

개념 03 합성함수

(1) **합성함수**: 세 집합 X, Y, Z에 대하여 두 함수 $f:X\longrightarrow Y$, $g:Y\longrightarrow Z$ 가 주어질 때, X의 각 원소 x에 Y의 원소 $f(x)$를 대응시키고, 다시 이 $f(x)$에 Z의 원소 $g(f(x))$를 대응시키면 X를 정의역, Z를 공역으로 하는 새로운 함수를 정의할 수 있다.
이 함수를 f와 g의 합성함수라 하고 기호로 $g\circ f$와 같이 나타낸다. 즉,
$$g\circ f:X\longrightarrow Z,\ (g\circ f)(x)=g(f(x))$$

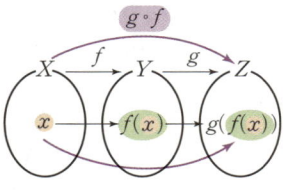

(2) **합성함수의 성질**: 세 함수 f, g, h에 대하여
　① $g\circ f\neq f\circ g$ ➡ 교환법칙이 성립하지 않는다.
　② $(f\circ g)\circ h=f\circ(g\circ h)$ ➡ 결합법칙이 성립한다.
　③ $f\circ I=I\circ f=f$ (단, I는 항등함수이다.)

> 괄호를 생략하여 $f\circ g\circ h$로 나타내기도 한다.

[0945~0948] 두 함수 f, g가 그림과 같을 때, 다음을 구하시오.

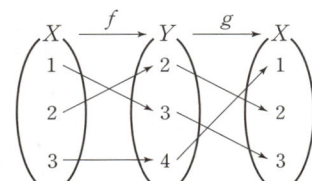

0945 $(g\circ f)(1)$

0946 $(g\circ f)(3)$

0947 $(f\circ g)(2)$

0948 $(f\circ g)(4)$

[0949~0952] 세 함수 $f(x)=3x+1$, $g(x)=x+1$, $h(x)=-2x-1$에 대하여 다음을 구하시오.

0949 $(g\circ f)(x)$

0950 $(f\circ g)(x)$

0951 $(h\circ g\circ f)(x)$

0952 $(f\circ g\circ h)(x)$

개념 04 역함수

(1) **역함수**: 두 집합 X, Y에 대하여 함수 $f:X\longrightarrow Y$가 일대일대응일 때, Y의 각 원소 y에 $f(x)=y$인 X의 원소 x를 대응시키면 Y를 정의역, X를 공역으로 하는 새로운 함수를 정의할 수 있다.
이 함수를 함수 f의 역함수라 하고, 기호로 f^{-1}와 같이 나타낸다. 즉,
$$f^{-1}:Y\longrightarrow X,\ x=f^{-1}(y)$$

(2) **역함수의 성질**: 함수 $f:X\longrightarrow Y$가 일대일대응일 때
　① f의 역함수 $f^{-1}:Y\longrightarrow X$가 존재한다. → 함수 f의 역함수가 존재하면 함수 f는 일대일대응이다.
　② $y=f(x)\Longleftrightarrow x=f^{-1}(y)$
　③ $(f^{-1}\circ f)(x)=x\ (x\in X)$
　　$(f\circ f^{-1})(y)=y\ (y\in Y)$ → 두 합성함수는 정의역이 각각 X, Y인 항등함수이므로 같은 함수가 아니다.
　④ $(f^{-1})^{-1}(x)=f(x)\ (x\in X)$
　⑤ 함수 $g:Y\longrightarrow Z$가 일대일대응이고 그 역함수가 g^{-1}일 때
　　$(g\circ f)^{-1}=f^{-1}\circ g^{-1}$

(3) **역함수를 구하는 방법**: 일대일대응인 함수 $y=f(x)$의 역함수 $y=f^{-1}(x)$는 다음과 같은 순서로 구한다.
　❶ $y=f(x)$에서 x를 y에 대한 식 $x=f^{-1}(y)$ 꼴로 나타낸다.
　❷ x와 y를 서로 바꾸어 $y=f^{-1}(x)$로 나타낸다.
　참고 ❶과 ❷의 순서를 바꾸어 구할 수도 있다.

(4) **함수와 그 역함수의 그래프**: 함수 $y=f(x)$의 그래프와 그 역함수 $y=f^{-1}(x)$의 그래프는 직선 $y=x$에 대하여 대칭이다.

[0953~0956] 함수 f가 그림과 같을 때, 다음을 구하시오.

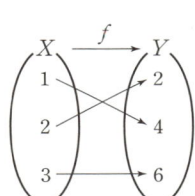

0953 $f(1)+f^{-1}(2)$

0954 $f(2)+f^{-1}(4)$

0955 $(f^{-1}\circ f)(3)$

0956 $(f\circ f^{-1})(2)$

[0957~0958] 함수 $f(x)=3x-1$에 대하여 다음 등식을 만족시키는 실수 k의 값을 구하시오.

0957 $f^{-1}(k)=1$

0958 $f^{-1}(5)=k$

[0959~0960] 다음 함수의 역함수를 구하시오.

0959 $y=2x-1$

0960 $y=\frac{1}{3}x+1$

유형 01 함수의 뜻

집합 X에서 집합 Y로의 대응이 함수이려면
(i) X의 각 원소에 Y의 원소가 오직 하나씩 대응해야 한다.
(ii) X의 원소 중 Y의 원소와 대응하지 않는 원소가 없어야 한다.

참고 함수의 그래프는 정의역의 각 원소 a에 대하여 y축에 평행한 직선 $x=a$와 오직 한 점에서 만난다.

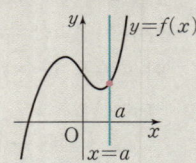

0961 ✓ 대표 예제

두 집합 $X=\{1, 2, 3\}$, $Y=\{1, 2, 3, 4\}$에 대하여 | 보기 | 중 X에서 Y로의 함수인 것만을 있는 대로 고른 것은?

┌─────────── 보기 ───────────┐
ㄱ. $f(x)=x+1$ ㄴ. $g(x)=-x+4$
ㄷ. $h(x)=|x-2|+3$
└──────────────────────────┘

① ㄱ   ② ㄴ   ③ ㄱ, ㄴ
④ ㄴ, ㄷ   ⑤ ㄱ, ㄴ, ㄷ

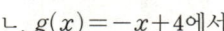

완쏠 해설

함수는 집합 $X=\{1, 2, 3\}$의 각 원소에 집합 $Y=\{1, 2, 3, 4\}$의 원소가 오직 하나씩 대응해야 한다.

ㄱ. $f(x)=x+1$에서
   $f(1)=2\in Y$
   $f(2)=3\in Y$
   $f(3)=4\in Y$
   즉, 이 대응은 오른쪽 그림과 같으므로 f는 함수이다.

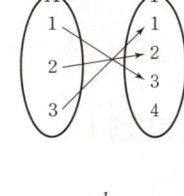

ㄴ. $g(x)=-x+4$에서
   $g(1)=3\in Y$
   $g(2)=2\in Y$
   $g(3)=1\in Y$
   즉, 이 대응은 오른쪽 그림과 같으므로 g는 함수이다.

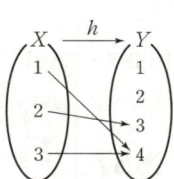

ㄷ. $h(x)=|x-2|+3$에서
   $h(1)=|1-2|+3=4\in Y$ $|-1|=1$
   $h(2)=|2-2|+3=3\in Y$
   $h(3)=|3-2|+3=4\in Y$
   즉, 이 대응은 오른쪽 그림과 같으므로 h는 함수이다.

따라서 X에서 Y로의 함수인 것은 ㄱ, ㄴ, ㄷ이다.

> 유한집합에서 정의된 대응이 함수인지 알아볼 때, 대응을 그림으로 나타내면 쉽게 알아볼 수 있어.

답 ⑤

0962 대표 예제 한 번 더!

두 집합 $X=\{0, 1, 2\}$, $Y=\{0, 1, 2, 3\}$에 대하여 | 보기 | 중 X에서 Y로의 함수인 것만을 있는 대로 고르시오.

┌─────────── 보기 ───────────┐
ㄱ. $f(x)=3-x$ ㄴ. $g(x)=2|x-1|-1$
ㄷ. $h(x)=x^2-x$
└──────────────────────────┘

0963

실수 전체의 집합 R에 대하여 | 보기 | 중 R에서 R로의 함수의 그래프인 것만을 있는 대로 고른 것은?

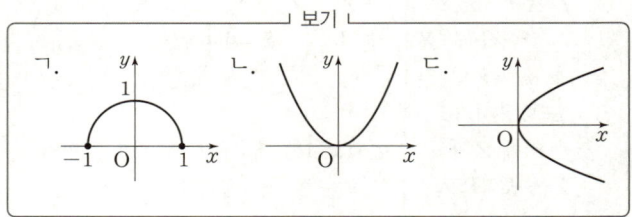

① ㄴ   ② ㄷ   ③ ㄱ, ㄴ
④ ㄴ, ㄷ   ⑤ ㄱ, ㄴ, ㄷ

0964

집합 $X=\{x|0\leq x\leq 2\}$에 대하여 | 보기 | 중 X에서 X로의 함수의 그래프인 것만을 있는 대로 고른 것은?

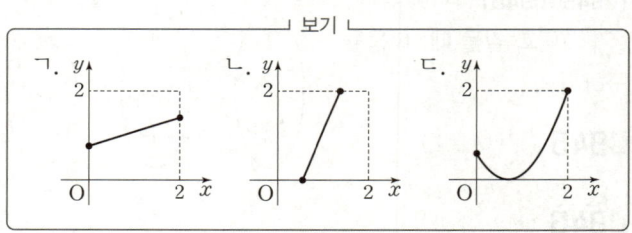

① ㄱ   ② ㄴ   ③ ㄱ, ㄷ
④ ㄴ, ㄷ   ⑤ ㄱ, ㄴ, ㄷ

0965 Up

두 집합 $X=\{x|1\leq x\leq 2\}$, $Y=\{y|-1\leq y\leq 5\}$에 대하여 X에서 Y로의 함수 $f(x)=x+k$가 정의되도록 하는 실수 k의 값의 범위가 $\alpha\leq k\leq\beta$일 때, $\beta-\alpha$의 값을 구하시오.

유형 02 함숫값

함수 $f(x)$에서 $f(k)$의 값은 x 대신 k를 대입하여 구한다.

0966 ✔ 대표 예제

실수 전체의 집합에서 정의된 함수 f가

$$f(x)=\begin{cases} -x+4 & (x<0) \\ 2x-1 & (x\geq 0) \end{cases}$$

일 때, $f(-5)+f(1)$의 값은?

① 10 ② 11 ③ 12
④ 13 ⑤ 14

완쏠 해설

$x<0$일 때, $f(x)=-x+4$이므로
$f(-5)=-(-5)+4=9$
$x\geq 0$일 때, $f(x)=2x-1$이므로
$f(1)=2\times 1-1=1$
$\therefore f(-5)+f(1)=9+1=10$

> 구간에 따라 여러 개로 정의되어 있는 함수의 함숫값을 구할 때는 대입하려는 수가 정의역의 어느 범위에 속하는지 잘 확인해서 해당되는 식에 대입해야 해.

(답) ①

0967 대표 예제 한 번 더!

실수 전체의 집합에서 정의된 함수 f가

$$f(x)=\begin{cases} x^2 & (x<4) \\ \dfrac{1}{2}x+1 & (x\geq 4) \end{cases}$$

일 때, $f(3)+f(4)$의 값은?

① 4 ② 6 ③ 8
④ 10 ⑤ 12

0968

실수 전체의 집합에서 정의된 함수 f가

$$f(x)=\begin{cases} x^2+x & (x<0) \\ 2x-1 & (x\geq 0) \end{cases}$$

일 때, $f(-a)+f(a)=5$를 만족시키는 양수 a의 값은?

① 1 ② 2 ③ 3
④ 4 ⑤ 5

0969

실수 전체의 집합에서 정의된 함수 f가

$$f(x)=\begin{cases} x+3 & (x\text{는 유리수}) \\ 2x & (x\text{는 무리수}) \end{cases}$$

이다. 유리수 a에 대하여 $f(a)+f(\sqrt{3}-4)=k$일 때, k^2은 유리수이다. $a+k^2$의 값을 구하시오.

0970

실수 전체의 집합에서 정의된 함수 f가 $0\leq x<3$일 때 $f(x)=2x+1$이고 임의의 실수 x에 대하여 $f(x)=f(x+3)$을 만족시킬 때, $f(-1)+f(7)$의 값은?

① 6 ② 7 ③ 8
④ 9 ⑤ 10

유형 03 함수의 정의역, 공역, 치역

함수 $f : X \longrightarrow Y$에 대하여
(1) 정의역: 집합 X
(2) 공역: 집합 Y
(3) 치역: $\{f(x) \mid x \in X\}$

참고 치역은 공역의 부분집합이다.

0971 ✓ 대표 예제

집합 $X=\{x \mid -1 \le x \le 2, x$는 정수$\}$에 대하여 정의역이 X이고 공역이 실수 전체의 집합인 함수 f가

$$f(x) = -x^2 + 2x + 2$$

일 때, $f(x)$의 치역의 모든 원소의 합은?

① 3   ② 4   ③ 5
④ 6   ⑤ 7

완쏠 해설

$X=\{-1, 0, 1, 2\}$이므로
$f(-1) = -(-1)^2 + 2 \times (-1) + 2 = -1$
$f(0) = -0^2 + 2 \times 0 + 2 = 2$
$f(1) = -1^2 + 2 \times 1 + 2 = 3$
$f(2) = -2^2 + 2 \times 2 + 2 = 2$
즉, 함수 $f(x)$의 치역은 $\{-1, 2, 3\}$이므로 치역의 모든 원소의 합은
$(-1) + 2 + 3 = 4$

> $f(0) = f(2)$이고 치역은 집합이니까 같은 원소는 중복하여 나열하지 않아. 치역의 모든 원소의 합을 모든 함숫값의 합으로 생각해서 $f(-1) + f(0) + f(1) + f(2)$ 로 생각하지 않도록 주의해야 해.

답 ②

0972 대표 예제 한 번 더!

집합 $X=\{x \mid -2 \le x \le 1, x$는 정수$\}$에 대하여 정의역이 X이고 공역이 실수 전체의 집합인 함수 f가

$$f(x) = 2|x+1| - 1$$

일 때, $f(x)$의 치역의 모든 원소의 합은?

① 3   ② 5   ③ 7
④ 9   ⑤ 11

0973

정의역이 $\{x \mid -2 \le x \le 1\}$인 두 함수

$$f(x) = x^2 + 2x - 2, \quad g(x) = ax + b$$

의 치역이 같을 때, 두 상수 a, b에 대하여 $a-b$의 값은?
(단, $a < 0$)

① $\dfrac{1}{3}$ ② $\dfrac{2}{3}$ ③ 1
④ $\dfrac{4}{3}$ ⑤ $\dfrac{5}{3}$

0974

집합 $X=\{x \mid -3 \le x \le 4\}$에 대하여 X에서 X로의 함수 $f(x) = ax + b$의 공역과 치역이 서로 같을 때, $f(-2)$의 값은? (단, a, b는 상수이고 $ab \ne 0$이다.)

① 1   ② 3   ③ 5
④ 7   ⑤ 9

0975

함수 $y = x^2 - 2ax + 6$의 정의역이 $\{x \mid -2 \le x \le 2a\}$이고 치역이 $\{y \mid -3 \le y \le 2b\}$일 때, 두 양수 a, b에 대하여 $a+b$의 값은?

① 11   ② 12   ③ 13
④ 14   ⑤ 15

유형 04 서로 같은 함수

두 함수 f, g가 서로 같은 함수이면 ── $f=g$와 같이 나타낸다.
(i) f, g의 정의역과 공역이 각각 같다.
(ii) 정의역의 모든 원소 x에 대하여 $f(x)=g(x)$이다.

0976 ✓ 대표 예제

집합 $\{1, 2\}$를 정의역으로 하는 두 함수
$$f(x)=x+a, \quad g(x)=x^2+bx+4$$
에 대하여 $f=g$일 때, $a+b$의 값은? (단, a, b는 상수이다.)

① 0   ② 1   ③ 2
④ 3   ⑤ 4

완쏠 해설

두 함수 f, g의 정의역이 $\{1, 2\}$이므로
$f(1)=g(1)$에서 $1+a=1+b+4$
$\therefore a-b=4$ …… ㉠
$f(2)=g(2)$에서 $2+a=4+2b+4$
$\therefore a-2b=6$ …… ㉡
㉠, ㉡을 연립하여 풀면
$a=2$, $b=-2$
$\therefore a+b=2+(-2)=0$

정의역의 모든 원소에 대하여 두 함수 f, g의 함숫값이 모두 같은지 확인해야 해.

답 ①

0977 대표 예제 한 번 더!

정의역이 $\{-2, 2\}$인 두 함수
$$f(x)=2x|x|+3, \quad g(x)=ax+b$$
에 대하여 $f=g$일 때, $a+b$의 값은?

(단, a, b는 상수이다.)

① 6   ② 7   ③ 8
④ 9   ⑤ 10

0978

정의역이 $\{-1, 0, 2\}$인 두 함수
$$f(x)=x^3+ax^2+ax+1, \quad g(x)=bx+c$$
에 대하여 $f=g$가 성립할 때, $a+b+c$의 값은?

(단, a, b, c는 상수이다.)

① -2 ② -1 ③ 0
④ 1   ⑤ 2

0979

집합 X를 정의역으로 하는 두 함수
$$f(x)=x^2+x, \quad g(x)=3x+5$$
에 대하여 $f=g$가 되도록 하는 집합 X의 개수는? (단, 집합 X는 실수 전체의 집합의 부분집합이고, $X \neq \varnothing$이다.)

① 3   ② 4   ③ 5
④ 6   ⑤ 7

0980

서로 다른 세 실수 a, b, c만을 원소로 갖는 집합 X에서 정의된 두 함수
$$f(x)=2x(x+1), \quad g(x)=x^3+1$$
에 대하여 $f=g$가 성립할 때, $2a+b+c$의 값을 구하시오.

(단, a는 정수이다.)

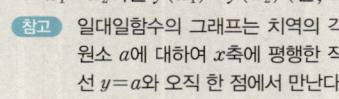 **05** 일대일함수와 일대일대응

(1) 함수 $f:X\longrightarrow Y$가 일대일함수이다.
➡ $x_1\neq x_2$이면 $f(x_1)\neq f(x_2)$ (단, $x_1\in X$, $x_2\in X$)

참고 일대일함수의 그래프는 치역의 각 원소 a에 대하여 x축에 평행한 직선 $y=a$와 오직 한 점에서 만난다.

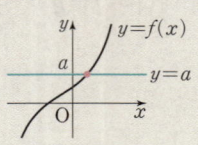

(2) 함수 $f:X\longrightarrow Y$가 일대일대응이다.
➡ f가 일대일함수이고,
(치역)=(공역)이다.

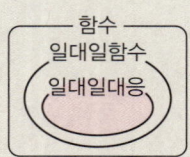
함수
일대일함수
일대일대응

0981 ✓ 대표 예제

실수 전체의 집합 R에 대하여 R에서 R로의 함수 중 일대일대응인 것만을 ⌐보기⌐에서 있는 대로 고르시오.

⌐ 보기 ⌐
ㄱ. $f(x)=2x+1$　　ㄴ. $g(x)=x^2-4x+1$
ㄷ. $h(x)=2x+|x|$

〈완쏠 해설〉

ㄱ. $f(x)=2x+1$에서 서로 다른 두 실수 x_1, x_2에 대하여
$f(x_1)-f(x_2)=(2x_1+1)-(2x_2+1)=2(x_1-x_2)\neq 0$
$\therefore f(x_1)\neq f(x_2)$
즉, f는 일대일함수이고 f의 치역과 공역이 실수 전체의 집합으로 같으므로 함수 f는 일대일대응이다.

ㄴ. [반례] $g(x)=x^2-4x+1$에서 $x_1=0$, $x_2=4$라 하면
$x_1\neq x_2$이지만 $g(0)=1$, $g(4)=16-16+1=1$
$\therefore g(x_1)=g(x_2)$
즉, g는 일대일함수가 아니므로 함수 g는 일대일대응이 아니다.

ㄷ. $h(x)=2x+|x|$에서 $h(x)=\begin{cases} x & (x<0) \\ 3x & (x\geq 0)\end{cases}$
$y=h(x)$
서로 다른 두 실수 x_1, x_2에 대하여
(i) $x_1<x_2<0$일 때, $h(x_1)-h(x_2)=x_1-x_2<0$
　(음수)-(양수)
(ii) $x_1<0\leq x_2$일 때, $h(x_1)-h(x_2)=x_1-3x_2<0$
(iii) $0\leq x_1<x_2$일 때, $h(x_1)-h(x_2)=3x_1-3x_2$
　　　　　　　$=3(x_1-x_2)<0$
(i), (ii), (iii)에서 $h(x_1)\neq h(x_2)$이므로 h는 일대일함수이고, h의 치역과 공역이 실수 전체의 집합으로 같으므로 함수 h는 일대일대응이다.
따라서 일대일대응인 것은 ㄱ, ㄷ이다.

함수가 일대일대응임을 보이려면 두 가지 (i) 일대일함수 (ii) (치역)=(공역) 을 확인하자.

답 ㄱ, ㄷ

0982 대표 예제 한 번 더!

실수 전체의 집합 R에 대하여 R에서 R로의 함수 중 일대일대응인 것만을 ⌐보기⌐에서 있는 대로 고르시오.

⌐ 보기 ⌐
ㄱ. $g(x)=2$　　　　　ㄴ. $f(x)=-x+1$
ㄷ. $h(x)=x|x|$

0983

실수 전체의 집합 R에 대하여 R에서 R로의 함수 중 일대일함수의 그래프이지만 일대일대응의 그래프는 아닌 것만을 ⌐보기⌐에서 있는 대로 고르시오.

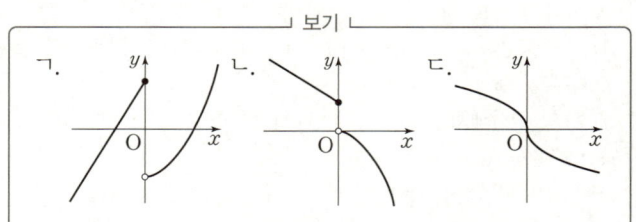

0984

집합 $X=\{0, 1, 2, 3\}$에 대하여 X에서 X로의 함수 중 일대일대응의 그래프인 것만을 ⌐보기⌐에서 있는 대로 고르시오.

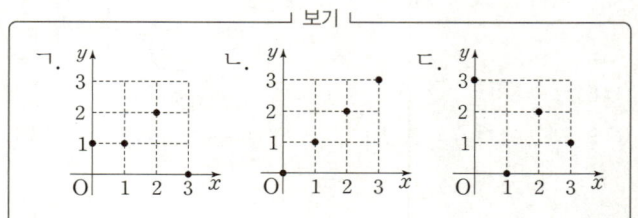

0985

두 집합 $X=\{1, 2, 3\}$, $Y=\{-1, 1, 3, 5\}$에 대하여 X에서 Y로의 함수 f는 일대일함수이다. $f(2)=5$일 때, $f(1)-f(3)$의 최댓값을 구하시오.

유형 06 일대일대응이 되기 위한 조건 중요

함수 $f(x)$가 일대일대응이 되려면
(i) x의 값이 증가할 때 $f(x)$의 값이 증가하거나 감소해야 한다.
(ii) 정의역의 양 끝 값의 함숫값이 공역의 양 끝 값과 같아야 한다.

0986 ✔ 대표 예제

두 집합 $X=\{x\,|\,1\le x\le 2\}$, $Y=\{y\,|\,-1\le y\le 5\}$에 대하여 X에서 Y로의 함수 $f(x)=ax+b$가 일대일대응일 때, $a-b$의 값은? (단, a, b는 상수이고 $a>0$이다.)

① 11   ② 12   ③ 13
④ 14   ⑤ 15

완쏠 해설

x의 값이 증가할 때 y의 값도 증가한다.

$a>0$이므로 직선 $y=ax+b$의 기울기는 양수이다.
함수 $f(x)$가 일대일대응이므로 $f(x)$는 $x=1$에서 최솟값 -1, $x=2$에서 최댓값 5를 가져야 한다. 즉,
$a+b=-1$ ······ ㉠
$2a+b=5$ ······ ㉡

일차함수는 일대일함수이므로 (치역)=(공역)이기만 하면 일대일대응이야. 즉, $f(1)=-1$, $f(2)=5$이 어야 해.

㉠, ㉡을 연립하여 풀면
$a=6$, $b=-7$
∴ $a-b=6-(-7)=13$

답 ③

0987 대표 예제 한 번 더!

집합 $X=\{x\,|\,-1\le x\le 3\}$에 대하여 X에서 X로의 함수 $f(x)=ax+b$가 일대일대응일 때, $a+b$의 값은?
(단, a, b는 상수이고 $b\ne 0$이다.)

① -2 ② -1 ③ 0
④ 1   ⑤ 2

0988

실수 전체의 집합에서 정의된 함수
$$f(x)=\begin{cases} ax & (x<0) \\ (4-a)x & (x\ge 0) \end{cases}$$
가 일대일대응이 되도록 하는 정수 a의 개수를 구하시오.

0989

두 집합 $X=\{x\,|\,x\ge 1\}$, $Y=\{y\,|\,y\le 2\}$에 대하여 X에서 Y로의 함수
$$f(x)=-x^2-2x+k$$
가 일대일대응이 되도록 하는 상수 k의 값은?

① 1   ② 3   ③ 5
④ 7   ⑤ 9

0990 교육청

집합 $X=\{x\,|\,x\ge a\}$에서 집합 $Y=\{y\,|\,y\ge b\}$로의 함수 $f(x)=x^2-4x+3$이 일대일대응이 되도록 하는 두 실수 a, b에 대하여 $a-b$의 최댓값은 $\dfrac{q}{p}$이다. $p+q$의 값을 구하시오. (단, p와 q는 서로소인 자연수이다.)

유형 **07** 항등함수와 상수함수

(1) 함수 $f : X \longrightarrow X$가 항등함수이다.
  ➡ 정의역 X의 모든 원소 x에 대하여 $f(x)=x$이다.
  참고 항등함수는 일대일대응이다.
(2) 함수 $f : X \longrightarrow Y$가 상수함수이다.
  ➡ 정의역 X의 모든 원소 x와 공역 Y의 원소 c에 대하여
  $f(x)=c$ (c는 상수)이다.
  참고 상수함수의 치역은 원소가 1개인 집합이다.

0991 ✔ 대표 예제

집합 $X=\{-1, 1\}$에 대하여 X에서 X로의 항등함수인 것만을 ㅣ보기ㅣ에서 있는 대로 고른 것은?

┌─────── 보기 ───────┐
ㄱ. $f(x)=x$ ㄴ. $g(x)=x^3$

ㄷ. $h(x)=\begin{cases} 2x+1 & (x<0) \\ 2x-1 & (x\geq0) \end{cases}$
└────────────────────┘

① ㄱ   ② ㄷ   ③ ㄱ, ㄴ
④ ㄴ, ㄷ   ⑤ ㄱ, ㄴ, ㄷ

완쌤 해설

ㄱ. $f(x)=x$에서 $f(-1)=-1$, $f(1)=1$
  즉, 함수 f는 X에서 X로의 항등함수이다.
ㄴ. $g(x)=x^3$에서 $g(-1)=-1$, $g(1)=1$
  즉, 함수 g는 X에서 X로의 항등함수이다.
ㄷ. $x<0$일 때, $h(x)=2x+1$이므로
  $h(-1)=2\times(-1)+1=-1$
  $x\geq0$일 때, $h(x)=2x-1$이므로
  $h(1)=2\times1-1=1$
  즉, 함수 h는 X에서 X로의 항등함수이다.
따라서 X에서 X로의 항등함수인 것은 ㄱ, ㄴ, ㄷ이다.

> 정의역이 유한집합으로 주어진 함수가 항등함수이려면 정의역의 각 원소와 그 원소 각각의 함숫값이 서로 같아야 해.

답 ⑤

0992

집합 $X=\{1, 3\}$에 대하여 X에서 X로의 상수함수인 것만을 ㅣ보기ㅣ에서 있는 대로 고른 것은?

┌─────── 보기 ───────┐
ㄱ. $f(x)=1$
ㄴ. $g(x)=$(x를 2로 나누었을 때의 나머지)
ㄷ. $h(x)=x^2-4x$
└────────────────────┘

① ㄱ   ② ㄷ   ③ ㄱ, ㄴ
④ ㄴ, ㄷ   ⑤ ㄱ, ㄴ, ㄷ

0993

집합 X에서 X로의 함수 $f(x)=x^2-x+1$이 항등함수가 되도록 하는 집합 X의 개수는? (단, 집합 X는 실수 전체의 집합의 부분집합이고, $X\neq\varnothing$이다.)

① 1   ② 2   ③ 3
④ 4   ⑤ 5

0994 교육청

집합 $X=\{0, 2, 4\}$에 대하여 X에서 X로의 함수
$$f(x)=\begin{cases} 3x+2 & (x<2) \\ x^2+ax+b & (x\geq2) \end{cases}$$
가 상수함수일 때, $a+b$의 값은? (단, a, b는 상수이다.)

① 1   ② 2   ③ 3
④ 4   ⑤ 5

0995

집합 $X=\{1, 2, 3\}$에 대하여 X에서 X로의 세 함수 f, g, h는 각각 일대일대응, 항등함수, 상수함수이다.
$$f(1)=g(3)=h(2), \ f(2)\times g(1)\times h(3)=3$$
일 때, $f(3)\times g(2)\times h(1)$의 값을 구하시오.

유형 08 조건을 만족시키는 함수의 개수

두 집합 X, Y의 원소의 개수가 각각 m, n일 때
(1) X에서 Y로의 함수 f에 대하여
  ① 함수의 개수: n^m
  ② 상수함수의 개수: n
  ③ 일대일함수의 개수: ${}_nP_m$ (단, $m \le n$)
  ④ 일대일대응의 개수: ${}_mP_m = m!$ (단, $m = n$)
  ⑤ $x_1 \in X$, $x_2 \in X$에 대하여 $x_1 < x_2$이면 $f(x_1) < f(x_2)$를 만족
    시키는 함수의 개수: ${}_nC_m$ (단, $m \le n$)
(2) X에서 X로의 항등함수의 개수: 1

0996 ✔ 대표 예제

집합 $X = \{1, 2, 3\}$에 대하여 X에서 X로의 함수 중 일대일대응의 개수를 a, 항등함수의 개수를 b라 할 때, $a+b$의 값은?

① 7 　　　　② 8 　　　　③ 9
④ 10 　　　　⑤ 11

완쏠 해설

일대일대응이 되려면 정의역 X의 원소 각각에 대응하는 공역 X의 원소가 모두 달라야 한다. 집합 X의 원소의 개수는 3이므로 X에서 X로의 일대일대응의 개수는
$${}_3P_3 = 3! = 3 \times 2 \times 1 = 6$$
X에서 X로의 항등함수를 f라 하면
$f(x) = x$, 즉 $f(1) = 1$, $f(2) = 2$, $f(3) = 3$이므로
<u>X에서 X로의 항등함수의 개수는 1</u> → 집합 X에서 X로의 항등함수를 I라 하면 X의 임의의 원소 x에 대하여 $I(x) = x$이므로
따라서 $a = 6$, $b = 1$이므로
$a+b = 6+1 = 7$

조건을 만족시키는 함수의 개수는 공식처럼 기억하자.

답 ①

0997 대표 예제 한 번 더!

두 집합 $X = \{1, 2, 3\}$, $Y = \{1, 2, 3, 4, 5\}$에 대하여 X에서 Y로의 함수의 개수를 a, 일대일함수의 개수를 b, 상수함수의 개수를 c라 할 때, $a+b+c$의 값은?

① 150 　　　　② 160 　　　　③ 170
④ 180 　　　　⑤ 190

0998

$n(X) = 2$인 집합 X에서 집합 Y로의 함수 중 일대일함수의 개수가 30일 때, $n(Y)$는?

① 4 　　　　② 5 　　　　③ 6
④ 7 　　　　⑤ 8

0999

두 집합 $X = \{a, b, c, d\}$, $Y = \{1, 2, 3, 4, 5, 6\}$에 대하여 $f(a) = f(b) > f(d)$인 함수 $f : X \longrightarrow Y$의 개수는?

① 80 　　　　② 90 　　　　③ 100
④ 110 　　　　⑤ 120

1000 ⬆️P

두 집합 $X = \{1, 2, 3, 4\}$, $Y = \{1, 2, 3, 4, 5, 6, 7\}$에 대하여 다음 조건을 만족시키는 함수 $f : X \longrightarrow Y$의 개수는?

(가) $f(3) \ne 4$
(나) $x_1 \in X$, $x_2 \in X$에 대하여 $x_1 < x_2$이면 $f(x_1) > f(x_2)$이다.

① 22 　　　　② 23 　　　　③ 24
④ 25 　　　　⑤ 26

유형 **09** 합성함수의 함숫값

$(g \circ f)(a)$의 값은 다음과 같이 구한다.
$(g \circ f)(a) = g(f(a))$이므로 $f(a)$의 값을 구한 후
$g(x)$에 x 대신 $f(a)$를 대입한다.

참고 함수 $(g \circ f)(x)$를 구한 후 $x = a$를 대입하여 구할 수도 있다.

1001 ✓ 대표 예제

실수 전체의 집합에서 정의된 함수 $f(x) = 3x - 1$에 대하여 $(f \circ f)(1)$의 값은?

① 1 ② 2 ③ 3
④ 4 ⑤ 5

> **완솔 해설**
>
> $f(1) = 3 \times 1 - 1 = 2$이므로
> $(f \circ f)(1) = f(f(1)) = f(2)$
> $\qquad = 3 \times 2 - 1 = 5$
>
> 합성함수 $(f \circ f)(x)$의 함숫값은 앞에서 학습한 $f(x)$의 함숫값을 두 번 구하는 거야.
>
> **다른 풀이**
>
> $(f \circ f)(x) = f(f(x)) = f(3x - 1)$
> $\qquad = 3 \times (3x - 1) - 1$
> $\qquad = 9x - 4$
> $\therefore (f \circ f)(1) = 9 \times 1 - 4 = 5$
>
> 답 ⑤

1002 대표 예제 한 번 더!

실수 전체의 집합에서 정의된 두 함수
$$f(x) = 2x - 1,\ g(x) = x^2 - x + 1$$
에 대하여 $(g \circ f)(-1)$의 값은?

① 11 ② 12 ③ 13
④ 14 ⑤ 15

1003 교육청

그림은 집합 X에서 X로의 두 함수 f, g를 나타낸 것이다.

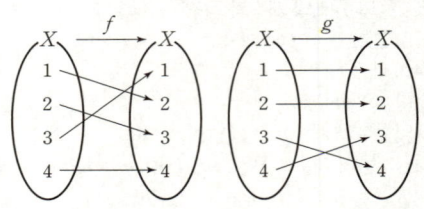

$(f \circ g)(1) + (g \circ f)(3)$의 값은?

① 3 ② 4 ③ 5
④ 6 ⑤ 7

1004

실수 전체의 집합에서 정의된 세 함수
$$f(x) = \begin{cases} 2x + 3 & (x < 0) \\ x - 4 & (x \geq 0) \end{cases},\ g(x) = -x + 1,$$
$$h(x) = x^2 + 1$$
에 대하여 $(h \circ g \circ f)(-1) + (h \circ g \circ f)(1)$의 값은?

① 12 ② 14 ③ 16
④ 18 ⑤ 20

1005

실수 전체의 집합에서 정의된 세 함수 f, g, h가
$$f(x) = x^2 + 2x - 1,\ (g \circ h)(x) = 3x - 1$$
을 만족시킨다. $h(1) = k$일 때, $(f \circ g)(k)$의 값을 구하시오.

유형 10 $g \circ f$에 대한 조건이 주어진 경우

$(g \circ f)(x) = g(f(x))$임을 이용하여 미정계수를 구한다.

참고 (f의 치역)$\subset$(g의 정의역)일 때만 합성함수 $g \circ f$를 정의할 수 있다.

1006 ✓ 대표 예제

두 함수

$$f(x) = 3x + a, \quad g(x) = bx - 1$$

에 대하여 $(g \circ f)(x) = 6x + 3$일 때, $a + b$의 값은?

(단, a, b는 상수이다.)

① 1   ② 2   ③ 3

④ 4   ⑤ 5

완쏠 해설

$$(g \circ f)(x) = g(f(x)) = g(3x + a)$$
$$= b(3x + a) - 1 = 3bx + ab - 1 \quad \leftarrow g(\square) = b \times \square - 1$$

이므로 $3bx + ab - 1 = 6x + 3$ $\leftarrow (g \circ f)(x) = 6x + 3$

위의 식은 x에 대한 항등식이므로

$3b = 6$, $ab - 1 = 3$ $\leftarrow$ 모든 실수 x에 대하여 성립

즉, $b = 2$이므로 이를 $ab - 1 = 3$에 대입하면

$2a - 1 = 3$, $2a = 4$ $\therefore a = 2$

$\therefore a + b = 2 + 2 = 4$

> 정의역이 주어지지 않은 함수의 정의역은 실수 전체의 집합이야.
> 따라서 세 함수 f, g, $g \circ f$는 모두 정의역이 실수 전체의 집합이고,
> $(g \circ f)(x) = 6x + 3$에서 $3bx + ab - 1 = 6x + 3$이니까 이 등식은
> 모든 실수 x에 대하여 성립해야 해.

(답) ④

1007 대표 예제 한 번 더!

두 함수

$$f(x) = x + a, \quad g(x) = bx + c$$

에 대하여 $(g \circ f)(x) = 2x - 10$이다. $g(1) = 0$일 때, abc의 값은? (단, a, b, c는 상수이다.)

① 2   ② 4   ③ 8

④ 16   ⑤ 32

1008

함수 $f(x) = -3x + a$에 대하여 함수 g를 $g(x) = (f \circ f)(x)$라 정의할 때, 직선 $y = g(x)$는 두 점 $(1, 1)$, $(2, b)$를 지난다. $a + b$의 값은?

(단, a는 상수이다.)

① 10   ② 12   ③ 14

④ 16   ⑤ 18

1009

실수 전체의 집합에서 정의된 일차함수 f가 $(f \circ f)(x) = 4x - 5$를 만족시킨다. 직선 $y = f(x)$의 기울기가 음수일 때, $f(-3)$의 값은?

① 3   ② 5   ③ 7

④ 9   ⑤ 11

1010

실수 전체의 집합에서 정의된 세 함수 f, g, h에 대하여

$$(g \circ f)(x) = 4x + 1, \quad (h \circ g)(x) = -x + 5$$

이고 $h(x) = x + 2$일 때, $f(x) = ax + b$이다. $a^2 + b^2$의 값을 구하시오. (단, a, b는 상수이다.)

유형 **11** $f \circ g = g \circ f$인 경우

두 합성함수 $f \circ g$, $g \circ f$를 각각 구한 후 두 함수가 서로 같음을 이용하여 미정계수를 구한다.

1011 ✓ 대표 예제

실수 전체의 집합에서 정의된 두 함수

$$f(x) = 2x + 5, \ g(x) = ax - 1$$

에 대하여 $f \circ g = g \circ f$가 성립할 때, 상수 a의 값은?

① $\dfrac{1}{5}$ ② $\dfrac{2}{5}$ ③ $\dfrac{3}{5}$

④ $\dfrac{4}{5}$ ⑤ 1

완쏠 해설

$$(f \circ g)(x) = f(g(x)) = f(ax-1)$$
$$= 2(ax-1) + 5 = 2ax + 3$$
$$(g \circ f)(x) = g(f(x)) = g(2x+5)$$
$$= a(2x+5) - 1 = 2ax + 5a - 1$$

이때 $f \circ g = g \circ f$가 성립하므로

$$2ax + 3 = 2ax + 5a - 1$$
$$5a = 4 \qquad \therefore a = \dfrac{4}{5}$$

> 두 함수 $f \circ g$, $g \circ f$의 정의역이 실수 전체의 집합이므로 $f \circ g = g \circ f$가 성립하면 임의의 실수 x에 대하여 항상 $(f \circ g)(x) = (g \circ f)(x)$가 성립해.

답 ④

1012 대표 예제 한 번 더!

실수 전체의 집합에서 정의된 두 함수

$$f(x) = 2x + a, \ g(x) = ax + 6$$

에 대하여 $f \circ g = g \circ f$가 성립할 때, 양수 a의 값은?

① 3   ② 4   ③ 5

④ 6   ⑤ 7

1013

실수 전체의 집합에서 정의된 두 함수

$$f(x) = x + 3, \ g(x) = ax + b$$

가 $f \circ g = g \circ f$를 만족시킨다. $g(2) = 0$일 때, $a^2 + b^2$의 값은? (단, a, b는 상수이다.)

① 1   ② 3   ③ 5

④ 7   ⑤ 9

1014

실수 전체의 집합에서 정의된 두 함수

$$f(x) = ax + b, \ g(x) = 4x - 3$$

이 $f \circ g = g \circ f$를 만족시킬 때, 함수 $y = f(x)$의 그래프는 실수 a의 값에 관계없이 점 (p, q)를 지난다. $10p + q$의 값을 구하시오.

1015 🔼P

집합 $X = \{1, 2, 3, 4, 5\}$에 대하여 X에서 X로의 두 함수 f, g는 일대일대응이고 $f \circ g = g \circ f$가 성립한다. 함수 f가 그림과 같고 $g(1) = 5$일 때, $g(4) + g(5)$의 값은?

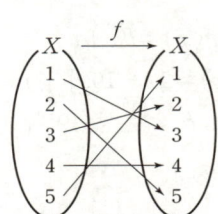

① 3   ② 4   ③ 5

④ 6   ⑤ 7

유형 12 $g \circ f = h$를 만족시키는 함수 f 구하기

$g \circ f = h$를 만족시키는 함수 f는 다음과 같은 순서로 구한다.
❶ $g \circ f = h$에서 $g(f(x)) = h(x)$이므로 $g(f(x))$를 $f(x)$에 대한 식으로 나타낸다.
❷ ❶에서 구한 식을 $g(f(x)) = h(x)$에 대입하여 정리한 후 $f(x)$를 구한다.

1016 ✔대표 예제

실수 전체의 집합에서 정의된 두 함수
$$f(x) = -2x+3, \ g(x) = 2x-1$$
에 대하여 함수 h가 $(g \circ h)(x) = f(x)$를 만족시킬 때, $h(1)$의 값은?

① 1　　　　② 2　　　　③ 3
④ 4　　　　⑤ 5

완쏠 해설

$g(\square) = 2 \times \square - 1$

$(g \circ h)(x) = g(h(x)) = 2h(x) - 1$이므로
$(g \circ h)(x) = f(x)$에서 $2h(x) - 1 = -2x+3$
$2h(x) = -2x+4$　∴ $h(x) = -x+2$
∴ $h(1) = (-1) + 2 = 1$

다른 풀이

$h(1) = k$라 하자.
$(g \circ h)(x) = f(x)$의 양변에 $x=1$을 대입하면
$(g \circ h)(1) = f(1)$, $g(h(1)) = f(1)$
∴ $g(k) = f(1)$
이때 $g(k) = 2k-1$, $f(1) = -2 \times 1 + 3 = 1$이므로
$2k-1 = 1$, $2k = 2$　∴ $k = 1$
∴ $h(1) = 1$

> $g(h(x))$를 $h(x)$에 대한 식으로 나타내거나 함숫값 $h(1)$을 미지수로 놓은 다음 주어진 식에 대입하여 구할 수 있어.
> 두 가지 방법을 모두 기억해 두는 것이 좋아.

답 ①

1017 대표 예제 한 번 더!

실수 전체의 집합에서 정의된 두 함수
$$f(x) = 3x-1, \ g(x) = 3x+5$$
에 대하여 함수 h가 $(g \circ h)(x) = f(x)$를 만족시킬 때, $h(5)$의 값은?

① 3　　　　② 4　　　　③ 5
④ 6　　　　⑤ 7

1018

두 함수 f, g가
$$f(x) = x^2 + ax - 1, \ g(x) = -x+2$$
일 때, $(g \circ h)(x) = f(x)$를 만족시키는 함수 h에 대하여 $h(1) = -1$이다. $h(-1)$의 값은? (단, a는 상수이다.)

① 1　　　　② 3　　　　③ 5
④ 7　　　　⑤ 9

1019

세 함수 f, g, h에 대하여
$$(h \circ g)(x) = -x+2, \ (h \circ g \circ f)(x) = 2x-1$$
일 때, $f(0)$의 값은?

① -3　　　　② -1　　　　③ 0
④ 1　　　　⑤ 3

1020

세 함수
$$f(x) = ax+b, \ g(x) = 3x+1, \ h(x) = x-3$$
이 $(h \circ g \circ f)(x) = g(x)$를 만족시킬 때, $a+b$의 값을 구하시오. (단, a, b는 상수이다.)

유형 **13** $g \circ f = h$를 만족시키는 함수 g 구하기

$g \circ f = h$를 만족시키는 함수 g는 다음과 같은 순서로 구한다.
❶ $g \circ f = h$에서 $g(f(x)) = h(x)$이므로
$f(x) = t$라 하고 이 식을 $x = (t$에 대한 식) 꼴로 정리한다.
❷ ❶에서 구한 식을 주어진 식의 양변에 대입하여 정리한 후 $g(x)$를 구한다.

1021 ✓ 대표 예제

실수 전체의 집합에서 정의된 두 함수
$$f(x) = 4x - 1, \ g(x) = 2x + 1$$
에 대하여 함수 h가 $(h \circ g)(x) = f(x)$를 만족시킬 때, $h(2)$의 값은?

① 1   ② 2   ③ 3
④ 4   ⑤ 5

완쏠 해설

$(h \circ g)(x) = h(g(x)) = h(2x+1)$이므로
$(h \circ g)(x) = f(x)$에서 $h(2x+1) = 4x - 1$
$2x + 1 = t$라 하면 $x = \dfrac{t-1}{2}$이므로
$h(t) = 4 \times \dfrac{t-1}{2} - 1$ $\therefore \ h(t) = 2t - 3$
$\therefore \ h(2) = 2 \times 2 - 3 = 1$

다른 풀이

$h(2x+1) = 4x - 1$ ······ ㉠
㉠에서 $2x+1 = 2$를 만족시키는 x의 값은 $x = \dfrac{1}{2}$
$x = \dfrac{1}{2}$을 ㉠의 양변에 대입하면
$h(2) = 4 \times \dfrac{1}{2} - 1 = 1$

> $h(g(x)) = f(x)$에서 $g(x) = t$라 하고 $h(t)$를 구하거나 $g(x) = 2$인 x의 값을 구해서 해결할 수 있어. 이 두 가지 방법을 모두 기억해 두는 것이 좋아.

답 ①

1022 대표 예제 한 번 더!

실수 전체의 집합에서 정의된 두 함수
$$f(x) = 3x - 1, \ g(x) = -x + 1$$
에 대하여 함수 h가 $(h \circ g)(x) = f(x)$를 만족시킬 때, $h(-1)$의 값은?

① 1   ② 3   ③ 5
④ 7   ⑤ 9

1023

함수 f가 $f(2x - 4) = 6x + 1$을 만족시킬 때, $f(x) = ax + b$이다. $2a + b$의 값을 구하시오. (단, a, b는 상수이다.)

1024

두 함수 f, g가
$$f(x) = x^2 - 4x + 7, \ g(x) = x + a$$
일 때, $(h \circ g)(x) = f(x)$를 만족시키는 함수 h에 대하여 $h(1) = 3$이다. $h(2)$의 값은? (단, a는 상수이다.)

① 2   ② 4   ③ 6
④ 8   ⑤ 10

1025

세 함수
$$f(x) = \dfrac{1}{2}x + 1, \ g(x) = -2x + 3, \ h(x) = ax + b$$
가 $(h \circ g \circ f)(x) = g(x)$를 만족시킬 때, $a^2 + b^2$의 값은?
(단, a, b는 상수이다.)

① 2   ② 5   ③ 8
④ 10   ⑤ 18

유형 14 f^n 꼴의 합성함수

함수 f에 대하여 $f^1=f$, $f^{n+1}=f \circ f^n$ (n은 자연수)이라 정의할 때
(1) $f^2(x)$, $f^3(x)$, $f^4(x)$, $\cdots$를 구하여 $f^n(x)$를 추정한 후 $f^n(x)$의 양변에 $x=a$를 대입하여 $f^n(a)$의 값을 구한다.
(2) $f(a)$, $f^2(a)$, $f^3(a)$, $\cdots$의 값을 직접 구하여 규칙을 찾은 후 $f^n(a)$의 값을 구한다.

1026 ✓ 대표 예제

함수 $f(x)=x-2$에 대하여
$$f^1=f, \quad f^{n+1}=f \circ f^n \ (n\text{은 자연수})$$
이라 정의할 때, $f^{10}(a)=1$을 만족시키는 실수 a의 값은?

① 12   ② 15   ③ 18
④ 21   ⑤ 24

완쏠 해설

$f^1(x)=f(x)=x-2$에서
$f^2(x)=(f \circ f)(x)=f(f(x))$
$\qquad =f(x-2)=(x-2)-2=\underline{x-2 \times 2}$

> 규칙을 찾기 위하여 식의 형태를 변형한다.

$f^3(x)=(f \circ f^2)(x)=f(f^2(x))$
$\qquad =f(x-2 \times 2)=(x-2 \times 2)-2=x-2 \times 3$
$f^4(x)=(f \circ f^3)(x)=f(f^3(x))$
$\qquad =f(x-2 \times 3)=(x-2 \times 3)-2=x-2 \times 4$
$\qquad \vdots$
$f^{10}(x)=x-2 \times 10$
이때 $f^{10}(a)=1$이므로
$a-2 \times 10=1$
$\therefore a=21$

> $f^2(x)$, $f^3(x)$, $f^4(x)$, $\cdots$를 차례대로 구하면서 규칙을 찾아보자.

답 ④

1027 대표 예제 한 번 더!

함수 $f(x)=-x+5$에 대하여
$$f^1=f, \quad f^2=f \circ f, \quad f^3=f \circ f \circ f, \quad \cdots$$
로 정의할 때, $f^{10}(3)$의 값은?

① 1   ② 2   ③ 3
④ 4   ⑤ 5

1028

집합 $X=\{1, 2, 3, 4\}$에 대하여 함수 $f: X \longrightarrow X$가 그림과 같다.
$$f^1(x)=f(x), \quad f^{n+1}(x)=(f \circ f^n)(x) \ (n\text{은 자연수})$$
라 정의할 때, $f^1(4)+f^2(4)+f^3(4)+\cdots+f^{10}(4)$의 값은?

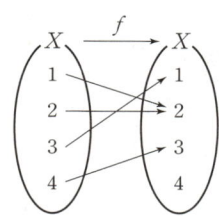

① 12   ② 14   ③ 16
④ 18   ⑤ 20

1029

함수 $f(x)=\dfrac{1}{4}(3x^2-20x+37)$에 대하여
$$f^1=f, \quad f^2=f \circ f, \quad f^3=f \circ f \circ f, \quad \cdots$$
라 할 때, $f^{10}(1)$의 값은?

① 5   ② 4   ③ 3
④ 2   ⑤ 1

1030

함수
$$f(x)=\begin{cases} 2x+3 & (x \leq 0) \\ -2x+6 & (x>0) \end{cases}$$
에 대하여
$$f^1=f, \quad f^{n+1}=f \circ f^n \ (n\text{은 자연수})$$
이라 정의할 때, $f^{50}(0)+f^{50}(2)+f^{50}(4)$의 값을 구하시오.

유형 **15** 함수의 그래프와 합성함수

함수 $y=f(x)$의 그래프가 두 점 (a, b), (b, c)를 지나면
$f(a)=b$, $f(b)=c$이므로
$$(f \circ f)(a)=f(f(a))=f(b)=c$$

참고 직선 $y=x$ 위의 점은 x좌표와 y좌표가 서로 같음을 이용한다.

1031 ✔ 대표 예제

함수 $y=f(x)$의 그래프와 직선 $y=x$가 그림과 같을 때, $(f \circ f)(b)$의 값과 같은 것은? (단, 모든 점선은 x축 또는 y축에 평행하다.)

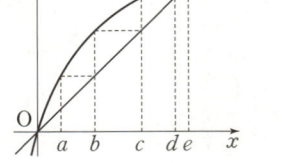

① a ② b
③ c ④ d
⑤ e

완쏠 해설

오른쪽 그림에서
$(f \circ f)(b)=f(f(b))$
         $=f(c)$
         $=d$

함숫값들은 직선 $y=x$를 이용하여 구할 수 있어.

함수 $y=f(x)$의 그래프가 점 (b, c)를 지나므로 $f(b)=c$

마찬가지로 $f(c)=d$

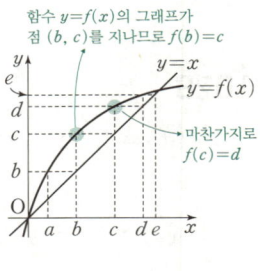

답 ④

1032 대표 예제 한 번 더!

함수 $y=f(x)$의 그래프와 직선 $y=x$가 그림과 같을 때, $(f \circ f)(c)$의 값과 같은 것은? (단, 모든 점선은 x축 또는 y축에 평행하다.)

① a ② b
③ c ④ d
⑤ e

1033

두 함수 $y=f(x)$, $y=g(x)$의 그래프와 직선 $y=x$가 그림과 같을 때, $(g \circ f \circ g)(b)$의 값과 같은 것은? (단, 모든 점선은 x축 또는 y축에 평행하다.)

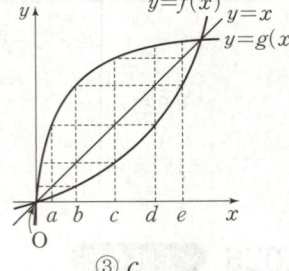

① a ② b ③ c
④ d ⑤ e

1034

집합 $\{x \,|\, 0 \le x \le 5\}$에서 정의된 함수 $y=f(x)$의 그래프가 그림과 같을 때, $(f \circ f)(a)=1$을 만족시키는 상수 a의 값은?

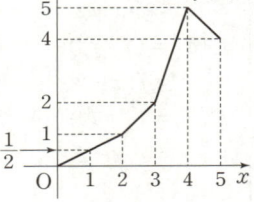

① 1   ② 2
③ 3   ④ 4
⑤ 5

1035

$0 \le x \le 6$에서 정의된 함수 $y=f(x)$의 그래프가 그림과 같을 때, $(f \circ f)(k)=3$을 만족시키는 모든 실수 k의 값의 합을 구하시오.

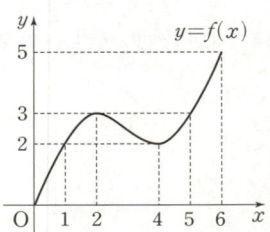

유형 16 역함수의 함숫값

함수 f의 역함수가 f^{-1}일 때, 두 실수 a, b에 대하여
$$f(a)=b \Longleftrightarrow f^{-1}(b)=a$$

1036 ✔대표 예제

일차함수 $f(x)=2x+a$에 대하여 $f^{-1}(2)=-1$일 때, $f(1)$의 값은? (단, a는 상수이다.)

① 2 　　　　② 4 　　　　③ 6
④ 8 　　　　⑤ 10

완쏠 해설

역함수의 성질

$f^{-1}(2)=-1$에서 $f(-1)=2$이므로
$f(-1)=2\times(-1)+a=2$ 　　∴ $a=4$
따라서 $f(x)=2x+4$이므로
$f(1)=2\times1+4=6$

> 역함수의 함숫값이 주어지거나 역함수의 함숫값을 구할 때, 반드시 역함수를 구한 후에 그 함수의 함숫값을 구할 필요는 없어. 역함수의 성질, 즉 $f^{-1}(b)=a \Longleftrightarrow f(a)=b$임을 이용하여 방정식의 해를 구하면 돼.

(답) ③

1037 대표 예제 한 번 더!

일차함수 $f(x)=ax+b$에 대하여
$$f^{-1}(-2)=1, \ f^{-1}(4)=-1$$
일 때, a^2+b^2의 값은? (단, a, b는 상수이다.)

① 2 　　　　② 5 　　　　③ 8
④ 10 　　　　⑤ 18

1038

집합 $X=\{1, 2, 3, 4, 5\}$에 대하여 X에서 X로의 함수 f가 그림과 같을 때, $(f \circ f)(3)=f^{-1}(a)$를 만족시키는 실수 a의 값은?

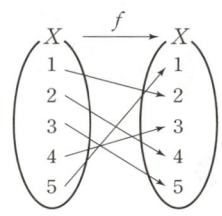

① 1 　　　　② 2 　　　　③ 3
④ 4 　　　　⑤ 5

1039

$x \geq 1$에서 정의된 함수 $f(x)=ax^2-2ax+b$에 대하여
$$f^{-1}(5)=3, \ f^{-1}(11)=5$$
일 때, $f^{-1}\left(\dfrac{15}{2}\right)$의 값은? (단, a, b는 상수이다.)

① 3 　　　　② $\dfrac{7}{2}$ 　　　　③ 4
④ $\dfrac{9}{2}$ 　　　　⑤ 5

1040 Up

함수
$$f(x)=\begin{cases} \dfrac{1}{2}x & (x<4) \\ x^2-8x+18 & (x \geq 4) \end{cases}$$
에 대하여 $f^{-1}(1)+f^{-1}(6)$의 값을 구하시오.

유형 **17** 역함수가 존재하기 위한 조건

(1) 함수 f의 역함수 f^{-1}가 존재한다. $\Longleftrightarrow$ 함수 f가 일대일대응이다.
 즉, 함수 f의 역함수가 존재하려면 f가 일대일대응이어야 하므로
 유형 06과 동일한 방법으로 푼다.
(2) 두 함수 $f:X \longrightarrow Y$, $g:Y \longrightarrow X$에 대하여 — 함수 f와 합성한 결과가 항등함수인 함수는 f의 역함수이다.
 $g \circ f=I_X$, $f \circ g=I_Y \Longleftrightarrow g=f^{-1}$
 (두 함수 I_X, I_Y는 각각 두 집합 X, Y에서의 항등함수)

1041 ✓ 대표 예제

두 집합 $X=\{x|a \leq x \leq 8\}$, $Y=\{y|4 \leq y \leq b\}$에 대하여 X에서 Y로의 함수 $f(x)=\dfrac{1}{2}x+3$의 역함수가 존재할 때, $a+b$의 값은?

① 1 　　　　② 3 　　　　③ 5
④ 7 　　　　⑤ 9

완쏠 해설

함수 $f(x)$의 역함수가 존재하려면 $f(x)$가 일대일대응이어야 한다. → x의 값이 증가할 때 $f(x)$의 값도 증가한다.
직선 $y=f(x)$의 기울기가 양수이므로 함수 $f(x)$는 $x=a$에서 최솟값 4, $x=8$에서 최댓값 b를 갖는다. 즉,

$\dfrac{1}{2}a+3=4$, $\dfrac{1}{2}a=1$ 　 $\therefore a=2$

$\dfrac{1}{2} \times 8+3=b$ 　 $\therefore b=7$

$\therefore a+b=2+7=9$

> 함수 $f(x)$의 역함수가 존재하면 x의 값이 증가할 때 $f(x)$의 값은 계속 증가하거나 계속 감소해.

답 ⑤

1042 대표 예제 한 번 더!

두 집합 $X=\{x|-1 \leq x \leq 1\}$, $Y=\{y|a \leq y \leq a+6\}$에 대하여 X에서 Y로의 함수 $f(x)=bx+1$의 역함수가 존재할 때, ab의 값은? (단, $b<0$)

① 2 　　　　② 4 　　　　③ 6
④ 8 　　　　⑤ 10

1043

함수 $f(x)=3x+k|x-2|$의 역함수가 존재하도록 하는 정수 k의 개수를 구하시오.

1044

두 집합 $X=\{x|x \leq 3\}$, $Y=\{y|y \geq -2\}$에 대하여 X에서 Y로의 함수 f가 $f(x)=x^2-2ax+a^2-3$이다.
$g \circ f=I_X$, $f \circ g=I_Y$를 만족시키는 함수 g가 존재하도록 하는 상수 a의 값은? (단, 두 함수 I_X, I_Y는 각각 두 집합 X, Y에서의 항등함수이다.)

① 1 　　　　② 2 　　　　③ 3
④ 4 　　　　⑤ 5

1045 **UP**

실수 전체의 집합에서 정의된 함수

$$f(x)=\begin{cases} (a-5)x^2 & (x<0) \\ (a^2-13a+30)x & (x \geq 0) \end{cases}$$

가 있다. 모든 실수 x에 대하여 $(f \circ g)(x)=x$를 만족시키는 함수 g가 존재하도록 하는 자연수 a의 개수를 구하시오.

유형 18 역함수 구하기

함수 $y=f(x)$의 역함수 $y=f^{-1}(x)$는 다음과 같은 순서로 구한다.

$$y=f(x) \xrightarrow[\text{식으로 나타낸다.}]{\text{❶ } x\text{를 } y\text{에 대한}} x=f^{-1}(y) \xrightarrow[\text{서로 바꾼다.}]{\text{❷ } x\text{와 } y\text{를}} y=f^{-1}(x)$$

참고 함수 $f(x)$의 치역이 역함수 $f^{-1}(x)$의 정의역이 되고
함수 $f(x)$의 정의역이 역함수 $f^{-1}(x)$의 치역이 된다.

1046 ✓ 대표 예제

함수 $f(x)=3x-6$의 역함수가 $f^{-1}(x)=ax+b$일 때, ab의 값은? (단, a, b는 상수이다.)

① $\dfrac{1}{3}$ ② $\dfrac{2}{3}$ ③ 1

④ $\dfrac{4}{3}$ ⑤ $\dfrac{5}{3}$

완쏠 해설

$y=3x-6$이라 하면

$3x=y+6$ ∴ $x=\dfrac{1}{3}y+2$ → ❶ $y=3x-6$에서 x를 y에 대한 식으로 나타낸다.

x와 y를 서로 바꾸면

$y=\dfrac{1}{3}x+2$ ∴ $f^{-1}(x)=\dfrac{1}{3}x+2$ → ❷ ❶에서 구한 식에 x와 y를 서로 바꾸어 함수 $f(x)$의 역함수 $f^{-1}(x)$를 구한다.

따라서 $a=\dfrac{1}{3}$, $b=2$이므로

$ab=\dfrac{1}{3}\times 2=\dfrac{2}{3}$

일차함수는 일대일대응이므로 항상 역함수가 존재해.

답 ②

1047 대표 예제 한 번 더!

함수 $f(x)=ax-3$의 역함수가 $f^{-1}(x)=2x+b$일 때, $a+b$의 값은? (단, a, b는 상수이다.)

① 5 ② $\dfrac{11}{2}$ ③ 6

④ $\dfrac{13}{2}$ ⑤ 7

1048

일차함수 $f(x)=ax+b$에 대하여 직선 $y=f(x)$가 점 $(1, -3)$을 지나고 $f=f^{-1}$일 때, ab의 값은? (단, a, b는 상수이다.)

① 1 ② 2 ③ 3

④ 4 ⑤ 5

1049

$x\geq 0$에서 정의된 함수 $f(x)=2x+2$의 역함수 $f^{-1}(x)=ax+b$의 정의역은 $\{x\,|\,x\geq k\}$이다. $ab+k$의 값은? (단, a, b, k는 상수이다.)

① $\dfrac{1}{2}$ ② 1 ③ $\dfrac{3}{2}$

④ 2 ⑤ $\dfrac{5}{2}$

1050 🆙

함수 $f(x)=|x-3|+2x$의 역함수가

$$f^{-1}(x)=\begin{cases} x-a & (x<b) \\ cx+d & (x\geq b) \end{cases}$$

일 때, $abcd$의 값을 구하시오.

(단, a, b, c, d는 실수이다.)

유형 19 합성함수와 역함수

두 함수 f, g의 역함수가 각각 f^{-1}, g^{-1}일 때
(1) $(f^{-1} \circ g)(a)$의 값을 구하는 방법
$(f^{-1} \circ g)(a) = f^{-1}(g(a))$이므로 $f^{-1}(g(a)) = k$라 하고
$f(k) = g(a)$를 만족시키는 k의 값을 구한다.
(2) $(f \circ g^{-1})(a)$의 값을 구하는 방법
$(f \circ g^{-1})(a) = f(g^{-1}(a))$이므로 $g^{-1}(a) = k$라 하고
$g(k) = a$를 만족시키는 k의 값을 구한 후 $f(k)$의 값을 구한다.

1051 ✓ 대표 예제

두 함수

$$f(x) = 2x - 5,\ g(x) = \frac{1}{2}x - 1$$

에 대하여 $(f^{-1} \circ g)(4)$의 값은?

① 1   ② 2   ③ 3
④ 4   ⑤ 5

완쏠 해설

$(f^{-1} \circ g)(4) = f^{-1}(g(4))$
$\qquad\qquad = f^{-1}(1)$ $g(4) = \frac{1}{2} \times 4 - 1 = 1$
이때 $f^{-1}(1) = k$라 하면 $f(k) = 1$이므로   ← 역함수의 성질
$2k - 5 = 1,\ 2k = 6$ ∴ $k = 3$
∴ $(f^{-1} \circ g)(4) = f^{-1}(1) = 3$

> $f^{-1}(g(4)) = k$라 하고 $f(k) = g(4)$임을 이용하면 역함수를 직접 구하지 않아도 역함수의 함숫값을 구할 수 있어.

답 ③

1052 대표 예제 한 번 더!

두 함수

$$f(x) = 3x + 1,\ g(x) = x - 4$$

에 대하여 $(f \circ g^{-1})(-2)$의 값은?

① 6   ② 7   ③ 8
④ 9   ⑤ 10

1053

집합 $X = \{1, 2, 3, 4, 5\}$에 대하여 X에서 X로의 두 함수 f, g가 그림과 같다.

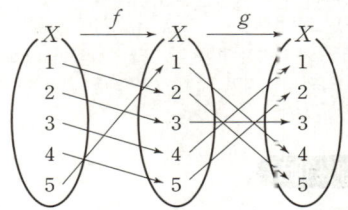

$(f^{-1} \circ g)(1) + (f \circ g^{-1})(1)$의 값은?

① 2   ② 4   ③ 6
④ 8   ⑤ 10

1054

두 함수

$$f(x) = \begin{cases} (x-1)^2 + 1 & (x < 1) \\ -x + 2 & (x \geq 1) \end{cases},\ g(x) = 2x - 5$$

에 대하여

$$(g^{-1} \circ f^{-1} \circ g)(a) = (g \circ f^{-1} \circ g^{-1})(b) = 1$$

일 때, $a + b$의 값은? (단, a, b는 상수이다.)

① 1   ② 2   ③ 3
④ 4   ⑤ 5

1055 ⬆️

실수 전체의 집합에서 정의된 함수 f에 대하여 $f(3x+5)$의 역함수와 함수 $g(x) = \frac{1}{6}x - 1$이 서르 같을 때, $f^{-1}(10)$의 값을 구하시오.

유형 20 역함수의 성질

두 함수 f, g의 역함수가 각각 f^{-1}, g^{-1}일 때
(1) $f^{-1} \circ f = f \circ f^{-1} = I$ (I는 항등함수)
> **참고** 함수 $f : X \longrightarrow Y$에 대하여
> $(f^{-1} \circ f)(x) = x \, (x \in X)$, $(f \circ f^{-1})(y) = y \, (y \in Y)$
(2) $(f^{-1})^{-1} = f$
(3) $(g \circ f)^{-1} = f^{-1} \circ g^{-1}$
> **주의** $(g \circ f)^{-1} \neq g^{-1} \circ f^{-1}$임에 주의하자.

1056 ✔ 대표 예제

두 함수
$$f(x) = 2x + 1, \ g(x) = \frac{1}{2}x + 1$$
에 대하여 $(f \circ (g \circ f)^{-1} \circ f)(1)$의 값은?

① 1   ② 2   ③ 3
④ 4   ⑤ 5

완쏠 해설

$$
\begin{aligned}
(f \circ (g \circ f)^{-1} \circ f)(1) &= (f \circ f^{-1} \circ g^{-1} \circ f)(1) \\
&= (g^{-1} \circ f)(1) \\
&= g^{-1}(f(1)) \\
&= g^{-1}(3) \quad {\scriptstyle f(1) = 2 \times 1 + 1 = 3}
\end{aligned}
$$

이때 $g^{-1}(3) = k$라 하면 $g(k) = 3$이므로

$\frac{1}{2}k + 1 = 3$, $\frac{1}{2}k = 2$ $\quad \therefore \ k = 4$

$\therefore \ (f \circ (g \circ f)^{-1} \circ f)(1) = g^{-1}(3) = 4$

> 세 개 이상의 함수가 합성되어 있으면 역함수의 성질을 이용하여 정리한 후에 $f^{-1} \circ f = f \circ f^{-1} = I$ (I는 항등함수)를 적용할 수 있는지 확인해 보자.

(답) ④

1057 대표 예제 한 번 더!

두 함수
$$f(x) = -x + 4, \ g(x) = 5x + 1$$
에 대하여 $(f \circ (f \circ g)^{-1} \circ f)(6)$의 값은?

① 1   ② 2   ③ 3
④ 4   ⑤ 5

1058

두 함수
$$f(x) = 2x - 1, \ g(x) = 6x - 5$$
에 대하여 함수 $f \circ g^{-1}$의 역함수를 h라 할 때, $h(x) = ax + b$이다. $2a + b$의 값은?

(단, a, b는 상수이다.)

① 2   ② 4   ③ 6
④ 8   ⑤ 10

1059

두 함수
$$f(x) = \frac{1}{3}x + a, \ g(x) = bx - 12$$
가 모든 실수 x에 대하여 $(f \circ f \circ (g^{-1} \circ f)^{-1})(x) = x$를 만족시킬 때, ab의 값을 구하시오. (단, a, b는 상수이다.)

1060

두 함수
$$f(x) = -2x + 1, \ g(x) = \frac{1}{3}x + 2$$
와 함수 h에 대하여 $g^{-1} \circ f \circ h = f$가 성립할 때, $h(2)$의 값은?

① -2 ② -1 ③ 0
④ 1   ⑤ 2

유형 **21** 함수의 그래프와 역함수

함수 f와 그 역함수 f^{-1}에 대하여 함수 $y=f(x)$의 그래프가 점 (a, b)를 지난다.
➡ $f(a)=b$
➡ $f^{-1}(b)=a$
➡ 함수 $y=f^{-1}(x)$의 그래프가 점 (b, a)를 지난다.

1061 ✔ 대표 예제

함수 $f(x)$에 대하여 함수 $y=f(x)$의 그래프와 직선 $y=x$가 그림과 같을 때, $(f^{-1} \circ f^{-1})(c)$의 값과 같은 것은? (단, 모든 점선은 x축 또는 y축에 평행하다.)

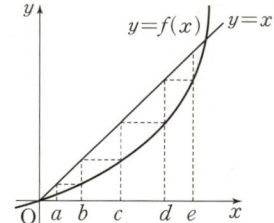

① a ② b
③ c ④ d
⑤ e

완쑬 해설

$(f^{-1} \circ f^{-1})(c)=f^{-1}(f^{-1}(c))$
이때 $f^{-1}(c)=k_1$이라 하면 $f(k_1)=c$
오른쪽 그림에서 $f(d)=c$이므로
$k_1=d$ ∴ $f^{-1}(c)=d$
또한, $f^{-1}(d)=k_2$라 하면 $f(k_2)=d$
오른쪽 그림에서 $f(e)=d$이므로
$k_2=e$ ∴ $f^{-1}(d)=e$
∴ $(f^{-1} \circ f^{-1})(c)=f^{-1}(f^{-1}(c))$
$=f^{-1}(d)=e$

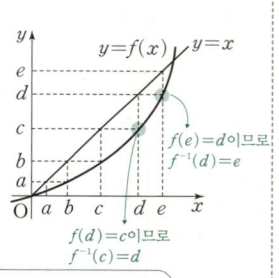

$f(e)=d$이므로
$f^{-1}(d)=e$

$f(d)=c$이므로
$f^{-1}(c)=d$

함수 $y=f(x)$의 그래프가 주어지고 역함수 $f^{-1}(x)$의 함숫값을 구할 때, 역함수 $y=f^{-1}(x)$의 그래프를 그리지 않아도 구할 수 있어.

(답) ⑤

1062 대표 예제 한 번 더!

함수 $y=f(x)$의 그래프와 직선 $y=x$가 그림과 같을 때, $(f \circ f)^{-1}(d)$의 값과 같은 것은? (단, 모든 점선은 x축 또는 y축에 평행하다.)

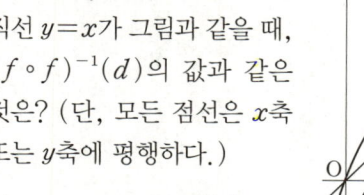

① a ② b
③ c ④ d
⑤ e

1063

함수 f의 역함수 f^{-1}에 대하여 함수 $y=f^{-1}(x)$의 그래프와 직선 $y=x$가 그림과 같을 때, $(f \circ f \circ f)(a)$의 값과 같은 것은? (단, 모든 점선은 x축 또는 y축에 평행하다.)

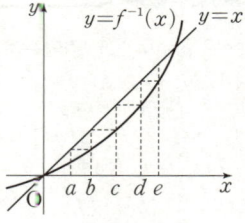

① a ② b ③ c
④ d ⑤ e

1064

집합 $X=\{1, 2, 3, 4, 5\}$에 대하여 X에서 X로의 함수 $y=f(x)$의 그래프의 일부가 그림과 같다.
함수 f의 역함수 f^{-1}가 존재하고 $(f \circ f)(1)=1$일 때, $f^{-1}(5)+(f \circ f)^{-1}(3)$의 값을 구하시오.

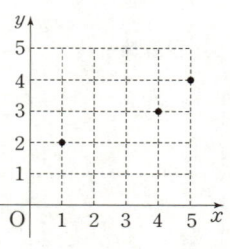

1065

두 함수 $y=f(x)$, $y=g(x)$의 그래프와 직선 $y=x$가 그림과 같을 때, $(f^{-1} \circ g \circ f)^{-1}(b)$의 값과 같은 것은? (단, 모든 점선은 x축 또는 y축에 평행하다.)

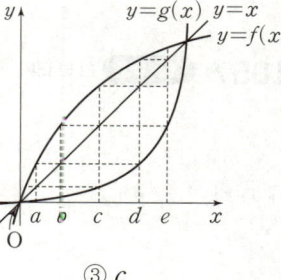

① a ② b ③ c
④ d ⑤ e

유형 22 역함수의 그래프의 성질 중요

함수 f와 그 역함수 f^{-1}에 대하여

(1) 두 함수 $y=f(x)$, $y=f^{-1}(x)$의 그래프는 직선 $y=x$에 대하여 대칭이다.

(2) 두 함수 $y=f(x)$, $y=f^{-1}(x)$의 그래프의 교점을 구할 때는 함수 $y=f(x)$의 그래프와 직선 $y=x$의 교점을 이용한다.

참고 x의 값이 증가할 때 $f(x)$의 값이 증가하면 두 함수 $y=f(x)$, $y=f^{-1}(x)$의 그래프의 교점이 직선 $y=x$ 위에 있다.

주의 두 함수 $y=f(x)$, $y=f^{-1}(x)$의 그래프의 모든 교점이 항상 직선 $y=x$ 위에 있는 것은 아니므로 반드시 그래프를 그려서 확인해야 한다.

1066 ✓ 대표 예제

함수 $f(x)=2x-5$에 대하여 함수 $y=f(x)$의 그래프와 그 역함수 $y=f^{-1}(x)$의 그래프의 교점의 좌표가 (a, b)일 때, $a+b$의 값은?

① 2   ② 4   ③ 6

④ 8   ⑤ 10

완쏠 해설

함수 $y=f(x)$의 그래프와 함수 $y=f^{-1}(x)$의 그래프는 직선 $y=x$에 대하여 대칭이므로 오른쪽 그림과 같다.

즉, 두 함수 $y=f(x)$, $y=f^{-1}(x)$의 그래프의 교점은 함수 $y=f(x)$의 그래프와 직선 $y=x$의 교점과 같으므로

$f(x)=x$에서

$2x-5=x$ ∴ $x=5$

따라서 교점의 좌표가 $(5, 5)$이므로

$a=5$, $b=5$

∴ $a+b=5+5=10$

> 두 함수 $y=f(x)$와 $y=f^{-1}(x)$의 그래프의 교점을 직접 구하는 것보다 함수 $y=f(x)$의 그래프와 직선 $y=x$의 교점을 구하는 게 훨씬 간단한 경우가 많아.

답 ⑤

1067 대표 예제 한 번 더!

함수 $f(x)=\dfrac{1}{3}x+4$에 대하여 함수 $y=f(x)$의 그래프와 그 역함수 $y=f^{-1}(x)$의 그래프의 교점을 P라 할 때, 선분 OP의 길이는? (단, O는 원점이다.)

① $2\sqrt{2}$ ② $4\sqrt{2}$ ③ $6\sqrt{2}$

④ $8\sqrt{2}$ ⑤ $10\sqrt{2}$

1068

일차함수 $f(x)=ax+b$에 대하여 함수 $y=f(x)$의 그래프와 그 역함수 $y=f^{-1}(x)$의 그래프가 모두 점 $(4, 1)$을 지날 때, $2a+b$의 값은? (단, a, b는 상수이다.)

① 1   ② 2   ③ 3

④ 4   ⑤ 5

1069

$x \geq 1$에서 정의된 함수

$$f(x)=\frac{1}{4}(x-1)^2+k \ (1<k<2)$$

에 대하여 함수 $y=f(x)$의 그래프와 그 역함수 $y=f^{-1}(x)$의 그래프는 서로 다른 두 점 A, B에서 만난다. $\overline{AB}=4$일 때, 상수 k의 값은?

① $\dfrac{7}{6}$ ② $\dfrac{4}{3}$ ③ $\dfrac{3}{2}$

④ $\dfrac{5}{3}$ ⑤ $\dfrac{11}{6}$

1070

집합 $\{x | x \geq 2\}$에서 정의된 함수

$$f(x)=\frac{1}{4}x^2-x+k$$

에 대하여 함수 $y=f(x)$의 그래프와 그 역함수 $y=f^{-1}(x)$의 그래프가 서로 다른 두 점에서 만나도록 하는 실수 k의 값의 범위는 $\alpha \leq k < \beta$이다. $\alpha\beta$의 값을 구하시오.

유형 23 절댓값 기호를 포함한 식의 그래프

(1) $y=|f(x)|$의 그래프 ➡ 함수 $y=f(x)$의 그래프를 그린 후 $y≥0$인 부분은 그대로 두고, $y<0$인 부분을 x축에 대하여 대칭이동한다.
(2) $y=f(|x|)$의 그래프 ➡ 함수 $y=f(x)$의 그래프를 그린 후 $x≥0$인 부분만 남기고, $x<0$인 부분은 $x≥0$인 부분을 y축에 대하여 대칭이동한다.
(3) $|y|=f(x)$의 그래프 ➡ 함수 $y=f(x)$의 그래프를 그린 후 $y≥0$인 부분만 남기고, $y<0$인 부분은 $y≥0$인 부분을 x축에 대하여 대칭이동한다.
(4) $|y|=f(|x|)$의 그래프 ➡ 함수 $y=f(x)$의 그래프를 그린 후 $x≥0$, $y≥0$인 부분만 남기고, $x≥0$, $y≥0$인 부분을 x축, y축, 원점에 대하여 각각 대칭이동한다.

1071 ✓ 대표 예제

함수 $f(x)=x^2-4x$에 대하여 함수 $y=|f(x)|$의 그래프와 직선 $y=k$가 서로 다른 네 점에서 만나도록 하는 모든 자연수 k의 값의 합은?

① 4 ② 6 ③ 8
④ 10 ⑤ 12

완쏠 해설

함수 $y=|x^2-4x|$의 그래프는 오른쪽 그림과 같으므로 직선 $y=k$와 서로 다른 네 점에서 만나려면
$0<k<4$
따라서 자연수 k는 1, 2, 3이므로 그 합은
$1+2+3=6$

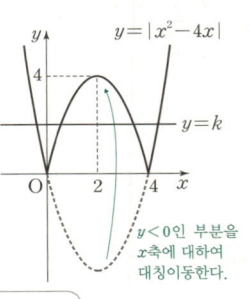

> 절댓값 기호를 포함한 식의 그래프는 그래프의 대칭이동이 필요한 부분을 파악하여 정확하게 그리는 연습을 많이 해야 해.

답 ②

1072 대표 예제 한 번 더!

함수 $f(x)=x^2-2x-3$에 대하여 함수 $y=|f(x)|$의 그래프와 직선 $y=k$가 서로 다른 세 점에서 만나도록 하는 상수 k의 값은?

① 1 ② 2 ③ 3
④ 4 ⑤ 5

1073

함수 $f(x)=-x^2+6|x|+4$에 대하여 함수 $y=f(x)$의 그래프와 직선 $y=n$이 서로 다른 두 점에서 만나도록 하는 모든 자연수 n의 값의 합은?

① 15 ② 17 ③ 19
④ 21 ⑤ 23

1074

함수 $f(x)=-2x+4$에 대하여 $|y|=f(|x|)$의 그래프로 둘러싸인 도형의 넓이를 구하시오.

1075 UP

함수 $f(x)=|2x-4|-2$에 대하여 함수 $y=|f(x)|$의 그래프와 직선 $y=mx+1$이 서로 다른 네 점에서 만나도록 하는 실수 m의 값의 범위가 $\alpha<m<\beta$일 때, $\alpha\beta$의 값은?

① $-\dfrac{1}{6}$ ② $-\dfrac{1}{3}$ ③ $-\dfrac{1}{2}$
④ $-\dfrac{2}{3}$ ⑤ $-\dfrac{5}{6}$

유형 24 대칭성을 갖는 함수의 그래프

함수 f의 정의역의 모든 원소 x에 대하여
(1) $f(-x)=f(x)$를 만족시키는 경우: 함수 $y=f(x)$의 그래프는 y축에 대하여 대칭이다.
(2) $f(-x)=-f(x)$를 만족시키는 경우: 함수 $y=f(x)$의 그래프는 원점에 대하여 대칭이다.
(3) $f(a-x)=f(a+x)$ 또는 $f(x)=f(2a-x)$를 만족시키는 경우: 함수 $y=f(x)$의 그래프는 직선 $x=a$에 대하여 대칭이다.
(4) $f(a-x)+f(a+x)=2b$ 또는 $f(x)+f(2a-x)=2b$를 만족시키는 경우: 함수 $y=f(x)$의 그래프는 점 (a, b)에 대하여 대칭이다.

1076 ✔대표 예제

모든 실수 x에 대하여 $f(-x)=f(x)$를 만족시키는 이차함수 $f(x)$가 최솟값 1을 갖고 $f(1)=3$일 때, $f(2)$의 값은?

① 7　　　　② $\dfrac{15}{2}$　　　　③ 8

④ $\dfrac{17}{2}$　　　　⑤ 9

완쏠 해설

이차함수 $f(x)=ax^2+bx+c$ (a, b, c는 상수)라 하면 모든 실수 x에 대하여 $f(-x)=f(x)$를 만족시키므로 함수 $y=f(x)$의 그래프는 y축에 대하여 대칭이다.

즉, 이차함수 $y=f(x)$의 그래프의 축의 방정식 $x=-\dfrac{b}{2a}$에 대하여 $-\dfrac{b}{2a}=0$　　∴ $b=0$

또한, 이차함수 $f(x)$가 최솟값 1을 가지므로 오른쪽 그림과 같이 $a>0$이고
$f(x) \geq f(0)=1$　　∴ $c=1$
$f(1)=3$에서
$a+1=3$　　∴ $a=2$
따라서 $f(x)=2x^2+1$이므로
$f(2)=2 \times 2^2+1=9$

주어진 조건식으로부터 함수의 그래프가 어떤 대칭성을 갖는지 알면 함수의 특징을 쉽게 파악할 수 있으니까 자주 나오는 조건식을 기억해두자.

답 ⑤

1077 대표 예제 한 번 더!

모든 실수 x에 대하여 $f(-x)=-f(x)$를 만족시키는 일차함수 $f(x)$가 있다. $f(1)=3$일 때, $f(2)$의 값을 구하시오.

1078

함수 $f(x)=|x|$의 그래프를 x축의 방향으로 m만큼, y축의 방향으로 n만큼 평행이동하였더니 함수 $y=g(x)$의 그래프와 일치하였다. 함수 $g(x)$가 모든 실수 x에 대하여 $g(x)=g(-4-x)$를 만족시키고 $g(x)$의 최솟값이 10일 때, $m+n$의 값은?

① 2　　　　② 4　　　　③ 6
④ 8　　　　⑤ 10

1079

모든 실수 x에 대하여 $f(2-x)+f(2+x)=7$을 만족시키는 일차함수 $f(x)$가 있다. $f(0)=3$일 때, 직선 $y=f(x)$와 x축, y축 및 직선 $x=4$로 둘러싸인 도형의 넓이는?

① 11　　　　② 12　　　　③ 13
④ 14　　　　⑤ 15

1080

실수 전체의 집합에서 정의된 함수 $f(x)$가 다음 조건을 만족시킨다.

(가) $x \geq 0$일 때, $f(x)=|x-a|-a$이다.
(나) 모든 실수 x에 대하여 $f(-x)=-f(x)$이다.

$f(-4)+f(14)=0$일 때, 상수 a의 값을 구하시오.
(단, $0<a<14$)

1081 · 유형 07

실수 전체의 집합에서 정의된 상수함수 f와 항등함수 g에 대하여 $f(3)-g(3)=0$일 때, $f(5)+g(5)$의 값은?

① 4　　　　② 6　　　　③ 8

④ 10　　　⑤ 12

1082 · 유형 05 + 유형 09

집합 $X=\{1, 2, 3\}$에 대하여 두 함수

$$f : X \longrightarrow X, g : X \longrightarrow X$$

가 일대일대응이다. $f(1)=2$, $g(1)=1$, $(g \circ f)(2)=3$일 때, $f(3)+g(2)$의 값은?

① 2　　　　② 3　　　　③ 4

④ 5　　　　⑤ 6

1083 · 유형 01

두 집합 $X=\{x \mid 3 \leq x \leq 6\}$, $Y=\{y \mid 1 \leq y \leq 7\}$에 대하여 X에서 Y로의 함수 $f(x)=ax-a$가 정의되기 위한 실수 a의 최댓값을 M, 최솟값을 m이라 할 때, $M+m$의 값은?

① $\dfrac{3}{2}$　　　② $\dfrac{8}{5}$　　　③ $\dfrac{17}{10}$

④ $\dfrac{9}{5}$　　　⑤ $\dfrac{19}{10}$

1084 · 유형 22

$x \geq a$에서 정의된 함수 $f(x)=-x^2+2ax+b$에 대하여 함수 $y=f(x)$의 그래프와 그 역함수 $y=f^{-1}(x)$의 그래프가 모두 점 $(1, 0)$을 지날 때, $a+b$의 값은?

(단, a, b는 상수이다.)

① 1　　　　② 2　　　　③ 3

④ 4　　　　⑤ 5

1085 · 유형 14 + 유형 15

집합 $X=\{0, 1, 2, 3, 4, 5\}$에 대하여 X에서 X로의 함수 $y=f(x)$의 그래프가 그림과 같다.

$$f^1=f, f^{n+1}=f \circ f^n \ (n \text{은 자연수})$$

이라 정의할 때, $f^{49}(2)+f^{50}(2)$의 값을 구하시오.

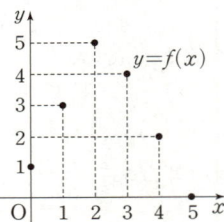

1086 · 유형 02

실수 전체의 집합에서 정의된 함수 f가

$$f(x)=\begin{cases} -x+4 & (x \text{는 유리수}) \\ 2x+3 & (x \text{는 무리수}) \end{cases}$$

이다. 삼차방정식 $x^3-4x^2+3x+2=0$의 서로 다른 세 근을 α, β, γ라 할 때, $f(\alpha)+f(\beta)+f(\gamma)$의 값을 구하시오.

1087
• 유형 02

집합 $X=\{1, 2, 3, 4, 5\}$에 대하여 X에서 X로의 함수 $f(x)$가

$$f(1)-f(3)=f(5), \quad f(1)+f(3)=f(2)$$

를 만족시킬 때, $f(3)+f(4)+f(5)$의 최댓값을 M, 최솟값을 m이라 하자. $M-m$의 값은?

① 3   ② 4   ③ 5
④ 6   ⑤ 7

1088
• 유형 19 + 유형 20

두 함수

$$f(x)=5-x, \quad g(x)=x^2-2x-1 \ (x \geq 1)$$

에 대하여 $(g \circ f)^{-1}(2)+(f^{-1} \circ g^{-1})(2)$의 값은?

① 4   ② 8   ③ 12
④ 16   ⑤ 20

1089
• 유형 17

집합 $X=\{-2, -1, 0, 1, 2\}$에 대하여 함수 $f: X \longrightarrow X$가 역함수가 존재하고 다음 조건을 만족시킨다.

> (가) $(f \circ f)(-1)+f^{-1}(-2)=4$
> (나) $k=0, 1$일 때, $f(k) \times f(k-2) \leq 0$이다.

$6f(0)+5f(1)+2f(2)$의 값을 구하시오.

1090
• 유형 05 + 유형 08

집합 $X=\{1, 2, 3, 4, 5, 6, 7\}$에 대하여 다음 조건을 만족시키는 일대일대응 $f: X \longrightarrow X$의 개수를 구하시오.

> (가) $(f \circ f)(x)=x$
> (나) x가 홀수이면 $f(x)$도 홀수이다.

1091 🔍사고력
• 유형 14 + 유형 17

집합 $X=\{1, 2, 3, 4\}$에 대하여 X에서 X로의 두 함수 f, g가 있다. $f \circ g=I$이고 $f^1=f, f^{n+1}=f \circ f^n$으로 정의하자. 함수 f에 대하여

$$f(1)=2, \quad f(3) \neq 3, \quad f^3=I \ (I는 항등함수)$$

를 만족시킬 때, $g^{50}(3)+g^{50}(4)$의 값을 구하시오.

（단, n은 자연수이다.）

1092
• 유형 24

최고차항의 계수가 1인 이차함수 $f(x)$가 다음 조건을 만족시킨다.

> (가) 모든 실수 x에 대하여 $f(2+x)=f(2-x)$이다.
> (나) 함수 $f(x)$는 최솟값 -1을 갖는다.

방정식 $(f \circ f)(x)=8$의 모든 실근의 합은?

① 2   ② 4   ③ 6
④ 8   ⑤ 10

1093 • 유형 02

자연수 전체의 집합에서 정의된 함수 f가

$$f(2n-1)=(-1)^n, \ f(2n)=2f(n) \ (n\text{은 자연수})$$

일 때, $f(m)=2$를 만족시키는 100 이하의 자연수 m의 개수는?

① 12   ② 14   ③ 16

④ 18   ⑤ 20

1094 • 유형 18 + 유형 19 + 유형 22

함수

$$f(x)=\begin{cases} -3x+4 & (x<1) \\ -\dfrac{1}{3}x+\dfrac{4}{3} & (x\geq 1) \end{cases}$$

와 함수 $g(x)$가 모든 실수 x에 대하여

$$g(f^{-1}(x))+g(f(x))=\dfrac{3}{2}x+\dfrac{7}{2}$$

을 만족시킬 때, $g(3)$의 값을 구하시오.

1095 • 유형 09

실수 x에 대하여 두 조건

$$p : x^2-4x-5>0, \ q : |x+1|\leq 3$$

의 진리집합을 각각 P, Q라 할 때, 두 함수 f, g를 다음과 같이 정의하자.

$$f(x)=\begin{cases} 3 & (x\in P) \\ 2 & (x\notin P) \end{cases}, \quad g(x)=\begin{cases} 4 & (x\in Q) \\ 6 & (x\notin Q) \end{cases}$$

방정식 $f(g(x))+g(f(x))=7$을 만족시키는 모든 정수 x의 값의 합을 구하시오.

1096 교육청 • 유형 09 + 유형 17

세 집합

$$X=\{1, 2, 3, 4\}, \ Y=\{2, 3, 4, 5\}, \ Z=\{3, 4, 5\}$$

에 대하여 두 함수 $f : X \longrightarrow Y$, $g : Y \longrightarrow Z$가 다음 조건을 만족시킨다.

> (가) 함수 f는 일대일대응이다.
> (나) $x\in(X\cap Y)$이면 $g(x)-f(x)=1$이다.

보기에서 옳은 것만을 있는 대로 고른 것은?

> ┤ 보기 ├
> ㄱ. 함수 $g\circ f$의 치역은 Z이다.
> ㄴ. $f^{-1}(5)\geq 2$
> ㄷ. $f(3)<g(2)<f(1)$이면 $f(4)+g(2)=6$이다.

① ㄱ   ② ㄱ, ㄴ   ③ ㄱ, ㄷ

④ ㄴ, ㄷ   ⑤ ㄱ, ㄴ, ㄷ

1097 상위 1% 도전 • 유형 13 + 유형 24

실수 전체의 집합에서 정의된 함수 f가 $x\geq 0$에서

$$f(x)=\begin{cases} \dfrac{1}{2}x & (0\leq x<2) \\ \dfrac{k}{3}x-\dfrac{2k}{3}+1 & (2\leq x<3) \\ -3x+\dfrac{k}{3}+10 & (x\geq 3) \end{cases}$$

이고 모든 실수 x에 대하여 $f(-x)+f(x)=0$을 만족시킬 때, 방정식 $f(f(x))=f(x)$의 서로 다른 실근의 개수를 $g(k)$라 하자. $g(k)$가 최댓값을 갖도록 하는 자연수 k의 최솟값을 a라 할 때, $a+g(a)$의 값을 구하시오.

서술형 문제

1098
· 유형 04

집합 $X=\{0, 1, a\}$를 정의역으로 하는 두 함수
$$f(x)=x^2-4x+b, \quad g(x)=c|x-1|-1$$
에 대하여 $f=g$일 때, $a+b+c$의 값을 구하시오.
(단, a, b, c는 상수이고 $a\neq0$, $a\neq1$이다.)

☑ 필요 개념 및 공식
☐ 두 함수가 서로 같을 조건 ☐ 절댓값 기호를 포함한 방정식

1099
· 유형 06

실수 전체의 집합에서 정의된 함수
$$f(x)=2kx-(k+3)|x+1|$$
이 일대일대응이 되도록 하는 실수 k의 값의 범위를 구하시오.

☑ 필요 개념 및 공식
☐ 일대일대응이 되기 위한 조건 ☐ 절댓값 기호를 포함한 방정식

1100
· 유형 09

두 이차함수
$$f(x)=x^2-9, \quad g(x)=x^2+ax+2a$$
가 모든 실수 x에 대하여 $(f\circ g)(x)\geq0$을 만족시킬 때, 실수 a의 값의 범위를 구하시오.

☑ 필요 개념 및 공식
☐ 합성함수 ☐ 이차부등식이 항상 성립할 조건

1101
· 유형 23

실수로 이루어진 순서쌍 전체의 집합의 두 부분집합
$$A=\{(x, y)\,|\,y=|x^2-4x|\},$$
$$B=\{(x, y)\,|\,y=mx+m-1\}$$
에 대하여 $n(A\cap B)=4$를 만족시키는 실수 m의 값의 범위를 구하시오.

☑ 필요 개념 및 공식
☐ 절댓값 기호를 포함한 식의 그래프 ☐ 이차함수의 그래프와 직선의 위치 관계

1102
· 유형 19

두 일차함수 f, g가 $f^{-1}(2g(x)+1)=x-5$를 만족시키고 $f(0)=-1$, $f(1)=1$일 때, $g^{-1}(1)$의 값을 구하시오.

☑ 필요 개념 및 공식
☐ 합성함수와 역함수 ☐ 역함수의 성질

1103
· 유형 22

함수
$$f(x)=\begin{cases} \dfrac{1}{2}x & (x<2) \\ 2x-3 & (2\leq x<5) \\ \dfrac{1}{3}x+\dfrac{16}{3} & (x\geq5) \end{cases}$$
에 대하여 함수 $y=f(x)$의 그래프와 그 역함수 $y=f^{-1}(x)$의 그래프로 둘러싸인 도형의 넓이를 구하시오.

☑ 필요 개념 및 공식
☐ 함수의 그래프 ☐ 역함수의 그래프의 성질

개념 01 유리식의 뜻과 계산

(1) **유리식**: 두 다항식 A, B $(B \neq 0)$에 대하여 $\frac{A}{B}$ 꼴로 나타낼 수 있는 식

> 참고 B가 상수이면 $\frac{A}{B}$는 다항식이 되므로 다항식도 유리식이다.
> 또한, 다항식이 아닌 유리식을 분수식이라 한다.

(2) **유리식의 성질**

세 다항식 A, B, C $(B \neq 0, C \neq 0)$에 대하여

$$\frac{A}{B} = \frac{A \times C}{B \times C}, \ \frac{A}{B} = \frac{A \div C}{B \div C}$$

(3) **유리식의 사칙연산** ← 유리식의 덧셈과 곱셈에 대하여 교환법칙, 결합법칙이 성립한다.

네 다항식 A, B, C, D $(C \neq 0, D \neq 0)$에 대하여

① $\frac{A}{C} \pm \frac{B}{C} = \frac{A \pm B}{C}, \ \frac{A}{C} \pm \frac{B}{D} = \frac{AD \pm BC}{CD}$ (복부호동순)

② $\frac{A}{C} \times \frac{B}{D} = \frac{AB}{CD}$

③ $\frac{A}{C} \div \frac{B}{D} = \frac{A}{C} \times \frac{D}{B} = \frac{AD}{BC}$ (단, $B \neq 0$)

1104 |보기|에서 다항식이 아닌 유리식인 것만을 있는 대로 고르시오.

┌─────── 보기 ───────┐

ㄱ. $\frac{x^3}{3} - \frac{11}{2}$　　ㄴ. $\frac{-5}{x^2}$　　ㄷ. $\frac{x^3 + x}{3}$

ㄹ. $\frac{x+1}{x^2+3}$　　ㅁ. $x + \frac{1}{x}$　　ㅂ. $\frac{x}{(x+2)(x+4)}$

[1105~1106] 다음 유리식을 통분하시오.

1105 $\frac{5}{2ab^2x}, \ \frac{1}{3a^2bx^2}$　　**1106** $\frac{x-2}{x^2+x}, \ \frac{x-3}{x(x-1)}$

[1107~1108] 다음 유리식을 약분하시오.

1107 $\frac{8x^2y^3z^5}{4xy^4z^6}$　　　　**1108** $\frac{x^2+x-2}{x^2+4x-5}$

[1109~1110] 다음 식을 계산하시오.

1109 $\frac{x+2}{x-1} + \frac{2x-3}{x^2+2x-3}$

1110 $\frac{x^2-x-2}{x^2+x-2} \times \frac{x^2+5x+6}{x+1}$

개념 02 특수한 형태의 유리식의 계산

(1) **(분자의 차수) ≥ (분모의 차수)인 경우**

분자를 분모로 나누어 (분자의 차수) < (분모의 차수)가 되도록 변형한다.

(2) **분모가 두 개 이상인 인수의 곱인 경우**

부분분수로 변형한다.

$$\frac{1}{AB} = \frac{1}{B-A}\left(\frac{1}{A} - \frac{1}{B}\right) \ (\text{단}, \ A \neq B)$$

(3) **번분수식인 경우**

분수식의 분자 또는 분모가 분수식인 유리식을 번분수식이라 하고, 이 경우 분수식의 분자에 분모의 역수를 곱한다.

$$\frac{\frac{A}{B}}{\frac{C}{D}} = \frac{A}{B} \div \frac{C}{D} = \frac{A}{B} \times \frac{D}{C} = \frac{AD}{BC}$$

[1111~1112] 다음 식을 계산하시오.

1111 $\frac{x+2}{x+3} - \frac{x-2}{x-1}$

1112 $\frac{x^2+3x+5}{x+1} - \frac{x^2+x+5}{x-1}$

[1113~1115] 다음 식을 계산하시오.

1113 $\frac{1}{x+2} - \frac{1}{(x+2)(x+3)}$

1114 $\frac{1}{x(x+1)} + \frac{3}{(x+1)(x+4)}$

1115 $\frac{1}{x(x+1)} + \frac{1}{(x+1)(x+2)} + \frac{1}{(x+2)(x+3)}$

[1116~1119] 다음 식을 간단히 하시오.

1116 $\frac{\frac{x}{x+1}}{\frac{1}{x-1}}$　　　　**1117** $\frac{2}{1+\frac{1}{x}}$

1118 $\frac{\frac{x^2-4}{x+1}}{\frac{x^2-3x+2}{x^2-x-2}}$　　**1119** $1 - \frac{1}{1-\frac{1}{x+1}}$

개념 03 유리함수의 뜻과 그래프

(1) 유리함수

① 유리함수: 함수 $y=f(x)$에서 $f(x)$가 x에 대한 유리식인
함수 $-f(x)$가 x에 대한 다항식일 때, 이 함수를 다항함수라 한다.

② 유리함수의 정의역: 유리함수에서 정의역이 주어져
있지 않은 경우에는 분모가 0이 되지 않도록 하는 실
수 전체의 집합을 정의역으로 한다.

(2) 유리함수 $y=\dfrac{k}{x}$ $(k \neq 0)$의 그래프

① 정의역과 치역은 0을 제외한
실수 전체의 집합이다.

② $k>0$이면 그래프는 제1사분
면과 제3사분면에 있고,
$k<0$이면 그래프는 제2사분
면과 제4사분면에 있다.

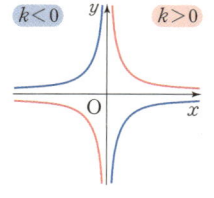

③ 원점 및 두 직선 $y=x$, $y=-x$에 대하여 대칭인 곡선
이다.
└ 곡선 위의 점이 어떤 직선에 한없이 가까워질 때,
이 직선을 그 곡선의 점근선이라 한다.

④ 점근선은 x축 (직선 $y=0$), y축 (직선 $x=0$)이다.

⑤ k의 절댓값이 커질수록 그래프가 원점에서 멀어진다.

1120 │보기│에서 다항함수가 아닌 유리함수인 것만을 있는
대로 고르시오.

┌─────────── 보기 ───────────┐
ㄱ. $y=\dfrac{x+1}{3}$ ㄴ. $y=\dfrac{-5}{x+1}$ ㄷ. $y=5x^2-7$

ㄹ. $y=\dfrac{1}{2x}$ ㅁ. $y=\dfrac{2x}{x+4}$ ㅂ. $y=3x^2+\dfrac{1}{2}$
└────────────────────────────┘

[1121~1122] 다음 함수의 정의역을 구하시오.

1121 $y=\dfrac{3}{x+1}$ **1122** $y=\dfrac{x}{x^2-4}$

[1123~1125] │보기│에서 다음을 만족시키는 것만을 있는 대
로 고르시오.

┌─────────── 보기 ───────────┐
ㄱ. $y=\dfrac{2}{x}$ ㄴ. $y=\dfrac{1}{2x}$ ㄷ. $y=-\dfrac{4}{x}$ ㄹ. $y=-\dfrac{1}{4x}$
└────────────────────────────┘

1123 제1사분면을 지나는 함수의 그래프의 식

1124 제4사분면을 지나는 함수의 그래프의 식

1125 원점에서 가장 먼 함수의 그래프의 식

개념 04 유리함수의 그래프

(1) 유리함수 $y=\dfrac{k}{x-p}+q$ $(k \neq 0)$의 그래프

① 함수 $y=\dfrac{k}{x}$의 그래프를 x축
의 방향으로 p만큼, y축의
방향으로 q만큼 평행이동
한 것이다.

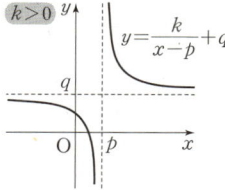

② 정의역은 $\{x|x \neq p$인 실수$\}$,
치역은 $\{y|y \neq q$인 실수$\}$이다.

③ 점 (p, q)에 대하여 대칭이다.

④ 점근선의 방정식은 $x=p$, $y=q$이다.

(2) 유리함수 $y=\dfrac{ax+b}{cx+d}$ $(c \neq 0, ad-bc \neq 0)$의 그래프

① $y=\dfrac{k}{x-p}+q$ $(k \neq 0)$ 꼴로 변형하여 그린다.

② 점근선의 방정식은 $x=-\dfrac{d}{c}$, $y=\dfrac{a}{c}$이다.

[1126~1127] 다음 함수의 그래프를 x축의 방향으로 p만큼,
y축의 방향으로 q만큼 평행이동한 그래프의 식을 구하시오.

1126 $y=\dfrac{1}{x}$ $[p=2, q=-3]$

1127 $y=-\dfrac{2}{x}$ $[p=-5, q=4]$

[1128~1131] 다음 함수의 정의역과 치역을 각각 구하시오.

1128 $y=\dfrac{1}{x-3}+2$ **1129** $y=-\dfrac{1}{2x+4}-2$

1130 $y=\dfrac{2x+3}{x-1}$ **1131** $y=\dfrac{-3x+7}{x-2}$

[1132~1135] 다음 함수의 그래프를 그리고, 점근선의 방정
식을 구하시오.

1132 $y=\dfrac{1}{x-5}+3$ **1133** $y=-\dfrac{2}{x-3}-4$

1134 $y=\dfrac{-x-1}{x+2}$ **1135** $y=\dfrac{-2x+5}{x-3}$

유형 01 유리식의 사칙연산

네 다항식 A, B, C, D ($C \neq 0$, $D \neq 0$)에 대하여

(1) $\dfrac{A}{C} \pm \dfrac{B}{C} = \dfrac{A \pm B}{C}$, $\dfrac{A}{C} \pm \dfrac{B}{D} = \dfrac{AD \pm BC}{CD}$ (복부호동순)

(2) $\dfrac{A}{C} \times \dfrac{B}{D} = \dfrac{AB}{CD}$

(3) $\dfrac{A}{C} \div \dfrac{B}{D} = \dfrac{A}{C} \times \dfrac{D}{B} = \dfrac{AD}{BC}$ (단, $B \neq 0$)

참고 분자가 상수인 분수식이 세 개 이상일 때 계산 과정이 간단해지도록 두 개의 분수식을 적절하게 묶어 먼저 계산한다.

1136 ✓ 대표 예제

$\dfrac{x+1}{x^2+x+1} - \dfrac{1}{x-1} + \dfrac{3}{x^3-1}$ 을 간단히 하면?

① $-\dfrac{1}{x^2+x+1}$ ② $\dfrac{1}{x^2+x+1}$

③ $-\dfrac{x+1}{(x-1)(x^2+x+1)}$ ④ $\dfrac{2x-1}{(x-1)(x^2+x+1)}$

⑤ $\dfrac{2x+1}{(x-1)(x^2+x+1)}$

완쌀 해설

$\dfrac{x+1}{x^2+x+1} - \dfrac{1}{x-1} + \dfrac{3}{x^3-1}$

$= \left(\dfrac{x+1}{x^2+x+1} - \dfrac{1}{x-1} \right) + \dfrac{3}{x^3-1}$

$= \dfrac{(x+1)(x-1) - (x^2+x+1)}{(x-1)(x^2+x+1)} + \dfrac{3}{(x-1)(x^2+x+1)}$

$= \dfrac{x^2-1-x^2-x-1+3}{(x-1)(x^2+x+1)} = \dfrac{-x+1}{(x-1)(x^2+x+1)}$

$= \dfrac{-(x-1)}{(x-1)(x^2+x+1)} = -\dfrac{1}{x^2+x+1}$

복잡한 유리식을 통분 또는 약분하는 과정에서 눈으로 계산하는 것은 실수할 위험을 항상 갖고 있으므로 풀이 과정을 하나하나씩 써가면서 계산하는 것이 결과적으로 빠르고 정확하다는 것을 기억해.

답 ①

1137 대표 예제 한 번 더!

$\dfrac{1}{x-1} - \dfrac{1}{x+1} - \dfrac{2}{x^2+1} - \dfrac{4}{x^4+1}$ 를 간단히 하면?

① $\dfrac{4}{x^8-1}$ ② $\dfrac{8}{x^8-1}$ ③ $\dfrac{4x}{x^8-1}$

④ $\dfrac{8x}{x^8-1}$ ⑤ $\dfrac{16}{x^8-1}$

1138

$\dfrac{x^2-x-6}{x^2-2x-3} \times \dfrac{x^2-6x-7}{x^2-5x} \div \dfrac{x^2-5x-14}{x^2-9x+20}$ 를 간단히 하면?

① $\dfrac{x-3}{x+1}$ ② $\dfrac{x-7}{x+1}$ ③ $\dfrac{x-4}{x-5}$

④ $\dfrac{x+1}{x-5}$ ⑤ $\dfrac{x-4}{x}$

1139

$\dfrac{x^2+4x+4}{x^2-3x} \times \dfrac{x^3-1}{x^2-4} \div \dfrac{x^2+x+1}{x^2-2x}$ 을 간단히 하면?

① $\dfrac{x+2}{x}$ ② $\dfrac{x+2}{x-3}$

③ $\dfrac{x-1}{(x+2)(x-3)}$ ④ $\dfrac{x-2}{x^2+x+1}$

⑤ $\dfrac{(x+2)(x-1)}{x-3}$

1140

$\dfrac{a^2}{(a-b)(a-c)} + \dfrac{b^2}{(b-c)(b-a)} + \dfrac{c^2}{(c-a)(c-b)}$ 을 간단히 하면?

① -2 ② -1 ③ 1

④ 2 ⑤ 3

유형 02 유리식과 항등식

유리식으로 이루어진 항등식에서 미정계수는 다음과 같은 순서로 구한다.
❶ 주어진 유리식을 간단히 정리한 후 양변에 적당한 다항식을 곱하여 다항식을 만든다.
❷ 항등식의 성질을 이용하여 미정계수를 구한다.

1141 ✔대표 예제

$x \neq -3$, $x \neq 2$인 모든 실수 x에 대하여

$$\frac{a}{x-2} + \frac{b}{x+3} = \frac{5x}{x^2+x-6}$$

가 항상 성립할 때, ab의 값을 구하시오. (단, a, b는 상수이다.)

완쏠 해설

주어진 식의 좌변을 통분하여 전개하면

$$\frac{a}{x-2} + \frac{b}{x+3} = \frac{a(x+3)+b(x-2)}{(x-2)(x+3)} = \frac{(a+b)x+3a-2b}{x^2+x-6}$$

즉, $\dfrac{(a+b)x+3a-2b}{x^2+x-6} = \dfrac{5x}{x^2+x-6}$가 x에 대한 항등식이므로

$a+b=5$, $3a-2b=0$

위의 두 식을 연립하여 풀면

$a=2$, $b=3$

$\therefore ab = 2 \times 3 = 6$

> 주어진 문제의 표현이 항등식을 나타내는 것임을 알고, 양변의 식을 같은 꼴로 나타내는 것이 중요해.

(답) 6

1142 대표 예제 한 번 더!

$x \neq -1$, $x \neq 3$인 모든 실수 x에 대하여

$$\frac{a}{x-3} - \frac{2}{x+1} = \frac{b}{x^2-2x-3}$$

가 항상 성립할 때, $a+b$의 값은? (단, a, b는 상수이다.)

① 2   ② 4   ③ 6
④ 8   ⑤ 10

1143

1이 아닌 모든 실수 x에 대하여

$$\frac{x^2+ax-1}{x^3-1} = \frac{2}{x-1} + \frac{bx+c}{x^2+x+1}$$

가 항상 성립할 때, $a+b+c$의 값은?

(단, a, b, c는 상수이다.)

① 2   ② 4   ③ 6
④ 8   ⑤ 10

1144

$x \neq 0$, $x \neq 1$인 모든 실수 x에 대하여

$$\frac{x^2+3}{x(x-1)^2} = \frac{a}{x} + \frac{b}{x-1} - \frac{c}{(x-1)^2}$$

가 성립할 때, abc의 값을 구하시오.

(단, a, b, c는 상수이다.)

1145 ⬆Up

다음 식의 분모를 0으로 만들지 않는 모든 실수 x에 대하여

$$\frac{10x^9+9x^8+8x^7+\cdots+2x+1}{(x-1)(x-2)\times\cdots\times(x-10)}$$
$$= \frac{a_1}{x-1} + \frac{a_2}{x-2} + \frac{a_3}{x-3} + \cdots + \frac{a_{10}}{x-10}$$

이 성립할 때, $a_1+a_2+a_3+\cdots+a_{10}$의 값을 구하시오.

(단, a_1, a_2, a_3, $\cdots$, a_{10}은 상수이다.)

유형 03 유리식의 계산: (분자의 차수)≥(분모의 차수)

다항식의 나눗셈을 활용하여 다음과 같이 정리한다.

$$\frac{A}{B}=\frac{BQ+R}{B}=Q+\frac{R}{B}$$

> 다항식의 나눗셈에서 나머지의 차수는 나누는 식의 차수보다 항상 낮다.

(단, R의 차수는 B의 차수보다 낮다.)

1146 ✓ 대표 예제

$\dfrac{x^2+3}{x^2-x+2}-\dfrac{x+2}{x+1}$ 를 간단히 하면 $\dfrac{f(x)}{(x^2-x+2)(x+1)}$ 일 때, 다항식 $f(x)$는?

① $3x-1$ ② $3x-2$ ③ $3x-3$

④ $3x-4$ ⑤ $3x-5$

완쏠 해설

$$\frac{x^2+3}{x^2-x+2}-\frac{x+2}{x+1}$$

$$=\frac{(x^2-x+2)+x+1}{x^2-x+2}-\frac{(x+1)+1}{x+1}$$

> (분자의 차수)<(분모의 차수)가 되도록 식을 정리한다.

$$=\left(1+\frac{x+1}{x^2-x+2}\right)-\left(1+\frac{1}{x+1}\right)=\frac{x+1}{x^2-x+2}-\frac{1}{x+1}$$

$$=\frac{(x+1)^2-(x^2-x+2)}{(x^2-x+2)(x+1)}=\frac{(x^2+2x+1)-(x^2-x+2)}{(x^2-x+2)(x+1)}$$

$$=\frac{3x-1}{(x^2-x+2)(x+1)}$$

$$\therefore f(x)=3x-1$$

답 ①

1147 대표 예제 한 번 더!

$\dfrac{x^2+2x+5}{x^2+x+4}-\dfrac{x}{x-1}$ 를 간단히 하면 $\dfrac{ax+b}{(x^2+x+4)(x-1)}$ 일 때, 두 상수 a, b에 대하여 $a+b$의 값은?

① -2 ② -4 ③ -6

④ -8 ⑤ -10

1148

$\dfrac{x}{x-1}+\dfrac{x+3}{x+2}-\dfrac{x+4}{x+3}-\dfrac{x+7}{x+6}$ 을 간단히 하면

$\dfrac{4f(x)}{(x-1)(x+2)(x+3)(x+6)}$ 일 때, 다항식 $f(x)$는?

① $x^2-10x+9$ ② $x^2+10x+9$

③ $2x^2-10x+9$ ④ $2x^2+10x+9$

⑤ $4x^2+10x+9$

1149

$\dfrac{x+1}{x-1}-\dfrac{x+3}{x+1}+\dfrac{4}{x^2+1}$ 를 간단히 하면?

① $\dfrac{4}{x^4-1}$ ② $\dfrac{8}{x^4-1}$ ③ $\dfrac{2x^2}{x^4-1}$

④ $\dfrac{4x^2}{x^4-1}$ ⑤ $\dfrac{8x^2}{x^4-1}$

1150

$\dfrac{x^3-2x^2-1}{x-2}+\dfrac{x^2-x-11}{x-4}-\dfrac{x^2-6x+10}{x^2-6x+8}$ 을 간단히 하면?

① x^2 ② x^2+x ③ x^2+x+2

④ x^2+2x+2 ⑤ x^2+3x+2

유형 04 유리식의 계산; 부분분수로의 변형

분모가 두 다항식 A, B의 곱으로 이루어져 있을 때,
$$\frac{1}{AB}=\frac{1}{B-A}\left(\frac{1}{A}-\frac{1}{B}\right) \text{ (단, } A\neq B)$$
을 이용하여 식을 정리한다.

1151 ✓ 대표 예제

다음 식의 분모를 0으로 만들지 않는 모든 실수 x에 대하여

$$\frac{1}{x(x+1)}+\frac{1}{(x+1)(x+2)}+\cdots+\frac{1}{(x+8)(x+9)}$$
$$=\frac{a}{x(x+b)}$$

가 성립할 때, 두 상수 a, b에 대하여 $a+b$의 값은?

① 15   ② 16   ③ 17

④ 18   ⑤ 19

완쏠 해설

주어진 식의 좌변을 정리하면

$$\frac{1}{x(x+1)}+\frac{1}{(x+1)(x+2)}+\cdots+\frac{1}{(x+8)(x+9)}$$
$$=\left(\frac{1}{x}-\frac{1}{x+1}\right)+\left(\frac{1}{x+1}-\frac{1}{x+2}\right)+\cdots+\left(\frac{1}{x+8}-\frac{1}{x+9}\right)$$
$$=\frac{1}{x}-\frac{1}{x+9}=\frac{(x+9)-x}{x(x+9)}=\frac{9}{x(x+9)}$$

즉, $\dfrac{9}{x(x+9)}=\dfrac{a}{x(x+b)}$ 가 x에 대한 항등식이므로

$a=9$, $b=9$

∴ $a+b=9+9=18$

> 부분분수로 변형하면 항이 반드시 소거되는 꼴이니 계산 실수에 유의하자.

(답) ④

1152 대표 예제 한 번 더!

다음 식의 분모를 0으로 만들지 않는 모든 실수 x에 대하여

$$\frac{1}{x(x+1)}+\frac{2}{(x+1)(x+3)}+\frac{3}{(x+3)(x+6)}$$
$$+\frac{4}{(x+6)(x+10)}=\frac{a}{x(x+b)}$$

가 성립할 때, 두 상수 a, b에 대하여 ab의 값을 구하시오.

1153

다음 식의 분모를 0으로 만들지 않는 모든 실수 x에 대하여

$$\frac{1}{x^2-x}+\frac{1}{x^2+x}+\frac{1}{x^2+3x+2}=\frac{a}{(x+b)(x+c)}$$

일 때, $a+b+c$의 값은? (단, a, b, c는 상수이다.)

① 3   ② 4   ③ 5

④ 6   ⑤ 7

1154

다음 식의 분모를 0으로 만들지 않는 모든 실수 x에 대하여

$$\frac{x}{2x^2+3x+1}+\frac{x}{6x^2+5x+1}+\frac{x}{12x^2+7x+1}=\frac{3}{10}$$

을 만족시키는 정수 x의 값을 구하시오.

1155

$f(x)=x^2-\dfrac{1}{4}$ 일 때,

$$\frac{1}{f(1)}+\frac{1}{f(2)}+\frac{1}{f(3)}+\cdots+\frac{1}{f(10)}$$ 의 값은?

① $\dfrac{20}{21}$ ② $\dfrac{25}{21}$ ③ $\dfrac{40}{21}$

④ $\dfrac{44}{21}$ ⑤ $\dfrac{46}{21}$

유형 05 유리식의 계산; 번분수식

번분수식인 유리식은 다음과 같이 정리한다.
(1) 분수식의 분자에 분모의 역수를 곱한다.

$$분모로 \left[\dfrac{\dfrac{A}{B}}{\dfrac{C}{D}}\right] 분자로 \;\Rightarrow\; \dfrac{A}{B}\times\dfrac{D}{C}=\dfrac{AD}{BC}$$

(2) 분자, 분모에 적당한 식을 곱하여 분자, 분모에 있는 분수식을 간단히 한다.

1156 ✓ 대표 예제

$\dfrac{\dfrac{x}{x+1}-\dfrac{x+1}{x}}{\dfrac{x}{x+1}+\dfrac{x+1}{x}}$ 을 간단히 하면?

① $\dfrac{2x+1}{x(x+1)}$ ② $-\dfrac{2x+1}{x(x+1)}$

③ $\dfrac{2x+1}{2x^2+2x+1}$ ④ $-\dfrac{2x+1}{2x^2+2x+1}$

⑤ $\dfrac{x^2+1}{2x^2+2x+1}$

완쏠 해설

분모, 분자를 각각 통분하여 정리하면

$$\dfrac{\dfrac{x}{x+1}-\dfrac{x+1}{x}}{\dfrac{x}{x+1}+\dfrac{x+1}{x}}=\dfrac{\dfrac{x^2-(x+1)^2}{x(x+1)}}{\dfrac{x^2+(x+1)^2}{x(x+1)}}=\dfrac{\dfrac{-2x-1}{x(x+1)}}{\dfrac{2x^2+2x+1}{x(x+1)}}$$

$$=\dfrac{(-2x-1)\times x(x+1)}{x(x+1)\times(2x^2+2x+1)}$$

$$=\dfrac{-2x-1}{2x^2+2x+1}$$

$$=-\dfrac{2x+1}{2x^2+2x+1}$$

다른 풀이 → 분모, 분자에 있는 분수식을 각각 정리한다.

분자, 분모에 $x(x+1)$을 곱하면

$$\dfrac{\dfrac{x}{x+1}-\dfrac{x+1}{x}}{\dfrac{x}{x+1}+\dfrac{x+1}{x}}=\dfrac{\left(\dfrac{x}{x+1}-\dfrac{x+1}{x}\right)\times x(x+1)}{\left(\dfrac{x}{x+1}+\dfrac{x+1}{x}\right)\times x(x+1)}$$

$$=\dfrac{x^2-(x+1)^2}{x^2+(x+1)^2}=\dfrac{-2x-1}{2x^2+2x+1}$$

$$=-\dfrac{2x+1}{2x^2+2x+1}$$

> 번분수식은 분모 또는 분자가 분수로 나타내어졌을 뿐이야. 복잡해 보일 수 있지만 차근차근 계산해 봐.

답 ④

1157 대표 예제 한 번 더!

$1-\dfrac{1-\dfrac{1}{x-1}}{1+\dfrac{1}{x-1}}$ 을 간단히 하면?

① $\dfrac{1}{x}$ ② $\dfrac{2}{x}$ ③ $\dfrac{x}{x+1}$

④ $\dfrac{x}{x-1}$ ⑤ $x+1$

1158

$1-\dfrac{1}{1-\dfrac{1}{1-\dfrac{1}{x}}}$ 을 간단히 하면?

① $\dfrac{1}{x}$ ② $\dfrac{1}{x-1}$ ③ $\dfrac{1}{x+1}$

④ $\dfrac{x}{x+1}$ ⑤ x

1159

$f(x)=1-\dfrac{1}{1-\dfrac{x}{1-\dfrac{1}{1+x}}}$ 에 대하여 $f(k)=\dfrac{8}{7}$ 일 때, 상수 k의 값을 구하시오.

1160

$x=2+\dfrac{1}{2+\dfrac{1}{2+\dfrac{1}{x}}}$ 일 때, x^2-2x의 값을 구하시오.

유형 06 유리식의 계산: 곱셈 공식의 변형

(1) $x^2 + \dfrac{1}{x^2} = \left(x + \dfrac{1}{x}\right)^2 - 2 = \left(x - \dfrac{1}{x}\right)^2 + 2$

(2) $x^3 + \dfrac{1}{x^3} = \left(x + \dfrac{1}{x}\right)^3 - 3\left(x + \dfrac{1}{x}\right)$

(3) $x^3 - \dfrac{1}{x^3} = \left(x - \dfrac{1}{x}\right)^3 + 3\left(x - \dfrac{1}{x}\right)$

1161 ✓ 대표 예제

$x + \dfrac{1}{x} = 3$일 때, $x^3 + x + \dfrac{1}{x} + \dfrac{1}{x^3}$의 값은?

① 17   ② 18   ③ 19
④ 20   ⑤ 21

─ 완쏠 해설 ─

$x + \dfrac{1}{x} = 3$을 이용할 수 있도록 식을 변형한다.

$$x^3 + x + \dfrac{1}{x} + \dfrac{1}{x^3} = \left(x^3 + \dfrac{1}{x^3}\right) + \left(x + \dfrac{1}{x}\right)$$
$$= \left\{\left(x + \dfrac{1}{x}\right)^3 - 3\left(x + \dfrac{1}{x}\right)\right\} + \left(x + \dfrac{1}{x}\right)$$
$$= \left(x + \dfrac{1}{x}\right)^3 - 2\left(x + \dfrac{1}{x}\right)$$
$$= 3^3 - 2 \times 3 = 21$$

이 유형은 공통수학 1의 곱셈 공식의 변형 유형과 $x \pm \dfrac{1}{x}$ 꼴의 식의 값 유형에서 발전된 유형이야. 즉, 이 두 유형을 정확히 알고 있어야 해.

답 ⑤

1162 대표 예제 한 번 더!

$x + \dfrac{1}{x} = 4$일 때, $x^3 - x + \dfrac{1}{x} - \dfrac{1}{x^3}$의 값은? (단, $x > 1$)

① $28\sqrt{3}$ ② 56   ③ $28\sqrt{5}$
④ $28\sqrt{6}$ ⑤ $28\sqrt{7}$

1163

$x + \dfrac{1}{x} = \sqrt{5}$일 때, $x^4 - \dfrac{1}{x^4}$의 값은? (단, $x > 1$)

① $2\sqrt{5}$ ② $3\sqrt{5}$ ③ $4\sqrt{5}$
④ $5\sqrt{5}$ ⑤ $6\sqrt{5}$

1164

$x^2 - kx - 1 = 0$일 때, $3x^2 + 2x - \dfrac{2}{x} + \dfrac{3}{x^2} = 14$이다. 정수 k의 값은?

① -3 ② -2 ③ -1
④ 1   ⑤ 2

1165

$x^2 - 2\sqrt{2}x + 1 = 0$, $x^4 - 4\sqrt{2}x^2 - 1 = 0$일 때, $x^3 - \dfrac{1}{x^3}$의 값을 구하시오.

유형 07 유리식의 계산:
a, b, c의 관계식이 주어졌을 때

a, b, c의 관계식이 주어진 유리식의 계산은 다음과 같은 순서로 구한다.
❶ 통분과 인수분해를 이용하여 주어진 식을 간단히 한다.
❷ a, b, c의 관계식을 정리하여 값을 대입한다.

1166 ✓ 대표 예제

$a+b+c=0$일 때,

$$\frac{1}{a}\left(\frac{2a}{b}+\frac{b}{c}\right)+\frac{1}{b}\left(\frac{2b}{c}+\frac{c}{a}\right)+\frac{1}{c}\left(\frac{2c}{a}+\frac{a}{b}\right)$$

의 값은? (단, $abc \neq 0$)

① -2　　　　② -1　　　　③ 0
④ 1　　　　⑤ 2

완쏠 해설

주어진 식을 통분하여 정리하면

$$\frac{1}{a}\left(\frac{2a}{b}+\frac{b}{c}\right)+\frac{1}{b}\left(\frac{2b}{c}+\frac{c}{a}\right)+\frac{1}{c}\left(\frac{2c}{a}+\frac{a}{b}\right)$$

$$=\frac{1}{a}\times\frac{2ac+b^2}{bc}+\frac{1}{b}\times\frac{2ab+c^2}{ca}+\frac{1}{c}\times\frac{2bc+a^2}{ab}$$

$$=\frac{a^2+b^2+c^2+2ab+2bc+2ca}{abc}$$

$$=\frac{(a+b+c)^2}{abc}=0$$

> 주어진 식을 전개하고 앞서 배운 인수분해 공식을 이용해 보자.

(답) ③

1167 대표 예제 한 번 더!

0이 아닌 세 실수 a, b, c에 대하여 $\frac{1}{a}+\frac{1}{b}+\frac{1}{c}=0$일 때,

$$\frac{a}{(a+b)(a+c)}+\frac{b}{(b+c)(b+a)}+\frac{c}{(c+a)(c+b)}$$의 값은?

① -2　　　　② -1　　　　③ 0
④ 1　　　　⑤ 2

1168

0이 아닌 세 실수 a, b, c에 대하여 $2a+\frac{1}{2b}=1$,

$b+\frac{3}{2c}=\frac{1}{2}$일 때, $\frac{1}{2a}+\frac{c}{3}$의 값을 구하시오. $\left(단, b \neq \frac{1}{2}\right)$

1169

$a+b+c=2$, $a^2+b^2+c^2=6$, $\frac{1}{a}+\frac{1}{b}+\frac{1}{c}=\frac{1}{2}$일 때,

$\frac{1}{ab}+\frac{1}{bc}+\frac{1}{ca}$의 값은? (단, $abc \neq 0$)

① -2　　　　② -1　　　　③ 0
④ 1　　　　⑤ 2

1170

0이 아닌 세 실수 a, b, c에 대하여

$$\frac{1}{a^2}+\frac{1}{b^2}+\frac{1}{c^2}=\left(\frac{1}{a}+\frac{1}{b}+\frac{1}{c}\right)^2=1$$

일 때, $\left|\frac{a^2+b^2+c^2}{abc}\right|$의 값을 구하시오.

유형 08 유리식의 계산; 비례식 또는 등식이 주어졌을 때

(1) 비례식이 주어진 경우

① $x:y=a:b$가 주어졌을 때

$bx=ay$임을 이용하거나 $x=ak$, $y=bk$ $(k\neq0)$로 놓고 k에 대한 관계식을 구한다.

② $x:y:z=a:b:c$가 주어졌을 때

$x=ak$, $y=bk$, $z=ck$ $(k\neq0)$로 놓고 k에 대한 관계식을 구한다.

(2) 등식이 주어진 경우

① $ax=by$가 주어졌을 때

$x=\dfrac{b}{a}y$로 놓고 y에 대한 식으로 정리한다.

② $\dfrac{x}{a}=\dfrac{y}{b}=\dfrac{z}{c}$가 주어졌을 때

$x=ak$, $y=bk$, $z=ck$ $(k\neq0)$로 놓고 주어진 식에 대입한다.

1171 ✔ 대표 예제

$x:y=2:3$일 때, $\dfrac{3x^2y-2xy^2}{(x-y)(x^2+y^2)}$의 값을 구하시오.

(단, $xy\neq0$)

완쏠 해설

$x:y=2:3$에서 $x=2k$, $y=3k$ $(k\neq0)$라 하면

$\dfrac{3x^2y-2xy^2}{(x-y)(x^2+y^2)}=\dfrac{3\times(2k)^2\times3k-2\times2k\times(3k)^2}{(2k-3k)\{(2k)^2+(3k)^2\}}$

$=\dfrac{36k^3-36k^3}{(-k)\times13k^2}=\dfrac{0}{-13k^3}=0$

다른 풀이

$3x=2y$이므로 $y=\dfrac{3}{2}x$를 주어진 식에 대입하면

$\dfrac{3x^2y-2xy^2}{(x-y)(x^2+y^2)}=\dfrac{3x^2\times\dfrac{3}{2}x-2x\times\left(\dfrac{3}{2}x\right)^2}{\left(x-\dfrac{3}{2}x\right)\left\{x^2+\left(\dfrac{3}{2}x\right)^2\right\}}$

$=\dfrac{\dfrac{9}{2}x^3-\dfrac{9}{2}x^3}{\left(-\dfrac{x}{2}\right)\times\dfrac{13}{4}x^2}$

$=\dfrac{0}{-\dfrac{13}{8}x^3}=0$

이 유형의 핵심은 미지수의 값을 구하는 것이 아니라 미지수를 한 문자로 통일해서 약분하는 것이라는 걸 잊지 말자.

답 0

1172

$\dfrac{x+2y}{3x-y}=\dfrac{1}{2}$일 때, $\dfrac{4xy}{x^2-5y^2}$의 값을 구하시오. (단, $xy\neq0$)

1173

$(x+y):(y+z):(z+x)=1:4:9$일 때,

$\dfrac{xy-yz+z^2}{x^2+y^2+zx}$의 값은? (단, $xyz\neq0$)

① $\dfrac{40}{31}$ ② $\dfrac{41}{31}$ ③ $\dfrac{42}{31}$

④ $\dfrac{43}{31}$ ⑤ $\dfrac{44}{31}$

1174 교육청

$\dfrac{x+y}{2z}=\dfrac{y+2z}{x}=\dfrac{2z+x}{y}$일 때, $\dfrac{x^3+y^3+z^3}{xyz}$의 값은?

(단, $x+y+2z\neq0$)

① $\dfrac{17}{4}$ ② $\dfrac{9}{2}$ ③ $\dfrac{19}{4}$

④ 5   ⑤ $\dfrac{21}{4}$

1175

$x-y+2z=0$, $2x+y-z=0$일 때, $\dfrac{xy+yz+zx}{x^2-y^2+z^2}$의 값은?

(단, $xyz\neq0$)

① $-\dfrac{2}{5}$ ② $-\dfrac{7}{15}$ ③ $-\dfrac{8}{15}$

④ $-\dfrac{3}{5}$ ⑤ $-\dfrac{2}{3}$

유형 09 유리함수의 그래프의 평행이동

함수 $y=\dfrac{k}{x-p}+q\ (k\neq 0)$의 그래프는 함수 $y=\dfrac{k}{x}$의 그래프를 x축의 방향으로 p만큼, y축의 방향으로 q만큼 평행이동한 것이다.

참고 k의 값이 같으면 평행이동하여 겹쳐질 수 있다.

1176 ✓ 대표 예제

함수 $y=\dfrac{3x+2}{x-3}$의 그래프는 함수 $y=\dfrac{k}{x}$의 그래프를 x축의 방향으로 a만큼, y축의 방향으로 b만큼 평행이동한 것이다. $a+b+k$의 값은? (단, k는 상수이다.)

① 15   ② 16   ③ 17

④ 18   ⑤ 19

완쏠 해설

$y=\dfrac{3x+2}{x-3}$ → 분모인 $x-3$이 포함된 꼴로 분자를 변형한다.

$=\dfrac{3(x-3)+11}{x-3}$

$=\dfrac{11}{x-3}+3$

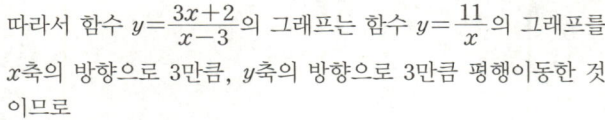
$y=\dfrac{ax+b}{cx+d}$ 꼴은 $y=\dfrac{k}{x-p}+q$ 꼴로 변형해야 해.

따라서 함수 $y=\dfrac{3x+2}{x-3}$의 그래프는 함수 $y=\dfrac{11}{x}$의 그래프를 x축의 방향으로 3만큼, y축의 방향으로 3만큼 평행이동한 것이므로

$a=3,\ b=3,\ k=11$

$\therefore a+b+k=3+3+11=17$

답 ③

1177 대표 예제 한 번 더! 교육청

함수 $y=\dfrac{2}{x}$의 그래프를 x축의 방향으로 a만큼, y축의 방향으로 b만큼 평행이동하였더니 함수 $y=\dfrac{3x-1}{x-1}$의 그래프와 일치하였다. $a+b$의 값은?

① 2   ② 4   ③ 6

④ 8   ⑤ 10

1178

|보기|의 함수 중에서 함수 $y=\dfrac{3}{x}$의 그래프를 평행이동하여 겹쳐지는 것만을 있는 대로 고른 것은?

┌─── 보기 ───┐

ㄱ. $y=\dfrac{3x}{x+1}$ ㄴ. $y=\dfrac{x+4}{x+1}$

ㄷ. $y=\dfrac{3x-5}{x-1}$ ㄹ. $y=\dfrac{x+5}{2x-2}$

① ㄱ, ㄴ   ② ㄱ, ㄷ   ③ ㄴ, ㄷ

④ ㄴ, ㄹ   ⑤ ㄷ, ㄹ

1179

원 $(x-1)^2+(y+1)^2=4$를 원 $(x+1)^2+(y+3)^2=4$로 옮기는 평행이동에 의하여 함수 $y=\dfrac{2}{x}$의 그래프를 평행이동 하였더니 함수 $y=f(x)$의 그래프와 일치하였다. $f(a)=-1$을 만족시키는 상수 a의 값은?

① 0   ② 1   ③ 2

④ 3   ⑤ 4

1180

함수 $f(x)=\dfrac{4}{x}$의 그래프와 함수 $y=f(x)$의 그래프를 x축의 방향으로 $2a$만큼, y축의 방향으로 $-a$만큼 평행이동한 그래프가 두 점에서 만난다. 한 점의 좌표가 $(4,\ b)$일 때, 다른 한 점의 좌표는? (단, $a\neq 0$)

① $(-4,\ -1)$ ② $(-2,\ -2)$ ③ $(-1,\ -4)$

④ $(1,\ 4)$ ⑤ $(2,\ 2)$

유형 10 유리함수의 그래프의 점근선

(1) 함수 $y=\dfrac{k}{x-p}+q \ (k\neq 0)$의 그래프의 점근선의 방정식은
$$x=p, \ y=q$$
(2) 함수 $y=\dfrac{ax+b}{cx+d} \ (ad-bc\neq 0, \ c\neq 0)$의 그래프의 점근선의
방정식은 → (분모)$=0$을 만족시키는 x의 값
$$x=-\frac{d}{c}, \ y=\frac{a}{c}$$
→ 분모, 분자의 x항의 계수의 비

1181 ✓ 대표 예제

함수 $y=-\dfrac{2}{3x+a}-2$의 그래프의 점근선의 방정식이 $x=4$, $y=b$일 때, 두 상수 a, b에 대하여 $b-a$의 값을 구하시오.

완쏠 해설

함수 $y=-\dfrac{2}{3x+a}-2$의 그래프의 점근선의 방정식은

$x=-\dfrac{a}{3}, \ y=-2$ → $4=-\dfrac{a}{3}$에서 $a=-12$

$\therefore a=-12, \ b=-2$

$\therefore b-a=(-2)-(-12)=10$

> 점근선의 방정식이 $x=-a$라 생각하지 않도록 유의하자.

다른 풀이

함수 $y=-\dfrac{2}{3x+a}-2$의 그래프의 점근선의 방정식이

$x=4, \ y=b$이므로

$y=-\dfrac{2}{3(x-4)}+b=-\dfrac{2}{3x-12}+b$

위의 함수의 그래프가 함수 $y=-\dfrac{2}{3x+a}-2$의 그래프와 일치해야 하므로

$a=-12, \ b=-2$

$\therefore b-a=(-2)-(-12)=10$

답 10

1182 대표 예제 한 번 더!

함수 $y=\dfrac{-3x+7}{2x+a}$의 그래프의 점근선의 방정식이 $x=-3$, $y=b$일 때, 두 상수 a, b에 대하여 $a-2b$의 값을 구하시오.

1183

함수 $y=\dfrac{a}{x+3}+b$의 그래프가 점 $(-1, 5)$를 지나고 두 점근선의 교점의 좌표가 $(c, 4)$일 때, 세 상수 a, b, c에 대하여 $a+b+c$의 값은? (단, $a\neq 0$)

① 0 　　　② 1 　　　③ 2
④ 3 　　　⑤ 4

1184 교육청

함수 $f(x)=\dfrac{3x+1}{x-k}$의 그래프의 두 점근선의 교점이 직선 $y=x$ 위에 있을 때, 상수 k의 값은? $\left(\text{단}, k\neq -\dfrac{1}{3}\right)$

① 1 　　　② 2 　　　③ 3
④ 4 　　　⑤ 5

1185

두 함수 $y=\dfrac{(b+1)x+2}{ax-4}$, $y=\dfrac{2bx-1}{3x-(2a+2)}$의 그래프의 점근선이 서로 일치할 때, 두 상수 a, b에 대하여 $a+b$의 값을 구하시오. (단, $a>0$)

유형 **11** 유리함수의 그래프의 대칭성

함수 $y=\dfrac{k}{x-p}+q$ (단, $k \neq 0$)의 그래프는

(1) 두 점근선의 교점 $P(p, q)$에 대하여 대칭이다.
(2) 점 P를 지나고 기울기 1, -1인 직선에 대하여 각각 대칭이다.

참고 $k>0$

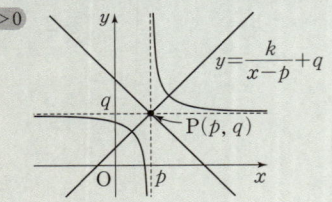

1186 ✔ 대표 예제

함수 $y=\dfrac{3x+2}{x-2}$의 그래프가 점 (a, b)에 대하여 대칭일 때, $a+b$의 값은?

① -1 ② 1 ③ 3
④ 5 ⑤ 7

(완쏠 해설

함수 $y=\dfrac{3x+2}{x-2}$의 그래프의 점근선의 방정식은

$x=2$, $y=3$

이때 주어진 함수의 그래프는 두 점근선의 교점 $(2, 3)$에 대하여 대칭이다.

따라서 $a=2$, $b=3$이므로

$a+b=2+3=5$

> 함수 $y=\dfrac{3x+2}{x-2}$의 그래프는 두 직선 $y=x+1$, $y=-x+5$에 대하여 각각 대칭이야.

답 ④

1187 대표 예제 한 번 더!

함수 $y=\dfrac{3x-4}{2x+5}$의 그래프가 직선 $y=x+k$에 대하여 대칭일 때, 상수 k의 값은?

① 4 ② 5 ③ 6
④ 7 ⑤ 8

1188

함수 $y=\dfrac{ax+b}{x+c}$의 그래프가 점 $(2, 3)$에 대하여 대칭이고 점 $(5, 4)$를 지날 때, 세 상수 a, b, c에 대하여 abc의 값을 구하시오.

1189

함수 $y=\dfrac{ax+2}{2x+3b}$의 그래프가 두 직선 $y=x-1$, $y=-x+5$에 대하여 대칭일 때, 두 상수 a, b에 대하여 $a-b$의 값을 구하시오.

1190 🔺Up

그림과 같이 중심이 $(-1, 3)$이고 점 $P(1, 4)$를 지나는 원 C가 함수 $y=\dfrac{2}{x+1}+3$의 그래프와 만나는 네 점을 P, Q, R, S라 할 때, 사각형 PQRS의 넓이는?

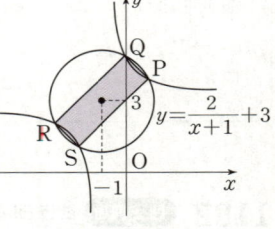

① 4 ② 5 ③ 6
④ 7 ⑤ 8

유형 12 **유리함수의 그래프가 지나는 사분면**

함수 $y=\dfrac{ax+b}{cx+d}$ 의 그래프가 지나는 사분면은 다음과 같은 순서로 알아본다.

❶ x축, y축과의 교점을 구한다.

❷ $y=\dfrac{k}{x-p}+q$ 꼴로 바꾸어 그래프의 개형을 그린다.

1191 ✔ 대표 예제

함수 $y=\dfrac{2x-1}{x+2}$ 의 그래프가 지나는 모든 사분면으로 짝 지어진 것은?

① 제1, 2사분면   ② 제1, 3사분면

③ 제2, 3, 4사분면   ④ 제1, 3, 4사분면

⑤ 제1, 2, 3, 4사분면

── **완쏠 해설**

$f(x)=\dfrac{2x-1}{x+2}$ 이라 하면 함수 $y=f(x)$의 그래프는 두 점 $\left(\dfrac{1}{2},\ 0\right),\ \left(0,\ -\dfrac{1}{2}\right)$ 을 지난다.

$f(x)=\dfrac{2(x+2)-5}{x+2}=-\dfrac{5}{x+2}+2$ 부호에 유의하여 그린다.

이므로 함수 $y=f(x)$의 그래 프의 점근선의 방정식은

$x=-2,\ y=2$

따라서 오른쪽 그림과 같이 함 수 $y=f(x)$의 그래프가 지나 는 사분면은 제1, 2, 3, 4사분 면이다.

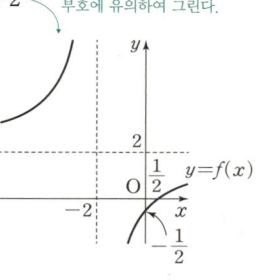

답 ⑤

1192 대표 예제 한 번 더!

함수 $y=-\dfrac{x}{x+1}$ 의 그래프가 지나는 모든 사분면으로 짝 지어진 것은?

① 제1, 2사분면   ② 제1, 3사분면

③ 제2, 3, 4사분면   ④ 제1, 3, 4사분면

⑤ 제1, 2, 3, 4사분면

1193

함수 $y=\dfrac{k}{x-3}+2$의 그래프가 모든 사분면을 지날 때, 자연수 k의 최솟값을 구하시오.

1194

상수 a에 대하여 $a\geq1$일 때, 다음 중 함수 $y=\dfrac{a}{x-a}+a$의 그래프가 지날 수 없는 점은?

① $(1,\ 2)$ ② $(2,\ -3)$ ③ $(-2,\ 1)$

④ $(-3,\ -1)$ ⑤ $(0,\ 0)$

1195 ⬆UP

두 상수 a, b에 대하여 $ab>0$일 때, 함수 $y=\dfrac{ax}{x+b}$의 그래프가 반드시 지나는 사분면으로 짝 지어진 것은?

① 제1, 2사분면   ② 제1, 3사분면

③ 제2, 3, 4사분면   ④ 제1, 3, 4사분면

⑤ 제1, 2, 3, 4사분면

유형 **13** 그래프를 이용하여 유리함수의 식 구하기

(1) 점근선의 방정식이 $x=p$, $y=q$이면
$$y=\frac{k}{x-p}+q \ (단, k\neq0)$$

(2) 유리함수의 그래프가 점 (a, b)를 지나면 방정식 $b=\frac{k}{a-p}+q$를 풀어 상수 k의 값을 구한다.

(3) k의 절댓값이 클수록 그래프는 두 점근선의 교점으로부터 멀어진다.

1196 ✓ 대표예제

함수 $y=\frac{k}{x-p}+q$의 그래프가 그림과 같을 때, 세 상수 p, q, k에 대하여 $p+q+k$의 값은?

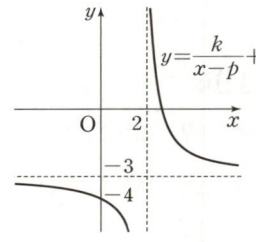

① 1   ② 2
③ 3   ④ 4
⑤ 5

완쏠 해설

주어진 그래프에서 점근선의 방정식이 $x=2$, $y=-3$이므로
$p=2$, $q=-3$

함수 $y=\frac{k}{x-2}-3$의 그래프가 점 $(0, -4)$를 지나므로

$-4=\frac{k}{0-2}-3$, $-\frac{k}{2}=-1$

$\therefore k=2$

$\therefore p+q+k=2+(-3)+2=1$

> 그래프에서 점근선, x절편, y절편, 지나는 점 등의 정보를 정확하게 파악하자.

답 ①

1197 대표예제 한번더!

함수 $y=\frac{a}{x+b}+c$의 그래프가 그림과 같고 점 $(3, 1)$을 지날 때, 세 상수 a, b, c에 대하여 abc의 값은?

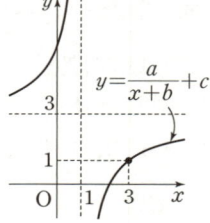

① 9   ② 10
③ 11   ④ 12
⑤ 13

1198

함수 $y=\frac{ax+b}{cx-2}$의 그래프가 그림과 같고 점 $(4, 5)$를 지날 때, 세 상수 a, b, c에 대하여 abc의 값은?
(단, a, c는 서로소인 자연수이다.)

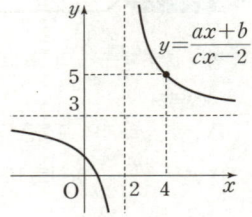

① -8 ② -7 ③ -6
④ -5 ⑤ -4

1199

두 함수 $y=\frac{4}{x-a}+b$,

$y=\frac{2}{x-a}+b$의 그래프가 그림과 같다. 두 상수 a, b에 대하여 $a+b$의 값을 구하시오.

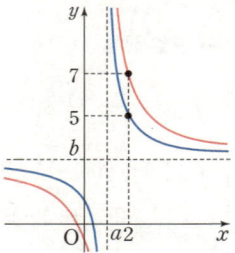

1200

함수 $y=\frac{ax+b}{x+c}$의 그래프가 그림과 같을 때, |보기|에서 옳은 것만을 있는 대로 고른 것은?
(단, a, b, c는 상수이다.)

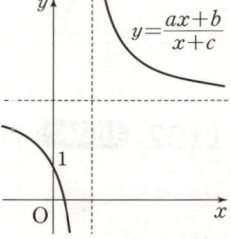

|보기|
ㄱ. $c<0$ ㄴ. $0<a<1$ ㄷ. $\frac{1}{a}-\frac{c}{b}>0$

① ㄱ   ② ㄷ   ③ ㄱ, ㄴ
④ ㄴ, ㄷ   ⑤ ㄱ, ㄴ, ㄷ

유형 14 유리함수의 그래프의 정의역과 치역 중요

(1) 함수 $y = \dfrac{k}{x-p} + q$의 정의역이 $\{x \mid x \neq p$인 실수$\}$일 때, 치역은 $\{y \mid y \neq q$인 실수$\}$

(2) 함수 $y = \dfrac{k}{x-p} + q$의 정의역이 제한된 범위일 때, 치역은 그래프를 그려서 확인한다.

1201 ✓ 대표 예제

함수 $y = \dfrac{3x+11}{x+2}$의 정의역이 $\{x \mid -2 < x \leq 3\}$일 때, 치역은?

① $\{y \mid y < 4\}$ ② $\{y \mid y \geq 4\}$

③ $\{y \mid -2 \leq y < 4\}$ ④ $\{y \mid y \geq -2\}$

⑤ $\{y \mid y < -2$ 또는 $y > 4\}$

완쏠 해설

$$y = \dfrac{3x+11}{x+2} = \dfrac{3(x+2)+5}{x+2} = \dfrac{5}{x+2} + 3$$

즉, $-2 < x \leq 3$에서 함수 $y = \dfrac{3x+11}{x+2}$

의 그래프는 오른쪽 그림과 같다.

따라서 주어진 함수의 치역은
$\{y \mid y \geq 4\}$

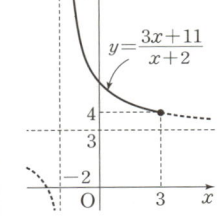

정의역이 제한된 함수의 치역은 반드시 함수의 그래프를 그려서 확인해 보자.

답 ②

1202 대표 예제 한 번 더!

함수 $y = -\dfrac{2x}{x-1}$의 정의역이 $\{x \mid x > 2\}$일 때, 치역은?

① $\{y \mid y > -4\}$ ② $\{y \mid y \geq -4\}$

③ $\{y \mid -4 < y < -2\}$ ④ $\{y \mid -4 \leq y \leq 2\}$

⑤ $\{y \mid y < 2\}$

1203

함수 $f(x) = \dfrac{4x+2}{3x+a}$의 정의역과 치역이 각각

$$\{x \mid x \neq -2$인 실수$\}, \quad \{y \mid y \neq b$인 실수$\}$$

일 때, 두 상수 a, b에 대하여 ab의 값을 구하시오.

1204

함수 $y = \dfrac{x+5}{x+2}$의 치역이 $\{y \mid y < -2\}$일 때, 정의역은 $\{x \mid a < x < b\}$이다. 두 상수 a, b에 대하여 $b - a$의 값은?

① 1   ② 2   ③ 3

④ 4   ⑤ 5

1205 UP

집합 $X = \{x \mid 1 \leq x \leq 4\}$에 대하여 함수 $y = \dfrac{ax+b}{x+1}$의 정의역과 치역이 모두 집합 X일 때, 두 상수 a, b에 대하여 $|a| + |b|$의 값을 구하시오. (단, $a \neq 0$, $a \neq b$)

유형 **15** 유리함수의 최대·최소

주어진 정의역에 따라 유리함수 $y=f(x)$의 그래프를 그리고 y의 최댓값 또는 최솟값을 구한다.

1206 ✓ 대표 예제

정의역이 $\{x\,|\,2\leq x\leq 5\}$인 함수 $y=\dfrac{2x+2}{x-1}$의 최댓값을 M, 최솟값을 m이라 할 때, $M+m$의 값은?

① 1 　　　 ② 3 　　　 ③ 5
④ 7 　　　 ⑤ 9

완쏠 해설

$$y=\dfrac{2x+2}{x-1}$$
$$=\dfrac{2(x-1)+4}{x-1}$$
$$=\dfrac{4}{x-1}+2$$

> 유리함수의 최댓값 또는 최솟값은 주어진 정의역의 범위의 경곗값에서 결정됨을 기억하자.

$2\leq x\leq 5$에서 함수 $y=\dfrac{4}{x-1}+2$의 그래프는 오른쪽 그림과 같다.
따라서 주어진 함수는
$x=2$에서 최댓값 $M=6$을 갖고
$x=5$에서 최솟값 $m=3$을 갖는다.
$\therefore M+m=6+3=9$

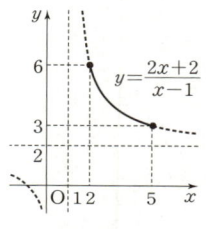

(답) ⑤

1207 대표 예제 한 번 더!

정의역이 $\{x\,|\,x\leq -2 \text{ 또는 } x\geq 2\}$인 함수 $y=\dfrac{3x-2}{x-1}$의 최댓값을 M, 최솟값을 m이라 할 때, $M-m$의 값은?

① 1 　　　 ② $\dfrac{4}{3}$ 　　　 ③ $\dfrac{5}{3}$
④ 2 　　　 ⑤ $\dfrac{7}{3}$

1208

정의역이 $\{x\,|\,4\leq x\leq 6\}$인 함수 $y=\dfrac{5}{3-x}+a$의 최댓값이 M, 최솟값이 -3일 때, $a+M$의 값을 구하시오.
(단, a는 상수이다.)

1209

정의역이 $\{x\,|\,x\leq a\}$인 유리함수 $f(x)=-\dfrac{ax+11}{x+a}$이 최댓값을 갖도록 하는 정수 a의 개수는? (단, $a<0$)

① 1 　　　 ② 2 　　　 ③ 3
④ 4 　　　 ⑤ 5

1210

함수 $f(x)=\dfrac{ax+b}{x+c}$가 다음 조건을 만족시킬 때, 세 상수 a, b, c에 대하여 $a+b+c$의 값을 구하시오. (단, $b\neq -6$)

> (가) 함수 $y=f(x)$의 그래프는 점 $(2, 3)$에 대하여 대칭이다.
> (나) $-2\leq x\leq 0$에서 함수 $f(x)$의 최댓값 M과 최솟값 m에 대하여 $M+m=0$이다.

유형 16 유리함수의 그래프와 직선의 위치 관계

유리함수 $y=f(x)$의 그래프와 직선 $y=g(x)$의 위치 관계에 대한 문제는 다음과 같이 해결한다.

(1) 이차방정식 $f(x)=g(x)$의 판별식 D를 이용한다.

(2) 함수 $y=f(x)$의 그래프를 그려 직선 $y=g(x)$가 반드시 지나는 점을 이용한다.

1211 ✓ 대표 예제

함수 $y=\dfrac{x+1}{x-2}$의 그래프와 직선 $y=-x+k$가 한 점에서 만날 때, 모든 실수 k의 값의 합을 구하시오.

완쏠 해설

$y=\dfrac{x+1}{x-2}=\dfrac{(x-2)+3}{x-2}=\dfrac{3}{x-2}+1$

즉, 함수 $y=\dfrac{x+1}{x-2}$의 그래프와 직선 $y=-x+k$가 한 점에서 만나는 경우는 오른쪽 그림과 같다.

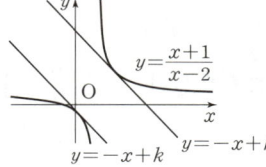

$\dfrac{x+1}{x-2}=-x+k$에서

$x+1=(-x+k)(x-2)$

$\therefore x^2-(k+1)x+1+2k=0$

위의 이차방정식의 판별식을 D_1이라 하면

$D_1=\{-(k+1)\}^2-4\times1\times(1+2k)=0$

$\therefore k^2-6k-3=0$ ...... ㉠

이때 이차방정식 ㉠의 판별식을 D_2라 하면

$\dfrac{D_2}{4}=(-3)^2-1\times(-3)>0$

이므로 이차방정식 ㉠은 서로 다른 두 실근을 갖는다.

따라서 이차방정식의 근과 계수의 관계에 의하여 구하는 모든 실수 k의 값의 합은 6이다.

> 유리함수의 그래프와 직선의 위치 관계에서 이차방정식의 판별식을 이용하는 것이 일반적이지만 반드시 필요한 것은 아니야. 꼭 그래프를 먼저 그려서 문제 상황을 파악하여 판별식이 필요할지를 고민하자.

답 6

1212 대표 예제 한 번 더!

함수 $y=\dfrac{1}{x+1}-3$의 그래프와 직선 $y=mx-4$가 한 점에서 만날 때, 모든 실수 m의 값의 곱을 구하시오.

(단, $m\neq0$)

1213

함수 $y=\dfrac{2}{x-a}+a$의 그래프와 직선 $y=-x+2$가 만나지 않도록 하는 정수 a의 개수는?

① 1   ② 2   ③ 3

④ 4   ⑤ 5

1214

$3\leq x\leq5$에서 정의된 함수 $y=\dfrac{12-3x}{x-2}$의 그래프와 직선 $y=mx-6m+4$의 교점이 존재하도록 하는 실수 m의 최댓값은?

① 3   ② 4   ③ 5

④ 6   ⑤ 7

1215

정의역이 $\{x\,|\,0\leq x\leq5\}$인 함수 $y=\dfrac{2x}{x-6}$의 그래프와 직선 $y=mx$가 서로 다른 두 점에서 만날 때, 실수 m의 최솟값은?

① -5 ② -4 ③ -3

④ -2 ⑤ -1

유형 **17** 유리함수의 합성

두 함수 f, g에 대하여
(1) 합성함수 $g \circ f$의 함숫값
$$(g \circ f)(x) = g(f(x))$$
(2) 반복되는 합성함수 $f \circ f \circ \cdots \circ f$의 함숫값
f, $f \circ f$, $f \circ f \circ f$, $\cdots$를 순서대로 구하여 규칙성을 찾는다.

1216 ✓ 대표 예제

두 함수
$$f(x) = \frac{1}{x-3} + 2, \quad g(x) = \frac{x-1}{x-2}$$
에 대하여 $(g \circ f)(a) = 2$를 만족시키는 상수 a의 값은?

① 1　　　　② 2　　　　③ 3
④ 4　　　　⑤ 5

완쏠 해설

$f(a) = \dfrac{1}{a-3} + 2$이므로

$(g \circ f)(a) = g(f(a)) = \dfrac{f(a)-1}{f(a)-2}$

$\qquad = \dfrac{\left(\dfrac{1}{a-3}+2\right)-1}{\left(\dfrac{1}{a-3}+2\right)-2} = \dfrac{\dfrac{1}{a-3}+1}{\dfrac{1}{a-3}}$

$\qquad = \dfrac{\dfrac{a-2}{a-3}}{\dfrac{1}{a-3}}$

$\qquad = a-2$

이때 $(g \circ f)(a) = 2$이므로
$a-2=2$ $\quad \therefore a=4$

08. 함수의 **유형 14**와 같은 원리로 해결할 수 있어. 함께 알아두도록 하자.

답 ④

1217 대표 예제 한 번 더!

두 함수
$$f(x) = \frac{x+a}{2x-1}, \quad g(x) = \frac{3x-1}{x+3}$$
에 대하여 $(g \circ f)(1) = 1$을 만족시키는 상수 a의 값은?

① 1　　　　② 2　　　　③ 3
④ 4　　　　⑤ 5

1218

함수 $f(x) = \dfrac{x}{x-1}$에 대하여
$$f^1(x) = f(x), \quad f^n(x) = (f \circ f^{n-1})(x) \ (n = 2, 3, 4, \cdots)$$
로 정의한다. $f^{50}(3)$의 값을 구하시오.

1219

함수 $f(x) = \dfrac{1}{1-x}$에 대하여
$$f^1(x) = f(x), \quad f^n(x) = (f \circ f^{n-1})(x) \ (n = 2, 3, 4, \cdots)$$
로 정의한다. $f^{100}\left(\dfrac{9}{10}\right)$의 값을 구하시오.

1220

두 함수
$$f(x) = \frac{x+4}{x-2}, \quad g(x) = \frac{ax+b}{x+c}$$
가 모든 실수 x에 대하여 $(g \circ f)(x) = \dfrac{1}{x}$을 만족시킨다.
세 상수 a, b, c에 대하여 $a-b+c$의 값은?

① 1　　　　② 2　　　　③ 3
④ 4　　　　⑤ 5

유형 18 유리함수의 역함수 중요

함수 $y=\dfrac{ax+b}{cx+d}$ $(ad-bc\neq0,\ c\neq0)$의 역함수는 다음과 같은 순서로 구한다.

❶ x를 y에 대한 식으로 정리한다. ➡ $x=\dfrac{-dy+b}{cy-a}$

❷ x와 y를 서로 바꾼다. ➡ $y=\dfrac{-dx+b}{cx-a}$

참고 함수 $y=\dfrac{k}{x-p}+q$ $(k\neq0)$의 역함수는 다음과 같은 순서로 구한다.

❶ x를 y에 대한 식으로 정리한다. ➡ $x=\dfrac{k}{y-q}+p$

❷ x와 y를 서로 바꾼다. ➡ $y=\dfrac{k}{x-q}+p$

1221 ✓ 대표 예제

함수 $f(x)=\dfrac{ax+3}{2x-1}$의 역함수가 $f^{-1}(x)=\dfrac{x+b}{2x-1}$일 때, 두 상수 a, b에 대하여 ab의 값을 구하시오.

완쏠 해설

$y=\dfrac{ax+3}{2x-1}$이라 하면

$y(2x-1)=ax+3$

$(2y-a)x=y+3$

∴ $x=\dfrac{y+3}{2y-a}$

x를 y에 대한 식으로 정리한다.

x와 y를 서로 바꾸면 $y=\dfrac{x+3}{2x-a}$

즉, $f^{-1}(x)=\dfrac{x+3}{2x-a}$이므로

$a=1$, $b=3$

∴ $ab=1\times3=3$

유리함수의 역함수를 구할 때 공식을 이용하여 구할 수도 있지만 역함수의 의미를 파악하고 원리를 이용하여 역함수를 구할 수 있어야 해.

답 3

1222 대표 예제 한 번 더!

두 함수 $f(x)=\dfrac{3}{x-a}+2$, $g(x)=\dfrac{b}{x-2}+4$에 대하여 $g(f(x))=x$가 성립할 때, 두 상수 a, b에 대하여 $a+b$의 값은?

① 5 ② 6 ③ 7
④ 8 ⑤ 9

1223

함수 $f(x)=\dfrac{ax+9}{6x+b}$와 그 역함수의 그래프가 모두 점 $(1,2)$를 지날 때, $f(-1)$의 값은?

(단, a, b는 상수이다.)

① $-\dfrac{8}{7}$ ② -1 ③ $-\dfrac{6}{7}$
④ $-\dfrac{5}{7}$ ⑤ $-\dfrac{4}{7}$

1224

함수 $f(x)=\dfrac{ax+2}{3x+a+2}$의 그래프가 직선 $y=x$에 대하여 대칭일 때, 상수 a의 값은?

① -2 ② -1 ③ 0
④ 1 ⑤ 2

1225 교육청

함수 $f(x)=\dfrac{a}{x}+b$ $(a\neq0)$가 다음 조건을 만족시킨다.

(가) 곡선 $y=|f(x)|$는 직선 $y=2$와 한 점에서만 만난다.
(나) $f^{-1}(2)=f(2)-1$

$f(8)$의 값은? (단, a, b는 상수이다.)

① $-\dfrac{1}{2}$ ② $-\dfrac{1}{4}$ ③ 0
④ $\dfrac{1}{4}$ ⑤ $\dfrac{1}{2}$

유형 19 유리함수의 합성함수와 역함수

두 함수 $f(x)$, $g(x)$의 역함수를 각각 $f^{-1}(x)$, $g^{-1}(x)$라 하면
(1) $f(a)=b$이면 $f^{-1}(b)=a$
(2) $(f^{-1})^{-1}(x)=f(x)$
(3) $(f \circ f^{-1})(x)=x$, $(f^{-1} \circ f)(x)=x$
(4) $(f \circ g)^{-1}(x)=(g^{-1} \circ f^{-1})(x)$

1226 ✓ 대표 예제

함수 $f(x)=\dfrac{2x+6}{3x-4}$의 역함수를 $g(x)$라 할 때,

$(f \circ g \circ g)(5)$의 값은?

① -2 ② -1 ③ 0
④ 1 ⑤ 2

완쏠 해설

함수 $f(x)$의 역함수가 $g(x)$이므로 $(f \circ g)(x)=x$이다.
$(f \circ g \circ g)(5)=(f \circ g)(g(5))=g(5)$이므로
$g(5)=a$라 하면 $f(a)=5$

$f(a)=\dfrac{2a+6}{3a-4}=5$에서

$2a+6=15a-20$

$-13a=-26$ $\therefore a=2$

$\therefore (f \circ g \circ g)(5)=2$

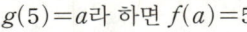 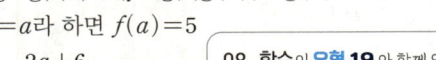
08. 함수의 **유형 19** 와 함께 알아두면 좋아.
합성함수와 역함수를 함께 다루는 문제는 합성하는 순서 등의 원리를 잘 파악하는 것이 핵심이야.

답 ⑤

1227 대표 예제 한 번 더!

함수 $f(x)$의 역함수가 $f^{-1}(x)=\dfrac{4x+2}{x-1}$일 때,

$(f \circ f^{-1} \circ f)(7)$의 값은?

① 1 ② 2 ③ 3
④ 4 ⑤ 5

1228

두 함수 $f(x)=\dfrac{x+3}{2x-3}$, $g(x)=\dfrac{3x}{x+1}$에 대하여

$(f \circ g^{-1})^{-1}(5)$의 값은?

① 1 ② 2 ③ 3
④ 4 ⑤ 5

1229

두 함수 $f(x)=\dfrac{3x-1}{x+3}$, $g(x)=\dfrac{x-3}{2x+1}$에 대하여

$(f \circ (f^{-1} \circ g)^{-1} \circ f^{-1})(a)=-2$

일 때, 상수 a의 값은?

① 1 ② 2 ③ 3
④ 4 ⑤ 5

1230

두 함수 $f(x)=\dfrac{ax+b}{cx-1}$, $g(x)=\dfrac{2x+1}{x-2}$에 대하여

$(g \circ f^{-1})(x)=\dfrac{3x-1}{7-x}$

일 때, 세 상수 a, b, c에 대하여 $a+b+c$의 값은?

① 3 ② 4 ③ 5
④ 6 ⑤ 7

STEP 3 ⋆ 실전 업

1231
· 유형 01

$\dfrac{x^2-3x+2}{x+7} \times \dfrac{x+2}{x^2+ax+b} \div \dfrac{x^2+x-2}{x^2+10x+21}$ 를 간단히 하면
상수가 된다고 할 때, 두 실수 a, b에 대하여 $a+b$의 값은?

① -6 ② -5 ③ -4
④ -3 ⑤ -2

1232
· 유형 03

$\dfrac{x^3}{x^2-x+1} - \dfrac{x^3}{x^2+x+1} = 2 - \dfrac{f(x)}{(x^2-x+1)(x^2+x+1)}$
가 성립할 때, 다항식 $f(x)$의 차수를 m, 최고차항의 계수를
n이라 하자. $m+n$의 값을 구하시오.

1233
· 유형 11 + 유형 18

함수 $f(x)=\dfrac{a}{x-b}+c$와 그 역함수 $f^{-1}(x)$가 다음 조건을
만족시킬 때, 세 상수 a, b, c에 대하여 abc의 값은?

> (가) $f(2)=5$
> (나) $y=f^{-1}(x)$의 그래프가 점 $(3, 1)$에 대하여 대칭이다.

① 5   ② 6   ③ 7
④ 8   ⑤ 9

1234
· 유형 05

$\dfrac{2+\dfrac{\dfrac{8}{n-1}}{1+\dfrac{1}{n-1}}}{1-\dfrac{\dfrac{2}{n-1}}{1+\dfrac{1}{n-1}}}$ 이 정수가 되도록 하는 자연수 n의 개수를

구하시오.

1235
· 유형 10 + 유형 12

함수 $y=\dfrac{ax+1}{bx+c}$의 그래프의 점근선의 교점이 제2사분면에
존재할 때, ┌보기┐에서 옳은 것만을 있는 대로 고른 것은?
(단, $abc \neq 0$, $ac \neq b$)

┌──── 보기 ────┐
ㄱ. $a<0$ ㄴ. $bc>0$ ㄷ. $abc>0$
└────────────┘

① ㄱ   ② ㄴ   ③ ㄱ, ㄷ
④ ㄴ, ㄷ   ⑤ ㄱ, ㄴ, ㄷ

1236
• 유형 08

$x : y : z = n : 3 : (2n-1)$일 때, $\dfrac{2x+3y-z}{x-y+z}$가 정수가 되도록 하는 모든 자연수 n의 값의 합은? (단, $xyz \neq 0$)

① 2   ② 3   ③ 4

④ 5   ⑤ 6

1237
• 유형 02

다음 식의 분모를 0으로 만들지 않는 모든 실수 x에 대하여

$$\dfrac{x^{20}+2x^{10}-3}{(2x-1)^{21}} = \dfrac{a_1}{2x-1} + \dfrac{a_2}{(2x-1)^2} + \cdots + \dfrac{a_{20}}{(2x-1)^{20}}$$

이 성립할 때, $a_2 + a_4 + a_6 + \cdots + a_{20}$의 값은?

(단, $a_1, a_2, \cdots, a_{20}$은 상수이다.)

① $\dfrac{1}{2}$ ② 1   ③ $\dfrac{3}{2}$

④ 2   ⑤ $\dfrac{5}{2}$

1238
• 유형 09

보기의 함수 중에서 그 그래프가 평행이동하여 함수 $f(x) = \dfrac{4x+3-k^2}{x-k}$ ($1 \leq k \leq 4$)의 그래프와 겹쳐질 수 있는 것만을 있는 대로 고른 것은?

┌─────── 보기 ───────┐

ㄱ. $y = \dfrac{2}{x}$ ㄴ. $y = \dfrac{4}{x}$

ㄷ. $y = \dfrac{6}{x}$ ㄹ. $y = \dfrac{8}{x}$

└──────────────────┘

① ㄱ, ㄴ   ② ㄴ, ㄷ   ③ ㄷ, ㄹ

④ ㄱ, ㄴ, ㄷ   ⑤ ㄴ, ㄷ, ㄹ

1239 교육청
• 유형 10

좌표평면에서 곡선 $y = \dfrac{k}{x-2} + 1$ ($k < 0$)이 x축, y축과 만나는 점을 각각 A, B라 하고, 이 곡선의 두 점근선의 교점을 C라 하자. 세 점 A, B, C가 한 직선 위에 있도록 하는 상수 k의 값은?

① -5 ② -4 ③ -3

④ -2 ⑤ -1

1240 빈출
• 유형 09

그림과 같이 함수 $y = \dfrac{12}{x-2} + 4$의 그래프와 직선 $y = m(x-2)+4$의 두 교점을 각각 P, Q라 할 때, $\overline{PQ} = 10$을 만족시키는 모든 실수 m의 값의 합은?

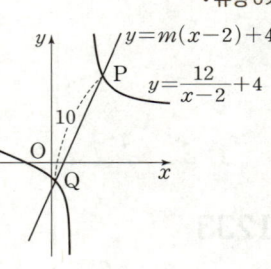

① 2   ② $\dfrac{25}{12}$ ③ $\dfrac{13}{6}$

④ $\dfrac{9}{4}$ ⑤ $\dfrac{7}{3}$

1241
• 유형 09

함수 $y=-\dfrac{2}{x}$ $(x<0)$의 그래프를 x축의 방향으로 -1만큼 y축의 방향으로 2만큼 평행이동한 그래프 위의 점 P에서 x축, y축에 내린 수선의 발을 각각 Q, R라 할 때, 사각형 PQOR의 넓이의 최솟값을 구하시오.

(단, O는 원점이다.)

1242
• 유형 13

함수 $y=\dfrac{a}{x+b}+c$의 그래프가 그림과 같을 때, 옳은 것만을 |보기|에서 있는 대로 고른 것은?

(단, a, b, c는 상수이다.)

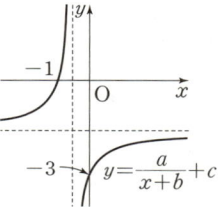

|보기|

ㄱ. $ac<0$ ㄴ. $c>-2$이면 $-3b<a<-b$

ㄷ. $\dfrac{b}{b-1}=\dfrac{c}{c+3}$

① ㄱ   ② ㄴ   ③ ㄱ, ㄴ

④ ㄴ, ㄷ   ⑤ ㄱ, ㄴ, ㄷ

1243 교육청
• 유형 10

유리함수 $f(x)=\dfrac{4}{x-a}-4$ $(a>1)$에 대하여 좌표평면에서 함수 $y=f(x)$의 그래프가 x축, y축과 만나는 점을 각각 A, B라 하고 함수 $y=f(x)$의 그래프의 두 점근선이 만나는 점을 C라 하자. 사각형 OBCA의 넓이가 24일 때, 상수 a의 값은? (단, O는 원점이다.)

① 3   ② $\dfrac{7}{2}$ ③ 4

④ $\dfrac{9}{2}$ ⑤ 5

1244
• 유형 19

함수 $f(x)=\dfrac{ax+b}{cx+d}$에 대하여 $(f\circ g)(x)=(g\circ f)(x)=x$를 만족시키는 함수 $y=g(x)$의 그래프가 두 직선 $x-y-6=0$과 $x+y=0$에 대하여 각각 대칭이고, 점 $(2, p)$를 지난다. 두 함수 $y=f(x)$, $y=g(x)$의 그래프가 만나는 두 점 사이의 거리가 $2\sqrt{2}$가 되도록 하는 상수 p의 값을 구하시오. (단, a, b, c, d는 $c\neq0$, $ad-bc\neq0$인 상수이다.)

1245
• 유형 16

함수 $y=\dfrac{1}{x}$ $(x>0)$의 그래프 위의 점 P에서 직선 $3ax+4ay+3=0$ $(a>0)$까지의 거리의 최솟값을 $f(a)$라 할 때, $f(\sqrt{3})+f(2\sqrt{3})$의 값은?

① $\dfrac{11\sqrt{3}}{10}$ ② $\dfrac{13\sqrt{3}}{10}$ ③ $\dfrac{3\sqrt{3}}{2}$

④ $\dfrac{17\sqrt{3}}{10}$ ⑤ $\dfrac{19\sqrt{3}}{10}$

09

유리함수

1246 교육청 · 유형 11

함수 $f(x)=\dfrac{a}{x-6}+b$에 대하여 함수

$y=\left|f(x+a)+\dfrac{a}{2}\right|$의 그래프가 y축에 대하여 대칭일 때, $f(b)$의 값은? (단, a, b는 상수이고, $a\neq 0$이다.)

① $-\dfrac{25}{6}$ ② -4 ③ $-\dfrac{23}{6}$

④ $-\dfrac{11}{3}$ ⑤ $-\dfrac{7}{2}$

1247 사고력 · 유형 16

좌표평면에서 함수 $y=\dfrac{x+1}{x+3}$의 그래프와 직선 $y=mx$ $(m<0)$의 교점 중 x좌표가 더 작은 점을 P라 하자. 두 점 A$(-3, 1)$, B$(-3, 0)$에 대하여 $\angle\text{AOB}=\angle\text{POA}$일 때, 삼각형 PAO의 넓이는?

(단, O는 원점이다.)

① $\dfrac{13}{6}$ ② $\dfrac{7}{3}$ ③ $\dfrac{5}{2}$

④ $\dfrac{8}{3}$ ⑤ $\dfrac{17}{6}$

1248 상위 1% 도전 · 유형 16

자연수 a에 대하여 함수 $f(x)=\dfrac{4ax+2}{|x+a|}$의 그래프와 직선 $g(x)=k$가 오직 한 점에서 만나도록 하는 정수 k의 개수를 $h(a)$라 하자. $h(a)\leq 150$을 만족시키는 자연수 a의 값이 최대일 때, $f(2)$의 값은?

① $\dfrac{73}{10}$ ② $\dfrac{37}{5}$ ③ $\dfrac{15}{2}$

④ $\dfrac{38}{5}$ ⑤ $\dfrac{77}{10}$

서술형 문제

1249 · 유형 10 + 유형 14

함수 $y=\dfrac{3x-3}{x+1}$의 그래프가 직선 $y=ax+b$ 또는 직선 $y=cx+d$에 대하여 대칭일 때, $a+b+c+d$의 값을 구하시오. (단, a, b, c, d는 상수이고, $a\neq c$이다.)

☑ 필요 개념 및 공식
☐ 유리함수의 그래프의 대칭성

1250 · 유형 08

$\dfrac{x}{2}=\dfrac{y}{3}=\dfrac{z}{5}$, $xy+yz+zx=124$일 때, $z^2-x^2-y^2$의 값을 구하시오. (단, $xyz>0$)

☑ 필요 개념 및 공식
☐ 비례식

1251

• 유형 10

함수 $y=\dfrac{9}{x-3}+3$의 그래프의 제1사분면 위의 점 P에서 두 점근선에 내린 수선의 발을 각각 Q, R라 하자. $\overline{PQ}+\overline{PR}$의 최솟값을 구하시오.

> ☑ **필요 개념 및 공식**
> ☐ 산술평균과 기하평균의 관계 ☐ 유리함수의 그래프의 점근선

1252

• 유형 16

두 점 P(1, 4), Q(2, 2)에 대하여 선분 PQ와 함수

$y=\dfrac{k}{x-1}+2$의 그래프는 적어도 하나의 교점을 갖는다.

상수 k의 최댓값을 구하시오. (단, $k\neq0$)

> ☑ **필요 개념 및 공식**
> ☐ 이차방정식의 판별식 ☐ 유리함수의 그래프

1253

• 유형 10 + 유형 11

함수 $f(x)=\dfrac{3x+1}{x-1}$의 그래프와 직선 $y=m(x-1)+3$이 만나는 두 점을 각각 P, Q라 하자. 선분 PQ의 길이의 최솟값을 구하시오.

> ☑ **필요 개념 및 공식**
> ☐ 이차방정식의 풀이 ☐ 유리함수의 그래프

1254

• 유형 11 + 유형 16

정의역이 $\{x\,|\,x\leq a$ 또는 $x\geq b\}$인 함수 $f(x)=\dfrac{a}{x+a}+b$ 가 다음 조건을 만족시킬 때, $a+b$의 값을 구하시오.

$$\text{(단, } a,\ b\text{는 상수이고, } a\neq0\text{이다.)}$$

> (가) 함수 $y=f(x)$의 그래프는 점 $\mathrm{P}\left(\dfrac{a+b}{2},\ b\right)$에 대하여 대칭이다.
>
> (나) 점 P를 지나는 직선 l이 함수 $y=f(x)$의 그래프와 두 점에서 만날 때, 기울기의 최솟값은 $-\dfrac{1}{4}$이다.

> ☑ **필요 개념 및 공식**
> ☐ 직선의 방정식 ☐ 유리함수의 그래프

개념 01 무리식

(1) **무리식**: 근호 안에 문자가 포함되어 있는 식 중에서 유리식으로 나타낼 수 없는 식

참고 식 $\begin{cases} \text{유리식} \begin{cases} \text{다항식: } x,\ x+2,\ x^2+2x+3,\ x^3-1,\ \cdots \\ \text{분수식: } \dfrac{1}{x},\ \dfrac{x}{x+1},\ x-\dfrac{x}{x+1},\ \cdots \end{cases} \\ \text{무리식: } \sqrt{x},\ \sqrt{x^3-1},\ \dfrac{\sqrt{2}x}{\sqrt{x}+\sqrt{x+1}},\ \cdots \end{cases}$

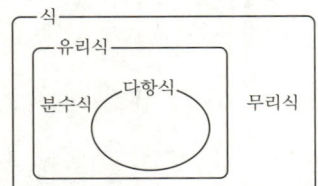

(2) **무리식의 값이 실수가 되기 위한 조건**
(근호 안의 식의 값) ≥ 0, (분모) $\neq 0$

1255 보기 에서 무리식인 것만을 있는 대로 고르시오.

┌ 보기 ┐
ㄱ. $\dfrac{1}{\sqrt{x+1}}$ ㄴ. $\dfrac{x}{\sqrt{2}}$ ㄷ. $\dfrac{1}{\sqrt{x}}-\dfrac{1}{\sqrt{3x-1}}$

ㄹ. $\dfrac{\sqrt{x+2}}{\sqrt{x-4}}$ ㅁ. $x^2+\sqrt{3}x$ ㅂ. $\sqrt{(x^2+1)^2}$

[1256~1261] 다음 무리식의 값이 실수가 되도록 하는 실수 x의 값의 범위를 구하시오.

1256 $x+\sqrt{x-2}$ **1257** $\sqrt{x+1}+\sqrt{x-1}$

1258 $\dfrac{1}{\sqrt{x-3}}$ **1259** $\sqrt{5-x}+\dfrac{2}{\sqrt{x-2}}$

1260 $\sqrt{(x-3)(2-x)}$ **1261** $\sqrt{3x^2-4x+1}$

[1262~1263] 다음 무리식의 값이 실수가 되도록 하는 정수 x의 개수를 구하시오.

1262 $\sqrt{x+3}+\sqrt{4-2x}$

1263 $\sqrt{3-2x}+\dfrac{3}{\sqrt{x+3}}$

개념 02 무리식의 계산

무리수의 계산과 마찬가지로 제곱근의 성질을 이용한다.
특히, 분모가 무리식인 경우에는 분모의 유리화를 이용한다.

(1) **제곱근의 성질**: 두 실수 a, b에 대하여

① $(\sqrt{a})^2=a$, $\sqrt{a^2}=|a|=\begin{cases} a & (a\geq 0) \\ -a & (a<0) \end{cases}$

② $\sqrt{a}\sqrt{b}=\sqrt{ab}$, $\dfrac{\sqrt{a}}{\sqrt{b}}=\sqrt{\dfrac{a}{b}}$ (단, $a>0$, $b>0$)

(2) **분모의 유리화**: $a\neq b$일 때

$$\dfrac{c}{\sqrt{a}+\sqrt{b}}=\dfrac{c(\sqrt{a}-\sqrt{b})}{(\sqrt{a}+\sqrt{b})(\sqrt{a}-\sqrt{b})}=\dfrac{c(\sqrt{a}-\sqrt{b})}{a-b}$$

[1264~1265] 다음 식을 간단히 하시오.

1264 $\sqrt{(x-5)^2}$ (단, $x>5$)

1265 $\sqrt{(x-1)^2}+\sqrt{(x-3)^2}$ (단, $1<x<3$)

[1266~1267] 다음을 계산하시오.

1266 $(\sqrt{x+y}+\sqrt{y})(\sqrt{x+y}-\sqrt{y})$ (단, $x>0$, $y>0$)

1267 $(\sqrt{x+2}+\sqrt{x+1})(\sqrt{x+2}-\sqrt{x+1})$
(단, $x>-1$)

[1268~1271] 다음 식의 분모를 유리화하시오.

1268 $\dfrac{2}{\sqrt{x+2}+\sqrt{x}}$ (단, $x>0$)   **1269** $\dfrac{6}{\sqrt{x+3}-\sqrt{x-3}}$ (단, $x>3$)

1270 $\dfrac{\sqrt{x}-\sqrt{y}}{\sqrt{x}+\sqrt{y}}$ (단, $x>0$, $y>0$)   **1271** $\dfrac{\sqrt{x+1}+\sqrt{x}}{\sqrt{x+1}-\sqrt{x}}$ (단, $x>0$)

[1272~1273] 다음 식을 간단히 하시오.

1272 $\dfrac{1}{\sqrt{x}+\sqrt{y}}+\dfrac{1}{\sqrt{x}-\sqrt{y}}$ (단, $x>0$, $y>0$)

1273 $\dfrac{1}{\sqrt{x+1}+\sqrt{x}}+\dfrac{1}{\sqrt{x+1}-\sqrt{x}}$ (단, $x>0$)

개념 **03** 무리함수 $y=\pm\sqrt{ax}\ (a\neq0)$의 그래프

(1) **무리함수**: 함수 $y=f(x)$에서 $f(x)$가 x에 대한 무리식인 함수

> 참고 무리함수에서 정의역이 주어져 있지 않은 경우에는 근호 안의 식의 값이 0 이상인 실수 전체의 집합을 정의역으로 한다.

(2) **무리함수 $y=\sqrt{ax}\ (a\neq0)$의 그래프**

$a>0$이면 정의역은 $\{x|x\geq0\}$,
치역은 $\{y|y\geq0\}$이고,
$a<0$이면 정의역은 $\{x|x\leq0\}$,
치역은 $\{y|y\geq0\}$이다.

> 참고 함수 $y=\dfrac{x^2}{a}\ (x\geq0)$의 그래프와 직선 $y=x$에 대하여 대칭이다.

(3) **무리함수 $y=-\sqrt{ax}\ (a\neq0)$의 그래프**

$a>0$이면 정의역은 $\{x|x\geq0\}$,
치역은 $\{y|y\leq0\}$이고,
$a<0$이면 정의역은 $\{x|x\leq0\}$,
치역은 $\{y|y\leq0\}$이다.

> 참고 함수 $y=\sqrt{ax}$의 그래프와 x축에 대하여 대칭이다.

1274 |보기|에서 무리함수인 것만을 있는 대로 고르시오.

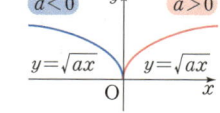

1284~1285 다음 함수의 그래프를 x축의 방향으로 p만큼, y축의 방향으로 q만큼 평행이동한 그래프의 식을 구하시오.

1284 $y=\sqrt{3x}\ [p=2,\ q=1]$

1285 $y=-\sqrt{-2x}\ [p=-3,\ q=-1]$

1286~1287 다음 무리함수를 $y=\pm\sqrt{a(x-p)}+q\ (a\neq0)$ 꼴로 변형하시오.

1286 $y=\sqrt{3x+9}-2$

1287 $y=-\sqrt{-2x+8}+1$

1288~1291 다음 함수의 그래프를 그리고, 정의역과 치역을 각각 구하시오.

1288 $y=\sqrt{x-2}$

1289 $y=\sqrt{-x+3}+4$

1290 $y=-\sqrt{3x}+1$

1291 $y=-\sqrt{-x+2}$

개념 **04** 무리함수 $y=\pm\sqrt{a(x-p)}+q\ (a\neq0)$의 그래프

(1) **무리함수 $y=\sqrt{a(x-p)}+q\ (a\neq0)$의 그래프**

① 함수 $y=\sqrt{ax}$의 그래프를 x축의 방향으로 p만큼, y축의 방향으로 q만큼 평행이동한 것이다.

② $a>0$이면 정의역은 $\{x|x\geq p\}$, 치역은 $\{y|y\geq q\}$이고, $a<0$이면 정의역은 $\{x|x\leq p\}$, 치역은 $\{y|y\geq q\}$이다.

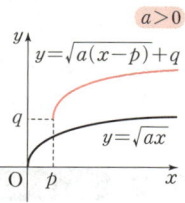

(2) **무리함수 $y=-\sqrt{a(x-p)}+q\ (a\neq0)$의 그래프**

$a>0$이면 정의역은 $\{x|x\geq p\}$, 치역은 $\{y|y\leq q\}$이고, $a<0$이면 정의역은 $\{x|x\leq p\}$, 치역은 $\{y|y\leq q\}$이다.

(3) **무리함수 $y=\sqrt{ax+b}+c\ (a\neq0)$의 그래프**

$y=\sqrt{a(x-p)}+q\ (a\neq0)$ 꼴로 변형하여 그린다.
이때 $p=-\dfrac{b}{a}$, $q=c$이다.

1275~1276 다음 무리함수의 정의역을 구하시오.

1275 $y=\sqrt{x-1}$　　　　**1276** $y=\sqrt{3x-2}-5$

1277~1280 다음 함수의 그래프를 그리고, 정의역과 치역을 각각 구하시오.

1277 $y=\sqrt{2x}$　　　　**1278** $y=-\sqrt{x}$

1279 $y=\sqrt{-x}$　　　　**1280** $y=-\sqrt{-3x}$

1281~1283 함수 $y=\sqrt{-4x}$의 그래프를 다음과 같이 대칭이동한 그래프의 식을 구하시오.

1281 x축에 대하여 대칭이동

1282 y축에 대하여 대칭이동

1283 원점에 대하여 대칭이동

유형 01 무리식의 값이 실수가 되기 위한 조건

x에 대한 식 $f(x)$, $g(x)$에 대하여

(1) $\sqrt{f(x)}$의 값이 실수 $\Rightarrow f(x) \geq 0$

(2) $\dfrac{1}{\sqrt{f(x)}}$의 값이 실수 $\Rightarrow f(x) > 0$
　　　　　　　　　　→ 0은 분모가 될 수 없으므로 $f(x) \neq 0$이다.

(3) $\sqrt{f(x)} - \sqrt{g(x)}$의 값이 실수
　　$\Rightarrow f(x) \geq 0$, $g(x) \geq 0$ 또는 $f(x) = g(x)$

1292 ✓대표 예제

$\sqrt{-3x^2+4x-1}$의 값이 실수가 되도록 하는 x의 최댓값을 M, 최솟값을 m이라 할 때, $M-m$의 값은?

① $\dfrac{5}{3}$　　　　② $\dfrac{4}{3}$　　　　③ 1

④ $\dfrac{2}{3}$　　　　⑤ $\dfrac{1}{3}$

완쏠 해설

$-3x^2+4x-1 \geq 0$에서

$3x^2-4x+1 \leq 0$ → $\sqrt{f(x)}$의 값이 실수이려면 $f(x) \geq 0$

$(3x-1)(x-1) \leq 0$

$\therefore \dfrac{1}{3} \leq x \leq 1$

따라서 x의 최댓값 $M=1$, 최솟값 $m=\dfrac{1}{3}$이므로

$M-m = 1-\dfrac{1}{3} = \dfrac{2}{3}$

답 ④

1293 대표 예제 한 번 더!

$\sqrt{7-x} + \sqrt{x^2-x-2}$의 값이 실수가 되도록 하는 모든 자연수 x의 값의 합은?

① 25　　　　② 26　　　　③ 27

④ 28　　　　⑤ 29

1294

$\sqrt{x^2-2x-3} + \dfrac{1}{\sqrt{-x^2+9x-14}}$의 값이 실수가 되도록 하는 모든 자연수 x의 값의 합은?

① 16　　　　② 18　　　　③ 20

④ 22　　　　⑤ 24

1295

$\sqrt{-2x^2+ax+b}$의 값이 실수가 되도록 하는 x의 값의 범위가 $3 \leq x \leq 6$일 때, 두 상수 a, b에 대하여 $a+b$의 값은?

① -20　　　　② -19　　　　③ -18

④ -17　　　　⑤ -16

1296

$\sqrt{-x^2-2x+3} - \sqrt{x^2-7x}$의 값이 실수가 되도록 하는 정수 x의 개수를 구하시오.

유형 02 분모의 유리화를 이용한 무리식의 계산

분모에 근호를 포함한 식은
➡ $(\sqrt{a}+\sqrt{b})(\sqrt{a}-\sqrt{b})=a-b$ $(a>0,\ b>0)$임을 이용하여 분모를 유리화하여 계산한다.

1297 ✓ 대표 예제

$\dfrac{1}{\sqrt{x+2}+\sqrt{x+1}}+\dfrac{1}{\sqrt{x+1}+\sqrt{x}}$ 을 간단히 하면? (단, $x>0$)

① $\sqrt{x}$ ② $\sqrt{x+2}$ ③ $\sqrt{x+2}-\sqrt{x}$

④ $\dfrac{1}{\sqrt{x+2}-\sqrt{x}}$ ⑤ $\dfrac{2}{\sqrt{x+2}-\sqrt{x}}$

완쏠 해설

$\dfrac{1}{\sqrt{x+2}+\sqrt{x+1}}+\dfrac{1}{\sqrt{x+1}+\sqrt{x}}$

$=\dfrac{\sqrt{x+2}-\sqrt{x+1}}{(\sqrt{x+2}+\sqrt{x+1})(\sqrt{x+2}-\sqrt{x+1})}$

$\qquad+\dfrac{\sqrt{x+1}-\sqrt{x}}{(\sqrt{x+1}+\sqrt{x})(\sqrt{x+1}-\sqrt{x})}$

$=\dfrac{\sqrt{x+2}-\sqrt{x+1}}{(x+2)-(x+1)}+\dfrac{\sqrt{x+1}-\sqrt{x}}{(x+1)-x}$

$=\sqrt{x+2}-\sqrt{x}$

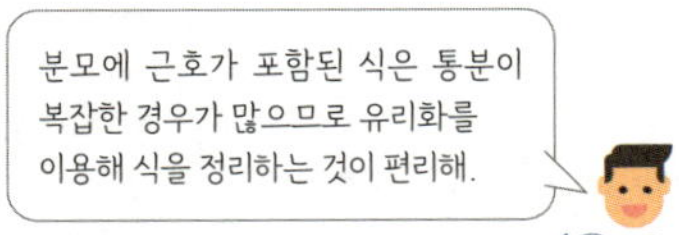

> 분모에 근호가 포함된 식은 통분이 복잡한 경우가 많으므로 유리화를 이용해 식을 정리하는 것이 편리해.

답 ③

1298 대표 예제 한 번 더!

$\dfrac{x}{\sqrt{2x+1}+\sqrt{x+1}}-\dfrac{x}{\sqrt{2x+1}-\sqrt{x+1}}$ 를 간단히 하면?

$\left(단,\ x>-\dfrac{1}{2}\right)$

① $-\sqrt{x+1}$ ② $-2\sqrt{x+1}$ ③ $-\sqrt{2x+1}$

④ $-2\sqrt{2x+1}$ ⑤ $2\sqrt{2x+1}$

1299

$\dfrac{2}{\sqrt{2x-3}+\sqrt{2x-1}}+\dfrac{2}{\sqrt{2x-1}+\sqrt{2x+1}}$

$\qquad\qquad\qquad+\dfrac{2}{\sqrt{2x+1}+\sqrt{2x+3}}$

를 간단히 하면? $\left(단,\ x>\dfrac{3}{2}\right)$

① $-\sqrt{2x-1}+\sqrt{2x+1}$ ② $-\sqrt{2x-3}+\sqrt{2x+3}$

③ 0 ④ $\sqrt{2x-1}-\sqrt{2x+1}$

⑤ $\sqrt{2x-3}-\sqrt{2x+3}$

1300

$\dfrac{\sqrt{x}}{\dfrac{1}{\sqrt{x}}-\sqrt{1+\dfrac{1}{x}}}+\dfrac{\sqrt{x}}{\dfrac{1}{\sqrt{x}}+\sqrt{1+\dfrac{1}{x}}}$ 를 간단히 하면?

(단, $x>0$)

① -2 ② x ③ $x-2$

④ 2 ⑤ $x+2$

1301

$\dfrac{\dfrac{1}{\sqrt{x^2+x}}}{\dfrac{1}{\sqrt{x^2+x}}+\dfrac{1}{\sqrt{x}}+\dfrac{1}{\sqrt{x+1}}}+\dfrac{\dfrac{1}{\sqrt{x^2+x}}}{\dfrac{1}{\sqrt{x^2+x}}+\dfrac{1}{\sqrt{x}}-\dfrac{1}{\sqrt{x+1}}}$

을 간단히 하면? (단, $x>0$)

① $x-1$ ② x ③ 1

④ x^2-x ⑤ x^2+x

유형 **03** 무리식의 값 구하기

(1) 유리화를 이용하여 무리식의 값 구하기
　주어진 무리식을 간단히 한 후 수를 대입한다.
(2) 합과 곱을 이용하여 무리식의 값 구하기
　두 무리수 $\sqrt{a}$, $\sqrt{b}$에 대하여 $x=\sqrt{a}+\sqrt{b}$, $y=\sqrt{a}-\sqrt{b}$이면
　① $x+y=2\sqrt{a}$　② $x-y=2\sqrt{b}$　③ $xy=a-b$
　를 이용하여 주어진 식의 값을 구한다.

주의 대입하는 값에 따라
$$\sqrt{a}\sqrt{b}=\sqrt{ab} \text{ 또는 } \sqrt{a}\sqrt{b}=-\sqrt{ab}$$
가 될 수 있음에 주의한다.

1302 ✓ 대표 예제

$f(x)=\dfrac{\sqrt{x+2}-\sqrt{x-2}}{\sqrt{x+2}+\sqrt{x-2}}$에 대하여 $f(\sqrt{5})$의 값은?

① $\dfrac{\sqrt{5}-3}{2}$　② $\dfrac{\sqrt{5}-2}{2}$　③ $\dfrac{\sqrt{5}-1}{2}$

④ $\dfrac{\sqrt{5}}{2}$　⑤ $\dfrac{\sqrt{5}+1}{2}$

완쌤 해설

$x=\sqrt{5}$일 때, $x+2=\sqrt{5}+2>0$, $x-2=\sqrt{5}-2>0$이므로

$f(x)=\dfrac{\sqrt{x+2}-\sqrt{x-2}}{\sqrt{x+2}+\sqrt{x-2}}$

$=\dfrac{(\sqrt{x+2}-\sqrt{x-2})^2}{(\sqrt{x+2}+\sqrt{x-2})(\sqrt{x+2}-\sqrt{x-2})}$

$=\dfrac{(x+2)-2\sqrt{x+2}\sqrt{x-2}+(x-2)}{(x+2)-(x-2)}$　→ $x+2>0$, $x-2>0$이므로 $\sqrt{x+2}\sqrt{x-2}=\sqrt{x^2-4}$

$=\dfrac{x+2-2\sqrt{x^2-4}+x-2}{x+2-x+2}$

$=\dfrac{2x-2\sqrt{x^2-4}}{4}=\dfrac{x-\sqrt{x^2-4}}{2}$

$\therefore f(\sqrt{5})=\dfrac{\sqrt{5}-\sqrt{(\sqrt{5})^2-4}}{2}=\dfrac{\sqrt{5}-1}{2}$

답 ③

1303 대표 예제 한 번 더!

$f(x)=\dfrac{\sqrt{x+1}}{\sqrt{x-1}}-\dfrac{\sqrt{x-1}}{\sqrt{x+1}}$에 대하여 $f(\sqrt{2})$의 값을 구하시오.

1304

$x=\dfrac{4}{\sqrt{2}-1}$일 때, $\dfrac{\sqrt{x}-2}{\sqrt{x}+2}+\dfrac{\sqrt{x}+2}{\sqrt{x}-2}$의 값은?

① $1-2\sqrt{2}$　② $-1+2\sqrt{2}$　③ $1+2\sqrt{2}$

④ $2+2\sqrt{2}$　⑤ $2-2\sqrt{2}$

1305

$x=\dfrac{3}{\sqrt{5}-\sqrt{2}}$, $y=\dfrac{3}{\sqrt{5}+\sqrt{2}}$일 때, $\dfrac{\sqrt{x}}{\sqrt{y}}-\dfrac{\sqrt{y}}{\sqrt{x}}$의 값은?

① $\dfrac{\sqrt{6}}{3}$　② $\dfrac{2\sqrt{6}}{3}$　③ $\sqrt{6}$

④ $\dfrac{4\sqrt{6}}{3}$　⑤ $\dfrac{5\sqrt{6}}{3}$

1306

$x^2=2-\sqrt{3}$, $y^2=2+\sqrt{3}$일 때, $\dfrac{\sqrt{x}+\sqrt{y}}{\sqrt{x}-\sqrt{y}}$의 값은?

　　　　　　　　　　　　(단, $x<0$, $y<0$)

① $-\sqrt{3}-\sqrt{2}$　② -2　③ $-\sqrt{3}+\sqrt{2}$

④ 2　⑤ $\sqrt{3}+\sqrt{2}$

유형 04 무리함수의 정의역과 치역

(1) 함수 $y=\sqrt{a(x-p)}+q$ $(a\neq0)$에 대하여
  ① $a>0$이면 정의역은 $\{x\,|\,x\geq p\}$, 치역은 $\{y\,|\,y\geq q\}$
  ② $a<0$이면 정의역은 $\{x\,|\,x\leq p\}$, 치역은 $\{y\,|\,y\geq q\}$
(2) 함수 $y=-\sqrt{a(x-p)}+q$ $(a\neq0)$에 대하여
  ① $a>0$이면 정의역은 $\{x\,|\,x\geq p\}$, 치역은 $\{y\,|\,y\leq q\}$
  ② $a<0$이면 정의역은 $\{x\,|\,x\leq p\}$, 치역은 $\{y\,|\,y\leq q\}$

1307 ✓ 대표 예제

함수 $y=\sqrt{2x+a}-2a$의 정의역이 $\{x\,|\,x\geq4\}$일 때, 치역은?
(단, a는 상수이다.)

① $\{y\,|\,y\leq4\}$ ② $\{y\,|\,y\leq16\}$ ③ $\{y\,|\,y\geq4\}$
④ $\{y\,|\,y\geq8\}$ ⑤ $\{y\,|\,y\geq16\}$

완쏠 해설

$y=\sqrt{2x+a}-2a$에서 $y=\sqrt{2\left(x+\dfrac{a}{2}\right)}-2a$

주어진 함수의 그래프가 오른쪽
그림과 같고 정의역이 → 2>0이므로 $\left\{x\,\middle|\,x\geq-\dfrac{a}{2}\right\}$
$\{x\,|\,x\geq4\}$이므로

$-\dfrac{a}{2}=4$ ∴ $a=-8$

따라서 함수
$y=\sqrt{2(x-4)}+16$의 치역은
$\{y\,|\,y\geq16\}$이다.

그래프: $y=\sqrt{2x+a}-2a$, 점 $(4, \sqrt{8+a}-2a)$

> x의 계수의 값의 범위에 따른 정의역, 치역의 부등호 방향을 외우기보다는 무리함수의 정의역과 치역을 이해하는 데 초점을 두자.

답 ⑤

1308 대표 예제 한 번 더!

함수 $y=\sqrt{-3x+a}+a+1$의 치역이 $\{y\,|\,y\geq4\}$일 때, 정의역은? (단, a는 상수이다.)

① $\{x\,|\,x\leq1\}$ ② $\{x\,|\,x\leq2\}$ ③ $\{x\,|\,x\leq4\}$
④ $\{x\,|\,x\geq1\}$ ⑤ $\{x\,|\,x\geq2\}$

1309

함수 $y=-\sqrt{ax+4}+2-a$의 정의역이 $\{x\,|\,x\leq-a\}$, 치역이 $\{y\,|\,y\leq b\}$일 때, 두 상수 a, b에 대하여 $a+b$의 값은?

① -2 ② -1 ③ 0
④ 1 ⑤ 2

1310 교육청

함수 $y=-\sqrt{x-a}+a+2$의 그래프가 점 $(a, -a)$를 지날 때, 이 함수의 치역은? (단, a는 상수이다.)

① $\{y\,|\,y\leq1\}$ ② $\{y\,|\,y\geq1\}$ ③ $\{y\,|\,y\leq0\}$
④ $\{y\,|\,y\leq-1\}$ ⑤ $\{y\,|\,y\geq-1\}$

1311

함수 $f(x)=a\sqrt{b^2-x}+6-b$가 다음 조건을 만족시킨다.

> (가) 함수 $f(x)$의 정의역과 치역이 같다.
> (나) 함수 $f(x)$의 그래프가 점 $(5, 0)$을 지난다.

두 상수 a, b에 대하여 $b-2a$의 값은? (단, $a\neq0$)

① 3 ② 4 ③ 5
④ 6 ⑤ 7

유형 05 무리함수의 그래프의 평행이동과 대칭이동

(1) 함수 $y=\sqrt{a(x-p)}+q$ $(a\neq0)$의 그래프는 함수 $y=\sqrt{ax}$의 그래프를 x축의 방향으로 p만큼, y축의 방향으로 q만큼 평행이동한 것과 같다.

(2) 함수 $y=\sqrt{ax+b}+c$ $(a\neq0)$의 그래프를
① x축에 대하여 대칭이동 ➡ $y=-\sqrt{ax+b}-c$
② y축에 대하여 대칭이동 ➡ $y=\sqrt{-ax+b}+c$
③ 원점에 대하여 대칭이동 ➡ $y=-\sqrt{-ax+b}-c$

참고 a의 값이 같으면 평행이동하여 겹쳐질 수 있다.

1312 ✔대표예제

함수 $y=\sqrt{ax-4}+3$의 그래프를 x축의 방향으로 -2만큼, y축의 방향으로 b만큼 평행이동하면 함수 $y=\sqrt{ax}$의 그래프와 일치한다고 할 때, 두 상수 a, b에 대하여 $a-b$의 값을 구하시오.

(단, $a\neq0$)

완쏠 해설

함수 $y=\sqrt{ax-4}+3$의 그래프를 x축의 방향으로 -2만큼, y축의 방향으로 b만큼 평행이동하면
$y=\sqrt{a\{x-(-2)\}-4}+3+b=\sqrt{ax+2a-4}+3+b$
이고, 함수 $y=\sqrt{ax}$의 그래프와 일치하므로
$2a-4=0$, $3+b=0$ ∴ $a=2$, $b=-3$
∴ $a-b=2-(-3)=5$

답 5

1313 대표예제 한번더!

함수 $y=\sqrt{ax+6}-1$의 그래프를 x축의 방향으로 b만큼, y축의 방향으로 3만큼 평행이동한 그래프는 함수 $y=\sqrt{2x+b}+c$의 그래프와 일치한다. 세 상수 a, b, c에 대하여 $a+b+c$의 값을 구하시오.

1314

함수 $y=\sqrt{3x+a}+2$의 그래프를 x축에 대하여 대칭이동한 그래프가 두 점 $(2, -2)$, $(5, b)$를 지난다고 할 때, 두 상수 a, b에 대하여 ab의 값은?

① 26   ② 27   ③ 28
④ 29   ⑤ 30

1315

함수 $y=\sqrt{ax}$의 그래프를 x축의 방향으로 -2만큼, y축의 방향으로 4만큼 평행이동한 후 원점에 대하여 대칭이동한 그래프가 점 $(3, -6)$을 지난다고 할 때, 상수 a의 값은?

① -1 ② -2 ③ -3
④ -4 ⑤ -5

1316

다음 중 그 그래프가 함수 $y=\sqrt{x}$의 그래프를 | 보기 | 의 이동 중 두 개만을 사용하여 나타낼 수 있는 함수의 그래프가 아닌 것은? (단, 같은 이동을 중복하여 두 번 사용할 수 있다.)

보기
ㄱ. x축의 방향으로 2만큼 평행이동
ㄴ. y축의 방향으로 -1만큼 평행이동
ㄷ. x축에 대하여 대칭이동
ㄹ. y축에 대하여 대칭이동

① $y=\sqrt{x-4}$ ② $y=\sqrt{x+2}$ ③ $y=\sqrt{-x+2}$
④ $y=-\sqrt{-x}$ ⑤ $y=-\sqrt{x}+1$

유형 06 무리함수의 그래프가 지나는 사분면

(1) 함수 $y=a\sqrt{bx}$의 그래프가 지나는 사분면은 a, b의 부호에 따라 다음과 같이 달라진다.

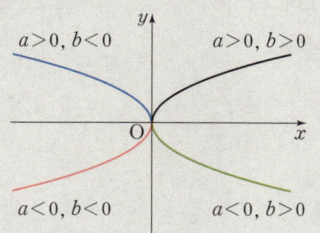

(2) 함수 $y=a\sqrt{b(x-p)}+q$의 그래프가 지나는 사분면은 점 (p, q)를 기준으로 (1)을 활용하여 확인한다.

1317 ✓ 대표 예제

함수 $y=\sqrt{2x-2}-3$의 그래프가 지나는 모든 사분면으로 짝 지어진 것은?

① 제1, 2사분면　　　　② 제1, 4사분면
③ 제2, 3, 4사분면　　　④ 제1, 3, 4사분면
⑤ 제1, 2, 3, 4사분면

완쏠 해설

$y=\sqrt{2x-2}-3=\sqrt{2(x-1)}-3$
이므로 함수 $y=\sqrt{2x-2}-3$의
그래프는 함수 $y=\sqrt{2x}$의 그래프를
x축의 방향으로 1만큼, y축의 방향
으로 -3만큼 평행이동한 것이다.
따라서 함수 $y=\sqrt{2x-2}-3$의
그래프는 오른쪽 그림과 같으므
로 지나는 사분면은 제1, 4사분
면이다.

무리함수의 그래프의 개형을 파
악할 때는 $y=\sqrt{ax+b}+c$
꼴을 $y=\sqrt{a(x-p)}+q$ 꼴
로 나타내어 점 (p, q)를 찾
는 것이 중요해.

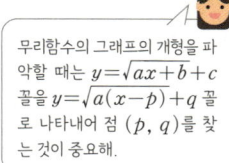

답 ②

1318 대표 예제 한 번 더!

함수 $y=-\sqrt{x+2}-1$의 그래프가 지나지 않는 모든 사분면으로 짝 지어진 것은?

① 제1사분면　　　　　② 제4사분면
③ 제1, 2사분면　　　　④ 제2, 4사분면
⑤ 제3, 4사분면

1319

함수 $y=\sqrt{-3x+9}+a-1$의 그래프가 제1, 2, 4사분면만을 지나도록 하는 정수 a의 최솟값은?

① -2　　　　　② -1　　　　　③ 0
④ 1　　　　　　⑤ 2

1320 교육청

정의역이 $\{x|x>a\}$인 함수 $y=\sqrt{2x-2a}-a^2+4$의 그래프가 오직 하나의 사분면을 지나도록 하는 실수 a의 최댓값은?

① 2　　　　　　② 4　　　　　　③ 6
④ 8　　　　　　⑤ 10

1321

함수 $y=a\sqrt{x+4}-8$의 그래프가 두 개의 사분면만을 지나도록 하는 상수 a의 최댓값은? (단, $a\neq0$)

① 1　　　　　　② 2　　　　　　③ 3
④ 4　　　　　　⑤ 5

유형 **07** 그래프를 이용하여 무리함수의 식 구하기

오른쪽 그림과 같은 그래프로부터
함수 $f(x)=\sqrt{ax+b}+c$ $(a\neq0)$
의 식은 다음과 같은 순서로 구한다.
❶ 점 P를 기준으로
$f(x)=\sqrt{a(x-p)}+q$로 놓는
다.
❷ 그래프가 점 Q를 지나는 것을
이용하여 상수 a의 값을 구한다.
❸ 식을 정리하여 두 상수 b, c의 값을 각각 구한다.

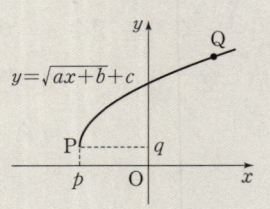

1322 ✓ 대표 예제

함수 $y=\sqrt{a(x-2)}+b$의 그래프가
그림과 같을 때, 두 상수 a, b에 대
하여 $a+b$의 값은?

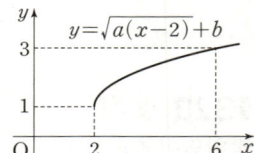

① 1   ② 2
③ 3   ④ 4
⑤ 5

┌ **완쏠 해설**

주어진 함수의 그래프는 함수 $y=\sqrt{ax}$의 그래프를 x축의 방향
으로 2만큼, y축의 방향으로 1만큼 평행이동한 것이므로
$y=\sqrt{a(x-2)}+1$
$\therefore b=1$
주어진 함수의 그래프가 점 $(6, 3)$을 지나므로
$3=\sqrt{a\times(6-2)}+1$, $2\sqrt{a}=2$ $\therefore a=1$
$\therefore a+b=1+1=2$

> 그래프에서 함수가 지나는
> 점을 정확히 파악하자.

(답) ②

1323 대표 예제 한 번 더!

함수 $y=\sqrt{a(x+1)}+b$의 그래프가
그림과 같을 때, 두 상수 a, b에 대
하여 ab의 값은?

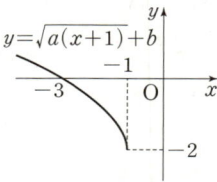

① 1   ② 2
③ 3   ④ 4
⑤ 5

1324

그림과 같은 그래프를 나타내는
함수가 $y=-\sqrt{ax+b}+c$일 때,
세 상수 a, b, c에 대하여
$a+b+c$의 값은?

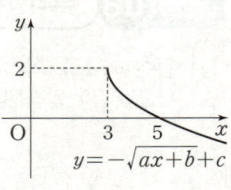

① -2 ② -1 ③ 0
④ 1   ⑤ 2

1325

함수 $f(x)=a\sqrt{-x+a-1}+2b$에 대
하여 함수 $y=f(x)$의 그래프가 그림과
같을 때, $f(-3)$의 값을 구하시오.
(단, a, b는 상수이다.)

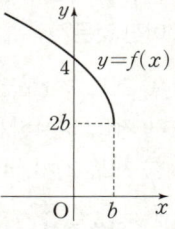

1326 🔼p

함수 $f(x)=-\sqrt{ax+b}+c$의 그
래프가 그림과 같을 때, 보기에
서 옳은 것만을 있는 대로 고른
것은? (단, a, b, c는 상수이다.)

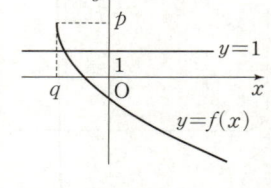

┌─────────── 보기 ───────────┐
ㄱ. $ac<0$ ㄴ. $b>1$ ㄷ. $ac+b>1$
└──────────────────────────┘

① ㄱ   ② ㄷ   ③ ㄱ, ㄴ
④ ㄴ, ㄷ   ⑤ ㄱ, ㄴ, ㄷ

유형 08 무리함수의 그래프의 성질

무리함수 $y=\sqrt{a(x-p)}+q\ (a\neq0)$에 대하여
(1) 그래프는 $y=\sqrt{ax}$의 그래프를 x축의 방향으로 p만큼, y축의 방향으로 q만큼 평행이동한 것이다.
(2) $a>0$이면 정의역은 $\{x\,|\,x\geq p\}$, 치역은 $\{y\,|\,y\geq q\}$이다.
$a<0$이면 정의역은 $\{x\,|\,x\leq p\}$, 치역은 $\{y\,|\,y\geq q\}$이다.

1327 ✔대표 예제

다음 중 함수 $y=\sqrt{4-2x}-1$에 대한 설명으로 옳은 것은?

① 정의역은 $\{x\,|\,x\geq2\}$이다.
② 치역은 $\{y\,|\,y\geq1\}$이다.
③ 그래프는 점 $(0,\ 1)$을 지난다.
④ 그래프는 함수 $y=\sqrt{2x}$의 그래프를 평행이동한 것이다.
⑤ 그래프는 제3사분면을 지난다.

완쏠 해설

① $4-2x\geq0$이므로 $x\leq2$
즉, 주어진 함수의 정의역은 $\{x\,|\,x\leq2\}$이다. (거짓)
② $\sqrt{4-2x}\geq0$이므로 $y\geq-1$
즉, 주어진 함수의 치역은 $\{y\,|\,y\geq-1\}$이다. (거짓)
③ $y=\sqrt{4-2x}-1$에 $x=0$을 대입하면 $y=\sqrt{4-2\times0}-1=1$
이므로 주어진 함수의 그래프는 점 $(0,\ 1)$을 지난다. (참)
④ $y=\sqrt{4-2x}-1=\sqrt{-2(x-2)}-1$이므로 주어진 함수의 그래프는 함수 $y=\sqrt{-2x}$의 그래프를 x축의 방향으로 2만큼, y축의 방향으로 -1만큼 평행이동한 것이다. (거짓)
⑤ 그래프는 오른쪽 그림과 같이 제1, 2, 4사분면을 지나므로 주어진 함수의 그래프는 제3사분면을 지나지 않는다.
(거짓)

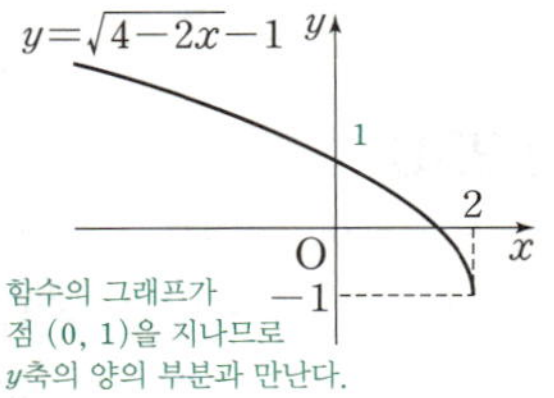

함수의 그래프가 점 $(0,\ 1)$을 지나므로 y축의 양의 부분과 만난다.

따라서 옳은 것은 ③이다.

답 ③

1328 대표 예제 한 번 더!

다음 중 함수 $y=-\sqrt{x+3}+2$에 대한 설명으로 옳은 것은?

① 정의역은 $\{x\,|\,x\geq3\}$이다.
② 치역은 $\{y\,|\,y\geq2\}$이다.
③ 그래프는 점 $(-2,\ 0)$을 지난다.
④ 그래프는 함수 $y=\sqrt{x}$의 그래프를 평행이동한 것이다.
⑤ 그래프는 함수 제3사분면을 지나지 않는다.

1329

함수 $y=-\sqrt{4-x}+2$에 대하여 ┤보기├에서 옳은 것만을 있는 대로 고른 것은?

┤ 보기 ├
ㄱ. 정의역은 $\{x\,|\,x\leq4\}$이고 치역은 $\{y\,|\,y\leq2\}$이다.
ㄴ. 그래프는 점 $(3,\ 1)$을 지난다.
ㄷ. 그래프는 제1사분면, 제2사분면, 제3사분면을 지난다.

① ㄱ
② ㄷ
③ ㄱ, ㄴ
④ ㄴ, ㄷ
⑤ ㄱ, ㄴ, ㄷ

1330

$a,\ b$가 0이 아닌 정수일 때, 함수 $y=a\sqrt{bx+1}+1$에 대하여 ┤보기├에서 옳은 것만을 있는 대로 고른 것은?

┤ 보기 ├
ㄱ. $b>0$이면 정의역은 $\left\{x\,\middle|\,x\geq-\dfrac{1}{b}\right\}$이다.
ㄴ. $a<0$이면 치역은 $\{y\,|\,y\leq1\}$이다.
ㄷ. $a<0,\ b>0$이면 그래프는 제3사분면을 지난다.

① ㄴ
② ㄷ
③ ㄱ, ㄴ
④ ㄱ, ㄷ
⑤ ㄱ, ㄴ, ㄷ

1331

$a,\ b,\ c$가 실수일 때, 함수 $f(x)=a\sqrt{x+b}+c\ (a\neq0)$에 대하여 ┤보기├에서 옳은 것만을 있는 대로 고른 것은?

┤ 보기 ├
ㄱ. 함수 $y=f(x)$의 정의역은 $\{x\,|\,x\geq-b\}$, 치역은 $\{y\,|\,y\geq c\}$이다.
ㄴ. $a<0$이면 곡선 $y=f(x)$는 제4사분면을 지난다.
ㄷ. $ab>0$이고 곡선 $y=f(x)$가 제3사분면을 지나면 $c<0$이다.

① ㄱ
② ㄴ
③ ㄱ, ㄷ
④ ㄴ, ㄷ
⑤ ㄱ, ㄴ, ㄷ

무리함수의 최댓값·최솟값은
(1) 함수 $f(x)=\sqrt{ax+b}+c$의 정의역이 $\{x|p\leq x\leq q\}$일 때
  ① $a>0$이면 최댓값 $f(q)$, 최솟값 $f(p)$를 갖는다.
  ② $a<0$이면 최댓값 $f(p)$, 최솟값 $f(q)$를 갖는다.
(2) 함수 $f(x)=-\sqrt{ax+b}+c$의 정의역이 $\{x|p\leq x\leq q\}$일 때
  ① $a>0$이면 최댓값 $f(p)$, 최솟값 $f(q)$를 갖는다.
  ② $a<0$이면 최댓값 $f(q)$, 최솟값 $f(p)$를 갖는다.

1332 ✔대표 예제

$1\leq x\leq 7$에서 함수 $y=\sqrt{2x+2}-3$의 최댓값을 M, 최솟값을 m이라 할 때, $M-m$의 값은?

① 1 　　　② 2 　　　③ 3
④ 4 　　　⑤ 5

완쏠 해설

$y=\sqrt{2x+2}-3=\sqrt{2\{x-(-1)\}}-3$
이므로 함수 $y=\sqrt{2x+2}-3$의 그래프는 함수 $y=\sqrt{2x}$의 그래프를 x축의 방향으로 -1만큼, y축의 방향으로 -3만큼 평행이동한 것이다.
$1\leq x\leq 7$에서 함수 $y=\sqrt{2x+2}-3$의 그래프는 오른쪽 그림과 같다.

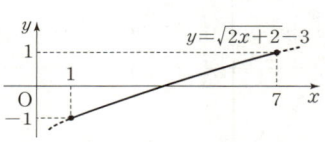

따라서 주어진 함수는
$x=7$일 때 최대이고, 최댓값은
$M=\sqrt{2\times 7+2}-3=4-3=1$
$x=1$일 때 최소이고 최솟값은
$m=\sqrt{2\times 1+2}-3=2-3=-1$
$\therefore M-m=1-(-1)=2$

> 주어진 구간의 양 끝 점에서 각각 최댓값과 최솟값을 가져.

（답）②

1333 대표 예제 한 번 더!

정의역이 $\{x|-5\leq x\leq 4\}$인 함수 $y=\sqrt{-x+4}+2$의 치역이 $\{y|a\leq y\leq b\}$일 때, ab의 값은?

① 6 　　　② 7 　　　③ 8
④ 9 　　　⑤ 10

1334 교육청

$-5\leq x\leq -1$에서 함수 $f(x)=\sqrt{-ax+1}$ $(a>0)$의 최댓값이 4가 되도록 하는 상수 a의 값을 구하시오.

1335

정의역이 $\{x|a\leq x\leq b\}$인 함수 $y=-\sqrt{-3x+6}+1$의 치역이 $\{y|-5\leq y\leq 1\}$일 때, 두 상수 a, b에 대하여 $a+b$의 값은?

① -6 　　　② -7 　　　③ -8
④ -9 　　　⑤ -10

1336

자연수 n에 대하여 $n\leq x\leq n+1$에서 정의된 함수 $y=\sqrt{x}+3$의 최댓값을 M_n, 최솟값을 m_n이라 하자. $K_n=M_n-m_n$이라 할 때, $K_1+K_2+K_3+\cdots+K_{15}$의 값은?

① 1 　　　② 2 　　　③ 3
④ 4 　　　⑤ 5

유형 10 무리함수의 그래프와 직선의 위치 관계 중요

무리함수 $y=f(x)$의 그래프와 직선 $y=g(x)$의 위치 관계는 다음과 같은 순서로 알아본다.
❶ 무리함수의 그래프를 그린다.
❷ 직선의 기울기를 고려하여 무리함수의 그래프와 직선의 교점의 개수를 찾는다.

참고 무리함수의 그래프와 직선이 접하는 경우는 이차방정식 $\{f(x)\}^2=\{g(x)\}^2$의 판별식 D가 $D=0$이다.

1337 ✓ 대표 예제

함수 $f(x)=\sqrt{2x-6}+1$의 그래프와 직선 $y=x+k$가 접할 때, 실수 k의 값은?

① $-\dfrac{3}{2}$　　　② -1　　　③ $-\dfrac{1}{2}$

④ $\dfrac{1}{2}$　　　⑤ 1

완쏠 해설

$f(x)=\sqrt{2x-6}+1=\sqrt{2(x-3)}+1$
이므로 함수 $y=f(x)$의 그래프는 함수 $y=\sqrt{2x}$의 그래프를 x축의 방향으로 3만큼, y축의 방향으로 1만큼 평행이동한 것이다.

기울기가 양수이고 y절편이 k
인 직선 $y=x+k$는 오른쪽 그
림과 같이 함수 $y=f(x)$의 그
래프에 접한다.

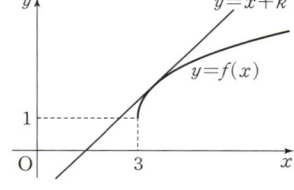

함수 $y=f(x)$의 그래프와 직
선 $y=x+k$가 접하므로
$\sqrt{2x-6}+1=x+k$
$\sqrt{2x-6}=x+k-1$
위의 식의 양변을 제곱하면
$2x-6=x^2+2(k-1)x+k^2-2k+1$
$x^2+2(k-2)x+k^2-2k+7=0$
위의 이차방정식의 판별식을 D라 하면

$\dfrac{D}{4}=(k-2)^2-1\times(k^2-2k+7)$ 　（함수의 그래프와 직선이 접하므로 $D=0$）
　　$=k^2-4k+4-k^2+2k-7$
　　$=-2k-3=0$
에서 $2k=-3$
$\therefore k=-\dfrac{3}{2}$

답 ①

1338 대표 예제 한 번 더!

함수 $f(x)=\sqrt{-4x-1}$의 그래프와 직선 $y=mx$가 접할 때, 상수 m의 값을 구하시오. (단, $m\neq0$)

1339 교육청

함수 $y=5-2\sqrt{1-x}$의 그래프와 직선 $y=-x+k$가 제1
사분면에서 만나도록 하는 모든 정수 k의 값의 합은?

① 11　　　② 13　　　③ 15
④ 17　　　⑤ 19

1340

함수 $f(x)=\sqrt{x-2}$의 그래프와 직선 $y=2x+k$가 서로 다른 두 점에서 만나도록 하는 실수 k의 최솟값은?

① -4　　　② $-\dfrac{7}{2}$　　　③ -3

④ $-\dfrac{5}{2}$　　　⑤ -2

1341

점 $(-1,\ 0)$을 지나는 직선 l은 함수 $f(x)=\sqrt{2x-4}$의 그래프와 만나지 않는다. 직선 l의 기울기를 m이라 할 때, 자연수 m의 최솟값을 구하시오.

10

무리함수

유형 **11** 무리함수의 역함수와 그 성질

(1) 무리함수 $y=\sqrt{ax+b}+c$ $(a\neq0)$의 역함수는 다음과 같은 순서로 구한다.

❶ x를 y에 대한 식으로 정리한다. ➡ $x=\dfrac{1}{a}(y-c)^2-\dfrac{b}{a}$

❷ x와 y를 서로 바꾼다. ➡ $y=\dfrac{1}{a}(x-c)^2-\dfrac{b}{a}$ $(x\geq c)$

(2) 무리함수의 역함수의 성질
① 역함수의 정의역, 치역은 각각 원래 함수의 치역, 정의역과 같다.
② 무리함수와 그 역함수의 그래프는 직선 $y=x$에 대하여 대칭이다.

1342 ✓ 대표 예제

함수 $f(x)=\sqrt{ax+b}$의 역함수 $f^{-1}(x)$에 대하여 $f^{-1}(2)=1$, $f^{-1}(4)=5$가 성립한다. 두 상수 a, b에 대하여 ab의 값은?

① 1   ② 2   ③ 3

④ 4   ⑤ 5

완쏠 해설

$f^{-1}(2)=1$에서 $f(1)=2$
$2=\sqrt{a\times1+b}$ ∴ $4=a+b$ …… ㉠
$f^{-1}(4)=5$에서 $f(5)=4$
$4=\sqrt{5\times a+b}$ ∴ $16=5a+b$ …… ㉡
㉠, ㉡을 연립하여 풀면
$a=3$, $b=1$
∴ $ab=3\times1=3$

> 역함수의 성질은 함수 $f(x)$와 관계없이 항상 성립해. 즉, 무리함수 $f(x)$에서도 $f(a)=b \Longleftrightarrow f^{-1}(b)=a$

답 ③

1343 대표 예제 한 번 데

함수 $f(x)=\sqrt{ax+4}+b$의 역함수 $y=f^{-1}(x)$의 그래프가 x축과 만나는 점의 x좌표는 1, y축과 만나는 점의 y좌표는 5이다. 두 상수 a, b에 대하여 ab의 값은?

① $\dfrac{1}{5}$ ② $\dfrac{2}{5}$ ③ $\dfrac{3}{5}$

④ $\dfrac{4}{5}$ ⑤ 1

1344

함수 $y=\sqrt{3-x}+4$의 역함수가 $y=-x^2+ax+b$ $(x\geq c)$일 때, 세 상수 a, b, c에 대하여 $a+b+c$의 값은?

① -2 ② -1 ③ 0

④ 1   ⑤ 2

1345

함수 $f(x)=-\sqrt{ax+8-a^2}+b$의 역함수 $f^{-1}(x)$의 정의역이 $\{x|x\leq-3\}$, 치역이 $\{y|y\geq-2\}$일 때, $f(0)$의 값은?

① -4 ② -5 ③ -6

④ -7 ⑤ -8

1346

함수 $f(x)=\sqrt{ax+b}+c$의 역함수 $y=f^{-1}(x)$의 그래프가 그림과 같을 때, $f(5)$의 값은?

① -2 ② -1

③ 0   ④ 1

⑤ 2

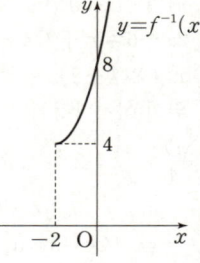

유형 12 무리함수와 그 역함수의 그래프의 교점

(1) 함수 $f(x)=\sqrt{ax+b}+c\ (a>0)$와 그 역함수 $y=f^{-1}(x)$의 그래프의 교점은 직선 $y=x$ 위에 존재한다.
(2) 함수 $f(x)=-\sqrt{ax+b}+c\ (a<0)$와 그 역함수 $y=f^{-1}(x)$의 그래프의 교점은 직선 $y=x$ 위에 존재한다.

> **참고** 함수 $y=\sqrt{ax+b}+c\ (a<0)$와 함수 $y=-\sqrt{ax+b}+c\ (a>0)$에 대하여 위의 성질이 성립하지 않는다.

1347 ✓ 대표 예제

함수 $f(x)=\sqrt{3x+4}$의 그래프와 역함수 $y=f^{-1}(x)$의 그래프의 교점의 좌표를 $(a,\ b)$라 할 때, $a+b$의 값을 구하시오.

완쏠 해설

함수 $f(x)=\sqrt{3x+4}$의 그래프와 역함수 $y=f^{-1}(x)$의 그래프의 교점 $(a,\ b)$는 함수 $y=f(x)$의 그래프와 직선 $y=x$의 교점과 같으므로

$\sqrt{3a+4}=a$
$3a+4=a^2$
$a^2-3a-4=0$
$(a+1)(a-4)=0$
$\therefore a=4\ (\because a\ge0),\ b=4$
$\therefore a+b=4+4=8$

> $y=\sqrt{x}$, $y=-\sqrt{-x}$ 꼴인 경우에만 그래프와 그 역함수의 그래프의 교점이 직선 $y=x$ 위에 있으니 주의하자.

답 8

1348 대표 예제 한 번 더!

함수 $f(x)=-\sqrt{-4x+1}+1$의 역함수를 $g(x)$라 하자. 함수 $y=f(x)$의 그래프와 $y=g(x)$의 그래프의 교점 중 원점이 아닌 교점의 좌표를 $(a,\ b)$라 할 때, ab의 값을 구하시오.

1349

점 $(-1,\ 1)$이 함수 $f(x)=\sqrt{ax+b}-1$의 그래프와 역함수 $y=f^{-1}(x)$의 그래프의 교점일 때, $f(0)$의 값은?

① $\sqrt{2}+2$ ② $\sqrt{2}+1$ ③ $\sqrt{2}$
④ $\sqrt{2}-1$ ⑤ $\sqrt{2}-2$

1350

함수 $y=\sqrt{2x-a}+2$의 그래프가 그 역함수의 그래프와 접할 때, 상수 a의 값은?

① 5 ② 6 ③ 7
④ 8 ⑤ 9

1351 교육청

두 함수 $f(x)=\dfrac{1}{5}x^2+\dfrac{1}{5}k\ (x\ge0)$, $g(x)=\sqrt{5x-k}$에 대하여 $y=f(x)$, $y=g(x)$의 그래프가 서로 다른 두 점에서 만나도록 하는 정수 k의 개수는?

① 5 ② 7 ③ 9
④ 11 ⑤ 13

STEP 2 유형 마스터

유형 13 무리함수의 합성함수와 역함수

두 함수 f, g의 역함수가 각각 f^{-1}, g^{-1} 일 때
(1) $f(a)=b$이면 $f^{-1}(b)=a$
(2) $(f^{-1})^{-1}(x)=f(x)$
(3) $(f \circ f^{-1})(x)=x$, $(f^{-1} \circ f)(x)=x$
(4) $(f \circ g)^{-1}(x)=(g^{-1} \circ f^{-1})(x)$

1352 ✓ 대표 예제

두 함수 $f(x)=\sqrt{3x-2}$, $g(x)=\sqrt{7-3x}$에 대하여 $(f^{-1} \circ g)(1)$의 값은?

① 1 ② 2 ③ 3
④ 4 ⑤ 5

완쏠 해설

$g(1)=\sqrt{7-3 \times 1}=2$이므로
$(f^{-1} \circ g)(1)=f^{-1}(g(1))$
$\qquad\qquad\quad =f^{-1}(2)$
$f^{-1}(2)=a$라 하면
$f(a)=2$
$\sqrt{3a-2}=2$
$3a-2=4$
$3a=6$
$\therefore a=2$
$\therefore (f^{-1} \circ g)(1)=2$

> 무리함수도 유리함수처럼 역함수를 구해서 합성하는 것보다 구하려는 함숫값을 미지수로 놓고 접근하면 지금처럼 간단하게 해결되는 경우가 많아.

답 ②

1353 대표 예제 한 번 더!

함수 $f(x)=\sqrt{2x+4}$에 대하여 $(f \circ f)^{-1}(4)$의 값은?

① 16 ② 17 ③ 18
④ 19 ⑤ 20

1354

두 함수 $f(x)=\sqrt{x+3}-3$, $g(x)=\sqrt{4x+5}$에 대하여 $(f \circ g^{-1})^{-1}(a)=3$을 만족시킬 때, 실수 a의 값은?

① -1 ② -2 ③ -3
④ -4 ⑤ -5

1355

두 함수 $f(x)=\sqrt{2x-1}+4$, $g(x)$에 대하여 $(f \circ (g^{-1} \circ f)^{-1} \circ f)(x)=x$가 성립할 때, $g(7)$의 값은?

① 5 ② 6 ③ 7
④ 8 ⑤ 9

1356

정의역이 $\{x \mid x \geq 2\}$인 두 함수
$$f(x)=\sqrt{3x-2}+3, \quad g(x)=-\sqrt{x-2}+5$$
에 대하여 $(g \circ f)(a)$가 자연수가 되도록 하는 자연수 a의 값을 구하시오.

STEP 3 · 실전 업

1357 · 유형 01

$\dfrac{1}{\sqrt{x^2-2kx+k+6}}$이 x의 값에 관계없이 항상 실수가 되도록 하는 정수 k의 최댓값은?

① -1 ② 0 ③ 1

④ 2 ⑤ 3

1358 교육청 · 유형 13

함수 $f(x)=\sqrt{3x-12}$가 있다. 함수 $g(x)$가 2 이상의 모든 실수 x에 대하여

$$f^{-1}(g(x))=2x$$

를 만족시킬 때, $g(3)$의 값은?

① 2 ② $\sqrt{5}$ ③ $\sqrt{6}$

④ $\sqrt{7}$ ⑤ $2\sqrt{2}$

1359 · 유형 09

$-1 \le x \le 2$에서 정의된 두 함수

$$f(x)=a\sqrt{-x+3}+b \ (a>0), \quad g(x)=-x+9$$

의 최댓값과 최솟값이 각각 같을 때, $f(-6)$의 값은?

(단, b는 상수이다.)

① 9 ② 10 ③ 11

④ 12 ⑤ 13

1360 · 유형 02

0보다 큰 모든 실수 x에 대하여 $\dfrac{x}{\sqrt{kx+4}+2}-\dfrac{x}{\sqrt{kx+4}-2}$의 값이 정수일 때, 모든 자연수 k의 값의 합은?

① 4 ② 5 ③ 6

④ 7 ⑤ 8

1361 · 유형 05 + 유형 06

함수 $f(x)=\dfrac{ax+b}{cx+4}$의 그래프의 두 점근선의 교점의 좌표가 $(2, 3)$이다. 함수 $g(x)=\sqrt{ax+b}+c$에 대하여 $g(1)=-2$일 때, 함수 $y=g(x)$의 그래프가 지나는 모든 사분면으로 짝 지어진 것은? (단, $a \ne 0$이고, $4a \ne bc$이다.)

① 제1, 4사분면   ② 제2, 4사분면

③ 제1, 2, 4사분면   ④ 제1, 3, 4사분면

⑤ 제1, 2, 3, 4사분면

10

무리함수

1362
· 유형 03

이차방정식 $x^2+6x+7=0$의 두 근 α, β에 대하여
$\dfrac{\sqrt{\alpha+1}}{\sqrt{\beta+1}}+\dfrac{\sqrt{\beta+1}}{\sqrt{\alpha+1}}$의 값은?

① 0 　　　　② $\dfrac{\sqrt{2}}{2}$ 　　　　③ $\sqrt{2}$

④ $\dfrac{3}{2}\sqrt{2}$ 　　　　⑤ $2\sqrt{2}$

1363
· 유형 07

함수 $y=\sqrt{ax+b}+\dfrac{c}{2}$의 그래프
가 그림과 같다. $3 \le x \le 6$에서
함수 $f(x)=\dfrac{b}{x+a}+c$의 최댓값을
M, 최솟값을 m이라 할 때,
$M+m$의 값을 구하시오.

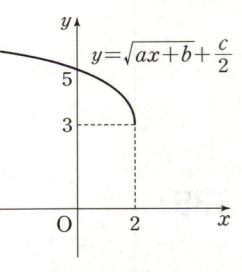

(단, a, b, c는 상수이다.)

1364 빈출
· 유형 10

함수 $y=\sqrt{|2x-1|}$의 그래프와 직선 $y=mx-1$이 서로
다른 두 개의 교점을 가질 때, 모든 상수 m의 값의 합은?

① $2+\sqrt{2}$ 　　　　② $2+\sqrt{3}$ 　　　　③ 4

④ $3+\sqrt{2}$ 　　　　⑤ $3+\sqrt{3}$

1365 사고력
· 유형 04

함수 $f(x)=\sqrt{ax+4}+4$의 정의역이 X_1, 치역이 Y_1이고,
함수 $g(x)=-\sqrt{3x-6}+b$의 정의역이 X_2, 치역이 Y_2라
하자. $n(X_1 \cap X_2)=n(Y_1 \cap Y_2)=1$이 성립할 때, 두 상수
a, b에 대하여 ab의 값은? (단, $a \ne 0$)

① -8 　　　　② -4 　　　　③ 0

④ 4 　　　　⑤ 8

1366
· 유형 06

상수 a에 대하여 $|a| \le 2$일 때, 다음 중 함수
$y=\sqrt{x+a^2}-2$의 그래프가 반드시 지나는 사분면만으로
짝 지어진 것은?

① 제1사분면 　　　　② 제1, 4사분면

③ 제1, 2, 3사분면 　　　　④ 제2, 3, 4사분면

⑤ 제1, 2, 3, 4사분면

1367 교육청 · 유형 05

함수 $f(x)=\begin{cases} -(x-a)^2+b & (x\le a) \\ -\sqrt{x-a}+b & (x>a) \end{cases}$ 와 서로 다른 세 실수 α, β, γ가 다음 조건을 만족시킨다.

> (가) 방정식 $\{f(x)-\alpha\}\{f(x)-\beta\}=0$을 만족시키는 실수 x의 값은 α, β, γ뿐이다.
> (나) $f(\alpha)=\alpha$, $f(\beta)=\beta$

$\alpha+\beta+\gamma=15$일 때, $f(\alpha+\beta)$의 값은?

(단, a, b는 상수이다.)

① 1 ② 2 ③ 3
④ 4 ⑤ 5

1368 상위 1% 도전 · 유형 11

그림과 같이 함수 $f(x)=\sqrt{kx}$ $(k>0)$의 그래프와 그 역함수 $y=g(x)$의 그래프가 만나는 점 중 원점 O가 아닌 점을 P라 하자. 선분 OP를 1 : 3으로 내분하

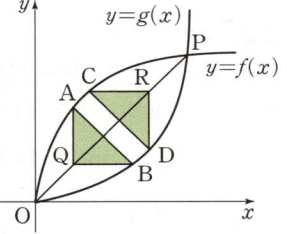

는 점을 Q라 하고, 점 Q를 지나면서 y축에 평행한 직선이 함수 $y=f(x)$의 그래프와 만나는 점을 A, 점 Q를 지나면서 x축에 평행한 직선이 함수 $y=g(x)$의 그래프와 만나는 점을 B라 하자. 또한, 선분 OP를 3 : 1로 내분하는 점을 R라 하고, 점 R를 지나면서 x축에 평행한 직선이 함수 $y=f(x)$의 그래프와 만나는 점을 C, 점 R를 지나면서 y축에 평행한 직선이 함수 $y=g(x)$의 그래프와 만나는 점을 D라 하자. 삼각형 AQB와 삼각형 CDR의 넓이의 합이 50이 되도록 하는 k의 값을 구하시오.

서술형 문제

1369 · 유형 04

함수 $y=\dfrac{4x-3}{x-2}$의 그래프의 점근선의 방정식이 $x=a$, $y=b$이고, 함수 $f(x)=\sqrt{ax+b}-c$에 대하여 $f(0)=5$일 때, 함수 $y=f(x)$의 정의역과 치역을 각각 구하시오.

(단, a, b, c는 상수이다.)

☑ 필요 개념 및 공식
☐ 유리함수의 점근선의 방정식 ☐ 무리함수의 정의역과 치역

1370 · 유형 02

$f(x)=\dfrac{1}{\sqrt{x}+\sqrt{x+1}}$ 에 대하여
$f(1)+f(2)+f(3)+\cdots+f(48)$의 값을 구하시오.

☑ 필요 개념 및 공식
☐ 분모의 유리화

STEP 3 실전 업

1371
• 유형 12

함수 $f(x)=\sqrt{kx-3}+1$의 그래프와 그 역함수
$y=f^{-1}(x)$의 그래프가 두 점 P, Q에서 만난다. 선분 PQ
의 중점의 x좌표가 $\dfrac{5}{2}$일 때, 상수 k의 값을 구하시오.

(단, $k>0$)

☑ 필요 개념 및 공식
☐ 이차방정식의 근과 계수의 관계   ☐ 무리함수와 그 역함수의 그래프

1372
• 유형 08

그림과 같이 두 함수
$f(x)=2\sqrt{3x}$, $g(x)=2\sqrt{x}$의 그래
프가 있다. 함수 $y=f(x)$의 그래
프 위의 원점이 아닌 점 A에 대하
여 점 A를 지나고 x축에 평행한
직선이 함수 $y=g(x)$의 그래프와

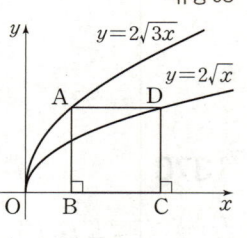

만나는 점을 D, 두 점 A, D에서 x축에 내린 수선의 발을
각각 B, C라 하자. 사각형 ABCD가 정사각형일 때, 점 A
의 좌표를 구하시오.

☑ 필요 개념 및 공식
☐ 무리함수의 그래프

1373
• 유형 09 + 유형 13

두 함수 $f(x)=\sqrt{3x+1}$, $g(x)=\sqrt{2x-6}+3$에 대하여
$h(x)=(g\circ f^{-1})^{-1}(x)$라 하자. $5\le x\le 7$에서 함수 $h(x)$
의 최댓값과 최솟값을 각각 구하시오.

☑ 필요 개념 및 공식
☐ 역함수의 성질   ☐ 무리함수의 최대·최소

1374
• 유형 10

실수 k에 대하여 함수 $f(x)=\sqrt{3x-3}+2$의 그래프와 직
선 $y=x+k$의 교점의 개수를 $g(k)$라 할 때,
$g(-1)+g(1)+g(2)$의 값을 구하시오.

☑ 필요 개념 및 공식
☐ 직선의 방정식   ☐ 무리함수의 그래프

빠른 정답

01 평면좌표

STEP 1 개념 체크

0001 2　**0002** 5　**0003** 10　**0004** 11　**0005** 4

0006 2　**0007** 3　**0008** -3 또는 3

0009 -3 또는 7　**0010** $\sqrt{5}$　**0011** $\sqrt{34}$　**0012** $\sqrt{2}$

0013 $\sqrt{2}$　**0014** $5\sqrt{5}$　**0015** $\sqrt{41}$　**0016** $2\sqrt{10}$　**0017** $\sqrt{26}$

0018 $\sqrt{13}$　**0019** 5　**0020** 3　**0021** $\dfrac{5}{2}$　**0022** $\dfrac{6}{5}$

0023 2　**0024** 17　**0025** $\left(\dfrac{13}{5}, \dfrac{18}{5}\right)$

0026 $\left(\dfrac{9}{5}, \dfrac{4}{5}\right)$　**0027** $\left(2, \dfrac{3}{2}\right)$

0028 $(2, 1)$　**0029** $(3, 0)$

0030 $\left(0, \dfrac{5}{3}\right)$　**0031** $\left(\dfrac{1}{3}, -1\right)$

STEP 2 유형 마스터

0032 ②　**0033** ③　**0034** ⑤　**0035** ②　**0036** ④

0037 ⑤　**0038** ①　**0039** ③　**0040** ②　**0041** ④

0042 ②　**0043** ③　**0044** ①　**0045** ②　**0046** ③

0047 ④　**0048** ③　**0049** ②　**0050** ⑤　**0051** ①

0052 ④　**0053** ⑤　**0054** ④　**0055** ④　**0056** ②

0057 ③　**0058** ①　**0059** ③　**0060** ⑤　**0061** ②

0062 ②　**0063** 5　**0064** ②　**0065** ②　**0066** ②

0067 ③　**0068** ②　**0069** ②　**0070** ①　**0071** ②

0072 ⑤　**0073** ④　**0074** ⑤　**0075** ①　**0076** ⑤

0077 ④　**0078** ②　**0079** ③　**0080** ②　**0081** ①

0082 1　**0083** ③　**0084** ③　**0085** ③　**0086** ③

STEP 3 실전 업

0087 ⑤　**0088** ②　**0089** ④　**0090** ④　**0091** 5

0092 14　**0093** 24　**0094** ⑤　**0095** ③　**0096** ①

0097 12　**0098** ③　**0099** 해설 참조

0100 $(5, 5)$　**0101** 3

02 직선의 방정식

STEP 1 개념 체크

0102 $y=2x$　**0103** $y=-3x+5$

0104 $y=\dfrac{1}{2}x-\dfrac{1}{2}$　**0105** $y=3x-2$

0106 $y=\dfrac{1}{2}x+4$　**0107** $y=4$

0108 $\dfrac{x}{3}+\dfrac{y}{2}=1$　**0109** $\dfrac{x}{5}-\dfrac{y}{2}=1$

0110 $-\dfrac{x}{2}+\dfrac{y}{4}=1$　**0111** $(2, 3)$

0112 $(3, 1)$　**0113** $3x+2y-11=0$

0114 $3x+2y-6=0$　**0115** $x+y-4=0$

0116 $4x+y-8=0$　**0117** 6　**0118** $-\dfrac{2}{3}$　**0119** 7

0120 $-\dfrac{1}{2}$　**0121** $y=3x+4$　**0122** $y=2x-1$

0123 $y=-\dfrac{1}{2}x+2$　**0124** $y=-\dfrac{1}{3}x+\dfrac{7}{3}$

0125 2　**0126** $\sqrt{5}$　**0127** $\sqrt{10}$　**0128** 1　**0129** $\dfrac{1}{2}$

0130 1　**0131** $\sqrt{5}$　**0132** $\dfrac{\sqrt{10}}{2}$　**0133** 2　**0134** $\sqrt{10}$

0135 $\sqrt{5}$　**0136** $\sqrt{13}$

STEP 2 유형 마스터

0137 ①　**0138** ③　**0139** ③　**0140** ①　**0141** ⑤

0142 ①　**0143** ④　**0144** 1　**0145** ⑤　**0146** ③

0147 ④　**0148** ②　**0149** ①　**0150** ④　**0151** ①

0152 ②　**0153** ①　**0154** ④　**0155** ①　**0156** ④

0157 ②　**0158** ①　**0159** ②　**0160** ②　**0161** ⑤

0162 ④　**0163** ②　**0164** ②　**0165** ㄴ　**0166** ②

0167 ④　**0168** ⑤　**0169** 13　**0170** ④　**0171** 17

0172 ⑤　**0173** ②　**0174** ②　**0175** 10　**0176** ③

0177 ②　**0178** ②　**0179** 15　**0180** 8　**0181** 9

0182 ③　**0183** 6　**0184** ③　**0185** 3　**0186** ⑤

0187 ⑤　**0188** ④　**0189** ③　**0190** 90　**0191** ①

0192 ③　**0193** ②　**0194** ②　**0195** ③　**0196** 250

0197 ①　**0198** ④　**0199** ②　**0200** ⑤　**0201** ③

0202 ①　**0203** ④　**0204** ②　**0205** ②　**0206** ④

0207 ①　**0208** ②　**0209** ④　**0210** ①　**0211** ①

0212 ②　**0213** ①　**0214** 10　**0215** ②　**0216** ⑤

STEP 3 실전 업

0217 ⑤	**0218** ②	**0219** ④	**0220** ⑤	**0221** ③
0222 ⑤	**0223** 3	**0224** ④	**0225** 20	**0226** ⑤
0227 ③	**0228** 10	**0229** ②	**0230** 1	**0231** ①
0232 6	**0233** ①	**0234** $y=\dfrac{1}{3}x$		**0235** 12
0236 $\dfrac{3}{4}$	**0237** 6	**0238** 10	**0239** $y=-\dfrac{1}{2}x+4$	

03 원의 방정식

STEP 1 개념 체크

0240 중심의 좌표: $(-2, 0)$, 반지름의 길이: 5
0241 중심의 좌표: $(1, -2)$, 반지름의 길이: 2
0242 $(x-2)^2+(y-3)^2=1$
0243 $(x-2)^2+(y-1)^2=10$
0244 $(x-4)^2+(y+5)^2=18$
0245 $x^2+y^2=9$
0246 $(x-1)^2+(y-2)^2=4$
0247 $(x+3)^2+(y-4)^2=9$
0248 $(x-5)^2+(y+5)^2=25$
0249 중심의 좌표: $(2, 0)$, 반지름의 길이: 2
0250 중심의 좌표: $(2, -3)$, 반지름의 길이: 5
0251 $a<4$
0252 $x-y+3=0$
0253 $x^2+y^2-4y=0$
0254 만나지 않는다.
0255 서로 다른 두 점에서 만난다.
0256 한 점에서 만난다.(접한다.)
0257 만나지 않는다.
0258 한 점에서 만난다.(접한다.)
0259 서로 다른 두 점에서 만난다.
0260 $-2<k<2$
0261 $k=-2$ 또는 $k=2$
0262 $k<-2$ 또는 $k>2$
0263 $y=4x\pm2\sqrt{17}$
0264 $y=-2x\pm\sqrt{5}$
0265 $x-y-2=0$
0266 $2x-3y+13=0$
0267 (가) 2 (나) $x-y=2$

STEP 2 유형 마스터

0268 ④	**0269** ⑤	**0270** ④	**0271** ②	**0272** 12
0273 ④	**0274** ④	**0275** 13	**0276** ②	**0277** ①
0278 ①	**0279** 14	**0280** ④	**0281** ①	**0282** ②
0283 ③	**0284** ④	**0285** ⑤	**0286** ②	**0287** ①
0288 ①	**0289** ③	**0290** ④	**0291** 3	**0292** ④
0293 ④	**0294** ③	**0295** ①	**0296** 1	**0297** 9
0298 25	**0299** ③	**0300** ③	**0301** ②	**0302** ②
0303 ①	**0304** ③	**0305** ①	**0306** ②	**0307** ②
0308 ②	**0309** ③	**0310** 2	**0311** ③	**0312** ③
0313 ④	**0314** ④	**0315** 6	**0316** ②	**0317** 20
0318 ②	**0319** ⑤	**0320** ⑤	**0321** ②	**0322** 2
0323 9	**0324** ①	**0325** ④	**0326** ①	**0327** 5
0328 ③	**0329** ③	**0330** ③	**0331** ④	**0332** 1
0333 ③	**0334** ②	**0335** 15	**0336** ②	**0337** ①
0338 ③	**0339** ④	**0340** ①	**0341** ⑤	**0342** ⑤
0343 ④	**0344** ①	**0345** ④	**0346** ①	**0347** 15
0348 ④	**0349** ⑤	**0350** ⑤	**0351** 41	**0352** ②
0353 ②	**0354** 3	**0355** ②	**0356** 8	**0357** ④
0358 $-\dfrac{3}{2}$	**0359** -1	**0360** ③	**0361** ③	**0362** 4
0363 ②	**0364** ②	**0365** ⑤	**0366** ①	**0367** 7

STEP 3 실전 업

0368 ②	**0369** 14	**0370** 14	**0371** ①	**0372** ②
0373 ④	**0374** ⑤	**0375** 6	**0376** ③	**0377** ⑤
0378 ①	**0379** ③	**0380** ⑤	**0381** ③	**0382** 70
0383 80	**0384** 13	**0385** ③		
0386 $(x-2)^2+(y-2)^2=10$			**0387** 8	**0388** $\dfrac{16}{15}$
0389 $\dfrac{16}{5}\pi$	**0390** 25	**0391** 2		

04 도형의 이동

STEP 1 개념 체크

0392 $(6, -3)$ **0393** $(2, 2)$
0394 $a=-2$, $b=-5$ **0395** $a=5$, $b=7$

0396 $x-y+7=0$ **0397** $y=(x+1)^2+2$
0398 $x+y+2=0$ **0399** $(x+2)^2+(y-2)^2=1$
0400 $(2, 1)$ **0401** $(-4, -3)$
0402 $(3, 1)$ **0403** $(-2, -5)$
0404 $(4, -1)$ **0405** $(0, 4)$
0406 $(-1, 4)$ **0407** $(0, 3)$
0408 $x+y+2=0$ **0409** $y=-(x-1)^2-2$
0410 $x-3y-2=0$ **0411** $(x-1)^2+(y-1)^2=1$
0412 $2x-3y-2=0$ **0413** $y=(x+2)^2+3$
0414 $x-3y-3=0$ **0415** $(x+5)^2+(y-1)^2=1$
0416 $(1, -3)$ **0417** $(4, -8)$
0418 (1) $p=2-p'$, $q=4-q'$ (2) $x+3y-13=0$
0419 (1) $\left(\dfrac{1+p}{2}, \dfrac{-2+q}{2}\right)$ (2) $\dfrac{q+2}{p-1}$ (3) $(-3, 2)$

STEP 2 유형 마스터

0420 ⑤ **0421** ③ **0422** ⑤ **0423** 8 **0424** ②
0425 ④ **0426** ⑤ **0427** ⑤ **0428** 18 **0429** ④
0430 4 **0431** 4 **0432** ① **0433** ③ **0434** ⑤
0435 ③ **0436** ③ **0437** ⑤ **0438** ② **0439** 37
0440 6 **0441** ④ **0442** ② **0443** ⑤ **0444** 144
0445 ③ **0446** ② **0447** ② **0448** ⑤ **0449** 12
0450 20 **0451** ② **0452** 56 **0453** ④ **0454** 5
0455 ⑤ **0456** ④ **0457** 8 **0458** ⑤ **0459** ⑤
0460 ③ **0461** ① **0462** ③ **0463** 16 **0464** ④
0465 ② **0466** ① **0467** 2 **0468** ⑤ **0469** ⑤
0470 ② **0471** ⑤ **0472** ① **0473** ② **0474** 80
0475 ④ **0476** ⑤ **0477** ③ **0478** ④ **0479** 18
0480 ④ **0481** ④ **0482** 63 **0483** ③ **0484** ⑤
0485 ① **0486** ② **0487** ② **0488** ③

STEP 3 실전 업

0489 ③ **0490** ④ **0491** ③ **0492** ④ **0493** 2
0494 ④ **0495** ③ **0496** 2 **0497** ④ **0498** ⑤
0499 ④ **0500** ① **0501** ② **0502** 7 **0503** ③
0504 2 **0505** 128 **0506** 27 **0507** 7 **0508** 6
0509 16 **0510** 10 **0511** 125 **0512** 2

05 집합의 뜻과 표현

STEP 1 개념 체크

0513 × **0514** ○ **0515** ○ **0516** $\in$ **0517** $\in$
0518 $\not\subset$ **0519** $\in$ **0520** $\not\subset$ **0521** $\in$
0522 $\{x \,|\, x$는 12의 약수$\}$ **0523** $\{5, 6\}$
0524 $\{x \,|\, x$는 4의 배수$\}$ **0525** 해설 참조
0526 해설 참조 **0527** 유 **0528** 무
0529 유, 공 **0530** 3 **0531** 0 **0532** 5
0533 $A \subset B$ **0534** $A \subset B$
0535 $B \subset A$
0536 $\varnothing$, $\{a\}$, $\{b\}$, $\{c\}$, $\{a, b\}$, $\{a, c\}$, $\{b, c\}$, $\{a, b, c\}$
0537 $\varnothing$, $\{\varnothing\}$ **0538** $A=B$
0539 $A=B$ **0540** $A \neq B$
0541 $\varnothing$, $\{1\}$, $\{2\}$, $\{3\}$, $\{1, 2\}$, $\{1, 3\}$, $\{2, 3\}$
0542 32 **0543** 31 **0544** 16 **0545** 8 **0546** 4

STEP 2 유형 마스터

0547 ② **0548** ④ **0549** ④ **0550** ⑤ **0551** ⑤
0552 ② **0553** ④ **0554** ④ **0555** ⑤ **0556** ⑤
0557 ⑤ **0558** ④ **0559** ④ **0560** ③ **0561** ②
0562 ④ **0563** ② **0564** 13 **0565** 8 **0566** 3
0567 ③ **0568** ⑤ **0569** ① **0570** ④ **0571** ⑤
0572 ④ **0573** ⑤ **0574** ④ **0575** ③ **0576** ①
0577 ③ **0578** 7 **0579** ② **0580** 4 **0581** -2
0582 ④ **0583** ⑤ **0584** 30 **0585** ④ **0586** 4
0587 ④ **0588** ④ **0589** ② **0590** ③ **0591** 2
0592 ④ **0593** ③ **0594** ④ **0595** ④ **0596** ③
0597 ③ **0598** $\in$ **0599** 8 **0600** ③ **0601** ④
0602 ④ **0603** ④ **0604** ③ **0605** 60 **0606** 248
0607 ③ **0608** ① **0609** ③ **0610** ① **0611** 55

STEP 3 실전 업

0612 ④ **0613** ④ **0614** ④ **0615** 240 **0616** ④
0617 ⑤ **0618** ② **0619** ③ **0620** 18 **0621** ③
0622 ② **0623** ② **0624** 112 **0625** 58 **0626** 7
0627 4 **0628** 7 **0629** 14

06 집합의 연산

STEP 1 개념 체크

0630 {1, 2, 3, 4, 5}　0631 {3, 6, 9, 12, 15, 18}
0632 {b, d}　0633 {1, 2, 4, 8}
0634 서로소이다.　0635 서로소가 아니다.
0636 {2, 4, 6, 8, 10}　0637 {1, 2, 4, 5, 7, 8, 10}
0638 {1, 3, 5}　0639 {6, 8}
0640 {2, 4, 6, 8, 9}　0641 {1, 3, 4, 6, 7}
0642 {1, 3, 7}　0643 {2, 8, 9}
0644 {4, 6}　0645 {1, 2, 3, 4, 6, 7, 8, 9}
0646 {a, b, c, d}　0647 {a, b, c, d, e}
0648 A　0649 ∅　0650 U　0651 ∅　0652 U
0653 A　0654 {2}　0655 {1, 2, 4, 6, 7}
0656 (가) 드모르간의 법칙　(나) 결합법칙　0657 8
0658 10　0659 9　0660 11　0661 6　0662 4
0663 21

STEP 2 유형 마스터

0664 ②　0665 ⑤　0666 ④　0667 ③　0668 ②
0669 ⑤　0670 ⑤　0671 ④　0672 ⑤　0673 3
0674 ④　0675 ③　0676 ①　0677 ⑤　0678 ③
0679 ④　0680 ②　0681 ④　0682 ②　0683 ②
0684 ③　0685 ③　0686 ③　0687 14　0688 ③
0689 ⑤　0690 ④　0691 ④　0692 ③　0693 ⑤
0694 ②　0695 ③　0696 ⑤　0697 8　0698 ⑤
0699 ④　0700 ③　0701 ④　0702 ④　0703 ③
0704 ④　0705 ⑤　0706 ③　0707 ④　0708 ③
0709 ①　0710 ⑤　0711 ④　0712 ⑤　0713 ①
0714 ③　0715 ③　0716 ②　0717 120　0718 ③
0719 ④　0720 ②　0721 ④　0722 ⑤　0723 ③
0724 15　0725 6　0726 ①　0727 17　0728 ③
0729 ③　0730 ①　0731 ①　0732 ②　0733 73
0734 ⑤　0735 8　0736 ②　0737 56　0738 ①

STEP 3 실전 업

0739 ③　0740 ①　0741 4　0742 ②　0743 32
0744 ⑤　0745 ②　0746 85　0747 54　0748 30
0749 432　0750 ④　0751 ⑤　0752 96　0753 3
0754 337　0755 65　0756 10　0757 23

07 명제

STEP 1 개념 체크

0758 참인 명제　0759 명제가 아니다.
0760 명제가 아니다.　0761 거짓인 명제
0762 부정 : 1≥2 (거짓)
0763 부정 : $\sqrt{2}+\sqrt{3}\neq\sqrt{5}$ (참)
0764 부정 : 정삼각형은 이등변삼각형이 아니다. (거짓)
0765 부정 : 0은 자연수도 아니고 음의 정수도 아니다. (참)
0766 {2, 3, 5}　0767 {1, 3}
0768 {1, 2, 3}
0769 ~p : x는 8의 약수가 아니다.,
　　조건 ~p의 진리집합 : {3, 5, 6, 7, 9, 10}
0770 ~q : $x<3$ 또는 $x>7$,
　　조건 ~q의 진리집합 : {1, 2, 8, 9, 10}
0771 가정 : $x=1$이다., 결론 : $x^2=1$이다.
0772 가정 : $x^2+y^2>0$, 결론 : $x\neq0$ 또는 $y\neq0$
0773 참　0774 거짓
0775 거짓　0776 참
0777 거짓　0778 참
0779 부정 : 어떤 실수 x에 대하여 $x^2-1\leq0$이다. (참)
0780 부정 : 모든 자연수 x에 대하여 $x^2\neq9$이다. (거짓)
0781 해설 참조　0782 해설 참조
0783 해설 참조　0784 $x=2$이고 $y=4$이면 $xy=8$이다.
0785 참　0786 참
0787 충분조건　0788 필요조건
0789 필요충분조건　0790 필요충분조건
0791 필요충분조건　0792 충분조건
0793 충분조건　0794 필요조건
0795 (가) 홀수　(나) $2k-1$　(다) 대우
0796 (가) 유리수　(나) 짝수　(다) 서로소
0797 ㄱ, ㄷ, ㄹ　0798 (가) $a-\dfrac{b}{2}$　(나) ≥　(다) 0
0799 2　0800 12

STEP 2 유형 마스터

0801 ④　0802 ⑤　0803 ②　0804 ④　0805 ④
0806 ③　0807 ③　0808 ③　0809 ①　0810 ⑤
0811 ①　0812 ④　0813 ④　0814 ④　0815 11
0816 ④　0817 ③　0818 ⑤　0819 ③　0820 ④
0821 ②　0822 ⑤　0823 ⑤　0824 30　0825 ③
0826 ①　0827 ④　0828 ④　0829 ③　0830 ②

0831 ① 0832 3 0833 ② 0834 3 0835 12

0831 ① 0832 3 0833 ② 0834 3 0835 12
0836 ⑤ 0837 ② 0838 ④ 0839 9 0840 8
0841 ④ 0842 ④ 0843 ③ 0844 ⑤ 0845 ③
0846 ⑤ 0847 ② 0848 ④ 0849 ① 0850 ④
0851 ② 0852 ③ 0853 ② 0854 ③ 0855 ④
0856 ③ 0857 ② 0858 ③ 0859 ④ 0860 ②
0861 ① 0862 ② 0863 ① 0864 ⑤ 0865 ⑤
0866 ④ 0867 24 0868 ③ 0869 2 0870 ③
0871 ⑤ 0872 ③ 0873 ④ 0874 ① 0875 ③
0876 ⑤ 0877 7 0878 ① 0879 ④ 0880 15
0881 ④ 0882 ⑤ 0883 15 0884 ① 0885 ③
0886 ② 0887 ② 0888 ⑤ 0889 ① 0890 ⑤
0891 16 0892 ③ 0893 ④ 0894 ② 0895 8
0896 2 0897 ④ 0898 ② 0899 ① 0900 ③
0901 ⑤ 0902 ④ 0903 ① 0904 ⑤ 0905 ③
0906 ④

실전업

0907 ④ 0908 ④ 0909 16 0910 ③ 0911 ⑤
0912 ⑤ 0913 ② 0914 ① 0915 ④ 0916 ②
0917 ① 0918 ⑤ 0919 ② 0920 ⑤ 0921 21
0922 ③ 0923 ③ 0924 해설 참조
0925 해설 참조 0926 8 0927 31 0928 15
0929 $\dfrac{1}{2}$

08 함수

개념 체크

0930 해설 참조 0931 함수가 아니다.
0932 해설 참조 0933 함수가 아니다.
0934 정의역: 실수 전체의 집합, 치역: 실수 전체의 집합
0935 정의역: 실수 전체의 집합, 치역: $\{y\,|\,y\geq 1\}$
0936 (가) 0 (나) 1 (다) 0 (라) 1 (마) 0 (바) 1
0937 일대일함수 0938 일대일함수, 일대일대응
0939 일대일함수, 일대일대응, 항등함수
0940 상수함수
0941 일대일함수, 일대일대응, 항등함수
0942 상수함수 0943 일대일함수, 일대일대응
0944 일대일함수, 일대일대응 0945 3 0946 1

0947 2 0948 3 0949 $(g \circ f)(x)=3x+2$
0950 $(f \circ g)(x)=3x+4$
0951 $(h \circ g \circ f)(x)=-6x-5$
0952 $(f \circ g \circ h)(x)=-6x+1$
0953 6 0954 3 0955 3 0956 2 0957 2
0958 2 0959 $y=\dfrac{1}{2}x+\dfrac{1}{2}$ 0960 $y=3x-3$

유형 마스터

0961 ⑤ 0962 ㄱ, ㄷ 0963 ① 0964 ③
0965 5 0966 ① 0967 ⑤ 0968 ② 0969 17
0970 ③ 0971 ② 0972 ① 0973 ④ 0974 ②
0975 ④ 0976 ① 0977 ② 0978 ④ 0979 ①
0980 1 0981 ㄱ, ㄷ 0982 ㄴ, ㄷ 0983 ㄴ
0984 ㄴ, ㄷ 0985 4 0986 ③ 0987 ④
0988 3 0989 ③ 0990 17 0991 ④ 0992 ③
0993 ① 0994 ④ 0995 12 0996 ① 0997 ⑤
0998 ③ 0999 ② 1000 ⑤ 1001 ⑤ 1002 ③
1003 ① 1004 ④ 1005 7 1006 ④ 1007 ④
1008 ③ 1009 ⑤ 1010 20 1011 ④ 1012 ①
1013 ④ 1014 11 1015 ④ 1016 ③ 1017 ①
1018 ③ 1019 ④ 1020 2 1021 ④ 1022 ③
1023 19 1024 ② 1025 ② 1026 ④ 1027 ④
1028 ⑤ 1029 ① 1030 1 1031 ④ 1032 ①
1033 ④ 1034 ③ 1035 11 1036 ④ 1037 ④
1038 ② 1039 ③ 1040 8 1041 ④ 1042 ③
1043 5 1044 ④ 1045 6 1046 ② 1047 ④
1048 ② 1049 ④ 1050 6 1051 ④ 1052 ②
1053 ④ 1054 ④ 1055 7 1056 ④ 1057 ③
1058 ② 1059 12 1060 ③ 1061 ④ 1062 ②
1063 ④ 1064 8 1065 ④ 1066 ⑤ 1067 ④
1068 ③ 1069 ③ 1070 12 1071 ② 1072 ④
1073 ③ 1074 16 1075 ① 1076 ⑤ 1077 6
1078 ④ 1079 ④ 1080 9

실전업

1081 ③ 1082 ② 1083 ⑤ 1084 ① 1085 5
1086 12 1087 ④ 1088 ① 1089 13 1090 40
1091 5 1092 ③ 1093 ① 1094 2 1095 12
1096 ① 1097 22 1098 11 1099 $k<-1$ 또는 $k>3$
1100 $2\leq a\leq 6$ 101 $1<m<2$ 1102 7
1103 13

09 유리함수

STEP 1 개념 체크

1104 ㄴ, ㄹ, ㅁ, ㅂ **1105** $\dfrac{15ax}{6a^2b^2x^2}$, $\dfrac{2b}{6a^2b^2x^2}$

1106 $\dfrac{(x-1)(x-2)}{x(x+1)(x-1)}$, $\dfrac{(x+1)(x-3)}{x(x+1)(x-1)}$

1107 $\dfrac{2x}{yz}$ **1108** $\dfrac{x+2}{x+5}$

1109 $\dfrac{x^2+7x+3}{(x+3)(x-1)}$ **1110** $\dfrac{(x+3)(x-2)}{x-1}$

1111 $\dfrac{4}{(x+3)(x-1)}$ **1112** $-\dfrac{4x+10}{(x+1)(x-1)}$

1113 $\dfrac{1}{x+3}$ **1114** $\dfrac{4}{x(x+4)}$

1115 $\dfrac{3}{x(x+3)}$ **1116** $\dfrac{x(x-1)}{x+1}$

1117 $\dfrac{2x}{x+1}$ **1118** $\dfrac{(x+2)(x-2)}{x-1}$

1119 $-\dfrac{1}{x}$ **1120** ㄴ, ㄹ, ㅁ

1121 $\{x|x\neq-1$인 실수$\}$

1122 $\{x|x\neq\pm2$인 실수$\}$

1123 ㄱ, ㄴ **1124** ㄷ, ㄹ

1125 ㄷ **1126** $y=\dfrac{1}{x-2}-3$

1127 $y=-\dfrac{2}{x+5}+4$

1128 정의역: $\{x|x\neq3$인 실수$\}$, 치역: $\{y|y\neq2$인 실수$\}$

1129 정의역: $\{x|x\neq-2$인 실수$\}$,
　　　치역: $\{y|y\neq-2$인 실수$\}$

1130 정의역: $\{x|x\neq1$인 실수$\}$, 치역: $\{y|y\neq2$인 실수$\}$

1131 정의역: $\{x|x\neq2$인 실수$\}$,
　　　치역: $\{y|y\neq-3$인 실수$\}$

1132 해설 참조 **1133** 해설 참조

1134 해설 참조 **1135** 해설 참조

STEP 2 유형 마스터

1136 ①	**1137** ②	**1138** ⑤	**1139** ⑤	**1140** ③
1141 6	**1142** ⑤	**1143** ④	**1144** 24	**1145** 10
1146 ①	**1147** ③	**1148** ④	**1149** ⑤	**1150** ③
1151 ④	**1152** 100	**1153** ②	**1154** 1	**1155** ③
1156 ④	**1157** ②	**1158** ⑤	**1159** 7	**1160** 1
1161 ⑤	**1162** ①	**1163** ②	**1164** ②	**1165** 14
1166 ③	**1167** ③	**1168** 1	**1169** ②	**1170** 2

1171 0	**1172** 1	**1173** ③	**1174** ①	**1175** ②
1176 ③	**1177** ②	**1178** ④	**1179** ①	**1180** ②
1181 10	**1182** 9	**1183** ④	**1184** ③	**1185** 5
1186 ④	**1187** ①	**1188** 18	**1189** 6	**1190** ②
1191 ⑤	**1192** ③	**1193** 7	**1194** ④	**1195** ②
1196 ①	**1197** ④	**1198** ③	**1199** 4	**1200** ①
1201 ②	**1202** ③	**1203** 8	**1204** ①	**1205** 10
1206 ⑤	**1207** ②	**1208** 4	**1209** ③	**1210** 3
1211 6	**1212** 1	**1213** ③	**1214** ④	**1215** ④
1216 ④	**1217** ①	**1218** 3	**1219** 10	**1220** ③
1221 3	**1222** ④	**1223** ①	**1224** ④	**1225** ①
1226 ⑤	**1227** ③	**1228** ②	**1229** ④	**1230** ③

STEP 3 실전 업

1231 ②	**1232** 4	**1233** ②	**1234** 6	**1235** ②
1236 ⑤	**1237** ③	**1238** ②	**1239** ④	**1240** ②
1241 8	**1242** ④	**1243** ⑤	**1244** 5	**1245** ⑤
1246 ④	**1247** ③	**1248** ①	**1249** 6	**1250** 48
1251 6	**1252** $\dfrac{1}{2}$	**1253** $4\sqrt{2}$	**1254** 2	

10 무리함수

1255 ㄱ, ㄷ, ㄹ **1256** $x \geq 2$
1257 $x \geq 1$ **1258** $x > 3$
1259 $2 < x \leq 5$ **1260** $2 \leq x \leq 3$
1261 $x \leq \dfrac{1}{3}$ 또는 $x \geq 1$ **1262** 6
1263 4 **1264** $x - 5$
1265 2 **1266** x
1267 1 **1268** $\sqrt{x+2} - \sqrt{x}$
1269 $\sqrt{x+3} + \sqrt{x-3}$ **1270** $\dfrac{x - 2\sqrt{xy} + y}{x - y}$
1271 $2x + 1 + 2\sqrt{x(x+1)}$
1272 $\dfrac{2\sqrt{x}}{x-y}$ **1273** $2\sqrt{x+1}$
1274 ㄱ, ㄷ, ㅁ, ㅂ **1275** $\{x | x \geq 1\}$
1276 $\left\{ x \middle| x \geq \dfrac{2}{3} \right\}$ **1277** 해설 참조
1278 해설 참조 **1279** 해설 참조
1280 해설 참조 **1281** $y = -\sqrt{-4x}$
1282 $y = \sqrt{4x}$ **1283** $y = -\sqrt{4x}$
1284 $y = \sqrt{3x-6} + 1$ **1285** $y = -\sqrt{-2x-6} - 1$
1286 $y = \sqrt{3(x+3)} - 2$ **1287** $y = -\sqrt{-2(x-4)} + 1$
1288 해설 참조 **1289** 해설 참조
1290 해설 참조 **1291** 해설 참조

1292 ④ **1293** ③ **1294** ② **1295** ③ **1296** 5
1297 ③ **1298** ② **1299** ② **1300** ① **1301** ③
1302 ③ **1303** 2 **1304** ④ **1305** ② **1306** ①
1307 ⑤ **1308** ① **1309** ⑤ **1310** ① **1311** ④
1312 5 **1313** 6 **1314** ⑤ **1315** ④ **1316** ②
1317 ② **1318** ③ **1319** ② **1320** ① **1321** ④
1322 ② **1323** ④ **1324** ① **1325** 6 **1326** ④
1327 ③ **1328** ⑤ **1329** ③ **1330** ③ **1331** ④
1332 ② **1333** ⑤ **1334** 3 **1335** ④ **1336** ③
1337 ① **1338** -2 **1339** ③ **1340** ① **1341** 1
1342 ③ **1343** ③ **1344** ② **1345** ② **1346** ②
1347 8 **1348** 4 **1349** ④ **1350** ① **1351** ②
1352 ② **1353** ① **1354** ① **1355** ① **1356** 22

1357 ④ **1358** ③ **1359** ⑤ **1360** ④ **1361** ③
1362 ⑤ **1363** 17 **1364** ④ **1365** ① **1366** ①
1367 ③ **1368** 32
1369 정의역: $\{x | x \geq -2\}$, 치역: $\{y | y \geq 3\}$
1370 6 **1371** 3 **1372** $(3, 6)$
1373 최댓값: $\sqrt{34}$, 최솟값: 4 **1374** 3

MEMO

2022 개정 교육과정
2025년 고1부터 적용

유형별 1쪽 5문제 시스템으로
유형 완벽 마스터!

수학이 쉬워지는 **완**벽한 **솔**루션

완쏠 유형

공통수학 2 정답 및 해설

메가스터디**BOOKS**

수학이 쉬워지는 **완**벽한 **솔**루션

완쏠 유형

공통수학 2 정답 및 해설

0001 답 2
$\overline{AB}=|4-2|=2$

0002 답 5
$\overline{AB}=|2-7|=5$

0003 답 10
$\overline{AB}=|(-2)-8|=10$

0004 답 11
$\overline{AB}=|7-(-4)|=11$

0005 답 4
$\overline{AB}=|(-2)-(-6)|=4$

0006 답 2
$\overline{OA}=|2|=2$

0007 답 3
$\overline{OA}=|-3|=3$

0008 답 -3 또는 3
점 A의 좌표를 a라 하면
$\overline{OA}=|a|=3$ ∴ $a=-3$ 또는 $a=3$
따라서 점 A의 좌표는 -3 또는 3이다.

0009 답 -3 또는 7
점 B의 좌표를 b라 하면
$\overline{AB}=|b-2|=5$, $b-2=\pm5$
∴ $b=-3$ 또는 $b=7$
따라서 점 B의 좌표는 -3 또는 7이다.

0010 답 $\sqrt{5}$
$\overline{AB}=\sqrt{(2-0)^2+(0-1)^2}=\sqrt{5}$

0011 답 $\sqrt{34}$
$\overline{AB}=\sqrt{\{0-(-3)\}^2+(5-0)^2}=\sqrt{34}$

0012 답 $\sqrt{2}$
$\overline{AB}=\sqrt{(2-1)^2+(1-2)^2}=\sqrt{2}$

0013 답 $\sqrt{2}$
$\overline{AB}=\sqrt{\{(-2)-(-1)\}^2+\{(-3)-(-4)\}^2}=\sqrt{2}$

0014 답 $5\sqrt{5}$
$\overline{AB}=\sqrt{\{(-2)-3\}^2+\{7-(-3)\}^2}=5\sqrt{5}$

0015 답 $\sqrt{41}$
$\overline{AB}=\sqrt{\{2-(-2)\}^2+\{(-4)-1\}^2}=\sqrt{41}$

0016 답 $2\sqrt{10}$
$\overline{AB}=\sqrt{\{(-1)-5\}^2+\{1-(-1)\}^2}=2\sqrt{10}$

0017 답 $\sqrt{26}$
$\overline{AB}=\sqrt{(2-1)^2+\{2-(-3)\}^2}=\sqrt{26}$

0018 답 $\sqrt{13}$
$\overline{OA}=\sqrt{3^2+2^2}=\sqrt{13}$

0019 답 5
$\overline{OA}=\sqrt{(-4)^2+3^2}=5$

0020 답 3
$\dfrac{2\times4+1\times1}{2+1}=3$

0021 답 $\dfrac{5}{2}$
$\dfrac{1+4}{2}=\dfrac{5}{2}$

0022 답 $\dfrac{6}{5}$
$\dfrac{2\times6+3\times(-2)}{2+3}=\dfrac{6}{5}$

0023 답 2
$\dfrac{(-2)+6}{2}=2$

0024 답 17
선분 AB를 1 : 3으로 내분하는 점의 좌표가 2이므로
$\dfrac{1\times b+3\times(-3)}{1+3}=2$, $b-9=8$
∴ $b=17$

0025 답 $\left(\dfrac{13}{5},\ \dfrac{18}{5}\right)$
$\left(\dfrac{4\times3+1\times1}{4+1},\ \dfrac{4\times5+1\times(-2)}{4+1}\right)$, 즉 $\left(\dfrac{13}{5},\ \dfrac{18}{5}\right)$

0026 답 $\left(\dfrac{9}{5},\ \dfrac{4}{5}\right)$
$\left(\dfrac{2\times3+3\times1}{2+3},\ \dfrac{2\times5+3\times(-2)}{2+3}\right)$, 즉 $\left(\dfrac{9}{5},\ \dfrac{4}{5}\right)$

0027 답 $\left(2, \dfrac{3}{2}\right)$

$\left(\dfrac{1+3}{2}, \dfrac{(-2)+5}{2}\right)$, 즉 $\left(2, \dfrac{3}{2}\right)$

0028 답 $(2, 1)$

$\left(\dfrac{0+2+4}{3}, \dfrac{0+5+(-2)}{3}\right)$, 즉 $(2, 1)$

0029 답 $(3, 0)$

$\left(\dfrac{2+3+4}{3}, \dfrac{1+(-2)+1}{3}\right)$, 즉 $(3, 0)$

0030 답 $\left(0, \dfrac{5}{3}\right)$

$\left(\dfrac{(-3)+5+(-2)}{3}, \dfrac{4+(-6)+7}{3}\right)$, 즉 $\left(0, \dfrac{5}{3}\right)$

0031 답 $\left(\dfrac{1}{3}, -1\right)$

$\left(\dfrac{(-4)+0+5}{3}, \dfrac{(-8)+3+2}{3}\right)$, 즉 $\left(\dfrac{1}{3}, -1\right)$

STEP 2 유형 마스터   본문 008~018쪽

0032 답 ②

0033 답 ③

$\overline{AB}=\sqrt{17}$ 에서 $\overline{AB}^2=17$이므로
$$\begin{aligned}\overline{AB}^2&=(2-1)^2+(a-3)^2\\&=a^2-6a+10\\&=17\end{aligned}$$
에서
$a^2-6a-7=0$, $(a+1)(a-7)=0$
$\therefore a=-1$ 또는 $a=7$
따라서 양수 a의 값은 7이다.

0034 답 ⑤

정사각형의 한 변의 길이를 a라 하면
$a^2=100$에서 $a=10$ $(\because a>0)$
이때 선분 AB의 길이는 정사각형의 대각선의 길이와 같으므로
$\overline{AB}=\sqrt{10^2+10^2}=\sqrt{200}=10\sqrt{2}$
$\overline{AB}=10\sqrt{2}$에서 $\overline{AB}^2=200$이므로
$$\begin{aligned}\overline{AB}^2&=\{8-(-2)\}^2+(k-3)^2\\&=k^2-6k+109\\&=200\end{aligned}$$
에서
$k^2-6k-91=0$, $(k+7)(k-13)=0$
$\therefore k=-7$ 또는 $k=13$
따라서 양수 k의 값은 13이다.

0035 답 ②

$$\begin{aligned}\overline{AB}&=\sqrt{\{(-1)-(-a)\}^2+(a-3)^2}\\&=\sqrt{2a^2-8a+10}\\&=\sqrt{2(a-2)^2+2}\\&\geq\sqrt{2}\quad \text{← } 2(a-2)^2\geq0\text{이므로}\end{aligned}$$
따라서 선분 AB의 길이는 $a=2$일 때 최솟값 $\sqrt{2}$를 갖는다.

0036 답 ④
→ 두 점 A$(1, m)$, B$(m, -4)$ 사이의 거리가 5 이하가 되어야 하므로

$\overline{AB}\leq5$에서 $\overline{AB}^2\leq25$이므로
$$\begin{aligned}\overline{AB}^2&=(m-1)^2+\{(-4)-m\}^2\\&=2m^2+6m+17\\&\leq25\end{aligned}$$
에서
$2m^2+6m-8\leq0$, $m^2+3m-4\leq0$
$(m+4)(m-1)\leq0$ $\therefore -4\leq m\leq1$
따라서 구하는 정수 m은 $-4, -3, -2, -1, 0, 1$의 6개이다.

0037 답 ⑤

0038 답 ①
→ 점 P의 x좌표가 0이다.

점 P가 y축 위에 있으므로 P$(0, b)$라 하자.
이때 점 P는 두 점 A$(3, 2)$, B$(1, -4)$로부터 같은 거리에 있는 점이므로 $\overline{AP}=\overline{BP}$에서 $\overline{AP}^2=\overline{BP}^2$이다.
$(0-3)^2+(b-2)^2=(0-1)^2+\{b-(-4)\}^2$
$b^2-4b+13=b^2+8b+17$
$12b=-4$ $\therefore b=-\dfrac{1}{3}$
따라서 점 P의 y좌표는 $-\dfrac{1}{3}$이다.

0039 답 ③

점 P(a, b)가 직선 $\underset{\text{㉠}}{x-y+1=0}$ 위의 점이므로
$a-b+1=0$에서 $b=a+1$
$\therefore$ P$(a, a+1)$ ← $x=a, y=b$를 ㉠에 대입한다.
이때 점 P는 두 점 A$(2, 1)$, B$(3, 6)$으로부터 같은 거리에 있는 점이므로 $\overline{AP}=\overline{BP}$에서 $\overline{AP}^2=\overline{BP}^2$이다.
$(a-2)^2+\{(a+1)-1\}^2=(a-3)^2+\{(a+1)-6\}^2$
$2a^2-4a+4=2a^2-16a+34$
$12a=30$
$\therefore a=\dfrac{5}{2}, b=\dfrac{7}{2}$ $(\because b=a+1)$
$\therefore a+b=\dfrac{5}{2}+\dfrac{7}{2}=6$

0040 답 ②

점 P가 세 점 A, B, C로부터 같은 거리에 있는 점이므로
$\overline{AP}=\overline{BP}=\overline{CP}$이어야 한다.
이때 $\overline{AP}=\overline{BP}$에서 $\overline{AP}^2=\overline{BP}^2$이므로
$(a-3)^2+(b-4)^2=(a-4)^2+(b-1)^2$
$a^2-6a+b^2-8b+25=a^2-8a+b^2-2b+17$
$2a-6b=-8$ $\therefore a-3b=-4$ $\cdots\cdots$ ㉠

또한, $\overline{BP}=\overline{CP}$에서 $\overline{BP}^2=\overline{CP}^2$이므로
$(a-4)^2+(b-1)^2=\{a-(-4)\}^2+\{b-(-3)\}^2$
$a^2-8a+b^2-2b+17=a^2+8a+b^2+6b+25$
$16a+8b=-8$ $\therefore 2a+b=-1$ $\cdots\cdots$ ㉡
㉠, ㉡을 연립하여 풀면
$a=-1,\ b=1$
$\therefore b-a=1-(-1)=2$

0041 답 ④

점 $P(1,b)$가 삼각형 ABC의 외심이므로 점 P에서 세 점
$A(3,3),\ B(1,-1),\ C(-1,a)$에 이르는 거리는 같다.
즉, $\overline{AP}=\overline{BP}=\overline{CP}$이어야 한다.
이때 $\overline{AP}=\overline{BP}$에서 $\overline{AP}^2=\overline{BP}^2$이므로
$(1-3)^2+(b-3)^2=(1-1)^2+\{b-(-1)\}^2$
$b^2-6b+13=b^2+2b+1$
$8b=12$ $\therefore b=\dfrac{3}{2}$
또한, $\overline{BP}=\overline{CP}$에서 $\overline{BP}^2=\overline{CP}^2$이므로
$(1-1)^2+\left\{\dfrac{3}{2}-(-1)\right\}^2=\{1-(-1)\}^2+\left(\dfrac{3}{2}-a\right)^2$
$\dfrac{25}{4}=a^2-3a+\dfrac{25}{4}$
$a^2-3a=0,\ a(a-3)=0$
$\therefore a=3\ (\because a>0)$
$\therefore a+b=3+\dfrac{3}{2}=\dfrac{9}{2}$

해설 속 칠판 삼각형의 외심

(1) 삼각형의 세 변의 수직이등분선의 교점
(2) 삼각형의 외심에서 세 꼭짓점에 이르는 거리는
  같다.
  $\Rightarrow \overline{OA}=\overline{OB}=\overline{OC}$
  (외접원의 반지름의 길이)

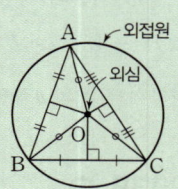

0042 답 ②

0043 답 ③

삼각형 ABC의 세 변의 길이는 각각
$\overline{AB}=\sqrt{(2-6)^2+\{3-(-1)\}^2}=4\sqrt{2}$
$\overline{BC}=\sqrt{(4-2)^2+(5-3)^2}=2\sqrt{2}$
$\overline{CA}=\sqrt{(6-4)^2+\{(-1)-5\}^2}=2\sqrt{10}$
따라서 $\overline{AB}^2+\overline{BC}^2=\overline{CA}^2$이므로 삼각형 ABC는 $\angle B=90°$인
직각삼각형이다.

0044 답 ①

삼각형 ABC의 세 변의 길이는 각각
$\overline{AB}=\sqrt{\{(-2)-5\}^2+(2-1)^2}=5\sqrt{2}$
$\overline{BC}=\sqrt{\{(-1)-(-2)\}^2+\{(-1)-2\}^2}=\sqrt{10}$
$\overline{CA}=\sqrt{\{5-(-1)\}^2+\{1-(-1)\}^2}=2\sqrt{10}$
이때 $\overline{BC}^2+\overline{CA}^2=\overline{AB}^2$이므로 삼각형 ABC는 $\angle C=90°$인 직
각삼각형이다.

따라서 삼각형 ABC의 넓이는
$\dfrac{1}{2}\times\overline{BC}\times\overline{CA}=\dfrac{1}{2}\times\sqrt{10}\times2\sqrt{10}=10$
└ 직각삼각형 ABC의 빗변이 변 AB이므로 변 BC와 변 AC가
  삼각형 ABC의 밑변과 높이이다.

0045 답 ②
┌ $\angle ACB$가 둔각이려면 $\angle ACB$가 꼭지각이어야 한다.
삼각형 ABC는 $\angle ACB$가 둔각인 이등변삼각형이므로
$\overline{AC}=\overline{BC}$이어야 한다.
이때 $\overline{AC}=\overline{BC}$에서 $\overline{AC}^2=\overline{BC}^2$이므로
$\{t-(-1)\}^2+(2-1)^2=(t-3)^2+(2-5)^2$
$t^2+2t+2=t^2-6t+18$
$8t=16$ $\therefore t=2$

0046 답 ③
┌ 세 변의 길이가 같음을 이용한다.
삼각형 ABC가 정삼각형이므로 $\overline{AB}=\overline{BC}=\overline{CA}$이어야 한다.
이때 $\overline{AB}=\overline{BC}$에서 $\overline{AB}^2=\overline{BC}^2$이므로
$\{(-2)-2\}^2+\{1-(-1)\}^2=\{a-(-2)\}^2+(b-1)^2$
$20=a^2+4a+b^2-2b+5$
$\therefore a^2+4a+b^2-2b-15=0$ $\cdots\cdots$ ㉠
한편, $\overline{BC}=\overline{CA}$에서 $\overline{BC}^2=\overline{CA}^2$이므로
$\{a-(-2)\}^2+(b-1)^2=(2-a)^2+\{(-1)-b\}^2$
$a^2+4a+b^2-2b+5=a^2-4a+b^2+2b+5$
$8a-4b=0$
$\therefore b=2a$ $\cdots\cdots$ ㉡
㉡을 ㉠에 대입하여 정리하면
$5a^2=15,\ a^2=3$
┌ 점 C가 제1사분면 위의 점이므로
$\therefore a=\sqrt{3}\ (\because a>0),\ b=2\sqrt{3}\ (\because ㉡)\rightarrow C(\sqrt{3},\ 2\sqrt{3})$
$\therefore ab=\sqrt{3}\times2\sqrt{3}=6$

0047 답 ④

0048 답 ③
┌ 점 P의 y좌표가 0이다.
점 P가 x축 위의 점이므로 $P(a,0)$이라 하면
$\overline{AP}^2+\overline{BP}^2=(a-4)^2+\{0-(-1)\}^2+(a-2)^2+(0-1)^2$
$=(a^2-8a+16)+1+(a^2-4a+4)+1$
$=2a^2-12a+22$
$=2(a-3)^2+4$
$\geq4\rightarrow2(a-3)^2\geq0$
따라서 $\overline{AP}^2+\overline{BP}^2$은 $a=3$일 때 최솟값 4를 갖는다.
$\rightarrow P(3,\ 0)$

0049 답 ②
┌ 점 P의 x좌표가 0이다.
점 P가 y축 위의 점이므로 $P(0,a)$라 하자.
이때 $\overline{AP}^2+\overline{BP}^2$의 최솟값이 12이므로
$\overline{AP}^2+\overline{BP}^2$
$=\{0-(1-k)\}^2+(a-1)^2+\{0-(k+1)\}^2+(a-3)^2$
$=(k^2-2k+1)+(a^2-2a+1)+(k^2+2k+1)+(a^2-6a+9)$
$=2a^2-8a+2k^2+12$
$=2(a-2)^2+2k^2+4$
$\geq2k^2+4\rightarrow2(a-2)^2\geq0$
$=12$

에서 $2k^2+4=12$, $2k^2=8$, $k^2=4$
$\therefore k=2$ $(\because k>0)$ ⟶ P(0, 2)

0050 답 ⑤

점 P는 직선 $y=x+1$ 위의 점이므로 P(a, $a+1$)이라 하면 ⟶ $x=a$를 $y=x+1$에 대입하면 $y=a+1$

$\overline{AP}^2+\overline{BP}^2$
$=(a-2)^2+\{(a+1)-1\}^2+(a-1)^2+\{(a+1)-6\}^2$
$=(a^2-4a+4)+a^2+(a^2-2a+1)+(a^2-10a+25)$
$=4a^2-16a+30$
$=4(a-2)^2+14$
≥ 14 ⟶ $4(a-2)^2\geq0$

따라서 $\overline{AP}^2+\overline{BP}^2$의 값은 $a=2$일 때 최소이므로 점 P의 x좌표는 2이다. ⟶ P(2, 3)

0051 답 ①

$\overline{AP}^2+\overline{BP}^2+\overline{CP}^2$
$=(a-1)^2+\{b-(-2)\}^2+(a-3)^2+(b-1)^2$
$\qquad\qquad\qquad\qquad\qquad +(a-2)^2+(b-4)^2$
$=(a^2-2a+1)+(b^2+4b+4)+(a^2-6a+9)+(b^2-2b+1)$
$\qquad\qquad\qquad\qquad\qquad +(a^2-4a+4)+(b^2-8b+16)$
$=3a^2-12a+3b^2-6b+35$
$=3(a-2)^2+3(b-1)^2+20$
≥ 20 ⟶ $3(a-2)^2+3(b-1)^2+20$에서 a, b는 실수이므로 $(a-2)^2\geq0$, $(b-1)^2\geq0$

따라서 $\overline{AP}^2+\overline{BP}^2+\overline{CP}^2$은 $a=2$, $b=1$일 때 최솟값 20을 갖는다. ⟶ P(2, 1)

선생님 톡톡

세 점 A(x_1, y_1), B(x_2, y_2), C(x_3, y_3)과 임의의 점 P(x, y)에 대하여
$\overline{AP}^2+\overline{BP}^2+\overline{CP}^2$
$=(x-x_1)^2+(y-y_1)^2+(x-x_2)^2$
$\qquad +(y-y_2)^2+(x-x_3)^2+(y-y_3)^2$
$=3x^2-2(x_1+x_2+x_3)x+x_1^2+x_2^2+x_3^2$
$\qquad +3y^2-2(y_1+y_2+y_3)y+y_1^2+y_2^2+y_3^2$
$=3\left(x-\dfrac{x_1+x_2+x_3}{3}\right)^2+3\left(y-\dfrac{y_1+y_2+y_3}{3}\right)^2-\dfrac{(x_1+x_2+x_3)^2}{3}$
$\qquad -\dfrac{(y_1+y_2+y_3)^2}{3}+x_1^2+x_2^2+x_3^2+y_1^2+y_2^2+y_3^2$

이때 $\left(x-\dfrac{x_1+x_2+x_3}{3}\right)^2\geq0$, $\left(y-\dfrac{y_1+y_2+y_3}{3}\right)^2\geq0$이므로

$\overline{AP}^2+\overline{BP}^2+\overline{CP}^2$은 $x=\dfrac{x_1+x_2+x_3}{3}$, $y=\dfrac{y_1+y_2+y_3}{3}$일 때 최솟값을 가져.

따라서 삼각형 ABC와 임의의 점에 대하여 $\overline{AP}^2+\overline{BP}^2+\overline{CP}^2$의 값이 최소가 되도록 하는 점 P는 삼각형 ABC의 무게중심이야.

0052 답 ④

0053 답 ⑤

A(1, -1), B(4, 3), P(x, y)라 하면
$\sqrt{(x-1)^2+(y+1)^2}+\sqrt{(x-4)^2+(y-3)^2}$ ⟶ $\sqrt{(x-1)^2+\{y-(-1)\}^2}=\overline{AP}$, $\sqrt{(x-4)^2+(y-3)^2}=\overline{BP}$
$=\overline{AP}+\overline{BP}$
$\geq \overline{AB}$
$=\sqrt{(4-1)^2+\{3-(-1)\}^2}$
$=5$

따라서 구하는 최솟값은 5이다.

선생님 톡톡

0052번과 마찬가지로 점 P가 선분 AB 위의 점일 때 주어진 식은 최솟값을 가져. 즉, 점 P가 점 A 또는 점 B라 생각하고 두 점 A(1, -1), B(4, 3) 사이의 거리를 구해도 돼.

0054 답 ④

A(a, $-2a-1$), B(-2, 5), P(x, y)라 하면
$\sqrt{(x-a)^2+(y+2a+1)^2}+\sqrt{(x+2)^2+(y-5)^2}$ ⟶ $\sqrt{(x-a)^2+\{y-(-2a-1)\}^2}=\overline{AP}$, $\sqrt{\{x-(-2)\}^2+(y-5)^2}=\overline{BP}$
$=\overline{AP}+\overline{BP}$
$\geq \overline{AB}$
$=\sqrt{\{(-2)-a\}^2+\{5-(-2a-1)\}^2}$
$=\sqrt{(a+2)^2+(2a+6)^2}$
$=\sqrt{5a^2+28a+40}$

이때 주어진 식의 최솟값이 13이므로
$\sqrt{5a^2+28a+40}=13$에서 $5a^2+28a+40=169$
$5a^2+28a-129=0$, $(5a+43)(a-3)=0$
$\therefore a=3$ $(\because a$는 정수$)$

0055 답 ④

A(0, -2), B(3, 3), P(x, 0)이라 하면
$\sqrt{x^2+4}+\sqrt{(x-3)^2+9}$ ⟶ $\sqrt{(x-0)^2+\{0-(-2)\}^2}=\overline{AP}$, $\sqrt{(x-3)^2+(0-3)^2}=\overline{BP}$
$=\overline{AP}+\overline{BP}$
$\geq \overline{AB}$

즉, 점 P가 선분 AB 위의 점일 때 주어진 식이 최솟값을 갖는다.
직선 AB의 방정식은
$y-3=\dfrac{3-(-2)}{3-0}(x-3)$ $\quad \therefore y=\dfrac{5}{3}x-2$

이때 점 P의 y좌표가 0이므로
$0=\dfrac{5}{3}x-2$, $\dfrac{5}{3}x=2$ $\quad \therefore x=\dfrac{6}{5}$ ⟶ $0\leq\dfrac{6}{5}\leq3$이므로 이때의 점 P는 선분 AB 위의 점이다.

따라서 $x=\dfrac{6}{5}$일 때 주어진 식이 최솟값을 가지므로
$a=\dfrac{6}{5}$

선생님 톡톡

P(x, 0)이라 할 때 주어진 식을 이용하여 두 점 A, B의 좌표를 정하는 방법은 4가지가 있어.
(i) A(0, 2), B(3, 3)　　　　(ii) A(0, -2), B(3, 3)
(iii) A(0, 2), B(3, -3)　　(iv) A(0, -2), B(3, -3)

이때 (ii), (iii)과 같은 경우는 위와 같이 풀면 돼.
점 P의 y좌표의 값 0은 두 점 A, B의 y좌표의 값 -2와 3 또는 2와 -3 사이에 있어서 점 P는 선분 AB 위의 점이 될 수 있거든.

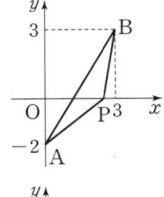

그런데 (i), (iv)와 같은 경우는 점 P의 y좌표의 값 0이 두 점 A, B의 y좌표의 값 2와 3 또는 -2와 -3 사이에 있지 않지. 그래서 점 P는 선분 AB 위의 점이 될 수 없어. 이 경우는 두 점 A, B 중 하나를 x축에 대하여 대칭이동한 다음 풀어야 해. 이 방법은 **04. 도형의 이동**에서 자세히 배울 거야.

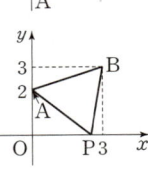

0056 답 ②

$O(0, 0)$, $A(1, -2)$, $B(-2, 4)$, $P(x, y)$라 하면

$$\sqrt{x^2+y^2}+\sqrt{(x-1)^2+(y+2)^2}+\sqrt{(x+2)^2+(y-4)^2}$$
$$=\overline{OP}+\overline{AP}+\overline{BP} \quad {\scriptstyle \sqrt{(x-1)^2+\{y-(-2)\}^2}=\overline{AP}, \ \sqrt{\{x-(-2)\}^2+(y-4)^2}=\overline{BP}}$$

이때 오른쪽 그림과 같이 세 점 O, A, B가 한 직선 위에 있으므로 $\overline{OP}+\overline{AP}+\overline{BP}$의 값이 최소이려면 점 P는 선분 AB 위의 점이어야 한다.

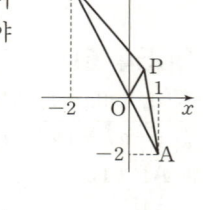

$$\therefore \overline{OP}+\overline{AP}+\overline{BP}$$
$$\geq \overline{AB} \quad {\scriptstyle \substack{\text{점 P가 원점 O와 일치할 때} \\ \overline{OP}+\overline{AP}+\overline{BP}\text{는 최솟값을 갖는다.}}}$$
$$=\sqrt{\{(-2)-1\}^2+\{4-(-2)\}^2}$$
$$=3\sqrt{5}$$

따라서 구하는 최솟값은 $3\sqrt{5}$이다.

> **선생님 톡톡**
>
> 직선 AB의 방정식은
> $$y-(-2)=\frac{4-(-2)}{(-2)-1}(x-1) \quad \therefore y=-2x$$
> 즉, 직선 AB는 원점을 지나므로 세 점 O, A, B는 한 직선 위에 있음을 알 수 있어.

0057 답 ③

0058 답 ①

선분 AB를 $1 : 3$으로 내분하는 점 P의 좌표는

$$\left(\frac{1\times(-1)+3\times3}{1+3}, \frac{1\times2+3\times(-2)}{1+3}\right), 즉 P(2, -1)$$

따라서 선분 AP의 중점의 좌표는

$$\left(\frac{3+2}{2}, \frac{(-2)+(-1)}{2}\right), 즉 \left(\frac{5}{2}, -\frac{3}{2}\right)$$

이므로 구하는 x좌표는 $\frac{5}{2}$이다.

0059 답 ③

선분 AB를 $1 : 2$로 내분하는 점의 좌표는

$$\left(\frac{1\times6+2\times0}{1+2}, \frac{1\times0+2\times a}{1+2}\right), 즉 \left(2, \frac{2}{3}a\right)$$

이 점이 직선 $y=-x$ 위에 있으므로 $\rightarrow {\scriptstyle x=2, \ y=\frac{2}{3}a를 \ 대입}$

$$\frac{2}{3}a=-2$$

$$\therefore a=(-2)\times\frac{3}{2}=-3$$

0060 답 ⑤

점 B의 좌표를 (a, b)라 하면

선분 AB를 $3 : 2$로 내분하는 점의 좌표는

$$\left(\frac{3\times a+2\times1}{3+2}, \frac{3\times b+2\times3}{3+2}\right), 즉 \left(\frac{3a+2}{5}, \frac{3b+6}{5}\right)$$

이때 이 점의 좌표가 $(7, 6)$이므로

$$\frac{3a+2}{5}=7, \frac{3b+6}{5}=6$$

$$\frac{3a+2}{5}=7에서 3a+2=35, 3a=33 \quad \therefore a=11$$

$$\frac{3b+6}{5}=6에서 3b+6=30, 3b=24 \quad \therefore b=8$$

따라서 점 B의 좌표는 $(11, 8)$이다.

0061 답 ②

점 P가 선분 AC를 $2 : 1$로 내분하는 점이므로

$$P\left(\frac{2\times m+1\times3}{2+1}, \frac{2\times n+1\times4}{2+1}\right), 즉 P\left(\frac{2m+3}{3}, \frac{2n+4}{3}\right)$$

또한, 점 Q가 선분 CB를 $2 : 3$으로 내분하는 점이므로

$$Q\left(\frac{2\times(-5)+3\times m}{2+3}, \frac{2\times1+3\times n}{2+3}\right), 즉$$

$$Q\left(\frac{3m-10}{5}, \frac{3n+2}{5}\right)$$

이때 점 C가 선분 PQ의 중점이므로

$$C\left(\frac{\frac{2m+3}{3}+\frac{3m-10}{5}}{2}, \frac{\frac{2n+4}{3}+\frac{3n+2}{5}}{2}\right), 즉$$

$$C\left(\frac{19m-15}{30}, \frac{19n+26}{30}\right)$$

이 점이 $C(m, n)$과 일치하므로

$$\frac{19m-15}{30}=m에서 11m=-15 \quad \therefore m=-\frac{15}{11}$$

$$\frac{19n+26}{30}=n에서 11n=26 \quad \therefore n=\frac{26}{11}$$

$$\therefore m+n=\left(-\frac{15}{11}\right)+\frac{26}{11}=1$$

> **다른 풀이**
>
> $\overline{PC}=k$라 하면 $\rightarrow {\scriptstyle \overline{CQ}=\overline{PC}=k}$
>
> 점 P가 선분 AC를 $2 : 1$로 내분하는 점이므로 $\overline{AP}=2k$이고 점 C가 선분 PQ의 중점이므로 $\overline{CQ}=k$이다.
>
> 또한, 점 Q가 선분 CB를 $2 : 3$으로 내분하는 점이므로
>
> $$\overline{CQ} : \overline{QB}=2 : 3에서 k : \overline{QB}=2 : 3 \quad \therefore \overline{QB}=\frac{3}{2}k$$
>
> 이때
> $$\overline{AC}=\overline{AP}+\overline{PC}=2k+k=3k,$$
> $$\overline{CB}=\overline{CQ}+\overline{QB}=k+\frac{3}{2}k=\frac{5}{2}k$$
>
> 이므로
> $$\overline{AC} : \overline{CB}=3k : \frac{5}{2}k에서 \overline{AC} : \overline{CB}=6 : 5$$
>
> 즉, 점 C는 선분 AB를 $6 : 5$로 내분하는 점이므로
>
> $$C\left(\frac{6\times(-5)+5\times3}{6+5}, \frac{6\times1+5\times4}{6+5}\right), 즉 C\left(-\frac{15}{11}, \frac{26}{11}\right)$$
>
> 따라서 $m=-\frac{15}{11}$, $n=\frac{26}{11}$이므로
>
> $$m+n=\left(-\frac{15}{11}\right)+\frac{26}{11}=1$$

0062 답 ②

0063 답 5

선분 AB를 $2 : k$로 내분하는 점의 좌표는

$$\left(\frac{2\times(-4)+k\times2}{2+k}, \frac{2\times(-1)+k\times2}{2+k}\right), 즉$$

$$\left(\frac{2k-8}{2+k}, \frac{2k-2}{2+k}\right)$$

이때 이 점이 제2사분면 위에 있으므로

$$\frac{2k-8}{2+k}<0, \frac{2k-2}{2+k}>0$$

$$\frac{2k-8}{2+k}<0에서 2k-8<0$$

$\rightarrow {\scriptstyle k>0이므로 \ 2+k>0이다.}$

$2k < 8$ $\therefore k < 4$ ...... ㉠

$\dfrac{2k-2}{2+k} > 0$에서 $2k-2 > 0$

$2k > 2$ $\therefore k > 1$ ...... ㉡

㉠, ㉡에서 $1 < k < 4$

따라서 $\alpha = 1$, $\beta = 4$이므로

$\alpha + \beta = 1 + 4 = 5$

0064 달 ③

선분 AB를 $b : (1-b)$로 내분하는 점의 좌표는

$\left(\dfrac{b \times (-1) + (1-b) \times 2}{b + (1-b)}, \dfrac{b \times (-3) + (1-b) \times a}{b + (1-b)} \right)$, 즉

$(-3b+2,\ a-3b-ab)$

이때 이 점의 좌표가 $(1, 1)$이므로

$-3b+2 = 1$, $a-3b-ab = 1$

$-3b+2 = 1$에서 $3b = 1$ $\therefore b = \dfrac{1}{3}$

$b = \dfrac{1}{3}$을 $a-3b-ab = 1$에 대입하여 정리하면

$\dfrac{2}{3}a = 2$ $\therefore a = 3$

$\therefore ab = 3 \times \dfrac{1}{3} = 1$

0065 달 ②

선분 AB를 $k : (1-k)$로 내분하는 점 P의 좌표는

$\left(\dfrac{k \times 4 + (1-k) \times (-2)}{k + (1-k)}, \dfrac{k \times 4 + (1-k) \times 1}{k + (1-k)} \right)$, 즉

$(6k-2,\ 3k+1)$

이때 점 P가 y축 위의 점이므로 x좌표는 0이다.

$6k-2 = 0$에서 $6k = 2$ $\therefore k = \dfrac{1}{3}$

따라서 점 P의 y좌표는

$3 \times \dfrac{1}{3} + 1 = 2$

0066 달 ②

점 Q가 직선 $y = x-5$ 위의 점이므로 $Q(t, t-5)$라 하자.

선분 PQ를 $k : (k+1)$로 내분하는 점의 좌표는

$\left(\dfrac{k \times t + (k+1) \times 1}{k + (k+1)}, \dfrac{k \times (t-5) + (k+1) \times 5}{k + (k+1)} \right)$, 즉

$\left(\dfrac{(t+1)k+1}{2k+1}, \dfrac{tk+5}{2k+1} \right)$

이때 이 점의 좌표가 $(2, 3)$이므로

$\dfrac{(t+1)k+1}{2k+1} = 2$, $\dfrac{tk+5}{2k+1} = 3$

$\dfrac{(t+1)k+1}{2k+1} = 2$에서 $(t+1)k+1 = 4k+2$

$tk = 3k+1$ $\therefore t = \dfrac{3k+1}{k}$ $(\because k > 0)$

$\dfrac{tk+5}{2k+1} = 3$에서 $tk+5 = 6k+3$

$tk = 6k-2$ $\therefore t = \dfrac{6k-2}{k}$ $(\because k > 0)$

즉, $\dfrac{3k+1}{k} = \dfrac{6k-2}{k}$에서 $3k+1 = 6k-2$

$3k = 3$ $\therefore k = 1$

0067 달 ③

0068 달 ②

$3\overline{AB} = 2\overline{BC}$에서 $\overline{AB} : \overline{BC} = 2 : 3$

$0 < a < 3$이므로 오른쪽 그림과 같이 직선 AB 위에 세 점은 A, B, C의 순서대로 놓여 있다. → 점 A가 제4사분면 위에 있다.

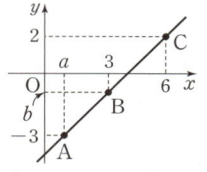

이때 점 $B(3, b)$는 선분 AC를 $2 : 3$으로 내분하는 점이므로

$B\left(\dfrac{2 \times 6 + 3 \times a}{2+3}, \dfrac{2 \times 2 + 3 \times (-3)}{2+3} \right)$에서 $B\left(\dfrac{12+3a}{5}, -1 \right)$

$\therefore \dfrac{12+3a}{5} = 3$, $b = -1$

$\dfrac{12+3a}{5} = 3$에서 $12+3a = 15$, $3a = 3$ $\therefore a = 1$

$\therefore a+b = 1 + (-1) = 0$

0069 달 ②

$\overline{AB} = 3\overline{BC}$에서 $\overline{AB} : \overline{BC} = 3 : 1$

점 C는 제1사분면 위의 점이므로 오른쪽 그림과 같이 직선 AB 위에 세 점은 A, C, B의 순서대로 놓여 있다.

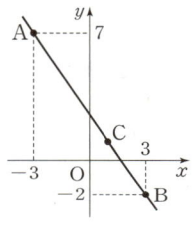

이때 점 C는 선분 AB를 $2 : 1$로 내분하는 점이므로

$C\left(\dfrac{2 \times 3 + 1 \times (-3)}{2+1}, \dfrac{2 \times (-2) + 1 \times 7}{2+1} \right)$

즉, $C(1, 1)$

따라서 $a = 1$, $b = 1$이므로

$a+b = 1+1 = 2$

0070 달 ①

삼각형 BOC와 삼각형 OAC의 넓이의 비가 $2 : 1$이고, 이 두 삼각형 BOC, OAC의 높이가 같으므로 변 BO와 변 OA의 길이의 비도 $2 : 1$이다.

즉, 점 O는 선분 BA를 $2 : 1$로 내분하는 점이다.

이때 선분 BA를 $2 : 1$로 내분하는 점의 좌표는

$\left(\dfrac{2 \times 3 + 1 \times a}{2+1}, \dfrac{2 \times 1 + 1 \times b}{2+1} \right)$, 즉 $\left(\dfrac{6+a}{3}, \dfrac{2+b}{3} \right)$

이고, 이 점이 원점 O와 일치하므로

$\dfrac{6+a}{3} = 0$, $\dfrac{2+b}{3} = 0$

$6+a = 0$, $2+b = 0$

따라서 $a = -6$, $b = -2$이므로

$a+b = (-6) + (-2) = -8$

해설 속 칠판

삼각형 ABC에 대하여 변 BC 위의 한 점을 D라 하고, $\triangle ABD = S_1$, $\triangle ADC = S_2$라 할 때 $S_1 : S_2 = \overline{BD} : \overline{DC}$

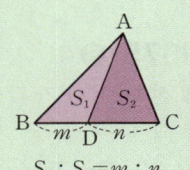

$S_1 : S_2 = m : n$

0071 답 ②

$k\overline{AB}=\overline{BC}$에서 $\overline{AB}:\overline{BC}=1:k$
선분 AB의 연장선 위에 점 C가 있어야
하므로 오른쪽 그림과 같이 직선 AB 위에
세 점은 C, B, A의 순서대로 놓여 있다.
이때 점 B(1, 3)은 선분 AC를 $1:k$로
내분하는 점이므로

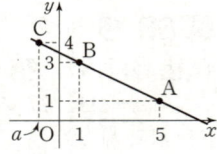

점 C가 제2사분면 위의 점이므로

$B\left(\dfrac{1\times a+k\times 5}{1+k}, \dfrac{1\times 4+k\times 1}{1+k}\right)$, 즉 $B\left(\dfrac{5k+a}{k+1}, \dfrac{k+4}{k+1}\right)$

$\therefore \dfrac{5k+a}{k+1}=1, \dfrac{k+4}{k+1}=3$

$\dfrac{5k+a}{k+1}=1$에서 $5k+a=k+1$

$4k=1-a \quad \therefore k=\dfrac{1-a}{4}$

$\dfrac{k+4}{k+1}=3$에서 $k+4=3(k+1)$

$2k=1 \quad \therefore k=\dfrac{1}{2}$

따라서 $k=\dfrac{1}{2}$을 $k=\dfrac{1-a}{4}$에 대입하여 정리하면 $a=-1$이므로

$a+k=(-1)+\dfrac{1}{2}=-\dfrac{1}{2}$

0072 답 ⑤

0073 답 ④

삼각형 ABC의 무게중심의 좌표는

$\left(\dfrac{2+a+b}{3}, \dfrac{4+2+ab}{3}\right)$, 즉 $\left(\dfrac{2+a+b}{3}, \dfrac{6+ab}{3}\right)$

이때 이 무게중심의 좌표가 (2, 3)이므로

$\dfrac{2+a+b}{3}=2, \dfrac{6+ab}{3}=3$

$\dfrac{2+a+b}{3}=2$에서 $2+a+b=6 \quad \therefore a+b=4$

$\dfrac{6+ab}{3}=3$에서 $6+ab=9 \quad \therefore ab=3$

$\therefore a^2+b^2=(a+b)^2-2ab=4^2-2\times 3=10$

0074 답 ⑤

삼각형 OAB의 무게중심의 좌표는

$\left(\dfrac{0+x_1+x_2}{3}, \dfrac{0+y_1+y_2}{3}\right)$, 즉 $\left(\dfrac{x_1+x_2}{3}, \dfrac{y_1+y_2}{3}\right)$

이때 이 무게중심의 좌표가 (4, -2)이므로

$\dfrac{x_1+x_2}{3}=4, \dfrac{y_1+y_2}{3}=-2$

$\therefore x_1+x_2=12, y_1+y_2=-6$

한편, 변 AB의 중점의 좌표는

x_1, x_2, y_1, y_2의 값을 각각 구하지 않아도 된다.

$\left(\dfrac{x_1+x_2}{2}, \dfrac{y_1+y_2}{2}\right)$에서 $\left(\dfrac{12}{2}, \dfrac{-6}{2}\right)$, 즉 (6, -3)

따라서 $a=6, b=-3$이므로 $a+b=6+(-3)=3$

0075 답 ①

세 점 D, E, F가 각각 변 AB, 변 BC, 변 CA를 2 : 1로 내분하는 점이므로

$D\left(\dfrac{2\times(-3)+1\times 3}{2+1}, \dfrac{2\times 0+1\times 9}{2+1}\right)$, 즉 D(-1, 3)

$E\left(\dfrac{2\times 6+1\times(-3)}{2+1}, \dfrac{2\times(-6)+1\times 0}{2+1}\right)$, 즉 E(3, -4)

$F\left(\dfrac{2\times 3+1\times 6}{2+1}, \dfrac{2\times 9+1\times(-6)}{2+1}\right)$, 즉 F(4, 4)

이때 삼각형 DEF의 무게중심 G의 좌표는

$\left(\dfrac{(-1)+3+4}{3}, \dfrac{3+(-4)+4}{3}\right)$, 즉 G(2, 1)

따라서 $a=2, b=1$이므로 $a-b=2-1=1$

다른 풀이

삼각형 DEF의 무게중심과 삼각형 ABC의 무게중심은 일치하므로

$G\left(\dfrac{3+(-3)+6}{3}, \dfrac{9+0+(-6)}{3}\right)$, 즉 G(2, 1)

0076 답 ⑤

삼각형 OAP의 무게중심 G의 좌표는

$\left(\dfrac{0+1+0}{3}, \dfrac{0+0+a}{3}\right)$, 즉 $G\left(\dfrac{1}{3}, \dfrac{a}{3}\right)$

한편, 삼각형 OAB의 넓이는

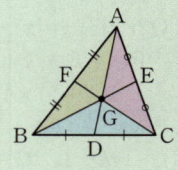

삼각형 OAG의 높이

$\dfrac{1}{2}\times\overline{OA}\times\overline{OB}=\dfrac{1}{2}\times 1\times 2=1$

삼각형 OAG의 넓이는

$\dfrac{1}{2}\times\overline{OA}\times($점 G의 y좌표$)=\dfrac{1}{2}\times 1\times\dfrac{a}{3}=\dfrac{a}{6}$

이때 삼각형 OAB의 넓이가 삼각형 OAG의 넓이의 4배이므로

$1=4\times\dfrac{a}{6}, 3=2a \quad \therefore a=\dfrac{3}{2}$

다른 풀이

삼각형 OAP의 넓이는 삼각형 OAG의 넓이의 3배이므로

삼각형 OAB의 넓이는 삼각형 OAP의 넓이의 $\dfrac{4}{3}$배이다.

삼각형 OAB의 넓이는 1이고, 삼각형 OAP의 넓이는

$\dfrac{1}{2}\times\overline{OA}\times\overline{OP}=\dfrac{1}{2}\times 1\times a=\dfrac{a}{2}$이므로

$1=\dfrac{4}{3}\times\dfrac{a}{2}, 3=2a \quad \therefore a=\dfrac{3}{2}$

> **해설 속 칠판** 삼각형의 무게중심과 넓이
>
> 삼각형 ABC의 무게중심을 G라 하면
> (1) $\dfrac{1}{3}\triangle ABC=\triangle ABG=\triangle BCG=\triangle CAG$
> (2) $\dfrac{1}{6}\triangle ABC=\triangle AFG=\triangle FBG$
> $\quad\quad=\triangle BDG=\triangle DCG$
> $\quad\quad=\triangle CEG=\triangle EAG$

0077 답 ④

0078 답 ②

평행사변형 ABCD의 두 대각선 AC, BD의 중점이 일치한다.

선분 AC의 중점의 좌표는 $\left(\dfrac{a+b}{2}, \dfrac{5+1}{2}\right)$, 즉 $\left(\dfrac{a+b}{2}, 3\right)$이고,

선분 BD의 중점의 좌표는 $\left(\dfrac{(-2)+4}{2}, \dfrac{1+c}{2}\right)$, 즉 $\left(1, \dfrac{1+c}{2}\right)$

이므로 $\dfrac{a+b}{2}=1, 3=\dfrac{1+c}{2}$

$\dfrac{a+b}{2}=1$에서 $a+b=2$

$3=\dfrac{1+c}{2}$에서 $1+c=6$ $\qquad \therefore c=5$

$\therefore a+b+c=2+5=7$

a, b의 값을 정확히 구하지 않아도 돼.
$a+b+c$의 값을 구해야 하니까 $a+b$의 값과 c의 값만 알면 돼.

0079 답 ①

$B(p, q)$라 하면 변 AB의 중점의 좌표는 $\left(\dfrac{(-2)+p}{2}, \dfrac{2+q}{2}\right)$

이고, 이 점의 좌표가 $(-3, 0)$이므로

$\dfrac{(-2)+p}{2}=-3$, $\dfrac{2+q}{2}=0$

$\dfrac{(-2)+p}{2}=-3$에서 $(-2)+p=-6$ $\qquad \therefore p=-4$

$\dfrac{2+q}{2}=0$에서 $2+q=0$ $\qquad \therefore q=-2$

$\therefore B(-4, -2)$

이때 평행사변형 $ABCD$의 두 대각선 AC, BD의 중점이 일치한다.

선분 AC의 중점의 좌표는 $\left(\dfrac{(-2)+0}{2}, \dfrac{2+0}{2}\right)$, 즉 $(-1, 1)$이

고, 선분 BD의 중점의 좌표는 $\left(\dfrac{(-4)+a}{2}, \dfrac{(-2)+b}{2}\right)$이므로

$-1=\dfrac{(-4)+a}{2}$, $1=\dfrac{(-2)+b}{2}$

$-1=\dfrac{(-4)+a}{2}$에서 $(-4)+a=-2$ $\qquad \therefore a=2$

$1=\dfrac{(-2)+b}{2}$에서 $(-2)+b=2$ $\qquad \therefore b=4$

$\therefore a-b=2-4=-2$

0080 답 ③

마름모 $ABCD$의 두 대각선 AC, BD의 중점이 일치한다.

선분 AC의 중점의 좌표는

$\left(\dfrac{0+2}{2}, \dfrac{a+1}{2}\right)$, 즉 $\left(1, \dfrac{a+1}{2}\right)$

이고, 선분 BD의 중점의 좌표는

$\left(\dfrac{(-1)+3}{2}, \dfrac{0+b}{2}\right)$, 즉 $\left(1, \dfrac{b}{2}\right)$

이므로 $\dfrac{a+1}{2}=\dfrac{b}{2}$에서 $a+1=b$ $\quad$ ······ ㉠

또한, $\overline{AB}=\overline{BC}$에서 $\overline{AB}^2=\overline{BC}^2$이므로 → 마름모는 네 변의 길이가 모두 같다.

$\{(-1)-0\}^2+(0-a)^2=\{2-(-1)\}^2+(1-0)^2$

$a^2+1=10$, $a^2=9$

$\therefore a=3$ ($\because a>0$)

$a=3$을 ㉠에 대입하면

$b=3+1=4$

$\therefore a+b=3+4=7$

0081 답 ①

마름모 $ABCD$의 두 대각선 AC, BD의 중점이 일치한다.

선분 AC의 중점의 좌표는

$\left(\dfrac{3+5}{2}, \dfrac{4+a}{2}\right)$, 즉 $\left(4, \dfrac{4+a}{2}\right)$

이고, 선분 BD의 중점의 좌표는

$\left(\dfrac{2+b+3}{2}, \dfrac{1+c}{2}\right)$, 즉 $\left(\dfrac{b+5}{2}, \dfrac{1+c}{2}\right)$

이므로

$4=\dfrac{b+5}{2}$, $\dfrac{4+a}{2}=\dfrac{1+c}{2}$

$4=\dfrac{b+5}{2}$에서 $b+5=8$ $\qquad \therefore b=3$

$\dfrac{4+a}{2}=\dfrac{1+c}{2}$에서 $4+a=1+c$

$\therefore c=a+3$ $\quad$ ······ ㉠

또한, $\overline{AB}=\overline{BC}$에서 $\overline{AB}^2=\overline{BC}^2$이므로 → 마름모는 네 변의 길이가 모두 같다.

$(2-3)^2+(1-4)^2=(5-2)^2+(a-1)^2$

$10=a^2-2a+10$, $a^2-2a=0$, $a(a-2)=0$

$\therefore a=0$ 또는 $a=2$

(i) $a=0$일 때

$a=0$을 ㉠에 대입하면 $c=0+3=3$

$\therefore a+b+c=0+3+3=6$

(ii) $a=2$일 때

$a=2$를 ㉠에 대입하면 $c=2+3=5$

$\therefore a+b+c=2+3+5=10$

(i), (ii)에서 $a+b+c$의 최솟값은 6이다.

0082 답 1

0083 답 ③

삼각형 ABC에서 $\overline{AB} : \overline{AC}=\overline{BD} : \overline{CD}$이고

$\overline{AB}=\sqrt{(3-1)^2+(4-2)^2}=2\sqrt{2}$,

$\overline{AC}=\sqrt{\{(-6)-1\}^2+(1-2)^2}=5\sqrt{2}$

이므로

$2\sqrt{2} : 5\sqrt{2}=\overline{BD} : \overline{CD}$

$\therefore \overline{BD} : \overline{CD}=2 : 5$

점 D는 선분 BC를 $2 : 5$로 내분하는 점이므로

$D\left(\dfrac{2\times(-6)+5\times3}{2+5}, \dfrac{2\times1+5\times4}{2+5}\right)$, 즉 $D\left(\dfrac{3}{7}, \dfrac{22}{7}\right)$

따라서 $a=\dfrac{3}{7}$, $b=\dfrac{22}{7}$이므로

$a+b=\dfrac{3}{7}+\dfrac{22}{7}=\dfrac{25}{7}$

0084 답 ③

삼각형 ABD와 삼각형 ACD의 넓이의 비는 선분 BD와 선분 CD의 길이의 비와 같다.

이때 삼각형 ABC에서

$\overline{AB} : \overline{AC}=\overline{BD} : \overline{CD}$이고,

$\overline{AB}=\sqrt{\{(-5)-(-1)\}^2+\{1-(-1)\}^2}$
$\quad =2\sqrt{5}$,

$\overline{AC}=\sqrt{\{2-(-1)\}^2+\{5-(-1)\}^2}=3\sqrt{5}$

이므로

$2\sqrt{5} : 3\sqrt{5}=\overline{BD} : \overline{CD}$

$\therefore \overline{BD} : \overline{CD}=2 : 3$

따라서 $p=2$, $q=3$이므로

$p+q=2+3=5$

0085 답 ③

선분 AC의 중점을 M이라 하면 삼각형의 각의 이등분선의 성질에 의하여 $\overline{BA}:\overline{BC}=\overline{AM}:\overline{CM}$이 성립하고,
$\overline{AM}=\overline{CM}$이므로 $\overline{BA}:\overline{BC}=1:1$이다.
즉, 삼각형 ABC는 $\overline{BA}=\overline{BC}$인 이등변삼각형이므로
$\overline{BA}=\overline{BC}$에서 $\overline{BA}^2=\overline{BC}^2$이다.
$\overline{BA}^2=\{0-(-3)\}^2+(a-0)^2=a^2+9$,
$\overline{BC}^2=\{1-(-3)\}^2=16$
에서 $a^2+9=16$, $a^2=7$
$\therefore a=\sqrt{7}\ (\because a>0)$

0086 답 ③

삼각형 ABC에서 $\overline{AB}:\overline{AC}=\overline{BD}:\overline{CD}$이고,
$\overline{BD}:\overline{CD}=1:3$이므로
$\overline{AB}:\overline{AC}=1:3$, 즉 $\overline{AC}=3\overline{AB}$
점 C의 x좌표를 $k\ (k>1)$라 하면
$\overline{AC}^2=9\overline{AB}^2$이므로 ← $\overline{AC}=3\overline{AB}$의 양변을 제곱한다.
$(k-0)^2+(0-3)^2=9\times\{(1-0)^2+(0-3)^2\}$
$k^2+9=90$, $k^2=81$
$\therefore k=9\ (\because k>1)$
$\therefore C(9,\ 0)$
이때 점 D는 선분 BC를 $1:3$으로 내분하는 점이므로
$D\left(\dfrac{1\times9+3\times1}{1+3},\ 0\right)$, 즉 $D(3,\ 0)$
$\therefore a=3$

STEP 3 실전 업   본문 019~021쪽

0087 답 ⑤

One Point Lesson
삼각형 ABC의 외심이 변 BC 위에 있으므로 삼각형 ABC는 $\angle A=90°$인 직각삼각형이다.

삼각형 ABC의 외심이 변 BC 위에 있으므로 외심은 변 BC의 중점이다.
즉, 삼각형 ABC의 외접원은 변 BC를 지름으로 하는 원이므로 삼각형 ABC는 $\angle A=90°$인 직각삼각형이다.
변 BC의 중점을 M이라 하면
$\overline{AM}=\sqrt{(1-4)^2+(2-5)^2}=3\sqrt{2}$
이고, $\overline{AM}=\overline{BM}$이므로 ← 삼각형 ABC의 외접원의 반지름의 길이
$\overline{AB}^2+\overline{AC}^2=\overline{BC}^2=(2\overline{BM})^2$
$\qquad\qquad\quad=(2\overline{AM})^2=4\overline{AM}^2$
$\qquad\qquad\quad=4\times(3\sqrt{2})^2=72$

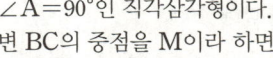
선생님 톡톡
삼각형의 외심에서 세 꼭짓점에 이르는 거리는 같으니까 $\overline{BM}=\overline{CM}$이어야 해. 그래서 점 M은 변 BC의 중점이야.

0088 답 ②

One Point Lesson
삼각형 OAC의 넓이가 삼각형 OAB의 넓이의 2배이므로 $\overline{AB}:\overline{AC}=1:2$이다. → 두 삼각형 OAC, OAB의 높이가 같으므로 밑변의 길이의 비를 구한다.

삼각형 OAC의 넓이가 삼각형 OAB의 넓이의 2배이므로 $\overline{AB}:\overline{AC}=1:2$이고, $a>0$이므로 오른쪽 그림과 같이 직선 AB 위에 세 점은 A, B, C의 순서대로 놓여 있다.
이때 점 B는 선분 AC를 $1:1$로 내분하는 점, 즉 중점이므로
$B\left(\dfrac{1+a}{2},\ \dfrac{5+b}{2}\right)$
점 B의 좌표가 $(2,\ 3)$이므로
$\dfrac{1+a}{2}=2$, $\dfrac{5+b}{2}=3$에서 $1+a=4$, $5+b=6$
따라서 $a=3$, $b=1$이므로
$a+b=3+1=4$

0089 답 ④

One Point Lesson
세 정삼각형의 넓이의 비가 $\triangle OAB:\triangle ACD:\triangle AEF=1:4:9$이므로 세 정삼각형의 한 변의 길이의 비는 $\overline{OA}:\overline{CD}:\overline{AE}=1:2:3$이다.

$\triangle OAB:\triangle ACD:\triangle AEF=1:4:9$이므로
$\overline{OA}:\overline{CD}:\overline{AE}=1:2:3$ → $1:\sqrt{4}:\sqrt{9}$
이때 $\overline{OA}=x$라 하면 $\overline{CD}=2x$, $\overline{AE}=3x$이고,
점 F의 x좌표는 10이므로
$\overline{OA}+\dfrac{1}{2}\overline{AE}=x+\dfrac{3}{2}x=10$에서
$\dfrac{5}{2}x=10$, $5x=20$ $\therefore x=4$ → 삼각형 ACD는 정삼각형이고, OD는 삼각형 ACD의 높이이다.
따라서 $\overline{CD}=2x=2\times4=8$, $\overline{OD}=8\times\dfrac{\sqrt{3}}{2}=4\sqrt{3}$이므로
$C(8,\ 4\sqrt{3})$
$\therefore \overline{OC}=\sqrt{8^2+(4\sqrt{3})^2}=4\sqrt{7}$

0090 답 ④

One Point Lesson
주어진 도형을 좌표평면 위에 나타내고, 두 점 사이의 거리 공식을 이용한다.

$A(a,\ b)$, $B(-c,\ 0)$, $C(c,\ 0)$이므로
$\overline{AB}^2+\overline{AC}^2=\{(-c)-a\}^2+(0-b)^2+(c-a)^2+(0-b)^2$
$\qquad\qquad\quad=2a^2+2b^2+2c^2=2(\boxed{a^2+b^2+c^2})$
한편, $\overline{AM}^2=\boxed{a^2+b^2}$, $\overline{BM}^2=\boxed{c^2}$이므로
$\overline{AM}^2+\overline{BM}^2=\boxed{a^2+b^2+c^2}$
$\therefore \overline{AB}^2+\overline{AC}^2=2(\overline{AM}^2+\overline{BM}^2)$

선생님 톡톡
이 문제처럼 좌표평면을 도입하면 쉽게 해결할 수 있는 문제가 많아.
좌표를 이용하여 도형의 성질을 확인할 때는 도형의 한 변이 좌표축에 오도록 도형을 좌표평면 위에 놓은 후, 도형의 꼭짓점에 해당하는 점의 좌표를 문자를 사용하여 나타내면 돼. 이때 원점의 위치를 잘 생각하고 잡아야 계산이 쉬워져.

0091 답 5

One Point Lesson

수직선 위의 두 점 $P(p)$, $Q(q)$를 $m:n$으로 내분하는 점의 좌표는 $\dfrac{mq+np}{m+n}$이다.

세 점 A, B, C를 각각 $A(a)$, $B(b)$, $C(c)$라 하면

$$A \star B = \frac{1 \times b + 3 \times a}{1+3} = \frac{b+3a}{4}$$

$$\therefore (A \star B) \star C = \frac{1 \times c + 3 \times \dfrac{b+3a}{4}}{1+3}$$

$$= \frac{1}{4}\left(c + \frac{3b+9a}{4}\right)$$

$$B \star C = \frac{1 \times c + 3 \times b}{1+3} = \frac{c+3b}{4}$$

$$\therefore (B \star C) \star A = \frac{1 \times a + 3 \times \dfrac{c+3b}{4}}{1+3}$$

$$= \frac{1}{4}\left(a + \frac{3c+9b}{4}\right)$$

이때 $(A \star B) \star C$와 $(B \star C) \star A$가 일치하므로

$$\frac{1}{4}\left(c + \frac{3b+9a}{4}\right) = \frac{1}{4}\left(a + \frac{3c+9b}{4}\right)$$

$$c + \frac{3b+9a}{4} = a + \frac{3c+9b}{4}$$

$$5a+c = 6b$$

$$\therefore b = \frac{5a+c}{6} \,\left(= \frac{1 \times c + 5 \times a}{1+5}\right)$$

따라서 점 B는 선분 AC를 $1:5$로 내분하는 점이므로

$$\overline{BC} = \frac{5}{6} \times \overline{AC}$$

$$= \frac{5}{6} \times 6 = 5$$

0092 답 14

One Point Lesson

이차함수 $y=f(x)$의 그래프와 직선 $y=g(x)$가 만나는 점의 x좌표는 이차방정식 $f(x)=g(x)$의 근과 같다.

이차함수 $y=x^2-8x+1$의 그래프와 직선 $y=2x+6$이 만나는 두 점 A, B의 x좌표를 각각 α, β라 하면

$A(\alpha, 2\alpha+6)$, $B(\beta, 2\beta+6)$

이때 α, β는 방정식 $x^2-8x+1=2x+6$, 즉 $x^2-10x-5=0$의 서로 다른 두 실근이므로 이차방정식의 근과 계수의 관계에 의하여

$\alpha+\beta=10$

이때 삼각형 OAB의 무게중심의 좌표는

$$\left(\frac{\alpha+\beta+0}{3}, \frac{(2\alpha+6)+(2\beta+6)+0}{3}\right), \text{ 즉}$$

$$\left(\frac{\alpha+\beta}{3}, \frac{2(\alpha+\beta)+12}{3}\right)$$

이고 이것은 점 (a, b)와 일치하므로

$$a = \frac{\alpha+\beta}{3} = \frac{10}{3}$$

$$b = \frac{2(\alpha+\beta)+12}{3} = \frac{2 \times 10 + 12}{3} = \frac{32}{3}$$

$$\therefore a+b = \frac{10}{3} + \frac{32}{3} = 14$$

0093 답 24

One Point Lesson

정사각형 ABCD를 좌표평면 위에 놓고 두 점 사이의 거리를 이용한다.

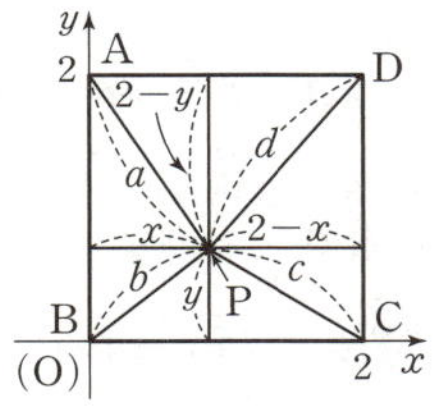

오른쪽 그림과 같이 꼭짓점 B를 원점, 직선 BC를 x축, 직선 AB를 y축으로 하는 좌표평면을 잡으면

$A(0, 2)$, $C(2, 0)$, $D(2, 2)$

이때 $P(x, y)$라 하면

$0 \le x \le 2$, $0 \le y \le 2$이고

$$a^2+b^2+c^2+d^2$$
$$= \underbrace{x^2+(y-2)^2}_{a^2} + \underbrace{x^2+y^2}_{b^2} + \underbrace{(x-2)^2+y^2}_{c^2} + \underbrace{(x-2)^2+(y-2)^2}_{d^2}$$
$$= 4x^2+4y^2-8x-8y+16 = 4(x-1)^2+4(y-1)^2+8$$

즉, $a^2+b^2+c^2+d^2$의 최댓값은 $x=0$, $y=0$ 또는 $x=0$, $y=2$ 또는 $x=2$, $y=0$ 또는 $x=2$, $y=2$일 때 16이고, 최솟값은 $x=1$, $y=1$일 때 8이다. (← $0 \le x \le 2$, $0 \le y \le 2$이므로)

따라서 최댓값과 최솟값의 합은

$16+8 = 24$

0094 답 ⑤

One Point Lesson

선분 CD와 x축의 교점을 E라 하면 점 E는 선분 CD의 내분점이고 x축 위에 있다.

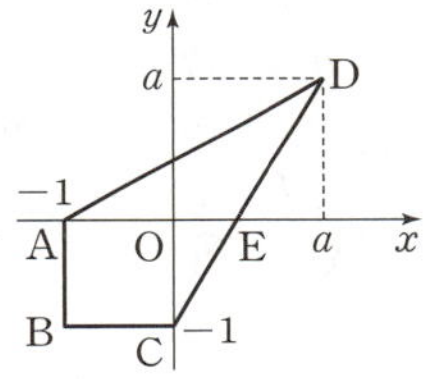

오른쪽 그림과 같이 선분 CD와 x축의 교점을 E라 하고, 점 E가 선분 CD를 $m:n$으로 내분한다고 하면

$$E\left(\frac{ma}{m+n}, \frac{ma+n \times (-1)}{m+n}\right) \quad \cdots\cdots \,\, \text{㉠}$$

이때 점 E는 x축 위의 점이므로

$$\frac{ma+n \times (-1)}{m+n} = 0 \text{에서 } ma-n=0 \qquad \therefore n=ma$$

$$\therefore E\left(\frac{a}{1+a}, 0\right) \rightarrow n=ma \text{를 ㉠에 대입한다.}$$

이때 x축이 사각형 ABCD의 넓이를 이등분하므로 사다리꼴 ABCE의 넓이와 삼각형 AED의 넓이는 같다.

$$\frac{1}{2} \times \left\{\underbrace{\left(1+\frac{a}{a+1}\right)}_{\overline{AE}} + \underbrace{1}_{\overline{BC}}\right\} \times 1 = \frac{1}{2} \times \underbrace{\left(1+\frac{a}{a+1}\right)}_{\overline{AE}} \times \underbrace{a}_{\substack{\text{삼각형 AED의}\\\text{높이}}}$$

$$\frac{3a+2}{a+1} = \frac{2a^2+a}{a+1}, \quad \underbrace{3a+2=2a^2+a}_{a+1 \ne 0}, \quad a^2-a-1=0$$

$$\therefore a = \frac{1+\sqrt{5}}{2} \;\; (\because a>0)$$

← 이차방정식의 근의 공식을 이용한다.

0095 답 ③

One Point Lesson

점 A의 x좌표를 a라 하고 세 점 A, B, C의 좌표를 a에 대하여 나타낸 후 정삼각형의 한 변의 길이와 높이의 비를 이용한다.

선분 AB의 중점을 M이라 하자. ← $\overline{AB}$가 x축에 평행하므로 두 점 A, B는 y축에 대하여 대칭이다.

양수 a에 대하여 $A\left(a, -\dfrac{1}{6}a^2+4\right)$라 하면 $B\left(-a, -\dfrac{1}{6}a^2+4\right)$

또한, 삼각형 ABC는 정삼각형이므로 점 C는 y축 위에 있다.

$\therefore C(0, -4)$

이때 선분 CM은 정삼각형 ABC의 높이이고, $\overline{AB}=2a$이므로

$$\overline{CM} = \frac{\sqrt{3}}{2} \times 2a = \sqrt{3}a \qquad \cdots\cdots \,\, \text{㉠}$$

← 정삼각형 ABC의 한 변의 길이

한편, $M\left(0, -\frac{1}{6}a^2+4\right)$이므로

$\overline{CM}=\overline{OM}+\overline{OC}=\left(-\frac{1}{6}a^2+4\right)+4=-\frac{1}{6}a^2+8$

㉠에서

$-\frac{1}{6}a^2+8=\sqrt{3}a$, $a^2+6\sqrt{3}a-48=0$

$\therefore a=-3\sqrt{3}+\sqrt{(-3\sqrt{3})^2-1\times(-48)}=2\sqrt{3}$ ($\because a>0$)

따라서 정삼각형 ABC의 한 변의 길이가 $4\sqrt{3}$이므로 그 넓이는

$\xrightarrow{2a=2\times2\sqrt{3}=4\sqrt{3}}$

$\frac{\sqrt{3}}{4}\times(4\sqrt{3})^2=12\sqrt{3}$

0096 답 ①

One Point Lesson
삼각형의 무게중심은 삼각형의 세 중선이 만나는 교점이고, 삼각형의 세 중선에 의하여 삼각형의 넓이는 6등분된다.

오른쪽 그림과 같이 직선 BC를 x축, 점 D를 원점으로 하는 좌표평면을 잡으면 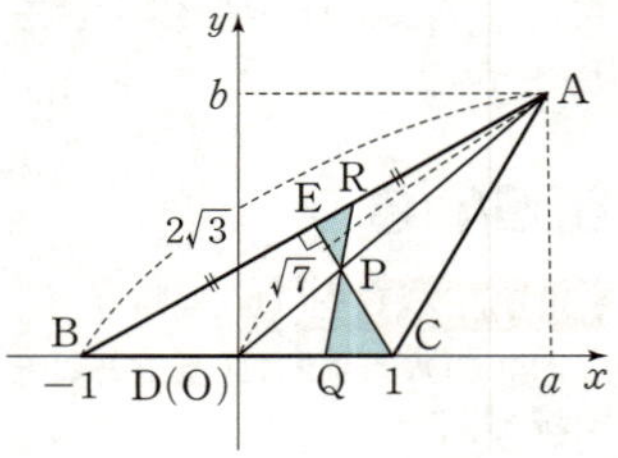
D$(0, 0)$, B$(-1, 0)$, C$(1, 0)$이다.
A(a, b)라 하면
$\overline{AB}=2\sqrt{3}$, $\overline{AD}=\sqrt{7}$이므로
$(a+1)^2+b^2=(2\sqrt{3})^2$
$a^2+b^2=(\sqrt{7})^2$
위의 두 식을 연립하여 풀면
$a=2$, $b=\sqrt{3}$
$\therefore$ A$(2, \sqrt{3})$
이때
$\overline{AC}=\sqrt{(1-2)^2+(0-\sqrt{3})^2}=2$
이므로 삼각형 ABC는 $\overline{AC}=\overline{BC}$인 이등변삼각형이다.
이등변삼각형의 꼭지각의 이등분선은 대변을 수직이등분하므로
$\overline{CE}\perp\overline{AB}$, $\overline{AE}=\overline{BE}$
즉, 점 P는 두 중선 $\overline{AD}$, $\overline{CE}$의 교점이므로 삼각형 ABC의 무게중심이다.
$\therefore \overline{AP}=\frac{2}{3}\overline{AD}=\frac{2\sqrt{7}}{3}$, $\overline{PD}=\frac{1}{3}\overline{AD}=\frac{\sqrt{7}}{3}$
또한, 직각삼각형 AEC에서
$\overline{CE}=\sqrt{\overline{AC}^2-\overline{AE}^2}=\sqrt{2^2-(\sqrt{3})^2}=1$
이므로
$\overline{CP}=\frac{2}{3}\overline{CE}=\frac{2}{3}$, $\overline{PE}=\frac{1}{3}\overline{CE}=\frac{1}{3}$
삼각형 PAE에서 각의 이등분선의 성질에 의하여
$\overline{PA}:\overline{PE}=\overline{AR}:\overline{ER}$에서 $\frac{2\sqrt{7}}{3}:\frac{1}{3}=\overline{AR}:\overline{ER}$
$\therefore \overline{AR}:\overline{ER}=2\sqrt{7}:1$
$\therefore S_1=\frac{1}{2\sqrt{7}+1}\triangle PAE$
삼각형 PDC에서 각의 이등분선의 성질에 의하여
$\overline{PD}:\overline{PC}=\overline{DQ}:\overline{CQ}$에서 $\frac{\sqrt{7}}{3}:\frac{2}{3}=\overline{DQ}:\overline{CQ}$
$\therefore \overline{DQ}:\overline{CQ}=\sqrt{7}:2$
$\therefore S_2=\frac{2}{\sqrt{7}+2}\triangle PDC$

이때 $\triangle PAE=\triangle PDC=\frac{1}{6}\triangle ABC$이므로

$\xrightarrow{\text{삼각형의 세 중선에 의하여 삼각형의 넓이는 6등분된다.}}$

$\begin{aligned}\frac{S_2}{S_1}&=\frac{\dfrac{2}{\sqrt{7}+2}\triangle PDC}{\dfrac{1}{2\sqrt{7}+1}\triangle PAE}\\&=\frac{\dfrac{2}{\sqrt{7}+2}}{\dfrac{1}{2\sqrt{7}+1}}\\&=\frac{2(2\sqrt{7}+1)}{\sqrt{7}+2}\\&=8-2\sqrt{7}\end{aligned}$

따라서 $a=8$, $b=-2$이므로
$ab=8\times(-2)=-16$

0097 답 12

One Point Lesson
A$(-3, 1)$, B$(-1, 3)$, C$(4, 1)$, D$(2, -1)$, P(x, y)라 하고, 주어진 식을 두 점 사이의 거리를 이용하여 나타낸다.

A$(-3, 1)$, B$(-1, 3)$, C$(4, 1)$, D$(2, -1)$, P(x, y)라 하면
$\sqrt{(x+3)^2+(y-1)^2}+\sqrt{(x+1)^2+(y-3)^2}$
$\qquad+\sqrt{(x-4)^2+(y-1)^2}+\sqrt{(x-2)^2+(y+1)^2}$
$=\overline{AP}+\overline{BP}+\overline{CP}+\overline{DP}$
이때 $\overline{AP}+\overline{BP}+\overline{CP}+\overline{DP}$의 값이 최소이려면 오른쪽 그림과 같이 점 P가 선분 AC 위에 있으면서 선분 BD 위에 있어야 한다. 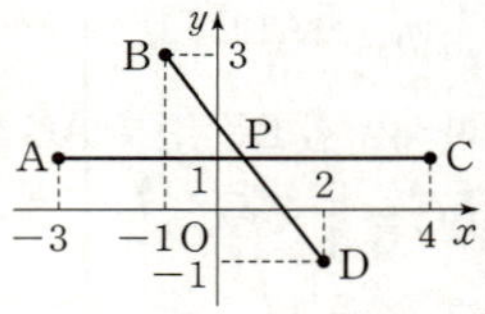
$\overline{AP}+\overline{CP}\geq\overline{AC}$, $\overline{BP}+\overline{DP}\geq\overline{BD}$
이므로
$\overline{AP}+\overline{BP}+\overline{CP}+\overline{DP}$
$=(\overline{AP}+\overline{CP})+(\overline{BP}+\overline{DP})$
$\geq\overline{AC}+\overline{BD}$
$=\sqrt{\{4-(-3)\}^2+(1-1)^2}+\sqrt{\{2-(-1)\}^2+\{(-1)-3\}^2}$
$=7+5=12$
따라서 주어진 식의 최솟값은 12이다.

0098 답 ③

One Point Lesson
사각형 APQA′이 평행사변형이 되도록 점 A′을 잡는다.

오른쪽 그림과 같이 사각형 APQA′이 평행사변형이 되도록 하는 제1사분면 위의 점 A′(a, b)를 잡자. 이때 선분 AA′과 직선 $y=x$는 평행하고 $\overline{AA'}=2\sqrt{2}$이다. 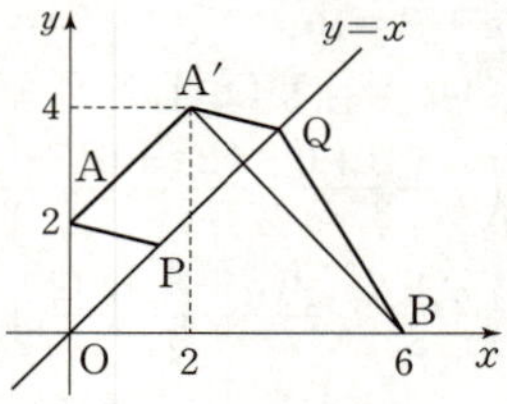
$\xrightarrow{\text{직선 } y=x\text{와 평행}}$
이때 직선 AA′의 기울기는 1이므로
$\frac{b-2}{a-0}=1$, $a=b-2$ $\therefore b=a+2$
$\therefore$ A′$(a, a+2)$
이때 $\overline{AA'}=2\sqrt{2}$에서 $\overline{AA'}^2=8$이므로
$(a-0)^2+\{(a+2)-2\}^2=8$
$2a^2=8$, $a^2=4$ $\therefore a=2$ ($\because a>0$)

즉, $A'(2, 4)$일 때 $\overline{AP}=\overline{A'Q}$이므로
$$\overline{AP}+\overline{QB}=\overline{A'Q}+\overline{QB}$$
$$\geq \overline{A'B}$$
<small>점 Q가 선분 A'B 위의 점이고 $\overline{AP}$가 $\overline{A'Q}$와 평행할 때 최솟값을 갖는다.</small>
$$=\sqrt{(6-2)^2+(0-4)^2}$$
$$=4\sqrt{2}$$
따라서 $\overline{AP}+\overline{QB}$의 최솟값은 $4\sqrt{2}$이다.

0099 답 해설 참조

오른쪽 그림과 같이 $\overline{AB}=b$, $\overline{BC}=a$라
하고, 꼭짓점 B를 원점, 직선 BC를 x축, 직선 AB를 y축으로 하는 좌표평면을 잡으면
$A(0, b)$, $C(a, 0)$, $D(a, b)$

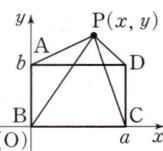

❶

이때 $P(x, y)$라 하면
$$\overline{PA}^2+\overline{PC}^2=(0-x)^2+(b-y)^2+(a-x)^2+(0-y)^2$$
$$=x^2+(b-y)^2+(a-x)^2+y^2$$

❷

$$\overline{PB}^2+\overline{PD}^2=x^2+y^2+(a-x)^2+(b-y)^2$$

❸

$$\therefore \overline{PA}^2+\overline{PC}^2=\overline{PB}^2+\overline{PD}^2$$

❹

채점 기준	배점 비율
❶ $\overline{AB}=b$, $\overline{BC}=a$라 하고, 직사각형 ABCD를 좌표평면 위에 놓기	30%
❷ $P(x, y)$라 하고 $\overline{PA}^2+\overline{PC}^2$ 구하기	30%
❸ $\overline{PB}^2+\overline{PD}^2$ 구하기	30%
❹ $\overline{PA}^2+\overline{PC}^2=\overline{PB}^2+\overline{PD}^2$임을 확인하기	10%

0100 답 $(5, 5)$

$A(x_1, y_1)$, $B(x_2, y_2)$, $C(x_3, y_3)$이라 하자.
변 AB를 $2:1$로 내분하는 점의 좌표가 $(0, 10)$이므로
$$\left(\frac{2x_2+x_1}{2+1}, \frac{2y_2+y_1}{2+1}\right), 즉 \left(\frac{2x_2+x_1}{3}, \frac{2y_2+y_1}{3}\right)에서$$
$$\frac{2x_2+x_1}{3}=0, \frac{2y_2+y_1}{3}=10$$
$$\therefore 2x_2+x_1=0, 2y_2+y_1=30 \quad \cdots\cdots ㉠$$

❶

또한, 변 BC를 $3:2$로 내분하는 점의 좌표가 $(12, 9)$이므로
$$\left(\frac{3x_3+2x_2}{3+2}, \frac{3y_3+2y_2}{3+2}\right), 즉 \left(\frac{3x_3+2x_2}{5}, \frac{3y_3+2y_2}{5}\right)에서$$
$$\frac{3x_3+2x_2}{5}=12, \frac{3y_3+2y_2}{5}=9$$
$$\therefore 3x_3+2x_2=60, 3y_3+2y_2=45 \quad \cdots\cdots ㉡$$

❷

또한, 변 CA를 $3:1$로 내분하는 점의 좌표가 $\left(0, -\frac{15}{4}\right)$이므로
$$\left(\frac{3x_1+x_3}{3+1}, \frac{3y_1+y_3}{3+1}\right), 즉 \left(\frac{3x_1+x_3}{4}, \frac{3y_1+y_3}{4}\right)에서$$
$$\frac{3x_1+x_3}{4}=0, \frac{3y_1+y_3}{4}=-\frac{15}{4}$$
$$\therefore 3x_1+x_3=0, 3y_1+y_3=-15 \quad \cdots\cdots ㉢$$

❸

㉠+㉡+㉢을 하면
$$4(x_1+x_2+x_3)=60, 4(y_1+y_2+y_3)=60$$
$$\therefore x_1+x_2+x_3=15, y_1+y_2+y_3=15$$
<small>→ x_1, x_2, x_3, y_1, y_2, y_3의 값을 각각 구하지 않아도 된다.</small>
따라서 삼각형 ABC의 무게중심의 좌표는
$$\left(\frac{x_1+x_2+x_3}{3}, \frac{y_1+y_2+y_3}{3}\right), 즉 (5, 5)$$

❹

채점 기준	배점 비율
❶ $A(x_1, y_1)$, $B(x_2, y_2)$, $C(x_3, y_3)$이라 하고 변 AB를 $2:1$로 내분하는 점의 좌표를 이용하여 식 세우기	25%
❷ 변 BC를 $3:2$로 내분하는 점의 좌표를 이용하여 식 세우기	25%
❸ 변 CA를 $3:1$로 내분하는 점의 좌표를 이용하여 식 세우기	25%
❹ 삼각형 ABC의 무게중심의 좌표 구하기	25%

0101 답 3

$P(x, 0)$이라 하면 $\overline{OP}=x$ $(0<x<3)$이고
삼각형 COP와 삼각형 CBQ는 서로 합동 (RHS 합동)이므로
$\overline{BQ}=\overline{OP}=x$에서 $\overline{AP}=\overline{AQ}=3-x$

❶

삼각형 CPQ는 정삼각형이므로 $\overline{CP}=\overline{PQ}$에서 $\overline{CP}^2=\overline{PQ}^2$이므로
$$x^2+3^2=(3-x)^2+(3-x)^2$$
$$x^2-12x+9=0$$
$$\therefore x=6-\sqrt{6^2-9}=6-3\sqrt{3} \ (\because 0<x<3)$$
이때 점 Q는 변 AB 위의 점이므로
$$P(6-3\sqrt{3}, 0), Q(3, 3\sqrt{3}-3)$$

❷

삼각형 CPQ의 무게중심의 좌표는
$$\left(\frac{0+(6-3\sqrt{3})+3}{3}, \frac{3+0+(3\sqrt{3}-3)}{3}\right), 즉 (3-\sqrt{3}, \sqrt{3})$$

❸

따라서 $a=3-\sqrt{3}$, $b=\sqrt{3}$이므로
$$a+b=(3-\sqrt{3})+\sqrt{3}=3$$

❹

채점 기준	배점 비율
❶ $P(x, 0)$이라 하고, 세 선분 OP, AP, AQ의 길이를 각각 x에 대하여 나타내기	30%
❷ 두 점 P, Q의 좌표 각각 구하기	40%
❸ 삼각형 CPQ의 무게중심의 좌표 구하기	20%
❹ $a+b$의 값 구하기	10%

개념 체크

본문 022~023쪽

0102 답 $y=2x$

$y-2=2(x-1)$에서 $y-2=2x-2$

$\therefore y=2x$

0103 답 $y=-3x+5$

$y-(-1)=(-3)(x-2)$에서 $y+1=-3x+6$

$\therefore y=-3x+5$

0104 답 $y=\dfrac{1}{2}x-\dfrac{1}{2}$

$y-1=\dfrac{1}{2}(x-3)$에서 $y-1=\dfrac{1}{2}x-\dfrac{3}{2}$

$\therefore y=\dfrac{1}{2}x-\dfrac{1}{2}$

0105 답 $y=3x-2$

$y-1=\dfrac{4-1}{2-1}(x-1)$에서 $y-1=3x-3$

$\therefore y=3x-2$

0106 답 $y=\dfrac{1}{2}x+4$

$y-3=\dfrac{5-3}{2-(-2)}\{x-(-2)\}$에서 $y-3=\dfrac{1}{2}x+1$

$\therefore y=\dfrac{1}{2}x+4$

0107 답 $y=4$

$y-4=\dfrac{4-4}{5-(-1)}\{x-(-1)\}$에서 $y-4=0$ $\therefore y=4$

> **해설 속 칠판**
>
> 직선 l이 서로 다른 두 점 (x_1, y_1), (x_2, y_2)를 지날 때
> (1) $x_1=x_2$이면 직선 l은 y축에 평행한 직선이다.
> ➡ $l : x=x_1$
> (2) $y_1=y_2$이면 직선 l은 x축에 평행한 직선이다.
> ➡ $l : y=y_1$

0108 답 $\dfrac{x}{3}+\dfrac{y}{2}=1$

0109 답 $\dfrac{x}{5}-\dfrac{y}{2}=1$

$\dfrac{x}{5}+\dfrac{y}{-2}=1$에서 $\dfrac{x}{5}-\dfrac{y}{2}=1$

0110 답 $-\dfrac{x}{2}+\dfrac{y}{4}=1$

$\dfrac{x}{-2}+\dfrac{y}{4}=1$에서 $-\dfrac{x}{2}+\dfrac{y}{4}=1$

다른 풀이 x절편이 -2, y절편이 4이므로

$y-0=\dfrac{4-0}{0-(-2)}\{x-(-2)\}$에서 $y=2x+4$

$-2x+y=4$ $\therefore -\dfrac{x}{2}+\dfrac{y}{4}=1$

0111 답 $(2, 3)$

직선 $x-3y+7+k(2x+y-7)=0$은 실수 k의 값에 관계없이 항상 두 직선 $x-3y+7=0$, $2x+y-7=0$의 교점을 지난다.

$x-3y+7=0$, $2x+y-7=0$을 연립하여 풀면

$x=2$, $y=3$

따라서 구하는 점의 좌표는 $(2, 3)$이다.

0112 답 $(3, 1)$

직선 $x-y-2+k(x+4y-7)=0$은 실수 k의 값에 관계없이 항상 두 직선 $x-y-2=0$, $x+4y-7=0$의 교점을 지난다.

$x-y-2=0$, $x+4y-7=0$을 연립하여 풀면

$x=3$, $y=1$

따라서 구하는 점의 좌표는 $(3, 1)$이다.

0113 답 $3x+2y-11=0$

주어진 두 직선의 교점을 지나는 직선의 방정식은

$x+4y-17+k(x-y+3)=0$ (단, k는 실수) ······ ㉠

직선 ㉠이 점 $(3, 1)$을 지나므로 → $x=3$, $y=1$을 ㉠에 대입한다.

$3+4\times1-17+k(3-1+3)=0$

$(-10)+5k=0$ $\therefore k=2$

$k=2$를 ㉠에 대입하면

$x+4y-17+2(x-y+3)=0$ $\therefore 3x+2y-11=0$

다른 풀이

$x+4y-17=0$, $x-y+3=0$을 연립하여 풀면

$x=1$, $y=4$

따라서 주어진 두 직선의 교점의 좌표는 $(1, 4)$이므로

두 점 $(1, 4)$, $(3, 1)$을 지나는 직선의 방정식은

$y-4=\dfrac{1-4}{3-1}(x-1)$에서 $y=-\dfrac{3}{2}x+\dfrac{11}{2}$

$2y=-3x+11$ $\therefore 3x+2y-11=0$

0114 답 $3x+2y-6=0$

주어진 두 직선의 교점을 지나는 직선의 방정식은

$2x+3y-4+k(4x-3y-8)=0$ (단, k는 실수) ······ ㉠

직선 ㉠이 점 $(4, -3)$을 지나므로 → $x=4$, $y=-3$을 ㉠에 대입한다.

$2\times4+3\times(-3)-4+k\{4\times4-3\times(-3)-8\}=0$

$(-5)+17k=0$ $\therefore k=\dfrac{5}{17}$

$k=\dfrac{5}{17}$를 ㉠에 대입하면

$2x+3y-4+\dfrac{5}{17}(4x-3y-8)=0$ $\therefore 3x+2y-6=0$

다른 풀이

$2x+3y-4=0$, $4x-3y-8=0$을 연립하여 풀면

$x=2$, $y=0$

따라서 주어진 두 직선의 교점의 좌표가 $(2, 0)$이므로
두 점 $(2, 0)$, $(4, -3)$을 지나는 직선의 방정식은
$$y-0=\frac{-3-0}{4-2}(x-2) \qquad \therefore y=-\frac{3}{2}x+3$$
$\underrightarrow{2y=-3x+6} \quad \therefore 3x+2y-6=0$

0115 답 $x+y-4=0$
주어진 두 직선의 교점을 지나는 직선의 방정식은
$x=5$에서 $x-5=0$
$x+2y-3+k(x-5)=0$ (단, k는 실수) ...... ㉠
직선 ㉠이 점 $(2, 2)$를 지나므로 → $x=2$, $y=2$를 ㉠에 대입한다.
$2+2\times2-3+k(2-5)=0$, $3-3k=0 \qquad \therefore k=1$
$k=1$을 ㉠에 대입하면
$x+2y-3+1\times(x-5)=0 \qquad \therefore x+y-4=0$

다른 풀이
$x=5$를 $x+2y-3=0$에 대입하면
$5+2y-3=0 \qquad \therefore y=-1$
따라서 주어진 두 직선의 교점의 좌표는 $(5, -1)$이므로
두 점 $(5, -1)$, $(2, 2)$를 지나는 직선의 방정식은
$y-(-1)=\dfrac{2-(-1)}{2-5}(x-5)$에서 $x+y-4=0$

0116 답 $4x+y-8=0$
주어진 두 직선의 교점을 지나는 직선의 방정식은
$y=4$에서 $y-4=0$
$x-y+3+k(y-4)=0$ (단, k는 실수) ...... ㉠
직선 ㉠이 점 $(2, 0)$을 지나므로 → $x=2$, $y=0$을 ㉠에 대입한다.
$2-0+3+k(0-4)=0$, $5-4k=0 \qquad \therefore k=\frac{5}{4}$
$k=\frac{5}{4}$를 ㉠에 대입하면
$x-y+3+\frac{5}{4}(y-4)=0 \qquad \therefore 4x+y-8=0$

다른 풀이
$y=4$를 $x-y+3=0$에 대입하면
$x-4+3=0 \qquad \therefore x=1$
따라서 주어진 두 직선의 교점의 좌표는 $(1, 4)$이므로
두 점 $(1, 4)$, $(2, 0)$을 지나는 직선의 방정식은
$y-4=\dfrac{0-4}{2-1}(x-1)$에서 $4x+y-8=0$

0117 답 6
$3=\frac{a}{2}$에서 $a=6$

0118 답 $-\frac{2}{3}$
$3\times\frac{a}{2}=-1$에서 $a=-\frac{2}{3}$

0119 답 7
$\dfrac{2}{a-1}=\dfrac{1}{3}\neq\dfrac{-2}{1}$에서 $\dfrac{2}{a-1}=\dfrac{1}{3}$, $a-1=6 \qquad \therefore a=7$

0120 답 $-\frac{1}{2}$
$2(a-1)+1\times3=0$에서 $2a=-1 \qquad \therefore a=-\frac{1}{2}$

0121 답 $y=3x+4$
직선 $y=3x$에 평행한 직선의 기울기를 m이라 하면 $m=3$
따라서 점 $(-1, 1)$을 지나고 기울기가 3인 직선의 방정식은
$y-1=3\{x-(-1)\} \qquad \therefore y=3x+4$

0122 답 $y=2x-1$
직선 $y=-\frac{1}{2}x$에 수직인 직선의 기울기를 m이라 하면
$\left(-\frac{1}{2}\right)\times m=-1 \qquad \therefore m=2$
따라서 점 $(2, 3)$을 지나고 기울기가 2인 직선의 방정식은
$y-3=2(x-2) \qquad \therefore y=2x-1$

0123 답 $y=-\frac{1}{2}x+2$
$x+2y=0$에서 $y=-\frac{1}{2}x$
즉, 직선 $x+2y=0$의 기울기는 $-\frac{1}{2}$이므로 이 직선과 평행한
직선의 기울기는 $-\frac{1}{2}$이다.
따라서 점 $(2, 1)$을 지나고 기울기가 $-\frac{1}{2}$인 직선의 방정식은
$y-1=-\frac{1}{2}(x-2)$, $y-1=-\frac{1}{2}x+1$
$\therefore y=-\frac{1}{2}x+2$

다른 풀이
직선 $x+2y=0$에 평행한 직선의 방정식은
$x+2y+k=0$ (단, $k\neq0$)
위의 직선이 점 $(2, 1)$을 지나므로
$2+2\times1+k=0 \qquad \therefore k=-4$
따라서 구하는 직선의 방정식은 $x+2y-4=0$
$\underrightarrow{2y=-x+4} \quad \therefore y=-\frac{1}{2}x+2$

> **해설 속 칠판**
> 직선 $ax+by+c=0$과 실수 k에 대하여 이 직선과
> (1) 평행한 직선의 방정식은 $ax+by+k=0$ (단, $k\neq c$)
> (2) 수직인 직선의 방정식은 $bx-ay+k=0$

0124 답 $y=-\frac{1}{3}x+\frac{7}{3}$
$3x-y=0$에서 $y=3x$
즉, 직선 $3x-y=0$의 기울기는 3이므로 이 직선과 수직인 직선의
기울기는 $-\frac{1}{3}$이다.
따라서 점 $(1, 2)$를 지나고 기울기가 $-\frac{1}{3}$인 직선의 방정식은
$y-2=-\frac{1}{3}(x-1) \qquad \therefore y=-\frac{1}{3}x+\frac{7}{3}$

다른 풀이
직선 $3x-y=0$에 수직인 직선의 방정식은
$x+3y+k=0$ (단, k는 실수)
위의 직선이 점 $(1, 2)$를 지나므로
$1+3\times2+k=0 \qquad \therefore k=-7$
따라서 구하는 직선의 방정식은
$x+3y-7=0$
$\underrightarrow{3y=-x+7} \quad \therefore y=-\frac{1}{3}x+\frac{7}{3}$

0125 답 2

$$\frac{|3\times3-4\times1+5|}{\sqrt{3^2+(-4)^2}}=\frac{10}{5}=2$$

0126 답 $\sqrt{5}$

$$\frac{|1\times4-2\times3-3|}{\sqrt{1^2+(-2)^2}}=\frac{5}{\sqrt{5}}=\sqrt{5}$$

0127 답 $\sqrt{10}$

$y=3x-1$에서 $3x-y-1=0$
따라서 점 $(-2, 3)$과 직선 $3x-y-1=0$ 사이의 거리는
$$\frac{|3\times(-2)-1\times3-1|}{\sqrt{3^2+(-1)^2}}=\frac{10}{\sqrt{10}}=\sqrt{10}$$

0128 답 1

$y=-\dfrac{4}{3}x-1$에서 $4x+3y+3=0$
따라서 점 $(-1, 2)$와 직선 $4x+3y+3=0$ 사이의 거리는
$$\frac{|4\times(-1)+3\times2+3|}{\sqrt{4^2+3^2}}=\frac{5}{5}=1$$

0129 답 $\dfrac{1}{2}$

$$\frac{|-5|}{\sqrt{6^2+8^2}}=\frac{5}{10}=\frac{1}{2}$$

0130 답 1

$$\frac{|-13|}{\sqrt{5^2+(-12)^2}}=\frac{13}{13}=1$$

0131 답 $\sqrt{5}$

$y=2x+5$에서 $2x-y+5=0$
따라서 원점과 직선 $2x-y+5=0$ 사이의 거리는
$$\frac{|5|}{\sqrt{2^2+(-1)^2}}=\frac{5}{\sqrt{5}}=\sqrt{5}$$

0132 답 $\dfrac{\sqrt{10}}{2}$

$y=-\dfrac{1}{3}x-\dfrac{5}{3}$에서 $x+3y+5=0$
따라서 원점과 직선 $x+3y+5=0$ 사이의 거리는
$$\frac{|5|}{\sqrt{1^2+3^2}}=\frac{5}{\sqrt{10}}=\frac{\sqrt{10}}{2}$$

0133 답 2

직선 $3x+4y=0$이 원점을 지나므로
두 직선 $3x+4y=0$, $3x+4y-10=0$ 사이의 거리는 원점 $(0, 0)$
과 직선 $3x+4y-10=0$ 사이의 거리와 같다.
따라서 구하는 두 직선 사이의 거리는
$$\frac{|-10|}{\sqrt{3^2+4^2}}=\frac{10}{5}=2$$

0134 답 $\sqrt{10}$

직선 $3x+y-2=0$이 점 $(0, 2)$를 지나므로
두 직선 $3x+y-2=0$, $3x+y+8=0$ 사이의 거리는 점 $(0, 2)$와
직선 $3x+y+8=0$ 사이의 거리와 같다.
따라서 구하는 두 직선 사이의 거리는
$$\frac{|3\times0+1\times2+8|}{\sqrt{3^2+1^2}}=\frac{10}{\sqrt{10}}=\sqrt{10}$$

0135 답 $\sqrt{5}$

직선 $y=2x-1$이 점 $(0, -1)$을 지나므로
두 직선 $y=2x-1$, $y=2x+4$ 사이의 거리는 점 $(0, -1)$과
직선 $y=2x+4$, 즉 $2x-y+4=0$ 사이의 거리와 같다.
따라서 구하는 두 직선 사이의 거리는
$$\frac{|2\times0-1\times(-1)+4|}{\sqrt{2^2+(-1)^2}}=\frac{5}{\sqrt{5}}=\sqrt{5}$$

0136 답 $\sqrt{13}$

직선 $y=\dfrac{2}{3}x-3$이 점 $(0, -3)$을 지나므로
두 직선 $y=\dfrac{2}{3}x-3$, $y=\dfrac{2}{3}x+\dfrac{4}{3}$ 사이의 거리는 점 $(0, -3)$과
직선 $y=\dfrac{2}{3}x+\dfrac{4}{3}$, 즉 $2x-3y+4=0$ 사이의 거리와 같다.
따라서 구하는 두 직선 사이의 거리는
$$\frac{|2\times0-3\times(-3)+4|}{\sqrt{2^2+(-3)^2}}=\frac{13}{\sqrt{13}}=\sqrt{13}$$

STEP 2 유형 마스터   본문 024~039쪽

0137 답 ①

0138 답 ③

선분 AB를 $1:2$로 내분하는 점의 좌표는
$\left(\dfrac{1\times5+2\times(-1)}{1+2}, \dfrac{1\times(-1)+2\times2}{1+2}\right)$, 즉 $(1, 1)$
점 $(1, 1)$을 지나고 기울기가 -2인 직선 l의 방정식은
$y-1=-2(x-1)$ $\therefore y=-2x+3$
위의 식에 $y=0$을 대입하면
$0=-2x+3$ $\therefore x=\dfrac{3}{2}$
따라서 직선 l의 x절편은 $\dfrac{3}{2}$이다.

0139 답 ③

일차함수 $f(x)$에 대하여 직선 $y=f(x)$의 기울기는 x의 값의
증가량에 대한 y의 값의 증가량의 비율과 같으므로 $\dfrac{2}{3}$이다.
점 $(6, 1)$을 지나고 기울기가 $\dfrac{2}{3}$인 직선의 방정식은
$y-1=\dfrac{2}{3}(x-6)$ $\therefore y=\dfrac{2}{3}x-3$

따라서 $f(x)=\dfrac{2}{3}x-3$이므로 $a=\dfrac{2}{3}$, $b=-3$

$\therefore ab=\dfrac{2}{3}\times(-3)=-2$

다른 풀이

직선 $y=f(x)$의 기울기가 $\dfrac{2}{3}$이므로 $a=\dfrac{2}{3}$

직선 $y=\dfrac{2}{3}x+b$가 점 $(6,1)$을 지나므로 <u>　　　</u>

$1=\dfrac{2}{3}\times6+b$　　$\therefore b=-3$
　　　　$\rightarrow$ $x=6$, $y=1$을 $y=\dfrac{2}{3}x+b$에 대입한다.

0140 답 ①

직선 $y=ax+b$를 좌표평면 위에 나타내면
<u>오른쪽 그림과 같다.</u> $\rightarrow$ 기울기가 양수이고 점 $(-1,2)$를 지나므로

이때 직선과 x축이 이루는 각의 크기가 $60°$이
므로 이 직선과 x축, y축의 교점을 각각 A,
B라 하면

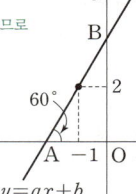

$a=\dfrac{\overline{OB}}{\overline{OA}}=\tan 60°=\sqrt{3}$

따라서 기울기가 $\sqrt{3}$이고 점 $(-1,2)$를 지나는 직선의 방정식은

$y-2=\sqrt{3}\{x-(-1)\}$　　$\therefore y=\sqrt{3}x+\sqrt{3}+2$

즉, $a=\sqrt{3}$, $b=\sqrt{3}+2$이므로

$a(b-2)=\sqrt{3}\times(\sqrt{3}+2-2)=3$

0141 답 ⑤

정사각형 ABCD의 각 변의 길이가 모두 같으므로
$\overline{AB}=\overline{BC}=a$라 하자.

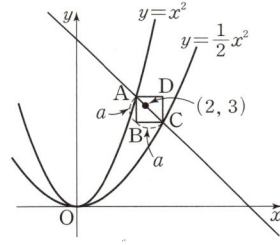

위의 그림과 같이 직선 AC는 x의 값이 a만큼 증가할 때 y의 값은
a만큼 감소하므로 직선 AC의 기울기는 $\dfrac{-a}{a}=-1$이고, 이 직선
이 점 $(2,3)$을 지나므로 직선 AC의 방정식은

$y-3=(-1)(x-2)$　　$\therefore y=-x+5$

따라서 직선 AC의 y절편은 5이다.

0142 답 ①

0143 답 ④

선분 AB의 중점의 좌표는

$\left(\dfrac{5+3}{2},\dfrac{1+3}{2}\right)$, 즉 $(4,2)$

두 점 $(4,2)$, $(1,0)$을 지나는 직선 l의 방정식은

$y-0=\dfrac{0-2}{1-4}(x-1)$　　$\therefore y=\dfrac{2}{3}x-\dfrac{2}{3}$　　$\cdots\cdots$ ㉠

따라서 직선 l의 y절편은 $-\dfrac{2}{3}$이다.
　　　　$\rightarrow$ $x=0$을 ㉠에 대입했을 때의 y의 값이다.

0144 답 1

삼각형 ABC의 무게중심 G의 좌표는

$\left(\dfrac{5+(-2)+6}{3},\dfrac{7+4+(-2)}{3}\right)$, 즉 G$(3,3)$

두 점 A$(5,7)$, G$(3,3)$을 지나는 직선 AG의 방정식은

$y-7=\dfrac{3-7}{3-5}(x-5)$　　$\therefore 2x-y-3=0$

따라서 $a=2$, $b=-1$이므로 $a+b=2+(-1)=1$

0145 답 ⑤

점 B는 직선 OP 위의 점이고, 점 C는 직선 AP 위의 점이다.

두 점 O$(0,0)$, P$(1,2)$를 지나는 직선의 방정식은

$y-0=\dfrac{2-0}{1-0}(x-0)$　　$\therefore y=2x$　　$\cdots\cdots$ ㉠

점 B$(a,a+3)$은 직선 ㉠ 위의 점이므로

$a+3=2\times a$　　$\therefore a=3$

또한, 두 점 A$(-1,3)$, P$(1,2)$를 지나는 직선의 방정식은

$y-3=\dfrac{2-3}{1-(-1)}\{x-(-1)\}$

$\therefore y=-\dfrac{1}{2}x+\dfrac{5}{2}$　　$\cdots\cdots$ ㉡

점 C$(b,0)$은 직선 ㉡ 위의 점이므로
　　　　　　　　　　　　$\rightarrow$ $x=b$, $y=0$을 ㉡에 대입한다.
$0=\left(-\dfrac{1}{2}\right)\times b+\dfrac{5}{2}$　　$\therefore b=5$

$\therefore a+b=3+5=8$

0146 답 ③

사각형 ABCD가 평행사변형이므로 평행사변형의 성질에 의하여
두 선분 AB, CD는 서로 평행하고, 그 길이도 서로 같다.

두 점 A, B가 y축 위의 점이고 $\overline{AB}=|6-1|=5$이므로
선분 CD는 y축과 평행하고, $\overline{CD}=5$이다.

즉, 점 D의 좌표는 $(6,5)$이므로 직선 BD의 방정식은

$y-1=\dfrac{5-1}{6-0}(x-0)$　　$\therefore y=\dfrac{2}{3}x+1$　　$\cdots\cdots$ ㉠

<u>위의 직선이 점 $(k,0)$을 지나므로</u> $\rightarrow$ $x=k$, $y=0$을 ㉠에 대입한다.

$0=\dfrac{2}{3}k+1$　　$\therefore k=-\dfrac{3}{2}$

다른 풀이

사각형 ABCD가 평행사변형이므로 평행사변형의 성질에 의하여
두 대각선 AC, BD는 서로 다른 것을 이등분한다.

즉, 직선 BD는 대각선 AC의 중점을 지난다.

선분 AC의 중점을 M이라 하면

M$\left(\dfrac{0+6}{2},\dfrac{6+0}{2}\right)$, 즉 M$(3,3)$이므로

<u>직선 BD의 방정식은</u> $\rightarrow$ 직선 BM의 방정식과 같다.

$y-1=\dfrac{3-1}{3-0}(x-0)$　　$\therefore y=\dfrac{2}{3}x+1$

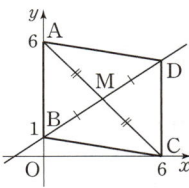

0147 답 ④

0148 답 ②

직선 l의 x절편이 $3k$, y절편이 k이므로 직선 l의 방정식은

$\dfrac{x}{3k}+\dfrac{y}{k}=1$　　$\cdots\cdots$ ㉠
　$\rightarrow$ 직선 l이 점 $(3k,0)$을 지나므로 x절편은 $3k$,
　　점 $(0,k)$를 지나므로 y절편은 k이다.

직선 l이 점 $(6, 1)$을 지나므로 → $x=6$, $y=1$을 ㉠에 대입한다.

$\dfrac{6}{3k}+\dfrac{1}{k}=1$, $\dfrac{3}{k}=1$ ∴ $k=3$

$k=3$을 ㉠에 대입하면 직선 l의 방정식은

$\dfrac{x}{9}+\dfrac{y}{3}=1$ ∴ $x+3y-9=0$

따라서 $a=3$, $b=-9$이므로 $a-b+k=3-(-9)+3=15$

0149 답 ①

직선 l의 x절편과 y절편은 절댓값이 같고 부호가 서로 반대이므로 직선 l의 x절편을 k, y절편을 $-k$라 하면 직선 l의 방정식은

$\dfrac{x}{k}+\dfrac{y}{-k}=1$ ······ ㉠

직선 l이 점 $(2, -3)$을 지나므로 → $x=2$, $y=-3$을 ㉠에 대입한다.

$\dfrac{2}{k}+\dfrac{-3}{-k}=1$, $\dfrac{5}{k}=1$ ∴ $k=5$

즉, 직선 l의 x절편은 5, y절편은 -5이므로 직선 l은 오른쪽 그림과 같다.

따라서 직선 l과 x축 및 y축으로 둘러싸인 삼

각형의 넓이는 $\dfrac{1}{2}\times 5\times |-5|=\dfrac{25}{2}$

→ 길이이므로 양수이어야 한다.

0150 답 ④

$kx-3y+6k=0$에서 $-kx+3y=6k$

위의 식의 양변을 $6k$로 나누면 → ㉠에서 x절편이 -6, y절편이 $2k$이므로

$-\dfrac{x}{6}+\dfrac{y}{2k}=1$ $(\because k>0)$ ∴ $\dfrac{x}{-6}+\dfrac{y}{2k}=1$ ······ ㉠

즉, 직선 $kx-3y+6k=0$이 x축, y축과 만나는 두 점 A, B의 좌표는 각각 $(-6, 0)$, $(0, 2k)$이고, $\overline{AB}=10$이므로

$\overline{AB}=\sqrt{\{0-(-6)\}^2+(2k-0)^2}=\sqrt{36+4k^2}=10$

에서 $36+4k^2=100$

$k^2=16$ ∴ $k=4$ $(\because k>0)$

다른 풀이

$kx-3y+6k=0$에 $x=0$을 대입하면

$k\times 0-3y+6k=0$ ∴ $y=2k$ → y절편

$y=0$을 대입하면

$kx-3\times 0+6k=0$ ∴ $x=-6$ $(\because k>0)$ → x절편

∴ A$(-6, 0)$, B$(0, 2k)$

0151 답 ①

오른쪽 그림과 같이

$\overline{PA}+\overline{PC}\geq\overline{AC}$, $\overline{PB}+\overline{PD}\geq\overline{BD}$

이므로 점 P에서 네 꼭짓점까지의 거리의 합은 점 P가 사각형 ABCD의 대각선의 교점, 즉 두 직선 AC, BD의 교점일 때 최소가 된다.

직선 AC의 x절편은 2, y절편은 6이므로 직선 AC의 방정식은

$\dfrac{x}{2}+\dfrac{y}{6}=1$ ∴ $3x+y=6$ ······ ㉠

직선 BD의 x절편은 4, y절편은 4이므로 직선 BD의 방정식은

$\dfrac{x}{4}+\dfrac{y}{4}=1$ ∴ $x+y=4$ ······ ㉡

㉠, ㉡을 연립하여 풀면

$x=1$, $y=3$

따라서 구하는 점 P의 x좌표는 1이다.

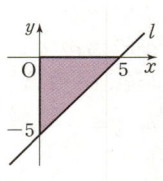

0152 답 ②

0153 답 ①

세 점 A, B, C가 한 직선 위에 있으므로 두 직선 AB, BC의 기울기는 서로 같다.
→ 세 직선 AB, BC, CA의 기울기 중 두 직선의 기울기를 비교한다.

$\dfrac{1-a}{1-(-1)}=\dfrac{(-7)-1}{a-1}$

$\dfrac{1-a}{2}=\dfrac{-8}{a-1}$, $-a^2+2a-1=-16$

$a^2-2a-15=0$, $(a+3)(a-5)=0$

∴ $a=5$ $(\because a>0)$

0154 답 ④

세 점 A$(k, -1)$, B$(k, 3)$, C$(2, 5)$에서 두 점 A$(k, -1)$, B$(k, 3)$의 x좌표가 k로 같으므로 두 점 A, B는 직선 $x=k$ 위의 점이다.

즉, 세 점 A, B, C는 직선 $x=k$ 위의 점이고, 점 C의 x좌표가 2이므로 $k=2$

따라서 선분 BC의 길이 m은 $m=|5-3|=2$

∴ $k+m=2+2=4$
→ y축에 평행한 직선 위의 두 점 사이의 거리는 y좌표의 차와 같다.

0155 답 ①

세 점 A, B, C가 삼각형을 이루지 않으려면 세 점 A, B, C가 한 직선 위에 있어야 한다.

즉, 두 직선 AB, CA의 기울기가 같아야 한다.
→ 세 직선 AB, BC, CA의 기울기 중 두 직선의 기울기를 비교한다.

$\dfrac{0-(-2)}{(k-2)-(-3)}=\dfrac{(-2)-k}{(-3)-7}$

$\dfrac{2}{k+1}=\dfrac{k+2}{10}$, $(k+1)(k+2)=20$

$k^2+3k-18=0$, $(k+6)(k-3)=0$

∴ $k=-6$ 또는 $k=3$

따라서 모든 실수 k의 값의 합은

$(-6)+3=-3$

0156 답 ④

직선 l의 x절편이 -1이므로 직선 l은 점 $(-1, 0)$을 지난다.

이때 점 $(-1, 0)$을 C라 하면 세 점 A, B, C가 한 직선 위의 점이므로 두 직선 AB, BC의 기울기가 같다.

$\dfrac{(k+1)-(k-1)}{7-k}=\dfrac{0-(k+1)}{(-1)-7}$
→ 세 직선 AB, BC, CA의 기울기 중 두 직선의 기울기를 비교한다.

$\dfrac{2}{7-k}=\dfrac{k+1}{8}$, $(7-k)(k+1)=16$

$k^2-6k+9=0$, $(k-3)^2=0$

∴ $k=3$

0157 답 ②

0158 답 ③

직선 $y=mx$는 원점 O를 지나고 원점 O는 삼각형 OAB의 한 꼭짓점이므로 직선 $y=mx$가 삼각형 OAB의 넓이를 이등분하려면 선분 AB의 중점을 지나야 한다.

선분 AB의 중점을 M이라 하면

△AOM : △OBM=1 : 1 이므로 $\overline{AM} : \overline{MB}=1 : 1$

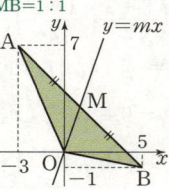

$M\left(\dfrac{(-3)+5}{2}, \dfrac{7+(-1)}{2}\right)$, 즉 $M(1, 3)$

따라서 직선 $y=mx$는 점 $M(1, 3)$을 지나므로

$3=m\times 1$ $\therefore m=3$

0159 답 ③

삼각형 ABP와 삼각형 APC의 넓이의 비가 $2:1$이므로

$\underline{\overline{BP}:\overline{PC}=2:1}$ → 두 삼각형의 높이가 같을 때, 넓이의 비와 밑변의 길이의 비는 서로 같다.

즉, 점 P는 선분 BC를 $2:1$로 내분하는 점이므로

$P\left(\dfrac{2\times 6+1\times(-3)}{2+1}, \dfrac{2\times 4+1\times(-2)}{2+1}\right)$, 즉 $P(3, 2)$

이때 직선 AD의 방정식은 직선 AP의 방정식과 일치하므로 두 점 $A(0, 6)$, $P(3, 2)$를 지나는 직선의 방정식은 → 세 점 A, D, P는 한 직선 위에 있다.

$y-6=\dfrac{2-6}{3-0}(x-0)$ $\therefore y=-\dfrac{4}{3}x+6$ ······ ㉠

위의 직선이 점 $D(k, 0)$을 지나므로 → $x=k$, $y=0$을 ㉠에 대입한다.

$0=\left(-\dfrac{4}{3}\right)\times k+6$ $\therefore k=\dfrac{9}{2}$

0160 답 ③

오른쪽 그림과 같이 네 직선 $x=1$, $x=3$, $y=-1$, $y=4$의 교점을 각각 A, B, C, D라 하면

$\square ABCD=\overline{BC}\times\overline{CD}$
$=|3-1|\times|4-(-1)|$
$=10$

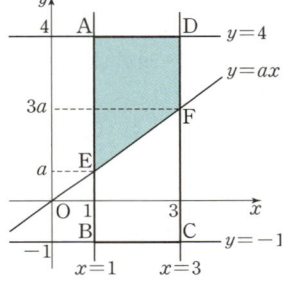

이때 일차함수 $y=ax$의 그래프가 직사각형 ABCD의 넓이를 이등분하므로 일차함수 $y=ax$의 그래프와 두 선분 AB, CD의 교점을 각각 E, F라 하면 두 점 E, F의 좌표는 각각

$(1, a)$, $(3, 3a)$ $(-1<3a<4)$

이고 사각형 AEFD의 넓이가 $\dfrac{1}{2}\times 10=5$이어야 하므로

$\therefore \square AEFD=\dfrac{1}{2}\times(\overline{AE}+\overline{DF})\times\overline{AD}$
$=\dfrac{1}{2}\times(|4-a|+|4-3a|)\times|3-1|$
$=\dfrac{1}{2}\times(8-4a)\times 2=5$

따라서 $8-4a=5$이므로

$4a=3$ $\therefore a=\dfrac{3}{4}$

0161 답 ⑤

두 직사각형의 넓이를 동시에 이등분하는 직선은 두 직사각형의 각각의 대각선의 교점을 지나야 한다.

이때 직사각형 AOCB의 두 대각선의 교점을 M이라 하면 점 M은 선분 OB의 중점이므로

$M\left(\dfrac{0+6}{2}, \dfrac{0+8}{2}\right)$, 즉 $M(3, 4)$

또한, 정사각형 FEOD의 두 대각선의 교점을 N이라 하면 점 N은 선분 OF의 중점이므로

$N\left(\dfrac{0+(-4)}{2}, \dfrac{0+4}{2}\right)$, 즉 $N(-2, 2)$

즉, 두 점 M, N을 지나는 직선의 방정식은

$y-4=\dfrac{2-4}{(-2)-3}(x-3)$ $\therefore y=\dfrac{2}{5}x+\dfrac{14}{5}$

따라서 구하는 직선의 y절편은 $\dfrac{14}{5}$이다.

0162 답 ④

0163 답 ②

$ab>0$, $bc=0$에서 $b\neq 0$이고 $c=0$이므로

$ax+by+c=0$에서 $y=-\dfrac{a}{b}x$

이때 $ab>0$에서 $-\dfrac{a}{b}<0$이므로 직선 $y=-\dfrac{a}{b}x$는 기울기가 음수이고 원점을 지난다. → a와 b의 부호가 같으므로 $\dfrac{a}{b}>0$

따라서 직선의 개형은 오른쪽 그림과 같으므로 직선 $ax+by+c=0$이 지나지 않는 사분면은 제1, 3사분면이다.

0164 답 ②

주어진 그래프에서 직선 $ax+by+c=0$은 x축 또는 y축과 평행하지 않으므로 $a\neq 0$, $b\neq 0$

즉, $ax+by+c=0$에서 $y=-\dfrac{a}{b}x-\dfrac{c}{b}$

또한, 직선의 기울기가 음수이고 y절편이 양수이므로

$-\dfrac{a}{b}<0$, $-\dfrac{c}{b}>0$ $\therefore \dfrac{a}{b}>0$, $\dfrac{c}{b}<0$ → a와 b의 부호가 같고, b와 c의 부호는 다르다.

$\therefore a>0$, $b>0$, $c<0$ 또는 $a<0$, $b<0$, $c>0$

한편, $cx+ay+b=0$에서 $y=-\dfrac{c}{a}x-\dfrac{b}{a}$

이때 $a>0$, $c<0$ 또는 $a<0$, $c>0$이므로 $-\dfrac{c}{a}>0$

$a>0$, $b>0$ 또는 $a<0$, $b<0$이므로 $-\dfrac{b}{a}<0$

즉, 직선 $y=-\dfrac{c}{a}x-\dfrac{b}{a}$는 기울기는 양수이고 y절편은 음수이므로 직선의 개형은 오른쪽 그림과 같다.

따라서 직선 $cx+ay+b=0$이 지나지 않는 사분면은 제2사분면이다.

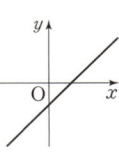

선생님 톡톡

$a\neq 0$일 경우 일반성을 잃지 않으므로 $a>0$ 또는 $a<0$이라 하고 나머지 문자의 부호를 쉽게 정할 수 있어.

이 문제에서도 $a>0$인 경우, 즉 $a>0$, $b>0$, $c<0$인 경우만 살펴봐도 돼.

0165 답 ㄴ

$bc>0$에서 $b\neq 0$이고 $c\neq 0$이므로

$ax+by+c=0$에서 $y=-\dfrac{a}{b}x-\dfrac{c}{b}$ ······ ㉠

ㄱ. 직선 ㉠이 원점을 지나려면 $-\dfrac{c}{b}=0$이어야 한다.

그런데 조건에서 $-\dfrac{c}{b}\neq 0$이므로 직선 $ax+by+c=0$은 원점을 지나지 않는다.

ㄴ. 직선이 x축에 평행하려면 직선의 방정식이 $y=k$ (k는 상수) 꼴이어야 한다.

즉, ㉠에서 $a=0$이면 $y=-\dfrac{c}{b}$이고, 조건에서 $-\dfrac{c}{b}\neq 0$이므로 x축에 평행한 직선이 된다.

ㄷ. 직선이 y축에 평행하려면 직선의 방정식이 $x=k$ (k는 상수), 즉 $ax+by+c=0$에서 $b=0$이어야 한다.

그런데 조건에서 $b\neq 0$이므로 직선 $ax+by+c=0$은 y축에 평행한 직선이 될 수 없다.

따라서 직선 $ax+by+c=0$의 개형이 될 수 있는 것은 ㄴ이다.

0166 답 ②

주어진 그래프에서 이차함수 $y=ax^2+bx+c$의 그래프가 위로 볼록하므로 $a<0$ ↙ $y=ax^2+bx+c=a\left(x+\dfrac{b}{2a}\right)^2-\dfrac{b^2}{4a}+c$이므로 축의 방정식은 $x=-\dfrac{b}{2a}$

이차함수의 그래프의 축이 y축에 대하여 오른쪽에 있으므로

$-\dfrac{b}{2a}>0$ $\therefore b>0$

또한, 이차함수의 그래프의 y절편이 양수이므로 $c>0$

한편, $b\neq 0$이므로 $ax+by+c=0$에서 $y=-\dfrac{a}{b}x-\dfrac{c}{b}$

이때 $a<0$, $b>0$이므로 $-\dfrac{a}{b}>0$

$b>0$, $c>0$이므로 $-\dfrac{c}{b}<0$

즉, 직선 $y=-\dfrac{a}{b}x-\dfrac{c}{b}$의 기울기는 양수이고 y절편은 음수이므로 직선의 개형은 오른쪽 그림과 같다.

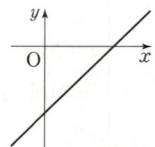

따라서 직선 $ax+by+c=0$이 지나지 않는 사분면은 제2사분면이다.

0167 답 ④

0168 답 ⑤

$3(k+1)x+2(k-2)y+18=0$을 k에 대하여 정리하면

$(3x-4y+18)+k(3x+2y)=0$

즉, 주어진 직선은 두 직선 $3x-4y+18=0$, $3x+2y=0$의 교점을 지난다.

$3x-4y+18=0$, $3x+2y=0$을 연립하여 풀면

$x=-2$, $y=3$ $\therefore \mathrm{P}(-2,\ 3)$

즉, 점 P를 지나고 기울기가 3인 직선의 방정식은

$y-3=3\{x-(-2)\}$ $\therefore y=3x+9$

따라서 조건을 만족시키는 직선이 y축과 만나는 점의 y좌표는 9이다.
↳ 직선의 y절편과 같다.

다른 풀이

$3(k+1)x+2(k-2)y+18=0$ ⋯⋯ ㉠

직선 ㉠은 k의 값에 관계없이 항상 점 P를 지나므로 직선 ㉠ 중에서 점 P를 지나고 기울기가 3인 직선을 찾으면 된다.

이때 $k=2$이면 $9x+18=0$이 되어 기울기가 3이 아니므로 $k\neq 2$

즉,

$y=-\dfrac{3(k+1)}{2(k-2)}x-\dfrac{9}{k-2}$ ⋯⋯ ㉡

에서 $-\dfrac{3(k+1)}{2(k-2)}=3$

$-k-1=2k-4$ $\therefore k=1$

$k=1$을 ㉡에 대입하여 정리하면

$y=3x+9$

0169 답 13

$mx-y+5m-12=0$에서 $m(x+5)-(y+12)=0$

즉, 주어진 직선은 실수 m의 값에 관계없이 항상 점 $(-5,\ -12)$를 지난다.

따라서 $\mathrm{P}(-5,\ -12)$이므로 선분 OP의 길이는

$\overline{\mathrm{OP}}=\sqrt{(-5)^2+(-12)^2}=13$

0170 답 ④

$mx-y+2m-1=0$에서

$y=m(x+2)-1$ ⋯⋯ ㉠ → 직선 ㉠은 점 $(-2,\ -1)$을 지나고 기울기가 m인 직선이다.

즉, 직선 ㉠은 m의 값에 관계없이 점 $(-2,\ -1)$을 지난다.

이때 주어진 두 직선의 교점이 제1사분면 위에 있도록 하려면 오른쪽 그림과 같이 직선 ㉠이 직선 $5x+4y-20=0$이 y축과 만나는 점을 지나는 직선 (i)과 x축과 만나는 점을 지나는 직선 (ii) 사이에 있어야 한다.

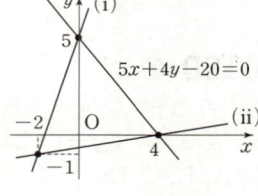

(i) 직선 ㉠이 점 $(0,\ 5)$를 지날 때

$5=m(0+2)-1$ → 직선 $5x+4y-20=0$이 x축과 만나는 점

$2m=6$ $\therefore m=3$

(ii) 직선 ㉠이 점 $(4,\ 0)$을 지날 때

$0=m(4+2)-1$, $6m=1$ → 직선 $5x+4y-20=0$이 x축과 만나는 점

$\therefore m=\dfrac{1}{6}$

(i), (ii)에서 $\dfrac{1}{6}<m<3$ → 기울기 m이 직선 (ii)의 기울기보다 크고 직선 (i)의 기울기보다 작아야 한다.

따라서 $\alpha=\dfrac{1}{6}$, $\beta=3$이므로

$\alpha+\beta=\dfrac{1}{6}+3=\dfrac{19}{6}$

선생님 톡톡

x축 또는 y축 위의 점은 어느 사분면에도 속하지 않기 때문에 m의 값의 범위가 $\dfrac{1}{6}\leq m\leq 3$이 아니라 $\dfrac{1}{6}<m<3$인 거야.

0171 답 17

→ $k=0$이면 이 직선 $x=-1$은 y축에 평행하므로 선분 AB와 만나지 않는다. 즉, $k\neq 0$이다.

$x-ky+k+1=0$에서

$y=\dfrac{1}{k}(x+1)+1$ ⋯⋯ ㉠ → 직선 ㉠은 점 $(-1,\ 1)$을 지나고 기울기가 $\dfrac{1}{k}$인 직선이다.

즉, 직선 ㉠은 k의 값에 관계없이 점 $(-1,\ 1)$을 지난다.

이때 직선 ㉠과 선분 AB가 한 점에서 만나도록 하려면 직선 ㉠이 점 A를 지나는 직선 (i) 또는 점 B를 지나는 직선 (ii)과 일치하거나 두 직선 (i), (ii) 사이에 있어야 한다.

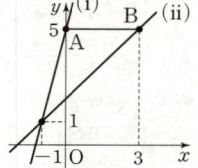

(i) 직선 ㉠이 점 $\mathrm{A}(0,\ 5)$를 지날 때

$5=\dfrac{1}{k}(0+1)+1$ $\therefore \dfrac{1}{k}=4$ → 직선 ㉠의 기울기인 $\dfrac{1}{k}$의 값의 범위를 구한다.

(ii) 직선 ㉠이 점 $B(3, 5)$를 지날 때

$5=\dfrac{1}{k}(3+1)+1$, $\dfrac{4}{k}=4$ $\therefore \dfrac{1}{k}=1$

(i), (ii)에서 $1\leq\dfrac{1}{k}\leq4$ $\therefore \dfrac{1}{4}\leq k\leq1$

따라서 $\alpha=\dfrac{1}{4}$, $\beta=1$이므로 → 기울기 $\dfrac{1}{k}$이 직선 (ii)의 기울기보다 크거나 같고, 직선 (i)의 기울기보다 작거나 같아야 한다.

$16(\alpha^2+\beta^2)=16\times\left\{\left(\dfrac{1}{4}\right)^2+1^2\right\}=17$

0172 답 ⑤

0173 답 ②

주어진 두 직선의 교점을 지나는 직선의 방정식은

$x-2y+2+k(2x+y-6)=0$ (단, k는 실수) …… ㉠

직선 ㉠이 점 $(4, 0)$을 지나므로 → $x=4$, $y=0$을 ㉠에 대입한다.

$4-2\times0+2+k(2\times4+0-6)=0$

$6+2k=0$ $\therefore k=-3$

$k=-3$을 ㉠에 대입하면

$x-2y+2+(-3)\times(2x+y-6)=0$

$-5x-5y+20=0$ $\therefore y=-x+4$

따라서 구하는 직선의 y절편은 4이다.

다른 풀이

$x-2y+2=0$, $2x+y-6=0$을 연립하여 풀면

$x=2$, $y=2$

즉, 주어진 두 직선의 교점의 좌표는 $(2, 2)$이다.

따라서 두 점 $(2, 2)$, $(4, 0)$을 지나는 직선의 방정식은

$y-0=\dfrac{0-2}{4-2}(x-4)$ $\therefore y=-x+4$

0174 답 ②

주어진 두 직선의 교점을 지나는 직선의 방정식은

$4x+3y-7+k(3x-4y+1)=0$ (단, k는 실수)

$(3k+4)x-(4k-3)y+k-7=0$ → $4k-3=0$이면 이 직선은 y축에 평행하므로 기울기가 없다. 즉, $4k-3\neq0$

$y=\dfrac{3k+4}{4k-3}x+\dfrac{k-7}{4k-3}$ ($\because 4k-3\neq0$) …… ㉠

에서 $\dfrac{3k+4}{4k-3}=2$ → 이 직선의 기울기가 2이므로

$3k+4=8k-6$, $5k=10$ $\therefore k=2$

$k=2$를 ㉠에 대입하면

$y=2x+\dfrac{2-7}{4\times2-3}$ $\therefore y=2x-1$

따라서 구하는 직선의 y절편은 -1이다.

다른 풀이

$4x+3y-7=0$, $3x-4y+1=0$을 연립하여 풀면

$x=1$, $y=1$

즉, 주어진 두 직선의 교점의 좌표는 $(1, 1)$이다.

따라서 점 $(1, 1)$을 지나고 기울기가 2인 직선의 방정식은

$y-1=2(x-1)$ $\therefore y=2x-1$

0175 답 10

주어진 두 직선의 교점을 지나는 직선의 방정식은

$2x+3y-4+k(3x-2y-6)=0$ (단, k는 실수) …… ㉠

직선 ㉠이 점 $(1, 5)$를 지나므로 → $x=1$, $y=5$를 ㉠에 대입한다.

$2\times1+3\times5-4+k(3\times1-2\times5-6)=0$

$13-13k=0$ $\therefore k=1$

$k=1$을 ㉠에 대입하면

$2x+3y-4+1\times(3x-2y-6)=0$ $\therefore \dfrac{x}{2}+\dfrac{y}{10}=1$ …… (*)

따라서 두 점 A, B의 좌표는 각각 $(2, 0)$, $(0, 10)$이므로 삼각형 OAB의 넓이는 → 점 A는 직선의 x절편, 점 B는 직선의 y절편 → (*)에서 x절편은 2, y절편은 10이므로

$\dfrac{1}{2}\times2\times10=10$

다른 풀이

$2x+3y-4=0$, $3x-2y-6=0$을 연립하여 풀면

$x=2$, $y=0$

즉, 주어진 두 직선의 교점의 좌표는 $(2, 0)$이다.

따라서 두 점 $(2, 0)$, $(1, 5)$를 지나는 직선의 방정식은

$y-0=\dfrac{5-0}{1-2}(x-2)$ $\therefore y=-5x+10$

0176 답 ③

주어진 두 직선의 교점을 지나는 직선의 방정식은

$(a-1)x+ay-10+k\{(a+1)x-ay-2\}=0$ (단, k는 실수) …… ㉠

직선 ㉠이 원점을 지나므로 → $x=0$, $y=0$을 ㉠에 대입한다.

$(a-1)\times0+a\times0-10+k\{(a+1)\times0-a\times0-2\}=0$

$-10-2k=0$ $\therefore k=-5$

$k=-5$를 ㉠에 대입하면

$(a-1)x+ay-10-5\{(a+1)x-ay-2\}=0$

$(2a+3)x-3ay=0$ $\therefore y=\dfrac{2a+3}{3a}x$ ($\because a\neq0$) → 기울기가 1이므로 $a\neq0$

따라서 조건을 만족시키는 직선의 기울기가 1이므로

$\dfrac{2a+3}{3a}=1$, $2a+3=3a$ $\therefore a=3$

0177 답 ②

0178 답 ②

주어진 두 직선이 서로 평행하려면

$\dfrac{k}{2}=\dfrac{1}{k-1}\neq\dfrac{1}{-2}$ …… ㉠

$k(k-1)=2$, $k^2-k-2=0$

$(k+1)(k-2)=0$ $\therefore k=-1$ 또는 $k=2$

이때 $k=-1$이면 ㉠에서

$\dfrac{-1}{2}=\dfrac{1}{(-1)-1}=\dfrac{1}{-2}$

이므로 두 직선은 일치한다. → k의 값을 ㉠에 대입하여 두 직선이 일치하는지 확인해야 한다.

즉, $k=2$이므로 $\alpha=2$

한편, 주어진 두 직선이 서로 수직이려면

$k\times2+1\times(k-1)=0$, $3k-1=0$ $\therefore k=\dfrac{1}{3}$

$\therefore \beta=\dfrac{1}{3}$

$\therefore \alpha\beta=2\times\dfrac{1}{3}=\dfrac{2}{3}$

0179 답 15

$y=k(x+1)-2x-1$에서 $y=(k-2)x+k-1$

이때 두 직선 $y=(k-2)x+k-1$, $y=\left(\dfrac{1}{2}-k\right)x$가 서로 평행하려면

$k-2=\dfrac{1}{2}-k$, $2k=\dfrac{5}{2}$ $\therefore k=\dfrac{5}{4}$

$\therefore \alpha=\dfrac{5}{4}$

한편, 두 직선 $y=(k-2)x+k-1$, $y=\left(\dfrac{1}{2}-k\right)x$가 서로 수직이려면

$(k-2)\left(\dfrac{1}{2}-k\right)=-1$, $-k^2+\dfrac{5}{2}k-1=-1$

$k^2-\dfrac{5}{2}k=0$, $k\left(k-\dfrac{5}{2}\right)=0$ $\therefore k=\dfrac{5}{2}$ ($\because k\neq0$)

$\therefore \beta=\dfrac{5}{2}$

$\therefore 4(\alpha+\beta)=4\times\left(\dfrac{5}{4}+\dfrac{5}{2}\right)=15$

0180 ❸ 8

$b\neq0$일 때 →$b=0$일 때, 직선 $y=ax+2a-1$에 대하여 직선 $y=x$와 평행하고, 직선 $x=0$과 수직임을 만족시키는 a의 값은 존재하지 않는다.

두 직선 $y=ax+2a-1$, $y=(b+1)x-b$가 서로 평행하므로

$a=b+1$ ……㉠

한편, 직선 $y=ax+2a-1$이 직선 $by=x$, 즉 $y=\dfrac{1}{b}x$와 수직이므로

$a\times\dfrac{1}{b}=-1$ $\therefore a=-b$ ……㉡

㉠, ㉡을 연립하여 풀면 $a=\dfrac{1}{2}$, $b=-\dfrac{1}{2}$

$\therefore 16(a^2+b^2)=16\times\left\{\left(\dfrac{1}{2}\right)^2+\left(-\dfrac{1}{2}\right)^2\right\}=16\times\dfrac{1}{2}=8$

0181 ❸ 9

조건 (가)에서 직선 CD의 기울기는 음수이므로

$\dfrac{q-p}{3\sqrt{2}-\sqrt{2}}<0$에서 $\dfrac{q-p}{2\sqrt{2}}<0$ $\therefore q-p<0$

조건 (나)에서 $\overline{AB}=\overline{CD}$이므로 $\overline{AB}^2=\overline{CD}^2$

$(4-1)^2=(3\sqrt{2}-\sqrt{2})^2+(q-p)^2$

$3^2=(2\sqrt{2})^2+(q-p)^2$ $\therefore (q-p)^2=1$

이때 $q-p<0$이므로

$q-p=-1$ ……㉠

또한, 조건 (나)에서 $\overline{AD}/\!/\overline{BC}$이므로 두 직선 AD, BC의 기울기가 서로 같다.

즉, $\dfrac{q-1}{3\sqrt{2}-0}=\dfrac{p-4}{\sqrt{2}-0}$에서

$q-1=3(p-4)$ $\therefore 3p-q=11$ ……㉡

㉠, ㉡을 연립하여 풀면

$p=5$, $q=4$

$\therefore p+q=5+4=9$

0182 ❸ ③

0183 ❸ 6

세 직선의 교점의 개수가 2가 되려면 두 직선은 서로 평행하고 나머지 한 직선은 다른 두 직선과 평행하지 않아야 한다.

이때 세 직선을 각각

$l:y=-x$, $m:y=(a-3)x+1$, $n:y=\dfrac{a-1}{2}x-1$

이라 하면

(ⅰ) 두 직선 l, m이 서로 평행한 경우

직선 l, m의 기울기가 각각 -1, $a-3$이므로

$-1=a-3$ $\therefore a=2$

즉, 두 직선 l, m의 기울기는 -1이고, 직선 n의 기울기는

$\dfrac{2-1}{2}=\dfrac{1}{2}$이므로 주어진 조건을 만족시킨다. →$\dfrac{a-1}{2}$

(ⅱ) 두 직선 m, n이 서로 평행한 경우

직선 m, n의 기울기가 각각 $a-3$, $\dfrac{a-1}{2}$이므로

$a-3=\dfrac{a-1}{2}$ $\therefore a=5$

즉, 두 직선 m, n의 기울기는 $5-3=2$이고, 직선 l의 기울기는 -1이므로 주어진 조건을 만족시킨다.

(ⅲ) 두 직선 l, n이 서로 평행한 경우

직선 l, n의 기울기가 각각 -1, $\dfrac{a-1}{2}$이므로

$-1=\dfrac{a-1}{2}$ $\therefore a=-1$

즉, 두 직선 l, n의 기울기는 -1이고 직선 m의 기울기는 →$a-3$

$(-1)-3=-4$이므로 주어진 조건을 만족시킨다.

(ⅰ), (ⅱ), (ⅲ)에서 조건을 만족시키는 모든 실수 a의 값의 합은

$2+5+(-1)=6$

0184 ❸ ③

두 직선의 방정식

$2x-y-2=0$ ……㉠

$2x-ay+2=0$ ……㉡

에서 $a=1$이면 두 직선 ㉠, ㉡은 서로 평행하므로 $a\neq1$

㉠, ㉡을 연립하여 풀면 →두 직선이 평행하면 세 직선은 한 점에서 만나지 않는다.

$x=\dfrac{a+1}{a-1}$, $y=\dfrac{4}{a-1}$ →$x=\dfrac{a+1}{a-1}$, $y=\dfrac{4}{a-1}$를 (＊)에 대입한다.

즉, 두 직선 ㉠, ㉡은 점 $\left(\dfrac{a+1}{a-1}, \dfrac{4}{a-1}\right)$에서 만난다.

이때 직선 $\underset{(＊)}{ax-y-a-1=0}$이 점 $\left(\dfrac{a+1}{a-1}, \dfrac{4}{a-1}\right)$를 지나므로

$a\times\dfrac{a+1}{a-1}-\dfrac{4}{a-1}-a-1=0$

$a^2+a-4-(a^2-1)=0$

$a-3=0$ $\therefore a=3$

0185 ❸ 3

주어진 세 직선이 삼각형을 이루지 않는 경우는 다음과 같다.

(ⅰ) 세 직선이 한 점에서 만나는 경우

$x-y+2=0$, $2x+y-2=0$을 연립하여 풀면

$x=0$, $y=2$ →두 직선의 교점의 좌표는 $(0, 2)$ →$x=0$, $y=2$를 ㉠에 대입한다.

즉, 직선 $\underset{㉠}{ax-y+a-2=0}$이 점 $(0, 2)$를 지나야 하므로

$a\times0-2+a-2=0$ $\therefore a=4$

(ⅱ) 세 직선 중 두 직선만 서로 평행한 경우 →직선 $ax-y+a-2=0$이 직선 $x-y+2=0$과 평행한 경우 또는 직선 $2x+y-2=0$과 평행한 경우

ⓐ 두 직선 $x-y+2=0$, $ax-y+a-2=0$이 서로 평행한 경우

$\dfrac{1}{a}=\dfrac{-1}{-1}\neq\dfrac{2}{a-2}$ $\therefore a=1$

ⓑ 두 직선 $2x+y-2=0$, $ax-y+a-2=0$이 서로 평행한
　경우
　$$\frac{2}{a}=\frac{1}{-1}\neq\frac{-2}{a-2} \qquad \therefore a=-2$$
(iii) 세 직선이 모두 평행한 경우
　두 직선 $x-y+2=0$, $2x+y-2=0$은 서로 평행하지 않으므
　로 세 직선이 모두 평행한 경우는 존재하지 않는다.
(i), (ii), (iii)에서 조건을 만족시키는 모든 상수 a이 값의 합은
$4+1+(-2)=3$

0186 답 ⑤

세 직선에 의해 좌표평면이 4개의 영역으로 나누어지려면 세 직선
은 모두 평행해야 한다.
세 직선을 각각
$l:(k-2)x-3y-5=0$,
$m:4x-(k+2)y+1=0$,
$n:(2-k)x+(k-1)y+1=0$
이라 할 때, 두 직선 l, m이 서로 평행하려면
$$\frac{k-2}{4}=\frac{-3}{-(k+2)}\neq\frac{-5}{1}$$
$(k-2)(k+2)=12$, $k^2=16$
$\therefore k=-4$ 또는 $k=4$
(i) $k=-4$일 때
　세 직선 l, m, n의 방정식은 각각
　$l:6x+3y+5=0$, $m:4x+2y+1=0$, $n:6x-5y+1=0$
　이므로 직선 n은 두 직선 l, m과 서로 평행하지 않다.
(ii) $k=4$일 때
　세 직선 l, m, n의 방정식은 각각
　$l:2x-3y-5=0$, $m:4x-6y+1=0$, $n:2x-3y-1=0$
　이므로 세 직선 l, m, n은 모두 평행하다.
(i), (ii)에서 주어진 조건을 만족시키는 상수 k의 값은 4이다.

0187 답 ⑤

0188 답 ④

직선 AB의 기울기는 $\dfrac{3-2}{2-(-1)}=\dfrac{1}{3}$이므로
직선 AB에 수직인 직선의 기울기는 -3이다. ⟶ $\frac{1}{3}\times(-3)=-1$
이때 점 $B(2, 3)$을 지나고 기울기가 -3인 직선의 방정식은
$y-3=(-3)(x-2) \qquad \therefore y=-3x+9 \quad\cdots\cdots$ ㉠
위의 직선이 점 $(1, a)$를 지나므로
$a=(-3)\times1+9=6$ ⟶ $x=1$, $y=a$를 ㉠에 대입한다.

0189 답 ③

⟶ 평행하면 직선의 기울기는 같다.
직선 $y=\dfrac{1}{2}x+1$에 평행한 직선의 기울기는 $\dfrac{1}{2}$이다.

이때 점 $(-3, 1)$을 지나고 기울기가 $\dfrac{1}{2}$인 직선의 방정식은
$$y-1=\frac{1}{2}\{x-(-3)\} \qquad \therefore y=\frac{1}{2}x+\frac{5}{2}$$
따라서 $a=\dfrac{1}{2}$, $b=\dfrac{5}{2}$이므로
$$a+b=\frac{1}{2}+\frac{5}{2}=3$$

0190 답 90

직선 $5x-4y+2=0$, 즉 $y=\dfrac{5}{4}x+\dfrac{1}{2}$과 평행한 직선의 기울기는
$\dfrac{5}{4}$이다.

이때 점 $(8, -5)$를 지나고 기울기가 $\dfrac{5}{4}$인 직선의 방정식은
$$y-(-5)=\frac{5}{4}(x-8) \qquad \therefore y=\frac{5}{4}x-15$$
위의 식에 $y=0$을 대입하여 정리하면
$x=12$
따라서 두 점 A, B의 좌표는 각각 $(12, 0)$, $(0, -15)$이므로 삼
각형 OAB의 넓이는
$$\frac{1}{2}\times12\times|-15|=90$$
⟶ 길이이므로 양수이어야 한다.

0191 답 ①

다음 그림과 같이 꼭짓점 B를 원점, 선분 BC를 x축, 선분 AB
를 y축으로 하는 좌표평면을 잡으면 $\overline{AB}=4$, $\overline{BC}=8$이므로
$A(0, 4)$, $C(8, 0)$

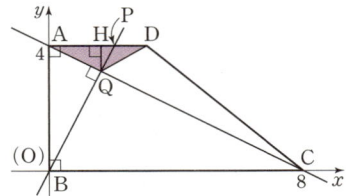

직선 AC의 방정식은
$$\frac{x}{8}+\frac{y}{4}=1 \qquad \therefore y=-\frac{1}{2}x+4$$
점 $B(0, 0)$을 지나고 직선 AC에 수직인 직선 BP의 기울기는 2
이므로 직선 BP의 방정식은
$y=2x \quad\cdots\cdots$ ㉠
한편, 점 D의 좌표를 $(t, 4)$라 하면 점 P는 선분 AD를 $2:1$로
내분하는 점이므로
$$P\left(\frac{2\times t+1\times0}{2+1}, \frac{2\times4+1\times4}{2+1}\right) \qquad \therefore P\left(\frac{2}{3}t, 4\right)$$
점 P는 직선 BP 위의 점이므로
$$4=2\times\frac{2}{3}t \qquad \therefore t=3$$
즉, 점 P의 좌표는 $(2, 4)$, 점 D의 좌표는 $(3, 4)$이고, 점 Q는
두 직선 AC, BP가 만나는 점이므로 점 Q의 x좌표는
$$-\frac{1}{2}x+4=2x, \frac{5}{2}x=4 \qquad \therefore x=\frac{8}{5}$$
㉠에 $x=\dfrac{8}{5}$을 대입하면
$$y=2\times\frac{8}{5}=\frac{16}{5}$$
$$\therefore Q\left(\frac{8}{5}, \frac{16}{5}\right)$$
이때 점 Q에서 선분 AD에 내린 수선의 발을 H라 하면 삼각형
AQD의 넓이는
$$\frac{1}{2}\times\overline{AD}\times\overline{QH}=\frac{1}{2}\times3\times\left(4-\frac{16}{5}\right)=\frac{6}{5}$$

0192 답 ③

0193 답 ②

선분 AB의 수직이등분선은 선분 AB의 중점을 지난다.

선분 AB의 중점의 좌표는 $\left(\dfrac{(-2)+4}{2}, \dfrac{3+1}{2}\right)$, 즉 $(1, 2)$

직선 AB의 기울기는 $\dfrac{1-3}{4-(-2)}=-\dfrac{1}{3}$ → 직선 AB에 수직이므로 직선 AB의 기울기를 구한다.

즉, 선분 AB의 수직이등분선은 점 $(1, 2)$를 지나고 기울기가 3 인 직선이므로 수직이등분선의 방정식은 $\left(-\dfrac{1}{3}\right)\times 3=-1$

$y-2=3(x-1)$, $y-2=3x-3$ $\therefore y=3x-1$

따라서 선분 AB의 수직이등분선의 y절편은 -1이다.

0194 답 ②

선분 AB의 중점의 좌표는

$\left(\dfrac{(-1)+3}{2}, \dfrac{a+b}{2}\right)$, 즉 $\left(1, \dfrac{a+b}{2}\right)$

이 점이 직선 $2x+y-4=0$ 위의 점이므로

$2\times 1+\dfrac{a+b}{2}-4=0$, $\dfrac{a+b}{2}=2$

$\therefore a+b=4$ ······ ㉠

직선 $2x+y-4=0$에서 $y=-2x+4$이므로 직선 AB의 기울기는 $\dfrac{1}{2}$이다. $(-2)\times\dfrac{1}{2}=-1$

즉, $\dfrac{b-a}{3-(-1)}=\dfrac{1}{2}$이므로 $2b-2a=4$

$\therefore a-b=-2$ ······ ㉡

㉠, ㉡을 연립하여 풀면 $a=1$, $b=3$

$\therefore 2a-b=2\times 1-3=-1$

0195 답 ③

선분 BC의 중점을 M이라 하면 점 M은 y축 위에 있고, 직선 $y=m(x-2)$ 위에 있으므로 $M(0, -2m)$

직선 AM의 기울기는

$\dfrac{-2m-3}{0-(-2)}=\dfrac{-2m-3}{2}$이고

삼각형 ABC는 $\overline{AB}=\overline{AC}$인 이등변삼각형이므로 직선 AM은 선분 BC를 수직이등분한다.

이때 직선 BC의 기울기는 m이므로

$\dfrac{-2m-3}{2}\times m=-1$에서 $2m^2+3m-2=0$

$(m+2)(2m-1)=0$

$\therefore m=\dfrac{1}{2}$ $(\because m>0)$

0196 답 250

$C(p, q)$라 하면 마름모의 두 대각선은 서로 다른 것을 수직이등 분하므로 두 점 A, C는 선분 OB의 수직이등분선 위의 점이다.

직선 AC의 기울기는 $\dfrac{q}{p-a}$이고, 직선 OB와 수직이므로

$\dfrac{q}{p-a}\times\dfrac{4}{3}=-1$ $\therefore p-a=-\dfrac{4}{3}q$ ······ ㉠

$\overline{AC}=10$에서 $\overline{AC}^2=100$이므로

$(p-a)^2+q^2=100$ ······ ㉡

㉠, ㉡을 연립하여 풀면

$p=a-8$, $q=6$ $(\because q>0)$

$C(a-8, 6)$이고, 선분 AC의 중점을 M이라 하면

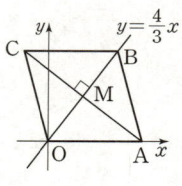

$M\left(\dfrac{(a-8)+a}{2}, \dfrac{6+0}{2}\right)$, 즉 $M(a-4, 3)$

이때 점 M은 직선 OB, 즉 직선 $y=\dfrac{4}{3}x$ 위의 점이므로

$3=\dfrac{4}{3}(a-4)$, $a-4=\dfrac{9}{4}$ $\therefore a=\dfrac{25}{4}$

$\therefore 40a=40\times\dfrac{25}{4}=250$

> **해설 속 칠판** 여러 가지 사각형의 성질
>
> (1) 직사각형: 두 대각선의 길이가 같고, 서로 다른 것을 이등분한다.
> (2) 마름모: 두 대각선은 서로 다른 것을 수직이등분한다.
> (3) 정사각형: 두 대각선의 길이가 같고, 서로 다른 것을 수직이등분한다.

0197 답 ③

0198 답 ④

점 $(3, 4)$와 직선 $ax+3y-9=0$ 사이의 거리가 3이므로

$\dfrac{|a\times 3+3\times 4-9|}{\sqrt{a^2+3^2}}=3$, $|3a+3|=3\sqrt{a^2+9}$

$|a+1|=\sqrt{a^2+9}$

위의 식의 양변을 제곱하면

$a^2+2a+1=a^2+9$, $2a=8$ $\therefore a=4$

0199 답 ②

두 점 A, B가 각각 x축, y축 위에 있으므로 내접원의 중심과 두 선분 OA, OB 사이의 거리는 각각 내접원의 중심의 y좌표, x좌 표와 같고, 이는 삼각형 OAB의 내접원의 반지름의 길이와 같다.

즉, $0<a<4$, $0<b<3$ ······ ㉠

이고, $a=b$이므로 내접원의 중심의 좌표를 (a, a)라 하면 원의 중심과 직선 AB 사이의 거리는 a이다.

이때 직선 AB의 방정식은

$\dfrac{x}{4}+\dfrac{y}{3}=1$ $\therefore 3x+4y-12=0$ ······ ㉡

이고, 점 (a, a)와 직선 ㉡ 사이의 거리가 a이므로

$\dfrac{|3\times a+4\times a-12|}{\sqrt{3^2+4^2}}=a$

$|7a-12|=5a$에서 $7a-12=\pm 5a$이므로

$7a-12=5a$에서 $2a=12$ $\therefore a=6$

$7a-12=-5a$에서 $12a=12$ $\therefore a=1$

이때 $a=1$ $(\because ㉠)$이므로 내접원의 중심의 좌표는 $(1, 1)$이다.

따라서 $a=1$, $b=1$이므로

$a+b=1+1=2$

> **해설 속 칠판** 삼각형의 내심
>
> (1) 삼각형의 세 내각의 이등분선의 교점
> (2) 삼각형의 내심에서 세 변에 이르는 거리는 같다.
> ➡ $\overline{ID}=\overline{IE}=\overline{IF}$
> (내접원의 반지름의 길이)

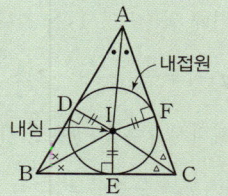

0200 답 ⑤

점 $(3, a)$에서 두 직선 $x+3y-5=0$, $3x+y+1=0$까지의 거리가 같으므로

$$\frac{|1\times3+3\times a-5|}{\sqrt{1^2+3^2}}=\frac{|3\times3+1\times a+1|}{\sqrt{3^2+1^2}}$$

$|3a-2|=|a+10|$, $3a-2=\pm(a+10)$

$3a-2=-a-10$ 또는 $3a-2=a+10$

$\therefore a=-2$ 또는 $a=6$

따라서 조건을 만족시키는 모든 실수 a의 값의 합은

$(-2)+6=4$

0201 답 ③

원점과 직선 $(k+3)x+(k+1)y-3=0$ 사이의 거리를 d라 하면

$$d=\frac{|-3|}{\sqrt{(k+3)^2+(k+1)^2}}=\frac{3}{\sqrt{2k^2+8k+10}}$$

$$=\frac{3}{\sqrt{2(k+2)^2+2}}\leq\frac{3}{\sqrt{2}}=\frac{3\sqrt{2}}{2}$$

$k=-2$일 때 분모가 최솟값 $\sqrt{2}$를 가지므로 d는 최댓값 $\frac{3}{\sqrt{2}}$을 갖는다.

따라서 구하는 거리의 최댓값은 $\frac{3\sqrt{2}}{2}$이다.

다른 풀이

$(k+3)x+(k+1)y-3=0$ ······ ㉠

에서 $3x+y-3+k(x+y)=0$

이므로 임의의 실수 k에 대하여 직선 ㉠은 두 직선

$3x+y-3=0$, $x+y=0$의 교점을 지난다.

위의 두 식을 연립하여 풀면 $x=\frac{3}{2}$, $y=-\frac{3}{2}$

이때 두 직선의 교점을 A라 하면 $A\left(\frac{3}{2}, -\frac{3}{2}\right)$이고,

원점 O에서 직선 ㉠에 내린 수선의 발을 H라 하면 삼각형 OHA는 $\angle OHA=90°$인 직각삼각형이다.

이때 원점과 직선 ㉠ 사이의 거리 $\overline{OH}$는

$$\overline{OH}=\sqrt{\overline{OA}^2-\overline{AH}^2}$$

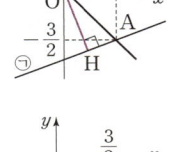

즉, $\overline{AH}=0$일 때 $\overline{OH}$는 최댓값 $\overline{OA}$를 갖는다.

따라서 구하는 거리의 최댓값은

$$\overline{OA}=\sqrt{\left(\frac{3}{2}\right)^2+\left(-\frac{3}{2}\right)^2}=\frac{3\sqrt{2}}{2}$$

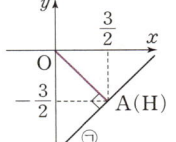

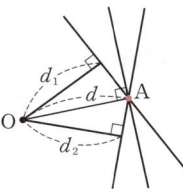
0202 답 ①

0203 답 ④

선분 AB의 길이는 → 삼각형 ABC의 밑변의 길이

$$\overline{AB}=\sqrt{\{(-2)-1\}^2+(0-3)^2}=3\sqrt{2}$$

직선 AB의 방정식은

$$y-3=\frac{0-3}{(-2)-1}(x-1),\ y-3=x-1$$

$\therefore x-y+2=0$ ······ ㉠

점 $C(2, -2)$와 직선 ㉠ 사이의 거리는 → 삼각형 ABC의 높이

$$\frac{|1\times2-1\times(-2)+2|}{\sqrt{1^2+(-1)^2}}=\frac{6}{\sqrt{2}}$$

따라서 삼각형 ABC의 넓이는 $\frac{1}{2}\times3\sqrt{2}\times\frac{6}{\sqrt{2}}=9$

0204 답 ③

삼각형 ABC의 밑변의 길이

선분 AB의 길이는 $\overline{AB}=\sqrt{\{1-(-1)\}^2+\{(-1)-3\}^2}=2\sqrt{5}$

직선 AB의 방정식은

$$y-3=\frac{(-1)-3}{1-(-1)}\{x-(-1)\},\ y=-2x+1$$

$\therefore 2x+y-1=0$ ······ ㉠

점 $C(a, 1)$과 직선 ㉠ 사이의 거리는 → 삼각형 ABC의 높이

$$\frac{|2\times a+1\times1-1|}{\sqrt{2^2+1^2}}=\frac{2a}{\sqrt{5}}\ (\because a>0)$$

삼각형 ABC의 넓이가 12이므로

$$\frac{1}{2}\times2\sqrt{5}\times\frac{2a}{\sqrt{5}}=12,\ 2a=12\ \ \ \therefore a=6$$

0205 답 ②

점 $A(0, 3)$과 직선 $3x-5y-2=0$ 사이의 거리를 d라 하면

$$d=\frac{|3\times0-5\times3-2|}{\sqrt{3^2+(-5)^2}}=\frac{17}{\sqrt{34}}=\frac{\sqrt{34}}{2}$$

이때 d는 정삼각형 APQ의 높이와 같으므로 정삼각형 APQ의 한 변의 길이를 a라 하면

$$\frac{\sqrt{3}}{2}a=\frac{\sqrt{34}}{2}\ \ \ \therefore a=\frac{\sqrt{102}}{3}$$

따라서 구하는 정삼각형 APQ의 넓이는

$$\frac{\sqrt{3}}{4}\times\left(\frac{\sqrt{102}}{3}\right)^2=\frac{102\sqrt{3}}{36}=\frac{17\sqrt{3}}{6}$$

0206 답 ④

선분 AB의 길이는 $\overline{AB}=\sqrt{(4-3)^2+\{0-(-4)\}^2}=\sqrt{17}$

직선 AB의 방정식은

$$y-(-4)=\frac{0-(-4)}{4-3}(x-3)\ \ \ \therefore 4x-y-16=0$$ ······ ㉠

점 P는 곡선 $y=x^2$ 위의 점이므로

이때 $P(a, a^2)$이라 하고, 점 P와 직선 ㉠ 사이의 거리를 h라 하면

$$h=\frac{|4\times a-1\times a^2-16|}{\sqrt{4^2+(-1)^2}}=\frac{|-(a-2)^2-12|}{\sqrt{17}}=\frac{(a-2)^2+12}{\sqrt{17}}$$

즉, h는 $a=2$일 때 최솟값 $\frac{12}{\sqrt{17}}$를 갖는다.

따라서 삼각형 ABP의 넓이의 최솟값은

$$\frac{1}{2}\times\sqrt{17}\times\frac{12}{\sqrt{17}}=6$$

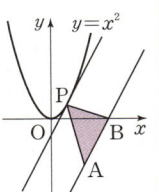

0207 답 ①

0208 답 ①

직선 $y=\dfrac{4}{3}x+1$이 점 $(0, 1)$을 지나므로 → y절편이 1이므로

두 직선 $y=\dfrac{4}{3}x+1$, $y=\dfrac{4}{3}x+k$ 사이의 거리는 점 $(0, 1)$과 직

선 $y=\dfrac{4}{3}x+k$, 즉 $4x-3y+3k=0$ 사이의 거리와 같다.

이때 두 직선 사이의 거리가 3이므로

$\dfrac{|4\times0-3\times1+3k|}{\sqrt{4^2+(-3)^2}}=3$, $|3k-3|=15$, $|k-1|=5$

$k-1=\pm5$ ∴ $k=6 \ (\because k>0)$

0209 답 ④

주어진 두 직선이 서로 평행하므로

$\dfrac{a}{4}=\dfrac{-3}{1-a}\neq\dfrac{-3}{4}$ _(*)

$a(a-1)=12$, $a^2-a-12=0$, $(a+3)(a-4)=0$

∴ $a=-3$ 또는 $a=4$ → (*)에 $a=-3$을 대입하면 $\dfrac{-3}{4}=\dfrac{-3}{4}$이므로 일치

이때 $a=-3$이면 두 직선은 서로 일치하므로 $a=4$

즉, 두 직선의 방정식은

$4x-3y-3=0$ ····· ㉠

$4x-3y+4=0$ ····· ㉡ → $x=0$을 ㉠에 대입하면 $y=-1$

직선 ㉠이 점 $(0, -1)$을 지나므로 두 직선 ㉠, ㉡ 사이의 거리는 점 $(0, -1)$과 직선 ㉡ 사이의 거리와 같다.

∴ $\dfrac{|4\times0-3\times(-1)+4|}{\sqrt{4^2+(-3)^2}}=\dfrac{7}{5}$

0210 답 ①

주어진 두 직선이 서로 평행하므로

$\dfrac{a}{1}=\dfrac{b}{-2}\neq\dfrac{-2}{4}$ ∴ $b=-2a$

$b=-2a$를 $ax+by-2=0$에 대입하면 $ax-2ay-2=0$ → $x=0$을 ㉠에 대입하면 $y=2$

한편, 직선 $x-2y+4=0$이 점 $(0, 2)$를 지나므로 두 직선 $x-2y+4=0$, $ax+by-2=0$ 사이의 거리는 점 $(0, 2)$와 직선 $ax-2ay-2=0$ 사이의 거리와 같다.

이때 두 직선 사이의 거리가 $\sqrt{5}$이므로

$\dfrac{|a\times0-2a\times2-2|}{\sqrt{a^2+(-2a)^2}}=\sqrt{5}$, $|-4a-2|=5a$

$4a+2=5a \ (\because a>0)$ → $a>0$이므로 $4a+2<0$인 경우, 즉 $4a+2=-5a$인 경우는 존재하지 않는다.

∴ $a=2$, $b=-4 \ (\because b=-2a)$

∴ $a+b=2+(-4)=-2$

(다른 풀이)

직선 $x-2y+4=0$, 즉 $y=\dfrac{1}{2}x+2$와 평행한 직선의 방정식을

$y=\dfrac{1}{2}x+k \ (k\neq2)$라 하면 $x-2y+2k=0$ ····· ㉠

직선 $x-2y+4=0$은 점 $(0, 2)$를 지나므로 점 $(0, 2)$와 직선 ㉠

사이의 거리가 $\sqrt{5}$가 되도록 하는 k의 값을 찾으면

$\dfrac{|1\times0-2\times2+2k|}{\sqrt{1^2+(-2)^2}}=\sqrt{5}$, $|2k-4|=5$, $2k-4=\pm5$

∴ $k=-\dfrac{1}{2}$ 또는 $k=\dfrac{9}{2}$

(i) $k=-\dfrac{1}{2}$일 때

㉠에서 $x-2y-1=0$, 즉 $2x-4y-2=0$이므로

$a=2$, $b=-4$

(ii) $k=\dfrac{9}{2}$일 때

㉠에서 $x-2y+9=0$, 즉 $-\dfrac{2}{9}x+\dfrac{4}{9}y-2=0$이므로

$a=-\dfrac{2}{9}$, $b=\dfrac{4}{9}$

그런데 $a>0$이어야 하므로 주어진 조건을 만족시키지 않는다.

(i), (ii)에서 $a=2$, $b=-4$

0211 답 ③

정사각형 ABCD의 넓이가 64이므로 한 변의 길이는 8이다.

즉, 주어진 두 직선 사이의 거리는 8이다. → $x=0$을 ㉠에 대입하면 $y=-5$

한편, 직선 $ax+2y+10=0$이 점 $(0, -5)$를 지나므로 두 직선 $ax+2y+10=0$, $ax+2y-10=0$ 사이의 거리는 점 $(0, -5)$와 직선 $ax+2y-10=0$ 사이의 거리와 같다.

이때 두 직선 사이의 거리는 8이므로

$\dfrac{|a\times0+2\times(-5)-10|}{\sqrt{a^2+2^2}}=8$, $5=2\sqrt{a^2+4}$

위의 식의 양변을 제곱하면

$25=4a^2+16$, $a^2=\dfrac{9}{4}$

∴ $a=\dfrac{3}{2} \ (\because a>0)$

0212 답 ②

0213 답 ①

주어진 두 직선이 이루는 각의 이등분선 위의 임의의 점을 $P(x, y)$라 하면 점 P에서 두 직선에 이르는 거리가 같으므로

$\dfrac{|x-3y+5|}{\sqrt{1^2+(-3)^2}}=\dfrac{|3x-y+7|}{\sqrt{3^2+(-1)^2}}$

$|x-3y+5|=|3x-y+7|$

$x-3y+5=\pm(3x-y+7)$

$x+y+1=0$ 또는 $x-y+3=0$

∴ $y=-x-1$ 또는 $y=x+3$

따라서 기울기가 음수인 직선의 방정식은 $y=-x-1$이므로

구하는 점의 y좌표는 -1이다.

→ y절편이다.

0214 답 10

직선 l과 x축이 이루는 각의 이등분선 위의 임의의 점을 $P(x, y)$라 하면 점 P에서 직선 l과 x축에 이르는 거리가 같으므로

$\dfrac{|4x-3y+1|}{\sqrt{4^2+(-3)^2}}=|y|$

→ 점 P와 x축 사이의 거리

$|4x-3y+1|=5|y|$, $4x-3y+1=\pm5y$

$4x-8y+1=0$ 또는 $4x+2y+1=0$

∴ $y=\dfrac{1}{2}x+\dfrac{1}{8}$ 또는 $y=-2x-\dfrac{1}{2}$

따라서 $a=\dfrac{1}{2}$, $b=-2$이므로

$4(a-b)=4\times\left\{\dfrac{1}{2}-(-2)\right\}=10$

0215 답 ②

→ 점 $(3, 0)$은 두 직선이 이루는 각의 이등분선 위의 점이므로

점 $(3, 0)$에서 주어진 두 직선에 이르는 거리가 같으므로

$$\frac{|2\times3-3\times0+k|}{\sqrt{2^2+(-3)^2}}=\frac{|3\times3+2\times0+4|}{\sqrt{3^2+2^2}}$$

$|k+6|=13$, $k+6=\pm13$ ∴ $k=7$ $(\because k>0)$

0216 답 ⑤

주어진 그래프에서 두 직선 $y=-3x$, $y=ax$는 서로 수직이므로

$a=\dfrac{1}{3}$ →$(-3)\times a=-1$

이때 직선 $y=bx+5$와 두 직선

$y=\dfrac{1}{3}x$, $y=-3x$가 만나는 점

을 각각 A, B라 하면 삼각형

AOB는 $\overline{OA}=\overline{OB}$인 직각이등변

삼각형이므로 직선 $y=bx+5$는

∠AOB의 이등분선과 서로 수직

이다.

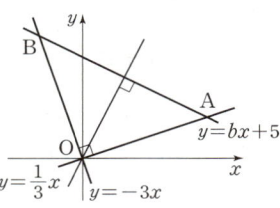

$y=-3x$, $y=\dfrac{1}{3}x$에서 $3x+y=0$, $x-3y=0$이고

∠AOB의 이등분선 위의 임의의 점을 $P(x, y)$라 하면

$$\frac{|3x+y|}{\sqrt{3^2+1^2}}=\frac{|x-3y|}{\sqrt{1^2+(-3)^2}}$$

$|3x+y|=|x-3y|$, $3x+y=\pm(x-3y)$

$x+2y=0$ 또는 $2x-y=0$

∴ $y=-\dfrac{1}{2}x$ 또는 $y=2x$

이때 ∠AOB의 이등분선의 기울기는 양수이므로 $y=2x$이고,

직선 $y=bx+5$의 기울기는 $-\dfrac{1}{2}$이다.
→$2\times b=-1$

직선 $y=bx+5$의 기울기가 음수이므로 이 직선과 수직으로 만나는 ∠AOB의 이등분선의 기울기는 양수이어야 한다.

∴ $b=-\dfrac{1}{2}$

∴ $a-b=\dfrac{1}{3}-\left(-\dfrac{1}{2}\right)=\dfrac{5}{6}$

실전 업

본문 040~043쪽

0217 답 ⑤

One Point Lesson

(직선의 기울기)$=\dfrac{(y의\ 값의\ 증가량)}{(x의\ 값의\ 증가량)}=\dfrac{\overline{PH}}{\overline{QH}}$임을 이용한다.

직선 l과 직선 $y=-1$의 교점 Q가 y축 위의 점이므로

$Q(0, -1)$ →점 Q의 y좌표가 -1 →점 Q의 x좌표가 0

한편, $\overline{PH}:\overline{QH}=2:1$이므로

$\dfrac{\overline{PH}}{\overline{QH}}=2$
→$2\overline{QH}=\overline{PH}$

즉, 직선 l의 기울기는 2이므로 직선 l

의 방정식은 $y=2x-1$ →점 Q를 지나므로

따라서 $a=2$, $b=-1$이므로

$a-b=2-(-1)=3$

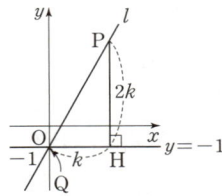

0218 답 ②

One Point Lesson

두 점 A, B의 좌표를 k를 이용하여 나타내어 본다.

직선 $3x+2y-6k=0$에서 $3x+2y=6k$

∴ $\dfrac{x}{2k}+\dfrac{y}{3k}=1$ $(\because k\neq0)$ →x절편이 $2k$, y절편이 $3k$

∴ $A(2k, 0)$, $B(0, 3k)$

이때 삼각형 OAB의 무게중심의 좌표가 $(2, a)$이므로

$$\frac{0+2k+0}{3}=2, \quad \frac{0+0+3k}{3}=a$$

$\dfrac{2k}{3}=2$에서 $k=3$이고, $\dfrac{3k}{3}=a$에서 $a=k=3$

∴ $a+k=3+3=6$

0219 답 ④

One Point Lesson

주어진 이차함수의 식을 $y=a(x-p)^2+q$ 꼴로 변형하여 점 A의 좌표를 구한다.

$y=-x^2+4x=-(x-2)^2+4$

∴ $A(2, 4)$ →x축의 방정식이 $y=0$이므로 $y=0$을 $y=-x^2+4x$에 대입한다.

한편, $\underline{-x^2+4x=0}$에서 $x(x-4)=0$ ∴ $x=0$ 또는 $x=4$

∴ $B(4, 0)$ →$x=0$이면 점 B는 원점이 된다.

이때 두 점 $A(2, 4)$, $B(4, 0)$을 지나는 직선의 방정식은

$y-4=\dfrac{0-4}{4-2}(x-2)$ ∴ $y=-2x+8$

따라서 직선 AB와 y축이 만나는 점의 y좌표는 8이다.
→y절편이다.

0220 답 ⑤

One Point Lesson

네 점 A, B, C, D 중 임의의 두 점을 지나는 직선의 기울기는 모두 같다.

네 점 $A(a, b)$, $B(-a, 0)$, $C(-2a, 1)$, $D(-3b, -a)$가 한 직선 위의 점이므로 세 직선 AB, BC, CD의 기울기는 모두 같다.

$$\frac{0-b}{-a-a}=\frac{1-0}{-2a-(-a)}=\frac{-a-1}{-3b-(-2a)}$$에서

$\begin{cases} \dfrac{b}{2a}=-\dfrac{1}{a} & \cdots\cdots ㉠ \\ \dfrac{1}{a}=\dfrac{a+1}{2a-3b} & \cdots\cdots ㉡ \end{cases}$

㉠에서 $ab=-2a$, $a(b+2)=0$ ∴ $b=-2$ $(\because a>0)$

$b=-2$를 ㉡에 대입하면

$\dfrac{1}{a}=\dfrac{a+1}{2a+6}$에서 $2a+6=a(a+1)$

$a^2-a-6=0$, $(a+2)(a-3)=0$ ∴ $a=3$ $(\because a>0)$

∴ $a-b=3-(-2)=5$

0221 답 ③

One Point Lesson

두 직선이 이루는 각을 이등분하는 직선은 항상 2개이고, 이 두 이등분선의 교점은 원래의 두 직선의 교점과 같다.

주어진 두 직선이 이루는 각을 이등분하는 직선 위의 임의의 점을 $P(x, y)$라 하면 점 P에서 두 직선에 이르는 거리가 같으므로

$$\frac{|2x+y+1|}{\sqrt{2^2+1^2}}=\frac{|x-2y+2|}{\sqrt{1^2+(-2)^2}}$$

$$|2x+y+1|=|x-2y+2|$$

$$2x+y+1=\pm(x-2y+2)$$

$$\therefore x+3y-1=0 \text{ 또는 } 3x-y+3=0$$

이때 $l:x+3y-1=0$, $m:3x-y+3=0$이라 하자.

직선 l과 x축이 만나는 점 A의 x좌표는

$x+3\times0-1=0$, $x-1=0$ $\therefore x=1$ ← y좌표는 0이다.

$\therefore$ A$(1, 0)$

직선 m과 x축이 만나는 점 B의 x좌표는

$3x-0+3=0$, $3x=-3$ $\therefore x=-1$

$\therefore$ B$(-1, 0)$

또한, 두 직선의 교점 C의 좌표는

$x+3y-1=0$, $3x-y+3=0$을 연립하여 풀면

$$x=-\frac{4}{5}, y=\frac{3}{5}$$

$$\therefore \text{C}\left(-\frac{4}{5}, \frac{3}{5}\right)$$

따라서 구하는 삼각형 ABC의 넓이는

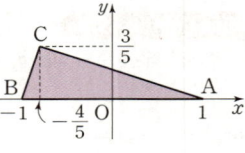

$$\frac{1}{2}\times\{1-(-1)\}\times\frac{3}{5}=\frac{3}{5}$$
$\qquad\underset{\overline{\text{AB}}}{}\qquad\qquad\underset{\text{높이}}{}$

 선생님 톡톡

두 이등분선에 대한 조건이 따로 주어지지 않으므로 $l:3x-y+3=0$, $m:x+3y-1=0$이라 하고 풀어도 결과는 같아.

0222 답 ⑤

One Point Lesson

직선 AP의 기울기를 이용하여 직선 l의 방정식을 t에 대한 식으로 나타낸다.

직선 AP의 기울기는 $\dfrac{0-1}{t-0}=-\dfrac{1}{t}$이므로

직선 l의 기울기는 t이다.

즉, 직선 l의 방정식은

$$y=t(x-t) \qquad \therefore y=tx-t^2 \qquad \cdots\cdots \text{㉠}$$

ㄱ. ㉠에 $t=1$을 대입하면 $y=x-1$이므로

직선 l의 기울기는 1이다. (참)

ㄴ. ㉠에 $x=3$, $y=2$를 대입하면

$$2=3t-t^2, t^2-3t+2=0$$

$$(t-1)(t-2)=0$$

$$\therefore t=1 \text{ 또는 } t=2$$

즉, 점 $(3, 2)$를 지나는 직선 l은 $y=x-1$, $y=2x-4$의 2개이다. (참)

ㄷ. $y\leq ax^2$에 ㉠을 대입하면

$$tx-t^2\leq ax^2 \qquad \therefore ax^2-tx+t^2\geq0$$

이 부등식이 모든 실수 x에 대하여 성립하려면

$$a>0 \qquad\qquad\qquad \cdots\cdots \text{㉡}$$

또한, x에 대한 이차방정식 $ax^2-tx+t^2=0$의 판별식을 D라 하면

$$D=(-t)^2-4\times a\times t^2\leq0, t^2(1-4a)\leq0$$

$$1-4a\leq0 \ (\because t^2>0) \qquad \therefore a\geq\frac{1}{4} \qquad \cdots\cdots \text{㉢}$$

㉡, ㉢에서 $a\geq\dfrac{1}{4}$이므로 실수 a의 최솟값은 $\dfrac{1}{4}$이다. (참)

따라서 옳은 것은 ㄱ, ㄴ, ㄷ이다.

0223 답 3

One Point Lesson

무게중심은 삼각형의 세 변의 중선의 교점이므로 직선 AG는 선분 BC의 중점을 지난다.

점 B(a, b)는 직선

$x+y+4=0$ 위의 점이므로

$a+b+4=0$ $\cdots\cdots$ ㉠

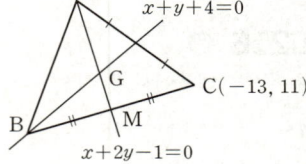

이때 선분 BC의 중점을 M이라 하면

$$\text{M}\left(\frac{a+(-13)}{2}, \frac{b+11}{2}\right), \text{ 즉}$$

$$\text{M}\left(\frac{a-13}{2}, \frac{b+11}{2}\right)$$

점 M은 직선 AG, 즉 $x+2y-1=0$ 위의 점이므로

$$\frac{a-13}{2}+2\times\frac{b+11}{2}-1=0$$

$$a+2b+7=0 \qquad \cdots\cdots \text{㉡}$$

㉠, ㉡을 연립하여 풀면

$$a=-1, b=-3$$

$$\therefore ab=(-1)\times(-3)=3$$

0224 답 ④

One Point Lesson

마름모의 두 대각선은 서로 다른 것을 수직이등분한다.

마름모에 내접하는 원의 중심은 마름모의 두 대각선의 교점이고, 마름모의 두 대각선은 서로 다른 것을 수직이등분하므로 두 대각선의 교점은 선분 AC의 중점과 같다.

선분 AC의 중점을 M이라 하면

$$\text{M}\left(\frac{2+6}{2}, \frac{(-1)+1}{2}\right), \text{ 즉 M}(4, 0)$$

또한, 마름모에 내접하는 원의 반지름의 길이는 원의 중심에서 직선 AB에 이르는 거리와 같다. → 네 직선 AB, BC, CD, DA까지의 거리가 모두 같으므로 그중 하나만 이용해도 된다.

직선 AB의 방정식은

$$y-(-1)=\frac{(-6)-(-1)}{7-2}(x-2)$$

$$\therefore x+y-1=0$$

이때 점 M과 직선 AB 사이의 거리가 원의 반지름의 길이와 같으므로

$$\frac{|1\times4+1\times0-1|}{\sqrt{1^2+1^2}}=\frac{3}{\sqrt{2}}=\frac{3\sqrt{2}}{2}$$

따라서 마름모 ABCD에 내접하는 원의 넓이는

$$\left(\frac{3\sqrt{2}}{2}\right)^2\pi=\frac{9}{2}\pi$$

0225 답 20

One Point Lesson

직선 $ax+by+c=0$과 평행한 직선은 직선의 기울기가 같으므로 직선의 방정식을 $ax+by+c'=0 \ (c\neq c')$이라 할 수 있다.

$l_1:x-2y-2=0$이고 두 직선 l_1, l_2가 서로 평행하므로

$l_2:x-2y+k=0 \ (k>0)$이라 하자.

이때 A$(2, 0)$, B$(0, -1)$, C$(-k, 0)$, D$\left(0, \dfrac{k}{2}\right)$이므로 다음 그림과 같이 나타낼 수 있다.

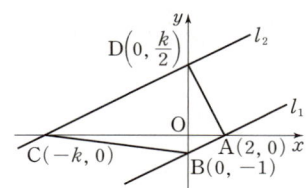

사각형 ADCB의 넓이가 25이므로

$$\Box ADCB = \triangle ADC + \triangle ACB$$
$$= \frac{1}{2} \times (k+2) \times \frac{k}{2} + \frac{1}{2} \times (k+2) \times 1$$
$$= \frac{1}{2}(k+2)\left(\frac{k}{2}+1\right)$$
$$= \frac{k^2}{4} + k + 1$$

에서 $\frac{k^2}{4} + k + 1 = 25$

$k^2 + 4k - 96 = 0$, $(k+12)(k-8) = 0$

$\therefore k = -12$ 또는 $k = 8$

이때 $k > 0$이므로 $k = 8$

한편, 두 직선 l_1과 l_2 사이의 거리 d는 직선 l_1 위의 점 $A(2, 0)$과 직선 $l_2 : x - 2y + 8 = 0$ 사이의 거리와 같으므로

$$d = \frac{|1 \times 2 - 2 \times 0 + 8|}{\sqrt{1^2 + (-2)^2}} = 2\sqrt{5}$$

$\therefore d^2 = (2\sqrt{5})^2 = 20$

0226 답 ⑤

One Point Lesson
직선 AC의 방정식을 a, m에 대하여 나타내어 본다.

$B(-b, 0)$ $(b > 0)$이라 하면 $m = \frac{a}{b}$이고, 점 C의 좌표는 $(b, 0)$이다.

즉, 직선 AC의 방정식은 $y = -\frac{a}{b}x + a$ $\therefore y = -mx + a$

변 BC 위의 임의의 점 $(p, 0)$ $(-b \le p \le b)$에서 두 직선 AB, AC에 이르는 거리의 합을 l이라 하면

$$l = \frac{|mp + a|}{\sqrt{\boxed{m^2 + 1}}} + \frac{|-mp + a|}{\sqrt{\boxed{m^2 + 1}}}$$

$-b \le p \le b$에서 $-a \le mp \le a$ $\left(\because m = \frac{a}{b}\right)$
$\therefore 0 \le mp + a \le 2a$
같은 방법으로 $0 \le -mp + a \le 2a$

이때 $mp + a \ge 0$, $-mp + a \ge 0$이므로

$$l = \frac{mp + a}{\sqrt{\boxed{m^2 + 1}}} + \frac{-mp + a}{\sqrt{\boxed{m^2 + 1}}} = \frac{\boxed{2a}}{\sqrt{\boxed{m^2 + 1}}}$$

따라서 $f(m) = m^2 + 1$, $g(a) = 2a$이므로

$$\frac{f(3)}{g(1)} = \frac{3^2 + 1}{2 \times 1} = 5$$

0227 답 ③

ㄱ. $\frac{x}{a} + \frac{y}{b} = 1$에서 $bx + ay - ab = 0$

$\frac{x}{a} + \frac{y}{b} = k$에서 $bx + ay - abk = 0$

이때 $k \ne 1$이면 $\frac{b}{b} = \frac{a}{a} \ne \frac{-ab}{-abk}$이므로 두 직선

$\frac{x}{a} + \frac{y}{b} = 1$, $\frac{x}{a} + \frac{y}{b} = k$ $(k \ne 1)$는 서로 평행하다. (참)

ㄴ. $\frac{1}{a} + \frac{1}{b} = 5$이면 $\frac{1}{b} = 5 - \frac{1}{a}$이므로 $\frac{x}{a} + \frac{y}{b} = 1$에 대입하면

$$\frac{x}{a} + \left(5 - \frac{1}{a}\right)y = 1$$

$\therefore \frac{1}{a}(x - y) + (5y - 1) = 0$

a에 대한 항등식이므로 $x = y$, $5y - 1 = 0$이 성립한다.

위의 직선은 a의 값에 관계없이 점 $\left(\frac{1}{5}, \frac{1}{5}\right)$을 지난다.

즉, 직선 $\frac{x}{a} + \frac{y}{b} = 1$은 $\frac{1}{a} + \frac{1}{b} = 5$일 때, 항상 점 $\left(\frac{1}{5}, \frac{1}{5}\right)$을 지난다. (참)

ㄷ. $\frac{1}{a} + \frac{1}{b} = 0$이면 $\frac{1}{b} = -\frac{1}{a}$이므로 $\frac{x}{a} + \frac{y}{b} = 1$에 대입하면

$\frac{1}{a}x - \frac{1}{a}y = 1$ $\therefore y = x - a$

즉, 직선 $\frac{x}{a} + \frac{y}{b} = 1$은 $\frac{1}{a} + \frac{1}{b} = 0$일 때, 기울기가 1이고 $a \ne 0$이므로 직선 $y = x$와 평행하다. (거짓)

따라서 옳은 것은 ㄱ, ㄴ이다.

0228 답 10

One Point Lesson
두 직선의 교점을 A라 하면 점 A를 지나는 직선과 선분 OA가 수직일 때, 이 직선과 원점 사이의 거리가 최대이다.

$4x - y - 1 = 0$, $x + 2y - 7 = 0$을 연립하여 풀면

$x = 1$, $y = 3$

즉, 주어진 두 직선의 교점을 A라 하면 $A(1, 3)$이고, 원점에서 점 A를 지나는 직선에 내린 수선의 발을 H라 하면 삼각형 OAH는 $\angle OHA = 90°$인 직각삼각형이다.

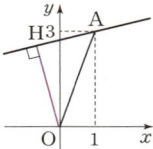

이때 $\overline{OH} = \sqrt{\overline{OA}^2 - \overline{AH}^2}$에서

$\overline{AH} = 0$일 때, 즉 점 A와 점 H가 일치할 때 $\overline{OH}$는 최댓값 $\overline{OA}$를 갖는다.

$\therefore k = \overline{OA} = \sqrt{1^2 + 3^2} = \sqrt{10}$

$\therefore k^2 = (\sqrt{10})^2 = 10$

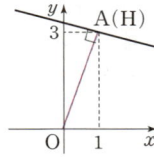

다른 풀이 1

주어진 두 직선의 교점을 지나는 직선의 방정식은

$4x - y - 1 + t(x + 2y - 7) = 0$ (단, t는 실수) ······ (*)

$\therefore (t + 4)x + (2t - 1)y - (7t + 1) = 0$

원점과 위의 직선 사이의 거리를 d라 하면

$$d = \frac{|-(7t + 1)|}{\sqrt{(t + 4)^2 + (2t - 1)^2}}$$

$|7t + 1| = d\sqrt{5t^2 + 4t + 17}$

$49t^2 + 14t + 1 = 5d^2t^2 + 4d^2t + 17d^2$

$\therefore (5d^2 - 49)t^2 + 2(2d^2 - 7)t + 17d^2 - 1 = 0$ ······ ㉠

㉠을 t에 대한 이차방정식이라 하면 ㉠은 실근을 가져야 하므로

t가 실수이어야만 (*)이 직선이다.

㉠의 판별식을 D라 하면

$$\frac{D}{4} = (2d^2 - 7)^2 - (5d^2 - 49)(17d^2 - 1) \ge 0$$

$d^2(d^2 - 10) \le 0$, $0 \le d^2 \le 10$

$\therefore 0 \le d \le \sqrt{10}$ $(\because d > 0)$

따라서 d의 최댓값은 $\sqrt{10}$이므로 $k = \sqrt{10}$

$\therefore k^2 = (\sqrt{10})^2 = 10$

주어진 두 직선의 교점 $(1, 3)$을 지나고 기울기가 m인 직선의 방정식은

$y-3=m(x-1)$ $\therefore mx-y-m+3=0$

원점과 위의 직선 사이의 거리를 d라 하면

$d=\dfrac{|-m+3|}{\sqrt{m^2+(-1)^2}}$

$|m-3|=d\sqrt{m^2+1}$, $m^2-6m+9=d^2(m^2+1)$

$(d^2-1)m^2+6m+d^2-9=0$ ...... ㉠

㉠을 m에 대한 이차방정식이라 하면 ㉠은 실근을 가져야 하므로 이차방정식 ㉠의 판별식을 D라 하면

→ 기울기 m은 실수이다.

$\dfrac{D}{4}=3^2-(d^2-1)(d^2-9)\geq0$

$d^2(d^2-10)\leq0$, $0\leq d^2\leq10$

$\therefore 0\leq d\leq\sqrt{10}$

> 🧑 선생님 톡톡
>
> **0201**번을 완벽히 이해했다면 쉬운 문제야. 즉, 원점과 점 $A(1, 3)$ 사이의 거리지. 잘 이해하지 못했다면 **0201**번의 선생님 톡톡 을 다시 한번 확인해 봐.

0229 답 ②

> **One Point Lesson**
>
> 두 직선이 이루는 각의 이등분선 위의 점에서 두 직선에 이르는 거리는 같다.

직선 AO의 방정식은

$y-0=\dfrac{0-6}{0-2}(x-0)$ $\therefore 3x-y=0$ ...... ㉠

직선 l의 기울기를 $k\,(k<0)$라 하면 직선 l이 점 A를 지나므로

$y=k(x-2)+6$

$\therefore kx-y-2k+6=0$ ...... ㉡

이때 $\angle PAO$를 이등분하는 직선이 점 B를 지나므로 점 B에서 두 직선 AO, AP에 이르는 거리가 같다.

즉, $\dfrac{|3\times3-1\times1|}{\sqrt{3^2+(-1)^2}}=\dfrac{|k\times3+(-1)\times1-2k+6|}{\sqrt{k^2+(-1)^2}}$에서

$\dfrac{4\sqrt{10}}{5}=\dfrac{|k+5|}{\sqrt{k^2+1}}$

$4\sqrt{10}(\sqrt{k^2+1})=5|k+5|$

위의 식의 양변을 제곱하여 정리하면

$27k^2-50k-93=0$, $(27k+31)(k-3)=0$

$\therefore k=-\dfrac{31}{27}\,(\because k<0)$

삼각형의 각의 이등분선의 성질에 의하여

$\overline{AO}:\overline{AP}=\overline{OB}:\overline{PB}$

두 점 $A(2, 6)$, $B(3, 1)$에 대하여

$\overline{AO}=\sqrt{2^2+6^2}=2\sqrt{10}$, $\overline{BO}=\sqrt{3^2+1^2}=\sqrt{10}$

이므로 $2\sqrt{10}:\overline{AP}=\sqrt{10}:\overline{PB}$에서 $\overline{AP}=2\overline{BP}$

이때 $\overline{AP}=2\overline{BP}$에서 $\overline{AP}^2=4\overline{BP}^2$

$P(a, b)$라 하면

$(a-2)^2+(b-6)^2=4\{(a-3)^2+(b-1)^2\}$

$\therefore 3a^2+3b^2-20a+4b=0$ ...... ㉠

한편, 직선 m의 방정식은 $y=\dfrac{1}{3}x$이고, 점 P는 직선 m 위의 점이므로

$b=\dfrac{1}{3}a$ ...... ㉡

㉠, ㉡을 연립하여 풀면

$a=\dfrac{28}{5}$, $b=\dfrac{28}{15}$

따라서 직선 l의 기울기는

$\dfrac{6-\dfrac{28}{15}}{2-\dfrac{28}{5}}=-\dfrac{31}{27}$

0230 답 1

> **One Point Lesson**
>
> 세 직선의 좌표평면을 6개의 영역으로 나누는 경우는 세 직선 중 두 직선만 평행하거나 세 직선이 한 점에서 만나는 경우이다.

(i) 세 직선 중 두 직선만 서로 평행한 경우

두 직선 $x+y+1=0$, $x-y-5=0$은 서로 평행하지 않으므로 두 직선 $x+y+1=0$, $x+my-5=0$ 또는 두 직선 $x-y-5=0$, $x+my-5=0$이 서로 평행해야 한다.

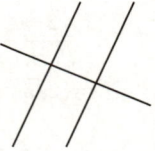

즉, $\dfrac{1}{1}=\dfrac{1}{m}\neq\dfrac{1}{-5}$ 또는 $\dfrac{1}{1}=\dfrac{-1}{m}\neq\dfrac{-5}{-5}$

$\dfrac{1}{1}=\dfrac{1}{m}\neq\dfrac{1}{-5}$에서 $m=1$

$\dfrac{1}{1}=\dfrac{-1}{m}\neq\dfrac{-5}{-5}$에서 이를 만족시키는 m의 값은 존재하지 않는다.

$\therefore m=1$

(ii) 세 직선이 한 점에서 만나는 경우

$x+y+1=0$, $x-y-5=0$을 연립하여 풀면

$x=2$, $y=-3$

즉, 두 직선 $x+y+1=0$, $x-y-5=0$의 교점의 좌표는 $(2, -3)$이다.

즉, 직선 $x+my-5=0$이 점 $(2, -3)$을 지나므로

$2+m\times(-3)-5=0$

$3m=-3$

$\therefore m=-1$

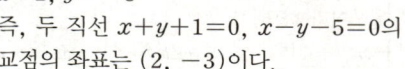

이때 두 직선 $x-y-5=0$, $x+my-5=0$이 일치하므로 조건을 만족시키지 않는다.

(i), (ii)에서 구하는 실수 m의 값은 1뿐이다.

0231 답 ①

> **One Point Lesson**
>
> 높이가 같은 삼각형의 넓이의 비는 밑변의 길이의 비와 같다.

조건 (가)에서 직선 l이 삼각형 OAB의 꼭짓점 O를 지나므로 조건 (나)에 의하여 점 P는 선분 AB를 내분하는 점이어야 하고, 조건 (다)에 의하여 점 P는 선분 AB를 $2:1$ 또는 $1:2$로 내분하는 점이어야 한다.

(i) 점 P가 선분 AB를 2 : 1로 내분하는 점인 경우

$$P\left(\frac{2\times 0+1\times 2}{2+1}, \frac{2\times 6+1\times 0}{2+1}\right)$$

$$\therefore P\left(\frac{2}{3}, 4\right)$$

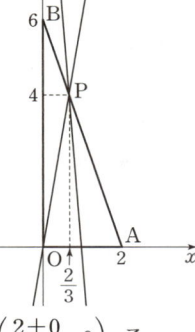

이때 직선 l의 기울기는 직선 OP의 기울기와 같으므로

(직선 l의 기울기)$=\dfrac{4-0}{\frac{2}{3}-0}=6$

조건 (다)에 의하여 직선 m은 삼각형 OAP의 넓이를 이등분하여야 하므로 직선 m은 점 P와 선분 OA의 중점 $\left(\frac{2+0}{2}, 0\right)$, 즉 $(1, 0)$을 지난다.

$$\therefore (직선\ m의\ 기울기)=\frac{4-0}{\frac{2}{3}-1}=-12$$

즉, 두 직선 l, m의 기울기의 합은
$6+(-12)=-6$

(ii) 점 P가 선분 AB를 1 : 2로 내분하는 점인 경우

$$P\left(\frac{1\times 0+2\times 2}{1+2}, \frac{1\times 6+2\times 0}{1+2}\right)$$

$$\therefore P\left(\frac{4}{3}, 2\right)$$

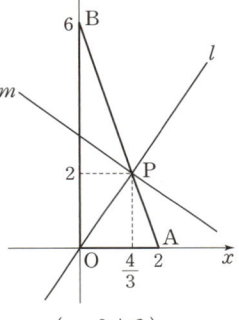

이때 직선 l의 기울기는 직선 OP의 기울기와 같으므로

(직선 l의 기울기)$=\dfrac{2-0}{\frac{4}{3}-0}=\dfrac{3}{2}$

조건 (다)에 의하여 직선 m은 삼각형 OPB의 넓이를 이등분하여야 하므로 직선 m은 점 P와 선분 OB의 중점 $\left(0, \frac{0+6}{2}\right)$, 즉 $(0, 3)$을 지난다.

$$\therefore (직선\ m의\ 기울기)=\frac{2-3}{\frac{4}{3}-0}=-\frac{3}{4}$$

즉, 두 직선 l, m의 기울기의 합은
$\dfrac{3}{2}+\left(-\dfrac{3}{4}\right)=\dfrac{3}{4}$

(i), (ii)에서 두 직선 l, m의 기울기 합의 최댓값은
$\dfrac{3}{4}$

0232 답 6

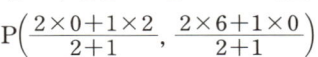
One Point Lesson
삼각형의 내심은 세 내각의 이등분선의 교점이다.

$\overline{AB}=\overline{AC}$이므로 삼각형 ABC는 이등변삼각형이고, ∠CAB의 이등분선은 선분 BC와 수직으로 만난다.
즉, ∠CAB의 이등분선은 점 A를 지나고 직선 l에 수직이다.
∠CAB의 이등분선의 방정식, 즉 직선 AI의 방정식을 구하면 직선 BC의 기울기가 $-\dfrac{4}{3}$이므로 직선 AI의 기울기는 $\dfrac{3}{4}$이고,
점 A를 지나므로

← 서로 수직이므로 두 직선의 기울기의 곱은 -1

$y-1=\dfrac{3}{4}\{x-(-4)\}$, $y-1=\dfrac{3}{4}x+3$

$$\therefore y=\frac{3}{4}x+4 \quad\cdots\cdots ㉠$$

한편, 직선 BC의 방정식은

$y-1=\left(-\dfrac{4}{3}\right)(x-2)$ $\therefore 4x+3y-11=0$

∠ABC의 이등분선 위의 임의의 점을 $P(x, y)$라 하면 점 P에서 직선 $l : 4x+3y-11=0$과 직선 AB, 즉 $y=1$에 이르는 거리가 같으므로

$$\frac{|4x+3y-11|}{\sqrt{4^2+3^2}}=|y-1|$$

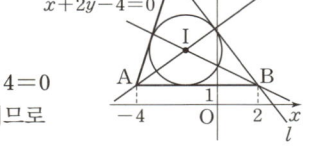

$|4x+3y-11|=5|y-1|$
$4x+3y-11=\pm 5(y-1)$

$\therefore 2x-y-3=0$ 또는 $x+2y-4=0$

이때 직선 BI의 기울기가 음수이므로 직선 BI의 방정식은
$x+2y-4=0 \quad\cdots\cdots ㉡$

㉠, ㉡을 연립하여 풀면 $x=-\dfrac{8}{5}$, $y=\dfrac{14}{5}$

따라서 점 I의 좌표는 $\left(-\dfrac{8}{5}, \dfrac{14}{5}\right)$이므로

$a=-\dfrac{8}{5}$, $b=\dfrac{14}{5}$

$$\therefore 5(a+b)=5\times\left\{\left(-\frac{8}{5}\right)+\frac{14}{5}\right\}=6$$

0233 답 ①

$x^2+y^2+2xy-2x-2y-3=0$에서
$x^2+(2y-2)x+(y+1)(y-3)=0$
$(x+y+1)(x+y-3)=0$

$\therefore x+y+1=0$ 또는 $x+y-3=0$

즉, 두 점 P, Q는 직선 $x+y+1=0$ 또는 직선 $x+y-3=0$ 위를 움직인다.

직선 PQ의 기울기가 양수가 되려면 오른쪽 그림과 같이 두 점 P, Q는 직선 $x+y+1=0$ 또는 직선 $x+y-3=0$ 위에 각각 하나씩 있어야 한다.

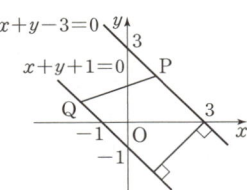

이때 두 점 P, Q 사이의 거리의 최솟값은 평행한 두 직선 $x+y+1=0$, $x+y-3=0$ 사이의 거리와 같고, 이는 직선 $x+y-3=0$ 위의 점 $(3, 0)$과 직선 $x+y+1=0$ 사이의 거리와 같다.

따라서 구하는 선분 PQ의 길이의 최솟값은

$$\frac{|1\times 3+1\times 0+1|}{\sqrt{1^2+1^2}}=\frac{4}{\sqrt{2}}=2\sqrt{2}$$

0234 답 $y=\dfrac{1}{3}x$

직선 $y=\dfrac{3}{4}x$와 x축이 이루는 각을 이등분하는 직선 위의 임의의 점을 $P(x, y)$라 하면 점 P와 직선 $y=\dfrac{3}{4}x$, 즉 $3x-4y=0$ 사이의 거리와 점 P와 x축 사이의 거리가 같으므로

→ $y=0$

$$\frac{|3x-4y|}{\sqrt{3^2+(-4)^2}}=|y|$$

❶

$|3x-4y|=5|y|$, $3x-4y=\pm5y$

$3x-9y=0$ 또는 $3x+y=0$

$\therefore y=\dfrac{1}{3}x$ 또는 $y=-3x$

❷

이때 직선 $y=\dfrac{3}{4}x$의 기울기가 양수이므로 직선 $y=\dfrac{3}{4}x$와 x축이 이루는 각 중 예각을 이등분하는 직선의 기울기는 양수이다.

따라서 구하는 직선의 방정식은 $y=\dfrac{1}{3}x$이다.

❸

채점 기준	배점 비율
❶ 직선 $y=\dfrac{3}{4}x$와 x축이 이루는 각을 이등분하는 직선 위의 임의의 점과 두 직선 사이의 거리가 같음을 이용하여 식 세우기	30%
❷ ❶에서 세운 식을 정리하여 두 직선의 방정식 구하기	40%
❸ ❷에서 구한 두 직선의 방정식 중 주어진 조건을 만족시키는 직선의 방정식 찾기	30%

0235 답 12

두 직선 $2x+3y+1=0$, $6x-ay-1=0$이 서로 수직이므로

$2\times6+3\times(-a)=0$, $3a=12$ $\therefore a=4$

❶

또한, 두 직선 $2x+3y+1=0$, $ax+by+3=0$이 서로 평행하므로

$\dfrac{2}{a}=\dfrac{3}{b}\neq\dfrac{1}{3}$, $\dfrac{2}{4}=\dfrac{3}{b}$ $(\because a=4)$ $\therefore b=6$

❷

따라서 직선 $\dfrac{x}{4}+\dfrac{y}{6}=1$의 x절편, y절편이 각각 4, 6이므로 구하는 도형의 넓이는

$$\frac{1}{2}\times4\times6=12$$

❸

채점 기준	배점 비율
❶ 두 직선의 수직 조건을 이용하여 상수 a의 값 구하기	30%
❷ 두 직선의 평행 조건을 이용하여 상수 b의 값 구하기	30%
❸ 직선의 방정식을 구하여 도형의 넓이 구하기	40%

0236 답 $\dfrac{3}{4}$

색칠한 부분의 넓이는 $1\times1+1\times2=3$

❶

이때 직선 l의 기울기가 1이면 직선 l에 의하여 나누어진 부분의 넓이가 각각 1, 2이므로 색칠한 부분의 넓이를 이등분하지 않는다. 즉, 직선 l의 기울기는 0보다 크고 1보다 작아야 한다.

❷

오른쪽 그림과 같이 직선 $x=2$와 x축과의 교점을 A, 직선 l과의 교점을 P$(2, k)$라 하면 삼각형 OAP의 넓이는 $\dfrac{3}{2}$이어야 하므로

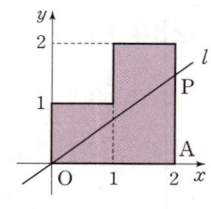

$$\frac{1}{2}\times2\times k=\frac{3}{2} \qquad \therefore k=\frac{3}{2}$$

$$\therefore P\left(2, \frac{3}{2}\right)$$

❸

따라서 직선 l의 기울기는

$$\frac{\dfrac{3}{2}-0}{2-0}=\frac{3}{4}$$

❹

채점 기준	배점 비율
❶ 색칠한 부분의 넓이 구하기	10%
❷ 직선 l의 기울기의 범위 구하기	20%
❸ 직선 l과 직선 $x=2$의 교점의 좌표 구하기	40%
❹ 직선 l의 기울기 구하기	30%

0237 답 6

세 직선을 각각 $l : x+y-4=0$, $m : x-y+2=0$, $n : x-5y+2=0$ 이라 하고 좌표평면 위에 나타내면 세 직선으로 둘러싸인 도형은 오른쪽 그림과 같이 삼각형이다.

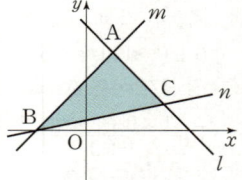

❶

이때 두 직선 l, m의 교점을 A, 두 직선 m, n의 교점을 B, 두 직선 l, n의 교점을 C라 하자.

$x+y-4=0$, $x-y+2=0$을 연립하여 풀면

$x=1$, $y=3$ $\therefore$ A$(1, 3)$

$x-y+2=0$, $x-5y+2=0$을 연립하여 풀면

$x=-2$, $y=0$ $\therefore$ B$(-2, 0)$

$x+y-4=0$, $x-5y+2=0$을 연립하여 풀면

$x=3$, $y=1$ $\therefore$ C$(3, 1)$

❷

이때 선분 AB의 길이는 $\overline{\text{AB}}=\sqrt{\{(-2)-1\}^2+(0-3)^2}=3\sqrt{2}$ ← 삼각형 ABC의 밑변의 길이

점 C$(3, 1)$과 직선 m 사이의 거리는 ← 삼각형 ABC의 높이

$$\frac{|1\times3-1\times1+2|}{\sqrt{1^2+(-1)^2}}=\frac{4}{\sqrt{2}}$$

❸

따라서 구하는 도형의 넓이는

$$\frac{1}{2}\times3\sqrt{2}\times\frac{4}{\sqrt{2}}=6$$

❹

채점 기준	배점 비율
❶ 세 직선으로 둘러싸인 도형의 모양 알기	20%
❷ 세 직선의 교점의 좌표 각각 구하기	30%
❸ 삼각형의 밑변의 길이와 높이 각각 구하기	30%
❹ 삼각형의 넓이 구하기	20%

0238 답 10

직선 $l : 2x-y+10=0$, 즉 $y=2x+10$과 수직인 직선의 방정식을 $y=-\dfrac{1}{2}x+k$ (k는 상수) $\cdots\cdots$ ㉠

라 하면 원점과 직선 ㉠, 즉 $x+2y-2k=0$ 사이의 거리가 $\sqrt{5}$이므로

$\dfrac{|-2k|}{\sqrt{1^2+2^2}}=\sqrt{5}$, $|-2k|=5$

$-2k=\pm5$

$\therefore k=\pm\dfrac{5}{2}$

$\therefore x+2y-5=0$ 또는 $x+2y+5=0$

이때 두 직선 m, n을 각각

$m: x+2y+5=0$, $n: x+2y-5=0$

이라 하자.

··· ❶

$2x-y+10=0$, $x+2y+5=0$을 연

립하여 풀면

$x=-5$, $y=0$

이므로 두 직선 l, m의 교점 A의 좌표는

$(-5, 0)$

또한, $2x-y+10=0$, $x+2y-5=0$을 연립하여 풀면

$x=-3$, $y=4$

이므로 두 직선 l, n의 교점 B의 좌표는 $(-3, 4)$

··· ❷

따라서 구하는 삼각형 OAB의 넓이는

$\dfrac{1}{2}\times|-5|\times4=10$

··· ❸

채점 기준	배점 비율
❶ 두 직선 m, n의 방정식을 각각 구하기	40%
❷ 두 점 A, B의 좌표를 각각 구하기	40%
❸ 삼각형 OAB의 넓이 구하기	20%

[다른 풀이]

세 직선 l, m, n을 좌표평면 위에 나타

내면 오른쪽 그림과 같다.

이때 원점과 두 직선 m, n 사이의 거

리가 $\sqrt{5}$이므로 원점에서 두 직선 m, n

에 내린 수선의 발을 각각 P, Q라 하면

$\overline{OP}=\overline{OQ}=\sqrt{5}$

직선 l과 두 직선 m, n은 서로 수직이

므로 사각형 APQB는 직사각형이다. 즉,

$\overline{AB}=\overline{PQ}=2\overline{OP}$

$=2\sqrt{5}$

··· ❶

한편, 원점 O에서 직선 $l: 2x-y+10=0$에 내린 수선의 발을 M

이라 하면

$\overline{OM}=\dfrac{|10|}{\sqrt{2^2+(-1)^2}}=\dfrac{10}{\sqrt{5}}$ → 원점과 직선 l 사이의 거리

··· ❷

따라서 구하는 삼각형 OAB의 넓이는

$\dfrac{1}{2}\times\overline{AB}\times\overline{OM}=\dfrac{1}{2}\times2\sqrt{5}\times\dfrac{10}{\sqrt{5}}=10$

··· ❸

채점 기준	배점 비율
❶ 두 직선 m, n 사이의 거리와 선분 AB의 길이가 같음을 이용하여 선분 AB의 길이 구하기	40%
❷ 원점 O와 직선 l 사이의 거리 구하기	40%
❸ 삼각형 OAB의 넓이 구하기	20%

0239  $y=-\dfrac{1}{2}x+4$

A(a, b)라 하면 직선 $3x-2y=0$이 점 A를 지나므로

$3a-2b=0$ ······ ㉠

또한, $\overline{AB}=\overline{AC}$에서 $\overline{AB}^2=\overline{AC}^2$이므로

$(6-a)^2+(2-b)^2=(8-a)^2+(4-b)^2$

$-12a-4b+40=-16a-8b+80$

$\therefore a+b=10$ ······ ㉡

㉠, ㉡을 연립하여 풀면

$a=4$, $b=6$

$\therefore$ A$(4, 6)$

··· ❶

한편, 두 삼각형 ABC와 A′B′C′은 서로 닮음이고

$\overline{OA}:\overline{OA'}=\overline{OB}:\overline{OB'}=2:1$이므로 두 삼각형 OBA와 OB′A′

은 서로 닮음 (SAS 닮음)이다.

즉, 두 사각형 OBCA와 OB′C′A′이 서로 닮음이므로

$\overline{OC}:\overline{OC'}=2:1$

두 점 A′, C′은 각각 선분 OA, 선분 OC의 중점이므로

A′$\left(\dfrac{4+0}{2}, \dfrac{6+0}{2}\right)$, 즉 A′$(2, 3)$

C′$\left(\dfrac{8+0}{2}, \dfrac{4+0}{2}\right)$, 즉 C′$(4, 2)$

··· ❷

따라서 두 점 A′, C′을 지나는 직선의 방정식은

$y-3=\dfrac{2-3}{4-2}(x-2)$

$\therefore y=-\dfrac{1}{2}x+4$

··· ❸

채점 기준	배점 비율
❶ 점 A의 좌표 구하기	40%
❷ 두 점 A′, C′의 좌표를 각각 구하기	40%
❸ 두 점 A′, C′을 지나는 직선의 방정식 구하기	20%

[다른 풀이]

삼각형 ABC는 $\overline{AB}=\overline{AC}$인 이등변삼각형이고 점 A는 직선

$3x-2y=0$ 위의 점이므로 선분 BC의 수직이등분선과 직선

$3x-2y=0$의 교점은 점 A와 같다. → 삼각형 ABC는 이등변삼각형이므로

선분 BC의 중점의 좌표는 $\left(\dfrac{6+8}{2}, \dfrac{2+4}{2}\right)$, 즉 $(7, 3)$

직선 BC의 기울기는 $\dfrac{4-2}{8-6}=1$

즉, 직선 BC와 수직인 직선의 기울기는 -1이므로 선분 BC의

수직이등분선의 방정식은

$y-3=(-1)(x-7)$ $\therefore y=-x+10$

$3x-2y=0$, $y=-x+10$을 연립하여 풀면

$x=4$, $y=6$

$\therefore$ A$(4, 6)$

0240 답 중심의 좌표: $(-2, 0)$, 반지름의 길이: 5
$(x+2)^2+y^2=25$에서
$\{x-(-2)\}^2+(y-0)^2=5^2$
따라서 구하는 원의 중심의 좌표는 $(-2, 0)$이고, 반지름의 길이는 5이다.

0241 답 중심의 좌표: $(1, -2)$, 반지름의 길이: 2
$(x-1)^2+(y+2)^2=4$에서
$(x-1)^2+\{y-(-2)\}^2=2^2$
따라서 구하는 원의 중심의 좌표는 $(1, -2)$이고, 반지름의 길이는 2이다.

0242 답 $(x-2)^2+(y-3)^2=1$
$(x-2)^2+(y-3)^2=1^2$에서 $(x-2)^2+(y-3)^2=1$

0243 답 $(x-2)^2+(y-1)^2=10$
반지름의 길이를 r라 하면 원의 방정식은
$(x-2)^2+(y-1)^2=r^2$
위의 원이 점 $(3, -2)$를 지나므로
$(3-2)^2+\{(-2)-1\}^2=r^2$ $\therefore r^2=10$
따라서 구하는 원의 방정식은
$(x-2)^2+(y-1)^2=10$

0244 답 $(x-4)^2+(y+5)^2=18$
반지름의 길이를 r라 하면 원의 방정식은
$(x-4)^2+\{y-(-5)\}^2=r^2$ $\therefore (x-4)^2+(y+5)^2=r^2$
위의 원이 점 $(1, -2)$를 지나므로
$(1-4)^2+\{(-2)+5\}^2=r^2$ $\therefore r^2=18$
따라서 구하는 원의 방정식은
$(x-4)^2+(y+5)^2=18$

0245 답 $x^2+y^2=9$
$x^2+y^2=3^2$에서 $x^2+y^2=9$

0246 답 $(x-1)^2+(y-2)^2=4$
$(x-1)^2+(y-2)^2=2^2$에서
$(x-1)^2+(y-2)^2=4$
↳ (반지름의 길이)=|(중심의 y좌표)|
= $|2|=2$

0247 답 $(x+3)^2+(y-4)^2=9$
$\{x-(-3)\}^2+(y-4)^2=3^2$에서
$(x+3)^2+(y-4)^2=9$
↳ (반지름의 길이)=|(중심의 x좌표)|
= $|-3|=3$

0248 답 $(x-5)^2+(y+5)^2=25$
$(x-5)^2+\{y-(-5)\}^2=5^2$에서
$(x-5)^2+(y+5)^2=25$
↳ (반지름의 길이)=|(중심의 x좌표)|
= |(중심의 y좌표)|
= $|5|=|-5|=5$

0249 답 중심의 좌표: $(2, 0)$, 반지름의 길이: 2
$x^2+y^2-4x=0$에서 $(x^2-4x+4)+y^2=4$
$\therefore (x-2)^2+y^2=2^2$
따라서 중심의 좌표는 $(2, 0)$, 반지름의 길이는 2이다.

0250 답 중심의 좌표: $(2, -3)$, 반지름의 길이: 5
$x^2+y^2-4x+6y-12=0$에서 $(x^2-4x+4)+(y^2+6y+9)=25$
$\therefore (x-2)^2+(y+3)^2=5^2$
따라서 중심의 좌표는 $(2, -3)$, 반지름의 길기는 5이다.

0251 답 $a<4$
$4-a>0$에서 $a<4$

0252 답 $x-y+3=0$
구하는 직선의 방정식은
$(x^2+y^2-1)-(x^2+y^2-2x+2y-7)=0$
$2x-2y+6=0$ $\therefore x-y+3=0$

0253 답 $x^2+y^2-4y=0$
두 원의 교점을 지나는 원의 방정식을
$(x^2+y^2-1)+k(x^2+y^2+4y-2)=0$ (단, $k\neq-1$)
이라 하면 이 원이 점 $(0, 4)$를 지나므로
$(0^2+4^2-1)+k(0^2+4^2+4\times4-2)=0$
$15+30k=0$ $\therefore k=-\dfrac{1}{2}$
따라서 구하는 원의 방정식은
$x^2+y^2-1-\dfrac{1}{2}(x^2+y^2+4y-2)=0$
$\therefore x^2+y^2-4y=0$

0254 답 만나지 않는다.
$y=2x+5$를 $x^2+y^2=1$에 대입하면
$x^2+(2x+5)^2=1$ $\therefore 5x^2+20x+24=0$
위의 이차방정식의 판별식을 D라 하면
$\dfrac{D}{4}=10^2-5\times24=-20<0$
따라서 원 O와 직선 l은 만나지 않는다.

0255 답 서로 다른 두 점에서 만난다.
$x+y+1=0$에서 $y=-x-1$
$y=-x-1$을 $x^2+y^2-2x+2y-2=0$에 대입하면
$x^2+(-x-1)^2-2x+2(-x-1)-2=0$
$\therefore 2x^2-2x-3=0$
위의 이차방정식의 판별식을 D라 하면
$\dfrac{D}{4}=(-1)^2-2\times(-3)=7>0$
따라서 원 O와 직선 l은 서로 다른 두 점에서 만난다.

0256 답 한 점에서 만난다. (접한다.)

$x-3y-8=0$에서 $x=3y+8$

$x=3y+8$을 $x^2+y^2+4x-6=0$에 대입하면

$(3y+8)^2+y^2+4(3y+8)-6=0$

$\therefore y^2+6y+9=0$

위의 이차방정식의 판별식을 D라 하면

$\dfrac{D}{4}=3^2-1\times9=0$

따라서 원 O와 직선 l은 한 점에서 만난다. (접한다.)

0257 답 만나지 않는다.

원의 중심 $(1,0)$과 직선 $2x-3y+11=0$ 사이의 거리는

$\dfrac{|2\times1-3\times0+11|}{\sqrt{2^2+(-3)^2}}=\sqrt{13}$

이때 원의 반지름의 길이가 $\sqrt4=2$이고 $\sqrt{13}>2$이므로

원 O와 직선 l은 만나지 않는다.

0258 답 한 점에서 만난다. (접한다.)

원의 중심 $(0,-2)$와 직선 $3x-4y+7=0$ 사이의 거리는

$\dfrac{|3\times0-4\times(-2)+7|}{\sqrt{3^2+(-4)^2}}=3$

이때 원의 반지름의 길이가 $\sqrt9=3$이므로

원 O와 직선 l은 한 점에서 만난다. (접한다.)

0259 답 서로 다른 두 점에서 만난다.

원의 중심 $(2,3)$과 직선 $2x-5y-18=0$ 사이의 거리는

$\dfrac{|2\times2-5\times3-18|}{\sqrt{2^2+(-5)^2}}=\sqrt{29}$

이때 원의 반지름의 길이가 $\sqrt{36}=6$이고, $\sqrt{29}<6$이므로

원 O와 직선 l은 서로 다른 두 점에서 만난다.

[0260~0262]

$y=x+k$를 $x^2+y^2=2$에 대입하면

$x^2+(x+k)^2=2$ $\quad\therefore 2x^2+2kx+k^2-2=0$

위의 이차방정식의 판별식을 D라 하면

$\dfrac{D}{4}=k^2-2\times(k^2-2)=4-k^2$

0260 답 $-2<k<2$

$\dfrac{D}{4}=4-k^2>0$에서 $k^2-4<0$

$(k+2)(k-2)<0$ $\quad\therefore -2<k<2$

0261 답 $k=-2$ 또는 $k=2$

$\dfrac{D}{4}=4-k^2=0$에서 $k^2=4$

$\therefore k=-2$ 또는 $k=2$

0262 답 $k<-2$ 또는 $k>2$

$\dfrac{D}{4}=4-k^2<0$에서 $k^2-4>0$

$(k+2)(k-2)>0$ $\quad\therefore k<-2$ 또는 $k>2$

0263 답 $y=4x\pm2\sqrt{17}$

$y=4\times x\pm2\times\sqrt{4^2+1}$ $\quad\therefore y=4x\pm2\sqrt{17}$
(└ $\sqrt{4^2=2}$)

0264 답 $y=-2x\pm\sqrt5$

$y=(-2)\times x\pm1\times\sqrt{(-2)^2+1}$ $\quad\therefore y=-2x\pm\sqrt5$
(└ $\sqrt1=1$)

0265 답 $x-y-2=0$

$1\times x+(-1)\times y=2$ $\quad\therefore x-y-2=0$

0266 답 $2x-3y+13=0$

$(-2)\times x+3\times y=13$ $\quad\therefore 2x-3y+13=0$

0267 답 (가) 2 (나) $x-y=2$

$a\times x+b\times y=2$에서 $ax+by=\boxed{2}$

$\vdots$

$a=1$, $b=-1$일 때

$1\times x+(-1)\times y=2$ $\quad\therefore x-y=2$

따라서 구하는 접선의 방정식은

$x+y=2$, $\boxed{x-y=2}$

$\therefore$ (가) 2, (나) $x-y=2$

0268 답 ④

0269 답 ⑤

$x^2+y^2+2x-6y+6=0$에서

$(x^2+2x+1)+(y^2-6y+9)=4$

$\therefore (x+1)^2+(y-3)^2=4$ ...... ㉠

원 ㉠의 중심의 좌표는 $(-1,3)$이므로 조건을 만족시키는 원의 중심의 좌표는

$(-1,3)$

반지름의 길이를 r라 하면 원의 방정식은

$(x+1)^2+(y-3)^2=r^2$ ...... ㉡
(→ 중심의 좌표가 $(-1,3)$이다.)

원 ㉡이 점 $(1,2)$를 지나므로

$(1+1)^2+(2-3)^2=r^2$, $r^2=5$ $\quad\therefore r=\sqrt5$ $(\because r>0)$

따라서 구하는 원의 둘레의 길이는

$2\pi\times\sqrt5=2\sqrt5\pi$

0270 답 ④
(→ 원의 중심의 x좌표가 0이다.)

원의 중심이 y축 위에 있으므로 원의 중심의 좌표를 $(0,a)$, 반지름의 길이를 r라 하면 원의 방정식은

$x^2+(y-a)^2=r^2$ ...... ㉠

원 ㉠이 점 $(0,1)$을 지나므로

$0^2+(1-a)^2=r^2$ $\quad\therefore a^2-2a+1=r^2$ ...... ㉡

또한, 원 ㉠이 점 $(-2,3)$을 지나므로

$(-2)^2+(3-a)^2=r^2$ $\quad\therefore a^2-6a+13=r^2$ ...... ㉢

㉡, ㉢을 연립하여 풀면

$a=3$, $r^2=4$

따라서 구하는 원의 넓이는

$\pi\times4=4\pi$
(→ πr^2)

0271 답 ②

$y=x^2-4x+a$에서
$y=(x-2)^2+a-4$
즉, 위의 이차함수의 그래프의 꼭짓점의 좌표는
$(2,\ a-4)$ ...... ㉠
$x^2+y^2+bx+4y-17=0$에서
$\left(x^2+bx+\dfrac{b^2}{4}\right)+(y^2+4y+4)=\dfrac{b^2}{4}+21$
$\therefore \left(x+\dfrac{b}{2}\right)^2+(y+2)^2=\dfrac{b^2}{4}+21$
즉, 위의 원의 중심의 좌표는
$\left(-\dfrac{b}{2},\ -2\right)$ ...... ㉡
이때 두 점 ㉠, ㉡이 일치하므로
$2=-\dfrac{b}{2}$, $a-4=-2$
따라서 $a=2$, $b=-4$이므로
$a+b=2+(-4)=-2$

0272 답 12

원의 중심의 좌표를 $(a,\ 2a+1)$, 반지름의 길이를 r라 하면 원의 방정식은
$(x-a)^2+(y-2a-1)^2=r^2$ ...... ㉠
원 ㉠이 점 $(-1,\ 1)$을 지나므로
$\{(-1)-a\}^2+(1-2a-1)^2=r^2$
$\therefore 5a^2+2a+1=r^2$ ...... ㉡
또한, 원 ㉠이 점 $(6,\ 2)$를 지나므로
$(6-a)^2+(2-2a-1)^2=r^2$
$\therefore 5a^2-16a+37=r^2$ ...... ㉢
㉡, ㉢을 연립하여 풀면
$a=2$, $r=5$ $(\because r>0)$
$\therefore b=2a+1=2\times2+1=5$
$\therefore a+b+r=2+5+5=12$

다른 풀이

원의 중심의 좌표를 $(a,\ 2a+1)$, 반지름의 길이를 r라 하면 중심과 원 위의 두 점 $(-1,\ 1)$, $(6,\ 2)$ 사이의 거리는 반지름의 길이로 서로 같으므로
$\sqrt{\{(-1)-a\}^2+\{1-(2a+1)\}^2}$
$=\sqrt{(6-a)^2+\{2-(2a+1)\}^2}$ ...... ㉠
㉠의 양변을 제곱하여 정리하면
$5a^2+2a+1=5a^2-16a+37$
$18a-36=0$ $\therefore a=2$
$\therefore b=2a+1=2\times2+1=5$
또한, ㉠에서
$r=\sqrt{(6-2)^2+\{2-(2\times2+1)\}^2}=5$
이므로
$a+b+r=2+5+5=12$

0273 답 ④

0274 답 ④

선분 AB의 중점이 두 점 A, B를 지름의 양 끝 점으로 하는 원의 중심이므로 중심의 좌표는

$\left(\dfrac{(-1)+7}{2},\ \dfrac{4+(-2)}{2}\right)$, 즉 $(3,\ 1)$
또한, 선분 AB가 원의 지름이므로 원의 반지름의 길이는
$\dfrac{1}{2}\overline{AB}=\dfrac{1}{2}\sqrt{\{7-(-1)\}^2+\{(-2)-4\}^2}=5$
따라서 조건을 만족시키는 원의 방정식은
$(x-3)^2+(y-1)^2=5^2$ $\therefore x^2+y^2-6x-2y-15=0$
따라서 $a=-6$, $b=-2$, $c=-15$이므로
$a-b-c=(-6)-(-2)-(-15)=11$

0275 답 13

선분 AB의 중점이 두 점 A, B를 지름의 양 끝 점으로 하는 원의 중심이므로 중심의 좌표는
$\left(\dfrac{1+a}{2},\ \dfrac{2+4}{2}\right)$, 즉 $\left(\dfrac{1+a}{2},\ 3\right)$
이때 주어진 원의 중심의 좌표가 $(3,\ b)$이므로
$\dfrac{1+a}{2}=3$, $3=b$ $\therefore a=5$, $b=3$
또한, 선분 AB가 원의 지름이므로
$r=\dfrac{1}{2}\overline{AB}=\dfrac{1}{2}\sqrt{(5-1)^2+(4-2)^2}=\sqrt{5}$
$\therefore a+b+r^2=5+3+(\sqrt{5})^2=13$

0276 답 ②

$P(-6,\ 0)$, $Q(0,\ 4)$이고 선분 PQ의 중점이 두 점 P, Q를 지름의 양 끝 점으로 하는 원의 중심이므로 중심의 좌표는
$\left(\dfrac{(-6)+0}{2},\ \dfrac{0+4}{2}\right)$, 즉 $(-3,\ 2)$
또한, 선분 PQ가 원의 지름이므로 원의 반지름의 길이는
$\dfrac{1}{2}\overline{PQ}=\dfrac{1}{2}\sqrt{\{0-(-6)\}^2+(4-0)^2}=\sqrt{13}$
따라서 구하는 원의 방정식은
$(x+3)^2+(y-2)^2=13$

0277 답 ①

선분 AB의 중점이 직각삼각형 ABC의 외접원의 중심이다.
이때 외접원의 중심의 좌표는
$\left(\dfrac{3+5}{2},\ \dfrac{1+7}{2}\right)$, 즉 $(4,\ 4)$
또한, 선분 AB가 직각삼각형 ABC의 외접원의 지름이므로 외접원의 반지름의 길이는
$\dfrac{1}{2}\overline{AB}=\dfrac{1}{2}\sqrt{(5-3)^2+(7-1)^2}=\sqrt{10}$
즉, 점 C는 중심의 좌표가 $(4,\ 4)$, 반지름의 길이가 $\sqrt{10}$인 원 위의 점이므로 점 C에서 선분 AB에 내린 수선의 길이를 h, 삼각형 ABC의 넓이를 S라 하면
$S=\dfrac{1}{2}\times\overline{AB}\times h$
$=\dfrac{1}{2}\times2\sqrt{10}\times h$
$=\sqrt{10}h$
이때 S는 h의 값이 원의 반지름의 길이일 때 최대이므로 삼각형 ABC의 넓이의 최댓값은
$\sqrt{10}\times\sqrt{10}=10$

반원에 대한 원주각의 크기는 $90°$이다.
→ 선분 AB가 원의 지름이면 $∠ACB=90°$

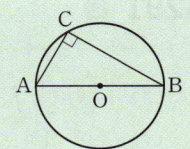

0278 답 ①

0279 답 14

원의 중심을 $P(p, q)$라 하면
$\overline{PA}=\overline{PB}=\overline{PC}$
$\overline{PA}=\overline{PB}$에서 $\overline{PA}^2=\overline{PB}^2$이므로
$(0-p)^2+\{(-2)-q\}^2=(1-p)^2+\{(-7)-q\}^2$
$p^2+(q^2+4q+4)=(p^2-2p+1)+(q^2+14q+49)$
$\therefore p-5q=23$ ...... ㉠
$\overline{PA}=\overline{PC}$에서 $\overline{PA}^2=\overline{PC}^2$이므로
$(0-p)^2+\{(-2)-q\}^2=(5-p)^2+\{(-1)-q\}^2$
$p^2+(q^2+4q+4)=(p^2-10p+25)+(q^2+2q+1)$
$\therefore 5p+q=11$ ...... ㉡
㉠, ㉡을 연립하여 풀면
$p=3, q=-4$
즉, 원의 중심은 $P(3, -4)$이고 반지름의 길이는
$\overline{PA}=\sqrt{(0-3)^2+\{(-2)-(-4)\}^2}=\sqrt{13}$
이므로 원의 방정식은
$(x-3)^2+(y+4)^2=13$
$\therefore x^2+y^2-6x+8y+12=0$
따라서 $a=-6, b=8, c=12$이므로
$a+b+c=(-6)+8+12=14$

0280 답 ④

원의 중심을 $P(a, b)$라 하면
$\overline{PA}=\overline{PB}=\overline{PC}$
$\overline{PA}=\overline{PB}$에서 $\overline{PA}^2=\overline{PB}^2$이므로
$\{(-1)-a\}^2+(1-b)^2=(1-a)^2+(3-b)^2$
$(a^2+2a+1)+(b^2-2b+1)=(a^2-2a+1)+(b^2-6b+9)$
$\therefore a+b=2$ ...... ㉠
$\overline{PA}=\overline{PC}$에서 $\overline{PA}^2=\overline{PC}^2$이므로
$\{(-1)-a\}^2+(1-b)^2=\{(-3)-a\}^2+(7-b)^2$
$(a^2+2a+1)+(b^2-2b+1)=(a^2+6a+9)+(b^2-14b+49)$
$\therefore a-3b=-14$ ...... ㉡
㉠, ㉡을 연립하여 풀면
$a=-2, b=4$
즉, 원의 중심은 $P(-2, 4)$이고 반지름의 길이는
$\overline{PA}=\sqrt{\{(-1)-(-2)\}^2+(1-4)^2}=\sqrt{10}$
이므로 원의 방정식은
$(x+2)^2+(y-4)^2=10$
위의 원이 점 $(-5, k)$를 지나므로
$\{(-5)+2\}^2+(k-4)^2=10, (k-4)^2=1$
$k-4=\pm1$ $\therefore k=3$ 또는 $k=5$
따라서 모든 실수 k의 값의 곱은
$3\times5=15$

0281 답 ③

세 점 $A(0, 3)$, $B(a, 0)$, $C(-a, 0)$을
지나는 원을 O라 하면 원 O는 오른쪽 그
림과 같다.
이때 현 BC의 수직이등분선은 원 O의 중
심을 지나므로 원 O의 중심을
$P(0, b)$ $(b<3)$라 하면 → 점 P의 y좌표가 점 A의 y좌표보다는 작아야 한다.
원 O의 반지름의 길이가 2이므로 $\overline{PA}=2$에서
$3-b=2$ $\therefore b=1$
따라서 $P(0, 1)$이고 $\overline{PB}=2$에서 $\overline{PB}^2=4$이므로
$(a-0)^2+(0-1)^2=4, a^2=3$
$\therefore a=\sqrt{3}$ $(\because a>0)$

0282 답 ②

$x-3y+4=0$ ...... ㉠
$x-y-2=0$ ...... ㉡
$2x+y+8=0$ ...... ㉢
두 직선 ㉠, ㉡의 교점을 A, 두 직선 ㉡, ㉢의 교점을 B, 두 직선
㉠, ㉢의 교점을 C라 하면
$A(5, 3)$, $B(-2, -4)$, $C(-4, 0)$
삼각형 ABC의 외접원의 중심을 $P(a, b)$라 하면
$\overline{PA}=\overline{PB}=\overline{PC}$
$\overline{PA}=\overline{PB}$에서 $\overline{PA}^2=\overline{PB}^2$이므로
$(5-a)^2+(3-b)^2=\{(-2)-a\}^2+\{(-4)-b\}^2$
$(a^2-10a+25)+(b^2-6b+9)=(a^2+4a+4)+(b^2+8b+16)$
$\therefore a+b=1$ ...... ㉣
$\overline{PA}=\overline{PC}$에서 $\overline{PA}^2=\overline{PC}^2$이므로
$(5-a)^2+(3-b)^2=\{(-4)-a\}^2+(0-b)^2$
$(a^2-10a+25)+(b^2-6b+9)=(a^2+8a+16)+b^2$
$\therefore 3a+b=3$ ...... ㉤
㉣, ㉤을 연립하여 풀면 $a=1, b=0$
따라서 원의 중심이 $P(1, 0)$이므로 반지름의 길이는
$\overline{PA}=\sqrt{(5-1)^2+(3-0)^2}=5$

0283 답 ③

0284 답 ④

$x^2+y^2+2x-ky+k+4=0$에서
$(x+1)^2+\left(y-\dfrac{k}{2}\right)^2=\dfrac{k^2}{4}-k-3$
위의 방정식이 원을 나타내려면
$\dfrac{k^2}{4}-k-3>0, k^2-4k-12>0, (k+2)(k-6)>0$
$\therefore k<-2$ 또는 $k>6$

0285 답 ⑤

$x^2+y^2-2ax+4ay+25=0$에서
$(x-a)^2+(y+2a)^2=5a^2-25$ → $(x-a)^2+(y-b)^2=k$에서 $k\leq0$이면 원이 될 수 없다.
위의 방정식이 원을 나타내지 않도록 하려면
$5a^2-25\leq0, a^2-5\leq0, (a+\sqrt{5})(a-\sqrt{5})\leq0$
$\therefore -\sqrt{5}\leq a\leq\sqrt{5}$
따라서 정수 a는 $-2, -1, 0, 1, 2$의 5개이다.

0286 답 ②

$x^2+y^2-4x+2(k-1)y+k+5=0$에서

$(x-2)^2+\{y+(k-1)\}^2=k^2-3k$

위의 방정식이 나타내는 원의 반지름의 길이가 2 이하이므로

$0<k^2-3k\leq4$ ← 반지름의 길이를 r라 하면
$0<r\leq2$이므로 $0<r^2\leq4$

$k^2-3k>0$에서 $k(k-3)>0$

$\therefore k<0$ 또는 $k>3$ ······ ㉠

$k^2-3k\leq4$에서 $k^2-3k-4\leq0$, $(k+1)(k-4)\leq0$

$\therefore -1\leq k\leq4$ ······ ㉡

㉠, ㉡의 공통부분을 구하면

$-1\leq k<0$ 또는 $3<k\leq4$

따라서 정수 k는 -1, 4이므로 그 합은

$(-1)+4=3$

0287 답 ②

$x^2+y^2-4x+2ay+2a^2-4a-1=0$에서

$(x-2)^2+(y+a)^2=-a^2+4a+5$ ······ ㉠

방정식 ㉠이 원을 나타내므로

$-a^2+4a+5>0$, $a^2-4a-5<0$, $(a+1)(a-5)<0$

$\therefore -1<a<5$

이때 원 ㉠의 반지름의 길이는

$\sqrt{-a^2+4a+5}=\sqrt{-(a-2)^2+9}$

이므로 $a=2$일 때 원의 넓이가 최대이고 그때의 반지름의 길이는

3이다. ← $-1<a<5$에서 이차함수 $y=-(a-2)^2+9$는
$a=2$일 때 최댓값을 갖는다.

0288 답 ①

0289 답 ③

$x^2+y^2-4x+2ay-4=0$에서 $(x-2)^2+(y+a)^2=a^2+8$

즉, 중심의 좌표가 $(2, -a)$이고 x축에 접하는 원의 방정식은

$(x-2)^2+(y+a)^2=(-a)^2$

위의 원이 점 $(5, 1)$을 지나므로

$(5-2)^2+(1+a)^2=a^2$, $10+2a=0$

$\therefore a=-5$

따라서 중심의 좌표가 $(2, 5)$이므로 원의 반지름의 길이는

$|5|=5$

0290 답 ④

$x^2+y^2+8x+ay+2a-3=0$에서

$(x+4)^2+\left(y+\dfrac{a}{2}\right)^2=\dfrac{a^2}{4}-2a+19$ ······ ㉠

원의 중심 $\left(-4, -\dfrac{a}{2}\right)$가 제3사분면 위에 있으므로

$-\dfrac{a}{2}<0$ $\therefore a>0$ ← (x좌표)<0, (y좌표)<0

······ ㉡

또한, 원 ㉠이 y축에 접하므로

$\sqrt{\dfrac{a^2}{4}-2a+19}=|-4|$

위의 식의 양변을 제곱하면

$\dfrac{a^2}{4}-2a+19=16$, $a^2-8a+12=0$, $(a-2)(a-6)=0$

$\therefore a=2$ 또는 $a=6$ ······ ㉢

㉡, ㉢에서 상수 a의 값은 2, 6이므로 그 합은

$2+6=8$

0291 답 3

$x^2+y^2-6x+ay+b=0$에서

$(x-3)^2+\left(y+\dfrac{a}{2}\right)^2=\dfrac{a^2}{4}-b+9$ ······ ㉠

원 ㉠이 y축에 접하므로

$\sqrt{\dfrac{a^2}{4}-b+9}=3$ ← |(중심의 x좌표)|=(반지름의 길이)

위의 식의 양변을 제곱하면

$\dfrac{a^2}{4}-b+9=9$ $\therefore a^2-4b=0$ ······ ㉡

또한, 원 ㉠이 점 $(3, 2)$를 지나므로

$(3-3)^2+\left(2+\dfrac{a}{2}\right)^2=\dfrac{a^2}{4}-b+9$ $\therefore b=-2a+5$ ······ ㉢

㉢을 ㉡에 대입하면

$a^2-4(-2a+5)=0$, $a^2+8a-20=0$, $(a+10)(a-2)=0$

$\therefore a=2$ ($\because a>0$)

$a=2$를 ㉢에 대입하면

$b=(-2)\times2+5=1$

$\therefore a+b=2+1=3$

0292 답 ④

중심의 좌표를 (a, b)라 하면 x축에 접하는 원의 방정식은

$(x-a)^2+(y-b)^2=b^2$

이때 두 원 O_1, O_2는 모두 점 $(7, 4)$를 지나므로

$(7-a)^2+(4-b)^2=b^2$ ······ ㉠

또한, 두 원 O_1, O_2의 반지름의 길이가 4이므로

$b^2=16$ $\therefore b=\pm4$

(i) $b=-4$일 때

㉠에서

$(7-a)^2+\{4-(-4)\}^2=16$

$\therefore a^2-14a+97=0$ ······ ㉡

이차방정식 ㉡의 판별식을 D라 하면

$\dfrac{D}{4}=(-7)^2-1\times97=-48<0$

이므로 이차방정식 ㉡은 실근을 갖지 않는다.

(ii) $b=4$일 때

㉠에서

$(7-a)^2+(4-4)^2=16$, $a^2-14a+33=0$

$(a-3)(a-11)=0$ $\therefore a=3$ 또는 $a=11$

(i), (ii)에서 P(3, 4), Q(11, 4) 또는

P(11, 4), Q(3, 4)이므로 구하는 삼

각형 OPQ의 넓이는

$\dfrac{1}{2}\times(11-3)\times4=16$

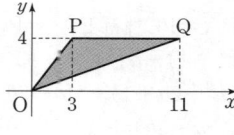

0293 답 ④

0294 답 ③

주어진 두 원의 중심은 모두 제1사분면 위에 있으므로 반지름의

길이를 r라 하면 원의 방정식은

$(x-r)^2+(y-r)^2=r^2$

위의 원이 점 $(1, 2)$를 지나므로

$(1-r)^2+(2-r)^2=r^2$, $r^2-6r+5=0$

$(r-1)(r-5)=0$ $\therefore r=1$ 또는 $r=5$

따라서 두 원 중 더 큰 원의 반지름의 길이는 5이다.

0295 답 ①

반지름의 길이가 a이므로 $a>0$
즉, 주어진 원이 지나는 점 $(2a, 2)$가 제1사분면 위의 점이고,
x축과 y축에 동시에 접하므로 주어진 원의 방정식은
$(x-a)^2+(y-a)^2=a^2$
위의 원이 점 $(2a, 2)$를 지나므로
$(2a-a)^2+(2-a)^2=a^2$, $(2-a)^2=0$
$\therefore a=2$

0296 답 1

주어진 원의 중심은 제2사분면 위에 있으므로 반지름의 길이를 r
라 하면 원의 방정식은
$(x+r)^2+(y-r)^2=r^2$
또한, 곡선 $y=x^2-x-1$이 원의 중심 $(-r, r)$를 지나므로
$r=(-r)^2-(-r)-1$에서
$r^2=1$ $\therefore r=1$ $(\because r>0)$
즉, 주어진 원의 방정식은 $(x+1)^2+(y-1)^2=1$이므로
$x^2+y^2+2x-2y+1=0$
따라서 $a=2$, $b=-2$, $c=1$이므로
$a+b+c=2+(-2)+1=1$

0297 답 9

x축과 y축에 동시에 접하는 원의 중심의 좌표는 (r, r) 또는
$(r, -r)$ 꼴이므로 중심은 직선 $y=x$ 또는 직선 $y=-x$ 위에
있다.
(ⅰ) 중심이 직선 $y=x$ 위에 있을 때
　　$y=x$, $3x+y-12=0$을 연립하여 풀면 $x=3$, $y=3$
　　즉, 중심의 좌표가 $(3, 3)$이므로 x축과 y축에 동시에 접하는
　　원의 반지름의 길이를 r_1이라 하면
　　$r_1=3$
(ⅱ) 중심이 직선 $y=-x$ 위에 있을 때
　　$y=-x$, $3x+y-12=0$을 연립하여 풀면 $x=6$, $y=-6$
　　즉, 중심의 좌표가 $(6, -6)$이므로 x축과 y축에 동시에 접하
　　는 원의 반지름의 길이를 r_2라 하면
　　$r_2=6$
(ⅰ), (ⅱ)에서 $r_1=3$, $r_2=6$
$\therefore r_1+r_2=3+6=9$

0298 답 25

0299 답 ③

원점 O와 원 $(x-1)^2+(y-4)^2=9$의 중심 $(1, 4)$ 사이의 거리는
$\sqrt{1^2+4^2}=\sqrt{17}$
원점 O와 원 $(x-1)^2+(y-4)^2=9$의 중심 사이의 거리가 반지
름의 길이인 3보다 크므로 원점 O는 원 밖에 있다.
이때 원 C의 반지름의 길이는 원점 O와 원 $(x-1)^2+(y-4)^2=9$
위의 점 사이의 거리와 같으므로 구하는 최댓값은
$3+\sqrt{17}$

0300 답 ③

$x^2-2x+y^2-4y-4=0$에서
$(x-1)^2+(y-2)^2=9$

점 A$(7, 10)$과 원의 중심 $(1, 2)$ 사이의 거리는
$\sqrt{(1-7)^2+(2-10)^2}=10$ ← $\overline{AP}$
즉, 점 A에서 점 P까지의 거리의
최댓값은 $10+3=13$, 최솟값은 $10-3=7$
이다.
이때 점 A에서 점 P까지의 거리가 7, 13인 경우의 점 P의 개수
는 각각 1이고, 거리가 8, 9, 10, 11, 12인 경우의 점 P의 개수는
각각 2이다.
따라서 구하는 점 P의 개수는
$1+2+2+2+2+2+1=12$

0301 답 ②

점 A$(-2, 1)$과 원의 중심 $(-1, 3)$ 사이의 거리는
$\sqrt{\{(-1)-(-2)\}^2+(3-1)^2}=\sqrt{5}$
점 A와 원의 중심 사이의 거리가 반지름의 길이인 4보다 작으므로
점 A는 원의 내부에 있다.
따라서 $M=4+\sqrt{5}$, $m=4-\sqrt{5}$이므로
$M+m=(4+\sqrt{5})+(4-\sqrt{5})=8$

0302 답 ②

A$(8, 0)$이라 하면 $\sqrt{(a-8)^2+b^2}$의 값은 두 점 P(a, b)와 A$(8, 0)$
사이의 거리, 즉 선분 AP의 길이와 같다.
$x^2+y^2-8x+4y-25=0$에서
$(x-4)^2+(y+2)^2=45$
점 A$(8, 0)$과 원의 중심 $(4, -2)$ 사이의 거리는
$\sqrt{(4-8)^2+\{(-2)-0\}^2}=2\sqrt{5}$
점 A와 원의 중심 사이의 거리가 반지름의 길이인 $3\sqrt{5}$보다 작으
므로 점 A는 원의 내부에 있다.
따라서
$M=3\sqrt{5}+2\sqrt{5}=5\sqrt{5}$, $m=3\sqrt{5}-2\sqrt{5}=\sqrt{5}$
이므로
$Mm=5\sqrt{5}\times\sqrt{5}=25$

0303 답 ①

0304 답 ③

P(a, b)라 하고, 선분 AP를 $2:1$로 내분하는 점 Q의 좌표를
(x, y)라 하면
$x=\dfrac{2\times a+1\times 0}{2+1}=\dfrac{2}{3}a$, $y=\dfrac{2\times b+1\times 3}{2+1}=\dfrac{2b+3}{3}$
$\therefore a=\dfrac{3}{2}x$, $b=\dfrac{3}{2}y-\dfrac{3}{2}$　　……㉠
점 P는 원 $x^2+y^2=9$ 위의 점이므로
$a^2+b^2=9$　　……㉡
㉠을 ㉡에 대입하면
$\left(\dfrac{3}{2}x\right)^2+\left(\dfrac{3}{2}y-\dfrac{3}{2}\right)^2=9$
$\dfrac{9}{4}x^2+\dfrac{9}{4}(y-1)^2=9$
$\therefore x^2+(y-1)^2=4$
따라서 점 Q가 나타내는 도형은 중심의 좌표가 $(0, 1)$이고 반지
름의 길이가 2인 원이다.

0305 답 ①

$P(x, y)$라 하면 $\overline{PA}^2+\overline{PB}^2=36$이므로
$(x-2)^2+(y-2)^2+\{x-(-2)\}^2+(y-6)^2=36$
$x^2+y^2-8y+6=0$
$\therefore x^2+(y-4)^2=10$
따라서 점 P가 나타내는 도형은 중심의 좌표가 $(0, 4)$이고
반지름의 길이가 $\sqrt{10}$인 원이므로 구하는 원의 둘레의 길이는
$2\pi \times \sqrt{10}=2\sqrt{10}\pi$

0306 답 ②

$P(x, y)$라 하면 $\overline{AP}:\overline{BP}=2:1$이고
$\overline{AP}=2\overline{BP}$에서 $\overline{AP}^2=4\overline{BP}^2$이므로
$(x+6)^2+y^2=4\{x^2+(y-3)^2\}$
$x^2+y^2-4x-8y=0$
$\therefore (x-2)^2+(y-4)^2=20$
따라서 점 P가 나타내는 도형은 중심의 좌표가 $(2, 4)$이고 반지름의 길이가 $2\sqrt{5}$인 원이다.

0307 답 ②

두 직선 OA, OB의 기울기가 각각
$\dfrac{1-0}{2-0}=\dfrac{1}{2}$, $\dfrac{6-0}{(-3)-0}=-2$
이므로 두 직선 OA, OB의 방정식은 각각
$y=\dfrac{1}{2}x$, $y=-2x$

이때 두 점 P, Q의 좌표를 각각 $P\left(a, \dfrac{a}{2}\right)$, $Q(b, -2b)$라 하고,
점 M의 좌표를 (x, y)라 하면 점 M은 선분 PQ의 중점이므로
$x=\dfrac{a+b}{2}$, $y=\dfrac{\frac{a}{2}+(-2b)}{2}=\dfrac{a-4b}{4}$에서
$a+b=2x$ ...... ㉠, $a-4b=4y$ ...... ㉡
$4\times$㉠$+$㉡을 하면
$5a=8x+4y$ $\therefore a=\dfrac{8x+4y}{5}$
㉠$-$㉡을 하면
$5b=2x-4y$ $\therefore b=\dfrac{2x-4y}{5}$
$\overline{PQ}=2$이므로
$\sqrt{(b-a)^2+\left\{(-2b)-\dfrac{a}{2}\right\}^2}=2$
위의 식의 양변을 제곱하면
$(a-b)^2+\left(\dfrac{a}{2}+2b\right)^2=4$
$\left(\dfrac{8x+4y}{5}-\dfrac{2x-4y}{5}\right)^2+\left(\dfrac{1}{2}\times\dfrac{8x+4y}{5}+2\times\dfrac{2x-4y}{5}\right)^2=4$
$\left(\dfrac{6x+8y}{5}\right)^2+\left(\dfrac{8x-6y}{5}\right)^2=4$
$\dfrac{4}{25}(3x+4y)^2+\dfrac{4}{25}(4x-3y)^2=4$
$\therefore x^2+y^2=1$
따라서 점 M이 나타내는 도형은 중심이 원점이고 반지름의 길이가 1인 원이므로 구하는 원의 넓이는
$\pi \times 1^2=\pi$

0308 답 ②

0309 답 ③

두 원의 교점을 지나는 직선의 방정식은
$(x^2+y^2-4x-21)-(x^2+y^2+6y)=0$
$-4x-6y-21=0$ $\therefore y=-\dfrac{2}{3}x-\dfrac{7}{2}$
위의 직선이 직선 $y=ax+3$과 수직이므로
$\left(-\dfrac{2}{3}\right)\times a=-1$
$\therefore a=\dfrac{3}{2}$

0310 답 2

$(x-a)^2+(y+1)^2=4$에서
$x^2+y^2-2ax+2y+a^2-3=0$
즉, 두 원의 교점을 지나는 직선의 방정식은
$(x^2+y^2-2ax+2y+a^2-3)-(x^2+y^2+2x+4y-4)=0$
$\therefore (2a+2)x+2y-a^2-1=0$
위의 직선이 직선 $x-3y+4=0$과 수직이므로
$(2a+2)\times 1+2\times(-3)=0$
$2a-4=0$
$\therefore a=2$

0311 답 ③

$(x-1)^2+y^2=1-a$에서 $x^2+y^2-2x+a=0$
$x^2+(y+2)^2=3-2a$에서 $x^2+y^2+4y+2a+1=0$
즉, 두 원의 교점을 지나는 직선의 방정식은
$(x^2+y^2-2x+a)-(x^2+y^2+4y+2a+1)=0$
$\therefore 2x+4y+a+1=0$
위의 직선이 점 $(-3, 2)$를 지나므로
$2\times(-3)+4\times 2+a+1=0$
$\therefore a=-3$

0312 답 ③

원 $(x-a)^2+(y+1)^2=25$가
원 $(x-1)^2+(y-3)^2=5$의 둘레를
이등분하려면 오른쪽 그림과 같이 두
원의 교점을 지나는 직선이 원
$(x-1)^2+(y-3)^2=5$의 중심 $(1, 3)$
을 지나야 한다. 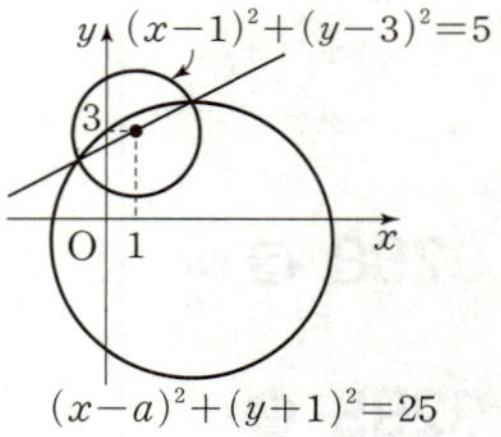
$(x-a)^2+(y+1)^2=25$에서
$x^2+y^2-2ax+2y+a^2-24=0$
$(x-1)^2+(y-3)^2=5$에서 $x^2+y^2-2x-6y+5=0$
즉, 두 원의 교점을 지나는 직선의 방정식은
$(x^2+y^2-2ax+2y+a^2-24)-(x^2+y^2-2x-6y+5)=0$
$\therefore (2a-2)x-8y-a^2+29=0$
위의 직선이 점 $(1, 3)$을 지나야 하므로
$(2a-2)\times 1-8\times 3-a^2+29=0$, $a^2-2a-3=0$
$(a+1)(a-3)=0$
$\therefore a=3 \ (\because a>0)$

0313 답 ④

0314 답 ④

$x^2+y^2-6x+6y+4=0$에서 $(x-3)^2+(y+3)^2=14$

오른쪽 그림과 같이 두 원 $x^2+y^2=8$, $x^2+y^2-6x+6y+4=0$의 중심을 각각 O, O′, 두 원의 교점을 A, B, 선분 OO′과 선분 AB의 교점을 C라 하면 두 선분 OO′, AB는 점 C에서 수직으로 만난다.

직선 AB의 방정식은

$(x^2+y^2-8)-(x^2+y^2-6x+6y+4)=0$

$6x-6y-12=0$

$\therefore x-y-2=0$

위의 직선과 점 O(0, 0) 사이의 거리는

$$\overline{OC}=\frac{|-2|}{\sqrt{1^2+(-1)^2}}=\sqrt{2}$$

선분 OA는 원 $x^2+y^2=8$의 반지름이므로

$\overline{OA}=2\sqrt{2}$

즉, 직각삼각형 AOC에서

$$\overline{AC}=\sqrt{\overline{OA}^2-\overline{OC}^2}=\sqrt{(2\sqrt{2})^2-(\sqrt{2})^2}=\sqrt{6}$$

따라서 공통인 현의 길이는

$$\overline{AB}=2\overline{AC}=2\times\sqrt{6}=2\sqrt{6}$$

0315 답 6

선분 AB의 중점은 두 원의 공통인 현 AB와 두 원의 중심을 지나는 직선의 교점이다.

$(x-2)^2+(y-2)^2=5$에서

$x^2+y^2-4x-4y+3=0$

즉, 직선 AB의 방정식은

$(x^2+y^2-13)-(x^2+y^2-4x-4y+3)=0$

$4x+4y-16=0$

$\therefore x+y-4=0$ ...... ㉠

두 원의 중심 $(0, 0)$, $(2, 2)$를 지나는 직선의 방정식은

$y-0=\dfrac{2-0}{2-0}\times(x-0)$ $\therefore y=x$ ...... ㉡

㉠, ㉡을 연립하여 풀면

$x=2$, $y=2$

따라서 선분 AB의 중점의 좌표는 $(2, 2)$이므로

$a=2$, $b=2$

$\therefore 2a+b=2\times2+2=6$

0316 답 ②

$x^2+y^2+6x+10y+k=0$에서 $(x+3)^2+(y+5)^2=-k+34$

$x^2+y^2-2x+4y-4=0$에서 $(x-1)^2+(y+2)^2=9$

오른쪽 그림과 같이 두 원 $(x+3)^2+(y+5)^2=-k+34$, $(x-1)^2+(y+2)^2=9$의 중심을 각각 C, C′, 두 원의 교점을 A, B, 선분 CC′과 선분 AB의 교점을 D라 하면 두 선분 CC′, AB는 점 D에서 수직으로 만난다.

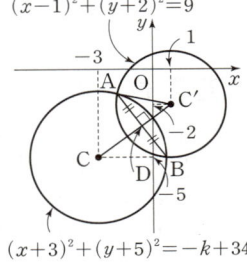

이때 공통인 현의 길이가 $2\sqrt{5}$이므로

$$\overline{AD}=\frac{1}{2}\overline{AB}=\sqrt{5}$$

선분 AC′은 원 $(x-1)^2+(y+2)^2=9$의 반지름이므로

$\overline{AC'}=3$

직각삼각형 AC′D에서

$$\overline{C'D}=\sqrt{\overline{AC'}^2-\overline{AD}^2}=\sqrt{3^2-(\sqrt{5})^2}=2$$ ...... ㉠

한편, 직선 AB의 방정식은

$(x^2+y^2+6x+10y+k)-(x^2+y^2-2x+4y-4)=0$

$\therefore 8x+6y+k+4=0$

위의 직선과 점 C′$(1, -2)$ 사이의 거리는

$$\overline{C'D}=\frac{|8\times1+6\times(-2)+k+4|}{\sqrt{8^2+6^2}}=\frac{|k|}{10}$$ ...... ㉡

㉠, ㉡에서

$\dfrac{|k|}{10}=2$, $|k|=20$ $\therefore k=\pm20$

따라서 모든 실수 k의 값의 곱은

$(-20)\times20=-400$

0317 답 20

오른쪽 그림과 같이 선분 AB와 선분 CC′의 교점을 D라 하면 두 선분 AB, CC′은 점 D에서 수직으로 만난다.

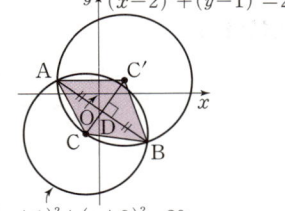

$C(-1, -3)$, $C'(2, 1)$이므로

$\overline{CC'}$
$=\sqrt{\{2-(-1)\}^2+\{1-(-3)\}^2}$
$=5$

$(x+1)^2+(y+3)^2=20$에서

$x^2+y^2+2x+6y-10=0$

$(x-2)^2+(y-1)^2=25$에서

$x^2+y^2-4x-2y-20=0$

즉, 직선 AB의 방정식은

$(x^2+y^2+2x+6y-10)-(x^2+y^2-4x-2y-20)=0$

$6x+8y+10=0$

$\therefore 3x+4y+5=0$

위의 직선과 점 C 사이의 거리는

$$\overline{CD}=\frac{|3\times(-1)+4\times(-3)+5|}{\sqrt{3^2+4^2}}=2$$

선분 CA는 원 $(x+1)^2+(y+3)^2=20$의 반지름이므로

$\overline{CA}=2\sqrt{5}$

즉, 직각삼각형 ACD에서

$$\overline{AD}=\sqrt{\overline{CA}^2-\overline{CD}^2}=\sqrt{(2\sqrt{5})^2-2^2}=4$$

$\therefore \overline{AB}=2\overline{AD}=2\times4=8$

따라서 사각형 CAC′B의 넓이는

$$\frac{1}{2}\times\overline{CC'}\times\overline{AB}=\frac{1}{2}\times5\times8=20$$

0318 답 ②

0319 답 ⑤

두 원의 교점을 지나는 원의 방정식을

$(x^2+y^2+4x-10y+16)+k(x^2+y^2-2y-6)=0$

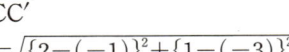
항의 수가 적은 원의 방정식에 k를 곱하는 것이 더 편리하다.

(단, $k\neq-1$) ...... ㉠

이라 하면 원 ㉠이 점 $(-2, 1)$을 지나므로

$-3+3k=0$ $\therefore k=1$

$k=1$을 ㉠에 대입하여 정리하면
$(x+1)^2+(y-3)^2=5$
따라서 구하는 원의 둘레의 길이는 $2\sqrt{5}\pi$이다.

0320 답 ⑤
두 원의 교점을 지나는 원의 방정식을
$(x^2+y^2-2x+4y+1)+k(x^2+y^2-4)=0$ (단, $k\neq-1$)
└→ 항의 수가 적은 원의 방정식에 k를 곱하는 것이 더 편리하다.
이라 하면
$(k+1)x^2+(k+1)y^2-2x+4y-4k+1=0$
$\therefore \left(x-\dfrac{1}{k+1}\right)^2+\left(y+\dfrac{2}{k+1}\right)^2=\dfrac{5}{(k+1)^2}+\dfrac{4k-1}{k+1}$ ····· ㉠
원 ㉠의 중심의 좌표가 $(-1, 2)$이므로 └→ $k\neq-1$에서 $k+1\neq0$이므로 양변을 $(k+1)$로 나눌 수 있다.
$\dfrac{1}{k+1}=-1, \ -\dfrac{2}{k+1}=2$ $\therefore k=-2$
$k=-2$를 ㉠에 대입하여 정리하면
$(x+1)^2+(y-2)^2=14$
따라서 구하는 원의 반지름의 길이는 $\sqrt{14}$이다.

0321 답 ②
두 원의 교점을 지나는 원의 방정식을
$\{x^2+y^2+ax+(3a+2)y+4\}+k(x^2+y^2+2y-4)=0$
(단, $k\neq-1$) ····· ㉠
이라 하면 원 ㉠이 원점을 지나므로
$4-4k=0$ $\therefore k=1$
$k=1$을 ㉠에 대입하여 정리하면
$\left(x+\dfrac{a}{4}\right)^2+\left(y+\dfrac{3a+4}{4}\right)^2=\dfrac{5a^2+12a+8}{8}$
원 ㉠의 넓이가 5π이므로
$\dfrac{5a^2+12a+8}{8}=5, \ 5a^2+12a+8=40$
$5a^2+12a-32=0, \ (a+4)(5a-8)=0$
$\therefore a=-4$ ($\because$ a는 정수)

0322 답 2
두 원의 교점을 지나는 원의 방정식을
$(x^2+y^2-2x+ay+4)+k(x^2+y^2-ax+6y+12)=0$
(단, $k\neq-1$) ····· ㉠
이라 하면 원 ㉠이 점 $(0, 0)$을 지나므로
$4+12k=0$ $\therefore k=-\dfrac{1}{3}$ ····· ㉡
└→ 상대적으로 계산이 간편한 점의 좌표부터 대입한다.
또한, 원 ㉠이 점 $(2, -1)$을 지나므로
$-a+5-\dfrac{1}{3}(-2a+11)=0$ ($\because$ ㉡)
$-a+4=0$ $\therefore a=4$
$k=-\dfrac{1}{3}$, $a=4$를 ㉠에 대입하여 정리하면
$x^2+y^2-x+3y=0$
따라서 $A=-1$, $B=3$, $C=0$이므로
$A+B+C=(-1)+3+0=2$

0323 답 9

0324 답 ①
원의 중심 $(2, -3)$과 직선 $3x+y+k=0$ 사이의 거리는

$\dfrac{|3\times2+1\times(-3)+k|}{\sqrt{3^2+1^2}}=\dfrac{|k+3|}{\sqrt{10}}$
원의 반지름의 길이가 $\sqrt{10}$이므로 원과 직선이 서로 다른 두 점에서 만나려면
$\dfrac{|k+3|}{\sqrt{10}}<\sqrt{10}, \ |k+3|<10$
$-10<k+3<10$ $\therefore -13<k<7$
따라서 정수 k의 최댓값 $M=6$, 최솟값 $m=-12$이므로
$M-m=6-(-12)=18$

0325 답 ④
원의 중심 $(3, 2)$와 직선 $3x+4y=5$, 즉 $3x+4y-5=0$ 사이의 거리는
$\dfrac{|3\times3+4\times2-5|}{\sqrt{3^2+4^2}}=\dfrac{12}{5}$
원의 반지름의 길이가 $\sqrt{k}$이므로 원과 직선이 서로 다른 두 점에서 만나려면
$\sqrt{k}>\dfrac{12}{5}$ $\therefore k>\dfrac{144}{25}=5.76$
따라서 자연수 k의 최솟값은 6이다.

0326 답 ①
$y=mx+1$을 $x^2+y^2-2x+2y+1=0$에 대입하면
$x^2+(mx+1)^2-2x+2(mx+1)+1=0$
$(m^2+1)x^2+2(2m-1)x+4=0$ →$m^2+1\neq0$이므로 이차방정식이다.
위의 이차방정식의 판별식을 D라 하면 원과 직선이 서로 다른 두 점에서 만나야 하므로
$\dfrac{D}{4}=(2m-1)^2-(m^2+1)\times4>0$
$-4m-3>0$ $\therefore m<-\dfrac{3}{4}$

다른 풀이
$x^2+y^2-2x+2y+1=0$에서 $(x-1)^2+(y+1)^2=1$
이므로 원의 중심 $(1, -1)$과 직선 $y=mx+1$, 즉 $mx-y+1=0$ 사이의 거리는
$\dfrac{|m\times1-1\times(-1)+1|}{\sqrt{m^2+(-1)^2}}=\dfrac{|m+2|}{\sqrt{m^2+1}}$
원의 반지름의 길이가 1이므로 원과 직선이 서로 다른 두 점에서 만나려면
$\dfrac{|m+2|}{\sqrt{m^2+1}}<1, \ |m+2|<\sqrt{m^2+1}$
$m^2+4m+4<m^2+1, \ 4m<-3$
$\therefore m<-\dfrac{3}{4}$

0327 답 5
원이 두 직선과 만나는 점의 개수가 4이므로 원과 두 직선이 만나는 점의 개수는 각각 2이다.
원의 중심을 $\mathrm{C}(a, 0)$이라 하면
원의 중심 $\mathrm{C}(a, 0)$과 직선 $x-\sqrt{3}y+1=0$ 사이의 거리는
$\dfrac{|1\times a-\sqrt{3}\times0+1|}{\sqrt{1^2+(-\sqrt{3})^2}}=\dfrac{|a+1|}{2}$

원의 반지름의 길이가 2이므로
원과 직선 $x-\sqrt{3}y+1=0$이 서로 다른 두 점에서 만나려면
$$\frac{|a+1|}{2}<2, \quad |a+1|<4$$
$$-4<a+1<4 \qquad \therefore -5<a<3 \qquad \cdots\cdots \ \bigcirc$$
원의 중심 $\mathrm{C}(a, 0)$과 직선 $3x+4y-2=0$ 사이의 거리는
$$\frac{|3\times a+4\times 0-2|}{\sqrt{3^2+4^2}}=\frac{|3a-2|}{5}$$
원과 직선 $3x+4y-2=0$이 서로 다른 두 점에서 만나려면
$$\frac{|3a-2|}{5}<2, \quad |3a-2|<10$$
$$-10<3a-2<10 \qquad \therefore -\frac{8}{3}<a<4 \qquad \cdots\cdots \ \bigcirc$$
$\bigcirc$, $\bigcirc$의 공통부분을 구하면
$$-\frac{8}{3}<a<3$$
따라서 정수 a는 -2, -1, 0, 1, 2의 5개이다.

0328 답 ③

0329 답 ⑤

원의 중심 $(2, -2)$와 직선 $x+3y+k=0$ 사이의 거리는
$$\frac{|1\times 2+3\times(-2)+k|}{\sqrt{1^2+3^2}}=\frac{|k-4|}{\sqrt{10}}$$
원의 반지름의 길이가 $\sqrt{10}$이므로 원과 직선이 한 점에서 만나려면
$$\frac{|k-4|}{\sqrt{10}}=\sqrt{10}, \quad |k-4|=10, \quad k-4=\pm 10$$
$$\therefore k=14 \ (\because k>0)$$

0330 답 ③

원의 반지름의 길이를 r라 하면 원의 넓이가 16π이므로
$$\pi r^2=16\pi, \ r^2=16 \qquad \therefore r=4 \ (\because r>0)$$
원의 중심 $(3, -1)$과 직선 $3x+4y+k=0$ 사이의 거리는
$$\frac{|3\times 3+4\times(-1)+k|}{\sqrt{3^2+4^2}}=\frac{|k+5|}{5}$$
원의 반지름의 길이가 4이므로 원과 직선이 한 점에서 만나려면
$$\frac{|k+5|}{5}=4, \quad |k+5|=20, \quad k+5=\pm 20$$
$$\therefore k=-25 \ \text{또는} \ k=15$$
따라서 모든 실수 k의 값의 합은
$$(-25)+15=-10$$

0331 답 ④

두 점 $(-3, 0)$, $(1, 0)$을 지름의 양 끝 점으로 하는 원의 중심은
두 점 $(-3, 0)$, $(1, 0)$을 잇는 선분의 중점과 일치하므로 그 좌
표는
$$\left(\frac{(-3)+1}{2}, \frac{0+0}{2}\right), \ \text{즉} \ (-1, 0)$$
이고, 원의 반지름의 길이는
$$\frac{1}{2}\times\{1-(-3)\}=2$$
원의 중심 $(-1, 0)$과 직선 $kx+y-2=0$ 사이의 거리는
$$\frac{|k\times(-1)+1\times 0-2|}{\sqrt{k^2+1^2}}=\frac{|k+2|}{\sqrt{k^2+1}}$$

원의 반지름의 길이가 2이므로 원과 직선이 오직 한 점에서 만나
려면
$$\frac{|k+2|}{\sqrt{k^2+1}}=2, \quad |k+2|=2\sqrt{k^2+1}$$
$$k^2+4k+4=4k^2+4$$
$$3k^2-4k=0, \ k(3k-4)=0$$
$$\therefore k=\frac{4}{3} \ (\because k>0)$$

0332 답 1

$a+b=3$이고 a, b가 될 수 있는 수는 0 또는 1 또는 2이므로
$a=1$, $b=2$ 또는 $a=2$, $b=1$
원 $(x-1)^2+y^2=2$의 중심 $(1, 0)$과 직선 $x+y-k=0$ 사이의
거리는
$$\frac{|1\times 1+1\times 0-k|}{\sqrt{1^2+1^2}}=\frac{|k-1|}{\sqrt{2}}$$
원 $(x+1)^2+(y-1)^2=2$의 중심 $(-1, 1)$과 직선 $x+y-k=0$
사이의 거리는
$$\frac{|1\times(-1)+1\times 1-k|}{\sqrt{1^2+1^2}}=\frac{|k|}{\sqrt{2}}$$
(i) $a=1$, $b=2$일 때
원 $(x-1)^2+y^2=2$의 반지름의 길이가 $\sqrt{2}$이므로 이 원과 직
선이 접하려면
$$\frac{|k-1|}{\sqrt{2}}=\sqrt{2}, \quad |k-1|=2, \quad k-1=\pm 2$$
$$\therefore k=-1 \ \text{또는} \ k=3 \qquad \cdots\cdots \ \bigcirc$$
또한, 원 $(x+1)^2+(y-1)^2=2$의 반지름의 길이는 $\sqrt{2}$이므
로 이 원과 직선이 서로 다른 두 점에서 만나려면
$$\frac{|k|}{\sqrt{2}}<\sqrt{2}, \quad |k|<2 \qquad \therefore -2<k<2 \qquad \cdots\cdots \ \bigcirc$$
$\bigcirc$, $\bigcirc$에서 $k=-1$
(ii) $a=2$, $b=1$일 때
원 $(x-1)^2+y^2=2$와 직선이 서로 다른 두 점에서 만나려면
$$\frac{|k-1|}{\sqrt{2}}<\sqrt{2}, \quad |k-1|<2$$
$$-2<k-1<2 \qquad \therefore -1<k<3 \qquad \cdots\cdots \ \bigcirc$$
또한, 원 $(x+1)^2+(y-1)^2=2$와 직선이 접하려면
$$\frac{|k|}{\sqrt{2}}=\sqrt{2}, \quad |k|=2 \qquad \therefore k=\pm 2 \qquad \cdots\cdots \ \textcircled{2}$$
$\bigcirc$, $\textcircled{2}$에서 $k=2$
(i), (ii)에서 $k=-1$ 또는 $k=2$
따라서 모든 실수 k의 값의 합은
$$(-1)+2=1$$

> **선생님 톡톡**
>
> $a+b=3$이고 a, b는 0 이상 2 이하의 정수이므로 경우를 나누어 차분히 계산하는
> 것이 가장 빠르다는 것을 명심해.

0333 답 ③

0334 답 ②

원의 중심 $(3, -4)$와 직선 $4x+3y+k=0$ 사이의 거리는
$$\frac{|4\times 3+3\times(-4)+k|}{\sqrt{4^2+3^2}}=\frac{|k|}{5}$$

원의 반지름의 길이가 4이므로 원과 직선이 만나지 않으려면

$\dfrac{|k|}{5}>4, \ |k|>20 \qquad \therefore k<-20 \ 또는 \ k>20$

따라서 자연수 k의 최솟값은 21이다.

0335 답 15
원의 중심 $(-1, 0)$과 직선 $3x-4y-17=0$ 사이의 거리는

$\dfrac{|3\times(-1)-4\times0-17|}{\sqrt{3^2+(-4)^2}}=4$

원의 반지름의 길이가 $\sqrt{k}$이므로 원과 직선이 만나지 않으려면

$\sqrt{k}<4 \qquad \therefore k<16$

이때 $k>0$이므로 $0<k<16$

따라서 원의 넓이가 최대가 되도록 하는 자연수 k의 값은 15이다.
└→ 반지름의 길이가 최대이어야 한다.

0336 답 ②
원의 중심 $(a, 0)$과 직선 $ax-y+1=0$ 사이의 거리는

$\dfrac{|a\times a-1\times0+1|}{\sqrt{a^2+(-1)^2}}=\sqrt{a^2+1}$

원의 반지름의 길이가 2이므로 원과 직선이 만나지 않으려면

$\sqrt{a^2+1}>2, \ a^2+1>4, \ a^2>3$

$\therefore a<-\sqrt{3} \ 또는 \ a>\sqrt{3}$

따라서 자연수 a의 최솟값은 2이다.

0337 답 ①
원 O의 중심 $(7a, 3a)$가 제3사분면 위에 있으므로 $a<0$

원 O의 중심 $(7a, 3a)$와 직선 $5x-12y-1=0$ 사이의 거리는

$\dfrac{|5\times7a-12\times3a-1|}{\sqrt{5^2+(-12)^2}}=\dfrac{|a+1|}{13}$

이때 원의 넓이가 36π이므로 원의 반지름의 길이는 6이고, 원과 직선이 만나지 않으려면

$\dfrac{|a+1|}{13}>6, \ |a+1|>78$

$a+1<-78 \ 또는 \ a+1>78$

$\therefore a<-79 \ (\because a<0)$

따라서 정수 a의 최댓값은 -80이다.

0338 답 ③

0339 답 ④
$x^2+y^2+2x-4y-4=0$에서 $(x+1)^2+(y-2)^2=9$

오른쪽 그림과 같이 원의 중심을 $C(-1, 2)$라 하고 점 C에서 직선 $y=x+2$, 즉 $x-y+2=0$에 내린 수선의 발을 H라 하면

$\overline{CH}=\dfrac{|1\times(-1)-1\times2+2|}{\sqrt{1^2+(-1)^2}}=\dfrac{\sqrt{2}}{2}$

원의 반지름의 길이가 3이므로 직각삼각형 CAH에서

$\overline{AH}=\sqrt{\overline{AC}^2-\overline{CH}^2}=\sqrt{3^2-\left(\dfrac{\sqrt{2}}{2}\right)^2}=\dfrac{\sqrt{34}}{2}$

$\therefore \overline{AB}=2\overline{AH}=2\times\dfrac{\sqrt{34}}{2}=\sqrt{34}$

0340 답 ①
$x^2+y^2-2x-4y+k=0$에서 $(x-1)^2+(y-2)^2=5-k$

오른쪽 그림과 같이 원의 중심을 $C(1, 2)$라 하고, 점 C에서 직선 $2x-y+5=0$에 내린 수선의 발을 H라 하면

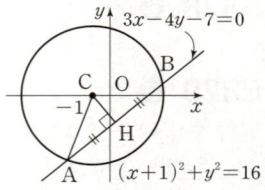

$\overline{CH}=\dfrac{|2\times1-1\times2+5|}{\sqrt{2^2+(-1)^2}}=\sqrt{5}$

$\overline{AH}=\dfrac{1}{2}\overline{AB}=2$

이때 직각삼각형 AHC에서

$\overline{AC}=\sqrt{\overline{AH}^2+\overline{CH}^2}=\sqrt{2^2+(\sqrt{5})^2}=3$

따라서 $\overline{AC}^2=5-k$이므로

$3^2=5-k \qquad \therefore k=-4$

0341 답 ⑤
오른쪽 그림과 같이 원의 중심을 $C(-1, 0)$, 원과 직선의 두 교점을 A, B라 하고, 점 C에서 직선 $3x-4y-7=0$에 내린 수선의 발을 H라 하면

$\overline{CH}=\dfrac{|3\times(-1)-4\times0-7|}{\sqrt{3^2+(-4)^2}}=2$

원의 반지름의 길이가 4이므로 직각삼각형 CAH에서

$\overline{AH}=\sqrt{\overline{AC}^2-\overline{CH}^2}=\sqrt{4^2-2^2}=2\sqrt{3}$

이때 두 점 A, B를 지나는 원 중에서 넓이가 최소인 원은 선분 AB를 지름으로 하는 원이므로 그 넓이는

$\pi\times(2\sqrt{3})^2=12\pi$

0342 답 ⑤
오른쪽 그림과 같이 원의 중심 $C(3, 2)$에서 직선 $3x-4y+k=0$에 내린 수선의 발을 H라 하면 원의 반지름의 길이가 $2\sqrt{3}$이고 삼각형 CAB가 정삼각형이므로

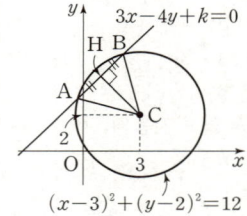

$\overline{CA}=\overline{CB}=\overline{AB}=2\sqrt{3}$

$\therefore \overline{AH}=\dfrac{1}{2}\overline{AB}=\dfrac{1}{2}\times2\sqrt{3}=\sqrt{3}$

직각삼각형 CAH에서

$\overline{CH}=\sqrt{\overline{CA}^2-\overline{AH}^2}=\sqrt{(2\sqrt{3})^2-(\sqrt{3})^2}=3$

이므로 원의 중심 $C(3, 2)$와 직선 $3x-4y+k=0$ 사이의 거리가 3이어야 한다.

즉, $\dfrac{|3\times3-4\times2+k|}{\sqrt{3^2+(-4)^2}}=3$에서 $\dfrac{|k+1|}{5}=3, \ |k+1|=15$

$k+1=\pm15 \qquad \therefore k=-16 \ 또는 \ k=14$

따라서 상수 k의 최댓값은 14이다.

0343 답 ④

0344 답 ①
$x^2+y^2-6x+2y+2=0$에서 $(x-3)^2+(y+1)^2=8$

원의 중심 $(3, -1)$과 직선 $x-y+1=0$ 사이의 거리는

$$\frac{|1\times3-1\times(-1)+1|}{\sqrt{1^2+(-1)^2}}=\frac{5\sqrt{2}}{2}$$

원의 반지름의 길이가 $2\sqrt{2}$이므로

$$M=\frac{5\sqrt{2}}{2}+2\sqrt{2}=\frac{9\sqrt{2}}{2},$$

$$m=\frac{5\sqrt{2}}{2}-2\sqrt{2}=\frac{\sqrt{2}}{2}$$

$$\therefore M^2+m^2=\left(\frac{9\sqrt{2}}{2}\right)^2+\left(\frac{\sqrt{2}}{2}\right)^2=41$$

0345 답 ④

원의 중심 $(1, -2)$와 직선 $3x+4y+k=0$ 사이의 거리는

$$\frac{|3\times1+4\times(-2)+k|}{\sqrt{3^2+4^2}}=\frac{|k-5|}{5}$$

원의 반지름의 길이가 2이고, 원 위의 점과 직선 사이의 거리의 최솟값이 5이므로

$$\frac{|k-5|}{5}-2=5, \ |k-5|=35, \ k-5=\pm35$$

$$\therefore k=40 \ (\because k>0)$$

0346 답 ①

원의 중심 $(a, 2a+1)$과 직선 $2x-y+6=0$ 사이의 거리는

$$\frac{|2\times a-1\times(2a+1)+6|}{\sqrt{2^2+(-1)^2}}=\sqrt{5}$$

즉, 원의 중심과 직선 사이의 거리는 a의 값에 관계없이 $\sqrt{5}$로 일정하다.

원의 반지름의 길이를 r라 하면

$$M=\sqrt{5}+r, \ m=\sqrt{5}-r$$

이때 $Mm=4$이므로

$$(\sqrt{5}+r)\times(\sqrt{5}-r)=4$$

$$5-r^2=4, \ r^2=1$$

$$\therefore r=1 \ (\because r>0)$$

0347 답 15

$$\overline{AB}=\sqrt{(5-2)^2+\{2-(-1)\}^2}=3\sqrt{2}$$

직선 AB의 방정식은

$$y+1=\frac{2-(-1)}{5-2}(x-2)$$

$$\therefore x-y-3=0$$

원의 중심 $(-2, 1)$과 위의 직선 사이의 거리는

$$\frac{|1\times(-2)-1\times1-3|}{\sqrt{1^2+(-1)^2}}=3\sqrt{2}$$

원의 반지름의 길이가 $2\sqrt{2}$이므로 점 P에서 직선 AB에 내린 수선의 발을 H라 하면

$$3\sqrt{2}-2\sqrt{2}\le\overline{PH}\le3\sqrt{2}+2\sqrt{2} \qquad \therefore \sqrt{2}\le\overline{PH}\le5\sqrt{2}$$

따라서 삼각형 PAB의 넓이의 최댓값은

$$\frac{1}{2}\times3\sqrt{2}\times5\sqrt{2}=15$$

선생님 톡톡
선분 AB의 길이가 일정하다는 것이 이 문제의 핵심이야.

0348 답 ④

0349 답 ⑤

원 $x^2+y^2=10$의 반지름의 길이는 $\sqrt{10}$이므로 기울기가 3인 접선의 방정식은

$$y=3x\pm\sqrt{10}\times\sqrt{3^2+1} \qquad \therefore y=3x\pm10$$

따라서 두 직선의 y절편은 각각 -10, 10이므로 구하는 y절편의 곱은

$$(-10)\times10=-100$$

다른 풀이
접선의 방정식을 $y=3x+k$라 하면 원의 중심 $(0, 0)$과 직선 $y=3x+k$, 즉 $3x-y+k=0$ 사이의 거리는

$$\frac{|k|}{\sqrt{3^2+(-1)^2}}=\frac{|k|}{\sqrt{10}}$$

원의 반지름의 길이가 $\sqrt{10}$이므로 원과 직선이 접하려면

$$\frac{|k|}{\sqrt{10}}=\sqrt{10}, \ |k|=10 \qquad \therefore k=\pm10$$

따라서 구하는 y절편의 곱은

$$(-10)\times10=-100$$

0350 답 ②

직선 $2x+3y-2=0$, 즉 $y=-\frac{2}{3}x+\frac{2}{3}$에 수직인 직선의 기울기는 $\frac{3}{2}$이고, 원의 반지름의 길이는 $\sqrt{k}$이므로 기울기가 $-\frac{3}{2}$인 접선의 방정식은

$$y=\frac{3}{2}x\pm\sqrt{k}\times\sqrt{\left(\frac{3}{2}\right)^2+1}$$

$$\therefore y=\frac{3}{2}x\pm\frac{\sqrt{13k}}{2}$$

따라서 두 직선이 y축과 만나는 점의 좌표는 각각 $\left(0, \frac{\sqrt{13k}}{2}\right)$, $\left(0, -\frac{\sqrt{13k}}{2}\right)$이고 $\overline{PQ}=13$이므로

$$\frac{\sqrt{13k}}{2}-\left(-\frac{\sqrt{13k}}{2}\right)=13, \ \sqrt{13k}=13$$

$$13k=169 \qquad \therefore k=13$$

다른 풀이
접선의 방정식을 $3x-2y+t=0$이라 하면 원의 중심 $(0, 0)$과 직선 $3x-2y+t=0$ 사이의 거리는

$$\frac{|t|}{\sqrt{3^2+(-2)^2}}=\frac{|t|}{\sqrt{13}}$$

원의 반지름의 길이가 $\sqrt{k}$이므로 원과 직선이 접하려면

$$\frac{|t|}{\sqrt{13}}=\sqrt{k}, \ |t|=\sqrt{13k} \qquad \therefore t=\pm\sqrt{13k}$$

따라서 접선의 방정식은 $3x-2y\pm\sqrt{13k}=0$, 즉

$$y=\frac{3}{2}x\pm\frac{\sqrt{13k}}{2}$$

0351 답 41

접선의 방정식을 $y=3x+k$라 하면 원의 중심 $(-2, 3)$과 직선 $y=3x+k$, 즉 $3x-y+k=0$ 사이의 거리는

$$\frac{|3\times(-2)-1\times3+k|}{\sqrt{3^2+(-1)^2}}=\frac{|k-9|}{\sqrt{10}}$$

원의 반지름의 길이가 2이므로 원과 직선이 접하려면

$\dfrac{|k-9|}{\sqrt{10}}=2,\ |k-9|=2\sqrt{10},\ k-9=\pm 2\sqrt{10}$

$\therefore k=9-2\sqrt{10}$ 또는 $k=9+2\sqrt{10}$

따라서 구하는 두 직선의 y절편의 곱은

$(9+2\sqrt{10})\times(9-2\sqrt{10})=41$

0352 답 ②

점 P와 직선 $y=3x+17$ 사이의 거리가 최대일 때는 오른쪽 그림과 같이 점 P가 원 O의 중심 $(-1, 1)$을 지나고 직선 $y=3x+17$에 수직인 직선이 원 O와 만나는 두 접점 중 직선 $y=3x+17$까지의 거리가 더 먼 점이다.

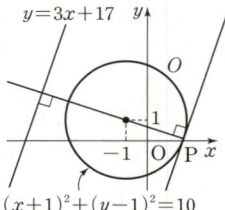

$y=3x+17$
$(x+1)^2+(y-1)^2=10$

점 P에서의 접선의 방정식을
$y=3x+k\ (k<0)$라 하면 원의 중심 $(-1, 1)$과 직선 $y=3x+k$,
즉 $3x-y+k=0$ 사이의 거리는 → 점 P에서의 접선의 y절편은 음수이다.

$\dfrac{|3\times(-1)-1\times 1+k|}{\sqrt{3^2+(-1)^2}}=\dfrac{|k-4|}{\sqrt{10}}$

원의 반지름의 길이가 $\sqrt{10}$이므로 원과 직선이 접하려면

$\dfrac{|k-4|}{\sqrt{10}}=\sqrt{10},\ |k-4|=10,\ k-4=\pm 10$

$\therefore k=-6\ (\because k<0)$

따라서 접선의 방정식이 $y=3x-6$이므로 구하는 x절편은 2이다.

0353 답 ②

0354 답 3

원 $x^2+y^2=10$ 위의 점 $(1, 3)$에서의 접선의 방정식은

$x+3y=10 \quad \therefore y=-\dfrac{1}{3}x+\dfrac{10}{3}$

위의 직선이 직선 $y=mx+3$과 서로 수직이므로

$\left(-\dfrac{1}{3}\right)\times m=-1$

$\therefore m=3$

[다른 풀이]

원의 중심 $(0, 0)$과 점 $(1, 3)$을 지나는 직선과 직선 $y=mx+3$은 서로 평행하고, 두 점 $(0, 0),\ (1, 3)$을 지나는 직선의 기울기는

$\dfrac{3-0}{1-0}=3$이므로 $m=3$

0355 답 ②

$x^2+y^2+2x+4y-13=0$에서

$(x+1)^2+(y+2)^2=18$

원의 중심 $(-1, -2)$와 점 $(2, 1)$을 지나는 직선의 기울기는

$\dfrac{1+2}{2+1}=1$

즉, 점 $(2, 1)$에서의 접선의 기울기는 -1이므로 접선의 방정식은

$y-1=-(x-2) \quad \therefore y=-x+3$

위의 접선이 점 $(a, 10)$을 지나므로

$10=-a+3$

$\therefore a=-7$

0356 답 8

방정식 $x^2+y^2+4x-2y=0$에 $x=0$을 대입하면 → y축과 만나므로

$y^2-2y=0,\ y(y-2)=0 \quad \therefore y=0$ 또는 $y=2$

$\therefore A(0, 2)$ → 원점이 아닌 점이므로

$x^2+y^2+4x-2y=0$에서 $(x+2)^2+(y-1)^2=5$

원의 중심 $(-2, 1)$과 점 A를 지나는 직선의 기울기는

$\dfrac{2-1}{0+2}=\dfrac{1}{2}$

즉, 점 A에서의 접선의 기울기는 -2이므로 접선의 방정식은

$y=-2x+2 \quad \therefore 2x+y-2=0$

따라서 $a=2,\ b=-2$이므로

$a^2+b^2=2^2+(-2)^2=8$

0357 답 ④

점 P의 좌표를 $(a, b)\ (a>0, b>0)$라 하면 점 P는 원 $x^2+y^2=4$ 위의 점이므로

$a^2+b^2=4 \quad \cdots\cdots\ \text{㉠}$

이고, 점 H의 좌표는 $(a, 0)$이다.

이때 점 $P(a, b)$에서의 접선의 방정식은 $ax+by=4$이므로 이 접선이 x축과 만나는 점은

$B\left(\dfrac{4}{a}, 0\right)$

이때 $2\overline{AH}=\overline{HB}$에서

$2\{a-(-2)\}=\dfrac{4}{a}-a,\ 3a+4-\dfrac{4}{a}=0$

$3a^2+4a-4=0,\ (a+2)(3a-2)=0$

$\therefore a=\dfrac{2}{3}\ (\because a>0)$

$a=\dfrac{2}{3}$를 ㉠에 대입하여 정리하면

$b=\dfrac{4\sqrt{2}}{3}\ (\because b>0)$

따라서 $B(6, 0),\ P\left(\dfrac{2}{3}, \dfrac{4\sqrt{2}}{3}\right)$이므로 삼각형 PAB의 넓이는

$\dfrac{1}{2}\times\overline{AB}\times\overline{PH}=\dfrac{1}{2}\times\{6-(-2)\}\times\dfrac{4\sqrt{2}}{3}=\dfrac{16\sqrt{2}}{3}$

0358 답 $-\dfrac{3}{2}$

0359 답 -1

직선의 기울기를 m이라 하면 기울기가 m이고 x절편이 2인 직선의 방정식은

$y=m(x-2) \quad \therefore mx-y-2m=0 \quad \cdots\cdots\ \text{㉠}$

원의 중심 $(0, 0)$과 직선 ㉠ 사이의 거리는 원의 반지름의 길이 $\sqrt{2}$와 같으므로

$\dfrac{|-2m|}{\sqrt{m^2+(-1)^2}}=\sqrt{2},\ \dfrac{|2m|}{\sqrt{m^2+1}}=\sqrt{2}$

$|2m|=\sqrt{2(m^2+1)}$

위의 식의 양변을 제곱하여 정리하면

$2m^2=2,\ m^2=1 \quad \therefore m=\pm 1$

따라서 두 직선의 기울기의 곱은

$(-1)\times 1=-1$

접점의 좌표를 (x_1, y_1)이라 하면 접선의 방정식은

$x_1 x + y_1 y = 2$

위의 직선이 점 $(2, 0)$을 지나므로

$2x_1 = 2$ ∴ $x_1 = 1$ ...... ㉠

또한, 점 (x_1, y_1)은 원 위의 점이므로

$x_1^2 + y_1^2 = 2$ ...... ㉡

㉠을 ㉡에 대입하여 정리하면

$y_1^2 = 1$ ∴ $y_1 = \pm 1$

즉, 접점의 좌표가 $(1, 1)$ 또는 $(1, -1)$이므로 접선의 방정식은

$x + y = 2$ 또는 $x - y = 2$

따라서 두 직선의 기울기는 각각 -1, 1이므로 그 곱은

$(-1) \times 1 = -1$

0360 답 ③

원 $(x-1)^2 + y^2 = 1$의 넓이를 이등분하는 직선은 원의 중심 $(1, 0)$을 지난다.

직선의 기울기를 m이라 하면 기울기가 m이고 점 $(1, 0)$을 지나는 직선의 방정식은

$y - 0 = m(x-1)$ ∴ $mx - y - m = 0$ ...... ㉠

직선 ㉠이 원 $(x+1)^2 + y^2 = 1$에 접하려면 원의 중심 $(-1, 0)$과 직선 ㉠ 사이의 거리가 반지름의 길이 1과 같아야 하므로

$\dfrac{|m \times (-1) - 1 \times 0 - m|}{\sqrt{m^2 + (-1)^2}} = 1$, $\dfrac{|2m|}{\sqrt{m^2 + 1}} = 1$

$|2m| = \sqrt{m^2 + 1}$

위의 식의 양변을 제곱하여 정리하면

$3m^2 = 1$, $m^2 = \dfrac{1}{3}$ ∴ $m = \pm \dfrac{\sqrt{3}}{3}$

따라서 기울기가 음수인 접선의 방정식은 $y = -\dfrac{\sqrt{3}}{3}(x-1)$, 즉

$y = -\dfrac{\sqrt{3}}{3}x + \dfrac{\sqrt{3}}{3}$이므로 구하는 직선의 y절편은 $\dfrac{\sqrt{3}}{3}$이다.

0361 답 ③

접선의 기울기를 m이라 하면 기울기가 m이고 점 $(2, -4)$를 지나는 접선의 방정식은

$y - (-4) = m(x-2)$

∴ $mx - y - 2m - 4 = 0$ ...... ㉠

원의 중심 $(0, 0)$과 직선 ㉠ 사이의 거리는 원의 반지름의 길이 $\sqrt{2}$와 같으므로

$\dfrac{|-2m-4|}{\sqrt{m^2 + (-1)^2}} = \sqrt{2}$, $\dfrac{|2m+4|}{\sqrt{m^2 + 1}} = \sqrt{2}$

$|2m+4| = \sqrt{2(m^2 + 1)}$

위의 식의 양변을 제곱하여 정리하면

$m^2 + 8m + 7 = 0$

$(m+7)(m+1) = 0$

∴ $m = -7$ 또는 $m = -1$

$m = -7$, $m = -1$을 ㉠에 각각 대입하여 정리하면

$y = -7x + 10$, $y = -x - 2$

이므로 두 접선이 각각 y축과 만나는 점의 좌표는 $(0, 10)$, $(0, -2)$

따라서 $a = 10$, $b = -2$ 또는 $a = -2$, $b = 10$이므로

$a + b = 8$

접점의 좌표를 (x_1, y_1)이라 하면 접선의 방정식은

$x_1 x + y_1 y = 2$ ...... ㉠

접선 ㉠이 점 $(2, -4)$를 지나므로

$2x_1 - 4y_1 = 2$ ∴ $x_1 = 2y_1 + 1$ ...... ㉡

또한, 점 (x_1, y_1)은 원 위의 점이므로

$x_1^2 + y_1^2 = 2$ ...... ㉢

㉡을 ㉢에 대입하여 정리하면

$5y_1^2 + 4y_1 - 1 = 0$

$(y_1 + 1)(5y_1 - 1) = 0$

∴ $y_1 = -1$ 또는 $y_1 = \dfrac{1}{5}$

즉, ㉡에서 접점의 좌표가 $(-1, -1)$ 또는 $\left(\dfrac{7}{5}, \dfrac{1}{5}\right)$이므로 접선의 방정식은

$x + y = -2$ 또는 $7x + y = 10$ (∵ ㉠)

0362 답 4

접선의 기울기를 m이라 하면 기울기가 m이고 점 $(1, a)$를 지나는 접선의 방정식은

$y - a = m(x-1)$ ∴ $mx - y - m + a = 0$ ...... ㉠

$x^2 + y^2 + 2x - 4y + 2 = 0$에서 $(x+1)^2 + (y-2)^2 = 3$

원의 중심 $(-1, 2)$와 직선 ㉠ 사이의 거리는 원의 반지름의 길이 $\sqrt{3}$과 같으므로

$\dfrac{|m \times (-1) - 1 \times 2 - m + a|}{\sqrt{m^2 + (-1)^2}} = \sqrt{3}$, $\dfrac{|2m - a + 2|}{\sqrt{m^2 + 1}} = \sqrt{3}$

$|2m - a + 2| = \sqrt{3(m^2 + 1)}$

위의 식의 양변을 제곱하여 정리하면

$m^2 - 4(a-2)m + a^2 - 4a + 1 = 0$ ...... ㉡

두 접선의 기울기의 합이 8이므로 m에 대한 이차방정식 ㉡에서 근과 계수의 관계에 의하여

$4(a-2) = 8$, $a - 2 = 2$ ∴ $a = 4$

0363 답 ②

0364 답 ②

$x^2 + y^2 + 4x - 2y - 4 = 0$에서 $(x+2)^2 + (y-1)^2 = 9$

원의 중심을 C라 하면 C$(-2, 1)$이므로

$\overline{CA} = \sqrt{\{1-(-2)\}^2 + (0-1)^2} = \sqrt{10}$

직각삼각형 CAB에서

$\overline{AB} = \sqrt{\overline{CA}^2 - \overline{CB}^2}$
$= \sqrt{(\sqrt{10})^2 - 3^2} = 1$

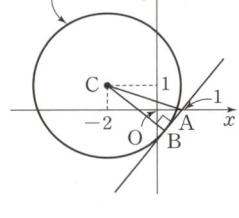

0365 답 ⑤

$x^2 + y^2 + 2x - 12y + 33 = 0$에서

$(x+1)^2 + (y-6)^2 = 4$

원의 중심을 C라 하면

C$(-1, 6)$이므로

$\overline{CP}$
$= \sqrt{\{a - (-1)\}^2 + \{(a+1) - 6\}^2}$
$= \sqrt{2a^2 - 8a + 26}$

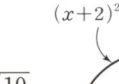

이때 $\overline{PQ}=4$이므로 직각삼각형 CPQ에서
$$\overline{CP}^2=\overline{CQ}^2+\overline{PQ}^2$$
$$(\sqrt{2a^2-8a+26}\,)^2=2^2+4^2,\quad a^2-4a+3=0$$
$$(a-1)(a-3)=0 \qquad \therefore a=1 \text{ 또는 } a=3$$
따라서 모든 a의 값의 합은
$$1+3=4$$

0366 답 ①

$\overline{OP}=2$이므로 직각삼각형 OPA에서
$$\overline{AP}=\sqrt{\overline{OP}^2-\overline{OA}^2}=\sqrt{2^2-1^2}=\sqrt{3}$$
이때 $\triangle OPA\equiv\triangle OPB$이므로 사각형 OAPB의 넓이는

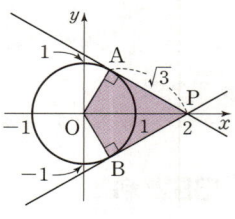

$$\square OAPB=2\triangle OPA$$
$$=2\times\left(\frac{1}{2}\times\overline{AP}\times\overline{OA}\right)$$
$$=2\times\frac{1}{2}\times\sqrt{3}\times1$$
$$=\sqrt{3}$$

0367 답 7

오른쪽 그림과 같이 두 직선 OP, QR의 교점을 H라 하면 두 직선 OP, QR는 점 H에서 수직으로 만난다.
원의 중심 $O(0,\ 0)$에 대하여
$$\overline{OP}=\sqrt{\overline{OR}^2+\overline{PR}^2}$$
$$=\sqrt{2^2+(\sqrt{5})^2}=3$$
$$\overline{PQ}=\overline{PR}=\sqrt{5}$$
직각삼각형 OPQ에서
$$\overline{OP}\times\overline{QH}=\overline{OQ}\times\overline{PQ}$$
이므로
$$3\overline{QH}=2\sqrt{5} \qquad \therefore \overline{QH}=\frac{2\sqrt{5}}{3}$$
$$\therefore \overline{QR}=2\overline{QH}=2\times\frac{2\sqrt{5}}{3}=\frac{4\sqrt{5}}{3}$$
따라서 $p=3$, $q=4$이므로
$$p+q=3+4=7$$

다른 풀이

두 접점을 $Q(x_1,\ y_1)$, $R(x_2,\ y_2)$라 하면 접선의 방정식은 각각
$$x_1x+y_1y=4,\quad x_2x+y_2y=4$$
두 접선 모두 점 $P(2,\ \sqrt{5})$를 지나므로
$$2x_1+\sqrt{5}y_1=4,\quad 2x_2+\sqrt{5}y_2=4$$
즉, 직선 QR의 방정식은
$$2x+\sqrt{5}y=4$$
원의 중심 $O(0,\ 0)$에서 직선 QR, 즉 $2x+\sqrt{5}y-4=0$에 내린 수선의 발을 H라 하면
$$\overline{OH}=\frac{|-4|}{\sqrt{2^2+(\sqrt{5})^2}}=\frac{4}{3}$$
직각삼각형 OQH에서
$$\overline{QH}=\sqrt{\overline{OQ}^2-\overline{OH}^2}=\sqrt{2^2-\left(\frac{4}{3}\right)^2}=\frac{2\sqrt{5}}{3}$$
$$\therefore \overline{QR}=2\overline{QH}=2\times\frac{2\sqrt{5}}{3}=\frac{4\sqrt{5}}{3}$$

0368 답 ②

One Point Lesson

접선의 기울기가 주어졌지만 원점을 중심으로 하는 원이므로 원 위의 한 점에서의 접선의 방정식을 구하는 공식을 이용하는 것이 편리하다.

원 $x^2+y^2=10$ 위의 점 $P(a,\ b)$에서의 접선의 방정식은
$$ax+by=10 \qquad \therefore y=-\frac{a}{b}x+\frac{10}{b}$$
이때 접선의 기울기가 3이므로
$$-\frac{a}{b}=3 \qquad \therefore a=-3b \quad\cdots\cdots\ \unicode{x3169}$$
또한, 점 P는 원 위의 점이므로
$$a^2+b^2=10 \quad\cdots\cdots\ \unicode{x3169}$$
$\unicode{x3169}$을 $\unicode{x3169}$에 대입하여 정리하면
$$10b^2=10,\ b^2=1 \qquad \therefore b=\pm1$$
$$\therefore a=-3,\ b=1 \text{ 또는 } a=3,\ b=-1$$
그런데 점 P는 제2사분면 위의 점이므로
$$a=-3,\ b=1$$
$$\therefore a+b=(-3)+1=-2$$

0369 답 14

One Point Lesson

x축과 y축에 동시에 접하는 원의 중심은 직선 $y=x$ 또는 직선 $y=-x$ 위에 있다.

x축과 y축에 동시에 접하는 원의 중심은 직선 $y=x$ 또는 직선 $y=-x$ 위에 있으므로 구하는 원의 중심은 오른쪽 그림과 같이 곡선 $y=x^2-2$와 두 직선 $y=x$, $y=-x$의 교점이다.

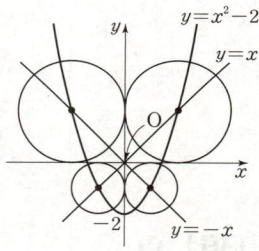

(i) 원의 중심이 곡선 $y=x^2-2$와 직선 $y=x$의 교점인 경우
$$x^2-2=x\text{에서 } x^2-x-2=0,\ (x+1)(x-2)=0$$
$$\therefore x=-1 \text{ 또는 } x=2$$
(ii) 원의 중심이 곡선 $y=x^2-2$와 직선 $y=-x$의 교점인 경우
$$x^2-2=-x\text{에서 } x^2+x-2=0,\ (x+2)(x-1)=0$$
$$\therefore x=-2 \text{ 또는 } x=1$$
(i), (ii)에서 원의 개수는 4이므로 $m=4$
또한, 네 원의 중심의 좌표는 각각 $(-1,\ -1)$, $(2,\ 2)$, $(-2,\ 2)$, $(1,\ -1)$이므로 반지름의 길이는 각각 1, 2, 2, 1이다.
즉, 네 원의 넓이의 합은
$$\pi\times1^2+\pi\times2^2+\pi\times2^2+\pi\times1^2=10\pi$$
$$\therefore n=10$$
$$\therefore m+n=4+10=14$$

0370 답 14

One Point Lesson

선분 AB는 주어진 원의 지름이다.

$\angle AOB=90°$이므로 선분 AB는 주어진 원의 지름이다.

A$(k, 0)$이라 하면 조건 (가)에 의하여 B$(0, k+4)$이고, 점 C는 선분 AB의 중점이므로 그 좌표는

$\left(\dfrac{k+0}{2}, \dfrac{0+(k+4)}{2}\right)$, 즉 $\left(\dfrac{k}{2}, \dfrac{k+4}{2}\right)$

조건 (나)에 의하여 점 C는 직선 $y=3x$ 위의 점이므로

$\dfrac{k+4}{2}=3\times\dfrac{k}{2}$, $2k=4$ $\quad\therefore k=2$

즉, C$(1, 3)$이므로

$\overline{OC}=\sqrt{1^2+3^2}=\sqrt{10}$ → 원의 방정식은 $(x-1)^2+(y-3)^2=(\sqrt{10})^2$

따라서 $a=1$, $b=3$, $r^2=\overline{OC}^2=(\sqrt{10})^2=10$이므로

$a+b+r^2=1+3+10=14$

(다른 풀이)

오른쪽 그림과 같이 점 C(a, b)에서
x축, y축에 내린 수선의 발을 각각 H, I
라 하면
H$(a, 0)$, I$(0, b)$
이때 두 삼각형 OAC, OCB는 이등변삼
각형이므로 $\overline{OH}=\overline{AH}$, $\overline{OI}=\overline{BI}$
$\therefore$ A$(2a, 0)$, B$(0, 2b)$

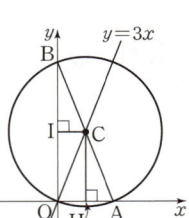

조건 (가)에 의하여
$2b-2a=4$ $\quad\therefore b-a=2$ ...... ㉠
조건 (나)에 의하여
$b=3a$ ...... ㉡
㉠, ㉡을 연립하여 풀면 $a=1$, $b=3$
직각삼각형 OHC에서
$r^2=\overline{OC}^2=\overline{OH}^2+\overline{CH}^2=1^2+3^2=10$

0371 답 ①

One Point Lesson
두 접선이 서로 수직이므로 원의 중심과 점 A, 두 접점을 꼭짓점으로 하는 사각형은 정사각형이다.

$r>0$이라 하면 오른쪽 그림과 같이 원의 중
심을 C$(3, -1)$, 점 A에서 원에 그은 두
접선의 접점을 각각 P, Q라 하면 사각형
APCQ는 정사각형이고 한 변의 길이는 반
지름의 길이 r와 같다.

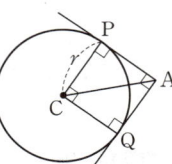

$\overline{CA}=\sqrt{(5-3)^2+\{5-(-1)\}^2}=2\sqrt{10}$
이므로 직각이등변삼각형 ACP에서
$\overline{CA}=\sqrt{2}r=2\sqrt{10}$ $\quad\therefore r=2\sqrt{5}$

접선의 기울기를 m이라 하면 기울기가 m이고 점 A를 지나는 접
선의 방정식은
$y-5=m(x-5)$ $\quad\therefore mx-y-5m+5=0$ ...... ㉠
원의 중심 C와 접선 ㉠ 사이의 거리는 반지름의 길이 $2\sqrt{5}$와 같으
므로

$\dfrac{|m\times3-1\times(-1)-5m+5|}{\sqrt{m^2+(-1)^2}}=2\sqrt{5}$, $\dfrac{|2m-6|}{\sqrt{m^2+1}}=2\sqrt{5}$

$|2m-6|=2\sqrt{5(m^2+1)}$

위의 식의 양변을 제곱하여 정리하면
$2m^2+3m-2=0$, $(m+2)(2m-1)=0$

$\therefore m=-2$ 또는 $m=\dfrac{1}{2}$

따라서 두 접선의 기울기 중 양수인 것은 $\dfrac{1}{2}$이다.

해설 속 칠판 직각이등변삼각형의 삼각비

오른쪽 그림과 같은 직각이등변삼각형 ABC에서
$\overline{AB}:\overline{BC}:\overline{CA}=\sqrt{2}:1:1$

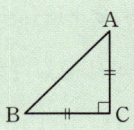

0372 답 ②

One Point Lesson
원주각의 크기가 중심각의 크기의 $\dfrac{1}{2}$임을 이용하여 직사각형에 외접하는 원의 중심을 추론한다.

직사각형 OPAQ에 외접하는 원의 넓이가 5π이므로 그 반지름의 길이는 $\sqrt{5}$이다.

또한, 선분 OA는 직사각형 OPAQ에 외접하는 원의 지름이므로 반지름의 길이는 $\dfrac{1}{2}\overline{OA}$와 같다.

즉, $\dfrac{1}{2}\overline{OA}=\sqrt{5}$에서 $\overline{OA}^2=20$이므로 점 A$(a, 2a)$라 하면
$a^2+(2a)^2=20$, $5a^2=20$ → 점 A가 제1사분면 위에 있으므로
$a^2=4$ $\quad\therefore a=2$ $(\because a>0)$
따라서 점 A의 x좌표는 2이다.

0373 답 ④

One Point Lesson
원의 중심과 직선 사이의 거리가 원의 반지름의 길이와 같을 때, 원과 직선은 접한다.

$x^2+y^2+2x+a^2-3a-5=0$에서 $(x+1)^2+y^2=-a^2+3a+6$
원의 중심 $(-1, 0)$과 직선 $x+y+3=0$ 사이의 거리는

$\dfrac{|1\times(-1)+1\times0+3|}{\sqrt{1^2+1^2}}=\sqrt{2}$

원의 반지름의 길이가 $\sqrt{-a^2+3a+6}$이므로 원과 직선이 접하려면
$\sqrt{-a^2+3a+6}=\sqrt{2}$
$-a^2+3a+6=2$, $a^2-3a-4=0$
$(a+1)(a-4)=0$ $\quad\therefore a=4$ $(\because a>0)$

0374 답 ⑤

One Point Lesson
원의 중심에서 현에 내린 수선의 발은 그 현의 중점이다.

원 C의 중심을 C라 하면 점 C는 두 점 A, B를 지나는 직선
$\dfrac{x}{6}+\dfrac{y}{6}=1$, 즉 $y=-x+6$ 위에 있다.

또한, C$(a, -a+6)$ $(0<a<6)$이라 하면 원 C가 y축에 접하므
로 원 C의 방정식은
$(x-a)^2+(y+a-6)^2=a^2$

오른쪽 그림과 같이 점 C에서 x축에
내린 수선의 발을 H, 원 C가 x축과
만나는 점 중 원점에 가까운 점을 D
라 하면

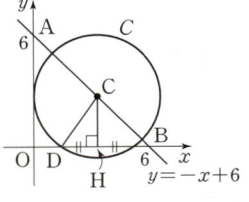

$\overline{DH}=\dfrac{1}{2}\times4=2$

이때 직각삼각형 CDH에서
$\overline{CD}^2=\overline{DH}^2+\overline{CH}^2$

$a^2=2^2+(-a+6)^2,\ 12a=40$ $\therefore a=\dfrac{10}{3}$

따라서 원 C의 반지름의 길이는 $\dfrac{10}{3}$이다.

0375 답 6

One Point Lesson

변의 길이를 이용하여 주어진 삼각형의 성질을 먼저 파악한다.

$\overline{AB}=|-3-3|=6,\ \overline{BC}=\sqrt{(3\sqrt3-0)^2+\{0-(-3)\}^2}=6,$
$\overline{CA}=\sqrt{(0-3\sqrt3)^2+(3-0)^2}=6$
이므로 삼각형 ABC는 정삼각형이다.
정삼각형의 내심은 무게중심과 일치하므로 삼각형 ABC의 무게
중심의 좌표는
$\left(\dfrac{0+0+3\sqrt3}{3},\ \dfrac{3+(-3)+0}{3}\right)$, 즉 $(\sqrt3,\ 0)$
즉, 원의 중심의 좌표는 $(\sqrt3,\ 0)$이고 이 원은 변 AB, 즉 y축에
접하므로 반지름의 길이는 $\sqrt3$이다.
따라서 $a=\sqrt3,\ b=0,\ r=\sqrt3$이므로
$a^2+b^2+r^2=(\sqrt3)^2+0^2+(\sqrt3)^2=6$

해설 속 칠판 삼각형의 내심의 성질

(1) 모든 삼각형의 내심은 삼각형의 내부에 있다.
(2) 정삼각형의 외심, 내심, 무게중심은 모두 일치한다.
(3) 이등변삼각형의 외심, 내심, 무게중심은 모두 꼭지각의 이등분선 위에 있다.

0376 답 ③

→ 모든 정삼각형은 서로 닮음이므로 높이의 비만 구하면 넓이의 비를 구할 수 있다.

One Point Lesson

정삼각형의 넓이는 높이가 최소일 때 최소이고, 높이가 최대일 때 최대이다.

원의 중심 $O(0,\ 0)$과 직선 $y=-x-6$, 즉 $x+y+6=0$ 사이의
거리는
$\dfrac{|6|}{\sqrt{1^2+1^2}}=3\sqrt2$
원의 반지름의 길이가 $\sqrt2$이므로 정삼각형 ABC의 넓이가
최소일 때의 높이는 $3\sqrt2-\sqrt2=2\sqrt2$,
최대일 때의 높이는 $3\sqrt2+\sqrt2=4\sqrt2$
따라서 정삼각형 ABC의 넓이의 최솟값과 최댓값의 비는
$(2\sqrt2)^2:(4\sqrt2)^2=1:4$

0377 답 ⑤

One Point Lesson

x축과 y축 및 직선 $3x+4y-12=0$에 동시에 접하는 서로 다른 원을 직접 그려 본다.

오른쪽 그림과 같이 x축과 y축
및 직선 $3x+4y-12=0$에 동
시에 접하는 서로 다른 원의 개
수는 4이므로 $n=4$
이때 가장 작은 원은 직선
$3x+4y-12=0$이 각각 x축,
y축과 만나는 두 점 $(4,\ 0),\ (0,\ 3)$
과 원점을 꼭짓점으로 하는 직각삼각형에 내접하므로

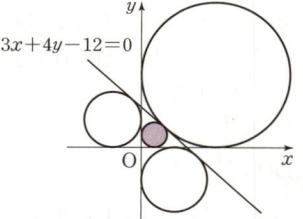

$\dfrac12\times3\times4=\dfrac12\times r\times(3+4+5)$
$6=6r$ $\therefore r=1$
$\therefore n+r=4+1=5$

해설 속 칠판 내접원을 이용한 삼각형의 넓이

반지름의 길이가 r인 원이 삼각형 ABC에 내접
할 때, 삼각형 ABC의 넓이는
$\Rightarrow \dfrac12\times\overline{AB}\times r+\dfrac12\times\overline{BC}\times r+\dfrac12\times\overline{CA}\times r$
$=\dfrac12\times r\times(\overline{AB}+\overline{BC}+\overline{CA})$

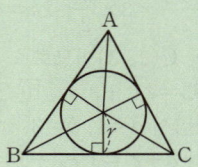

0378 답 ①

One Point Lesson

삼각형 OPQ가 직각이등변삼각형이므로 현의 길이를 알 수 있다.

점 $(5,\ 0)$을 지나고 기울기가 m인 직선의 방정식은
$y=m(x-5)$ $\therefore mx-y-5m=0$ ……… ㉠
두 선분 OP, OQ가 원의 반지름이므로 삼각형 OPQ는 직각이등
변삼각형이다.
$\therefore \overline{PQ}=\sqrt2\times3\sqrt2=6$
원의 중심 O에서 직선 ㉠에 내린 수선의
발을 H라 하면 직각삼각형 OHQ에서
$\overline{OH}=\overline{HQ}=\dfrac12\overline{PQ}=\dfrac12\times6=3$
즉, 원의 중심 $O(0,\ 0)$과 직선 ㉠ 사이의
거리가 3이므로

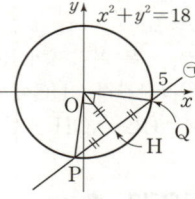

$\dfrac{|-5m|}{\sqrt{m^2+(-1)^2}}=3,\ \dfrac{|5m|}{\sqrt{m^2+1}}=3$
$|5m|=3\sqrt{m^2+1}$
위의 식의 양변을 제곱하여 정리하면
$16m^2=9,\ m^2=\dfrac{9}{16}$
$\therefore m=\dfrac34\ (\because m>0)$

0379 답 ③

One Point Lesson

두 원의 공통인 현의 길이는 현이 두 원 중 더 작은 원의 지름일 때 최대이다.

두 원의 공통인 현의 길이가 최대가 되려면 두 원의 교점을 지나는
직선이 원 $(x-a)^2+(y-a)^2=9$의 중심 $(a,\ a)$를 지나야 한다.
$(x-a)^2+(y-a)^2=9$에서 $x^2+y^2-2ax-2ay+2a^2-9=0$
즉, 두 원의 교점을 지나는 직선의 방정식은
$(x^2+y^2-27)-(x^2+y^2-2ax-2ay+2a^2-9)=0$
$\therefore ax+ay-a^2-9=0$
위의 직선이 점 $(a,\ a)$를 지나야 하므로
$a^2-9=0$ $\therefore a^2=9$

0380 답 ⑤

One Point Lesson

공통부분을 치환하여 직선과 원이 만날 조건을 이용한다.

$\sqrt{3}x-y=t$ (t는 상수)라 하면 점 (x, y)는 원 $x^2+y^2=1$ 위의 점이므로 원과 직선 $\sqrt{3}x-y=t$, 즉 $\sqrt{3}x-y-t=0$의 교점이 존재한다.

즉, 원의 중심 $(0, 0)$과 직선 $\sqrt{3}x-y-t=0$ 사이의 거리는 원의 반지름의 길이 1보다 작거나 같아야 하므로

$$\frac{|-t|}{\sqrt{(\sqrt{3})^2+(-1)^2}}\leq 1, \quad |t|\leq 2 \quad \therefore -2\leq t\leq 2$$

따라서

$$(\sqrt{3}x-y)^2+2(\sqrt{3}x-y)-1=t^2+2t-1=(t+1)^2-2$$

이므로 $t=2$일 때 최댓값 $M=7$, $t=-1$일 때 최솟값 $m=-2$를 갖는다.

$$\therefore M+m=7+(-2)=5$$

0381 답 ③

One Point Lesson
주어진 상황을 좌표평면 위에 나타내어 본다.

오른쪽 그림과 같이 원 모양의 호수를 중심이 원점이고 반지름의 길이가 2인 원으로, 원 모양의 잔디밭으로 호수를 둘러싼 공원을 중심이 원점이고 반지름의 길이가 4인 원으로 좌표평면 위에 나타내자.

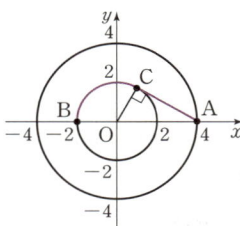

$A(4, 0)$, $B(-2, 0)$이라 하면 점 A에서 점 B까지의 최단 거리는 점 A에서 원 $x^2+y^2=4$에 그은 접선과 원의 접점을 C라 할 때, 선분 AC의 길이와 호 CB의 길이의 합이다.

직각삼각형 OAC에서

$$\overline{AC}=\sqrt{\overline{OA}^2-\overline{OC}^2}=\sqrt{4^2-2^2}=2\sqrt{3}$$

이때 직각삼각형 OAC의 각 변의 길이의 비가

$\overline{OC}:\overline{AC}:\overline{OA}=2:2\sqrt{3}:4$, 즉 $1:\sqrt{3}:2$이므로

$\angle AOC=60°$

즉, $\angle COB=180°-\angle AOC=120°$이므로

$$\overarc{CB}=2\pi\times 2\times\frac{120}{360}=\frac{4}{3}\pi$$

따라서 구하는 최단 거리는 $2\sqrt{3}+\frac{4}{3}\pi$이다.

선생님 톡톡
주어진 상황의 공원과 같은 모형을 만들고 두 점 A, B를 잇는 끈을 팽팽하게 걸어 놓았다고 생각하면 최단 거리를 찾기 더 쉬울 거야.

0382 답 70

One Point Lesson
평행사변형의 두 대각선은 각각의 중점에서 만난다는 성질을 이용한다.

평행사변형 APBQ의 두 대각선 AB, PQ의 교점을 E라 하면 점 E는 선분 AB의 중점이므로 → 평행사변형의 두 대각선은 서로를 이등분한다.

$$E\left(\frac{1+4}{2}, \frac{4+0}{2}\right), 즉 E\left(\frac{5}{2}, 2\right)$$

$P(a, b)$, $Q(x, y)$라 하면 선분 PQ의 중점이 E이므로

$$\frac{a+x}{2}=\frac{5}{2}, \frac{b+y}{2}=2$$

$$\therefore a=-x+5, b=-y+4 \quad\cdots\cdots ㉠$$

점 P는 원 $x^2+(y-1)^2=1$ 위의 점이므로

$$a^2+(b-1)^2=1 \quad\cdots\cdots ㉡$$

㉠을 ㉡에 대입하면

$$(-x+5)^2+(-y+3)^2=1 \quad\therefore (x-5)^2+(y-3)^2=1$$

따라서 점 Q가 나타내는 도형은 중심의 좌표가 $(5, 3)$이고 반지름의 길이가 1인 원이므로

$$M=\sqrt{5^2+3^2}+1=\sqrt{34}+1, m=\sqrt{5^2+3^2}-1=\sqrt{34}-1$$

$$\therefore M^2+m^2=(\sqrt{34}+1)^2+(\sqrt{34}-1)^2=70$$

0383 답 80

One Point Lesson
네 점 A, B, C, D는 직선 $y=-x$ 또는 직선 $y=x$ 위에 있다.

주어진 네 원 중 한 원을 C라 하고 중심의 좌표를 (a, b)라 하면 두 직선 $x-3y=0$, $3x-y=0$이 원 C에 접하므로 원의 중심과 두 직선 $x-3y=0$, $3x-y=0$ 사이의 거리는 서로 같다.

즉, $\dfrac{|1\times a-3\times b|}{\sqrt{1^2+(-3)^2}}=\dfrac{|3\times a-1\times b|}{\sqrt{3^2+(-1)^2}}$에서

$$|a-3b|=|3a-b|$$

$$a-3b=\pm(3a-b)$$

$a-3b=3a-b$에서 $b=-a$ $\quad\cdots\cdots ㉠$

$a-3b=-(3a-b)$에서 $b=a$ $\quad\cdots\cdots ㉡$

㉠, ㉡에서 네 점 A, B, C, D는 직선 $y=-x$ 또는 직선 $y=x$ 위에 있다.

(ⅰ) 원의 중심이 직선 $y=x$에 있는 경우

두 점 A, C의 중심은 직선 $y=x$ 위에 있으므로 중심의 좌표를 (a, a)라 하면 점 (a, a)와 직선 $x-3y=0$ 사이의 거리가 4이므로

$$\frac{|1\times a-3\times a|}{\sqrt{1^2+(-3)^2}}=4$$

$|2a|=4\sqrt{10}$ $\quad\therefore a=\pm 2\sqrt{10}$

$\therefore A(2\sqrt{10}, 2\sqrt{10}), C(-2\sqrt{10}, -2\sqrt{10})$

(ⅱ) 원의 중심이 직선 $y=-x$에 있는 경우

두 점 B, D의 중심은 직선 $y=-x$ 위에 있으므로 중심의 좌표를 $(-b, b)$라 하면 점 $(-b, b)$와 직선 $x-3y=0$ 사이의 거리가 4이므로

$$\frac{|1\times(-b)-3\times b|}{\sqrt{1^2+(-3)^2}}=4$$

$|4b|=4\sqrt{10}$ $\quad\therefore b=\pm\sqrt{10}$

$\therefore B(-\sqrt{10}, \sqrt{10}), D(\sqrt{10}, -\sqrt{10})$

(ⅰ), (ⅱ)에서

$$\overline{AC}=\sqrt{\{(-2\sqrt{10})-2\sqrt{10}\}^2+\{(-2\sqrt{10})-2\sqrt{10}\}^2}=8\sqrt{5}$$

$$\overline{BD}=\sqrt{\{\sqrt{10}-(-\sqrt{10})\}^2+\{(-\sqrt{10})-\sqrt{10}\}^2}=4\sqrt{5}$$

이때 사각형 ABCD는 마름모이므로 그 넓이는

$$\frac{1}{2}\times\overline{AC}\times\overline{BD}=\frac{1}{2}\times 8\sqrt{5}\times 4\sqrt{5}=80 \quad\rightarrow\overline{AB}=\overline{BC}=\overline{CD}=\overline{DA}$$

0384 답 13

One Point Lesson
좌표평면에서 다항식 $x^2+y^2+2x+4y+5$의 값의 의미를 생각해 본다.

원 $(x-1)^2+y^2=1$의 중심을 $C(1, 0)$, 원 $x^2+(y-1)^2=1$의 중심을 $C'(0, 1)$이라 하자.

$x^2+y^2+2x+4y+5=k$ (k는 상수)라 하면
$(x+1)^2+(y+2)^2=k$ ← 두 점 $P(x, y)$, $(-1, -2)$ 사이의 거리는 $\sqrt{k}$이다.
$A(-1, -2)$라 하면
$\overline{AC}=\sqrt{\{1-(-1)\}^2+\{0-(-2)\}^2}=2\sqrt{2}$,
$\overline{AC'}=\sqrt{\{0-(-1)\}^2+\{1-(-2)\}^2}=\sqrt{10}$
이때 점 $P(x, y)$는 두 원
$(x-1)^2+y^2=1$ 또는
$x^2+(y-1)^2=1$ 위의 점이
므로 $\sqrt{k}$의 최댓값은
$\sqrt{10}+1$

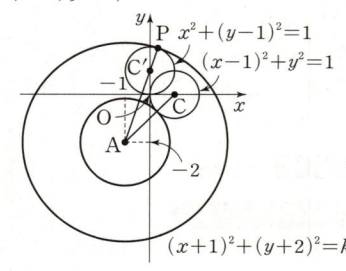

따라서 k의 최댓값은
$(\sqrt{10}+1)^2=11+2\sqrt{10}$
이므로
$a=11$, $b=2$
$\therefore a+b=11+2=13$

👩‍🏫 **선생님 톡톡**

이 문제와 같이 미지수가 두 개 이상인 식의 최댓값, 최솟값은 도형과 관련된 의미(거리, 기울기 등)를 가지는 경우가 많아.

0385 답 ③

One Point Lesson

두 점 $P(a, b)$, $Q(c, d)$가 $ad=bc$, 즉 $\dfrac{b}{a}=\dfrac{d}{c}$를 만족시키면 두 직선 OP, OQ의 기울기는 서로 같다.

두 점 $P(a, b)$, $Q(c, d)$에 대하여 $\dfrac{b}{a}$의 값은 직선 OP의 기울기

이고, $\dfrac{d}{c}$의 값은 직선 OQ의 기울기이므로 $ad=bc$, 즉 $\dfrac{b}{a}=\dfrac{d}{c}$인

두 점 P, Q가 존재한다는 것은 두 직선 OP, OQ의 기울기가 서로 같은 두 점 P, Q가 존재한다는 것이다.

오른쪽 그림과 같이 원점 O에서 원 C_1에 그은 두 접선을 각각 $l_1 : y=mx$ $(m>0)$, $l_2 : y=0$이라 하면 실수 k의 값은 원 C_2가 직선 l_1의 위쪽에 접할 때 최댓값을 가지고, 직선 l_2의 아래쪽에 접할 때 최솟값을 갖는다.

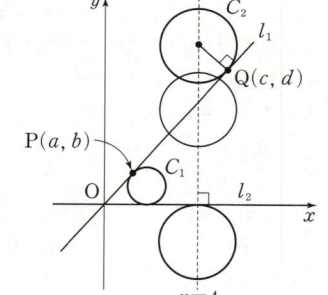

원 C_1의 중심 $(\sqrt{3}, 1)$과 직선 l_1 사이의 거리가 1이므로
$\dfrac{|\sqrt{3}m-1|}{\sqrt{m^2+(-1)^2}}=1$, $\dfrac{|\sqrt{3}m-1|}{\sqrt{m^2+1}}=1$
$|\sqrt{3}m-1|=\sqrt{m^2+1}$
위의 식의 양변을 제곱하여 정리하면
$m^2-\sqrt{3}m=0$, $m(m-\sqrt{3})=0$ $\quad \therefore m=\sqrt{3}$ $(\because m>0)$
이때 원 C_2의 중심 $(4, k)$와 직선 l_1, 즉 $y=\sqrt{3}x$ 사이의 거리는 2이어야 하므로
$\dfrac{|4\sqrt{3}-k|}{\sqrt{(\sqrt{3})^2+(-1)^2}}=2$, $\dfrac{|k-4\sqrt{3}|}{2}=2$, $k-4\sqrt{3}=\pm 4$
$\therefore k=-4+4\sqrt{3}$ 또는 $k=4+4\sqrt{3}$
즉, k의 최댓값은 $4+4\sqrt{3}$이다.

또한, 원 C_2가 직선 l_2, 즉 x축의 아래쪽에 접할 때 $k=-2$이므로 k의 최솟값은 -2이다.
따라서 구하는 실수 k의 최댓값과 최솟값의 합은
$(4+4\sqrt{3})+(-2)=2+4\sqrt{3}$

0386 답 $(x-2)^2+(y-2)^2=10$

선분 AB의 중점이 두 점 A, B를 지름의 양 끝 점으로 하는 원의 중심이므로 중심의 좌표는
$\left(\dfrac{1+3}{2}, \dfrac{(-1)+5}{2}\right)$, 즉 $(2, 2)$

❶

또한, 선분 AB가 원의 지름이므로 원의 반지름의 길이는
$\dfrac{1}{2}\overline{AB}=\dfrac{1}{2}\sqrt{(3-1)^2+\{5-(-1)\}^2}=\sqrt{10}$

❷

따라서 구하는 원의 방정식은
$(x-2)^2+(y-2)^2=10$

❸

채점 기준	배점 비율
❶ 선분의 중점을 이용하여 원의 중심의 좌표 구하기	40%
❷ 선분 AB의 길이를 이용하여 원의 반지름의 길이 구하기	40%
❸ 원의 방정식 구하기	20%

0387 답 8

$x^2+y^2-2x-6y-k+4=0$에서
$(x-1)^2+(y-3)^2=k+6$
즉, 주어진 원은 중심의 좌표가 $(1, 3)$, 반지름의 길이가 $\sqrt{k+6}$이다.

❶

위의 원이 x축과 만나지 않으므로
$\sqrt{k+6}<3$ ······ ㉠
y축과 만나므로
$\sqrt{k+6}\geq 1$ ······ ㉡
㉠, ㉡에서
$1\leq\sqrt{k+6}<3$
$1\leq k+6<9$
$\therefore -5\leq k<3$

❷

따라서 정수 k는
$-5, -4, -3, -2, -1, 0, 1, 2$의 8개

❸

채점 기준	배점 비율
❶ 주어진 원의 중심의 좌표와 반지름의 길이 각각 구하기	20%
❷ 주어진 원이 x축과 만나지 않고, y축과 만나도록 하는 k의 값의 범위 구하기	60%
❸ 조건을 만족시키는 정수 k의 개수 구하기	20%

0388 답 $\dfrac{16}{15}$

원의 중심을 $A(a, 0)$ $(a>0)$이라 하면 점 A와 직선 $y=\dfrac{3}{4}x$, 즉 $3x-4y=0$ 사이의 거리는 반지름의 길이 1과 같으므로

$$\frac{|3 \times a - 4 \times 0|}{\sqrt{3^2 + (-4)^2}} = 1$$

$$\frac{3a}{5} = 1 \ (\because a > 0) \qquad \therefore a = \frac{5}{3}$$

$$\therefore A\left(\frac{5}{3},\ 0\right)$$

❶

따라서 원 $C : \left(x - \frac{5}{3}\right)^2 + y^2 = 1$이 직선 $y = \frac{3}{4}x$와 접하는 접점의 x좌표는

$$\left(x - \frac{5}{3}\right)^2 + \left(\frac{3}{4}x\right)^2 = 1$$

$$225x^2 - 480x + 256 = 0$$

$$(15x - 16)^2 = 0$$

$$\therefore x = \frac{16}{15}$$

❷

채점 기준	배점 비율
❶ 원 C의 중심의 좌표 구하기	40%
❷ 접점의 x좌표 구하기	60%

0389 답 $\frac{16}{5}\pi$

두 원의 교점을 지나는 원의 넓이가 최소가 되려면 이 원이 두 원의 공통인 현을 지름으로 가져야 한다.

❶

오른쪽 그림과 같이 두 원 $x^2 + y^2 = 4$, $(x-2)^2 + (y-1)^2 = 5$의 중심을 각각 O, O', 두 원의 교점을 A, B, 선분 OO'과 선분 AB의 교점을 C라 하면 두 선분 OO', AB는 점 C에서 수직으로 만난다.

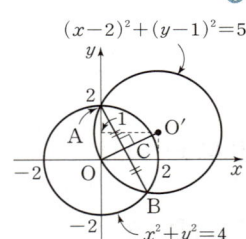

$(x-2)^2 + (y-1)^2 = 5$에서
$$x^2 + y^2 - 4x - 2y = 0$$
즉, 두 원의 교점을 지나는 직선의 방정식은
$$(x^2 + y^2 - 4) - (x^2 + y^2 - 4x - 2y) = 0$$
$$4x + 2y - 4 = 0 \qquad \therefore 2x + y - 2 = 0$$
위의 직선과 점 O(0, 0) 사이의 거리는
$$\overline{OC} = \frac{|-2|}{\sqrt{2^2 + 1^2}} = \frac{2\sqrt{5}}{5}$$
선분 OA는 원 $x^2 + y^2 = 4$의 반지름이므로
$$\overline{OA} = 2$$
즉, 직각삼각형 AOC에서
$$\overline{AC} = \sqrt{\overline{OA}^2 - \overline{OC}^2} = \sqrt{2^2 - \left(\frac{2\sqrt{5}}{5}\right)^2} = \frac{4\sqrt{5}}{5}$$

❷

따라서 두 원의 교점을 지나는 원의 넓이의 최솟값은
$$\pi \times \left(\frac{4\sqrt{5}}{5}\right)^2 = \frac{16}{5}\pi \qquad \text{← 중심이 점 C이고, 반지름의 길이가 } \overline{AC}\text{인 원}$$

❸

채점 기준	배점 비율
❶ 원의 넓이가 최소가 될 조건 구하기	30%
❷ 넓이가 최소인 원의 반지름의 길이 구하기	60%
❸ 넓이가 최소인 원의 넓이 구하기	10%

0390 답 25

접점의 좌표를 $(x_1,\ y_1)$이라 하면 접선의 방정식은
$$x_1 x + y_1 y = 25$$
위의 직선이 점 (7, 1)을 지나므로
$$7x_1 + y_1 = 25 \qquad \therefore y_1 = -7x_1 + 25 \qquad \cdots\cdots \ \bigcirc$$
또한, 점 $(x_1,\ y_1)$은 원 위의 점이므로
$$x_1^2 + y_1^2 = 25 \qquad \cdots\cdots \ \bigcirc$$
$\bigcirc$을 $\bigcirc$에 대입하여 정리하면 $x_1^2 - 7x_1 + 12 = 0$
$$(x_1 - 3)(x_1 - 4) = 0 \qquad \therefore x_1 = 3 \ \text{또는} \ x_1 = 4$$
즉, P(3, 4), Q(4, -3) 또는 P(4, -3), Q(3, 4)

❶

직선 PQ의 방정식은
$$y - 4 = \frac{-3-4}{4-3}(x-3) \qquad \therefore y = -7x + 25$$

❷

따라서 구하는 직선 PQ의 y절편은 25이다.

❸

채점 기준	배점 비율
❶ 두 점 P, Q의 좌표 각각 구하기	60%
❷ 직선 PQ의 방정식 구하기	30%
❸ 직선 PQ의 y절편 구하기	10%

선생님 톡톡

원 $C : x^2 + y^2 = r^2$ 밖의 한 점 A$(a,\ b)$에서 원에 그은 두 접선의 접점을 지나는 직선의 방정식은
$$ax + by = r^2$$
임을 이용해서 직선 PQ의 방정식을 쉽게 구할 수도 있어.

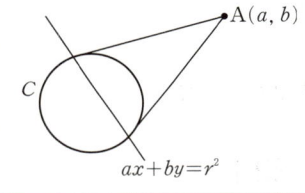

0391 답 2

P$(c,\ d)$, G$(x,\ y)$라 하면 점 G는 삼각형 AOP의 무게중심이므로
$$G\left(\frac{0+0+c}{3},\ \frac{2+0+d}{3}\right), \ \text{즉} \ G\left(\frac{c}{3},\ \frac{d+2}{3}\right)$$

❶

즉, $\frac{c}{3} = x$, $\frac{d+2}{3} = y$에서
$$c = 3x, \ d = 3y - 2 \qquad \cdots\cdots \ \bigcirc$$
점 P는 원 $x^2 + y^2 = 9$ 위의 점이므로
$$c^2 + d^2 = 9 \qquad \cdots\cdots \ \bigcirc$$
$\bigcirc$을 $\bigcirc$에 대입하면
$$(3x)^2 + (3y-2)^2 = 9 \qquad \therefore x^2 + \left(y - \frac{2}{3}\right)^2 = 1$$
즉, 점 G가 나타내는 도형은 중심의 좌표가 $\left(0,\ \frac{2}{3}\right)$이고 반지름의 길이가 1인 원이다.

❷

따라서 구하는 도형의 길이는
$$2\pi \times 1 = 2\pi \qquad \therefore a = 2$$

❸

채점 기준	배점 비율
❶ 무게중심 G의 좌표 구하기	30%
❷ 점 G가 나타내는 도형 구하기	50%
❸ a의 값 구하기	20%

도형의 이동

STEP 1 개념 체크

본문 070~071쪽

0392 답 $(6, -3)$
$(3+3, (-1)+(-2))$, 즉 $(6, -3)$

0393 답 $(2, 2)$
$((-1)+3, 4+(-2))$, 즉 $(2, 2)$

0394 답 $a=-2, b=-5$
$(-1)+a=-3$, $5+b=0$이므로
$a=-2, b=-5$

0395 답 $a=5, b=7$
$(-4)+a=1$, $(-2)+b=5$이므로
$a=5, b=7$

[0396~0397]
주어진 식에 x 대신 $x-(-1)$을, y 대신 $y-2$를 대입한다.

0396 답 $x-y+7=0$
$\{x-(-1)\}-(y-2)+4=0$
$\therefore x-y+7=0$

0397 답 $y=(x+1)^2+2$
$y-2=\{x-(-1)\}^2$
$\therefore y=(x+1)^2+2$

[0398~0399]
주어진 식에 x 대신 $x-(-2)$를, y 대신 $y-1$을 대입한다.

0398 답 $x+y+2=0$
$\{x-(-2)\}+(y-1)+1=0$
$\therefore x+y+2=0$

0399 답 $(x+2)^2+(y-2)^2=1$
$\{x-(-2)\}^2+\{(y-1)-1\}^2=1$
$\therefore (x+2)^2+(y-2)^2=1$

[0400~0401]
주어진 점의 y좌표의 부호를 바꾼다.

0400 답 $(2, 1)$ **0401** 답 $(-4, -3)$

[0402~0403]
주어진 점의 x좌표의 부호를 바꾼다.

0402 답 $(3, 1)$ **0403** 답 $(-2, -5)$

[0404~0405]
주어진 점의 x좌표와 y좌표의 부호를 모두 바꾼다.

0404 답 $(4, -1)$ **0405** 답 $(0, 4)$

[0406~0407]
주어진 점의 x좌표와 y좌표를 서로 바꾼다.

0406 답 $(-1, 4)$ **0407** 답 $(0, 3)$

[0408~0409]
주어진 식에 y 대신 $-y$를 대입한다.

0408 답 $x+y+2=0$
$x-(-y)+2=0$ $\therefore x+y+2=0$

0409 답 $y=-(x-1)^2-2$
$-y=(x-1)^2+2$ $\therefore y=-(x-1)^2-2$

> **선생님 톡톡**
> 이차함수의 그래프를 x축에 대하여 대칭이동하면 아래로 볼록이었던 그래프는 위로 볼록으로, 위로 볼록이었던 그래프는 아래로 볼록으로 바뀜에 주의해야 해.

[0410~0411]
주어진 식에 x 대신 $-x$를 대입한다.

0410 답 $x-3y-2=0$
$(-x)+3y+2=0$ $\therefore x-3y-2=0$

0411 답 $(x-1)^2+(y-1)^2=1$
$(-x+1)^2+(y-1)^2=1$ $\therefore (x-1)^2+(y-1)^2=1$

[0412~0413]
주어진 식에 x 대신 $-x$를, y 대신 $-y$를 대입한다.

0412 답 $2x-3y-2=0$
$2\times(-x)-3\times(-y)+2=0$ $\therefore 2x-3y-2=0$

0413 답 $y=(x+2)^2+3$
$-y=-(-x-2)^2-3$ $\therefore y=(x+2)^2+3$

[0414~0415]
주어진 식에 x 대신 y를, y 대신 x를 대입한다.

0414 답 $x-3y-3=0$
$3y-x+3=0$ $\therefore x-3y-3=0$

0415 답 $(x+5)^2+(y-1)^2=1$

$(y-1)^2+(x+5)^2=1$ $\therefore (x+5)^2+(y-1)^2=1$

0416 답 $(1, -3)$

구하는 점의 좌표를 (p, q)라 하면

$\dfrac{3+p}{2}=2, \dfrac{1+q}{2}=-1$

$\therefore p=1, q=-3$

따라서 구하는 점의 좌표는 $(1, -3)$이다.

다른 풀이

$(2\times 2-3, 2\times(-1)-1)$, 즉 $(1, -3)$

0417 답 $(4, -8)$

구하는 점의 좌표를 (p, q)라 하면

$\dfrac{(-2)+p}{2}=1, \dfrac{4+q}{2}=-2$

$\therefore p=4, q=-8$

따라서 구하는 점의 좌표는 $(4, -8)$이다.

다른 풀이

$(2\times 1-(-2), 2\times(-2)-4)$, 즉 $(4, -8)$

0418 답 (1) $p=2-p', q=4-q'$ (2) $x+3y-13=0$

(1) 두 점 (p, q), (p', q')을 이은 선분의 중점의 좌표가 $(1, 2)$이므로

$\dfrac{p+p'}{2}=1, \dfrac{q+q'}{2}=2$

$\therefore p=2-p', q=4-q'$ ...... ㉠

(2) 점 (p, q)가 직선 $x+3y-1=0$ 위의 점이므로

$p+3q-1=0$

㉠을 위의 식에 대입하면

$(2-p')+3(4-q')-1=0$

$\therefore p'+3q'-13=0$

따라서 점 (p', q')은 직선 $x+3y-13=0$ 위의 점이므로 구하는 도형의 방정식은

$x+3y-13=0$

0419 답 (1) $\left(\dfrac{1+p}{2}, \dfrac{-2+q}{2}\right)$ (2) $\dfrac{q+2}{p-1}$ (3) $(-3, 2)$

(1) $\left(\dfrac{1+p}{2}, \dfrac{-2+q}{2}\right)$

(2) $\dfrac{q-(-2)}{p-1}=\dfrac{q+2}{p-1}$

(3) 점 $\left(\dfrac{1+p}{2}, \dfrac{-2+q}{2}\right)$가 직선 $x-y+1=0$ 위의 점이므로

$\dfrac{1+p}{2}-\dfrac{-2+q}{2}+1=0$

$\therefore p-q+5=0$ ...... ㉠

또한, 직선 PP'과 직선 $x-y+1=0$이 서로 수직이므로

$\dfrac{q+2}{p-1}\times 1=-1$

$\therefore p+q+1=0$ ...... ㉡

㉠, ㉡을 연립하여 풀면

$p=-3, q=2$

따라서 점 P'의 좌표는 $(-3, 2)$이다.

0420 답 ⑤

0421 답 ③

점 (x, y)를 점 $(x+1, y-4)$로 옮기는 평행이동은 x축의 방향으로 1만큼, y축의 방향으로 -4만큼 평행이동하는 것이므로 이 평행이동에 의하여 점 $(-1, a)$가 옮겨지는 점의 좌표는

$(-1+1, a+(-4))$, 즉 $(0, a-4)$ ← $x=0, y=a-4$를 대입한다.

점 $(0, a-4)$가 직선 $x-3y+3=0$ 위의 점이므로

$0-3(a-4)+3=0, -3a+15=0$ $\therefore a=5$

0422 답 ⑤

점 $(-1, 2)$를 x축의 방향으로 m만큼, y축의 방향으로 n만큼 평행이동한 점의 좌표를 $(4, -3)$이라 하면

$(-1)+m=4, 2+n=-3$ $\therefore m=5, n=-5$

따라서 주어진 평행이동에 의하여 점 $(4, 5)$가 옮겨지는 점의 좌표는

$(4+5, 5+(-5))$, 즉 $(9, 0)$

0423 답 8

두 점 $A(1, a)$, $B(b, 3)$을 각각 $A'(4, 1)$, $B'(6, 2)$로 옮기는 평행이동을 x축의 방향으로 m만큼, y축의 방향으로 n만큼 평행이동하는 것이라 하면

$1+m=4, a+n=1, b+m=6, 3+n=2$

$\therefore m=3, n=-1, a=2, b=3$

주어진 평행이동에 의하여 점 $C(p, q)$가 옮겨지는 점이 $C'(a, b)$, 즉 $C'(2, 3)$이므로

$p+3=2, q+(-1)=3$ $\therefore p=-1, q=4$

$\therefore a+b+p+q=2+3+(-1)+4=8$

0424 답 ②

$A'(-5+4a, 3+a)$, 즉 $A'(4a-5, a+3)$

$\overline{OA}=\overline{OA'}$에서 $\overline{OA}^2=\overline{OA'}^2$이므로

$(-5)^2+3^2=(4a-5)^2+(a+3)^2$

$17a^2-34a=0, a(a-2)=0$ $\therefore a=2$ $(\because a\neq 0)$

0425 답 ④

0426 답 ⑤

점 $(1, 2)$를 x축의 방향으로 m만큼, y축의 방향으로 n만큼 평행이동한 점의 좌표가 $(-1, 3)$이라 하면

$1+m=-1, 2+n=3$ $\therefore m=-2, n=1$

주어진 평행이동에 의하여 직선 $4x-3y-2=0$이 옮겨지는 직선 l의 방정식은

$4\{x-(-2)\}-3(y-1)-2=0$ → x 대신 $x-(-2)$를, y 대신 $y-1$을 대입한다.

$\therefore 4x-3y+9=0$, 즉 $y=\dfrac{4}{3}x+3$

따라서 직선 l의 y절편은 3이다.

← $x=0$일 때, y의 값

0427 답 ⑤

직선 $x+y-1=0$을 x축의 방향으로 m만큼, y축의 방향으로 3만큼 평행이동한 직선의 방정식은
$(x-m)+(y-3)-1=0$ → x 대신 $x-m$을, y 대신 $y-3$을 대입한다.
$\therefore x+y-m-4=0$ ...... ㉠
직선 $x-y+1=0$을 x축의 방향으로 -3만큼, y축의 방향으로 n만큼 평행이동한 직선의 방정식은
$\{x-(-3)\}-(y-n)+1=0$ → x 대신 $x-(-3)$을, y 대신 $y-n$을 대입한다.
$\therefore x-y+n+4=0$ ...... ㉡
두 직선 ㉠, ㉡이 모두 원점을 지나므로 → $x=0$, $y=0$을 대입하면 성립한다.
$0+0-m-4=0$, $0-0+n+4=0$ $\therefore m=-4, n=-4$
$\therefore mn=(-4)\times(-4)=16$

0428 답 18

직선 $ax+y+b=0$을 x축의 방향으로 1만큼, y축의 방향으로 -3만큼 평행이동한 직선의 방정식은
$a(x-1)+\{y-(-3)\}+b=0$ → x 대신 $x-1$을, y 대신 $y-(-3)$을 대입한다.
$\therefore ax+y-a+b+3=0$ ...... ㉠
직선 ㉠과 직선 $x+3y-3=0$이 서로 수직이므로
$a\times1+1\times3=0$ $\therefore a=-3$
두 직선 $ax+by+c=0$, $a'x+b'y+c'=0$이 서로 수직이면 $aa'+bb'=0$
또한, 직선 $x+3y-3=0$이 x축 위의 점 $(3, 0)$을 지나고 이 직선과 직선 ㉠은 x축 위의 점에서 만나므로 직선 ㉠도 점 $(3, 0)$을 지난다. 즉,
$(-3)\times3+0-(-3)+b+3=0$ $(\because a=-3)$ $\therefore b=3$
$\therefore a^2+b^2=(-3)^2+3^2=18$

0429 답 ④

직선 l을 x축의 방향으로 3만큼, y축의 방향으로 k만큼 평행이동한 직선 l'의 방정식은
$(x-3)+2(y-k)-3=0$ → x 대신 $x-3$을, y 대신 $y-k$를 대입한다. $\therefore x+2y-2k-6=0$
직선 l'과 직선 l 위의 한 점 $(3, 0)$ 사이의 거리가 $2\sqrt{5}$이므로
$\dfrac{|1\times3+2\times0-2k-6|}{\sqrt{1^2+2^2}}=2\sqrt{5}$, $|2k+3|=10$ → x축 위의 점이나 y축 위의 점을 이용하면 계산이 간단하다.
$2k+3=\pm10$ $\therefore k=\dfrac{7}{2}$ $(\because k>0)$

0430 답 4

0431 답 4

포물선 $y=x^2-2x-2$를 x축의 방향으로 a만큼, y축의 방향으로 b만큼 평행이동한 포물선의 방정식은
$y-b=(x-a)^2-2(x-a)-2$ → x 대신 $x-a$를, y 대신 $y-b$를 대입한다.
$\therefore y=x^2-2(a+1)x+a^2+2a+b-2$
위의 포물선이 포물선 $y=kx^2+1$과 일치하므로
$1=k$, $a+1=0$, $a^2+2a+b-2=1$ → $a=-1$을 이 식에 대입하여 b의 값을 구한다.
$\therefore k=1, a=-1, b=4$
$\therefore a+b+k=(-1)+4+1=4$

다른 풀이

$y=x^2-2x-2$에서 $y=(x-1)^2-3$이므로 주어진 포물선은 꼭짓점의 좌표가 $(1, -3)$이고 이차항의 계수가 1이다.
따라서 점 $(1, -3)$을 x축의 방향으로 a만큼, y축의 방향으로 b만큼 평행이동한 점의 좌표가 $(0, 1)$이므로
→ 포물선 $y=kx^2+1$의 꼭짓점의 좌표

$1+a=0$, $(-3)+b=1$
$\therefore a=-1, b=4$
한편, 포물선은 평행이동하여도 이차항의 계수가 변하지 않으므로
$k=1$ → 포물선의 폭이 변하지 않는다.

0432 답 ①

$y=x^2+2x$에서 $y=(x+1)^2-1$ → x축의 방향으로 5만큼, y축의 방향으로 -2만큼 평행이동
위의 곡선이 주어진 평행이동에 의하여 옮겨지는 곡선의 방정식은
$y-(-2)=(x-5+1)^2-1$ $\therefore y=(x-4)^2-3$
따라서 $a=4, b=-3$이므로
$a+b=4+(-3)=1$

다른 풀이

$y=x^2+2x$에서 $y=(x+1)^2-1$이므로
주어진 곡선은 꼭짓점의 좌표가 $(-1, -1)$이고 아래로 볼록한 포물선이다.
따라서 점 $(-1, -1)$을 x축의 방향으로 5만큼, y축의 방향으로 -2만큼 평행이동한 점의 좌표가 (a, b)이므로
$a=(-1)+5=4$, $b=(-1)+(-2)=-3$ → 포물선 $y=(x-a)^2+b$의 꼭짓점의 좌표

0433 답 ③

$x^2+y^2-2ax-2y=0$에서 $(x-a)^2+(y-1)^2=a^2+1$
위의 원을 x축의 방향으로 2만큼, y축의 방향으로 -2만큼 평행이동한 원의 방정식은 → 도형 $f(x, y)=0$을 도형 $f(x-2, y+2)=0$으로 옮겼다.
$(x-2-a)^2+\{y-(-2)-1\}^2=a^2+1$
$\therefore (x-a-2)^2+(y+1)^2=a^2+1$
따라서 중심의 좌표가 $(a+2, -1)$, 반지름의 길이가 $\sqrt{a^2+1}$이므로 $a+2=b$, $-1=c$, $\sqrt{a^2+1}=\sqrt{10}$에서
$a=3, b=5, c=-1$ $(\because a>0)$
$\therefore a+b+c=3+5+(-1)=7$

다른 풀이

주어진 원은 중심의 좌표가 $(a, 1)$, 반지름의 길이가 $\sqrt{a^2+1}$이다.
따라서 점 $(a, 1)$을 x축의 방향으로 2만큼, y축의 방향으로 -2만큼 평행이동한 점의 좌표가 (b, c)이므로
$a+2=b$, $1+(-2)=c$ ...... ㉠
$\therefore c=-1$
한편, 원은 평행이동하여도 반지름의 길이가 변하지 않으므로
$\sqrt{a^2+1}=\sqrt{10}$ $\therefore a=3$ $(\because a>0)$ → 원의 크기가 변하지 않는다.
$a=3$을 ㉠에 대입하면
$3+2=b$ $\therefore b=5$

0434 답 ⑤

$x^2+y^2+8x-6y=0$에서
$(x+4)^2+(y-3)^2=5^2$ → 원은 평행이동하여도 반지름의 길이가 변하지 않는다.
위의 원이 원 $x^2+y^2=r^2$으로 옮겨지므로 $r=5$ $(\because r>0)$이고 주어진 평행이동은 x축의 방향으로 4만큼, y축의 방향으로 -3만큼 옮기는 평행이동과 같다. → 원의 중심 $(-4, 3)$이 점 $(0, 0)$으로 옮겨졌다.
$y=x^2+4x+10$에서 $y=(x+2)^2+6$
위의 포물선이 주어진 평행이동에 의하여 옮겨지는 포물선의 방정식은
$y-(-3)=(x-4+2)^2+6$ $\therefore y=(x-2)^2+3$
따라서 $a=2, b=3$이므로
$a+b+r=2+3+5=10$

0435 답 ③

0436 답 ③

직선 $x-2y+7=0$을 x축의 방향으로 a만큼, y축의 방향으로 $1-2a$만큼 평행이동한 직선의 방정식은

$(x-a)-2\{y-(1-2a)\}+7=0$

$\therefore x-2y-5a+9=0$ ...... ㉠

$x^2+y^2-8x+2y+12=0$에서 $(x-4)^2+(y+1)^2=5$

위의 원에 직선 ㉠이 접하려면 원의 중심 $(4, -1)$과 직선 ㉠ 사이의 거리가 원의 반지름의 길이 $\sqrt{5}$와 같아야 하므로

$\dfrac{|1\times4-2\times(-1)-5a+9|}{\sqrt{1^2+(-2)^2}}=\sqrt{5}$, $|-5a+15|=5$

$|a-3|=1$, $a-3=\pm1$ ← $d=r$임을 이용한다.

$\therefore a=4$ 또는 $a=2$

따라서 모든 a의 값의 합은

$4+2=6$

0437 답 ⑤

직선 $y=2x+4$를 x축의 방향으로 k만큼 평행이동한 직선의 방정식은

$y=2(x-k)+4$ $\therefore y=2x-2k+4$

위의 직선이 포물선 $y=x^2+4x-3$에 접하므로 이차방정식

$x^2+4x-3=2x-2k+4$, 즉 $x^2+2x+2k-7=0$

의 판별식을 D라 하면 ← 포물선의 방정식과 직선의 방정식을 연립한다.

$\dfrac{D}{4}=1^2-1\times(2k-7)=0$, $8-2k=0$ $\therefore k=4$

← $D=0$이면 중근, 즉 접한다.

0438 답 ②

직선 $2x-3y+5=0$을 x축의 방향으로 a만큼, y축의 방향으로 $a+2$만큼 평행이동한 직선 l의 방정식은

$2(x-a)-3\{y-(a+2)\}+5=0$ $\therefore 2x-3y+a+11=0$

$x^2+y^2+2x-8y+1=0$에서 $(x+1)^2+(y-4)^2=16$

직선 l이 위의 원의 넓이를 이등분하므로 직선 l은 원의 중심 $(-1, 4)$를 지난다. 즉,

$2\times(-1)-3\times4+a+11=0$ $\therefore a=3$

0439 답 37

$x^2+y^2+8x-6y=0$에서 $(x+4)^2+(y-3)^2=25$

위의 원을 x축의 방향으로 a만큼, y축의 방향으로 $5-a$만큼 평행이동한 원의 방정식은

$(x-a+4)^2+\{y-(5-a)-3\}^2=25$

$\therefore (x-a+4)^2+(y+a-8)^2=25$

오른쪽 그림과 같이 원의 중심을 $C(a-4, 8-a)$라 하고, 점 C에서 직선 $x-2y+3=0$에 내린 수선의 발을 H라 하면

$(x-a+4)^2+(y+a-8)^2=25$

$x-2y+3=0$

$\overline{CH}$

$=\dfrac{|1\times(a-4)-2\times(8-a)+3|}{\sqrt{1^2+(-2)^2}}$

$=\dfrac{|3a-17|}{\sqrt{5}}$ ...... ㉠

← $\overline{CA}=\overline{CB}$이므로 삼각형 CAB는 이등변삼각형이다.

$\overline{AH}=\dfrac{1}{2}\overline{AB}=\dfrac{1}{2}\times2\sqrt{5}=\sqrt{5}$이므로 직각삼각형 CAH에서

$\overline{CH}=\sqrt{\overline{CA}^2-\overline{AH}^2}=\sqrt{5^2-(\sqrt{5})^2}=2\sqrt{5}$ ...... ㉡

㉠, ㉡에서

$\dfrac{|3a-17|}{\sqrt{5}}=2\sqrt{5}$, $|3a-17|=10$

$3a-17=\pm10$ $\therefore a=9$ 또는 $a=\dfrac{7}{3}$

따라서 모든 a의 값의 합은 $9+\dfrac{7}{3}=\dfrac{34}{3}$이므로

$p=3$, $q=34$

$\therefore p+q=3+34=37$

0440 답 6

0441 답 ④

점 $P(-3, 2)$를 y축에 대하여 대칭이동한 점 Q는

$Q(3, 2)$ → x좌표의 부호를 바꾼다.

점 $Q(3, 2)$를 x축에 대하여 대칭이동한 점 R은

$R(3, -2)$ → y좌표의 부호를 바꾼다.

따라서 선분 QR의 중점 M은

$M\left(\dfrac{3+3}{2}, \dfrac{2+(-2)}{2}\right)$, 즉 $M(3, 0)$

$\therefore \overline{PM}=\sqrt{\{3-(-3)\}^2+(0-2)^2}=2\sqrt{10}$

0442 답 ②

점 $P(a, b)$를 x축, y축에 대하여 대칭이동한 두 점 Q, R는 각각

$Q(a, -b)$, $R(-a, b)$ → 점 Q는 y좌표의 부호를, 점 R는 x좌표의 부호를 바꾼다.

점 Q는 직선 $x+y-1=0$ 위의 점이므로

$a-b-1=0$ ...... ㉠

점 R는 직선 $2x+y+5=0$ 위의 점이므로

$-2a+b+5=0$ ...... ㉡

㉠, ㉡을 연립하여 풀면 $a=4$, $b=3$

$\therefore ab=4\times3=12$

0443 답 ⑤

점 $A(1, 3)$을 x축, y축에 대하여 대칭이동한 두 점 B, C는 각각 $B(1, -3)$, $C(-1, 3)$이고, 점 (a, b)를 x축에 대하여 대칭이동한 점 E는 $E(a, -b)$이다.

이때 세 점 B, C, E가 한 직선 위에 있으므로 두 직선 BC, BE의 기울기는 서로 같다.

즉, $\dfrac{3-(-3)}{(-1)-1}=\dfrac{(-b)-(-3)}{a-1}$에서

$-3=\dfrac{-b+3}{a-1}$, $-3a+3=-b+3$

$\therefore b=3a$

따라서 $D(a, 3a)$이므로 직선 AD의 기울기는

$\dfrac{3a-3}{a-1}=3$

0444 답 144

점 $P(a, b)$는 직선 $x+y-6=0$ 위의 점이므로

$a+b-6=0$ $\therefore a+b=6$

점 $P(a, b)$를 x축, y축 및 원점에 대하여 대칭이동한 세 점 Q, R, S는 각각

→ 점 Q는 y좌표의 부호를, 점 R는 x좌표의 부호를, 점 S는 x좌표와 y좌표의 부호를 모두 바꾼다.

$Q(a, -b)$, $R(-a, b)$, $S(-a, -b)$

또한, 사각형 PRSQ는 오른쪽 그림
과 같고 그 넓이가 16이므로
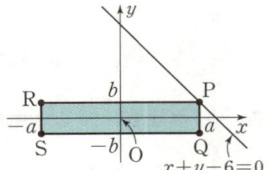
$2a \times 2b = 16$ $\therefore ab = 4$
$\therefore a^3 + b^3 = (a+b)^3 - 3ab(a+b)$
$\qquad = 6^3 - 3 \times 4 \times 6 = 144$

0445 답 ③

0446 답 ②
직선 $3x + 2y + 1 = 0$을 x축에 대하여 대칭이동한 직선 l의 방정식은
$\underline{3x + 2 \times (-y) + 1 = 0}$ $\therefore y = \dfrac{3}{2}x + \dfrac{1}{2}$
$\qquad \rightarrow y$ 대신 $-y$를 대입한다.
직선 l에 수직인 직선의 기울기는 $-\dfrac{2}{3}$이므로 기울기가 $-\dfrac{2}{3}$이고
점 $(0, 2)$를 지나는 직선의 방정식은
$y = -\dfrac{2}{3}x + 2$ $\rightarrow$ 구하는 직선의 y절편
따라서 $a = -\dfrac{2}{3}$, $b = 2$이므로
$a + b = \left(-\dfrac{2}{3}\right) + 2 = \dfrac{4}{3}$

0447 답 ②
직선 $2x + 3y + b = 0$을 원점에 대하여 대칭이동한 직선의 방정식은
$\rightarrow x$ 대신 $-x$를, y 대신 $-y$를 대입한다.
$\underline{2 \times (-x) + 3 \times (-y) + b = 0}$ $\therefore y = -\dfrac{2}{3}x + \dfrac{b}{3}$ …… ㉠
직선 ㉠이 직선 $y = ax + 1$과 일치하므로   두 도형이 원점에 대하여 대칭이므
$a = -\dfrac{2}{3}$, $\dfrac{b}{3} = 1$ $\therefore a = -\dfrac{2}{3}$, $b = 3$ 로 한 도형을 원점에 대하여 대칭이동하면 다른 도형과 일치한다.
$\therefore a + b = \left(-\dfrac{2}{3}\right) + 3 = \dfrac{7}{3}$

0448 답 ③
직선 $ax + y + 1 = 0$을 원점에 대하여 대칭이동한 직선 l의 방정식은
$\rightarrow x$ 대신 $-x$를, y 대신 $-y$를 대입한다.
$a \times (-x) + (-y) + 1 = 0$ $\therefore ax + y - 1 = 0$
직선 l을 x축에 대하여 대칭이동한 직선 l'의 방정식은
$ax + (-y) - 1 = 0$ $\rightarrow y$ 대신 $-y$를 대입한다.
이때 직선 l'이 점 $(2, 3)$을 지나므로
$a \times 2 - 3 - 1 = 1$ $\therefore a = 2$

👨 선생님 톡톡

방정식 $f(x, y) = 0$이 나타내는 도형을 원점에 대하여 대칭이동하면
$\qquad f(-x, -y) = 0$
위의 방정식이 나타내는 도형을 x축에 대하여 대칭이동하면
$\qquad f(-x, y) = 0$
따라서 방정식 $f(x, y) = 0$이 나타내는 도형을 원점에 대하여 대칭이동한 다음 x축에 대하여 대칭이동한 도형은 주어진 도형을 y축에 대하여 대칭이동한 것과 같아.

0449 답 12
직선 $y = ax + b$를 x축에 대하여 대칭이동한 직선 l_1의 방정식은
$-y = ax + b$ $\therefore y = -ax - b$
$\qquad \rightarrow y$ 대신 $-y$를 대입한다.
직선 $y = \dfrac{1}{4}x + 1$을 y축에 대하여 대칭이동한 직선 l_2의 방정식은
$y = \dfrac{1}{4} \times (-x) + 1$ $\therefore y = -\dfrac{1}{4}x + 1$
$\qquad \rightarrow x$ 대신 $-x$를 대입한다.

두 직선 l_1, l_2는 서로 수직이므로
$\qquad \rightarrow$ 두 직선의 기울기의 곱은 -1이다.
$(-a) \times \left(-\dfrac{1}{4}\right) = -1$ $\therefore a = -4$
또한, 직선 l_2가 x축 위의 점 $(4, 0)$을 지나고 두 직선 l_1, l_2가 x축 위의 점에서 만나므로 직선 l_1도 점 $(4, 0)$을 지난다. 즉,
$0 = 4 \times 4 - b$ $\therefore b = 16$
$\therefore a + b = (-4) + 16 = 12$

0450 답 20

0451 답 ②
중심의 좌표가 $(3, -1)$이고 반지름의 길이가 r인 원의 방정식은
$(x-3)^2 + \{y-(-1)\}^2 = r^2$ $\therefore (x-3)^2 + (y+1)^2 = r^2$
위의 원을 원점에 대하여 대칭이동한 원 C의 방정식은
$\underline{\{(-x)-3\}^2 + \{(-y)+1\}^2 = r^2}$ $\rightarrow x$ 대신 $-x$를, y 대신 $-y$를 대입한다.
$\therefore (x+3)^2 + (y-1)^2 = r^2$
점 $(1, 2)$가 원 C 위의 점이므로
$(1+3)^2 + (2-1)^2 = r^2$, $r^2 = 17$
$\therefore r = \sqrt{17}$ ($\because r > 0$)

다른 풀이
원의 중심 $(3, -1)$을 원점에 대하여 대칭이동한 점의 좌표는
$(-3, 1)$ $\rightarrow x$좌표와 y좌표의 부호를 모두 바꾼다.
원의 중심은 대칭이동한 원의 중심으로 옮겨지고 반지름의 길이는 변하지 않으므로 r의 값은 두 점 $(-3, 1)$, $(1, 2)$ 사이의 거리와 같다.
$\therefore r = \sqrt{\{1-(-3)\}^2 + (2-1)^2} = \sqrt{17}$

0452 답 56
$x^2 + y^2 + 10x - 12y + 45 = 0$에서
$(x+5)^2 + (y-6)^2 = 16$
위의 원을 원점에 대하여 대칭이동한 원 C_1의 방정식은
$\{(-x)+5\}^2 + \{(-y)-6\}^2 = 16$
$\therefore C_1 : (x-5)^2 + (y+6)^2 = 16$
원 C_1을 x축에 대하여 대칭이동한 원 C_2의 방정식은
$(x-5)^2 + \{(-y)+6\}^2 = 16$
$\therefore C_2 : (x-5)^2 + (y-6)^2 = 16$
따라서 원 C_2의 중심의 좌표는 $(5, 6)$이므로
$a = 5$, $b = 6$
$\therefore 10a + b = 10 \times 5 + 6 = 56$

다른 풀이
주어진 원의 중심 $(-5, 6)$을 원점에 대하여 대칭이동한 점의 좌표는
$(5, -6)$
위의 점을 x축에 대하여 대칭이동한 점의 좌표는
$(5, 6)$

0453 답 ④
$y = x^2 - 2ax - 1$에서 $y = (x-a)^2 - a^2 - 1$
위의 포물선을 x축에 대하여 대칭이동한 포물선의 방정식은
$-y = (x-a)^2 - a^2 - 1$ $\rightarrow y$ 대신 $-y$를 대입한다.
$\therefore y = -(x-a)^2 + a^2 + 1$

즉, A(a, a^2+1)이고 점 A는 직선 $y=2x+1$ 위의 점이므로
$a^2+1=2a+1$, $a^2-2a=0$
$a(a-2)=0$
$\therefore a=2 (\because a>0)$

다른 풀이

포물선 $y=x^2-2ax-1$, 즉 $y=(x-a)^2-a^2-1$의 꼭짓점의 좌표는
$(a, -a^2-1)$
위의 점을 x축에 대하여 대칭이동한 점의 좌표는
(a, a^2+1) →y좌표의 부호를 바꾼다.
포물선의 꼭짓점은 대칭이동한 포물선의 꼭짓점으로 옮겨지므로
A(a, a^2+1)

 선생님 톡톡

포물선의 꼭짓점에 대한 문제를 해결할 때에는 꼭짓점의 좌표를 대칭이동하여 해결하는 것이 더 쉬울 수도 있어.

0454 답 5

포물선 $y=x^2+ax+b$를 원점에 대하여 대칭이동한 포물선의 방정식은
$-y=(-x)^2+a\times(-x)+b$ →x 대신 $-x$를, y 대신 $-y$를 대입한다.
$\therefore y=-x^2+ax-b$
$= -\left(x-\dfrac{a}{2}\right)^2+\dfrac{a^2}{4}-b$ ...... ㉠
포물선 ㉠의 꼭짓점의 x좌표가 2이므로
$\dfrac{a}{2}=2 \quad \therefore a=4$ →포물선 ㉠의 꼭짓점의 좌표는 $\left(\dfrac{a}{2}, \dfrac{a^2}{4}-b\right)$
또한, 포물선 ㉠이 점 $(4, -1)$을 지나므로
$-1=-4^2+4\times4-b \quad \therefore b=1$
$\therefore a+b=4+1=5$

 선생님 톡톡

포물선을 x축 또는 원점에 대하여 대칭이동시킬 때에는 이차항의 계수의 부호가 달라지니까 반드시 대칭이동된 포물선의 방정식을 구해서 문제를 해결하도록 하자!

0455 답 ⑤

0456 답 ④

두 점 Q, R는 각각
Q$(-3, -1)$, R$(1, 3)$ →x좌표와 y좌표의 부호를 바꾼 후 이들을 서로 바꾼다.
삼각형 PQR는 오른쪽 그림과 같으므로
$\overline{PQ}=\sqrt{\{(-3)-3\}^2+\{(-1)-1\}^2}$
$=2\sqrt{10}$

또한, 직선 PQ의 방정식은 $y=\dfrac{1}{3}x$이므로 점 R와 직선 $y=\dfrac{1}{3}x$, 즉 $x-3y=0$ 사이의 거리는
$\dfrac{|1\times1-3\times3|}{\sqrt{1^2+(-3)^2}}=\dfrac{4\sqrt{10}}{5}$ →삼각형 PQR의 높이
따라서 삼각형 PQR의 넓이는
$\dfrac{1}{2}\times2\sqrt{10}\times\dfrac{4\sqrt{10}}{5}=8$

다른 풀이

원점 O는 선분 PQ의 중점이고 선분 QR의 중점을 M이라 하면 두 점 O, M은 직선 $y=-x$ 위의 점이다.

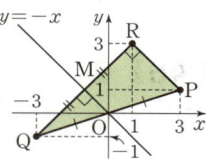

삼각형의 두 변의 중점을 연결한 직선의 성질에 의하여 직선 PR는 직선 $y=-x$와 평행하고 직선 QR와 직선 $y=-x$는 서로 수직이므로 직선 PR와 직선 QR는 서로 수직이다.
따라서
$\overline{PR}=\sqrt{(1-3)^2+(3-1)^2}=2\sqrt{2}$,
$\overline{QR}=\sqrt{\{1-(-3)\}^2+\{3-(-1)\}^2}=4\sqrt{2}$
이므로 삼각형 PQR의 넓이는
$\dfrac{1}{2}\times\overline{PR}\times\overline{QR}=\dfrac{1}{2}\times2\sqrt{2}\times4\sqrt{2}=8$

0457 답 8

$x^2+y^2+2ax-6y=0$에서
$(x+a)^2+(y-3)^2=a^2+9$ ...... ㉠
원 ㉠을 직선 $y=x$에 대하여 대칭이동한 원의 방정식은
$(y+a)^2+(x-3)^2=a^2+9$ →x 대신 y를, y 대신 x를 대입한다.
$\therefore (x-3)^2+(y+a)^2=a^2+9$ ...... ㉡
원 ㉡이 원 $(x+b)^2+(y+1)^2=r^2$과 일치하므로
$-3=b$, $a=1$, $a^2+9=r^2$
$\therefore a=1$, $b=-3$, $r^2=10$
$\therefore a+b+r^2=1+(-3)+10=8$

0458 답 ⑤

$x^2+y^2-4x+2ay=0$에서
$(x-2)^2+(y+a)^2=a^2+4$ ...... ㉠
원 ㉠을 직선 $y=-x$에 대하여 대칭이동한 원의 방정식은
$\{(-y)-2\}^2+\{(-x)+a\}^2=a^2+4$ →x 대신 $-y$를, y 대신 $-x$를 대입한다.
$\therefore (x-a)^2+(y+2)^2=a^2+4$ ...... ㉡
원 ㉡을 x축에 대하여 대칭이동한 원의 방정식은
$(x-a)^2+\{(-y)+2\}^2=a^2+4$ →y 대신 $-y$를 대입한다.
$\therefore (x-a)^2+(y-2)^2=a^2+4$ ...... ㉢
원 ㉢의 중심 $(a, 2)$가 직선 $x-y-1=0$ 위의 점이므로
$a-2-1=0$
$\therefore a=3$

0459 답 ⑤

직선 $3x-4y+5=0$을 직선 $y=-x$에 대하여 대칭이동한 직선 l의 방정식은
$3\times(-y)-4\times(-x)+5=0$, $4x-3y+5=0$
$\therefore y=\dfrac{4}{3}x+\dfrac{5}{3}$ →x 대신 $-y$를, y 대신 $-x$를 대입한다.
직선 l과 수직인 직선의 기울기는 $-\dfrac{3}{4}$이므로 기울기가 $-\dfrac{3}{4}$이고 점 $(1, 3)$을 지나는 직선의 방정식은
$y-3=-\dfrac{3}{4}(x-1) \quad \therefore y=-\dfrac{3}{4}x+\dfrac{15}{4}$
따라서 구하는 직선의 x절편은
$0=-\dfrac{3}{4}x+\dfrac{15}{4}$
$\therefore x=5$

0460 답 ③

0461 답 ①

직선 $4x-3y+k=0$을 x축에 대하여 대칭이동한 직선 l의 방정식은
$4x-3\times(-y)+k=0$ → y 대신 $-y$를 대입한다.
$\therefore 4x+3y+k=0$
점 $(2, -3)$과 직선 l 사이의 거리가 3이므로
$\dfrac{|4\times2+3\times(-3)+k|}{\sqrt{4^2+3^2}}=3,\ |k-1|=15$
$k-1=\pm15 \quad \therefore k=16 \ (\because k>0)$

0462 답 ③

포물선 $y=x^2+2ax+18$을 원점에 대하여 대칭이동한 포물선의 방정식은
$-y=(-x)^2+2a\times(-x)+18$ → x 대신 $-x$를, y 대신 $-y$를 대입한다.
$\therefore y=-x^2+2ax-18$
위의 포물선이 직선 $y=4x-9$와 접하므로 이차방정식
$-x^2+2ax-18=4x-9$, 즉 $x^2-2(a-2)x+9=0$
의 판별식을 D라 하면
$\dfrac{D}{4}=(a-2)^2-1\times9=0,\ a^2-4a-5=0$ → 이차방정식의 근과 계수의 관계를 이용하여 답을 구할 수도 있다.
$(a+1)(a-5)=0$
$\therefore a=-1$ 또는 $a=5$
따라서 모든 상수 a의 값의 합은
$(-1)+5=4$

0463 답 16

$x^2+y^2+2x-6y=0$에서
$(x+1)^2+(y-3)^2=10$
위의 원을 직선 $y=-x$에 대하여 대칭이동한 원의 방정식은
$\{(-y)+1\}^2+\{(-x)-3\}^2=10$ → x 대신 $-y$를, y 대신 $-x$를 대입한다.
$\therefore (x+3)^2+(y-1)^2=10 \quad\cdots\cdots\ ㉠$
원 ㉠의 중심 $(-3, 1)$과 직선 $3x+y+k=0$ 사이의 거리는
$\dfrac{|3\times(-3)+1\times1+k|}{\sqrt{3^2+1^2}}=\dfrac{|k-8|}{\sqrt{10}}$
원 ㉠의 반지름의 길이가 $\sqrt{10}$이므로 이 원이 직선 $3x+y+k=0$과 서로 다른 두 점에서 만나려면
$\dfrac{|k-8|}{\sqrt{10}}<\sqrt{10},\ |k-8|<10$ → $d<r$임을 이용한다.
$-10<k-8<10 \quad \therefore -2<k<18$
따라서 $a=-2$, $b=18$이므로
$a+b=(-2)+18=16$

0464 답 ④

두 원 C, C'은 직선 $y=x$에 대하여 대칭이므로 두 원의 교점 A, B는 오른쪽 그림과 같이 직선 $y=x$ 위에 있다.
즉, 두 원 C, C'의 교점은 원 C와 직선 $y=x$의 교점과 같으므로 $y=x$를 $x^2+y^2-2x+2ay=0$에 대입하여 정리하면

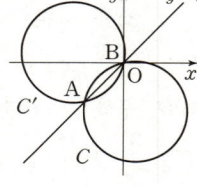

$x^2+(a-1)x=0$, $x(x+a-1)=0$
$\therefore x=0$ 또는 $x=-a+1$ → $y=x$에 대입하여 y좌표를 구한다.
따라서 두 점 A, B의 좌표는 $(0, 0)$, $(-a+1, -a+1)$이고,
$\overline{AB}=3\sqrt{2}$이므로
$\sqrt{(-a+1)^2+(-a+1)^2}=3\sqrt{2}$
$(a-1)^2=9$, $a-1=\pm3$
$\therefore a=4 \ (\because a>0)$

다른 풀이

두 원 C, C'은 직선 $y=x$에 대하여 대칭이므로 두 원의 교점 A, B는 직선 $y=x$ 위에 있다.
$x^2+y^2-2x+2ay=0$에서
$(x-1)^2+(y+a)^2=a^2+1$
원 C의 중심을 C라 하고 점 C$(1, -a)$에서 직선 $y=x$, 즉 $x-y=0$에 내린 수선의 발을 H라 하면
$\overline{CH}=\dfrac{|1\times1-1\times(-a)|}{\sqrt{1^2+(-1)^2}}=\dfrac{|a+1|}{\sqrt{2}}$
원의 반지름의 길이는 $\overline{CA}=\sqrt{a^2+1}$이고
$\overline{AH}=\dfrac{1}{2}\overline{AB}=\dfrac{1}{2}\times3\sqrt{2}=\dfrac{3\sqrt{2}}{2}$
이므로 직각삼각형 CAH에서
$\overline{CA}^2=\overline{AH}^2+\overline{CH}^2$
$(\sqrt{a^2+1})^2=\left(\dfrac{3\sqrt{2}}{2}\right)^2+\left(\dfrac{|a+1|}{\sqrt{2}}\right)^2$
$a^2+1=\dfrac{9}{2}+\dfrac{a^2+2a+1}{2}$, $a^2-2a-8=0$
$(a+2)(a-4)=0$
$\therefore a=4 \ (\because a>0)$

0465 답 ②

0466 답 ①

점 (a, b)를 직선 $y=-x$에 대하여 대칭이동한 점의 좌표는
$(-b, -a)$ → x좌표와 y좌표의 부호를 바꾼 후 이들을 서로 바꾼다.
점 $(-b, -a)$를 x축의 방향으로 -2만큼, y축의 방향으로 4만큼 평행이동한 점의 좌표는
$(-b-2, -a+4)$
두 점 $(-b-2, -a+4)$, $(-5, 1)$이 일치하므로
$-b-2=-5$, $-a+4=1$
$\therefore a=3$, $b=3$
$\therefore a+b=3+3=6$

0467 답 2

직선 l의 기울기를 m이라 하면 기울기가 m이고 점 A$(2, 0)$을 지나는 직선 l의 방정식은
$y-0=m(x-2) \quad \therefore y=mx-2m$
직선 l을 직선 $y=x$에 대하여 대칭이동한 직선의 방정식은
$x=my-2m$ → x 대신 y를, y 대신 x를 대입한다. $\cdots\cdots\ ㉠$
직선 ㉠을 y축의 방향으로 -3만큼 평행이동한 직선의 방정식은
$x=m\{y-(-3)\}-2m$ → y 대신 $y-(-3)$을 대입한다. $\therefore x=my+m$
위의 직선이 점 A$(2, 0)$을 지나므로
$2=m\times0+m$
$\therefore m=2$

0468 답 ⑤

이차함수 $y=-x^2$의 그래프를 x축에 대하여 대칭이동한 도형의 방정식은
$$-y=-x^2 \qquad \therefore y=x^2$$
위의 이차함수의 그래프를 x축의 방향으로 4만큼, y축의 방향으로 m만큼 평행이동한 그래프의 식은
$$y-m=(x-4)^2 \qquad \therefore y=(x-4)^2+m$$
위의 이차함수의 그래프가 직선 $y=2x+3$에 접하므로 이차방정식 $(x-4)^2+m=2x+3$, 즉 $x^2-10x+m+13=0$의 판별식을 D라 하면
$$\frac{D}{4}=(-5)^2-1\times(m+13)=0$$
$$12-m=0$$
$$\therefore m=12$$

0469 답 ⑤

원 $(x-a)^2+(y-b)^2=25$를 x축의 방향으로 2만큼 평행이동한 원의 방정식은 　　→ x 대신 $x-2$를 대입한다.
$$(x-2-a)^2+(y-b)^2=25 \qquad \cdots\cdots \text{㉠}$$
원 ㉠을 원점에 대하여 대칭이동한 원의 방정식은
$$\{(-x)-2-a\}^2+\{(-y)-b\}^2=25$$ →x 대신 $-x$를, y 대신 $-y$를 대입한다.
$$\therefore (x+a+2)^2+(y+b)^2=25 \qquad \cdots\cdots \text{㉡}$$
원 ㉡을 y축의 방향으로 4만큼 평행이동한 원 C의 방정식은
$$(x+a+2)^2+(y-4+b)^2=25$$ →y 대신 $y-4$를 대입한다.
원 C의 중심 $(-a-2, -b+4)$가 제2사분면 위의 점이므로
$$-a-2<0, \ -b+4>0 \qquad \cdots\cdots \text{㉢}$$
또한, 원 C는 x축과 y축에 동시에 접하므로
$$|-a-2|=5, \ |-b+4|=5$$ →|(중심의 x좌표)|=|(중심의 y좌표)| =(반지름의 길이)
$$-a-2=-5, \ -b+4=5 \ (\because \text{㉢})$$
$$\therefore a=3, \ b=-1$$
$$\therefore a+b=3+(-1)=2$$

0470 답 ②

0471 답 ⑤

오른쪽 그림과 같이 점 B를 직선 $y=x$에 대하여 대칭이동한 점을 B'이라 하면
$$B'(1, 10)$$ →x좌표와 y좌표를 서로 바꾼다.
이때 $\overline{BP}=\overline{B'P}$이므로
$$\overline{AP}+\overline{BP}=\overline{AP}+\overline{B'P}$$
$$\geq \overline{AB'}$$
$$=\sqrt{(1-6)^2+\{10-(-2)\}^2}$$
$$=13$$

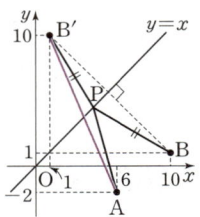

0472 답 ①

오른쪽 그림과 같이 점 B를 x축에 대하여 대칭이동한 점을 B'이라 하면
$$B'(6, -2)$$ →y좌표의 부호를 바꾼다.
이때 $\overline{BP}=\overline{B'P}$이고, $\overline{AP}+\overline{BP}$의 최솟값이 $5\sqrt{2}$이므로

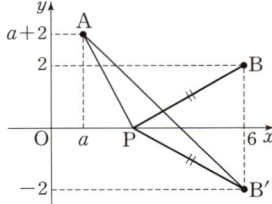

$$\overline{AP}+\overline{BP}=\overline{AP}+\overline{B'P}$$
$$\geq \overline{AB'}$$
$$=\sqrt{(6-a)^2+\{(-2)-(a+2)\}^2}$$
$$=5\sqrt{2}$$
$$(a-6)^2+(a+4)^2=50, \ a^2-2a+1=0$$
$$(a-1)^2=0 \qquad \therefore a=1$$

선생님 톡톡

$a>0$에서 $a+2>0$이므로 두 점 A, B는 모두 x축보다 위쪽에 있어.

0473 답 ②

오른쪽 그림과 같이 점 A를 y축에 대하여 대칭이동한 점을 A', 점 B를 x축에 대하여 대칭이동한 점을 B'이라 하면
$$A'(-1, 5), \ B'(7, -1)$$
이때 $\overline{AP}=\overline{A'P}$, $\overline{BQ}=\overline{B'Q}$이므로
$$\overline{AP}+\overline{PQ}+\overline{QB}=\overline{A'P}+\overline{PQ}+\overline{QB'}$$
$$\geq \overline{A'B'}$$
$$=\sqrt{\{7-(-1)\}^2+\{(-1)-5\}^2}$$
$$=10$$

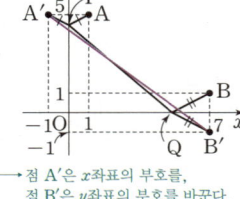

점 A'은 x좌표의 부호를, 점 B'은 y좌표의 부호를 바꾼다.

0474 답 80

오른쪽 그림과 같이 점 P를 직선 $y=x$에 대하여 대칭이동한 점을 P_1, 점 P를 x축에 대하여 대칭이동한 점을 P_2라 하면
$$P_1(2, 6), \ P_2(6, -2)$$
이때 $\overline{PQ}=\overline{P_1Q}$, $\overline{PR}=\overline{P_2R}$이므로
$$\overline{PQ}+\overline{QR}+\overline{RP}=\overline{P_1Q}+\overline{QR}+\overline{RP_2}$$
$$\geq \overline{P_1P_2}$$
$$=\sqrt{(6-2)^2+\{(-2)-6\}^2}$$
$$=4\sqrt{5}$$
따라서 $k=4\sqrt{5}$이므로
$$k^2=(4\sqrt{5})^2=80$$

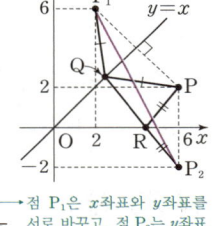

점 P_1은 x좌표와 y좌표를 서로 바꾸고, 점 P_2는 y좌표의 부호를 바꾼다.

0475 답 ④

0476 답 ⑤

두 점 (a, b), $(-1, 2)$를 이은 선분의 중점의 좌표가 $(4, -1)$이므로
$$\frac{a+(-1)}{2}=4, \ \frac{b+2}{2}=-1$$
$$\therefore a=9, \ b=-4$$
$$\therefore a+b=9+(-4)=5$$

0477 답 ③

점 $(-2, 5)$를 중심으로 하고 y축에 접하는 원의 방정식은
$$\{x-(-2)\}^2+(y-5)^2=(-2)^2$$ →|(중심의 x좌표)|=(반지름의 길이)
$$\therefore (x+2)^2+(y-5)^2=4 \qquad \cdots\cdots \text{㉠}$$
원 ㉠ 위의 점 $P(x, y)$를 점 $(2, 3)$에 대하여 대칭이동한 점을 $P'(x', y')$이라 하면 선분 PP'의 중점의 좌표가 $(2, 3)$이므로

$$\frac{x+x'}{2}=2, \quad \frac{y+y'}{2}=3$$

$$\therefore x=-x'+4, \ y=-y'+6 \qquad \cdots\cdots \ \text{ⓛ}$$

ⓛ을 ⊙에 대입하면

$$\{(-x'+4)+2\}^2+\{(-y'+6)-5\}^2=4$$

$$\therefore (x'-6)^2+(y'-1)^2=4$$

따라서 점 $P'(x', y)$이 나타내는 도형의 방정식은

$(x-6)^2+(y-1)^2=2^2$이므로 $\longrightarrow x=x', \ y=y'$을 대입하면 성립하는 방정식

$a=6, \ b=1, \ r=2$

$$\therefore a+b+r=6+1+2=9$$

다른 풀이

원은 대칭이동하여도 반지름의 길이가 변하지 않으므로 $r=2$

원의 중심은 대칭이동한 원의 중심으로 옮겨지므로 점 $(-2, 5)$를 점 $(2, 3)$에 대하여 대칭이동한 점의 좌표가 (a, b)이다.

즉, 두 점 $(-2, 5), (a, b)$를 이은 선분의 중점의 좌표가 $(2, 3)$이므로

$$\frac{(-2)+a}{2}=2, \quad \frac{5+b}{2}=3 \qquad \therefore a=6, \ b=1$$

0478 답 ④

두 포물선 $y=f(x), \ y=g(x)$가 점 (a, b)에 대하여 대칭이므로 두 포물선의 꼭짓점은 점 (a, b)에 대하여 대칭이다.

$f(x)=(x+3)^2+1, \ g(x)=-(x-5)^2+5$에서 두 포물선 $y=f(x), \ y=g(x)$의 꼭짓점의 좌표는 각각 $(-3, 1), (5, 5)$이므로 두 점 $(-3, 1), (5, 5)$를 이은 선분의 중점의 좌표가 (a, b)이다. 즉,

$$\frac{(-3)+5}{2}=a, \quad \frac{1+5}{2}=b \qquad \therefore a=1, \ b=3$$

$$\therefore a+b=1+3=4$$

0479 답 18

직선 l 위의 점 $P(x, y)$를 점 $(a, -3)$에 대하여 대칭이동한 점을 $P'(x', y')$이라 하면 선분 PP'의 중점의 좌표가 $(a, -3)$이므로

$$\frac{x+x'}{2}=a, \quad \frac{y+y'}{2}=-3$$

$$\therefore x=-x'+2a, \ y=-y'-6 \qquad \cdots\cdots \ \text{⊙}$$

⊙을 직선 l의 방정식에 대입하면

$$(-x'+2a)+2(-y'-6)-3=0$$

$$\therefore x'+2y'-2a+15=0$$

즉, 점 $P'(x', y')$이 나타내는 직선 l'의 방정식은

$x+2y-2a+15=0 \longrightarrow x=x', \ y=y'$을 대입하면 성립하는 방정식

이때 직선 l 위의 한 점 $(3, 0)$과 직선 l' 사이의 거리가 $4\sqrt{5}$이므로

$$\frac{|1\times3+2\times0-2a+15|}{\sqrt{1^2+2^2}}=4\sqrt{5}$$

$$|2a-18|=20$$

$$a-9=\pm10$$

$$\therefore a=-1 \text{ 또는 } a=19$$

따라서 모든 a의 값의 합은

$$(-1)+19=18$$

다른 풀이

점 $(a, -3)$은 두 직선 $l, \ l'$의 대칭점이므로 점 $(a, -3)$과 직선 l 사이의 거리와 점 $(a, -3)$과 직선 l' 사이의 거리는 같다.

즉, 점 $(a, -3)$과 직선 l 사이의 거리가 $2\sqrt{5}$이므로

$\longrightarrow \frac{1}{2}\times4\sqrt{5}=2\sqrt{5}$

$$\frac{|1\times a+2\times(-3)-3|}{\sqrt{1^2+2^2}}=2\sqrt{5}$$

$$|a-9|=10, \ a-9=\pm10$$

$$\therefore a=-1 \text{ 또는 } a=19$$

0480 답 ④

0481 답 ④

두 점 $(-2, 4), (2, 6)$을 이은 선분의 중점의 좌표는

$$\left(\frac{(-2)+2}{2}, \frac{4+6}{2}\right), \text{ 즉 } (0, 5)$$

이고, 이 점이 직선 $y=ax+b$ 위의 점이므로

$$5=a\times0+b \qquad \therefore b=5$$

또한, 두 점 $(-2, 4), (2, 6)$을 지나는 직선의 기울기는

$\dfrac{6-4}{2-(-2)}=\dfrac{1}{2}$이고, 이 직선과 직선 $y=ax+b$는 서로 수직이므로

$$\frac{1}{2}\times a=-1 \qquad \therefore a=-2$$

$$\therefore a+b=(-2)+5=3$$

0482 답 63

$x^2+y^2+12x-8y=0$에서

$$(x+6)^2+(y-4)^2=52$$

원은 대칭이동하여도 반지름의 길이가 변하지 않으므로

$$r^2=52$$

두 원의 중심 $(-6, 4), (0, 0)$을 이은 선분의 중점의 좌표는

$$\left(\frac{(-6)+0}{2}, \frac{4+0}{2}\right), \text{ 즉 } (-3, 2)$$

원의 대칭이동은 원의 중심의 대칭이동으로 생각할 수 있다.

이고, 이 점이 직선 $3x+ay+b=0$ 위의 점이므로

$$3\times(-3)+a\times2+b=0$$

$$\therefore b=-2a+9 \qquad \cdots\cdots \ \text{⊙}$$

또한, 두 원의 중심 $(-6, 4), (0, 0)$을 지나는 직선의 기울기는

$\dfrac{0-4}{0-(-6)}=-\dfrac{2}{3}$이고, 이 직선과 직선 $3x+ay+b=0$, 즉

$y=-\dfrac{3}{a}x-\dfrac{b}{a}$는 서로 수직이므로

$$\left(-\frac{2}{3}\right)\times\left(-\frac{3}{a}\right)=-1$$

$$\therefore a=-2, \ b=13 \ (\because \ \text{⊙})$$

$$\therefore a+b+r^2=(-2)+13+52=63$$

0483 답 ③

점 B의 좌표를 (a, b)라 하면 선분 AB의 중점의 좌표는

$$\left(\frac{a+5}{2}, \frac{b+0}{2}\right), \text{ 즉 } \left(\frac{a+5}{2}, \frac{b}{2}\right)$$

이고, 이 점이 직선 $y=2x$ 위의 점이므로

$$\frac{b}{2}=2\times\frac{a+5}{2}$$

$$\therefore 2a-b=-10 \qquad \cdots\cdots \ \text{⊙}$$

또한, 직선 AB의 기울기는 $\dfrac{b-0}{a-5}=\dfrac{b}{a-5}$이고, 이 직선과 직선 $y=2x$는 서로 수직이므로

$$\frac{b}{a-5}\times2=-1$$

$$\therefore a+2b=5 \qquad \cdots\cdots \ \text{ⓛ}$$

㉠, ㉡을 연립하여 풀면
$a=-3$, $b=4$ $\therefore$ B$(-3, 4)$
따라서 H$(-3, 0)$이므로 삼각형 ABH
의 넓이는
$$\frac{1}{2} \times \overline{AH} \times \overline{BH} = \frac{1}{2} \times 8 \times 4 = 16$$

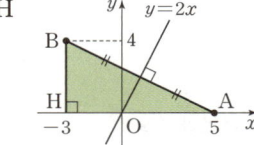

0484 답 ⑤

점 A를 직선 $x+y-1=0$에 대하여 대칭이동한 점을 A$'(a, b)$
라 하면 선분 AA$'$의 중점의 좌표는
$$\left(\frac{a+1}{2}, \frac{b+3}{2}\right)$$
이고, 이 점이 직선 $x+y-1=0$ 위의 점이므로
$$\frac{a+1}{2} + \frac{b+3}{2} - 1 = 0$$
$$\therefore a+b=-2 \quad\cdots\cdots ㉠$$
또한, 직선 AA$'$의 기울기는 $\dfrac{b-3}{a-1}$이고, 이 직선과
직선 $x+y-1=0$, 즉 $y=-x+1$은 서로 수직이므로
$$\frac{b-3}{a-1} \times (-1) = -1$$
$$\therefore a-b=-2 \quad\cdots\cdots ㉡$$
㉠, ㉡을 연립하여 풀면
$a=-2$, $b=0$ $\therefore$ A$'(-2, 0)$
이때 $\overline{AP}=\overline{A'P}$이므로
$$\overline{AP}+\overline{BP}=\overline{A'P}+\overline{BP}$$
$$\geq \overline{A'B}$$
$$= \sqrt{\{4-(-2)\}^2 + (2-0)^2}$$
$$= 2\sqrt{10}$$

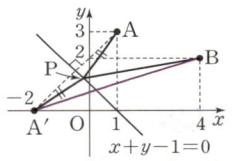

0485 답 ①

0486 답 ②

방정식 $f(x, y)=0$이 나타내는 도형을 직선 $y=x$
에 대하여 대칭이동하면
$f(y, x)=0$ → x 대신 y를, y 대신 x를 대입한다.

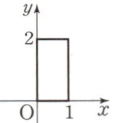

방정식 $f(y, x)=0$이 나타내는 도형을 y축에 대하
여 대칭이동하면
$f(y, -x)=0$ → x 대신 $-x$를 대입한다.

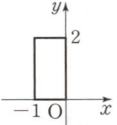

따라서 방정식 $f(y, -x)=0$이 나타내는 도형은 방정식
$f(x, y)=0$이 나타내는 도형을 직선 $y=x$에 대하여 대칭이동한
후 y축에 대하여 대칭이동한 것이므로 ②이다.

0487 답 ②

방정식 $f(x, y)=0$이 나타내는 도형을 x축의 방
향으로 -1만큼, y축의 방향으로 -2만큼 평행이
동하면
$f(x+1, y+2)=0$

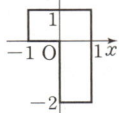

방정식 $f(x+1, y+2)=0$이 나타내는 도형을 x
축에 대하여 대칭이동하면
$f(x+1, -y+2)=0$, 즉
$f(x+1, 2-y)=0$

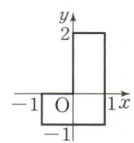

따라서 $f(x+1, 2-y)=0$이 나타내는 도형은 방정식
$f(x, y)=0$이 나타내는 도형을 x축의 방향으로 -1만큼, y축의
방향으로 -2만큼 평행이동한 후 x축에 대하여 대칭이동한 것이
므로 ②이다.

0488 답 ③

① 방정식 $f(x, -y)=0$이 나타내는 도형은 방
정식 $f(x, y)=0$이 나타내는 도형을 x축에
대하여 대칭이동한 것이므로 오른쪽 그림과
같다.

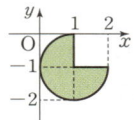

② 방정식 $f(-x, -y)=0$이 나타내는 도형은
방정식 $f(x, y)=0$이 나타내는 도형을 원점에
대하여 대칭이동한 것이므로 오른쪽 그림과
같다.

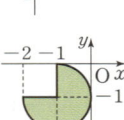

③ 방정식 $f(-y+2, -x)=0$이 나타내는 도형
은 방정식 $f(x, y)=0$이 나타내는 도형을 x축
의 방향으로 -2만큼 평행이동한 후 직선
$y=-x$에 대하여 대칭이동한 것이므로 오른쪽
그림과 같다.

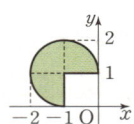

④ 방정식 $f(-y, -x+2)=0$이 나타내는 도형
은 방정식 $f(x, y)=0$이 나타내는 도형을 y축
의 방향으로 -2만큼 평행이동한 후 직선
$y=-x$에 대하여 대칭이동한 것이므로 오른쪽
그림과 같다.

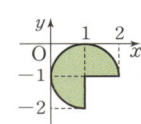

⑤ 방정식 $f(-x+2, -y+2)=0$이 나타내는
도형은 방정식 $f(x, y)=0$이 나타내는 도형을
x축의 방향으로 -2만큼, y축의 방향으로 -2
만큼 평행이동한 후 원점에 대하여 대칭이동한
것이므로 오른쪽 그림과 같다.

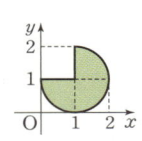

따라서 구하는 방정식은 ③이다.

> 🧑 **선생님 톡톡**
>
> [그림 1]의 도형을 x축의 방향으로 -2만큼 평행이동해도 [그림 2]의 도형을
> 얻을 수 있으므로 [그림 2]를 나타내는 방정식을 $f(x+2, y)=0$으로 나타낼 수
> 도 있어.
> 이처럼 도형의 방정식을 나타내는 방법은 여러 개일 수 있어.

STEP 3 실전 업

본문 086~090쪽

0489 답 ③

One Point Lesson
두 직선 l_1, l_2의 기울기와 y절편이 서로 같다.

직선 l을 x축의 방향으로 -3만큼 평행이동한 직선 l_1의 방정식은
$3\{x-(-3)\}-4y+5=0$ $\therefore 3x-4y+14=0$

직선 l을 y축의 방향으로 a만큼 평행이동한 직선 l_2의 방정식은
$$3x-4(y-a)+5=0 \qquad \therefore 3x-4y+4a+5=0$$
두 직선 l_1, l_2가 일치하므로
$$14=4a+5,\ 4a=9 \qquad \therefore a=\frac{9}{4}$$

0490 답 ④

One Point Lesson
대칭이동한 두 점 B, C의 좌표를 각각 구한다.

점 $A(3,\ a)$를 원점, 직선 $y=x$에 대하여 대칭이동한 두 점 B, C는 각각
$$B(-3,\ -a),\ C(a,\ 3)$$
삼각형 ABC의 무게중심의 좌표가 $(2,\ b)$이므로
$$\frac{3+(-3)+a}{3}=2,\ \frac{a+(-a)+3}{3}=b$$
$$\therefore a=6,\ b=1$$
$$\therefore a+b=6+1=7$$

0491 답 ③

One Point Lesson
$\overline{AC}+\overline{BC}$의 최솟값을 구한다.

오른쪽 그림과 같이 점 A를 x축에 대하여 대칭이동한 점을 A′이라 하면
$$A'(-1,\ -3)$$
이때 $\overline{AC}=\overline{A'C}$이므로

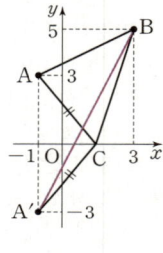

$$\begin{aligned}\overline{AC}+\overline{BC}&=\overline{A'C}+\overline{BC}\\&\geq\overline{A'B}\\&=\sqrt{\{3-(-1)\}^2+\{5-(-3)\}^2}\\&=4\sqrt{5}\end{aligned}$$
한편,
$$\overline{AB}=\sqrt{\{3-(-1)\}^2+(5-3)^2}=2\sqrt{5}$$
이고, $\overline{AC}+\overline{BC}$의 값이 최소일 때 삼각형 ABC의 둘레의 길이가 최소이므로 삼각형 ABC의 둘레의 길이의 최솟값은
$$4\sqrt{5}+2\sqrt{5}=6\sqrt{5}$$

0492 답 ④

One Point Lesson
두 포물선 $y=f(x)$, $y=g(x)$가 일치하면 등식 $f(x)=g(x)$는 x에 대한 항등식이다.

포물선 $y=-2x^2+4x-1$, 즉 $y=-2(x-1)^2+1$을 x축의 방향으로 -4만큼 평행이동한 포물선의 방정식은
$$y=-2\{x-(-4)-1\}^2+1$$
$$\therefore y=-2(x+3)^2+1 \quad\cdots\cdots\ \bigcirc$$
포물선 $y=f(x)$를 원점에 대하여 대칭이동한 포물선이 포물선 $\bigcirc$과 일치하므로 포물선 $\bigcirc$을 원점에 대하여 대칭이동한 포물선이 포물선 $y=f(x)$와 일치한다.
즉, 포물선 $\bigcirc$을 원점에 대하여 대칭이동한 포물선의 방정식은
$$-y=-2(-x+3)^2+1 \qquad \therefore y=2(x-3)^2-1$$
따라서 $f(x)=2(x-3)^2-1$이므로
$$f(1)=2\times(1-3)^2-1=7$$

👨 **선생님 톡톡**
곡선 C를 원점에 대하여 대칭이동한 곡선을 C', 곡선 C'을 원점에 대하여 대칭이동한 곡선을 C''이라 하면 두 곡선 C, C''은 일치해.

0493 답 2

One Point Lesson
두 원의 중심의 좌표를 이용하여 미지수를 구한다.

점 $(0,\ 2)$를 x축의 방향으로 m만큼, y축의 방향으로 n만큼 평행이동한 점의 좌표를 $(-2,\ a)$라 하면
$$0+m=-2,\ 2+n=a$$
$$\therefore m=-2,\ n=a-2$$
$x^2+y^2-2x+4y-4=0$에서 $(x-1)^2+(y+2)^2=9$
위의 원을 x축의 방향으로 -2만큼, y축의 방향으로 $a-2$만큼 평행이동한 원의 방정식은
$$\{x-(-2)-1\}^2+\{y-(a-2)+2\}^2=9$$
$$\therefore (x+1)^2+(y-a+4)^2=9 \quad\cdots\cdots\ \bigcirc$$
$x^2+y^2+bx+2y+c=0$에서
$$\left(x+\frac{b}{2}\right)^2+(y+1)^2=\frac{b^2}{4}-c+1 \quad\cdots\cdots\ \bigcirc$$
두 원 $\bigcirc$, $\bigcirc$이 일치하므로
$$1=\frac{b}{2},\ -a+4=1,\ 9=\frac{b^2}{4}-c+1$$
$$\therefore a=3,\ b=2,\ c=-7$$
$$\therefore |a+b+c|=|3+2+(-7)|=|-2|=2$$

0494 답 ④

One Point Lesson
두 직선 l, m의 위치관계를 알아본다.

직선 $3x+4y+5=0$을 x축에 대하여 대칭이동한 직선 l의 방정식은
$$3x+4\times(-y)+5=0 \qquad \therefore 3x-4y+5=0$$
직선 $3x+4y+5=0$을 y축에 대하여 대칭이동한 직선 m의 방정식은
$$3\times(-x)+4y+5=0 \qquad \therefore 3x-4y-5=0$$
이때 두 직선 l, m은 서로 평행하므로 직선 l 위의 한 점 $(1,\ 2)$와 직선 m 사이의 거리는
$$\frac{|3\times1-4\times2-5|}{\sqrt{3^2+(-4)^2}}=2$$

0495 답 ③

One Point Lesson
두 직선이 일치하면 기울기와 y절편이 각각 같다.

직선 l의 기울기를 m이라 하면 기울기가 m이고 점 $(2,\ 3)$을 지나는 직선 l의 방정식은
$$y-3=m(x-2) \qquad \therefore y=mx-2m+3$$
직선 l 위의 점 A를 x축의 방향으로 2만큼, y축의 방향으로 -1만큼 평행이동한 점이 다시 직선 l 위의 점이 되므로 직선 l을 x축의 방향으로 2만큼, y축의 방향으로 -1만큼 평행이동한 직선은 직선 l과 일치한다.

직선 l을 평행이동한 직선의 방정식은
$$y-(-1)=m(x-2)-2m+3$$
$$\therefore \ y=mx-4m+2$$
위의 직선이 직선 l과 일치하므로
$$-2m+3=-4m+2, \ 2m=-1$$
$$\therefore \ m=-\dfrac{1}{2}$$
따라서 직선 l의 방정식이 $y=-\dfrac{1}{2}x+4$

이므로 구하는 도형의 넓이는
$\dfrac{1}{2}\times 8\times 4=16$ ← 직선 l의 x절편과 y절편을 구한다.

다른 풀이 → 점 $(2, 3)$을 점 A로 놓아도 조건을 만족시킨다.

직선 l 위의 점 $(2, 3)$을 x축의 방향으로 2만큼, y축의 방향으로 -1만큼 평행이동한 점의 좌표는
$(2+2, 3+(-1))$, 즉 $(4, 2)$
이고, 이 점도 직선 l 위의 점이므로 두 점 $(2, 3)$, $(4, 2)$를 지나는 직선 l의 방정식은
$$y-3=\dfrac{2-3}{4-2}(x-2) \qquad \therefore \ y=-\dfrac{1}{2}x+4$$

0496 **답** 2

One Point Lesson
점 P_1을 이용하여 반복되는 규칙성을 찾는다.

점 Q_1은 점 $P_1(-1, 2)$를 x축에 대하여 대칭이동한 점이므로
$Q_1(-1, -2)$
점 R_1은 점 Q_1을 원점에 대하여 대칭이동한 점이므로
$R_1(1, 2)$
점 P_2는 점 R_1을 x축에 대하여 대칭이동한 점이므로
$P_2(1, -2)$
점 Q_2는 점 P_2를 x축에 대하여 대칭이동한 점이므로
$Q_2(1, 2)$
점 R_2는 점 Q_2를 원점에 대하여 대칭이동한 점이므로
$R_2(-1, -2)$
점 P_3은 점 R_2를 x축에 대하여 대칭이동한 점이므로
$\underline{P_3(-1, 2)}$ → $P_3=P_1$이므로
$\vdots$ $\qquad$ $P_1, Q_1, R_1, P_2, Q_2, R_2, P_1, \cdots$
$\qquad\qquad$ 이 반복됨을 알 수 있다.
즉, 자연수 m에 대하여
$P_{2m-1}(-1, 2)$, $P_{2m}(1, -2)$,
$Q_{2m-1}(-1, -2)$, $Q_{2m}(1, 2)$,
$R_{2m-1}(1, 2)$, $R_{2m}(-1, -2)$
따라서 $P_{100}(1, -2)$, $R_{101}(1, 2)$이므로
$a=1, b=-2, c=1, d=2$
$$\therefore \ a+b+c+d=1+(-2)+1+2=2$$

0497 **답** ④

One Point Lesson
두 원 C_1, C_2를 좌표평면 위에 나타낸다.

원 C의 방정식은 $x^2+(y-2)^2=4$
원 C를 y축의 방향으로 -2만큼 평행이동한 원 C_1의 방정식은
$x^2+\{y-(-2)-2\}^2=4$ $\quad \therefore \ x^2+y^2=4$

원 C를 직선 $y=x$에 대하여 대칭이동한 원 C_2의 방정식은
$y^2+(x-2)^2=4$ $\qquad \therefore \ (x-2)^2+y^2=4$
오른쪽 그림과 같이 원 C_2의 중심을 O',
두 원 C_1, C_2의 교점을 각각 P, Q라
하면 삼각형 POO'은 한 변의 길이가
2인 정삼각형이므로 ←$2\times$(정삼각형 POO'의 높이)
$\angle POQ=120°$, $\overline{PQ}=2\sqrt{3}$
따라서 구하는 공통부분의 넓이는
$2\{$(부채꼴 POQ의 넓이)
$\qquad -$(삼각형 POQ의 넓이)$\}$
$=2\times \left(\pi \times 2^2 \times \dfrac{120}{360} - \dfrac{1}{2}\times 1 \times 2\sqrt{3}\right)$
$=\dfrac{8}{3}\pi - 2\sqrt{3}$

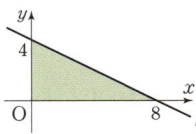

0498 **답** ⑤

One Point Lesson
버튼을 누르는 순서대로 평행이동과 대칭이동을 한다.

버튼을 A, B, C, D의 순서로 누르면
$(2, 1) \xrightarrow{A} (-2, 1) \xrightarrow{B} (-2, -1) \xrightarrow{C} (-1, 1) \xrightarrow{D} (1, -1)$
$\therefore \ Q(1, -1)$
버튼을 D, C, B, A의 순서로 누르면
$(2, 1) \xrightarrow{D} (1, 2) \xrightarrow{C} (2, 4) \xrightarrow{B} (2, -4) \xrightarrow{A} (-2, -4)$
$\therefore \ R(-2, -4)$
$\therefore \ \overline{QR}=\sqrt{\{(-2)-1\}^2+\{-4-(-1)\}^2}=3\sqrt{2}$

0499 **답** ④

One Point Lesson
점 C를 평행이동하면 점 A와 일치한다.

점 A는 점 C를 x축의 방향으로 -2만큼, y축의 방향으로 1만큼 평행이동한 점이고 점 C는 직선 $2x-y+5=0$ 위의 점이므로 점 A는 직선 $2x-y+5=0$을 x축의 방향으로 -2만큼, y축의 방향으로 1만큼 평행이동한 직선 위의 점이다.
즉, 점 A가 움직이는 직선의 방정식은
$2\{x-(-2)\}-(y-1)+5=0$
$\therefore \ 2x-y+10=0$ $\qquad \cdots\cdots$ ㉠
선분 OA의 길이의 최솟값은 원점 O와 직선 ㉠ 사이의 거리이므로
$\dfrac{|10|}{\sqrt{2^2+(-1)^2}}=2\sqrt{5}$

0500 **답** ①

One Point Lesson
방정식 $f(-y, x+1)=0$이 나타내는 도형은 방정식 $f(x, y)=0$이 나타내는 도형을 평행이동과 대칭이동을 이용하여 옮긴 것이다.

방정식 $f(x, y)=0$이 나타내는 도형을 직선 $y=x$에 대하여 대칭이동하면
$f(y, x)=0$
방정식 $f(y, x)=0$이 나타내는 도형을 x축에 대하여 대칭이동하면
$f(-y, x)=0$

방정식 $f(-y, x)=0$이 나타내는 도형을 x축의 방향으로 -1만큼 평행이동하면
$$f(-y, x+1)=0$$
즉, 방정식 $f(-y, x+1)=0$이 나타내는 도형은 방정식 $f(x, y)=0$이 나타내는 도형을 직선 $y=x$에 대하여 대칭이동한 후 x축에 대하여 대칭이동한 다음 x축의 방향으로 -1만큼 평행이동한 것이므로 오른쪽 그림과 같다.

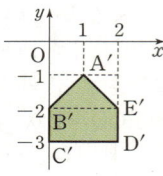

따라서
$$M=\overline{OD'}=\sqrt{2^2+(-3)^2}=\sqrt{13},$$
$$m=\overline{OA'}=\sqrt{1^2+(-1)^2}=\sqrt{2}$$
이므로
$$Mm=\sqrt{13}\times\sqrt{2}=\sqrt{26}$$

0501 답 ②

One Point Lesson
점 $A(2, 2)$를 점 $P(x, y)$에 대하여 대칭이동한 점을 $A'(x', y')$이라 할 때, 점 A'이 나타내는 도형의 방정식을 구한다.

점 $A(2, 2)$를 원 위의 점 $P(x, y)$에 대하여 대칭이동한 점을 $A'(x', y')$이라 하면 선분 AA'의 중점이 점 $P(x, y)$이므로
$$x=\frac{2+x'}{2}, \quad y=\frac{2+y'}{2}$$
점 P가 원 $x^2+y^2=1$ 위의 점이므로
$$\left(\frac{2+x'}{2}\right)^2+\left(\frac{2+y'}{2}\right)^2=1$$
$$\therefore (x'+2)^2+(y'+2)^2=4$$
따라서 조건을 만족시키는 도형의 방정식은 $(x+2)^2+(y+2)^2=4$이므로 중심의 좌표가 $(-2, -2)$이고 반지름의 길이가 2인 원이다.
$$\therefore a=-2, b=-2, r=2 \ (\because r>0)$$
$$\therefore a+b+r=(-2)+(-2)+2=-2$$

0502 답 7

One Point Lesson
세 점 O', A', B'을 지나는 원의 중심은 삼각형 $O'A'B'$의 외심이다.

세 점 O, A, B를 꼭짓점으로 하는 삼각형은 직각삼각형이므로 삼각형 $O'A'B'$도 직각삼각형이다.

외접원의 지름

직각삼각형의 외심은 빗변의 중점이므로 선분 $A'B'$의 중점의 좌표가 $(5, 6)$이다.

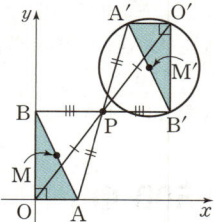

한편, 선분 AB의 중점을 M이라 하면 점 M의 좌표는
$$\left(\frac{2+0}{2}, \frac{0+4}{2}\right), \ 즉 \ (1, 2)$$
점 M을 점 P에 대하여 대칭이동한 점을 M'이라 하면 $M'(5, 6)$이고, 두 점 $M(1, 2)$, $M'(5, 6)$의 중점이 점 P이므로 점 P의 좌표는
$$\left(\frac{1+5}{2}, \frac{2+6}{2}\right), \ 즉 \ (3, 4)$$
따라서 $a=3$, $b=4$이므로
$$a+b=3+4=7$$

0503 답 ③

One Point Lesson
t의 값의 범위를 $0<t<9$, $9\leq t<18$로 나누어 각각의 $S(t)$의 최댓값을 구한다.

세 점 $O(0, 0)$, $A(0, 9)$, $B(-9, 0)$을 x축의 방향으로 t만큼 평행이동한 점은 각각
$$O'(t, 0), \ A'(t, 9), \ B'(-9+t, 0)$$
두 직선 AC, $A'B'$의 교점을 D, 점 D에서 x축에 내린 수선의 발을 H라 하자.

(i) $0<t<9$일 때

오른쪽 그림과 같이 선분 $A'B'$과 y축의 교점을 E, 두 선분 AC, $A'O'$의 교점을 F라 하면 두 사각형 $OHDE$, $O'HDF$는 서로 합동이므로

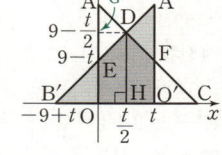

$$S(t)=(오각형 \ OO'FDE의 \ 넓이)$$
$$=2\times(사다리꼴 \ OHDE의 \ 넓이)$$
$$=2\times\left\{\frac{1}{2}\times(\overline{OE}+\overline{DH})\times\overline{OH}\right\}$$

이때 [삼각형 $B'OE$는 직각이등변삼각형]
$$\overline{OE}=\overline{OB'}=|-9+t|=9-t \ (\because 0<t<9),$$
$$\overline{OH}=\frac{1}{2}\overline{OO'}=\frac{1}{2}\times t=\frac{t}{2},$$
$$\overline{DH}=\overline{OA}-\overline{OH}=9-\frac{t}{2}$$
이므로 [삼각형 AGD는 직각이등변삼각형이고 $\overline{GD}=\overline{OH}$]
$$S(t)=2\times\left[\frac{1}{2}\times\left\{(9-t)+\left(9-\frac{t}{2}\right)\right\}\times\frac{t}{2}\right]$$
$$=-\frac{3}{4}t^2+9t$$
$$=-\frac{3}{4}(t-6)^2+27$$
즉, 함수 $S(t)$는 $t=6$일 때, 최댓값 27을 갖는다.

(ii) $9\leq t<18$일 때
$$S(t)=(삼각형 \ B'CD의 \ 넓이)$$
$$=\frac{1}{2}\times\overline{B'C}\times\overline{DH}$$
이때

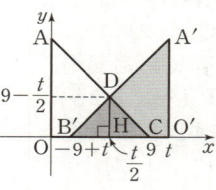

$$\overline{B'C}=9-(-9+t)=18-t,$$
$$\overline{DH}=\overline{CH}=\overline{OC}-\overline{OH}=9-\frac{t}{2}$$
이므로
$$S(t)=\frac{1}{2}\times(18-t)\times\left(9-\frac{t}{2}\right)$$
$$=\frac{1}{4}t^2-9t+81$$
$$=\frac{1}{4}(t-18)^2$$
즉, 함수 $S(t)$는 $t=9$일 때, 최댓값 $\frac{81}{4}$을 갖는다.

(i), (ii)에서 함수 $S(t)$의 최댓값은 27이다.

0504 답 2

One Point Lesson
점 A를 y축에 대하여 대칭이동한 점 A'에 대하여 세 점 A', Q, P가 한 직선 위에 있을 때 $\overline{PQ}+\overline{QA}$의 값이 최소이다.

오른쪽 그림과 같이 점 A를 y축에 대하여
대칭이동한 점을 A'이라 하면
A'$(-3, 0)$
이때 $\overline{QA}=\overline{QA'}$이므로
$\overline{PQ}+\overline{QA}=\overline{PQ}+\overline{QA'}$
$\qquad\qquad \geq \overline{A'P}=6$

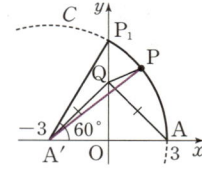

점 A'을 중심으로 하고 반지름의 길이가 6인 원을 C라 하면 점
P는 원 C에서 제1사분면 위에 그려지는 호 위의 점이다.
원 C와 x축의 교점은 점 A이므로 원 C와 y축의 교점을 P_1이라
하면 점 P가 나타내는 도형은 호 AP$_1$과 같다.
$\overline{A'P_1}=6$, $\overline{A'O}=3$이므로 직각삼각형 A'P_1O에서
$\angle P_1A'O=\angle P_1A'A=60°$
따라서 구하는 호 AP$_1$의 길이는
$2\pi \times 6 \times \dfrac{60}{360}=2\pi$　　 $\therefore k=2$

0505 🔵 128

One Point Lesson
먼저 직선의 대칭이동에 대한 성질을 이용하여 세 점 A, B, C의 좌표를 각
각 구한다.

점 A의 좌표를 (a, b)라 하면 점 C는 점 A를 직선 $y=x$에 대하
여 대칭이동한 점이므로
C(b, a)
이때 점 C는 직선 $y=2x$ 위의 점이므로
$a=2b$
즉, A$(2b, b)$이고 $\overline{AO}=2\sqrt{5}$이므로
$\sqrt{(2b)^2+b^2}=2\sqrt{5}$에서
$5b^2=20$, $b^2=4$　　 $\therefore b=2$ ($\because b>0$)
$\therefore$ A$(4, 2)$, C$(2, 4)$
　　　　　　　　　　└→ 점 A은 제1사분면 위에 있다.
점 B의 좌표를 $(0, t)$라 하면 $\overline{AB}=2\sqrt{5}$이므로
$\sqrt{(0-4)^2+(t-2)^2}=2\sqrt{5}$에서
$t^2-4t+20=20$, $t(t-4)=0$　　 $\therefore t=4$ ($\because t>0$)
$\therefore$ B$(0, 4)$
이때 직선 AB의 방정식은
$y-4=\dfrac{4-2}{0-4}(x-0)$
$\therefore y=-\dfrac{1}{2}x+4$
　　　　　　└→ 두 직선의 기울기의 곱이 -1이다.
즉, 두 직선 $y=2x$, $y=-\dfrac{1}{2}x+4$는 서로 수직이므로 삼각형
ODE는 직각삼각형이고, 삼각형 ODE의 외접원의 지름은 선분
OD이다.
점 D는 두 직선 $y=x$, $y=-\dfrac{1}{2}x+4$의 교점이므로 두 식을 연립
하여 풀면
$x=\dfrac{8}{3}$, $y=\dfrac{8}{3}$　　 $\therefore$ D$\left(\dfrac{8}{3}, \dfrac{8}{3}\right)$
$\therefore \overline{OD}=\sqrt{\left(\dfrac{8}{3}\right)^2+\left(\dfrac{8}{3}\right)^2}=\dfrac{8\sqrt{2}}{3}$　→2×(원의 반지름의 길이)
따라서 삼각형 ODE의 외접원의 둘레의 길이는 $\dfrac{8\sqrt{2}}{3}\pi$이므로
　　　　　　└→2×(원의 반지름의 길이)×π
$k=\dfrac{8\sqrt{2}}{3}$이다.
$\therefore 9k^2=9\times\left(\dfrac{8\sqrt{2}}{3}\right)^2=128$

0506 🔵 27

One Point Lesson
꼭짓점이 직선 위에 있는 다각형의 둘레의 길이의 최솟값은 점의 대칭이동
을 이용한다.

점 A는 제1사분면 위의 점이고 조건 (가)에서 점 A와 x축 사이
의 거리가 3이므로 점 A를
A$(k, 3)$ $(k>0)$
이라 할 수 있다.
또한, 조건 (가)에서 점 A와 직선 $4x-3y=0$ 사이의 거리가 3이
므로
$\dfrac{|4\times k-3\times 3|}{\sqrt{4^2+(-3)^2}}=3$, $|4k-9|=15$, $4k-9=\pm15$
$\therefore k=6$ ($\because k>0$)
점 A를 직선 $4x-3y=0$에 대하여 대칭이동시킨 점을 A$_1$, x축
에 대하여 대칭이동시킨 점을 A$_2$라 하고, 사각형 A$_1$PQA'과 사
각형 A$_2$SRA$_2$'이 각각 평행사변형이 되도록 좌표평면 위에 두 점
A$_1$', A$_2$'을 잡으면 $\overline{AP}=\overline{A_1P}=\overline{A_1'Q}$, $\overline{AS}=\overline{A_2S}=\overline{A_2'R}$이므로
$\overline{AP}+\overline{QR}+\overline{SA}\geq\overline{A_1'A_2'}$
또한, $\overline{AA_1}=\overline{AA_2}$, $\angle AA_1A_1'=\angle AA_2A_2'=90°$,
$\overline{A_1A_1'}=\overline{PQ}=\overline{RS}=\overline{A_2A_2'}$이므로 삼각형 AA$_1A_1$'과 삼각형
AA$_2$A$_2$'은 서로 합동이다.
$\therefore \overline{AA_1'}=\overline{AA_2'}$
조건 (가)에 의하여 직선 OA는 x축과 직선 $4x-3y=0$으로 이
루어진 예각의 크기를 이등분하는 직선이므로 직선 OA와 직선
A$_1$A$_2$는 서로 수직이다.
마찬가지로 직선 OA와 직선 A$_1$'A$_2$'은 서
로 수직이므로 직선 OA와 직선 A$_1$'A$_2$'의
교점을 M이라 하면 이등변삼각형의 성질
에 의하여 점 M은 선분 A$_1$'A$_2$'의 중점이고
$\overline{A_1'A_2'}=2\overline{A_1'M}=2\overline{A_2'M}$
이때 A$(6, 3)$, A$_2(6, -3)$이므로
A$_2'(5, -3)$이고
선분 A$_2'$M의 길이는 점 A$_2'$과 직선 OA, 즉 $x-2y=0$ 사이의
거리와 같으므로　　　　　　　└→ $y=\dfrac{3-0}{6-0}\times x=\dfrac{1}{2}x$
$\overline{A_2'M}=\dfrac{|1\times5-2\times(-3)|}{\sqrt{1^2+(-2)^2}}=\dfrac{11\sqrt{5}}{5}$
$\therefore \overline{A_1'A_2'}=2\overline{A_2'M}=\dfrac{22\sqrt{5}}{5}$
$\therefore$ (오각형 APQRS의 둘레의 길이)
$\quad =\overline{AP}+\overline{PQ}+\overline{QR}+\overline{RS}+\overline{SA}$
$\quad =\overline{AP}+\overline{QR}+\overline{SA}+2$ ($\because$ 조건 (나))
$\quad \geq\overline{A_1'A_2'}+2$
$\quad =2+\dfrac{22\sqrt{5}}{5}$
따라서 $p=5$, $q=22$이므로
$p+q=5+22=27$

0507 🔵 7

점 A$(-1, a)$가 원 C 위의 점이므로
$(-1)^2+a^2-8\times(-1)-6a=0$, $a^2-6a+9=0$
$(a-3)^2=0$　　 $\therefore a=3$

점 $A(-1, 3)$을 x축의 방향으로 8만큼, y축의 방향으로 b만큼 평행이동한 점을 A'이라 하면
$A'(-1+8, 3+b)$, 즉 $A'(7, 3+b)$

❷

점 A'이 원 C 위의 점이므로
$7^2+(3+b)^2-8\times7-6(3+b)=0$, $b^2-16=0$
$(b+4)(b-4)=0$ ∴ $b=4$ $(∵ b>0)$
∴ $a+b=3+4=7$

❸

채점 기준	배점 비율
❶ a의 값 구하기	30%
❷ 점 A를 평행이동한 점의 좌표 구하기	40%
❸ b의 값을 구한 후 $a+b$의 값 구하기	30%

0508 답 6

두 점 $A(0, 7)$, $B(4, 5)$는 직선 l에 대하여 대칭이므로 직선 l은 선분 AB의 수직이등분선과 같다.

❶

선분 AB의 중점 $\left(\dfrac{0+4}{2}, \dfrac{7+5}{2}\right)$, 즉 $(2, 6)$은 직선 l 위의 점이다.
또한, 직선 AB의 기울기는 $\dfrac{5-7}{4-0}=-\dfrac{1}{2}$이고, 이 직선과 직선 l은 서로 수직이므로 직선 l의 기울기는 2이다.
즉, 직선 l의 방정식은
$y-6=2(x-2)$
∴ $y=2x+2$

❷

원 C를 직선 l에 대하여 대칭이동하였더니 원 C와 일치하므로 원 C는 직선 l에 대하여 대칭이고, 원의 중심을 지나는 직선에 대하여 원은 항상 대칭이므로 원 C의 중심은 직선 l 위의 점이다.

❸

$x^2+y^2-x-ky=0$에서
$\left(x-\dfrac{1}{2}\right)^2+\left(y-\dfrac{k}{2}\right)^2=\dfrac{k^2+1}{4}$
따라서 원 C의 중심 $\left(\dfrac{1}{2}, \dfrac{k}{2}\right)$는 직선 l 위의 점이므로
$\dfrac{k}{2}=2\times\dfrac{1}{2}+2$
∴ $k=6$

❹

채점 기준	배점 비율
❶ 직선 l의 성질 추론하기	20%
❷ 직선 l의 방정식 구하기	30%
❸ 원 C와 직선 l의 위치 관계 추론하기	20%
❹ 상수 k의 값 구하기	30%

0509 답 16

점 $A(-1, 3)$을 각각 직선 $y=-x$, 원점에 대하여 대칭이동한 두 점 B, C와 점 B를 원점에 대하여 대칭이동한 점 D는
$B(-3, 1)$, $C(1, -3)$, $D(3, -1)$

즉, 네 점 A, B, C, D를 좌표평면에 나타내면 오른쪽 그림과 같다.

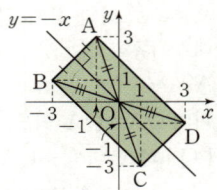

❶

이때 두 점 B, D의 x좌표가 각각 -3, 3이고 두 점 A, C의 y좌표가 각각 3, -3이므로 네 점 $P(-3, 3)$, $Q(-3, -3)$, $R(3, -3)$, $S(3, 3)$에 대하여 사각형 ABCD는 정사각형 PQRS에 내접한다.

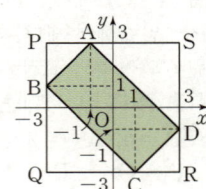

❷

따라서
$\overline{PQ}=\overline{PS}=|3-(-3)|=6$,
$\overline{PA}=\overline{PB}=\overline{RC}=\overline{RD}=|3-1|=2$,
$\overline{QB}=\overline{QC}=\overline{SD}=\overline{SA}=|3-(-1)|=4$
이므로 사각형 ABCD의 넓이는
$\square PQRS-(\triangle APB+\triangle CRD)-(\triangle BQC+\triangle DSA)$
$=\square PQRS-2\triangle APB-2\triangle BQC$
$=6\times6-2\times\left(\dfrac{1}{2}\times2\times2\right)-2\times\left(\dfrac{1}{2}\times4\times4\right)=16$

❸

채점 기준	배점 비율
❶ 세 점 B, C, D의 좌표 구하기	30%
❷ 사각형 ABCD를 둘러싸고 각 변이 축에 평행한 사각형의 각 꼭짓점의 좌표 구하기	30%
❸ 사각형 ABCD의 넓이 구하기	40%

다른 풀이

네 점 $A(-1, 3)$, $B(-3, 1)$, $C(1, -3)$, $D(3, -1)$을 좌표평면 위에 나타내면 오른쪽 그림과 같다.

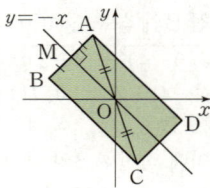

❶

이때 원점 O는 선분 AC의 중점이고, 선분 AB의 중점을 M이라 하면 두 점 O, M은 직선 $y=-x$ 위의 점이다.
삼각형의 두 변의 중점을 연결한 직선의 성질에 의하여 직선 BC는 직선 $y=-x$와 서로 평행하고 직선 AB와 직선 $y=-x$는 서로 수직이므로 직선 AB와 직선 BC는 서로 수직이다.
따라서 사각형 ABCD는 직사각형이다.

❷

$\overline{AB}=\sqrt{\{(-3)-(-1)\}^2+(1-3)^2}=2\sqrt{2}$,
$\overline{BC}=\sqrt{\{1-(-3)\}^2+\{(-3)-1\}^2}=4\sqrt{2}$
이므로
$\square ABCD=\overline{AB}\times\overline{BC}=2\sqrt{2}\times4\sqrt{2}=16$

❸

채점 기준	배점 비율
❶ 세 점 B, C, D의 좌표 구하기	30%
❷ 사각형 ABCD는 어떤 사각형인지 파악하기	40%
❸ 사각형 ABCD의 넓이 구하기	30%

0510 답 10

점 B(a, a)는 직선 $y=x$ 위를 움직이고, 점 C$(b, 0)$은 x축 위를 움직인다.

❶

점 A를 직선 $y=x$에 대하여 대칭이동한 점을 A_1, 점 A를 x축에 대하여 대칭이동한 점을 A_2라 하면
$A_1(1, 7)$, $A_2(7, -1)$

❷

이때 $\overline{AB}=\overline{A_1B}$, $\overline{AC}=\overline{A_2C}$이므로 삼각형 ABC의 둘레의 길이의 최솟값은
$\overline{AB}+\overline{BC}+\overline{CA}$
$=\overline{A_1B}+\overline{BC}+\overline{CA_2}$
$\geq \overline{A_1A_2}$
$=\sqrt{(7-1)^2+\{(-1)-7\}^2}=10$

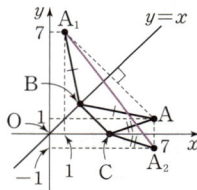

❸

채점 기준	배점 비율
❶ 두 점 B, C가 각각 직선 $y=x$, x축 위의 점임을 추론하기	20%
❷ 점 A를 직선 $y=x$에 대하여 대칭이동한 점의 좌표와 x축에 대하여 대칭이동한 점의 좌표 구하기	40%
❸ 삼각형 ABC의 둘레의 길이의 최솟값 구하기	40%

0511 답 125

원 $(x-4)^2+(y-5)^2=5$를 C라 하고, 원 C의 중심을 C$(4, 5)$, 원 C와 점 C를 y축에 대하여 대칭이동한 원과 점을 각각 C', C'이라 하면 점 C'의 좌표는
$(-4, 5)$
원 C 위의 점 A를 y축에 대하여 대칭이동한 점을 A'이라 하면
$\overline{PA}=\overline{PA'}$

❶

점 C'에서 직선 $2x-y-17=0$에 내린 수선의 발이 B이고 선분 $C'B$와 원 C'의 교점이 A', 선분 $C'B$와 y축의 교점이 P일 때 $\overline{AP}+\overline{BP}$의 값이 최소이므로 그 값은 선분 $A'B$의 길이와 같다.

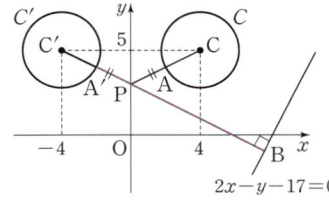

❷

선분 $C'B$의 길이는 점 $C'(-4, 5)$와 직선 $2x-y-17=0$ 사이의 거리와 같으므로
$\dfrac{|2\times(-4)-1\times5-17|}{\sqrt{2^2+(-1)^2}}=6\sqrt{5}$
선분 $A'C'$의 길이는 원 C'의 반지름의 길이 $\sqrt{5}$와 같으므로
$k=\overline{A'B}=\overline{C'B}-\overline{C'A'}=6\sqrt{5}-\sqrt{5}=5\sqrt{5}$
$\therefore k^2=(5\sqrt{5})^2=125$

❸

채점 기준	배점 비율
❶ 원 C를 y축에 대하여 대칭이동한 원의 성질 파악하기	30%
❷ 원 C' 위의 점 A'과 직선 위의 점 B에 대하여 $\overline{AP}+\overline{BP}$의 값이 최소일 때의 두 점의 위치 추론하기	40%
❸ k의 값을 구한 후 k^2의 값 구하기	30%

0512 답 2

오른쪽 그림과 같이 두 직선 $y=x$, AB의 교점을 P, 두 직선 $y=x$, AC의 교점을 Q, 두 직선 AC, A'B'의 교점을 R라 하면 삼각형 ABC와 삼각형 A'B'C'의 공통부분의 넓이는 삼각형 PQR의 넓이의 2배이다.

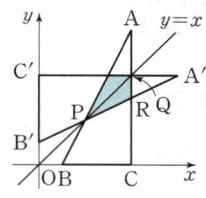

❶

직선 AB의 방정식은
$y=\dfrac{6-0}{4-1}(x-1)$ $\therefore y=2x-2$
두 직선 AB, $y=x$의 교점 P의 x좌표는
$2x-2=x$ $\therefore x=2$
$\therefore$ P$(2, 2)$
또한, 직선 AC의 방정식은 $x=4$이므로 점 Q의 좌표는
$(4, 4)$
직선 AB를 직선 $y=x$에 대하여 대칭이동한 직선 A'B'의 방정식은
$x=2y-2$ $\therefore y=\dfrac{1}{2}x+1$
두 직선 AC, A'B'의 교점 R의 좌표는
$(4, 3)$

❷

두 점 Q$(4, 4)$, R$(4, 3)$은 직선 $x=4$ 위의 점이므로
$\overline{QR}=|3-4|=1$
점 P$(2, 2)$와 직선 $x=4$ 사이의 거리는
$|4-2|=2$
즉, 삼각형 PQR의 넓이는
$\dfrac{1}{2}\times1\times2=1$
따라서 삼각형 ABC와 삼각형 A'B'C'의 공통부분의 넓이는
$2\times1=2$

❸

채점 기준	배점 비율
❶ 두 삼각형 ABC, A'B'C'의 공통부분은 직선 $y=x$에 대하여 대칭임을 확인하기	20%
❷ 세 점 P, Q, R의 좌표 구하기	40%
❸ 삼각형 PQR의 넓이를 구한 후 공통부분의 넓이 구하기	40%

05 **집합의 뜻과 표현**

STEP 1 개념 체크

본문 092~093쪽

0513 답 ×
'높은'은 기준이 명확하지 않아 대상을 분명하게 정할 수 없으므로 집합이 아니다.

0514 답 ○
3의 배수는 3, 6, 9, …이다.
즉, 기준에 따라 대상을 분명하게 정할 수 있으므로 집합이다.

0515 답 ○
4보다 작은 소수는 2, 3이다.
즉, 기준에 따라 대상을 분명하게 정할 수 있으므로 집합이다.

[0516~0521]
8의 약수는 1, 2, 4, 8이므로 집합 A의 원소는 1, 2, 4, 8이다.

0516 답 ∈
1은 집합 A의 원소이므로 $1 \in A$이다.

0517 답 ∈
2는 집합 A의 원소이므로 $2 \in A$이다.

0518 답 ∉
3은 집합 A의 원소가 아니므로 $3 \notin A$이다.

0519 답 ∈
4는 집합 A의 원소이므로 $4 \in A$이다.

0520 답 ∉
6은 집합 A의 원소가 아니므로 $6 \notin A$이다.

0521 답 ∈
8은 집합 A의 원소이므로 $8 \in A$

0522 답 $\{x | x$는 12의 약수$\}$
1, 2, 3, 4, 6, 12는 12의 약수이므로 집합 $\{1, 2, 3, 4, 6, 12\}$를 조건제시법으로 나타내면
$\{x | x$는 12의 약수$\}$

0523 답 $\{5, 6\}$
$4 < x < 7$인 자연수 x는 5, 6이므로 집합
$\{x | x$는 $4 < x < 7$인 자연수$\}$를 원소나열법으로 나타내면
$\{5, 6\}$

0524 답 $\{x | x$는 4의 배수$\}$
4, 8, 12, …는 4의 배수이므로 집합 $\{4, 8, 12, \cdots\}$를 조건제시법으로 나타내면
$\{x | x$는 4의 배수$\}$

0525 답 해설 참조
집합 A의 원소는 a, b, c, d이므로
집합 A를 벤 다이어그램으로 나타내면
오른쪽 그림과 같다.

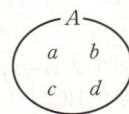

0526 답 해설 참조
$x^2 - 6x + 5 = 0$에서 $(x-1)(x-5) = 0$
∴ $x = 1$ 또는 $x = 5$
집합 B의 원소는 1, 5이므로
집합 B를 벤 다이어그램으로 나타내면
오른쪽 그림과 같다.

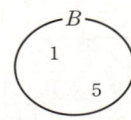

0527 답 유
주어진 집합은 원소가 100개, 즉 유한개이므로 유한집합이다.

0528 답 무
주어진 집합은 원소가 무수히 많으므로 무한집합이다.

0529 답 유, 공
임의의 실수 x에 대하여 $x^2 \geq 0$이므로 $x^2 + 2 = 0$인 실수 x는 존재하지 않는다.
따라서 주어진 집합은 공집합이므로 유한집합이다.
↳ 원소가 하나도 없다.

0530 답 3
집합 $A = \{a, b, c\}$의 원소의 개수는 3이므로
$n(A) = 3$

0531 답 0
공집합의 원소의 개수는 0이므로
$n(A) = 0$

0532 답 5
$x^2 \leq 4$에서 $x^2 - 4 \leq 0$
$(x+2)(x-2) \leq 0$
∴ $-2 \leq x \leq 2$
위의 부등식을 만족시키는 정수 x는 -2, -1, 0, 1, 2의 5개이다.
따라서 $A = \{-2, -1, 0, 1, 2\}$이므로
$n(A) = 5$

0533 답 $A \subset B$
$A = \{2, 5, 10\}$, $B = \{1, 2, 5, 10\}$이므로 $A \subset B$

0534 답 $A \subset B$

$x(x+2)(x-1)=0$에서
$x=-2$ 또는 $x=0$ 또는 $x=1$
$\therefore A=\{-2, 0, 1\}$
$B=\{-2, -1, 0, 1\}$이므로 $A \subset B$

0535 답 $B \subset A$

$A=\{2, 4, 6, 8, 10, 12, \cdots\}$, $B=\{4, 8, 12, \cdots\}$이므로
$B \subset A$

0536 답 $\varnothing$, $\{a\}$, $\{b\}$, $\{c\}$, $\{a, b\}$, $\{a, c\}$, $\{b, c\}$,
$\{a, b, c\}$

(i) 원소가 0개인 경우: $\varnothing$
(ii) 원소가 1개인 경우: $\{a\}$, $\{b\}$, $\{c\}$
(iii) 원소가 2개인 경우: $\{a, b\}$, $\{a, c\}$, $\{b, c\}$
(iv) 원소가 3개인 경우: $\{a, b, c\}$
(i)~(iv)에서 집합 $\{a, b, c\}$의 부분집합은
$\varnothing$, $\{a\}$, $\{b\}$, $\{c\}$, $\{a, b\}$, $\{a, c\}$, $\{b, c\}$, $\{a, b, c\}$

0537 답 $\varnothing$, $\{\varnothing\}$

(i) 원소가 0개인 경우: $\varnothing$
(ii) 원소가 1개인 경우: $\{\varnothing\}$
(i), (ii)에서 집합 $\{\varnothing\}$의 부분집합은
$\varnothing$, $\{\varnothing\}$

0538 답 $A=B$

$B=\{3, 4, 5\}$이므로 $A=B$

0539 답 $A=B$

$B=\{1, 3, 5, 7\}$이므로 $A=B$

0540 답 $A \neq B$

$A=\{5, 10, 15, \cdots\}$이므로 $A \neq B$

0541 답 $\varnothing$, $\{1\}$, $\{2\}$, $\{3\}$, $\{1, 2\}$, $\{1, 3\}$, $\{2, 3\}$

조건제시법으로 주어진 집합을 원소나열법으로 나타내면
$\{1, 2, 3\}$
따라서 주어진 집합의 진부분집합은
$\varnothing$, $\{1\}$, $\{2\}$, $\{3\}$, $\{1, 2\}$, $\{1, 3\}$, $\{2, 3\}$

[0542~0546]
$A=\{a, b, c, d, e\}$에서 $n(A)=5$

0542 답 32

$2^5=32$

0543 답 31

$2^5-1=31$

0544 답 16

a를 반드시 원소로 갖는 부분집합의 개수는
$2^{5-1}=2^4=16$ ↳ 집합 $\{b, d, d, e\}$의 부분집합의 개수와 같다.

0545 답 8

b, d를 원소로 갖지 않는 부분집합의 개수는
$2^{5-2}=2^3=8$ ↳ 집합 $\{a, c, e\}$의 부분집합의 개수와 같다.

0546 답 4

a는 반드시 원소로 갖고, b, d는 원소로 갖지 않는 부분집합의
개수는   ↳ 집합 $\{c, e\}$의 부분집합의 개수와 같다.
$2^{5-1-2}=2^2=4$

STEP 2 유형 마스터   본문 094~106쪽

0547 답 ②

0548 답 ④

① '많은'   ② '매우 큰'   ③ '못하는'   ⑤ '잘하는'
은 기준이 명확하지 않아 대상을 분명하게 정할 수 없으므로 집합
이 아니다.
④ '대한민국 국회의원들'이라는 기준에 따라 대상을 분명하게 정
  할 수 있으므로 집합이다.
따라서 집합인 것은 ④이다.

0549 답 ④   ↳ 6과 공약수가 1뿐인 자연수

6과 서로소인 자연수는 1, 5, 7, $\cdots$이므로
① $2 \notin A$ ② $3 \notin A$ ③ $4 \notin A$ ④ $5 \in A$ ⑤ $7 \notin A$
따라서 옳은 것은 ④이다.

0550 답 ⑤

$x^3-2x^2-x+2=0$에서 $x^2(x-2)-(x-2)=0$
$(x-2)(x^2-1)=0$, $(x+1)(x-1)(x-2)=0$
$\therefore x=-1$ 또는 $x=1$ 또는 $x=2$
즉, 집합 A의 원소는 -1, 1, 2이므로
ㄱ. $-2 \notin A$ ㄴ. $0 \notin A$ ㄷ. $1 \in A$
따라서 옳은 것은 ㄴ, ㄷ이다.

0551 답 ⑤

① $21=4 \times 5+1$이므로 $21 \notin A_0$
② $34=4 \times 8+2$이므로 $34 \in A_2$
③ $41=4 \times 10+1$이므로 $41 \in A_1$
④ $54=4 \times 13+2$이므로 $54 \notin A_3$
⑤ $61=4 \times 15+1$이므로 $61 \in A_1$
따라서 옳은 것은 ⑤이다.

0552 답 ②

0553 답 ④

벤 다이어그램으로 주어진 집합 A를 원소나열법으로 나타내면
$A=\{5, 10, 15, 20\}$
① $A=\{1, 2, 5, 10\}$
② $A=\{1, 3, 5, 15\}$
③ $A=\{1, 2, 4, 5, 10, 20\}$
④ $A=\{5, 10, 15, 20\}$
⑤ $A=\{10, 20\}$
따라서 집합의 원소가 5, 10, 15, 20인 것은 ④이다.

0554 답 ⑤

①, ②, ③, ④ $\{1, 2, 3, 4, 5\}$
⑤ $x^2 \leq 25$에서 $x^2-25 \leq 0$
　$(x+5)(x-5) \leq 0$ ∴ $-5 \leq x \leq 5$
　즉, 집합 $\{x | x^2 \leq 25, x$는 정수$\}$를 원소나열법으로 나타내면
　$\{-5, -4, -3, \cdots, 5\}$
따라서 나머지 넷과 다른 하나는 ⑤이다.

 선생님 톡톡

이 문제처럼 하나의 집합을 조건제시법으로 나타내는 방법은 여러 개가 있어.

0555 답 ⑤

$a \in A$, $b \in B$에 대하여 $a+b$의 값
을 구하면 오른쪽 표와 같으므로
$X=\{1, 3, 5, 7\}$

a \ b	2	4	6
-1	1	3	5
1	3	5	7

0556 답 ⑤

집합 X의 원소는 $2m \times 3n-1 = 6mn-1$ (m, n은 자연수), 즉
$6k-1$ (k는 자연수) 꼴이다.
① $14=6 \times 3-4$이므로 $14 \notin X$
② $30=6 \times 5$이므로 $30 \notin X$
③ $46=6 \times 8-2$이므로 $46 \notin X$
④ $54=6 \times 9$이므로 $54 \notin X$
⑤ $71=6 \times 12-1$이므로 $71 \in X$
따라서 집합 X의 원소인 것은 ⑤이다.

0557 답 ⑤

0558 답 ④

① $\{1, 2, 5, 10\}$이므로 유한집합이다.
② $0 < x < 1$인 정수 x는 존재하지 않으므로 공집합이다.
　즉, $\{x | 0 < x < 1, x$는 정수$\}$는 유한집합이다.
③ $\{3, 6, 9, \cdots, 99\}$이므로 유한집합이다.
④ $x^2 \leq 1$에서 $x^2-1 \leq 0$, $(x+1)(x-1) \leq 0$
　∴ $-1 \leq x \leq 1$
　이때 위의 부등식을 만족시키는 실수 x는 무수히 많이 존재한다.
　즉, $\{x | x^2 \leq 1, x$는 실수$\}$는 무한집합이다.
⑤ $x^3-x^2-4x+4=0$에서 $x^2(x-1)-4(x-1)=0$
　$(x-1)(x^2-4)=0$, $(x+2)(x-1)(x-2)=0$
　∴ $x=-2$ 또는 $x=1$ 또는 $x=2$
　즉, $\{-2, 1, 2\}$이므로 유한집합이다.
따라서 무한집합인 것은 ④이다.

0559 답 ④

① $\{\varnothing\}$은 $\varnothing$을 원소로 갖는 집합이므로 공집합이 아니다.
② $x-1=0$에서 $x=1$
　즉, $\{1\}$이므로 공집합이 아니다.
③ $|x| > 1$에서 $x < -1$ 또는 $x > 1$
　즉, $\{x | x < -1$ 또는 $x > 1\}$이므로 공집합이 아니다.
④ 모든 실수 x에 대하여 $x^2+1 > 0$이므로 $x^2+1 < 0$을 만족시키
는 실수 x는 존재하지 않는다. ←모든 실수 x에 대하여 $x^2 \geq 0$이다.
　즉, $\{x | x^2+1 < 0, x$는 실수$\}$는 공집합이다.
⑤ $(x^2+1)(x^2-1)=0$에서 $(x^2+1)(x+1)(x-1)=0$
　∴ $x=-1$ 또는 $x=1$ ($\because x$는 실수)
　즉, $\{-1, 1\}$이므로 공집합이 아니다.
따라서 공집합인 것은 ④이다.

0560 답 ③

집합 A가 공집합이 되기 위해서는 이차방정식
$x^2+(k-3)x+k=0$의 실근이 존재하지 않아야 한다.
위의 이차방정식의 판별식을 D라 하면
$D=(k-3)^2-4 \times 1 \times k < 0$, $k^2-10k+9 < 0$
$(k-1)(k-9) < 0$ ∴ $1 < k < 9$
따라서 구하는 자연수 k는 2, 3, 4, 5, 6, 7, 8의 7개이다.

해설 속 칠판 **이차방정식의 근의 판별**

이차방정식 $ax^2+bx+c=0$ (a, b, c는 실수)의 판별식 $D=b^2-4ac$라 할 때
(1) $D > 0$이면 서로 다른 두 실근을 갖는다.
(2) $D=0$이면 중근을 갖는다.
(3) $D < 0$이면 서로 다른 두 허근을 갖는다.

0561 답 ②

이차함수 $y=f(x)$의 그래프가 x축과 만나지 않으면 집합 X는 공집합, 서로 다른 두 점에서 만나면 집합 X는 무한집합이다.

$f(x)=x^2-mx+2$라 하면 실수 x에 대하여 집합 X가 공집합이
아닌 유한집합이 되기 위해서는 이차함수 $y=f(x)$의 그래프가 x
축에 접해야 한다.
즉, 이차방정식 $f(x)=0$이 중근을 가져야 하므로 이차방정식
$x^2-mx+2=0$의 판별식을 D라 하면
$D=(-m)^2-4 \times 1 \times 2=0$, $m^2=8$ ∴ $m=\pm 2\sqrt{2}$
따라서 구하는 모든 실수 m의 값의 곱은
$2\sqrt{2} \times (-2\sqrt{2})=-8$

해설 속 칠판 **이차부등식 $ax^2+bx+c \leq 0$ ($a > 0$)의 풀이**

	$D > 0$	$D=0$	$D < 0$
$ax^2+bx+c=0$의 근	서로 다른 두 실근 α, β $(\alpha < \beta)$	중근 α	서로 다른 두 허근
이차함수 $y=ax^2+bx+c$의 그래프			
$ax^2+bx+c \leq 0$의 해	$\alpha \leq x \leq \beta$	$x=\alpha$	없다.

0562 답 ④

0563 답 ②

$A=\{1, 2, 4, 5, 7, 8, 10\}$이므로 $n(A)=7$
$B=\{9, 18, 27, 36, 45\}$이므로 $n(B)=5$
$\therefore n(A)-n(B)=7-5=2$

0564 답 13

$A=\{3, 6, 9\}$이므로 $n(A)=3$
즉, $n(B)=3$을 만족시키는 한 자리의 자연수 p는 소수의 제곱수
이어야 하므로 p의 값은 4, 9이다. ◀ p의 약수의 개수가 홀수이면 p는 제곱수이어야 한다.
따라서 구하는 모든 자연수 p의 값의 합은
$4+9=13$

0565 답 8

(i) $m=1$일 때
  n이 1의 배수이므로 $n=1, 2, 3, 4$
  즉, 순서쌍 (m, n)은 $(1, 1), (1, 2), (1, 3), (1, 4)$이다.
(ii) $m=2$일 때
  n이 2의 배수이므로 $n=2, 4$
  즉, 순서쌍 (m, n)은 $(2, 2), (2, 4)$이다.
(iii) $m=3$일 때
  n이 3의 배수이므로 $n=3$
  즉, 순서쌍 (m, n)은 $(3, 3)$이다.
(iv) $m=4$일 때
  n이 4의 배수이므로 $n=4$
  즉, 순서쌍 (m, n)은 $(4, 4)$이다.
(i)~(iv)에서
$X=\{(1, 1), (1, 2), (1, 3), (1, 4), (2, 2), (2, 4),$
$\qquad\qquad\qquad\qquad\qquad\qquad (3, 3), (4, 4)\}$
$\therefore n(X)=8$

0566 답 3

$A=\{x\,|\,k\leq x\leq k^2+1, x는 정수\}$
$\quad=\{k, k+1, k+2, \cdots, k^2+1\}$
이므로 집합 A의 원소의 개수는
$(k^2+1)-k+1=k^2-k+2$
이때 $n(A)=8$에서
$k^2-k+2=8, k^2-k-6=0$
$(k+2)(k-3)=0 \qquad \therefore k=3 \ (\because k>0)$

0567 답 ⑤

0568 답 ⑤

집합 A를 원소나열법으로 나타내면
$A=\{1, 2, 3, 4, 6, 12\}$
① 공집합은 모든 집합의 부분집합이므로 $\varnothing \subset A$
② 4는 집합 A의 원소이므로 $4\in A$
③ 8은 집합 A의 원소가 아니므로 $8\notin A$
④ $2\in A, 3\in A$이므로 $\{2, 3\}\subset A$
⑤ $5\notin A$이므로 $\{3, 4, 5\}\not\subset A$
따라서 옳지 않은 것은 ⑤이다.

0569 답 ①

◀ 공집합은 모든 집합의 부분집합이므로 $\varnothing \subset A$가 성립하고, 집합 A는 $\varnothing$을 원소로 갖기 때문에 $\varnothing \in A$도 성립한다.

① $\varnothing \in A$이므로 $\{\varnothing\}\subset A$
② 3은 집합 A의 원소가 아니므로 $3\notin A$
③ $\{1\}$은 집합 A의 원소가 아니므로 $\{1\}\notin A$
④ $\{1, 2\}$는 집합 A의 원소가 아니므로 $\{1, 2\}\notin A$
⑤ $3\notin A$이므로 $\{2, 3\}\not\subset A$
따라서 옳은 것은 ①이다.

0570 답 ④

① a는 집합 B의 원소이므로 $a\in B$
② $\varnothing \in A$이므로 $\{\varnothing\}\subset A$
③ $\{a, b\}$는 집합 A의 원소이므로 $\{a, b\}\in A$
④ $\{a, b\}$는 집합 B의 원소가 아니므로 $\{a, b\}\notin B$
⑤ $a\in A, b\in A$이므로 $\{a, b\}\subset A$
따라서 옳지 않은 것은 ④이다. ◀ $\{a, b\}\in A$이고 $\{a, b\}\subset A$이다.

> 🧑 선생님 톡톡
>
> a, b가 집합 A의 원소이면 $a\in A, b\in A, \{a, b\}\subset A$이고
> $\{a, b\}$가 집합 A의 원소이면 $\{a, b\}\in A, \{\{a, b\}\}\subset A$야.

0571 답 ⑤

ㄱ. $\varnothing$은 집합 A의 원소이므로 $\varnothing \in A$
ㄴ. $\varnothing \in A, 0\in A$이므로 $\{\varnothing, 0\}\subset A$
ㄷ. $\varnothing \in A, \{\varnothing\}\in A$이므로 $\{\varnothing, \{\varnothing\}\}\subset A$
따라서 옳은 것은 ㄱ, ㄴ, ㄷ이다.

0572 답 ③

0573 답 ⑤

① $A=\{1, 2, 3, 4\}, B=\{2, 3, 4\}$에서
  $1\in A, 1\notin B$이므로 $A\not\subset B$ ◀ $B\subset A$
② $A=\{2, 4, 6, 8, \cdots\}, B=\{4, 8, 12, 16, \cdots\}$에서
  $2\in A, 2\notin B$이므로 $A\not\subset B$ ◀ $B\subset A$
③ $A=\{1, 2, 3, 4, 6, 12\}, B=\{1, 2, 4, 8\}$에서
  $3\in A, 3\notin B$이므로 $A\not\subset B$ ◀ $A\not\subset B, B\not\subset A$
④ $|x|=2$에서 $x=\pm2$이므로 $A=\{-2, 2\}$
  $x^2-3x+2=0$에서 $(x-1)(x-2)=0$이므로
  $x=1$ 또는 $x=2 \qquad \therefore B=\{1, 2\}$
  즉, $-2\in A, -2\notin B$이므로 $A\not\subset B$
⑤ $x<4$에서 $x^2-4<0, (x+2)(x-2)<0$
  즉, $-2<x<2$를 만족시키는 정수 x는 $-1, 0, 1$이므로
  $A=\{-1, 0, 1\}$
  $|x|<3$, 즉 $-3<x<3$을 만족시키는 정수 x는 $-2, -1, 0,$
  $1, 2$이므로
  $B=\{-2, -1, 0, 1, 2\}$
  집합 A의 모든 원소가 집합 B에 속하므로 $A\subset B$
따라서 $A\subset B$가 성립하는 것은 ⑤이다.

0574 답 ③

집합 X를 원소나열법으로 나타내면
$X=\{1, 2, 4\}$

$X \subset Y$이므로 집합 Y는 1, 2, 4를 원소로 반드시 가지고 있어야 한다.

즉, 자연수 n은 4의 배수이어야 한다.

따라서 20 이하의 4의 배수는 4, 8, 12, 16, 20이므로 구하는 자연수 n의 개수는 5이다.

0575 달 ③

$A = \{-1, 1\}$에서 $|-1| = 1$, $|1| = 1$이므로

$B = \{1\}$

$|x| \leq 1$, 즉 $-1 \leq x \leq 1$을 만족시키는 정수 x는 -1, 0, 1이므로

$C = \{-1, 0, 1\}$

따라서 세 집합 A, B, C 사이의 포함 관계는 $B \subset A \subset C$이다.

0576 달 ①

$X = \{0, 1, 2\}$에서

$x \in X$, $y \in X$에 대하여 xy의 값을 구하면 오른쪽 표와 같으므로

$Y = \{0, 1, 2, 4\}$

$x \backslash y$	0	1	2
0	0	0	0
1	0	1	2
2	0	2	4

$x \in X$, $y \in X$에 대하여 $x^2 - y$의 값을 구하면 오른쪽 표와 같으므로

$Z = \{-2, -1, 0, 1, 2, 3, 4\}$

따라서 세 집합 X, Y, Z 사이의 포함 관계는 $X \subset Y \subset Z$이다.

$x \backslash y$	0	1	2
0	0	-1	-2
1	1	0	-1
2	4	3	2

0577 달 ③

0578 달 7

$B = \{1, 2, 4, 8\}$이고 $A \subset B$가 성립하려면 $2a \in B$이어야 하므로

$2a = 2$ 또는 $2a = 4$ 또는 $2a = 8$

$\therefore a = 1$ 또는 $a = 2$ 또는 $a = 4$

따라서 구하는 모든 자연수 a의 값의 합은

$1 + 2 + 4 = 7$

0579 달 ②

$x^2 - x - 2 < 0$에서 $(x+1)(x-2) < 0$ $\therefore -1 < x < 2$

$\therefore A = \{x | -1 < x < 2\}$

$A \subset B$가 성립하도록 두 집합 A, B를 수직선 위에 나타내면 오른쪽 그림과 같다.

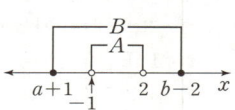

즉, $a+1 \leq -1$, $2 \leq b-2$이어야 하므로

$a \leq -2$, $b \geq 4$

따라서

$a - b = a + (-b) \leq (-2) + (-4) = -6$

이므로 구하는 $a - b$의 최댓값은 -6이다.

0580 달 4

$X \subset Y \subset Z$가 성립하도록 세 집합 X, Y, Z를 수직선 위에 나타내면 오른쪽 그림과 같으므로

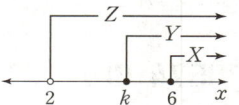

$2 < k \leq 6$

따라서 구하는 자연수 k는 3, 4, 5, 6의 4개이다.

0581 달 -2

$A \subset B$가 성립하려면 $6 \in B$이어야 하므로

$-4k-4 = 6$ 또는 $k^2 + 2 = 6$

$\therefore k = -\dfrac{5}{2}$ 또는 $k^2 = 4$

(i) $k = -\dfrac{5}{2}$일 때

$A = \{6, 7\}$, $B = \left\{5, 6, \dfrac{33}{4}\right\}$이므로

$A \not\subset B$, 즉 $A \subset B$가 성립하지 않는다.

(ii) $k^2 = 4$일 때

$k^2 = 4$에서 $k = \pm 2$

ⓐ $k = -2$일 때

$A = \{5, 6\}$, $B = \{4, 5, 6\}$이므로

$A \subset B$가 성립한다.

ⓑ $k = 2$일 때

$A = \{-11, 6\}$, $B = \{-12, 5, 6\}$이므로

$A \not\subset B$, 즉 $A \subset B$가 성립하지 않는다.

ⓐ, ⓑ에서 $k = -2$

(i), (ii)에서 $k = -2$

(다른 풀이)

$A \subset B$가 성립하려면 $-4k-3 \in B$이어야 하므로

$-4k-3 = k^2 + 2$ 또는 $-4k-3 = 5$ ← $-4k-3 \neq -4k-4$

$\therefore k^2 + 4k + 5 = 0$ 또는 $k = -2$

(i) $k^2 + 4k + 5 = 0$일 때

위의 이차방정식의 판별식을 D라 하면

$\dfrac{D}{4} = 2^2 - 1 \times 5 = -1 < 0$

따라서 실수 k는 존재하지 않으므로 $A \not\subset B$, 즉 $A \subset B$가 성립하지 않는다.

(ii) $k = -2$일 때

$A = \{5, 6\}$, $B = \{4, 5, 6\}$이므로 $A \subset B$가 성립한다.

(i), (ii)에서 $k = -2$

0582 달 ④

0583 달 ⑤

$x^3 - 3x^2 + 2x = 0$에서 $x(x^2 - 3x + 2) = 0$

$x(x-1)(x-2) = 0$ $\therefore x = 0$ 또는 $x = 1$ 또는 $x = 2$

$\therefore A = \{0, 1, 2\}$

① 집합 A의 원소의 개수는 3이므로 $n(A) = 3$

② $1 \in A$, $2 \in A$이므로 $\{1, 2\} \subset A$

③ 원소가 1개인 집합 A의 부분집합은 $\{0\}$, $\{1\}$, $\{2\}$의 3개이다. ← ${}_{\cdot}C_1 = 3$

④ 원소가 2개인 집합 A의 부분집합은 $\{0, 1\}$, $\{0, 2\}$, $\{1, 2\}$의 3개이다. → ${}_{\cdot}C_2 = {}_{\cdot}C_1 = 3$

⑤ 원소가 3개인 집합 A의 부분집합은 $\{0, 1, 2\}$의 1개이다. → ${}_{\cdot}C_3 = 1$

따라서 옳은 것은 ⑤이다.

0584 달 30

$A = \{1, 2, 4, 8, 16\}$이고 집합 B는 집합 A의 진부분집합이므로 → $B \subset A$이고 $B \neq A$

$B = \{2, 4, 8, 16\}$일 때 집합 B의 모든 원소의 합이 최대이다.

따라서 구하는 집합 B의 모든 원소의 합의 최댓값은

$2 + 4 + 8 + 16 = 30$ ← 집합 A의 원소 중 가장 작은 원소는 1이다.

0585 답 ④

$x^2-5x+4\le0$에서 $(x-1)(x-4)\le0$, 즉 $1\le x\le4$를 만족시키는 자연수 x는 1, 2, 3, 4이므로

$A=\{1, 2, 3, 4\}$

따라서 $B\subset A$이고 $n(B)=3$을 만족시키는 집합 B는 집합 A의 부분집합 중에서 원소가 3개인 집합이므로

$\{1, 2, 3\}$, $\{1, 2, 4\}$, $\{1, 3, 4\}$, $\{2, 3, 4\}$의 4개이다.

0586 답 4

$A=\{1, 2, 3, 4, 5\}$이고 $B\subset A$인 <u>집합 B의 모든 원소의 곱이 홀수</u>이려면 집합 B는 1, 3, 5로만 이루어져야 한다. ↰ 곱이 홀수이므로 짝수인 원소는 속하지 않는다.

이때 $n(B)\ge2$이므로 $n(B)=2$ 또는 $n(B)=3$

(i) $n(B)=2$, 즉 집합 B의 원소의 개수가 2일 때
　집합 B는 $\{1, 3\}$, $\{1, 5\}$, $\{3, 5\}$의 3개이다. → $_3C_2=_3C_1=3$

(ii) $n(B)=3$, 즉 집합 B의 원소의 개수가 3일 때
　집합 B는 $\{1, 3, 5\}$의 1개이다. → $_3C_3=1$

(i), (ii)에서 구하는 집합 B의 개수는

$3+1=4$

0587 답 ④

0588 답 ②

$A\subset B$, $B\subset A$에서 $A=B$이므로

$x-y=2$, $2x-y=6$

위의 두 식을 연립하여 풀면

$x=4$, $y=2$

$\therefore x+y=4+2=6$

0589 답 ②

$A=\{-1, 0, 1\}$, $B=\{0, 2a+1, b\}$이고 $A=B$이므로

(i) $2a+1=-1$, $b=1$일 때
　$a=-1$, $b=1$이므로
　$a+b=(-1)+1=0$

(ii) $2a+1=1$, $b=-1$일 때
　$a=0$, $b=-1$이므로
　$a+b=0+(-1)=-1$

(i), (ii)에서 $a+b$의 최댓값은 0이다.

0590 답 ③

$A=\{4, a\}$, $B=\{b, b^2\}$이고 $A=B$이므로

(i) $b=4$일 때
　$b^2=16$이므로 $B=\{4, 16\}$
　$A=B$가 성립하려면 $a=16$

(ii) $b^2=4$일 때
　$b^2=4$에서 $b=\pm2$
　ⓐ $b=2$일 때, $B=\{2, 4\}$
　　$A=B$가 성립하려면 $a=2$
　ⓑ $b=-2$일 때, $B=\{-2, 4\}$
　　$A=B$가 성립하려면 $a=-2$
　ⓐ, ⓑ에서 $a=-2$ 또는 $a=2$

(i), (ii)에서 상수 a의 값은 -2, 2, 16이므로 그 합은

$(-2)+2+16=16$

0591 답 2

$A\subset B$, $B\subset A$이므로 $A=B$

$k^2-3=1$에서 $k^2=4$

$\therefore k=\pm2$

(i) $k=-2$일 때
　$A=\{-5, 1, 2\}$, $B=\{-2, 1, 3\}$이므로
　$A\ne B$

(ii) $k=2$일 때
　$A=\{-2, 1, 3\}$, $B=\{-2, 1, 3\}$이므로
　$A=B$

(i), (ii)에서 $k=2$

0592 답 ④

0593 답 ③

집합 A의 부분집합의 개수가 $32=2^5$이므로

$n(A)=5$

$n(A)\times n(B)=20$에서 $n(B)=4$

따라서 집합 B의 진부분집합의 개수는

$2^4-1=15$

0594 답 ④

집합 A의 특정한 원소를 갖거나 갖지 않는 부분집합의 개수를 구하려면 가장 먼저 집합 A의 원소의 개수를 구해야 한다. →

$A=\{1, 2, 3, 4, 6, 12\}$에서 $\underline{n(A)=6}$

1, 6을 반드시 원소로 갖는 부분집합의 개수는

$2^{6-2}=2^4=16$

2, 4, 6을 원소로 갖지 않는 부분집합의 개수는

$2^{6-3}=2^3=8$

따라서 $a=16$, $b=8$이므로

$a+b=16+8=24$

0595 답 ③

$A=\{1, 2, 3, 6, 9, 18\}$에서 $n(A)=6$

$1\in B$, $6\in B$, $9\notin B$, 즉 1, 6은 반드시 원소로 갖고, 9는 원소로 갖지 않는 부분집합 B의 개수는

$2^{6-2-1}=2^3=8$

0596 답 ③

$n(A)=k$이므로 1, 3은 반드시 원소로 갖고, 2, 4는 원소로 갖지 않는 부분집합의 개수는

$2^{k-2-2}=16=2^4$, $k-4=4$

$\therefore k=8$

0597 답 ③

0598 답 ②

집합 X의 개수는 집합 $\{a, b, c, d, e, f\}$의 부분집합 중에서 b, d, e를 반드시 원소로 갖는 부분집합의 개수와 같으므로

$2^{6-3}=2^3=8$

0599 답 8

$A=\{1, 2, 4\}$, $B=\{1, 2, 3, 4, 6, 12\}$

집합 X의 개수는 집합 B의 부분집합 중에서 1, 2, 4를 반드시 원소로 갖는 부분집합의 개수와 같으므로

$2^{6-3}=2^3=8$

0600 답 ③

$A=\{a, b\}$, $B=\{a, b, c, d, e, f\}$

집합 X의 개수는 집합 B의 부분집합 중에서 a, b는 반드시 원소로 갖고, c는 원소로 갖지 않는 부분집합의 개수와 같으므로

$2^{6-2-1}=2^3=8$

0601 답 ④

$B=\{2, 4, 6, 8, 10, 12, 14, 16, 18, 20\}$에서 $n(B)=10$

집합 X의 개수는 집합 B의 부분집합 중에서 집합 B를 제외하고 집합 A의 모든 원소를 반드시 원소로 갖는 부분집합의 개수와 같으므로

$2^{10-n(A)}-1=63$, $2^{10-n(A)}=64=2^6$

$10-n(A)=6$ ∴ $n(A)=4$

집합 A의 원소의 개수가 4이려면

$A=\{4, 8, 12, 16\}=\{x \mid x=4k, k$는 4 이하의 자연수$\}$

따라서 구하는 자연수 n의 값은 4이다.

0602 답 ④

0603 답 ④

$x^2+x-12 \le 0$에서 $(x+4)(x-3) \le 0$

∴ $-4 \le x \le 3$

∴ $A=\{-4, -3, -2, -1, 0, 1, 2, 3\}$

집합 A의 부분집합 중에서 적어도 한 개의 음이 아닌 정수를 원소로 갖는 집합은 집합 A의 부분집합 중에서 집합 $\{-4, -3, -2, -1\}$의 부분집합을 제외하면 된다.

따라서 구하는 부분집합의 개수는

$2^8-2^4=256-16=240$

0604 답 ③

$A=\{1, 2, 3, 6, 9, 18\}$

집합 A의 진부분집합 중에서 2 또는 3을 원소로 갖는 집합은 집합 A의 진부분집합 중에서 집합 $\{1, 6, 9, 18\}$의 부분집합을 제외하면 된다.

따라서 구하는 부분집합의 개수는

$(2^6-1)-2^4=63-16=47$

다른 풀이

2 또는 3을 원소로 갖는 부분집합은 집합 $\{1, 6, 9, 18\}$의 부분집합에 2만 추가하거나 3만 추가하거나 2, 3을 모두 추가하면 된다. 이때 집합 A의 진부분집합이므로 집합 A는 제외한다.

따라서 구하는 부분집합의 개수는

$2^4 \times 3-1=47$

0605 답 60

$\dfrac{12}{x}$가 자연수가 되기 위해서는 자연수 x는 12의 약수이어야 하므로 1, 2, 3, 4, 6, 12이다.

∴ $A=\{1, 2, 3, 4, 6, 12\}$

집합 A의 부분집합 중에서 짝수인 원소가 한 개 이상 속해 있는 집합은 집합 A의 부분집합 중에서 집합 $\{1, 3\}$의 부분집합을 제외하면 된다.

따라서 구하는 부분집합의 개수는

$2^6-2^2=64-4=60$

0606 답 248

홀수는 1, 3, 5, 7이고
소수는 2, 3, 5, 7이다.

$A=\{1, 2, 3, 4, 5, 6, 7, 8\}$

집합 A의 부분집합 중에서 적어도 한 개의 <u>홀수 또는 소수</u>를 원소로 갖는 집합은 집합 A의 부분집합 중에서 집합 $\{4, 6, 8\}$의 부분집합을 제외하면 된다.

따라서 구하는 부분집합의 개수는

$2^8-2^3=256-8=248$

0607 답 ③

0608 답 ①

① 5는 3과 4의 합의 꼴로 나타낼 수 없다.

② $3 \in A$, $4 \in A$이므로 $3+4=7 \in A$

③ $3 \in A$이므로 $3+3=6 \in A$

  $3 \in A$, $6 \in A$이므로 $3+6=9 \in A$

④ $4 \in A$, $7 \in A$이므로 $4+7=11 \in A$

⑤ $6 \in A$, $7 \in A$이므로 $6+7=13 \in A$

따라서 반드시 집합 A의 원소라 할 수 없는 것은 ①이다.

다른 풀이

④ $4 \in A$이므로 $4+4=8 \in A$

  $3 \in A$, $8 \in A$이므로 $3+8=11 \in A$

⑤ $4 \in A$, $9 \in A$이므로 $4+9=13 \in A$

0609 답 ③

집합 A의 원소는 자연수이고 $a \in A$이면 $\dfrac{81}{a} \in A$이므로 두 수 a, $\dfrac{81}{a}$은 모두 자연수이어야 한다.

즉, 집합 A의 원소가 될 수 있는 수는 81의 약수인 1, 3, 9, 27, 81이다.

이때

$1 \in A$이면 $\dfrac{81}{1}=81 \in A$, $3 \in A$이면 $\dfrac{81}{3}=27 \in A$,

$9 \in A$이면 $\dfrac{81}{9}=9 \in A$, $27 \in A$이면 $\dfrac{81}{27}=3 \in A$,

$81 \in A$이면 $\dfrac{81}{81}=1 \in A$

이므로 1과 81, 3과 27은 어느 하나가 집합 A의 원소이면 나머지 하나도 반드시 집합 A의 원소이고, 9도 집합 A의 원소가 될 수 있다.

따라서 공집합이 아닌 집합 A는 $\{9\}$, $\{1, 81\}$, $\{3, 27\}$, $\{1, 9, 81\}$, $\{3, 9, 27\}$, $\{1, 3, 27, 81\}$, $\{1, 3, 9, 27, 81\}$의 7개이다.

9, (1, 81), (3, 27)의 세 묶음으로
생각할 수 있으므로 $2^3-1=7$

0610 답 ①

집합 X의 원소는 자연수이고 조건 (가)에서 $x\in X$이면 $8-x\in X$
이므로 x, $8-x$는 모두 자연수이어야 한다.
$x\geq 1$, $8-x\geq 1$에서 $1\leq x\leq 7$
즉, 집합 X의 원소가 될 수 있는 수는 1, 2, 3, 4, 5, 6, 7이다.
이때
$1\in X$이면 $8-1=7\in X$, $2\in X$이면 $8-2=6\in X$,
$3\in X$이면 $8-3=5\in X$, $4\in X$이면 $8-4=4\in X$,
$5\in X$이면 $8-5=3\in X$, $6\in X$이면 $8-6=2\in X$,
$7\in X$이면 $8-7=1\in X$
이므로 1과 7, 2와 6, 3과 5는 어느 하나가 집합 X의 원소이면
나머지 하나도 반드시 집합 X의 원소이고, 4도 집합 X의 원소가
될 수 있다.
→4를 반드시 원소로 갖고, 1과 7, 2와 6, 3과 5 중
 두 쌍만 원소를 갖는다.
조건 (나)에서 원소의 개수가 5인 집합 X는
$\{1, 2, 4, 6, 7\}$, $\{1, 3, 4, 5, 7\}$, $\{2, 3, 4, 5, 6\}$
따라서 구하는 집합 X의 개수는 3이다.
→4와 (1, 7), (2, 6), (3, 5)의 세 묶음에서
 두 묶음을 택하면 되므로 $_3C_2={}_3C_1=3$

0611 답 55

$A=\{1, 2, 3, \cdots, 20\}$
$3\in X$이고 $3+5=8\in A$이므로 $3+4=7\in X$,
$7\in X$이고 $7+5=12\in A$이므로 $7+4=11\in X$,
$11\in X$이고 $11+5=16\in A$이므로 $11+4=15\in X$,
$15\in X$이고 $15+5=20\in A$이므로 $15+4=19\in X$,
$19\in X$이고 $19+5=24\notin A$이므로 $19+4=23\notin X$
즉, 집합 X는 3, 7, 11, 15, 19를 원소로 갖는다.
$\{3, 7, 11, 15, 19\}\subset X$이므로 $X=\{3, 7, 11, 15, 19\}$일 때,
집합 X의 부분집합의 개수가 최소이다.
따라서 구하는 집합 X의 모든 원소의 합은
$3+7+11+15+19=55$

STEP
3 실전 **업**

본문 107~109쪽

0612 답 ④

One Point Lesson
$(x_1, y_1)\in X$이면 $ax_1+by_1-2=0$임을 이용하여 두 상수 a, b의 값을
각각 구한다.

$(3, -7)\in X$이므로
$3a-7b-2=0$ …… ㉠
$(-1, 5)\in X$이므로
$-a+5b-2=0$ …… ㉡
㉠, ㉡을 연립하여 풀면
$a=3$, $b=1$
$\therefore a+b=3+1=4$

0613 답 ④

One Point Lesson
이차방정식의 최고차항의 계수가 0일 때와 0이 아닐 때로 나누어 구한다.

방정식 $(k+2)x^2+2x-k=0$에서

(ⅰ) $k+2=0$, 즉 $k=-2$일 때
$2x+2=0$에서 $x=-1$
즉, $A=\{x\,|\,2x+2=0,\ x$는 실수$\}=\{-1\}$
이고 $n(A)=1$이므로 조건을 만족시킨다.
(ⅱ) $k+2\neq 0$, 즉 $k\neq -2$일 때
집합 A가 단 하나의 원소만 갖기 위해서는 이차방정식
$(k+2)x^2+2x-k=0$이 중근을 가져야 한다.
위의 이차방정식의 판별식을 D라 하면
$\dfrac{D}{4}=1^2-(k+2)\times(-k)=0$, $k^2+2x+1=0$
$(k+1)^2=0$ $\therefore k=-1$
즉, $A=\{x\,|\,x^2+2x+1=0,\ x$는 실수$\}=\{1\}$이고
$n(A)=1$이므로 조건을 만족시킨다.
(ⅰ), (ⅱ)에서 구하는 실수 k의 값은 -2, -1이므로 그 곱은
$(-2)\times(-1)=2$

0614 답 ③

One Point Lesson
두 집합 B, C를 각각 원소나열법으로 나타낸 후 세 집합 A, B, C 사이의
포함 관계를 찾는다.

집합 $A=\{-i, i, -1, 1\}$에서
$(-i)^2=-1$, $i^2=-1$, $(-1)^2=1$, $1^2=1$
$\therefore B=\{x^2\,|\,x\in A\}=\{-1, 1\}$
$x\in A$, $y\in A$에 대하여
xy의 값을 구하면 오른쪽
표와 같으므로
$C=\{-i, i, -1, 1\}$
따라서 $B\subset A=C$이므로
옳은 것은 ③이다.
→$A=C$이면 $A\subset C$, $C\subset A$

x \ y	$-i$	i	-1	1
$-i$	-1	1	i	$-i$
i	1	-1	$-i$	i
-1	i	$-i$	1	-1
1	$-i$	i	-1	1

0615 답 240

One Point Lesson
$N(B)\geq 1$은 집합 B가 적어도 한 개의 소수를 원소로 갖는 집합이다.

$N(B)\geq 1$을 만족시키는 집합 B는 집합 A의 부분집합 중에서
적어도 한 개의 소수를 원소로 갖는 집합이다.
따라서 집합 B는 집합 A의 부분집합 중에서 집합 $\{1, 4, 6, 8\}$의
부분집합을 제외하면 되므로 그 개수는
$2^8-2^4=256-16=240$

0616 답 ④

One Point Lesson
모든 원소의 곱이 홀수이면서 모든 원소의 합이 짝수인 경우는 모든 원소가
홀수이면서 그 원소의 개수는 짝수이다.

조건 (가)에서 집합 B의 모든 원소의 곱이 홀수이므로 집합 B의
모든 원소는 홀수이어야 한다.
조건 (나)에서 집합 B의 모든 원소의 합이 짝수이므로 집합 B의
원소의 개수는 짝수이어야 한다.
집합 A에서 홀수인 원소는 1, 3, 5, 7이므로
(ⅰ) $n(B)=2$일 때
집합 B는 $\{1, 3\}$, $\{1, 5\}$, $\{1, 7\}$, $\{3, 5\}$, $\{3, 7\}$, $\{5, 7\}$의
6개
→$_4C_2=6$

(ii) $n(B)=4$일 때
　집합 B는 $\{1, 3, 5, 7\}$의 1개 $_{{}_4C_4=1}$
(i), (ii)에서 구하는 집합 B의 개수는
$6+1=7$

0617 답 ⑤

ㄱ. $\varnothing$은 모든 집합의 부분집합이므로 $\varnothing \subset A$
　　$\therefore \varnothing \in P(A)$ (참)
ㄴ. 모든 집합은 자기 자신의 부분집합이므로 $A \subset A$
　　$\therefore A \in P(A)$ (참)
ㄷ. 집합 $P(A)$의 원소는 집합 A의 모든 부분집합이므로 집합
　　$P(A)$의 원소의 개수는 집합 A의 부분집합의 개수와 같다.
　　$\therefore n(P(A))=2^{n(A)}$ (참)
따라서 옳은 것은 ㄱ, ㄴ, ㄷ이다.

0618 답 ②

1을 반드시 원소로 갖는 집합 X의 부분집합의 개수는
$2^{4-1}=8$ → 1이 8번 나온다.
1과 x를 반드시 원소로 갖는 집합 X의 부분집합의 개수는
$2^{4-2}=4$ → x가 4번 나온다.
마찬가지로 1과 y, 1과 z를 반드시 원소로 갖는 집합 X의 부분집합의 개수는 각각
$2^{4-2}=4$ → y, z가 각각 4번씩 나온다.
따라서 구하는 집합 X의 모든 부분집합의 원소의 총합은
$8 \times 1 + 4(x+y+z) = 8 + 4 \times 7 = 36$

다른 풀이

1을 반드시 원소로 갖는 집합 X의 부분집합은
$\{1\}$, $\{1, x\}$, $\{1, y\}$, $\{1, z\}$, $\{1, x, y\}$, $\{1, x, z\}$, $\{1, y, z\}$,
$\{1, x, y, z\}$
따라서 구하는 집합 X의 모든 부분집합의 원소의 총합은
$1+(1+x)+(1+y)+(1+z)+(1+x+y)+(1+x+z)$
$\qquad\qquad\qquad\qquad +(1+y+z)+(1+x+y+z)$
$=8 \times 1 + 4(x+y+z) = 8 + 4 \times 7 = 36$

0619 답 ③

집합 A의 세 원소를 각각 p, q, r $(p<q<r)$라 하면
집합 $X=\{p+q, p+r, q+r\}$에서 $p+q<p+r<q+r$이고
두 집합 X, Y가 서로 같으므로
$p+q=7$ 　　……㉠
$p+r=10$ 　　……㉡
$q+r=11$ 　　……㉢

㉠＋㉡＋㉢을 하면 $2(p+q+r)=28$
$\therefore p+q+r=14$ 　　……㉣
㉣－㉢을 하면 $p=3$
따라서 집합 A의 가장 작은 원소는 3이다.

0620 답 18

$U=\{1, 2, 3, 4, 5, 6, 7, 8, 9\}$
$x \in U$에 대하여 $\dfrac{8}{x}-1 \in A$, 즉 $\dfrac{8}{x}-1 \in U$이려면 두 수 x,
$\dfrac{8}{x}-1$은 한 자리의 자연수이어야 한다.
즉, x가 될 수 있는 수는 8의 약수인 1, 2, 4, 8이다.
이때
$x=1$이면 $\dfrac{8}{1}-1=7 \in U$,
$x=2$이면 $\dfrac{8}{2}-1=3 \in U$,
$x=4$이면 $\dfrac{8}{4}-1=1 \in U$,
$x=8$이면 $\dfrac{8}{8}-1=0 \notin U$
이므로 집합 A는 집합 $\{1, 3, 7\}$의 공집합이 아닌 부분집합이다.
따라서 조건을 만족시키는 집합 A의 개수는
$2^3-1=7$ 　　$\therefore a=7$ → x가 아닌 k의 값이다.
또한, 집합 A는 $A=\{1, 3, 7\}$일 때 모든 원소의 합이 최대이므로
합의 최댓값은
$1+3+7=11$ 　　$\therefore b=11$
$\therefore a+b=7+11=18$

0621 답 ③

ㄱ. 집합 A가 정수 전체의 집합이면 $x \in A$에 대하여 $0<x<1$을
　만족시키는 정수 x는 존재하지 않는다.
　즉, 집합 X는 공집합이다. (참)
ㄴ. 집합 A가 유리수 전체의 집합이면 $x \in A$에 대하여 $0<x<1$
　을 만족시키는 유리수 x는 무수히 많이 존재한다.
　즉, 집합 X는 무한집합이다. (참)
ㄷ. $A=\left\{\dfrac{1}{x} \,\middle|\, x$는 자연수$\right\}=\left\{1, \dfrac{1}{2}, \dfrac{1}{3}, \cdots\right\}$
　$x \in A$에 대하여 $0<x<1$을 만족시키는 x는 $\dfrac{1}{2}, \dfrac{1}{3}, \dfrac{1}{4}, \cdots$
　이므로
　$X=\left\{\dfrac{1}{2}, \dfrac{1}{3}, \dfrac{1}{4}, \cdots\right\}$
　이때 $1 \in A$, $1 \notin X$이므로 $A \not\subset X$이다. (거짓)
따라서 옳은 것은 ㄱ, ㄴ이다.

선생님 톡톡
두 실수 a, b에 대하여 $a<b$이면 $a<x<b$를 만족시키는 유리수 x 또는 무리수 x는 무수히 많아.

0622 답 ②

One Point Lesson

집합 X의 모든 원소의 곱이 6의 배수가 되기 위해 반드시 가져야 하는 원소를 찾는다.

조건 (나)에 의하여 집합 X의 모든 원소의 곱이 6의 배수이어야 하므로

(i) $6 \in A$일 때

조건 (가)에 의하여 $n(X) \geq 2$이어야 하므로 집합 X는 6과 집합 A의 원소 중에서 6을 제외한 원소를 적어도 1개 가져야 한다.

즉, 집합 X의 개수는 집합 A의 부분집합 중에서 6을 반드시 원소로 갖는 부분집합에서 원소의 개수가 1인 집합 $\{6\}$을 제외한 부분집합의 개수와 같으므로

$2^{5-1} - 1 = 2^4 - 1 = 15$

(ii) $6 \notin A$일 때

집합 X의 모든 원소의 곱이 6의 배수이어야 하므로 집합 X는 3과 4를 원소로 가져야 한다.

즉, 집합 X의 개수는 집합 A의 부분집합 중에서 3, 4는 반드시 원소로 갖고, 6은 원소로 갖지 않는 부분집합의 개수와 같으므로

$2^{5-2-1} = 2^2 = 4$

(i), (ii)에서 구하는 집합 X의 개수는

$15 + 4 = 19$

0623 답 ②

One Point Lesson

집합 A의 모든 원소는 한 자리의 자연수 중에서 3의 배수도 아니고 5의 배수도 아닌 수이다.

집합 $A = \{1, 2, 4, 7, 8\}$의 원소 1, 2, 4, 7, 8은 한 자리의 자연수 중에서 3의 배수인 3, 6, 9와 5의 배수인 5를 제외한 것이다.

즉, 1, 2, 4, 7, 8은 한 자리의 자연수 중에서 3의 배수도 아니고 5의 배수도 아닌 수이다.

이때 $\frac{1}{n}, \frac{2}{n}, \frac{3}{n}, \cdots, \frac{9}{n}$ 중에서 $\frac{1}{n}, \frac{2}{n}, \frac{4}{n}, \frac{7}{n}, \frac{8}{n}$만 기약분수가 되도록 하는 자연수 n은 $3^p \times 5^q$ (p, q는 자연수) 꼴이다.

따라서 100 이하의 자연수 n은 15, 45, 75의 3개이다.

0624 답 112

$A = \{1, 2, 3, 4, 5, 6, 7\}$

집합 A의 부분집합 X의 모든 원소의 곱이 짝수가 되려면 집합 X는 집합 A의 부분집합 중에서 적어도 한 개의 짝수를 원소로 갖는 집합이다.

.... ❶

따라서 구하는 집합 X의 개수는 집합 A의 부분집합의 개수에서 집합 $\{1, 3, 5, 7\}$의 부분집합의 개수를 빼면 되므로

$2^7 - 2^4 = 128 - 16 = 112$

.... ❷

채점 기준	배점 비율
❶ 부분집합 X의 원소의 조건 알기	40%
❷ 집합 X의 개수 구하기	60%

0625 답 58

(i) 가장 작은 원소가 1일 때

1을 반드시 원소로 갖고 원소의 개수가 2 이상인 부분집합의 개수는

$2^{5-1} - 1 = 2^4 - 1 = 15$

(ii) 가장 작은 원소가 3일 때

1은 원소로 갖지 않고 3은 반드시 원소로 갖고 원소의 개수가 2 이상인 부분집합의 개수는

$2^{5-1-1} - 1 = 2^3 - 1 = 7$

(iii) 가장 작은 원소가 5일 때

1, 3은 원소로 갖지 않고 5는 반드시 원소로 갖고 원소의 개수가 2 이상인 부분집합의 개수는

$2^{5-2-1} - 1 = 2^2 - 1 = 3$

(iv) 가장 작은 원소가 7일 때

1, 3, 5는 원소로 갖지 않고 7은 반드시 원소로 갖고 원소의 개수가 2 이상인 부분집합의 개수는

$2^{5-3-1} - 1 = 2^1 - 1 = 1$

.... ❶

(i)~(iv)에서 구하는 값은

$1 \times 15 + 3 \times 7 + 5 \times 3 + 7 \times 1 = 15 + 21 + 15 + 7$

$\qquad\qquad\qquad\qquad\qquad\quad = 58$

.... ❷

채점 기준	배점 비율
❶ 가장 작은 원소에 따른 부분집합의 개수 구하기	70%
❷ 조건을 만족시키는 부분집합의 가장 작은 원소를 모두 더한 값 구하기	30%

0626 답 7

$x^2 - 2x - 3 = 0$에서 $(x+1)(x-3) = 0$

$x = -1$ 또는 $x = 3$

$\therefore A = \{-1, 3\}$

$x^2 - x - 20 \leq 0$에서 $(x+4)(x-5) \leq 0$

$-4 \leq x \leq 5$

$\therefore B = \{x \mid -4 \leq x \leq 5\}$

$|x-1| < k$에서 $-k < x-1 < k$이므로

$1-k < x < 1+k$

$\therefore C = \{x \mid 1-k < x < 1+k, k는 자연수\}$

.... ❶

$A \subset C \subset B$가 성립하려면

$-4 \leq 1-k < -1$이고 $3 < 1+k \leq 5$이어야 한다.

$-4 \leq 1-k < -1$에서 $2 < k \leq 5$ ...... ㉠

$3 < 1+k \leq 5$에서 $2 < k \leq 4$ ...... ㉡

㉠, ㉡의 공통부분을 구하면

$2 < k \leq 4$

.... ❷

따라서 구하는 자연수 k의 값은 3, 4이므로 그 합은

$3 + 4 = 7$

.... ❸

채점 기준	배점 비율
❶ 세 집합 A, B, C 각각 구하기	30%
❷ $A \subset C \subset B$가 성립하도록 하는 자연수 k의 값의 범위 구하기	60%
❸ 모든 자연수 k의 값의 합 구하기	10%

0627 답 4

집합 A의 원소는 자연수이고 $x \in A$이면 $\dfrac{36}{x} \in A$이므로 x, $\dfrac{36}{x}$은 모두 자연수이어야 한다.

즉, x가 될 수 있는 수는 36의 약수인 1, 2, 3, 4, 6, 9, 12, 18, 36이다. ────────────────────────────── ❶

$1 \in A$이면 $\dfrac{36}{1} = 36 \in A$, $2 \in A$이면 $\dfrac{36}{2} = 18 \in A$,

$3 \in A$이면 $\dfrac{36}{3} = 12 \in A$, $4 \in A$이면 $\dfrac{36}{4} = 9 \in A$,

$6 \in A$이면 $\dfrac{36}{6} = 6 \in A$, $9 \in A$이면 $\dfrac{36}{9} = 4 \in A$,

$12 \in A$이면 $\dfrac{36}{12} = 3 \in A$, $18 \in A$이면 $\dfrac{36}{18} = 2 \in A$,

$36 \in A$이면 $\dfrac{36}{36} = 1 \in A$

즉, 1과 36, 2와 18, 3과 12, 4와 9는 어느 하나가 집합 A의 원소이면 나머지 하나도 반드시 집합 A의 원소이고, 6도 집합 A의 원소가 될 수 있다. ────────────────────────────── ❷

따라서 $n(A) = 3$, 즉 원소의 개수가 3인 집합 A는 $\{1, 6, 36\}$, $\{2, 6, 18\}$, $\{3, 6, 12\}$, $\{4, 6, 9\}$ 의 4개이다.

→ 6을 반드시 원소로 갖고, 1과 36, 2와 18, 3과 12, 4와 9 중 한 쌍만 원소로 갖는다. ────────────────────────────── ❸

채점 기준	배점 비율
❶ x가 될 수 있는 수 구하기	40%
❷ 조건을 만족시키는 집합 A의 원소 구하기	40%
❸ 집합 A의 개수 구하기	20%

0628 답 7

$X \subset A$이므로 집합 X의 원소는 50 이하의 자연수이다.

집합 B의 원소는 10과 서로소인 자연수이므로 집합 B의 모든 원소는 2와 5를 인수로 갖지 않는다.

조건 (가)에서 집합 X의 원소는 2 또는 5를 인수로 가지므로 2의 배수 또는 5의 배수이다. ⋯⋯ ㉠ ────────────────────────────── ❶

조건 (나)에서 집합 X의 원소는 18과 서로소이므로 2와 3을 인수로 갖지 않는다.

즉, 집합 X의 원소는 2의 배수도 아니고 3의 배수도 아니다. ⋯⋯ ㉡ ────────────────────────────── ❷

㉠, ㉡에서 집합 X의 모든 원소는 50 이하의 자연수 중에서 5의 배수이지만 2의 배수도 아니고 3의 배수도 아니므로 집합 X는 집합 $\{5, 25, 35\}$의 부분집합이다.

따라서 집합 X는 집합 $\{5, 25, 35\}$의 부분집합 중에서 공집합을 제외한 것과 같으므로 그 개수는

$2^3 - 1 = 8 - 1 = 7$ ────────────────────────────── ❸

채점 기준	배점 비율
❶ 조건 (가)에서 집합 X의 원소의 조건 알기	40%
❷ 조건 (나)에서 집합 X의 원소의 조건 알기	40%
❸ 집합 X의 개수 구하기	20%

0629 답 14

$M(A) \times M(B)$의 값이 짝수이므로 $M(A)$ 또는 $M(B)$는 짝수이다.

이때 $A \subset B$이므로 $M(B)$는 짝수이어야 한다. 즉, $2 \in B$ ────────────────────────────── ❶

(i) $n(B) = 1$일 때

$B = \{2\}$이므로 집합 A의 개수는

$2^1 - 1 = 2 - 1 = 1$

즉, 순서쌍 (A, B)의 개수는 1이다.

(ii) $n(B) = 2$일 때

$B = \{1, 2\}$ 또는 $B = \{2, 3\}$이므로 집합 A의 개수는

$2 \times (2^2 - 1) = 2 \times 3 = 6$

즉, 순서쌍 (A, B)의 개수는 6이다.

(iii) $n(B) = 3$일 때

$B = \{1, 2, 3\}$이므로 집합 A의 개수는

$2^3 - 1 = 8 - 1 = 7$

즉, 순서쌍 (A, B)의 개수는 7이다.

(i), (ii), (iii)에서 구하는 순서쌍 (A, B)의 개수는

$1 + 6 + 7 = 14$ ────────────────────────────── ❷

채점 기준	배점 비율
❶ $M(A) \times M(B)$의 값이 짝수이기 위한 조건 알기	30%
❷ $A \subset B \subset S$이고 $M(A) \times M(B)$의 값이 짝수인 순서쌍 (A, B)의 개수 구하기	70%

06 집합의 연산

개념 체크

본문 110~111쪽

0630 답 {1, 2, 3, 4, 5}

집합 A에 속하거나 집합 B에 속하는 원소는 1, 2, 3, 4, 5이므로
$A \cup B = \{1, 2, 3, 4, 5\}$
↳ 같은 원소는 중복해서 쓰지 않는다.

0631 답 {3, 6, 9, 12, 15, 18}

$A = \{3, 6, 9, 12, 15, 18\}$, $B = \{6, 12, 18\}$
즉, 집합 A에 속하거나 집합 B에 속하는 원소는 3, 6, 9, 12, 15, 18이므로
$A \cup B = \{3, 6, 9, 12, 15, 18\}$

0632 답 {b, d}

집합 A에도 속하고 집합 B에도 속하는 원소는 b, d이므로
$A \cap B = \{b, d\}$

0633 답 {1, 2, 4, 8}

$A = \{1, 2, 4, 8, 16\}$, $B = \{1, 2, 4, 8\}$
즉, 집합 A에도 속하고 집합 B에도 속하는 원소는 1, 2, 4, 8이므로
$A \cap B = \{1, 2, 4, 8\}$

0634 답 서로소이다.

두 집합 A, B의 공통인 원소가 하나도 없으므로
두 집합 A, B는 서로소이다. ↳ $A \cap B = \varnothing$

0635 답 서로소가 아니다.

$A = \{1, 3, 5, 7\}$, $B = \{4, 5, 6\}$이므로 $A \cap B = \{5\}$
따라서 두 집합 A, B는 서로소가 아니다.
↳ 공통인 원소가 존재한다.

0636 답 {2, 4, 6, 8, 10}

$U = \{1, 2, 3, \cdots, 10\}$, $A = \{1, 3, 5, 7, 9\}$
즉, 전체집합 U의 원소 중에서 집합 A에 속하지 않는 원소는 2, 4, 6, 8, 10이므로
$A^C = \{2, 4, 6, 8, 10\}$

0637 답 {1, 2, 4, 5, 7, 8, 10}

$U = \{1, 2, 3, \cdots, 10\}$, $B = \{3, 6, 9\}$
즉, 전체집합 U의 원소 중에서 집합 B에 속하지 않는 원소는 1, 2, 4, 5, 7, 8, 10이므로
$B^C = \{1, 2, 4, 5, 7, 8, 10\}$

0638 답 {1, 3, 5}

집합 A에 속하지만 집합 B에 속하지 않는 원소는 1, 3, 5이므로
$A - B = \{1, 3, 5\}$

0639 답 {6, 8}

집합 B에 속하지만 집합 A에는 속하지 않는 원소는 6, 8이므로
$B - A = \{6, 8\}$

👩 선생님 톡톡

서로 다른 두 집합 A, B에 대하여
$A - B = \{x \mid x \in A \text{ 그리고 } x \notin B\}$, $B - A = \{x \mid x \in B \text{ 그리고 } x \notin A\}$
이므로 $A - B \neq B - A$야.

0640 답 {2, 4, 6, 8, 9}

집합 A^C은 오른쪽 벤 다이어그램의 색칠한 부분과 같으므로
$A^C = \{2, 4, 6, 8, 9\}$

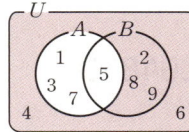

0641 답 {1, 3, 4, 6, 7}

집합 B^C은 오른쪽 벤 다이어그램의 색칠한 부분과 같으므로
$B^C = \{1, 3, 4, 6, 7\}$

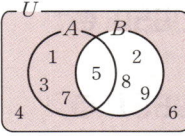

0642 답 {1, 3, 7}

집합 $A - B$는 오른쪽 벤 다이어그램의 색칠한 부분과 같으므로
$A - B = \{1, 3, 7\}$

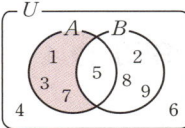

0643 답 {2, 8, 9}

집합 $B - A$는 오른쪽 벤 다이어그램의 색칠한 부분과 같으므로
$B - A = \{2, 8, 9\}$

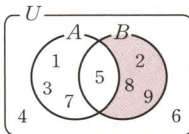

0644 답 {4, 6}

집합 $(A \cup B)^C$은 오른쪽 벤 다이어그램의 색칠한 부분과 같으므로
$(A \cup B)^C = \{4, 6\}$

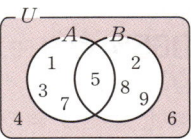

0645 답 {1, 2, 3, 4, 6, 7, 8, 9}

집합 $(A \cap B)^C$은 오른쪽 벤 다이어그램의 색칠한 부분과 같으므로
$(A \cap B)^C = \{1, 2, 3, 4, 6, 7, 8, 9\}$

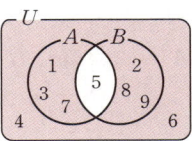

0646 답 {a, b, c, d}

$B \cap C = \{b, c, d\} \cap \{d, e\} = \{d\}$ ↳ 분배법칙
$\therefore (A \cup B) \cap (A \cup C) = A \cup (B \cap C)$
$\qquad = \{a, b, c\} \cup \{d\}$
$\qquad = \{a, b, c, d\}$

$A \cup B = \{a, b, c\} \cup \{b, c, d\} = \{a, b, c, d\}$
$A \cup C = \{a, b, c\} \cup \{d, e\} = \{a, b, c, d, e\}$
$\therefore (A \cup B) \cap (A \cup C) = \{a, b, c, d\} \cap \{a, b, c, d, e\}$
$\qquad\qquad\qquad\qquad\quad = \{a, b, c, d\}$

0647 답 $\{a, b, c, d, e\}$

분배법칙
$\underline{A \cap (B \cup C) = (A \cap B) \cup (A \cap C)}$
$\qquad\qquad = \{a, b, c\} \cup \{c, d, e\}$
$\qquad\qquad = \{a, b, c, d, e\}$

0648 답 A

0649 답 $\varnothing$

0650 답 U

0651 답 $\varnothing$

0652 답 U

0653 답 A

0654 답 $\{2\}$
$U = \{1, 2, 3, 4, 5, 6, 7\}$
한편, $A^C \cap B^C = (A \cup B)^C$이고,
$A \cup B = \{1, 3, 4, 5, 6, 7\}$에서 $(A \cup B)^C = \{2\}$이므로
$A^C \cap B^C = \{2\}$

$A^C = \{2, 4, 6\}$, $B^C = \{1, 2, 7\}$
$\therefore A^C \cap B^C = \{2, 4, 6\} \cap \{1, 2, 7\} = \{2\}$

0655 답 $\{1, 2, 4, 6, 7\}$
$U = \{1, 2, 3, 4, 5, 6, 7\}$
한편, $A^C \cup B^C = (A \cap B)^C$이고,
$A \cap B = \{3, 5\}$에서 $(A \cap B)^C = \{1, 2, 4, 6, 7\}$이므로
$A^C \cup B^C = \{1, 2, 4, 6, 7\}$

$A^C = \{2, 4, 6\}$, $B^C = \{1, 2, 7\}$
$\therefore A^C \cup B^C = \{2, 4, 6\} \cup \{1, 2, 7\} = \{1, 2, 4, 6, 7\}$

0656 답 (가) 드모르간의 법칙 (나) 결합법칙
$A \cup (A \cap B)^C$
$= A \cup (A^C \cup B^C)$ ⎰ 드모르간의 법칙
$= (A \cup A^C) \cup B^C$ ⎱ 결합법칙
$= U \cup B^C$
$= U$

0657 답 8
$n(A \cup B) = n(A) + n(B) - n(A \cap B) = 5 + 6 - 3 = 8$

0658 답 10
$A^C = U - A$이므로
$n(A^C) = n(U) - n(A) = 30 - 20 = 10$

0659 답 9
$n(A \cup B) = n(A) + n(B) - n(A \cap B)$에서
$n(A \cap B) = n(A) + n(B) - n(A \cup B) = 20 + 15 - 26 = 9$

0660 답 11
$A - B = (A \cup B) - B$이므로
$n(A - B) = n(A \cup B) - n(B) = 26 - 15 = 11$

$A - B = A - (A \cap B)$이므로
$n(A - B) = n(A) - n(A \cap B) = 20 - 9 = 11$

0661 답 6
$B \cap A^C = B - A = (A \cup B) - A$이므로
$n(B \cap A^C) = n(A \cup B) - n(A) = 26 - 20 = 6$

$B \cap A^C = B - A = B - (A \cap B)$이므로
$n(B \cap A^C) = n(B) - n(A \cap B) = 15 - 9 = 6$

0662 답 4
$A^C \cap B^C = (A \cup B)^C = U - (A \cup B)$이므로
$n(A^C \cap B^C) = n(U) - n(A \cup B) = 30 - 26 = 4$

0663 답 21
$A^C \cup B^C = (A \cap B)^C = U - (A \cap B)$이므로
$n(A^C \cup B^C) = n(U) - n(A \cap B) = 30 - 9 = 21$

STEP 2 유형 **마스터**   본문 112~126쪽

0664 답 ②

0665 답 ⑤
$A = \{3, 6, 9\}$, $B = \{2, 3, 5, 7\}$, $C = \{1, 2, 4\}$이므로
$B \cap C = \{2, 3, 5, 7\} \cap \{1, 2, 4\} = \{2\}$
$\therefore A \cup (B \cap C) = \{3, 6, 9\} \cup \{2\} = \{2, 3, 6, 9\}$

0666 답 ④
주어진 조건을 벤 다이어그램으로 나타내면
오른쪽 그림과 같으므로
$B = \{b, c, d, e\}$

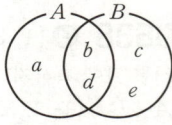

0667 답 ③

$A=\{1, 2, 4, 5, 10, 12\}$, $B=\{1, 2, 4, 8, 16, 32\}$이므로
$A\cap B=\{1, 2, 4\}=\{x|x$는 4의 약수\}
$\therefore k=4$

0668 답 ②

$A=\{1, 3, a\}$, $B=\{1, 2, 3, 6\}$에서 $1\in(A\cap B)$, $3\in(A\cap B)$
집합 $A\cap B$의 모든 원소의 합이 6이므로 $a\in(A\cap B)$이어야 한다.
즉, $1+3+a=6$에서 $a=2$
$\therefore A=\{1, 2, 3\}$ → b는 자연수이므로 1부터 차례대로 생각한다.
(i) $b=1$이면 $C=\{2\}$이므로 $A\cup C=\{1, 2, 3\}$
  집합 $A\cup C$의 모든 원소의 합은 $1+2+3=6$이므로 조건을 만족시키지 않는다.
(ii) $b=2$이면 $C=\{2, 4\}$이므로 $A\cup C=\{1, 2, 3, 4\}$
  집합 $A\cup C$의 모든 원소의 합은 $1+2+3+4=10$이므로 조건을 만족시키지 않는다.
(iii) $b=3$이면 $C=\{2, 4, 6\}$이므로 $A\cup C=\{1, 2, 3, 4, 6\}$
  집합 $A\cup C$의 모든 원소의 합은 $1+2+3+4+6=16$이므로 조건을 만족시키지 않는다.
(iv) $b=4$이면 $C=\{2, 4, 6, 8\}$이므로 $A\cup C=\{1, 2, 3, 4, 6, 8\}$
  집합 $A\cup C$의 모든 원소의 합은 $1+2+3+4+6+8=24$이므로 조건을 만족시킨다.
(i)~(iv)에서 $b=4$
$\therefore a+b=2+4=6$

0669 답 ⑤

0670 답 ⑤

① $A\cap B=\{0\}$이므로 두 집합 A, B는 서로소가 아니다.
② $A=\{1, 11\}$, $B=\{1, 3, 9\}$이므로 $A\cap B=\{1\}$
  즉, 두 집합 A, B는 서로소가 아니다.
③ $x^2-1\leq 0$에서 $(x+1)(x-1)\leq 0$이므로
  $-1\leq x\leq 1$ $\therefore A=\{x|-1\leq x\leq 1\}$
  $x^2-1\geq 0$에서 $(x+1)(x-1)\geq 0$이므로
  $x\leq -1$ 또는 $x\geq 1$ $\therefore B=\{x|x\leq -1$ 또는 $x\geq 1\}$
  두 집합 A, B를 수직선 위에 나타내면 오른쪽 그림과 같다.
  $\therefore A\cap B=\{-1, 1\}$
  즉, 두 집합 A, B는 서로소가 아니다.
④ $x^2-9=0$에서 $x=\pm 3$
  $B=\{-3, 3\}$이므로 $A\cap B=\{-3\}$
  즉, 두 집합 A, B는 서로소가 아니다.
⑤ $A=\{13, 26, 39, 52, 65, 78, 91\}$,
  $B=\{9, 18, 27, 36, 45, 54, 63, 72, 81, 90, 99\}$
  이므로 $A\cap B=\varnothing$
  즉, 두 집합 A, B는 서로소이다.
따라서 두 집합 A, B가 서로소인 것은 ⑤이다.

0671 답 ④

집합 $A=\{a, b, c, d, e\}$의 부분집합 중에서 집합 $\{b, d\}$와 서로소인 집합은 집합 A의 부분집합 중에서 b, d를 원소로 갖지 않는 집합이므로 집합 $\{a, c, e\}$의 부분집합과 같다.

따라서 구하는 집합의 개수는
$2^{5-2}=2^3=8$

0672 답 ⑤

$(x-1)(x-26)>0$에서 $x<1$ 또는 $x>26$
$\therefore A=\{x|x<1$ 또는 $x>26\}$
$(x-a)(x-a^2)\leq 0$에서 $a\leq x\leq a^2$ ($\because a$는 정수)
$\therefore B=\{x|a\leq x\leq a^2\}$
$A\cap B=\varnothing$이므로 두 집합 A, B를 수직선 위에 나타내면 오른쪽 그림과 같다.

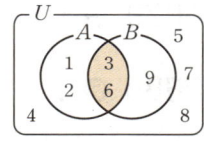

$1\leq a\leq a^2\leq 26$이어야 하므로
$1\leq a\leq\sqrt{26}$
따라서 정수 a는 1, 2, 3, 4, 5의 5개이다.

0673 답 3

집합 B에서 $y\leq 0$이므로 $A\cap B=\varnothing$이 되려면 집합 A의 y가 $y>0$이어야 한다.
즉, 모든 실수 x에 대하여 $x^2+mx+4>0$이 성립해야 한다.
이차방정식 $x^2+mx+4=0$의 판별식을 D라 하면
$D=m^2-4\times 1\times 4<0$
$m^2<16$ $\therefore -4<m<4$
따라서 정수 m의 최댓값은 3이다.

0674 답 ④

0675 답 ③

$U=\{1, 2, 3, 4, 5, 6, 7, 8, 9\}$,
$A=\{1, 2, 3, 6\}$, $B=\{3, 6, 9\}$
이므로
$A^C=\{4, 5, 7, 8, 9\}$
$\therefore B-A^C=\{3, 6, 9\}-\{4, 5, 7, 8, 9\}$
$=\{3, 6\}$
따라서 집합 $B-A^C$의 모든 원소의 합은
$3+6=9$

0676 답 ①

주어진 벤 다이어그램에서 $A-B=\{c, d\}$, $B-A=\{b, f\}$이므로
$(A-B)\cup(B-A)=\{c, d\}\cup\{b, f\}$
$=\{b, c, d, f\}$
$\therefore \{(A-B)\cup(B-A)\}^C$
$=U-\{(A-B)\cup(B-A)\}$
$=\{a, b, c, d, e, f, g\}-\{b, c, d, f\}$
$=\{a, e, g\}$

0677 답 ⑤

$|x|\leq 4$에서 $-4\leq x\leq 4$
정수 x는 -4, -3, -2, -1, 0, 1, 2, 3, 4이므로

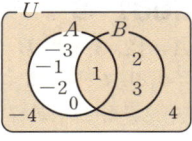

$U=\{-4, -3, -2, -1, 0, 1, 2, 3, 4\}$,
$A=\{-3, -2, -1, 0, 1\}$, $B=\{1, 2, 3\}$
이므로
$A-B=\{-3, -2, -1, 0\}$

$$\therefore (A-B)^C=U-(A-B)$$
$$=\{-4, -3, -2, -1, 0, 1, 2, 3, 4\}$$
$$-\{-3, -2, -1, 0\}$$
$$=\{-4, 1, 2, 3, 4\}$$
따라서 집합 $(A-B)^C$의 원소의 개수는 5이다.

0678 답 ③

$U=\{1, 2, 3, 4, 5, 6, 7, 8, 9, 10\}$, $A=\{1, 2, 4, 8\}$
$(A-B)\cup(B-A)$는 오른쪽 벤 다이어
그램의 색칠한 부분과 같고,
$(A-B)\cup(B-A)=\{2, 3, 5, 8\}$이므로
$A\cup B=\{1, 2, 3, 4, 5, 8\}$

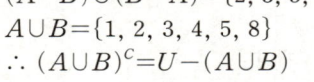

$$\therefore (A\cup B)^C=U-(A\cup B)$$
$$=\{1, 2, 3, 4, 5, 6, 7, 8, 9, 10\}$$
$$-\{1, 2, 3, 4, 5, 8\}$$
$$=\{6, 7, 9, 10\}$$
따라서 집합 $(A\cup B)^C$의 모든 원소의 합은
$6+7+9+10=32$

선생님 톡톡

$(A-B)\cup(B-A)=\{2, 3, 5, 8\}$에서
$(A-B)\subset\{2, 3, 5, 8\}$, $(B-A)\subset\{2, 3, 5, 8\}$
$A=\{1, 2, 4, 8\}$이므로
$(A-B)\subset\{2, 3, 5, 8\}$에서 $1\in(A\cap B)$, $4\in(A\cap B)$
$(B-A)\subset\{2, 3, 5, 8\}$에서 $3\in B$, $5\in B$
$\therefore B=\{1, 3, 4, 5\}$

0679 답 ④

0680 답 ②

①, ③, ④, ⑤가 나타내는 집합을 각각 벤 다이어그램으로 나타내면 다음 그림과 같다.

① $A-B$

③ $A^C\cup B^C$

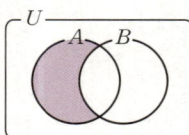 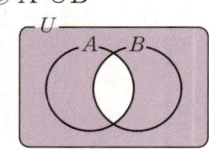

④ $A^C-(A\cup B)$

⑤ $(A-B)\cup(B-A)$

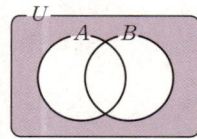 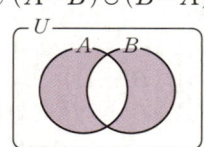

따라서 벤 다이어그램의 색칠한 부분을 나타내는 집합과 항상 같은 집합은 ②이다.

0681 답 ④

$A=\{2, 3, 5\}$, $B=\{2, 4, 6\}$
주어진 조건을 벤 다이어그램으로 나타내면 오른쪽 그림과 같으므로 색칠한 부분을 나타내는 집합은 $\{1, 2, 3, 5\}$이다.
따라서 구하는 집합의 모든 원소의 합은
$1+2+3+5=11$

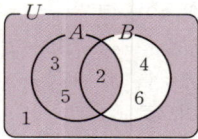

0682 답 ②

①, ③, ④, ⑤가 나타내는 집합을 각각 벤 다이어그램으로 나타내면 다음 그림과 같다.

① $(A\cup B)-C$

③ $(A\cup C)-B$

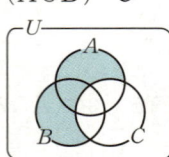 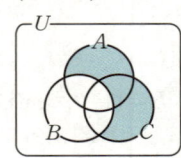

④ $A-(B\cup C)$

⑤ $A-(B\cap C)$

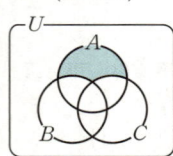 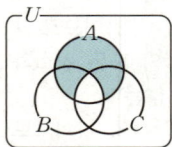

따라서 벤 다이어그램의 색칠한 부분을 나타내는 집합과 같은 집합은 ②이다.

0683 답 ②

$A=\{1, 2, 4, 5, 10, 20\}$, $B=\{1, 2, 3, 4, 6, 12\}$
주어진 조건을 벤 다이어그램으로 나타내면 오른쪽 그림과 같다.
따라서 색칠한 부분을 나타내는 집합은 $\{2, 4\}$이다.

0684 답 ③

0685 답 ⑤

$A\cap B=\{1, 2\}$이므로 $2\in A$
즉, $k^2-2k-1=2$이므로 $k^2-2k-3=0$
$(k+1)(k-3)=0$
$\therefore k=-1$ 또는 $k=3$
(i) $k=-1$일 때
$A=\{0, 1, 2\}$, $B=\{-3, -2, 0\}$이므로
$A\cap B=\{0\}$
즉, 주어진 조건을 만족시키지 않는다.
(ii) $k=3$일 때
$A=\{0, 1, 2\}$, $B=\{1, 2, 8\}$이므로
$A\cap B=\{1, 2\}$
즉, 주어진 조건을 만족시킨다.
(i), (ii)에서 $k=3$

0686 답 ③

$A-B=\{6\}$이므로 $2\in B$, $4\in B$, $a+3b\in B$
이때 $B=\{4, 9, -2a+4b\}$이므로
$a+3b=9$, $-2a+4b=2$
위의 두 식을 연립하여 풀면
$a=3$, $b=2$
$\therefore a+b=3+2=5$

0687 답 14

$A\cap B=\{5\}$이므로 $5\in B$
$k=5$ 또는 $k^2-4=5$, 즉 $k^2=9$

$\therefore k=5$ 또는 $k=\pm3$

(i) $k=5$일 때

$A=\{4, 5\}$, $B=\{4, 5, 21\}$이므로

$A\cap B=\{4, 5\}$

즉, 주어진 조건을 만족시키지 않는다.

(ii) $k=-3$일 때

$A=\{4, 5\}$, $B=\{-3, 4, 5\}$이므로

$A\cap B=\{4, 5\}$

즉, 주어진 조건을 만족시키지 않는다.

(iii) $k=3$일 때

$A=\{2, 5\}$, $B=\{3, 4, 5\}$이므로

$A\cap B=\{5\}$

즉, 주어진 조건을 만족시킨다.

(i), (ii), (iii)에서 $k=3$

따라서 $A\cup B=\{2, 3, 4, 5\}$이므로 집합 $A\cup B$의 모든 원소의 합은

$2+3+4+5=14$

0688 답 ②

$A\cup B=\{2, 4, 6, 8, 10\}$이므로

$2a=2$ 또는 $2a=4$ 또는 $2a=6$

$\therefore a=1$ 또는 $a=2$ 또는 $a=3$

(i) $a=1$일 때

$A=\{2, 4, 6\}$, $B=\{2, 8, 10\}$이므로

$A\cup B=\{2, 4, 6, 8, 10\}$

즉, 주어진 조건을 만족시킨다.

(ii) $a=2$일 때

$A=\{2, 5, 7\}$, $B=\{4, 8, 10\}$이므로

$A\cup B=\{2, 4, 5, 7, 8, 10\}$

즉, 주어진 조건을 만족시키지 않는다.

(iii) $a=3$일 때

$A=\{2, 4, 10\}$, $B=\{6, 8, 10\}$이므로

$A\cup B=\{2, 4, 6, 8, 10\}$

즉, 주어진 조건을 만족시킨다.

(i), (ii), (iii)에서 $a=1$ 또는 $a=3$

따라서 구하는 모든 상수 a의 값의 합은

$1+3=4$

0689 답 ⑤

0690 답 ④

➤ 공집합은 모든 집합의 부분집합이다.

① $U^C=\varnothing$이고 $\varnothing\subset A$이므로 $U^C\subset A$ (참)

② 집합 $A\cap B$는 집합 A에 포함되므로 $(A\cap B)\subset A$ (참)

③ 집합 B는 집합 $A\cup B$에 포함되므로 $B\subset(A\cup B)$ (참)

④ 두 집합 A, $B-A$는 서로소이므로

$A\cap(B-A)=\varnothing$

➤ 벤 다이어그램을 이용하면 쉽게 이해할 수 있다.

$\therefore A\subset(B-A)^C$ (거짓)

⑤ $B-A=B\cap A^C$이고 $(B\cap A^C)\subset B$

이므로 $(B-A)\subset B$ (참)

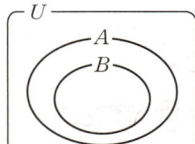

따라서 옳지 않은 것은 ④이다.

0691 답 ④

$A\cup B=A$이므로 $B\subset A$

세 집합 U, A, B 사이의 관계를 벤 다이어그램으로 나타내면 오른쪽 그림과 같으므로

① $A^C\subset B^C$ (참)

② $A\cup B^C=U$ (참)

③ $A\cap B=B$ (참)

④ $U-A=A^C$이고 $B\subset A$이므로 $U-A\neq B$ (거짓)

⑤ $B^C\cap A=A\cap B^C=A-B$

$B\subset A$이고 $A\neq B$이므로 $A-B\neq\varnothing$

$\therefore B^C\cap A=A-B\neq\varnothing$ (참)

따라서 옳지 않은 것은 ④이다.

0692 답 ③

$B-A=\varnothing$이므로 $B\subset A$

세 집합 U, A, B 사이의 관계를 벤 다이어그램으로 나타내면 오른쪽 그림과 같으므로

① $A\cap B=B$ (거짓)

② $A-B\neq\varnothing$ (거짓)

③ $A\cup B=A$이므로

$A\cup B^C=(A\cup B)\cup B^C=A\cup(B\cup B^C)$

$=A\cup U=U$ (참)

④ $A\cup B=A$이므로 $(A\cup B)\not\subset B$ (거짓)

⑤ $A\cap B=B$이므로 $B-(A\cap B)=B-B=\varnothing$ (거짓)

따라서 옳은 것은 ③이다.

0693 답 ⑤

ㄱ. $A\subset B^C$이므로 두 집합 A, B는 서로소이다.

$\therefore A\cap B=\varnothing$ (참)

ㄴ. $A\subset B^C$이므로 $B\subset A^C$

$\therefore A^C\cup B=A^C$ (거짓)

ㄷ. $(A-B^C)\cup(B-A^C)=\{A\cap(B^C)^C\}\cup\{B\cap(A^C)^C\}$

$=(A\cap B)\cup(B\cap A)$

$=A\cap B=\varnothing$ ($\because$ ㄱ) (참)

따라서 항상 옳은 것은 ㄱ, ㄷ이다.

0694 답 ②

0695 답 ③

$A^C=\{a, c, e\}$이고 $A\cup B=U$이므로 집합 B는 a, c, e를 반드시 원소로 가져야 한다.

따라서 집합 B는 집합 $\{a, b, c, d, e\}$의 부분집합 중에서 a, c, e를 반드시 원소로 갖는 부분집합이므로 그 개수는

$2^{5-3}=2^2=4$

0696 답 ⑤

$B-A=B$이므로 $A\cap B=\varnothing$

즉, 두 집합 A, B는 서로소이다.

따라서 집합 B는 집합 $\{1, 2, 3, 4, 5, 6\}$의 부분집합 중에서 1, 2를 원소로 갖지 않는 부분집합이므로 그 개수는

$2^{6-2}=2^4=16$

0697 답 8

$A-B=\{2,\ 4\}$이고 $(A-B)\cap C=\varnothing$이므로 집합 C는 2, 4를 원소로 갖지 않아야 한다.

또한, $A\cap C=C$이므로 $C\subset A$

따라서 집합 C는 집합 $\{1,\ 2,\ 3,\ 4,\ 5\}$의 부분집합 중에서 2, 4를 원소로 갖지 않는 부분집합이므로 그 개수는

$2^{5-2}=2^3=8$

0698 답 ⑤

$U=\{1,\ 2,\ 3,\ \cdots,\ 20\}$, $A=\{4,\ 8,\ 12,\ 16,\ 20\}$, $B=\{6,\ 12,\ 18\}$

이므로 $A\cup B=\{4,\ 6,\ 8,\ 12,\ 16,\ 18,\ 20\}$, $A\cap B=\{12\}$

$A\cup X=B\cup X$를 만족시키려면 집합 X는 집합 $A\cup B$의 원소 중에서 집합 $A\cap B$의 원소 12를 제외한 나머지 4, 6, 8, 16, 18, 20을 반드시 원소로 가져야 한다.

따라서 집합 X는 집합 $\{1,\ 2,\ 3,\ \cdots,\ 20\}$의 부분집합 중에서 4, 6, 8, 16, 18, 20을 반드시 원소로 갖는 부분집합이므로 그 개수는

$2^{20-6}=2^{14}$

> **선생님 톡톡**
>
> $A\cap B=\{12\}$에서 $12\in A$, $12\in B$이므로 $12\in(A\cup X)$, $12\in(B\cup X)$야. 따라서 집합 X가 12를 반드시 원소로 가질 필요는 없어.

0699 답 ④

0700 답 ③

$U=\{1,\ 2,\ 3,\ \cdots,\ 20\}$, $A=\{3,\ 6,\ 9,\ 12,\ 15,\ 18\}$,

$B=\{6,\ 12,\ 18\}$

드모르간의 법칙에 의하여

$(A-B)\cap(A^c\cap B^c)^c=(A-B)\cap\{(A\cup B)^c\}^c$
$\qquad\qquad\qquad\qquad\ \ =(A-B)\cap(A\cup B)$
$\qquad\qquad\qquad\qquad\ \ =A-B$ ← $(A-B)\subset(A\cup B)$
$\qquad\qquad\qquad\qquad\ \ =\{3,\ 9,\ 15\}$

따라서 집합 $(A-B)\cap(A^c\cap B^c)^c$의 원소의 개수는 3이다.

0701 답 ④

$P=\{1,\ 2,\ 3,\ \cdots,\ 10\}$, $Q=\{2,\ 3,\ 5,\ 7,\ 11,\ \cdots\}$,

$R=\{1,\ 3,\ 5,\ 7,\ 9,\ 11,\ \cdots\}$

드모르간의 법칙에 의하여

$(P^c\cup Q)^c-R$
$=(P\cap Q^c)\cap R^c$ ← 드모르간의 법칙
$=P\cap(Q^c\cap R^c)$ ← 결합법칙
$=P\cap(Q\cup R)^c$ ← 드모르간의 법칙
$=P-(Q\cup R)$

이때 $Q\cup R=\{1,\ 2,\ 3,\ 5,\ 7,\ 9,\ 11,\ \cdots\}$이므로

$P-(Q\cup R)=\{4,\ 6,\ 8,\ 10\}$

따라서 집합 $(P^c\cup Q)^c-R$의 모든 원소의 합은

$4+6+8+10=28$

0702 답 ④

드모르간의 법칙에 의하여

$A^c\cap X^c=(A\cup X)^c=\varnothing$이므로

$A\cup X=U$ ……㉠ ← $\{(A\cup X)^c\}^c=\varnothing$에서 $A\cup X=U$

$A^c\cup X^c=(A\cap X)^c=U$이므로

$A\cap X=\varnothing$ ……㉡ ← $\{(A\cap X)^c\}^c=U^c$에서 $A\cap X=\varnothing$

㉠, ㉡에서 $X=A^c=\{b,\ d,\ e\}$

0703 답 ③

드모르간의 법칙에 의하여

$A^c\cap B^c=(A\cup B)^c=\{2,\ 5,\ 7,\ 8\}$

$\therefore\ A\cup B=U-(A\cup B)^c=\{1,\ 3,\ 4,\ 6,\ 9,\ 10\}$ ……㉠

또한,

$A\cap\{(A\cap B)^c\cap(B-A)^c\}$ ← 드모르간의 법칙
$=A\cap\{(A\cap B)\cup(B-A)\}^c$
$=A\cap\{(A\cap B)\cup(B\cap A^c)\}^c$ ← 교환법칙
$=A\cap\{(B\cap A)\cup(B\cap A^c)\}^c$ ← 분배법칙
$=A\cap\{B\cap(A\cup A^c)\}^c$
$=A\cap(B\cap U)^c$
$=A\cap B^c$
$=A-B=\{4,\ 6,\ 10\}$ ……㉡

㉠, ㉡에서

$B=(A\cup B)-(A-B)=\{1,\ 3,\ 9\}$

따라서 집합 B의 모든 원소의 합은

$1+3+9=13$

> **선생님 톡톡**
>
> $(A\cup B)^c=\{2,\ 5,\ 7,\ 8\}$, $A-B=\{4,\ 6,\ 10\}$을 벤 다이어그램으로 나타내면 오른쪽 그림과 같아.
> 이때 $U=\{1,\ 2,\ 3,\ \cdots,\ 10\}$이므로
> $B=\{1,\ 3,\ 9\}$야.
>
>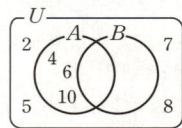

0704 답 ④

0705 답 ⑤

$A\subset(A\cup B)$이므로 $(A\cup B)\cap A=A$

① $A-(A\cap B)=A\cap(A\cap B)^c$ ← 드모르간의 법칙
$\qquad\qquad\ \ =A\cap(A^c\cup B^c)$ ← 분배법칙
$\qquad\qquad\ \ =(A\cap A^c)\cup(A\cap B^c)$
$\qquad\qquad\ \ =\varnothing\cup(A\cap B^c)$
$\qquad\qquad\ \ =A\cap B^c=A-B$

② $B-(A\cap B)=B\cap(A\cap B)^c$ ← 드모르간의 법칙
$\qquad\qquad\ \ =B\cap(A^c\cup B^c)$ ← 분배법칙
$\qquad\qquad\ \ =(B\cap A^c)\cup(B\cap B^c)$
$\qquad\qquad\ \ =(B\cap A^c)\cup\varnothing$
$\qquad\qquad\ \ =B\cap A^c=B-A$

③ $(A\cup B)-A=(A\cup B)\cap A^c$ ← 분배법칙
$\qquad\qquad\ \ =(A\cap A^c)\cup(B\cap A^c)$
$\qquad\qquad\ \ =\varnothing\cup(B\cap A^c)$
$\qquad\qquad\ \ =B\cap A^c=B-A$

④ $(A\cup B)-B=(A\cup B)\cap B^c$ ← 분배법칙
$\qquad\qquad\ \ =(A\cap B^c)\cup(B\cap B^c)$
$\qquad\qquad\ \ =(A\cap B^c)\cup\varnothing$
$\qquad\qquad\ \ =A\cap B^c=A-B$

⑤ $A-(B-A)=A-(B\cap A^c)$
$\qquad\qquad\ \ =A\cap(B\cap A^c)^c$ ← 드모르간의 법칙
$\qquad\qquad\ \ =A\cap(B^c\cup A)$ ← 분배법칙
$\qquad\qquad\ \ =(A\cap B^c)\cup(A\cap A)$
$\qquad\qquad\ \ =(A-B)\cup A=A$

따라서 집합 $(A\cup B)\cap A$와 항상 같은 집합은 ⑤이다.

0706 답 ⑤

$A^C \cap B = B$이면 $B \subset A^C$
즉, $A \cap B = \varnothing$이므로 $A - B = A$, $B - A = B$
$\therefore (A-B) \cup (B-A) = A \cup B$

다른 풀이

$$\begin{aligned}
(A-B) \cup (B-A) &= (A \cap B^C) \cup (B \cap A^C) \quad \text{교환법칙}\\
&= (A \cap B^C) \cup (A^C \cap B)\\
&= (A \cap B^C) \cup B \quad \text{분배법칙}\\
&= (A \cup B) \cap (B^C \cup B)\\
&= (A \cup B) \cap U\\
&= A \cup B
\end{aligned}$$

0707 답 ④

$$\begin{aligned}
&\{A \cap (A^C \cup B)\} \cup \{B \cap (B^C \cup C)\}\\
&= \{(A \cap A^C) \cup (A \cap B)\} \cup \{(B \cap B^C) \cup (B \cap C)\} \quad \text{분배법칙}\\
&= \{\varnothing \cup (A \cap B)\} \cup \{\varnothing \cup (B \cap C)\}\\
&= (A \cap B) \cup (B \cap C)\\
&= (B \cap A) \cup (B \cap C) \quad \text{교환법칙}\\
&= B \cap (A \cup C) \quad \text{분배법칙}
\end{aligned}$$

이때 $(A \cup C) \subset B$이므로 $B \cap (A \cup C) = A \cup C$
$\therefore \{A \cap (A^C \cup B)\} \cup \{B \cap (B^C \cup C)\} = A \cup C$

0708 답 ⑤

$A \subset (B \cap C)$이므로 $A \subset B$, $A \subset C$
$A \subset B$에서 $A - B = \varnothing$,
$A \subset C$에서 $A - C = \varnothing$
이므로
$(A-B)^C \cap (A-C) = \varnothing^C \cap \varnothing = U \cap \varnothing = \varnothing$
① $(A \cap B) \cup (A \cap C) = A \cap (B \cup C)$ 분배법칙
  이때 $A \subset (B \cap C) \subset (B \cup C)$이므로
  $A \cap (B \cup C) = A$
  $\therefore (A \cap B) \cup (A \cap C) = A$
② $(A \cup B) \cap (A \cup C) = A \cup (B \cap C)$ 분배법칙
                  $= B \cap C$
③ $(A-B) \cup (B-C) = \varnothing \cup (B-C)$
                $= B - C$
④ $(B-A) \cup (C-A) = (B \cap A^C) \cup (C \cap A^C)$ 분배법칙
                $= (B \cup C) \cap A^C$
                $= (B \cup C) - A$
⑤ $(B-A)^C \cap (B-C)$
  $= (B \cap A^C)^C \cap (B \cap C^C)$ 드모르간의 법칙
  $= (B^C \cup A) \cap (B \cap C^C)$ 분배법칙
  $= \{B^C \cap (B \cap C^C)\} \cup \{A \cap (B \cap C^C)\}$ 결합법칙
  $= \{(B^C \cap B) \cap C^C\} \cup \{(A \cap B) \cap C^C\}$
  $= (\varnothing \cap C^C) \cup (A \cap C^C)$
  $= \varnothing \cup (A \cap C^C)$
  $= A \cap C^C$

$= A - C = \varnothing$
따라서 집합 $(A-B)^C \cap (A-C)$와 항상 같은 집합은 ⑤이다.

0709 답 ①

0710 답 ⑤

$$\begin{aligned}
(A \cup B) - A &= (A \cup B) \cap A^C\\
&= (A \cap A^C) \cup (B \cap A^C) \quad \text{분배법칙}\\
&= \varnothing \cup (B \cap A^C)\\
&= B \cap A^C = B - A
\end{aligned}$$

즉, $B - A = \varnothing$이므로 $B \subset A$
따라서 항상 옳은 것은 ⑤이다.

다른 풀이

$(A \cup B) - A = \varnothing$이므로 $(A \cup B) \subset A$
$A \subset (A \cup B)$이고 $(A \cup B) \subset A$이므로
$A = A \cup B$, 즉 $B \subset A$이다.
따라서 항상 옳은 것은 ⑤이다.

0711 답 ④

$$\begin{aligned}
A^C \cup (A \cap B) &= (A^C \cup A) \cap (A^C \cup B)\\
&= U \cap (A^C \cup B)\\
&= A^C \cup B
\end{aligned}$$

즉, $A^C \cup B = A^C$이므로 $B \subset A^C$ $\therefore A \cap B = \varnothing$
따라서 두 집합 A, B 사이의 포함 관계를 벤 다이어그램으로 나타낸 것은 ④이다.

0712 답 ⑤

$$\begin{aligned}
&\{A \cup (B-A)^C\} \cap \{(B-A) \cup A\}\\
&= \{A \cup (B \cap A^C)^C\} \cap \{(B \cap A^C) \cup A\}\\
&= \{A \cup (B^C \cup A)\} \cap \{(B \cup A) \cap (A^C \cup A)\} \quad \text{드모르간의 법칙, 분배법칙}\\
&= \{(A \cup A) \cup B^C\} \cap \{(B \cup A) \cap U\} \quad \text{교환법칙, 결합법칙}\\
&= (A \cup B^C) \cap (B \cup A)\\
&= (A \cup B^C) \cap (A \cup B) \quad \text{교환법칙}\\
&= A \cup (B^C \cap B) \quad \text{분배법칙}\\
&= A \cup \varnothing = A
\end{aligned}$$

$\therefore A = B^C$
① $A \cup B = B^C \cup B = U$
② $A \cap B = B^C \cap B = \varnothing$
③ $A^C \cup B = (B^C)^C \cup B = B \cup B = B$
④ $B - A^C = B - (B^C)^C = B - B = \varnothing$
⑤ $A - B = A \cap B^C = A$
따라서 항상 옳은 것은 ⑤이다.

0713 답 ①

$$\begin{aligned}
\{(A \cup B^C) - B\} \cap A^C &= \{(A \cup B^C) \cap B^C\} \cap A^C\\
&= B^C \cap A^C
\end{aligned}$$
$B^C \subset (A \cup B^C)$이므로 $(A \cup B^C) \cap B^C = B^C$

즉, $B^C \cap A^C = B^C$이므로 $B^C \subset A^C$
$\therefore A \subset B$

따라서 두 집합 A, B 사이의 포함 관계를 벤 다이어그램으로 나타낸 것은 ①이다.

0714 답 ③

0715 답 ①
$$(A_2 \cap A_{10}) \cup (A_6 \cap A_{15}) = A_{10} \cup A_{30}$$

(2와 10의 최소공배수 → A_{10}, 6과 15의 최소공배수 → A_{30})
$$= A_{10}$$
$$= \{10, 20, 30, \cdots, 100\}$$
따라서 구하는 집합의 원소의 개수는 10이다.

0716 답 ②
$$P_{20} \cap P_{32} \cap P_{40} = P_{20} \cap (P_{32} \cap P_{40})$$
$$= P_{20} \cap P_8$$

(32와 40의 최대공약수 → P_8)
$$= P_4 = \{1, 2, 4\}$$

(20, 32, 40의 최대공약수 → P_4)
따라서 구하는 집합의 모든 원소의 합은
$$1 + 2 + 4 = 7$$

0717 답 120
$A_{12} \cap A_{20} = A_{60}$이므로 $A_k \subset A_{60}$을 만족시키는 자연수 k는 60의 배수이어야 한다.
따라서 세 자리의 자연수 k의 최솟값은 120이다.

0718 답 ③
$P_{72} \cap P_{108} = P_{36}$ (72와 108의 최대공약수 → P_{36})
$P_k \subset P_{36}$을 만족시키는 자연수 k는 36의 약수이므로
$k = 1, 2, 3, 4, 6, 9, 12, 18, 36$ ……… ㉠
$Q_4 \cap Q_6 = Q_{12}$ (4와 6의 최소공배수 → Q_{12})
$Q_k \subset Q_{12}$를 만족시키는 자연수 k는 12의 배수이므로
$k = 12, 24, 36, \cdots$ ……… ㉡
㉠, ㉡에서 주어진 조건을 동시에 만족시키는 자연수 k의 값은
12, 36이므로 그 합은
$$12 + 36 = 48$$

0719 답 ④

0720 답 ③
$A \cap B = \{2\}$이므로 $2 \in A$, $2 \in B$
$2 \in A$에서 $x = 2$를 $x^2 + px - 8 = 0$에 대입하면
$2^2 + 2p - 8 = 0$, $2p = 4$ ∴ $p = 2$
즉, $x^2 + 2x - 8 = 0$에서 $(x+4)(x-2) = 0$이므로
$x = -4$ 또는 $x = 2$
∴ $A = \{-4, 2\}$
$2 \in B$에서 $x = 2$를 $x^2 - 8x + q = 0$에 대입하면
$2^2 - 8 \times 2 + q = 0$ ∴ $q = 12$
즉, $x^2 - 8x + 12 = 0$에서 $(x-2)(x-6) = 0$이므로
$x = 2$ 또는 $x = 6$
∴ $B = \{2, 6\}$
따라서 $A \cup B = \{-4, 2, 6\}$이므로 집합 $A \cup B$의 모든 원소의
합은
$$(-4) + 2 + 6 = 4$$

0721 답 ①
$x^2 + 5x + 4 \le 0$에서 $(x+4)(x+1) \le 0$이므로
$-4 \le x \le -1$
∴ $B = \{x \mid -4 \le x \le -1\}$
이때 $A \cap B = \{x \mid -3 \le x \le -1\}$,
$A \cup B = \{x \mid -4 \le x \le 2\}$이므로
두 집합 A, B를 수직선 위에 나타내면 오른쪽 그림과 같다.

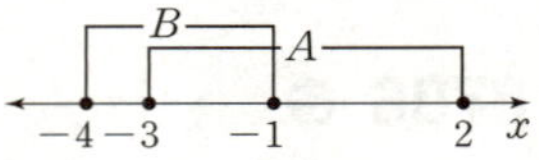

$A = \{x \mid -3 \le x \le 2\}$
$= \{x \mid (x+3)(x-2) \le 0\}$
$= \{x \mid x^2 + x - 6 \le 0\}$
따라서 $a = 1$, $b = -6$이므로
$ab = 1 \times (-6) = -6$

0722 답 ⑤
$x^2 - 2x - 3 < 0$에서 $(x+1)(x-3) < 0$이므로
$-1 < x < 3$
∴ $A = \{x \mid -1 < x < 3\}$
$x^2 - 7x + 10 < 0$에서 $(x-2)(x-5) < 0$이므로
$2 < x < 5$
∴ $B = \{x \mid 2 < x < 5\}$
$x^2 - 4x - 5 \ge 0$에서 $(x+1)(x-5) \ge 0$이므로
$x \le -1$ 또는 $x \ge 5$
∴ $X = \{x \mid x \le -1$ 또는 $x \ge 5\}$
두 집합 A, B를 수직선 위에 나타내면
오른쪽 그림과 같으므로 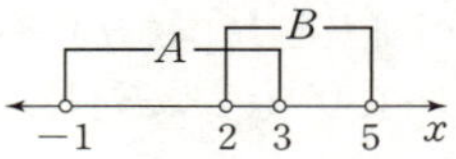
$A \cup B = \{x \mid -1 < x < 5\}$
따라서
$(A \cup B)^C = U - (A \cup B) = \{x \mid x \le -1$ 또는 $x \ge 5\}$이므로
$X = (A \cup B)^C$

> 🧑‍🏫 **선생님 톡톡**
>
> ①~④의 집합을 각각 구하면 다음과 같아.
> ① $A^C = \{x \mid x \le -1$ 또는 $x \ge 3\}$
> ② $B^C = \{x \mid x \le 2$ 또는 $x \ge 5\}$
> ③ $A \cap B = \{x \mid 2 < x < 3\}$
> ④ $A - B = \{x \mid -1 < x \le 2\}$

0723 답 ⑤
$2x - 1 > x - 2$에서 $x > -1$
∴ $A = \{x \mid x > -1\}$
$(x-k)(x-k^2) \le 0$에서 $k \le x \le k^2$ ($\because$ k는 정수)이므로
$B = \{x \mid k \le x \le k^2\}$

($k = k^2$이면 $k^2 - k = 0$에서 $k(k-1) = 0$, $k = 0$ 또는 $k = 1$, 따라서 $B = \{0\}$ 또는 $B = \{1\}$이므로 주어진 조건을 만족시키지 않는다.)

이때 $A \cup B = \{x \mid x \ge -2\}$이므로 $k = -2$
∴ $B = \{x \mid -2 \le x \le 4\}$
두 집합 A, B를 수직선 위에 나타내면 오른쪽 그림과 같으므로 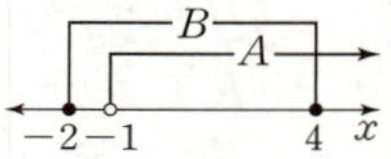
$A \cap B = \{x \mid -1 < x \le 4\}$

따라서 집합 $A \cap B$의 모든 원소는 0, 1, 2, 3, 4의 5개이다.

0724 답 15

0725 답 6

$n(A^C)=n(U)-n(A)$에서
$n(A)=n(U)-n(A^C)=30-10=20$
주어진 벤 다이어그램의 색칠한 부분이 나타내는 집합은 $A\cap B$
이므로
$n(A-B)=n(A)-n(A\cap B)$에서
$n(A\cap B)=n(A)-n(A-B)$
$\qquad =20-14=6$

0726 답 ①

$A\cap B^C=\varnothing$이므로 $A-B=\varnothing$, 즉 $A\subset B$
$\therefore A\cap B=A$
이때
$n(B)=n(U)-n(B^C)=25-12=13$
이므로
$n(B-A)=n(B)-n(A\cap B)$
$\qquad =n(B)-n(A)$
$\qquad =13-7=6$

0727 답 17

$n(A\cap B^C)=n(A-B)=10$
$n(A-B)=n(A)-n(A\cap B)$에서
$n(A\cap B)=n(A)-n(A-B)$
$\qquad =12-10=2$
두 집합 $A-B$, $B-A$가 서로소이므로
$n(B-A)=n((A-B)\cup(B-A))-n(A-B)$
$\qquad =25-10=15$
$n(B-A)=n(B)-n(A\cap B)$에서
$n(B)=n(B-A)+n(A\cap B)$
$\qquad =15+2=17$

0728 답 ③

$A\cap B=\varnothing$이므로 $n(A\cap B)=0$
세 집합 A, B, C를 벤 다이어그램
으로 나타내면 오른쪽 그림과 같다.
$n(A^C\cup C^C)=n((A\cap C)^C)$
$\qquad =n(U)-n(A\cap C)$

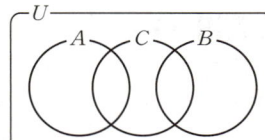

에서
$n(A\cap C)=n(U)-n(A^C\cup C^C)$
$\qquad =20-18=2$
$n(A\cup C)=n(A)+n(C)-n(A\cap C)$
$\qquad =5+7-2=10$
이므로
$n(A\cup B\cup C)=n(A\cup C)+n(B-C)$
$\qquad =10+4=14$

0729 답 ③

0730 답 ①

$U=\{1, 2, 3, \cdots, 25\}$이므로 $n(U)=25$
$Y\subset X$일 때, $n(X\cap Y)$가 최대이므로
$M=n(Y)=10$

$X\cup Y=U$일 때, $n(X\cap Y)$가 최소이므로
$n(X\cap Y)=n(X)+n(Y)-n(X\cup Y)$에서
$m=19+10-25=4$
$\therefore M-m=10-4=6$

(다른 풀이)

$n(X\cap Y)=n(X)+n(Y)-n(X\cup Y)$
$\qquad =19+10-n(X\cup Y)$
$\qquad =29-n(X\cup Y)$
$X\subset(X\cup Y)$, $Y\subset(X\cup Y)$이므로
$n(X)\le n(X\cup Y)$, $n(Y)\le n(X\cup Y)$ $\qquad\cdots\cdots$ ㉠
$(X\cup Y)\subset U$이므로 $n(X\cup Y)\le n(U)$ $\qquad\cdots\cdots$ ㉡
㉠, ㉡에서 $19\le n(X\cup Y)\le 25$
$-25\le -n(X\cup Y)\le -19$
$\therefore 4\le 29-n(X\cup Y)\le 10$
따라서 $4\le n(X\cap Y)\le 10$이므로
$M=10$, $m=4$
$\therefore M-m=10-4=6$

0731 답 ①

$n(A-B)=n(A)-n(A\cap B)$
$\qquad =21-n(A\cap B)$
이므로 $n(A\cap B)$가 최대일 때 $n(A-B)$는 최소이다.
$B\subset A$일 때, $n(A\cap B)$가 최대이므로 $n(A-B)$의 최솟값은
$n(A)-n(B)=21-16=5$
$\quad\downarrow n(A\cap B)=n(B)$

(다른 풀이)

$n(A-B)=n(A)-n(A\cap B)=21-n(A\cap B)$
$(A\cap B)\subset A$, $(A\cap B)\subset B$이므로
$(A\cap B)\le n(A)$, $n(A\cap B)\le n(B)$
$n(A\cap B)\le 16$이므로 $-16\le -n(A\cap B)$
$\therefore 5\le 21-n(A\cap B)$
따라서 $5\le n(A-B)$이므로 $n(A-B)$의 최솟값은 5이다.

0732 답 ②

$n(A^C\cap B^C)=n((A\cup B)^C)$
$\qquad =n(U)-n(A\cup B)$
$\qquad =30-n(A\cup B)$
이므로 $n(A^C\cap B^C)$은 $n(A\cup B)$가 최소일 때 최대이고,
$n(A\cup B)$가 최대일 때 최소이다.
$A\subset B$일 때, $n(A\cup B)$가 최소이므로 $n(A\cup B)$의 최솟값은 15
이다. $\quad\downarrow n(A)+n(B)\le n(U)$이므로
$A\cap B=\varnothing$일 때, $n(A\cup B)$가 최대이므로 $n(A\cup B)$의 최댓값은
$n(A)+n(B)=10+15=25$
따라서 $n(A^C\cap B^C)=n(U)-n(A\cup B)$의 최댓값은
$30-15=15$이고, 최솟값은 $30-25=5$이므로 구하는 합은
$15+5=20$

0733 답 73

$n(X\cup Y)=n(X)+n(Y)-n(X\cap Y)$
$\qquad =30+23-n(X\cap Y)$
$\qquad =53-n(X\cap Y)$
$(X\cap Y)\subset X$, $(X\cap Y)\subset Y$이므로

$n(X \cap Y) \le n(X)$, $n(X \cap Y) \le n(Y)$
$\therefore n(X \cap Y) \le 23$
이때 $n(X \cap Y) \ge 10$이므로 $10 \le n(X \cap Y) \le 23$
$-23 \le -n(X \cap Y) \le -10$
$\therefore 30 \le 53 - n(X \cap Y) \le 43$
따라서 $30 \le n(X \cup Y) \le 43$이므로 $n(X \cup Y)$의 최댓값과 최솟값의 합은
$43 + 30 = 73$

다른 풀이

$n(X \cup Y) = n(X) + n(Y) - n(X \cap Y)$이므로 $n(X \cap Y)$가 최소일 때 $n(X \cup Y)$는 최대이므로 $n(X \cup Y)$의 최댓값은
$30 + 23 - 10 = 43$
$Y \subset X$일 때, $n(X \cup Y)$는 최소이므로 $n(X \cup Y)$의 최솟값은 30이다.
따라서 $n(X \cup Y)$의 최댓값과 최솟값의 합은
$43 + 30 = 73$

0734 답 ⑤

0735 답 8

연준이네 반 학생 전체의 집합을 U, 영어 문제를 맞힌 학생의 집합을 A, 수학 문제를 맞힌 학생의 집합을 B라 하면
$n(U) = 50$, $n(A) = 32$, $n(B) = 25$, $n(A^C \cap B^C) = 10$
$n(A^C \cap B^C) = n((A \cup B)^C) = n(U) - n(A \cup B)$에서
$10 = 50 - n(A \cup B)$
$\therefore n(A \cup B) = 40$
$n(A \cup B) = n(A) + n(B) - n(A \cap B)$에서
$40 = 32 + 25 - n(A \cap B)$ $\therefore n(A \cap B) = 17$
따라서 수학 문제만 맞힌 학생 수는
$n(B - A) = n(B) - n(A \cap B) = 25 - 17 = 8$

0736 답 ②

운동 동호회 회원 전체의 집합을 U, 야구를 좋아한다고 답한 회원의 집합을 A, 축구를 좋아한다고 답한 회원의 집합을 B라 하면
$n(U) = 60$, $n(A) = 30$, $n(B) = 22$
야구와 축구를 모두 좋아하지 않는다고 답한 회원 수는
$k = n(A^C \cap B^C)$
$= n((A \cup B)^C)$
$= n(U) - n(A \cup B)$
$= n(U) - \{n(A) + n(B) - n(A \cap B)\}$
$= 60 - \{30 + 22 - n(A \cap B)\}$
$= 8 + n(A \cap B)$
k는 $n(A \cap B)$가 최대일 때 최대이고 $n(A \cap B)$가 최소일 때 최소이다.
$B \subset A$일 때, $n(A \cap B)$가 최대이므로 $n(A \cap B)$의 최댓값은 22이다.
↳ $n(A) + n(B) \le n(U)$이므로
$n(A \cap B) = 0$일 수 있다.
$A \cap B = \varnothing$일 때, $n(A \cap B)$가 최소이므로 $n(A \cap B)$의 최솟값은 0이다.
따라서 k의 최댓값은 $8 + 22 = 30$, 최솟값은 $8 + 0 = 8$이므로 구하는 합은
$30 + 8 = 38$

0737 답 56

지역 A를 방문한 학생의 집합을 A, 지역 B를 방문한 학생의 집합을 B라 하면
$n(U) = 30$, $n(A) = 17$, $n(B) = 15$
$n(A \cup B) = n(A) + n(B) - n(A \cap B)$
$= 17 + 15 - n(A \cap B)$
$= 32 - n(A \cap B)$
이므로
$n((A \cup B)^C) = n(U) - n(A \cup B)$
$= 30 - \{32 - n(A \cap B)\}$
$= n(A \cap B) - 2$
이때 $(A \cap B) \subset A$, $(A \cap B) \subset B$이므로
$n(A \cap B) \le n(A)$, $n(A \cap B) \le n(B)$
$n(A \cap B) \le 17$, $n(A \cap B) \le 15$
$\therefore n(A \cap B) \le 15$ ······ ㉠
$(A \cup B) \subset U$이므로 $n(A \cup B) \le n(U)$
$32 - n(A \cap B) \le n(U)$, $32 - n(A \cap B) \le 30$
$\therefore n(A \cap B) \ge 2$ ······ ㉡
㉠, ㉡에서
$2 \le n(A \cap B) \le 15$ ······ ㉢
한편, 구하는 학생 수는 $n(A - B) + n(B - A)$이고
$n(A - B) = n(A) - n(A \cap B)$
$= 17 - n(A \cap B)$
$n(B - A) = n(B) - n(A \cap B)$
$= 15 - n(A \cap B)$
이므로
$n(A - B) + n(B - A) = \{17 - n(A \cap B)\} + \{15 - n(A \cap B)\}$
$= 32 - 2 \times n(A \cap B)$
㉢에서 $-30 \le -2 \times n(A \cap B) \le -4$이므로
$2 \le 32 - 2 \times n(A \cap B) \le 28$
따라서 $M = 28$, $m = 2$이므로
$Mm = 28 \times 2 = 56$

0738 답 ①

학급 학생 전체의 집합을 U, A 게임을 해 본 학생의 집합을 A, B 게임을 해 본 학생의 집합을 B, C 게임을 해 본 학생의 집합을 C라 하면
↳ 어느 한 종류의 게임도 해 보지 않은 학생이 없으므로 $A \cup B \cup C = U$
$n(U) = n(A \cup B \cup C) = 50$,
$n(A) = 27$, $n(B) = 17$, $n(C) = 18$, $n(A \cup C) = 37$
$A \cap B = \varnothing$이므로
$n(A \cap B) = 0$
세 집합 A, B, C를 벤 다이어그램으로 나타내면 오른쪽 그림과 같다.

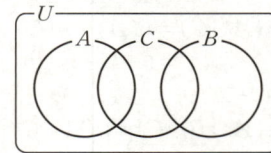

$n(A \cup C) = n(A) + n(C) - n(A \cap C)$에서
$37 = 27 + 18 - n(A \cap C)$
$\therefore n(A \cap C) = 8$
$n(A \cup B \cup C) = n(A \cup C) + n(B) - n(B \cap C)$에서
$50 = 37 + 17 - n(B \cap C)$
$\therefore n(B \cap C) = 4$
따라서 세 종류의 게임 중 두 종류의 게임만 해 본 학생 수는
$n(A \cap B) + n(A \cap C) + n(B \cap C) = 0 + 8 + 4 = 12$

0739 답 ③

One Point Lesson
벤 다이어그램을 이해하고 세 집합 A, B, C 사이의 포함 관계를 구한다.

$A \cap C = \varnothing$, $B \subset C$이므로
$$(A \cup B) - C^C = (A \cup B) \cap C$$
$$= (A \cap C) \cup (B \cap C) \quad \}\text{분배법칙}$$
$$= \varnothing \cup B = B$$

0740 답 ①

One Point Lesson
$A_m \subset A_n$이면 n은 m의 약수이다.

$(A_{48} \cup A_{72}) \subset A_k$에서 $A_{48} \subset A_k$이므로 k는 48의 약수이고,
$A_{72} \subset A_k$이므로 k는 72의 약수이어야 한다.
따라서 자연수 k는 48과 72의 공약수이므로 k의 최댓값은 48과 72의 최대공약수인 24이다.

0741 답 4

One Point Lesson
집합 X가 반드시 갖는 원소와 갖지 않는 원소의 개수를 각각 구한다.

$A - X = \{a\}$이므로 $a \notin X$
또한, $A = \{a, b, c\}$, $A - X = \{a\}$에서 $A \cap X = \{b, c\}$이므로
$b \in X$, $c \in X$
한편, $(X - A) \cap \{e\} = \varnothing$이고 $e \notin (A - X)$이므로
$e \notin X$
따라서 집합 X는 집합 $\{a, b, c, d, e, f\}$의 부분집합 중에서
b, c를 반드시 원소로 갖고, a, e는 원소로 갖지 않는 부분집합이므로 그 개수는
$$2^{6-2-2} = 2^2 = 4$$

0742 답 ②

One Point Lesson
집합 $A \cap B$의 원소 중 하나를 k라 하고 두 집합 A, B의 모든 원소를 k로 나타낸 후 주어진 조건을 만족시키는 식의 값을 구한다.

$n(A \cap B) = 2$이므로 홀수 k $(k \geq 7)$에 대하여
$A = \{k-6, k-4, k-2, k, k+2\}$,
$B = \{k, k+2, k+4, k+6, k+8\}$
이므로
$$S(A) = (k-6) + (k-4) + (k-2) + k + (k+2)$$
$$= 5k - 10$$
$$S(B) = k + (k+2) + (k+4) + (k+6) + (k+8)$$
$$= 5k + 20$$
이때 $S(A) + S(B) = 100$에서
$(5k-10) + (5k+20) = 100$, $10k + 10 = 100$
$10k = 90$ ∴ $k = 9$
∴ $S(A) = 5 \times 9 - 10 = 35$

0743 답 32

One Point Lesson
$S(A \cup B) = S(A) + S(B) - S(A \cap B)$임을 이용한다.

$S(U) = 1+2+3+4+5+6+7 = 28$이므로
$S(A \cup B) = S(U)$에서 $S(A \cup B) = 28$
$7S(A \cap B) = S(U)$에서 $7S(A \cap B) = 28$
∴ $S(A \cap B) = 4$
따라서 $S(A \cup B) = S(A) + S(B) - S(A \cap B)$이므로
$S(A) + S(B) = S(A \cup B) + S(A \cap B) = 28 + 4 = 32$

0744 답 ⑤

One Point Lesson
$A - B = A \cap B^C$, $A^C \cup B^C = (A \cap B)^C$임을 이용하여 세 집합 A, B, C 사이의 포함 관계를 구한다.

$$(A - B) \cup B = (A \cap B^C) \cup B$$
$$= (A \cup B) \cap (B^C \cup B) \quad \}\text{분배법칙}$$
$$= (A \cup B) \cap U$$
$$= A \cup B$$
즉, $A \cup B = A$이므로 $B \subset A$ ...... ㉠
$$(C - A) \cup (C - B) = (C \cap A^C) \cup (C \cap B^C) \quad \}\text{분배법칙}$$
$$= C \cap (A^C \cup B^C) \quad \}\text{드모르간의 법칙}$$
$$= C \cap (A \cap B)^C$$
$$= C - (A \cap B)$$
즉, $C - (A \cap B) = \varnothing$이므로 $C \subset (A \cap B)$
∴ $C \subset A$, $C \subset B$ ...... ㉡
㉠, ㉡에서 $C \subset B \subset A$

선생님 톡톡
$(C - A) \cup (C - B) = \varnothing$이므로 $C - A = \varnothing$, $C - B = \varnothing$임을 알 수 있어.
즉, $C - A = \varnothing$이므로 $C \subset A$이고 $C - B = \varnothing$이므로 $C \subset B$야.

0745 답 ②

One Point Lesson
$A - B = \varnothing$이면 $A \subset B$임을 이용하여 조건을 만족시키는 미지수를 구한다.

$A - B = \varnothing$이므로 $A \subset B$이고, $4 \in A$이므로 $4 \in B$
$k - 1 = 4$ 또는 $k^2 - 5 = 4$, 즉 $k^2 = 9$ ∴ $k = 5$ 또는 $k = \pm 3$
(ⅰ) $k = -3$일 때
$A = \{3, 4\}$, $B = \{-4, 3, 4\}$이므로
$A - B = \varnothing$
즉, 주어진 조건을 만족시킨다.
(ⅱ) $k = 3$일 때
$A = \{1, 4\}$, $B = \{2, 3, 4\}$이므로
$A - B = \{1\}$
즉, 주어진 조건을 만족시키지 않는다.
(ⅲ) $k = 5$일 때
$A = \{3, 4\}$, $B = \{3, 4, 20\}$이므로
$A - B = \varnothing$
즉, 주어진 조건을 만족시킨다.
(ⅰ), (ⅱ), (ⅲ)에서 $k = -3$ 또는 $k = 5$
따라서 구하는 모든 상수 k의 값의 곱은
$(-3) \times 5 = -15$

0746 답 85

학교 학생 전체의 집합을 U, 체험 활동 A를 신청한 학생의 집합을 A, 체험 활동 B를 신청한 학생의 집합을 B라 하면

$n(U)=200$

$n(A)=n(B)+20$ ⋯⋯ ㉠

$n((A\cup B)^C)=n(A\cup B)-100$ ⋯⋯ ㉡

이때 $n((A\cup B)^C)=n(U)-n(A\cup B)=200-n(A\cup B)$

이므로 ㉡에서

$200-n(A\cup B)=n(A\cup B)-100$, $2\times n(A\cup B)=300$

$\therefore n(A\cup B)=150$

또한, $n(A\cup B)=n(A)+n(B)-n(A\cap B)$에서

$150=n(A)+\{n(A)-20\}-n(A\cap B)$ $(\because ㉠)$

$2\times n(A)=170+n(A\cap B)$

$\therefore n(A)=\frac{1}{2}\{170+n(A\cap B)\}$

체험 활동 A만 신청한 학생의 집합은 $A-B$이고

$A-B=A-(A\cap B)$이므로

$n(A-B)=n(A)-n(A\cap B)$ ⋯⋯ ㉢

즉, $n(A\cap B)$가 최소일 때 $n(A-B)$는 최대이다.

$A\cap B=\varnothing$이면 $n(A\cap B)$는 최소이므로 $n(A\cap B)$의 최솟값은 0이다.

㉢에서 $n(A-B)$의 최댓값은 $n(A)$이므로

따라서 체험 활동 A만 신청한 학생 수의 최댓값은

$\frac{1}{2}\{170+n(A\cap B)\}=\frac{1}{2}\times(170+0)$

$=85$

선생님 톡톡

$n(A\cup B)=150<200=n(U)$에서 $n(A\cup B)<n(U)$이므로 $n(A\cap B)$는 $A\cap B=\varnothing$일 때 최솟값을 가져.

0747 답 54

전체집합 $U=\{a, b, c, d, e, f\}$의 부분집합의 개수는

$2^6=64$

조건 (가)에 의하여 $A\cap X=\varnothing$인 집합 X는 a, b, c, d를 원소로 갖지 않는다.

즉, 집합 X는 집합 $\{e, f\}$의 부분집합과 같으므로 그 개수는

$2^{6-4}=2^2=4$ ⋯⋯ ㉠

조건 (나)에 의하여 $B\cap X=\varnothing$인 집합 X는 a, c, e를 원소로 갖지 않는다.

즉, 집합 X는 집합 $\{b, d, f\}$의 부분집합과 같으므로 그 개수는

$2^{6-3}=2^3=8$ ⋯⋯ ㉡

㉠, ㉡에서 $\{f\}$와 $\varnothing$이 겹치므로 $U=\{a, b, c, d, e, f\}$의 부분집합 중에서 $A\cap X=\varnothing$이거나 $B\cap X=\varnothing$인 집합 X의 개수는

$4+8-2=10$

따라서 집합 X의 개수는

$64-10=54$

0748 답 30

$U=\{1, 2, 3, \cdots, 10\}$

조건 (가)에 의하여 집합 A의 원소는 10과 서로소이므로 10 이하의 자연수 중에서 2와 5를 인수로 갖지 않아야 한다.

$\therefore A=\{1, 3, 7, 9\}$

이때 $A\cap B=\varnothing$에서 $B\subset A^C=\{2, 4, 5, 6, 8, 10\}$이므로 집합 B는 집합 $\{2, 4, 5, 6, 8, 10\}$의 부분집합이다.

조건 (나)에 의하여 $x\in B$이면 $11-x\notin B$이어야 한다.

$2\in B$이면 $11-2=9\notin B$이므로 조건 (나)를 만족시킨다.

$4\in B$이면 $11-4=7\notin B$이므로 조건 (나)를 만족시킨다.

$5\in B$이면 $11-5=6\in B$, $6\in B$이면 $11-6=5\notin B$이므로 5와 6 중 하나만 집합 B의 원소가 된다.

$8\in B$이면 $11-8=3\notin B$이므로 조건 (나)를 만족시킨다.

$10\in B$이면 $11-10=1\notin B$이므로 조건 (나)를 만족시킨다.

따라서 집합 B는 2, 4, 6, 8, 10을 모두 원소로 가질 때 모든 원소의 합이 최대이므로 그 합은

$2+4+6+8+10=30$

0749 답 432

조건 (가)에 의하여 집합 A는 4, 6을 원소로 갖는다.

$n(A)=4$이므로 $A=\{4, 6, a, b\}$라 하면

$B=\{4+k, 6+k, a+k, b+k\}$이고,

집합 A의 모든 원소의 합이 21이므로

$4+6+a+b=21$ $\therefore a+b=11$ ⋯⋯ ㉠

집합 A의 모든 원소의 합을 $S(A)$라 하면 조건 (나)에 의하여

$S(A\cup B)=40$ $(4+k)+(6+k)+(a+k)+(b+k)$ $=(4+6+a+b)+4k=21+4k$

이때 $S(A\cup B)=S(A)+\underline{S(B)}-S(A\cap B)$에서

$40=21+(21+4k)-10$, $4k+32=40$ $\therefore k=2$

집합 $B=\{6, 8, a+2, b+2\}$에서 $A\cap B=\{4, 6\}$이므로

$a+2=4$ 또는 $b+2=4$이어야 한다.

$a+2=4$, 즉 $a=2$일 때, $b=9$ $(\because ㉠)$

$b+2=4$, 즉 $b=2$일 때, $a=9$ $(\because ㉠)$

따라서 $A=\{2, 4, 6, 9\}$이므로 집합 A의 모든 원소의 곱은

$2\times 4\times 6\times 9=432$

0750 답 ④

$a>0$이라 하면 $f(x)\leq 0$에서

$-a\leq x\leq a$ $\therefore A=\{x\,|\,-a\leq x\leq a\}$

$b<c$라 하면 $g(x)>0$에서

$x<b$ 또는 $x>c$ $\therefore B=\{x\,|\,x<b$ 또는 $x>c\}$

이때 $A\cup B=\{x\,|\,x는 모든 실수\}$,

$A\cap B=\{x\,|\,\underline{-2\leq x<1}\}$이 성립하도록 두 집합 A, B를 수직선 위에 나타내면 오른쪽 그림과 같으므로

➡ 등호의 위치를 보고 $-a=-2$임을 알 수 있다.

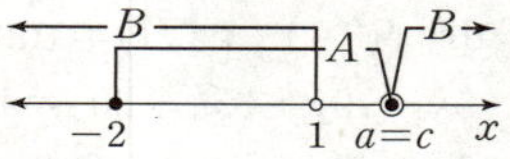

$-a=-2$, $b=1$, $a=c$

$\therefore a=2$, $b=1$, $c=2$

따라서 $f(x)=(x+2)(x-2)$, $g(x)=(x-1)(x-2)$이므로

$f(0)+g(0)=2\times(-2)+(-1)\times(-2)$

$\qquad\qquad\quad =(-4)+2=-2$

0751 답 ⑤

One Point Lesson

$P_1\cap P_2\cap P_3\cap\cdots\cap P_m=\varnothing$을 만족시키려면

(P_1의 원소의 최댓값)$<$(P_m의 원소의 최솟값)이어야 한다.

$P_1=\{x\,|\,-1\le x<12,\ x$는 정수$\}=\{-1, 0, 1, \cdots, 11\}$,

$P_2=\{x\,|\,1\le x<19,\ x$는 정수$\}=\{1, 2, 3, \cdots, 18\}$,

$P_3=\{x\,|\,3\le x<26,\ x$는 정수$\}=\{3, 4, 5, \cdots, 25\}$,

$P_4=\{x\,|\,5\le x<33,\ x$는 정수$\}=\{5, 6, 7, \cdots, 32\}$,

$P_5=\{x\,|\,7\le x<40,\ x$는 정수$\}=\{7, 8, 9, \cdots, 39\}$

ㄱ. $P_1=\{-1, 0, 1, \cdots, 11\}$, $P_5=\{7, 8, 9, \cdots, 39\}$이므로

$P_1\cap P_5=\{7, 8, 9, 10, 11\}$에서 $n(P_1\cap P_5)=5$

즉, 집합 $P_1\cap P_5$의 부분집합의 개수는

$2^5=32$ (참)

ㄴ. $P_1\cup P_2\cup P_3\cup P_4=\{-1, 0, 1, \cdots, 32\}$이므로

$n(P_1\cup P_2\cup P_3\cup P_4)=34$

$P_1\cup P_2\cup P_3\cup P_4\cup P_5=\{-1, 0, 1, \cdots, 39\}$이므로

$n(P_1\cup P_2\cup P_3\cup P_4\cup P_5)=41$

즉, $n(P_1\cup P_2\cup P_3\cup\cdots\cup P_l)\ge40$을 만족시키는 자연수 l의 최솟값은 5이다. (참)

ㄷ. $P_6=\{x\,|\,9\le x<47,\ x$는 정수$\}=\{9, 10, 11, \cdots, 46\}$,

$P_7=\{x\,|\,11\le x<54,\ x$는 정수$\}=\{11, 12, 13, \cdots, 53\}$,

$P_8=\{x\,|\,13\le x<61,\ x$는 정수$\}=\{13, 14, 15, \cdots, 60\}$

이므로

$P_1\cap P_2\cap P_3\cap\cdots\cap P_7=\{11\}$, $P_1\cap P_2\cap P_3\cap\cdots\cap P_8=\varnothing$

즉, $P_1\cap P_2\cap P_3\cap\cdots\cap P_m=\varnothing$을 만족시키는 자연수 m의 최솟값은 8이다. (참)

따라서 옳은 것은 ㄱ, ㄴ, ㄷ이다.

🧑‍🏫 **선생님 톡톡**

ㄴ에서

$P_k=\{x\,|\,2k-3\le x<7k+5,\ x$는 정수$\}$,

$P_{k+1}=\{x\,|\,2k-1\le x<7k+12,\ x$는 정수$\}$

일 때, $7k+5>2k-1$이므로 자연수 l에 대하여

$P_1\cup P_2\cup P_3\cup\cdots\cup P_l=\{x\,|\,-1\le x<7l+5,\ x$는 정수$\}$

$n(P_1\cup P_2\cup P_3\cup\cdots\cup P_l)\ge40$이려면

$7l+5+1\ge40$, $7l\ge34$

$\therefore l\ge\dfrac{34}{7}=4.8\times\times\times$

즉, 자연수 l의 최솟값은 5야.

또한, ㄷ에서 $P_1\cap P_2\cap P_3\cap\cdots\cap P_m=\varnothing$이려면

집합 P_1의 가장 큰 원소가 집합 P_m의 가장 작은 원소보다 작아야 해.

$2m-3>11$, $2m>14$

$\therefore m>7$

즉, 자연수 m의 최솟값은 8이야.

0752 답 96

전체집합 $U=\{1, 2, 3, 4, 5, 6, 7\}$의 부분집합의 개수는

$2^7=128$

❶

$A\cap B=\varnothing$을 만족시키는 집합 B는 전체집합 $U=\{1, 2, 3, 4, 5, 6, 7\}$의 부분집합 중에서 3, 4를 원소로 갖지 않는 부분집합이므로 그 개수는

$2^{7-2}=2^5=32$

❷

따라서 $A\cap B\ne\varnothing$을 만족시키는 집합 B의 개수는

$128-32=96$

❸

채점 기준	배점 비율
❶ 전체집합 U의 부분집합의 개수 구하기	30%
❷ $A\cap B=\varnothing$을 만족시키는 집합 B의 개수 구하기	50%
❸ $A\cap B\ne\varnothing$을 만족시키는 집합 B의 개수 구하기	20%

0753 답 3

$A\cap B=B$에서 $B\subset A$

❶

x에 대한 방정식 $mx+2=x$에서

$(m-1)x=-2$

(ⅰ) $B=\varnothing$인 경우 → 공집합은 모든 집합의 부분집합이다.

x에 대한 방정식 $(m-1)x=-2$를 만족시키는 x의 값이 존재하지 않아야 하므로

$m-1=0$ $\quad\therefore m=1$

❷

(ⅱ) $B\ne\varnothing$인 경우

$(m-1)x=-2$에서 $x=-\dfrac{2}{m-1}$ (단, $m\ne1$)

$B\subset A$이고 $A=\{-1, 1\}$이므로

$-1\in B$ 또는 $1\in B$

ⓐ $-1\in B$일 때, $-\dfrac{2}{m-1}=-1$

$m-1=2$ $\quad\therefore m=3$

ⓑ $1\in B$일 때, $-\dfrac{2}{m-1}=1$

$m-1=-2$ $\quad\therefore m=-1$

ⓐ, ⓑ에서 $m=-1$ 또는 $m=3$

❸

(ⅰ), (ⅱ)에서 $m=-1$ 또는 $m=1$ 또는 $m=3$

따라서 모든 실수 m의 값의 합은

$(-1)+1+3=3$

❹

채점 기준	배점 비율
❶ 두 집합 A, B 사이의 포함 관계 알기	20%
❷ $B=\varnothing$일 때, 실수 m의 값 구하기	30%
❸ $B\ne\varnothing$일 때, 실수 m의 값 구하기	30%
❹ 모든 실수 m의 값의 합 구하기	20%

0754 답 337

$\sqrt{a}$, $\sqrt{b}$, $\sqrt{c}$, $\sqrt{d}$가 모두 자연수이므로 a, b, c, d는 모두 제곱수이다.

❶

조건 (가)에 의하여

$a=3^2=9$, $b=4^2=16$

❷

즉, $A=\{9, 16, c, d\}$, $B=\{3, 4, \sqrt{c}, \sqrt{d}\}$이고
조건 (나)에 의하여 $A \cap B = \{a, b\} = \{9, 16\}$이므로
$\sqrt{c}=9$, $\sqrt{d}=16$
$\therefore c=9^2=81$, $d=16^2=256$
....❸

따라서 $A=\{9, 16, 81, 256\}$, $B=\{3, 4, 9, 16\}$에서
$A-B=\{81, 256\}$이므로 집합 $A-B$의 모든 원소의 합은
$81+256=337$
....❹

채점 기준	배점 비율
❶ 네 자연수 a, b, c, d의 조건 알기	20%
❷ 조건 (가)를 이용하여 두 자연수 a, b의 값 각각 구하기	30%
❸ 조건 (나)를 이용하여 두 자연수 c, d의 값 각각 구하기	30%
❹ 집합 $A-B$의 모든 원소의 합 구하기	20%

0755 답 65

영화 A를 관람한 학생의 집합을 A, 영화 B를 관람한 학생의 집합을 B라 하면
$n(A)=20$, $n(B)=25$, $n(A \cap B) \geq 5$
....❶

두 영화 A, B 중 적어도 하나를 관람한 학생 수는
$n(A \cup B)=n(A)+n(B)-n(A \cap B)$
$\qquad\qquad =20+25-n(A \cap B)$
$\qquad\qquad =45-n(A \cap B)$
$(A \cap B) \subset A$, $(A \cap B) \subset B$이므로
$n(A \cap B) \leq n(A)$, $n(A \cap B) \leq n(B)$에서
$n(A \cap B) \leq 20$, $n(A \cap B) \leq 25$
$\therefore n(A \cap B) \leq 20$
이때 $n(A \cap B) \geq 5$이므로 $5 \leq n(A \cap B) \leq 20$
....❷

$-20 \leq -n(A \cap B) \leq -5$
$\therefore 25 \leq 45-n(A \cap B) \leq 40$
즉, $25 \leq n(A \cup B) \leq 40$이므로 $n(A \cup B)$의 최댓값은 40, 최솟값은 25이다.
....❸

따라서 두 영화 A, B 중 적어도 하나를 관람한 학생 수의 최댓값과 최솟값의 합은
$40+25=65$
....❹

채점 기준	배점 비율
❶ 주어진 조건을 집합의 원소의 개수로 나타내기	20%
❷ $n(A \cap B)$의 범위 구하기	30%
❸ $n(A \cup B)$의 최댓값과 최솟값 각각 구하기	40%
❹ 두 영화 A, B 중 적어도 하나를 관람한 학생 수의 최댓값과 최솟값의 합 구하기	10%

(다른 풀이)

영화 A를 관람한 학생의 집합을 A, 영화 B를 관람한 학생의 집합을 B라 하면
$n(A)=20$, $n(B)=25$, $n(A \cap B) \geq 5$
....❶

두 영화 A, B 중 적어도 하나를 관람한 학생 수는
$n(A \cup B)=n(A)+n(B)-n(A \cap B)$

이때 $n(A \cap B)$가 최소일 때 $n(A \cup B)$는 최대이므로
$n(A \cup B)$의 최댓값은
$20+25-5=40$
....❷

$A \subset B$일 때, $n(A \cup B)$는 최소이므로 $n(A \cup B)$의 최솟값은 25이다.
....❸

따라서 두 영화 A와 B 중 적어도 하나를 관람한 학생 수의 최댓값과 최솟값의 합은
$40+25=65$
....❹

채점 기준	배점 비율
❶ 주어진 조건을 집합의 원소의 개수로 나타내기	20%
❷ $n(A \cup B)$의 최댓값 구하기	35%
❸ $n(A \cup B)$의 최솟값 구하기	35%
❹ 두 영화 A, B 중 적어도 하나를 관람한 학생 수의 최댓값과 최솟값의 합 구하기	10%

0756 답 10

(i) $S(X \cap Y)$가 최대일 때, $n(X \cap Y)$는 최대이고 집합 $X \cap Y$의 모든 원소의 합도 최대이다.
$Y \subset X$일 때, $n(X \cap Y)$가 최대이므로 $n(X \cap Y)$의 최댓값은 2이다.
따라서 집합 $X \cap Y$의 모든 원소의 합이 최대일 때
$X \cap Y=\{4, 5\}$이므로 $S(X \cap Y)$의 최댓값은
$4+5=9$
....❶

(ii) $S(X \cap Y)$가 최소일 때, $n(X \cap Y)$는 최소이고 집합 $X \cap Y$의 모든 원소의 합도 최소이다.
$U=X \cup Y$일 때, $n(X \cap Y)$가 최소이므로 $n(X \cap Y)$의 최솟값은 $n(X \cup Y)=n(X)+n(Y)-n(X \cap Y)$에서
$n(X \cap Y)=n(X)+n(Y)-n(X \cup Y)$
$\qquad\qquad =4+2-5$
$\qquad\qquad =1$
따라서 집합 $X \cap Y$의 모든 원소의 합이 최소일 때
$X \cap Y=\{1\}$이므로 $S(X \cap Y)$의 최솟값은 1이다.
....❷

(i), (ii)에서 구하는 최댓값과 최솟값의 합은
$9+1=10$
....❸

채점 기준	배점 비율
❶ $S(X \cap Y)$의 최댓값 구하기	45%
❷ $S(X \cap Y)$의 최솟값 구하기	45%
❸ $S(X \cap Y)$의 최댓값과 최솟값의 합 구하기	10%

0757 답 23

$A \odot B=(A-B) \cup (B-A)$이므로 집합 $A \odot B$를 벤 다이어그램으로 나타내면 다음 그림과 같다.

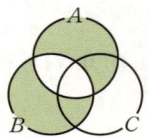

집합 $(A⊙B)⊙C$를 벤 다이어그램으로 나타내면 다음 그림과 같다.

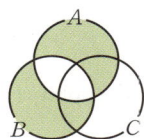 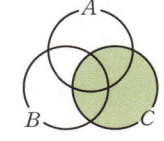 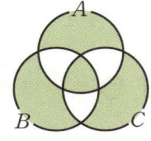

$A⊙B$ ⊙ C = $(A⊙B)⊙C$

$U=\{1, 2, 3, \cdots, 50\}$, $A=\{2, 4, 6, \cdots, 50\}$,
$B=\{3, 6, 9, \cdots, 48\}$, $C=\{5, 10, 15, \cdots, 50\}$
이므로
$n(U)=50$, $n(A)=25$, $n(B)=16$, $n(C)=10$
$A∩B=\{x|x는 6의 배수\}=\{6, 12, 18, \cdots, 48\}$이므로
$n(A∩B)=8$
$B∩C=\{x|x는 15의 배수\}=\{15, 30, 45\}$이므로
$n(B∩C)=3$
$A∩C=\{x|x는 10의 배수\}=\{10, 20, 30, 40, 50\}$이므로
$n(A∩C)=5$
$A∩B∩C=\{x|x는 30의 배수\}=\{30\}$이므로
$n(A∩B∩C)=1$

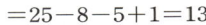

오른쪽 그림과 같이 벤 다이어그램의 각 부분에
속하는 원소의 개수를 각각 a, b, c, d, e, f, g라
하면
$a=n(A)-n(A∩B)-n(A∩C)$
$\qquad +n(A∩B∩C)$
$\quad =25-8-5+1=13$
$b=n(B)-n(A∩B)-n(B∩C)+n(A∩B∩C)$
$\quad =16-8-3+1=6$
$c=n(C)-n(A∩C)-n(B∩C)+n(A∩B∩C)$
$\quad =10-5-3+1=3$
$g=n(A∩B∩C)=1$
따라서 집합 $(A⊙B)⊙C$의 원소의 개수는
$a+b+c+g=13+6+3+1=23$

채점 기준	배점 비율
❶ 벤 다이어그램을 이용하여 집합 $(A⊙B)⊙C$ 알기	30%
❷ $n(U)$, $n(A)$, $n(B)$, $n(C)$, $n(A∩B)$, $n(B∩C)$, $n(A∩C)$, $n(A∩B∩C)$ 각각 구하기	20%
❸ 집합 $(A⊙B)⊙C$의 원소의 개수 구하기	50%

본문 130~132쪽

[0758~0761]
명제인 것은 **0758**, **0761**이다.

0758 🅐 참인 명제

0759 🅐 명제가 아니다.
x의 값에 따라 참, 거짓이 달라진다.

0760 🅐 명제가 아니다.
'재미있다'는 참, 거짓을 판별할 수 있는 기준이 명확하지 않다.

0761 🅐 거짓인 명제

0762 🅐 부정: $1≥2$ (거짓)

0763 🅐 부정: $\sqrt{2}+\sqrt{3}≠\sqrt{5}$ (참)

0764 🅐 부정: 정삼각형은 이등변삼각형이 아니다. (거짓)

0765 🅐 부정: 0은 자연수도 아니고 음의 정수도 아니다. (참)

해설 속 칠판 부정의 예
(1) $<(>)$ ←(부정)→ $≥(≤)$, $=$ ←(부정)→ $≠$
(2) 그리고 ←(부정)→ 또는
(3) 짝수 ←(부정)→ 홀수 (단, 자연수 범위)
(4) 음수 ←(부정)→ 음수가 아니다. (0 또는 양수이다.)
(5) 유리수 ←(부정)→ 무리수 (단, 실수 범위)
(6) $x=y=z$ ←(부정)→ $x≠y$ 또는 $y≠z$ 또는 $z≠x$
(7) 적어도 하나는 ~이다. ←(부정)→ 모두 ~이 아니다.

0766 🅐 $\{2, 3, 5\}$
7보다 작은 소수는 2, 3, 5이므로 조건 p의 진리집합은 $\{2, 3, 5\}$
이다.

0767 🅐 $\{1, 3\}$
$q : x^2-4x+3=0$에서 $(x-1)(x-3)=0$
$∴ x=1$ 또는 $x=3$
따라서 조건 q의 진리집합은 $\{1, 3\}$이다.

0768 🅐 $\{1, 2, 3\}$
$0≤x≤3$에서 x의 값은 1, 2, 3이므로 조건 r의 진리집합은
$\{1, 2, 3\}$이다.

0769 답 $\sim p$: x는 8의 약수가 아니다.,
조건 $\sim p$의 진리집합: $\{3, 5, 6, 7, 9, 10\}$

$\sim p$: x는 8의 약수가 아니다.
조건 p의 진리집합을 P라 하면 $P=\{1, 2, 4, 8\}$이므로
$P^C=\{3, 5, 6, 7, 9, 10\}$

0770 답 $\sim q$: $x<3$ 또는 $x>7$,
조건 $\sim q$의 진리집합: $\{1, 2, 8, 9, 10\}$

q: $x^2-10x+21\leq0$에서 $(x-3)(x-7)\leq0$ $\therefore 3\leq x\leq7$
$\sim q$: $x<3$ 또는 $x>7$
조건 q의 진리집합을 Q라 하면 $Q=\{3, 4, 5, 6, 7\}$이므로
$Q^C=\{1, 2, 8, 9, 10\}$

0771 답 가정: $x=1$이다., 결론: $x^2=1$이다.

0772 답 가정: $x^2+y^2>0$, 결론: $x\neq0$ 또는 $y\neq0$

0773 답 참

두 조건 p, q를 'p: x는 4의 약수이다.', 'q: x는 8의 약수이다.'
라 하고 두 조건 p, q의 진리집합을 각각 P, Q라 하면
$P=\{1, 2, 4\}$, $Q=\{1, 2, 4, 8\}$
따라서 $P\subset Q$이므로 주어진 명제는 참이다.

0774 답 거짓

[반례] $n=2$이면 n은 소수이지만 $n^2=2^2=4$는 짝수이므로 주어진
명제는 거짓이다.
→ 명제가 거짓임을 보이는 예

0775 답 거짓

[반례] $x=0$이면 $|x|=0$이므로 주어진 명제는 거짓이다.

선생님 톡톡
'모든'이 있는 명제는 성립하지 않는 예가 하나라도 있으면 거짓이야!

0776 답 참

전체집합 U의 모든 원소에 대하여 $x^2\geq0$이므로 주어진 명제는 참이다.

0777 답 거짓

$x^2<x$에서 $x^2-x<0$, $x(x-1)<0$
$\therefore 0<x<1$
따라서 전체집합 U의 원소 중에서 $0<x<1$인 원소가 하나도 없으므로 주어진 명제는 거짓이다.

0778 답 참

$x=1$이면 $x-1=1-1=0$이므로 주어진 명제는 참이다.

 선생님 톡톡
'어떤'이 있는 명제는 성립하는 예가 하나만 있어도 참이야!

0779 답 부정: 어떤 실수 x에 대하여 $x^2-1\leq0$이다. (참)

$x=0$이면 $x^2-1=0-1=-1\leq0$이므로 주어진 명제는 참이다.

0780 답 부정: 모든 자연수 x에 대하여 $x^2\neq9$이다. (거짓)

[반례] $x=3$이면 $x^2=9$이다.

0781 답 해설 참조

역: $x=2$이면 $|x|=2$이다. (참)
대우: $x\neq2$이면 $|x|\neq2$이다. (거짓)
[반례] $x=-2$이면 $x\neq2$이지만 $|x|=2$이다.

0782 답 해설 참조

역: $x=0$이고 $y=0$이면 $x^2+y^2=0$이다. (참)
대우: $x\neq0$ 또는 $y\neq0$이면 $x^2+y^2\neq0$이다. (참)

0783 답 해설 참조

역: $x>4$이면 $x>3$이다. (참)
대우: $x\leq4$이면 $x\leq3$이다. (거짓)
[반례] $x=4$이면 $x\leq4$이지만 $x>3$이다.

0784 답 $x=2$이고 $y=4$이면 $xy=8$이다.

0785 답 참

0786 답 참

명제와 그 대우의 참, 거짓은 일치한다.

0787 답 충분조건

$x^2=1$에서 $x=-1$ 또는 $x=1$
따라서 $p\Longrightarrow q$, $q\not\Longrightarrow p$이므로 p는 q이기 위한 충분조건이다.

0788 답 필요조건

$|x|<2$에서 $-2<x<2$
따라서 $p\not\Longrightarrow q$, $q\Longrightarrow p$이므로 p는 q이기 위한 필요조건이다.

0789 답 필요충분조건

$x=0$이고 $y=0$이면 $x^2+y^2=0$
$x^2+y^2=0$이면 $x=0$이고 $y=0$
따라서 $p\Longleftrightarrow q$이므로 p는 q이기 위한 필요충분조건이다.

0790 답 필요충분조건

$x<y$이면 $x+z<y+z$
$x+z<y+z$이면 $x<y$
따라서 $p\Longleftrightarrow q$이므로 p는 q이기 위한 필요충분조건이다.

[0791~0794]
$ab=0$에서 $a=0$ 또는 $b=0$

0791 답 필요충분조건

$a=0$ 또는 $b=0\Longleftrightarrow ab=0$
따라서 $a=0$ 또는 $b=0$은 $ab=0$이기 위한 필요충분조건이다.

0792 답 충분조건

$a^2+b^2=0$에서 $a=0$이고 $b=0$

$a^2+b^2=0 \implies ab=0$

따라서 $a^2+b^2=0$은 $ab=0$이기 위한 충분조건이다.

0793 답 충분조건

$|a|+|b|=0$에서 $a=0$이고 $b=0$

$|a|+|b|=0 \implies ab=0$

따라서 $|a|+|b|=0$은 $ab=0$이기 위한 충분조건이다.

0794 답 필요조건

$a^2b+ab^2=0$에서 $ab(a+b)=0$

$\therefore a=0$ 또는 $b=0$ 또는 $a+b=0$

$ab=0 \implies a^2b+ab^2=0$

따라서 $a^2b+ab^2=0$은 $ab=0$이기 위한 필요조건이다.

0795 답 (가) 홀수 (나) $2k-1$ (다) 대우

주어진 명제의 대우는 '자연수 n에 대하여 n^2이 홀수이면 n^2도 $\boxed{\text{홀수}}$이다.'이다.

n이 홀수이면 $n=\boxed{2k-1}$ (k는 자연수)로 나타낼 수 있으므로

$n^2=(\boxed{2k-1})^2$

$\quad =4k^2-4k+1$

$\quad =2(2k^2-2k+1)-1$

이때 $2k^2-2k+1=k^2+(k-1)^2$은 자연수이므로 n^2은 $\boxed{\text{홀수}}$이다.

따라서 주어진 명제의 $\boxed{\text{대우}}$가 참이므로 주어진 명제도 참이다.

0796 답 (가) 유리수 (나) 짝수 (다) 서로소

주어진 명제를 부정하여 $\sqrt{2}$가 $\boxed{\text{유리수}}$라 가정하면

$\sqrt{2}=\dfrac{b}{a}$ (a, b는 서로소인 자연수)로 나타낼 수 있다.

이 식의 양변을 제곱하면

$2=\dfrac{b^2}{a^2}$ $\therefore b^2=2a^2$ $\cdots\cdots$ ㉠

즉, b^2이 짝수이므로 b도 $\boxed{\text{짝수}}$이다.

$b=2k$ (k는 자연수)라 하면 ㉠에서

$4k^2=2a^2$ $\therefore a^2=2k^2$

즉, a^2이 짝수이므로 a도 $\boxed{\text{짝수}}$이다.

그런데 a, b가 모두 짝수이므로 a, b가 $\boxed{\text{서로소}}$라는 가정에 모순이다.

따라서 $\sqrt{2}$는 유리수가 아니다.

0797 답 ㄱ, ㄷ, ㄹ

ㄱ. $x+2>x$에서 $2>0$은 모든 실수 x에 대하여 항상 성립하므로 절대부등식이다.

ㄴ. $2x+1>5x+1$에서 $3x<0$은 $x<0$일 때는 성립하지만 $x\geq0$일 때는 성립하지 않으므로 절대부등식이 아니다.

ㄷ. $-x^2-1\leq2x$에서 $x^2+2x+1=(x+1)^2\geq0$은 모든 실수 x에 대하여 항상 성립하므로 절대부등식이다.

ㄹ. $|x-5|\geq0$은 모든 실수 x에 대하여 항상 성립하므로 절대부등식이다.

0798 답 (가) $a-\dfrac{b}{2}$ (나) $\geq$ (다) 0

$a^2+b^2\geq ab$에서 $a^2-ab+b^2\geq0$이 성립함을 보이면 된다.

$a^2-ab+b^2=\left(a^2-ab+\dfrac{b^2}{4}\right)+\dfrac{3}{4}b^2$

$\qquad\qquad\qquad =\left(\boxed{a-\dfrac{b}{2}}\right)^2+\dfrac{3}{4}b^2$

이고 두 실수 a, b에 대하여

$\left(\boxed{a-\dfrac{b}{2}}\right)^2\geq0$, $\dfrac{3}{4}b^2\boxed{\geq}0$이므로

$a^2-ab+b^2\geq0$ $\therefore a^2+b^2\geq ab$

여기서 등호는 $a=b=\boxed{0}$일 때 성립한다.

0799 답 2

$a>0$, $\dfrac{1}{a}>0$이므로 산술평균과 기하평균의 관계에 의하여

$a+\dfrac{1}{a}\geq2\sqrt{a\times\dfrac{1}{a}}=2$ (단, 등호는 $a=1$일 때 성립)

$\underset{\begin{array}{l}a=\frac{1}{a}\text{에서 }a^2=1\\ \therefore a=1\ (\because a>0)\end{array}}{}$

따라서 $a+\dfrac{1}{a}$의 최솟값은 2이다.

0800 답 12

$9a>0$, $\dfrac{4}{a}>0$이므로 산술평균과 기하평균의 관계에 의하여

$9a+\dfrac{4}{a}\geq2\sqrt{9a\times\dfrac{4}{a}}=2\times6=12$ $\left(\text{단, 등호는 }a=\dfrac{2}{3}\text{일 때 성립}\right)$

$\underset{\begin{array}{l}9a=\frac{4}{a}\text{에서}\\ 9a^2=4,\ a^2=\frac{4}{9}\\ \therefore a=\frac{2}{3}\ (\because a>0)\end{array}}{}$

따라서 $9a+\dfrac{4}{a}$의 최솟값은 12이다.

STEP 2 유형 마스터

본문 133~155쪽

0801 답 ④

0802 답 ⑤

①, ③ 거짓인 명제이다.

②, ④ 참인 명제이다.

⑤ x의 값이 정해져 있지 않으므로 참, 거짓을 판별할 수 없다. 즉, 명제가 아니다.

따라서 명제가 아닌 것은 ⑤이다.

0803 답 ②

ㄱ. 참인 명제이다.

ㄴ, ㄹ. x의 값이 정해져 있지 않으므로 참, 거짓을 판별할 수 없다. 즉, 명제가 아니다.

ㄷ. $x+1=x-1$에서 $1=-1$이므로 거짓인 명제이다.

따라서 명제인 것은 ㄱ, ㄷ이다.

0804 답 ④

①, ② 거짓인 명제이다.

③, ⑤ 참인 명제이다.

④ n의 값에 따라 참, 거짓이 달라지므로 조건이다.

따라서 조건인 것은 ④이다.

0805 답 ④

ㄱ. $x^2-x+1=x$에서 $x^2-2x+1=0$
$(x-1)^2=0$ ∴ $x=1$
즉, x의 값에 따라 참, 거짓이 달라지므로 조건이다.

ㄴ. $x(x-3)=4$에서 $x^2-3x-4=0$
$(x+1)(x-4)=0$ ∴ $x=-1$ 또는 $x=4$
즉, x가 정수이므로 참인 명제이다.

ㄷ. $x-1>0$에서 $x>1$
$2x-1>0$에서 $x>\frac{1}{2}$
즉, $x>1$이면 $x>\frac{1}{2}$이므로 참인 명제이다.
따라서 참인 명제는 ㄴ, ㄷ이다.

0806 답 ③

0807 답 ①

두 조건 p, q를 $p : x\leq-2$, $q : x\geq3$이라 하면
조건 'p 또는 q'의 부정은 '$\sim p$이고 $\sim q$'이므로
$x>-2$이고 $x<3$ ∴ $-2<x<3$

0808 답 ③

조건 '$\sim p$ 또는 q'의 부정은 'p이고 $\sim q$'이고,
오른쪽 그림과 같이
$p : 1<x<4$, $\sim q : x<2$ 또는 $x>5$
이므로 'p이고 $\sim q$'는
$1<x<2$

(다른 풀이)

$\sim p : x\leq1$ 또는 $x\geq4$, $q : 2\leq x\leq5$이므로
조건 '$\sim p$ 또는 q'는 $x\leq1$ 또는 $x\geq2$ →
즉, 조건 '$\sim p$ 또는 q'의 부정은
$x>1$이고 $x<2$ ∴ $1<x<2$

0809 답 ①

ㄱ. 부정: $\frac{1}{4}$은 정수가 아니다. (참)
ㄴ. 부정: 두 유리수의 합은 실수가 아니다. (거짓)
ㄷ. 부정: 5는 10의 배수가 아니다. (참)
ㄹ. 부정: 4의 배수는 짝수가 아니다. (거짓)
따라서 그 부정이 참인 명제는 ㄱ, ㄷ이다.

(다른 풀이)

명제가 참이면 그 부정은 거짓이고, 명제가 거짓이면 그 부정은 참이다.
따라서 ㄱ, ㄷ은 거짓인 명제이고, ㄴ, ㄹ은 참인 명제이므로 그 부정이 참인 명제는 ㄱ, ㄷ이다.

0810 답 ⑤

조건 '$a^2+b^2+c^2=0$'의 부정은
'$a^2+b^2+c^2\neq0$'이므로

$a^2\neq0$ 또는 $b^2\neq0$ 또는 $c^2\neq0$
∴ $a\neq0$ 또는 $b\neq0$ 또는 $c\neq0$
즉, a, b, c 중에서 0이 아닌 값이 적어도 하나 있다.

(다른 풀이)

조건 '$a^2+b^2+c^2=0$'에서
$a=0$이고 $b=0$이고 $c=0$
따라서 주어진 조건의 부정은
$a\neq0$ 또는 $b\neq0$ 또는 $c\neq0$
즉, a, b, c 중에서 0이 아닌 값이 적어도 하나 있다.

선생님 톡톡 → $a\neq0$이고 $b\neq0$이고 $c\neq0$이다. 즉, a, b, c는 모두 0이 아니다.
'② $abc\neq0$'의 부정은 $abc=0$, 즉 $a=0$ 또는 $b=0$ 또는 $c=0$이므로
'④ a, b, c 중에서 0이 적어도 하나 있다.'와 같아.

0811 답 ①

0812 답 ④

짝수는 2, 4, 6, 8, $\cdots$이고,
30의 약수는 1, 2, 3, 5, 6, 10, 15, 30이므로 조건 p의 진리집합은
{2, 6, 10, 30}
따라서 구하는 원소의 개수는 4이다.

0813 답 ②

조건 p의 진리집합을 P라 하자.
짝수는 2, 4, 6, 8이고,
6의 약수는 1, 2, 3, 6이므로
$P=\{1, 2, 3, 4, 6, 8\}$
따라서 조건 $\sim p$의 진리집합은
$P^C=\{5, 7\}$
이므로 구하는 모든 원소의 합은
$5+7=12$

(다른 풀이)

$\sim p : x$는 홀수이고 6의 약수가 아니다.
홀수는 1, 3, 5, 7이고, 6의 약수 아닌 것은 4, 5, 7, 8이므로
조건 $\sim p$의 진리집합은
{5, 7}

선생님 톡톡
전체집합이 8 이하의 자연수로 제한되어 있으므로 여집합을 구할 때 주의해야 해!

0814 답 ④

$p : 2x<x-3$에서 $x<-3$ ∴ $P=\{x|x<-3\}$
$q : 3x\geq6$에서 $x\geq2$ ∴ $Q=\{x|x\geq2\}$
두 진리집합 P, Q를 수직선 위에 나타내면 오른쪽 그림과 같다.
한편, 조건 '$-3\leq x<2$'의 진리집합을 수직선 위에 나타내면 오른쪽 그림과 같다.
따라서 구하는 집합은
$P^C\cap Q^C=(P\cup Q)^C$ → 드모르간의 법칙에 의하여

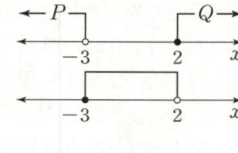

0815 답 11

$U=\{-5, -4, -3, \cdots, 5\}$
두 조건 p, q의 진리집합을 각각 P, Q라 하자.
$p: x^2-8x+12>0$에서 $\sim p: x^2-8x+12\le0$
$x^2-8x+12\le0$에서 $(x-2)(x-6)\le0$
$\therefore 2\le x\le6$
$\therefore P^C=\{2, 3, 4, 5\}$
$q: x^3+3x^2+2x=0$에서 $x(x+2)(x+1)=0$
$\therefore x=-2$ 또는 $x=-1$ 또는 $x=0$
$\therefore Q=\{-2, -1, 0\}$
즉, 조건 '$\sim p$ 또는 q'의 진리집합은
$P^C\cup Q=\{-2, -1, 0, 2, 3, 4, 5\}$
따라서 구하는 모든 원소의 합은
$(-2)+(-1)+0+2+3+4+5=11$

0816 답 ④

0817 답 ③

① $2x-3=5$에서 $x=4$이므로 주어진 명제는 거짓이다.
② [반례] $x=-2$이면 $x^2=(-2)^2=4>1$이지만 $x\le1$이다.
③ $(x-y)^2=0$에서 $x-y=0$, 즉 $x=y$이므로 주어진 명제는 참이다.
④ [반례] $x=-1$이면 $x^2-1=(-1)^2-1=0$이지만 $x\ne1$이다.
⑤ [반례] $x=\sqrt{2}$, $y=-\sqrt{2}$이면 x, y는 모두 무리수이지만 $x+y=\sqrt{2}+(-\sqrt{2})=0$이므로 $x+y$는 무리수가 아니다.
따라서 참인 명제는 ③이다.

0818 답 ⑤

① $x^2-3x+2=0$에서 $(x-1)(x-2)=0$
$\therefore x=1$ 또는 $x=2$
두 조건 p, q를 $p: x=2$, $q: x^2-3x+2=0$이라 하고,
두 조건 p, q의 진리집합을 각각 P, Q라 하면
$P=\{2\}$, $Q=\{1, 2\}$
즉, $P\subset Q$이므로 주어진 명제는 참이다. → $x=2$를 $x^2-3x+2=0$에 대입하여 확인할 수도 있다.
② $x^2-5x+6\ge0$에서 $(x-2)(x-3)\ge0$
$\therefore x\le2$ 또는 $x\ge3$
두 조건 p, q를 $p: x<1$, $q: x^2-5x+6\ge0$이라 하고,
두 조건 p, q의 진리집합을 각각 P, Q라 하면
$P=\{x|x<1\}$, $Q=\{x|x\le2$ 또는 $x\ge3\}$
두 진리집합 P, Q를 수직선 위에 나타내면 오른쪽 그림과 같다.
즉, $P\subset Q$이므로 주어진 명제는 참이다.
③ $|x|+|y|=0$에서 $x=0$, $y=0$, 즉 $xy=0$이므로 주어진 명제는 참이다.
④ $x+yi$가 순허수이면 $x=0$, $y\ne0$, 즉 $xy=0$이므로 주어진 명제는 참이다.
⑤ [반례] $x=1$, $y=-1$이면
$(x+yi)^2=(1-i)^2=1-2i-1=-2i$
이므로 순허수이지만 $x\ne y$이다.
따라서 거짓인 명제는 ⑤이다.

0819 답 ③

ㄱ. [반례] $x=3$이면 $x>2$이지만 $x\le4$이다.
ㄴ. [반례] $x=1$이면 $x^2+x-2=1^2+1-2=0$이지만 $-1\le x\le2$이다.
ㄷ. 두 조건 p, q의 진리집합을 각각 P, Q라 하자.
  $p: x^2-4x+4=0$에서 $(x-2)^2=0$ $\therefore x=2$
  $\therefore P=\{2\}$
  $q: 2x-2=2$에서 $x=2$
  $\therefore Q=\{2\}$
  즉, $P\subset Q$이므로 명제 $p\longrightarrow q$는 참이다.
ㄹ. [반례] $x=-1$이면 $3\times(-1)+2=-1$이지만 $x^2+2x-3=(-1)^2+2\times(-1)-3=-4\ne0$이다.
따라서 명제 $p\longrightarrow q$가 거짓인 것은 ㄱ, ㄴ, ㄹ이다.

0820 답 ④

① [반례] $x=\frac{1}{2}$이면 x는 정수가 아니므로 조건 $\sim p$를 만족시키지만 x는 무리수가 아니다.
② [반례] $x=1$이면 $x\le3$이므로 조건 $\sim p$를 만족시키지만 $x\le2$이다.
③ [반례] $x=0$이면 $x\ne1$이므로 조건 $\sim p$를 만족시키지만 $x\le0$이다.
④ 두 조건 p, q의 진리집합을 각각 P, Q라 하자.
  $\sim p: 1<x<2$에서 $P^C=\{x|1<x<2\}$
  $q: x^2-3x\le0$에서 $x(x-3)\le0$ $\therefore 0\le x\le3$
  $\therefore Q=\{x|0\le x\le3\}$
  두 진리집합 P, Q를 수직선 위에 나타내면 오른쪽 그림과 같다.
  즉, $P^C\subset Q$이므로 주어진 명제 $\sim p\longrightarrow q$는 참이다.
⑤ [반례] $x=3$이면 $x\le-1$ 또는 $x\ge3$이므로 조건 $\sim p$를 만족시키지만
  $x^2-4x=3^2-4\times3=-3<0$이다.
따라서 명제 $\sim p\longrightarrow q$가 참인 것은 ④이다.

0821 답 ②

0822 답 ④

명제 $q\longrightarrow p$가 거짓임을 보이기 위해서는 $Q\not\subset P$임을 보여야 하므로 집합 Q의 원소이지만 집합 P의 원소가 아닌 것을 찾으면 된다.
따라서 구하는 원소는 집합 $Q-P$의 원소인 g, h이다.

0823 답 ⑤

명제 $\sim q\longrightarrow p$가 거짓임을 보이기 위해서는 $Q^C\not\subset P$임을 보여야 하므로 집합 Q^C의 원소이지만 집합 P의 원소가 아닌 것을 찾으면 된다.
따라서 구하는 집합은
$Q^C-P=Q^C\cap P^C=(P\cup Q)^C$ → 드모르간의 법칙, 교환법칙에 의하여

0824 답 30

두 조건 p, q를
'p: n은 30의 약수이다.', 'q: n은 36의 약수이다.'
라 하고, 두 조건 p, q의 진리집합을 각각 P, Q라 하면
$P = \{1, 2, 3, 5, 6, 10, 15\}$, ← n은 20 이하의 자연수이므로
$Q = \{1, 2, 3, 4, 6, 9, 12, 18\}$

이때 명제 $p \longrightarrow q$가 거짓임을 보이는 반례는 집합 P의 원소이지만 집합 Q의 원소가 아닌 것을 찾으면 되므로 집합 $P-Q$의 원소이다.
따라서 $P-Q = \{5, 10, 15\}$이므로 모든 반례의 합은
$5 + 10 + 15 = 30$

0825 답 ③

ㄱ. $P - Q^C = P \cap (Q^C)^C = P \cap Q = \{c\}$
이므로 명제 'p이면 $\sim q$이다.'의 반례는 c이다.
ㄴ. $Q - P = Q \cap P^C = \{d\}$
이므로 명제 'q이면 p이다.'의 반례는 d이다.
ㄷ. $(P \cap Q) - P^C = (P \cap Q) \cap (P^C)^C$
$= P \cap Q = \{c\}$
이므로 명제 'p이고 q이면 $\sim p$이다.'의 반례는 c이다.
따라서 원소 c가 반례인 명제는 ㄱ, ㄷ이다.

0826 답 ①

0827 답 ④

① $Q \subset P$이므로 명제 $q \longrightarrow p$는 참이다.
② $R \subset P$이므로 명제 $r \longrightarrow p$는 참이다.
③ $Q \subset P$, 즉 $P^C \subset Q^C$이므로 명제 $\sim p \longrightarrow \sim q$는 참이다.
④ $P \not\subset R$, 즉 $R^C \not\subset P^C$이므로 명제 $\sim r \longrightarrow \sim p$는 거짓이다.
⑤ $(Q \cap R) \subset P$이므로 명제 (q이고 r) $\longrightarrow p$는 참이다.
따라서 항상 참이라 할 수 없는 명제는 ④이다.

0828 답 ④

$P \cup Q^C = P$에서 $Q^C \subset P$, 즉 $P^C \subset Q$이므로 명제 $\sim p \longrightarrow q$는 참이다.

0829 답 ③

ㄱ. $P \cap Q = P$에서 $P \subset Q$이므로 명제 $p \longrightarrow q$는 참이다.
ㄴ. $R^C \cup Q = U$에서 드모르간의 법칙에 의하여
$(R^C \cup Q)^C = U^C$, $R \cap Q^C = \varnothing$
즉, $R \subset Q$이므로 명제 $r \longrightarrow q$는 참이다.
ㄷ. [반례] $P \cap R \neq \varnothing$이면 $P \not\subset R^C$이므로 $p \longrightarrow \sim r$는 거짓이다.
따라서 항상 참인 명제는 ㄱ, ㄴ이다.

0830 답 ②

두 명제 $p \longrightarrow \sim r$, $r \longrightarrow q$가 모두 참이므로
$P \subset R^C$, $R \subset Q$
즉, 세 집합 P, Q, R 사이의 포함 관계는 오른쪽 그림과 같으므로
$\underline{R \cap (Q-P) = R}$
$\quad\quad \rightarrow R \subset (Q-P)$

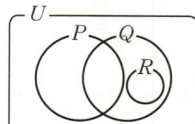

0831 답 ①

$B \subset A$가 되도록 하는 a의 값의 범위 구하기

(1) $A = \{x \mid x > a\}$, $B = \{x \mid x > k\}$일 때
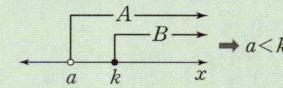
$\Rightarrow a \leq k$

(2) $A = \{x \mid x > a\}$, $B = \{x \mid x \geq k\}$일 때
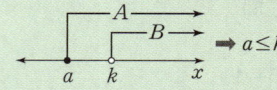
$\Rightarrow a < k$

(3) $A = \{x \mid x \geq a\}$, $B = \{x \mid x > k\}$일 때
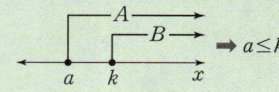
$\Rightarrow a \leq k$

(4) $A = \{x \mid x \geq a\}$, $B = \{x \mid x \geq k\}$일 때
$\Rightarrow a \leq k$

0832 답 3

두 조건 p, q의 진리집합을 각각 P, Q라 하자.
p: $|x-1| \leq n$에서 $-n \leq x-1 \leq n$
$\therefore -n+1 \leq x \leq n+1$
$\therefore P = \{x \mid -n+1 \leq x \leq n+1\}$
q: $-3 < x \leq 7$에서 $Q = \{x \mid -3 < x \leq 7\}$
명제 $p \longrightarrow q$가 참이 되려면 $P \subset Q$이어야 하므로 오른쪽 그림에서
$-n+1 > -3$, $n+1 \leq 7$
$n < 4$, $n \leq 6$
$\therefore n < 4$
따라서 자연수 n은 1, 2, 3의 3개이다.

0833 답 ②

두 조건 p, q의 진리집합을 각각 P, Q라 하자.
p: $|x-a| > 4$에서 $x-a < -4$ 또는 $x-a > 4$
$\therefore x < a-4$ 또는 $x > a+4$
$\therefore P = \{x \mid x < a-4$ 또는 $x > a+4\}$
q: $|x-1| \leq 2$에서 $-2 \leq x-1 \leq 2$
$\therefore -1 \leq x \leq 3$
즉, $Q = \{x \mid -1 \leq x \leq 3\}$이므로
$Q^C = \{x \mid x < -1$ 또는 $x > 3\}$ → $\sim q$: $|x-1| > 2$에서 $x-1 < -2$ 또는 $x-1 > 2$ $\therefore x < -1$ 또는 $x > 3$
명제 $p \longrightarrow \sim q$가 참이 되려면 $P \subset Q^C$이어야 하므로 오른쪽 그림에서
$a-4 \leq -1$, $a+4 \geq 3$
$a \leq 3$, $a \geq -1$ $\quad \therefore -1 \leq a \leq 3$
따라서 실수 a의 최댓값은 3, 최솟값은 -1이므로 그 합은
$3 + (-1) = 2$

0834 답 3

세 조건 p, q, r의 진리집합을 각각 P, Q, R라 하자.
p: $x^2 - 4x + 3 < 0$에서 $(x-1)(x-3) < 0$ $\quad \therefore 1 < x < 3$
$\therefore P = \{x \mid 1 < x < 3\}$

$q : 3x - a \geq x + 2$에서 $x \geq \dfrac{a+2}{2}$

$\therefore Q = \left\{ x \mid x \geq \dfrac{a+2}{2} \right\}$

$r : |x| > b$에서 $x < -b$ 또는 $x > b$

즉, $R = \{x \mid x < -b$ 또는 $x > b\}$이므로

$R^C = \{x \mid -b \leq x \leq b\}$ $\longrightarrow \sim r : |x| \leq b$에서 $-b \leq x \leq b$

명제 $p \longrightarrow q$가 참이 되려면 $P \subset Q$이
어야 하므로 오른쪽 그림에서

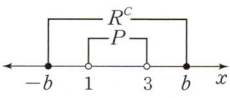

$\dfrac{a+2}{2} \leq 1$, $a + 2 \leq 2$ $\therefore a \leq 0$

또한, 명제 $p \longrightarrow \sim r$가 참이 되려면
$P \subset R^C$이어야 하므로 오른쪽 그림에서

$-b \leq 1$, $b \geq 3$

$\therefore b \geq 3$

따라서 $b - a$는 $a = 0$, $b = 3$일 때 최솟값 $3 - 0 = 3$을 갖는다.
$\hookrightarrow b$가 최소, a가 최대일 때

0835 답 12

두 조건 p, q의 진리집합을 각각 P, Q라 하자.

$p : 2x - a = 0$에서 $x = \dfrac{a}{2}$

$\therefore P = \left\{ \dfrac{a}{2} \right\}$

$q : x^2 - bx + 9 > 0$에서

$Q = \{x \mid x^2 - bx + 9 > 0\}$이므로

$Q^C = \{x \mid x^2 - bx + 9 \leq 0\}$

명제 $p \longrightarrow \sim q$가 참이 되려면 $P \subset Q^C$이어야 하고,

명제 $\sim p \longrightarrow q$가 참이 되려면 $P^C \subset Q$, 즉 $Q^C \subset P$이어야 하므로

$P = Q^C$ $\longrightarrow P \subset Q^C$이고 $Q^C \subset P$이므로

$P = Q^C$에서 $\{x \mid x^2 - bx + 9 \leq 0\} = \left\{ \dfrac{a}{2} \right\}$이므로 이차부등식

$x^2 - bx + 9 \leq 0$의 해가 오직 $x = \dfrac{a}{2}$뿐이어야 한다.

즉, 이차방정식 $x^2 - bx + 9 = 0$이 $x = \dfrac{a}{2}$를 중근으로 가져야 하므
로 이차방정식 $x^2 - bx + 9 = 0$의 판별식을 D라 하면

$D = (-b)^2 - 4 \times 1 \times 9 = 0$, $b^2 - 36 = 0$

$(b+6)(b-6) = 0$ $\therefore b = 6$ ($\because b > 0$)

$x^2 - 6x + 9 = (x-3)^2 = 0$의 근은 $x = 3$이므로

$\dfrac{a}{2} = 3$ $\therefore a = 6$

$\therefore a + b = 6 + 6 = 12$

(다른 풀이)

$P = Q^C$에서 $\{x \mid x^2 - bx + 9 \leq 0\} = \left\{ \dfrac{a}{2} \right\}$이므로 이차함수

$y = x^2 - bx + 9$의 그래프는 x축 위의 점 $\left(\dfrac{a}{2}, 0 \right)$에서 접해야 한다.

즉, $x^2 - bx + 9 = \left(x - \dfrac{a}{2} \right)^2$이 성립하므로

$x^2 - bx + 9 = x^2 - ax + \dfrac{a^2}{4}$에서

$b = a$, $9 = \dfrac{a^2}{4}$

이때 $\dfrac{a^2}{4} = 9$에서 $a^2 = 36$

$\therefore a = 6$ ($\because a > 0$)

따라서 $b = a = 6$이므로 $a + b = 6 + 6 = 12$

0836 답 ⑤

0837 답 ②

① 모든 자연수는 정수이므로 주어진 명제는 참이다.

② [반례] $x = -1$이면 x는 정수이지만 $\sqrt{x} = \sqrt{-1}$은 허수이므로
  실수가 아니다.

③ $x = \sqrt{2}$이면 x는 무리수이고 $x^2 = (\sqrt{2})^2 = 2$는 유리수이므로
  주어진 명제는 참이다.

④ 이차방정식 $x^2 - 5x + 3 = 0$에서

$x = \dfrac{-(-5) \pm \sqrt{(-5)^2 - 4 \times 1 \times 3}}{2} = \dfrac{5 \pm \sqrt{13}}{2}$

즉, $x = \dfrac{5 \pm \sqrt{13}}{2}$은 실수이므로 주어진 명제는 참이다.

⑤ 이차방정식 $x^2 - x + 3 = 0$의 판별식을 D라 하면

$D = (-1)^2 - 4 \times 1 \times 3 = -11 < 0$

즉, 이차부등식 $x^2 - x + 3 > 0$은 모든 실수 x에 대하여 항상
성립하므로 주어진 명제는 참이다.

따라서 거짓인 명제는 ②이다.

0838 답 ④

$U = \{1, 2, 3, 6\}$

① 부정 : 어떤 x에 대하여 $x \geq 7$이다.
  모든 x에 대하여 $x \leq 6$이므로 거짓이다.

② 부정 : 모든 x에 대하여 $2x < x + 4$이다.
  [반례] $x = 6$이면 $2x \geq x + 4$이다.

③ 부정 : 모든 x에 대하여 $x^2 \neq 1$이다.
  [반례] $x = 1$이면 $x^2 = 1$이다.

④ 부정 : 어떤 x에 대하여 $x^2 - 2x < 0$이다.
  $x = 1$이면 $x^2 - 2x = -1 < 0$이므로 참이다.

⑤ 부정 : 모든 x에 대하여 $x^2 - 6x + 9 < 0$이다.
  모든 x에 대하여 $x^2 - 6x + 9 = (x-3)^2 \geq 0$이므로 거짓이다.

따라서 부정이 참인 명제는 ④이다.

(다른 풀이)

① 1, 2, 3, 6은 모두 7보다 작으므로 주어진 명제는 참이다.

② $x = 6$이면 $2x \geq x + 4$를 만족시키므로 주어진 명제는 참이다.

③ $x = 1$이면 $x^2 = 1$이므로 주어진 명제는 참이다.

④ [반례] $x = 1$이면 $x^2 - 2x = -1 < 0$이다.

⑤ $x = 3$이면 $x^2 - 6x + 9 \geq 0$을 만족시키므로 주어진 명제는 참이다.

따라서 명제가 거짓일 때 그 부정은 참이므로 부정이 참인 명제는
④이다.

0839 답 9

정수 k에 대한 두 조건 p, q의 진리집합을 각각 P, Q라 하자.

조건 p에서 모든 실수 x에 대하여 $x^2 + 2kx + 4k + 5 > 0$이므로
이차방정식 $x^2 + 2kx + 4k + 5 = 0$의 판별식을 D라 하면

$\dfrac{D}{4} = k^2 - 1 \times (4k+5) < 0$

$k^2 - 4k - 5 < 0$, $(k+1)(k-5) < 0$ $\therefore -1 < k < 5$

$\therefore P = \{0, 1, 2, 3, 4\}$

조건 q에서 어떤 실수 x에 대하여 $x^2 = k - 2$이므로

$k - 2 \geq 0$에서 $k \geq 2$

$\therefore Q = \{2, 3, 4, \cdots\}$

즉, $P \cap Q = \{2, 3, 4\}$이므로 두 조건 p, q가 모두 참인 명제가 되도록 하는 정수 k의 값은 2, 3, 4이다.
따라서 k의 값의 합은
$2 + 3 + 4 = 9$

0840 답 8

$f(x) = x^2 - 2x - n$이라 하자.
명제 '$-1 \le x \le 4$인 어떤 실수 x에 대하여 $x^2 - 2x - n \ge 0$이다.'
가 참이 되려면 $-1 \le x \le 4$에서 $f(x) \ge 0$인 실수 x가 적어도 하나 존재해야 하므로 $-1 \le x \le 4$에서 함수 $f(x)$의 최댓값이 0 이상이어야 한다.
$-1 \le x \le 4$에서
$f(x) = x^2 - 2x - n$
$\quad = (x-1)^2 - n - 1$
의 그래프는 오른쪽 그림과 같고, $x = 4$일 때 최댓값 $-n+8$을 갖는다.

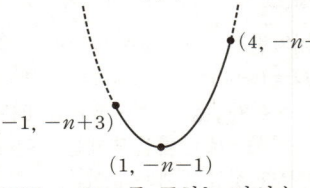

따라서 $-n + 8 \ge 0$이어야 하므로 $n \le 8$, 즉 구하는 자연수 n은 1, 2, 3, $\cdots$, 8의 8개이다.

0841 답 ④

0842 답 ④

① 역 : x가 자연수이면 x는 정수이다.
② 역 : $x = -2$이면 $x^2 = 4$이다.
  $x = -2$를 $x^2 = 4$에 대입하면
  $(-2)^2 = 4$이므로 참이다.
③ 역 : $x = 3$이면 $x^2 - 2x - 3 = 0$이다.
  $x = 3$을 $x^2 - 2x - 3 = 0$에 대입하면
  $3^2 - 2 \times 3 - 3 = 0$이므로 참이다.
④ 역 : $x + y$가 정수이면 x, y는 정수이다.
  [반례] $x = \dfrac{1}{2}$, $y = \dfrac{1}{2}$이면 $x + y = 1$이므로 $x + y$는 정수이지만 x, y는 정수가 아니다.
⑤ 역 : $x = 0$이고 $y = 0$이면 $|x| + |y| = 0$이다.
  $x = 0$, $y = 0$을 $|x| + |y| = 0$에 대입하면
  $|0| + |0| = 0$이므로 참이다.
따라서 그 역이 거짓인 것은 ④이다.

0843 답 ③

주어진 명제의 대우는
'$x^2 - x - 2 < 0$이면 $-1 < x < 3$이다.'
$x^2 - x - 2 < 0$에서 $(x+1)(x-2) < 0$
$\therefore -1 < x < 2$
두 조건 p, q를 $p : x^2 - x - 2 < 0$, $q : -1 < x < 3$이라 하고
두 조건 p, q의 진리집합을 각각 P, Q라 하면
$P = \{x \mid -1 < x < 2\}$, $Q = \{x \mid -1 < x < 3\}$
따라서 $P \subset Q$이므로 주어진 명제의 대우는 참이다.

0844 답 ⑤

① 역 : $x < 2$이면 $x < 1$이다.
  [반례] $x = 1$이면 $x < 2$이지만 $x \ge 1$이다.
  주어진 명제가 참이므로 그 대우도 참이다.

② 역 : $x^2 > 9$이면 $x > -3$이다.
  [반례] $x = -4$이면 $x^2 > 9$이지만 $x \le -3$이다.
  명제 : [반례] $x = 1$이면 $x > -3$이지만 $x^2 \le 9$이다.
  주어진 명제가 거짓이므로 그 대우도 거짓이다.
③ 역 : $x^2 - 2x < 0$이면 $-1 < x < 2$이다.
  $x^2 - 2x < 0$에서 $x(x-2) < 0$ $\quad \therefore 0 < x < 2$
  즉, $x^2 - 2x < 0$이면 $-1 < x < 2$이므로 참이다.
  명제 : [반례] $x = 0$이면 $-1 < x < 2$이지만 $x^2 - 2x \ge 0$이다.
  주어진 명제가 거짓이므로 그 대우도 거짓이다.
④ 역 : $x \ne 0$ 또는 $y \ne 0$이면 $xy \ne 0$이다.
  [반례] $x = 0$, $y = 1$이면 $x \ne 0$ 또는 $y \ne 0$이지만 $xy = 0$이다.
  주어진 명제가 참이므로 그 대우도 참이다.
⑤ 역 : $x = 0$이고 $y = 0$이면 $x^2 + y^2 = 0$이다.
  주어진 명제가 참이므로 그 대우도 참이다.
따라서 그 역과 대우가 모두 참인 명제는 ⑤이다.

> **선생님 톡톡**
> 두 조건 p, q의 진리집합을 각각 P, Q라 할 때, 명제 $p \longrightarrow q$의 역과 대우가 모두 참이면 $P = Q (P \subset Q$이고 $Q \subset P)$임을 알아두면 유용해!

0845 답 ③

두 조건 p, q의 진리집합을 각각 P, Q라 하자.
$p : x^2 - (2a+1)x + a^2 + a < 0$에서 $(x-a)\{x-(a+1)\} < 0$
$\therefore a < x < a + 1$
$\therefore P = \{x \mid a < x < a + 1\}$
$q : x \le -2$ 또는 $x \ge 3$에서
$Q = \{x \mid x \le -2$ 또는 $x \ge 3\}$이므로
$Q^C = \{x \mid -2 < x < 3\}$
명제 $\sim q \longrightarrow p$의 역은 $p \longrightarrow \sim q$이므로 명제 $p \longrightarrow \sim q$가 참이 되려면 $P \subset Q^C$이어야 한다.
즉, 오른쪽 그림에서
$a \ge -2$, $a + 1 \le 3$
$\therefore -2 \le a \le 2$
따라서 실수 a의 최댓값은 2, 최솟값은 -2이므로 그 합은
$2 + (-2) = 0$

0846 답 ⑤

0847 답 ②

주어진 명제가 참이므로 그 대우
'$x = a + 1$이면 $x^2 - 7x + 10 = 0$이다.'
도 참이다. → '$\ne$'이 있는 명제는 대우를 이용하여 '$=$'로 바꿔서 해결하는 게 더 편리하다.
$x = a + 1$을 $x^2 - 7x + 10 = 0$에 대입하면
$(a+1)^2 - 7(a+1) + 10 = 0$
$a^2 - 5a + 4 = 0$, $(a-1)(a-4) = 0$
$\therefore a = 1$ 또는 $a = 4$
따라서 모든 실수 a의 값의 합은 → $a^2 - 5a + 4 = 0$에서 이차방정식의 근과 계수의 관계를 이용할 수도 있다.
$1 + 4 = 5$

다른 풀이

$x^2 - 7x + 10 = 0$에서 $(x-2)(x-5) = 0$
$\therefore x = 2$ 또는 $x = 5$
두 조건 p, q를 $p : x = a + 1$, $q : x^2 - 7x + 10 = 0$이라 하고 두 조건 p, q의 진리집합을 각각 P, Q라 하면

$P=\{a+1\}$, $Q=\{2, 5\}$

즉, 명제 $p \longrightarrow q$가 참이므로

$P \subset Q$

따라서 $a+1=2$ 또는 $a+1=5$이므로

$a=1$ 또는 $a=4$

0848 답 ④

명제 $\sim p \longrightarrow \sim q$가 참이 되려면 그 대우 $q \longrightarrow p$가 참이 되어야 한다.

두 조건 p, q의 진리집합을 각각 P, Q라 하면

$p : x \geq 2$에서 $P=\{x | x \geq 2\}$

$q : a \leq x \leq 7$에서 $Q=\{x | a \leq x \leq 7\}$

명제 $q \longrightarrow p$가 참이 되려면 $Q \subset P$이
어야 하므로 오른쪽 그림에서

$2 \leq a \leq 7$ ($\because a \leq 7$)

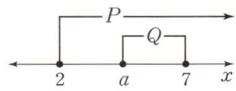

따라서 실수 a의 최솟값은 2이다.

> 다른 풀이

$P=\{x | x \geq 2\}$, $Q=\{x | a \leq x \leq 7\}$에서

$P^C=\{x | x < 2\}$, $Q^C=\{x | x < a$ 또는 $x > 7\}$

명제 $\sim p \longrightarrow \sim q$가 참이 되려면

$P^C \subset Q^C$이어야 하므로 오른쪽 그림에서

$2 \leq a \leq 7$ ($\because a \leq 7$)

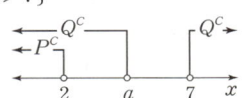

0849 답 ①

명제 $p \longrightarrow q$가 참이 되려면 그 대우 $\sim q \longrightarrow \sim p$가 참이 되어야 한다.

$\sim p : |x+1| < 4$에서 $-4 < x+1 < 4$

$\therefore -5 < x < 3$

$\sim q : |x-2| < a$에서 $-a < x-2 < a$

$\therefore -a+2 < x < a+2$

두 조건 p, q의 진리집합을 각각 P, Q라 하면

$P^C=\{x | -5 < x < 3\}$,

$Q^C=\{x | -a+2 < x < a+2\}$

명제 $\sim q \longrightarrow \sim p$가 참이 되려면

$Q^C \subset P^C$이어야 하므로 오른쪽 그림에서

$-a+2 \geq -5$, $a+2 \leq 3$

$a \leq 7$, $a \leq 1$

$\therefore 0 < a \leq 1$ ($\because a > 0$)

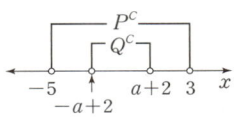

따라서 양수 a의 최댓값은 1이다.

> 다른 풀이

두 조건 p, q의 진리집합을 각각 P, Q라 하자.

$p : |x+1| \geq 4$에서 $x+1 \leq -4$ 또는 $x+1 \geq 4$

$\therefore x \leq -5$ 또는 $x \geq 3$

$\therefore P=\{x | x \leq -5$ 또는 $x \geq 3\}$

$q : |x-2| \geq a$에서 $x-2 \leq -a$ 또는 $x-2 \geq a$

$\therefore x \leq -a+2$ 또는 $x \geq a+2$

$\therefore Q=\{x | x \leq -a+2$ 또는 $x \geq a+2\}$

명제 $p \longrightarrow q$가 참이 되려면 $P \subset Q$이
어야 하므로 오른쪽 그림에서

$-a+2 \geq -5$, $a+2 \leq 3$

$a \leq 7$, $a \leq 1$

$\therefore 0 < a \leq 1$ ($\because a > 0$)

0850 답 ④

명제 $p \longrightarrow q$가 참이 되려면 그 대우 $\sim q \longrightarrow \sim p$가 참이 되어야 한다.

$\sim p : x^2-8x-20 < 0$에서 $(x+2)(x-10) < 0$

$\therefore -2 < x < 10$

$\sim q : |x-a| \leq 3$에서 $-3 \leq x-a \leq 3$

$\therefore a-3 \leq x \leq a+3$

두 조건 p, q의 진리집합을 각각 P, Q라 하면

$P^C=\{x | -2 < x < 10\}$,

$Q^C=\{x | a-3 \leq x \leq a+3\}$

명제 $\sim q \longrightarrow \sim p$가 참이 되려면

$Q^C \subset P^C$이어야 하므로 오른쪽 그림에서

$a-3 > -2$, $a+3 < 10$

$\therefore 1 < a < 7$

따라서 정수 a는 2, 3, 4, 5, 6의 5개이다.

> 다른 풀이

두 조건 p, q의 진리집합을 각각 P, Q라 하자.

$p : x^2-8x-20 \geq 0$에서 $(x+2)(x-10) \geq 0$

$\therefore x \leq -2$ 또는 $x \geq 10$

$\therefore P=\{x | x \leq -2$ 또는 $x \geq 10\}$

$q : |x-a| > 3$에서 $x-a < -3$ 또는 $x-a > 3$

$\therefore x < a-3$ 또는 $x > a+3$

$\therefore Q=\{x | x < a-3$ 또는 $x > a+3\}$

명제 $p \longrightarrow q$가 참이 되려면 $P \subset Q$이
어야 하므로 오른쪽 그림에서

$a-3 > -2$, $a+3 < 10$

$\therefore 1 < a < 7$

0851 답 ②

0852 답 ③

두 명제 $p \longrightarrow \sim q$, $\sim r \longrightarrow q$가 모두 참이므로 각각의 대우

$q \longrightarrow \sim p$, $\sim q \longrightarrow r$도 모두 참이다.

또한, 명제 $p \longrightarrow \sim q$, $\sim q \longrightarrow r$가 모두 참이므로 명제 $p \longrightarrow r$가

참이고 그 대우 $\sim r \longrightarrow \sim p$도 참이다.

따라서 항상 참이라 할 수 없는 명제는 ③ $r \longrightarrow \sim p$이다.

0853 답 ②

ㄱ. 명제 $s \longrightarrow \sim r$가 참이므로 그 대우 $r \longrightarrow \sim s$도 참이다.

즉, 두 명제 $p \longrightarrow r$, $r \longrightarrow \sim s$가 모두 참이므로 명제 $p \longrightarrow \sim s$도 참이다.

ㄴ. 두 명제 $\sim q \longrightarrow s$, $s \longrightarrow \sim r$가 모두 참이므로 명제 $\sim q \longrightarrow \sim r$도 참이고 그 대우 $r \longrightarrow q$도 참이다.

ㄷ. 명제 $p \longrightarrow r$가 참이고 ㄴ에서 명제 $r \longrightarrow q$도 참이므로 명제 $p \longrightarrow q$도 참이다.

그러나 명제 $q \longrightarrow p$가 항상 참이라 할 수 없다.

따라서 항상 참인 명제는 ㄱ, ㄴ이다.

0854 답 ③

세 명제 $\sim p \longrightarrow r$, $r \longrightarrow \sim q$, $\sim r \longrightarrow q$가 모두 참이므로 각각의 대우 $\sim r \longrightarrow p$, $q \longrightarrow \sim r$, $\sim q \longrightarrow r$도 참이다.

ㄱ. 명제 $\sim p \longrightarrow r$가 참이므로 $P^C \subset R$ (참)

ㄴ. 두 명제 $\sim p \longrightarrow r$, $r \longrightarrow \sim q$가 모두 참이므로 명제

$\sim p \longrightarrow \sim q$도 참이고 그 대우 $q \longrightarrow p$도 참이다.

∴ $Q \subset P$ (거짓)

ㄷ. 두 명제 $\sim r \longrightarrow q$, $q \longrightarrow \sim r$가 모두 참이므로

$R^C \subset Q$, $Q \subset R^C$

∴ $Q = R^C$

이때 ㄴ에서 $Q \subset P$이므로 $P \cap Q = Q$

∴ $P \cap Q = Q = R^C$ (참)

따라서 옳은 것은 ㄱ, ㄷ이다.

0855 답 ④

두 명제 $\sim p \longrightarrow \sim s$, $r \longrightarrow \sim q$가 모두 참이므로 각각의 대우

$s \longrightarrow p$, $q \longrightarrow \sim r$도 참이다.

즉, 두 명제 $q \longrightarrow \sim r$, $s \longrightarrow p$가 모두 참이므로 명제 $q \longrightarrow p$가

참임을 보이기 위해서는 명제 $\sim r \longrightarrow s$가 참이어야 한다.

따라서 명제 $\sim r \longrightarrow s$가 참이면 그 대우 $\sim s \longrightarrow r$도 참이므로

명제 $q \longrightarrow p$가 참임을 보이기 위해 필요한 참인 명제는 $\sim s \longrightarrow r$

이다.

> **선생님 톡톡**
>
> **0855**번과 같은 문제를 해결할 때는 참을 보여야 하는 명제가 삼단논법으로 구성되
> 었을 때 주어진 명제를 꼬리를 물듯이 일렬로 나열하여 빠진 명제를 찾는 방법을 이용
> 하면 쉽게 해결할 수 있어.
>
> 명제 $q \longrightarrow p$가 참임을 보여야 하니까 조건 q로 시작해서 조건 p로 끝나도록 참인 명
> 제의 흐름을 이어보면
>
> $q \longrightarrow \sim r$, $\square \longrightarrow \square$, $s \longrightarrow p$
>
> 즉, $\square \longrightarrow \square$에 들어갈 명제가 $\sim r \longrightarrow s$임을 바로 알 수 있어!

0856 답 ③

0857 답 ②

① $x < y$의 양변에서 z를 빼면 $x - z < y - z$

$x - z < y - z$의 양변에 z를 더하면 $x < y$

즉, $p \Longleftrightarrow q$이므로 p는 q이기 위한 필요충분조건이다.

② $xy > 0$에서 $x > 0$, $y > 0$ 또는 $x < 0$, $y < 0$

즉, $p \not\Longrightarrow q$, $q \Longrightarrow p$이므로 p는 q이기 위한 필요조건이지만

충분조건은 아니다.

③ [$p \longrightarrow q$의 반례] $x = -2$, $y = 1$이면 $x < y$이지만 $|x| > |y|$이다.

[$q \longrightarrow p$의 반례] $x = 1$, $y = -2$이면 $|x| < |y|$이지만 $x > y$이다.

즉, $p \not\Longrightarrow q$, $q \not\Longrightarrow p$이므로 p는 q이기 위한 충분조건도 아니

고 필요조건도 아니다.

④ $x^2 - 3x + 2 = 0$에서 $(x-1)(x-2) = 0$

∴ $x = 1$ 또는 $x = 2$

즉, $p \Longrightarrow q$, $q \not\Longrightarrow p$이므로 p는 q이기 위한 충분조건이지만

필요조건은 아니다.

⑤ $x^2 - 3x < 0$에서 $x(x-3) < 0$ ∴ $0 < x < 3$

즉, $p \Longrightarrow q$, $q \not\Longrightarrow p$이므로 p는 q이기 위한 충분조건이지만

필요조건은 아니다.

따라서 p가 q이기 위한 필요조건이지만 충분조건이 아닌 것은 ②

이다.

0858 답 ③

ㄱ. $x + y = xy$의 양변을 xy로 나누면

$\dfrac{1}{x} + \dfrac{1}{y} = 1$ ($\because x, y$는 0이 아닌 실수)

$\dfrac{1}{x} + \dfrac{1}{y} = 1$의 양변에 xy를 곱하면 $x + y = xy$

즉, $p \Longleftrightarrow q$이므로 p는 q이기 위한 필요충분조건이다.

ㄴ. $0 < x < y$의 양변을 xy로 나누면 $0 < \dfrac{1}{y} < \dfrac{1}{x}$ ($\because xy > 0$)

$0 < \dfrac{1}{y} < \dfrac{1}{x}$의 양변에 xy를 곱하면 $0 < x < y$ ($\because xy > 0$)

즉, $p \Longleftrightarrow q$이므로 p는 q이기 위한 필요충분조건이다.

ㄷ. $(x-y)(y-z)(z-x) = 0$에서 $x = y$ 또는 $y = z$ 또는 $z = x$

즉, $p \not\Longrightarrow q$, $q \Longrightarrow p$이므로 p는 q이기 위한 필요조건이다.

따라서 p가 q이기 위한 필요충분조건인 것은 ㄱ, ㄴ이다.

0859 답 ④

① $x^2 = y^2$에서 $x = y$ 또는 $x = -y$

즉, $p \Longrightarrow q$, $q \not\Longrightarrow p$이므로 p는 q이기 위한 충분조건이지만

필요조건은 아니다.

② [$p \longrightarrow q$의 반례] $z = -1$일 때 $x < y$의 양변에 z를 곱하면

$xz > yz$

[$q \longrightarrow p$의 반례] $z = -1$일 때 $xz < yz$의 양변을 z로 나누면

$x > y$

즉, $p \not\Longrightarrow q$, $q \not\Longrightarrow p$이므로 p는 q이기 위한 충분조건도 아니

고 필요조건도 아니다.

③ $x^2 < y^2$에서 $|x| < |y|$

즉, $p \not\Longrightarrow q$, $q \Longrightarrow p$이므로 p는 q이기 위한 필요조건이지만

충분조건은 아니다.

④ $x^3 = y^3$에서 $x^3 - y^3 = 0$, $(x-y)(x^2 + xy + y^2) = 0$

이때 $x^2 + xy + y^2 = \left(x + \dfrac{y}{2}\right)^2 + \dfrac{3}{4} y^2 \geq 0$이므로 $x = y$

즉, $p \Longleftrightarrow q$이므로 p는 q이기 위한 필요충분조건이다.

⑤ $x + y > 0$이면 $x^2 + y^2 > 0$ → 대우 '$x^2 + y^2 \leq 0$이면 $x + y \leq 0$.'가 참이므로 참이다.

[$q \longrightarrow p$의 반례] $x = 1$, $y = -2$이면 $x^2 + y^2 = 5 > 0$이지만

$x + y = -1 < 0$이다.

즉, $p \Longrightarrow q$, $q \not\Longrightarrow p$이므로 p는 q이기 위한 충분조건이지만

필요조건은 아니다.

따라서 p가 q이기 위한 필요충분조건인 것은 ④이다.

0860 답 ②

0861 답 ①

p는 $\sim q$이기 위한 충분조건이므로 $P \subset Q^C$

즉, $P \cap Q = \varnothing$, $P - Q = P$

q는 $\sim r$이기 위한 필요조건이므로 $R^C \subset Q$

즉, $Q^C \subset R$, $Q \cup R = U$

또한, $P \subset Q^C$, $Q^C \subset R$이므로 $P \subset R$

∴ $P \cap R = P$

따라서 항상 옳다고 할 수 없는 것은 ① $Q \cap R = R$이다.

0862 답 ③

① $P \not\subset Q$이므로 p는 q이기 위한 충분조건이 아니다. (거짓)

② $R^C \not\subset P$이므로 p는 $\sim r$이기 위한 필요조건이 아니다. (거짓)

③ $R \subset P$이므로 r는 p이기 위한 충분조건이다. (참)
④ $R \neq Q^C$이므로 r는 $\sim q$이기 위한 필요충분조건이 아니다. (거짓)
⑤ $P \not\subset Q$에서 $Q^C \not\subset P^C$이므로 $\sim p$는 $\sim q$이기 위한 필요조건이 아니다. (거짓)
따라서 옳은 것은 ③이다.

0863 답 ①

p가 $\sim q$ 또는 r이기 위한 필요조건이므로
$(Q^C \cup R) \subset P$
즉, $Q^C \subset P$, $R \subset P$이므로
$Q \cup P = U$
따라서 항상 옳은 것은 ① $(Q \cup P) \cap R = R$이다.

 선생님 톡톡
(1) $(A \cup B) \subset C \Rightarrow A \subset C$, $B \subset C$
(2) $C \subset (A \cap B) \Rightarrow C \subset A$, $C \subset B$

0864 답 ⑤

$(P \cap Q^C) \cup (P \cap R) = \varnothing$이므로
$P \cap Q^C = \varnothing$, $P \cap R = \varnothing$
또한, $P \cap Q^C = \varnothing$에서 $P - Q = \varnothing$이므로
$P \subset Q$
① $P \subset Q$이므로 p는 q이기 위한 충분조건이다. (참)
②, ③ $P \cap R = \varnothing$이므로 $P \subset R^C$이고 $R \subset P^C$
즉, $\sim r$는 p이기 위한 필요조건이고, r는 $\sim p$이기 위한 충분조건이다. (참)
④ $P \subset Q$, $P \subset R^C$이므로 $P \subset (Q \cup R^C)$
즉, q 또는 $\sim r$는 p이기 위한 필요조건이다. (참)
⑤ $P \subset Q$에서 $Q^C \subset P^C$이고, $R \subset P^C$이므로 $(Q^C \cap R) \subset P^C$
즉, $\sim p$는 $\sim q$이고 r이기 위한 필요조건이다. (거짓)
따라서 옳지 않은 것은 ⑤이다.

0865 답 ⑤

0866 답 ④

$2x - 1 \geq x$가 $a < x < 7$이기 위한 필요조건이므로 명제
'$a < x < 7$이면 $2x - 1 \geq x$이다.'가 참이다.
$2x - 1 \geq x$에서 $x \geq 1$
즉, $\{x | a < x < 7\} \subset \{x | x \geq 1\}$이므로
오른쪽 그림에서
$1 \leq a < 7$ ($\because a < 7$)
$1 \leq x \leq 3$이 $b - 2 \leq x \leq b + 4$이기 위한 충분조건이므로 명제
'$1 \leq x \leq 3$이면 $b - 2 \leq x \leq b + 4$이다.'가 참이다.
즉, $\{x | 1 \leq x \leq 3\} \subset \{x | b - 2 \leq x \leq b + 4\}$이므로
오른쪽 그림에서
$b - 2 \leq 1$, $b + 4 \geq 3$
$\therefore -1 \leq b \leq 3$
따라서 실수 a의 최솟값은 1, 실수 b의 최댓값은 3이므로 그 합은
$1 + 3 = 4$

0867 답 24

두 조건 p, q를 $p : x - 4 \neq 0$, $q : x^2 - ax + b \neq 0$이라 하고 두 조

건 p, q의 진리집합을 각각 P, Q라 하면
p는 q이기 위한 필요충분조건이므로
$P = Q$, 즉 $P^C = Q^C$
$\sim p : x - 4 = 0$에서 $x = 4$
$\therefore P^C = \{4\}$
$\sim q : x^2 - ax + b = 0$에서
$Q^C = \{x | x^2 - ax + b = 0\}$
즉, 이차방정식 $x^2 - ax + b = 0$의 해가 $x = 4$뿐이어야 하므로
$(x - 4)^2 = 0$에서 $x^2 - 8x + 16 = 0$
따라서 $a = 8$, $b = 16$이므로
$a + b = 8 + 16 = 24$

0868 답 ③

두 조건 p, q의 진리집합을 각각 P, Q라 하자.
p가 $\sim q$이기 위한 충분조건이 되려면 $P \subset Q^C$이어야 한다.
$p : x^2 - 4x - 12 = 0$에서 $(x + 2)(x - 6) = 0$
$\therefore x = -2$ 또는 $x = 6$
$\therefore P = \{-2, 6\}$
$\sim q : |x - 3| \leq k$에서 $3 - k \leq x \leq 3 + k$
$\therefore Q^C = \{x | 3 - k \leq x \leq 3 + k\}$
즉, $\{-2, 6\} \subset \{x | 3 - k \leq x \leq 3 + k\}$이므로
오른쪽 그림에서
$3 - k \leq -2$, $6 \leq 3 + k$
$k \geq 5$, $k \geq 3$
$\therefore k \geq 5$
따라서 자연수 k의 최솟값은 5이다.

0869 답 2

세 조건 p, q, r의 진리집합을 각각 P, Q, R라 하자.
$p : x^2 - 2(a + 1)x + a^2 + 2a \leq 0$에서
$(x - a)\{x - (a + 2)\} \leq 0$ $\therefore a \leq x \leq a + 2$
$\therefore P = \{x | a \leq x \leq a + 2\}$
$q : x > 3$에서 $Q = \{x | x > 3\}$
$r : b < x < 8$에서 $R = \{x | b < x < 8\}$
이때 $\sim q$가 p이기 위한 필요조건이므로
$P \subset Q^C$
즉, $Q^C = \{x | x \leq 3\}$이므로
오른쪽 그림에서
$a + 2 \leq 3$ $\therefore a \leq 1$
또한, $\sim q$가 $\sim r$이기 위한 충분조건이므로
$Q^C \subset R^C$에서 $R \subset Q$
즉, $\{x | b < x < 8\} \subset \{x | x > 3\}$이므로
오른쪽 그림에서
$3 \leq b < 8$ ($\because b < 8$)
따라서 $b - a$는 $a = 1$, $b = 3$일 때 최솟값을 가지므로
$3 - 1 = 2$

0870 답 ③

0871 답 ⑤

p가 $\sim q$이기 위한 충분조건이므로 $p \Longrightarrow \sim q$
q가 r이기 위한 필요조건이므로 $r \Longrightarrow q$
또한, 두 명제 $p \longrightarrow \sim q$, $r \longrightarrow q$가 모두 참이므로 각각의 대우

$q \longrightarrow \sim p$, $\sim q \longrightarrow \sim r$도 모두 참이다.

이때 두 명제 $p \longrightarrow \sim q$, $\sim q \longrightarrow \sim r$가 모두 참이므로 명제 $p \longrightarrow \sim r$가 참이고 그 대우 $r \longrightarrow \sim p$도 참이다.

따라서 항상 참인 명제는 ⑤ $r \longrightarrow \sim p$이다.

0872 답 ③

두 명제 $p \longrightarrow r$, $q \longrightarrow \sim r$가 모두 참이므로 각각의 대우 $\sim r \longrightarrow \sim p$, $r \longrightarrow \sim q$도 모두 참이다.

또한, 두 명제 $p \longrightarrow r$, $r \longrightarrow \sim q$가 모두 참이므로 명제 $p \longrightarrow \sim q$가 참이고 그 대우 $q \longrightarrow \sim p$도 참이다.

ㄱ. 명제 $p \longrightarrow r$가 참이므로 r는 p이기 위한 필요조건이다. (참)

ㄴ. p는 q이기 위한 충분조건이라 할 수 없다. (거짓)

ㄷ. 명제 $q \longrightarrow \sim p$가 참이므로 $\sim p$는 q이기 위한 필요조건이다. (참)

따라서 항상 옳은 것은 ㄱ, ㄷ이다.

0873 답 ④

p는 q이기 위한 충분조건이므로 $p \Longrightarrow q$

$\sim q$는 s이기 위한 필요조건이므로 $s \Longrightarrow \sim q$

s는 r이기 위한 필요충분조건이므로 $s \Longleftrightarrow r$

ㄱ. 명제 $s \longrightarrow p$가 항상 참이라 할 수 없다.

ㄴ. 두 명제 $r \longrightarrow s$, $s \longrightarrow \sim q$가 모두 참이므로 명제 $r \longrightarrow \sim q$가 참이고 그 대우 $q \longrightarrow \sim r$도 참이다.

ㄷ. 명제 $p \longrightarrow q$가 참이므로 그 대우 $\sim q \longrightarrow \sim p$도 참이다. 즉, ㄴ에서 명제 $r \longrightarrow \sim q$가 참이므로 명제 $r \longrightarrow \sim p$는 참이다.

따라서 항상 참인 명제는 ㄴ, ㄷ이다.

0874 답 ①

p가 $\sim q$이기 위한 충분조건이므로 $p \Longrightarrow \sim q$

$\sim r$가 $\sim s$이기 위한 필요조건이므로 $\sim s \Longrightarrow \sim r$

또한, 두 명제 $p \longrightarrow \sim q$, $\sim s \longrightarrow \sim r$가 모두 참이므로 각각의 대우 $q \longrightarrow \sim p$, $r \longrightarrow s$도 참이다.

즉, s가 q이기 위한 필요조건이려면 $q \Longrightarrow s$이어야 하므로 명제 $q \longrightarrow s$가 참임을 보이기 위해 필요한 참인 명제는 $\sim p \longrightarrow r$이다.

0875 답 ③

0876 답 ⑤

두 자연수 a, b에 대하여

명제 'a^2+ab+b^2이 홀수이면 a 또는 b가 홀수이다.'의 대우는

'a, b가 $\boxed{짝수}$이면 a^2+ab+b^2이 $\boxed{짝수}$이다.'

이다. a, b가 $\boxed{짝수}$이면 a^2, ab, b^2은 모두 $\boxed{짝수}$이므로

a^2+ab+b^2은 $\boxed{짝수}$이다.

↳(짝수)×(짝수)=(짝수)

↳(짝수)+(짝수)=(짝수)

0877 답 7

명제 'n^3이 3의 배수이면 n도 3의 배수이다.'의 대우는

'n이 3의 배수가 아니면 n^3도 3의 배수가 아니다.'

이다.

n이 3의 배수가 아니면

$n=3k-2$ 또는 $n=\boxed{3k-1}$ (k는 자연수)

로 나타낼 수 있다.

(ⅰ) $n=3k-2$일 때

$n^3=(3k-2)^3=27k^3-54k^2+36k-8$

$=3(9k^3-18k^2+12k-3)\boxed{+1}$

(ⅱ) $n=\boxed{3k-1}$일 때

$n^3=(3k-1)^3=27k^3-27k^2+9k-1$

$=3(\boxed{9k^3-9k^2+3k-1})\boxed{+2}$

→3으로 나누어떨어지지 않는다.

(ⅰ), (ⅱ)에서 n^3은 3의 배수가 아니다.

따라서 $f(k)=3k-1$, $g(k)=9k^3-9k^2+3k-1$이므로

$f(2)+g(1)=(3\times2-1)+(9-9+3-1)=5+2=7$

> **선생님 톡톡**
>
> 자연수 n을 어떤 자연수 p의 배수와 관련해서 나타내야 할 때는
>
> $n=pk$, $n=pk-1$, $\cdots$, $n=pk-(p-1)$ (k는 자연수)
>
> 로 나누어 표현하면 모든 자연수 n을 나타낼 수 있어.

0878 답 ①

0879 답 ④

두 자연수 a, b에 대하여 a와 b가 모두 $\boxed{짝수}$라 가정하면

$a=\boxed{2}\times k$, $b=\boxed{2}\times l$ (k, l은 자연수)

로 나타낼 수 있다.

그런데 $\boxed{2}$는 a와 b의 공약수이므로

a, b가 $\boxed{서로소}$라는 가정에 모순이다.

따라서 a, b가 서로소이면 a 또는 b가 홀수이다.

0880 답 15

n이 3의 배수가 아니라 가정하면

$n=\boxed{3k-2}$ 또는 $n=3k-1$ (k는 자연수)

로 나타낼 수 있다.

(ⅰ) $n=\boxed{3k-2}$일 때

$n^2=(3k-2)^2=9k^2-12k+4$

$=3(\boxed{3k^2-4k+1})\boxed{+1}$ →3으로 나누어떨어지지 않는다.

따라서 $f(k)=3k-2$, $g(k)=3k^2-4k+1$이므로

$f(4)+g(2)=(3\times4-2)+(3\times2^2-4\times2+1)=10+5=15$

0881 답 ④

0882 답 ⑤

$(a+b)^2-4ab=a^2+(\boxed{-2ab})+b^2$

$=(\boxed{a-b})^2$

a, b는 실수이므로 $(\boxed{a-b})^2\geq0$

따라서 $(a+b)^2-4ab\geq0$이므로

$(a+b)^2\geq4ab$

여기서 등호는 $a-b=0$, 즉 $\boxed{a=b}$일 때 성립한다.

0883 답 15

$\dfrac{(2+\sqrt5)^{100}}{(7+4\sqrt5)^{50}}=\left\{\dfrac{(2+\sqrt5)^2}{7+4\sqrt5}\right\}^{50}=\left(\dfrac{\boxed{9+4\sqrt5}}{7+4\sqrt5}\right)^{50}$

에서

$$\frac{\boxed{9+4\sqrt{5}}}{7+4\sqrt{5}} = \frac{(7+4\sqrt{5})+2}{7+4\sqrt{5}} = 1 + \frac{\boxed{2}}{7+4\sqrt{5}} > 1$$

이므로

$$\left(\frac{\boxed{9+4\sqrt{5}}}{7+4\sqrt{5}}\right)^{50} > 1$$

즉, (가), (나)에 알맞은 두 수는 각각 $9+4\sqrt{5}$, 2이므로 그 합은
$9+4\sqrt{5}+2 = 11+4\sqrt{5}$
따라서 $a=11$, $b=4$이므로
$a+b = 11+4 = 15$

0884 답 ①

0885 답 ③

$(a^2+b^2)(x^2+y^2)-(ax+by)^2$
$= a^2x^2+a^2y^2+b^2x^2+b^2y^2-a^2x^2-2abxy-b^2y^2$
$= (\boxed{bx})^2 - 2(\boxed{bx})(ay) + (ay)^2$
$= (\boxed{bx-ay})^2 \geq 0$
따라서 $(a^2+b^2)(x^2+y^2) \geq (ax+by)^2$이다.
여기서 등호는 $bx-ay=0$, 즉 $\boxed{\dfrac{x}{a}=\dfrac{y}{b}}$일 때 성립한다.

0886 답 ②

$(|a|+|b|)^2 - (|a+b|)^2$
$= |a|^2 + 2|a||b| + |b|^2 - a^2 - \boxed{2ab} - b^2$
$= 2(\boxed{|ab|-ab}) \geq 0$
따라서 $(|a|+|b|)^2 \geq (|a+b|)^2$이고
$|a|+|b| \geq 0$, $|a+b| \geq 0$이므로
$|a|+|b| \geq |a+b|$
여기서 등호는 $|ab|-ab=0$, 즉 $|ab|=ab$일 때 성립하므로 $\boxed{ab \geq 0}$
일 때 성립한다.

0887 답 ②

0888 답 ⑤

$\left(a-\dfrac{2}{a}\right)\left(a-\dfrac{8}{a}\right) = a^2 - 8 - 2 + \dfrac{16}{a^2}$
$= a^2 + \dfrac{16}{a^2} - 10$

$a<0$에서 $a^2>0$이므로 산술평균과 기하평균의 관계에 의하여

$\underbrace{a^2 + \dfrac{16}{a^2}}_{\text{곱하면 약분된다.}} - 10 \geq 2\sqrt{a^2 \times \dfrac{16}{a^2}} - 10$
$= 2 \times 4 - 10 = -2$

등호는 $a^2 = \dfrac{16}{a^2}$일 때 성립하므로
$a^4 = 16$에서 $a^2 = 4$ ($\because a^2 > 0$) $\therefore a = -2$ ($\because a < 0$)
따라서 $\left(a-\dfrac{2}{a}\right)\left(a-\dfrac{8}{a}\right)$은 $a=-2$일 때 최솟값 -2를 갖는다.

0889 답 ③

$x + \dfrac{4}{x-2} = x - 2 + \dfrac{4}{x-2} + 2$
$x>2$에서 $x-2>0$이므로 산술평균과 기하평균의 관계에 의하여

$x - 2 + \dfrac{4}{x-2} + 2 \geq 2\sqrt{(x-2) \times \dfrac{4}{x-2}} + 2$
$= 2 \times 2 + 2 = 6$
등호는 $x-2 = \dfrac{4}{x-2}$일 때 성립하므로
$(x-2)^2 = 4$에서 $x-2 = 2$ ($\because x-2>0$)
$\therefore x = 4$
즉, $x + \dfrac{4}{x-2}$는 $x=4$일 때 최솟값 6을 가지므로
$a=6$, $b=4$
$\therefore a+b = 6+4 = 10$

0890 답 ⑤

x^2+2x+6을 $x-1$로 나누었을 때의 몫이 $x+3$, 나머지가 9이므로
$x^2+2x+6 = (x-1)(x+3)+9$
$\therefore \dfrac{x^2+2x+6}{x-1} = \dfrac{(x-1)(x+3)+9}{x-1} = x+3 + \dfrac{9}{x-1}$
$= x-1 + \dfrac{9}{x-1} + 4$
$x>1$에서 $x-1>0$이므로 산술평균과 기하평균의 관계에 의하여
$x-1 + \dfrac{9}{x-1} + 4 \geq 2\sqrt{(x-1) \times \dfrac{9}{x-1}} + 4$
$= 2 \times 3 + 4 = 10$ (단, 등호는 $x=4$일 때 성립)
따라서 $\dfrac{x^2+2x+6}{x-1}$의 최솟값은 10이다.

$x-1 = \dfrac{9}{x-1}$에서 $(x-1)^2 = 9$
$x-1 = 3$ ($\because x-1>0$)
$\therefore x = 4$

0891 답 16

$(2a+b+3c)\left(\dfrac{1}{2a} + \dfrac{9}{b+3c}\right) = 1 + \dfrac{18a}{b+3c} + \dfrac{b+3c}{2a} + 9$

$b+3c$를 하나로 생각하고 전개한다.

$= 10 + \dfrac{18a}{b+3c} + \dfrac{b+3c}{2a}$

$a>0$, $b>0$, $c>0$에서 $\dfrac{18a}{b+3c}>0$, $\dfrac{b+3c}{2a}>0$이므로 산술평균과 기하평균의 관계에 의하여

$10 + \dfrac{18a}{b+3c} + \dfrac{b+3c}{2a} \geq 10 + 2\sqrt{\dfrac{18a}{b+3c} \times \dfrac{b+3c}{2a}}$
$= 10 + 2 \times 3$
$= 16$ (단, 등호는 $6a=b+3c$일 때 성립)

$\dfrac{18a}{b+3c} = \dfrac{b+3c}{2a}$에서
$36a^2 = (b+3c)^2$
$\therefore 6a = b+3c$
($\because a>0$, $b+3c>0$)

따라서 $(2a+b+3c)\left(\dfrac{1}{2a} + \dfrac{9}{b+3c}\right)$의 최솟값은 16이다.

0892 답 ③

0893 답 ④

$x>0$, $y>0$이므로 산술평균과 기하평균의 관계에 의하여
$2x+5y \geq 2\sqrt{2x \times 5y} = 2\sqrt{10xy}$
그런데 $2x+5y=40$이므로
$40 \geq 2\sqrt{10xy}$, $20 \geq \sqrt{10xy}$
위의 식의 양변을 제곱하면
$400 \geq 10xy$ $\therefore xy \leq 40$
등호는 $2x=5y$일 때 성립하고 $2x+5y=40$이므로
$4x=40$, $10y=40$ $\therefore x=10$, $y=4$
따라서 xy는 $x=10$, $y=4$일 때 최댓값 40을 가지므로
$a=40$, $b=10$, $c=4$
$\therefore a+b+c = 40+10+4 = 54$

0894 답 ②

$a>0$, $b>0$이므로 산술평균과 기하평균의 관계에 의하여
$a+3b\geq2\sqrt{a\times3b}=2\sqrt{3ab}$
그런데 $ab=3$이므로
$a+3b\geq2\sqrt{3\times3}=2\times3=6$ (단, 등호는 $a=3$, $b=1$일 때 성립)
따라서 $a+3b$의 최솟값은 6이다.

→ $a=3b$일 때 성립하고 $ab=3$이므로
$3b^2=3$, $b^2=1$
$\therefore b=1$ ($\because b>0$)
$\therefore a=3b=3$

0895 답 8

두 직선 $y=f(x)$와 $y=g(x)$의 기울기는 각각 $\dfrac{a}{2}$, $\dfrac{1}{b}$이고 두 직선이 서로 평행하므로
$\dfrac{a}{2}=\dfrac{1}{b}$에서 $ab=2$
$(a+1)(b+2)=ab+2a+b+2$
$\qquad\qquad\qquad=2a+b+4$
$a>0$, $b>0$이므로 산술평균과 기하평균의 관계에 의하여
$2a+b\geq2\sqrt{2a\times b}=2\sqrt{2ab}$
그런데 $ab=2$이므로
$2a+b\geq2\sqrt{2\times2}=2\times2=4$ (단, 등호는 $a=1$, $b=2$일 때 성립)
따라서 $(a+1)(b+2)$의 최솟값은
$4+4=8$

→ $2a=b$일 때 성립하고 $ab=2$이므로
$2a^2=2$, $a^2=1$
$\therefore a=1$ ($\because a>0$)
$\therefore b=2a=2$

0896 답 2

$2x+y=2$이므로
$8x^3+y^3=(2x+y)^3-3\times2x\times y(2x+y)$
$\qquad\qquad=8-12xy$
→ $a^3+b^3=(a+b)^3-3ab(a+b)$
$x>0$, $y>0$이므로 산술평균과 기하평균의 관계에 의하여
$2x+y\geq2\sqrt{2x\times y}=2\sqrt{2xy}$
그런데 $2x+y=2$이므로
$2\geq2\sqrt{2xy}$, $1\geq\sqrt{2xy}$
위의 식의 양변을 제곱하면
$1\geq2xy$ $\therefore xy\leq\dfrac{1}{2}$ (단, 등호는 $x=\dfrac{1}{2}$, $y=1$일 때 성립)

→ $2x=y$일 때 성립하고 $2x+y=2$이므로
$4x=2$, $2y=2$ $\therefore x=\dfrac{1}{2}$, $y=1$

따라서
→ $xy\leq\dfrac{1}{2}$의 양변에 -12를 곱하므로 부등호의 방향이 바뀐다.
$8x^3+y^3=8-12xy\geq8-12\times\dfrac{1}{2}=8-6=2$
이므로 $8x^3+y^3$의 최솟값은 2이다.

0897 답 ④

0898 답 ②

오른쪽 그림과 같이 텃밭 전체의 가로의 길이를 x m, 세로의 길이를 y m라 하면 노끈의 전체 길이가 80 m이므로
$4x+3y=80$ → 가로 4개, 세로 3개
$x>0$, $y>0$이므로 산술평균과 기하평균의 관계에 의하여
$4x+3y\geq2\sqrt{4x\times3y}=4\sqrt{3xy}$
그런데 $4x+3y=80$이므로
$80\geq4\sqrt{3xy}$, $20\geq\sqrt{3xy}$
위의 식의 양변을 제곱하면
$400\geq3xy$
$\therefore xy\leq\dfrac{400}{3}$ (단, 등호는 $x=10$, $y=\dfrac{40}{3}$일 때 성립)

→ $4x=3y$일 때 성립하고
$4x+3y=80$이므로
$8x=80$, $6y=80$
$\therefore x=10$, $y=\dfrac{40}{3}$

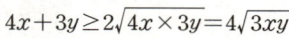

따라서 텃밭 전체의 넓이 xy의 최댓값은 $\dfrac{400}{3}$ m²이다.

0899 답 ③

점 P와 선분 EF 사이의 거리를 h_1, 점 P와 선분 GH 사이의 거리를 h_2라 하면
$h_1+h_2=5$
→ 점 P의 위치에 관계없이 두 삼각형의 높이의 합은 일정하다.
또한, $\overline{EF}=2$, $\overline{GH}=4$이므로
$S_1=\dfrac{1}{2}\times2\times h_1=h_1$
$S_2=\dfrac{1}{2}\times4\times h_2=2h_2$
$\therefore S_1S_2=2h_1h_2$ ……㉠
$h_1>0$, $h_2>0$이므로 산술평균과 기하평균의 관계에 의하여
$h_1+h_2\geq2\sqrt{h_1h_2}$
그런데 $h_1+h_2=5$이므로
$5\geq2\sqrt{h_1h_2}$, $\dfrac{5}{2}\geq\sqrt{h_1h_2}$
위의 식의 양변을 제곱하면
$h_1h_2\leq\dfrac{25}{4}$ (단, 등호는 $h_1=h_2=\dfrac{5}{2}$일 때 성립)

→ $h_1=h_2$일 때 성립하고 $h_1+h_2=5$이므로
$2h_1=5$ $\therefore h_1=\dfrac{5}{2}$

㉠에서 $S_1S_2=2h_1h_2\leq2\times\dfrac{25}{4}=\dfrac{25}{2}$
따라서 S_1S_2의 최댓값은 $\dfrac{25}{2}$이다.

0900 답 ③

직육면체의 밑면의 가로의 길이를 x cm, 세로의 길이를 y cm라 하면 부피가 2000 cm³이므로
$5xy=2000$ $\therefore xy=400$
직육면체의 모든 모서리의 길이의 합은
$4(x+y+5)$ cm
$x>0$, $y>0$이므로 산술평균과 기하평균의 관계에 의하여
$4(x+y+5)=4x+4y+20$
$\qquad\qquad\quad\geq2\sqrt{4x\times4y}+20$
$\qquad\qquad\quad=8\sqrt{xy}+20$
그런데 $xy=400$이므로
$4(x+y+5)\geq8\times20+20=180$

→ $x=y$일 때 성립하고 $xy=400$이므로
$x^2=400$ $\therefore x=20$ ($\because x>0$)

(단, 등호는 $x=y=20$일 때 성립)
따라서 필요한 철사의 길이의 최솟값은 180 cm이다.

0901 답 ⑤

두 점 B, C의 좌표가 각각 $\left(\dfrac{1}{a},0\right)$, $\left(0,\dfrac{1}{b}\right)$이므로
삼각형 OBC의 넓이는
$\dfrac{1}{2}\times\dfrac{1}{a}\times\dfrac{1}{b}=\dfrac{1}{2ab}$
또한, 점 A$(2,4)$가 직선 $ax+by=1$ 위에 있으므로
$2a+4b=1$
$a>0$, $b>0$이므로 산술평균과 기하평균의 관계에 의하여
$2a+4b\geq2\sqrt{2a\times4b}=4\sqrt{2ab}$
그런데 $2a+4b=1$이므로
$1\geq4\sqrt{2ab}$, $\dfrac{1}{4}\geq\sqrt{2ab}$
위의 식의 양변을 제곱하면
$\dfrac{1}{16}\geq2ab$

→ $2a=4b$일 때 성립하고
$2a+4b=1$이므로
$4a=1$, $8b=1$
$\therefore a=\dfrac{1}{4}$, $b=\dfrac{1}{8}$

$\therefore \dfrac{1}{2ab}\geq16$ (단, 등호는 $a=\dfrac{1}{4}$, $b=\dfrac{1}{8}$일 때 성립)
따라서 삼각형 OBC의 넓이의 최솟값은 16이다.

0902 답 ④

0903 답 ①

x, y가 실수이므로 코시-슈바르츠의 부등식에 의하여
$\{2^2+(-1)^2\}(x^2+y^2)\geq(2x-y)^2$
그런데 $x^2+y^2=5$이므로
$5\times5\geq(2x-y)^2$, $25\geq(2x-y)^2$
$\therefore -5\leq2x-y\leq5$ (단, 등호는 $\dfrac{x}{2}=-y$일 때 성립)
따라서 $2x-y$의 최댓값은 5, 최솟값은 -5이므로 구하는 곱은
$5\times(-5)=-25$

0904 답 ⑤

x, y가 실수이므로 코시-슈바르츠의 부등식에 의하여
$(3^2+1^2)(x^2+y^2)\geq(3x+y)^2$
그런데 $3x+y=20$이므로
$10(x^2+y^2)\geq20^2=400$
$\therefore x^2+y^2\geq40$ (단, 등호는 $\dfrac{x}{3}=y$일 때 성립)
따라서 x^2+y^2의 최솟값은 40이다.

0905 답 ③

직사각형의 가로의 길이를 x, 세로의 길이를 y라 하면 직사각형의
둘레의 길이가 24이므로
$2x+2y=24$ $\therefore x+y=12$
원의 지름이 직사각형의 대각선이므로 원의 반지름의 길이는
$\dfrac{1}{2}\sqrt{x^2+y^2}$
즉, 원의 넓이는
$\pi\times\left(\dfrac{1}{2}\sqrt{x^2+y^2}\right)^2=\dfrac{\pi}{4}(x^2+y^2)$
x, y는 실수이므로 코시-슈바르츠의 부등식에 의하여
$(1^2+1^2)(x^2+y^2)\geq(x+y)^2$, $2(x^2+y^2)\geq12^2=144$
$\therefore x^2+y^2\geq72$ (단, 등호는 $x=y$일 때 성립)
따라서
$\dfrac{\pi}{4}(x^2+y^2)\geq\dfrac{\pi}{4}\times72=18\pi$
이므로 원의 넓이의 최솟값은 18π이다.

0906 답 ④

$y+z=2-x$ ······ ㉠ $\;$→ x의 최댓값과 최솟값을 구하는 문제이므로
$y^2+z^2=8-2x^2$ ······ ㉡ $\;\;$ x에 대한 식으로 정리한다.
y, z는 실수이므로 코시-슈바르츠의 부등식에 의하여
$(1^2+1^2)(y^2+z^2)\geq(y+z)^2$ (단, 등호는 $y=z$일 때 성립)
㉠, ㉡에서
$2(8-2x^2)\geq(2-x)^2$, $5x^2-4x-12\leq0$
$(5x+6)(x-2)\leq0$ $\therefore -\dfrac{6}{5}\leq x\leq2$
따라서 x의 최댓값은 2, 최솟값은 $-\dfrac{6}{5}$이므로 구하는 합은
$2+\left(-\dfrac{6}{5}\right)=\dfrac{4}{5}$

0907 답 ④

> **One Point Lesson**
> 필요조건이기 위한 진리집합의 포함 관계를 생각해 본 후, 이에 맞게 수직선 위에 나타내어 본다.

두 조건 p, q를 p: $|x+1|\leq k$, q: $x^2+x\leq12$라 하고 두 조건 p, q의 진리집합을 각각 P, Q라 하자.
p: $|x+1|\leq k$에서 $-k\leq x+1\leq k$ ($\because k>0$)
$\therefore -k-1\leq x\leq k-1$
$\therefore P=\{x|-k-1\leq x\leq k-1\}$
q: $x^2+x\leq12$에서 $x^2+x-12\leq0$
$(x+4)(x-3)\leq0$ $\therefore -4\leq x\leq3$
$\therefore Q=\{x|-4\leq x\leq3\}$
이때 p가 q이기 위한 필요조건이려면
$Q\subset P$이어야 하므로 오른쪽 그림에서
$-k-1\leq-4$, $k-1\geq3$
$\therefore k\geq4$
따라서 양수 k의 최솟값은 4이다.

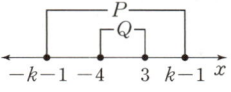

0908 답 ④

> **One Point Lesson**
> 상류에서 하류로 물이 흐를 조건을 생각해 본다.

상류에서 하류로 물이 흐르기 위한 필요충분조건은 A 또는 B의 수로가 열려 있고, C의 수로가 열려 있는 것이므로
(p 또는 $\sim q$)이고 r
따라서 구하는 진리집합은
$(P\cup Q^c)\cap R$

0909 답 16

> **One Point Lesson**
> $(a+b)(a+2)$를 전개한 후 $ab(a+b+2)=32$를 이용하여 b에 대한 식으로 정리한다.

$ab(a+b+2)=32$에서 $a(a+b+2)=\dfrac{32}{b}$이므로
$(a+b)(a+2)=a^2+2a+ab+2b=a(a+b+2)+2b$
$\qquad\qquad\qquad\quad=\dfrac{32}{b}+2b$
$b>0$이므로 산술평균과 기하평균의 관계에 의하여
$\dfrac{32}{b}+2b\geq2\sqrt{\dfrac{32}{b}\times2b}$ $\quad$→ $\dfrac{32}{b}=2b$에서 $2b^2=32$
$\qquad\qquad\qquad\qquad\qquad\qquad\;\;$ $b^2=16$ $\therefore b=4$ ($\because b>0$)
$\quad=2\times8=16$ (단, 등호는 $\underline{b=4}$일 때 성립)
따라서 $(a+b)(a+2)$의 최솟값은 16이다.

0910 답 ③

> **One Point Lesson**
> 증명 과정에서 빈 칸의 앞과 뒤를 통해 빈 칸의 내용을 알아낸다.

(i) $|a|<|b|$일 때
$|a|-|b|<\boxed{0}$이고 $|a-b|>\boxed{0}$이므로

$|a|-|b| \leq |a-b|$

(ii) $|a| \geq |b|$일 때

$|a-b|^2 - (|a|-|b|)^2$

$= (a-b)^2 - (|a|^2 - 2|a||b| + |b|^2)$

$= a^2 - 2ab + b^2 - a^2 + 2|ab| - b^2$

$= \boxed{2(|ab| - ab)}$

이때 $|ab| \geq ab$이므로 $\boxed{2(|ab| - ab)} \geq 0$

$\therefore (|a|-|b|)^2 \leq |a-b|^2$

즉, $|a|-|b| \geq 0$이고 $|a-b| \geq 0$이므로

$|a|-|b| \leq |a-b|$

(i), (ii)에서 $|a|-|b| \leq |a-b|$

여기서 등호는 $\boxed{|ab| = ab}$이고 $|a| \geq |b|$, 즉

$ab \geq 0$이고 $|a| \geq |b|$일 때 성립한다.

0911 답 ⑤

One Point Lesson

주어진 조건을 이용하여 참인 명제를 알아낸 후 삼단논법을 이용하여 새로운 참인 명제를 알아낸다.

조건 (가)에서 $q \Longrightarrow {\sim}p$

조건 (나)에서 ${\sim}r \Longrightarrow p$

조건 (다)에서 $r \Longrightarrow q$

세 명제 $q \longrightarrow {\sim}p$, ${\sim}r \longrightarrow p$, $r \longrightarrow q$가 모두 참이므로 각각의 대우 $p \longrightarrow {\sim}q$, ${\sim}p \longrightarrow r$, ${\sim}q \longrightarrow {\sim}r$도 모두 참이다.

① 두 명제 $p \longrightarrow {\sim}q$, ${\sim}q \longrightarrow {\sim}r$가 모두 참이므로 명제 $p \longrightarrow {\sim}r$가 참이다.

$\therefore p \Longrightarrow {\sim}r$

즉, ${\sim}r$는 p이기 위한 필요조건이다.

② 두 명제 ${\sim}q \longrightarrow {\sim}r$, ${\sim}r \longrightarrow p$가 모두 참이므로 명제 ${\sim}q \longrightarrow p$가 참이다.

$\therefore {\sim}q \Longrightarrow p$

즉, p는 ${\sim}q$이기 위한 필요조건이다.

③ 두 명제 $r \longrightarrow q$, $q \longrightarrow {\sim}p$가 모두 참이므로 명제 $r \longrightarrow {\sim}p$가 참이다.

$\therefore r \Longrightarrow {\sim}p$

즉, r는 ${\sim}p$이기 위한 충분조건이다.

④ 두 명제 ${\sim}r \longrightarrow p$, $p \longrightarrow {\sim}q$가 모두 참이므로 명제 ${\sim}r \longrightarrow {\sim}q$가 참이다.

$\therefore {\sim}r \Longrightarrow {\sim}q$

즉, ${\sim}r$는 ${\sim}q$이기 위한 충분조건이다.

⑤ 명제 $p \longrightarrow {\sim}q$에서 p는 ${\sim}q$이기 위한 충분조건이므로 p가 q이기 위한 충분조건이라 할 수 없다.

따라서 옳지 않은 것은 ⑤이다.

선생님 톡톡

전체집합 U에 대하여 세 조건 p, q, r의 진리집합을 각각 P, Q, R라 하면

$P = Q^C = R^C$

이때 $P = Q^C$이면 $P \subset Q^C$이고 $Q^C \subset P$이니까 진리집합의 포함 관계를 이용해서 보기의 참, 거짓을 판별할 수 있어.

0912 답 ⑤

One Point Lesson

명제 $p \longrightarrow q$, $q \longrightarrow p$의 참, 거짓을 판별한다.

ㄱ. [$p \longrightarrow q$의 반례] $A = \{1, 2\}$, $B = \{1\}$이면 $A \cup B = A$이지만 $A \neq B$이다.

$A = B$이면 $A \cup B = A \cup A = A$이므로

$q \Longrightarrow p$

즉, p는 q이기 위한 필요조건이지만 충분조건은 아니다.

ㄴ. $A \subset (B \cap C)$에서 $(B \cap C) \subset B$이고 $(B \cap C) \subset C$이므로

$A \subset B$이고 $A \subset C$이다.

$\therefore p \Longrightarrow q$

$A \subset B$이고 $A \subset C$이면 $A \subset (B \cap C)$이므로

$q \Longrightarrow p$

즉, $p \Longleftrightarrow q$이므로 p는 q이기 위한 필요충분조건이다.

ㄷ. [$p \longrightarrow q$의 반례] $A = \{1\}$, $B = \{1, 2\}$, $C = \{1, 3\}$이면

$A \cap B = A \cap C = \{1\}$이지만 $B \neq C$이다.

$B = C$이면 $A \cap B = A \cap C$이므로

$q \Longrightarrow p$

즉, p는 q이기 위한 필요조건이지만 충분조건은 아니다.

따라서 p가 q이기 위한 필요조건이지만 충분조건이 아닌 것은 ㄱ, ㄷ이다.

0913 답 ②

One Point Lesson

삼각형 OQR의 넓이를 a, b에 대한 식으로 나타낸 후 산술평균과 기하평균의 관계를 이용한다.

직선 OP의 기울기는 $\dfrac{b}{a}$이므로 점 $P(a, b)$를 지나고 직선 OP에 수직인 직선의 방정식은

$y = -\dfrac{a}{b}(x - a) + b$에서 $y = -\dfrac{a}{b}x + \dfrac{a^2}{b} + b$

직선 $y = -\dfrac{a}{b}x + \dfrac{a^2}{b} + b$가 y축과 만나는 점 Q의 좌표는

$\left(0, \dfrac{a^2}{b} + b\right)$

이때 점 $R\left(-\dfrac{1}{a}, 0\right)$에 대하여 오른쪽 그림에서 삼각형 OQR의 넓이는

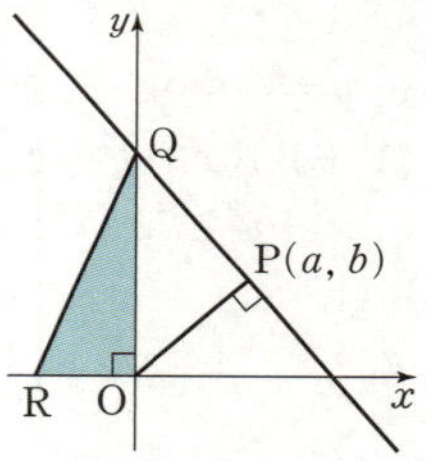

$\dfrac{1}{2} \times \overline{OR} \times \overline{OQ}$

$= \dfrac{1}{2} \times \left|-\dfrac{1}{a}\right| \times \left|\dfrac{a^2}{b} + b\right|$

$= \dfrac{1}{2}\left(\dfrac{a}{b} + \dfrac{b}{a}\right)$

두 양수 a, b에 대하여

$\dfrac{a}{b} > 0$, $\dfrac{b}{a} > 0$이므로 산술평균과 기하평균의 관계에 의하여

$\dfrac{1}{2}\left(\dfrac{a}{b} + \dfrac{b}{a}\right) \geq \dfrac{1}{2} \times 2\sqrt{\dfrac{a}{b} \times \dfrac{b}{a}}$

$= 1$ (단, 등호는 $a = b$일 때 성립)

따라서 삼각형 OQR의 넓이의 최솟값은 1이다.

0914 답 ①

One Point Lesson

참임을 보일 때는 차를 이용하고 거짓임을 보일 때는 반례를 찾는다.

ㄱ. $(a + 2b)^2 - 6ab = a^2 - 2ab + 4b^2 = (a - b)^2 + 3b^2 \geq 0$

(단, 등호는 $a = b = 0$일 때 성립)

$\therefore (a + 2b)^2 \geq 6ab$ (참)

ㄴ. $(|a|+|b|+|c|)^2-(|a+b+c|)^2$
$=a^2+b^2+c^2+2|ab|+2|bc|+2|ca|$
$\qquad\qquad -(a^2+b^2+c^2+2ab+2bc+2ca)$
$=2(|ab|-ab)+2(|bc|-bc)+2(|ca|-ca)$
≥ 0 (단, 등호는 $ab\geq 0$, $bc\geq 0$, $ca\geq 0$일 때 성립)
$|a|+|b|+|c|\geq 0$, $|a+b+c|\geq 0$이므로
$|a|+|b|+|c|\geq |a+b+c|$ (참)

ㄷ. [반례] $a=2$, $b=1$, $c=1$이면
$a^2+2b^2+3c^2=4+2+3=9$,
$2ab+2bc+2ca=4+2+4=10$
이므로 $a^2+2b^2+3c^2<2ab+2bc+2ca$

ㄹ. [반례] $a=-2$, $b=1$이면
$a^3+b^3=(-2)^3+1^3=-8+1=-7$,
$ab(a+b)=(-2)\times 1\times\{(-2)+1\}$
$\qquad\qquad =(-2)\times 1\times(-1)=2$
이므로
$a^3+b^3<ab(a+b)$
따라서 옳은 것은 ㄱ, ㄴ이다.

0915 답 ④

세 명제 $\sim r\longrightarrow p$, $r\longrightarrow\sim q$, $\sim p\longrightarrow q$가 참이므로
$R^C\subset P$, $R\subset Q^C$, $P^C\subset Q$
이때 $R\subset Q^C$에서 $Q\subset R^C$이고, $R^C\subset P$이므로
$Q\subset P$
또한, $P^C\subset Q$, $Q\subset P$이므로 $P^C\subset P$에서 $P=U$
즉, 세 집합 P, Q, R 사이의 포함 관계를
벤 다이어그램으로 나타내면 오른쪽 그림
과 같다.

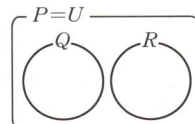

ㄱ. $P=U$ (참)
ㄴ. $Q\cap R=\varnothing$ (거짓)
ㄷ. $P-R^C=P\cap(R^C)^C=P\cap R=R$
$\therefore (P-R^C)=R\subset Q^C$ (참)
따라서 옳은 것은 ㄱ, ㄷ이다.

0916 답 ②

ㄱ. $x^2\leq 4$에서 $x^2-4\leq 0$, $(x+2)(x-2)\leq 0$
$\therefore -2\leq x\leq 2$
즉, 주어진 명제와 역이 모두 참이다.
ㄴ. [반례] $x=\sqrt{2}$, $y=-\sqrt{2}$이면 $x+y$는 유리수이지만 x, y는 무리수이므로 주어진 명제는 거짓이다.
ㄷ. 역 : $xy=0$이면 $x+yi$는 실수이다.
[반례] $x=0$, $y=1$이면 $xy=0$이지만 $x+yi=i$이므로 $x+yi$는 실수가 아니다.
ㄹ. $x^2+y^2+z^2=0$이면 $x=y=z=0$이고
$x=y=z=0$이면 $x^2+y^2+z^2=0$
즉, 주어진 명제와 역이 모두 참이다.
ㅁ. 역 : $|x|+|y|+|z|>0$이면 $xyz\neq 0$이다.

[반례] $x=0$, $y=1$, $z=1$이면 $|x|+|y|+|z|>0$이지만 $xyz=0$이다.
따라서 명제와 역이 모두 참인 것은 ㄱ, ㄹ의 2개이다.

0917 답 ①

실수 전체의 집합을 U라 하고, 두 조건 p, q의 진리집합을 각각 P, Q라 하자.
명제 '모든 실수 x에 대하여 p이다.'가 참이 되려면 $P=U$이어야 한다.
이때 모든 실수 x에 대하여 $x^2+2ax+1\geq 0$이어야 하므로 이차방정식 $x^2+2ax+1=0$의 판별식을 D_1이라 하면
$\dfrac{D_1}{4}=a^2-1\times 1\leq 0$, $a^2-1\leq 0$
$(a+1)(a-1)\leq 0$ $\quad\therefore -1\leq a\leq 1$
즉, 조건을 만족시키는 정수 a는 -1, 0, 1의 3개이다.
한편, 명제 'p는 $\sim q$이기 위한 충분조건이다.'가 참이 되려면 $P\subset Q^C$이어야 한다.
그런데 $P=U$이므로 $Q^C=U$이다.
이때 모든 실수 x에 대하여 $x^2+2bx+9>0$이어야 하므로 이차방정식 $x^2+2bx+9=0$의 판별식을 D_2라 하면
$\dfrac{D_2}{4}=b^2-1\times 9<0$, $b^2-9<0$
$(b+3)(b-3)<0$ $\quad\therefore -3<b<3$
즉, 조건을 만족시키는 정수 b는 -2, -1, 0, 1, 2의 5개이다.
따라서 순서쌍 (a, b)의 개수는
$3\times 5=15$

0918 답 ⑤

두 조건 p, q의 진리집합을 각각 P, Q라 하면 명제 $p\longrightarrow q$가 거짓임을 보이기 위해서는 $P\not\subset Q$임을 보여야 하므로 집합 P의 원소이지만 집합 Q의 원소가 아닌 것을 찾으면 된다.
즉, 구하는 반례는 집합 $P-Q$의 원소이므로 6^3의 약수 중 $\sqrt{n}$이 자연수가 아닌 것이다.
$6^3=2^3\times 3^3$이므로 6^3의 약수의 개수는
$(3+1)(3+1)=16$
이때 $\sqrt{n}$이 자연수가 되는 6^3의 약수는
1, 2^2, 3^2, 6^2
따라서 구하는 반례의 개수는
$16-4=12$

소인수분해를 이용하여 약수 구하기
$6^3=2^3\times 3^3$이므로 6^3의 약수는 다음과 같다.

$\times$	1	3	3^2	3^3
1	1	3	3^2	3^3
2	2	2×3	2×3^2	2×3^3
2^2	2^2	$2^2\times 3$	$2^2\times 3^2$	$2^2\times 3^3$
2^3	2^3	$2^3\times 3$	$2^3\times 3^2$	$2^3\times 3^3$

이때 1과 소인수의 지수가 모두 짝수인 수가 제곱수이다.

0919 답 ②

명제 $\sim p\longrightarrow q$가 참이 되려면 그 대우 $\sim q\longrightarrow p$가 참이 되어야 한다.

두 조건 p, q의 진리집합을 각각 P, Q라 하면

p : $\dfrac{\sqrt{x+3}}{\sqrt{x-5}}=-\sqrt{\dfrac{x+3}{x-5}}$에서

$x-5<0$, $x+3\geq0$

$\therefore -3\leq x<5$

$\therefore P=\{x|-3\leq x<5\}$

$\sim q$: $|x-2|\leq a+1$에서

$-a-1\leq x-2\leq a+1$ $\quad\therefore -a+1\leq x\leq a+3$

$\therefore Q^C=\{x|-a+1\leq x\leq a+3\}$

명제 $\sim q\longrightarrow p$가 참이 되려면 $Q^C\subset P$이어야 하므로

오른쪽 그림에서

$-a+1\geq-3$, $a+3<5$

$\therefore -1<a<2$ $(\because a>-1)$

따라서 정수 a는 0, 1의 2개이다.

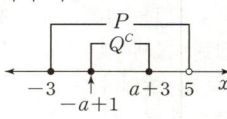

0920 답 ⑤

(ⅰ) A가 범인이면 A의 진술이 거짓이므로 B와 D는 범인이 아니다.
    즉, C도 범인인데 C의 진술이 참이 되므로 모순이다.

(ⅱ) A가 범인이 아니면 A의 진술이 참이므로 B 또는 D가 범인이다.
    이때 B가 범인이면 B의 진술이 거짓이 되어 A와 D가 범인이므로 모순이다.
    한편, D가 범인이면 D의 진술이 거짓이 되고 B가 범인이 아니므로 모순이 없다.
    $\quad\rightarrow$ B 또는 C가 범인이 아니다.

(ⅰ), (ⅱ)에서 이 범죄사건의 범인은 C와 D이다.

0921 답 21

$x^2+y^2+6z+\dfrac{169}{2(x+2y+3z)}$

$=x^2+y^2+6z-2(x+2y+3z)+2(x+2y+3z)$

$\qquad\qquad\qquad\qquad\qquad +\dfrac{169}{2(x+2y+3z)}$

$=(x-1)^2+(y-2)^2-5+2(x+2y+3z)+\dfrac{169}{2(x+2y+3z)}$

$x+2y+3z>0$이므로 산술평균과 기하평균의 관계에 의하여

$(x-1)^2+(y-2)^2-5+2(x+2y+3z)+\dfrac{169}{2(x+2y+3z)}$

$\geq(x-1)^2+(y-2)^2-5+2\sqrt{2(x+2y+3z)\times\dfrac{169}{2(x+2y+3z)}}$

$=(x-1)^2+(y-2)^2-5+2\times13$

$=(x-1)^2+(y-2)^2+21$

등호는 $2(x+2y+3z)=\dfrac{169}{2(x+2y+3z)}$일 때 성립하므로

$4(x+2y+3z)^2=169$

$x+2y+3z=\dfrac{13}{2}$ $(\because x>0,\ y>0,\ z>0)$ $\quad\cdots\cdots\ \bigcirc$

또한, $(x-1)^2\geq0$, $(y-2)^2\geq0$에서 등호는 $x=1$, $y=2$일 때 성립하므로 $\bigcirc$에서

$1+4+3z=\dfrac{13}{2}$ $\qquad\therefore z=\dfrac{1}{2}$

따라서 $x^2+y^2+6z+\dfrac{169}{2(x+2y+3z)}$는 $x=1$, $y=2$, $z=\dfrac{1}{2}$에서

최솟값 21을 가지므로

$a=1$, $\beta=2$, $\gamma=\dfrac{1}{2}$, $m=21$

$\therefore ma\beta\gamma=21\times1\times2\times\dfrac{1}{2}=21$

0922 답 ③

$P\neq\varnothing$이 되려면 $x^2-4x+a+2\leq0$을 만족시키는 실수 x가 존재해야 하므로 이차방정식 $x^2-4x+a+2=0$의 판별식을 D라 하면 $D\geq0$이어야 한다. 즉,

$\dfrac{D}{4}=(-2)^2-1\times(a+2)\geq0$, $4-a-2\geq0$

$\therefore a\leq2$

즉, a는 자연수이므로 $a=1$ 또는 $a=2$

q : $0<|x-b|\leq4$에서 $-4\leq x-b<0$ 또는 $0<x-b\leq4$

$\therefore b-4\leq x<b$ 또는 $b<x\leq b+4$

$\therefore Q=\{x|b-4\leq x<b$ 또는 $b<x\leq b+4\}$

(ⅰ) $a=1$일 때

p : $x^2-4x+3\leq0$에서 $(x-1)(x-3)\leq0$

$P=\{x|1\leq x\leq3\}$이므로 $P\subset Q$가 되려면

$P\subset\{x|b-4\leq x<b\}$ 또는

$P\subset\{x|b<x\leq b+4\}$이어야 한다.

ⓐ $P\subset\{x|b-4\leq x<b\}$일 때

오른쪽 그림에서

$b-4\leq1$, $3<b$

$\therefore 3<b\leq5$

즉, 자연수 b의 값은 4, 5이므로 순서쌍 (a, b)는

$(1, 4)$, $(1, 5)$의 2개이다.

ⓑ $P\subset\{x|b<x\leq b+4\}$일 때

오른쪽 그림에서

$b<1$, $3\leq b+4$

$\therefore -1\leq b<1$

즉, 자연수 b의 값은 존재하지 않는다.

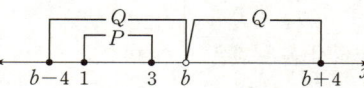

(ⅱ) $a=2$일 때

p : $x^2-4x+4\leq0$에서 $(x-2)^2\leq0$

$P=\{2\}$이므로 $P\subset Q$가 되려면

$\{2\}\subset\{x|b-4\leq x<b\}$ 또는

$\{2\}\subset\{x|b<x\leq b+4\}$이어야 한다.

이때 $b-4\leq2<b$ 또는 $b<2\leq b+4$에서

$2<b\leq6$ 또는 $-2\leq b<2$

즉, 자연수 b의 값은 1, 3, 4, 5, 6이므로 순서쌍 (a, b)는

$(2, 1)$, $(2, 3)$, $(2, 4)$, $(2, 5)$, $(2, 6)$의 5개이다.

(i), (ii)에서 구하는 순서쌍 (a, b)의 개수는
$2+5=7$

0923 답 ③

One Point Lesson
> 두 조건 p, q의 진리집합을 각각 P, Q 할 때, 명제 '어떤 두 실수 x, y에 대하여 p이고 q이다.'가 참이면 $P \cap Q \neq \varnothing$이다.

두 조건 p, q의 진리집합을 각각 P, Q라 하자.
집합 P는 중심이 원점이고 반지름의 길이가 2인 원 위의 점 A(a, b) $(a>0,\ b \geq 0)$에 대하여 점 A를 중심으로 하고 반지름의 길이가 1인 원 C 위의 점들의 집합이다.
또한, 집합 Q는 직선 $x - \sqrt{3}y = 0$ 위의 점들의 집합이다.
이때 명제 '어떤 두 실수 x, y에 대하여 p이고 q이다.'가 참이므로
$P \cap Q \neq \varnothing$ ← 원과 직선이 만난다.

이고, $\dfrac{b}{a}$ $(a \neq 0)$는 직선 OA의 기울
기이므로 직선 OA의 기울기가 최대
일 때, 즉 오른쪽 그림과 같이 원 C
가 직선 $x - \sqrt{3}y = 0$의 윗부분에서
접할 때 최댓값을 갖는다.
이때의 원 C와 직선 $x - \sqrt{3}y = 0$의

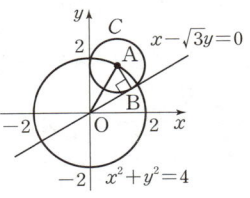

접점을 B라 하면 직각삼각형 AOB에서 $\sin(\angle AOB) = \dfrac{1}{2}$이므로
$\angle AOB = 30°$
또한, 직선 $x - \sqrt{3}y = 0$의 기울기가 $\dfrac{\sqrt{3}}{3}$이므로 직선 $x - \sqrt{3}y = 0$이
x축의 양의 방향과 이루는 각의 크기는 $30°$이다. $\tan 30° = \dfrac{\sqrt{3}}{3}$
따라서 직선 OA가 x축의 양의 방향과 이루는 각의 크기가
$30° + 30° = 60°$일 때 기울기가 최대이므로
구하는 $\dfrac{b}{a}$의 최댓값은
$\tan 60° = \sqrt{3}$

0924 답 해설 참조

주어진 명제의 대우 'm이 홀수이고 n도 홀수이면 mn은 홀수이다.'가 참임을 보이면 된다. ❶

m이 홀수이고 n도 홀수이면
$m = 2k-1$, $n = 2l-1$ $(k,\ l$은 자연수)로 나타낼 수 있으므로
$mn = (2k-1)(2l-1)$
$\quad\ = 4kl - 2k - 2l + 1$
$\quad\ = 2(2kl - k - l) + 1$
즉, $2(2kl-k-l)+1$은 홀수이므로 mn은 홀수이다. ❷
따라서 주어진 명제의 대우가 참이므로 주어진 명제도 참이다. ❸

채점 기준	배점 비율
❶ 주어진 명제의 대우 구하기	30%
❷ $m = 2k-1$, $n = 2l-1$로 나타내고 대우가 참임을 보이기	50%
❸ 대우의 참, 거짓을 이용하여 명제가 참임을 알기	20%

0925 답 해설 참조

주어진 명제를 부정하여 $3 + \sqrt{2}$가 유리수라 가정하자.
❶
$3 + \sqrt{2} = a$ $(a$는 유리수)라 하면
$\sqrt{2} = a - 3$
이때 a, 3은 각각 유리수이므로 유리수의 뺄셈인 $a-3$은 유리수이다.
그런데 좌변의 $\sqrt{2}$는 유리수가 아니므로 알려진 사실에 모순이다.
❷
따라서 $3 + \sqrt{2}$는 유리수가 아니다.
❸

채점 기준	배점 비율
❶ 명제의 부정 알기	30%
❷ 알려진 사실에 모순임을 보이기	60%
❸ 주어진 명제가 참임을 알기	10%

0926 답 8

명제 $q \longrightarrow p$가 참이므로 $Q \subset P$
즉, $|a| = 2$이고 $|b| = 1$ 또는 $|b| = 3$ ❶

명제 $r \longrightarrow \sim p$가 참이므로 $R \subset P^C$ $\quad \therefore P \cap R = \varnothing$
즉, $|a| = 2$이고 $a < 0$ $(\because |a| \neq a)$이므로 $a = -2$ ❷

한편, 명제 $r \longrightarrow \sim p$가 참이므로 그 대우 $p \longrightarrow \sim r$도 참이다.
두 명제 $q \longrightarrow p$, $p \longrightarrow \sim r$가 모두 참이므로 명제 $q \longrightarrow \sim r$가 참이다.
$Q \subset R^C$에서 $Q \cap R = \varnothing$이므로
$b < 0$ $(\because |b| \neq b)$
즉, $|b| = 1$ 또는 $|b| = 3$이므로
$b = -1$ 또는 $b = -3$ ❸
따라서 $ab = (-2) \times (-1) = 2$ 또는 $ab = (-2) \times (-3) = 6$
이므로 모든 ab의 값의 합은
$2 + 6 = 8$ ❹

채점 기준	배점 비율
❶ 명제 $q \longrightarrow p$가 참임을 이용하여 두 집합 P, Q 사이의 포함 관계 알기	30%
❷ 명제 $r \longrightarrow \sim p$가 참임을 이용하여 두 집합 P, R 사이의 포함 관계를 알고 a의 값 구하기	30%
❸ 삼단논법을 이용하여 두 집합 Q, R 사이의 포함 관계를 알고 b의 값 구하기	30%
❹ 모든 ab의 값의 합 구하기	10%

0927 답 31

$3x^2 + 10x + 12$를 $x^2 + 3x + 4$로 나누었을 때의 몫이 3, 나머지가 x이므로
$3x^2 + 10x + 12 = 3(x^2 + 3x + 4) + x$
$\therefore \dfrac{3x^2 + 10x + 12}{x^2 + 3x + 4} = \dfrac{3(x^2 + 3x + 4) + x}{x^2 + 3x + 4}$
$\qquad\qquad\qquad\quad = 3 + \dfrac{x}{x^2 + 3x + 4}$ ...... ㉠

$\dfrac{x^2+3x+4}{x}=\dfrac{x^2}{x}+\dfrac{3x}{x}+\dfrac{4}{x}=x+3+\dfrac{4}{x}$ 에서

$x>0$ 이므로 산술평균과 기하평균의 관계에 의하여

$x+3+\dfrac{4}{x}\geq 2\sqrt{x\times\dfrac{4}{x}}+3$

$\qquad\qquad =2\times2+3=7$

즉, $\dfrac{x}{x^2+3x+4}\leq\dfrac{1}{7}$ 이므로 ㉠에서

$3+\dfrac{x}{x^2+3x+4}\leq 3+\dfrac{1}{7}=\dfrac{22}{7}$

··· ❶

등호는 $x=\dfrac{4}{x}$ 일 때 성립하므로 $x^2=4$

$\therefore x=2\ (\because x>0)$

··· ❷

따라서 $\dfrac{3x^2+10x+12}{x^2+3x+4}$ 는 $x=2$ 일 때 최댓값 $\dfrac{22}{7}$ 를 가지므로

$p=7,\ q=22,\ a=2$

$\therefore p+q+a=7+22+2=31$

··· ❸

채점 기준	배점 비율
❶ 주어진 식을 정리한 후 산술평균과 기하평균의 관계를 이용하여 최댓값 구하기	50%
❷ 등호가 성립하는 조건을 이용하여 x의 값 구하기	30%
❸ $p+q+a$의 값 구하기	20%

0928 답 15

두 조건 $p,\ q$의 진리집합을 각각 $P,\ Q$라 하자.

$p:0<x-a\leq2a+1$ 에서 $a<x\leq3a+1$

$\therefore P=\{x\,|\,a<x\leq3a+1\}$

$q:x^2-10x+24\leq0$ 에서 $(x-4)(x-6)\leq0$

$\therefore 4\leq x\leq6$

즉, $Q=\{x\,|\,4\leq x\leq6\}$ 이므로

$Q^C=\{x\,|\,x<4\ \text{또는}\ x>6\}$

명제 $p\longrightarrow q$와 명제 $p\longrightarrow\sim q$가 모두 거짓이 되려면 $P\not\subset Q$이고 $P\not\subset Q^C$이어야 한다. 즉, $P\cap Q\neq\varnothing$이고 $P\cap Q^C\neq\varnothing$이어야 한다.

··· ❶

(i) $a<4$일 때

$P\cap Q\neq\varnothing$이고 $P\cap Q^C\neq\varnothing$

이려면 오른쪽 그림에서

$3a+1\geq4,\ 3a\geq3$ $\quad\therefore a\geq1$

$\therefore 1\leq a<4$

따라서 정수 a의 값은 1, 2, 3이다.

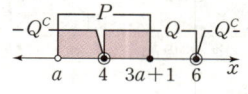

··· ❷

(ii) $a\geq4$일 때

$P\cap Q\neq\varnothing$이고 $P\cap Q^C\neq\varnothing$이려면 오른쪽 그림에서

$a<6,\ 3a+1>6$

$a<6,\ 3a>5$ $\quad\therefore \dfrac{5}{3}<a<6$

$\therefore 4\leq a<6$

따라서 정수 a의 값은 4, 5이다.

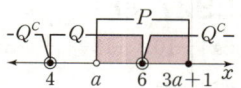

··· ❸

(i), (ii)에서 정수 a의 값은 1, 2, 3, 4, 5이고 그 합은

$1+2+3+4+5=15$

··· ❹

채점 기준	배점 비율
❶ 주어진 두 명제가 모두 거짓이 되기 위한 조건 알기	30%
❷ $a<4$일 때, 조건을 만족시키는 정수 a의 값 구하기	30%
❸ $a\geq4$일 때, 조건을 만족시키는 정수 a의 값 구하기	30%
❹ 정수 a의 값의 합 구하기	10%

0929 답 $\dfrac{1}{2}$

▸명제가 거짓이면 그 부정은 참이다.

주어진 명제가 거짓이 되려면 직선 l 위의 모든 점 P에 대하여 $\overline{AP}=\overline{BP}$인 이등변삼각형 ABP가 존재하지 않아야 한다.

점 P가 선분 AB의 수직이등분선과 직선 l의 교점일 때 $\overline{AP}=\overline{BP}$인 이등변삼각형 ABP가 존재하므로 선분 AB의 수직이등분선과 직선 l의 교점이 존재하지 않거나 직선 l이 선분 AB의 중점을 지나야 한다. ▸세 점 A, P, B가 한 직선 위에 있으므로 삼각형을 이루지 못한다.

··· ❶

(i) 선분 AB의 수직이등분선과 직선 l의 교점이 존재하지 않는 경우

직선 AB의 기울기가

$\dfrac{1-(-1)}{1-3}=-1$

이므로 선분 AB의 수직이등분선의 기울기는 1이다.

즉, 이 직선과 직선 l이 만나지 않으려면 오른쪽 그림과 같이 두 직선이 서로 평행해야 하므로

$k=1$

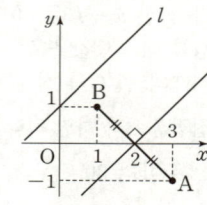

··· ❷

(ii) 직선 l이 선분 AB의 중점을 지나는 경우

선분 AB의 중점의 좌표는

$\left(\dfrac{3+1}{2},\ \dfrac{(-1)+1}{2}\right)$, 즉 $(2,\ 0)$

이므로 직선 l이 선분 AB의 중점 $(2,\ 0)$을 지나려면

$0=2k+1$ $\quad\therefore k=-\dfrac{1}{2}$

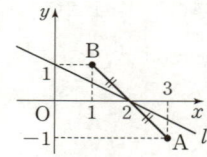

··· ❸

(i), (ii)에서 모든 실수 k의 값의 합은

$1+\left(-\dfrac{1}{2}\right)=\dfrac{1}{2}$

··· ❹

채점 기준	배점 비율
❶ 주어진 명제가 거짓이 되기 위해 증명해야 할 명제 알기	30%
❷ 선분 AB의 수직이등분선과 직선 l의 교점이 존재하지 않는 경우의 실수 k의 값 구하기	30%
❸ 직선 l이 선분 AB의 중점을 지나는 경우의 실수 k의 값 구하기	30%
❹ 모든 실수 k의 값의 합 구하기	10%

 **08 함수**

[0930~0933]
함수인 것은 **0930**, **0932**이다.

0930 답 해설 참조
집합 X의 각 원소에 집합 Y의 원소가 오직 하나씩 대응하므로 함수이다.
∴ 정의역: {1, 2, 3}, 공역: {4, 5, 6}, 치역: {4, 5, 6}

0931 답 함수가 아니다.
집합 X의 원소 4에 대응하는 집합 Y의 원소가 없으므로 함수가 아니다.

0932 답 해설 참조
집합 X의 각 원소에 집합 Y의 원소가 오직 하나씩 대응하므로 함수이다.
∴ 정의역: {2, 4, 6}, 공역: {1, 3, 5}, 치역: {1, 5}

0933 답 함수가 아니다.
집합 X의 원소 0에 대응하는 집합 Y의 원소가 3, 4의 2개이므로 함수가 아니다.

0934 답 정의역: 실수 전체의 집합, 치역: 실수 전체의 집합
함수 $y=x+2$의 정의역과 치역은 모두 실수 전체의 집합이다.

0935 답 정의역: 실수 전체의 집합, 치역: $\{y|y\geq1\}$
함수 $y=x^2+1$의 정의역은 실수 전체의 집합이고 모든 실수 x에 대하여 $x^2+1\geq1$이므로 치역은 $\{y|y\geq1\}$이다.

0936 답 (가) 0 (나) 1 (다) 0 (라) 1 (마) 0 (바) 1

0937 답 일대일함수
정의역의 서로 다른 두 원소에 대한 함숫값이 서로 다르므로 일대일함수이다.

0938 답 일대일함수, 일대일대응
일대일함수이면서 공역과 치역이 같으므로 일대일대응이다.

0939 답 일대일함수, 일대일대응, 항등함수
정의역과 공역이 같고 정의역의 각 원소에 자기 자신이 대응되므로 항등함수이다. 또한, 항등함수이면 일대일대응, 일대일함수이다.

0940 답 상수함수
정의역의 모든 원소에 공역의 단 하나의 원소가 대응하므로 상수함수이다.

0941 답 일대일함수, 일대일대응, 항등함수
정의역과 공역이 같고 정의역의 각 원소에 자기 자신이 대응되므로 항등함수이다. 또한, 항등함수이면 일대일대응, 일대일함수이다.

0942 답 상수함수
정의역의 모든 원소에 공역의 단 하나의 원소가 대응하므로 상수함수이다.

0943 답 일대일함수, 일대일대응
일대일함수이면서 공역과 치역이 같으므로 일대일대응이다.

0944 답 일대일함수, 일대일대응
일대일함수이면서 공역과 치역이 같으므로 일대일대응이다.

> 🧑‍🏫 **선생님 톡톡**
> **0941~0944**번에서 주어진 함수의 그래프를 좌표평면 위에 나타내면 다음과 같아. 각 함수의 그래프의 개형을 알아두면 어떤 함수인지 판별하기 쉬워.
>
>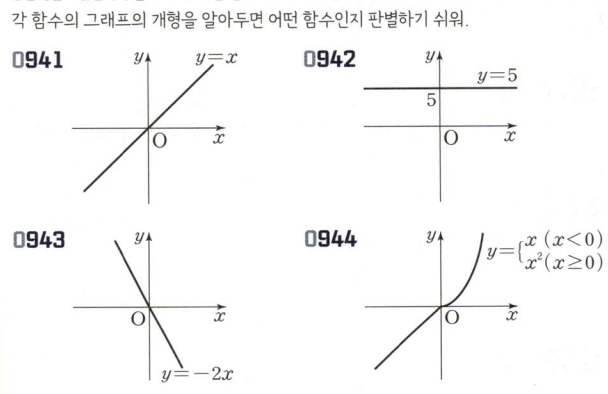

0945 답 3
$(g \circ f)(1)=g(f(1))=g(3)=3$

0946 답 1
$(g \circ f)(3)=g(f(3))=g(4)=1$

0947 답 2
$(f \circ g)(2)=f(g(2))=f(2)=2$

0948 답 3
$(f \circ g)(4)=f(g(4))=f(1)=3$

0949 답 $(g \circ f)(x)=3x+2$
$(g \circ f)(x)=g(f(x))=g(3x+1)=(3x+1)+1=3x+2$

0950 답 $(f \circ g)(x)=3x+4$
$(f \circ g)(x)=f(g(x))=f(x+1)=3(x+1)+1=3x+4$

0951 답 $(h \circ g \circ f)(x)=-6x-5$
$(h \circ g \circ f)(x)=h(g(f(x)))=h(g(3x+1))$
$=h((3x+1)+1)=h(3x+2)$
$=-2(3x+2)-1=-6x-5$

0952 답 $(f \circ g \circ h)(x) = -6x + 1$

$(f \circ g \circ h)(x) = f(g(h(x))) = f(g(-2x-1))$
$= f((-2x-1)+1) = f(-2x)$
$= 3(-2x) + 1 = -6x + 1$

0953 답 6

$f(1) = 4$, $f^{-1}(2) = 2$이므로 $f(1) + f^{-1}(2) = 4 + 2 = 6$

0954 답 3

$f(2) = 2$, $f^{-1}(4) = 1$이므로 $f(2) + f^{-1}(4) = 2 + 1 = 3$

0955 답 3

$(f^{-1} \circ f)(3) = f^{-1}(f(3)) = f^{-1}(6) = 3$

0956 답 2

$(f \circ f^{-1})(2) = f(f^{-1}(2)) = f(2) = 2$

0957 답 2

$f^{-1}(k) = 1$에서 $f(1) = k$이므로 $k = f(1) = 3 \times 1 - 1 = 2$

0958 답 2

$f^{-1}(5) = k$에서 $f(k) = 5$이므로
$3k - 1 = 5$, $3k = 6$ $\therefore k = 2$

0959 답 $y = \dfrac{1}{2}x + \dfrac{1}{2}$

$y = 2x - 1$에서 x를 y에 대한 식으로 나타내면
$2x = y + 1$ $\therefore x = \dfrac{1}{2}y + \dfrac{1}{2}$
x와 y를 서로 바꾸면 구하는 역함수는
$y = \dfrac{1}{2}x + \dfrac{1}{2}$

0960 답 $y = 3x - 3$

$y = \dfrac{1}{3}x + 1$에서 x를 y에 대한 식으로 나타내면
$\dfrac{1}{3}x = y - 1$ $\therefore x = 3y - 3$
x와 y를 서로 바꾸면 구하는 역함수는
$y = 3x - 3$

STEP 2 유형 마스터　　　　본문 164~187쪽

0961 답 ⑤

0962 답 ㄱ, ㄷ

함수는 집합 $X = \{0, 1, 2\}$의 각 원소에 집합 $Y = \{0, 1, 2, 3\}$의 원소가 오직 하나씩 대응해야 한다.

ㄱ. $f(x) = 3 - x$에서
　$f(0) = 3 \in Y$
　$f(1) = 2 \in Y$
　$f(2) = 1 \in Y$
　즉, 이 대응은 오른쪽 그림과 같으므로
　f는 함수이다.

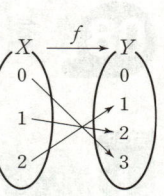

ㄴ. $g(x) = 2|x-1| - 1$에서
　$g(0) = 2 \times |0-1| - 1 = 1 \in Y$
　$g(1) = 2 \times |1-1| - 1 = -1 \notin Y$
　$g(2) = 2 \times |2-1| - 1 = 1 \in Y$
　즉, 이 대응은 오른쪽 그림과 같고 집합
　X의 원소 1에 대응하는 집합 Y의 원소
　가 없으므로 g는 함수가 아니다.

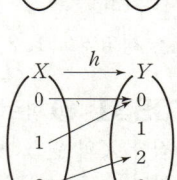

ㄷ. $h(x) = x^2 - x$에서
　$h(0) = 0 \in Y$
　$h(1) = 0 \in Y$
　$h(2) = 2 \in Y$
　즉, 이 대응은 오른쪽 그림과 같으므로
　h는 함수이다.

따라서 X에서 Y로의 함수인 것은 ㄱ, ㄷ이다.

0963 답 ①

함수는 정의역의 각 원소에 공역의 원소가 오직 하나씩 대응해야
하므로 정의역의 각 원소 a에 대하여 y축에 평행한 직선 $x = a$가
함수의 그래프와 오직 한 점에서 만나야 한다.

ㄱ. 오른쪽 그림과 같이 정의역 R의
　원소 중 $a < -1$ 또는 $a > 1$인
　a에 대하여 y축에 평행한 직선
　$x = a$가 그래프와 만나지 않으므
　로 R에서 R로의 함수의 그래프
　가 아니다.

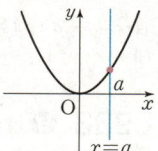

ㄴ. 오른쪽 그림과 같이 정의역 R의 각 원소 a에
　대하여 y축에 평행한 직선 $x = a$가 그래프
　와 오직 한 점에서 만나므로 R에서 R로의
　함수의 그래프이다.

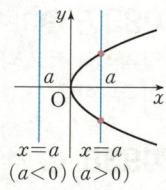

ㄷ. 오른쪽 그림과 같이 정의역 R의 원소 중
　$a < 0$인 a에 대하여 y축에 평행한 직선
　$x = a$가 그래프와 만나지 않고, $a > 0$인
　a에 대하여 y축에 평행한 직선 $x = a$는
　그래프와 두 점에서 만나므로 R에서 R로
　의 함수의 그래프가 아니다.

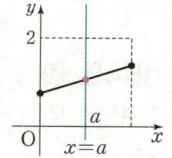

따라서 R에서 R로의 함수의 그래프인 것은 ㄴ이다.

0964 답 ③

ㄱ. 오른쪽 그림과 같이 정의역 X의 각 원소
　a에 대하여 y축에 평행한 직선 $x = a$가 그
　래프와 오직 한 점에서 만나므로 X에서
　X로의 함수의 그래프이다.

ㄴ. 오른쪽 그림과 같이 그래프의 양 끝 점의 x좌표를 각각 α, β라 하면 정의역 X의 원소 중 $0 \le a < \alpha$ 또는 $\beta < a \le 2$인 a에 대하여 y축에 평행한 직선 $x=a$가 그래프와 만나지 않으므로 X에서 X로의 함수의 그래프가 아니다.

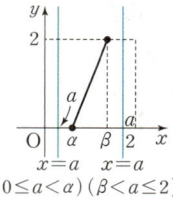

ㄷ. 오른쪽 그림과 같이 정의역 X의 각 원소 a에 대하여 y축에 평행한 직선 $x=a$가 그래프와 오직 한 점에서 만나므로 X에서 X로의 함수의 그래프이다.

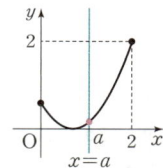

따라서 X에서 X로의 함수의 그래프인 것은 ㄱ, ㄷ이다.

0965 답 5

두 집합 $X=\{x|1\le x\le2\}$, $Y=\{y|-1\le y\le5\}$에 대하여 X에서 Y로의 함수 f가 정의되려면 X의 각 원소에 Y의 원소가 오직 하나씩 대응해야 한다.

↪ x의 값이 증가할 때 y의 값도 증가한다.

이때 직선 $y=x+k$의 기울기가 1이므로 오른쪽 그림과 같고, 함수 $f(x)$는 $x=1$에서 최솟값 $1+k$, $x=2$에서 최댓값 $2+k$를 가져야 한다.

즉, $1+k\ge-1$, $2+k\le5$이어야 하므로 $-2\le k\le3$

따라서 $\alpha=-2$, $\beta=3$이므로 $\beta-\alpha=3-(-2)=5$

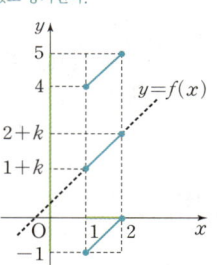

다른 풀이
정의역 $\{x|1\le x\le2\}$에 대하여 함수 f의 치역은 $\{y|1+k\le y\le2+k\}$이므로 $1+k\ge-1$, $2+k\le5$
$\therefore -2\le k\le3$

0966 답 ①

0967 답 ⑤
$x<4$일 때, $f(x)=x^2$이므로 $f(3)=3^2=9$
$x\ge4$일 때, $f(x)=\dfrac{1}{2}x+1$이므로 $f(4)=\dfrac{1}{2}\times4+1=3$
$\therefore f(3)+f(4)=9+3=12$

0968 답 ②
$a>0$이므로 $-a<0$이다.
$x<0$일 때, $f(x)=x^2+x$이므로
$f(-a)=(-a)^2+(-a)=a^2-a$
$x\ge0$일 때, $f(x)=2x-1$이므로
$f(a)=2a-1$
$f(-a)+f(a)=5$에서
$(a^2-a)+(2a-1)=5$, $a^2+a-6=0$
$(a+3)(a-2)=0$ $\therefore a=2 \ (\because a>0)$

0969 답 17
x가 유리수일 때, $f(x)=x+3$이므로
$f(a)=a+3$

x가 무리수일 때, $f(x)=2x$이므로
$f(\sqrt3-4)=2(\sqrt3-4)=2\sqrt3-8$ ↩ (무리수)−(유리수) =(무리수)
$\therefore k=f(a)+f(\sqrt3-4)=(a+3)+(2\sqrt3-8)=(a-5)+2\sqrt3$
이때 k^2이 유리수이므로 ↩ $\{(a-5)+2\sqrt3\}^2=(a-5)^2+12+4(a-5)\sqrt3$이므로 $a-5=0$이어야 한다.
$a-5=0$, $k=2\sqrt3$ $\therefore a=5$, $k^2=(2\sqrt3)^2=12$
$\therefore a+k^2=5+12=17$

0970 답 ③
↩ $f(x)=f(x+3)$이므로 $f(-1)=f((-1)+3)=f(2)$
$f(x)=f(x+3)$이므로 $f(-1)=f(2)=2\times2+1=5$
$f(7)=f(4)=f(1)=2\times1+1=3$
$\therefore f(-1)+f(7)=5+3=8$ ↩ $f(x+3)=f(x)$이므로 $f(7)=f(4+3)=f(4)=f(1+3)=f(1)$

0971 답 ②

0972 답 ①
$X=\{-2, -1, 0, 1\}$이므로
$f(-2)=2\times|(-2)+1|-1=1$
$f(-1)=2\times|(-1)+1|-1=-1$
$f(0)=2\times|0|+1|-1=1$
$f(1)=2\times|1+1|-1=3$
즉, 함수 $f(x)$의 치역은 $\{-1, 1, 3\}$이므로 치역의 모든 원소의 합은
$(-1)+1+3=3$

0973 답 ①
$f(x)=x^2+2x-2=(x+1)^2-3$에서 함수 $y=f(x)$의 그래프는 오른쪽 그림과 같으므로 함수 $f(x)$는 $x=-1$에서 최솟값 $(-1+1)^2-3=-3$, $x=1$에서 최댓값 $(1+1)^2-3=1$을 갖는다.
즉, 함수 $f(x)$의 치역은 $\{y|-3\le y\le1\}$이다.

한편, 함수 $y=g(x)$의 그래프는 오른쪽 그림과 같으므로 함수 $g(x)$는 $x=-2$에서 최댓값 $-2a+b$, $x=1$에서 최솟값 $a+b$를 갖는다. ↩ 함수 $y=f(x)$의 그래프의 기울기가 음수이므로

즉, 함수 $g(x)$의 치역은 $\{y|a+b\le y\le-2a+b\}$이다.
이때 두 함수 $f(x)$, $g(x)$의 치역이 같으므로
$a+b=-3$, $-2a+b=1$
위의 식을 연립하여 풀면
$a=-\dfrac{4}{3}$, $b=-\dfrac{5}{3}$
$\therefore a-b=\left(-\dfrac{4}{3}\right)-\left(-\dfrac{5}{3}\right)=\dfrac{1}{3}$

0974 답 ②
$f(x)=ax+b$의 치역이 $X=\{x|-3\le x\le4\}$이므로 $a\ne0$이다.
(i) $a<0$일 때, 직선 $y=ax+b$의 기울기가 음수이므로 함수 $f(x)$는 $x=-3$에서 최댓값 $-3a+b$, $x=4$에서 최솟값 $4a+b$를 갖는다. ↩ x의 값이 증가할 때 y의 값은 감소한다.
즉,

$-3a+b=4$　$\cdots\cdots$ ㉠
$4a+b=-3$　$\cdots\cdots$ ㉡
㉠, ㉡을 연립하여 풀면
$a=-1,\ b=1$
↗ x의 값이 증가할 때 y의 값도 증가한다.
(ii) $a>0$일 때, 직선 $y=ax+b$의 기울기가 양수이므로 함수
$f(x)$는 $x=-3$에서 최솟값 $-3a+b$, $x=4$에서 최댓값
$4a+b$를 갖는다.
즉,
$4a+b=4$　$\cdots\cdots$ ㉢
$-3a+b=-3$　$\cdots\cdots$ ㉣
㉢, ㉣을 연립하여 풀면
$a=1,\ b=0$
그런데 $ab=0$이므로 조건을 만족시키지 않는다.
(i), (ii)에서 $a=-1,\ b=1$이므로 $f(x)=-x+1$
$\therefore f(-2)=-(-2)+1=2+1=3$

0975 답 ④

$f(x)=x^2-2ax+6$이라 하면
$f(x)=(x-a)^2+6-a^2$에서 함수
$y=f(x)$의 그래프는 오른쪽 그림과 같으므
로 함수 $f(x)$는 $x=a$에서 최솟값 $6-a^2$을
갖는다.

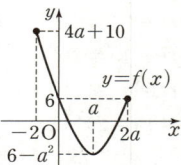

이때 함수 f의 정의역이 $\{x\,|-2\le x\le 2a\}$,
치역이 $\{y\,|-3\le y\le 2b\}$이므로
$6-a^2=-3,\ a^2=9$　$\therefore a=3\ (\because a>0)$
즉, $f(x)=(x-3)^2-3$이므로 함수 $f(x)$는 $x=-2$에서 최댓값
$\{(-2)-3\}^2-3=22$를 갖는다.
$2b=22$　$\therefore b=11$
$\therefore a+b=3+11=14$

0976 답 ①

0977 답 ②

두 함수 $f,\ g$의 정의역이 $\{-2,\ 2\}$이므로
$f(-2)=g(-2)$에서 $2\times(-2)\times|-2|+3=a\times(-2)+b$
$\therefore 2a-b=5$　$\cdots\cdots$ ㉠
$f(2)=g(2)$에서 $2\times 2\times|2|+3=a\times 2+b$
$\therefore 2a+b=11$　$\cdots\cdots$ ㉡
㉠, ㉡을 연립하여 풀면 $a=4,\ b=3$
$\therefore a+b=4+3=7$

0978 답 ④

두 함수 $f,\ g$의 정의역이 $\{-1,\ 0,\ 2\}$이므로
$f(-1)=g(-1)$에서
$(-1)^3+a\times(-1)^2+a\times(-1)+1=b\times(-1)+c$
$\therefore b=c$　$\cdots\cdots$ ㉠
$f(0)=g(0)$에서 $1=c$　$\cdots\cdots$ ㉡
$f(2)=g(2)$에서
$2^3+a\times 2^2+a\times 2+1=b\times 2+c$
$\therefore 6a-2b-c=-9$　$\cdots\cdots$ ㉢
㉡을 ㉠에 대입하면 $b=1$
$b=1,\ c=1$을 ㉢에 대입하여 정리하면 $a=-1$
$\therefore a+b+c=(-1)+1+1=1$

0979 답 ①

$f(x)=g(x)$에서 $x^2+x=3x+5$
$\therefore x^2-2x-5=0$
이차방정식 $x^2-2x-5=0$의 판별식을 D라 하면
$\dfrac{D}{4}=(-1)^2-1\times(-5)=6>0$
이므로 이 이차방정식은 서로 다른 두 실근을 갖는다.
이 두 실근을 각각 $\alpha,\ \beta$라 하면 $f(\alpha)=g(\alpha),\ f(\beta)=g(\beta)$이므
로 정의역 X의 원소가 α 또는 β일 때 $f=g$가 된다.
따라서 집합 X는 집합 $\{\alpha,\ \beta\}$의 공집합이 아닌 부분집합이므로
$\{\alpha\},\ \{\beta\},\ \{\alpha,\ \beta\}$의 3개이다.

0980 답 1

$f(x)=g(x)$에서 $2x(x+1)=x^3+1$
$\therefore x^3-2x^2-2x+1=0$　$\cdots\cdots$ ㉠
$h(x)=x^3-2x^2-2x+1$이라 하면
$h(-1)=0$이므로 $x+1$은 $h(x)$의 인수이다.
조립제법을 이용하여 $h(x)$를
인수분해하면
$h(x)=(x+1)(x^2-3x+1)$
즉, ㉠에서
$(x+1)(x^2-3x+1)=0$
$\therefore x=-1$ 또는 $x^2-3x+1=0$
a는 정수이므로 $a=-1$이고, $b,\ c$는 이차방정식
$x^2-3x+1=0$의 서로 다른 두 실근이므로 근과 계수의 관계에
의하여
$b+c=3$
$\therefore 2a+b+c=2\times(-1)+3=(-2)+3=1$

$$\begin{array}{r|rrrr}
-1 & 1 & -2 & -2 & 1 \\
 & & -1 & 3 & -1 \\
\hline
 & 1 & -3 & 1 & \,0 \\
\end{array}$$

> 👤 **선생님 톡톡**
>
> $x^2-3x+1=0$에 $x=-1$을 대입하면 등식이 성립하지 않고, 이차방정식
> $x^2-3x+1=0$의 판별식 D에 대하여 $D=(-3)^2-4\times1\times1=5>0$이니까
> 이차방정식 $x^2-3x+1=0$은 -1이 아닌 서로 다른 두 실근을 가져.

0981 답 ㄱ, ㄷ

0982 답 ㄴ, ㄷ

ㄱ. [반례] $g(x)=2$에서 $x_1=1,\ x_2=2$라 하면 $x_1\ne x_2$이지만
　 $g(x_1)=g(x_2)=2$
　 즉, g는 일대일함수가 아니므로 함수 g는 일대일대응이 아니다.
ㄴ. $f(x)=-x+1$에서 서로 다른 두 실수 $x_1,\ x_2$에 대하여
　 $f(x_1)-f(x_2)=(-x_1+1)-(-x_2+1)=(-x_1)+x_2\ne 0$
　 $\therefore f(x_1)\ne f(x_2)$
　 즉, f는 일대일함수이고 f의 치역과 공역이 실수 전체의 집합
　 으로 같으므로 함수 f는 일대일대응이다.
ㄷ. $h(x)=x|x|$에서 $h(x)=\begin{cases}-x^2 & (x<0)\\ x^2 & (x\ge 0)\end{cases}$
　 서로 다른 두 실수 $x_1,\ x_2$에 대하여
　 (i) $x_1<x_2<0$일 때
　　 $h(x_1)-h(x_2)=-x_1^2-(-x_2^2)=-(x_1^2-x_2^2)$
　　　　　　　　　　　$=-(x_1+x_2)(x_1-x_2)<0$
　 음수　음수
　 (ii) $x_1<0\le x_2$일 때
　　 $h(x_1)-h(x_2)=-x_1^2-x_2^2=-(x_1^2+x_2^2)<0$

(iii) $0 \leq x_1 < x_2$일 때
$$h(x_1) - h(x_2) = {x_1}^2 - {x_2}^2 = \underset{\text{양수}}{\underline{(x_1 + x_2)}}\,\underset{\text{음수}}{\underline{(x_1 - x_2)}} < 0$$
(i), (ii), (iii)에서 $h(x_1) \neq h(x_2)$이므로 h는 일대일함수이고, h의 치역과 공역이 실수 전체의 집합으로 같으므로 함수 h는 일대일대응이다.

따라서 일대일대응인 것은 ㄴ, ㄷ이다.

0983 답 ㄴ

> 함수 f에서 정의역의 두 원소 x_1, x_2에 대하여 명제 '$x_1 \neq x_2$이면 $f(x_1) \neq f(x_2)$이다.' 또는 대우 '$f(x_1) = f(x_2)$이면 $x_1 = x_2$이다.'가 참이면 f는 일대일함수이다.

함수 f의 치역의 각 원소 a에 대하여 $f(k) = a$를 만족시키는 정의역의 원소 k가 오직 하나 존재하면 f는 일대일함수이므로 함수의 그래프는 x축에 평행한 직선 $y = a$와 오직 한 점에서 만나야 한다.

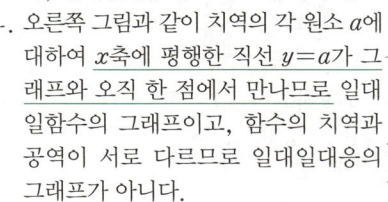

ㄱ. 오른쪽 그림과 같이 치역의 한 원소 a에 대하여 x축에 평행한 직선 $y = a$가 그래프와 서로 다른 두 점에서 만나므로 일대일함수의 그래프가 아니다.

> $f(x) = a$를 만족시키는 x의 값이 2개

즉, 일대일대응의 그래프가 아니다.

ㄴ. 오른쪽 그림과 같이 치역의 각 원소 a에 대하여 x축에 평행한 직선 $y = a$가 그래프와 오직 한 점에서 만나므로 일대일함수의 그래프이고, 함수의 치역과 공역이 서로 다르므로 일대일대응의 그래프가 아니다.

> $f(x) = a$를 만족시키는 x의 값이 오직 하나

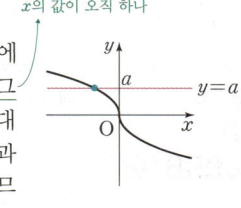

ㄷ. 오른쪽 그림과 같이 치역의 각 원소 a에 대하여 x축에 평행한 직선 $y = a$가 그래프와 오직 한 점에서 만나므로 일대일함수의 그래프이고, 함수의 치역과 공역이 실수 전체의 집합으로 같으므로 일대일대응의 그래프이다.

따라서 일대일함수의 그래프이지만 일대일대응의 그래프가 아닌 것은 ㄴ이다.

0984 답 ㄴ, ㄷ

ㄱ. ㄱ의 그래프를 나타내는 함수를 f라 하면 $f(0) = f(1) = 1$이므로 일대일함수의 그래프가 아니다.
즉, 일대일대응의 그래프가 아니다.

ㄴ. ㄴ의 그래프를 나타내는 함수를 g라 하면 $g(0) = 0$, $g(1) = 1$, $g(2) = 2$, $g(3) = 3$이므로 정의역 X의 두 원소 x_1, x_2에 대하여 $x_1 \neq x_2$이면 $g(x_1) \neq g(x_2)$이다.
즉, g는 일대일함수이고, g의 치역과 공역이 $\{0, 1, 2, 3\}$으로 같으므로 일대일대응의 그래프이다.

ㄷ. ㄷ의 그래프를 나타내는 함수를 h라 하면 $h(0) = 3$, $h(1) = 0$, $h(2) = 2$, $h(3) = 1$이므로 정의역 X의 두 원소 x_1, x_2에 대하여 $x_1 \neq x_2$이면 $h(x_1) \neq h(x_2)$이다.
즉, h는 일대일함수이고, h의 치역과 공역이 $\{0, 1, 2, 3\}$으로 같으므로 일대일대응의 그래프이다.

따라서 일대일대응의 그래프인 것은 ㄴ, ㄷ이다.

0985 답 4

f가 일대일함수이고 $f(2) = 5$이므로 정의역 X의 두 원소 1, 3에 대하여
$$f(1) \neq 5, \quad f(3) \neq 5$$
이때 $f(1) - f(3)$이 최댓값을 가지려면 $f(1)$은 최댓값, $f(3)$은 최솟값을 가져야 하므로 공역 Y의 세 원소 -1, 1, 3에 대하여

$f(1) = 3$, $f(3) = -1$
따라서 $f(1) - f(3)$의 최댓값은
$$3 - (-1) = 4$$

0986 답 ③

0987 답 ④

$a = 0$이면 일대일대응이 아니므로 $a \neq 0$이다.
(i) $a > 0$일 때, 직선 $y = ax + b$의 기울기는 양수이다.
함수 $f(x)$가 일대일대응이므로 $f(x)$는 $x = -1$에서 최솟값 -1, $x = 3$에서 최댓값 3을 가져야 한다.
즉, $f(-1) = -1$, $f(3) = 3$이므로
$$f(x) = x$$
$$\therefore \ a = 1, \ b = 0$$
그런데 $b \neq 0$이므로 조건을 만족시키지 않는다.
(ii) $a < 0$일 때, 직선 $y = ax + b$의 기울기는 음수이다.
함수 $f(x)$가 일대일대응이므로 $f(x)$는 $x = -1$에서 최댓값 3, $x = 3$에서 최솟값 -1을 가져야 한다. 즉,
$$-a + b = 3 \quad \cdots\cdots \ \bigcirc$$
$$3a + b = -1 \quad \cdots\cdots \ \bigcirc$$
$\bigcirc$, $\bigcirc$을 연립하여 풀면
$$a = -1, \ b = 2$$
(i), (ii)에서 $a = -1$, $b = 2$이므로
$$a + b = (-1) + 2 = 1$$

0988 답 3

함수 $f(x)$가 일대일대응이 되려면 x의 값이 증가할 때 $f(x)$의 값이 증가하거나 감소해야 한다.
즉, $x = 0$을 기준으로 나누어 주어진 두 직선의 기울기가 모두 양수이거나 모두 음수이어야 하므로 두 직선의 기울기의 곱이 양수이어야 한다.

> 두 실수 α, β에 대하여 $\alpha > 0$, $\beta > 0$ 또는 $\alpha < 0$, $\beta < 0$이면 $\alpha\beta > 0$이다.

$a(4 - a) > 0$에서 $a(a - 4) < 0$
$$\therefore \ 0 < a < 4$$
따라서 정수 a는 1, 2, 3의 3개이다.

0989 답 ③

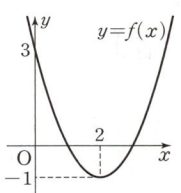

$$f(x) = -x^2 - 2x + k$$
$$= -(x + 1)^2 + k + 1$$
이므로 $x \geq 1$에서 함수 $y = f(x)$의 그래프는 오른쪽 그림과 같다.

> $x \geq 1$에서 일대일함수이다.

$x \geq 1$일 때, x의 값이 증가하면 $f(x)$의 값은 감소하므로 함수 $f(x)$가 일대일대응이 되려면 $f(1) = 2$이어야 한다. 즉,
$$-1 - 2 + k = 2$$

> $x \geq 1$에서 (치역) = (공역)이기만 하면 $x \geq 1$에서 일대일대응이 된다.

$$\therefore \ k = 5$$

0990 답 17

$$f(x) = x^2 - 4x + 3 = (x - 2)^2 - 1$$
이므로 함수 $y = f(x)$의 그래프는 오른쪽 그림과 같다.
정의역 $\{x | x \geq a\}$에 대하여 $a \geq 2$이면 x의 값이 증가할 때 $f(x)$의 값은 증가하고, $a < 2$이면 x의 값이 증가할 때 $f(x)$의 값은

감소하다가 증가하므로 함수 $f(x)$가 일대일대응이 되려면 $a \geq 2$
이어야 한다. ← $x \geq a$에서 일대일함수가 되기 위한 조건

또한, $a \geq 2$일 때, 함수 $f(x)$가 일대일대응이 되려면 치역
$\{y \mid y \geq f(a)\}$와 공역 $Y = \{y \mid y \geq b\}$가 같아야 하므로 $b = f(a)$ ← $x \geq a$에서 일대일대응까지 되기 위한 조건, 즉 (치역)=(공역)
이다.

$a - b = a - f(a)$
$\quad = -a^2 + 5a - 3$
$\quad = -\left(a - \dfrac{5}{2}\right)^2 + \dfrac{13}{4}$

따라서 $a \geq 2$에서 $a - b$는 $a = \dfrac{5}{2}$일 때 최댓값 $\dfrac{13}{4}$을 가지므로
$p = 4$, $q = 13$
$\therefore p + q = 4 + 13 = 17$

0991 답 ⑤

0992 답 ③

ㄱ. $f(x) = 1$에서 $f(1) = 1$, $f(3) = 1$
   즉, 함수 f는 X에서 X로의 상수함수이다.
ㄴ. $g(x) = (x$를 2로 나누었을 때의 나머지)에서
   $g(1) = 1$, $g(3) = 1$
   즉, 함수 g는 X에서 X로의 상수함수이다.
ㄷ. $h(x) = x^2 - 4x$에서
   $h(1) = 1^2 - 4 \times 1 = -3$
   $h(3) = 3^2 - 4 \times 3 = -3$
   이때 $h(1) = h(3)$이지만 $-3 \notin X$이므로 h는 X에서 X로의
   함수가 아니다.
따라서 X에서 X로의 상수함수인 것은 ㄱ, ㄴ이다.

0993 답 ①

함수 $f(x) = x^2 - x + 1$이 항등함수가 되려면 $f(x) = x$이어야 하
므로
$x^2 - x + 1 = x$, $x^2 - 2x + 1 = 0$
$(x - 1)^2 = 0$ $\quad \therefore x = 1$
따라서 집합 X는 공집합이 아닌 집합 $\{1\}$의 부분집합이므로 $\{1\}$의
1개이다.

0994 답 ④

함수 $f(x)$는 X에서 X로의 상수함수이므로
$f(0) = f(2) = f(4)$
즉, $f(0) = 2$, $f(2) = 4 + 2a + b$, $f(4) = 16 + 4a + b$에서
$f(0) = f(2)$이므로 $2 = 4 + 2a + b$
$\therefore 2a + b = -2$ ...... ㉠
$f(0) = f(4)$이므로 $2 = 16 + 4a + b$
$\therefore 4a + b = -14$ ...... ㉡
㉠, ㉡을 연립하여 풀면
$a = -6$, $b = 10$
$\therefore a + b = (-6) + 10 = 4$

0995 답 12

g가 항등함수이므로
$g(x) = x$ $\quad \therefore g(3) = 3$
$f(1) = g(3) = h(2)$이므로
$f(1) = 3$, $h(2) = 3$

이때 h가 상수함수이므로
$h(x) = 3$
또한, $f(2) \times g(1) \times h(3) = 3$이므로
$f(2) \times 1 \times 3 = 3$ $\quad \therefore f(2) = 1$
이때 f가 일대일대응이므로
$f(3) = 2$
$\therefore f(3) \times g(2) \times h(1) = 2 \times 2 \times 3 = 12$

0996 답 ①

0997 답 ⑤

정의역 $X = \{1, 2, 3\}$의 각 원소의 함숫값이 될 수 있는 것은 Y
의 원소 1, 2, 3, 4, 5의 5개이므로
X에서 X로의 함수의 개수는
$5^3 = 125$
집합 X의 원소의 개수는 3, 집합 Y의 원소의 개수는 5이므로
X에서 Y로의 일대일함수의 개수는
$_5P_3 = 5 \times 4 \times 3 = 60$
X에서 Y로의 상수함수를 f라 하고, $f(1) = f(2) = f(3) = k$라 하
면 k의 값이 될 수 있는 것은 1, 2, 3, 4, 5의 5개이므로
X에서 Y로의 상수함수의 개수는
5
따라서 $a = 125$, $b = 60$, $c = 5$이므로
$a + b + c = 125 + 60 + 5 = 190$

0998 답 ③

$n(Y) = m$이라 하면
집합 X의 원소의 개수는 2, 집합 Y의 원소의 개수는 m이므로
X에서 Y로의 일대일함수의 개수는
$_mP_2 = m(m-1)$
이때 그 개수가 30이므로
$m(m-1) = 30$, $m^2 - m - 30 = 0$
$(m+5)(m-6) = 0$ $\quad \therefore m = 6$ ($\because m$은 자연수)
$\therefore n(Y) = 6$

0999 답 ②

$f(a) = f(b) > f(d)$이므로 집합 Y의 원소 중 2개를 택하여 큰 수
부터 차례대로 집합 X의 원소 a, d에 각각 대응시키면 된다.
즉, 이 경우의 수는 ← 이때 b는 a와 같은 값을 대응시킨다.
$_6C_2 = \dfrac{6 \times 5}{2 \times 1} = 15$
집합 X의 원소 c에 대응되는 집합 Y의 원소를 정하는 경우의 수는
$_6C_1 = 6$ ← c는 집합 Y의 원소 중 어느 것을 대응시켜도 된다.
따라서 구하는 함수의 개수는
$15 \times 6 = 90$

1000 답 ⑤

구하는 함수의 개수는 조건 (나)를 만족시키는 함수의 개수에서
$f(3) = 4$이면서 조건 (나)를 만족시키는 함수의 개수를 뺀 것과
같다.
조건 (나)를 만족시키는 함수의 개수는
$_7C_4 = _7C_3 = \dfrac{7 \times 6 \times 5}{3 \times 2 \times 1} = 35$

또한, $f(3)=4$이면서 조건 (나)를 만족시키려면
집합 X의 원소 1, 2에는 집합 Y의 원소 5, 6, 7 중에서 2개를 택하여 큰 수부터 차례대로 대응시키면 되므로 이 경우의 수는
$_3C_2=_3C_1=3$ ← 4보다 커야 한다.
이고, 집합 X의 원소 4에는 집합 Y의 원소 1, 2, 3 중에서 1개를 택하여 대응시키면 되므로 이 경우의 수는
$_3C_1=3$ ← 4보다 작아야 한다.
즉, $f(3)=4$이면서 조건 (나)를 만족시키는 함수의 개수는
$3\times3=9$
따라서 구하는 함수의 개수는
$35-9=26$

1001 답 ⑤

1002 답 ③ $f(-1)=2\times(-1)-1=-3$
$(g\circ f)(-1)=g(f(-1))=g(-3)$
$\qquad\qquad\quad=(-3)^2-(-3)+1=13$

[다른 풀이]
$(g\circ f)(x)=g(f(x))=g(2x-1)$
$\qquad\qquad\quad=(2x-1)^2-(2x-1)+1$ ← $g(\square)=\square^2-\square+1$이므로
$\qquad\qquad\quad=4x^2-6x+3$
$\therefore (g\circ f)(-1)=4\times(-1)^2-6\times(-1)+3=13$

1003 답 ①
$(f\circ g)(1)=f(g(1))=f(1)=2$ ← $g(1)=1$
$(g\circ f)(3)=g(f(3))=g(1)=1$ ← $g(1)=1$, $f(3)=1$
$\therefore (f\circ g)(1)+(g\circ f)(3)=2+1=3$

1004 답 ④
$x<0$일 때, $f(x)=2x+3$이므로
$f(-1)=2\times(-1)+3=1$ ← $f(-1)=1$
$(h\circ g\circ f)(-1)=h(g(f(-1)))=h(g(1))$
$\qquad\qquad\qquad\quad=h(0)=0^2+1=1$ ← $g(1)=0$
$x\geq0$일 때, $f(x)=x-4$이므로
$f(1)=1-4=-3$ ← $f(1)=-3$
$(h\circ g\circ f)(1)=h(g(f(1)))=h(g(-3))$
$\qquad\qquad\qquad\quad=h(4)=4^2+1=17$ ← $g(-3)=4$
$\therefore (h\circ g\circ f)(-1)+(h\circ g\circ f)(1)=1+17=18$

1005 답 7
$k=h(1)$이므로
$(f\circ g)(k)=(f\circ g)(h(1))$
$\qquad\qquad\;=((f\circ g)\circ h)(1)$
$\qquad\qquad\;=(f\circ(g\circ h))(1)$ ← 결합법칙
$\qquad\qquad\;=f((g\circ h)(1))$
$\qquad\qquad\;=f(2)$ ← $(g\circ h)(1)=3\times1-1=2$
$\qquad\qquad\;=2^2+2\times2-1=7$

1006 답 ④

1007 답 ④
$g(1)=0$이므로
$g(1)=b+c=0$ $\therefore c=-b$
즉, $g(x)=bx-b$에서
$(g\circ f)(x)=g(f(x))=g(x+a)$
$\qquad\qquad\quad=b(x+a)-b$
$\qquad\qquad\quad=bx+ab-b$
이므로 $bx+ab-b=2x-10$
위의 식은 x에 대한 항등식이므로
$b=2$, $ab-b=-10$
$b=2$를 $ab-b=-10$에 대입하면
$2a-2=-10$, $2a=-8$ $\therefore a=-4$
따라서 $a=-4$, $b=2$, $c=-2$이므로
$abc=(-4)\times2\times(-2)=16$

1008 답 ③
$g(x)=(f\circ f)(x)=f(f(x))$
$\qquad\;=f(-3x+a)=-3(-3x+a)+a$
$\qquad\;=9x-2a$
이때 직선 $y=g(x)$가 두 점 $(1, 1)$, $(2, b)$를 지나므로
$g(1)=1$, $g(2)=b$ ← $y=g(x)$에 $x=1$, $y=1$ 대입, $x=2$, $y=b$ 대입
즉, $g(1)=1$에서
$9\times1-2a=1$, $2a=8$ $\therefore a=4$
$g(2)=b$에서
$9\times2-2\times4=b$ $\therefore b=10$
$\therefore a+b=4+10=14$

1009 답 ⑤
$f(x)=ax+b$ (a, b는 상수)라 하면 직선 $y=f(x)$의 기울기가 음수이므로 $a<0$이다.
$(f\circ f)(x)=4x-5$에서
$(f\circ f)(x)=f(f(x))=f(ax+b)$
$\qquad\qquad\quad=a(ax+b)+b=a^2x+ab+b$
이므로 $a^2x+ab+b=4x-5$
위의 식은 x에 대한 항등식이므로
$a^2=4$, $ab+b=-5$
즉, $a=-2$ ($\because a<0$)이므로 이를 $ab+b=-5$에 대입하면
$-2b+b=-5$, $-b=-5$ $\therefore b=5$
따라서 $f(x)=-2x+5$이므로
$f(-3)=(-2)\times(-3)+5=11$

1010 답 20
$((h\circ g)\circ f)(x)=(h\circ g)(f(x))=(h\circ g)(ax+b)$
$(h\circ g)(\square)=-\square+5$이므로 $=-(ax+b)+5=-ax-b+5$ …… ㉠
$(h\circ(g\circ f))(x)=h((g\circ f)(x))=h(4x+1)$
$\qquad\qquad\qquad\quad=(4x+1)+2=4x+3$ …… ㉡
$(h\circ g)\circ f=h\circ(g\circ f)$이므로 ㉠, ㉡에서
$-ax-b+5=4x+3$ $\therefore (a+4)x+b-2=0$
위의 식은 x에 대한 항등식이므로
$a+4=0$, $b-2=0$ $\therefore a=-4$, $b=2$
$\therefore a^2+b^2=(-4)^2+2^2=20$

1011 답 ④

1012 답 ①

$(f \circ g)(x) = f(g(x)) = f(ax+6)$
$\qquad = 2(ax+6)+a = 2ax+12+a$
$(g \circ f)(x) = g(f(x)) = g(2x+a)$
$\qquad = a(2x+a)+6 = 2ax+a^2+6$
이때 $f \circ g = g \circ f$가 성립하므로
$2ax+12+a = 2ax+a^2+6$
$a^2-a-6=0$, $(a+2)(a-3)=0$
$\therefore a=3 \ (\because a>0)$

1013 답 ③

$g(2)=0$이므로
$g(2)=2a+b=0 \qquad \therefore b=-2a$
즉, $g(x)=ax-2a$이므로
$(f \circ g)(x) = f(g(x)) = f(ax-2a)$
$\qquad = (ax-2a)+3 = ax-2a+3$
$(g \circ f)(x) = g(f(x)) = g(x+3)$
$\qquad = a(x+3)-2a = ax+a$
이때 $f \circ g = g \circ f$를 만족시키므로
$ax-2a+3 = ax+a$, $3a=3$
$\therefore a=1, b=-2$
$\therefore a^2+b^2 = 1^2+(-2)^2 = 5$

1014 답 11

$(f \circ g)(x) = f(g(x)) = f(4x-3)$
$\qquad = a(4x-3)+b = 4ax-3a+b$
$(g \circ f)(x) = g(f(x)) = g(ax+b)$
$\qquad = 4(ax+b)-3 = 4ax+4b-3$
이때 $f \circ g = g \circ f$를 만족시키므로
$4ax-3a+b = 4ax+4b-3$
$3b=-3a+3 \qquad \therefore b=-a+1$
$b=-a+1$을 $y=ax+b$에 대입하면
$y=ax-a+1$
$\therefore y=a(x-1)+1$
따라서 함수 $y=f(x)$의 그래프는 실수 a의 값에 관계없이 점 $(1, 1)$을 지나므로 $p=1, q=1$
$\therefore 10p+q = 10 \times 1+1 = 11$

1015 답 ④

주어진 그림에서
$f(1)=3, f(2)=5, f(3)=2, f(4)=4, f(5)=1$
이때 $f \circ g = g \circ f$가 성립하고 $g(1)=5$이므로
$(f \circ g)(1) = (g \circ f)(1)$에서 $f(g(1))=g(f(1))$
$f(5)=g(3) \qquad \therefore g(3)=1$
또한, $(f \circ g)(3) = (g \circ f)(3)$에서 $f(g(3))=g(f(3))$
$f(1)=g(2) \qquad \therefore g(2)=3$
$(f \circ g)(2) = (g \circ f)(2)$에서 $f(g(2))=g(f(2))$
$f(3)=g(5) \qquad \therefore g(5)=2$

즉, $g(1)=5, g(2)=3, g(3)=1, g(5)=2$이고 함수 g는 일대일대응이므로 $g(4)=4$
$\therefore g(4)+g(5) = 4+2 = 6$

> **선생님 톡톡**
>
> **1011~1014**번 문제는 주어진 함수의 정의역이 실수 전체의 집합이어서 항등식의 성질을 이용하여 풀었지만 **1015**번에 주어진 함수는 정의역이 $\{1, 2, 3, 4, 5\}$이므로 $(f \circ g)(1)=(g \circ f)(1)$, $(f \circ g)(2)=(g \circ f)(2)$, $(f \circ g)(3)=(g \circ f)(3)$, $(f \circ g)(4)=(g \circ f)(4)$, $(f \circ g)(5)=(g \circ f)(5)$가 모두 성립하도록 하나하나 따져 봐야 해.

1016 답 ①

1017 답 ①

$(g \circ h)(x) = g(h(x)) = 3h(x)+5$이므로
$(g \circ h)(x) = f(x)$에서 $3h(x)+5 = 3x-1$
$3h(x) = 3x-6 \qquad \therefore h(x) = x-2$
$\therefore h(5) = 5-2 = 3$

다른 풀이

$h(5)=k$라 하자.
$(g \circ h)(x) = f(x)$의 양변에 $x=5$를 대입하면
$(g \circ h)(5) = f(5)$, $g(h(5)) = f(5)$
$\therefore g(k) = f(5)$
이때 $g(k) = 3k+5$, $f(5) = 3 \times 5-1 = 14$이므로
$3k+5 = 14$, $3k=9 \qquad \therefore k=3$
$\therefore h(5) = 3$

1018 답 ③

$(g \circ h)(x) = g(h(x)) = -h(x)+2$이므로
$(g \circ h)(x) = f(x)$에서 $-h(x)+2 = x^2+ax-1$
$\therefore h(x) = -x^2-ax+3$
이때 $h(1) = -1$이므로
$-1^2-a \times 1+3 = -1 \qquad \therefore a=3$
따라서 $h(x) = -x^2-3x+3$이므로
$h(-1) = -(-1)^2-3 \times (-1)+3 = 5$

다른 풀이

$h(-1)=k$라 하자.
$(g \circ h)(x) = f(x)$의 양변에 $x=-1$을 대입하면
$(g \circ h)(-1) = f(-1)$, $g(h(-1)) = f(-1)$
$\therefore g(k) = f(-1)$
이때 $-k+2 = (-1)^2+a \times (-1)-1$이므로
$k = a+2 \qquad \cdots\cdots \ \ \bigcirc$
한편, $h(1) = -1$이므로
$(g \circ h)(x) = f(x)$의 양변에 $x=1$을 대입하면
$(g \circ h)(1) = f(1)$, $g(h(1)) = f(1)$
$\therefore g(-1) = f(1)$
이때 $-(-1)+2 = 1^2+a \times 1-1$이므로
$a=3$
$a=3$을 $\bigcirc$에 대입하면
$k = 3+2 = 5$
$\therefore h(-1) = 5$

1019 답 ⑤

$(h \circ g \circ f)(x) = ((h \circ g) \circ f)(x)$
$\qquad\qquad\quad = (h \circ g)(f(x))$
$\qquad\qquad\quad = -f(x) + 2$

이므로
$-f(x) + 2 = 2x - 1$ $\quad \therefore f(x) = -2x + 3$
$\therefore f(0) = -2 \times 0 + 3 = 3$

다른 풀이

$f(0) = k$라 하자.
$(h \circ g \circ f)(x) = 2x - 1$의 양변에 $x = 0$을 대입하면
$(h \circ g \circ f)(0) = 2 \times 0 - 1$, $(h \circ g)(f(0)) = -1$
$\therefore (h \circ g)(k) = -1$ $\qquad$ ……㉠
또한, $(h \circ g)(x) = -x + 2$의 양변에 $x = k$를 대입하면
$\therefore (h \circ g)(k) = -k + 2$ $\qquad$ ……㉡
㉠, ㉡에서 $-1 = -k + 2$ $\quad \therefore k = 3$
$\therefore f(0) = 3$

1020 답 2

$(h \circ g \circ f)(x) = h(g(f(x))) = h(3f(x) + 1)$
$\qquad\qquad\qquad = \{3f(x) + 1\} - 3 = 3f(x) - 2$

이므로
$3f(x) - 2 = 3x + 1$, $3f(x) = 3x + 3$
$\therefore f(x) = x + 1$
따라서 $a = 1$, $b = 1$이므로
$a + b = 1 + 1 = 2$

다른 풀이

$f(1) = a + b$이므로 구하는 값은 $f(1)$의 값과 같다.
$(h \circ g \circ f)(x) = g(x)$의 양변에 $x = 1$을 대입하면
$(h \circ g \circ f)(1) = g(1)$ $\qquad \therefore h(g(f(1))) = 4$
이때
$h(g(f(1))) = h(3f(1) + 1) = \{3f(1) + 1\} - 3$
$\qquad\qquad\quad = 3f(1) - 2$
이므로 $3f(1) - 2 = 4$
$3f(1) = 6$ $\quad \therefore f(1) = 2$
$\therefore a + b = f(1) = 2$

1021 답 ①

1022 답 ③

$(h \circ g)(x) = h(g(x)) = h(-x + 1)$이므로
$(h \circ g)(x) = f(x)$에서
$h(-x + 1) = 3x - 1$
$-x + 1 = t$라 하면 $x = 1 - t$이므로
$h(t) = 3(1 - t) - 1$ $\quad \therefore h(t) = -3t + 2$
$\therefore h(-1) = -3 \times (-1) + 2 = 5$

다른 풀이

$h(-x + 1) = 3x - 1$ $\qquad$ ……㉠
㉠에서 $-x + 1 = -1$을 만족시키는 x의 값은
$x = 2$
$x = 2$를 ㉠의 양변에 대입하면
$h(-1) = 3 \times 2 - 1 = 5$

1023 답 19

$f(2x - 4) = 6x + 1$에서
$2x - 4 = t$라 하면 $x = \dfrac{t + 4}{2}$이므로
$f(t) = 6 \times \dfrac{t + 4}{2} + 1$ $\quad \therefore f(t) = 3t + 13$
따라서 $a = 3$, $b = 13$이므로
$2a + b = 2 \times 3 + 13 = 19$

다른 풀이

$f(2) = 2a + b$이므로 구하는 값은 $f(2)$의 값과 같다.
$f(2x - 4) = 6x + 1$ $\qquad$ ……㉠
㉠에서 $2x - 4 = 2$를 만족시키는 x의 값은 $x = 3$
$x = 3$을 ㉠의 양변에 대입하면
$f(2) = 6 \times 3 + 1 = 19$
$\therefore 2a + b = f(2) = 19$

1024 답 ②

$(h \circ g)(x) = h(g(x)) = h(x + a)$이므로
$(h \circ g)(x) = f(x)$에서
$h(x + a) = x^2 - 4x + 7$
$x + a = t$라 하면 $x = t - a$이므로
$h(t) = (t - a)^2 - 4(t - a) + 7$
$\qquad = t^2 - 2(a + 2)t + a^2 + 4a + 7$ ……㉠
이때 $h(1) = 3$이므로
$1 - 2(a + 2) + a^2 + 4a + 7 = 3$
$a^2 + 2a + 1 = 0$, $(a + 1)^2 = 0$ $\quad \therefore a = -1$
$a = -1$을 ㉠에 대입하면
$h(t) = t^2 - 2t + 4$이므로
$h(2) = 2^2 - 2 \times 2 + 4 = 4$

다른 풀이

$h(x + a) = x^2 - 4x + 7$ $\qquad$ ……㉠
$h(1) = 3$이므로 ㉠에서 $x + a = 1$을 만족시키는 x의 값은
$x = 1 - a$
$x = 1 - a$를 ㉠의 양변에 대입하면
$h(1) = (1 - a)^2 - 4(1 - a) + 7 = 3$
$(1 - a)^2 - 4(1 - a) + 4 = 0$
$\{(1 - a) - 2\}^2 = 0$, $(-a - 1)^2 = 0$
$(a + 1)^2 = 0$ $\quad \therefore a = -1$
$a = -1$을 ㉠에 대입하면 $h(x - 1) = x^2 - 4x + 7$ ……㉡
따라서 $\underline{x = 3일 때\ h(2) = 3^2 - 4 \times 3 + 7 = 4}$
$\qquad\qquad$ ↳㉡에서 $x - 1 = 2$를 만족시키는 x의 값이 $x = 3$이므로

1025 답 ②

$(h \circ g \circ f)(x) = h(g(f(x)))$
$\qquad\qquad\qquad = h\left(g\left(\dfrac{1}{2}x + 1\right)\right)$
$\qquad\qquad\qquad = h\left(-2\left(\dfrac{1}{2}x + 1\right) + 3\right)$
$\qquad\qquad\qquad = h(-x - 2 + 3)$
$\qquad\qquad\qquad = h(-x + 1)$
이므로 $(h \circ g \circ f)(x) = g(x)$에서
$h(-x + 1) = -2x + 3$
$-x + 1 = t$라 하면 $x = 1 - t$이므로
$h(t) = -2(1 - t) + 3$ $\quad \therefore h(t) = 2t + 1$

따라서 $a=2$, $b=1$이므로
$a^2+b^2=2^2+1^2=5$

1026 답 ④

1027 답 ③

$f^1(x)=f(x)=-x+5$에서
$f^2(x)=(f\circ f)(x)=f(f(x))=f(-x+5)$
$\quad=-(-x+5)+5=x$
$f^3(x)=(f\circ f\circ f)(x)=(f\circ f^2)(x)=f(f^2(x))$
$\quad=f(x)=-x+5$
$f^4(x)=(f\circ f\circ f\circ f)(x)=(f\circ f^3)(x)=f(f^3(x))$
$\quad=f(-x+5)=-(-x+5)+5=x$
$\vdots$

$\therefore f^n(x)=\begin{cases}-x+5 & (n\text{은 홀수})\\ x & (n\text{은 짝수})\end{cases}$

따라서 $f^{10}(x)=x$이므로
$f^{10}(3)=3$

다른 풀이

$f^1(x)=f(x)=-x+5$에서
$f^1(3)=f(3)=-3+5=2$
$f^2(3)=f(f(3))=f(2)=-2+5=3$
$f^3(3)=f(f^2(3))=f(3)=-3+5=2$
$f^4(3)=f(f^3(3))=f(2)=-2+5=3$
$\vdots$

$\therefore f^n(3)=\begin{cases}2 & (n\text{은 홀수})\\ 3 & (n\text{은 짝수})\end{cases}$

$\therefore f^{10}(3)=3$

선생님 톡톡

함수 $f(x)=-x+5$에 대하여 $f^2(x)=x$이니까 f^2은 항등함수야.
즉, 자연수 m에 대하여
$$f^{2m}=\underbrace{f\circ f\circ f\circ\cdots\circ f}_{2m\text{개}}=\underbrace{f^2\circ f^2\circ f^2\circ\cdots\circ f^2}_{m\text{개}}$$
$$=I\ (I\text{는 항등함수})$$
$$f^{2m-1}=\underbrace{f\circ f\circ f\circ\cdots\circ f}_{(2m-1)\text{개}}=\underbrace{f^2\circ f^2\circ f^2\circ\cdots\circ f^2}_{(m-1)\text{개}}\circ f$$
$$=I\circ f=f\ (I\text{는 항등함수})$$

1028 답 ⑤

주어진 그림에서 $f(4)=3$, $f(3)=1$, $f(1)=2$, $f(2)=2$이므로
$f^1(4)=f(4)=3$
$f^2(4)=(f\circ f)(4)=f(f(4))=f(3)=1$
$f^3(4)=(f\circ f^2)(4)=f(f^2(4))=f(1)=2$
$f^4(4)=(f\circ f^3)(4)=f(f^3(4))=f(2)=2$
즉, $n\geq3$일 때 $f^n(4)=2$이므로
$f^1(4)+f^2(4)+f^3(4)+\cdots+f^{10}(4)=3+1+\overset{8\text{개}}{\overbrace{2+\cdots+2}}$
$\qquad\qquad\qquad\qquad\qquad=4+2\times8=20$

1029 답 ①

$f^1(1)=f(1)=\dfrac{1}{4}(3\times1^2-20\times1+37)=5$

$f^2(1)=(f\circ f)(1)=f(f(1))=f(5)$
$\quad=\dfrac{1}{4}(3\times5^2-20\times5+37)=3$
$f^3(1)=(f\circ f^2)(1)=f(f^2(1))=f(3)$ $(f\circ f\circ f)(1)=(f\circ f^2)(1)=f(f^2(1))$
$\quad=\dfrac{1}{4}(3\times3^2-20\times3+37)=1$
$f^4(1)=(f\circ f^3)(1)=f(f^3(1))=f(1)=5$
$\vdots$
즉, $f^n(1)$ $(n=1, 2, 3, \cdots)$의 값은 5, 3, 1이 이 순서대로 반복되므로
$f^{10}(1)=f^{3\times3+1}(1)=f^1(1)=5$

1030 답 1

$f^1(0)=f(0)=3$
$f^2(0)=(f\circ f)(0)=f(f(0))=f(3)=0$
$f^3(0)=(f\circ f^2)(0)=f(f^2(0))=f(0)=3$
$f^4(0)=(f\circ f^3)(0)=f(f^3(0))=f(3)=0$
$\vdots$
즉, $f^{2n-1}(0)=3$, $f^{2n}(0)=0$ $(n=1, 2, 3, \cdots)$
$\therefore f^{50}(0)=0$
$f^1(2)=f(2)=2$
$f^2(2)=(f\circ f)(2)=f(f(2))=f(2)=2$
$\vdots$
즉, $f^n(2)=2$ $(n=1, 2, 3, \cdots)$
$\therefore f^{50}(2)=2$
$f^1(4)=f(4)=-2$
$f^2(4)=(f\circ f)(4)=f(f(4))=f(-2)=-1$
$f^3(4)=(f\circ f^2)(4)=f(f^2(4))=f(-1)=1$
$f^4(4)=(f\circ f^3)(4)=f(f^3(4))=f(1)=4$
$f^5(4)=(f\circ f^4)(4)=f(f^4(4))=f(4)=-2$
$\vdots$
즉, $f^n(4)$ $(n=1, 2, 3, \cdots)$의 값은 -2, -1, 1, 4가 이 순서대로 반복되므로
$f^{50}(4)=f^{4\times12+2}(4)=f^2(4)=-1$
$\therefore f^{50}(0)+f^{50}(2)+f^{50}(4)=0+2+(-1)=1$

1031 답 ④

1032 답 ①

오른쪽 그림에서
$(f\circ f)(c)=f(f(c))$
$\quad=f(b)$
$\quad=a$

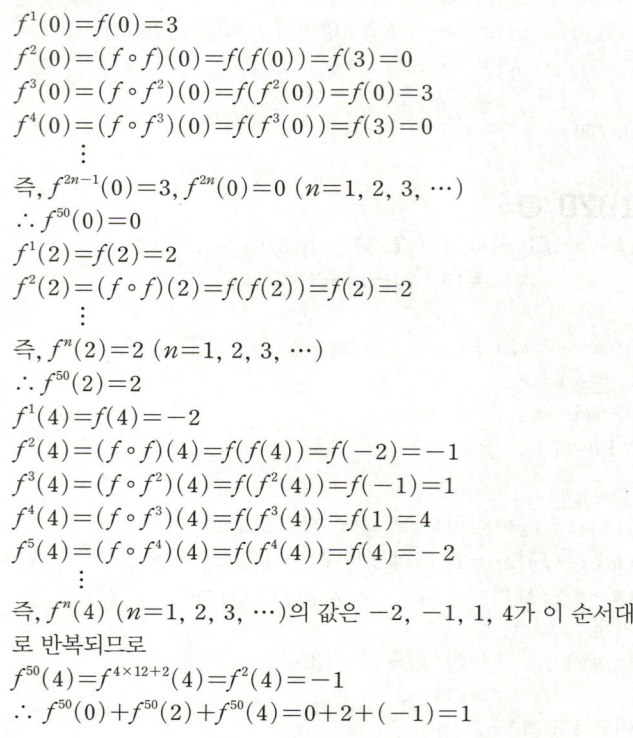

1033 답 ⑤

오른쪽 그림에서
$(g\circ f\circ g)(b)=g(f(g(b)))$
$\quad=g(f(d))$
$\quad=g(c)$
$\quad=e$

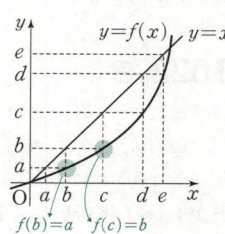
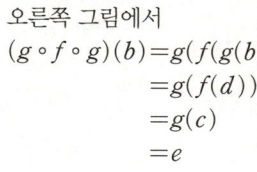
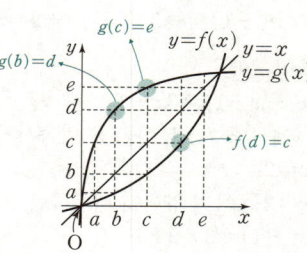

1034 답 ③

$f(a)=b$라 하면 $(f\circ f)(a)=1$에서

$f(f(a))=1$ $\therefore f(b)=1$

이때 주어진 함수 $y=f(x)$의 그래프에서 $f(b)=1$을 만족시키는 b의 값은

$b=2$ 함수 $y=f(x)$의 그래프가 점 $(2, 1)$을 지나므로 $\therefore f(a)=2$

또한, 주어진 함수 $y=f(x)$의 그래프에서 $f(a)=2$를 만족시키는 a의 값은

$a=3$ 함수 $y=f(x)$의 그래프가 점 $(3, 2)$를 지나므로

1035 답 11

$f(k)=l$이라 하면 $(f\circ f)(k)=3$에서

$f(f(k))=3$ $\therefore f(l)=3$

이때 주어진 함수 $y=f(x)$의 그래프에서 $f(l)=3$을 만족시키는 실수 l의 값은 $l=2$ 또는 $l=5$

함수 $y=f(x)$의 그래프가 두 점 $(2, 3)$, $(5, 3)$을 지나므로

$\therefore f(k)=2$ 또는 $f(k)=5$

(i) $f(k)=2$일 때

주어진 함수 $y=f(x)$의 그래프에서 $f(k)=2$를 만족시키는 실수 k의 값은 $k=1$ 또는 $k=4$

함수 $y=f(x)$의 그래프가 두 점 $(1, 2)$, $(4, 2)$를 지나므로

(ii) $f(k)=5$일 때

주어진 함수 $y=f(x)$의 그래프에서 $f(k)=5$를 만족시키는 실수 k의 값은 $k=6$

함수 $y=f(x)$의 그래프가 점 $(6, 5)$를 지나므로

(i), (ii)에서 $k=1$ 또는 $k=4$ 또는 $k=6$이므로 그 합은

$1+4+6=11$

1036 답 ③

1037 답 ④

$f^{-1}(-2)=1$에서 $f(1)=-2$이므로

$f(1)=a\times 1+b$ $\therefore a+b=-2$ ......㉠

$f^{-1}(4)=-1$에서 $f(-1)=4$이므로

$f(-1)=a\times(-1)+b$ $\therefore -a+b=4$ ......㉡

㉠, ㉡을 연립하여 풀면

$a=-3$, $b=1$

$\therefore a^2+b^2=(-3)^2+1^2=10$

1038 답 ②

$(f\circ f)(3)=f^{-1}(a)$에서

$(f\circ f)(3)=f(f(3))=f(5)=1$이므로

$f^{-1}(a)=1$

즉, $f(1)=a$이고 주어진 그림에서 $f(1)=2$이므로

$a=2$

1039 답 ③

$f^{-1}(5)=3$, $f^{-1}(11)=5$에서 $f(3)=5$, $f(5)=11$이므로

$f(3)=a\times 3^2-2a\times 3+b=5$, $9a-6a+b=5$

$\therefore 3a+b=5$ ......㉠

$f(5)=a\times 5^2-2a\times 5+b=11$, $25a-10a+b=11$

$\therefore 15a+b=11$ ......㉡

㉠, ㉡을 연립하여 풀면

$a=\dfrac{1}{2}$, $b=\dfrac{7}{2}$

$\therefore f(x)=\dfrac{1}{2}x^2-x+\dfrac{7}{2}$

한편, $f^{-1}\left(\dfrac{15}{2}\right)=k$라 하면 $f(k)=\dfrac{15}{2}$이므로

$\dfrac{1}{2}k^2-k+\dfrac{7}{2}=\dfrac{15}{2}$

$k^2-2k-8=0$, $(k+2)(k-4)=0$

$\therefore k=4$ $(\because k\geq 1)$

함수 $f(x)$가 $x\geq 1$에서 정의되었으므로

1040 답 8

$x<4$일 때, $f(x)=\dfrac{1}{2}x<\dfrac{1}{2}\times 4=2$

$f(x)<2$이면 $x<4$

$x\geq 4$일 때, $f(x)=x^2-8x+18=(x-4)^2+2\geq 2$

$f(x)\geq 2$이면 $x\geq 4$

$f^{-1}(1)=k_1$이라 하면 $f(k_1)=1$

이때 $1<2$이므로 $f(k_1)=\dfrac{1}{2}k_1$이다.

$\dfrac{1}{2}k_1=1$ $\therefore k_1=2$

$f^{-1}(6)=k_2$라 하면 $f(k_2)=6$

이때 $6\geq 2$이므로 $f(k_2)=k_2{}^2-8k_2+18$이다.

$k_2{}^2-8k_2+18=6$, $k_2{}^2-8k_2+12=0$

$(k_2-2)(k_2-6)=0$ $\therefore k_2=6$ $(\because k_2\geq 4)$

$\therefore f^{-1}(1)+f^{-1}(6)=k_1+k_2=2+6=8$

1041 답 ⑤

1042 답 ③

x의 값이 증가할 때 y의 값은 감소한다.

함수 $f(x)$의 역함수가 존재하려면 $f(x)$가 일대일대응이어야 한다.

이때 $b<0$에서 직선 $y=f(x)$의 기울기는 음수이므로 함수 $f(x)$는 $x=-1$에서 최댓값 $a+6$, $x=1$에서 최솟값 a를 가져야 한다. 즉,

$-b+1=a+6$ $\therefore a+b=-5$ ......㉠

$b+1=a$ $\therefore a-b=1$ ......㉡

㉠, ㉡을 연립하여 풀면 $a=-2$, $b=-3$

$\therefore ab=(-2)\times(-3)=6$

1043 답 5

$f(x)=3x+k|x-2|$에서

$x<2$일 때, $f(x)=3x-k(x-2)=(3-k)x+2k$

$x\geq 2$일 때, $f(x)=3x+k(x-2)=(3+k)x-2k$

$\therefore f(x)=\begin{cases}(3-k)x+2k & (x<2) \\ (3+k)x-2k & (x\geq 2)\end{cases}$

함수 $f(x)$의 역함수가 존재하려면 $f(x)$가 일대일대응이어야 하므로 x의 값이 증가할 때 $f(x)$의 값이 증가하거나 감소해야 한다.

즉, $x=2$를 기준으로 나누어 주어진 두 직선의 기울기인 $3-k$, $3+k$가 모두 양수이거나 모두 음수이어야 하므로 두 직선의 기울기의 곱이 양수이어야 한다.

$(3-k)(3+k)>0$에서 $(k+3)(k-3)<0$

$\therefore -3<k<3$

따라서 정수 k는 -2, -1, 0, 1, 2의 5개이다.

1044 답 ④

두 집합 X, Y에서의 항등함수 I_X, I_Y에 대하여 $g\circ f=I_X$, $f\circ g=I_Y$를 만족시키는 함수 g는 함수 f의 역함수이고, f의 역함수가 존재하려면 f는 일대일대응이어야 한다.

이때 함수 f의 정의역, 공역이 각각 $X=\{x|x\leq 3\}$, $Y=\{y|y\geq -2\}$이므로 함수 $y=f(x)$의 그래프는 점 $(3, -2)$를 지나야 한다. 즉,

$f(3)=-2$에서 $9-6a+a^2-3=-2$
$a^2-6a+8=0$, $(a-2)(a-4)=0$
$\therefore a=2$ 또는 $a=4$
(i) $a=2$일 때
　　$f(x)=x^2-4x+1=(x-2)^2-3$이므
　　로 $x\le3$에서 함수 $y=f(x)$의 그래프
　　는 오른쪽 그림과 같다.
　　그런데 $1<x<3$인 x에 대응하는 Y의
　　원소가 없으므로 함수가 아니다.
　　　→ $Y=\{y|y\ge-2\}$이므로

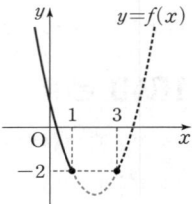

(ii) $a=4$일 때
　　$f(x)=x^2-8x+13=(x-4)^2-3$이
　　므로 $x\le3$에서 함수 $y=f(x)$의 그래
　　프는 오른쪽 그림과 같다.
　　이때 $x\le3$에서 x의 값이 증가할 때
　　$f(x)$의 값이 감소하므로 일대일대응
　　이다.

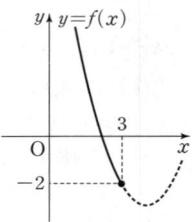

(i), (ii)에서 $a=4$

1045 답 6

모든 실수 x에 대하여 $(f\circ g)(x)=x$를 만족시키는 함수 g가 존재하려면 g는 함수 f의 역함수이어야 하고, f의 역함수가 존재하려면 f는 일대일대응이어야 한다. 그런데

$$f(x)=\begin{cases}(a-5)x^2 & (x<0)\\(a^2-13a+30)x & (x\ge0)\end{cases}$$
$$=\begin{cases}(a-5)x^2 & (x<0)\\(a-3)(a-10)x & (x\ge0)\end{cases}$$

이므로 $a=5$ 또는 $a=3$ 또는 $a=10$이면 함수 f는 일대일대응이 아니다.
　　→ $x<0$ 또는 $x\ge0$에서 $f(x)=0$이 되는 경우가 존재함.
(i) $a<5$일 때
　　함수 $y=(a-5)x^2$의 이차항의 계수가 음수이므로 $x<0$에서
　　x의 값이 증가할 때 $f(x)$의 값도 증가한다.
　　즉, 함수 $f(x)$가 일대일대응이려면 $x\ge0$일 때도 x의 값이 증가
　　할 때 $f(x)$의 값이 증가해야 하므로 함수
　　$y=(a-3)(a-10)x$의 그래프의 기울기는 양수이어야 한다.
　　$(a-3)(a-10)>0$에서 $a<3$ 또는 $a>10$
　　그런데 $a<5$이므로 $a<3$
(ii) $a>5$일 때
　　함수 $y=(a-5)x^2$의 이차항의 계수가 양수이므로 $x<0$에서
　　x의 값이 증가할 때 $f(x)$의 값은 감소한다.
　　즉, 함수 $f(x)$가 일대일대응이려면 $x\ge0$일 때도 x의 값이 증가
　　할 때 $f(x)$의 값이 감소해야 하므로 함수
　　$y=(a-3)(a-10)x$의 그래프의 기울기는 음수이어야 한다.
　　$(a-3)(a-10)<0$에서 $3<a<10$
　　그런데 $a>5$이므로 $5<a<10$
(i), (ii)에서 조건을 만족시키는 실수 a의 값의 범위는
$a<3$ 또는 $5<a<10$
따라서 자연수 a는 1, 2, 6, 7, 8, 9의 6개이다.

1046 답 ②

1047 답 ④

함수 $f(x)$의 역함수가 존재하므로 $a\ne0$이다.
　　　　　　　　　　　　　→ $a=0$이면 함수 f는 상수함수이므로
$y=ax-3$이라 하면　　　　　일대일대응이 아니다.
$ax=y+3$　　　　　　　　　즉, 역함수가 존재하지 않으므로
$\therefore x=\dfrac{1}{a}y+\dfrac{3}{a}$　　　조건을 만족시키지 않는다.
x와 y를 서로 바꾸면
$y=\dfrac{1}{a}x+\dfrac{3}{a}$
$\therefore f^{-1}(x)=\dfrac{1}{a}x+\dfrac{3}{a}$
이때 $f^{-1}(x)=2x+b$이므로
$\dfrac{1}{a}x+\dfrac{3}{a}=2x+b$
위의 식은 x에 대한 항등식이므로
$\dfrac{1}{a}=2$, $\dfrac{3}{a}=b$　　$\therefore a=\dfrac{1}{2}$, $b=6$
$\therefore a+b=\dfrac{1}{2}+6=\dfrac{13}{2}$

1048 답 ②

직선 $y=f(x)$가 점 $(1,-3)$을 지나므로
$f(1)=-3$　　$\therefore a+b=-3$　……㉠
한편, $y=ax+b$라 하면
$ax=y-b$
$\therefore x=\dfrac{1}{a}y-\dfrac{b}{a}$
x와 y를 서로 바꾸면
$y=\dfrac{1}{a}x-\dfrac{b}{a}$
$\therefore f^{-1}(x)=\dfrac{1}{a}x-\dfrac{b}{a}$
이때 $f=f^{-1}$이므로
$ax+b=\dfrac{1}{a}x-\dfrac{b}{a}$
위의 식은 x에 대한 항등식이므로
$a=\dfrac{1}{a}$, $b=-\dfrac{b}{a}$에서 $a^2=1$, $ab=-b$
$a=\pm1$, $b(a+1)=0$
$\therefore a=-1$ 또는 $a=1$, $b=0$
(i) $a=-1$을 ㉠에 대입하면 $b=-2$
(ii) $a=1$, $b=0$을 ㉠에 대입하면 성립하지 않는다.
(i), (ii)에서 $a=-1$, $b=-2$
$\therefore ab=(-1)\times(-2)=2$

다른 풀이
직선 $y=f(x)$가 점 $(1,-3)$을 지나므로
$f(1)=-3$　　$\therefore a+b=-3$　……㉠
한편, $f=f^{-1}$이므로
$f^{-1}(1)=-3$이고 $f(-3)=1$이다.
$f(-3)=1$이므로
$f(-3)=-3a+b=1$　　　　　……㉡
㉠, ㉡을 연립하여 풀면
$a=-1$, $b=-2$
따라서
$ab=(-1)\times(-2)=2$

1049 답 ③

$y=2x+2$라 하면

$2x=y-2$ ∴ $x=\dfrac{1}{2}y-1$

x와 y를 서로 바꾸면

$y=\dfrac{1}{2}x-1$ ∴ $f^{-1}(x)=\dfrac{1}{2}x-1$

한편, 함수 $f(x)=2x+2$의 정의역이 $\{x\,|\,x\geq 0\}$이므로

$x\geq 0$에서 $2x\geq 0$, $2x+2\geq 2$

∴ $f(x)\geq 2$

즉, 함수 $f(x)$의 치역이 $\{y\,|\,y\geq 2\}$이므로 역함수 $f^{-1}(x)$의 정의역은 $\{x\,|\,x\geq 2\}$이다. → 함수 f의 역함수 f^{-1}의 정의역은 f의 치역과 같다.

따라서 $a=\dfrac{1}{2}$, $b=-1$, $k=2$이므로

$ab+k=\dfrac{1}{2}\times(-1)+2=\dfrac{3}{2}$

> **해설 속 칠판** 함수 f와 그 역함수 f^{-1}의 정의역, 공역, 치역
>
> (1) $f:X\longrightarrow Y$에 대하여
> ① 정의역 : 집합 X
> ② 공역 : 집합 Y
> ③ 치역 : $\{f(x)\,|\,x\in X\}$
>
> (2) $f^{-1}:Y\longrightarrow X$에 대하여
> ① 정의역 : 집합 Y
> ② 공역 : 집합 X
> ③ 치역 : $\{f^{-1}(y)\,|\,y\in Y\}$

1050 답 6

$f(x)=|x-3|+2x$에서

$x<3$일 때, $f(x)=-(x-3)+2x=x+3$

$x\geq 3$일 때, $f(x)=(x-3)+2x=3x-3$

∴ $f(x)=\begin{cases} x+3 & (x<3) \\ 3x-3 & (x\geq 3) \end{cases}$

(i) $x<3$일 때

$y=x+3$이라 하면

$y=x+3<3+3=6$이고

$x=y-3$

x와 y를 서로 바꾸면   ← $x<3$일 때, $f(x)<6$이므로 함수 f의 역함수 f^{-1}의 정의역은 $x<6$이다.

$y=x-3$ ∴ $f^{-1}(x)=x-3\ (x<6)$

(ii) $x\geq 3$일 때

$y=3x-3$이라 하면

$y=3x-3\geq 3\times 3-3=6$이고

$3x=y+3$ ∴ $x=\dfrac{1}{3}y+1$

x와 y를 서로 바꾸면   ← $x\geq 3$일 때, $f(x)\geq 6$이므로 함수 f의 역함수 f^{-1}의 정의역은 $x\geq 6$이다.

$y=\dfrac{1}{3}x+1$ ∴ $f^{-1}(x)=\dfrac{1}{3}x+1\ (x\geq 6)$

(i), (ii)에서 $f^{-1}(x)=\begin{cases} x-3 & (x<6) \\ \dfrac{1}{3}x+1 & (x\geq 6) \end{cases}$

따라서 $a=3$, $b=6$, $c=\dfrac{1}{3}$, $d=1$이므로

$abcd=3\times 6\times \dfrac{1}{3}\times 1=6$

1051 답 ③

1052 답 ②

$(f\circ g^{-1})(-2)=f(g^{-1}(-2))$

이때 $g^{-1}(-2)=k$라 하면 $g(k)=-2$이므로

$k-4=-2$ ∴ $k=2$

∴ $g^{-1}(-2)=2$

∴ $(f\circ g^{-1})(-2)=f(g^{-1}(-2))=f(2)=3\times 2+1=7$

1053 답 ④

주어진 그림에서 $g(1)=4$

$(f^{-1}\circ g)(1)=f^{-1}(g(1))=f^{-1}(4)$

이때 $f^{-1}(4)=k_1$이라 하면 $f(k_1)=4$이고

주어진 그림에서 $f(3)=4$이므로

$k_1=3$

∴ $(f^{-1}\circ g)(1)=f^{-1}(4)=3$

한편, $(f\circ g^{-1})(1)=f(g^{-1}(1))$

이때 $g^{-1}(1)=k_2$라 하면 $g(k_2)=1$이고

주어진 그림에서 $g(4)=1$이므로

$k_2=4$

∴ $(f\circ g^{-1})(1)=f(g^{-1}(1))=f(4)=5$

∴ $(f^{-1}\circ g)(1)+(f\circ g^{-1})(1)=3+5=8$

1054 답 ④

$(g^{-1}\circ f^{-1}\circ g)(a)=g^{-1}(f^{-1}(g(a)))=1$에서

$f^{-1}(g(a))=k$라 하면

$g^{-1}(f^{-1}(g(a)))=g^{-1}(k)=1$이므로

$k=g(1)=2\times 1-5=-3$ ∴ $k=-3$

$f^{-1}(g(a))=-3$에서

$g(a)=f(-3)=\{(-3)-1\}^2+1=16+1=17$

이때 $g(a)=2a-5=17$이므로 $2a=22$

∴ $a=11$

$(g\circ f^{-1}\circ g^{-1})(b)=g(f^{-1}(g^{-1}(b)))=1$에서

$f^{-1}(g^{-1}(b))=t$라 하면

$g(f^{-1}(g^{-1}(b)))=g(t)=1$이므로

$2t-5=1$, $2t=6$ ∴ $t=3$

$f^{-1}(g^{-1}(b))=3$에서

$g^{-1}(b)=f(3)=(-3)+2=-1$

$b=g(-1)=2\times(-1)-5=-7$

∴ $b=-7$

∴ $a+b=11+(-7)=4$

1055 답 7

함수 $f(3x+5)$의 역함수와 함수 $g(x)=\dfrac{1}{6}x-1$이 서로 같으므로

함수 $f(3x+5)$와 함수 $g(x)$의 역함수가 서로 같다.

즉, 모든 실수 x에 대하여 $f(3x+5)=g^{-1}(x)$이다.

이때 $g(x)=\dfrac{1}{6}x-1$에서 $y=\dfrac{1}{6}x-1$이라 하면

$\dfrac{1}{6}x=y+1$ ∴ $x=6y+6$

x와 y를 서로 바꾸면

$y=6x+6$ ∴ $g^{-1}(x)=6x+6$

∴ $f(3x+5)=6x+6$

$3x+5=t$라 하면 $x=\dfrac{t-5}{3}$이므로

$f(t)=6\times\dfrac{t-5}{3}+6$ ∴ $f(t)=2t-4$

한편, $f^{-1}(10)=k$라 하면 $f(k)=10$이므로

$2k-4=10$, $2k=14$ ∴ $k=7$

∴ $f^{-1}(10)=7$

다른 풀이

$y=f(3x+5)$라 하면 역함수의 성질에 의하여

$3x+5=f^{-1}(y)$

x와 y를 서로 바꾸면

$3y+5=f^{-1}(x)$ ∴ $y=\dfrac{1}{3}f^{-1}(x)-\dfrac{5}{3}$

즉, 함수 $f(3x+5)$의 역함수는 $\dfrac{1}{3}f^{-1}(x)-\dfrac{5}{3}$이고

함수 $g(x)=\dfrac{1}{6}x-1$과 서로 같으므로

$\dfrac{1}{3}f^{-1}(x)-\dfrac{5}{3}=\dfrac{1}{6}x-1$ ∴ $f^{-1}(x)=\dfrac{1}{2}x+2$

∴ $f^{-1}(10)=\dfrac{1}{2}\times10+2=7$

1056 답 ④

1057 답 ③

$(f\circ(f\circ g)^{-1}\circ f)(6)=(f\circ g^{-1}\circ f^{-1}\circ f)(6)$
$\qquad\qquad\qquad\qquad=(f\circ g^{-1})(6)$
$\qquad\qquad\qquad\qquad=f(g^{-1}(6))$

이때 $g^{-1}(6)=k$라 하면 $g(k)=6$이므로

$5k+1=6$, $5k=5$ ∴ $k=1$

$g^{-1}(6)=1$이므로 $f(1)=(-1)+4=3$

∴ $(f\circ(f\circ g)^{-1}\circ f)(6)=f(g^{-1}(6))=f(1)=3$

1058 답 ②

함수 $f\circ g^{-1}$의 역함수가 h이므로

$h=(f\circ g^{-1})^{-1}=g\circ f^{-1}$

이때 $f(x)=2x-1$에서 $y=2x-1$이라 하면

$2x=y+1$ ∴ $x=\dfrac{1}{2}y+\dfrac{1}{2}$

x와 y를 서로 바꾸면

$y=\dfrac{1}{2}x+\dfrac{1}{2}$ ∴ $f^{-1}(x)=\dfrac{1}{2}x+\dfrac{1}{2}$

∴ $h(x)=(g\circ f^{-1})(x)=g(f^{-1}(x))=g\left(\dfrac{1}{2}x+\dfrac{1}{2}\right)$

$\qquad\qquad=6\left(\dfrac{1}{2}x+\dfrac{1}{2}\right)-5=3x-2$

따라서 $a=3$, $b=-2$이므로

$2a+b=2\times3+(-2)=4$

다른 풀이

$h(2)=2a+b$이므로 구하는 값은 $h(2)$의 값과 같다.

함수 $f\circ g^{-1}$의 역함수가 h이므로

$h(2)=(f\circ g^{-1})^{-1}(2)=(g\circ f^{-1})(2)=g(f^{-1}(2))$

이때 $f^{-1}(2)=k$라 하면 $f(k)=2$이므로

$2k-1=2$, $2k=3$ ∴ $k=\dfrac{3}{2}$

∴ $2a+b=h(2)=g(f^{-1}(2))=g\left(\dfrac{3}{2}\right)$

$\qquad\qquad\quad=6\times\dfrac{3}{2}-5=4$

1059 답 12

$(f\circ f\circ(g^{-1}\circ f)^{-1})(x)=(f\circ f\circ f^{-1}\circ g)(x)$
$\qquad\qquad\qquad\qquad=(f\circ(f\circ f^{-1})\circ g)(x)$
$\qquad\qquad\qquad\qquad=(f\circ I\circ g)(x)$
$\qquad\qquad\qquad\qquad=(f\circ g)(x)$

모든 실수 x에 대하여 $(f\circ g)(x)=x$가 성립하므로 $g=f^{-1}$

$f(x)=\dfrac{1}{3}x+a$에서 $y=\dfrac{1}{3}x+a$라 하면

$\dfrac{1}{3}x=y-a$ ∴ $x=3y-3a$

x와 y를 서로 바꾸면

$y=3x-3a$ ∴ $f^{-1}(x)=3x-3a$

이때 $g=f^{-1}$이므로

$bx-12=3x-3a$ ⋯⋯ ㉠

㉠은 x에 대한 항등식이므로

$b=3$, $12=3a$ ∴ $a=4$, $b=3$

∴ $ab=4\times3=12$

다른 풀이

$(f\circ g)(x)=f(g(x))=f(bx-12)=\dfrac{1}{3}(bx-12)+a$

$\qquad\qquad\qquad=\dfrac{b}{3}x-4+a=x$ ⋯⋯ ㉠

㉠은 x에 대한 항등식이므로

$\dfrac{b}{3}=1$, $-4+a=0$ ∴ $a=4$, $b=3$

∴ $ab=4\times3=12$

1060 답 ③

$g^{-1}\circ f\circ h=f$에서 $g\circ g^{-1}\circ f\circ h=g\circ f$, $f\circ h=g\circ f$

$f^{-1}\circ f\circ h=f^{-1}\circ g\circ f$ ∴ $h=f^{-1}\circ g\circ f$

∴ $h(2)=(f^{-1}\circ g\circ f)(2)=f^{-1}(g(f(2)))$

$\qquad=f^{-1}(g(-3))=f^{-1}(1)$ $\quad f(2)=(-2)\times2+1=-3$

이때 $f^{-1}(1)=k$라 하면 $f(k)=1$이므로 $\quad g(-3)=\dfrac{1}{3}\times(-3)+2=1$

$-2k+1=1$, $2k=0$ ∴ $k=0$

∴ $h(2)=f^{-1}(1)=0$

1061 답 ⑤

1062 답 ②

$(f\circ f)^{-1}(d)=(f^{-1}\circ f^{-1})(d)=f^{-1}(f^{-1}(d))$

이때 $f^{-1}(d)=k_1$이라 하면 $f(k_1)=d$

오른쪽 그림에서 $f(c)=d$이므로

$k_1=c$ ∴ $f^{-1}(d)=c$

또한, $f^{-1}(c)=k_2$라 하면 $f(k_2)=c$

오른쪽 그림에서 $f(b)=c$이므로

$k_2=b$ ∴ $f^{-1}(c)=b$

∴ $(f\circ f)^{-1}(d)=f^{-1}(f^{-1}(d))$

$\qquad\qquad\qquad=f^{-1}(c)=b$

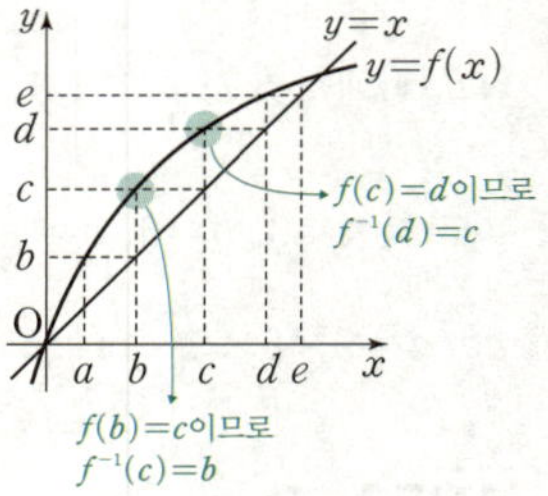

1063 답 ④

$(f\circ f\circ f)(a)=f(f(f(a)))$

이때 $f(a)=k_1$이라 하면 $f^{-1}(k_1)=a$

오른쪽 그림에서 $f^{-1}(b)=a$이므로
$k_1=b$ $\therefore f(a)=b$
$f(b)=k_2$라 하면 $f^{-1}(k_2)=b$
오른쪽 그림에서 $f^{-1}(c)=b$이므로
$k_2=c$ $\therefore f(b)=c$
$f(c)=k_3$이라 하면 $f^{-1}(k_3)=c$
오른쪽 그림에서 $f^{-1}(d)=c$이므로
$k_3=d$ $\therefore f(c)=d$
$\therefore (f\circ f\circ f)(a)=f(f(f(a)))=f(f(b))=f(c)=d$

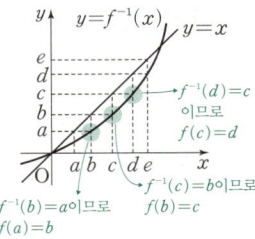

1064 답 8

주어진 그림에서 $f(1)=2$

$(f\circ f)(1)=f(f(1))=f(2)=1$이고, 함수 f의 역함수 f^{-1}가 존재하므로 f는 일대일대응이다.

$\therefore f(3)=5$ → $f(1)=2, f(2)=1, f(4)=3, f(5)=4$이므로

즉, 함수 $y=f(x)$의 그래프는 오른쪽 그림과 같다.

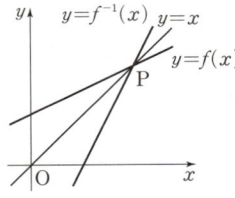

$(f\circ f)^{-1}(3)=(f^{-1}\circ f^{-1})(3)$
$\qquad\qquad\quad =f^{-1}(f^{-1}(3))$

이때 $f^{-1}(3)=k_1$이라 하면 $f(k_1)=3$
오른쪽 그림에서 $f(4)=3$이므로
$k_1=4$ $\therefore f^{-1}(3)=4$
또한, $f^{-1}(4)=k_2$라 하면 $f(k_2)=4$
위의 그림에서 $f(5)=4$이므로
$k_2=5$ $\therefore f^{-1}(4)=5$
$\therefore f^{-1}(5)+(f\circ f)^{-1}(3)=f^{-1}(5)+f^{-1}(f^{-1}(3))$
$\qquad\qquad\qquad\qquad\qquad =3+f^{-1}(4)=3+5=8$

$f(3)=5$에서 $f^{-1}(5)=3$이므로

1065 답 ④

$(f^{-1}\circ g\circ f)^{-1}(b)$
$=(f^{-1}\circ g^{-1}\circ f)(b)$

$=(f^{-1}\circ(g\circ f))^{-1}(b)$
$=((g\circ f)^{-1}\circ(f^{-1})^{-1})(b)$

$=f^{-1}(g^{-1}(f(b)))$
$=f^{-1}(g^{-1}(c))$

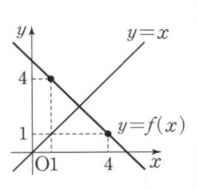

이때 $g^{-1}(c)=k_1$이라 하면
$g(k_1)=c$
오른쪽 그림에서 $g(e)=c$이므로
$k_1=e$ $\therefore g^{-1}(c)=e$
또한, $f^{-1}(e)=k_2$라 하면 $f(k_2)=e$
위의 그림에서 $f(d)=e$이므로
$k_2=d$ $\therefore f^{-1}(e)=d$
$\therefore (f^{-1}\circ g\circ f)^{-1}(b)=f^{-1}(g^{-1}(c))=f^{-1}(e)=d$

1066 답 ⑤

1067 답 ③

함수 $y=f(x)$의 그래프와 함수 $y=f^{-1}(x)$의 그래프는 직선 $y=x$에 대하여 대칭이므로 오른쪽 그림과 같다.
즉, 두 함수 $y=f(x)$, $y=f^{-1}(x)$의 그래프의 교점은 함수 $y=f(x)$의 그래프와 직선 $y=x$의 교점과 같으므로
$f(x)=x$에서
$\dfrac{1}{3}x+4=x$, $\dfrac{2}{3}x=4$ $\therefore x=6$

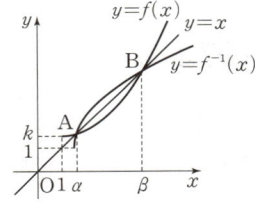

따라서 교점 P의 좌표는 $(6, 6)$이므로
$\overline{\mathrm{OP}}=\sqrt{6^2+6^2}=6\sqrt{2}$

1068 답 ③

함수 $y=f(x)$의 그래프가 점 $(4, 1)$을 지나므로
$4a+b=1$ …… ㉠
또한, 함수 $y=f(x)$의 역함수 $y=f^{-1}(x)$의 그래프도 점 $(4, 1)$을 지나므로 함수 $y=f(x)$의 그래프는 점 $(1, 4)$를 지난다.
$\therefore a+b=4$ …… ㉡
㉠, ㉡을 연립하여 풀면
$a=-1$, $b=5$
$\therefore 2a+b=2\times(-1)+5=3$

선생님 톡톡

일차함수 $y=-x+5$의 그래프는 오른쪽 그림과 같아. 이 경우에는 두 함수 $y=f(x)$, $y=f^{-1}(x)$의 그래프가 일치하므로 두 함수의 그래프의 모든 교점이 항상 직선 $y=x$ 위에 있는 것은 아니라는 것을 알 수 있어. 그러니까 직선 $y=x$를 이용하여 주어진 함수의 그래프와 그 역함수의 교점을 구하는 경우에는 반드시 그래프를 그려 직선 $y=x$ 밖에 존재하는 교점이 없는지 확인해야 해.

1069 답 ③

함수 $y=f(x)$의 그래프와 함수 $y=f^{-1}(x)$의 그래프는 직선 $y=x$에 대하여 대칭이므로 오른쪽 그림과 같다.
즉, 두 함수 $y=f(x)$, $y=f^{-1}(x)$의 그래프의 교점은 함수 $y=f(x)$의 그래프와 직선 $y=x$의 교점과 같으므로
$f(x)=x$에서 $\dfrac{1}{4}(x-1)^2+k=x$
$\therefore x^2-6x+4k+1=0$
이차방정식 $x^2-6x+4k+1=0$의 두 근을 α, β라 하면 이차방정식의 근과 계수의 관계에 의하여
$\alpha+\beta=6$, $\alpha\beta=4k+1$
이때 두 점 A, B의 좌표를 각각 (α, α), (β, β)라 하면
$\overline{\mathrm{AB}}=4$이므로
$\overline{\mathrm{AB}}=\sqrt{(\beta-\alpha)^2+(\beta-\alpha)^2}=\sqrt{2(\alpha-\beta)^2}$
$\qquad =\sqrt{2\{(\alpha+\beta)^2-4\alpha\beta\}}=\sqrt{2\{6^2-4(4k+1)\}}$
$\qquad =\sqrt{64-32k}=4$
에서 $64-32k=4^2$, $32k=48$
$\therefore k=\dfrac{3}{2}$

1070 답 12

$f(x)=\dfrac{1}{4}x^2-x+k$
$\qquad =\dfrac{1}{4}(x-2)^2+k-1 \ (x\geq 2)$
이고, 함수 $y=f(x)$의 그래프와 함수 $y=f^{-1}(x)$의 그래프는 직선 $y=x$에 대하여 대칭이므로 오른쪽 그림과 같다.

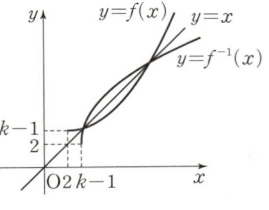

두 함수 $y=f(x)$, $y=f^{-1}(x)$의 그래프가 서로 다른 두 점에서 만나려면 함수 $y=f(x)$의 그래프와 직선 $y=x$가 서로 다른 두 점에서 만나야 하므로

$f(x)=x$에서 $\frac{1}{4}x^2-x+k=x$

$\therefore x^2-8x+4k=0$

이차방정식 $x^2-8x+4k=0$이 2 이상의 서로 다른 두 실근을 가져야 하므로

(i) 이차방정식 $x^2-8x+4k=0$의 판별식 D에 대하여

$\frac{D}{4}=(-4)^2-1\times4k>0$

$4k<16$ $\therefore k<4$

(ii) $g(x)=x^2-8x+4k$라 하면

$g(2)=2^2-8\times2+4k\geq0$

$4k\geq12$ $\therefore k\geq3$

(iii) 이차함수 $y=g(x)$의 그래프의 축의 방정식이

$x=-\frac{-8}{2}=4$이므로 $4>2$ (성립)

(i), (ii), (iii)에서 $3\leq k<4$

따라서 $\alpha=3$, $\beta=4$이므로

$\alpha\beta=3\times4=12$

1071 답 ②

1072 답 ④

함수 $y=|x^2-2x-3|$의 그래프는 오른쪽 그림과 같으므로 직선 $y=k$와 서로 다른 세 점에서 만나려면

$k=4$

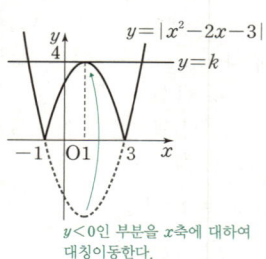

$y<0$인 부분을 x축에 대하여 대칭이동한다.

1073 답 ③

$f(x)=-x^2+6|x|+4=-|x|^2+6|x|+4$이므로

$g(x)=-x^2+6x+4$라 하면 $f(x)=g(|x|)$ ← 실수 a에 대하여 $a^2=|a|^2$이므로

즉, 함수 $y=f(x)$의 그래프는 오른쪽 그림과 같으므로 직선 $y=n$과 서로 다른 두 점에서 만나려면

$n<4$ 또는 $n=13$

따라서 자연수 n은 1, 2, 3, 13이므로 그 합은

$1+2+3+13=19$

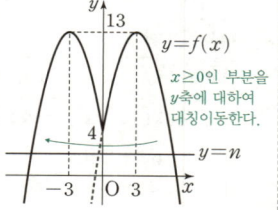

$x\geq0$인 부분을 y축에 대하여 대칭이동한다.

1074 답 16

방정식 $|y|=f(|x|)$가 좌표평면에 나타내는 도형은 오른쪽 그림과 같다.

즉, $|y|=f(|x|)$의 그래프로 둘러싸인 도형은 두 대각선의 길이가 각각 4, 8인 마름모이므로 그 넓이는

$\frac{1}{2}\times4\times8=16$

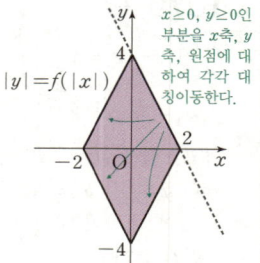

$x\geq0$, $y\geq0$인 부분을 x축, y축, 원점에 대하여 각각 대칭이동한다.

1075 답 ①

함수 $y=|f(x)|$의 그래프는 오른쪽 그림과 같고, 직선 $y=mx+1$은 실수 m의 값에 관계없이 점 $(0, 1)$을 지난다.

즉, 함수 $y=|f(x)|$의 그래프와 직선 $y=mx+1$이 서로 다른 네 점에서 만나려면 오른쪽 그림과 같이 직선 $y=mx+1$은 두 직선 (i), (ii) 사이에 있어야 한다.

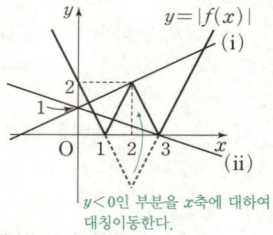

$y<0$인 부분을 x축에 대하여 대칭이동한다.

(i) 직선 $y=mx+1$이 점 $(2, 2)$를 지날 때

$m=\frac{2-1}{2-0}=\frac{1}{2}$

(ii) 직선 $y=mx+1$이 점 $(3, 0)$을 지날 때

$m=\frac{0-1}{3-0}=-\frac{1}{3}$

(i), (ii)에서 조건을 만족시키는 실수 m의 값의 범위는

$-\frac{1}{3}<m<\frac{1}{2}$ ← 기울기 m이 직선 (ii)의 기울기보다 크고 직선 (i)의 기울기보다 작아야 한다.

따라서 $\alpha=-\frac{1}{3}$, $\beta=\frac{1}{2}$이므로

$\alpha\beta=\left(-\frac{1}{3}\right)\times\frac{1}{2}=-\frac{1}{6}$

선생님 톡톡

절댓값 기호를 포함한 함수 $f(x)=|2x-4|-2$의 그래프는 다음과 같은 순서로 그려보자.

❶ 절댓값 기호 안의 식의 값이 0이 되는 x의 값을 경계로 범위를 나누어 식을 구한다.

$f(x)=\begin{cases}-2x+2 & (x<2)\\2x-6 & (x\geq2)\end{cases}$

❷ 각 범위에서 식의 그래프를 그린다.

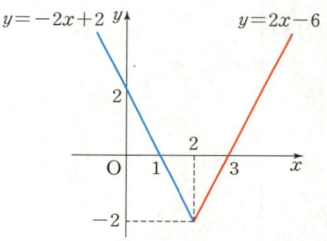

1076 답 ⑤

1077 답 6

일차함수 $f(x)=ax+b$ (a, b는 상수)라 하면 모든 실수 x에 대하여 $f(-x)=-f(x)$를 만족시키므로 함수 $y=f(x)$의 그래프는 원점에 대하여 대칭이다.

즉, 직선 $y=ax+b$는 원점을 지나므로 $b=0$

또한, $f(1)=3$에서 $a=3$

따라서 $f(x)=3x$이므로

$f(2)=3\times2=6$

다른 풀이

일차함수 $f(x)=ax+b$ (a, b는 상수)라 하자.

$f(-x)=-f(x)$의 양변에 $x=0$을 대입하면

$f(0)=-f(0)$, $2f(0)=0$ $\therefore f(0)=0$

$\therefore b=0$

또한, $f(1)=3$에서 $a=3$

따라서 $f(x)=3x$이므로
$f(2)=3\times2=6$

(1) 모든 실수 x에 대하여 $f(-x)=f(x)$를 만족시키는 함수 $y=f(x)$의 그래프는 오른쪽 그림과 같이 y축에 대하여 대칭이다.

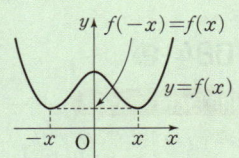

(2) 모든 실수 x에 대하여 $f(-x)=-f(x)$를 만족시키는 함수 $y=f(x)$의 그래프는 오른쪽 그림과 같이 원점에 대하여 대칭이다.

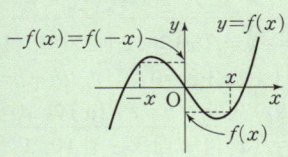

1078 답 ④

함수 $f(x)=|x|$의 그래프를 x축의 방향으로 m만큼, y축의 방향으로 n만큼 평행이동한 그래프가 함수 $y=g(x)$의 그래프와 일치하므로 $g(x)=|x-m|+n$
이때 함수 $y=|x-m|+n$의 그래프는 직선 $x=m$에 대하여 대칭이고, 모든 실수 x에 대하여 $g(x)=g(-4-x)$를 만족시키므로 함수 $y=g(x)$의 그래프는 직선 $x=-2$에 대하여 대칭이다.
$\therefore m=-2$
또한, 모든 실수 x에 대하여 $g(x)=|x+2|+n\geq n$이고, 함수 $g(x)$의 최솟값이 10이므로 $n=10$
$\therefore m+n=(-2)+10=8$

(1) 모든 실수 t에 대하여 $f(a-t)=f(a+t)$를 만족시키면 함수 $f(x)$의 $x=a-t$에서의 함숫값과 $x=a+t$에서의 함숫값이 서로 같으므로 두 점 $(a-t, f(a-t))$, $(a+t, f(a+t))$는 직선 $x=a$에 대하여 대칭이다.
즉, 함수 $y=f(x)$의 그래프는 직선 $x=a$에 대하여 대칭이다.
(2) 모든 실수 x에 대하여 $f(x)=f(2a-x)$를 만족시키면 함수 $y=f(x)$의 그래프와 함수 $y=f(2a-x)$의 그래프가 일치한다.
이때 함수 $y=f(2a-x)$의 그래프는 함수 $y=f(x)$의 그래프를 직선 $x=a$에 대하여 대칭이동한 것과 같으므로 $y=f(x)$의 그래프도 직선 $x=a$에 대하여 대칭이다.

1079 답 ④

모든 실수 x에 대하여 $f(2-x)+f(2+x)=7$을 만족시키므로 직선 $y=f(x)$는 점 $\left(2, \dfrac{7}{2}\right)$에 대하여 대칭이다.
즉, 직선 $y=f(x)$는 점 $\left(2, \dfrac{7}{2}\right)$을 지난다.
또한, $f(0)=3$이므로 직선 $y=f(x)$는 점 $(0, 3)$을 지난다.
$\therefore f(x)=\dfrac{\frac{7}{2}-3}{2-0}x+3=\dfrac{1}{4}x+3$

이때 $f(4)=\dfrac{1}{4}\times4+3=4$이므로 직선 $y=f(x)$와 x축, y축 및 직선 $x=4$로 둘러싸인 도형은 두 밑변의 길이가 각각 3, 4이고 높이가 4인 사다리꼴이다.
따라서 그 넓이는
$\dfrac{1}{2}\times(3+4)\times4=14$

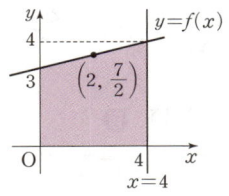

다른 풀이
$f(2-x)+f(2+x)=7$의 양변에 방정식 $2-x=2+x$의 해, 즉 $x=0$을 대입하면
$f(2)+f(2)=7$, $2f(2)=7$
$\therefore f(2)=\dfrac{7}{2}$
즉, 직선 $y=f(x)$는 점 $\left(2, \dfrac{7}{2}\right)$을 지난다.

(1) 모든 실수 t에 대하여 $f(a-t)+f(a+t)=2b$를 만족시키면 $\dfrac{f(a-t)+f(a+t)}{2}=b$이므로 y축 위의 두 점 $(0, f(a-t))$, $(0, f(a+t))$는 점 $(0, b)$에 대하여 대칭이다.
또한, x축 위의 두 점 $(a-t, 0)$, $(a+t, 0)$은 점 $(a, 0)$에 대하여 대칭이다.
따라서 두 점 $(a-t, f(a-t))$, $(a+t, f(a+t))$가 점 (a, b)에 대하여 대칭이므로 함수 $y=f(x)$의 그래프는 점 (a, b)에 대하여 대칭이다.

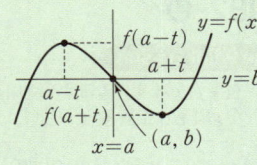

(2) $f(x)+f(2a-x)=2b$ ……㉠
에서 $2b-f(x)=f(2a-x)$이고, $y=f(x)$라 하면
$2b-y=f(2a-x)$ ……㉡
이때 점 (x, y)를 점 (a, b)에 대하여 대칭이동한 점의 좌표가 $(2a-x, 2b-y)$이고, ㉡에서 함수 $y=f(x)$의 그래프가 점 $(2a-x, 2b-y)$를 지나므로 $y=f(x)$의 그래프는 점 (a, b)에 대하여 대칭이다.
따라서 모든 실수 x에 대하여 ㉠을 만족시키면 함수 $y=f(x)$의 그래프는 점 (a, b)에 대하여 대칭이다.

1080 답 9

조건 (나)에서 모든 실수 x에 대하여 $f(-x)=-f(x)$이므로 함수 $y=f(x)$의 그래프는 원점에 대하여 대칭이다.
또한, 조건 (가)에서 $x\geq0$일 때,
$f(x)=|x-a|-a$ $(0<a<14)$
이므로 함수 $y=f(x)$의 그래프는 오른쪽 그림과 같다.
$f(-4)+f(14)=0$이므로
$f(-4)=k$라 하면
$f(14)=-k$이고,
$0\leq x\leq 2a$에서 함수 $y=f(x)$의 그래프는 직선 $x=a$에 대하여 대칭이므로
$f(2a-14)=f(14)=-k$
두 점 $(-4, k)$, $(2a-14, -k)$는 원점에 대하여 대칭이므로
$2a-14=-(-4)$
$2a=18$
$\therefore a=9$

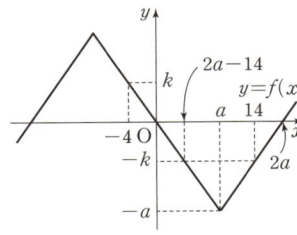

1081 답 ③

One Point Lesson
f가 상수함수이므로 $f(x)=c$ (c는 상수)이고 g가 항등함수이므로 $g(x)=x$이다.

g가 항등함수이므로
$g(x)=x$ ∴ $g(5)=5$
이때 f가 상수함수이므로 $f(x)=c$ (c는 상수)라 하면
$f(3)-g(3)=0$에서
$c-3=0$ ∴ $c=3$
즉, $f(x)=3$이므로
$f(5)=3$
∴ $f(5)+g(5)=3+5=8$

1082 답 ②

One Point Lesson
두 함수 f, g가 일대일대응임을 이용하여 집합 X의 두 원소 2, 3에 대한 함수 f, g의 함숫값을 각각 구한다.

$f(1)=2$이고 함수 f가 일대일대응이므로
$f(2)=1$ 또는 $f(2)=3$
(ⅰ) $f(2)=1$일 때, $(g\circ f)(2)=3$에서
  $g(f(2))=g(1)=3$
  그런데 $g(1)=1$이므로 조건을 만족시키지 않는다.
(ⅱ) $f(2)=3$일 때, $f(3)=1$
  $(g\circ f)(2)=3$에서 $g(f(2))=g(3)=3$
(ⅰ), (ⅱ)에서 $g(3)=3$이고 $g(1)=1$, 함수 g는 일대일대응이므로
$g(2)=2$
∴ $f(3)+g(2)=1+2=3$

1083 답 ⑤

One Point Lesson
a의 값에 따라 함숫값의 범위가 달라지므로 a의 값에 따라 경우를 나눈다.

두 집합 $X=\{x\,|\,3\le x\le 6\}$, $Y=\{y\,|\,1\le y\le 7\}$에 대하여 X에서 Y로의 함수 $f(x)=ax-a$가 정의되려면 X의 각 원소에 Y의 원소가 오직 하나씩 대응해야 한다. → $y=0$은 공역에 포함되어 있지 않다.
이때 $a=0$이면 $f(x)=0$이므로 조건을 만족시키지 않는다.
∴ $a\ne 0$ → x의 값이 증가할 때 y의 값은 감소한다.
(ⅰ) $a<0$일 때, 직선 $y=ax-a$의 기울기가 음수이므로 함수 $f(x)$는 $x=3$에서 최댓값 $2a$, $x=6$에서 최솟값 $5a$를 갖는다.
  즉, $2a\le 7$, $5a\ge 1$이어야 하므로
  $\dfrac{1}{5}\le a\le \dfrac{7}{2}$
  그런데 $a<0$이므로 이 경우를 만족시키는 실수 a는 존재하지 않는다. → x의 값이 증가할 때 y의 값도 증가한다.
(ⅱ) $a>0$일 때, 직선 $y=ax-a$의 기울기가 양수이므로 함수 $f(x)$는 $x=3$에서 최솟값 $2a$, $x=6$에서 최댓값 $5a$를 갖는다.
  즉, $2a\ge 1$, $5a\le 7$이어야 하므로
  $\dfrac{1}{2}\le a\le \dfrac{7}{5}$

(ⅰ), (ⅱ)에서 $\dfrac{1}{2}\le a\le \dfrac{7}{5}$이므로
$M=\dfrac{7}{5}$, $m=\dfrac{1}{2}$
∴ $M+m=\dfrac{7}{5}+\dfrac{1}{2}=\dfrac{19}{10}$

1084 답 ①

One Point Lesson
함수 $f(x)$의 역함수 $y=f^{-1}(x)$의 그래프가 점 (a, b)를 지나면 함수 $y=f(x)$의 그래프는 점 (b, a)를 지난다.

함수 $y=f(x)$의 그래프가 점 $(1, 0)$을 지나므로
$-1+2a+b=0$ ∴ $2a+b=1$ …… ㉠
또한, 역함수 $y=f^{-1}(x)$의 그래프도 점 $(1, 0)$을 지나므로 함수 $y=f(x)$의 그래프는 점 $(0, 1)$을 지난다.
∴ $b=1$ → $f^{-1}(1)=0$에서 $f(0)=1$이다.
$b=1$을 ㉠에 대입하면
$2a+1=1$ ∴ $a=0$
∴ $a+b=0+1=1$

1085 답 5

One Point Lesson
주어진 함수 $y=f(x)$의 그래프를 이용하여 $f(2)$, $f^2(2)$, $f^3(2)$, $\cdots$의 값을 직접 구하여 규칙을 찾는다.

주어진 그림에서 $f(0)=1$, $f(1)=3$, $f(2)=5$, $f(3)=4$, $f(4)=2$, $f(5)=0$이므로
$f^1(2)=f(2)=5$
$f^2(2)=(f\circ f)(2)=f(f(2))=f(5)=0$
$f^3(2)=(f\circ f^2)(2)=f(f^2(2))=f(0)=1$
$f^4(2)=(f\circ f^3)(2)=f(f^3(2))=f(1)=3$
$f^5(2)=(f\circ f^4)(2)=f(f^4(2))=f(3)=4$
$f^6(2)=(f\circ f^5)(2)=f(f^5(2))=f(4)=2$
$f^7(2)=(f\circ f^6)(2)=f(f^6(2))=f(2)=5$
    ⋮
즉, $f^n(2)$ ($n=1, 2, 3, \cdots$)의 값은 5, 0, 1, 3, 4, 2가 이 순서대로 반복되므로
$f^{49}(2)+f^{50}(2)=f^{6\times 8+1}(2)+f^{6\times 8+2}(2)=f^1(2)+f^2(2)$
$=5+0=5$

1086 답 12

One Point Lesson
삼차방정식 $x^3-4x^2+3x+2=0$의 좌변을 인수분해하여 근을 구한 후 정의된 함수에 대한 함숫값을 구한다.

$f(x)=x^3-4x^2+3x+2$라 하면 $f(3)=0$이므로 $x-3$은 $f(x)$의 인수이다.
조립제법을 이용하여 $f(x)$를 인수분해하면
$f(x)=(x-2)(x^2-2x-1)$

$$
\begin{array}{r|rrrr}
2 & 1 & -4 & 3 & 2 \\
 & & 2 & -4 & -2 \\
\hline
 & 1 & -2 & -1 & 0
\end{array}
$$

즉, 주어진 방정식은
$(x-2)(x^2-2x-1)=0$
∴ $x=2$ 또는 $x^2-2x-1=0$
$\alpha=2$라 하면 β, γ는 이차방정식 $x^2-2x-1=0$의 서로 다른 두 근이고 이 두 근은 모두 무리수이다.

x가 유리수일 때, $f(x)=-x+4$이므로
$f(\alpha)=f(2)=(-2)+4=2$
x가 무리수일 때, $f(x)=2x+3$이므로
$f(\beta)+f(\gamma)=(2\beta+3)+(2\gamma+3)=2(\beta+\gamma)+6$
이때 이차방정식 $x^2-2x-1=0$에서 이차방정식의 근과 계수의
관계에 의하여 $\beta+\gamma=2$이므로
$f(\beta)+f(\gamma)=2(\beta+\gamma)+6=2\times2+6=10$
$\therefore f(\alpha)+f(\beta)+f(\gamma)=2+10=12$

다른 풀이
β, γ는 이차방정식 $x^2-2x-1=0$의 서로 다른 두 근이므로
$x=1\pm\sqrt{2}$
$\therefore f(\beta)+f(\gamma)=\{2(1-\sqrt{2})+3\}+\{2(1+\sqrt{2})+3\}=10$

1087 답 ④

One Point Lesson
주어진 두 식을 연립하여 함숫값에 대한 관계식을 구한 후 정의역의 각 원소의 함숫값을 추정한다.

$f(1)-f(3)=f(5)$ …… ㉠
$f(1)+f(3)=f(2)$ …… ㉡
㉠+㉡, ㉡-㉠을 하여 각각 정리하면
$f(1)=\dfrac{f(2)+f(5)}{2}$, $f(3)=\dfrac{f(2)-f(5)}{2}$
이때 $f(1)\in X$, $f(3)\in X$이므로
$\underline{f(2)+f(5), f(2)-f(5)는 모두 짝수이다.}$
> 집합 X의 모든 원소는 자연수이므로
> $f(1)=\dfrac{f(2)+f(5)}{2}$, $f(3)=\dfrac{f(2)-f(5)}{2}$도 자연수이다.

$\underline{f(3)=\dfrac{f(2)-f(5)}{2}>0}$ $\therefore f(2)>f(5)$
즉, $f(2)$, $f(5)$의 값에 따라 $f(1)$, $f(3)$의 값이 될 수 있는 것을
표로 나타내면 다음과 같다.
> 집합 X의 모든 원소는 양수이므로

$f(2)$	$f(5)$		$f(1)$	$f(3)$
5	3		4	1
5	1	⇒	3	2
4	2		3	1
3	1		2	1

한편, $f(4)$의 값이 될 수 있는 것은 X의 원소 1, 2, 3, 4, 5 중
하나이다.
따라서 $f(3)+f(4)+f(5)$의 최댓값은
$f(3)+f(5)=1+3=4$, $f(4)=5$일 때이므로
$M=f(3)+f(4)+f(5)=4+5=9$
$f(3)+f(4)+f(5)$의 최솟값은
$f(3)+f(5)=1+1=2$, $f(4)=1$일 때이므로
$m=f(3)+f(4)+f(5)=2+1=3$
$\therefore M-m=9-3=6$

1088 답 ①

One Point Lesson
함수 $g\circ f$는 정의역이 제한된 함수 g에 대한 합성함수이므로 $g\circ f$의 정의역을 반드시 확인한다.

$(g\circ f)^{-1}(2)+(f^{-1}\circ g^{-1})(2)=(g\circ f)^{-1}(2)+(g\circ f)^{-1}(2)$
$\qquad\qquad\qquad\qquad\qquad\qquad =2(g\circ f)^{-1}(2)$
한편,

$(g\circ f)(x)=g(f(x))=g(5-x)\ (5-x\geq1)$
$\qquad\qquad\quad =(5-x)^2-2(5-x)-1$
$\qquad\qquad\quad =x^2-8x+14\ (x\leq4)$
이고 $(g\circ f)^{-1}(2)=k$라 하면 $(g\circ f)(k)=2$이므로
$k^2-8k+14=2$, $k^2-8k+12=0$
$(k-2)(k-6)=0$ $\therefore k=2\ (\because k\leq4)$
$\therefore (g\circ f)^{-1}(2)=2$
$\therefore (g\circ f)^{-1}(2)+(f^{-1}\circ g^{-1})(2)=2(g\circ f)^{-1}(2)$
$\qquad\qquad\qquad\qquad\qquad\qquad =2\times2=4$

다른 풀이
$(g\circ f)^{-1}(2)+(f^{-1}\circ g^{-1})(2)$
$=(f^{-1}\circ g^{-1})(2)+(f^{-1}\circ g^{-1})(2)$
$=2(f^{-1}\circ g^{-1})(2)$
$=2f^{-1}(g^{-1}(2))$
이때 $g^{-1}(2)=k_1$이라 하면 $g(k_1)=2$이므로
$k_1{}^2-2k_1-1=2$, $k_1{}^2-2k_1-3=0$
$(k_1+1)(k_1-3)=0$ $\therefore k_1=3\ (\because k_1\geq1)$
또한, $f^{-1}(3)=k_2$라 하면 $f(k_2)=3$이므로
$5-k_2=3$ $\therefore k_2=2$
$\therefore f^{-1}(g^{-1}(2))=f^{-1}(3)=2$
$\therefore (g\circ f)^{-1}(2)+(f^{-1}\circ g^{-1})(2)=2f^{-1}(g^{-1}(2))=2\times2=4$

1089 답 13

One Point Lesson
함수 f의 역함수가 존재하면 f는 일대일대응임을 이용하여 조건을 만족시키는 함숫값을 구한다.

함수 f는 역함수가 존재하므로 일대일대응이다.
조건 (가)의 $(f\circ f)(-1)+f^{-1}(-2)=4$에서
$(f\circ f)(-1)=2$, $f^{-1}(-2)=2$이므로
> 집합 X의 두 원소의 합이 4가 되는 경우는 $2+2=4$일 때뿐이다.

$(f\circ f)(-1)=f(f(-1))=2$, $f(2)=-2$
$f(-1)=t$라 하면 $f(t)=2$에서 $t\neq-1$, $t\neq2$이므로
$t=0$ 또는 $t=1$
> $t=-1$이면 $f(-1)=-1$, $f(-1)=2$
> $t=2$이면 $f(2)=2$
> 가 되어 함수가 정의되지 않는다.

(i) $f(-1)=0$일 때
$f(f(-1))=f(0)=2$
조건 (나)의 $f(0)\times f(-2)\leq0$, $f(1)\times f(-1)\leq0$에서
$2\times f(-2)\leq0$, $f(1)\times0\leq0$이므로
$f(-2)\leq0$
이때 함수 f는 일대일대응이므로
$f(-2)=-1$, $f(1)=1$
(ii) $f(-1)=1$일 때
$f(f(-1))=f(1)=2$
조건 (나)의 $f(1)\times f(-1)\leq0$에서 $2\times1>0$이므로 조건을 만족시키지 않는다.
(i), (ii)에서 $f(0)=2$, $f(1)=1$, $f(2)=-2$이므로
$6f(0)+5f(1)+2f(2)=6\times2+5\times1+2\times(-2)$
$\qquad\qquad\qquad\qquad\qquad =12+5-4=13$

1090 답 40

One Point Lesson
$f(a)=b$일 때, a가 홀수이면 b도 홀수이고, a가 짝수이면 b도 짝수이다.

조건 (가)에서 $(f\circ f)(x)=x$이므로
$a\in X$, $b\in X$인 a, b에 대하여 $f(a)=b$이면 $f(b)=a$이다.

또한, 함수 f는 일대일대응이고, 조건 (나)에서 x가 홀수이면 $f(x)$도 홀수이므로 $a\in X$, $b\in X$인 a, b에 대하여 $f(a)=b$일 때, a가 홀수이면 b도 홀수이고, a가 짝수이면 b도 짝수이다.

(i) 정의역 X의 원소 중 홀수가 대응되는 경우

$a\in X$에 대하여 $f(a)=a$인 경우는 정의역의 원소와 같은 값을 대응시키면 되므로 그 경우의 수는   •$f(1)=1, f(3)=3,$
                           $f(5)=5, f(7)=7$

1

$a\in X$, $b\in X$에 대하여 $a\neq b$일 때, $f(a)=b$인 순서쌍 (a, b)가 한 개인 경우는 정의역의 원소 4개 중에서 2개만 같은 값에 대응시키면 되므로 그 경우의 수는   •예를 들면,
                          $f(1)=3, f(3)=1,$
     •(b, a)는 자동으로 $f(5)=5, f(7)=7$
$_4C_2=\dfrac{4\times3}{2\times1}=6$ 결정된다.

$a\in X$, $b\in X$에 대하여 $a\neq b$일 때, $f(a)=b$인 순서쌍 (a, b)가 두 개인 경우는 정의역의 원소 4개를 2개, 2개의 두 묶음으로 나누어 각각의 원소를 각 묶음의 다른 수에 대응시키면 되므로 그 경우의 수는   •예를 들면, $f(1)=3, f(3)=1, f(5)=7, f(7)=5$

$_4C_2\times_2C_2\times\dfrac{1}{2!}=\dfrac{4\times3}{2\times1}\times1\times\dfrac{1}{2}=3$

즉, 조건을 만족시키는 방법의 수는

$1+6+3=10$

(ii) 정의역 X의 원소 중 짝수가 대응되는 경우

$a\in X$에 대하여 $f(a)=a$인 경우는 정의역의 원소와 같은 값을 대응시키면 되므로 그 경우의 수는   •$f(2)=2, f(4)=4, f(6)=6$

1

$a\in X$, $b\in X$에 대하여 $a\neq b$일 때, $f(a)=b$인 순서쌍 (a, b)가 한 개인 경우는 정의역의 원소 3개 중에서 1개만 같은 값에 대응시키면 되므로 그 경우의 수는   •예를 들면, $f(2)=4, f(4)=2, f(6)=6$

$_3C_1=3$

즉, 조건을 만족시키는 방법의 수는

$1+3=4$

(i), (ii)에서 구하는 개수는 $10\times4=40$

1091 답 5

One Point Lesson
함수를 그림으로 나타내어 조건을 만족시키는 함숫값을 구해 보자.

항등함수 I에 대하여 $f\circ g=I$를 만족시키는 함수 g가 존재할 때, g는 함수 f의 역함수이고 f의 역함수가 존재하려면 f는 일대일대응이어야 한다.

이때 $f(1)=2$이므로

$f(2)=1$ 또는 $f(2)=3$ 또는 $f(2)=4$

(i) $f(2)=1$일 때

$f(3)\neq3$이므로

$f(3)=4, f(4)=3$

즉, $f^2=I$이므로

$f^3=f\circ f^2=f\circ I=f\neq I$

따라서 $f^3=I$를 만족시키지 않는다.

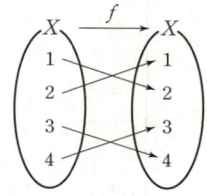

(ii) $f(2)=3$일 때

$f(3)=1, f(4)=4$ 또는 $f(3)=4, f(4)=1$

ⓐ $f(3)=1, f(4)=4$인 경우

$f^3(1)=f^2(2)=f(3)=1$

$f^3(2)=f^2(3)=f(1)=2$

$f^3(3)=f^2(1)=f(2)=3$

$f^3(4)=f^2(4)=f(4)=4$

즉, $f^3=I$이다.

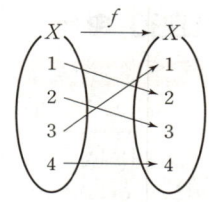

ⓑ $f(3)=4, f(4)=1$인 경우

$f^3(1)=f^2(2)=f(3)=4\neq1$

$f^3(2)=f^2(3)=f(4)=1\neq2$

$f^3(3)=f^2(4)=f(1)=2\neq3$

$f^3(4)=f^2(1)=f(2)=3\neq4$

즉, $f^3=I$를 만족시키지 않는다.

(iii) $f(2)=4$일 때

$f(3)\neq3$이므로

$f(3)=1, f(4)=3$

같은 방법으로 $f^3=I$를 만족시키지 않는다.

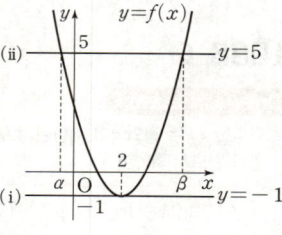

(i), (ii), (iii)에서 $f(1)=2, f(2)=3, f(3)=1, f(4)=4$이므로 함수 f의 역함수 g에 대하여

$g(1)=3, g(2)=1, g(3)=2, g(4)=4$

즉,

$g^1(3)=g(3)=2$

$g^2(3)=(g\circ g^1)(3)=g(g^1(3))=g(2)=1$

$g^3(3)=(g\circ g^2)(3)=g(g^2(3))=g(1)=3$

$g^4(3)=(g\circ g^3)(3)=g(g^3(3))=g(3)=2$

        ⋮

즉, $g^n(3)$ $(n=1, 2, 3, \cdots)$의 값은 2, 1, 3이 이 순서대로 반복된다.

또한, $g(4)=4$이므로

$g^n(4)=4$

$\therefore g^{50}(3)+g^{50}(4)=g^{3\times16+2}(3)+g^{50}(4)$

$=g^2(3)+4$

$=1+4=5$

1092 답 ③

One Point Lesson
함수의 그래프의 대칭성과 이차함수의 최대·최소를 이용하여 함수 $f(x)$를 구한다.

조건 (가)에서 $f(2+x)=f(2-x)$이므로 함수 $y=f(x)$의 그래프는 직선 $x=2$에 대하여 대칭이다.

즉, 이차함수 $y=f(x)$의 그래프의 꼭짓점의 x좌표는 2이다.

조건 (나)에서 함수 $f(x)$가 최솟값 -1을 가지므로 함수 $y=f(x)$의 그래프의 꼭짓점의 y좌표는 -1이다.

따라서 최고차항의 계수가 1인 이차함수 $f(x)$는

$f(x)=(x-2)^2-1$

이때 $(f\circ f)(x)=8$에서 $f(f(x))=8$이므로

$\{f(x)-2\}^2-1=8, \{f(x)\}^2-4f(x)-5=0$

$\{f(x)+1\}\{f(x)-5\}=0$

$\therefore f(x)=-1$ 또는 $f(x)=5$

두 방정식 $f(x)=-1, f(x)=5$의 근은 각각 오른쪽 그림과 같이 함수 $y=f(x)$의 그래프와 두 직선 $y=-1, y=5$와의 교점의 x좌표와 같다.

(i) 직선 $y=-1$은 함수 $y=f(x)$의 그래프의 꼭짓점을 지나므로 교점의 x좌표는 2이다.

즉, 방정식 $f(x)=-1$의 근은 $x=2$이다.

(ii) 함수 $y=f(x)$의 그래프와 직선 $y=5$의 교점의 x좌표를 각각 α, β라 하면 α, β는 함수 $y=f(x)$의 그래프의 축의 방정식 $x=2$에 대하여 대칭이므로

$$\frac{\alpha+\beta}{2}=2 \qquad \therefore \alpha+\beta=4$$

즉, 방정식 $f(x)=5$의 두 근의 합은 4이다.

(i), (ii)에서 방정식 $(f\circ f)(x)=8$의 모든 실근의 합은 $2+4=6$

다른 풀이

$f(x)=-1$에서 $(x-2)^2-1=-1$

$(x-2)^2=0 \qquad \therefore x=2$

$f(x)=5$에서 $(x-2)^2-1=5$

$\therefore x^2-4x-2=0$

이때 이차방정식 $x^2-4x-2=0$의 두 근을 α, β라 하면 이차방정식의 근과 계수의 관계에 의하여

$\alpha+\beta=4$

따라서 방정식 $(f\circ f)(x)=8$의 모든 실근의 합은 $2+4=6$

해설 속 칠판

방정식 $f(x)=k$의 실근은 연립방정식 $\begin{cases} y=f(x) \\ y=k \end{cases}$의 해의 실수인 x의 값과 같으므로 함수 $y=f(x)$의 그래프와 직선 $y=k$의 교점의 x좌표와 같다.

즉, 오른쪽 그림과 같이 함수 $y=f(x)$의 그래프와 직선 $y=k$가 서로 다른 세 점에서 만나고 그 점의 x좌표가 각각 α, β, γ이면 방정식 $f(x)=k$의 실근은 $x=\alpha$ 또는 $x=\beta$ 또는 $x=\gamma$이다.

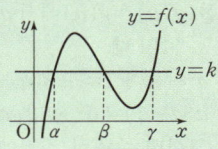

1093 답 ①

One Point Lesson

$m=2k$ (k는 자연수)라 하고, k가 짝수인 경우와 홀수인 경우로 나누어 푼다.

$m=2k$ (k는 자연수)라 하면

$f(m)=f(2k)=2f(k)$

이때 k가 짝수, 즉 자연수 k_1에 대하여 $k=2k_1$이라 하면

$f(m)=2f(k)=2f(2k_1)=2\times 2f(k_1)=4f(k_1)$

이므로 $f(m)=2$를 만족시키지 않는다.

즉, k는 홀수이다.

자연수 k_2에 대하여 $k=2k_2-1$이라 하면

$f(k)=f(2k_2-1)=(-1)^{k_2}$이므로

$f(m)=2f(k)=2\times(-1)^{k_2}$

$f(m)=2$를 만족시키려면 $2\times(-1)^{k_2}=2$이어야 하므로 k_2는 짝수이어야 한다.

이때 $m=2k=2(2k_2-1)=4k_2-2$이므로 조건을 만족시키는 100 이하의 자연수 m에 대하여

$4k_2-2\leq100$, $4k_2\leq102 \qquad \therefore k_2\leq25.5$

즉, k_2는 25 이하의 짝수이므로 k_2는 2, 4, 6, $\cdots$, 24의 12개이다.

따라서 100 이하의 자연수 $m=4k_2-2$도 12개이다.

1094 답 2

One Point Lesson

두 함수 f, f^{-1} 사이의 관계를 파악한다.

함수 $y=f(x)$의 그래프가 직선 $y=x$에 대하여 대칭이므로 $f(x)=f^{-1}(x)$이다. → $y=-3x+4\ (x<1)$은 $y=-\frac{1}{3}x+\frac{4}{3}\ (x\geq1)$의 역함수이다.

즉, 두 함수 $y=f(x)$, $y=f^{-1}(x)$의 그래프가 일치하므로

$g(f^{-1}(x))+g(f(x))=g(f(x))+g(f(x))$
$\qquad\qquad\qquad =2g(f(x))$

$2g(f(x))=\frac{3}{2}x+\frac{7}{2}$

$\therefore g(f(x))=\frac{3}{4}x+\frac{7}{4}$

실수 k에 대하여 $f(k)=f^{-1}(k)=3$이라 하면 $g(3)=\frac{3}{4}k+\frac{7}{4}$

이때 $f^{-1}(k)=3$에서 $f(3)=k$이므로

$\left(-\frac{1}{3}\right)\times3+\frac{4}{3}=k \qquad \therefore k=\frac{1}{3}$

$\therefore g(3)=\frac{3}{4}\times\frac{1}{3}+\frac{7}{4}=2$

1095 답 12

One Point Lesson

두 조건 p, q의 진리집합 P, Q를 각각 구한 후 x의 값의 범위에 따른 함수 $f(g(x))+g(f(x))$를 구한다.

$p: x^2-4x-5>0$에서 $(x+1)(x-5)>0$

$\therefore x<-1$ 또는 $x>5$

$\therefore P=\{x|x<-1$ 또는 $x>5\}$

$q: |x+1|\leq3$에서 $-3\leq x+1\leq3$

$\therefore -4\leq x\leq2$

$\therefore Q=\{x|-4\leq x\leq2\}$

즉,

$$f(x)=\begin{cases} 3 & (x<-1 \text{ 또는 } x>5) \\ 2 & (-1\leq x\leq5) \end{cases}, \quad g(x)=\begin{cases} 4 & (-4\leq x\leq2) \\ 6 & (x<-4 \text{ 또는 } x>2) \end{cases}$$

이므로

$$f(g(x))=\begin{cases} 3 & (x<-4 \text{ 또는 } x>2) \\ 2 & (-4\leq x\leq2) \end{cases},$$

$$g(f(x))=\begin{cases} 6 & (x<-1 \text{ 또는 } x>5) \\ 4 & (-1\leq x\leq5) \end{cases}$$

$$\therefore f(g(x))+g(f(x))=\begin{cases} 9 & (x<-4 \text{ 또는 } x>5) \\ 8 & (-4\leq x<-1) \\ 6 & (-1\leq x\leq2) \\ 7 & (2<x\leq5) \end{cases}$$

즉, 방정식 $f(g(x))+g(f(x))=7$을 만족시키는 실수 x의 값의 범위는 $2<x\leq5$

따라서 정수 x는 3, 4, 5이므로 그 합은 $3+4+5=12$

1096 답 ①

One Point Lesson

조건을 만족시키는 함수 f, g에 대한 함숫값을 구한다.

ㄱ. 조건 (나)에서 집합 $X\cap Y=\{2, 3, 4\}$의 모든 원소 x에 대하여 $g(x)-f(x)=1$이다.

이때 $f(x)=5$인 x가 존재하면 $g(x)=6$이어야 하므로 함수 g의 공역 Z에 포함되지 않는다.

즉, 집합 $X\cap Y=\{2, 3, 4\}$의 모든 원소 x에 대하여 $f(x)\leq4$이고, 조건 (가)에 의하여 함수 f는 일대일대응이므로 $\{f(2), f(3), f(4)\}=\{2, 3, 4\}$

또한, $g(x)-f(x)=1$이므로
$\{g(2), g(3), g(4)\}=\{3, 4, 5\}$
함수 $g\circ f$의 치역은 Z이다. (참)
ㄴ. 조건 (가)에서 함수 f는 일대일대응이고
조건 (나)에서 $\{f(2), f(3), f(4)\}=\{2, 3, 4\}$이므로
$f(1)=5$ ∴ $f^{-1}(5)=1$ (거짓)
ㄷ. [반례] $g(2)=4$일 때
조건 (나)에 의하여 $f(2)=g(2)-1=4-1=3$이고
$\{f(2), f(3), f(4)\}=\{2, 3, 4\}$
$f(3)<g(2)<f(1)$이면 $f(3)<3$이므로 $f(3)=2$
함수 f는 일대일대응이므로 $f(4)=4$
∴ $f(4)+g(2)=4+4=8$ (거짓)
따라서 옳은 것은 ㄱ이다.

1097 답 22

One Point Lesson
방정식 $f(x)=g(x)$의 서로 다른 실근의 개수는 두 함수 $y=f(x)$,
$y=g(x)$의 그래프의 교점의 개수와 같음을 이용한다.

$f(-x)+f(x)=0$에서 $f(-x)=-f(x)$이므로 함수 $y=f(x)$의
그래프는 원점에 대하여 대칭이다.
(i) $f(3)<3$일 때

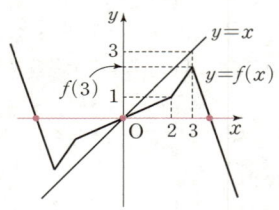

오른쪽 그림에서 방정식
$f(x)=x$의 실근은 $x=0$이
므로 방정식 $f(f(x))=f(x)$
에서 $f(x)=t$라 하면 방정식
$f(t)=t$의 실근은 $t=0$이다.
즉, 방정식 $f(x)=0$의 서로
다른 실근의 개수는 함수 $y=f(x)$의 그래프와 직선 $y=0$의
서로 다른 교점의 개수와 같고, 그 개수가 3이므로 방정식
$f(f(x))=f(x)$의 서로 다른 실근의 개수는 3이다.
(ii) $f(3)=3$일 때

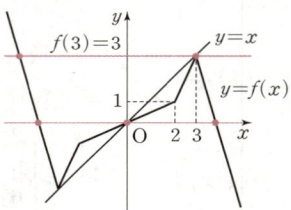

오른쪽 그림에서 방정식
$f(x)=x$의 실근은
$x=0$ 또는 $x=\pm3$이므로 방
정식 $f(t)=t$의 실근은 $t=0$
또는 $t=\pm3$이다.
즉, 세 방정식 $f(x)=-3$,
$f(x)=0$, $f(x)=3$의 서로 다른 실근의 개수는 함수 $y=f(x)$
의 그래프와 세 직선 $y=-3$, $y=0$, $y=3$의 서로 다른 교점
의 개수이다.
이때 $y=-3$과 $y=3$의 서로 다른 교점의 개수가 같으므로
$2\times2+3=7$
즉, 방정식 $f(f(x))=f(x)$의 서로 다른 실근의 개수는 7이다.
(iii) $f(3)>3$일 때

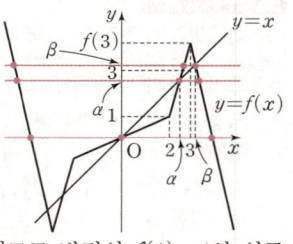

오른쪽 그림에서 방정식
$f(x)=x$의 실근은
$x\geq0$에서 함수 $y=f(x)$의 그
래프와 직선 $y=x$의 교점의
x좌표를 0, α, β라 하면
$x=0$ 또는 $x=\pm\alpha$ 또는
$x=\pm\beta$ $(0<\alpha<3<\beta<f(3))$이므로 방정식 $f(t)=t$의 실근
은 $t=0$ 또는 $t=\pm\alpha$ 또는 $t=\pm\beta$이다.

즉, 방정식 $f(x)=-\beta$, $f(x)=-\alpha$, $f(x)=0$, $f(x)=\alpha$,
$f(x)=\beta$의 서로 다른 실근의 개수는 함수 $y=f(x)$의 그래프
와 다섯 개의 직선 $y=-\beta$, $y=-\alpha$, $y=0$, $y=\alpha$, $y=\beta$의 서
로 다른 교점의 개수이다.
이때 $y=-\beta$와 $y=\beta$, $y=-\alpha$와 $y=\alpha$의 서로 다른 교점의 개
수가 같으므로
$2\times(3+3)+3=15$
즉, 방정식 $f(f(x))=f(x)$의 서로 다른 실근의 개수는 15이다.
(i), (ii), (iii)에서 방정식 $f(f(x))=f(x)$의 서로 다른 실근의 개수
가 최대이려면 $f(3)>3$이어야 하므로
$-3\times3+\dfrac{k}{3}+10>3$, $\dfrac{k}{3}+1>3$ ∴ $k>6$
따라서 자연수 k의 최솟값은 7이므로 $a=7$
∴ $g(a)=g(7)=15$
∴ $a+g(a)=7+15=22$

1098 답 11

두 함수 f, g의 정의역이 $X=\{0, 1, a\}$이므로
$f(0)=g(0)$에서 $b=c-1$ ······ ㉠
$f(1)=g(1)$에서 $1-4+b=-1$ ∴ $b=2$
$b=2$를 ㉠에 대입하여 정리하면 $c=3$
                                                    ❶
또한, $f(a)=g(a)$에서 $a^2-4a+2=3|a-1|-1$이므로
(i) $a<1$일 때
$a^2-4a+2=-3(a-1)-1$, $a^2-a=0$
$a(a-1)=0$ ∴ $a=0$ (∵ $a<1$)
그런데 주어진 조건에서 $a\neq0$이므로 조건을 만족시키는 a의
값은 존재하지 않는다.
(ii) $a>1$일 때
$a^2-4a+2=3(a-1)-1$, $a^2-7a+6=0$
$(a-1)(a-6)=0$ ∴ $a=6$ (∵ $a>1$)
(i), (ii)에서 $a=6$
                                                    ❷
∴ $a+b+c=6+2+3=11$
                                                    ❸

채점 기준	배점 비율
❶ 두 상수 b, c의 값 각각 구하기	40%
❷ 상수 a의 값 구하기	50%
❸ $a+b+c$의 값 구하기	10%

1099 답 $k<-1$ 또는 $k>3$

$f(x)=2kx-(k+3)|x+1|$에서
(i) $x<-1$일 때
$f(x)=2kx+(k+3)(x+1)=2kx+kx+k+3x+3$
$=3(k+1)x+k+3$
(ii) $x\geq-1$일 때
$f(x)=2kx-(k+3)(x+1)=2kx-(kx+k+3x+3)$
$=(k-3)x-k-3$
∴ $f(x)=\begin{cases}3(k+1)x+k+3 & (x<-1)\\(k-3)x-k-3 & (x\geq-1)\end{cases}$
                                                    ❶

함수 $f(x)$가 일대일대응이 되려면 x의 값이 증가할 때 $f(x)$의 값이 증가하거나 감소해야 한다.

즉, 두 직선 $y=3(k+1)x+k+3$, $y=(k-3)x-k-3$의 기울기 $3(k+1)$, $k-3$이 모두 양수이거나 모두 음수이어야 하므로 두 직선의 기울기의 곱 $3(k+1)(k-3)$이 양수이어야 한다.

·································· ❷

따라서 $3(k+1)(k-3)>0$이어야 하므로
$k<-1$ 또는 $k>3$

·································· ❸

채점 기준	배점 비율
❶ x의 값의 범위를 나누어 함수 $f(x)$ 구하기	40%
❷ 함수 $f(x)$가 일대일대응이 되기 위한 조건 구하기	40%
❸ 실수 k의 값의 범위 구하기	20%

1100 달 $2 \le a \le 6$

$(f \circ g)(x) \ge 0$에서 $f(g(x)) \ge 0$
$\{g(x)\}^2-9 \ge 0$
$\{g(x)+3\}\{g(x)-3\} \ge 0$
$\therefore g(x) \le -3$ 또는 $g(x) \ge 3$

·································· ❶

(i) $g(x) \le -3$일 때
$x^2+ax+2a \le -3$에서 $x^2+ax+2a+3 \le 0$
이때 이차함수 $y=x^2+ax+2a+3$의 그래프는 아래로 볼록하므로 모든 실수 x에 대하여 부등식 $x^2+ax+2a+3 \le 0$을 만족시키지 않는다.

·································· ❷

(ii) $g(x) \ge 3$일 때
$x^2+ax+2a \ge 3$에서 $x^2+ax+2a-3 \ge 0$
이때 부등식 $x^2+ax+2a-3 \ge 0$이 모든 실수 x에 대하여 성립해야 하므로 이차방정식 $x^2+ax+2a-3=0$의 판별식을 D라 하면 $D \le 0$이어야 한다. 즉,
$D=a^2-4(2a-3) \le 0$
$a^2-8a+12 \le 0$
$(a-2)(a-6) \le 0$
$\therefore 2 \le a \le 6$

·································· ❸

(i), (ii)에서 조건을 만족시키는 실수 a의 값의 범위는
$2 \le a \le 6$

·································· ❹

채점 기준	배점 비율
❶ $(f \circ g)(x) \ge 0$을 만족시키는 $g(x)$에 대한 관계식 구하기	30%
❷ 모든 실수 x에 대하여 $g(x) \le -3$이 성립할 수 없음을 보이기	30%
❸ 모든 실수 x에 대하여 $g(x) \ge 3$을 만족시키는 실수 a의 값의 범위 구하기	30%
❹ 조건을 만족시키는 실수 a의 값의 범위 구하기	10%

1101 달 $1<m<2$

집합 $A=\{(x, y) | y=|x^2-4x|\}$는 곡선 $y=|x^2-4x|$ 위의 점들의 집합이고 집합 $B=\{(x, y) | y=mx+m-1\}$은 직선 $y=mx+m-1$ 위의 점들의 집합이다.

이때 함수 $y=|x^2-4x|$의 그래프는 오른쪽 그림과 같고, 직선 $y=mx+m-1=m(x+1)-1$은 m의 값에 관계없이 점 $(-1, -1)$을 지나므로 $n(A \cap B)=4$를 만족시키려면 함수 $y=|x^2-4x|$의 그래프와 직선 $y=mx+m-1$이 서로 다른 네 점에서 만나야 한다.

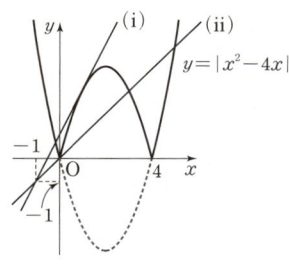

즉, 위의 그림과 같이 직선 $y=mx+m-1$은 두 직선 (i), (ii) 사이에 있어야 한다.

·································· ❶

(i) 직선 $y=mx+m-1$이 곡선 $y=-x^2+4x$에 접할 때
$mx+m-1=-x^2+4x \ (0 \le x \le 4)$에서
$x^2+(m-4)x+m-1=0$ ······ ㉠
이차방정식 ㉠의 판별식 D에 대하여
$D=(m-4)^2-4(m-1)=0$
$m^2-12m+20=0$, $(m-2)(m-10)=0$
$\therefore m=2$ 또는 $m=10$
이때 $m=2$이면 ㉠에서 $x^2-2x+1=0$
$(x-1)^2=0$ $\therefore x=1$
한편, $m=10$이면 ㉠에서 $x^2+6x+9=0$
$(x+3)^2=0$ $\therefore x=-3$
그런데 $0 \le x \le 4$이므로 $x=-3$은 조건을 만족시키지 않는다.
$\therefore m=2$

·································· ❷

(ii) 직선 $y=mx+m-1$이 원점을 지날 때
$y=mx+m-1$에 $x=0$, $y=0$을 대입하면
$0=m-1$ $\therefore m=1$

·································· ❸

(i), (ii)에서 조건을 만족시키는 실수 m의 값의 범위는
$1<m<2$ ← 기울기 m이 직선 (ii)의 기울기보다 크고 직선 (i)의 기울기보다 작아야 한다.

·································· ❹

채점 기준	배점 비율
❶ 조건을 만족시키는 두 함수의 그래프의 위치 관계 파악하기	30%
❷ 직선 $y=mx+m-1$이 곡선 $y=-x^2+4x$에 접할 때의 실수 m의 값 구하기	30%
❸ 직선 $y=mx+m-1$이 원점을 지날 때의 실수 m의 값 구하기	20%
❹ 조건을 만족시키는 실수 m의 값의 범위 구하기	20%

1102 달 7

$f^{-1}(2g(x)+1)=x-5$에서 $2g(x)+1=t$라 하면
$f^{-1}(t)=x-5$이고 $f(x-5)=t$, $f(x-5)=2g(x)+1$
$x-5=0$을 만족시키는 x의 값은
$x=5$
$f(0)=2g(5)+1=-1$ $\therefore g(5)=-1$ ······ ㉠
$x-5=1$을 만족시키는 x의 값은 $x=6$
$f(1)=2g(6)+1=1$ $\therefore g(6)=0$ ······ ㉡

·································· ❶

한편, g는 일차함수이므로 $g(x)=ax+b \ (a, b$는 상수, $a \ne 0)$라 하면 ㉠, ㉡에서
$5a+b=-1$, $6a+b=0$

위의 두 식을 연립하여 풀면 $a=1$, $b=-6$

$\therefore g(x)=x-6$

─────────────────────── ❷

따라서 $g^{-1}(1)=k$라 하면 $g(k)=1$이므로

$k-6=1$ $\therefore k=7$

$\therefore g^{-1}(1)=7$

─────────────────────── ❸

채점 기준	배점 비율
❶ 주어진 조건을 이용하여 $g(5)$, $g(6)$의 값	50%
❷ 함수 $g(x)$의 식 구하기	30%
❸ $g^{-1}(1)$의 값 구하기	20%

1103 답 13

함수 $y=f(x)$의 그래프와 함수 $y=f^{-1}(x)$의 그래프는 직선 $y=x$에 대하여 대칭이므로 함수 $y=f(x)$의 그래프와 그 역함수 $y=f^{-1}(x)$의 그래프로 둘러싸인 도형은 오른쪽 그림과 같다.

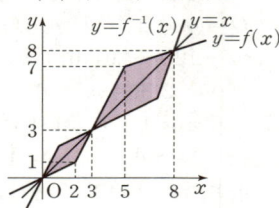

─────────────────────── ❶

두 함수 $y=f(x)$, $y=f^{-1}(x)$의 그래프의 교점은 함수 $y=f(x)$의 그래프와 직선 $y=x$의 교점과 같다.

즉, $f(x)=x$에서

(ⅰ) $x<2$일 때

$\dfrac{1}{2}x=x$, $\dfrac{1}{2}x=0$ $\therefore x=0$

(ⅱ) $2 \leq x < 5$일 때

$2x-3=x$ $\therefore x=3$

(ⅲ) $x \geq 5$일 때

$\dfrac{1}{3}x+\dfrac{16}{3}=x$, $\dfrac{2}{3}x=\dfrac{16}{3}$

$\therefore x=8$

(ⅰ), (ⅱ), (ⅲ)에서 교점의 좌표는 $(0, 0)$, $(3, 3)$, $(8, 8)$이다.

─────────────────────── ❷

이때 두 점 $(0, 0)$, $(3, 3)$ 사이의 거리는 $\sqrt{3^2+3^2}=3\sqrt{2}$이고, 점 $(2, 1)$과 직선 $y=x$, 즉 $x-y=0$ 사이의 거리는

$\dfrac{|2-1|}{\sqrt{1^2+(-1)^2}}=\dfrac{1}{\sqrt{2}}=\dfrac{\sqrt{2}}{2}$이므로

$0 \leq x \leq 3$에서 함수 $y=f(x)$의 그래프와 그 역함수 $y=f^{-1}(x)$의 그래프로 둘러싸인 도형의 넓이는 밑변의 길이가 $3\sqrt{2}$이고 높이가 $\dfrac{\sqrt{2}}{2}$인 삼각형의 넓이를 2배한 것과 같으므로

$2 \times \left(\dfrac{1}{2} \times 3\sqrt{2} \times \dfrac{\sqrt{2}}{2} \right)=3$

또한, 두 점 $(3, 3)$, $(8, 8)$ 사이의 거리는 $\sqrt{(8-3)^2+(8-3)^2}=5\sqrt{2}$이고, 점 $(5, 7)$과 직선 $x-y=0$ 사이의 거리는

$\dfrac{|5-7|}{\sqrt{1^2+(-1)^2}}=\dfrac{2}{\sqrt{2}}=\sqrt{2}$이므로

$3 \leq x \leq 8$에서 함수 $y=f(x)$의 그래프와 그 역함수 $y=f^{-1}(x)$의 그래프로 둘러싸인 도형의 넓이는 밑변의 길이가 $5\sqrt{2}$이고 높이가 $\sqrt{2}$인 삼각형의 넓이를 2배한 값과 같으므로

$2 \times \left(\dfrac{1}{2} \times 5\sqrt{2} \times \sqrt{2} \right)=10$

─────────────────────── ❸

따라서 함수 $y=f(x)$의 그래프와 그 역함수 $y=f^{-1}(x)$의 그래프로 둘러싸인 도형의 넓이는

$3+10=13$

─────────────────────── ❹

채점 기준	배점 비율
❶ 함수 $y=f(x)$의 그래프와 그 역함수 $y=f^{-1}(x)$의 그래프 그리기	30%
❷ 함수 $y=f(x)$의 그래프와 직선 $y=x$의 교점의 좌표 구하기	30%
❸ 구하는 도형을 두 도형으로 나누어 각각의 넓이 구하기	30%
❹ 조건을 만족시키는 도형의 넓이 구하기	10%

09 유리함수

개념 체크

본문 192~193쪽

1104 답 ㄴ, ㄹ, ㅁ, ㅂ

다항식이 아닌 유리식은 모두 분수식이므로 분수식인 것은
ㄴ, ㄹ, ㅁ, ㅂ이다.
→다항식인 것은 ㄱ, ㄷ이다.

1105 답 $\dfrac{15ax}{6a^2b^2x^2}$, $\dfrac{2b}{6a^2b^2x^2}$

$\dfrac{5}{2ab^2x}$, $\dfrac{1}{3a^2bx^2}$ 의 분모의 최소공배수는 $6a^2b^2x^2$이므로 두 식을
통분하면

$\dfrac{15ax}{6a^2b^2x^2}$, $\dfrac{2b}{6a^2b^2x^2}$

1106 답 $\dfrac{(x-1)(x-2)}{x(x+1)(x-1)}$, $\dfrac{(x+1)(x-3)}{x(x+1)(x-1)}$

$x^2+x=x(x+1)$

즉, $\dfrac{x-2}{x^2+x}$, $\dfrac{x-3}{x(x-1)}$ 의 분모의 최소공배수는

$x(x+1)(x-1)$이므로 두 식을 통분하면

$\dfrac{(x-1)(x-2)}{x(x+1)(x-1)}$, $\dfrac{(x+1)(x-3)}{x(x+1)(x-1)}$

1107 답 $\dfrac{2x}{yz}$

$8x^2y^3z^5$, $4xy^4z^6$의 최대공약수가 $4xy^3z^5$이므로

$\dfrac{8x^2y^3z^5}{4xy^4z^6}=\dfrac{2x}{yz}$

1108 답 $\dfrac{x+2}{x+5}$

$\dfrac{x^2+x-2}{x^2+4x-5}=\dfrac{(x+2)(x-1)}{(x+5)(x-1)}=\dfrac{x+2}{x+5}$

1109 답 $\dfrac{x^2+7x+3}{(x+3)(x-1)}$

$\dfrac{x+2}{x-1}+\dfrac{2x-3}{x^2+2x-3}=\dfrac{x+2}{x-1}+\dfrac{2x-3}{(x+3)(x-1)}$

$=\dfrac{(x+3)(x+2)}{(x+3)(x-1)}+\dfrac{2x-3}{(x+3)(x-1)}$

$=\dfrac{(x+2)(x+3)+2x-3}{(x+3)(x-1)}$

$=\dfrac{(x^2+5x+6)+2x-3}{(x+3)(x-1)}=\dfrac{x^2+7x+3}{(x+3)(x-1)}$

1110 답 $\dfrac{(x+3)(x-2)}{x-1}$

$\dfrac{x^2-x-2}{x^2+x-2}\times\dfrac{x^2+5x+6}{x+1}=\dfrac{(x+1)(x-2)}{(x+2)(x-1)}\times\dfrac{(x+2)(x+3)}{x+1}$

$=\dfrac{(x+3)(x-2)}{x-1}$

1111 답 $\dfrac{4}{(x+3)(x-1)}$

분모에 맞추어 분자의 형태를 변형한다.

$\dfrac{x+2}{x+3}-\dfrac{x-2}{x-1}=\dfrac{(x+3)-1}{x+3}-\dfrac{(x-1)-1}{x-1}$

$=\left(1-\dfrac{1}{x+3}\right)-\left(1-\dfrac{1}{x-1}\right)$

$=\dfrac{-1}{x+3}+\dfrac{1}{x-1}=\dfrac{-(x-1)+x+3}{(x+3)(x-1)}$

$=\dfrac{4}{(x+3)(x-1)}$

1112 답 $-\dfrac{4x+10}{(x+1)(x-1)}$

$\dfrac{x^2+3x+5}{x+1}-\dfrac{x^2+x+5}{x-1}$

$=\dfrac{(x+1)(x+2)+3}{x+1}-\dfrac{(x+2)(x-1)+7}{x-1}$

$=\left(x+2+\dfrac{3}{x+1}\right)-\left(x+2+\dfrac{7}{x-1}\right)$

$=\dfrac{3}{x+1}-\dfrac{7}{x-1}$

$=\dfrac{3(x-1)}{(x+1)(x-1)}-\dfrac{7(x+1)}{(x+1)(x-1)}$

$=\dfrac{(3x-3)-(7x+7)}{(x+1)(x-1)}$

$=-\dfrac{4x+10}{(x+1)(x-1)}$

1113 답 $\dfrac{1}{x+3}$

$\dfrac{1}{x+2}-\dfrac{1}{(x+2)(x+3)}=\dfrac{1}{x+2}-\dfrac{1}{1}\left(\dfrac{1}{x+2}-\dfrac{1}{x+3}\right)=\dfrac{1}{x+3}$

→$(x+3)-(x+2)=1$

1114 답 $\dfrac{4}{x(x+4)}$

$\dfrac{1}{x(x+1)}+\dfrac{3}{(x+1)(x+4)}$

$=\left(\dfrac{1}{x}-\dfrac{1}{x+1}\right)+\dfrac{3}{3}\left(\dfrac{1}{x+1}-\dfrac{1}{x+4}\right)$　→$(x+4)-(x+1)=3$

$=\dfrac{1}{x}-\dfrac{1}{x+4}=\dfrac{(x+4)-x}{x(x+4)}=\dfrac{4}{x(x+4)}$

1115 답 $\dfrac{3}{x(x+3)}$

$\dfrac{1}{x(x+1)}+\dfrac{1}{(x+1)(x+2)}+\dfrac{1}{(x+2)(x+3)}$

$=\left(\dfrac{1}{x}-\dfrac{1}{x+1}\right)+\left(\dfrac{1}{x+1}-\dfrac{1}{x+2}\right)+\left(\dfrac{1}{x+2}-\dfrac{1}{x+3}\right)$

$=\dfrac{1}{x}-\dfrac{1}{x+3}=\dfrac{(x+3)-x}{x(x+3)}=\dfrac{3}{x(x+3)}$

1116 답 $\dfrac{x(x-1)}{x+1}$

$\dfrac{\dfrac{x}{x+1}}{\dfrac{1}{x-1}}=\dfrac{x}{x+1}\times\dfrac{x-1}{1}$　→분자에 분모의 역수를 곱한다.

$=\dfrac{x(x-1)}{x+1}$

1117 답 $\dfrac{2x}{x+1}$

$$\dfrac{2}{1+\dfrac{1}{x}}=\dfrac{2}{\dfrac{x+1}{x}}=2\times\dfrac{x}{x+1}=\dfrac{2x}{x+1}$$

1118 답 $\dfrac{(x+2)(x-2)}{x-1}$

$$\dfrac{\dfrac{x^2-4}{x+1}}{\dfrac{x^2-3x+2}{x^2-x-2}}=\dfrac{\dfrac{(x+2)(x-2)}{x+1}}{\dfrac{(x-1)(x-2)}{(x+1)(x-2)}}$$
$$=\dfrac{(x+2)(x-2)}{x+1}\times\dfrac{(x+1)(x-2)}{(x-1)(x-2)}$$
$$=\dfrac{(x+2)(x-2)}{x-1}$$

1119 답 $-\dfrac{1}{x}$

$$1-\dfrac{1}{1-\dfrac{1}{x+1}}=1-\dfrac{1}{\dfrac{(x+1)-1}{x+1}}=1-\dfrac{1}{\dfrac{x}{x+1}}=1-1\times\dfrac{x+1}{x}$$
$$=1-\dfrac{x+1}{x}=\dfrac{x-(x+1)}{x}=-\dfrac{1}{x}$$

1120 답 ㄴ, ㄹ, ㅁ

ㄱ. $\dfrac{x+1}{3}$은 x에 대한 다항식이므로 $y=\dfrac{x+1}{3}$은 다항함수이다.

ㄴ. $\dfrac{-5}{x+1}$는 x에 대한 다항식이 아니므로 $y=\dfrac{-5}{x+1}$는 다항함수가 아닌 유리함수이다.

ㄷ. $5x^2-7$은 x에 대한 다항식이므로 $y=5x^2-7$은 다항함수이다.

ㄹ. $\dfrac{1}{2x}$은 x에 대한 다항식이 아니므로 $y=\dfrac{1}{2x}$은 다항함수가 아닌 유리함수이다.

ㅁ. $\dfrac{2x}{x+4}$는 x에 대한 다항식이 아니므로 $y=\dfrac{2x}{x+4}$는 다항함수가 아닌 유리함수이다.

ㅂ. $3x^2+\dfrac{1}{2}$은 x에 대한 다항식이므로 $y=3x^2+\dfrac{1}{2}$은 다항함수이다.

따라서 다항함수가 아닌 유리함수인 것은 ㄴ, ㄹ, ㅁ이다.

1121 답 $\{x\,|\,x\neq-1$인 실수$\}$

$x+1=0$에서 $x=-1$
따라서 주어진 함수의 정의역은 $\{x\,|\,x\neq-1$인 실수$\}$이다.

1122 답 $\{x\,|\,x\neq\pm2$인 실수$\}$

$x^2-4=0$에서 $x=\pm2$
따라서 주어진 함수의 정의역은 $\{x\,|\,x\neq\pm2$인 실수$\}$이다.

선생님 톡톡

유리함수 $y=\dfrac{2x}{x^2+1}$와 같이 분모가 0이 되도록 하는 실수 x가 존재하지 않는 유리함수도 존재해.

1123 답 ㄱ, ㄴ

함수 $y=\dfrac{k}{x}$의 그래프가 제1사분면을 지나려면 $k>0$이어야 한다.
따라서 그래프가 제1사분면을 지나는 것은 ㄱ, ㄴ이다.

1124 답 ㄷ, ㄹ

함수 $y=\dfrac{k}{x}$의 그래프가 제4사분면을 지나려면 $k<0$이어야 한다.
따라서 그래프가 제4사분면을 지나는 것은 ㄷ, ㄹ이다.

1125 답 ㄷ

$y=\dfrac{k}{x}$에서 k의 절댓값이 클수록 그래프가 원점에서 멀어진다.
따라서 그래프가 원점에서 가장 먼 것은 ㄷ이다.

1126 답 $y=\dfrac{1}{x-2}-3$

함수 $y=\dfrac{1}{x}$의 그래프를 x축의 방향으로 2만큼, y축의 방향으로 -3만큼 평행이동하면
$$y-(-3)=\dfrac{1}{x-2}\qquad\therefore\ y=\dfrac{1}{x-2}-3$$

1127 답 $y=-\dfrac{2}{x+5}+4$

함수 $y=-\dfrac{2}{x}$의 그래프를 x축의 방향으로 -5만큼, y축의 방향으로 4만큼 평행이동하면
$$y-4=-\dfrac{2}{x-(-5)}\qquad\therefore\ y=-\dfrac{2}{x+5}+4$$

1128 답 정의역: $\{x\,|\,x\neq3$인 실수$\}$, 치역: $\{y\,|\,y\neq2$인 실수$\}$

$x-3=0$에서 $x=3$
따라서 주어진 함수의 정의역은 $\{x\,|\,x\neq3$인 실수$\}$이고,
치역은 $\{y\,|\,y\neq2$인 실수$\}$이다.

1129 답 정의역: $\{x\,|\,x\neq-2$인 실수$\}$,
　　치역: $\{y\,|\,y\neq-2$인 실수$\}$

$2x+4=0$에서 $x=-2$
따라서 주어진 함수의 정의역은 $\{x\,|\,x\neq-2$인 실수$\}$이고,
치역은 $\{y\,|\,y\neq-2$인 실수$\}$이다.

1130 답 정의역: $\{x\,|\,x\neq1$인 실수$\}$, 치역: $\{y\,|\,y\neq2$인 실수$\}$

$$y=\dfrac{2x+3}{x-1}=\dfrac{2(x-1)+5}{x-1}=\dfrac{5}{x-1}+2$$
이므로 $x-1$에서 $x=1$
따라서 주어진 함수의 정의역은 $\{x\,|\,x\neq1$인 실수$\}$이고,
치역은 $\{y\,|\,y\neq2$인 실수$\}$이다.

1131 답 정의역: $\{x\,|\,x\neq2$인 실수$\}$,
　　치역: $\{y\,|\,y\neq-3$인 실수$\}$

$$y=\dfrac{-3x+7}{x-2}=\dfrac{-3(x-2)+1}{x-2}=\dfrac{1}{x-2}-3$$
이므로 $x-2=0$에서 $x=2$

따라서 주어진 함수의 정의역은 $\{x\,|\,x\neq2$인 실수$\}$이고,
치역은 $\{y\,|\,y\neq-3$인 실수$\}$이다.

1132 답 해설 참조

함수 $y=\dfrac{1}{x-5}+3$의 그래프는 함수 $y=\dfrac{1}{x}$의 그래프를 x축의 방향으로 5만큼, y축의 방향으로 3만큼 평행이동한 것이다.
따라서 그래프는 오른쪽 그림과 같고, 점근선의 방정식은
$x=5,\ y=3$

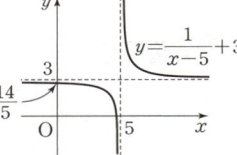

1133 답 해설 참조

함수 $y=-\dfrac{2}{x-3}-4$의 그래프는 함수 $y=-\dfrac{2}{x}$의 그래프를 x축의 방향으로 3만큼, y축의 방향으로 -4만큼 평행이동한 것이다.
따라서 그래프는 오른쪽 그림과 같고, 점근선의 방정식은
$x=3,\ y=-4$

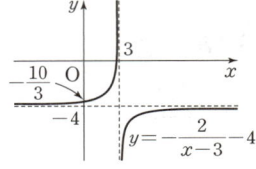

1134 답 해설 참조

$y=\dfrac{-x-1}{x+2}=\dfrac{-(x+2)+1}{x+2}=\dfrac{1}{x+2}-1$

이므로 함수 $y=\dfrac{-x-1}{x+2}$의 그래프는 함수 $y=\dfrac{1}{x}$의 그래프를 x축의 방향으로 -2만큼, y축의 방향으로 -1만큼 평행이동한 것이다.
따라서 그래프는 오른쪽 그림과 같고, 점근선의 방정식은
$x=-2,\ y=-1$

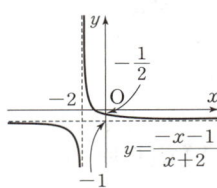

1135 답 해설 참조

$y=\dfrac{-2x+5}{x-3}=\dfrac{-2(x-3)-1}{x-3}=-\dfrac{1}{x-3}-2$

이므로 함수 $y=\dfrac{-2x+5}{x-3}$의 그래프는 함수 $y=-\dfrac{1}{x}$의 그래프를 x축의 방향으로 3만큼, y축의 방향으로 -2만큼 평행이동한 것이다.
따라서 그래프는 오른쪽 그림과 같고, 점근선의 방정식은
$x=3,\ y=-2$

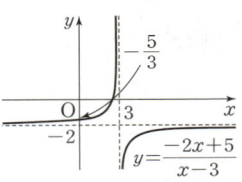

STEP 2 유형 마스터   본문 194~212쪽

1136 답 ①

1137 답 ②

$\dfrac{1}{x-1}-\dfrac{1}{x+1}-\dfrac{2}{x^2+1}-\dfrac{4}{x^4+1}$

→ 분모의 차수가 낮은 두 항씩 차례로 계산한다.

$=\left(\dfrac{1}{x-1}-\dfrac{1}{x+1}\right)-\dfrac{2}{x^2+1}-\dfrac{4}{x^4+1}$

$=\dfrac{(x+1)-(x-1)}{x^2-1}-\dfrac{2}{x^2+1}-\dfrac{4}{x^4+1}$

$=\dfrac{2}{x^2-1}-\dfrac{2}{x^2+1}-\dfrac{4}{x^4+1}$

$=\left(\dfrac{2}{x^2-1}-\dfrac{2}{x^2+1}\right)-\dfrac{4}{x^4+1}$

$=\dfrac{2(x^2+1)-2(x^2-1)}{x^4-1}-\dfrac{4}{x^4+1}$

$=\dfrac{4}{x^4-1}-\dfrac{4}{x^4+1}$

$=\dfrac{4(x^4+1)-4(x^4-1)}{x^8-1}$

$=\dfrac{8}{x^8-1}$

1138 답 ⑤

$\dfrac{x^2-x-6}{x^2-2x-3}\times\dfrac{x^2-6x-7}{x^2-5x}\div\dfrac{x^2-5x-14}{x^2-9x+20}$

→ 주어진 유리식의 분자, 분모를 인수분해한다.

$=\dfrac{(x+2)(x-3)}{(x+1)(x-3)}\times\dfrac{(x+1)(x-7)}{x(x-5)}\div\dfrac{(x+2)(x-7)}{(x-4)(x-5)}$

$=\dfrac{(x+2)(x-3)}{(x+1)(x-3)}\times\dfrac{(x+1)(x-7)}{x(x-5)}\times\dfrac{(x-4)(x-5)}{(x+2)(x-7)}$

$=\dfrac{x-4}{x}$

1139 답 ⑤

$\dfrac{x^2+4x+4}{x^2-3x}\times\dfrac{x^3-1}{x^2-4}\div\dfrac{x^2+x+1}{x^2-2x}$

$=\dfrac{(x+2)^2}{x(x-3)}\times\dfrac{(x-1)(x^2+x+1)}{(x+2)(x-2)}\div\dfrac{x^2+x+1}{x(x-2)}$

$=\dfrac{(x+2)^2}{x(x-3)}\times\dfrac{(x-1)(x^2+x+1)}{(x+2)(x-2)}\times\dfrac{x(x-2)}{x^2+x+1}$

$=\dfrac{(x+2)(x-1)}{x-3}$

1140 답 ③

$\dfrac{a^2}{(a-b)(a-c)}+\dfrac{b^2}{(b-c)(b-a)}+\dfrac{c^2}{(c-a)(c-b)}$

$=\dfrac{-a^2}{(a-b)(c-a)}+\dfrac{-b^2}{(a-b)(b-c)}+\dfrac{-c^2}{(b-c)(c-a)}$

$=-\dfrac{a^2(b-c)+b^2(c-a)+c^2(a-b)}{(a-b)(b-c)(c-a)}$

$=-\dfrac{(b-c)a^2+b^2c-ab^2+ac^2-bc^2}{(a-b)(b-c)(c-a)}$

$=-\dfrac{(b-c)a^2-(b^2-c^2)a+bc(b-c)}{(a-b)(b-c)(c-a)}$

$=-\dfrac{(b-c)\{a^2-(b+c)a+bc\}}{(a-b)(b-c)(c-a)}$

$=-\dfrac{(b-c)(a-b)(a-c)}{(a-b)(b-c)(c-a)}=\dfrac{(a-b)(b-c)(c-a)}{(a-b)(b-c)(c-a)}$

$=1$

1141 답 6

1142 답 ⑤

주어진 식의 좌변을 통분하여 전개하면

$$\frac{a}{x-3}-\frac{2}{x+1}=\frac{a(x+1)-2(x-3)}{(x-3)(x+1)}=\frac{(a-2)x+a+6}{x^2-2x-3}$$

즉,

$$\frac{(a-2)x+a+6}{x^2-2x-3}=\frac{b}{x^2-2x-3}$$

x에 대한 항등식이므로

$a-2=0,\ a+6=b$

위의 두 식을 연립하여 풀면

$a=2,\ b=8$

$\therefore a+b=2+8=10$

1143 답 ④

주어진 식의 우변을 통분하여 전개하면

$$\frac{2}{x-1}+\frac{bx+c}{x^2+x+1}=\frac{2(x^2+x+1)+(bx+c)(x-1)}{(x-1)(x^2+x+1)}$$
$$=\frac{(2+b)x^2+(2-b+c)x+2-c}{x^3-1}$$

즉,

$$\frac{x^2+ax-1}{x^3-1}=\frac{(2+b)x^2+(2-b+c)x+2-c}{x^3-1}$$

가 x에 대한 항등식이므로

$1=2+b,\ a=2-b+c,\ -1=2-c$

위의 세 식을 연립하여 풀면

$a=6,\ b=-1,\ c=3$

$\therefore a+b+c=6+(-1)+3=8$

1144 답 24

주어진 식의 우변을 통분하여 전개하면

$$\frac{a}{x}+\frac{b}{x-1}-\frac{c}{(x-1)^2}=\frac{a(x-1)^2+bx(x-1)-cx}{x(x-1)^2}$$
$$=\frac{(a+b)x^2-(2a+b+c)x+a}{x(x-1)^2}$$

즉,

$$\frac{x^2+3}{x(x-1)^2}=\frac{(a+b)x^2-(2a+b+c)x+a}{x(x-1)^2}$$

가 x에 대한 항등식이므로

$1=a+b,\ 0=2a+b+c,\ 3=a$

위의 세 식을 연립하여 풀면

$a=3,\ b=-2,\ c=-4$

$\therefore abc=3\times(-2)\times(-4)=24$

1145 답 10

주어진 식의 양변에 $(x-1)(x-2)\times\cdots\times(x-10)$을 곱하면

$10x^9+9x^8+8x^7+\cdots+2x+1$
$=a_1(x-2)(x-3)(x-4)\times\cdots\times(x-10)$
$\quad+a_2(x-1)(x-3)(x-4)\times\cdots\times(x-10)$
$\quad+a_3(x-1)(x-2)(x-4)\times\cdots\times(x-10)+\cdots$
$\quad+a_{10}(x-1)(x-2)(x-3)\times\cdots\times(x-9)$

이때 양변의 x^9항의 계수를 비교하면

$a_1+a_2+a_3+\cdots+a_{10}=10$ ← 우변의 x^9항의 계수가 $a_1+a_2+a_3+\cdots+a_{10}$

1146 답 ①

1147 답 ③

$$\frac{x^2+2x+5}{x^2+x+4}-\frac{x}{x-1}=\frac{(x^2+x+4)+(x+1)}{x^2+x+4}-\frac{(x-1)+1}{x-1}$$
$$=\left(1+\frac{x+1}{x^2+x+4}\right)-\left(1+\frac{1}{x-1}\right)$$
$$=\frac{x+1}{x^2+x+4}-\frac{1}{x-1}$$
$$=\frac{(x^2-1)-(x^2+x+4)}{(x^2+x+4)(x-1)}$$
$$=\frac{-x-5}{(x^2+x+4)(x-1)}$$

따라서 $ax+b=-x-5$이므로

$a=-1,\ b=-5$

$\therefore a+b=(-1)+(-5)=-6$

1148 답 ④

$$\frac{x}{x-1}+\frac{x+3}{x+2}-\frac{x+4}{x+3}-\frac{x+7}{x+6}$$
$$=\frac{(x-1)+1}{x-1}+\frac{(x+2)+1}{x+2}-\frac{(x+3)+1}{x+3}-\frac{(x+6)+1}{x+6}$$
$$=\left(1+\frac{1}{x-1}\right)+\left(1+\frac{1}{x+2}\right)-\left(1+\frac{1}{x+3}\right)-\left(1+\frac{1}{x+6}\right)$$
$$=\frac{1}{x-1}+\frac{1}{x+2}-\frac{1}{x+3}-\frac{1}{x+6}$$
$$=\left(\frac{1}{x-1}-\frac{1}{x+3}\right)+\left(\frac{1}{x+2}-\frac{1}{x+6}\right)$$ ← 항의 개수가 많으므로 한 번에 통분하지 않고 적절히 두 개씩 묶어 계산한다.
$$=\frac{(x+3)-(x-1)}{(x+3)(x-1)}+\frac{(x+6)-(x+2)}{(x+2)(x+6)}$$
$$=\frac{4}{(x+3)(x-1)}+\frac{4}{(x+2)(x+6)}$$
$$=\frac{4(x+2)(x+6)+4(x+3)(x-1)}{(x-1)(x+2)(x+3)(x+6)}$$
$$=\frac{4(x^2+8x+12)+4(x^2+2x-3)}{(x-1)(x+2)(x+3)(x+6)}$$
$$=\frac{4(2x^2+10x+9)}{(x-1)(x+2)(x+3)(x+6)}$$

따라서 $4f(x)=4(2x^2+10x+9)$이므로

$f(x)=2x^2+10x+9$

1149 답 ⑤

$\dfrac{x+1}{x-1}-\dfrac{x+3}{x+1}+\dfrac{4}{x^2+1}$

$=\dfrac{(x-1)+2}{x-1}-\dfrac{(x+1)+2}{x+1}+\dfrac{4}{x^2+1}$

$=\left(1+\dfrac{2}{x-1}\right)-\left(1+\dfrac{2}{x+1}\right)+\dfrac{4}{x^2+1}$

$=\left(\dfrac{2}{x-1}-\dfrac{2}{x+1}\right)+\dfrac{4}{x^2+1}=\dfrac{2(x+1)-2(x-1)}{x^2-1}+\dfrac{4}{x^2+1}$

$=\dfrac{4}{x^2-1}+\dfrac{4}{x^2+1}=\dfrac{4(x^2+1)+4(x^2-1)}{(x^2-1)(x^2+1)}=\dfrac{8x^2}{x^4-1}$

1150 답 ③

$\dfrac{x^3-2x^2-1}{x-2}+\dfrac{x^2-x-11}{x-4}-\dfrac{x^2-6x+10}{x^2-6x+8}$

$=\dfrac{(x-2)x^2-1}{x-2}+\dfrac{(x+3)(x-4)+1}{x-4}-\dfrac{(x^2-6x+8)+2}{x^2-6x+8}$

$=\left(x^2-\dfrac{1}{x-2}\right)+\left(x+3+\dfrac{1}{x-4}\right)-\left(1+\dfrac{2}{x^2-6x+8}\right)$

$=x^2+x+2+\left(-\dfrac{1}{x-2}+\dfrac{1}{x-4}\right)-\dfrac{2}{x^2-6x+8}$

$=x^2+x+2+\dfrac{2}{(x-2)(x-4)}-\dfrac{2}{(x-2)(x-4)}$

$=x^2+x+2$

1151 답 ④

1152 답 100

주어진 식의 좌변을 정리하면

$\dfrac{1}{x(x+1)}+\dfrac{2}{(x+1)(x+3)}+\dfrac{3}{(x+3)(x+6)}$

$\qquad\qquad\qquad\qquad+\dfrac{4}{(x+6)(x+10)}$

$=\left(\dfrac{1}{x}-\dfrac{1}{x+1}\right)+\left(\dfrac{1}{x+1}-\dfrac{1}{x+3}\right)$

$\qquad\qquad+\left(\dfrac{1}{x+3}-\dfrac{1}{x+6}\right)+\left(\dfrac{1}{x+6}-\dfrac{1}{x+10}\right)$

$=\dfrac{1}{x}-\dfrac{1}{x+10}=\dfrac{10}{x(x+10)}$

이때 $\dfrac{10}{x(x+10)}=\dfrac{a}{x(x+b)}$ 는 x에 대한 항등식이므로

$a=10,\ b=10$

$\therefore ab=10\times10=100$

1153 답 ②

주어진 식의 좌변을 정리하면

$\dfrac{1}{x^2-x}+\dfrac{1}{x^2+x}+\dfrac{1}{x^2+3x+2}$

$=\dfrac{1}{x(x-1)}+\dfrac{1}{x(x+1)}+\dfrac{1}{(x+1)(x+2)}$

$=\left(\dfrac{1}{x-1}-\dfrac{1}{x}\right)+\left(\dfrac{1}{x}-\dfrac{1}{x+1}\right)+\left(\dfrac{1}{x+1}-\dfrac{1}{x+2}\right)$

$=\dfrac{1}{x-1}-\dfrac{1}{x+2}=\dfrac{(x+2)-(x-1)}{(x-1)(x+2)}$

$=\dfrac{3}{(x-1)(x+2)}$

이때 $\dfrac{3}{(x-1)(x+2)}=\dfrac{a}{(x+b)(x+c)}$ 는 x에 대한 항등식이므로

$a=3,\ b=-1,\ c=2$ 또는 $a=3,\ b=2,\ c=-1$

$\therefore a+b+c=4$

1154 답 1

주어진 식의 좌변을 정리하면

$\dfrac{x}{2x^2+3x+1}+\dfrac{x}{6x^2+5x+1}+\dfrac{x}{12x^2+7x+1}$

$=\dfrac{x}{(x+1)(2x+1)}+\dfrac{x}{(2x+1)(3x+1)}+\dfrac{x}{(3x+1)(4x+1)}$

$=\left(\dfrac{1}{x+1}-\dfrac{1}{2x+1}\right)+\left(\dfrac{1}{2x+1}-\dfrac{1}{3x+1}\right)+\left(\dfrac{1}{3x+1}-\dfrac{1}{4x+1}\right)$

$=\dfrac{1}{x+1}-\dfrac{1}{4x+1}=\dfrac{4x+1-(x+1)}{(x+1)(4x+1)}$

$=\dfrac{3x}{4x^2+5x+1}$

이때 $\dfrac{3x}{4x^2+5x+1}=\dfrac{3}{10}$ 에서 $30x=12x^2+15x+3$

$10x=4x^2+5x+1,\ 4x^2-5x+1=0$

$(4x-1)(x-1)=0$

$\therefore x=1\ (\because x$는 정수$)$

1155 답 ③

$f(x)=x^2-\dfrac{1}{4}$ 에서

$4f(x)=4x^2-1=(2x-1)(2x+1)$

$\therefore \dfrac{1}{f(1)}+\dfrac{1}{f(2)}+\dfrac{1}{f(3)}+\cdots+\dfrac{1}{f(10)}$

$=4\left\{\dfrac{1}{4f(1)}+\dfrac{1}{4f(2)}+\dfrac{1}{4f(3)}+\cdots+\dfrac{1}{4f(10)}\right\}$

$=4\times\left(\dfrac{1}{1\times3}+\dfrac{1}{3\times5}+\dfrac{1}{5\times7}+\cdots+\dfrac{1}{19\times21}\right)$

$=2\times\left(\dfrac{2}{1\times3}+\dfrac{2}{3\times5}+\dfrac{2}{5\times7}+\cdots+\dfrac{2}{19\times21}\right)$

$=2\times\left\{\left(1-\dfrac{1}{3}\right)+\left(\dfrac{1}{3}-\dfrac{1}{5}\right)+\left(\dfrac{1}{5}-\dfrac{1}{7}\right)+\cdots+\left(\dfrac{1}{19}-\dfrac{1}{21}\right)\right\}$

$=2\times\left(1-\dfrac{1}{21}\right)=2\times\dfrac{20}{21}=\dfrac{40}{21}$

1156 답 ④

1157 답 ②

$1-\dfrac{1-\dfrac{1}{x-1}}{1+\dfrac{1}{x-1}}=1-\dfrac{\dfrac{(x-1)-1}{x-1}}{\dfrac{(x-1)+1}{x-1}}$

$=1-\dfrac{\dfrac{x-2}{x-1}}{\dfrac{x}{x-1}}$

$=1-\dfrac{(x-2)\times(x-1)}{(x-1)\times x}$

$=1-\dfrac{x-2}{x}$

$=1-\left(1-\dfrac{2}{x}\right)=\dfrac{2}{x}$

1158 답 ⑤

$$1-\cfrac{1}{1-\cfrac{1}{1-\cfrac{1}{x}}}=1-\cfrac{1}{1-\cfrac{1}{\frac{x-1}{x}}}=1-\cfrac{1}{1-\frac{x}{x-1}}$$

$$=1-\cfrac{1}{\frac{-1}{x-1}}=1-\{-(x-1)\}=x$$

1159 답 7

$$f(x)=1-\cfrac{1}{1-\cfrac{x}{1-\frac{1}{1+x}}}=1-\cfrac{1}{1-\cfrac{x}{\frac{x}{1+x}}}$$

$$=1-\cfrac{1}{1-(1+x)}=1+\frac{1}{x}$$

이때 $f(k)=\dfrac{8}{7}$ 이므로

$$1+\frac{1}{k}=\frac{8}{7},\ \frac{1}{k}=\frac{1}{7}\qquad \therefore k=7$$

1160 답 1

$$x=2+\cfrac{1}{2+\cfrac{1}{2+\frac{1}{x}}}=2+\cfrac{1}{2+\cfrac{1}{\frac{2x+1}{x}}}$$

$$=2+\cfrac{1}{2+\cfrac{x}{2x+1}}=2+\cfrac{1}{\frac{5x+2}{2x+1}}$$

$$=2+\frac{2x+1}{5x+2}=\frac{12x+5}{5x+2}$$

이므로 $5x^2+2x=12x+5$

$5x^2-10x-5=0,\ x^2-2x-1=0$

$\therefore x^2-2x=1$

1161 답 ⑤

1162 답 ①

→ 양변을 x로 나누면 $1>\frac{1}{x}$이므로 $x>1>\frac{1}{x}$

$x>1$이므로 $x-\dfrac{1}{x}>0$이고

$$x-\frac{1}{x}=\sqrt{\left(x+\frac{1}{x}\right)^2-4}=\sqrt{4^2-4}=2\sqrt{3}$$

$$\therefore x^3-x+\frac{1}{x}-\frac{1}{x^3}=\left(x^3-\frac{1}{x^3}\right)-\left(x-\frac{1}{x}\right)$$

$$=\left\{\left(x-\frac{1}{x}\right)^3+3\left(x-\frac{1}{x}\right)\right\}-\left(x-\frac{1}{x}\right)$$

$$=\left(x-\frac{1}{x}\right)^3+2\left(x-\frac{1}{x}\right)$$

$$=(2\sqrt{3})^3+2\times 2\sqrt{3}=28\sqrt{3}$$

> 🧑 **선생님 톡톡**
>
> x의 크기에 따라 $x-\dfrac{1}{x}$의 값의 부호가 정해지므로 $x-\dfrac{1}{x}$의 값을 구할 때는 부호에 신경써야 해.

1163 답 ②

$$x^2+\frac{1}{x^2}=\left(x+\frac{1}{x}\right)^2-2=(\sqrt{5})^2-2=3$$

$x>1$이므로 $x-\dfrac{1}{x}>0$이고

$$x-\frac{1}{x}=\sqrt{\left(x+\frac{1}{x}\right)^2-4}=\sqrt{(\sqrt{5})^2-4}=1$$

이때

$$x^2-\frac{1}{x^2}=\left(x+\frac{1}{x}\right)\left(x-\frac{1}{x}\right)=\sqrt{5}\times 1=\sqrt{5}$$

이므로

$$x^4-\frac{1}{x^4}=\left(x^2+\frac{1}{x^2}\right)\left(x^2-\frac{1}{x^2}\right)=3\times\sqrt{5}=3\sqrt{5}$$

1164 답 ②

→ $x^2-1=kx$ $\therefore x-\frac{1}{x}=k$

$x^2-kx-1=0$에서 $x-\dfrac{1}{x}=k$이므로

$$3x^2+2x-\frac{2}{x}+\frac{3}{x^2}=3\left(x^2+\frac{1}{x^2}\right)+2\left(x-\frac{1}{x}\right)$$

$$=3\left\{\left(x-\frac{1}{x}\right)^2+2\right\}+2\left(x-\frac{1}{x}\right)$$

$$=3(k^2+2)+2k$$

$$=3k^2+2k+6=14$$

즉, $3k^2+2k-8=0$이므로

$(k+2)(3k-4)=0$

$\therefore k=-2$ ($\because k$는 정수)

1165 답 14

$x^2-2\sqrt{2}x+1=0$에서 $x+\dfrac{1}{x}=2\sqrt{2}$ → $x^2+1=2\sqrt{2}x$ $\therefore x+\frac{1}{x}=2\sqrt{2}$

$x^4-4\sqrt{2}x^2-1=0$에서 $x^2-\dfrac{1}{x^2}=4\sqrt{2}$ → $x^4-1=4\sqrt{2}x^2$ $\therefore x^2-\frac{1}{x^2}=4\sqrt{2}$

$x^2-\dfrac{1}{x^2}=4\sqrt{2}$에서 $\left(x+\dfrac{1}{x}\right)\left(x-\dfrac{1}{x}\right)=4\sqrt{2}$이므로

$2\sqrt{2}\left(x-\dfrac{1}{x}\right)=4\sqrt{2}$ $\therefore x-\dfrac{1}{x}=2$

$$\therefore x^3-\frac{1}{x^3}=\left(x-\frac{1}{x}\right)^3+3\left(x-\frac{1}{x}\right)=2^3+3\times 2=14$$

1166 답 ③

1167 답 ③

$\dfrac{1}{a}+\dfrac{1}{b}+\dfrac{1}{c}=0$에서 $\dfrac{ab+bc+ca}{abc}=0$

$\therefore ab+bc+ca=0$ $\cdots\cdots$ ㉠

주어진 식을 통분하여 정리하면

$$\frac{a}{(a+b)(a+c)}+\frac{b}{(b+c)(b+a)}+\frac{c}{(c+a)(c+b)}$$

$$=\frac{a(b+c)+b(a+c)+c(a+b)}{(a+b)(a+c)(b+c)}$$

$$=\frac{2(ab+bc+ca)}{(a+b)(a+c)(b+c)}=0\ (\because \text{㉠})$$

1168 답 1

$2a+\dfrac{1}{2b}=1$에서 $2a=1-\dfrac{1}{2b}$

$2a=\dfrac{2b-1}{2b}$ $\therefore \dfrac{1}{2a}=\dfrac{2b}{2b-1}$ $\cdots\cdots$ ㉠

$b+\dfrac{3}{2c}=\dfrac{1}{2}$에서 $\dfrac{3}{2c}=\dfrac{1}{2}-b$

$$\frac{3}{c}=1-2b \qquad \therefore \frac{c}{3}=\frac{1}{1-2b} \qquad \cdots\cdots \bigcirc\!\!\!L$$

$$\therefore \frac{1}{2a}+\frac{c}{3}=\frac{2b}{2b-1}+\frac{1}{1-2b} \ (\because \bigcirc\!\!\!\neg, \bigcirc\!\!\!L)$$

$$=\frac{2b-1}{2b-1}=1 \left(\because b\neq\frac{1}{2}\right)$$

1169 답 ②

$(a+b+c)^2=a^2+b^2+c^2+2(ab+bc+ca)$ 이므로

$2^2=6+2(ab+bc+ca)$ $\qquad \therefore ab+bc+ca=-1$

$\dfrac{1}{a}+\dfrac{1}{b}+\dfrac{1}{c}=\dfrac{1}{2}$ 에서

$$\frac{ab+bc+ca}{abc}=\frac{1}{2}$$

$$\therefore abc=2(ab+bc+ca)=2\times(-1)=-2$$

$$\therefore \frac{1}{ab}+\frac{1}{bc}+\frac{1}{ca}=\frac{a+b+c}{abc}=\frac{2}{-2}=-1$$

1170 답 2

$\left(\dfrac{1}{a}+\dfrac{1}{b}+\dfrac{1}{c}\right)^2=1$ 에서 $\left|\dfrac{1}{a}+\dfrac{1}{b}+\dfrac{1}{c}\right|=1$

$\dfrac{1}{a^2}+\dfrac{1}{b^2}+\dfrac{1}{c^2}=\left(\dfrac{1}{a}+\dfrac{1}{b}+\dfrac{1}{c}\right)^2$ 에서

$$\frac{a^2b^2+b^2c^2+c^2a^2}{a^2b^2c^2}=\left(\frac{ab+bc+ca}{abc}\right)^2$$

$$=\frac{a^2b^2+b^2c^2+c^2a^2+2abc(a+b+c)}{a^2b^2c^2}$$

$\therefore a+b+c=0 \ (\because a\neq0, \ b\neq0, \ c\neq0)$

이때 $a+b+c=0$ 이므로

$$a^2+b^2+c^2=(a+b+c)^2-2(ab+bc+ca)$$
$$=-2(ab+bc+ca)$$

$$\therefore \left|\frac{a^2+b^2+c^2}{abc}\right|=\left|\frac{-2(ab+bc+ca)}{abc}\right|$$
$$=2\left|\frac{1}{a}+\frac{1}{b}+\frac{1}{c}\right|$$
$$=2\times1=2$$

1171 답 0

1172 답 1

$\dfrac{x+2y}{3x-y}=\dfrac{1}{2}$ 에서 $2x+4y=3x-y$

$\therefore x=5y$

$x=5y$ 를 주어진 식에 대입하면

$$\frac{4xy}{x^2-5y^2}=\frac{4\times5y\times y}{(5y)^2-5y^2}$$
$$=\frac{20y^2}{25y^2-5y^2}$$
$$=\frac{20y^2}{20y^2}=1$$

1173 답 ③

$(x+y):(y+z):(z+x)=1:4:9$ 에서

$x+y=k, \ y+z=4k, \ z+x=9k \ (k\neq0)$ 라 하자.

위의 세 식을 변끼리 더하면

$2(x+y+z)=14k$

$x+y+z=7k \ \bigcirc\!\!\!L$

$\therefore x=3k, \ y=-2k, \ z=6k \longrightarrow$ ㉢에서 ㉠을 각각 빼서 구한다.

$$\therefore \frac{xy-yz+z^2}{x^2+y^2+zx}=\frac{3k\times(-2k)-(-2k)\times6k+(6k)^2}{(3k)^2+(-2k)^2+6k\times3k}$$

$$=\frac{42k^2}{31k^2}=\frac{42}{31}$$

1174 답 ①

$\dfrac{x+y}{2z}=\dfrac{y+2z}{x}=\dfrac{2z+x}{y}=k \ (k\neq0)$ 라 하면

$x+y=2zk \qquad \cdots\cdots \bigcirc\!\!\!\neg$

$y+2z=xk \qquad \cdots\cdots \bigcirc\!\!\!L$

$2z+x=yk \qquad \cdots\cdots \bigcirc\!\!\!\sqsubset$

㉠+㉡+㉢을 하면

$2(x+y+2z)=k(x+y+2z)$

$\therefore k=2 \ (\because x+y+2z\neq0)$

또한, ㉠−㉡을 하면

$x-2z=2zk-xk$

$x-2z=4z-2x$

$3x=6z \qquad \therefore x=2z \qquad \cdots\cdots \bigcirc\!\!\!\sqsupset$

㉡−㉢을 하면

$y-x=xk-yk$

$y-x=2x-2y$

$3y=3x \qquad \therefore x=y \qquad \cdots\cdots \bigcirc\!\!\!\boxdot$

㉣, ㉤에서 $x=y=2z$ 이므로

$$\frac{x^3+y^3+z^3}{xyz}=\frac{(2z)^3+(2z)^3+z^3}{2z\times2z\times z}=\frac{17z^3}{4z^3}=\frac{17}{4}$$

1175 답 ②

$\begin{cases} x-y+2z=0 & \cdots\cdots \bigcirc\!\!\!\neg \\ 2x+y-z=0 & \cdots\cdots \bigcirc\!\!\!L \end{cases}$

㉠+㉡을 하면

$3x+z=0 \qquad \therefore z=-3x$

㉠+2×㉡을 하면

$5x+y=0 \qquad \therefore y=-5x$

$$\therefore \frac{xy+yz+zx}{x^2-y^2+z^2}$$

$$=\frac{x\times(-5x)+(-5x)\times(-3x)+(-3x)\times x}{x^2-(-5x)^2+(-3x)^2}$$

$$=\frac{-5x^2+15x^2-3x^2}{x^2-25x^2+9x^2}=\frac{7x^2}{-15x^2}=-\frac{7}{15}$$

1176 답 ③

1177 답 ②

함수 $y=\dfrac{2}{x}$ 의 그래프를 x축의 방향으로 a만큼, y축의 방향으로 b만큼 평행이동하면

$$y=\frac{2}{x-a}+b=\frac{bx-ab+2}{x-a}$$

위의 함수의 그래프가 함수 $y=\dfrac{3x-1}{x-1}$ 의 그래프와 일치하므로

$a=1, \ b=3, \ -ab+2=-1$

따라서 $a=1, \ b=3$ 이므로

$a+b=1+3=4$

다른 풀이

$y=\dfrac{3x-1}{x-1}=\dfrac{3(x-1)+2}{x-1}=\dfrac{2}{x-1}+3$

위의 함수의 그래프가 함수 $y=\dfrac{2}{x-a}+b$의 그래프와 일치하므로

$a=1$, $b=3$

1178 답 ④

ㄱ. $y=\dfrac{3x}{x+1}=\dfrac{3(x+1)-3}{x+1}=-\dfrac{3}{x+1}+3$

이므로 함수 $y=\dfrac{3x}{x+1}$의 그래프는 평행이동에 의하여 함수

$y=\dfrac{3}{x}$의 그래프와 겹쳐지지 않는다.

ㄴ. $y=\dfrac{x+4}{x+1}=\dfrac{(x+1)+3}{x+1}=\dfrac{3}{x+1}+1$

이므로 함수 $y=\dfrac{x+4}{x+1}$의 그래프는 함수 $y=\dfrac{3}{x}$의 그래프를 x축의 방향으로 -1만큼, y축의 방향으로 1만큼 평행이동한 그래프와 겹쳐진다.

ㄷ. $y=\dfrac{3x-5}{x-1}=\dfrac{3(x-1)-2}{x-1}=-\dfrac{2}{x-1}+3$

이므로 함수 $y=\dfrac{3x-5}{x-1}$의 그래프는 평행이동에 의하여 함수

$y=\dfrac{3}{x}$의 그래프와 겹쳐지지 않는다.

ㄹ. $y=\dfrac{x+5}{2x-2}=\dfrac{(x-1)+6}{2(x-1)}=\dfrac{3}{x-1}+\dfrac{1}{2}$

이므로 함수 $y=\dfrac{x+5}{2x-2}$의 그래프는 함수 $y=\dfrac{3}{x}$의 그래프를 x축의 방향으로 1만큼, y축의 방향으로 $\dfrac{1}{2}$만큼 평행이동한 그래프와 겹쳐진다.

따라서 평행이동에 의하여 그 그래프가 함수 $y=\dfrac{3}{x}$의 그래프와 겹쳐지는 것은 ㄴ, ㄹ이다.

1179 답 ①

원 $(x-1)^2+(y+1)^2=4$를 원 $(x+1)^2+(y+3)^2=4$로 옮기므로 주어진 평행이동은 x축의 방향으로 -2만큼, y축의 방향으로 -2만큼 평행이동한 것이다.

함수 $y=\dfrac{2}{x}$의 그래프를 x축의 방향으로 -2만큼, y축의 방향으로 -2만큼 평행이동하면

$y=\dfrac{2}{x+2}-2$, 즉 $f(x)=\dfrac{2}{x+2}-2$

이때 $f(a)=-1$이므로

$\dfrac{2}{a+2}-2=-1$

$1=\dfrac{2}{a+2}$, $a+2=2$

$\therefore a=0$

1180 답 ②

함수 $y=f(x)$의 그래프가 점 $(4, b)$를 지나므로

$b=\dfrac{4}{4}=1$

함수 $y=f(x)$의 그래프를 x축의 방향으로 $2a$만큼, y축의 방향으로 $-a$만큼 평행이동하면

$y=\dfrac{4}{x-2a}-a$

위의 함수의 그래프가 점 $(4, 1)$을 지나므로

$1=\dfrac{4}{4-2a}-a$, $a+1=\dfrac{4}{4-2a}$

$(a+1)(2-a)=2$, $a^2-a=0$

$a(a-1)=0$ $\therefore a=1$ $(\because a\neq 0)$

이때 두 함수 $y=\dfrac{4}{x}$, $y=\dfrac{4}{x-2}-1$의 그래프의 교점의 x좌표는

$\dfrac{4}{x}=\dfrac{4}{x-2}-1$

$\dfrac{4}{x}=\dfrac{-x+6}{x-2}$, $4(x-2)=x(-x+6)$

$x^2-2x-8=0$, $(x+2)(x-4)=0$

$\therefore x=-2$ 또는 $x=4$

따라서 점 $(4, 1)$이 아닌 다른 교점의 좌표는 $(-2, -2)$이다.

1181 답 10

1182 답 9

함수 $y=\dfrac{-3x+7}{2x+a}$의 그래프의 점근선의 방정식은

$x=-\dfrac{a}{2}$, $y=-\dfrac{3}{2}$ $\therefore \underline{a=6}$, $b=-\dfrac{3}{2}$ →$-3=-\dfrac{a}{2}$에서 $a=6$

$\therefore a-2b=6-2\times\left(-\dfrac{3}{2}\right)=9$

다른 풀이

$y=\dfrac{-3x+7}{2x+a}=\dfrac{-\dfrac{3}{2}(2x+a)+\dfrac{3}{2}a+7}{2x+a}=\dfrac{\dfrac{3}{2}a+7}{2x+a}-\dfrac{3}{2}$

이므로 함수 $y=\dfrac{-3x+7}{2x+a}$의 점근선의 방정식은

$x=-\dfrac{a}{2}$, $y=-\dfrac{3}{2}$

1183 답 ④

함수 $y=\dfrac{a}{x+3}+b$의 그래프의 점근선의 방정식은

$x=-3$, $y=b$

위의 두 점근선의 교점의 좌표가 $(-3, b)$이므로

$-3=c$, $b=4$

$\therefore c=-3$, $b=4$

또한, 함수 $y=\dfrac{a}{x+3}+4$의 그래프가 점 $(-1, 5)$를 지나므로

$5=\dfrac{a}{(-1)+3}+4$, $\dfrac{a}{2}=1$ $\therefore a=2$

$\therefore a+b+c=2+4+(-3)=3$

> **선생님 톡톡**
>
> 함수의 그래프의 점근선의 방정식이 $x=p$, $y=q$
> $\iff$ 두 점근선의 교점의 좌표가 (p, q)
> 임을 반드시 기억하도록 하자.

1184 답 ③

$f(x)=\dfrac{3x+1}{x-k}$에서 함수 $y=f(x)$의 그래프의 점근선의 방정식은

$x=k$, $y=3$

이때 두 점근선의 교점 $(k, 3)$이 직선 $y=x$ 위에 있으므로

$3=k$ $\therefore k=3$

$f(x)=\dfrac{3x+1}{x-k}=\dfrac{3(x-k)+3k+1}{x-k}=\dfrac{3k+1}{x-k}+3$

이므로 함수 $y=f(x)$의 그래프의 점근선의 방정식은

$x=k$, $y=3$

1185 답 5

함수 $y=\dfrac{(b+1)x+2}{ax-4}$의 그래프의 점근선의 방정식은

$x=\dfrac{4}{a}$, $y=\dfrac{b+1}{a}$

함수 $y=\dfrac{2bx-1}{3x-(2a+2)}$의 그래프의 점근선의 방정식은

$x=\dfrac{2a+2}{3}$, $y=\dfrac{2b}{3}$

이때 주어진 두 함수의 그래프의 점근선이 서로 일치하므로

$\dfrac{4}{a}=\dfrac{2a+2}{3}$에서

$a(2a+2)=12$, $a^2+a-6=0$

$(a+3)(a-2)=0$ $\therefore a=2 (\because a>0)$

$\dfrac{b+1}{a}=\dfrac{2b}{3}$에서

$3(b+1)=2ab$, $3b+3=4b$ $\therefore b=3$

$\therefore a+b=2+3=5$

1186 답 ④

1187 답 ①

함수 $y=\dfrac{3x-4}{2x+5}$의 그래프의 점근선의 방정식은

$x=-\dfrac{5}{2}$, $y=\dfrac{3}{2}$

주어진 함수의 그래프는 두 점근선의 교점 $\left(-\dfrac{5}{2}, \dfrac{3}{2}\right)$에 대하여

대칭이다.

즉, 직선 $y=x+k$는 점 $\left(-\dfrac{5}{2}, \dfrac{3}{2}\right)$을 지나므로

$\dfrac{3}{2}=-\dfrac{5}{2}+k$ $\therefore k=4$

1188 답 18

함수 $y=\dfrac{ax+b}{x+c}$의 그래프의 점근선의 방정식은

$x=-c$, $y=a$

주어진 함수의 그래프는 두 점근선의 교점 $(-c, a)$에 대하여 대칭이므로

$-c=2$, $a=3$

$\therefore a=3$, $c=-2$

이때 함수 $y=\dfrac{3x+b}{x-2}$의 그래프가 점 $(5, 4)$를 지나므로

$4=\dfrac{15+b}{5-2}$, $12=15+b$

$\therefore b=-3$

$\therefore abc=3\times(-3)\times(-2)=18$

1189 답 6

함수 $y=\dfrac{ax+2}{2x+3b}$의 그래프의 점근선의 방정식은

$x=-\dfrac{3}{2}b$, $y=\dfrac{a}{2}$

주어진 함수의 그래프는 두 점근선의 교점 $\left(-\dfrac{3}{2}b, \dfrac{a}{2}\right)$에 대하여

대칭이다.

또한, 주어진 함수의 그래프가 두 직선 $y=x-1$, $y=-x+5$에 대

하여 대칭이므로 두 직선은 점 $\left(-\dfrac{3}{2}b, \dfrac{a}{2}\right)$를 지난다.

즉, 연립방정식 $\begin{cases}\dfrac{a}{2}=-\dfrac{3}{2}b-1 \\ \dfrac{a}{2}=\dfrac{3}{2}b+5\end{cases}$ 를 풀면

$a=4$, $b=-2$ $\therefore a-b=4-(-2)=6$

함수 $y=\dfrac{ax+2}{2x+3b}$의 그래프가 두 직선 $y=x-1$, $y=-x+5$에

대하여 대칭이므로 두 직선의 교점이 점근선의 교점이다.

$x-1=-x+5$ $\therefore x=3$, $y=3-1=2$

즉, 함수 $y=\dfrac{ax+2}{2x+3b}$의 그래프의 점근선의 교점이 $(3, 2)$이므로

$-\dfrac{3}{2}b=3$, $\dfrac{a}{2}=2$

$\therefore a=4$, $b=-2$

$\therefore a-b=4-(-2)=6$

1190 답 ③

함수 $y=\dfrac{2}{x+1}+3$의 그래프의 점근선의 방정식은

$x=-1$, $y=3$이므로 이 함수의 그래프는 원의 중심 $(-1, 3)$에

대하여 대칭이다.

또한, 함수 $y=\dfrac{2}{x+1}+3$의 그래프는 두 직선

$y=(x+1)+3=x+4$, $y=-(x+1)+3=-x+2$

에 대하여 대칭이므로 두 점 P, Q는 직선 $y=x+4$에 대하여 대

칭이고 두 점 P, S는 직선 $y=-x+2$에 대하여 대칭이다.

즉, 사각형 PQRS는 직사각형이고

$\overline{PQ}=2\times\dfrac{|1-4+4|}{\sqrt{1^2+(-1)^2}}=\sqrt{2}$, $\overline{PS}=2\times\dfrac{|1+4-2|}{\sqrt{1^2+1^2}}=3\sqrt{2}$

따라서 직사각형 PQRS의 넓이는

$\overline{PQ}\times\overline{PS}=\sqrt{2}\times3\sqrt{2}=6$

→ 선분 PQ의 중점을 M이라 하면 점 M은
직선 $y=x+4$, 즉 $x-y+4=0$ 위의 점이므로
$\overline{PQ}=2\overline{PM}$
$=2\times$(점 P와 직선 $x-y+4=0$ 사이의 거리)

1191 답 ⑤

1192 답 ③

$f(x)=-\dfrac{x}{x+1}$라 하면 함수 $y=f(x)$의 그래프는 점 $(0, 0)$을

지난다.

$f(x)=\dfrac{-(x+1)+1}{x+1}=\dfrac{1}{x+1}-1$

이므로 함수 $y=f(x)$의 그래프의 점근

선의 방정식은

$x=-1$, $y=-1$

따라서 오른쪽 그림과 같이 함수

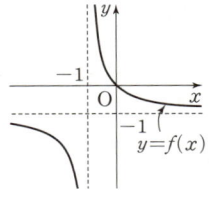

$y=f(x)$의 그래프가 지나는 사분면은 제2, 3, 4사분면이다.

1193 답 7

$f(x)=\dfrac{k}{x-3}+2$라 하면 함수 $y=f(x)$의 그래프의 점근선의 방정식은 $x=3$, $y=2$이고 $k>0$이므로 가능한 그래프의 개형은 다음 세 가지이다.

→ 찾는 자연수이다.

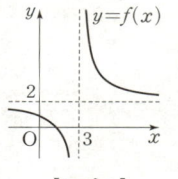 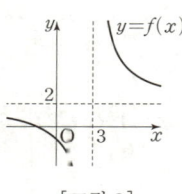 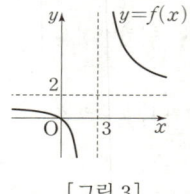

[그림 1]　　　　[그림 2]　　　　[그림 3]

즉, 함수 $y=f(x)$의 그래프가 모든 사분면을 지나려면 [그림 2]와 같이 $f(0)<0$이어야 하므로

$\dfrac{k}{0-3}+2<0$

$\therefore k>6$

따라서 자연수 k의 최솟값은 7이다.

다른 풀이

함수 $y=f(x)$의 그래프가 x축과 만나는 점의 x좌표가 음수일 때를 이용하여 해결하면

$0=\dfrac{k}{x-3}+2$에서 $x=\dfrac{6-k}{2}$

$\dfrac{6-k}{2}<0$　　$\therefore k>6$

1194 답 ④

$f(x)=\dfrac{a}{x-a}+a$라 하면

$f(0)=\dfrac{a}{0-a}+a=a-1\geq0$이고

$a\geq1>0$이므로 함수 $y=\dfrac{a}{x-a}+a$의

그래프의 개형은 오른쪽 그림과 같다.

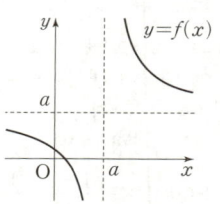

따라서 주어진 함수의 그래프는 제3사분면의 점을 지날 수 없으므로 지날 수 없는 점은 ④이다.

1195 답 ②

함수 $y=\dfrac{ax}{x+b}$의 그래프는 점 $(0, 0)$을 지난다.

$y=\dfrac{ax}{x+b}=\dfrac{a(x+b)-ab}{x+b}=-\dfrac{ab}{x+b}+a$

이므로 주어진 함수의 그래프의 점근선의 방정식은

$x=-b$, $y=a$

(i) $a>0$, $b>0$인 경우

$-b<0$이므로 주어진 함수의 그래프의 개형은 오른쪽 그림과 같다.

즉, 주어진 함수의 그래프가 지나는 사분면은 제1, 2, 3사분면이다.

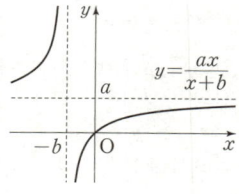

(ii) $a<0$, $b<0$인 경우

$-b>0$이므로 주어진 함수의 그래프의 개형은 오른쪽 그림과 같다.

즉, 주어진 함수의 그래프가 지나는 사분면은 제1, 3, 4사분면이다.

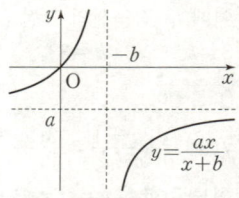

(i), (ii)에서 함수 $y=\dfrac{ax}{x+b}$의 그래프가 반드시 지나는 사분면은 제1, 3사분면이다.

1196 답 ①

1197 답 ④

주어진 그래프에서 점근선의 방정식이 $x=1$, $y=3$이므로

$b=-1$, $c=3$

$-b=1$에서 $b=-1$

함수 $y=\dfrac{a}{x-1}+3$의 그래프가 점 $(3, 1)$을 지나므로

$1=\dfrac{a}{3-1}+3$, $\dfrac{a}{2}=-2$　　$\therefore a=-4$

$\therefore abc=(-4)\times(-1)\times3=12$

1198 답 ③

주어진 그래프에서 점근선의 방정식은

$x=2$, $y=3$

주어진 함수를 $y=\dfrac{k}{x-2}+3\,(k\neq0)$이라 하면 그 그래프가

점 $(4, 5)$를 지나므로

$5=\dfrac{k}{4-2}+3$, $\dfrac{k}{2}=2$　　$\therefore k=4$

이때 $y=\dfrac{4}{x-2}+3=\dfrac{4+3(x-2)}{x-2}=\dfrac{3x-2}{x-2}$이므로

$a=3$, $b=-2$, $c=1$

$\therefore abc=3\times(-2)\times1=-6$

1199 답 4

$f(x)=\dfrac{4}{x-a}+b$, $g(x)=\dfrac{2}{x-a}+b$라 하자.

두 함수 $y=f(x)$, $y=g(x)$의 그래프의 점근선의 방정식은 모두 $x=a$, $y=b$이다.

또한, $4>2$에서 함수 $y=f(x)$의 그래프가 두 점근선의 교점 (a, b)로부터 더 멀리 떨어져 있으므로 점 $(2, 7)$을 지나고, 함수 $y=g(x)$의 그래프가 점 $(2, 5)$를 지난다.

즉, $7=\dfrac{4}{2-a}+b$, $5=\dfrac{2}{2-a}+b$에서 두 식을 연립하여 풀면

$a=1$, $b=3$

$\therefore a+b=1+3=4$

1200 답 ①

$y=\dfrac{ax+b}{x+c}=\dfrac{a(x+c)-ac+b}{x+c}=\dfrac{b-ac}{x+c}+a$

ㄱ. 함수 $y=\dfrac{b-ac}{x+c}+a$의 그래프는 두 직선 $x=-c$, $y=a$를 점근선으로 가지므로 $-c>0$에서 $c<0$ (참)

ㄴ. 주어진 함수의 그래프는 점 $(0, 1)$을 지나므로

$1=\dfrac{a\times0+b}{0+c}$　　$\therefore b=c$

또한, $y=\dfrac{b-ac}{x}$의 그래프가 제1, 3사분면을 지나므로

$b-ac>0$

이때 $b=c$이므로

$c(1-a)>0$ $\quad$ $\therefore a>1$ $(\because c<0)$ (거짓) $\quad$ ┌ $c-ac=c(1-a)$

ㄷ. $\dfrac{1}{a}-\dfrac{c}{b}=\dfrac{1}{a}-1=\dfrac{1-a}{a}<0$ $(\because$ ㄴ$)$ (거짓)

따라서 옳은 것은 ㄱ이다.

다른 풀이

ㄴ. 주어진 그림에서 함수 $y=\dfrac{ax+b}{x+c}$의 그래프는 $(0, 1)$을 지나고 점근선이 $x=-c$, $y=a$이므로 $a>1$

1201 답 ②

1202 답 ③

$y=-\dfrac{2x}{x-1}=\dfrac{-2(x-1)-2}{x-1}=-\dfrac{2}{x-1}-2$

즉, $x>2$에서 함수 $y=-\dfrac{2x}{x-1}$의

그래프는 오른쪽 그림과 같다.

따라서 주어진 함수의 치역은

$\{y\,|\,-4<y<-2\}$

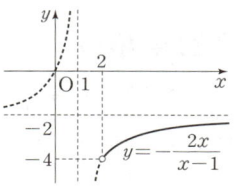

1203 답 8

함수 $y=f(x)$의 그래프의 점근선의 방정식은

$x=-\dfrac{a}{3}$, $y=\dfrac{4}{3}$

즉, 함수 $y=f(x)$의 정의역은 $\left\{x\,\Big|\,x\neq-\dfrac{a}{3}$인 실수$\right\}$, 치역은

$\left\{y\,\Big|\,y\neq\dfrac{4}{3}$인 실수$\right\}$이므로

$a=6$, $b=\dfrac{4}{3}$ $\quad$ ┌ $-\dfrac{a}{3}=-2$에서 $a=6$

$\therefore ab=6\times\dfrac{4}{3}=8$

1204 답 ①

$y=\dfrac{x+5}{x+2}=\dfrac{(x+2)+3}{x+2}=\dfrac{3}{x+2}+1$

이므로 $y=-2$가 되는 x의 값을 구하면

$-2=\dfrac{3}{x+2}+1$ $\quad$ $\therefore x=-3$

함수 $y=\dfrac{x+5}{x+2}$의 치역이 $\{y\,|\,y<-2\}$

인 경우의 그래프는 오른쪽 그림과 같다.

따라서 주어진 함수의 정의역은

$\{x\,|\,-3<x<-2\}$이므로

$a=-3$, $b=-2$

$\therefore b-a=(-2)-(-3)=1$

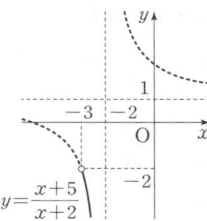

1205 답 10

함수 $y=\dfrac{ax+b}{x+1}=\dfrac{a(x+1)-a+b}{x+1}=\dfrac{-a+b}{x+1}+a$의 그래프의

점근선의 방정식은 $x=-1$, $y=a$

이때 주어진 함수의 정의역과 치역이 모두 집합 X가 될 수 있는 경우는 다음 두 가지이다.

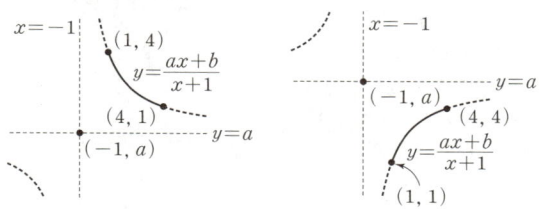

(i) 그래프가 두 점 $(1, 4)$, $(4, 1)$을 지나는 경우, 즉 $a<b$

함수 $y=\dfrac{ax+b}{x+1}$의 그래프가 두 점 $(1, 4)$, $(4, 1)$을 지나므로

$4=\dfrac{a+b}{2}$, $1=\dfrac{4a+b}{5}$

$a+b=8$, $4a+b=5$

위의 두 식을 연립하여 풀면

$a=-1$, $b=9$

$\therefore |a|+|b|=|-1|+|9|=10$

(ii) 그래프가 두 점 $(1, 1)$, $(4, 4)$를 지나는 경우, 즉 $a>b$

함수 $y=\dfrac{ax+b}{x+1}$의 그래프가 두 점 $(1, 1)$, $(4, 4)$를 지나므로

$1=\dfrac{a+b}{2}$, $4=\dfrac{4a+b}{5}$

$a+b=2$, $4a+b=20$

위의 두 식을 연립하여 풀면

$a=6$, $b=-4$

$\therefore |a|+|b|=|6|+|-4|=10$

(i), (ii)에서 $|a|+|b|=10$

1206 답 ⑤

1207 답 ②

$y=\dfrac{3x-2}{x-1}=\dfrac{3(x-1)+1}{x-1}=\dfrac{1}{x-1}+3$

$x\leq-2$ 또는 $x\geq2$에서 함수

$y=\dfrac{1}{x-1}+3$의 그래프는 오른쪽

그림과 같다.

따라서 주어진 함수는 $x=2$에서

최댓값 $M=4$, $x=-2$에서

최솟값 $m=\dfrac{8}{3}$을 갖는다.

$\therefore M-m=4-\dfrac{8}{3}=\dfrac{4}{3}$

1208 답 4

$y=\dfrac{6}{3-x}+a=-\dfrac{6}{x-3}+a$

$4\leq x\leq6$에서 함수

$y=-\dfrac{6}{x-3}+a$의 그래프는 오른

쪽 그림과 같다.

즉, 주어진 함수는 $x=4$에서 최

솟값을 가지므로

$a-6=-3$ $\quad$ $\therefore a=3$

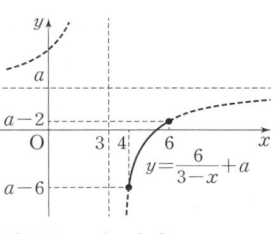

따라서 주어진 함수는 $x=6$에서 최댓값 $M=1$을 가지므로

$a+M=3+1=4$ $\quad$ ┌ $a-2=3-2=1$

1209 답 ③

$$f(x)=-\frac{ax+11}{x+a}=\frac{-a(x+a)+a^2-11}{x+a}=\frac{a^2-11}{x+a}-a$$

함수 $y=f(x)$의 그래프의
점근선의 방정식은 $x=-a$,
$y=-a$이고 $a<0$이므로 함
수가 최댓값을 가지기 위한
그래프의 개형은 오른쪽 그
림과 같아야 한다.
$$(\because a<-a)$$

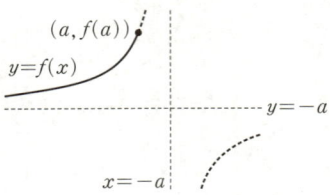

$$f(x)=\frac{a^2-11}{x+a}-a에서$$
$$a^2-11<0, \ (a+\sqrt{11})(a-\sqrt{11})<0$$
$$\therefore -\sqrt{11}<a<0 \ (\because a<0)$$
따라서 조건을 만족시키는 정수 a는 $-3, -2, -1$의 3개이다.

1210 답 3

조건 (가)에 의하여 함수 $y=f(x)$의 그래프의 점근선의 방정식은
$x=2, \ y=3$
$$\therefore a=3, \ c=-2 \longrightarrow -c=2에서 \ c=-2$$
$$\therefore f(x)=\frac{3x+b}{x-2}$$
$-2\leq x\leq0$이고 함수 $y=f(x)$의 그래프의 점근선이 직선 $x=2$
이므로 그래프의 개형에 관계없이 최댓값 M과 최솟값 m의 합은
$f(0)+f(-2)$의 값과 같다.
이때 조건 (나)에서 $M+m=0$이므로

> x의 값의 범위가 주어졌으므로 두 점근선 직선 $x=2$, $y=3$ 중 직선 $x=2$와의 위치 관계만 생각한다.

$$f(0)+f(-2)=\frac{b}{-2}+\frac{b-6}{-4}=\frac{6-3b}{4}에서$$
$$\frac{6-3b}{4}=0 \qquad \therefore b=2$$
$$\therefore a+b+c=3+2+(-2)=3$$

1211 답 6

1212 답 1

직선 $y=mx-4$는
점 $(0, -4)$를 반드시 지나
므로 함수 $y=\frac{1}{x+1}-3$의
그래프와 직선 $y=mx-4$
가 한 점에서 만나는 경우는
오른쪽 그림과 같다.

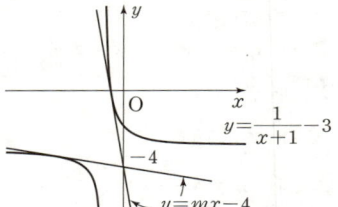

$$\frac{1}{x+1}-3=mx-4에서$$
$$1=(x+1)(mx-1)$$
$$\therefore mx^2+(m-1)x-2=0$$
위의 이차방정식의 판별식을 D_1이라 하면
$$D_1=(m-1)^2-4\times m\times(-2)=0$$
$$\therefore m^2+6m+1=0 \quad \cdots\cdots \ \bigcirc$$
이때 이차방정식 $\bigcirc$의 판별식을 D_2라 하면
$$\frac{D_2}{4}=3^2-1\times1>0$$
이므로 이차방정식 $\bigcirc$은 서로 다른 두 실근을 갖는다.
따라서 이차방정식의 근과 계수의 관계에 의하여 구하는 모든 실수
m의 값의 곱은 1이다.

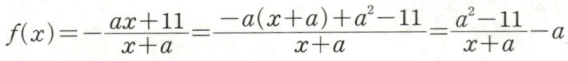
1213 답 ③

$$\frac{2}{x-a}+a=-x+2에서$$
$$\frac{2}{x-a}=-x+2-a, \ 2=(-x+2-a)(x-a)$$
$$\therefore x^2-2x-a^2+2a+2=0$$
위의 이차방정식의 판별식을 D라 하면
$$\frac{D}{4}=(-1)^2-1\times(-a^2+2a+2)<0$$
$$a^2-2a-1<0, \ \{a-(1-\sqrt{2})\}\{a-(1+\sqrt{2})\}<0$$
$$\therefore 1-\sqrt{2}<a<1+\sqrt{2}$$
따라서 조건을 만족시키는 정수 a는 $0, 1, 2$의 3개이다.

1214 답 ③

$$y=\frac{12-3x}{x-2}=\frac{-3(x-2)+6}{x-2}=\frac{6}{x-2}-3$$

직선 $y=mx-6m+4=m(x-6)+4$는 m의 값에 관계없이
점 $(6, 4)$를 지난다.
즉, $3\leq x\leq5$에서 함수
$y=\frac{12-3x}{x-2}$의 그래프와
직선 $y=mx-6m+4$는
오른쪽 그림과 같다.

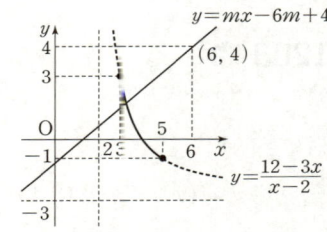

따라서 함수 $y=\frac{12-3x}{x-2}$의
그래프와 직선
$y=mx-6m+4$의 교점이 존재하도록 하는 기울기 m의 최댓값
은 직선이 점 $(5, -1)$을 지날 때이므로
$$m=\frac{4-(-1)}{6-5}=5$$

> **선생님 톡톡**
>
> 함수의 그래프와 직선이 만나는 조건에 대한 문제는 이차방정식의 판별식을 이용하는
> 경우가 많아.
> 하지만 제한된 범위에서 함수의 그래프와 직선이 만날 조건은 직선의 기울기를 이용하
> 는 경우가 많지.

1215 답 ④

$$y=\frac{2x}{x-6}=\frac{2(x-6)+12}{x-6}=\frac{12}{x-6}+2$$

$0\leq x\leq5$에서 함수 $y=\frac{2x}{x-6}$의 그래프
와 직선 $y=mx$는 오른쪽 그림과 같다.
따라서 함수 $y=\frac{2x}{x-6}$의 그래프와 직선

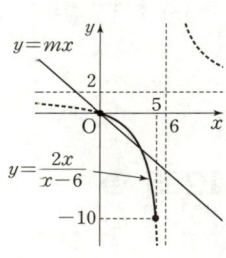

$y=mx$가 서로 다른 두 점에서 만나는
기울기 m의 최솟값은 직선이
점 $(5, -10)$을 지날 때이므로
$$m=\frac{(-10)-0}{5-0}=-2$$

1216 답 ④

1217 답 ①

$f(1)=\dfrac{1+a}{2\times 1-1}=a+1$이므로

$(g\circ f)(1)=g(f(1))=\dfrac{3f(1)-1}{f(1)+3}$

$\qquad\qquad\quad=\dfrac{3(a+1)-1}{(a+1)+3}=\dfrac{3a+2}{a+4}$

이때 $(g\circ f)(1)=1$이므로

$\dfrac{3a+2}{a+4}=1,\ 3a+2=a+4$

$2a=2\qquad\therefore\ a=1$

1218 답 3

$f^1(x)=f(x)=\dfrac{x}{x-1}$에서

$f^2(x)=(f\circ f^1)(x)$

$\qquad\ =(f\circ f)(x)=f(f(x))$

$\qquad\ =\dfrac{f(x)}{f(x)-1}=\dfrac{\dfrac{x}{x-1}}{\dfrac{x}{x-1}-1}$

$\qquad\ =\dfrac{x}{x-(x-1)}=x$

$f^3(x)=(f\circ f^2)(x)=f(f^2(x))=f(x)=\dfrac{x}{x-1}$

$\qquad\vdots$

즉, 자연수 m에 대하여

$f^{2m-1}(x)=\dfrac{x}{x-1},\ f^{2m}(x)=x$

따라서 $f^{50}(x)=x$이므로

$f^{50}(3)=3$ $\quad\rightarrow 50=2\times 25$

1219 답 10

$f^1(x)=f(x)=\dfrac{1}{1-x}$에서

$f^2(x)=(f\circ f^1)(x)$

$\qquad\ =(f\circ f)(x)=f(f(x))$

$\qquad\ =\dfrac{1}{1-f(x)}=\dfrac{1}{1-\dfrac{1}{1-x}}$

$\qquad\ =\dfrac{1-x}{(1-x)-1}=\dfrac{x-1}{x}$

$f^3(x)=(f\circ f^2)(x)=f(f^2(x))$

$\qquad\ =\dfrac{1}{1-\dfrac{x-1}{x}}=\dfrac{1}{\dfrac{x-(x-1)}{x}}=x$

$f^4(x)=(f\circ f^3)(x)=f(f^3(x))=f(x)=\dfrac{1}{1-x}$

$\qquad\vdots$

즉, 자연수 m에 대하여

$f^{3m-2}(x)=\dfrac{1}{1-x},\ f^{3m-1}(x)=\dfrac{x-1}{x},\ f^{3m}(x)=x$

따라서 $f^{100}(x)=\dfrac{1}{1-x}$이므로

$f^{100}\left(\dfrac{9}{10}\right)=\dfrac{1}{1-\dfrac{9}{10}}=\dfrac{1}{\dfrac{1}{10}}=10$ $\quad\rightarrow 100=3\times 34-2$

1220 답 ③

$(g\circ f)(x)=g(f(x))=\dfrac{a\left(\dfrac{x+4}{x-2}\right)+b}{\left(\dfrac{x+4}{x-2}\right)+c}$

$\qquad\qquad\quad=\dfrac{a(x+4)+b(x-2)}{(x+4)+c(x-2)}$

$\qquad\qquad\quad=\dfrac{(a+b)x+4a-2b}{(c+1)x+4-2c}$

$(g\circ f)(x)=\dfrac{1}{x}$에서

$\dfrac{(a+b)x+4a-2b}{(c+1)x+4-2c}=\dfrac{1}{x}$

이때 $a+b=0,\ 4-2c=0$에서 $b=-a,\ c=2$이므로

$\dfrac{6a}{3x}=\dfrac{1}{x},\ 6a=3$

$\therefore\ a=\dfrac{1}{2},\ b=-\dfrac{1}{2}$

$\therefore\ a-b+c=\dfrac{1}{2}-\left(-\dfrac{1}{2}\right)+2=3$

1221 답 3

1222 답 ③

$g(f(x))=x$이므로

$g(x)=f^{-1}(x)$

$y=\dfrac{3}{x-a}+2$라 하면

$y-2=\dfrac{3}{x-a},\ x-a=\dfrac{3}{y-2}$

$\therefore\ x=\dfrac{3}{y-2}+a$

x와 y를 서로 바꾸면

$y=\dfrac{3}{x-2}+a$

$\therefore\ g(x)=f^{-1}(x)=\dfrac{3}{x-2}+a$

따라서 $a=4,\ b=3$이므로

$a+b=4+3=7$

1223 답 ①

함수 $f(x)=\dfrac{ax+9}{6x+b}$와 그 역함수의 그래프가 모두 점 $(1, 2)$를 지

나므로 $f(1)=2$에서

$2=\dfrac{a+9}{6+b},\ 12+2b=a+9$

$\therefore\ a-2b=3$ $\qquad\cdots\cdots$ ㉠

$f^{-1}(1)=2$에서 $f(2)=1$이므로

$1=\dfrac{2a+9}{12+b},\ 12+b=2a+9$

$\therefore\ 2a-b=3$ $\qquad\cdots\cdots$ ㉡

㉠, ㉡을 연립하여 풀면

$a=1,\ b=-1$

따라서 $f(x)=\dfrac{x+9}{6x-1}$이므로

$\therefore\ f(-1)=\dfrac{(-1)+9}{6\times(-1)-1}=-\dfrac{8}{7}$

1224 답 ②

함수 $y=f(x)$의 그래프가 직선 $y=x$에 대하여 대칭이므로 $f^{-1}=f$가 성립한다.

$y=\dfrac{ax+2}{3x+a+2}$라 하면

$y(3x+a+2)=ax+2$

$(3y-a)x=-(a+2)y+2$

$\therefore x=\dfrac{-(a+2)y+2}{3y-a}$

x와 y를 서로 바꾸면 $y=\dfrac{-(a+2)x+2}{3x-a}$

$\therefore f^{-1}(x)=\dfrac{-(a+2)x+2}{3x-a}$

따라서 $f^{-1}=f$이므로

$\dfrac{-(a+2)x+2}{3x-a}=\dfrac{ax+2}{3x+a+2}$에서

$\underset{\text{분자에서}}{-(a+2)=a},\ \underset{\text{분모에서}}{-a=a+2}$　$\therefore a=-1$

1225 답 ①

조건 (가)에 의하여 함수 $y=f(x)$의 그래프가 두 직선 $y=-2$, $y=2$와 각각 만나는 점의 개수의 합은 1이다.

함수 $y=f(x)$의 그래프가 x축과 평행한 직선과 만나는 점의 개수는 점근선을 제외하면 모두 1이므로 두 직선 $y=-2$, $y=2$ 중 하나는 함수 $y=f(x)$의 그래프의 점근선이다.

이때 함수 $y=f(x)$, 즉 $y=\dfrac{a}{x}+b$의 그래프의 점근선의 방정식은 $y=b$이므로

$b=-2$ 또는 $b=2$ ······ ㉠

한편, $f(x)=\dfrac{a}{x}+b$에서 $y=\dfrac{a}{x}+b$라 하면

$\dfrac{a}{x}=y-b,\ x=\dfrac{a}{y-b}$

x와 y를 서로 바꾸면 $y=\dfrac{a}{x-b}$

$\therefore f^{-1}(x)=\dfrac{a}{x-b}$

이때 조건 (나)에서 $f^{-1}(2)=f(2)-1$이므로

$\dfrac{a}{2-b}=\left(\dfrac{a}{2}+b\right)-1$ ······ ㉡

㉡에서 $b\neq2$이므로 $b=-2$ ($\because$ ㉠)

$b=-2$를 ㉡에 대입하면

$\dfrac{a}{2-(-2)}=\dfrac{a}{2}+(-2)-1,\ \dfrac{a}{4}=\dfrac{a}{2}-3$

$\therefore a=12$

따라서 $f(x)=\dfrac{12}{x}-2$이므로

$f(8)=\dfrac{12}{8}-2=-\dfrac{1}{2}$

1226 답 ⑤

1227 답 ③

$(f\circ f^{-1}\circ f)(7)=(f\circ f^{-1})(f(7))=f(7)$

$f(7)=a$라 하면 $f^{-1}(a)=7$

$f^{-1}(a)=\dfrac{4a+2}{a-1}=7$에서

$4a+2=7a-7,\ -3a=-9$　$\therefore a=3$

$\therefore (f\circ f^{-1}\circ f)(7)=3$

1228 답 ②

$(f\circ g^{-1})^{-1}(5)=(g\circ f^{-1})(5)$

$\qquad\qquad\qquad\ =g(f^{-1}(5))$

$f^{-1}(5)=a$라 하면 $f(a)=5$

$f(a)=\dfrac{a+3}{2a-3}=5$에서

$a+3=10a-15,\ -9a=-18$

$\therefore a=2$

$\therefore (f\circ g^{-1})^{-1}(5)=g(f^{-1}(5))$

$\qquad\qquad\qquad\qquad =g(2)$

$\qquad\qquad\qquad\qquad =\dfrac{3\times2}{2+1}=2$

1229 답 ④

$(f^{-1}\circ g)^{-1}(x)=(g^{-1}\circ f)(x)$이므로

$(f\circ(f^{-1}\circ g)^{-1}\circ f^{-1})(a)=(f\circ g^{-1}\circ f\circ f^{-1})(a)$

$\qquad\qquad\qquad\qquad\qquad =(f\circ g^{-1})(a)$

$\qquad\qquad\qquad\qquad\qquad =f(g^{-1}(a))$

이때 $g^{-1}(a)=b$라 하면 $\underset{f(g^{-1}(a))=-2}{f(b)=-2}$이므로

$f(b)=\dfrac{3b-1}{b+3}=-2$

$3b-1=-2b-6,\ 5b=-5$

$\therefore b=-1$

따라서 $g^{-1}(a)=-1$이므로

$g(-1)=a$

$\dfrac{(-1)-3}{2\times(-1)+1}=a$

$\therefore a=4$

1230 답 ③

$(g\circ f^{-1})(x)=\dfrac{3x-1}{7-x}$에서

$(g\circ f^{-1})^{-1}(x)=(f\circ g^{-1})(x)$

$y=\dfrac{3x-1}{7-x}$이라 하고 x와 y를 서로 바꾸면

$x=\dfrac{3y-1}{7-y},\ x(7-y)=3y-1$

$(x+3)y=7x+1$

$\therefore y=\dfrac{7x+1}{x+3}$

$\therefore (f\circ g^{-1})(x)=\dfrac{7x+1}{x+3}$

x 대신 $g(x)$를 대입하면

$\underset{}{(f\circ g^{-1})(g(x))}=\dfrac{7g(x)+1}{g(x)+3}$　$\begin{array}{l}(f\circ g^{-1})(g(x))\\=(f\circ g^{-1}\circ g)(x)\\=f(x)\end{array}$

$\therefore f(x)=\dfrac{7\left(\dfrac{2x+1}{x-2}\right)+1}{\left(\dfrac{2x+1}{x-2}\right)+3}$

$\qquad =\dfrac{7(2x+1)+(x-2)}{(2x+1)+3(x-2)}$

$\qquad =\dfrac{15x+5}{5x-5}$

$\qquad =\dfrac{3x+1}{x-1}$

따라서 $a=3$, $b=1$, $c=1$이므로

$a+b+c=3+1+1=5$

STEP 3 실전 업

1231 답 ②

One Point Lesson
다항식의 곱셈과 나눗셈의 결과가 상수이므로 분모와 분자가 상수배의 관계가 되어야 한다.

$$\frac{x^2-3x+2}{x+7} \times \frac{x+2}{x^2+ax+b} \div \frac{x^2+x-2}{x^2+10x+21}$$

$$=\frac{(x-1)(x-2)}{x+7} \times \frac{x+2}{x^2+ax+b} \div \frac{(x+2)(x-1)}{(x+3)(x+7)}$$

$$=\frac{(x-1)(x-2)}{x+7} \times \frac{x+2}{x^2+ax+b} \times \frac{(x+3)(x+7)}{(x+2)(x-1)}$$

$$=\frac{(x+3)(x-2)}{x^2+ax+b}=\frac{x^2+x-6}{x^2+ax+b}$$

분자, 분모의 최고차항의 계수가 같고, 주어진 식의 값이 상수이어야 하므로

$x^2+ax+b=x^2+x-6$

$\therefore a=1, b=-6$

$\therefore a+b=1+(-6)=-5$

1232 답 4

One Point Lesson
다항식의 나눗셈을 이용하여 분자의 차수를 낮추어 식을 간단히 한다.

$$\frac{x^3}{x^2-x+1} - \frac{x^3}{x^2+x+1}$$

$$=\frac{x^3+1-1}{x^2-x+1} - \frac{x^3-1+1}{x^2+x+1}$$

$$=\frac{(x+1)(x^2-x+1)-1}{x^2-x+1} - \frac{(x-1)(x^2+x+1)+1}{x^2+x+1}$$

$$=\left(x+1+\frac{-1}{x^2-x+1}\right)-\left(x-1+\frac{1}{x^2+x+1}\right)$$

$$=2-\frac{1}{x^2-x+1}-\frac{1}{x^2+x+1}$$

$$=2-\left(\frac{1}{x^2-x+1}+\frac{1}{x^2+x+1}\right)$$

$$=2-\frac{(x^2+x+1)+(x^2-x+1)}{(x^2-x+1)(x^2+x+1)}$$

$$=2-\frac{2x^2+2}{(x^2-x+1)(x^2+x+1)}$$

$\therefore f(x)=2x^2+2$

따라서 구하는 $f(x)$의 차수는 2이고 최고차항의 계수도 2이다.

$\therefore m+n=2+2=4$

1233 답 ②

One Point Lesson
함수 $f(x)$의 역함수 $f^{-1}(x)$를 구한 후 주어진 조건을 이용한다.

$y=\dfrac{a}{x-b}+c$라 하면

$y-c=\dfrac{a}{x-b}$ $\therefore x=\dfrac{a}{y-c}+b$

x와 y를 서로 바꾸면 $y=\dfrac{a}{x-c}+b$

$\therefore f^{-1}(x)=\dfrac{a}{x-c}+b$

이때 유리함수의 그래프는 두 점근선의 교점에 대하여 대칭이므로 조건 (나)에 의하여

$b=1, c=3$ $\therefore f(x)=\dfrac{a}{x-1}+3$

조건 (가)에서 $f(2)=5$이므로

$\dfrac{a}{2-1}+3=5, a+3=5$ $\therefore a=2$

$\therefore abc=2\times1\times3=6$

1234 답 6

One Point Lesson
번분수식을 간단히 하여 (정수)±(분수식)으로 나타내야 한다.

$$\frac{2+\dfrac{8}{n-1}}{1-\dfrac{2}{1+\dfrac{1}{n-1}}}=\frac{2+\dfrac{8}{n-1}}{1-\dfrac{2}{\dfrac{n}{n-1}}}=\frac{2+\dfrac{8}{n}}{1-\dfrac{2}{n}}$$

$$=\frac{\dfrac{2n+8}{n}}{\dfrac{n-2}{n}}=\frac{2n+8}{n-2}$$

$$=\frac{2(n-2)+12}{n-2}$$

$$=2+\frac{12}{n-2}$$

> $n-2$가 1, 2, 3, 4, 6, 12이면 $n=3, 4, 5, 6, 8, 14$
> $n-2$가 $-1, -2, -3, -4, -6, -12$이면 $n=1, 0, -1, -2, -4, -10$

주어진 식이 정수가 되려면 $n-2$가 $\pm(12$의 약수)이어야 한다.

이때 $n\ne1$이므로 자연수 n은 3, 4, 5, 6, 8, 14의 6개이다.

해설 속 칠판
0이 아닌 정수 m에 대하여 $\dfrac{m}{n}$이 정수가 되려면 n은 $\pm(m$의 약수)이다.

1235 답 ②

One Point Lesson
주어진 유리함수의 점근선의 방정식을 구하여 교점의 좌표를 구해야 한다.

함수 $y=\dfrac{ax+1}{bx+c}$의 그래프의 점근선의 방정식이

$x=-\dfrac{c}{b}, y=\dfrac{a}{b}$이므로 두 점근선의 교점의 좌표는

$\left(-\dfrac{c}{b}, \dfrac{a}{b}\right)$ > (x좌표)<0, (y좌표)>0

이때 교점이 제2사분면에 존재하므로

$-\dfrac{c}{b}<0, \dfrac{a}{b}>0$ $\therefore \dfrac{c}{b}>0, \dfrac{a}{b}>0$

즉, a, b, c의 부호가 모두 같다.

ㄱ. 주어진 조건만으로 a의 부호를 알 수 없다. (거짓)

ㄴ. 부호가 같은 두 수의 곱은 양수이므로 $bc>0$ (참)

ㄷ. $a<0, b<0, c<0$이면 $abc<0$ (거짓)

따라서 옳은 것은 ㄴ이다.

1236 답 ⑤

One Point Lesson

비례식을 활용하여 주어진 식을 한 문자로 정리한 후 정수가 되는 경우를 찾는다.

$x:y:z=n:3:(2n-1)$에서

$x=nk,\ y=3k,\ z=(2n-1)k\ (k\neq0)$라 하면

$$\frac{2x+3y-z}{x-y+z}=\frac{2nk+9k-(2n-1)k}{nk-3k+(2n-1)k}$$

$$=\frac{10k}{(3n-4)k}=\frac{10}{3n-4}\quad\cdots\cdots\ \bigcirc$$

$\bigcirc$이 정수가 되려면 $3n-4$가 $\pm(10$의 약수$)$이어야 한다.

따라서 주어진 조건을 만족시키는 자연수 n의 값은 1, 2, 3이므로

그 합은

$1+2+3=6$

> $3n-4$가 1, 2, 5, 10이면 $n=\frac{5}{3},\ 2,\ 3,\ \frac{14}{3}$
> $3n-4$가 $-1,\ -2,\ -5,\ -10$이면
> $n=1,\ \frac{2}{3},\ -\frac{1}{3},\ -2$

1237 답 ③

One Point Lesson

우변의 분모가 모두 $2x-1$의 거듭제곱임을 유의하자.

주어진 식의 양변에 $x=1$을 대입하면

$$\frac{1^{20}+2\times1^{10}-3}{(2\times1-1)^{21}}=\frac{a_1}{(2\times1-1)}+\frac{a_2}{(2\times1-1)^2}+\frac{a_3}{(2\times1-1)^3}$$

$$+\cdots+\frac{a_{20}}{(2\times1-1)^{20}}$$

$\therefore\ a_1+a_2+a_3+\cdots+a_{20}=0\quad\cdots\cdots\ \bigcirc$

주어진 식의 양변에 $x=0$을 대입하면

$$\frac{0^{20}+2\times0^{10}-3}{(2\times0-1)^{21}}=\frac{a_1}{(2\times0-1)}+\frac{a_2}{(2\times0-1)^2}+\frac{a_3}{(2\times0-1)^3}$$

$$+\cdots+\frac{a_{20}}{(2\times0-1)^{20}}$$

$\therefore\ -a_1+a_2-a_3+\cdots+a_{20}=3\quad\cdots\cdots\ \bigcirc$

$\bigcirc+\bigcirc$을 하면

$2(a_2+a_4+a_6+\cdots+a_{20})=3$

$\therefore\ a_2+a_4+a_6+\cdots+a_{20}=\dfrac{3}{2}$

1238 답 ②

One Point Lesson

함수 $f(x)$를 $f(x)=\dfrac{t}{x-p}+q$ 꼴로 변형하여 평행이동할 수 있는 그래프를 찾는다.

$$f(x)=\frac{4x+3-k^2}{x-k}=\frac{4(x-k)+3-k^2+4k}{x-k}$$

$$=\frac{-k^2+4k+3}{x-k}+4$$

이때 $t=-k^2+4k+3$이라 하면

$1\leq k\leq4$인 k에 대하여

$t=-k^2+4k+3$

$\ =-(k-2)^2+7$

이므로 $3\leq t\leq7$

따라서 | 보기 |의 함수의 중에서 함수

$y=\dfrac{4}{x}$의 그래프와 함수 $y=\dfrac{6}{x}$의

그래프를 평행이동하여 겹쳐질 수 있으므로 ㄴ, ㄷ이다.

> $3\leq($분자$)\leq7$

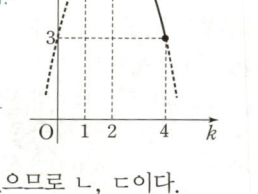

1239 답 ④

One Point Lesson

세 점이 한 직선 위에 있으면 세 점 중에서 임의의 두 점을 이은 직선의 기울기가 서로 같음을 이용한다.

곡선 $y=\dfrac{k}{x-2}+1$의 점근선의 방정식은 $x=2,\ y=1$이므로

$C(2,\ 1)$

또한, 곡선 $y=\dfrac{k}{x-2}+1$이 x축과 만나는 점은

$0=\dfrac{k}{x-2}+1$에서 $\dfrac{k}{x-2}=-1,\ x=2-k$ $\therefore\ A(2-k,\ 0)$

곡선 $y=\dfrac{k}{x-2}+1$이 y축과 만나는 점은

$y=\dfrac{k}{0-2}+1$에서 $y=-\dfrac{k}{2}+1$ $\therefore\ B\left(0,\ -\dfrac{k}{2}+1\right)$

세 점 A, B, C가 한 직선 위에 있으므로 두 직선 AC, BC의 기울기가 같다. 즉,

$$\frac{1-0}{2-(2-k)}=\frac{1-\left(-\dfrac{k}{2}+1\right)}{2-0},\ \frac{1}{k}=\frac{k}{4},\ k^2=4$$

$\therefore\ k=-2\ (\because\ k<0)$

1240 답 ②

One Point Lesson

평행이동을 이용하여 주어진 상황을 간단한 식으로 표현한다.

함수 $y=\dfrac{12}{x-2}+4$의 그래프는 함수 $y=\dfrac{12}{x}$의 그래프를 x축의 방향으로 2만큼, y축의 방향으로 4만큼 평행이동한 것이다.

또한, 직선 $y=m(x-2)+4$도 직선 $y=mx$를 x축의 방향으로 2만큼, y축의 방향으로 4만큼 평행이동한 것이다.

즉, $f(x)=\dfrac{12}{x}$라 할 때, 함수 $y=f(x)$의 그러프와 직선 $y=mx$의 두 교점을 각각 $P_1,\ Q_1$이라 하면 $\overline{P_1Q_1}=\overline{PQ}=10$이다.

함수 $y=f(x)$의 그래프와 직선 $y=mx$는 모드 원점에 대하여 대칭

이므로 $\overline{P_1Q_1}=2\overline{OP_1}=10$ $\therefore\ \overline{OP_1}=5$

점 P_1의 좌표를 $\left(t,\ \dfrac{12}{t}\right)\ (t>0)$라 하면

$$\overline{OP_1}=\sqrt{t^2+\left(\frac{12}{t}\right)^2}=5$$

$t^2+\dfrac{144}{t^2}=25,\ t^4-25t^2+144=0$

$(t^2-9)(t^2-16)=0,\ t^2=9$ 또는 $t^2=16$

$\therefore\ t=3$ 또는 $t=4\ (\because\ t>0)$

(i) $t=3$인 경우

점 $P_1(3,\ 4)$가 직선 $y=mx$ 위의 점이므로

$4=3m$ $\therefore\ m=\dfrac{4}{3}$

(ii) $t=4$인 경우

점 $P_1(4,\ 3)$이 직선 $y=mx$ 위의 점이므로

$3=4m$ $\therefore\ m=\dfrac{3}{4}$

(i), (ii)에서 $m=\dfrac{4}{3}$ 또는 $m=\dfrac{3}{4}$이므로 그 합은

$$\frac{4}{3}+\frac{3}{4}=\frac{25}{12}$$

1241 <답> 8

함수 $y=-\dfrac{2}{x}$ $(x<0)$의 그래프를 x축의 방향으로 -1만큼, y축의 방향으로 2만큼 평행이동한 그래프의 식은

$y=-\dfrac{2}{x+1}+2$ $(x<-1)$

이때 점 P는 함수 $y=-\dfrac{2}{x+1}+2$
의 그래프 위의 점이므로 점 P의 좌
표를 $\left(a,\ -\dfrac{2}{a+1}+2\right)$ $(a<-1)$
라 하면

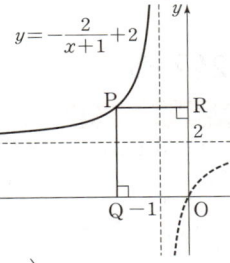

$\square$PQOR$=\overline{QO}\times\overline{RO}$

$\qquad =-a\left(-\dfrac{2}{a+1}+2\right)$

$\qquad =\{(-a-1)+1\}\left(\dfrac{2}{-a-1}+2\right)$

$\qquad =2(-a-1)+\dfrac{2}{-a-1}+4$

이때 $-a-1>0$이므로 산술평균과 기하평균의 관계에 의하여

$2(-a-1)+\dfrac{2}{-a-1}\geq 2\sqrt{2(-a-1)\times\dfrac{2}{-a-1}}=4$

$\qquad\qquad$ (단, 등호는 $a=-2$일 때 성립)

따라서 사각형 PQOR의 넓이의 최솟값은
$4+4=8$

1242 <답> ④

ㄱ. 함수 $y=\dfrac{a}{x+b}+c$의 그래프는 $x=-b$, $y=c$를 점근선으로
가진다.
주어진 그래프의 개형에서
$a<0$, $-b<0$, $c<0$
$\therefore a<0$, $b>0$, $c<0$
$\therefore ac>0$ (거짓)

ㄴ. 주어진 함수의 그래프가 y축과 만나는 점의 좌표가 $(0,\ -3)$
이므로

$-3=\dfrac{a}{0+b}+c$ $\qquad\therefore c=-3-\dfrac{a}{b}$ $\qquad$ ······ ㉠

$c>-2$, 즉 $c+2>0$이므로

$c+2=-3-\dfrac{a}{b}+2=-1-\dfrac{a}{b}>0$, $-1>\dfrac{a}{b}$

$\therefore a<-b$ $(\because b>0)$

한편, $c<0$이므로 ㉠에서 $-3-\dfrac{a}{b}=c<0$, $\dfrac{a}{b}>-3$

$\therefore -3b<a$ $(\because b>0)$
즉, $-3b<a<-b$ (참)

ㄷ. ㉠에서 $a=b(-3-c)$ $\qquad$ ······ ㉡
주어진 함수의 그래프가 x축과 만나는 점의 좌표가 $(-1,\ 0)$
이므로

$\dfrac{a}{-1+b}+c=0$ $\qquad\therefore a=-c(b-1)$ $\qquad$ ······ ㉢

㉡=㉢에서

$b(-3-c)=-c(b-1)$

$\dfrac{b}{b-1}=\dfrac{-c}{-3-c}$ $\qquad\therefore \dfrac{b}{b-1}=\dfrac{c}{c+3}$ (참)

따라서 옳은 것은 ㄴ, ㄷ이다.

1243 <답> ⑤

함수 $y=\dfrac{4}{x-a}-4$의 그래프의 점근선의 방정식은 $x=a$, $y=-4$
이므로 C$(a,\ -4)$

함수 $y=\dfrac{4}{x-a}-4$의 그래프가 x축과 만나는 점은

$0=\dfrac{4}{x-a}-4$에서 $\dfrac{4}{x-a}=4$

$x=a+1$ $\qquad\therefore$ A$(a+1,\ 0)$

함수 $y=\dfrac{4}{x-a}-4$의 그래프가 y축과 만나는 점은

$y=\dfrac{4}{0-a}-4$에서 $y=-\dfrac{4}{a}-4$ $\qquad\therefore$ B$\left(0,\ -\dfrac{4}{a}-4\right)$

오른쪽 그림과 같이 점 C에서 x축,
y축에 내린 수선의 발을 각각 H, I
라 하면

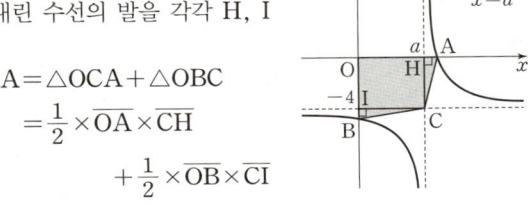

$\square$OBCA$=\triangle$OCA$+\triangle$OBC

$\qquad =\dfrac{1}{2}\times\overline{OA}\times\overline{CH}$

$\qquad\quad +\dfrac{1}{2}\times\overline{OB}\times\overline{CI}$

$\qquad =\left\{\dfrac{1}{2}\times(a+1)\times 4\right\}+\left\{\dfrac{1}{2}\times\left(\dfrac{4}{a}+4\right)\times a\right\}$ $(\because a>1)$

$\qquad =2(a+1)+2(a+1)=4(a+1)$

따라서 $4(a+1)=24$에서 $a=5$

1244 <답> 5

$(f\circ g)(x)=(g\circ f)(x)=x$이므로 함수 $g(x)$는 함수 $f(x)$의
역함수이다.
두 함수 $y=f(x)$, $y=g(x)$의 그래프는 직선 $y=x$에 대하여 대칭
이고, 두 직선 $x-y-6=0$과 $x+y=0$의 교점의 좌표는
$(3,\ -3)$이므로 함수 $y=g(x)$의 그래프는 점 $(3,\ -3)$에 대하여
대칭이다.
즉, 함수 $y=f(x)$의 그래프는 점 $(-3,\ 3)$에 대하여 대칭이다.

$f(x)=\dfrac{k}{x+3}+3$ $(k\neq 0)$이라 하면 $g(2)=p$에서 $f(p)=2$이므로

$\dfrac{k}{p+3}+3=2$, $\dfrac{k}{p+3}=-1$

$\therefore k=-p-3$

$\therefore f(x)=-\dfrac{p+3}{x+3}+3=\dfrac{-(p+3)+3(x+3)}{x+3}=\dfrac{3x+6-p}{x+3}$

두 함수 $y=f(x)$, $y=g(x)$의 그래프가 만나는 점은 함수 $y=f(x)$
의 그래프와 직선 $y=x$가 만나는 점과 일치하므로

$f(x)=x$, 즉 $\dfrac{3x+6-p}{x+3}=x$에서

$3x+6-p=x^2+3x$, $x^2=6-p$

$\therefore x=-\sqrt{6-p}$ 또는 $x=\sqrt{6-p}$

$\sqrt{6-p}=\alpha\ (\alpha>0)$라 하면 두 함수 $y=f(x)$, $y=g(x)$의 그래프가 만나는 두 점의 좌표가 각각 $(-\alpha,\ -\alpha)$, $(\alpha,\ \alpha)$이므로 두 점 사이의 거리는

$\sqrt{\{\alpha-(-\alpha)\}^2+\{\alpha-(-\alpha)\}^2}=2\sqrt{2}\alpha=2\sqrt{2}$

$\underbrace{}_{\alpha\geq0이므로\ \sqrt{8\alpha^2}=2\sqrt{2}\alpha}$

$\therefore \alpha=1$

따라서 $\sqrt{6-p}=1$이므로 $p=5$

1245 답 ⑤

곡선 $y=\dfrac{1}{x}\ (x>0)$ 위의 점 P의 좌표를 $\left(t,\ \dfrac{1}{t}\right)$이라 하고 점 P에서 직선 $3ax+4ay+3=0$까지의 거리를 d라 하면

$d=\dfrac{\left|3at+\dfrac{4a}{t}+3\right|}{\sqrt{(3a)^2+(4a)^2}}$

$=\dfrac{3at+\dfrac{4a}{t}+3}{5a}\ (\because a>0,\ t>0)$

$=\dfrac{1}{5}\left(3t+\dfrac{4}{t}\right)+\dfrac{3}{5a}$

이때 산술평균과 기하평균의 관계에 의하여

$3t+\dfrac{4}{t}\geq2\sqrt{3t\times\dfrac{4}{t}}=4\sqrt{3}$ (단, 등호는 $t=\dfrac{2\sqrt{3}}{3}$일 때 성립)

이므로

$d\geq\dfrac{1}{5}\times4\sqrt{3}+\dfrac{3}{5a}=\dfrac{3}{5a}+\dfrac{4\sqrt{3}}{5}$

따라서 $f(a)=\dfrac{3}{5a}+\dfrac{4\sqrt{3}}{5}$이므로

$f(\sqrt{3})+f(2\sqrt{3})=\left(\dfrac{3}{5\sqrt{3}}+\dfrac{4\sqrt{3}}{5}\right)+\left(\dfrac{3}{10\sqrt{3}}+\dfrac{4\sqrt{3}}{5}\right)=\dfrac{19\sqrt{3}}{10}$

1246 답 ④

함수 $y=\left|f(x+a)+\dfrac{a}{2}\right|$의 그래프는 함수 $y=f(x+a)+\dfrac{a}{2}$의 그래프에서 x축 아래에 그려진 부분을 x축에 대하여 대칭이동한 그래프이고, 이 함수의 그래프가 y축에 대하여 대칭이려면 함수 $y=f(x+a)+\dfrac{a}{2}$의 그래프의 점근선의 방정식은 다음 그림과 같이 $x=0$, $y=0$이어야 한다.

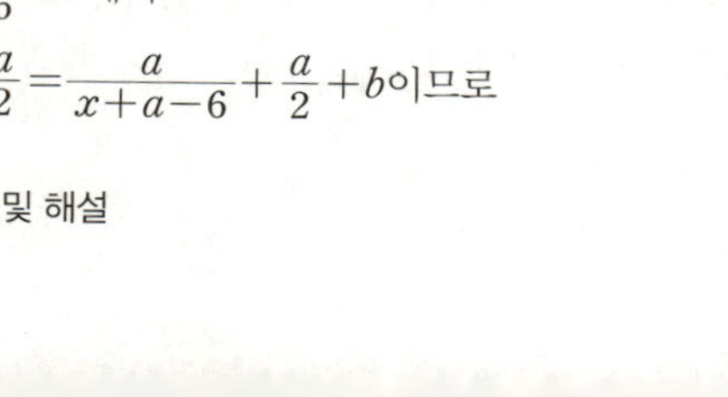

$f(x)=\dfrac{a}{x-6}+b$에서

$f(x+a)+\dfrac{a}{2}=\dfrac{a}{x+a-6}+\dfrac{a}{2}+b$이므로

함수 $y=f(x+a)+\dfrac{a}{2}$의 그래프의 점근선의 방정식은

$x=-a+6$, $y=\dfrac{a}{2}+b$

위의 점근선의 방정식이 $x=0$, $y=0$이어야 하므로

$-a+6=0$, $\dfrac{a}{2}+b=0$

$\therefore a=6$, $b=-3$

따라서 $f(x)=\dfrac{6}{x-6}-3$이므로

$f(b)=f(-3)=\dfrac{6}{(-3)-6}-3=-\dfrac{11}{3}$

1247 답 ③

$y=\dfrac{x+1}{x+3}=\dfrac{(x+3)-2}{x+3}=-\dfrac{2}{x+3}+1$

이므로 함수 $y=\dfrac{x+1}{x+3}$의 그래프는 함수 $y=-\dfrac{2}{x}$의 그래프를 x축의 방향으로 -3만큼, y축의 방향으로 1만큼 평행이동한 것이다.

오른쪽 그림과 같이 직선 $y=mx$와 직선 $x=-3$이 만나는 점을 Q, 점 A에서 직선 $y=mx$에 내린 수선의 발을 H, $\angle QOB=\theta$, $\overline{QB}=a$라 하면 직각삼각형 OQB에서

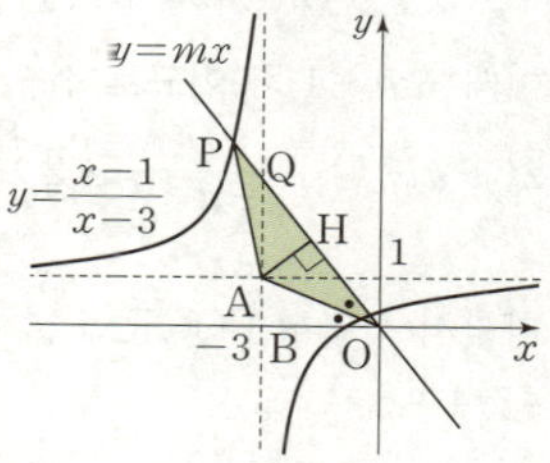

$\tan\theta=\dfrac{\overline{BQ}}{\overline{OB}}=\dfrac{a}{3}$

삼각형 ABO와 삼각형 AHO는 서로 합동 (RHA 합동)이고, 삼각형 QAH와 삼각형 QOB는 서로 닮음 (AA 닮음)이므로

$\overline{AB}=\overline{AH}=1$, $\overline{OB}=\overline{OH}=3$, $\angle QAH=\angle QOB=\theta$이고,

$\tan\theta=\dfrac{a}{3}$에서 $\dfrac{\overline{HQ}}{\overline{AH}}=\dfrac{a}{3}$

$\therefore \overline{HQ}=\dfrac{a}{3}$, $\overline{OQ}=\overline{OH}+\overline{HQ}=3+\dfrac{a}{3}$

직각삼각형 QBO에서

$\overline{OQ}^2=\overline{QB}^2+\overline{BO}^2$

$\left(3+\dfrac{a}{3}\right)^2=a^2+3^2$, $9+2a+\dfrac{a^2}{9}=a^2+9$

$2a-\dfrac{8a^2}{9}=0$, $2a\left(1-\dfrac{4a}{9}\right)=0$

$\therefore a=\dfrac{9}{4}\ (\because a>0)$

이때

$\overline{AQ}=a-\overline{AB}=\dfrac{9}{4}-1=\dfrac{5}{4}$,

$m=\dfrac{a-0}{-3-0}=\dfrac{\dfrac{9}{4}}{-3}=-\dfrac{3}{4}$

직선 $y=-\dfrac{3}{4}x$와 함수 $y=\dfrac{x+1}{x+3}$의 그래프의 교점의 x좌표는

$-\dfrac{3}{4}x=\dfrac{x+1}{x+3}$에서

$3x(x+3)=-4(x+1)$, $3x^2+13x+4=0$

$(3x+1)(x+4)=0$

$\therefore x=-\dfrac{1}{3}$ 또는 $x=-4$

즉, 점 P의 x좌표는 -4이므로 P$(-4, 3)$이다.
↑ (점 P의 x좌표)<-3

$\therefore \overline{OP}=\sqrt{(-4)^2+3^2}=5$

따라서 삼각형 PAO의 넓이는

$\dfrac{1}{2}\times\overline{OP}\times\overline{AH}=\dfrac{1}{2}\times5\times1=\dfrac{5}{2}$

> **해설 속 칩판 직각삼각형의 합동 조건**
>
> ⑴ RHA 합동: 두 직각삼각형이 빗변의 길이가 같고, 직각이 아닌 한 내각의 크기가 서로 같으면 두 삼각형은 합동이다.
>
> ⑵ RHS 합동: 두 직각삼각형이 빗변의 길이가 같고, 빗변이 아닌 한 변의 길이가 서로 같으면 두 삼각형은 합동이다.

1248 답 ①

One Point Lesson
상수 a에 대하여 $|x+a|$를 x의 값의 범위에 따라 나누어 그래프를 그려본다.

(i) $x<-a$일 때

$$f(x)=-\dfrac{4ax+2}{x+a}=-\dfrac{4a(x+a)-4a^2+2}{x+a}$$
$$=\dfrac{4a^2-2}{x+a}-4a\ (a\geq1)$$
↑ a는 자연수이므로 $a\geq1$이다.

따라서 $x<-a$일 때 곡선 $y=f(x)$는 점근선의 방정식이 $x=-a$, $y=-4a$인 유리함수의 그래프를 갖는다.

(ii) $x>-a$일 때

$$f(x)=\dfrac{4ax+2}{x+a}=\dfrac{4a(x+a)-4a^2+2}{x+a}$$
$$=-\dfrac{4a^2-2}{x+a}+4a\ (a\geq1)$$

따라서 $x>-a$일 때 곡선 $y=f(x)$는 점근선의 방정식이 $x=-a$, $y=4a$인 유리함수의 그래프를 갖는다.

(i), (ii)에서 함수

$f(x)=\dfrac{4ax+2}{|x+a|}$의 그래프는 오른쪽 그림과 같다.

따라서 자연수 a와 정수 k에 대하여 직선 $g(x)=k$와 곡선 $y=f(x)$가 만나는 점의 개수가 1이 되는 k의 값의 범위는 $-4a\leq k<4a$이므로
↑ $k=4a$이면 점근선과 일치하므로 교점을 가지지 않는다.

$h(a)=4a-(-4a)=8a$

$h(a)=8a\leq150$에서 $a\leq\dfrac{150}{8}=\dfrac{75}{4}=18.75$

$h(a)\leq150$을 만족시키는 자연수 a의 최댓값이 18이므로

$f(x)=\dfrac{72x+2}{|x+18|}$

$\therefore f(2)=\dfrac{72\times2+2}{|2+18|}=\dfrac{146}{20}=\dfrac{73}{10}$

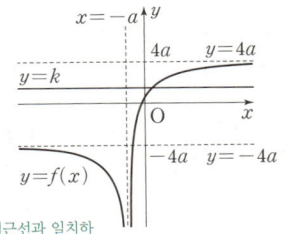

1249 답 6

함수 $y=\dfrac{3x-3}{x+1}$의 그래프의 점근선의 방정식은 $x=-1$, $y=3$이므로 함수 $y=\dfrac{3x-3}{x+1}$의 그래프는 점 $(-1, 3)$에 대하여 대칭이다. ❶

함수 $y=\dfrac{3x-3}{x+1}$의 그래프는 점 $(-1, 3)$을 지나고 기울기가 ±1인 직선에 대하여 대칭이므로 이 직선의 방정식을 각각

$y=-x+p$, $y=x+q$ (p, q는 상수)라 하면

$y=-x+p$에서 $3=-(-1)+p$

$\therefore p=2$

$y=x+q$에서 $3=(-1)+q$

$\therefore q=4$

즉, 함수 $y=\dfrac{3x-3}{x+1}$의 그래프는 직선 $y=-x+2$ 또는 직선 $y=x+4$에 대하여 대칭이다. ❷

따라서 $a=-1$, $b=2$, $c=1$, $d=4$ 또는 $a=1$, $b=4$, $c=-1$, $d=2$이므로

$a+b+c+d=6$ ❸

채점 기준	배점 비율
❶ 주어진 함수의 그래프가 대칭인 점의 좌표 구하기	20%
❷ 주어진 함수의 그래프가 대칭인 직선의 방정식 구하기	60%
❸ $a+b+c+d$의 값 구하기	20%

다른 풀이

$y=\dfrac{3x-3}{x+1}=\dfrac{3(x+1)-6}{x+1}=-\dfrac{6}{x+1}+3$

이므로 함수 $y=\dfrac{3x-3}{x+1}$의 그래프는 함수 $y=-\dfrac{1}{x}$의 그래프를 x축의 방향으로 -1만큼, y축의 방향으로 3만큼 평행이동한 것이다. ❶

이때 함수 $y=-\dfrac{1}{x}$의 그래프는 직선 $y=-x$ 또는 직선 $y=x$에 대하여 대칭이므로 함수 $y=\dfrac{3x-3}{x+1}$의 그래프는 직선 $y=-x$ 또는 직선 $y=x$을 x축의 방향으로 -1만큼, y축의 방향으로 3만큼 평행이동한 직선 $y-3=-\{x-(-1)\}$, 즉 $y=-x+2$ 또는 직선 $y-3=x-(-1)$, 즉 $y=x+4$에 대하여 대칭이다. ❷

따라서 $a=-1$, $b=2$, $c=1$, $d=4$ 또는 $a=1$, $b=4$, $c=-1$, $d=2$이므로

$a+b+c+d=6$ ❸

채점 기준	배점 비율
❶ 주어진 함수의 그래프가 함수 $y=-\dfrac{1}{x}$의 그래프를 얼마만큼 평행이동한지 알기	20%
❷ 주어진 함수의 그래프가 대칭인 직선의 방정식 구하기	60%
❸ $a+b+c+d$의 값 구하기	20%

1250 답 48

$\dfrac{x}{2}=\dfrac{y}{3}=\dfrac{z}{5}=k\ (k\neq0)$라 하면

$x=2k$, $y=3k$, $z=5k$ ...... ㉠ ❶

$xy+yz+zx=2k\times3k+3k\times5k+5k\times2k=31k^2$

이므로 $31k^2=124$에서

$k^2=4$ $\therefore k=2\ (\because xyz>0)$
↑ $k=-2$이면 $x=-4$, $y=-6$, $z=-10$이 되어 $xyz<0$이다.

$\therefore x=4$, $y=6$, $z=10\ (\because ㉠)$ ❷

$\therefore z^2-x^2-y^2=10^2-4^2-6^2=48$ ❸

채점 기준	배점 비율
❶ x, y, z를 하나의 미지수로 나타내기	30%
❷ $xy+yz+zx=124$를 이용하여 x, y, z의 값 각각 구하기	50%
❸ $z^2-x^2-y^2$의 값 구하기	20%

1251 답 6

점 P가 제1사분면 위의 점이므로 점 P의 좌표를

$\left(a, \dfrac{9}{a-3}+3\right)(a>3)$이라 하자.

함수 $y=\dfrac{9}{a-3}+3$의 두 점근선의

방정식은 $x=3$, $y=3$이므로 점 P에서 각각 두 점근선에 내린 수선의 발 Q, R는 각각

$Q\left(3, \dfrac{9}{a-3}+3\right)$, $R(a, 3)$

❶

즉, $\overline{PQ}=a-3$, $\overline{PR}=\dfrac{9}{a-3}$이므로

$\overline{PQ}+\overline{PR}=a-3+\dfrac{9}{a-3}$

❷

이때 $a>3$에서 $a-3>0$이므로 산술평균과 기하평균의 관계에 의하여

$a-3+\dfrac{9}{a-3}\geq 2\sqrt{(a-3)\times\dfrac{9}{a-3}}=6$

(단, 등호는 $a=6$일 때 성립)

따라서 $\overline{PQ}+\overline{PR}$의 최솟값은 6이다.

❸

채점 기준	배점 비율
❶ 점 P, Q, R의 좌표를 각각 미지수로 나타내기	30%
❷ $\overline{PQ}+\overline{PR}$를 미지수로 나타내기	20%
❸ 산술평균과 기하평균의 관계를 이용하여 $\overline{PQ}+\overline{PR}$의 최솟값 구하기	50%

1252 답 $\dfrac{1}{2}$

함수 $y=\dfrac{k}{x-1}+2$의 그래프는 점근선의 방정식은 $x=1$, $y=2$으로 두 점 P, Q는 오른쪽 그림과 같이 각각 두 점근선 위에 있다.
$k<0$이면 선분 PQ와 만나지 않으므로 $k>0$이다.
$k>0$일 때 함수 $y=\dfrac{k}{x-1}+2$의 그래프와 선분 PQ의 교점은 $1\leq x\leq 2$에서 함수 $y=\dfrac{k}{x-1}+2$의 그래프와 직선 PQ의 교점과 같다.

❶

이때 직선 PQ의 방정식은

$y=\dfrac{2-4}{2-1}(x-1)+4=-2x+6$

이므로

$-2x+6=\dfrac{k}{x-1}+2$, $-2x+4=\dfrac{k}{x-1}$

$(-2x+4)(x-1)=k$, $-2x^2+6x-4=k$

$\therefore 2x^2-6x+k+4=0$ ...... ㉠

❷

이차방정식 ㉠의 판별식을 D라 하면

$\dfrac{D}{4}=(-3)^2-2(k+4)\geq 0$

$1-2k\geq 0$ $\therefore k\leq\dfrac{1}{2}$

이때 $k>0$이므로 $0<k\leq\dfrac{1}{2}$

따라서 상수 k의 최댓값은 $\dfrac{1}{2}$이다.

❸

채점 기준	배점 비율
❶ 그래프를 이용하여 선분 PQ와 함수의 그래프가 교점을 갖는 상황 파악하기	30%
❷ 직선 PQ와 함수의 그래프의 교점의 x좌표를 구하는 방정식 세우기	30%
❸ 이차방정식의 판별식을 이용하여 상수 k의 최댓값 구하기	40%

1253 답 $4\sqrt{2}$

$f(x)=\dfrac{3x+1}{x-1}=\dfrac{3(x-1)+4}{x-1}=\dfrac{4}{x-1}+3$에서

함수 $y=f(x)$의 그래프의 두 점근선의 방정식은 $x=1$, $y=3$이므로 함수 $y=f(x)$의 그래프는 점 $(1, 3)$에 대하여 대칭이다.

❶

이때 주어진 직선은 m의 값에 관계없이 점 $(1, 3)$을 지나므로 오른쪽 그림과 같이 함수 $y=f(x)$의 그래프는 점 $(1, 3)$을 지나고 기울기가 1인 직선에 대하여 대칭이다.
즉, 선분 PQ의 길이는 $m=1$일 때 최소이다.

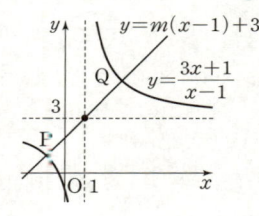

❷

직선 $y=1\times(x-1)+3=x+2$와 함수 $y=f(x)$의 그래프의 교점의 x좌표는

$x+2=\dfrac{3x+1}{x-1}$에서 $(x+2)(x-1)=3x+1$

$x^2+x-2=3x+1$, $x^2-2x-3=0$

$(x+1)(x-3)=0$

$\therefore x=-1$ 또는 $x=3$

$P(-1, 1)$, $Q(3, 5)$라 하면

$\overline{PQ}=\sqrt{\{3-(-1)\}^2+(5-1)^2}=4\sqrt{2}$

따라서 선분 PQ의 길이의 최솟값은 $4\sqrt{2}$이다.

❸

채점 기준	배점 비율
❶ 함수 $y=f(x)$의 그래프의 대칭점 찾기	20%
❷ 선분 PQ의 길이가 최소가 되는 기울기 m의 값 구하기	40%
❸ 선분 PQ의 길이의 최솟값 구하기	40%

1254 답 2

함수 $y=f(x)$의 그래프의 두 점근선의 방정식은 $x=-a$, $y=b$이므로 함수 $y=f(x)$의 그래프는 점 $(-a, b)$에 대하여 대칭이다.

조건 (가)에서

$\dfrac{a+b}{2}=-a$ ∴ $3a+b=0$ …… ㉠

❶

함수 $y=f(x)$는 정의역이 $\{x\,|\,x\le a$ 또는 $x\ge b\}$이고 함수 $y=f(x)$의 그래프는 점 $\mathrm{P}\!\left(\dfrac{a+b}{2},\ b\right)$에 대하여 대칭이므로

($\dfrac{a+b}{2}=-a$)

(i) $a>0$인 경우

함수 $y=f(x)$의 그래프와 직선이 두 점에서 만나는 경우는 다음과 같다.

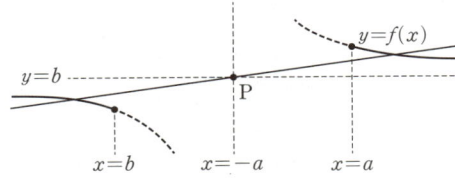

즉, 이 경우 직선 l의 기울기의 최솟값은 존재하지 않는다.

(ii) $a<0$인 경우

함수 $y=f(x)$의 그래프와 직선이 두 점에서 만나는 경우는 다음과 같다.

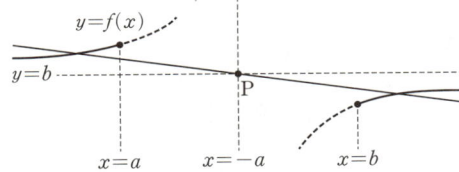

이 경우 직선 l의 기울기의 최솟값은 점 $(a,\ f(a))$를 지날 때이다.

즉, 두 점 $(a,\ f(a))$, $\mathrm{P}\!\left(\dfrac{a+b}{2},\ b\right)$를 지나는 직선의 기울기가 $-\dfrac{1}{4}$이므로

$\dfrac{a+b}{2}=-a$이므로 두 점 $(a,\ f(a))$, $(b,\ f(b))$는 점 P에 대하여 대칭이다. 즉, 세 점 P, $(a,\ f(a))$, $(b,\ f(b))$는 일직선 위에 있다.

$$\dfrac{b-f(a)}{\dfrac{a+b}{2}-a}=\dfrac{b-\left(\dfrac{1}{2}+b\right)}{\dfrac{-a+b}{2}}$$

$$=\dfrac{-\dfrac{1}{2}}{\dfrac{-a+b}{2}}$$

$$=\dfrac{1}{a-b}=-\dfrac{1}{4}$$

∴ $a-b=-4$ …… ㉡

(i), (ii)에서 $a-b=-4$

❷

㉠, ㉡을 연립하여 풀면

$a=-1,\ b=3$

∴ $a+b=(-1)+3=2$

❸

채점 기준	배점 비율
❶ 조건 (가)를 이용하여 a, b 사이의 관계식 구하기	30%
❷ 조건 (나)를 이용하여 a, b 사이의 관계식 구하기	50%
❸ $a+b$의 값 구하기	20%

 무리함수

10 무리함수

STEP 1 개념 체크

본문 218~219쪽

1255 답 ㄱ, ㄷ, ㄹ

근호 안에 문자가 포함되어 있는 식 중에서 유리식으로 나타낼 수 없는 식은 ㄱ, ㄷ, ㄹ이다.
ㄱ, ㄷ, ㄹ, ㅂ 이때 $\sqrt{(x^2+1)^2}=x^2+1$이므로 ㅂ은 유리식이다.

1256 답 $x\ge 2$

(근호 안의 식의 값)≥0이어야 하므로

$x-2\ge0$ ∴ $x\ge2$

1257 답 $x\ge 1$

(근호 안의 식의 값)≥0이어야 하므로

$x+1\ge0$, $x-1\ge0$

$x\ge-1$, $x\ge1$ ∴ $x\ge1$

1258 답 $x>3$

(근호 안의 식의 값)≥0, (분모)$\ne0$이어야 하므로

$x-3>0$ ∴ $x>3$

1259 답 $2<x\le5$

(근호 안의 식의 값)≥0, (분모)$\ne0$이어야 하므로

$5-x\ge0$, $x-2>0$

$x\le5$, $x>2$

∴ $2<x\le5$

1260 답 $2\le x\le3$

(근호 안의 식의 값)≥0이어야 하므로

$(x-3)(2-x)\ge0$에서 $(x-2)(x-3)\le0$

∴ $2\le x\le3$

1261 답 $x\le\dfrac{1}{3}$ 또는 $x\ge1$

(근호 안의 식의 값)≥0이어야 하므로

$3x^2-4x+1\ge0$에서 $(3x-1)(x-1)\ge0$

∴ $x\le\dfrac{1}{3}$ 또는 $x\ge1$

1262 답 6

$x+3\ge0$, $4-2x\ge0$이므로 $x\ge-3$, $x\le2$

∴ $-3\le x\le2$

따라서 조건을 만족시키는 정수 x는 -3, -2, -1, 0, 1, 2의 6개이다.

1263 답 4

$3-2x\ge0$, $x+3>0$이므로 $x\le\dfrac{3}{2}$, $x>-3$

∴ $-3<x\le\dfrac{3}{2}$

따라서 조건을 만족시키는 정수 x는 -2, -1, 0, 1의 4개이다.

10. 무리함수 **159**

1264 답 $x-5$

$x-5>0$이므로

$\sqrt{(x-5)^2}=|x-5|=x-5$

1265 답 2

$x-1>0$, $x-3<0$이므로

$\sqrt{(x-1)^2}+\sqrt{(x-3)^2}=|x-1|+|x-3|$
$=(x-1)-(x-3)$
$=2$

1266 답 x

$(\sqrt{x+y}+\sqrt{y})(\sqrt{x+y}-\sqrt{y})=(\sqrt{x+y})^2-(\sqrt{y})^2$
$=(x+y)-y$
$=x$

1267 답 1

$(\sqrt{x+2}+\sqrt{x+1})(\sqrt{x+2}-\sqrt{x+1})=(\sqrt{x+2})^2-(\sqrt{x+1})^2$
$=(x+2)-(x+1)$
$=1$

1268 답 $\sqrt{x+2}-\sqrt{x}$

$\dfrac{2}{\sqrt{x+2}+\sqrt{x}}=\dfrac{2(\sqrt{x+2}-\sqrt{x})}{(\sqrt{x+2}+\sqrt{x})(\sqrt{x+2}-\sqrt{x})}$
$=\dfrac{2(\sqrt{x+2}-\sqrt{x})}{(x+2)-x}$
$=\sqrt{x+2}-\sqrt{x}$

1269 답 $\sqrt{x+3}+\sqrt{x-3}$

$\dfrac{6}{\sqrt{x+3}-\sqrt{x-3}}=\dfrac{6(\sqrt{x+3}+\sqrt{x-3})}{(\sqrt{x+3}-\sqrt{x-3})(\sqrt{x+3}+\sqrt{x-3})}$
$=\dfrac{6(\sqrt{x+3}+\sqrt{x-3})}{(x+3)-(x-3)}$
$=\sqrt{x+3}+\sqrt{x-3}$

1270 답 $\dfrac{x-2\sqrt{xy}+y}{x-y}$

$\dfrac{\sqrt{x}-\sqrt{y}}{\sqrt{x}+\sqrt{y}}=\dfrac{(\sqrt{x}-\sqrt{y})^2}{(\sqrt{x}+\sqrt{y})(\sqrt{x}-\sqrt{y})}$
$=\dfrac{x-2\sqrt{xy}+y}{x-y}$

1271 답 $2x+1+2\sqrt{x(x+1)}$

$\dfrac{\sqrt{x+1}+\sqrt{x}}{\sqrt{x+1}-\sqrt{x}}=\dfrac{(\sqrt{x+1}+\sqrt{x})^2}{(\sqrt{x+1}-\sqrt{x})(\sqrt{x+1}+\sqrt{x})}$
$=\dfrac{x+1+2\sqrt{x(x+1)}+x}{(x+1)-x}$
$=2x+1+2\sqrt{x(x+1)}$

1272 답 $\dfrac{2\sqrt{x}}{x-y}$

$\dfrac{1}{\sqrt{x}+\sqrt{y}}+\dfrac{1}{\sqrt{x}-\sqrt{y}}=\dfrac{(\sqrt{x}-\sqrt{y})+(\sqrt{x}+\sqrt{y})}{(\sqrt{x}+\sqrt{y})(\sqrt{x}-\sqrt{y})}$
$=\dfrac{2\sqrt{x}}{x-y}$

1273 답 $2\sqrt{x+1}$

$\dfrac{1}{\sqrt{x+1}+\sqrt{x}}+\dfrac{1}{\sqrt{x+1}-\sqrt{x}}$
$=\dfrac{(\sqrt{x+1}-\sqrt{x})+(\sqrt{x+1}+\sqrt{x})}{(\sqrt{x+1}+\sqrt{x})(\sqrt{x+1}-\sqrt{x})}$
$=\dfrac{\sqrt{x+1}-\sqrt{x}+\sqrt{x+1}+\sqrt{x}}{(x+1)-x}$
$=2\sqrt{x+1}$

1274 답 ㄱ, ㄷ, ㅁ, ㅂ

ㄱ. $\sqrt{3x}$가 무리식이므로 $y=\sqrt{3x}$는 무리함수이다.

ㄴ. $y=-\sqrt{3}x$는 다항함수이다.

ㄷ. $\sqrt{x-1}$이 무리식이므로 $y=\sqrt{x-1}$은 무리함수이다.

ㄹ. $y=\sqrt{(x+2)^2}=|x+2|$는 무리함수가 아니다.

ㅁ. $\dfrac{x}{\sqrt{x}+1}$가 무리식이므로 $y=\dfrac{x}{\sqrt{x}+1}$는 무리함수이다.

ㅂ. $\sqrt{5x+1}-3$이 무리식이므로 $y=\sqrt{5x+1}-3$은 무리함수이다.

따라서 무리함수인 것은 ㄱ, ㄷ, ㅁ, ㅂ이다.

1275 답 $\{x|x\geq 1\}$

$x-1\geq 0$이므로 $x\geq 1$

따라서 주어진 함수의 정의역은 $\{x|x\geq 1\}$이다.

1276 답 $\left\{x\left|x\geq \dfrac{2}{3}\right.\right\}$

$3x-2\geq 0$이므로 $x\geq \dfrac{2}{3}$

따라서 주어진 함수의 정의역은 $\left\{x\left|x\geq \dfrac{2}{3}\right.\right\}$이다.

1277 답 해설 참조

함수 $y=\sqrt{2x}$의 그래프는 오른쪽 그림과
같고
정의역은 $\{x|x\geq 0\}$,
치역은 $\{y|y\geq 0\}$

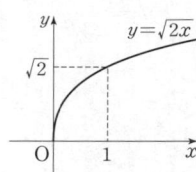

1278 답 해설 참조

함수 $y=-\sqrt{x}$의 그래프는 오른쪽
그림과 같고
정의역은 $\{x|x\geq 0\}$,
치역은 $\{y|y\leq 0\}$

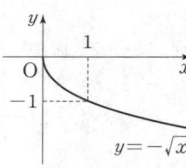

1279 답 해설 참조

함수 $y=\sqrt{-x}$의 그래프는 오른쪽
그림과 같고
정의역은 $\{x|x\leq 0\}$,
치역은 $\{y|y\geq 0\}$

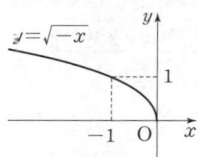

1280 답 해설 참조

함수 $y=-\sqrt{-3x}$의 그래프는 오른쪽 그림과 같고
정의역은 $\{x|x\leq0\}$,
치역은 $\{y|y\leq0\}$

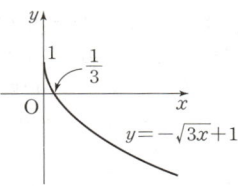

1281 답 $y=-\sqrt{-4x}$

주어진 식에 y 대신 $-y$를 대입하면
$-y=\sqrt{-4x}$ $\therefore y=-\sqrt{-4x}$

1282 답 $y=\sqrt{4x}$

주어진 식에 x 대신 $-x$를 대입하면
$y=\sqrt{-4\times(-x)}$ $\therefore y=\sqrt{4x}$

1283 답 $y=-\sqrt{4x}$

주어진 식에 x 대신 $-x$를, y 대신 $-y$를 대입하면
$-y=\sqrt{-4\times(-x)}$ $\therefore y=-\sqrt{4x}$

1284 답 $y=\sqrt{3x-6}+1$

주어진 식에 x 대신 $x-2$를, y 대신 $y-1$을 대입하면
$y-1=\sqrt{3(x-2)}$ $\therefore y=\sqrt{3x-6}+1$

1285 답 $y=-\sqrt{-2x-6}-1$

주어진 식에 x 대신 $x+3$을, y 대신 $y+1$을 대입하면
$y+1=-\sqrt{-2(x+3)}$ $\therefore y=-\sqrt{-2x-6}-1$

1286 답 $y=\sqrt{3(x+3)}-2$

$y=\sqrt{3x+9}-2=\sqrt{3(x+3)}-2$

1287 답 $y=-\sqrt{-2(x-4)}+1$

$y=-\sqrt{-2x+8}+1=-\sqrt{-2(x-4)}+1$

1288 답 해설 참조

함수 $y=\sqrt{x-2}$의 그래프는 함수 $y=\sqrt{x}$의 그래프를 x축의 방향으로 2만큼 평행이동한 것이므로 오른쪽 그림과 같고 정의역은 $\{x|x\geq2\}$, 치역은 $\{y|y\geq0\}$이다.

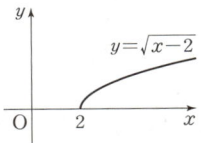

1289 답 해설 참조

$y=\sqrt{-x+3}+4=\sqrt{-(x-3)}+4$
따라서 주어진 함수의 그래프는
$y=\sqrt{-x}$의 그래프를 x축의 방향으로 3만큼, y축의 방향으로 4만큼 평행이동한 것이므로 오른쪽 그림과 같고 정의역은 $\{x|x\leq3\}$, 치역은 $\{y|y\geq4\}$이다.

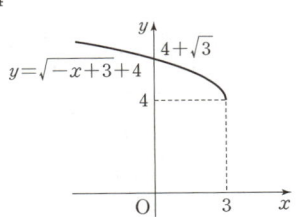

1290 답 해설 참조

함수 $y=-\sqrt{3x}+1$의 그래프는 함수 $y=-\sqrt{3x}$의 그래프를 y축의 방향으로 1만큼 평행이동한 것이므로 오른쪽 그림과 같고 정의역은 $\{x|x\geq0\}$, 치역은 $\{y|y\leq1\}$이다.

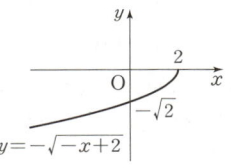

1291 답 해설 참조

$y=-\sqrt{-x+2}=-\sqrt{-(x-2)}$
따라서 주어진 함수의 그래프는 함수 $y=-\sqrt{-x}$의 그래프를 x축의 방향으로 2만큼 평행이동한 것이므로 오른쪽 그림과 같고 정의역은 $\{x|x\leq2\}$, 치역은 $\{y|y\leq0\}$이다.

STEP 2 유형 마스터   본문 220~232쪽

1292 답 ④

1293 답 ③

$7-x\geq0$에서 $x\leq7$ …… ㉠
$x^2-x-2\geq0$에서
$(x+1)(x-2)\geq0$
$\therefore x\leq-1$ 또는 $x\geq2$ …… ㉡
㉠, ㉡의 공통범위를 구하면 $x\leq-1$ 또는 $2\leq x\leq7$
따라서 조건을 만족시키는 자연수 x는 2, 3, 4, 5, 6, 7이므로 그 합은
$2+3+4+5+6+7=27$

1294 답 ②

$x^2-2x-3\geq0$에서 $(x+1)(x-3)\geq0$
$\therefore x\leq-1$ 또는 $x\geq3$ …… ㉠
$-x^2+9x-14>0$에서 $x^2-9x+14<0$
$(x-2)(x-7)<0$ $\therefore 2<x<7$ …… ㉡
㉠, ㉡의 공통범위를 구하면
$3\leq x<7$
따라서 조건을 만족시키는 자연수 x는 3, 4, 5, 6이므로 그 합은
$3+4+5+6=18$

1295 답 ③

$\sqrt{-2x^2+ax+b}$의 값이 실수가 되도록 하는 x의 값의 범위가 $3\leq x\leq6$이므로 이차부등식 $-2x^2+ax+b\geq0$, 즉 $2x^2-ax-b\leq0$의 해가 $3\leq x\leq6$이다.
즉, 해가 $3\leq x\leq6$이고 x^2의 계수가 2인 이차부등식은
$2(x-3)(x-6)\leq0$ ← x^2의 계수가 음수인 이차부등식은 양수로 나타낸 후 계산한다.
$\therefore 2x^2-18x+36\leq0$
따라서 $a=18$, $b=-36$이므로
$a+b=18+(-36)=-18$

1296 답 5

$f(x)=-x^2-2x+3$, $g(x)=x^2-7x$라 하면

(i) $f(x)\geq 0$, $g(x)\geq 0$일 때

$-x^2-2x+3\geq 0$에서 $x^2+2x-3\leq 0$

$(x+3)(x-1)\leq 0$ $\quad\therefore -3\leq x\leq 1$ $\quad\cdots\cdots\ \bigcirc$

$x^2-7x\geq 0$에서

$x(x-7)\geq 0$ $\quad\therefore x\leq 0$ 또는 $x\geq 7$ $\quad\cdots\cdots\ \bigcirc$

$\bigcirc$, $\bigcirc$의 공통범위를 구하면 $-3\leq x\leq 0$

(ii) $f(x)=g(x)$일 때

$-x^2-2x+3=x^2-7x$에서 $2x^2-5x-3=0$

$(2x+1)(x-3)=0$ $\quad\therefore x=-\dfrac{1}{2}$ 또는 $x=3$

(i), (ii)에서 $-3\leq x\leq 0$ 또는 $x=3$

따라서 조건을 만족시키는 정수 x는 -3, -2, -1, 0, 3의 5개이다.

> **선생님 톡톡**
>
> $f(x)=g(x)$인 경우를 놓치기 쉬우므로 주의해야 해. 무리식의 연산이 실수가 되는 것을 묻는 것이기 때문에 근호 안에만 신경쓰고 이 부분을 놓치는 경우가 많아. 식의 값이 0이 되는 경우도 꼭 체크하자!

1297 답 ③

1298 답 ②

$$\dfrac{x}{\sqrt{2x+1}+\sqrt{x+1}}-\dfrac{x}{\sqrt{2x+1}-\sqrt{x+1}}$$

$$=\dfrac{x(\sqrt{2x+1}-\sqrt{x+1})}{(\sqrt{2x+1}+\sqrt{x+1})(\sqrt{2x+1}-\sqrt{x+1})}$$
$$\qquad -\dfrac{x(\sqrt{2x+1}+\sqrt{x+1})}{(\sqrt{2x+1}-\sqrt{x+1})(\sqrt{2x+1}+\sqrt{x+1})}$$

$$=\dfrac{x(\sqrt{2x+1}-\sqrt{x+1})}{(2x+1)-(x+1)}-\dfrac{x(\sqrt{2x+1}+\sqrt{x+1})}{(2x+1)-(x+1)}$$

$$=\dfrac{x(\sqrt{2x+1}-\sqrt{x+1})}{x}-\dfrac{x(\sqrt{2x+1}+\sqrt{x+1})}{x}$$

$$=(\sqrt{2x+1}-\sqrt{x+1})-(\sqrt{2x+1}+\sqrt{x+1})=-2\sqrt{x+1}$$

1299 답 ②

$$\dfrac{2}{\sqrt{2x-3}+\sqrt{2x-1}}$$

$$=\dfrac{2(\sqrt{2x-3}-\sqrt{2x-1})}{(\sqrt{2x-3}+\sqrt{2x-1})(\sqrt{2x-3}-\sqrt{2x-1})}$$

$$=\dfrac{2(\sqrt{2x-3}-\sqrt{2x-1})}{(2x-3)-(2x-1)}=-\sqrt{2x-3}+\sqrt{2x-1}$$

$$\dfrac{2}{\sqrt{2x-1}+\sqrt{2x+1}}$$

$$=\dfrac{2(\sqrt{2x-1}-\sqrt{2x+1})}{(\sqrt{2x-1}+\sqrt{2x+1})(\sqrt{2x-1}-\sqrt{2x+1})}$$

$$=\dfrac{2(\sqrt{2x-1}-\sqrt{2x+1})}{(2x-1)-(2x+1)}=-\sqrt{2x-1}+\sqrt{2x+1}$$

$$\dfrac{2}{\sqrt{2x+1}+\sqrt{2x+3}}$$

$$=\dfrac{2(\sqrt{2x+1}-\sqrt{2x+3})}{(\sqrt{2x+1}+\sqrt{2x+3})(\sqrt{2x+1}-\sqrt{2x+3})}$$

$$=\dfrac{2(\sqrt{2x+1}-\sqrt{2x+3})}{(2x+1)-(2x+3)}=-\sqrt{2x+1}+\sqrt{2x+3}$$

$\therefore$ (주어진 식)

$$=(-\sqrt{2x-3}+\sqrt{2x-1})+(-\sqrt{2x-1}+\sqrt{2x+1})$$
$$\qquad\qquad +(-\sqrt{2x+1}+\sqrt{2x+3})$$

$$=-\sqrt{2x-3}+\sqrt{2x+3}$$

1300 답 ①

$x>0$이므로 $x+1>0$

$\sqrt{1+\dfrac{1}{x}}=\sqrt{\dfrac{x+1}{x}}=\dfrac{\sqrt{x+1}}{\sqrt{x}}$이므로

$$\dfrac{\sqrt{x}}{\dfrac{1}{\sqrt{x}}-\sqrt{1+\dfrac{1}{x}}}+\dfrac{\sqrt{x}}{\dfrac{1}{\sqrt{x}}+\sqrt{1+\dfrac{1}{x}}}$$

$$=\dfrac{\sqrt{x}}{\dfrac{1}{\sqrt{x}}-\dfrac{\sqrt{x+1}}{\sqrt{x}}}+\dfrac{\sqrt{x}}{\dfrac{1}{\sqrt{x}}+\dfrac{\sqrt{x+1}}{\sqrt{x}}}$$

$$=\dfrac{\sqrt{x}}{\dfrac{1-\sqrt{x+1}}{\sqrt{x}}}+\dfrac{\sqrt{x}}{\dfrac{1+\sqrt{x+1}}{\sqrt{x}}}=\dfrac{x}{1-\sqrt{x+1}}+\dfrac{x}{1+\sqrt{x+1}}$$

$$=\dfrac{x(1+\sqrt{x+1})}{(1-\sqrt{x+1})(1+\sqrt{x+1})}+\dfrac{x(1-\sqrt{x+1})}{(1+\sqrt{x+1})(1-\sqrt{x+1})}$$

$$=\dfrac{x(1+\sqrt{x+1})}{1-(x+1)}+\dfrac{x(1-\sqrt{x+1})}{1-(x+1)}$$

$$=\dfrac{x(1+\sqrt{x+1})}{-x}+\dfrac{x(1-\sqrt{x+1})}{-x}$$

$$=-(1+\sqrt{x+1})-(1-\sqrt{x+1})=-2$$

1301 답 ③

$x>0$이므로 $x+1>0$

$\sqrt{x^2+x}=\sqrt{x(x+1)}=\sqrt{x}\sqrt{x+1}$이므로

$$\dfrac{\dfrac{1}{\sqrt{x^2+x}}}{\dfrac{1}{\sqrt{x^2+x}}+\dfrac{1}{\sqrt{x}}+\dfrac{1}{\sqrt{x+1}}}+\dfrac{\dfrac{1}{\sqrt{x^2+x}}}{\dfrac{1}{\sqrt{x^2+x}}+\dfrac{1}{\sqrt{x}}-\dfrac{1}{\sqrt{x+1}}}$$

$$=\dfrac{\dfrac{1}{\sqrt{x}\sqrt{x+1}}}{\dfrac{1}{\sqrt{x}\sqrt{x+1}}+\dfrac{1}{\sqrt{x}}+\dfrac{1}{\sqrt{x+1}}}+\dfrac{\dfrac{1}{\sqrt{x}\sqrt{x+1}}}{\dfrac{1}{\sqrt{x}\sqrt{x+1}}+\dfrac{1}{\sqrt{x}}-\dfrac{1}{\sqrt{x+1}}}$$

$$=\dfrac{\dfrac{1}{\sqrt{x}\sqrt{x+1}}}{\dfrac{1+\sqrt{x+1}+\sqrt{x}}{\sqrt{x}\sqrt{x+1}}}+\dfrac{\dfrac{1}{\sqrt{x}\sqrt{x+1}}}{\dfrac{1+\sqrt{x+1}-\sqrt{x}}{\sqrt{x}\sqrt{x+1}}}$$

$$=\dfrac{1}{1+\sqrt{x+1}+\sqrt{x}}+\dfrac{1}{1+\sqrt{x+1}-\sqrt{x}}$$

$$=\dfrac{1}{(1+\sqrt{x+1})+\sqrt{x}}+\dfrac{1}{(1+\sqrt{x+1})-\sqrt{x}}$$

$$=\dfrac{1+\sqrt{x+1}-\sqrt{x}}{\{(1+\sqrt{x+1})+\sqrt{x}\}\{(1+\sqrt{x+1})-\sqrt{x}\}}$$
$$\qquad +\dfrac{1+\sqrt{x+1}+\sqrt{x}}{\{(1+\sqrt{x+1})-\sqrt{x}\}\{(1+\sqrt{x+1})+\sqrt{x}\}}$$

$$=\dfrac{1+\sqrt{x+1}-\sqrt{x}}{(1+\sqrt{x+1})^2-x}+\dfrac{1+\sqrt{x+1}+\sqrt{x}}{(1+\sqrt{x+1})^2-x}$$

$$=\dfrac{1+\sqrt{x+1}-\sqrt{x}}{(1+2\sqrt{x+1}+x+1)-x}+\dfrac{1+\sqrt{x+1}+\sqrt{x}}{(1+2\sqrt{x+1}+x+1)-x}$$

$$=\dfrac{1+\sqrt{x+1}-\sqrt{x}}{2+2\sqrt{x+1}}+\dfrac{1+\sqrt{x+1}+\sqrt{x}}{2+2\sqrt{x+1}}=\dfrac{2+2\sqrt{x+1}}{2+2\sqrt{x+1}}=1$$

1302 답 ③

1303 답 2

$x=\sqrt{2}$일 때, $x+1=\sqrt{2}+1>0$, $x-1=\sqrt{2}-1>0$이므로

$$f(x)=\frac{\sqrt{x+1}}{\sqrt{x-1}}-\frac{\sqrt{x-1}}{\sqrt{x+1}}$$
$$=\frac{(\sqrt{x+1})^2-(\sqrt{x-1})^2}{\sqrt{x-1}\sqrt{x+1}}$$
$$=\frac{(x+1)-(x-1)}{\sqrt{x^2-1}}$$
$$=\frac{2}{\sqrt{x^2-1}}$$

$$\therefore f(\sqrt{2})=\frac{2}{\sqrt{(\sqrt{2})^2-1}}=2$$

1304 답 ④

$x=\dfrac{4}{\sqrt{2}-1}=\dfrac{4(\sqrt{2}+1)}{(\sqrt{2}-1)(\sqrt{2}+1)}=4(\sqrt{2}+1)=4+4\sqrt{2}$

이므로

$$\frac{\sqrt{x}-2}{\sqrt{x}+2}+\frac{\sqrt{x}+2}{\sqrt{x}-2}=\frac{(\sqrt{x}-2)^2+(\sqrt{x}+2)^2}{(\sqrt{x}+2)(\sqrt{x}-2)}$$
$$=\frac{(x-4\sqrt{x}+4)+(x+4\sqrt{x}+4)}{x-4}$$
$$=\frac{2x+8}{x-4}$$
$$=\frac{2(4+4\sqrt{2})+8}{(4+4\sqrt{2})-4}$$ ⟵ $x=4+4\sqrt{2}$를 대입
$$=\frac{16+8\sqrt{2}}{4\sqrt{2}}=2+2\sqrt{2}$$

1305 답 ②

$x=\dfrac{3}{\sqrt{5}-\sqrt{2}}=\dfrac{3(\sqrt{5}+\sqrt{2})}{(\sqrt{5}-\sqrt{2})(\sqrt{5}+\sqrt{2})}=\sqrt{5}+\sqrt{2}$,

$y=\dfrac{3}{\sqrt{5}+\sqrt{2}}=\dfrac{3(\sqrt{5}-\sqrt{2})}{(\sqrt{5}+\sqrt{2})(\sqrt{5}-\sqrt{2})}=\sqrt{5}-\sqrt{2}$

에서 $x-y=2\sqrt{2}$, $xy=3$이므로

$$\frac{\sqrt{x}}{\sqrt{y}}-\frac{\sqrt{y}}{\sqrt{x}}=\frac{(\sqrt{x})^2-(\sqrt{y})^2}{\sqrt{y}\sqrt{x}}$$
$$=\frac{x-y}{\sqrt{xy}}\quad(\because x>0,\ y>0)$$
$$=\frac{2\sqrt{2}}{\sqrt{3}}=\frac{2\sqrt{6}}{3}$$ ⟵ $x-y=2\sqrt{2}$, $xy=3$을 대입

1306 답 ①

$x^2y^2=(2-\sqrt{3})(2+\sqrt{3})=1$

$\therefore xy=1\ (\because xy>0)$

$(x+y)^2=x^2+y^2+2xy$에서

$(x+y)^2=(2-\sqrt{3})+(2+\sqrt{3})+2\times1=6$

$\therefore x+y=-\sqrt{6}\ (\because x+y<0)$

$x^2-y^2=(2-\sqrt{3})-(2+\sqrt{3})=-2\sqrt{3}$이고

$x+y=-\sqrt{6}$이므로

$$x-y=\frac{x^2-y^2}{x+y}=\frac{-2\sqrt{3}}{-\sqrt{6}}=\sqrt{2}$$

$\therefore x-y=\sqrt{2}$

$$\therefore \frac{\sqrt{x}+\sqrt{y}}{\sqrt{x}-\sqrt{y}}=\frac{(\sqrt{x}+\sqrt{y})^2}{(\sqrt{x}-\sqrt{y})(\sqrt{x}+\sqrt{y})}$$
$$=\frac{x+y+2\sqrt{x}\sqrt{y}}{x-y}$$
$$=\frac{x+y-2\sqrt{xy}}{x-y}\quad(\because x<0,\ y<0)$$
$$=\frac{(-\sqrt{6})-2\times\sqrt{1}}{\sqrt{2}}$$ ⟵ $x+y=-\sqrt{6}$, $x-y=\sqrt{2}$, $xy=1$을 대입
$$=-\sqrt{3}-\sqrt{2}$$

1307 답 ⑤

1308 답 ①

$y=\sqrt{-3x+a}+a+1$에서 $y=\sqrt{-3\left(x-\dfrac{a}{3}\right)}+a+1$

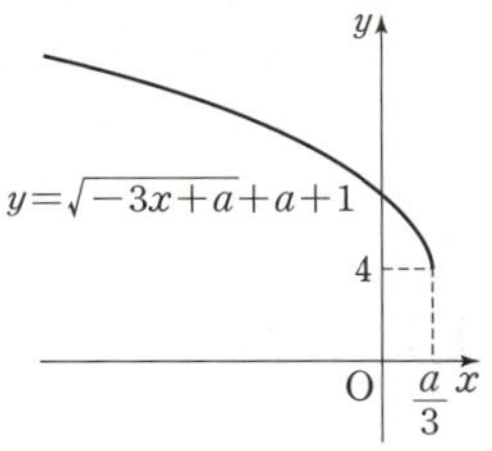

주어진 함수의 그래프가 오른쪽 그림
과 같고 치역이 $\{y\,|\,y\geq4\}$이므로
$a+1=4$ $\therefore a=3$
따라서 함수 $y=\sqrt{-3(x-1)}+4$의
정의역은 $\{x\,|\,x\leq1\}$이다.

$y=\sqrt{-3x+a}+a+1$

1309 답 ⑤

$y=-\sqrt{ax+4}+2-a$에서

$y=-\sqrt{a\left(x+\dfrac{4}{a}\right)}+2-a$

주어진 함수의 정의역이 $\{x\,|\,x\leq-a\}$이므로 a는 음수이어야 한다. ⟵ x의 계수

$\left\{x\,\middle|\,x\leq-\dfrac{4}{a}\right\}=\{x\,|\,x\leq-a\}$에서

$-\dfrac{4}{a}=-a$, $a^2=4$ $\therefore a=-2\ (\because a<0)$

따라서 함수 $y=-\sqrt{-2(x-2)}+4$의 치역은
$\{y\,|\,y\leq4\}$이므로 $b=4$

$\therefore a+b=(-2)+4=2$

1310 답 ①

함수 $y=-\sqrt{x-a}+a+2$의 그래프가 점 $(a,-a)$를 지나므로
$-a=-\sqrt{a-a}+a+2$, $-2a=2$ $\therefore a=-1$
함수 $y=-\sqrt{x+1}+1$에서 $\sqrt{x+1}\geq0$이므로 $-\sqrt{x+1}+1\leq1$이다.
따라서 함수 $y=-\sqrt{x+1}+1$의 치역은 $\{y\,|\,y\leq1\}$이다.

1311 답 ④

$f(x)=a\sqrt{b^2-x}+6-b$에서 $f(x)=a\sqrt{-(x-b^2)}+6-b$
함수 $f(x)=a\sqrt{-(x-b^2)}+6-b$의 정의역은 $\{x\,|\,x\leq b^2\}$이고
조건 (가)에 의하여 $a<0$이고 치역은 $\{y\,|\,y\leq6-b\}$이므로
$b^2=6-b$
$b^2+b-6=0$, $(b+3)(b-2)=0$
$\therefore b=-3$ 또는 $b=2$
(i) $b=-3$일 때
　함수 $f(x)=a\sqrt{9-x}+9$의 그래프가 점 $(5,0)$을 지나므로
　$0=a\sqrt{9-5}+9$, $2a+9=0$
　$\therefore a=-\dfrac{9}{2}$

(ii) $b=2$일 때

함수 $f(x)=a\sqrt{4-x}+4$의 정의역이 $\{x|x\le 4\}$이므로 조건 (나)를 만족시키지 않는다.

(i), (ii)에서 $a=-\dfrac{9}{2}$, $b=-3$

$\therefore b-2a=(-3)-2\times\left(-\dfrac{9}{2}\right)=6$

1312 답 5

1313 답 6

함수 $y=\sqrt{ax+6}-1$의 그래프를 x축의 방향으로 b만큼, y축의 방향으로 3만큼 평행이동하면

$y=\sqrt{a(x-b)+6}-1+3=\sqrt{ax-ab+6}+2$

이고, $y=\sqrt{2x+b}+c$의 그래프와 일치하므로

$a=2$, $-ab+6=b$, $2=c$

$\therefore a=2$, $b=2$, $c=2$

$\therefore a+b+c=2+2+2=6$

1314 답 ⑤

함수 $y=\sqrt{3x+a}+2$의 그래프를 x축에 대하여 대칭이동한 그래프는 함수 $-y=\sqrt{3x+a}+2$, 즉 $y=-\sqrt{3x+a}-2$의 그래프와 같다.

이때 함수 $y=-\sqrt{3x+a}-2$의 그래프가 두 점 $(2,-2)$, $(5,b)$를 지나므로

$-2=-\sqrt{3\times 2+a}-2$에서

$0=-\sqrt{6+a}$ $\therefore a=-6$

$b=-\sqrt{3\times 5-6}-2$에서 $b=-5$

$\therefore ab=(-6)\times(-5)=30$

1315 답 ④

함수 $y=\sqrt{ax}$의 그래프를 x축의 방향으로 -2만큼, y축의 방향으로 4만큼 평행이동하면

$y=\sqrt{a\{x-(-2)\}}+4=\sqrt{ax+2a}+4$

위의 함수의 그래프를 원점에 대하여 대칭이동하면

$-y=\sqrt{a\times(-x)+2a}+4$

$\therefore y=-\sqrt{-ax+2a}-4$ $\qquad\cdots\cdots$ ㉠

함수 ㉠의 그래프가 점 $(3,-6)$을 지나므로

$-6=-\sqrt{-a\times 3+2a}-4$, $-2=-\sqrt{-a}$

$\sqrt{-a}=2$ $\therefore a=-4$

1316 답 ②

① $y=\sqrt{x} \xrightarrow{\ \ ㄱ\ \ } y=\sqrt{x-2} \xrightarrow{\ \ ㄱ\ \ } y=\sqrt{x-4}$

③ $y=\sqrt{x} \xrightarrow{\ \ ㄹ\ \ } y=\sqrt{-x} \xrightarrow{\ \ ㄱ\ \ } y=\sqrt{-x+2}$

④ $y=\sqrt{x} \xrightarrow{\ \ ㄹ\ \ } y=\sqrt{-x} \xrightarrow{\ \ ㄷ\ \ } y=-\sqrt{-x}$

⑤ $y=\sqrt{x} \xrightarrow{\ \ ㄴ\ \ } y=\sqrt{x-1} \xrightarrow{\ \ ㄷ\ \ } y=-\sqrt{x}+1$

따라서 |보기|의 이동 중 두 개만을 사용하여 나타낼 수 있는 함수의 그래프가 아닌 것은 ②이다.

1317 답 ②

1318 답 ③

$y=-\sqrt{x+2}-1=-\sqrt{x-(-2)}-1$

이므로 함수 $y=-\sqrt{x+2}-1$의 그래프는 함수 $y=-\sqrt{x}$의 그래프를 x축의 방향으로 -2만큼, y축의 방향으로 -1만큼 평행이동한 것이다.

따라서 함수 $y=-\sqrt{x+2}-1$의 그래프는 오른쪽 그림과 같으므로 제 1, 2사분면을 지나지 않는다.

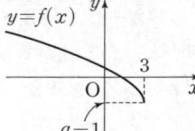

1319 답 ②

$f(x)=\sqrt{-3x+9}+a-1=\sqrt{-3(x-3)}+a-1$

이므로 함수 $y=f(x)$의 그래프는 함수 $y=\sqrt{-3x}$의 그래프를 x축의 방향으로 3만큼, y축의 방향으로 $a-1$만큼 평행이동한 것이다.

즉, 함수 $y=f(x)$의 그래프가 제1, 2, 4 사분면만을 지나려면 오른쪽 그림과 같이 $f(0)>0$, $f(3)<0$이어야 한다.

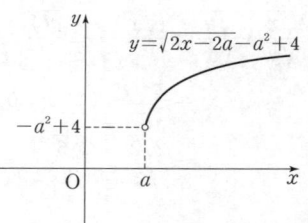

$f(0)>0$에서

$\sqrt{(-3)\times 0+9}+a-1>0$

$2+a>0$ $\therefore a>-2$ $\qquad\cdots\cdots$ ㉠

$f(3)<0$에서

$\sqrt{(-3)\times 3+9}+a-1<0$

$a-1<0$ $\therefore a<1$ $\qquad\cdots\cdots$ ㉡

㉠, ㉡의 공통부분을 구하면

$-2<a<1$

따라서 구하는 정수 a의 최솟값은 -1이다.

1320 답 ①

$y=\sqrt{2x-2a}-a^2+4=\sqrt{2(x-a)}-a^2+4$

이므로 함수 $y=\sqrt{2x-2a}-a^2+4$의 그래프는 함수 $y=\sqrt{2x}$의 그래프를 x축의 방향으로 a만큼, y축의 방향으로 $-a^2+4$만큼 평행이동한 것이다.

즉, 정의역이 $\{x|x>a\}$인 함수 $y=\sqrt{2x-2a}-a^2+4$의 그래프가 오직 하나의 사분면을 지나기 위해서는 오른쪽 그림과 같이 $a\ge 0$, $-a^2+4\ge 0$을 만족시켜야 한다.

$-a^2+4\ge 0$에서 $a^2-4\le 0$

$(a+2)(a-2)\le 0$

$\therefore -2\le a\le 2$

이때 $a\ge 0$이므로 $0\le a\le 2$

따라서 실수 a의 최댓값은 2이다.

1321 답 ④

$f(x)=a\sqrt{x+4}-8$이라 하면

$f(x)=a\sqrt{x+4}-8=a\sqrt{x-(-4)}-8$

에서 함수 $y=f(x)$의 그래프는 함수 $y=a\sqrt{x}$의 그래프를 x축의 방향으로 -4만큼, y축의 방향으로 -8만큼 평행이동한 것이다.

(i) $a<0$인 경우

오른쪽 그림과 같이 제3, 4사분면만을 지난다.

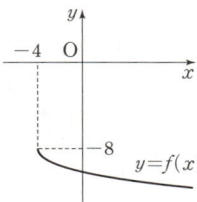

(ii) $a>0$인 경우

오른쪽 그림과 같이 원점을 지날 때 제1, 3사분면만을 지난다.

즉, $f(0)=0$에서
→ 원점은 어느 사분면에도 속하지 않는다.
$a\sqrt{0+4}-8=0$, $2a=8$
$\therefore a=4$

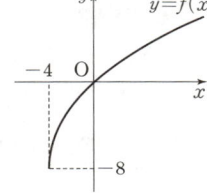

(i), (ii)에서 $a<0$ 또는 $a=4$

따라서 상수 a의 최댓값은 4이다.

1322 답 ②

1323 답 ④

주어진 함수의 그래프는 $y=\sqrt{ax}$의 그래프를 x축의 방향으로 -1만큼, y축의 방향으로 -2만큼 평행이동한 것이므로

$y=\sqrt{a\{x-(-1)\}}-2$ $\therefore y=\sqrt{a(x+1)}-2$

$\therefore b=-2$

주어진 함수의 그래프가 점 $(-3, 0)$을 지나므로

$0=\sqrt{a(-3+1)}-2$, $\sqrt{-2a}=2$

$-2a=4$ $\therefore a=-2$

$\therefore ab=(-2)\times(-2)=4$

1324 답 ①

주어진 함수의 그래프는 $y=-\sqrt{ax}$의 그래프를 x축의 방향으로 3만큼, y축의 방향으로 2만큼 평행이동한 것이므로

$y=-\sqrt{a(x-3)}+2$ $\therefore y=-\sqrt{ax-3a}+2$

$\therefore b=-3a$, $c=2$

주어진 함수의 그래프가 점 $(5, 0)$을 지나므로

$0=-\sqrt{5a-3a}+2$, $\sqrt{2a}=2$

$2a=4$ $\therefore a=2$

$\therefore b=(-3)\times2=-6$

$\therefore a+b+c=2+(-6)+2=-2$

1325 답 6

함수 $y=f(x)$는 $y=a\sqrt{-x}$의 그래프를 x축의 방향으로 b만큼, y축의 방향으로 $2b$만큼 평행이동한 것이므로

$y=a\sqrt{-(x-b)}+2b=a\sqrt{-x+b}+2b$

즉, $a-1=b$이므로 $a=b+1$ …… ㉠

함수 $y=f(x)$의 그래프가 점 $(0, 4)$를 지나므로

$4=a\sqrt{-(0-b)}+2b$

$4=a\sqrt{b}+2b$, $(b+1)\sqrt{b}=4-2b$ (∵ ㉠)

$b(b+1)^2=(4-2b)^2$

$b^3+2b^2+b=4b^2-16b+16$

$b^3-2b^2+17b-16=0$

$(b-1)(b^2-b+16)=0$

$\therefore b=1$ (∵ $b^2-b+16>0$), $a=2$ (∵ ㉠)

따라서 $f(x)=2\sqrt{-x+1}+2$이므로

$f(-3)=2\sqrt{-(-3)+1}+2=6$

1326 답 ④

ㄱ. $y=-\sqrt{ax+b}+c$
→ $a=0$이면 주어진 함수는 상수함수가 된다.

$=-\sqrt{a\left(x+\dfrac{b}{a}\right)}+c$

이므로 함수 $y=f(x)$의 그래프는 함수 $y=-\sqrt{ax}$의 그래프를 x축의 방향으로 $-\dfrac{b}{a}$만큼, y축의 방향으로 c만큼 평행이동한 것이다.

즉, $a>0$, $-\dfrac{b}{a}<0$, $c>0$이므로 $a>0$, $b>0$, $c>0$

$\therefore ac>0$ (거짓)

ㄴ. $p>1$이므로 $c>1$ …… ㉠

또한, $f(0)<0$이므로

$-\sqrt{b}+c<0$, $\sqrt{b}>c$

$\therefore b>c^2>1$ (∵ ㉠) (참)

ㄷ. ㄴ에서 $c>1$이므로 주어진 그래프에서

$f(c)<0$, $-\sqrt{ac+b}+c<0$

$c<\sqrt{ac+b}$, 즉 $1<c<\sqrt{ac+b}$

$\therefore ac+b>1$ (참)

따라서 옳은 것은 ㄴ, ㄷ이다.

1327 답 ③

1328 답 ⑤

① $x+3\geq0$이므로 $x\geq-3$

즉, 주어진 함수의 정의역은 $\{x|x\geq-3\}$이다. (거짓)

② $\sqrt{x+3}\geq0$이므로 $-\sqrt{x+3}\leq0$ $\therefore y\leq2$

즉, 주어진 함수의 치역은 $\{y|y\leq2\}$이다. (거짓)

③ $y=-\sqrt{x+3}+2$에 $x=-2$를 대입하면

$y=-\sqrt{(-2)+3}+2=1$

이므로 주어진 함수의 그래프는 점 $(-2, 1)$을 지난다. (거짓)

④ $y=-\sqrt{x+3}+2=-\sqrt{x-(-3)}+2$

이므로 주어진 함수의 그래프는 함수 $y=-\sqrt{x}$의 그래프를 x축의 방향으로 -3만큼, y축의 방향으로 2만큼 평행이동한 것이다. (거짓)

⑤ 그래프는 오른쪽 그림과 같이 제1, 2, 4사분면을 지나므로 주어진 함수의 그래프는 제3사분면을 지나지 않는다. (참)

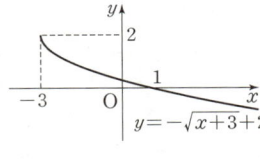

따라서 옳은 것은 ⑤이다.

1329 답 ③

ㄱ. $4-x\geq0$이므로 $x\leq4$

즉, 주어진 함수의 정의역은 $\{x|x\leq4\}$이다.

이때 $\sqrt{4-x}\geq0$이므로

$-\sqrt{4-x}\leq0$ $\therefore y\leq2$

따라서 주어진 함수의 치역은 $\{y|y\leq2\}$이다. (참)

ㄴ. $y=-\sqrt{4-x}+2$에 $x=3$을 대입하면
$y=-\sqrt{4-3}+2=1$
이므로 주어진 함수의 그래프는 점 $(3, 1)$을 지난다. (참)

ㄷ. $y=-\sqrt{4-x}+2=-\sqrt{-(x-4)}+2$
이므로 주어진 함수의 그래프는 함수 $y=-\sqrt{4-x}+2$는 함수 $y=-\sqrt{-x}$의 그래프를 x축의 방향으로 4만큼, y축의 방향으로 2만큼 평행이동한 것이다.
즉, 함수 $y=-\sqrt{4-x}+2$의 그래프는 오른쪽 그림과 같이 제1, 3사분면을 지난다. (거짓)

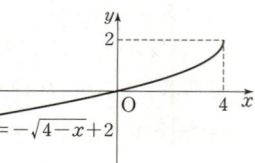

따라서 옳은 것은 ㄱ, ㄴ이다.

1330 답 ③

ㄱ. $b>0$이면 $bx+1\geq0$이므로
$x\geq-\dfrac{1}{b}$
즉, 주어진 함수의 정의역은 $\left\{x\,\middle|\,x\geq-\dfrac{1}{b}\right\}$이다. (참)

ㄴ. $a<0$이면 $\sqrt{bx+1}\geq0$이므로 $y\leq1$
즉, 주어진 함수의 치역은 $\{y\,|\,y\leq1\}$이다. (참)

ㄷ. $f(x)=a\sqrt{bx+1}+1$이라 하면
$f(x)=a\sqrt{bx+1}+1$
$\quad=a\sqrt{b\left\{x-\left(-\dfrac{1}{b}\right)\right\}}+1$
이므로 주어진 함수는 $y=a\sqrt{bx}$의 그래프를 x축의 방향으로 $-\dfrac{1}{b}$만큼, y축의 방향으로 1만큼 평행이동한 것이다.
즉, 함수 $y=f(x)$의 그래프의 개형은 오른쪽 그림과 같다.
이때 $f(0)=a+1\geq0$, 즉 $a\geq-1$이면 함수 $y=f(x)$의 그래프는 제3사분면을 지나지 않는다. (거짓)

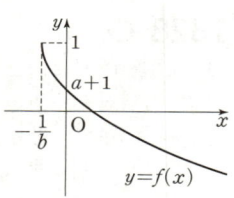

따라서 옳은 것은 ㄱ, ㄴ이다.

1331 답 ④

$f(x)=a\sqrt{x+b}+c$
$\quad=a\sqrt{x-(-b)}+c$

ㄱ. $a<0$이면 함수 $f(x)$의 정의역은 $\{x\,|\,x\geq-b\}$이고 치역은 $\{y\,|\,y\leq c\}$이다. (거짓)

ㄴ. 곡선 $y=f(x)$는 함수 $y=a\sqrt{x}$의 그래프를 x축의 방향으로 $-b$만큼, y축의 방향으로 c만큼 평행이동한 것과 같다.
이때 $a<0$이면 함수 $y=a\sqrt{x}$의 그래프는 오른쪽 그림과 같으므로 임의의 실수 b, c에 대하여 곡선 $y=f(x)$는 제4사분면을 지난다. (참)

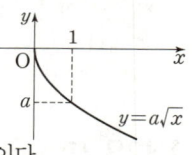

ㄷ. $ab>0$이면 $a<0$, $b<0$ 또는 $a>0$, $b>0$이다.
(i) $a<0$, $b<0$인 경우
곡선 $y=f(x)$는 오른쪽 그림과 같이 $c<0$이면 제4사분면, $c>0$이면 제1, 4사분면만 지난다.

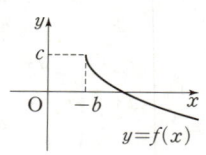

(ii) $a>0$, $b>0$인 경우
곡선 $y=f(x)$는 오른쪽 그림과 같이 $c>0$이면 제1, 2사분면만을 지나고, $c<0$이면 제3사분면을 반드시 지난다.

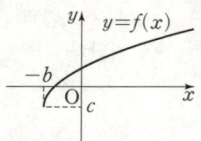

(i), (ii)에서 $ab>0$이고 곡선 $y=f(x)$가 제3사분면을 지나면 $a>0$, $b>0$, $c<0$이다. (참)

따라서 옳은 것은 ㄴ, ㄷ이다.

> **선생님 톡톡**
>
> ㄷ의 (ii)에서 $a>0$, $b>0$, $c<0$인 경우
> $f(x)=a\sqrt{x+b}+c$에서 $f(0)=a\sqrt{b}+c$
> 이때 $a\sqrt{b}+c>0$이면 곡선 $y=f(x)$는 제1, 2, 3사분면을 지나고,
> $a\sqrt{b}+c<0$이면 곡선 $y=f(x)$는 제1, 3, 4사분면을 지난다.

1332 답 ②

1333 답 ⑤

$y=\sqrt{-x+4}+2=\sqrt{-(x-4)}+2$
이므로 함수 $y=\sqrt{-x+4}+2$의 그래프는 $y=\sqrt{-x}$의 그래프를 x축의 방향으로 4만큼, y축의 방향으로 2만큼 평행이동한 것이다.
$-5\leq x\leq4$에서 함수 $y=\sqrt{-x+4}+2$의 그래프는 오른쪽 그림과 같다.
$x=-5$일 때의 y의 값은
$y=\sqrt{-(-5)+4}+2=5$
$x=4$일 때의 y의 값은
$y=\sqrt{-4+4}+2=2$

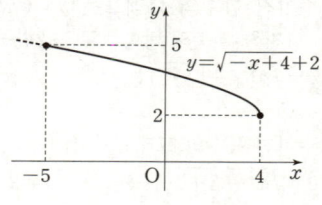

따라서 함수 $y=\sqrt{-x+4}+2$의 치역은 $\{y\,|\,2\leq y\leq5\}$이므로
$a=2$, $b=5$
$\therefore ab=2\times5=10$

1334 답 3

$f(x)=\sqrt{-ax+1}=\sqrt{-a\left(x-\dfrac{1}{a}\right)}\ (a>0)$
즉, 오른쪽 그림과 같이 함수 $y=f(x)$의 그래프는 함수 $y=\sqrt{-ax}$의 그래프를 x축의 방향으로 $\dfrac{1}{a}$만큼 평행이동한 것이다.
따라서 함수 $f(x)$는 $x=-5$일 때 최댓값 4를 가지므로 $f(-5)=4$에서
$\sqrt{-a\times(-5)+1}=4$, $5a+1=16$
$\therefore a=3$

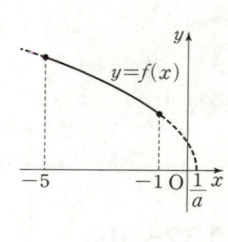

1335 답 ③

$y=-\sqrt{-3x+6}+1=-\sqrt{-3(x-2)}+1$
즉, 오른쪽 그림과 같이 함수 $y=-\sqrt{-3x+6}+1$의 그래프는 함수 $y=-\sqrt{-3x}$의 그래프를 x축의 방향으로 2만큼, y축의 방향으로 1만큼 평행이동한 것이다.

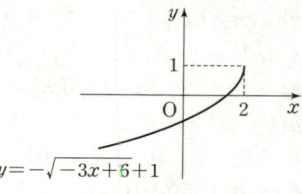

즉, 함수 $y=-\sqrt{-3x+6}+1$은 $x=a$에서 최솟값 -5, $x=b$에서 최댓값 1을 가지므로
$-5=-\sqrt{-3a+6}+1$에서
$\sqrt{-3a+6}=6$, $-3a+6=36$
$3a=-30$ ∴ $a=-10$
또한, 그래프가 점 $(2, 1)$을 지나므로 $b=2$
∴ $a+b=(-10)+2=-8$

1336 답 ③

함수 $y=\sqrt{x}+3$의 그래프는 함수 $y=\sqrt{x}$의 그래프를 y축의 방향으로 3만큼 평행이동한 것이므로
최댓값은 $M_n=\sqrt{n+1}+3$,
최솟값은 $m_n=\sqrt{n}+3$이다.

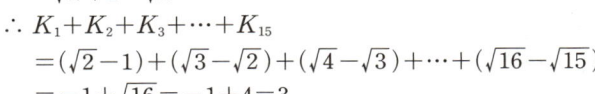

$K_n=M_n-m_n$
$\quad=(\sqrt{n+1}+3)-(\sqrt{n}+3)$
$\quad=\sqrt{n+1}-\sqrt{n}$
∴ $K_1+K_2+K_3+\cdots+K_{15}$
$\quad=(\sqrt{2}-1)+(\sqrt{3}-\sqrt{2})+(\sqrt{4}-\sqrt{3})+\cdots+(\sqrt{16}-\sqrt{15})$
$\quad=-1+\sqrt{16}=-1+4=3$

1337 답 ①

1338 답 -2

$f(x)=\sqrt{-4x-1}=\sqrt{-4\left\{x-\left(-\dfrac{1}{4}\right)\right\}}$

이므로 함수 $y=f(x)$의 그래프는 $y=\sqrt{-4x}$의 그래프를 x축의 방향으로 $-\dfrac{1}{4}$만큼 평행이동한 것이다.

오른쪽 그림과 같이 함수 $y=f(x)$의 그래프와 직선 $y=mx$가 접하려면 직선 $y=mx$는 기울기가 음수인 직선이어야 한다.

함수 $y=f(x)$의 그래프와 직선 $y=mx$가 접하므로
$\sqrt{-4x-1}=mx$, $-4x-1=m^2x^2$
∴ $m^2x^2+4x+1=0$
이 이차방정식의 판별식을 D라 하면
$\dfrac{D}{4}=2^2-m^2\times1=4-m^2=0$
에서 $m^2=4$
∴ $m=-2$ ($\because m<0$)

1339 답 ③

$y=5-2\sqrt{1-x}=-2\sqrt{-(x-1)}+5$

즉, 함수 $y=5-2\sqrt{1-x}$의 그래프는 함수 $y=-2\sqrt{-x}$의 그래프를 x축의 방향으로 1만큼, y축의 방향으로 5만큼 평행이동한 것이다.

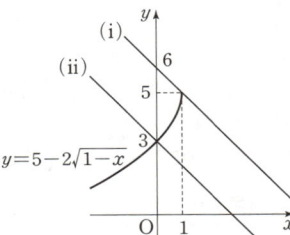

(i) 직선 $y=-x+k$가 점 $(1, 5)$를 지날 때
$5=-1+k$ ∴ $k=6$

(ii) 직선 $y=-x+k$가 점 $(0, 3)$을 지날 때
$3=0+k$ ∴ $k=3$

(i), (ii)에서 $3<k\le6$
따라서 모든 정수 k의 값은 4, 5, 6이므로 그 합은
$4+5+6=15$

1340 답 ①

함수 $y=f(x)$의 그래프는 함수 $y=\sqrt{x}$의 그래프를 x축의 방향으로 2만큼 평행이동한 것이다.

즉, 함수 $y=f(x)$의 그래프와 직선 $y=2x+k$가 서로 다른 두 점에서 만나려면 오른쪽 그림과 같아야 한다.

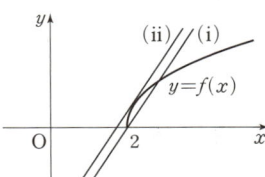

(i) 직선 $y=2x+k$가 점 $(2, 0)$을 지날 때
$0=2\times2+k$ ∴ $k=-4$

(ii) 직선 $y=2x+k$가 함수 $y=f(x)$의 그래프와 접할 때
$\sqrt{x-2}=2x+k$
$x-2=4x^2+4kx+k^2$
$4x^2+(4k-1)x+k^2+2=0$
위의 이차방정식의 판별식을 D라 하면
$D=(4k-1)^2-4\times4\times(k^2+2)=-8k-31=0$
∴ $k=-\dfrac{31}{8}$

(i), (ii)에서 $-4\le x<-\dfrac{31}{8}$
따라서 구하는 k의 최솟값은 -4이다.

1341 답 1

$f(x)=\sqrt{2x-4}=\sqrt{2(x-2)}$

이므로 함수 $y=f(x)$의 그래프는 함수 $y=\sqrt{2x}$의 그래프를 x축의 방향으로 2만큼 평행이동한 것이다.

또한, 점 $(-1, 0)$을 지나는 직선 l의 기울기가 m이므로 직선 l의 방정식은
$y=m(x+1)$

직선 l과 함수 $y=f(x)$의 그래프가 접할 때의 기울기를 $k\ (k>0)$라 하자.

직선 l과 함수 $y=f(x)$의 그래프가 만나지 않으려면 m은 양수이므로 k의 값보다 커야 한다.

직선 l과 함수 $y=f(x)$의 그래프가 접할 때
$\sqrt{2x-4}=k(x+1)$
$2x-4=k^2x^2+2k^2x+k^2$
$k^2x^2+2(k^2-1)x+k^2+4=0$
위의 이차방정식의 판별식을 D라 하면
$\dfrac{D}{4}=(k^2-1)^2-k^2(k^2+4)=-6k^2+1=0$
$6k^2=1$ ∴ $k=\dfrac{\sqrt{6}}{6}$ ($\because k>0$)

따라서 $m>k$이므로 자연수 m의 최솟값은 1이다.

1342 답 ③

1343 달 ③

역함수 $y=f^{-1}(x)$의 그래프가 x축과 만나는 점의 x좌표는 1, y축과 만나는 점의 y좌표는 5이므로

$f^{-1}(1)=0$, $f^{-1}(0)=5$

$f^{-1}(1)=0$에서 $f(0)=1$

$1=\sqrt{a\times0+4}+b$, $1=2+b$ $\therefore b=-1$

$f^{-1}(0)=5$에서 $f(5)=0$

$0=\sqrt{a\times5+4}-1$, $1=\sqrt{5a+4}$

$5a+4=1$ $\therefore a=-\dfrac{3}{5}$

$\therefore ab=\left(-\dfrac{3}{5}\right)\times(-1)=\dfrac{3}{5}$

1344 달 ②

$y=\sqrt{3-x}+4=\sqrt{-(x-3)}+4$

이므로 함수 $y=\sqrt{3-x}+4$의 치역은 $\{y|y\geq4\}$

즉, 함수 $y=\sqrt{3-x}+4$의 역함수의 정의역은 $\{x|x\geq4\}$이므로 $c=4$

$y=\sqrt{3-x}+4$에서 $y-4=\sqrt{3-x}$

$(y-4)^2=3-x$ $\therefore x=-y^2+8y-13$

x와 y를 서로 바꾸면

$y=-x^2+8x-13$

$\therefore a=8$, $b=-13$

$\therefore a+b+c=8+(-13)+4=-1$

1345 달 ②

함수 $f(x)$의 역함수 $f^{-1}(x)$의 정의역이 $\{x|x\leq-3\}$, 치역이 $\{y|y\geq-2\}$이므로 함수 $f(x)$의 정의역은 $\{x|x\geq-2\}$이고 치역은 $\{y|y\leq-3\}$이다.

이때 함수 $f(x)$의 정의역에서 $a>0$이고, 치역에서 $b=-3$이다.

$f(x)=-\sqrt{ax+8-a^2}-3=-\sqrt{a\left(x+\dfrac{8-a^2}{a}\right)}-3$

이므로

$\dfrac{8-a^2}{a}=2$, $a^2+2a-8=0$

$(a+4)(a-2)=0$ $\therefore a=2$ ($\because a>0$)

따라서 $f(x)=-\sqrt{2x+4}-3$이므로

$f(0)=-\sqrt{2\times0+4}-3=-5$

1346 달 ②

함수 $y=f(x)$의 그래프와 그 역함수 $y=f^{-1}(x)$의 그래프는 직선 $y=x$에 대하여 대칭이므로 함수 $y=f(x)$의 그래프는 오른쪽 그림과 같다.

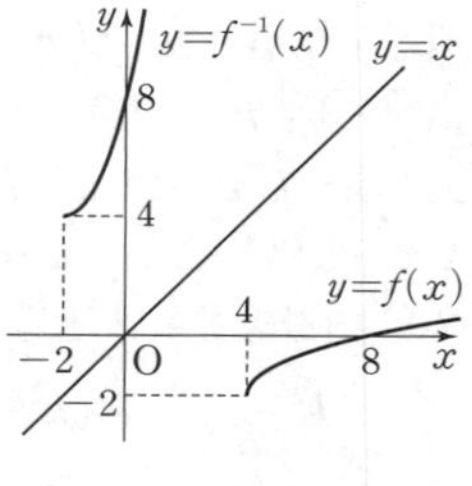

함수 $y=f(x)$의 그래프는 함수 $y=\sqrt{ax}$의 그래프를 x축의 방향으로 4만큼, y축의 방향으로 -2만큼 평행이동한 것이므로

$f(x)=\sqrt{a(x-4)}-2$

이때 주어진 함수 $y=f(x)$의 그래프가 점 $(8, 0)$을 지나므로

$0=\sqrt{a\times(8-4)}-2$, $\sqrt{4a}=2$

$4a=4$ $\therefore a=1$

따라서 $f(x)=\sqrt{x-4}-2$이므로

$f(5)=\sqrt{5-4}-2=-1$

1347 달 8

1348 달 4

함수 $f(x)=-\sqrt{-4x+1}+1$의 그래프와 역함수 $y=f^{-1}(x)$의 그래프의 원점이 아닌 교점 (a, b) $(a\neq0)$는 함수 $y=f(x)$의 그래프와 직선 $y=x$의 교점과 같으므로

$-\sqrt{-4a+1}+1=a$, $-4a+1=(a-1)^2$

$a^2+2a=0$, $a(a+2)=0$

$\therefore a=-2$ ($\because a\neq0$), $b=-2$

$\therefore ab=(-2)\times(-2)=4$

1349 달 ④

점 $(-1, 1)$이 함수 $f(x)=\sqrt{ax+b}-1$의 그래프와 역함수 $y=f^{-1}(x)$의 그래프의 교점이므로

$f(-1)=1$에서

$1=\sqrt{-a+b}-1$ $\therefore -a+b=4$ ……㉠

$f^{-1}(-1)=1$에서 $f(1)=-1$

$-1=\sqrt{a+b}-1$ $\therefore a+b=0$ ……㉡

㉠, ㉡을 연립하여 풀면

$a=-2$, $b=2$

$\therefore f(x)=\sqrt{-2x+2}-1$

$\therefore f(0)=\sqrt{-2\times0+2}-1=\sqrt{2}-1$

1350 달 ①

함수 $y=\sqrt{2x-a}+2$의 그래프가 그 역함수의 그래프와 접하므로 함수 $y=\sqrt{2x-a}+2$의 그래프는 직선 $y=x$와 접한다.

$\sqrt{2x-a}+2=x$, $2x-a=(x-2)^2$

$x^2-6x+4+a=0$

위의 이차방정식의 판별식을 D라 하면

$\dfrac{D}{4}=(-3)^2-1\times(4+a)=0$, $5-a=0$

$\therefore a=5$

1351 달 ②

$y=\dfrac{1}{5}x^2+\dfrac{1}{5}k$ $(x\geq0)$에서 $y-\dfrac{1}{5}k=\dfrac{1}{5}x^2$

$5y-k=x^2$ $\therefore x=\sqrt{5y-k}$

x와 y를 서로 바꾸면

$y=\sqrt{5x-k}$

즉, 함수 $f(x)$의 역함수는 함수 $g(x)$이고 두 함수 $y=f(x)$, $y=g(x)$의 그래프의 교점은 직선 $y=x$ 위에 있으므로

$\dfrac{1}{5}x^2+\dfrac{1}{5}k=x$ $\therefore x^2-5x+k=0$

이때 $h(x)=x^2-5x+k$라 하면 이차방정식 $h(x)=0$은 음이 아닌 서로 다른 두 실근을 가져야 하므로 이 이차방정식의 판별식을 D라 할 때

(i) $D=(-5)^2-4\times1\times k>0$

$25-4k>0$ $\therefore k<\dfrac{25}{4}$

(ii) $h(0)>0$에서 $k\geq0$

(iii) 이차함수 $y=h(x)$의 그래프의 축의 방정식이

$x=\dfrac{5}{2}>0$이므로 k의 값에 관계없이 항상 성립한다.

(i), (ii), (iii)에서 공통부분을 구하면

$0\le k<\dfrac{25}{4}$

따라서 정수 k는 0, 1, 2, 3, 4, 5, 6의 7개이다.

1352 답 ②

1353 답 ①

$(f\circ f)^{-1}(x)=(f^{-1}\circ f^{-1})(x)$이므로

$(f\circ f)^{-1}(4)=(f^{-1}\circ f^{-1})(4)=f^{-1}(f^{-1}(4))$

$f^{-1}(4)=a$라 하면 $f(a)=4$

$\sqrt{2a+4}=4$, $2a+4=16$

$\therefore a=6$

$f^{-1}(6)=b$라 하면 $f(b)=6$

$\sqrt{2b+4}=6$, $2b+4=36$

$\therefore b=16$

$\therefore (f\circ f)^{-1}(4)=16$

1354 답 ①

$(f\circ g^{-1})^{-1}(a)=3$에서 $\underline{(f\circ g^{-1})(3)=a}$

$(f\circ g^{-1})(3)=f(g^{-1}(3))$

> $((f\circ g^{-1})^{-1}\circ(f\circ g^{-1}))(x)$
> $=(g\circ f^{-1}\circ f\circ g^{-1})(x)$
> $=x$
> 이므로

$g^{-1}(3)=b$라 하면 $g(b)=3$

$\sqrt{4b+5}=3$, $4b+5=9$

$\therefore b=1$

$\therefore (f\circ g^{-1})(3)=f(1)=\sqrt{1+3}-3=-1$

$\therefore a=-1$

1355 답 ①

$(f\circ(g^{-1}\circ f)^{-1}\circ f)(x)=(f\circ f^{-1}\circ g\circ f)(x)$

$\qquad\qquad\qquad\qquad\qquad =(g\circ f)(x)=x$

즉, 함수 $g(x)$는 함수 $f(x)$의 역함수이다.

$g(7)=a$라 하면 $f(a)=7$

$\sqrt{2a-1}+4=7$, $2a-1=9$

$\therefore a=5$

$\therefore g(7)=5$

1356 답 22

> 정의역이 $\{x\,|\,x\ge2\}$이므로

$a\ge2$이므로 $f(a)=b$라 하면 $b\ge5$ $\cdots\cdots$ ㉠

$(g\circ f)(a)=g(f(a))=g(b)$

> $x\ge2$에서 $f(x)\ge5$이기 때문이다.

$g(b)=-\sqrt{b-2}+5$이고 ㉠에서 $b-2\ge3$이므로

$g(b)$가 자연수가 되도록 하는 $b-2$의 값은 4, 9, 16이다.

> $b-2$가 25이면
> $g(b)=(-5)+5=0$이 되어
> 자연수가 되지 않는다.

(i) $b-2=4$일 때

$b=6$

즉, $f(a)=6$이므로

$\sqrt{3a-2}+3=6$, $\sqrt{3a-2}=3$

$3a-2=9$ $\qquad\therefore a=\dfrac{11}{3}$

(ii) $b-2=9$일 때

$b=11$

즉, $f(a)=11$이므로

$\sqrt{3a-2}+3=11$, $\sqrt{3a-2}=8$

$3a-2=64$ $\qquad\therefore a=22$

(iii) $b-2=16$일 때

$b=18$

즉, $f(a)=18$이므로

$\sqrt{3a-2}+3=18$, $\sqrt{3a-2}=15$

$3a-2=225$ $\qquad\therefore a=\dfrac{227}{3}$

(i), (ii), (iii)에서 자연수 a의 값은 22이다.

STEP 3 실전 업 본문 233~236쪽

1357 답 ④

One Point Lesson

주어진 무리식이 항상 실수가 되려면 근호 안의 수가 항상 0보다 커야하므로 이차부등식과 연관지어 생각한다.

모든 실수 x에 대하여

$x^2-2kx+k+6>0$

이차방정식 $x^2-2kx+k+6=0$의 판별식을 D라 하면

$\dfrac{D}{4}=(-k)^2-1\times(k+6)<0$

$k^2-k-6<0$

$(k+2)(k-3)<0$

$\therefore -2<k<3$

따라서 구하는 정수 k의 최댓값은 2이다.

해설 속 칠판

이차부등식 $ax^2+bx+c>0$ $(a>0)$이 항상 성립할 조건은 이차방정식 $ax^2+bx+c=0$의 판별식을 D라 할 때 $D<0$이다.

1358 답 ③

One Point Lesson

합성함수와 역함수의 성질을 이용하여 주어진 식을 간단히 한다.

$f^{-1}(g(x))=2x$에서

$f(2x)=g(x)$

$\therefore g(3)=f(6)=\sqrt{3\times6-12}=\sqrt6$

다른 풀이

$y=\sqrt{3x-12}$ $(y\ge0)$라 하면

$y^2=3x-12$, $3x=y^2+12$ $\qquad\therefore x=\dfrac{1}{3}y^2+4$

x와 y를 서로 바꾸면 $y=\dfrac{1}{3}x^2+4$

$\therefore f^{-1}(x)=\dfrac{1}{3}x^2+4$ $(x\ge0)$

$f^{-1}(g(x))=2x$에서 $\dfrac{1}{3}\{g(x)\}^2+4=2x$

$\{g(x)\}^2=3(2x-4)$

이때 $x\ge2$에서 $g(x)\ge0$이므로 $g(x)=\sqrt{6x-12}$

$\therefore g(3)=\sqrt{6\times3-12}=\sqrt6$

1359 **답** ⑤

One Point Lesson
$a>0$일 때, 함수 $y=a\sqrt{-x}$의 그래프의 개형을 생각한다.

함수 $g(x)$는 $x=-1$에서 최댓값 $-(-1)+9=10$,
$x=2$에서 최솟값 $-2+9=7$을 갖는다.
$f(x)=a\sqrt{-x+3}+b=a\sqrt{-(x-3)}+b$
이므로 함수 $y=f(x)$의 그래프는 함수 $y=a\sqrt{-x}$의 그래프를 x
축의 방향으로 3만큼, y축의 방향으로 b만큼 평행이동한 것이다.
함수 $y=f(x)$의 그래프는 오른쪽
그림과 같고, $-1 \le x \le 2$에서 두
함수 $f(x)$, $g(x)$의 최댓값과 최
솟값이 각각 같으므로 함수 $f(x)$
는 $x=-1$에서 최댓값 10을,
$x=2$에서 최솟값 7을 갖는다.

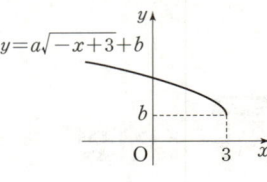

즉,
$f(-1)=10$에서 $a\sqrt{-(-1)+3}+b=10$
$\therefore 2a+b=10$ ······ ㉠
$f(2)=7$에서 $a\sqrt{-2+3}+b=7$
$\therefore a+b=7$ ······ ㉡
㉠, ㉡을 연립하여 풀면
$a=3$, $b=4$
따라서 $f(x)=3\sqrt{-x+3}+4$이므로
$f(-6)=3\sqrt{-(-6)+3}+4=13$

1360 **답** ④

One Point Lesson
먼저 분모의 유리화를 이용해 주어진 식을 간단히 정리한다.

$\dfrac{x}{\sqrt{kx+4}+2}-\dfrac{x}{\sqrt{kx+4}-2}$
$=\dfrac{x(\sqrt{kx+4}-2)}{(\sqrt{kx+4}+2)(\sqrt{kx+4}-2)}-\dfrac{x(\sqrt{kx+4}+2)}{(\sqrt{kx+4}-2)(\sqrt{kx+4}+2)}$
$=\dfrac{x(\sqrt{kx+4}-2)}{(kx+4)-4}-\dfrac{x(\sqrt{kx+4}+2)}{(kx+4)-4}$
$=\dfrac{x(\sqrt{kx+4}-2)-x(\sqrt{kx+4}+2)}{kx}$
$=\dfrac{-4x}{kx}=-\dfrac{4}{k}$ ($\because x \ne 0$)

즉, $-\dfrac{4}{k}$가 정수이므로 가능한 자연수 k는 1, 2, 4이다.
← 4의 약수
따라서 모든 자연수 k의 값의 합은
$1+2+4=7$

1361 **답** ③

One Point Lesson
먼저 유리함수의 그래프의 점근선의 교점으로부터 점근선을 추론한다.

함수 $y=f(x)$의 그래프의 교점의 좌표가 $(2, 3)$이므로 점근선의
방정식이 $x=2$, $y=3$이다.
또한, 함수 $y=f(x)$의 점근선의 방정식이 $x=-\dfrac{4}{c}$, $y=\dfrac{a}{c}$이므로
$2=-\dfrac{4}{c}$에서 $c=-2$

$3=\dfrac{a}{c}$에서 $a=-6$ ($\because c=-2$)
$g(x)=\sqrt{-6x+b}-2$이고
$g(1)=-2$이므로
$\sqrt{(-6)\times1+b}-2=-2$, $\sqrt{-6+b}=0$
$\therefore b=6$
$\therefore g(x)=\sqrt{-6x+6}-2$
$g(x)=\sqrt{-6x+6}-2=\sqrt{-6(x-1)}-2$
즉, 함수 $y=g(x)$의 그래프는 함수
$y=\sqrt{-6x}$의 그래프를 x축의 방향으로
1만큼, y축의 방향으로 -2만큼 평행
이동한 것이고 그래프는 오른쪽 그림과
같다.
따라서 함수 $y=g(x)$의 그래프가 지나
는 모든 사분면은 제1, 2, 4사분면이다.

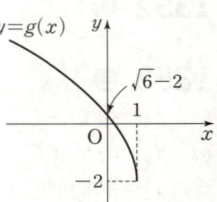

1362 **답** ⑤

One Point Lesson
무리식의 계산에서 $\alpha+1$, $\beta+1$의 부호에 주의한다.

이차방정식 $x^2+6x+7=0$에서 $x=-3\pm\sqrt{2}$이고,
근과 계수의 관계에 의하여 $\alpha+\beta=-6$, $\alpha\beta=7$이다.
이때 $\alpha=-3+\sqrt{2}$, $\beta=-3-\sqrt{2}$라 하면
$\alpha+1=-2+\sqrt{2}<0$, $\beta+1=-2-\sqrt{2}<0$ ······ ㉠
$\therefore \dfrac{\sqrt{\alpha+1}}{\sqrt{\beta+1}}+\dfrac{\sqrt{\beta+1}}{\sqrt{\alpha+1}}=\dfrac{(\sqrt{\alpha+1})^2+(\sqrt{\beta+1})^2}{\sqrt{\alpha+1}\sqrt{\beta+1}}$
$=-\dfrac{(\sqrt{\alpha+1})^2+(\sqrt{\beta+1})^2}{\sqrt{(\alpha+1)(\beta+1)}}$ ($\because$ ㉠)
$=-\dfrac{\alpha+\beta+2}{\sqrt{\alpha+\beta+\alpha\beta+1}}$
$=-\dfrac{(-6)+2}{\sqrt{(-6)+7+1}}=\dfrac{4}{\sqrt{2}}=2\sqrt{2}$

선생님 톡톡
이 문제에서처럼 α, β의 위치를 바꾸어도 식이 변하지 않는 대칭 형태의 식에서는 편의
상 $\alpha \ge \beta$라고 가정하고 푸는 것도 센스! 물론 수학적으로도 오류가 없지.

1363 **답** 17

One Point Lesson
무리함수의 그래프의 개형으로 함수의 식을 추론한다.

주어진 함수의 그래프는 함수 $y=\sqrt{ax}$의 그래프를 x축의 방향으
로 2만큼, y축의 방향으로 3만큼 평행이동한 것이므로
$y=\sqrt{a(x-2)}+3$
$\dfrac{c}{2}=3$에서 $c=6$
주어진 함수의 그래프가 점 $(0, 5)$를 지나므로
$5=\sqrt{a(0-2)}+3$, $2=\sqrt{-2a}$ $\therefore a=-2$
이때 $y=\sqrt{-2(x-2)}+3=\sqrt{-2x+4}+3$이므로
$b=4$
따라서 $f(x)=\dfrac{4}{x-2}+6$이고 함수 $f(x)$는 $3 \le x \le 6$에서 x의 값
이 증가하면 y의 값은 감소하므로

최댓값은 $f(3)=\dfrac{4}{3-2}+6=10$ $\therefore M=10$

최솟값은 $f(6)=\dfrac{4}{6-2}+6=7$ $\therefore m=7$

$\therefore M+m=10+7=17$

1364 답 ④

One Point Lesson
x의 값의 범위에 따라 함수 $y=\sqrt{|2x-1|}$의 그래프를 그려 본다.

$f(x)=\sqrt{|2x-1|}$이라 하면

$$f(x)=\begin{cases}\sqrt{2x-1} & \left(x\geq\dfrac{1}{2}\right)\\[2mm]\sqrt{-2x+1} & \left(x<\dfrac{1}{2}\right)\end{cases}=\begin{cases}\sqrt{2\left(x-\dfrac{1}{2}\right)} & \left(x\geq\dfrac{1}{2}\right)\\[2mm]\sqrt{-2\left(x-\dfrac{1}{2}\right)} & \left(x<\dfrac{1}{2}\right)\end{cases}$$

함수 $y=f(x)$의 그래프는 $x\geq\dfrac{1}{2}$이면 함수 $y=\sqrt{2x}$의 그래프를 x축의 방향으로 $\dfrac{1}{2}$만큼 평행이동한 것이고, $x<\dfrac{1}{2}$이면 함수 $y=\sqrt{-2x}$의 그래프를 x축의 방향으로 $\dfrac{1}{2}$만큼 평행이동한 것이다.

직선 $y=mx-1$이 m의 값에 관계없이 점 $(0,\ -1)$을 지나므로 함수 $y=f(x)$의 그래프와 직선 $y=mx-1$이 서로 다른 두 점에서 만나는 경우는 다음의 두 가지 경우이다.

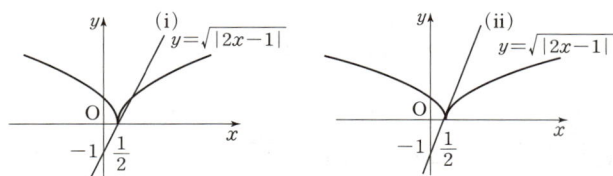

(ⅰ) 직선 $y=mx-1$이 점 $\left(\dfrac{1}{2},\ 0\right)$을 지나는 경우

$\quad\dfrac{1}{2}m-1=0$ $\therefore m=2$

(ⅱ) 직선 $y=mx-1$이 곡선 $y=\sqrt{2x-1}$에 접하는 경우

$\quad mx-1=\sqrt{2x-1},\ m^2x^2-2mx+1=2x-1$

$\quad m^2x^2-2(m+1)x+2=0$

$\quad$위의 이차방정식의 판별식을 D라 하면

$\quad\dfrac{D}{4}=\{-(m+1)\}^2-m^2\times2=0$

$\quad m^2-2m-1=0$

$\quad\therefore m=1\pm\sqrt{2}$ → 근의 공식을 이용한다.

$\quad$이때 기울기 m은 양수이므로

$\quad m=1+\sqrt{2}$

(ⅰ), (ⅱ)에서 $m=2$ 또는 $m=1+\sqrt{2}$이므로 모든 m의 값의 합은

$2+(1+\sqrt{2})=3+\sqrt{2}$

1365 답 ①

One Point Lesson
부등식으로 표현되는 무리함수의 정의역, 치역이 단 하나의 원소를 공유하기 위한 조건을 생각한다.

함수 $f(x)=\sqrt{ax+4}+4$의 치역 $Y_1=\{y\,|\,y\geq4\}$,

함수 $g(x)=-\sqrt{3x-6}+b$의 치역 $Y_2=\{y\,|\,y\leq b\}$

이때 $n(Y_1\cap Y_2)=1$이므로 $b=4$

함수 $g(x)=-\sqrt{3x-6}+4$의 정의역이 $X_2=\{x\,|\,x\geq2\}$이고 $n(X_1\cap X_2)=1$이므로 함수 $f(x)$의 정의역은 $X_1=\{x\,|\,x\leq2\}$

함수 $f(x)=\sqrt{ax+4}+4=\sqrt{a\left(x+\dfrac{4}{a}\right)}+4$에서

$a<0$이고 $X_1=\left\{x\,\Big|\,x\leq-\dfrac{4}{a}\right\}$이므로

$-\dfrac{4}{a}=2$ $\therefore a=-2$

$\therefore ab=(-2)\times4=-8$

1366 답 ①

One Point Lesson
a^2의 값에 따라 경우를 나누어 각각의 그래프를 그려 본다.

$f(x)=\sqrt{x+a^2}-2$라 하면 함수 $y=f(x)$의 그래프는 함수 $y=\sqrt{x}$의 그래프를 x축의 방향으로 $-a^2$만큼, y축의 방향으로 -2만큼 평행이동한 것이다.

또한, $|a|\leq2$에서 $f(0)=\sqrt{a^2}-2=|a|-2\leq0$이므로 가능한 그래프의 개형은 다음과 같다.

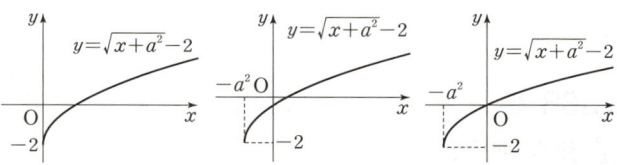

[$a=0$일 때]　[$|a|<2,\ a\neq0$일 때]　[$|a|=2$일 때]

따라서 함수 $y=f(x)$의 그래프가 반드시 지나는 사분면은 제1사분면이다.

1367 답 ③

One Point Lesson
두 조건 (가), (나)에서 $f(\alpha)=f(\gamma)$ 또는 $f(\beta)=f(\gamma)$이다.

조건 (가)의 $\{f(x)-\alpha\}\{f(x)-\beta\}=0$에서

$f(x)=\alpha$ 또는 $f(x)=\beta$ …… ㉠

조건 (나)에서 $f(\alpha)=\alpha$, $f(\beta)=\beta$이고 조건 (가)에서 방정식 ㉠의 실근이 α, β, γ뿐이므로 $f(\gamma)=\alpha$ 또는 $f(\gamma)=\beta$이다.

(ⅰ) $f(x)=\alpha$의 실근이 α, γ이고, $f(x)=\beta$의 실근이 β뿐인 경우

방정식 $f(x)=\alpha$의 서로 다른 두 실근이 각각 α, γ이므로 곡선 $y=f(x)$와 직선 $y=\alpha$는 두 점에서 만나고 두 교점의 x좌표는 각각 α, γ이다.

또한, 방정식 $f(x)=\beta$의 실근이 β뿐이므로 곡선 $y=f(x)$와 직선 $y=\beta$는 오직 한 점에서 만나고 이 점의 x좌표는 β이다.

이때 함수 $f(x)$는 $x\leq a$일 때 증가하고 $x>a$일 때 감소하므로 곡선 $y=f(x)$와 x축에 평행한 직선이 오직 한 점에서 만나려면 만나는 점의 좌표가 $(a,\ b)$이어야 한다.

즉, 점 $(a,\ b)$는 점 $(\beta,\ \beta)$와 일치하므로

$a=b=\beta$ …… ㉡

한편, $f(\alpha)=\alpha$, $f(\beta)=\beta$이므로 오른쪽 그림과 같이 곡선 $y=f(x)$와 직선 $y=x$는 두 점 $(\alpha,\ \alpha)$, $(\beta,\ \beta)$에서 만난다.

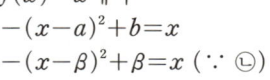

$f(x)=x$에서

$-(x-a)^2+b=x$

$-(x-\beta)^2+\beta=x$ (∵ ㉡)

$-(x-\beta)^2-(x-\beta)=0$, $(x-\beta)(x-\beta+1)=0$

$\therefore x=\beta-1$ 또는 $x=\beta$

이때 $f(\alpha)=\alpha$이고 $\alpha\neq\beta$이므로

$\alpha=\beta-1$

$f(\gamma)=\alpha$이고 $\gamma>\beta=\alpha$이므로

$-\sqrt{\gamma-a}+b=\alpha$, $-\sqrt{\gamma-\beta}+\beta=\beta-1$

$\sqrt{\gamma-\beta}=1$, $\gamma-\beta=1$

$\therefore \gamma=\beta+1$

$\alpha+\beta+\gamma=15$이므로

$(\beta-1)+\beta+(\beta+1)=15$, $3\beta=15$

$\therefore \beta=5$, $\alpha=\beta-1=4$, $\gamma=\beta+1=6$

ⓒ에서 $a=b=5$이므로

$f(x)=\begin{cases} -(x-5)^2+5 & (x\leq 5) \\ -\sqrt{x-5}+5 & (x>5) \end{cases}$

$\therefore f(\alpha+\beta)=f(4+5)=f(9)$

$\qquad = -\sqrt{9-5}+5=3$

(ii) $f(x)=\alpha$의 실근이 α뿐이고 $f(x)=\beta$의 실근이 β, γ인 경우

(i)과 같은 방법으로

$f(\alpha+\beta)=3$

(i), (ii)에서 $f(\alpha+\beta)=3$

1368 답 32

One Point Lesson

> 두 함수 $f(x)$, $g(x)$는 역함수 관계이므로 직선 $y=x$를 이용하여 점 P의 좌표를 k에 대하여 나타낸다.

점 P의 좌표는 곡선 $y=\sqrt{kx}$와 $y=x$의 교점이므로

$\sqrt{kx}=x$에서 $kx=x^2$ $\quad \therefore x=k$

$P(k, k)$이므로

$Q\left(\dfrac{1\times k+3\times 0}{1+3}, \dfrac{1\times k+3\times 0}{1+3}\right)$, 즉 $Q\left(\dfrac{k}{4}, \dfrac{k}{4}\right)$

$R\left(\dfrac{3\times k+1\times 0}{3+1}, \dfrac{3k+1\times 0}{3+1}\right)$, 즉 $R\left(\dfrac{3}{4}k, \dfrac{3}{4}k\right)$

점 A는 $y=f(x)$ 위의 점이므로

$x=\dfrac{k}{4}$일 때, $f\left(\dfrac{k}{4}\right)=\sqrt{k\times\dfrac{k}{4}}=\dfrac{k}{2}$

$\therefore A\left(\dfrac{k}{4}, \dfrac{k}{2}\right)$

삼각형 AQB는 $\overline{AQ}=\overline{QB}$인 직각이등변삼각형이고

$\overline{AQ}=\overline{QB}=\dfrac{k}{2}-\dfrac{k}{4}=\dfrac{k}{4}$

이므로 삼각형 AQB의 넓이는

$\dfrac{1}{2}\times\overline{AQ}\times\overline{QB}=\dfrac{1}{2}\times\left(\dfrac{k}{4}\right)^2=\dfrac{k^2}{32}$

한편, $C\left(\alpha, \dfrac{3}{4}k\right)$라 하면 $f(\alpha)=\dfrac{3}{4}k$이므로

$\sqrt{\alpha k}=\dfrac{3}{4}k$에서 $\alpha=\dfrac{9}{16}k$ $\quad \therefore C\left(\dfrac{9}{16}k, \dfrac{3}{4}k\right)$

삼각형 CDR는 $\overline{CR}=\overline{RD}$인 직각이등변삼각형이고

$\overline{CR}=\overline{RD}=\dfrac{3}{4}k-\dfrac{9}{16}k=\dfrac{3}{16}k$이므로 삼각형 CDR의 넓이는

$\dfrac{1}{2}\times\overline{CR}\times\overline{RD}=\dfrac{1}{2}\times\left(\dfrac{3}{16}k\right)^2=\dfrac{9}{512}k^2$

따라서 삼각형 AQB와 삼각형 CDR의 넓이의 합이 50이므로

$\dfrac{k^2}{32}+\dfrac{9}{512}k^2=\dfrac{25}{512}k^2=50$

$k^2=1024$ $\quad \therefore k=32$

해설 속 칠판 좌표평면 위의 내분점

좌표평면 위의 두 점 $A(x_1, y_1)$, $B(x_2, y_2)$를 이은 선분 AB를 $m:n$ $(m>0, n>0)$으로 내분하는 점을 P라 하면

$$P\left(\frac{mx_2+nx_1}{m+n}, \frac{my_2+ny_1}{m+n}\right)$$

특히, 선분 AB의 중점 M은

$$M\left(\frac{x_1+x_2}{2}, \frac{y_1+y_2}{2}\right)$$

1369 답 정의역: $\{x\,|\,x\geq -2\}$, 치역: $\{y\,|\,y\geq 3\}$

함수 $y=\dfrac{4x-3}{x-2}$의 점근선의 방정식은 $x-2=0$, $y=\dfrac{4}{1}$에서

$x=2$, $y=4$이다.

❶

$a=2$, $b=4$이므로

$f(x)=\sqrt{2x+4}-c$

$f(0)=5$이므로

$\sqrt{2\times 0+4}-c=5$에서

$2-c=5$ $\quad \therefore c=-3$

$\therefore f(x)=\sqrt{2x+4}+3$

❷

이때 $2x+4\geq 0$에서 $x\geq -2$이므로

함수 $y=f(x)$의 정의역은 $\{x\,|\,x\geq -2\}$이다.

또한, $\sqrt{2x+4}\geq 0$에서 $y\geq 3$이므로

함수 $y=f(x)$의 치역은 $\{y\,|\,y\geq 3\}$이다.

❸

채점 기준	배점 비율
❶ 주어진 유리함수의 점근선의 방정식 구하기	20%
❷ 무리함수 $f(x)$ 구하기	40%
❸ 무리함수 $f(x)$의 정의역, 치역 각각 구하기	40%

1370 답 6

$f(x)=\dfrac{1}{\sqrt{x}+\sqrt{x+1}}$

$\quad =\dfrac{\sqrt{x}-\sqrt{x+1}}{(\sqrt{x}+\sqrt{x+1})(\sqrt{x}-\sqrt{x+1})}$

$\quad =\dfrac{\sqrt{x}-\sqrt{x+1}}{x-(x+1)}=-\sqrt{x}+\sqrt{x+1}$

❶

$\therefore f(1)+f(2)+f(3)+\cdots+f(48)$

$=(-\sqrt{1}+\sqrt{2})+(-\sqrt{2}+\sqrt{3})+(-\sqrt{3}+\sqrt{4})+\cdots$

$\qquad\qquad\qquad\qquad\qquad +(-\sqrt{48}+\sqrt{49})$

$=-\sqrt{1}+\sqrt{49}=-1+7=6$

❷

채점 기준	배점 비율
❶ 분모의 유리화를 이용하여 식을 간단히 하기	50%
❷ 규칙성을 찾아 $f(1)+f(2)+f(3)+\cdots+f(48)$의 값 구하기	50%

1371 답 3

두 점 P, Q의 x좌표를 각각 x_1, x_2라 하면 선분 PQ의 중점의

x좌표가 $\dfrac{5}{2}$이므로

$$\frac{x_1+x_2}{2}=\frac{5}{2}$$
$$\therefore x_1+x_2=5 \quad\cdots\cdots\ \text{㉠}$$

①

함수 $f(x)=\sqrt{kx-3}+1$의 그래프와 그 역함수 $y=f^{-1}(x)$의 그래프의 교점은 함수 $f(x)=\sqrt{kx-3}+1$의 그래프와 직선 $y=x$의 교점과 같다.
$$\sqrt{kx-3}+1=x$$
$$(\sqrt{kx-3})^2=(x-1)^2$$
$$kx-3=x^2-2x+1$$
$$x^2-(k+2)x+4=0$$
위의 이차방정식의 두 근이 x_1, x_2이므로 이차방정식의 근과 계수의 관계에 의하여
$$x_1+x_2=k+2 \quad\cdots\cdots\ \text{㉡}$$

②

㉠, ㉡에서
$$k+2=5$$
$$\therefore k=3$$

③

채점 기준	배점 비율
❶ 선분 PQ의 중점의 x좌표를 이용하여 두 점 P, Q의 x좌표 사이의 관계식 구하기	30%
❷ 두 함수 $y=f(x)$, $y=f^{-1}(x)$의 그래프의 교점을 이용하여 두 점 P, Q의 x좌표에 대한 관계식 구하기	60%
❸ 상수 k의 값 구하기	10%

1372 답 $(3, 6)$

점 A의 좌표를 $(a, 2\sqrt{3a})\ (a\neq0)$라 하면 점 B의 좌표는 $(a, 0)$이다.
이때 점 A와 점 D의 y좌표가 같으므로
$$2\sqrt{x}=2\sqrt{3a}$$
$$\sqrt{x}=\sqrt{3a}$$
$$\therefore x=3a$$
$$\therefore D(3a, 2\sqrt{3a}),\ C(3a, 0)$$

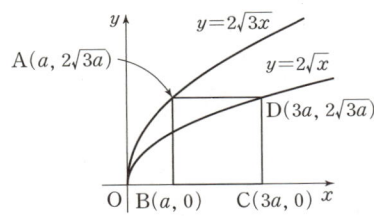

①

사각형 ABCD가 정사각형이므로 $\overline{AB}=\overline{BC}$에서
$$2\sqrt{3a}=2a,\ a^2=3a$$
$$a(a-3)=0$$
$$\therefore a=3\ (\because a\neq0)$$

②

따라서 구하는 점 A의 좌표는 $(3, 6)$이다.

③

채점 기준	배점 비율
❶ 점 A의 x좌표를 미지수로 놓고 세 점 B, C, D의 좌표 나타내기	40%
❷ 점 A의 x좌표 구하기	40%
❸ 점 A의 좌표 구하기	20%

1373 답 최댓값: $\sqrt{34}$, 최솟값: 4

$$h(x)=(g\circ f^{-1})^{-1}(x)=(f\circ g^{-1})(x)$$
$$=f(g^{-1}(x)) \quad\cdots\cdots\ \text{㉠}$$

①

$g^{-1}(x)=t$라 하면 $g(t)=x$
즉, 오른쪽 그림과 같이 함수
$x=g(t)=\sqrt{2t-6}+3=\sqrt{2(t-3)}+3$
의 그래프는 함수 $x=\sqrt{2t}$의 그래프를 t축의 방향으로 3만큼, x축의 방향으로 3만큼 평행이동한 것이다.

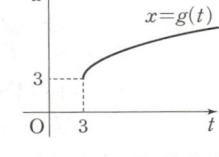

즉, $g(p)=5$, $g(q)=7$을 만족시키는 두 상수 p, q에 대하여 $p\leq t\leq q$이다.
$g(p)=5$에서
$$\sqrt{2p-6}+3=5,\ \sqrt{2p-6}=2$$
$$2p-6=4 \quad\therefore p=5$$
$g(q)=7$에서
$$\sqrt{2q-6}+3=7,\ \sqrt{2q-6}=4$$
$$2q-6=16 \quad\therefore q=11$$
$$\therefore 5\leq t\leq11$$

②

㉠에 의하여 $5\leq t\leq11$에서 함수 $f(t)$의 최댓값과 최솟값은 $5\leq x\leq7$에서 함수 $h(x)$의 최댓값과 최솟값과 각각 같다.
$5\leq t\leq11$에서 함수 $y=f(t)$의 그래프는 다음 그림과 같다.

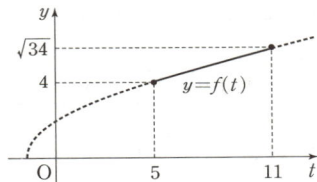

따라서 $5\leq t\leq11$에서 함수 $f(t)$의
최댓값은 $f(11)=\sqrt{3\times11+1}=\sqrt{34}$,
최솟값은 $f(5)=\sqrt{3\times5+1}=4$
이므로 $5\leq x\leq7$에서 함수 $h(x)$의 최댓값은 $\sqrt{34}$, 최솟값은 4이다.

③

채점 기준	배점 비율
❶ 함수 $h(x)$를 간단히 하기	10%
❷ $5\leq x\leq7$에서 $g^{-1}(x)$의 값의 범위 구하기	50%
❸ 함수 $h(x)$의 최댓값과 최솟값 각각 구하기	40%

1374 답 3

$$f(x)=\sqrt{3x-3}+2=\sqrt{3(x-1)}+2$$
이므로 함수 $y=f(x)$의 그래프는 함수 $y=\sqrt{3x}$의 그래프를 x축의 방향으로 1만큼, y축의 방향으로 2만큼 평행이동한 것이다.
함수 $y=f(x)$의 그래프와 직선 $y=x+k$는 오른쪽 그림과 같다.

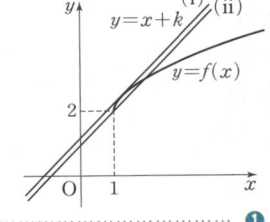

①

함수 $y=f(x)$의 그래프와 직선 $y=x+k$의 교점의 개수는 방정식 $\sqrt{3x-3}+2=x+k$의 근의 개수와 같다.

(i) 직선 $y=x+k$와 함수 $y=f(x)$의 그래프가 접할 때

$\sqrt{3x-3}+2=x+k$에서

$\sqrt{3x-3}=x+k-2$

$3x-3=x^2+2(k-2)x+k^2-4k+4$

$x^2+(2k-7)x+k^2-4k+7=0$

위의 이차방정식의 판별식을 D라 하면

$D=(2k-7)^2-4\times1\times(k^2-4k+7)$

$\quad=4k^2-28k+49-(4k^2-16k+28)$

$\quad=-12k+21$

$D=-12k+21=0$에서 $k=\dfrac{7}{4}$

(ii) 직선 $y=x+k$가 점 $(1, 2)$를 지날 때

$2=1+k$ $\therefore k=1$

(i), (ii)에서 함수 $y=f(x)$의 그래프와 직선 $y=x+k$의 교점의 개수는

$k>\dfrac{7}{4}$일 때, 0

$k=\dfrac{7}{4}$일 때, 1

$1\leq k<\dfrac{7}{4}$일 때, 2

$k<1$일 때, 1

·· ❷

$\therefore g(-1)+g(1)+g(2)=1+2+0=3$

·· ❸

채점 기준	배점 비율
❶ 함수 $y=f(x)$의 그래프 그리기	30%
❷ k값의 범위에 따른 함수 $y=f(x)$의 그래프와 직선 $y=x+k$의 교점의 개수 구하기	50%
❸ $g(-1)+g(1)+g(2)$의 값 구하기	20%

MEMO

메가스터디 고등학습 시리즈

완쏠
유형

공통수학 2

메가스터디BOOKS

내용 문의 02-6984-6901 | 구입 문의 02-6984-6868,9 | www.megastudybooks.com

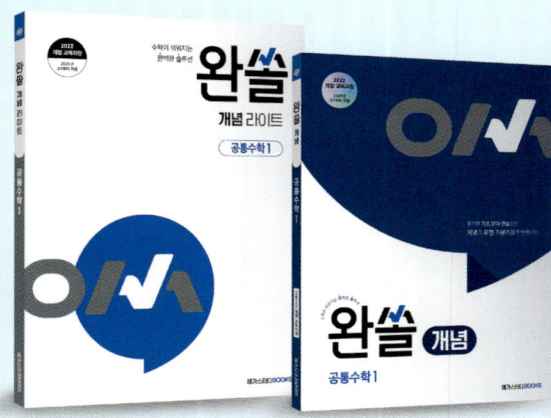